高等学校规划教材・航空、航天与航海科学技术

捷联惯导算法与组合导航原理

（第 2 版）

严恭敏　翁　浚　编著

西北工业大学出版社

西　安

【内容简介】 本书是作者在总结多年研究生课程"卡尔曼(Kalman)滤波与组合导航原理"的教学经验，吸收十余年从事惯性导航与组合导航技术研究的科研成果，以及参阅国内外大量文献资料的基础上编写而成的，注重基础理论与工程实践相结合，实用性与可操作性强。全书共9章，主要包括捷联惯导算法及其误差分析、地球重力场基础、Kalman滤波基本原理、初始对准与组合导航技术、捷联惯导与组合导航仿真等内容。书中附有丰富的MATLAB仿真程序可供读者参考，还有练习题可供读者拓展学习或练习使用。

本书可作为高等学校导航制导与控制、仪器仪表等相关专业的高年级本科生、研究生的教学用书和参考书，也可供从事相关专业的科研和工程技术人员阅读参考。

图书在版编目(CIP)数据

捷联惯导算法与组合导航原理 / 严恭敏，翁浚编著
. — 2版. — 西安 : 西北工业大学出版社，2023.7(2025.1重印)
高等学校规划教材. 航空、航天与航海科学技术
ISBN 978-7-5612-8824-5

Ⅰ. ①捷… Ⅱ. ①严… ②翁… Ⅲ. ①捷联式惯性制导-高等学校-教材 ②组合导航-高等学校-教材 Ⅳ. ①V448.131 ②TN967.2

中国国家版本馆CIP数据核字(2023)第129506号

JIELIAN GUANDAO SUANFA YU ZUHE DAOHANG YUANLI
捷联惯导算法与组合导航原理
严恭敏 翁浚 编著

责任编辑：李阿盟 刘 敏　　**策划编辑：**何格夫
责任校对：刘 敏 王 水　　**装帧设计：**李 飞
出版发行：西北工业大学出版社
通信地址：西安市友谊西路127号　　邮编：710072
电　　话：(029)88491757，88493844
网　　址：www.nwpup.com
印 刷 者：兴平市博闻印务有限公司
开　　本：787 mm×1 092 mm　　1/16
印　　张：23.75
字　　数：623千字
版　　次：2019年8月第1版　2023年7月第2版　2025年1月第2次印刷
书　　号：ISBN 978-7-5612-8824-5
定　　价：88.00元

第 2 版前言

本书第 1 版自 2019 年出版以来已重印 4 次，得到了惯导界广大同行们的认可和支持，承蒙各位专家和读者给出的许多修改建议，在每次重印时已经进行了一些细节上的修订和完善。

本书第 2 版作出较大修订的内容如下：

(1)第 2 章 2.7 节增加了等效旋转矢量多子样不可交换误差的高阶补偿算法。

(2)第 5 章 5.1.6 节增加了稳健最小二乘方法。

(3)第 6 章 6.6 节增加了基于软卡方检验的自适应滤波算法。

(4)增加了第 7 章非线性滤波方法，第 1 版的第 6 章 EKF 滤波(6.9.2 节)和间接滤波方法(6.10 节)移至本章，新增的非线性滤波方法包括 CDKF、GHQKF、CKF 和 UKF 等，并对一个竖直落体例子进行了详细的非线性滤波仿真分析。

(5)第 8 章 8.2 节增加了双位置对准和参数辨识精对准，增加了 8.4 节传递对准技术，8.5 节增加了车载运动学辅助惯性导航方法和车载零速修正技术。

(6)增加了附录 E　估计量的评价准则，附录 H 中增加了 Cholesky 分解秩-1 更新算法，增加了附录 L　高斯求积方法，增加了附录 M　UT 变换的直观推导。

(7)增加了若干道练习题与数篇参考文献。

在修订本书第 2 版的过程中得到西北工业大学吕佩儒、申亚兰、刘璠、韩立，西安交通大学王赛，南京航空航天大学丁鑫，浙江工业大学冯武鑫和中北大学张宸铭的热心支持，他们给出了许多宝贵的建议，在此深表谢意。

由于水平有限，书中疏漏之处在所难免，诚望读者不吝批评指正。

书中相关 MATLAB 程序代码、读者建议或指正，以及错误更正请见网址 www.psins.org.cn。

编著者

2023 年 3 月

第 1 版前言

近年来，惯性技术不论在军事上、工业上，还是在民用上，特别是在消费电子产品领域，都获得了广泛的应用，大到潜艇、舰船、高铁、客机、导弹和人造卫星，小到医疗器械、电动独轮车、小型四旋翼无人机、空中鼠标和手机，都有惯性技术存在甚至大显身手的身影。相应地，惯性技术的研究和开发也获得了前所未有的蓬勃发展，越来越多的高校师生、工程技术人员和爱好者加入惯性技术的研发队伍中来。

惯性技术涉及面广，涵盖元器件技术、测试设备和测试方法、系统集成技术和应用开发技术等方面，囿于篇幅和笔者知识面，本书主要讨论捷联惯导系统算法及其组合导航应用方面的有关问题，包括捷联惯导姿态解算基础、地球形状与重力场基础、捷联惯导更新算法及误差分析、最优估计与 Kalman（卡尔曼）滤波基本原理、Kalman 滤波的一些技术处理方法、初始对准与组合导航技术、捷联惯导与组合导航仿真等内容。希望读者阅读之后能够对捷联惯导算法与组合导航技术有系统而深入的理解，并能快速而有效地将基本算法应用于解决实际问题。

在本书的编写和定稿过程中得到以下同行的热心支持，他们指出了不少错误之处或提出了许多宝贵的修改建议，深表谢意：西北工业大学的梅春波、赵彦明、刘洋、沈彦超、肖迅、牟夏、郑江涛、刘士明、金竹、冯理成、赵雪华、杨小康、李思锦、邓瑀、田野、李健；中国科学院上海微系统与信息技术研究所的马润泽；中国航天三江集团有限公司的王亚军；辽宁工程技术大学的丁伟；北京腾盛科技有限公司的刘兴华；东南大学的童金武、冯家政；中国农业大学的包建华；南京航空航天大学的赵宣懿；武汉大学的董翠军、陈威、陈起金；山东科技大学的王云鹏；陕西中天火箭技术股份有限公司的王斯亮；火箭军工程大学的陈河；中国电子科技集团有限公司的张保群；中国矿业大学的陈宇鸣；西安精准测控有限责任公司的柯欢欢；上海银基信息安全技术股份有限公司的李鹏程；北京北斗时代科技发展有限公司的文剑。

由于水平有限，书中疏漏之处在所难免，诚望读者不吝批评指正。

书中相关 MATLAB 程序代码、读者建议或指正，以及错误更正请见网址 http://blog.sina.com.cn/ygm905。

编著者

2019 年 4 月

目　　录

第1章 概 述

本章主要对捷联惯导算法、Kalman滤波理论和组合导航方法的研究历史及发展状况作简要的介绍。

1.1 捷联惯导算法简介

在捷联惯导系统(Strapdown Inertial Navigation System,SINS)中惯性传感器(陀螺和加速度计)直接与运载体固连,通过导航计算机采集惯性器件的输出信息并进行数值积分求解运载体的姿态、速度和位置等导航参数,这三组参数的求解过程即所谓的姿态更新算法、速度更新算法和位置更新算法。特别在恶劣的高动态环境下,高精度的SINS对惯性器件性能和导航算法精度的要求都非常苛刻,由于高精度惯性器件往往价格昂贵并且进一步提升精度异常困难,所以在影响SINS精度的所有误差源中要求因导航算法引起的误差比例必须很小,一般认为应小于5%。姿态更新算法是SINS算法的核心,对整个系统的解算精度影响最为突出,具有重要的研究和应用价值。传统的姿态更新算法有欧拉角法、方向余弦阵法和四元数法等,这些方法直接以陀螺采样输出作为输入,使用泰勒级数展开或龙格-库塔等方法求解姿态微分方程,未充分考虑转动的不可交换性误差问题。传统姿态更新算法在理论上可以通过提高采样和更新频率来提高解算精度,但实际陀螺采样频率又受限于传感器的带宽和噪声水平,因此传统算法的精度提升空间相对有限,仅适用于对解算精度要求不太高的场合。

早在1775年,欧拉就提出了等效旋转矢量的概念,指出刚体的定点转动(即绕固定点的任何有限角位移)均可用绕经过该固定点的某轴的一次转动来实现,建立了刚体上单位矢量在转动前后的变换公式。1840年,罗德里格使用后人称之为罗德里格参数的表示方法,推导了相继两次转动的合成公式,它与W. R. Hamilton在1843年发明的四元数乘法表示是一致的。研究表明,相继多次的定点转动问题可用一系列的姿态变化量(变化四元数或变化矩阵)相乘来描述,每个姿态变化量与对应转动的等效旋转矢量之间存在转换公式,使用等效旋转矢量计算姿态变化量不存在任何原理上的误差。因此,现代的SINS姿态更新算法研究的关键就在于如何使用陀螺输出构造等效旋转矢量,以尽量减小和避免不可交换性误差,后续再使用等效旋转矢量计算姿态变化量和进行姿态更新将变得非常简单,而不像传统方法那样,直接使用陀螺输出进行姿态更新容易引起不可交换性误差。

1949年,J. H. Laning在研究火控系统的过程中详细地分析了空间转动合成的性质,推导了由等效旋转矢量确定转动角速度的公式,但是由于缺少更好的应用背景驱动(比如后来SINS发展的迫切需求),未能获得广泛的研究。20世纪50年代是机械陀螺仪飞速发展的一个重要时期,也正是在那时发现了著名的圆锥运动现象,即当陀螺仪在其旋转轴和输出轴出现同频不同相的角振动时,尽管其输入轴净指向不变(在整体上没有随时间改变的趋势项),但陀螺仪还是会敏感到并输出常值角速率。1958年,为揭示圆锥运动现象产生的根源,L. E.

Goodman 建立了刚体转动的等效旋转矢量与角速度之间的关系式，后人称之为 Goodman - Robinson 定理。该定理从几何上将转动不可交换性误差的坐标分量描述为单位球面上的一块有向面积，其面积由对应动坐标轴在单位球面上扫过的曲线与连接该曲线端点的大圆围成。Goodman 借助二维 Green 积分理论获得了不可交换性误差的近似公式。1969 年，基于 Goodman 近似公式，J. W. Jordan 在假设陀螺角增量输出为二次多项式条件下提出了等效旋转矢量的“pre - processor”算法，它与后来发展的等效旋转矢量二子样算法完全一致。1969 年，J. E. Bortz 在其博士论文中详细推导了等效旋转矢量微分方程(1971 年正式发表，后人称之为 Bortz 方程)，它是利用陀螺输出求解等效旋转矢量的基本公式，奠定了等效旋转矢量多子样算法的理论基础。在实际应用时一般需对较复杂的 Bortz 方程做近似处理，事实上，其简化结果与 Goodman 公式完全一致，它也可以根据 Laning 公式简化获得。

1983 年，R. B. Miller 以圆锥运动条件下使算法漂移误差最小为评价标准，推导了等效旋转矢量三子样优化算法。1990 年，J. E. Lee 研究了四子样优化算法。1992 年，Y. F. Jiang 研究了利用本更新周期内的三子样及前更新周期内的角增量计算旋转矢量的优化算法。1996 年，M. B. Ignagni 提出了由陀螺角增量构造等效旋转矢量的通式，并给出了多达 10 种类型的等效旋转矢量算法。1999 年，C. G. Park 总结提出了各子样下求解圆锥误差补偿系数和算法漂移误差估计的通用公式。至此，从理论上看，在理想的圆锥运动条件下的不可交换性误差补偿问题似乎得到了比较完美的解决。但应当注意到，上述算法都是在 Bortz 方程二阶近似的基础上推导的，不可避免地存在原理性误差，在大锥角情形下会出现高子样数的圆锥误差补偿精度反而不如低子样数的反常现象。高阶高精度的姿态求解是近期捷联惯导算法研究的一个热点，国防科技大学吴文启、上海交通大学武元新和笔者在这方面都做了一些有益的探索。

捷联惯导的基本概念在 20 世纪 50 年代就已经提出了，但是由于当时计算机的运算能力极其有限，所以在算法发展的早期姿态更新通常采用双速回路算法方案：高速回路(400 Hz～10 kHz)使用简单的一阶算法补偿由角振动引起的姿态不可交换性误差；中速回路(50～200 Hz)以高速回路的处理结果作为输入，再使用相对复杂的高阶算法进行姿态矩阵或四元数更新。双速回路算法的结构设计和实现过程都稍显烦琐，它只是在计算机运算能力低下时期所采取的权宜之策。随着通用计算机技术的飞速发展，尤其是 20 世纪 80 年代中后期之后，导航计算机的运算能力就不再是导航算法研究中需要着重关注的问题。双速回路算法的结构研究已经成为历史，目前的计算机完全能够满足高速高精度姿态更新解算的要求。

1998 年，P. G. Savage 相继发表的两篇论文对整体捷联惯导数值算法进行了比较全面的总结，但对于普通工程技术人员而言，其算法描述过于繁杂，给具体实现带来了很大的不便或困惑。

1.2 Kalman 滤波与组合导航原理简介

如果信号受噪声干扰，为了从量测中恢复有用信号而又要尽量减少干扰的影响，常常采用滤波器进行信号处理。使用经典滤波器时假定信号和干扰的频率分布不同，通过设计特定的滤波器带通和带阻频段，实现有用信号和干扰的分离。但是，如果干扰的频段很宽，比如白噪声，在有用信号的频段范围内也必然会存在干扰，这时经典滤波器对滤除这部分干扰噪声无能为力。若有用信号和干扰噪声的频带相互重叠，信号处理时通常不再认为有用信号是具有确定性的，而是带有一定随机性的。对于随机信号不可能进行准确无误差的恢复，只能根据信号和噪声的统计特性，利用数理统计方法进行估计，并且一般采取某种统计准则使估计误差尽可能小。借用经典滤波器的术语，这种针对随机信号的统计估计方法也常常称为滤波器，或称为现代滤波器以区别于经典滤波器，但须注意经典滤波器和现代滤波器之间是有本质区别的。

1. Kalman 滤波

早在1632年，伽利略·伽利莱(Galileo Galilei)就尝试了用各种误差函数最小化的方法提出了估计理论问题。1801年，数学家高斯(K. Gauss)将最小二乘估计法应用于谷神星的轨道跟踪和预测，取得了良好的效果。最小二乘估计法以观测残差平方和最小作为估计准则，它不需要关于量测的任何统计信息，算法简单且实用性强，在参数估计领域获得了广泛的应用。但是，通常情况下最小二乘估计只能应用于静态参数估计，而不适用于动态系统的状态估计。

20世纪40年代初期，维纳(N. Wiener)开始将统计方法应用于通信系统和控制系统的研究中，提出了著名的维纳滤波理论。同一时期，柯尔莫哥洛夫(A. Kolmogorow)也进行了类似的研究。维纳滤波是一种从频域角度出发设计滤波器的方法，它根据有用信号和干扰信号的功率谱特性，通过构造和求解维纳-霍夫(Wiener - Hopf)积分方程得到最佳滤波器的传递函数，给出了最小均方误差意义下的稳态解。但是，在一般情况下求解维纳-霍夫方程极为困难，甚至是不可能的。此外，维纳滤波仅适用于低维平稳随机过程，人们试图将它推广到高维和非平稳情况，但都因无法突破计算上的困难而难以实用，这严重限制了维纳滤波的普及。维纳滤波在历史上有着非常重要的作用和独特的地位，它首次将数理统计理论和线性系统理论有机结合起来，形成了对随机信号进行估计的新理论。虽然维纳滤波不适用于状态估计，但是它在信号处理和通信理论中依然十分有用。

1960年，卡尔曼(R. E. Kalman)将控制系统状态空间的概念引入随机估计理论中，建立了随机状态空间模型，利用了随机状态方程、量测方程以及激励白噪声的统计特性，构造估计算法对随机状态进行滤波估计，后来被称为 Kalman 滤波。在 Kalman 滤波中，所有利用的信息都是时域内的参量，它不但可以应用于一维平稳的随机过程，还可应用于多维非平稳过程，这就避免了维纳滤波器设计的困境。Kalman 滤波是一套由数字计算机实现的实时递推算法，它以随机系统的量测作为滤波器的输入，滤波器的输出是对系统状态的最优估计，这一特征与确定性控制系统中的状态观测器非常相似。

在 Kalman 滤波器出现以后，估计理论的发展基本上都是以它的框架为基础的一些推广和改进。

20世纪60年代，Kalman 滤波在美国的太空计划中获得了成功的应用，但是由于当时计算机字长较短，滤波器在实现过程中有时会出现一些问题，即计算机求解均方误差阵容易出现无穷大情况，导致滤波发散。平方根滤波是一种在数学上增加 Kalman 滤波精度的方法，J. Potter为“阿波罗”太空计划开发了第一个平方根滤波算法，它推动了后来一些其他平方根滤波方法的研究，比如 G. J. Bierman 提出的 UD 分解滤波。平方根滤波精度性能的提升是以增加计算量为代价的，目前，随着计算机硬件技术的发展，普遍采用双精度浮点数进行计算和存储，多数情况下不必再像过去那样过于关注和担心数值问题了。

经典 Kalman 滤波是基于线性系统的估计方法，一般只能适用于线性或者非常接近于线性的非线性问题，对于非线性比较明显的问题，Kalman 滤波往往不能给出满意的结果，需要采用非线性估计方法。最为广泛使用的非线性估计方法是扩展 Kalman 滤波(Extended

Kalman Filter，EKF)，它通过泰勒级数展开，对非线性函数进行线性化近似。同样，以泰勒级数展开为基础，若保留二阶项则称为二阶 Kalman 滤波方法。理论上二阶滤波降低了 EKF 的线性化误差，会得到比 EKF 稍好的估计性能，但这是以高复杂性和计算量为代价的。迭代滤波方法也是一种对 EKF 的修正。

随着系统规模的不断增大，如何有效处理多个传感器测量信息的问题被提出并得到了广泛的研究。传统的方法是采用集中式 Kalman 滤波，将所有测量信息送到中心处理器进行集中处理，虽然它的处理结果是全局最优的，但是这种处理方式存在通信负担重、计算量大和容错性能差等缺点。1979 年，J. L. Speyer 从分散控制的角度提出了多处理器结构思想，每个局部传感器都有自己的分处理器，处理包括自身在内的所有传感器的测量信息，得到的估计结果既是局部最优的也是全局最优的。A. S. Willsky 对 Speyer 的方法进行了改进，提出了一个中心处理器(主)加多个局部处理器(子)的结构方式，主处理器完成各个子处理器结果的合成，各子处理器间不要求通信联系，因而是相互独立的。20 世纪 80 年代，N. A. Carlson 对分散滤波算法做了重大改进，提出了联邦滤波算法，采用信息分享原理，把全局状态估计信息和系统噪声信息分配给各个子滤波器，且不改变各子滤波器算法的形式。理论上，联邦滤波具有实现简单、信息分享方式灵活、容错性能好等诸多优点，但是数十年的导航实践显示，联邦滤波并未获得广泛的应用。

近二三十年来，非线性滤波理论和方法获得了快速的发展，研究者们相继提出了无迹 Kalman 滤波(Unscented Kalman Filter，UKF)、中心差分 Kalman 滤波(Central Difference Kalman Filter，CDKF)、高斯-埃尔米特求积 Kalman 滤波(Gauss - Hermite Quadrature Kalman Filter，GHQKF)、容积 Kalman 滤波(Cubature Kalman Filter，CKF)和粒子滤波(Particle Filter，PF)等方法。除粒子滤波外，书中对上述非线性滤波方法逐一进行详细推导，以期读者能够快速理解和掌握这些方法。实践表明，上述非线性滤波方法对于低维数简单模型问题的估计容易体现出效果，但是，在导航领域面对高维数的状态空间模型时，非线性滤波方法存在收敛性不好甚至估计结果不可靠等缺陷，实际中最稳定和实用的仍然是扩展 Kalman 滤波。

2. 组合导航

将运载体从起始点引导到目的地的技术或方法称为导航，惯性导航系统(简称惯导系统)提供的信息主要有姿态、方位、速度和位置，甚至还包括加速度和角速率，这些信息可用于运载体的正确操纵和控制。随着技术的发展，导航系统的种类越来越多，比如惯导系统、卫星导航系统、磁罗盘、里程仪/多普勒测速仪/空速计、激光扫描雷达、气压高度表/雷达高度表、地标点/地图匹配、视觉图像等。这些导航系统各有特色，优、缺点并存，比如惯导系统的优点是自主性强、动态性能好、导航信息全面且输出频率高，但缺点是误差随时间不断累积，长期精度差；卫星导航系统的优点是精度高、误差不随时间增大，缺点是导航信息不够全面、频带窄、信号容易受到干扰、在室内等环境下接收不到卫星信号而无法使用。在许多对导航性能要求苛刻的任务中，无论是对精度要求高还是对可靠性要求高，任何单一的导航系统可能都无法满足要求，这就需要使用多种导航系统同时对运载体进行导航信息测量，再对所有测量信息作综合处理(包括检测、结合、相关和估计)，从而得到更为准确和可靠的导航结果。这种对多种导航信息作综合处理的技术就称为组合导航技术。从上述对惯导和卫星导航的优、缺点描述中可以看出，两者性能具有非常强的互补性，因而惯性/卫星组合导航被公认为是最佳的组合导航方案。

组合导航系统的设计一般都采用 Kalman 滤波器，Kalman 滤波器最早和最成功的应用实例便是在导航领域。1960 年卡尔曼在美国国家航空航天局埃姆斯研究中心（NASA Ames Research Center）访问时，S. Schmidt 发现 Kalman 滤波方法对于解决阿波罗计划的轨道预测很有用，后来阿波罗登月飞船的导航系统便使用了 Kalman 滤波器，通常认为 S. Schmidt 首次实现了 Kalman 滤波器的应用。此外，美国在航天飞机、潜艇和无人航空航天飞行器（比如巡航导弹）上均使用了 Kalman 滤波器。

目前，以 Kalman 滤波为主要手段的融合多种导航信息源的组合导航技术在三航（航空、航天和航海）、资源勘测、能源开发、智慧城市建设、智能交通和消费电子等众多领域都有着广泛的应用。

第 2 章 捷联惯导姿态解算基础

在捷联惯导系统的姿态、速度和位置更新算法中，姿态算法对整个系统精度的影响最大，它是算法研究和设计的核心。在非定轴转动情况下，描述姿态运动的微分方程是线性时变的(可视为零输入线性时变系统)，其离散化求解会引起转动不可交换误差。现代高精度的陀螺仪往往采用角增量信号输出方式，利用角增量构造等效旋转矢量以补偿和降低不可交换误差，这是目前主流姿态算法的基础。

本章首先介绍一些有关刚体转动或坐标系变换的数学基础知识，之后重点讨论等效旋转矢量微分方程的推导及其离散化的多子样求解方法。

2.1 反对称阵及其矩阵指数函数

本节介绍三维向量构成的反对称阵概念，从线性代数角度讨论反对称阵及其矩阵指数函数的特性。在 2.2 节将会看到，反对称阵的矩阵指数函数与表示三维空间直角坐标变换的方向余弦阵之间有着十分密切的关系。

2.1.1 反对称阵

两个三维列向量 $\boldsymbol{V}_1=[V_{1x}\quad V_{1y}\quad V_{1z}]^{\mathrm{T}}$ 和 $\boldsymbol{V}_2=[V_{2x}\quad V_{2y}\quad V_{2z}]^{\mathrm{T}}$ 之间的叉乘积(外积)，可利用行列式计算规则表示为

$$\boldsymbol{V}_1\times\boldsymbol{V}_2=\begin{vmatrix}\boldsymbol{i} & \boldsymbol{j} & \boldsymbol{k}\\ V_{1x} & V_{1y} & V_{1z}\\ V_{2x} & V_{2y} & V_{2z}\end{vmatrix}=\begin{bmatrix}V_{1y}V_{2z}-V_{1z}V_{2y}\\ -(V_{1x}V_{2z}-V_{1z}V_{2x})\\ V_{1x}V_{2y}-V_{1y}V_{2x}\end{bmatrix}\tag{2.1.1}$$

式中：$\boldsymbol{i},\boldsymbol{j}$ 和 $\boldsymbol{k}$ 分别为直角坐标系三个坐标轴向的单位向量。

若计算由向量 $\boldsymbol{V}_1$ 中各元素构造的某种特殊矩阵与向量 $\boldsymbol{V}_2$ 之间的矩阵乘法，可得

$$\begin{bmatrix}0 & -V_{1z} & V_{1y}\\ V_{1z} & 0 & -V_{1x}\\ -V_{1y} & V_{1x} & 0\end{bmatrix}\begin{bmatrix}V_{2x}\\ V_{2y}\\ V_{2z}\end{bmatrix}=\begin{bmatrix}V_{1y}V_{2z}-V_{1z}V_{2y}\\ -(V_{1x}V_{2z}-V_{1z}V_{2x})\\ V_{1x}V_{2y}-V_{1y}V_{2x}\end{bmatrix}\tag{2.1.2}$$

比较式(2.1.1) 与式(2.1.2)，容易发现它们的右端结果相同，因此，可记式(2.1.2) 左端的特殊矩阵表示如下：

$$(\boldsymbol{V}\times)=\begin{bmatrix}0 & -V_z & V_y\\ V_z & 0 & -V_x\\ -V_y & V_x & 0\end{bmatrix}\tag{2.1.3}$$

易知，$(\boldsymbol{V}\times)$ 是反对称阵，即满足 $(\boldsymbol{V}\times)=-(\boldsymbol{V}\times)^{\mathrm{T}}$。后面将 $(\boldsymbol{V}\times)$ 记为由三维向量 $\boldsymbol{V}=[V_x\quad V_y\quad V_z]^{\mathrm{T}}$ 构成的反对称阵(或斜对称阵，skew symmetric matrix)。引入三维向量的反

对称阵概念后，两向量之间的叉乘运算可等价表示为前一向量的反对称阵与后一向量之间的矩阵乘法运算，亦即

$$\boldsymbol{V}_1 \times \boldsymbol{V}_2 = (\boldsymbol{V}_1 \times)\boldsymbol{V}_2 \tag{2.1.4}$$

以后会看到，这一简单改写方式会在许多场合带来很大的书写便利。

如果 $\boldsymbol{V}$ 是实向量(以后在涉及反对称阵时未特别说明均作此假设)，显然有

$$(\boldsymbol{V}\times)^{\mathrm{H}} = (\boldsymbol{V}\times)^{\mathrm{T}} = -(\boldsymbol{V}\times) \tag{2.1.5}$$

其中，右上角标“H”表示 Hermite 转置，即共轭转置。

不难验证下式成立：

$$(\boldsymbol{V}\times)^{\mathrm{H}}(\boldsymbol{V}\times) = (\boldsymbol{V}\times)(\boldsymbol{V}\times)^{\mathrm{H}} = \begin{bmatrix} V_y^2+V_z^2 & -V_xV_y & -V_xV_z \\ -V_xV_y & V_x^2+V_z^2 & -V_yV_z \\ -V_xV_z & -V_yV_z & V_x^2+V_y^2 \end{bmatrix} \tag{2.1.6}$$

可见，反对称阵$(\boldsymbol{V}\times)$是正规矩阵(normal matrix)。根据矩阵理论知，正规矩阵总可以酉相似于对角阵，且不同特征值对应的特征向量两两正交。下面求解$(\boldsymbol{V}\times)$与对角阵之间的相似变换关系。

首先，计算$(\boldsymbol{V}\times)$的特征多项式，可得

$$f(\lambda) = \det[\lambda\boldsymbol{I} - (\boldsymbol{V}\times)] = \begin{vmatrix} \lambda & V_z & -V_y \\ -V_z & \lambda & V_x \\ V_y & -V_x & \lambda \end{vmatrix} =$$

$$\lambda(\lambda^2+V_x^2) - V_z(-\lambda V_z - V_xV_y) - V_y(V_xV_z - \lambda V_y) =$$

$$\lambda^3 + (V_x^2+V_y^2+V_z^2)\lambda = \lambda^3 + \upsilon^2\lambda \tag{2.1.7}$$

式中：$\upsilon = |\boldsymbol{V}| = \sqrt{V_x^2+V_y^2+V_z^2}$ 是向量 $\boldsymbol{V}$ 的模值。

令特征多项式 $f(\lambda)=0$，可解得$(\boldsymbol{V}\times)$的三个特征值为

$$\left.\begin{aligned} \lambda_1 &= 0 \\ \lambda_{2,3} &= \pm \mathrm{j}\upsilon \end{aligned}\right\} \tag{2.1.8}$$

当 $V_x^2+V_y^2 \neq 0$ 时，不难求得与式(2.1.8)三个特征值相对应的单位特征向量，分别为

$$\boldsymbol{u}_1 = \frac{1}{\upsilon}\begin{bmatrix} V_x \\ V_y \\ V_z \end{bmatrix} \tag{2.1.9a}$$

$$\boldsymbol{u}_{2,3} = \frac{1}{\upsilon\sqrt{2(V_x^2+V_y^2)}}\begin{bmatrix} -V_xV_z \mp \mathrm{j}\upsilon V_y \\ -V_yV_z \pm \mathrm{j}\upsilon V_x \\ V_x^2+V_y^2 \end{bmatrix} \tag{2.1.9b}$$

而当 $V_x=V_y=0$(甚至 $V_x=V_y=V_z=0$)时，可选择单位正交特征向量如下：

$$\boldsymbol{u}_1 = \begin{bmatrix} 0 \\ 0 \\ 1 \end{bmatrix}, \quad \boldsymbol{u}_{2,3} = \frac{1}{\sqrt{2}}\begin{bmatrix} 1 \\ \mp\mathrm{j} \\ 0 \end{bmatrix} \tag{2.1.10}$$

实际上，反对称阵$(\boldsymbol{V}\times)$的复单位特征向量是不唯一的(见练习题 2)，式(2.1.9)和式(2.1.10)只给出了其中一组。

如记

$$\boldsymbol{U}=[\boldsymbol{u}_1 \quad \boldsymbol{u}_2 \quad \boldsymbol{u}_3] \quad 和 \quad \boldsymbol{\Lambda}=\mathrm{diag}(\lambda_1 \quad \lambda_2 \quad \lambda_3) \tag{2.1.11}$$

可验证有 $\boldsymbol{U}^{\mathrm{H}}\boldsymbol{U}=\boldsymbol{I}$ 成立，因此 $\boldsymbol{U}$ 是酉矩阵。

根据矩阵特征值与特征向量之间的关系，有

$$(\boldsymbol{V}\times)\boldsymbol{U}=\boldsymbol{U}\boldsymbol{\Lambda} \tag{2.1.12}$$

式(2.1.12) 等号两边同时左乘 $\boldsymbol{U}^{-1}$，可得

$$\boldsymbol{\Lambda}=\boldsymbol{U}^{-1}(\boldsymbol{V}\times)\boldsymbol{U} \tag{2.1.13}$$

至此，验证了$(\boldsymbol{V}\times)$ 可酉相似于对角阵，并求得了相应的相似变换矩阵 $\boldsymbol{U}$。

最后，给出反对称阵的幂方公式如下：

$$\begin{aligned}
&(\boldsymbol{V}\times)^1=\upsilon^0(\boldsymbol{V}\times)\\
&(\boldsymbol{V}\times)^2=\boldsymbol{V}\boldsymbol{V}^{\mathrm{T}}-\upsilon^2\boldsymbol{I}=\upsilon^0\ (\boldsymbol{V}\times)^2\\
&(\boldsymbol{V}\times)^3=(\boldsymbol{V}\times)^2(\boldsymbol{V}\times)=(\boldsymbol{V}\boldsymbol{V}^{\mathrm{T}}-\upsilon^2\boldsymbol{I})(\boldsymbol{V}\times)=\boldsymbol{V}\boldsymbol{V}^{\mathrm{T}}(\boldsymbol{V}\times)-\upsilon^2(\boldsymbol{V}\times)=\\
&\qquad\qquad \boldsymbol{V}\cdot\boldsymbol{0}_{1\times3}-\upsilon^2(\boldsymbol{V}\times)=-\upsilon^2(\boldsymbol{V}\times)\\
&(\boldsymbol{V}\times)^4=(\boldsymbol{V}\times)^3(\boldsymbol{V}\times)=-\upsilon^2\ (\boldsymbol{V}\times)^2\\
&(\boldsymbol{V}\times)^5=(\boldsymbol{V}\times)^2\ (\boldsymbol{V}\times)^3=(\boldsymbol{V}\boldsymbol{V}^{\mathrm{T}}-\upsilon^2\boldsymbol{I})[-\upsilon^2(\boldsymbol{V}\times)]=\upsilon^4(\boldsymbol{V}\times)\\
&(\boldsymbol{V}\times)^6=(\boldsymbol{V}\times)^3\ (\boldsymbol{V}\times)^3=[-\upsilon^2(\boldsymbol{V}\times)][-\upsilon^2(\boldsymbol{V}\times)]=\upsilon^4\ (\boldsymbol{V}\times)^2\\
&\cdots\cdots
\end{aligned}$$

总结以上规律，不难写出幂方通式

$$(\boldsymbol{V}\times)^i=\begin{cases}(-1)^{(i-1)/2}\upsilon^{i-1}\ (\boldsymbol{V}\times) & (i=1,3,5,\cdots)\\ (-1)^{(i-2)/2}\upsilon^{i-2}\ (\boldsymbol{V}\times)^2 & (i=2,4,6,\cdots)\end{cases} \tag{2.1.14}$$

2.1.2 反对称阵的矩阵指数函数

根据哈密顿-凯莱(Hamilton－Cayley)定理，矩阵指数函数 $\mathrm{e}^{(\boldsymbol{V}\times)}$ 必定可以展开成$(\boldsymbol{V}\times)$的有限项级数形式，即

$$\mathrm{e}^{(\boldsymbol{V}\times)}=\sum_{i=0}^{\infty}\frac{(\boldsymbol{V}\times)^i}{i!}=k_0\boldsymbol{I}+k_1(\boldsymbol{V}\times)+k_2\ (\boldsymbol{V}\times)^2 \tag{2.1.15}$$

式中：k_0，k_1 和 k_2 为待定系数，下面求解之。

根据式(2.1.13) 和式(2.1.15)，有

$$\begin{aligned}
\mathrm{e}^{\boldsymbol{\Lambda}}=\mathrm{e}^{\boldsymbol{U}^{-1}(\boldsymbol{V}\times)\boldsymbol{U}}=\sum_{i=0}^{\infty}\frac{[\boldsymbol{U}^{-1}(\boldsymbol{V}\times)\boldsymbol{U}]^i}{i!}=\boldsymbol{U}^{-1}\left[\sum_{i=0}^{\infty}\frac{(\boldsymbol{V}\times)^i}{i!}\right]\boldsymbol{U}=\\
\boldsymbol{U}^{-1}\mathrm{e}^{(\boldsymbol{V}\times)}\boldsymbol{U}=\boldsymbol{U}^{-1}[k_0\boldsymbol{I}+k_1(\boldsymbol{V}\times)+k_2\ (\boldsymbol{V}\times)^2]\boldsymbol{U}=\\
k_0\boldsymbol{U}^{-1}\boldsymbol{U}+k_1\boldsymbol{U}^{-1}(\boldsymbol{V}\times)\boldsymbol{U}+k_2\boldsymbol{U}^{-1}(\boldsymbol{V}\times)\boldsymbol{U}\boldsymbol{U}^{-1}(\boldsymbol{V}\times)\boldsymbol{U}=\\
k_0\boldsymbol{I}+k_1\boldsymbol{\Lambda}+k_2\boldsymbol{\Lambda}^2
\end{aligned} \tag{2.1.16}$$

将式(2.1.16) 等号两边矩阵都展开成元素分量形式，可得

$$\begin{bmatrix}\mathrm{e}^{\lambda_1} & 0 & 0\\ 0 & \mathrm{e}^{\lambda_2} & 0\\ 0 & 0 & \mathrm{e}^{\lambda_3}\end{bmatrix}=\begin{bmatrix}k_0+k_1\lambda_1+k_2\lambda_1^2 & 0 & 0\\ 0 & k_0+k_1\lambda_2+k_2\lambda_2^2 & 0\\ 0 & 0 & k_0+k_1\lambda_3+k_2\lambda_3^2\end{bmatrix} \tag{2.1.17}$$

将特征值式(2.1.8) 代入式(2.1.17)，比较两边对角线元素，可得如下方程组：

$$\left.\begin{aligned}
&e^0 = k_0 \\
&e^{jv} = k_0 + k_1(jv) + k_2(jv)^2 \\
&e^{-jv} = k_0 + k_1(-jv) + k_2(-jv)^2
\end{aligned}\right\}$$

即

$$\left.\begin{aligned}
&k_0 = 1 \\
&k_0 + k_1(jv) - k_2 v^2 = \cos v + j\sin v \\
&k_0 - k_1(jv) - k_2 v^2 = \cos v - j\sin v
\end{aligned}\right\} \tag{2.1.18}$$

从式(2.1.18)可解得待定系数为

$$\left.\begin{aligned}
&k_0 = 1 \\
&k_1 = \frac{\sin v}{v} \\
&k_2 = \frac{1-\cos v}{v^2}
\end{aligned}\right\} \tag{2.1.19}$$

再将这些待定系数重新代回式(2.1.15)，得反对称阵的矩阵函数求解公式为

$$e^{(\boldsymbol{V}\times)} = \boldsymbol{I} + \frac{\sin v}{v}(\boldsymbol{V}\times) + \frac{1-\cos v}{v^2}(\boldsymbol{V}\times)^2 \tag{2.1.20}$$

实际上，若直接将式(2.1.14)代入式(2.1.15)的求和符号中，亦可求得式(2.1.20)，即

$$\begin{aligned}
e^{(\boldsymbol{V}\times)} = &\sum_{i=0}^{\infty}\frac{(\boldsymbol{V}\times)^i}{i!} = (\boldsymbol{V}\times)^0 + \frac{1}{1!}(\boldsymbol{V}\times)^1 + \frac{1}{2!}(\boldsymbol{V}\times)^2 + \frac{1}{3!}(\boldsymbol{V}\times)^3 + \frac{1}{4!}(\boldsymbol{V}\times)^4 + \cdots = \\
&(\boldsymbol{V}\times)^0 + \left[\frac{1}{1!}(\boldsymbol{V}\times)^1 + \frac{1}{3!}(\boldsymbol{V}\times)^3 + \frac{1}{5!}(\boldsymbol{V}\times)^5 + \cdots\right] + \\
&\left[\frac{1}{2!}(\boldsymbol{V}\times)^2 + \frac{1}{4!}(\boldsymbol{V}\times)^4 + \frac{1}{6!}(\boldsymbol{V}\times)^6 + \cdots\right] = \\
&(\boldsymbol{V}\times)^0 + \left[\frac{1}{1!}(\boldsymbol{V}\times) - \frac{v^2}{3!}(\boldsymbol{V}\times) + \frac{v^4}{5!}(\boldsymbol{V}\times) + \cdots\right] + \\
&\left[\frac{1}{2!}(\boldsymbol{V}\times)^2 - \frac{v^2}{4!}(\boldsymbol{V}\times)^2 + \frac{v^4}{6!}(\boldsymbol{V}\times)^2 + \cdots\right] = \\
&\boldsymbol{I} + \frac{\sin v}{v}(\boldsymbol{V}\times) + \frac{1-\cos v}{v^2}(\boldsymbol{V}\times)^2
\end{aligned} \tag{2.1.21}$$

此外，在式(2.1.16)中有 $e^{\boldsymbol{\Lambda}} = \boldsymbol{U}^{-1}e^{(\boldsymbol{V}\times)}\boldsymbol{U}$，据此可得

$$e^{(\boldsymbol{V}\times)}\boldsymbol{U} = \boldsymbol{U}e^{\boldsymbol{\Lambda}} = \begin{bmatrix} e^{\lambda_1}\boldsymbol{u}_1 & e^{\lambda_2}\boldsymbol{u}_2 & e^{\lambda_3}\boldsymbol{u}_3 \end{bmatrix} \tag{2.1.22}$$

对比式(2.1.22)与式(2.1.12)，可知 $e^{(\boldsymbol{V}\times)}$ 与反对称阵 $(\boldsymbol{V}\times)$ 具有相同的特征向量，它们均为矩阵 $\boldsymbol{U}$ 的列向量，并且矩阵函数 $e^{(\boldsymbol{V}\times)}$ 与对角阵 $e^{\boldsymbol{\Lambda}}$ 具有相同的特征值，分别为

$$\left.\begin{aligned}
&\lambda'_1 = e^{\lambda_1} = e^0 = 1 \\
&\lambda'_2 = e^{\lambda_2} = e^{jv} = \cos v + j\sin v \\
&\lambda'_3 = e^{\lambda_3} = e^{-jv} = \cos v - j\sin v
\end{aligned}\right\} \tag{2.1.23}$$

根据以上特征值，易知有 $(e^{\boldsymbol{\Lambda}})^{\mathrm{H}}e^{\boldsymbol{\Lambda}} = \boldsymbol{I}$ 成立，所以 $e^{\boldsymbol{\Lambda}}$ 是酉矩阵。由于多个酉矩阵之乘积仍然是酉矩阵，可知 $e^{(\boldsymbol{V}\times)} = \boldsymbol{U}e^{\boldsymbol{\Lambda}}\boldsymbol{U}^{-1}$ 也是酉矩阵。式(2.1.20)表明，若 $\boldsymbol{V}$ 是实向量，则 $e^{(\boldsymbol{V}\times)}$ 必定是实矩阵，所以 $e^{(\boldsymbol{V}\times)}$ 必定是单位正交阵，这一点亦可证明如下：

$$[e^{(\boldsymbol{V}\times)}]^{\mathrm{T}}e^{(\boldsymbol{V}\times)} = \left[\boldsymbol{I} + \frac{\sin v}{v}(\boldsymbol{V}\times) + \frac{1-\cos v}{v^2}(\boldsymbol{V}\times)^2\right]^{\mathrm{T}}e^{(\boldsymbol{V}\times)} =$$

$$\left\{\boldsymbol{I}+\frac{\sin\upsilon}{\upsilon}(\boldsymbol{V}\times)^{\mathrm{T}}+\frac{1-\cos\upsilon}{\upsilon^2}[(\boldsymbol{V}\times)^2]^{\mathrm{T}}\right\}\mathrm{e}^{(\boldsymbol{V}\times)}=$$
$$\left[\boldsymbol{I}+\frac{\sin\upsilon}{\upsilon}(-\boldsymbol{V}\times)+\frac{1-\cos\upsilon}{\upsilon^2}(-\boldsymbol{V}\times)^2\right]\mathrm{e}^{(\boldsymbol{V}\times)}=$$
$$\mathrm{e}^{(-\boldsymbol{V}\times)}\mathrm{e}^{(\boldsymbol{V}\times)}=\boldsymbol{I} \tag{2.1.24}$$

需要指出的是，由于 $\det(\mathrm{e}^{(\boldsymbol{V}\times)})=\mathrm{e}^{\mathrm{tr}(\boldsymbol{V}\times)}=\mathrm{e}^0=1$，所以，在所有三阶单位正交阵中只有行列式为 1 者才可以表示成 $\mathrm{e}^{(\boldsymbol{V}\times)}$ 的形式。事实上，行列式为 1 的单位正交阵可称为右手直角坐标变换矩阵；反之，行列式为 −1 者可称其为左手矩阵。

2.2 方向余弦阵与等效旋转矢量

两个直角坐标系之间的旋转变换关系可用方向余弦阵描述。欧拉转动定理(Euler's rotation theorem)表明，刚体(可视为直角坐标系)从一个角位置到另一个角位置的任意转动总能够等效于绕某一固定轴的一次转动，实际上这一固定轴与转角一起就构成了等效旋转矢量的概念。

2.2.1 方向余弦阵

若用 $\boldsymbol{i}_b,\boldsymbol{j}_b$ 和 $\boldsymbol{k}_b$ 分别表示直角坐标系 $ox_by_bz_b$(b 系) 坐标轴上的单位矢量，而用 $\boldsymbol{i}_i,\boldsymbol{j}_i$ 和 $\boldsymbol{k}_i$ 表示 $ox_iy_iz_i$(i 系) 坐标轴向的单位矢量，则 $\boldsymbol{i}_b,\boldsymbol{j}_b,\boldsymbol{k}_b$ 可分别用 $\boldsymbol{i}_i,\boldsymbol{j}_i,\boldsymbol{k}_i$ 表示为

$$\left.\begin{aligned}\boldsymbol{i}_b&=(\boldsymbol{i}_b\cdot\boldsymbol{i}_i)\boldsymbol{i}_i+(\boldsymbol{i}_b\cdot\boldsymbol{j}_i)\boldsymbol{j}_i+(\boldsymbol{i}_b\cdot\boldsymbol{k}_i)\boldsymbol{k}_i\\\boldsymbol{j}_b&=(\boldsymbol{j}_b\cdot\boldsymbol{i}_i)\boldsymbol{i}_i+(\boldsymbol{j}_b\cdot\boldsymbol{j}_i)\boldsymbol{j}_i+(\boldsymbol{j}_b\cdot\boldsymbol{k}_i)\boldsymbol{k}_i\\\boldsymbol{k}_b&=(\boldsymbol{k}_b\cdot\boldsymbol{i}_i)\boldsymbol{i}_i+(\boldsymbol{k}_b\cdot\boldsymbol{j}_i)\boldsymbol{j}_i+(\boldsymbol{k}_b\cdot\boldsymbol{k}_i)\boldsymbol{k}_i\end{aligned}\right\} \tag{2.2.1}$$

式中："•"表示矢量点乘运算(内积)。实际上，式(2.2.1)表示的正是两直角坐标系之间的基变换公式，将其改写成矩阵的方式，即

$$[\boldsymbol{i}_b\quad\boldsymbol{j}_b\quad\boldsymbol{k}_b]=[\boldsymbol{i}_i\quad\boldsymbol{j}_i\quad\boldsymbol{k}_i]\begin{bmatrix}\boldsymbol{i}_b\cdot\boldsymbol{i}_i&\boldsymbol{j}_b\cdot\boldsymbol{i}_i&\boldsymbol{k}_b\cdot\boldsymbol{i}_i\\\boldsymbol{i}_b\cdot\boldsymbol{j}_i&\boldsymbol{j}_b\cdot\boldsymbol{j}_i&\boldsymbol{k}_b\cdot\boldsymbol{j}_i\\\boldsymbol{i}_b\cdot\boldsymbol{k}_i&\boldsymbol{j}_b\cdot\boldsymbol{k}_i&\boldsymbol{k}_b\cdot\boldsymbol{k}_i\end{bmatrix}=[\boldsymbol{i}_i\quad\boldsymbol{j}_i\quad\boldsymbol{k}_i]\boldsymbol{P} \tag{2.2.2}$$

式中：$\boldsymbol{P}$ 为从 i 系到 b 系的过渡矩阵(或称从 i 系到 b 系的坐标系 / 基变换矩阵)，即

$$\boldsymbol{P}=\begin{bmatrix}\boldsymbol{i}_b\cdot\boldsymbol{i}_i&\boldsymbol{j}_b\cdot\boldsymbol{i}_i&\boldsymbol{k}_b\cdot\boldsymbol{i}_i\\\boldsymbol{i}_b\cdot\boldsymbol{j}_i&\boldsymbol{j}_b\cdot\boldsymbol{j}_i&\boldsymbol{k}_b\cdot\boldsymbol{j}_i\\\boldsymbol{i}_b\cdot\boldsymbol{k}_i&\boldsymbol{j}_b\cdot\boldsymbol{k}_i&\boldsymbol{k}_b\cdot\boldsymbol{k}_i\end{bmatrix} \tag{2.2.3}$$

假设有一个三维矢量 $\boldsymbol{V}$，它在 i 系和 b 系下的投影坐标分别为

$$\boldsymbol{V}^i=\begin{bmatrix}V_x^i\\V_y^i\\V_z^i\end{bmatrix}\quad 和\quad \boldsymbol{V}^b=\begin{bmatrix}V_x^b\\V_y^b\\V_z^b\end{bmatrix}$$

若用投影表示法，有

$$\boldsymbol{V}=V_x^i\boldsymbol{i}_i+V_y^i\boldsymbol{j}_i+V_z^i\boldsymbol{k}_i=V_x^b\boldsymbol{i}_b+V_y^b\boldsymbol{j}_b+V_z^b\boldsymbol{k}_b \tag{2.2.4}$$

而若用坐标表示法，则有

$$[\boldsymbol{i}_i \quad \boldsymbol{j}_i \quad \boldsymbol{k}_i]\begin{bmatrix}V_x^i\\V_y^i\\V_z^i\end{bmatrix}=[\boldsymbol{i}_b \quad \boldsymbol{j}_b \quad \boldsymbol{k}_b]\begin{bmatrix}V_x^b\\V_y^b\\V_z^b\end{bmatrix} \tag{2.2.5}$$

将式(2.2.2)代入式(2.2.5)的右端,可得

$$[\boldsymbol{i}_i \quad \boldsymbol{j}_i \quad \boldsymbol{k}_i]\begin{bmatrix}V_x^i\\V_y^i\\V_z^i\end{bmatrix}=[\boldsymbol{i}_i \quad \boldsymbol{j}_i \quad \boldsymbol{k}_i]\boldsymbol{P}\begin{bmatrix}V_x^b\\V_y^b\\V_z^b\end{bmatrix} \tag{2.2.6}$$

从而有

$$\begin{bmatrix}V_x^i\\V_y^i\\V_z^i\end{bmatrix}=\boldsymbol{P}\begin{bmatrix}V_x^b\\V_y^b\\V_z^b\end{bmatrix} \quad 即 \quad \boldsymbol{V}^i=\boldsymbol{P}\boldsymbol{V}^b=\boldsymbol{C}_b^i\boldsymbol{V}^b \tag{2.2.7}$$

式中:记 $\boldsymbol{C}_b^i=\boldsymbol{P}$ 为从 b 系到 i 系的坐标变换矩阵,也就是从 i 系到 b 系的坐标系变换矩阵(或过渡矩阵)。特别提示:前半句说的是“坐标变换”,而后半句说的是“坐标系变换”,注意两者说法的区别。

从几何含义上,不难验证过渡矩阵 $\boldsymbol{P}$ 是单位正交阵(即有 $\boldsymbol{P}^{\mathrm{T}}\boldsymbol{P}=\boldsymbol{I}$),比如对于式(2.2.3)中的第一行向量 $[\boldsymbol{i}_b\cdot\boldsymbol{i}_i \quad \boldsymbol{j}_b\cdot\boldsymbol{i}_i \quad \boldsymbol{k}_b\cdot\boldsymbol{i}_i]$,它表示 i 系坐标轴单位矢量 $\boldsymbol{i}_i$ 在 b 系的投影,可记为 $(\boldsymbol{i}_i)^b$,显然有 $|(\boldsymbol{i}_i)^b|=|\boldsymbol{i}_i|=1$,而第一行向量与第二行向量之点乘为

$$[\boldsymbol{i}_b\cdot\boldsymbol{i}_i \quad \boldsymbol{j}_b\cdot\boldsymbol{i}_i \quad \boldsymbol{k}_b\cdot\boldsymbol{i}_i]\cdot[\boldsymbol{i}_b\cdot\boldsymbol{j}_i \quad \boldsymbol{j}_b\cdot\boldsymbol{j}_i \quad \boldsymbol{k}_b\cdot\boldsymbol{j}_i]=(\boldsymbol{i}_i)^b\cdot(\boldsymbol{j}_i)^b=\boldsymbol{i}_i\cdot\boldsymbol{j}_i=0$$

同理,可验证 $\boldsymbol{P}$ 中任一行向量为单位向量,且任意两个不同行的向量之间正交。

由于矩阵 $\boldsymbol{C}_b^i=\boldsymbol{P}$ 中的每一个元素均表示两套坐标系(b 系和 i 系)相应坐标轴之间夹角的余弦值,比如 $\boldsymbol{i}_b\cdot\boldsymbol{j}_i$ 表示坐标轴 ox_b 与 oy_i 之间夹角的余弦值,即 $\boldsymbol{i}_b\cdot\boldsymbol{j}_i=\cos(\angle x_b o y_i)$,矩阵 $\boldsymbol{C}_b^i$ 的每一行向量(列向量)给出了 i 系(b 系)坐标轴在 b 系(i 系)中的方向,因此常称 $\boldsymbol{C}_b^i$ 为方向余弦阵(Direction Cosine Matrix, DCM)。

2.2.2　等效旋转矢量

参见图 2.2.1,三维空间中的某矢量 $\boldsymbol{r}$ 绕另一单位矢量 $\boldsymbol{u}$ 转动 ϕ(设 $\phi\geqslant 0$)角度,得矢量 $\boldsymbol{r}'$,以下求解转动前后两矢量 $\boldsymbol{r}$ 与 $\boldsymbol{r}'$ 之间的几何运算关系。

不妨假设矢量 $\boldsymbol{r}$ 和单位矢量 $\boldsymbol{u}$ 具有共同的起始点 O,记 $\boldsymbol{r}$ 的矢端 A 在 $\boldsymbol{u}$ 上的投影为 O'。以 O' 为圆心、$O'A$ 为半径作圆,使 $\boldsymbol{r}'$ 的矢端 A' 也在该圆周上。在圆上取一点 B 使得 $O'B\perp O'A$,则有

$$\overrightarrow{O'B}=\boldsymbol{u}\times\boldsymbol{r} \tag{2.2.8}$$

转动前的矢量 $\boldsymbol{r}$ 相对于单位矢量 $\boldsymbol{u}$ 可分解为平行于 $\boldsymbol{u}$ 的分量 $\boldsymbol{r}_{/\!/}$ 和垂直于 $\boldsymbol{u}$ 的分量 $\boldsymbol{r}_{\perp}$,即

$$\boldsymbol{r}=\overrightarrow{OO'}+\overrightarrow{O'A} \quad 即 \quad \boldsymbol{r}=\boldsymbol{r}_{/\!/}+\boldsymbol{r}_{\perp} \tag{2.2.9}$$

其中

$$\boldsymbol{r}_{/\!/}=(\boldsymbol{r}\cdot\boldsymbol{u})\boldsymbol{u} \tag{2.2.10}$$

$$\boldsymbol{r}_{\perp}=\overrightarrow{O'B}\times\boldsymbol{u}=(\boldsymbol{u}\times\boldsymbol{r})\times\boldsymbol{u} \tag{2.2.11}$$

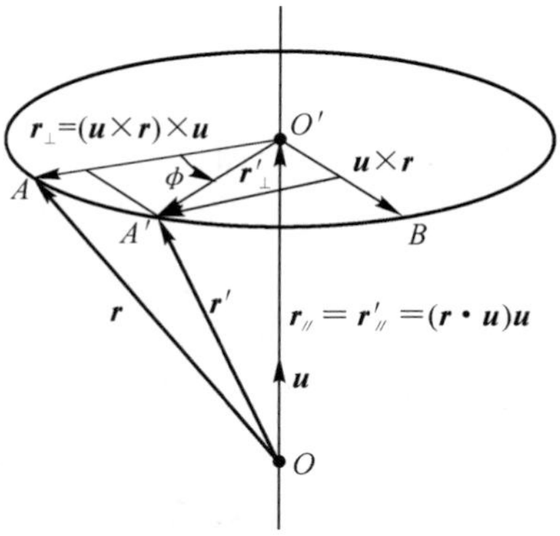

图 2.2.1　等效旋转矢量

同理，转动后的矢量 $\boldsymbol{r}'$ 相对于 $\boldsymbol{u}$ 也可以分解为平行分量 $\boldsymbol{r}'_{/\!/}$ 和垂直分量 $\boldsymbol{r}'_{\perp}$，即

$$\boldsymbol{r}'=\overrightarrow{OO'}+\overrightarrow{O'A'}\quad 即\quad \boldsymbol{r}'=\boldsymbol{r}'_{/\!/}+\boldsymbol{r}'_{\perp}\tag{2.2.12}$$

其中

$$\boldsymbol{r}'_{/\!/}=\boldsymbol{r}_{/\!/}\tag{2.2.13}$$

$$\boldsymbol{r}'_{\perp}=\overrightarrow{O'A}\cos\phi+\overrightarrow{O'B}\sin\phi=(\boldsymbol{u}\times\boldsymbol{r})\times\boldsymbol{u}\cos\phi+\boldsymbol{u}\times\boldsymbol{r}\sin\phi\tag{2.2.14}$$

至此，将式(2.2.10)和式(2.2.14)代入式(2.2.12)，可详细展开为

$$\boldsymbol{r}'=(\boldsymbol{r}\cdot\boldsymbol{u})\boldsymbol{u}+(\boldsymbol{u}\times\boldsymbol{r})\times\boldsymbol{u}\cos\phi+\boldsymbol{u}\times\boldsymbol{r}\sin\phi\tag{2.2.15}$$

此外，由附录 A 三重矢积公式(A.3)，即$(\boldsymbol{V}\cdot\boldsymbol{V}_3)\boldsymbol{V}=\boldsymbol{V}\times(\boldsymbol{V}\times\boldsymbol{V}_3)+\upsilon^2\boldsymbol{V}_3$，可得

$$(\boldsymbol{r}\cdot\boldsymbol{u})\boldsymbol{u}=(\boldsymbol{u}\cdot\boldsymbol{r})\boldsymbol{u}=\boldsymbol{u}\times(\boldsymbol{u}\times\boldsymbol{r})+|\boldsymbol{u}|^2\boldsymbol{r}=[\boldsymbol{I}+(\boldsymbol{u}\times)^2]\boldsymbol{r}\tag{2.2.16}$$

再将式(2.2.16)代入式(2.2.15)，得

$$\begin{aligned}\boldsymbol{r}'=&[\boldsymbol{I}+(\boldsymbol{u}\times)^2]\boldsymbol{r}-(\boldsymbol{u}\times)^2\boldsymbol{r}\cos\phi+\boldsymbol{u}\times\boldsymbol{r}\sin\phi=\\&[\boldsymbol{I}+\sin\phi(\boldsymbol{u}\times)+(1-\cos\phi)(\boldsymbol{u}\times)^2]\boldsymbol{r}=\boldsymbol{D}\boldsymbol{r}\end{aligned}\tag{2.2.17}$$

式中：记

$$\boldsymbol{D}=\boldsymbol{I}+\sin\phi(\boldsymbol{u}\times)+(1-\cos\phi)(\boldsymbol{u}\times)^2\tag{2.2.18}$$

式(2.2.17)称为罗德里格(Rodrigues)旋转公式，它建立了转动前后两矢量 $\boldsymbol{r}$ 与 $\boldsymbol{r}'$ 之间的线性变换关系，该变换是转轴 $\boldsymbol{u}$ 及转角 ϕ 的函数。

直角坐标系上存在三个坐标轴向单位矢量，也可对它们实施旋转操作。假设有动坐标系(b 系)与参考坐标系(i 系)，两坐标系在起始时刻重合，接着 b 系相对于 i 系作定轴转动，即绕通过原点的单位矢量 $\boldsymbol{u}$ 转动了 ϕ 角，也就是说，i 系坐标轴的单位矢量 $\boldsymbol{i}_i,\boldsymbol{j}_i,\boldsymbol{k}_i$ 同时绕 $\boldsymbol{u}$ 转动 ϕ 角分别得到 b 系坐标轴的单位矢量 $\boldsymbol{i}_b,\boldsymbol{j}_b,\boldsymbol{k}_b$。根据式(2.2.17)，可得两坐标轴单位矢量之间的变换关系为

$$\begin{cases}\boldsymbol{i}_b=\boldsymbol{D}\boldsymbol{i}_i\\\boldsymbol{j}_b=\boldsymbol{D}\boldsymbol{j}_i\\\boldsymbol{k}_b=\boldsymbol{D}\boldsymbol{k}_i\end{cases}\quad 即\quad [\boldsymbol{i}_b\quad\boldsymbol{j}_b\quad\boldsymbol{k}_b]=\boldsymbol{D}[\boldsymbol{i}_i\quad\boldsymbol{j}_i\quad\boldsymbol{k}_i]\tag{2.2.19}$$

若将 $\boldsymbol{i}_b,\boldsymbol{j}_b,\boldsymbol{k}_b$ 和 $\boldsymbol{i}_i,\boldsymbol{j}_i,\boldsymbol{k}_i$ 同时在 i 系下投影，则有

$$[\boldsymbol{i}_b^i\quad\boldsymbol{j}_b^i\quad\boldsymbol{k}_b^i]=\boldsymbol{D}[\boldsymbol{i}_i^i\quad\boldsymbol{j}_i^i\quad\boldsymbol{k}_i^i]\quad 即\quad [\boldsymbol{i}_b^i\quad\boldsymbol{j}_b^i\quad\boldsymbol{k}_b^i]=\boldsymbol{D}\tag{2.2.20}$$

其中

$$\boldsymbol{i}_i^i=\begin{bmatrix}1\\0\\0\end{bmatrix},\quad\boldsymbol{j}_i^i=\begin{bmatrix}0\\1\\0\end{bmatrix},\quad\boldsymbol{k}_i^i=\begin{bmatrix}0\\0\\1\end{bmatrix}$$

同理，若将式(2.2.2)，即$[\boldsymbol{i}_b\quad\boldsymbol{j}_b\quad\boldsymbol{k}_b]=[\boldsymbol{i}_i\quad\boldsymbol{j}_i\quad\boldsymbol{k}_i]\boldsymbol{P}$ 也在 i 系下投影，则可得

$$[\boldsymbol{i}_b^i\quad\boldsymbol{j}_b^i\quad\boldsymbol{k}_b^i]=\boldsymbol{P}\tag{2.2.21}$$

比较式(2.2.20)和式(2.2.21)，立即知 $\boldsymbol{P}=\boldsymbol{D}$。这表明，矩阵 $\boldsymbol{D}$ 正好是从参考坐标系(i 系)到动坐标系(b 系)的过渡矩阵，它也是从 b 系到 i 系的坐标变换矩阵，因此，可重新记式(2.2.18)为方向余弦阵：

$$\boldsymbol{C}_b^i=\boldsymbol{I}+\sin\phi(\boldsymbol{u}\times)+(1-\cos\phi)(\boldsymbol{u}\times)^2\tag{2.2.22}$$

进一步，若记 $\boldsymbol{\phi}=\phi\boldsymbol{u}$ 和 $\phi=|\boldsymbol{\phi}|$，则有 $\boldsymbol{u}=\boldsymbol{\phi}/\phi$，将其代入式(2.2.22)，可得

$$\boldsymbol{C}_b^i=\boldsymbol{I}+\frac{\sin\phi}{\phi}(\boldsymbol{\phi}\times)+\frac{1-\cos\phi}{\phi^2}(\boldsymbol{\phi}\times)^2\tag{2.2.23}$$

这里 $\boldsymbol{\phi}$ 称为等效旋转矢量（equivalent Rotation Vector，RV，简称旋转矢量），根据图 2.2.1，等效旋转矢量的矢量方向表示转轴方向，而模值大小表示旋转角度大小。从转动的物理含义上看，$(\phi \pm 2k\pi)\boldsymbol{u}(k=0,1,2,\cdots)$ 表示的是相同的转动，这可通过将其代入式(2.2.23) 进行验证，即 $\boldsymbol{C}_b^i$ 与 k 的取值无关。如果限定转角的取值范围 $0 \leqslant \phi < 2\pi$，则等效旋转矢量和方向余弦阵之间存在一一对应关系。从坐标系的定轴转动中可以看出，等效旋转矢量（或单位转轴）是一种比较特殊的矢量，它在 i 系和 b 系下的坐标值完全相等，即有 $\boldsymbol{\phi}^i = \boldsymbol{C}_b^i \boldsymbol{\phi}^b = \boldsymbol{\phi}^b$（或 $\boldsymbol{u}^i = \boldsymbol{u}^b$）。有时为了更加明确地显示动坐标系 b 系相对于参考系 i 系的转动关系，可利用右下角标进行标注，比如 $\boldsymbol{\phi}_{ib}^b$（或 $\boldsymbol{u}_{ib}^b$）。

将式(2.2.23) 与向量反对称阵的矩阵函数式(2.1.20) 进行对比，可看出两者形式上完全一致，这说明式(2.1.20) 中三维向量具有等效旋转矢量的物理含义。根据式(2.1.22) 和式(2.1.23) 还可以看出，方向余弦阵的一个特征值恒为 $1(\lambda_1'=1)$，与其对应的单位特征向量($\boldsymbol{u}_1$) 表示转轴方向；方向余弦阵的另外两个共轭特征值(λ_2' 和 λ_3') 即为等效旋转矢量模值的幂指函数 $\mathrm{e}^{\pm \mathrm{j}\phi}$，特征值的幅角 ϕ 表示等效旋转矢量的转角大小。

若将方向余弦阵 $\boldsymbol{C}_b^i$ 看作是等效旋转矢量 $\boldsymbol{\phi}$ 的函数，可简记为

$$\boldsymbol{C}_b^i = \boldsymbol{M}_{\mathrm{RV}}(\boldsymbol{\phi}) \tag{2.2.24}$$

并且有

$$\boldsymbol{C}_i^b = (\boldsymbol{C}_b^i)^{\mathrm{T}} = \boldsymbol{M}_{\mathrm{RV}}(-\boldsymbol{\phi}) \tag{2.2.25}$$

特别地，若分别取 $\boldsymbol{\phi}_1 = \alpha\begin{bmatrix}1 & 0 & 0\end{bmatrix}^{\mathrm{T}}$，$\boldsymbol{\phi}_2 = \beta\begin{bmatrix}0 & 1 & 0\end{bmatrix}^{\mathrm{T}}$ 和 $\boldsymbol{\phi}_3 = \gamma\begin{bmatrix}0 & 0 & 1\end{bmatrix}^{\mathrm{T}}$，则有

$$\boldsymbol{C}_b^i(\boldsymbol{\phi}_1) = \boldsymbol{M}_{\mathrm{RV}}(\boldsymbol{\phi}_1) =$$

$$\boldsymbol{I} + \sin\alpha\begin{bmatrix}0 & 0 & 0\\0 & 0 & -1\\0 & 1 & 0\end{bmatrix} + (1-\cos\alpha)\begin{bmatrix}0 & 0 & 0\\0 & 0 & -1\\0 & 1 & 0\end{bmatrix}^2 = \begin{bmatrix}1 & 0 & 0\\0 & \cos\alpha & -\sin\alpha\\0 & \sin\alpha & \cos\alpha\end{bmatrix} \tag{2.2.26a}$$

$$\boldsymbol{C}_b^i(\boldsymbol{\phi}_2) = \boldsymbol{M}_{\mathrm{RV}}(\boldsymbol{\phi}_2) =$$

$$\boldsymbol{I} + \sin\beta\begin{bmatrix}0 & 0 & 1\\0 & 0 & 0\\-1 & 0 & 0\end{bmatrix} + (1-\cos\beta)\begin{bmatrix}0 & 0 & 1\\0 & 0 & 0\\-1 & 0 & 0\end{bmatrix}^2 = \begin{bmatrix}\cos\beta & 0 & \sin\beta\\0 & 1 & 0\\-\sin\beta & 0 & \cos\beta\end{bmatrix} \tag{2.2.26b}$$

$$\boldsymbol{C}_b^i(\boldsymbol{\phi}_3) = \boldsymbol{M}_{\mathrm{RV}}(\boldsymbol{\phi}_3) =$$

$$\boldsymbol{I} + \sin\gamma\begin{bmatrix}0 & -1 & 0\\1 & 0 & 0\\0 & 0 & 0\end{bmatrix} + (1-\cos\gamma)\begin{bmatrix}0 & -1 & 0\\1 & 0 & 0\\0 & 0 & 0\end{bmatrix}^2 = \begin{bmatrix}\cos\gamma & -\sin\gamma & 0\\\sin\gamma & \cos\gamma & 0\\0 & 0 & 1\end{bmatrix} \tag{2.2.26c}$$

上述三式称为以坐标轴为旋转轴的基本转动矩阵，或称 Givens 矩阵或初等旋转矩阵，空间的任意转动都可以由三次基本转动合成，参见附录 B。

由等效旋转矢量与方向余弦阵之间的一一对应关系可知，方向余弦阵虽然含有 9 个元素，但它只有 3 个独立参数，包含了 6 个约束条件，即行向量之间两两正交(3 个) 及每个行向量模值均为 1(3 个)。3 个独立参数即为 3 个自由度，这与三维空间中的转动自由度数目是一致的。

最后，给出由方向余弦阵 $\boldsymbol{C}_b^i$ 求解相应等效旋转矢量 $\boldsymbol{\phi}$ 的方法。根据式(2.1.23) 和式(2.2.23) 可分别得

$$\lambda_1' + \lambda_2' + \lambda_3' = 1 + 2\cos\upsilon \quad 即 \quad \mathrm{tr}(\boldsymbol{C}_b^i) = 1 + 2\cos\phi \tag{2.2.27a}$$

$$\boldsymbol{C}_b^i-(\boldsymbol{C}_b^i)^{\mathrm{T}}=2\,\frac{\sin\phi}{\phi}(\boldsymbol{\phi}\times) \tag{2.2.27b}$$

因而可解得

$$\phi=\arccos\frac{\mathrm{tr}(\boldsymbol{C}_b^i)-1}{2} \tag{2.2.28a}$$

$$(\boldsymbol{\phi}\times)=\frac{\phi}{2\sin\phi}[\boldsymbol{C}_b^i-(\boldsymbol{C}_b^i)^{\mathrm{T}}]\quad 即\quad \boldsymbol{\phi}=\frac{\phi}{2\sin\phi}\begin{bmatrix}C_{32}-C_{23}\\C_{13}-C_{31}\\C_{21}-C_{12}\end{bmatrix} \tag{2.2.28b}$$

其中，C_{ij} 为方向余弦阵 $\boldsymbol{C}_b^i$ 的第 i 行 j 列元素。

由式(2.2.28)还可进一步得

$$\phi=\arccos\frac{C_{11}+C_{22}+C_{33}-1}{2} \tag{2.2.29a}$$

$$\boldsymbol{u}=\frac{1}{2\sin\phi}\begin{bmatrix}C_{32}-C_{23}\\C_{13}-C_{31}\\C_{21}-C_{12}\end{bmatrix}=\frac{1}{\mu}\begin{bmatrix}C_{32}-C_{23}\\C_{13}-C_{31}\\C_{21}-C_{12}\end{bmatrix} \tag{2.2.29b}$$

式中：$\mu=2\sin\phi=\sqrt{(C_{32}-C_{23})^2+(C_{13}-C_{31})^2+(C_{21}-C_{12})^2}$。

由式(2.2.29)可知，等效旋转矢量的转角 ϕ 仅与方向余弦阵 $\boldsymbol{C}_b^i$ 的对角线元素有关，而单位转轴 $\boldsymbol{u}$ 仅与 $\boldsymbol{C}_b^i$ 的非对角线元素有关。上述等效旋转矢量求解方法比根据矩阵的特征值和特征向量进行计算更加简单。

2.3　方向余弦阵微分方程及其求解

根据三维空间矢量转动的物理含义建立方向余弦阵微分方程，它是关于转动角速度的线性时变矩阵方程，一般情况下无法求得初等闭合解。本节将介绍转动不可交换性这一重要物理概念，它在数学上与矩阵乘法不可交换的特点是完全等价的。

2.3.1　方向余弦阵微分方程

假设动坐标系(b 系)和参考坐标系(i 系)具有共同的原点，b 系相对于 i 系转动的角速度为 $\boldsymbol{\omega}_{ib}$，从 i 系到 b 系的坐标系变换矩阵记为 $\boldsymbol{C}_b^i$，它是时变矩阵，再假设在 i 系中有一固定矢量 $\boldsymbol{r}$，则固定矢量 $\boldsymbol{r}$ 在两坐标系下投影的转换关系，即坐标变换为

$$\boldsymbol{r}^i=\boldsymbol{C}_b^i\boldsymbol{r}^b \tag{2.3.1}$$

将式(2.3.1)等号两边同时对时间微分，得

$$\dot{\boldsymbol{r}}^i=\boldsymbol{C}_b^i\dot{\boldsymbol{r}}^b+\dot{\boldsymbol{C}}_b^i\boldsymbol{r}^b \tag{2.3.2}$$

注意到，$\boldsymbol{r}$ 是 i 系中的固定矢量，则有 $\dot{\boldsymbol{r}}^i=\boldsymbol{0}$；由于 b 系相对于 i 系的角速度为 $\boldsymbol{\omega}_{ib}$，则在 b 系上观察 $\boldsymbol{r}$ 的角速度应为 $-\boldsymbol{\omega}_{ib}$(或写为 $\boldsymbol{\omega}_{bi}=-\boldsymbol{\omega}_{ib}$)，并且有 $\dot{\boldsymbol{r}}^b=-\boldsymbol{\omega}_{ib}^b\times\boldsymbol{r}^b$，因此式(2.3.2)可化为

$$\boldsymbol{0}=\boldsymbol{C}_b^i(-\boldsymbol{\omega}_{ib}^b\times\boldsymbol{r}^b)+\dot{\boldsymbol{C}}_b^i\boldsymbol{r}^b$$

即

$$\dot{\boldsymbol{C}}_b^i\boldsymbol{r}^b=\boldsymbol{C}_b^i(\boldsymbol{\omega}_{ib}^b\times)\boldsymbol{r}^b \tag{2.3.3}$$

由于式(2.3.3)对于 i 系中的任意固定矢量 $\boldsymbol{r}$ 都成立，任选三个不共面的非零矢量 $\boldsymbol{r}_1$，$\boldsymbol{r}_2$ 和 $\boldsymbol{r}_3$，则有

$$\dot{\boldsymbol{C}}_b^i[\boldsymbol{r}_1^b \quad \boldsymbol{r}_2^b \quad \boldsymbol{r}_3^b]=\boldsymbol{C}_b^i(\boldsymbol{\omega}_{ib}^b\times)[\boldsymbol{r}_1^b \quad \boldsymbol{r}_2^b \quad \boldsymbol{r}_3^b]$$

显然矩阵 $[\boldsymbol{r}_1^b \quad \boldsymbol{r}_2^b \quad \boldsymbol{r}_3^b]$ 可逆，所以必定有

$$\dot{\boldsymbol{C}}_b^i=\boldsymbol{C}_b^i(\boldsymbol{\omega}_{ib}^b\times) \tag{2.3.4}$$

式(2.3.4)便是方向余弦阵微分方程，它建立了动坐标系相对于参考坐标系的方向余弦阵与动坐标系运动角速度之间的动态关系，是由刚体角速度测量实时求解空间姿态的基本方程，或称为姿态阵微分方程。

此外，通过如下矢量变换与运算关系：

$$\boldsymbol{\omega}_{ib}^i\times\boldsymbol{r}^i=(\boldsymbol{C}_b^i\boldsymbol{\omega}_{ib}^b)\times(\boldsymbol{C}_b^i\boldsymbol{r}^b)=\boldsymbol{C}_b^i(\boldsymbol{\omega}_{ib}^b\times\boldsymbol{r}^b)=\boldsymbol{C}_b^i(\boldsymbol{\omega}_{ib}^b\times)\boldsymbol{r}^b=\boldsymbol{C}_b^i(\boldsymbol{\omega}_{ib}^b\times)\boldsymbol{C}_i^b\boldsymbol{r}^i$$

可得反对称阵的相似变换公式为

$$(\boldsymbol{\omega}_{ib}^i\times)=\boldsymbol{C}_b^i(\boldsymbol{\omega}_{ib}^b\times)\boldsymbol{C}_i^b \tag{2.3.5}$$

根据式(2.3.4)和式(2.3.5)，并考虑到 $\boldsymbol{C}_b^i$ 是单位正交阵，即有 $(\boldsymbol{C}_b^i)^{-1}=(\boldsymbol{C}_b^i)^{\mathrm{T}}=\boldsymbol{C}_i^b$，容易证明以下四种方向余弦阵微分方程是相互等价的：

$$\dot{\boldsymbol{C}}_b^i=\boldsymbol{C}_b^i(\boldsymbol{\omega}_{ib}^b\times) \tag{2.3.6a}$$

$$\dot{\boldsymbol{C}}_b^i=(\boldsymbol{\omega}_{ib}^i\times)\boldsymbol{C}_b^i \tag{2.3.6b}$$

$$\dot{\boldsymbol{C}}_i^b=(\boldsymbol{\omega}_{bi}^b\times)\boldsymbol{C}_i^b \tag{2.3.6c}$$

$$\dot{\boldsymbol{C}}_i^b=\boldsymbol{C}_i^b(\boldsymbol{\omega}_{bi}^i\times) \tag{2.3.6d}$$

显然，只需对换式(2.3.6a)中的符号 i 和 b，即可得式(2.3.6d)，式(2.3.6b)与式(2.3.6c)情况也一样。

2.3.2　方向余弦阵微分方程的求解

以下讨论微分方程 $\dot{\boldsymbol{C}}_b^i=\boldsymbol{C}_b^i(\boldsymbol{\omega}_{ib}^b\times)$ 的求解。为了书写简便，略去各量的上、下角标，但明确写出时变量的时间参数，并记反对称阵 $\boldsymbol{\Omega}(t)=[\boldsymbol{\omega}_{ib}^b(t)\times]$，将姿态阵微分方程表示为

$$\dot{\boldsymbol{C}}(t)=\boldsymbol{C}(t)\boldsymbol{\Omega}(t) \tag{2.3.7}$$

显然，这是一个典型的时变系数齐次微分方程，需采用皮卡迭代法（Picard iteration）求解。

首先，对式(2.3.7)在时间段 $[0,t]$ 上积分，得

$$\boldsymbol{C}(t)=\boldsymbol{C}(0)+\int_0^t\boldsymbol{C}(\tau)\boldsymbol{\Omega}(\tau)\mathrm{d}\tau \tag{2.3.8}$$

由于式(2.3.8)等号右边第二项被积函数依然含有待求的 $\boldsymbol{C}(t)$，重复使用其右边整体代入积分号内，第一次代入，可得

$$\begin{aligned}\boldsymbol{C}(t)=&\boldsymbol{C}(0)+\int_0^t\left[\boldsymbol{C}(0)+\int_0^\tau\boldsymbol{C}(\tau_1)\boldsymbol{\Omega}(\tau_1)\mathrm{d}\tau_1\right]\boldsymbol{\Omega}(\tau)\mathrm{d}\tau=\\&\boldsymbol{C}(0)+\int_0^t\boldsymbol{C}(0)\boldsymbol{\Omega}(\tau)\mathrm{d}\tau+\int_0^t\int_0^\tau\boldsymbol{C}(\tau_1)\boldsymbol{\Omega}(\tau_1)\mathrm{d}\tau_1\boldsymbol{\Omega}(\tau)\mathrm{d}\tau=\\&\boldsymbol{C}(0)\left[\boldsymbol{I}+\int_0^t\boldsymbol{\Omega}(\tau)\mathrm{d}\tau\right]+\int_0^t\int_0^\tau\boldsymbol{C}(\tau_1)\boldsymbol{\Omega}(\tau_1)\mathrm{d}\tau_1\boldsymbol{\Omega}(\tau)\mathrm{d}\tau\end{aligned} \tag{2.3.9}$$

第二次代入，可得

$$\boldsymbol{C}(t)=\boldsymbol{C}(0)\left[\boldsymbol{I}+\int_0^t\boldsymbol{\Omega}(\tau)\mathrm{d}\tau+\int_0^t\int_0^\tau\boldsymbol{\Omega}(\tau_1)\mathrm{d}\tau_1\boldsymbol{\Omega}(\tau)\mathrm{d}\tau\right]+$$

$$\int_0^t\int_0^\tau\int_0^{\tau_1}\boldsymbol{C}(\tau_2)\boldsymbol{\Omega}(\tau_2)\mathrm{d}\tau_2\boldsymbol{\Omega}(\tau_1)\mathrm{d}\tau_1\boldsymbol{\Omega}(\tau)\mathrm{d}\tau \tag{2.3.10}$$

依此不断代入，便可得到以无限重积分表示的所谓的毕卡级数（Peano - Baker series）：

$$\boldsymbol{C}(t)=\boldsymbol{C}(0)\left[\boldsymbol{I}+\int_0^t\boldsymbol{\Omega}(\tau)\mathrm{d}\tau+\int_0^t\int_0^\tau\boldsymbol{\Omega}(\tau_1)\mathrm{d}\tau_1\boldsymbol{\Omega}(\tau)\mathrm{d}\tau+\int_0^t\int_0^\tau\int_0^{\tau_1}\boldsymbol{\Omega}(\tau_2)\mathrm{d}\tau_2\boldsymbol{\Omega}(\tau_1)\mathrm{d}\tau_1\boldsymbol{\Omega}(\tau)\mathrm{d}\tau+\cdots\right] \tag{2.3.11}$$

上述级数是收敛的，但一般情况下得不到闭合形式的解（初等解），只有在所谓的定轴转动这一特殊情形下才容易得到闭合解。

考虑时间段$[0,T]$，对于任意时间参数 $t,\tau\in[0,T]$，假设转动角速度满足如下可交换性条件：

$$\boldsymbol{\Omega}(t)\boldsymbol{\Omega}(\tau)=\boldsymbol{\Omega}(\tau)\boldsymbol{\Omega}(t) \tag{2.3.12}$$

则有

$$\int_0^t\boldsymbol{\Omega}(t)\boldsymbol{\Omega}(\tau)\mathrm{d}\tau=\int_0^t\boldsymbol{\Omega}(\tau)\boldsymbol{\Omega}(t)\mathrm{d}\tau$$

即

$$\boldsymbol{\Omega}(t)\int_0^t\boldsymbol{\Omega}(\tau)\mathrm{d}\tau=\int_0^t\boldsymbol{\Omega}(\tau)\mathrm{d}\tau\boldsymbol{\Omega}(t) \tag{2.3.13}$$

现计算以下微分：

$$\begin{aligned}\frac{\mathrm{d}}{\mathrm{d}t}\left[\int_0^t\boldsymbol{\Omega}(\tau)\mathrm{d}\tau\right]^2=\frac{\mathrm{d}}{\mathrm{d}t}\left\{\left[\int_0^t\boldsymbol{\Omega}(\tau)\mathrm{d}\tau\right]\cdot\left[\int_0^t\boldsymbol{\Omega}(\tau)\mathrm{d}\tau\right]\right\}=\\ \boldsymbol{\Omega}(t)\int_0^t\boldsymbol{\Omega}(\tau)\mathrm{d}\tau+\int_0^t\boldsymbol{\Omega}(\tau)\mathrm{d}\tau\boldsymbol{\Omega}(t)=2\int_0^t\boldsymbol{\Omega}(\tau)\mathrm{d}\tau\boldsymbol{\Omega}(t)\end{aligned} \tag{2.3.14}$$

注意，式(2.3.14)的最后一个等号是在式(2.3.12)条件下才能成立的。根据式(2.3.14)，有如下二重积分化单重积分成立：

$$\int_0^t\int_0^\tau\boldsymbol{\Omega}(\tau_1)\mathrm{d}\tau_1\boldsymbol{\Omega}(\tau)\mathrm{d}\tau=\frac{1}{2}\left[\int_0^t\boldsymbol{\Omega}(\tau)\mathrm{d}\tau\right]^2 \tag{2.3.15}$$

同理，有三重积分化单重积分

$$\int_0^t\int_0^\tau\int_0^{\tau_1}\boldsymbol{\Omega}(\tau_2)\mathrm{d}\tau_2\boldsymbol{\Omega}(\tau_1)\mathrm{d}\tau_1\boldsymbol{\Omega}(\tau)\mathrm{d}\tau=\int_0^t\frac{1}{2}\left[\int_0^\tau\boldsymbol{\Omega}(\tau_1)\mathrm{d}\tau_1\right]^2\boldsymbol{\Omega}(\tau)\mathrm{d}\tau=\frac{1}{6}\left[\int_0^t\boldsymbol{\Omega}(\tau)\mathrm{d}\tau\right]^3 \tag{2.3.16}$$

等等。

至此，在可交换性条件式(2.3.12)下，毕卡级数式(2.3.11)才可简化成闭合解形式

$$\begin{aligned}\boldsymbol{C}(t)=\boldsymbol{C}(0)\left\{\boldsymbol{I}+\int_0^t\boldsymbol{\Omega}(\tau)\mathrm{d}\tau+\frac{1}{2!}\left[\int_0^t\boldsymbol{\Omega}(\tau)\mathrm{d}\tau\right]^2+\frac{1}{3!}\left[\int_0^t\boldsymbol{\Omega}(\tau)\mathrm{d}\tau\right]^3+\cdots\right\}=\\ \boldsymbol{C}(0)\mathrm{e}^{\int_0^t\boldsymbol{\Omega}(\tau)\mathrm{d}\tau}\end{aligned} \tag{2.3.17}$$

下面说明可交换性条件式(2.3.12)的物理含义。

设角速度的分量形式为 $\boldsymbol{\omega}(t)=[\omega_{1x}\quad\omega_{1y}\quad\omega_{1z}]^{\mathrm{T}}$ 和 $\boldsymbol{\omega}(\tau)=[\omega_{2x}\quad\omega_{2y}\quad\omega_{2z}]^{\mathrm{T}}$，则有

$$\begin{aligned}\boldsymbol{\Omega}(t)\boldsymbol{\Omega}(\tau)=[\boldsymbol{\omega}(t)\times][\boldsymbol{\omega}(\tau)\times]=\\ \begin{bmatrix}-\omega_{1y}\omega_{2y}-\omega_{1z}\omega_{2z} & \omega_{1y}\omega_{2x} & \omega_{1z}\omega_{2x}\\ \omega_{1x}\omega_{2y} & -\omega_{1x}\omega_{2x}-\omega_{1z}\omega_{2z} & \omega_{1z}\omega_{2y}\\ \omega_{1x}\omega_{2z} & \omega_{1y}\omega_{2z} & -\omega_{1x}\omega_{2x}-\omega_{1y}\omega_{2y}\end{bmatrix}\end{aligned} \tag{2.3.18}$$

$$\boldsymbol{\Omega}(\tau)\boldsymbol{\Omega}(t)=[\boldsymbol{\omega}(\tau)\times][\boldsymbol{\omega}(t)\times]=$$

$$\begin{bmatrix}-\omega_{1y}\omega_{2y}-\omega_{1z}\omega_{2z} & \omega_{2y}\omega_{1x} & \omega_{2z}\omega_{1x}\\ \omega_{2x}\omega_{1y} & -\omega_{1x}\omega_{2x}-\omega_{1z}\omega_{2z} & \omega_{2z}\omega_{1y}\\ \omega_{2x}\omega_{1z} & \omega_{2y}\omega_{1z} & -\omega_{1x}\omega_{2x}-\omega_{1y}\omega_{2y}\end{bmatrix} \tag{2.3.19}$$

令式(2.3.18)与式(2.3.19)两式相等，可解得

$$\left.\begin{aligned}\omega_{1x}\omega_{2y}&=\omega_{2x}\omega_{1y}\\ \omega_{1x}\omega_{2z}&=\omega_{2x}\omega_{1z}\\ \omega_{1y}\omega_{2z}&=\omega_{2y}\omega_{1z}\end{aligned}\right\} \tag{2.3.20}$$

如果式(2.3.20)中所有的角速率分量都不为 0，则有

$$\frac{\omega_{1x}}{\omega_{2x}}=\frac{\omega_{1y}}{\omega_{2y}}=\frac{\omega_{1z}}{\omega_{2z}} \tag{2.3.21}$$

这显示，在时间段$[0,T]$内 b 系相对于 i 系的转动角速度方向始终不变，即为定轴转动；如果式(2.3.20)中某些角速率分量为 0，也容易得出该转动是定轴转动的结论；如果所有角速度分量均为 0，即为静止，它亦可视为是定轴转动的特殊情形。综合上述三种情况，说明闭合解式(2.3.17)只有在定轴转动情形下才能严格成立。

针对时间段$[0,T]$，记角增量 $\boldsymbol{\theta}(T)=\int_0^T\boldsymbol{\omega}(\tau)\mathrm{d}\tau$ 且模值 $\theta(T)=|\boldsymbol{\theta}(T)|$，考虑到矩阵指数函数式(2.1.20)，则有

$$\mathrm{e}^{\int_0^T\boldsymbol{\Omega}(\tau)\mathrm{d}\tau}=\mathrm{e}^{[\boldsymbol{\theta}(T)\times]}=\boldsymbol{I}+\frac{\sin\theta(T)}{\theta(T)}[\boldsymbol{\theta}(T)\times]+\frac{1-\cos\theta(T)}{\theta^2(T)}[\boldsymbol{\theta}(T)\times]^2 \tag{2.3.22}$$

因此，式(2.3.17)在 T 时刻的解可简写为

$$\boldsymbol{C}(T)=\boldsymbol{C}(0)\boldsymbol{C}_T^0 \tag{2.3.23}$$

其中

$$\boldsymbol{C}_T^0=\boldsymbol{I}+\frac{\sin\theta(T)}{\theta(T)}[\boldsymbol{\theta}(T)\times]+\frac{1-\cos\theta(T)}{\theta^2(T)}[\boldsymbol{\theta}(T)\times]^2 \tag{2.3.24}$$

若将时间区间从$[0,T]$更改为$[t_{m-1},t_m]$，且假设已知 t_{m-1} 时刻的捷联惯导姿态阵为 $\boldsymbol{C}_{b(m-1)}^i$，$[t_{m-1},t_m]$时间段的陀螺输出角增量为 $\Delta\boldsymbol{\theta}_m=\int_{t_{m-1}}^{t_m}\boldsymbol{\omega}_{ib}^b(t)\mathrm{d}t$ 且记模值 $\Delta\theta_m=|\Delta\boldsymbol{\theta}_m|$，则求解 t_m 时刻的惯导姿态阵 $\boldsymbol{C}_{b(m)}^i$ 的公式为

$$\boldsymbol{C}_{b(m)}^i=\boldsymbol{C}_{b(m-1)}^i\boldsymbol{C}_{b(m)}^{b(m-1)} \tag{2.3.25}$$

$$\boldsymbol{C}_{b(m)}^{b(m-1)}=\boldsymbol{I}+\frac{\sin\Delta\theta_m}{\Delta\theta_m}(\Delta\boldsymbol{\theta}_m\times)+\frac{1-\cos\Delta\theta_m}{\Delta\theta_m^2}(\Delta\boldsymbol{\theta}_m\times)^2 \tag{2.3.26}$$

式(2.3.25)和式(2.3.26)便是姿态阵离散化更新的递推计算公式。值得注意的是，式(2.3.26)严格成立的前提条件是 b 系在时间$[t_{m-1},t_m]$内必须是定轴转动的，该式与式(2.2.23)相比，两者在形式上完全一致，因此可以认为定轴转动时角增量 $\Delta\boldsymbol{\theta}_m$ 是以 $b(t_{m-1})$ 系为参考的，且是 $b(t_m)$ 系相对于 $b(t_{m-1})$ 系转动的等效旋转矢量；否则，如果可交换性条件不满足，依然简单地利用式(2.3.26)进行计算，将会引起姿态求解的不可交换误差，不可交换性是高维时变系统(时变矩阵微分方程)的普遍特性(参见附录 E.1)。从数学角度来看，转动的不可交换性等价于矩阵乘法的不可交换性；反之，姿态可交换矩阵对应于定轴转动，即若有 $\boldsymbol{C}_1\boldsymbol{C}_2=\boldsymbol{C}_2\boldsymbol{C}_1$，则由 $\boldsymbol{C}_1$ 和 $\boldsymbol{C}_2$ 所蕴含的两转轴之间必定相互平行。

同理，类似于式(2.3.25)和式(2.3.26)，可求得另一种姿态阵微分方程表示形式 $\dot{\boldsymbol{C}}_i^b=(\boldsymbol{\omega}_{bi}^b\times)\boldsymbol{C}_i^b$ 的更新公式为

$$\boldsymbol{C}_i^{b(m)}=\boldsymbol{C}_{b(m-1)}^{b(m)}\boldsymbol{C}_i^{b(m-1)} \tag{2.3.27}$$

$$\begin{aligned}\boldsymbol{C}_{b(m-1)}^{b(m)}&=\boldsymbol{I}+\frac{\sin\Delta\theta'_m}{\Delta\theta'_m}(\Delta\boldsymbol{\theta}'_m\times)+\frac{1-\cos\Delta\theta'_m}{(\Delta\theta'_m)^2}(\Delta\boldsymbol{\theta}'_m\times)^2=\\&\boldsymbol{I}-\frac{\sin\Delta\theta_m}{\Delta\theta_m}(\Delta\boldsymbol{\theta}_m\times)+\frac{1-\cos\Delta\theta_m}{(\Delta\theta_m)^2}(\Delta\boldsymbol{\theta}_m\times)^2\end{aligned} \tag{2.3.28}$$

其中，$\Delta\boldsymbol{\theta}'_m=\int_{t_{m-1}}^{t_m}\boldsymbol{\omega}_{bi}^b(t)\mathrm{d}t=-\int_{t_{m-1}}^{t_m}\boldsymbol{\omega}_{ib}^b(t)\mathrm{d}t=-\Delta\boldsymbol{\theta}_m$，$\Delta\theta'_m=|\Delta\boldsymbol{\theta}'_m|=\Delta\theta_m$。显然，有 $\boldsymbol{C}_{b(m-1)}^{b(m)}=[\boldsymbol{C}_{b(m)}^{b(m-1)}]^{\mathrm{T}}$ 成立。

对于非定轴转动下的姿态更新方法，主要思路和难点是通过等效旋转矢量的多子样算法进行不可交换误差补偿，这些内容将在本章后续小节进行详细介绍。

2.4 姿态更新的四元数表示

四元数(quaternion)的概念最早于1843年由数学家哈密顿(W. R. Hamilton)提出，它可用于描述刚体转动或姿态变换。与方向余弦阵相比，四元数表示方法虽然比较抽象，但却十分简洁。

2.4.1 四元数的基本概念

顾名思义，四元数就是包含四个元的一种数，它可表示为

$$\boldsymbol{Q}=q_0+\boldsymbol{q}_v=q_0+q_1\boldsymbol{i}+q_2\boldsymbol{j}+q_3\boldsymbol{k} \tag{2.4.1}$$

式中：q_0，q_1，q_2 和 q_3 都是实数，q_0 称为实部，$\boldsymbol{q}_v=q_1\boldsymbol{i}+q_2\boldsymbol{j}+q_3\boldsymbol{k}$ 称为虚部。四元数可以看作是复数概念的扩充，有时也称其为超复数，当 $q_2=q_3=0$ 时四元数即退化为复数。四元数的虚数单位 $\boldsymbol{i}$，$\boldsymbol{j}$，$\boldsymbol{k}$ 之间满足如下乘法运算规则：

$$\left.\begin{array}{l}\boldsymbol{i}\circ\boldsymbol{i}=\boldsymbol{j}\circ\boldsymbol{j}=\boldsymbol{k}\circ\boldsymbol{k}=-1\\ \boldsymbol{i}\circ\boldsymbol{j}=\boldsymbol{k},\quad \boldsymbol{j}\circ\boldsymbol{k}=\boldsymbol{i},\quad \boldsymbol{k}\circ\boldsymbol{i}=\boldsymbol{j},\quad \boldsymbol{j}\circ\boldsymbol{i}=-\boldsymbol{k},\quad \boldsymbol{k}\circ\boldsymbol{j}=-\boldsymbol{i},\quad \boldsymbol{i}\circ\boldsymbol{k}=-\boldsymbol{j}\end{array}\right\} \tag{2.4.2a}$$

即

$$\boldsymbol{i}^2=\boldsymbol{j}^2=\boldsymbol{k}^2=\boldsymbol{ijk}=-1\quad(\text{哈密顿公式}) \tag{2.4.2b}$$

式中：运算符“∘”表示四元数的乘法运算，在不引起歧义的情况下可写成“·”符号或直接省略。式(2.4.2a)中第一行运算规则与复数中虚数的运算规则完全相同；第二行运算规则与三维空间中坐标轴单位矢量的叉乘运算规则相同。四元数可以看作是四维空间中的一种数，但因其虚部单位矢量的叉乘运算特点，也可将四元数的虚数部分 $\boldsymbol{q}_v=q_1\boldsymbol{i}+q_2\boldsymbol{j}+q_3\boldsymbol{k}$ 看成是在三维空间中的映象(image)，反之，一个三维矢量可以看作是一个零标量四元数。

假设有如下三个四元数：

$$\boldsymbol{P}=p_0+\boldsymbol{p}_v=p_0+p_1\boldsymbol{i}+p_2\boldsymbol{j}+p_3\boldsymbol{k} \tag{2.4.3a}$$

$$\boldsymbol{Q}=q_0+\boldsymbol{q}_v=q_0+q_1\boldsymbol{i}+q_2\boldsymbol{j}+q_3\boldsymbol{k} \tag{2.4.3b}$$

$$\boldsymbol{R}=r_0+\boldsymbol{r}_v=r_0+r_1\boldsymbol{i}+r_2\boldsymbol{j}+r_3\boldsymbol{k} \tag{2.4.3c}$$

两个四元数相等等价于它们的四个元分别对应相等，即

$$\boldsymbol{P}=\boldsymbol{Q}\quad\Leftrightarrow\quad\begin{cases}p_0=q_0\\p_1=q_1\\p_2=q_2\\p_3=q_3\end{cases}\tag{2.4.4}$$

两个四元数之间的加法(或减法)定义为

$$\begin{aligned}\boldsymbol{P}\pm\boldsymbol{Q}=&(p_0+p_1\boldsymbol{i}+p_2\boldsymbol{j}+p_3\boldsymbol{k})\pm(q_0+q_1\boldsymbol{i}+q_2\boldsymbol{j}+q_3\boldsymbol{k})=\\&(p_0\pm q_0)+(p_1\pm q_1)\boldsymbol{i}+(p_2\pm q_2)\boldsymbol{j}+(p_3\pm q_3)\boldsymbol{k}\end{aligned}\tag{2.4.5a}$$

或者记为

$$\boldsymbol{P}\pm\boldsymbol{Q}=(p_0+\boldsymbol{p}_v)\pm(q_0+\boldsymbol{q}_v)=(p_0\pm q_0)+(\boldsymbol{p}_v\pm\boldsymbol{q}_v)\tag{2.4.5b}$$

容易验证,四元数的加法满足交换律和结合律,即有 $\boldsymbol{P}+\boldsymbol{Q}=\boldsymbol{Q}+\boldsymbol{P}$ 和 $(\boldsymbol{P}+\boldsymbol{Q})+\boldsymbol{R}=\boldsymbol{P}+(\boldsymbol{Q}+\boldsymbol{R})$。

考虑到运算规则式(2.4.2a),两个四元数的乘法结果为

$$\begin{aligned}\boldsymbol{P}\circ\boldsymbol{Q}=&(p_0+p_1\boldsymbol{i}+p_2\boldsymbol{j}+p_3\boldsymbol{k})\circ(q_0+q_1\boldsymbol{i}+q_2\boldsymbol{j}+q_3\boldsymbol{k})=\\&(p_0q_0-p_1q_1-p_2q_2-p_3q_3)+(p_0q_1+p_1q_0+p_2q_3-p_3q_2)\boldsymbol{i}+\\&(p_0q_2+p_2q_0+p_3q_1-p_1q_3)\boldsymbol{j}+(p_0q_3+p_3q_0+p_1q_2-p_2q_1)\boldsymbol{k}\end{aligned}\tag{2.4.6}$$

特别地,两个零标量四元数相乘,可得

$$\begin{aligned}\boldsymbol{p}_v\circ\boldsymbol{q}_v=&(-p_1q_1-p_2q_2-p_3q_3)+(p_2q_3-p_3q_2)\boldsymbol{i}+(p_3q_1-p_1q_3)\boldsymbol{j}+\\&(p_1q_2-p_2q_1)\boldsymbol{k}=-\boldsymbol{p}_v^{\mathrm{T}}\boldsymbol{q}_v+\boldsymbol{p}_v\times\boldsymbol{q}_v\end{aligned}\tag{2.4.7}$$

这是零标量四元数乘法运算规则与三维矢量运算规则之间的关系,式(2.4.7) 等号右边同时包含了矢量的点乘运算和叉乘运算。实际上,运算规则式(2.4.2a) 可视为式(2.4.7) 应用于坐标轴单位矢量的特殊情形。

若采用三维矢量运算表示法,四元数乘法可表示为

$$\begin{aligned}\boldsymbol{P}\circ\boldsymbol{Q}=&(p_0+\boldsymbol{p}_v)\circ(q_0+\boldsymbol{q}_v)=p_0q_0+p_0\boldsymbol{q}_v+q_0\boldsymbol{p}_v+\boldsymbol{p}_v\circ\boldsymbol{q}_v=\\&(p_0q_0-\boldsymbol{p}_v^{\mathrm{T}}\boldsymbol{q}_v)+(p_0\boldsymbol{q}_v+q_0\boldsymbol{p}_v+\boldsymbol{p}_v\times\boldsymbol{q}_v)\end{aligned}\tag{2.4.8}$$

在式(2.4.7) 中,由于矢量叉乘 $\boldsymbol{p}_v\times\boldsymbol{q}_v$ 不满足交换律,所以四元数乘法也不满足交换律,即一般情况下 $\boldsymbol{P}\circ\boldsymbol{Q}\neq\boldsymbol{Q}\circ\boldsymbol{P}$;当且仅当 $\boldsymbol{p}_v\times\boldsymbol{q}_v=\boldsymbol{q}_v\times\boldsymbol{p}_v$,即两个四元数的虚部矢量相互平行(包括零矢量) 时,才有 $\boldsymbol{P}\circ\boldsymbol{Q}=\boldsymbol{Q}\circ\boldsymbol{P}$。容易验证,四元数乘法运算满足结合律 $(\boldsymbol{P}\circ\boldsymbol{Q})\circ\boldsymbol{R}=\boldsymbol{P}\circ(\boldsymbol{Q}\circ\boldsymbol{R})$,且乘法对加法满足分配律 $(\boldsymbol{P}+\boldsymbol{Q})\circ\boldsymbol{R}=\boldsymbol{P}\circ\boldsymbol{R}+\boldsymbol{Q}\circ\boldsymbol{R}$ 和 $\boldsymbol{R}\circ(\boldsymbol{P}+\boldsymbol{Q})=\boldsymbol{R}\circ\boldsymbol{P}+\boldsymbol{R}\circ\boldsymbol{Q}$。可见,四元数乘法运算律与矩阵乘法是完全一致的。

若采用矩阵表示法,四元数乘法式(2.4.6) 还可写为

$$\boldsymbol{P}\circ\boldsymbol{Q}=\begin{bmatrix}p_0&-p_1&-p_2&-p_3\\p_1&p_0&-p_3&p_2\\p_2&p_3&p_0&-p_1\\p_3&-p_2&p_1&p_0\end{bmatrix}\begin{bmatrix}q_0\\q_1\\q_2\\q_3\end{bmatrix}=\boldsymbol{M}_P\boldsymbol{Q}=\begin{bmatrix}q_0&-q_1&-q_2&-q_3\\q_1&q_0&q_3&-q_2\\q_2&-q_3&q_0&q_1\\q_3&q_2&-q_1&q_0\end{bmatrix}\begin{bmatrix}p_0\\p_1\\p_2\\p_3\end{bmatrix}=\boldsymbol{M}'_Q\boldsymbol{P}\tag{2.4.9a}$$

或者

$$\boldsymbol{P}\circ\boldsymbol{Q}=\begin{bmatrix}p_0&-\boldsymbol{p}_v^{\mathrm{T}}\\\boldsymbol{p}_v&p_0\boldsymbol{I}+(\boldsymbol{p}_v\times)\end{bmatrix}\begin{bmatrix}q_0\\\boldsymbol{q}_v\end{bmatrix}=\begin{bmatrix}q_0&-\boldsymbol{q}_v^{\mathrm{T}}\\\boldsymbol{q}_v&q_0\boldsymbol{I}-(\boldsymbol{q}_v\times)\end{bmatrix}\begin{bmatrix}p_0\\\boldsymbol{p}_v\end{bmatrix}=\begin{bmatrix}p_0q_0-\boldsymbol{p}_v^{\mathrm{T}}\boldsymbol{q}_v\\p_0\boldsymbol{q}_v+q_0\boldsymbol{p}_v+\boldsymbol{p}_v\times\boldsymbol{q}_v\end{bmatrix}\tag{2.4.9b}$$

其中

$$\boldsymbol{M}_P=\begin{bmatrix} p_0 & -p_1 & -p_2 & -p_3 \\ p_1 & p_0 & -p_3 & p_2 \\ p_2 & p_3 & p_0 & -p_1 \\ p_3 & -p_2 & p_1 & p_0 \end{bmatrix}=\begin{bmatrix} p_0 & -\boldsymbol{p}_v^{\mathrm{T}} \\ \boldsymbol{p}_v & p_0\boldsymbol{I}+(\boldsymbol{p}_v\times) \end{bmatrix} \tag{2.4.10a}$$

$$\boldsymbol{M}'_Q=\begin{bmatrix} q_0 & -q_1 & -q_2 & -q_3 \\ q_1 & q_0 & q_3 & -q_2 \\ q_2 & -q_3 & q_0 & q_1 \\ q_3 & q_2 & -q_1 & q_0 \end{bmatrix}=\begin{bmatrix} q_0 & -\boldsymbol{q}_v^{\mathrm{T}} \\ \boldsymbol{q}_v & q_0\boldsymbol{I}-(\boldsymbol{q}_v\times) \end{bmatrix} \tag{2.4.10b}$$

不难看出，$\boldsymbol{M}_P$ 和 $\boldsymbol{M}'_Q$ 都是正交矩阵。

为了简写方便，可定义三维向量的两种四阶反对称阵分别如下：

$$(\boldsymbol{p}_v\,\divideontimes)_1=\begin{bmatrix} 0 & -p_1 & -p_2 & -p_3 \\ p_1 & 0 & -p_3 & p_2 \\ p_2 & p_3 & 0 & -p_1 \\ p_3 & -p_2 & p_1 & 0 \end{bmatrix}=\begin{bmatrix} 0 & -\boldsymbol{p}_v^{\mathrm{T}} \\ \boldsymbol{p}_v & (\boldsymbol{p}_v\times) \end{bmatrix} \tag{2.4.11a}$$

$$(\boldsymbol{p}_v\,\divideontimes)_2=\begin{bmatrix} 0 & -p_1 & -p_2 & -p_3 \\ p_1 & 0 & p_3 & -p_2 \\ p_2 & -p_3 & 0 & p_1 \\ p_3 & p_2 & -p_1 & 0 \end{bmatrix}=\begin{bmatrix} 0 & -\boldsymbol{p}_v^{\mathrm{T}} \\ \boldsymbol{p}_v & -(\boldsymbol{p}_v\times) \end{bmatrix} \tag{2.4.11b}$$

这里$(\boldsymbol{p}_v\,\divideontimes)_1$和$(\boldsymbol{p}_v\,\divideontimes)_2$分别称为第一和第二反对称阵，如果省略右下标“1”和“2”则默认为第一反对称阵。根据上述反对称阵定义，式(2.4.10)可简写为

$$\boldsymbol{M}_P=p_0\boldsymbol{I}+(\boldsymbol{p}_v\,\divideontimes)_1 \tag{2.4.12a}$$

$$\boldsymbol{M}'_Q=q_0\boldsymbol{I}+(\boldsymbol{q}_v\,\divideontimes)_2 \tag{2.4.12b}$$

四元数 $\boldsymbol{Q}$ 的共轭(转置)四元数定义为

$$\boldsymbol{Q}^*=q_0-\boldsymbol{q}_v=q_0-q_1\boldsymbol{i}-q_2\boldsymbol{j}-q_3\boldsymbol{k} \tag{2.4.13}$$

两个四元数之和(或乘积)的共轭满足如下运算规则：

$$(\boldsymbol{P}+\boldsymbol{Q})^*=\boldsymbol{P}^*+\boldsymbol{Q}^* \tag{2.4.14a}$$

$$(\boldsymbol{P}\circ\boldsymbol{Q})^*=\boldsymbol{Q}^*\circ\boldsymbol{P}^* \tag{2.4.14b}$$

式(2.4.14a)显然成立；而采用乘法式(2.4.9b)容易验证式(2.4.14b)成立，即

$$(\boldsymbol{P}\circ\boldsymbol{Q})^*=\left(\begin{bmatrix} p_0 & -\boldsymbol{p}_v^{\mathrm{T}} \\ \boldsymbol{p}_v & p_0\boldsymbol{I}+(\boldsymbol{p}_v\times) \end{bmatrix}\begin{bmatrix} q_0 \\ \boldsymbol{q}_v \end{bmatrix}\right)^*=\begin{bmatrix} p_0q_0-\boldsymbol{p}_v^{\mathrm{T}}\boldsymbol{q}_v \\ -(q_0\boldsymbol{p}_v+p_0\boldsymbol{q}_v+\boldsymbol{p}_v\times\boldsymbol{q}_v) \end{bmatrix}$$

$$\boldsymbol{Q}^*\circ\boldsymbol{P}^*=\begin{bmatrix} q_0 & \boldsymbol{q}_v^{\mathrm{T}} \\ -\boldsymbol{q}_v & q_0\boldsymbol{I}-(\boldsymbol{q}_v\times) \end{bmatrix}\begin{bmatrix} p_0 \\ -\boldsymbol{p}_v \end{bmatrix}=\begin{bmatrix} p_0q_0-\boldsymbol{p}_v^{\mathrm{T}}\boldsymbol{q}_v \\ -p_0\boldsymbol{q}_v-q_0\boldsymbol{p}_v-\boldsymbol{p}_v\times\boldsymbol{q}_v \end{bmatrix}$$

四元数 $\boldsymbol{Q}$ 的模值(2-范数)定义为

$$\|\boldsymbol{Q}\|=\sqrt{\boldsymbol{Q}^*\circ\boldsymbol{Q}}=\sqrt{\boldsymbol{Q}\circ\boldsymbol{Q}^*}=\sqrt{q_0^2+q_1^2+q_2^2+q_3^2} \tag{2.4.15}$$

模值表示四元数在四维空间中的向量长度。如果 $\|\boldsymbol{Q}\|=1$，则 $\boldsymbol{Q}$ 称为单位四元数或规范化四元数。虽然一般情况下 $\boldsymbol{P}\circ\boldsymbol{Q}\neq\boldsymbol{Q}\circ\boldsymbol{P}$，但可以证明总有 $\|\boldsymbol{P}\circ\boldsymbol{Q}\|=\|\boldsymbol{Q}\circ\boldsymbol{P}\|=\|\boldsymbol{P}\|\cdot\|\boldsymbol{Q}\|$ 成立，即

$$\| \boldsymbol{P} \circ \boldsymbol{Q} \| = \sqrt{(\boldsymbol{P} \circ \boldsymbol{Q}) \circ (\boldsymbol{P} \circ \boldsymbol{Q})^*} = \sqrt{(\boldsymbol{P} \circ \boldsymbol{Q}) \circ (\boldsymbol{Q}^* \circ \boldsymbol{P}^*)} =$$
$$\sqrt{\boldsymbol{P} \circ (\boldsymbol{Q} \circ \boldsymbol{Q}^*) \circ \boldsymbol{P}^*} = \sqrt{(\boldsymbol{P} \circ \boldsymbol{P}^*)(\boldsymbol{Q} \circ \boldsymbol{Q}^*)} = \| \boldsymbol{P} \| \cdot \| \boldsymbol{Q} \| \tag{2.4.16}$$

对于非零四元数，即当 $\| \boldsymbol{Q} \| \neq 0$ 时，有

$$\frac{\boldsymbol{Q}^*}{\| \boldsymbol{Q} \|^2} \circ \boldsymbol{Q} = \boldsymbol{Q} \circ \frac{\boldsymbol{Q}^*}{\| \boldsymbol{Q} \|^2} = 1 \tag{2.4.17}$$

因此，可以定义 $\boldsymbol{Q}^* / \| \boldsymbol{Q} \|^2$ 为非零四元数 $\boldsymbol{Q}$ 的逆，记作

$$\boldsymbol{Q}^{-1} = \frac{\boldsymbol{Q}^*}{\| \boldsymbol{Q} \|^2} \tag{2.4.18}$$

两个非零四元数之乘积的逆满足运算规则 $(\boldsymbol{P} \circ \boldsymbol{Q})^{-1} = \boldsymbol{Q}^{-1} \circ \boldsymbol{P}^{-1}$，验证如下：

$$(\boldsymbol{P} \circ \boldsymbol{Q})^{-1} = \frac{(\boldsymbol{P} \circ \boldsymbol{Q})^*}{\| \boldsymbol{P} \circ \boldsymbol{Q} \|^2} = \frac{(\boldsymbol{Q})^* \circ (\boldsymbol{P})^*}{\| \boldsymbol{P} \|^2 \| \boldsymbol{Q} \|^2} = \frac{(\boldsymbol{Q})^*}{\| \boldsymbol{Q} \|^2} \circ \frac{(\boldsymbol{P})^*}{\| \boldsymbol{P} \|^2} = \boldsymbol{Q}^{-1} \circ \boldsymbol{P}^{-1} \tag{2.4.19}$$

该运算规则与两矩阵乘积之逆也完全一致。

如果 $\| \hat{\boldsymbol{Q}} \| \neq 0$，则称运算 $\boldsymbol{Q} = \hat{\boldsymbol{Q}} / \| \hat{\boldsymbol{Q}} \|$ 为四元数的规范化处理，规范化之后四元数满足 $\| \boldsymbol{Q} \| = 1$。显然，单位四元数的共轭与其逆相等，即有 $\boldsymbol{Q}^{-1} = \boldsymbol{Q}^*$；两个单位四元数之乘积仍然是单位四元数，即如有 $\| \boldsymbol{P} \| = 1$ 且 $\| \boldsymbol{Q} \| = 1$，则必有 $\| \boldsymbol{P} \circ \boldsymbol{Q} \| = \| \boldsymbol{P} \| \cdot \| \boldsymbol{Q} \| = 1$。

类比于复数的三角表示法，四元数也可以表示为三角函数的形式：

$$\boldsymbol{Q} = \| \boldsymbol{Q} \| \left(\cos \frac{\phi}{2} + \boldsymbol{u} \sin \frac{\phi}{2} \right) \tag{2.4.20}$$

特别地，当 $\| \boldsymbol{Q} \| = 1$ 时，即对于单位四元数，有

$$\boldsymbol{Q} = q_0 + \boldsymbol{q}_v = \cos \frac{\phi}{2} + \boldsymbol{u} \sin \frac{\phi}{2} \tag{2.4.21}$$

其中：$q_0 = \cos \frac{\phi}{2}$，$\boldsymbol{q}_v = \boldsymbol{u} \sin \frac{\phi}{2}$ 且 $q_0^2 + \boldsymbol{q}_v^{\mathrm{T}} \boldsymbol{q}_v = 1$；$\boldsymbol{u}$ 为单位长度的三维矢量，即 $\boldsymbol{u}^{\mathrm{T}} \boldsymbol{u} = 1$；$\phi$ 表示某种角度值，后面将会阐释它的含义。

通过前面的介绍不难发现，四元数的乘法不满足交换律、共轭及求逆等运算规律，与矩阵的相应运算规律几乎完全一致，这似乎暗示着四元数与矩阵之间存在很强的内在联系。以下说明单位四元数三角表示法的几何意义。

由方向余弦阵式(2.2.22)作恒等变形，可得

$$\boldsymbol{C}_b^i = \boldsymbol{I} + \sin\phi(\boldsymbol{u} \times) + (1 - \cos\phi)(\boldsymbol{u} \times)^2 = \boldsymbol{I} + 2\sin \frac{\phi}{2} \cos \frac{\phi}{2} (\boldsymbol{u} \times) + 2\sin^2 \frac{\phi}{2} (\boldsymbol{u} \times)^2 =$$
$$\boldsymbol{I} + 2\cos \frac{\phi}{2} \left(\sin \frac{\phi}{2} \boldsymbol{u} \times \right) + 2 \left(\sin \frac{\phi}{2} \boldsymbol{u} \times \right)^2 \tag{2.4.22}$$

将式(2.4.21)的实部 $\cos \frac{\phi}{2} = q_0$ 和虚部 $\boldsymbol{u} \sin \frac{\phi}{2} = \boldsymbol{q}_v$ 代入式(2.4.22)，可得

$$\boldsymbol{C}_b^i = \boldsymbol{I} + 2q_0 (\boldsymbol{q}_v \times) + 2(\boldsymbol{q}_v \times)^2 = \boldsymbol{I} + 2q_0 \begin{bmatrix} 0 & -q_3 & q_2 \\ q_3 & 0 & -q_1 \\ -q_2 & q_1 & 0 \end{bmatrix} + 2 \begin{bmatrix} 0 & -q_3 & q_2 \\ q_3 & 0 & -q_1 \\ -q_2 & q_1 & 0 \end{bmatrix}^2 =$$
$$\begin{bmatrix} 1 - 2(q_2^2 + q_3^2) & 2(q_1 q_2 - q_0 q_3) & 2(q_1 q_3 + q_0 q_2) \\ 2(q_1 q_2 + q_0 q_3) & 1 - 2(q_1^2 + q_3^2) & 2(q_2 q_3 - q_0 q_1) \\ 2(q_1 q_3 - q_0 q_2) & 2(q_2 q_3 + q_0 q_1) & 1 - 2(q_1^2 + q_2^2) \end{bmatrix} =$$

$$\begin{bmatrix} q_0^2+q_1^2-q_2^2-q_3^2 & 2(q_1q_2-q_0q_3) & 2(q_1q_3+q_0q_2) \\ 2(q_1q_2+q_0q_3) & q_0^2-q_1^2+q_2^2-q_3^2 & 2(q_2q_3-q_0q_1) \\ 2(q_1q_3-q_0q_2) & 2(q_2q_3+q_0q_1) & q_0^2-q_1^2-q_2^2+q_3^2 \end{bmatrix} \tag{2.4.23}$$

式(2.4.23)建立了单位四元数与方向余弦阵之间的关系，并且表明了单位四元数三角表示法式(2.4.21)的几何意义。为了更明确地表示两坐标系之间的转动变换关系，常在四元数的右边加上角标，写成 $\boldsymbol{Q}_b^i$，则式(2.4.21)中 $\boldsymbol{u}$ 表示动坐标系(b 系)相对于参考坐标系(i 系)旋转的单位转轴，ϕ 表示旋转角度大小，$\phi\boldsymbol{u}$ 表示等效旋转矢量。使用角标后，共轭四元数可记为 $\boldsymbol{Q}_i^b=(\boldsymbol{Q}_b^i)^*$，这与矩阵转置的表示方法类似，比如 $\boldsymbol{C}_i^b=(\boldsymbol{C}_b^i)^{\mathrm{T}}$。

2.4.2 四元数微分方程

假设有一个三维矢量 $\boldsymbol{r}$，它在动坐标系(b 系)和参考坐标系(i 系)中的投影坐标分别为 $\boldsymbol{r}^b=[r_x^b \quad r_y^b \quad r_z^b]^{\mathrm{T}}$ 和 $\boldsymbol{r}^i=[r_x^i \quad r_y^i \quad r_z^i]^{\mathrm{T}}$，现对矢量 $\boldsymbol{r}^b$(视为零标量四元数)实施如下四元数乘法操作：

$$\boldsymbol{Q}_b^i\circ\boldsymbol{r}^b\circ\boldsymbol{Q}_i^b=\boldsymbol{M}_{Q_b^i}(\boldsymbol{r}^b\circ\boldsymbol{Q}_i^b)=\boldsymbol{M}_{Q_b^i}\left(\boldsymbol{M}'_{Q_i^b}\begin{bmatrix}0\\ \boldsymbol{r}^b\end{bmatrix}\right)=\boldsymbol{M}_{Q_b^i}\boldsymbol{M}'_{Q_i^b}\begin{bmatrix}0\\ \boldsymbol{r}^b\end{bmatrix}=$$

$$\begin{bmatrix} q_0 & -q_1 & -q_2 & -q_3 \\ q_1 & q_0 & -q_3 & q_2 \\ q_2 & q_3 & q_0 & -q_1 \\ q_3 & -q_2 & q_1 & q_0 \end{bmatrix}\begin{bmatrix} q_0 & q_1 & q_2 & q_3 \\ -q_1 & q_0 & -q_3 & q_2 \\ -q_2 & q_3 & q_0 & -q_1 \\ -q_3 & -q_2 & q_1 & q_0 \end{bmatrix}\begin{bmatrix}0\\ r_x^b\\ r_y^b\\ r_z^b\end{bmatrix}=$$

$$\begin{bmatrix} 1 & 0 & 0 & 0 \\ 0 & q_0^2+q_1^2-q_2^2-q_3^2 & 2(q_1q_2-q_0q_3) & 2(q_1q_3+q_0q_2) \\ 0 & 2(q_1q_2+q_0q_3) & q_0^2-q_1^2+q_2^2-q_3^2 & 2(q_2q_3-q_0q_1) \\ 0 & 2(q_1q_3-q_0q_2) & 2(q_2q_3+q_0q_1) & q_0^2-q_1^2-q_2^2+q_3^2 \end{bmatrix}\begin{bmatrix}0\\ r_x^b\\ r_y^b\\ r_z^b\end{bmatrix} \tag{2.4.24}$$

不难发现，式(2.4.24)等号右边矩阵中的右下角三阶对角分块矩阵恰好与式(2.4.23)一致，因而式(2.4.24)可简写为

$$\boldsymbol{Q}_b^i\circ\boldsymbol{r}^b\circ\boldsymbol{Q}_i^b=\begin{bmatrix}1 & \boldsymbol{0}_{1\times3}\\ \boldsymbol{0}_{3\times1} & \boldsymbol{C}_b^i\end{bmatrix}\begin{bmatrix}0\\ \boldsymbol{r}^b\end{bmatrix}=\begin{bmatrix}0\\ \boldsymbol{C}_b^i\boldsymbol{r}^b\end{bmatrix}=\begin{bmatrix}0\\ \boldsymbol{r}^i\end{bmatrix} \tag{2.4.25}$$

这表明，$\boldsymbol{Q}_b^i\circ\boldsymbol{r}^b\circ\boldsymbol{Q}_i^b$ 的结果也是一个零标量四元数，其虚部正好对应于方向余弦阵的坐标变换 $\boldsymbol{r}^i=\boldsymbol{C}_b^i\boldsymbol{r}^b$。为了书写简洁，类似于矩阵的坐标变换表达习惯，可定义四元数与三维矢量的乘法运算，即四元数坐标变换公式为

$$\boldsymbol{r}^i=\boldsymbol{Q}_b^i\otimes\boldsymbol{r}^b \tag{2.4.26}$$

式中：乘法算符"$\otimes$"的含义本质上是先进行四元数乘法运算 $\boldsymbol{Q}_b^i\circ\boldsymbol{r}^b\circ\boldsymbol{Q}_i^b$，再提取结果中的虚部(即矢量部分)。

若将式(2.4.25)等号两边同时右乘 $\boldsymbol{Q}_b^i$，可得

$$\boldsymbol{Q}_b^i\circ\boldsymbol{r}^b=\boldsymbol{r}^i\circ\boldsymbol{Q}_b^i \tag{2.4.27}$$

假设矢量 $\boldsymbol{r}$ 是 i 系中的固定矢量，即 $\boldsymbol{r}^i$ 为常值矢量，并假设 b 系绕 i 系转动角速度为 $\boldsymbol{\omega}_{ib}^b$，则 $\boldsymbol{Q}_b^i$ 和 $\boldsymbol{r}^b$ 都是时变量。将式(2.4.27)等号两边同时微分，考虑到 $\dot{\boldsymbol{r}}^i=\boldsymbol{0}$，可得

$$\dot{\boldsymbol{Q}}_b^i \circ \boldsymbol{r}^b + \boldsymbol{Q}_b^i \circ \dot{\boldsymbol{r}}^b = \boldsymbol{r}^i \circ \dot{\boldsymbol{Q}}_b^i \tag{2.4.28}$$

在 b 系中观察矢量 $\boldsymbol{r}$，其相对于 b 系的角速度为 $-\boldsymbol{\omega}_{ib}^b$，则有矢端速度 $\dot{\boldsymbol{r}}^b = -\boldsymbol{\omega}_{ib}^b \times \boldsymbol{r}^b$，与式(2.4.25) 一起代入式(2.4.28)，可得

$$\dot{\boldsymbol{Q}}_b^i \circ \boldsymbol{r}^b - \boldsymbol{Q}_b^i \circ (\boldsymbol{\omega}_{ib}^b \times \boldsymbol{r}^b) = (\boldsymbol{Q}_b^i \circ \boldsymbol{r}^b \circ \boldsymbol{Q}_i^b) \circ \dot{\boldsymbol{Q}}_b^i \tag{2.4.29}$$

再将式(2.4.29) 等号两边同时左乘 $\boldsymbol{Q}_i^b$，移项得

$$(\boldsymbol{Q}_i^b \circ \dot{\boldsymbol{Q}}_b^i) \circ \boldsymbol{r}^b - \boldsymbol{r}^b \circ (\boldsymbol{Q}_i^b \circ \dot{\boldsymbol{Q}}_b^i) = \boldsymbol{\omega}_{ib}^b \times \boldsymbol{r}^b \tag{2.4.30}$$

式(2.4.30) 写成矩阵形式为

$$[\boldsymbol{M}_{(\boldsymbol{Q}_i^b \circ \dot{\boldsymbol{Q}}_b^i)} - \boldsymbol{M}'_{(\boldsymbol{Q}_i^b \circ \dot{\boldsymbol{Q}}_b^i)}]\begin{bmatrix} 0 \\ \boldsymbol{r}^b \end{bmatrix} = \begin{bmatrix} 0 \\ \boldsymbol{\omega}_{ib}^b \times \boldsymbol{r}^b \end{bmatrix}$$

即

$$\begin{bmatrix} 0 & \boldsymbol{0}_{1\times 3} \\ \boldsymbol{0}_{3\times 1} & 2[(\boldsymbol{Q}_i^b \circ \dot{\boldsymbol{Q}}_b^i)_v \times] \end{bmatrix}\begin{bmatrix} 0 \\ \boldsymbol{r}^b \end{bmatrix} = \begin{bmatrix} 0 \\ \boldsymbol{\omega}_{ib}^b \times \boldsymbol{r}^b \end{bmatrix} \tag{2.4.31}$$

一方面，由于 $\boldsymbol{r}$ 可为任意固定矢量，类似于式(2.3.3)，根据式(2.4.31) 有

$$2[(\boldsymbol{Q}_i^b \circ \dot{\boldsymbol{Q}}_b^i)_v \times] = (\boldsymbol{\omega}_{ib}^b \times)$$

即

$$(\boldsymbol{Q}_i^b \circ \dot{\boldsymbol{Q}}_b^i)_v = \frac{1}{2}\boldsymbol{\omega}_{ib}^b \tag{2.4.32}$$

另一方面，单位四元数 $\boldsymbol{Q}_b^i$ 及其微分可分别写为

$$\boldsymbol{Q}_b^i = \begin{bmatrix} \cos\dfrac{\phi}{2} \\ \boldsymbol{u}_{ib}^b \sin\dfrac{\phi}{2} \end{bmatrix} \tag{2.4.33a}$$

$$\dot{\boldsymbol{Q}}_b^i = \begin{bmatrix} -\dfrac{\dot{\phi}}{2}\sin\dfrac{\phi}{2} \\ \dot{\boldsymbol{u}}_{ib}^b \sin\dfrac{\phi}{2} + \boldsymbol{u}_{ib}^b \dfrac{\dot{\phi}}{2}\cos\dfrac{\phi}{2} \end{bmatrix} \tag{2.4.33b}$$

根据上述表达式，直接计算 $\boldsymbol{Q}_i^b \circ \dot{\boldsymbol{Q}}_b^i$，可得

$$\boldsymbol{Q}_i^b \circ \dot{\boldsymbol{Q}}_b^i = \begin{bmatrix} \cos\dfrac{\phi}{2} \\ -\boldsymbol{u}_{ib}^b \sin\dfrac{\phi}{2} \end{bmatrix} \circ \begin{bmatrix} -\dfrac{\dot{\phi}}{2}\sin\dfrac{\phi}{2} \\ \dot{\boldsymbol{u}}_{ib}^b \sin\dfrac{\phi}{2} + \boldsymbol{u}_{ib}^b \dfrac{\dot{\phi}}{2}\cos\dfrac{\phi}{2} \end{bmatrix} =$$

$$\begin{bmatrix} -\dfrac{\dot{\phi}}{2}\sin\dfrac{\phi}{2}\cos\dfrac{\phi}{2} + \left(\boldsymbol{u}_{ib}^b \sin\dfrac{\phi}{2}\right)^{\mathrm{T}}\left(\dot{\boldsymbol{u}}_{ib}^b \sin\dfrac{\phi}{2} + \boldsymbol{u}_{ib}^b \dfrac{\dot{\phi}}{2}\cos\dfrac{\phi}{2}\right) \\ \cos\dfrac{\phi}{2}\left(\dot{\boldsymbol{u}}_{ib}^b \sin\dfrac{\phi}{2} + \boldsymbol{u}_{ib}^b \dfrac{\dot{\phi}}{2}\cos\dfrac{\phi}{2}\right) + \boldsymbol{u}_{ib}^b \sin\dfrac{\phi}{2} \cdot \dfrac{\dot{\phi}}{2}\sin\dfrac{\phi}{2} - \left(\boldsymbol{u}_{ib}^b \sin\dfrac{\phi}{2}\right) \times \left(\dot{\boldsymbol{u}}_{ib}^b \sin\dfrac{\phi}{2} + \boldsymbol{u}_{ib}^b \dfrac{\dot{\phi}}{2}\cos\dfrac{\phi}{2}\right) \end{bmatrix} =$$

$$\begin{bmatrix} 0 \\ \dot{\boldsymbol{u}}_{ib}^b \cos\dfrac{\phi}{2}\sin\dfrac{\phi}{2} + \boldsymbol{u}_{ib}^b \dfrac{\dot{\phi}}{2} - \boldsymbol{u}_{ib}^b \sin\dfrac{\phi}{2} \times \dot{\boldsymbol{u}}_{ib}^b \sin\dfrac{\phi}{2} \end{bmatrix} = \frac{1}{2}\begin{bmatrix} 0 \\ \boldsymbol{u}_{ib}^b \dot{\phi} + \dot{\boldsymbol{u}}_{ib}^b \sin\phi - \boldsymbol{u}_{ib}^b \times \dot{\boldsymbol{u}}_{ib}^b (1-\cos\phi) \end{bmatrix} \tag{2.4.34}$$

由式(2.4.34) 可见，$\boldsymbol{Q}_i^b \circ \dot{\boldsymbol{Q}}_b^i$ 的标量部分恒为零，因此，由式(2.4.32) 可得

$$\boldsymbol{Q}_i^b \circ \dot{\boldsymbol{Q}}_b^i = \frac{1}{2}\begin{bmatrix} 0 \\ \boldsymbol{\omega}_{ib}^b \end{bmatrix}$$

即

$$\dot{\boldsymbol{Q}}_b^i = \frac{1}{2}\boldsymbol{Q}_b^i \circ \boldsymbol{\omega}_{ib}^b \tag{2.4.35}$$

这便是四元数微分方程，它建立了变换四元数与旋转角速度之间的关系。与矩阵微分方程式(2.3.6)类似，容易证明以下四种四元数微分方程之间是相互等价的：

$$\dot{\boldsymbol{Q}}_b^i=\frac{1}{2}\boldsymbol{Q}_b^i\circ\boldsymbol{\omega}_{ib}^b,\quad \dot{\boldsymbol{Q}}_b^i=\frac{1}{2}\boldsymbol{\omega}_{ib}^i\circ\boldsymbol{Q}_b^i,\quad \dot{\boldsymbol{Q}}_i^b=\frac{1}{2}\boldsymbol{\omega}_{bi}^b\circ\boldsymbol{Q}_i^b,\quad \dot{\boldsymbol{Q}}_i^b=\frac{1}{2}\boldsymbol{Q}_i^b\circ\boldsymbol{\omega}_{bi}^i$$

最后，比较式(2.4.32)和式(2.4.34)等号右端的矢量部分，可得

$$\boldsymbol{\omega}_{ib}^b=\boldsymbol{u}_{ib}^b\dot{\phi}+\dot{\boldsymbol{u}}_{ib}^b\sin\phi-\boldsymbol{u}_{ib}^b\times\dot{\boldsymbol{u}}_{ib}^b(1-\cos\phi)\tag{2.4.36}$$

这是推导等效旋转矢量微分方程的基本公式，将在后续2.5.1小节进一步介绍。实际上，根据方向余弦阵微分方程 $\dot{\boldsymbol{C}}_b^i=\boldsymbol{C}_b^i(\boldsymbol{\omega}_{ib}^b\times)$，并类比于式(2.4.34)，将 $\boldsymbol{C}_i^b\dot{\boldsymbol{C}}_b^i$ 用等效旋转矢量 $\phi\boldsymbol{u}_{ib}^b$ 展开，也可推得式(2.4.36)。

2.4.3 四元数微分方程的求解

将四元数微分方程式(2.4.35)写成矩阵形式为

$$\dot{\boldsymbol{Q}}(t)=\frac{1}{2}\boldsymbol{M}'_{\boldsymbol{\omega}(t)}\boldsymbol{Q}(t)\tag{2.4.37}$$

为表示简洁，这里暂且省略 $\boldsymbol{Q}$ 和 $\boldsymbol{\omega}$ 的角标，但明确给出了时间参数。如果角速度 $\boldsymbol{\omega}(t)$（即系数矩阵 $\boldsymbol{M}'_{\boldsymbol{\omega}(t)}$）是时变的，类似于方向余弦阵微分方程式(2.3.7)的求解，只有在 $t,\tau\in[0,T]$ 时间段内满足定轴转动条件 $[\boldsymbol{\omega}(t)\times][\boldsymbol{\omega}(\tau)\times]=[\boldsymbol{\omega}(\tau)\times][\boldsymbol{\omega}(t)\times]$，即

$$\boldsymbol{M}'_{\boldsymbol{\omega}(t)}\boldsymbol{M}'_{\boldsymbol{\omega}(\tau)}=\boldsymbol{M}'_{\boldsymbol{\omega}(\tau)}\boldsymbol{M}'_{\boldsymbol{\omega}(t)}\tag{2.4.38}$$

时，才能求得闭合解

$$\boldsymbol{Q}(T)=\mathrm{e}^{\frac{1}{2}\boldsymbol{\Theta}(T)}\boldsymbol{Q}(0)\tag{2.4.39}$$

其中

$$\boldsymbol{\Theta}(T)=\int_0^T\boldsymbol{M}'_{\boldsymbol{\omega}(t)}\,\mathrm{d}t=\begin{bmatrix}0&-\theta_x(T)&-\theta_y(T)&-\theta_z(T)\\\theta_x(T)&0&\theta_z(T)&-\theta_y(T)\\\theta_y(T)&-\theta_z(T)&0&\theta_x(T)\\\theta_z(T)&\theta_y(T)&-\theta_x(T)&0\end{bmatrix}=(\boldsymbol{\theta}(T)\,\divideontimes)_2\tag{2.4.40}$$

$$\boldsymbol{\theta}(T)=[\theta_x(T)\quad\theta_y(T)\quad\theta_z(T)]^{\mathrm{T}}=\int_0^T\boldsymbol{\omega}(t)\,\mathrm{d}t\tag{2.4.41}$$

式中：$\boldsymbol{\theta}(T)$ 为时间段 $[0,T]$ 内的角增量；$\theta(T)=|\boldsymbol{\theta}(T)|$ 是其模值。

为了计算式(2.4.39)中的指数函数 $\mathrm{e}^{\frac{1}{2}\boldsymbol{\Theta}(T)}$，先求解反对称阵 $\boldsymbol{\Theta}(T)$ 的各次幂，有（省略时间参数，$\boldsymbol{\Theta}(T)$ 和 $\theta(T)$ 分别简记为 $\boldsymbol{\Theta}$ 和 θ）

$$\begin{aligned}&\boldsymbol{\Theta}^2=-\theta^2\boldsymbol{I}\\&\boldsymbol{\Theta}^3=\boldsymbol{\Theta}^2\boldsymbol{\Theta}=-\theta^2\boldsymbol{\Theta}\\&\boldsymbol{\Theta}^4=\boldsymbol{\Theta}^3\boldsymbol{\Theta}=-\theta^2\boldsymbol{\Theta}\boldsymbol{\Theta}=\theta^4\boldsymbol{I}\\&\boldsymbol{\Theta}^5=\boldsymbol{\Theta}^4\boldsymbol{\Theta}=\theta^4\boldsymbol{\Theta}\\&\cdots\cdots\end{aligned}$$

所以，有

$$\mathrm{e}^{\frac{1}{2}\boldsymbol{\Theta}(T)}=\boldsymbol{I}+\left[\frac{\boldsymbol{\Theta}(T)}{2}\right]+\frac{\left[\frac{\boldsymbol{\Theta}(T)}{2}\right]^2}{2!}+\frac{\left[\frac{\boldsymbol{\Theta}(T)}{2}\right]^3}{3!}+\cdots+\frac{\left[\frac{\boldsymbol{\Theta}(T)}{2}\right]^n}{n!}+\cdots=$$

$$
\boldsymbol{I}+\left[\frac{\boldsymbol{\Theta}(T)}{2}\right]-\frac{\left[\frac{\theta(T)}{2}\right]^2\boldsymbol{I}}{2!}-\frac{\left[\frac{\theta(T)}{2}\right]^2\frac{\boldsymbol{\Theta}(T)}{2}}{3!}+\frac{\left[\frac{\theta(T)}{2}\right]^4\boldsymbol{I}}{4!}+\frac{\left[\frac{\theta(T)}{2}\right]^4\frac{\boldsymbol{\Theta}(T)}{2}}{5!}-\cdots=
$$

$$
\boldsymbol{I}\left\{1-\frac{\left[\frac{\theta(T)}{2}\right]^2}{2!}+\frac{\left[\frac{\theta(T)}{2}\right]^4}{4!}-\cdots\right\}+\frac{\boldsymbol{\Theta}(T)}{\theta(T)}\left\{\left[\frac{\theta(T)}{2}\right]-\frac{\left[\frac{\theta(T)}{2}\right]^3}{3!}+\frac{\left[\frac{\theta(T)}{2}\right]^5}{5!}-\cdots\right\}=
$$

$$
\boldsymbol{I}\cos\frac{\theta(T)}{2}+\frac{\boldsymbol{\Theta}(T)}{\theta(T)}\sin\frac{\theta(T)}{2} \tag{2.4.42}
$$

将式(2.4.42)代入式(2.4.39),可得

$$
\boldsymbol{Q}(T)=\left[\boldsymbol{I}\cos\frac{\theta(T)}{2}+\frac{\boldsymbol{\Theta}(T)}{\theta(T)}\sin\frac{\theta(T)}{2}\right]\boldsymbol{Q}(0)=
$$

$$
\left[\boldsymbol{I}\cos\frac{\theta(T)}{2}+\left(\left(\frac{\boldsymbol{\theta}(T)}{\theta(T)}\sin\frac{\theta(T)}{2}\right)\ast\right)_2\right]\boldsymbol{Q}(0)=\boldsymbol{Q}(0)\circ\begin{bmatrix}\cos\frac{\theta(T)}{2}\\ \frac{\boldsymbol{\theta}(T)}{\theta(T)}\sin\frac{\theta(T)}{2}\end{bmatrix} \tag{2.4.43}
$$

若将研究时间区间从$[0,T]$改为$[t_{m-1},t_m]$,则根据式(2.4.43)有

$$
\boldsymbol{Q}_{b(m)}^{i}=\boldsymbol{Q}_{b(m-1)}^{i}\circ\boldsymbol{Q}_{b(m)}^{b(m-1)} \tag{2.4.44}
$$

$$
\boldsymbol{Q}_{b(m)}^{b(m-1)}=\begin{bmatrix}\cos\frac{\Delta\theta_m}{2}\\ \frac{\Delta\boldsymbol{\theta}_m}{\Delta\theta_m}\sin\frac{\Delta\theta_m}{2}\end{bmatrix} \tag{2.4.45}
$$

式中:$\boldsymbol{Q}_{b(m-1)}^{i}$,$\boldsymbol{Q}_{b(m)}^{i}$分别表示$t_{m-1}$和$t_m$时刻的姿态变换四元数;$\boldsymbol{Q}_{b(m)}^{b(m-1)}$是从$t_{m-1}$时刻到$t_m$时刻的姿态四元数变化,且有$\Delta\boldsymbol{\theta}_m=\int_{t_{m-1}}^{t_m}\boldsymbol{\omega}_{ib}^{b}\,\mathrm{d}t$和$\Delta\theta_m=|\Delta\boldsymbol{\theta}_m|$。式(2.4.44)和式(2.4.45)便是姿态更新的四元数递推计算公式,但应当注意到,这是在假设b系在时间段$[t_{m-1},t_m]$内为定轴转动时才能严格成立的。

对比四元数姿态更新式(2.4.44)、式(2.4.45)与方向余弦阵姿态更新式(2.3.25)、式(2.3.26),不难发现,两者在形式上是非常相似的,但四元数算法的计算量和存储量会稍小些,均约为方向余弦阵的一半。

2.5　等效旋转矢量微分方程及其泰勒级数解

方向余弦阵更新算法式(2.3.25)和四元数更新算法式(2.4.44)两种算法都是假设在更新周期内动坐标系作定轴转动时才能严格成立的,如果不是定轴转动,由角增量直接求解变化矩阵或四元数,会引入转动不可交换误差。实际捷联惯导系统中的陀螺测量信号输出为角增量形式,比如激光陀螺,或者信号输出为角速率形式,但是为了降低噪声,常常采用高频采样再滤波平滑处理后降频输出,这种方式也接近于增量输出方式,而非瞬时角速率输出。为了减小不可交换误差的影响,研究者们提出了先通过角增量求解等效旋转矢量,再利用等效旋转矢量更新方向余弦阵或四元数的方法。

2.5.1 等效旋转矢量微分方程

对于式(2.4.36)，为书写简洁暂且省略角标，重写为

$$\boldsymbol{\omega}=\boldsymbol{u}\dot{\phi}+\dot{\boldsymbol{u}}\sin\phi+\dot{\boldsymbol{u}}\times\boldsymbol{u}(1-\cos\phi) \tag{2.5.1}$$

根据附录 A 式(A.6) ～ 式(A.8)，有

$$\boldsymbol{u}\dot{\phi}=\frac{\boldsymbol{\phi}\times(\boldsymbol{\phi}\times\dot{\boldsymbol{\phi}})}{\phi^2}+\dot{\boldsymbol{\phi}},\quad \dot{\boldsymbol{u}}=-\frac{\boldsymbol{\phi}\times(\boldsymbol{\phi}\times\dot{\boldsymbol{\phi}})}{\phi^3},\quad \dot{\boldsymbol{u}}\times\boldsymbol{u}=\frac{\dot{\boldsymbol{\phi}}\times\boldsymbol{\phi}}{\phi^2}$$

将它们代入式(2.5.1)，得

$$\boldsymbol{\omega}=\left[\frac{\boldsymbol{\phi}\times(\boldsymbol{\phi}\times\dot{\boldsymbol{\phi}})}{\phi^2}+\dot{\boldsymbol{\phi}}\right]-\frac{\boldsymbol{\phi}\times(\boldsymbol{\phi}\times\dot{\boldsymbol{\phi}})}{\phi^3}\sin\phi+\frac{\dot{\boldsymbol{\phi}}\times\boldsymbol{\phi}}{\phi^2}(1-\cos\phi)=$$

$$\dot{\boldsymbol{\phi}}-(1-\cos\phi)\frac{\boldsymbol{\phi}\times\dot{\boldsymbol{\phi}}}{\phi^2}+\left(1-\frac{\sin\phi}{\phi}\right)\frac{\boldsymbol{\phi}\times(\boldsymbol{\phi}\times\dot{\boldsymbol{\phi}})}{\phi^2} \tag{2.5.2}$$

式(2.5.2) 移项，得

$$\dot{\boldsymbol{\phi}}=\boldsymbol{\omega}+(1-\cos\phi)\frac{\boldsymbol{\phi}\times\dot{\boldsymbol{\phi}}}{\phi^2}-\left(1-\frac{\sin\phi}{\phi}\right)\frac{\boldsymbol{\phi}\times(\boldsymbol{\phi}\times\dot{\boldsymbol{\phi}})}{\phi^2} \tag{2.5.3}$$

这是等效旋转矢量微分方程的一种表示形式，但稍显不足的是等式右边依然含有微分项 $\dot{\boldsymbol{\phi}}$，不利于实际使用。下面根据反对称阵的幂方特性，由式(2.5.2) 求解 $\dot{\boldsymbol{\phi}}$。

若记

$$a=-\frac{(1-\cos\phi)}{\phi^2},\quad b=\left(1-\frac{\sin\phi}{\phi}\right)/\phi^2 \tag{2.5.4}$$

则式(2.5.2) 可简写为

$$\boldsymbol{\omega}=\dot{\boldsymbol{\phi}}+a\boldsymbol{\phi}\times\dot{\boldsymbol{\phi}}+b\,(\boldsymbol{\phi}\times)^2\dot{\boldsymbol{\phi}} \tag{2.5.5a}$$

使用 $\boldsymbol{\phi}$ 左叉乘式(2.5.5a) 的两边，可得

$$\boldsymbol{\phi}\times\boldsymbol{\omega}=\boldsymbol{\phi}\times\dot{\boldsymbol{\phi}}+a(\boldsymbol{\phi}\times)^2\dot{\boldsymbol{\phi}}+b(\boldsymbol{\phi}\times)^3\dot{\boldsymbol{\phi}}=\boldsymbol{\phi}\times\dot{\boldsymbol{\phi}}+a(\boldsymbol{\phi}\times)^2\dot{\boldsymbol{\phi}}-b\phi^2\boldsymbol{\phi}\times\dot{\boldsymbol{\phi}}=$$

$$(1-b\phi^2)\boldsymbol{\phi}\times\dot{\boldsymbol{\phi}}+a(\boldsymbol{\phi}\times)^2\dot{\boldsymbol{\phi}} \tag{2.5.5b}$$

再次使用 $\boldsymbol{\phi}$ 左叉乘式(2.5.5b) 的两边，可得

$$(\boldsymbol{\phi}\times)^2\boldsymbol{\omega}=(1-b\phi^2)(\boldsymbol{\phi}\times)^2\dot{\boldsymbol{\phi}}+a(\boldsymbol{\phi}\times)^3\dot{\boldsymbol{\phi}}=$$

$$-a\phi^2\boldsymbol{\phi}\times\dot{\boldsymbol{\phi}}+(1-b\phi^2)(\boldsymbol{\phi}\times)^2\dot{\boldsymbol{\phi}} \tag{2.5.5c}$$

将上述三式合并在一起写成矩阵形式，有

$$\begin{bmatrix}1 & a & b\\0 & 1-b\phi^2 & a\\0 & -a\phi^2 & 1-b\phi^2\end{bmatrix}\begin{bmatrix}\dot{\boldsymbol{\phi}}\\\boldsymbol{\phi}\times\dot{\boldsymbol{\phi}}\\(\boldsymbol{\phi}\times)^2\dot{\boldsymbol{\phi}}\end{bmatrix}=\begin{bmatrix}\boldsymbol{\omega}\\\boldsymbol{\phi}\times\boldsymbol{\omega}\\(\boldsymbol{\phi}\times)^2\boldsymbol{\omega}\end{bmatrix} \tag{2.5.6}$$

若将式(2.5.6) 视为关于 $\dot{\boldsymbol{\phi}}$，$\boldsymbol{\phi}\times\dot{\boldsymbol{\phi}}$ 和 $(\boldsymbol{\phi}\times)^2\dot{\boldsymbol{\phi}}$ 的三元线性方程组，直接求解之，可得

$$\begin{bmatrix}\dot{\boldsymbol{\phi}}\\\boldsymbol{\phi}\times\dot{\boldsymbol{\phi}}\\(\boldsymbol{\phi}\times)^2\dot{\boldsymbol{\phi}}\end{bmatrix}=\frac{1}{a^2\phi^2+(1-b\phi^2)^2}\begin{bmatrix}a^2\phi^2+(1-b\phi^2)^2 & -a & a^2-b(1-b\phi^2)\\0 & 1-b\phi^2 & -a\\0 & a\phi^2 & 1-b\phi^2\end{bmatrix}\begin{bmatrix}\boldsymbol{\omega}\\\boldsymbol{\phi}\times\boldsymbol{\omega}\\(\boldsymbol{\phi}\times)^2\boldsymbol{\omega}\end{bmatrix} \tag{2.5.7}$$

最后，重新将式(2.5.4)中的 a 和 b 表达式代入式(2.5.7)的第一分量，得

$$\dot{\boldsymbol{\phi}}=\boldsymbol{\omega}-\frac{a}{a^2\phi^2+(1-b\phi^2)^2}\boldsymbol{\phi}\times\boldsymbol{\omega}+\frac{a^2-b(1-b\phi^2)}{a^2\phi^2+(1-b\phi^2)^2}(\boldsymbol{\phi}\times)^2\boldsymbol{\omega}=$$

$$\boldsymbol{\omega}+\frac{1}{2}\boldsymbol{\phi}\times\boldsymbol{\omega}+\frac{(1-\cos\phi)^2-(\phi-\sin\phi)\sin\phi}{2\phi^2(1-\cos\phi)}(\boldsymbol{\phi}\times)^2\boldsymbol{\omega}=$$

$$\boldsymbol{\omega}+\frac{1}{2}\boldsymbol{\phi}\times\boldsymbol{\omega}+\frac{2(1-\cos\phi)-\phi\sin\phi}{2\phi^2(1-\cos\phi)}(\boldsymbol{\phi}\times)^2\boldsymbol{\omega}=$$

$$\boldsymbol{\omega}+\frac{1}{2}\boldsymbol{\phi}\times\boldsymbol{\omega}+\frac{1}{\phi^2}\left[1-\frac{\phi\sin\phi}{2(1-\cos\phi)}\right](\boldsymbol{\phi}\times)^2\boldsymbol{\omega} \qquad (2.5.8)$$

应用三角恒等式，式(2.5.8)还可等价于

$$\dot{\boldsymbol{\phi}}=\boldsymbol{\omega}+\frac{1}{2}\boldsymbol{\phi}\times\boldsymbol{\omega}+\frac{1}{\phi^2}\left(1-\frac{\phi\cdot 2\sin\frac{\phi}{2}\cos\frac{\phi}{2}}{2\cdot 2\sin^2\frac{\phi}{2}}\right)(\boldsymbol{\phi}\times)^2\boldsymbol{\omega}=$$

$$\boldsymbol{\omega}+\frac{1}{2}\boldsymbol{\phi}\times\boldsymbol{\omega}+\frac{1}{\phi^2}\left(1-\frac{\phi}{2}\cot\frac{\phi}{2}\right)(\boldsymbol{\phi}\times)^2\boldsymbol{\omega} \qquad (2.5.9)$$

这便是更常用的等效旋转矢量微分方程，它是利用等效旋转矢量进行转动不可交换误差补偿的数学理论基础，该式最早于 1971 年由学者 J. E. Bortz 推导给出，后来常称之为 Bortz 方程。Bortz 方程的另一种简洁证明方法可参见附录 B.5。

至此，可总结获得描述坐标系转动的四种数学表示，即角速度 $\boldsymbol{\omega}_{ib}^b$、方向余弦阵 $\boldsymbol{C}_b^i$、四元数 $\boldsymbol{Q}_b^i$ 和等效旋转矢量 $\boldsymbol{\phi}_{ib}^b$，它们之间的关系如图 2.5.1 所示。更多描述方法及它们之间的相互转换关系参见附录 B。

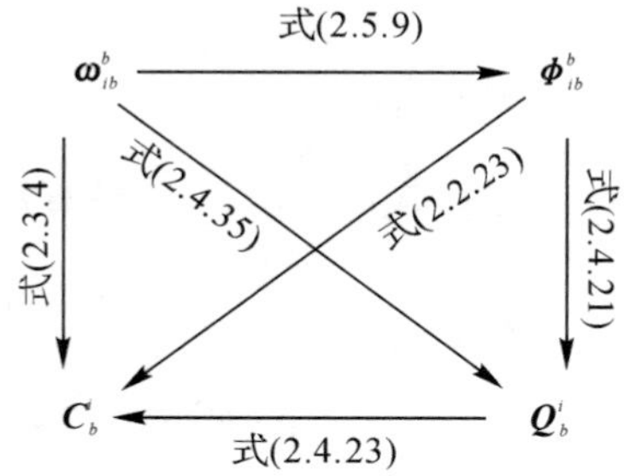

图 2.5.1　四种转动描述之间的关系

Bortz 方程式(2.5.9)虽然在理论上是严格成立的，但实际应用时略显繁杂。当等效转动角度 $\phi=|\boldsymbol{\phi}|$ 为小量时，常常将方程右边的余切函数 $\cot(\phi/2)$ 用泰勒级数展开，进行如下近似：

$$\dot{\boldsymbol{\phi}}=\boldsymbol{\omega}+\frac{1}{2}\boldsymbol{\phi}\times\boldsymbol{\omega}+\frac{1}{\phi^2}\left[1-\frac{\phi}{2}\left(\frac{2}{\phi}-\frac{1}{3}\cdot\frac{\phi}{2}-\frac{1}{45}\cdot\left(\frac{\phi}{2}\right)^3-\frac{2}{945}\cdot\left(\frac{\phi}{2}\right)^5-\frac{1}{4\ 725}\cdot\left(\frac{\phi}{2}\right)^7-\cdots\right)\right](\boldsymbol{\phi}\times)^2\boldsymbol{\omega}=$$

$$\boldsymbol{\omega}+\frac{1}{2}\boldsymbol{\phi}\times\boldsymbol{\omega}+\left(\frac{1}{12}+\frac{\phi^2}{720}+\frac{\phi^4}{30\ 240}+\frac{\phi^6}{1\ 209\ 600}+\cdots\right)(\boldsymbol{\phi}\times)^2\boldsymbol{\omega}\approx$$

$$\boldsymbol{\omega}+\frac{1}{2}\boldsymbol{\phi}\times\boldsymbol{\omega}+\frac{1}{12}(\boldsymbol{\phi}\times)^2\boldsymbol{\omega} \tag{2.5.10}$$

如果再忽略式(2.5.10)等号右端关于 $\boldsymbol{\phi}$ 的二阶小量的影响,还可进一步近似为

$$\dot{\boldsymbol{\phi}}\approx\boldsymbol{\omega}+\frac{1}{2}\boldsymbol{\phi}\times\boldsymbol{\omega} \tag{2.5.11}$$

对式(2.5.11)等号两边同时在时间段$[t_{m-1},t]$内积分,为了表述更加清晰,各符号均标明时间变量参数,可得

$$\boldsymbol{\phi}(t)-\boldsymbol{\phi}(t_{m-1})=\int_{t_{m-1}}^{t}\left[\boldsymbol{\omega}(\tau)+\frac{1}{2}\boldsymbol{\phi}(\tau)\times\boldsymbol{\omega}(\tau)\right]\mathrm{d}\tau=\int_{t_{m-1}}^{t}\boldsymbol{\omega}(\tau)\mathrm{d}\tau+\frac{1}{2}\int_{t_{m-1}}^{t}\boldsymbol{\phi}(\tau)\times\boldsymbol{\omega}(\tau)\mathrm{d}\tau=$$
$$\Delta\boldsymbol{\theta}(t,t_{m-1})+\frac{1}{2}\int_{t_{m-1}}^{t}\boldsymbol{\phi}(\tau)\times\boldsymbol{\omega}(\tau)\mathrm{d}\tau \tag{2.5.12}$$

即

$$\boldsymbol{\phi}(t)=\boldsymbol{\phi}(t_{m-1})+\Delta\boldsymbol{\theta}(t,t_{m-1})+\frac{1}{2}\int_{t_{m-1}}^{t}\boldsymbol{\phi}(\tau)\times\boldsymbol{\omega}(\tau)\mathrm{d}\tau \tag{2.5.13}$$

式中:$\Delta\boldsymbol{\theta}(t,t_{m-1})=\int_{t_{m-1}}^{t}\boldsymbol{\omega}(\tau)\mathrm{d}\tau$,表示从 t_{m-1} 时刻开始由角速度累积的角增量,且显然有 $\Delta\boldsymbol{\theta}(t_{m-1},t_{m-1})=\mathbf{0}$。

按皮卡迭代积分方法的思路,将式(2.5.13)等号右端整体再次代入其第三项的积分号内,可得

$$\begin{aligned}\boldsymbol{\phi}(t)=&\boldsymbol{\phi}(t_{m-1})+\Delta\boldsymbol{\theta}(t,t_{m-1})+\\&\frac{1}{2}\int_{t_{m-1}}^{t}\left[\boldsymbol{\phi}(t_{m-1})+\Delta\boldsymbol{\theta}(\tau,t_{m-1})+\frac{1}{2}\int_{t_{m-1}}^{\tau}\boldsymbol{\phi}(\tau_1)\times\boldsymbol{\omega}(\tau_1)\mathrm{d}\tau_1\right]\times\boldsymbol{\omega}(\tau)\mathrm{d}\tau=\\&\boldsymbol{\phi}(t_{m-1})+\Delta\boldsymbol{\theta}(t,t_{m-1})+\frac{1}{2}\boldsymbol{\phi}(t_{m-1})\times\Delta\boldsymbol{\theta}(t,t_{m-1})+\frac{1}{2}\int_{t_{m-1}}^{t}\Delta\boldsymbol{\theta}(\tau,t_{m-1})\times\boldsymbol{\omega}(\tau)\mathrm{d}\tau+\\&\frac{1}{4}\int_{t_{m-1}}^{t}\int_{t_{m-1}}^{\tau}\boldsymbol{\phi}(\tau_1)\times\boldsymbol{\omega}(\tau_1)\mathrm{d}\tau_1\times\boldsymbol{\omega}(\tau)\mathrm{d}\tau\end{aligned} \tag{2.5.14}$$

在时间段$[t_{m-1},\tau]$内,如果 $\boldsymbol{\phi}(\tau_1)$ 是小量,式(2.5.14)等号右边的第 5 项远小于第 4 项,即有

$$\left|\int_{t_{m-1}}^{t}\int_{t_{m-1}}^{\tau}\boldsymbol{\phi}(\tau_1)\times\boldsymbol{\omega}(\tau_1)\mathrm{d}\tau_1\times\boldsymbol{\omega}(\tau)\mathrm{d}\tau\right|\ll\left|\int_{t_{m-1}}^{t}\int_{t_{m-1}}^{\tau}\boldsymbol{\omega}(\tau_1)\mathrm{d}\tau_1\times\boldsymbol{\omega}(\tau)\mathrm{d}\tau\right|=$$
$$\int_{t_{m-1}}^{t}\Delta\boldsymbol{\theta}(\tau,t_{m-1})\times\boldsymbol{\omega}(\tau)\mathrm{d}\tau \tag{2.5.15}$$

因而式(2.5.14)可近似为

$$\boldsymbol{\phi}(t)\approx\boldsymbol{\phi}(t_{m-1})+\Delta\boldsymbol{\theta}(t,t_{m-1})+\frac{1}{2}\boldsymbol{\phi}(t_{m-1})\times\Delta\boldsymbol{\theta}(t,t_{m-1})+\frac{1}{2}\int_{t_{m-1}}^{t}\Delta\boldsymbol{\theta}(\tau,t_{m-1})\times\boldsymbol{\omega}(\tau)\mathrm{d}\tau \tag{2.5.16}$$

特别地,若假设 $t_{m-1}=0$ 且等效旋转矢量 $\boldsymbol{\phi}(0)=\mathbf{0}$,则 $\boldsymbol{\phi}(t)$ 可表示从 0 时刻开始的等效旋转矢量"增量",式(2.5.16)可简化为

$$\boldsymbol{\phi}(t)=\Delta\boldsymbol{\theta}(t)+\frac{1}{2}\int_{0}^{t}\Delta\boldsymbol{\theta}(\tau)\times\boldsymbol{\omega}(\tau)\mathrm{d}\tau=\Delta\boldsymbol{\theta}(t)+\boldsymbol{\sigma}(t) \tag{2.5.17}$$

式中:记

$$\Delta\boldsymbol{\theta}(t)=\int_{0}^{t}\boldsymbol{\omega}(\tau)\mathrm{d}\tau\quad 和\quad\boldsymbol{\sigma}(t)=\frac{1}{2}\int_{0}^{t}\Delta\boldsymbol{\theta}(\tau)\times\boldsymbol{\omega}(\tau)\mathrm{d}\tau \tag{2.5.18}$$

$\boldsymbol{\sigma}(t)=\boldsymbol{\phi}(t)-\Delta\boldsymbol{\theta}(t)$ 表示等效旋转矢量增量 $\boldsymbol{\phi}(t)$ 与角增量 $\Delta\boldsymbol{\theta}(t)$ 之间的差异，通常称为转动不可交换误差的修正量。

对式(2.5.17)等号两边同时求导，可得

$$\dot{\boldsymbol{\phi}}(t)=\boldsymbol{\omega}(t)+\frac{1}{2}\Delta\boldsymbol{\theta}(t)\times\boldsymbol{\omega}(t) \tag{2.5.19}$$

式(2.5.19)可以看作是等效旋转矢量微分方程式(2.5.11)的进一步近似，其优点是右端不再含变量 $\boldsymbol{\phi}(t)$，方便求解。需要特别指出的是，式(2.5.19)成立的前提条件是：$\boldsymbol{\phi}(0)=\Delta\boldsymbol{\theta}(0)=\mathbf{0}$ 且 $\boldsymbol{\phi}(t)$ 始终为小量，$\boldsymbol{\phi}(t)$ 越小近似精度越高。

此外，在式(2.5.16)中，若令 $t=t_m$，且设 $\boldsymbol{\phi}(t_{m-1})\neq 0$，则有

$$\begin{aligned}\boldsymbol{\phi}(t_m)&\approx\boldsymbol{\phi}(t_{m-1})+\Delta\boldsymbol{\theta}(t_m,t_{m-1})+\frac{1}{2}\boldsymbol{\phi}(t_{m-1})\times\Delta\boldsymbol{\theta}(t_m,t_{m-1})+\boldsymbol{\sigma}(t_m,t_{m-1})\approx\\&\boldsymbol{\phi}(t_{m-1})+\Delta\boldsymbol{\theta}(t_m,t_{m-1})+\frac{1}{2}\boldsymbol{\phi}(t_{m-1})\times\Delta\boldsymbol{\theta}(t_m,t_{m-1})\end{aligned} \tag{2.5.20}$$

其中：$\boldsymbol{\phi}(t_{m-1})$ 和 $\boldsymbol{\phi}(t_m)$ 分别表示上一时刻(t_{m-1} 时刻)和当前时刻(t_m 时刻)的等效旋转矢量；$\Delta\boldsymbol{\theta}(t_m,t_{m-1})$ 和 $\boldsymbol{\sigma}(t_m,t_{m-1})$ 分别表示从上一时刻至当前时刻的角增量和修正量。式(2.5.20)可视为由角增量递推计算等效旋转矢量的近似公式，运算简单且计算量小，但是在实际姿态更新算法中并不常用，究其原因，主要是随着递推步数的增加和 $\boldsymbol{\phi}(t_m)$ 变大，误差会不断积累。实际应用时，一般总是以 t_{m-1} 为新的时间起点，令 $\boldsymbol{\phi}(t_{m-1})=\mathbf{0}$，再根据式(2.5.17)计算等效旋转矢量 $\boldsymbol{\phi}(t_m)$，相当于只进行一步计算，这样有利于保证等效旋转矢量始终为小量，降低公式推导过程中的近似误差。在获得 $\boldsymbol{\phi}(t_m)$ 之后，改等效旋转矢量递推计算为方向余弦阵或四元数递推，完成姿态递推更新，以四元数为例(方向余弦阵类似)，等效旋转矢量与四元数相配合的姿态更新算法如下：

$$\boldsymbol{Q}_{b(m)}^{i}=\boldsymbol{Q}_{b(m-1)}^{i}\circ\boldsymbol{Q}_{b(m)}^{b(m-1)} \tag{2.5.21}$$

$$\boldsymbol{Q}_{b(m)}^{b(m-1)}=\begin{bmatrix}\cos\dfrac{\phi_m}{2}\\[2ex]\dfrac{\boldsymbol{\phi}_m}{\phi_m}\sin\dfrac{\phi_m}{2}\end{bmatrix} \tag{2.5.22}$$

式中：将 $\boldsymbol{\phi}(t_m)$ 简记为 $\boldsymbol{\phi}_m$，且有 $\phi_m=|\boldsymbol{\phi}_m|$。注意，比较式(2.4.45)与式(2.5.22)，两者虽然在形式上完全一样，但本质含义上存在重要区别：前者仅简单地使用角增量进行变化四元数计算，理论上只能适用于定轴转动情形；而后者在求解等效旋转矢量过程中考虑了转动不可交换误差的补偿，非定轴转动情况下算法精度更高。

2.5.2　等效旋转矢量微分方程的泰勒级数解

在实际应用中，从高精度捷联惯导陀螺中采样获得的往往是在一定采样间隔内的角增量信息，下文的主要目的就是借助式(2.5.19)由采样角增量求解等效旋转矢量。

针对算法式(2.5.21)和式(2.5.22)，不妨将时刻 t_{m-1} 重新记为时间起点 0 时刻，陀螺在姿态四元数更新时间段$[0,T]$内进行若干次等间隔角增量采样，暂且假设陀螺角速度输出为线性形式

$$\boldsymbol{\omega}(\tau)=\boldsymbol{a}+2\boldsymbol{b}\tau\quad(0\leqslant\tau\leqslant T) \tag{2.5.23}$$

则陀螺输出角增量为

$$\Delta\boldsymbol{\theta}(\tau)=\int_0^{\tau}\boldsymbol{\omega}(\tau')\mathrm{d}\tau'=\boldsymbol{a}\tau+\boldsymbol{b}\tau^2 \tag{2.5.24}$$

式中：$\boldsymbol{a}$ 和 $\boldsymbol{b}$ 均为常数向量。

现计算角速度 $\boldsymbol{\omega}(0)$ 和角增量 $\Delta\boldsymbol{\theta}(0)$，以及它们的各阶导数，可得

$$\left.\begin{aligned}&\boldsymbol{\omega}(0)=\boldsymbol{a}\\&\dot{\boldsymbol{\omega}}(0)=2\boldsymbol{b}\\&\boldsymbol{\omega}^{(i)}(0)=\boldsymbol{0}\quad(i=2,3,4,\cdots)\end{aligned}\right\} \tag{2.5.25}$$

$$\left.\begin{aligned}&\Delta\boldsymbol{\theta}(0)=\boldsymbol{0}\\&\Delta\dot{\boldsymbol{\theta}}(0)=\boldsymbol{\omega}(0)=\boldsymbol{a}\\&\Delta\ddot{\boldsymbol{\theta}}(0)=\dot{\boldsymbol{\omega}}(0)=2\boldsymbol{b}\\&\Delta\boldsymbol{\theta}^{(i)}(0)=\boldsymbol{\omega}^{(i-1)}(0)=\boldsymbol{0}\quad(i=3,4,5,\cdots)\end{aligned}\right\} \tag{2.5.26}$$

再记

$$\boldsymbol{\beta}(\tau)=\Delta\boldsymbol{\theta}(\tau)\times\boldsymbol{\omega}(\tau) \tag{2.5.27}$$

根据如下求导规则：

$$(xy)^{(n)}=C_n^0x^{(n)}y+C_n^1x^{(n-1)}y^{(1)}+C_n^2x^{(n-2)}y^{(2)}+\cdots+C_n^nxy^{(n)} \tag{2.5.28}$$

求 $\boldsymbol{\beta}(0)$ 及其各阶导数，可得

$$\left.\begin{aligned}&\boldsymbol{\beta}(0)=\boldsymbol{0}\\&\dot{\boldsymbol{\beta}}(0)=C_1^0\Delta\dot{\boldsymbol{\theta}}(0)\times\boldsymbol{\omega}(0)+C_1^1\cdot\boldsymbol{0}=\boldsymbol{a}\times\boldsymbol{a}=\boldsymbol{0}\\&\ddot{\boldsymbol{\beta}}(0)=C_2^0\Delta\ddot{\boldsymbol{\theta}}(0)\times\boldsymbol{\omega}(0)+C_2^1\Delta\dot{\boldsymbol{\theta}}(0)\times\dot{\boldsymbol{\omega}}(0)+C_2^2\cdot\boldsymbol{0}=\\&\qquad 2\boldsymbol{b}\times\boldsymbol{a}+2\cdot\boldsymbol{a}\times2\boldsymbol{b}=2\boldsymbol{a}\times\boldsymbol{b}\\&\boldsymbol{\beta}^{(i)}(0)=\boldsymbol{0}\quad(i=3,4,5,\cdots)\end{aligned}\right\} \tag{2.5.29}$$

根据等效旋转矢量微分方程式(2.5.19)，可计算得 $\boldsymbol{\phi}(0)$ 的各阶导数如下：

$$\left.\begin{aligned}&\dot{\boldsymbol{\phi}}(0)=\boldsymbol{\omega}(0)+\frac{1}{2}\boldsymbol{\beta}(0)=\boldsymbol{\omega}(0)=\boldsymbol{a}\\&\ddot{\boldsymbol{\phi}}(0)=\dot{\boldsymbol{\omega}}(0)+\frac{1}{2}\dot{\boldsymbol{\beta}}(0)=\dot{\boldsymbol{\omega}}(0)=2\boldsymbol{b}\\&\dddot{\boldsymbol{\phi}}(0)=\ddot{\boldsymbol{\omega}}(0)+\frac{1}{2}\ddot{\boldsymbol{\beta}}(0)=\frac{1}{2}\ddot{\boldsymbol{\beta}}(0)=\boldsymbol{a}\times\boldsymbol{b}\\&\boldsymbol{\phi}^{(i)}(0)=\boldsymbol{0}\quad(i=4,5,6,\cdots)\end{aligned}\right\} \tag{2.5.30}$$

若将 $\boldsymbol{\phi}(t)$ 视为光滑函数且在 $t=0$ 处展开成泰勒级数，并将式(2.5.30)代入，可得

$$\begin{aligned}\boldsymbol{\phi}(T)&=\boldsymbol{\phi}(0)+T\dot{\boldsymbol{\phi}}(0)+\frac{T^2}{2!}\ddot{\boldsymbol{\phi}}(0)+\frac{T^3}{3!}\dddot{\boldsymbol{\phi}}(0)+\cdots=\\&\boldsymbol{0}+T\boldsymbol{a}+T^2\boldsymbol{b}+\frac{T^3}{6}\boldsymbol{a}\times\boldsymbol{b}=T\boldsymbol{a}+T^2\boldsymbol{b}+\frac{T^3}{6}\boldsymbol{a}\times\boldsymbol{b}\end{aligned} \tag{2.5.31}$$

式(2.5.31)中包含两个未知向量参数 $\boldsymbol{a}$ 和 $\boldsymbol{b}$，为了消去 $\boldsymbol{a}$ 和 $\boldsymbol{b}$ 并求解出 $\boldsymbol{\phi}(T)$，需在采样时间段[0，T]内进行两次角增量采样，记为

$$\left.\begin{aligned}&\Delta\boldsymbol{\theta}_1=\int_0^{T/2}\boldsymbol{\omega}(\tau)\mathrm{d}\tau=\boldsymbol{a}\tau+\boldsymbol{b}\tau^2\Big|_0^{T/2}=\frac{T}{2}\boldsymbol{a}+\frac{T^2}{4}\boldsymbol{b}\\&\Delta\boldsymbol{\theta}_2=\int_{T/2}^{T}\boldsymbol{\omega}(\tau)\mathrm{d}\tau=\boldsymbol{a}\tau+\boldsymbol{b}\tau^2\Big|_{T/2}^{T}=\frac{T}{2}\boldsymbol{a}+\frac{3T^2}{4}\boldsymbol{b}\end{aligned}\right\} \tag{2.5.32}$$

由式(2.5.32)可求得以角增量表示的常数向量 $\boldsymbol{a}=(3\Delta\boldsymbol{\theta}_1-\Delta\boldsymbol{\theta}_2)/T$ 和 $\boldsymbol{b}=2(\Delta\boldsymbol{\theta}_2-\Delta\boldsymbol{\theta}_1)/T^2$，再将其代入式(2.5.31)便可求得以角增量表示的所谓等效旋转矢量二子样算法：

$$\boldsymbol{\phi}(T)=(\Delta\boldsymbol{\theta}_1+\Delta\boldsymbol{\theta}_2)+\frac{2}{3}\Delta\boldsymbol{\theta}_1\times\Delta\boldsymbol{\theta}_2 \tag{2.5.33}$$

类似于前述二子样算法的推导思路，若设陀螺角速度输出为如下抛物线形式：

$$\boldsymbol{\omega}(\tau)=\boldsymbol{a}+2\boldsymbol{b}\tau+3\boldsymbol{c}\tau^2\quad(0\leqslant\tau\leqslant T)$$

并且在时间段[0,T]内进行三次角增量采样，分别记为

$$\Delta\boldsymbol{\theta}_1=\int_0^{T/3}\boldsymbol{\omega}(\tau)\mathrm{d}\tau,\quad \Delta\boldsymbol{\theta}_2=\int_{T/3}^{2T/3}\boldsymbol{\omega}(\tau)\mathrm{d}\tau,\quad \Delta\boldsymbol{\theta}_3=\int_{2T/3}^{T}\boldsymbol{\omega}(\tau)\mathrm{d}\tau$$

则可求得等效旋转矢量三子样算法(过程不复杂但稍显烦琐，从略)：

$$\boldsymbol{\phi}(T)=(\Delta\boldsymbol{\theta}_1+\Delta\boldsymbol{\theta}_2+\Delta\boldsymbol{\theta}_3)+\frac{33}{80}\Delta\boldsymbol{\theta}_1\times\Delta\boldsymbol{\theta}_3+\frac{57}{80}(\Delta\boldsymbol{\theta}_1\times\Delta\boldsymbol{\theta}_2+\Delta\boldsymbol{\theta}_2\times\Delta\boldsymbol{\theta}_3) \tag{2.5.34}$$

值得说明的是，基于泰勒级数展开的等效旋转矢量多子样算法是在式(2.5.19)的基础上推导的，式(2.5.19)又是式(2.5.9)在一定的近似条件下获得的；此外，高阶泰勒级数展开原则上要求函数足够光滑，而实际陀螺输出总会或多或少包含电气噪声，噪声并不反映运载体的真实角运动，同时对角速度函数的光滑性也会造成不良影响。因此，多子样算法的精度有限，并非子样数越多算法的实际使用精度就越高。

显然，若假设陀螺角速度输出为常值形式，此即简单的单轴旋转情形，则有如下等效旋转矢量单子样算法：

$$\boldsymbol{\phi}(T)=\Delta\boldsymbol{\theta}_1=\int_0^T\boldsymbol{\omega}(\tau)\mathrm{d}\tau \tag{2.5.35}$$

特别地，还有一种称为“单子样＋前一周期”的等效旋转矢量算法，它假设角速度输出为如下线性形式：

$$\boldsymbol{\omega}(\tau)=\boldsymbol{a}+2\boldsymbol{b}\tau\quad(-T\leqslant\tau\leqslant T)$$

在时间段[0,T]内仅进行一次角增量采样，记 $\Delta\boldsymbol{\theta}_1=\int_0^T\boldsymbol{\omega}(\tau)\mathrm{d}\tau$，但该算法在计算等效旋转矢量 $\boldsymbol{\phi}(T)$ 时还会充分利用前一次的角增量信息，记 $\Delta\boldsymbol{\theta}_0=\int_{-T}^0\boldsymbol{\omega}(\tau)\mathrm{d}\tau$，通过如下方程组：

$$\left.\begin{aligned}&\boldsymbol{\phi}(T)=T\boldsymbol{a}+T^2\boldsymbol{b}+\frac{T^3}{6}\boldsymbol{a}\times\boldsymbol{b}\\&\Delta\boldsymbol{\theta}_1=\int_0^T\boldsymbol{\omega}(\tau)\mathrm{d}\tau=\boldsymbol{a}\tau+\boldsymbol{b}\tau^2\Big|_0^T=T\boldsymbol{a}+T^2\boldsymbol{b}\\&\Delta\boldsymbol{\theta}_0=\int_{-T}^0\boldsymbol{\omega}(\tau)\mathrm{d}\tau=\boldsymbol{a}\tau+\boldsymbol{b}\tau^2\Big|_{-T}^0=T\boldsymbol{a}-T^2\boldsymbol{b}\end{aligned}\right\} \tag{2.5.36}$$

消去中间参量 $\boldsymbol{a}$ 和 $\boldsymbol{b}$，可求得

$$\boldsymbol{\phi}(T)=\Delta\boldsymbol{\theta}_1+\frac{1}{12}\Delta\boldsymbol{\theta}_0\times\Delta\boldsymbol{\theta}_1 \tag{2.5.37}$$

与单子样算法式(2.5.35)相比，“单子样＋前一周期”算法在陀螺采样频率相同的情况下提高了不可交换误差补偿精度；在相同采样频率下，“单子样＋前一周期”算法与二子样算法式(2.5.33)的精度量级相当，但前者提高了姿态更新输出频率。

2.6 圆锥运动条件下的等效旋转矢量算法

如 2.5 节所述，在多项式角速度假设下求解等效旋转矢量是一种常用的方法。但是，在振动环境中陀螺的输出会呈现有规律的反复变化，可用正弦函数来描述这样的角运动。通常认为正弦角运动比多项式角运动更加恶劣，会激励出更大的不可交换误差，姿态更新算法若能适用于正弦角运动环境，一般也能适用于多项式运动环境，因此，研究者们提出了在正弦角运动下求解等效旋转矢量的所谓优化算法。

2.6.1 圆锥运动的描述

19 世纪 50 年代是机械陀螺仪飞速发展的一个重要时期，也正是在那时发现了著名的圆锥运动现象，即当陀螺仪在其旋转轴和输出轴出现同频不同相的角振动时，尽管其测量输入轴净指向不变(从整体上看没有随时间改变的趋势项)，但陀螺仪在输入轴上还是会敏感到并输出常值角速率信号。在这种环境下，陀螺仪承受的运动角速度可表示如下：

$$\boldsymbol{\omega}(t)=\begin{bmatrix}a\Omega\sin\Omega t & b\Omega\cos\Omega t & c\end{bmatrix}^{\mathrm{T}} \tag{2.6.1}$$

式中：a，b 和 c 均为常数，在 x 和 y 轴表现为同频但相位差 90° 的正弦角振动，振动角频率为 Ω，而在 z 轴上表现为常值角速率。虽然输入轴 z 轴有角速率输入，但在实际中长时间观察陀螺仪整体上并不绕着输入轴产生明显的偏转，这就是圆锥运动的神奇之处，曾颇令研究者们费解。

下面采用四元数描述来研究圆锥运动。假设动坐标系(b 系)相对于参考坐标系(i 系)的变换四元数为

$$\boldsymbol{Q}(t)=\begin{bmatrix}\cos(\phi/2)\\ \sin(\phi/2)\cos\Omega t\\ \sin(\phi/2)\sin\Omega t\\ 0\end{bmatrix} \tag{2.6.2}$$

式中：角度值 ϕ 和角频率 Ω 均为常值，为书写简便，省略角标；$\boldsymbol{Q}(t)$ 应理解为 $\boldsymbol{Q}_b^i(t)$。对式(2.6.2)等号两边同时微分，得

$$\dot{\boldsymbol{Q}}(t)=\begin{bmatrix}0\\ -\Omega\sin(\phi/2)\sin\Omega t\\ \Omega\sin(\phi/2)\cos\Omega t\\ 0\end{bmatrix}=\Omega\sin\frac{\phi}{2}\cdot\begin{bmatrix}0\\ -\sin\Omega t\\ \cos\Omega t\\ 0\end{bmatrix} \tag{2.6.3}$$

根据四元数微分方程式(2.4.35)，可得角速度的四元数表示如下：

$$\boldsymbol{\omega}_q(t)=2\boldsymbol{Q}^*(t)\circ\dot{\boldsymbol{Q}}(t)=2\boldsymbol{M}'_{\dot{Q}(t)}\boldsymbol{Q}^*(t)=$$

$$2\Omega\sin\frac{\phi}{2}\cdot\begin{bmatrix}0 & \sin\Omega t & -\cos\Omega t & 0\\ -\sin\Omega t & 0 & 0 & -\cos\Omega t\\ \cos\Omega t & 0 & 0 & -\sin\Omega t\\ 0 & \cos\Omega t & \sin\Omega t & 0\end{bmatrix}\begin{bmatrix}\cos(\phi/2)\\ -\sin(\phi/2)\cos\Omega t\\ -\sin(\phi/2)\sin\Omega t\\ 0\end{bmatrix}=$$

$$\begin{bmatrix} 0 \\ -\Omega\sin\phi\sin\Omega t \\ \Omega\sin\phi\cos\Omega t \\ -2\Omega\sin^2(\phi/2) \end{bmatrix} \tag{2.6.4}$$

由 $\boldsymbol{\omega}_q(t)$ 的矢量部分可得角速度为

$$\boldsymbol{\omega}(t) = \begin{bmatrix} -\Omega\sin\phi\sin\Omega t \\ \Omega\sin\phi\cos\Omega t \\ -2\Omega\sin^2(\phi/2) \end{bmatrix} = \Omega\sin\phi \cdot \begin{bmatrix} -\sin\Omega t \\ \cos\Omega t \\ -\tan(\phi/2) \end{bmatrix} \tag{2.6.5}$$

这恰好与式(2.6.1)的角运动表现形式一致，可取 $a = -\sin\phi$，$b = \sin\phi$ 和 $c = -2\sin^2(\phi/2)$。

根据四元数与旋转矢量之间的关系 $\boldsymbol{Q}(t) = \cos\dfrac{\phi}{2} + \dfrac{\boldsymbol{\phi}(t)}{\phi}\sin\dfrac{\phi}{2}$，与式(2.6.2)对比，可得

$$\boldsymbol{\phi}(t) = \phi\begin{bmatrix} \cos\Omega t \\ \sin\Omega t \\ 0 \end{bmatrix} \tag{2.6.6}$$

这说明在任意 t 时刻，动坐标系 b 系绕参考坐标系 i 系 ox_iy_i 平面上的单位转轴 $\boldsymbol{u}(t) = \boldsymbol{\phi}(t)/\phi = [\cos\Omega t \quad \sin\Omega t \quad 0]^{\mathrm{T}}$ 转动了 ϕ 角度，转轴方向时刻在变化而转角恒定不变，动坐标系的 z_b 轴在空间画出一个圆锥面（半锥角为 ϕ，z 轴称为锥轴），参见图 2.6.1，这正是这一角运动称为圆锥运动（coning motion）的原因。

式(2.6.2)、式(2.6.5)和式(2.6.6)分别是圆锥运动的四元数、角速度和等效旋转矢量描述，它们形式上都比较简单，这是除定轴转动之外的比较简单的角运动解析描述。与之对比，比如线性角速度运动式(2.5.23)，其角速度表示虽然简单，但是很难得到相应的简单的等效旋转矢量或四元数描述。

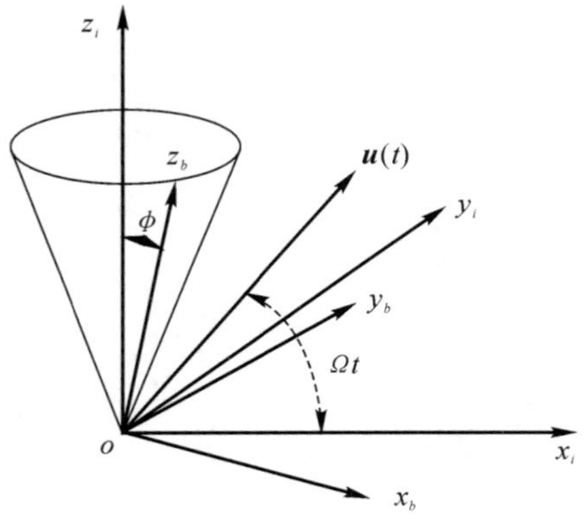

图 2.6.1　圆锥运动

不难验证圆锥运动的角速度 $\boldsymbol{\omega}(t)$ 和等效旋转矢量 $\boldsymbol{\phi}(t)$ 满足 Bortz 方程，验证过程如下。由式(2.6.5)和式(2.6.6)，可得

$$\boldsymbol{\phi}\times\boldsymbol{\omega} = \phi\begin{bmatrix} \cos\Omega t \\ \sin\Omega t \\ 0 \end{bmatrix} \times \left(\Omega\sin\phi\begin{bmatrix} -\sin\Omega t \\ \cos\Omega t \\ -\tan(\phi/2) \end{bmatrix}\right) = \phi\Omega\sin\phi\begin{bmatrix} -\sin\Omega t\tan(\phi/2) \\ \cos\Omega t\tan(\phi/2) \\ 1 \end{bmatrix} \tag{2.6.7}$$

$$\boldsymbol{\phi}\times(\boldsymbol{\phi}\times\boldsymbol{\omega})=\phi\begin{bmatrix}\cos\Omega t\\ \sin\Omega t\\ 0\end{bmatrix}\times\left(\phi\Omega\sin\phi\begin{bmatrix}-\sin\Omega t\tan(\phi/2)\\ \cos\Omega t\tan(\phi/2)\\ 1\end{bmatrix}\right)=\phi^2\Omega\sin\phi\begin{bmatrix}\sin\Omega t\\ -\cos\Omega t\\ \tan(\phi/2)\end{bmatrix}=-\phi^2\boldsymbol{\omega} \tag{2.6.8}$$

再将式(2.6.5)、式(2.6.7)和式(2.6.8)代入 Bortz 方程式(2.5.9)等号的右端,可得

$$\begin{aligned}\dot{\boldsymbol{\phi}}&=\boldsymbol{\omega}+\frac{1}{2}\boldsymbol{\phi}\times\boldsymbol{\omega}+\frac{1}{\phi^2}\left(1-\frac{\phi}{2}\cot\frac{\phi}{2}\right)(-\phi^2\boldsymbol{\omega})=\frac{1}{2}\boldsymbol{\phi}\times\boldsymbol{\omega}+\frac{\phi}{2}\cot\frac{\phi}{2}\boldsymbol{\omega}=\\ &\frac{1}{2}\phi\Omega\sin\phi\begin{bmatrix}-\sin\Omega t\tan(\phi/2)\\ \cos\Omega t\tan(\phi/2)\\ 1\end{bmatrix}+\frac{\phi}{2}\cot\frac{\phi}{2}\cdot\Omega\sin\phi\begin{bmatrix}-\sin\Omega t\\ \cos\Omega t\\ -\tan(\phi/2)\end{bmatrix}=\\ &\frac{1}{2}\phi\Omega\begin{bmatrix}-\sin\Omega t\cdot[\tan(\phi/2)+\cot(\phi/2)]\sin\phi\\ \cos\Omega t\cdot[\tan(\phi/2)+\cot(\phi/2)]\sin\phi\\ 0\end{bmatrix}=\phi\Omega\begin{bmatrix}-\sin\Omega t\\ \cos\Omega t\\ 0\end{bmatrix}\end{aligned} \tag{2.6.9}$$

式(2.6.9)正好等于式(2.6.6)直接微分的结果,验证完毕。

2.6.2 圆锥误差补偿多子样算法

若记圆锥运动的四元数更新方程为

$$\boldsymbol{Q}(t_m)=\boldsymbol{Q}(t_{m-1})\circ\boldsymbol{Q}(T) \tag{2.6.10}$$

式中:$T=t_m-t_{m-1}$,表示更新周期;$\boldsymbol{Q}(T)$ 为该周期内的变化四元数(四元数增量)。式(2.6.10)等号两边同时左乘 $\boldsymbol{Q}^*(t_{m-1})$,可得

$$\boldsymbol{Q}(T)=\boldsymbol{Q}^*(t_{m-1})\circ\boldsymbol{Q}(t_m)=\boldsymbol{M}_{Q^*(t_{m-1})}\boldsymbol{Q}(t_m)=$$

$$\begin{bmatrix}\cos\frac{\phi}{2} & \sin\frac{\phi}{2}\cos\Omega t_{m-1} & \sin\frac{\phi}{2}\sin\Omega t_{m-1} & 0\\ -\sin\frac{\phi}{2}\cos\Omega t_{m-1} & \cos\frac{\phi}{2} & 0 & -\sin\frac{\phi}{2}\sin\Omega t_{m-1}\\ -\sin\frac{\phi}{2}\sin\Omega t_{m-1} & 0 & \cos\frac{\phi}{2} & \sin\frac{\phi}{2}\cos\Omega t_{m-1}\\ 0 & \sin\frac{\phi}{2}\sin\Omega t_{m-1} & -\sin\frac{\phi}{2}\cos\Omega t_{m-1} & \cos\frac{\phi}{2}\end{bmatrix}\times$$

$$\begin{bmatrix}\cos\frac{\phi}{2}\\ \sin\frac{\phi}{2}\cos\Omega t_m\\ \sin\frac{\phi}{2}\sin\Omega t_m\\ 0\end{bmatrix}=\begin{bmatrix}\cos^2\frac{\phi}{2}+\sin^2\frac{\phi}{2}\cos\Omega t_{m-1}\cos\Omega t_m+\sin^2\frac{\phi}{2}\sin\Omega t_{m-1}\sin\Omega t_m\\ -\sin\frac{\phi}{2}\cos\frac{\phi}{2}\cos\Omega t_{m-1}+\sin\frac{\phi}{2}\cos\frac{\phi}{2}\cos\Omega t_m\\ -\sin\frac{\phi}{2}\cos\frac{\phi}{2}\sin\Omega t_{m-1}+\sin\frac{\phi}{2}\cos\frac{\phi}{2}\sin\Omega t_m\\ \sin^2\frac{\phi}{2}\sin\Omega t_{m-1}\cos\Omega t_m-\sin^2\frac{\phi}{2}\cos\Omega t_{m-1}\sin\Omega t_m\end{bmatrix}=$$

$$\begin{bmatrix}\cos^2\frac{\phi}{2}+\sin^2\frac{\phi}{2}\cos\Omega T\\ \frac{1}{2}\sin\phi\cdot(\cos\Omega t_m-\cos\Omega t_{m-1})\\ \frac{1}{2}\sin\phi\cdot(\sin\Omega t_m-\sin\Omega t_{m-1})\\ -\sin^2\frac{\phi}{2}\sin\Omega T\end{bmatrix}=\begin{bmatrix}1-2\left(\sin\frac{\phi}{2}\sin\frac{\Omega T}{2}\right)^2\\ -\sin\phi\sin\frac{\Omega T}{2}\sin\Omega\left(t_m-\frac{T}{2}\right)\\ \sin\phi\sin\frac{\Omega T}{2}\cos\Omega\left(t_m-\frac{T}{2}\right)\\ -\sin^2\frac{\phi}{2}\sin\Omega T\end{bmatrix}\tag{2.6.11}$$

假设与变化四元数 $\boldsymbol{Q}(T)$ 对应的在时间段$[t_{m-1},t_m]$内变化的等效旋转矢量为 $\boldsymbol{\phi}(T)$，即

$$\boldsymbol{Q}(T)=\cos\frac{\phi(T)}{2}+\frac{\boldsymbol{\phi}(T)}{\phi(T)}\sin\frac{\phi(T)}{2}\tag{2.6.12}$$

式中：$\phi(T)=|\boldsymbol{\phi}(T)|$为模值。比较式(2.6.11)和式(2.6.12)的四元数矢量部分，可得

$$\frac{\boldsymbol{\phi}(T)}{\phi(T)}\sin\frac{\phi(T)}{2}=\begin{bmatrix}-\sin\phi\sin\frac{\Omega T}{2}\sin\Omega\left(t_m-\frac{T}{2}\right)\\ \sin\phi\sin\frac{\Omega T}{2}\cos\Omega\left(t_m-\frac{T}{2}\right)\\ -\sin^2\frac{\phi}{2}\sin\Omega T\end{bmatrix}\tag{2.6.13}$$

对式(2.6.13)等号两边同时取模，得

$$\sin\frac{\phi(T)}{2}=\sqrt{\sin^2\phi\sin^2\frac{\Omega T}{2}+\sin^4\frac{\phi}{2}\sin^2\Omega T}\tag{2.6.14}$$

当半锥角 ϕ 和 ΩT 均为小量时，近似有

$$\sin\frac{\phi(T)}{2}\approx\sqrt{\sin^2\phi\sin^2\frac{\Omega T}{2}}\approx\frac{\phi\Omega T}{2}\tag{2.6.15}$$

这说明等效旋转矢量 $\phi(T)$ 也是小量，进一步近似有

$$\phi(T)\approx\phi\Omega T\tag{2.6.16}$$

因此，根据式(2.6.13)可知，在时间段$[t_{m-1},t_m]$内的等效旋转矢量(旋转矢量增量)可近似为

$$\boldsymbol{\phi}(T)=\frac{\phi(T)}{\sin\frac{\phi(T)}{2}}\begin{bmatrix}-\sin\phi\sin\frac{\Omega T}{2}\sin\Omega\left(t_m-\frac{T}{2}\right)\\ \sin\phi\sin\frac{\Omega T}{2}\cos\Omega\left(t_m-\frac{T}{2}\right)\\ -\sin^2\frac{\phi}{2}\sin\Omega T\end{bmatrix}\approx\begin{bmatrix}-2\sin\phi\sin\frac{\Omega T}{2}\sin\Omega\left(t_m-\frac{T}{2}\right)\\ 2\sin\phi\sin\frac{\Omega T}{2}\cos\Omega\left(t_m-\frac{T}{2}\right)\\ -2\sin^2\frac{\phi}{2}\sin\Omega T\end{bmatrix}\tag{2.6.17}$$

另外，对角速度式(2.6.5)积分，可得在等效旋转矢量计算时间段$[t_{m-1},t_m]$内的角增量为

$$\Delta\boldsymbol{\theta}_m=\int_{t_{m-1}}^{t_m}\boldsymbol{\omega}(t)\mathrm{d}t=\int_{t_{m-1}}^{t_m}\begin{bmatrix}-\Omega\sin\phi\sin\Omega t\\ \Omega\sin\phi\cos\Omega t\\ -2\Omega\sin^2(\phi/2)\end{bmatrix}\mathrm{d}t=\begin{bmatrix}\sin\phi\cdot(\cos\Omega t_m-\cos\Omega t_{m-1})\\ \sin\phi\cdot(\sin\Omega t_m-\sin\Omega t_{m-1})\\ -2\sin^2(\phi/2)\cdot\Omega T\end{bmatrix}=$$

$$\begin{bmatrix} -2\sin\phi\sin\frac{\Omega T}{2}\sin\Omega\left(t_m-\frac{T}{2}\right) \\ 2\sin\phi\sin\frac{\Omega T}{2}\cos\Omega\left(t_m-\frac{T}{2}\right) \\ -2\sin^2\frac{\phi}{2}\cdot\Omega T \end{bmatrix} \tag{2.6.18}$$

比较式(2.6.17)和式(2.6.18),它们在 x 轴和 y 轴上完全相同,而在 z 轴上存在差异,这一差异使得使用角增量代替旋转矢量进行姿态更新时会产生误差,并且误差随时间会不断累积。考虑到半锥角 ϕ 为小量,定义如下误差:

$$\delta\boldsymbol{\phi}(T)=\boldsymbol{\phi}(T)-\Delta\boldsymbol{\theta}_m=\begin{bmatrix} 0 \\ 0 \\ -2\sin^2\frac{\phi}{2}\sin\Omega T-\left(-2\sin^2\frac{\phi}{2}\cdot\Omega T\right) \end{bmatrix}=$$

$$\begin{bmatrix} 0 \\ 0 \\ 2\sin^2\frac{\phi}{2}\cdot(\Omega T-\sin\Omega T) \end{bmatrix} \tag{2.6.19}$$

为了补偿该误差,通常采用多子样补偿算法,在时间段$[t_{m-1},t_m]$内进行 N 次采样,采样间隔为 $h=T/N$,参照式(2.6.18),可计算得每个采样间隔内的角增量(称为子样,sub - sample),记为

$$\Delta\boldsymbol{\theta}_{mi}=\int_{t_{m-1}+(i-1)h}^{t_{m-1}+ih}\boldsymbol{\omega}(t)\,\mathrm{d}t=\begin{bmatrix} -2\sin\phi\sin\frac{\lambda}{2}\sin\Omega\left(t_{m-1}+ih-\frac{h}{2}\right) \\ 2\sin\phi\sin\frac{\lambda}{2}\cos\Omega\left(t_{m-1}+ih-\frac{h}{2}\right) \\ -2\sin^2\frac{\phi}{2}\cdot\lambda \end{bmatrix}\quad (i=1,2,\cdots,N) \tag{2.6.20}$$

式中:简记 $\lambda=\Omega h$,显然有时间段$[t_{m-1},t_m]$内的总角增量为

$$\Delta\boldsymbol{\theta}_m=\int_{t_{m-1}}^{t_m}\boldsymbol{\omega}(t)\,\mathrm{d}t=\sum_{i=1}^{N}\Delta\boldsymbol{\theta}_{mi} \tag{2.6.21}$$

将式(2.6.20)中不同子样的角增量之间进行叉乘,可得

$$\Delta\boldsymbol{\theta}_{mi}\times\Delta\boldsymbol{\theta}_{mj}=\begin{bmatrix} -2\sin\phi\sin\frac{\lambda}{2}\sin\Omega\left(t_{m-1}+ih-\frac{h}{2}\right) \\ 2\sin\phi\sin\frac{\lambda}{2}\cos\Omega\left(t_{m-1}+ih-\frac{h}{2}\right) \\ -2\lambda\sin^2\frac{\phi}{2} \end{bmatrix}\times$$

$$\begin{bmatrix} -2\sin\phi\sin\frac{\lambda}{2}\sin\Omega\left(t_{m-1}+jh-\frac{h}{2}\right) \\ 2\sin\phi\sin\frac{\lambda}{2}\cos\Omega\left(t_{m-1}+jh-\frac{h}{2}\right) \\ -2\lambda\sin^2\frac{\phi}{2} \end{bmatrix}=$$

$$\begin{bmatrix} -4\lambda\sin^2\dfrac{\phi}{2}\sin\phi\sin\dfrac{\lambda}{2}\cdot\left[\cos\Omega\left(t_{m-1}+ih-\dfrac{h}{2}\right)-\cos\Omega\left(t_{m-1}+jh-\dfrac{h}{2}\right)\right] \\ -4\lambda\sin^2\dfrac{\phi}{2}\sin\phi\sin\dfrac{\lambda}{2}\cdot\left[\sin\Omega\left(t_{m-1}+ih-\dfrac{h}{2}\right)-\sin\Omega\left(t_{m-1}+jh-\dfrac{h}{2}\right)\right] \\ -\left(2\sin\phi\sin\dfrac{\lambda}{2}\right)^2\sin(i-j)\lambda \end{bmatrix}=$$

$$\begin{bmatrix} 8\lambda\sin^2\dfrac{\phi}{2}\sin\phi\sin\dfrac{\lambda}{2}\sin\dfrac{(i-j)\lambda}{2}\sin\Omega\left(t_{m-1}+\dfrac{i+j-1}{2}h\right) \\ -8\lambda\sin^2\dfrac{\phi}{2}\sin\phi\sin\dfrac{\lambda}{2}\sin\dfrac{(i-j)\lambda}{2}\cos\Omega\left(t_{m-1}+\dfrac{i+j-1}{2}h\right) \\ -4\sin^2\phi\sin^2\dfrac{\lambda}{2}\sin(i-j)\lambda \end{bmatrix}$$

由于假设 ϕ 和 λ 都是小量，对上式的 x 和 y 轴分量作近似，有

$$\Delta\boldsymbol{\theta}_{mi}\times\Delta\boldsymbol{\theta}_{mj}\approx\begin{bmatrix} \dfrac{(i-j)(\phi\lambda)^3}{2}\sin\Omega\left(t_{m-1}+\dfrac{i+j-1}{2}h\right) \\ -\dfrac{(i-j)(\phi\lambda)^3}{2}\cos\Omega\left(t_{m-1}+\dfrac{i+j-1}{2}h\right) \\ -4\sin^2\phi\sin^2\dfrac{\lambda}{2}\sin(i-j)\lambda \end{bmatrix} \tag{2.6.22}$$

式(2.6.22)中 x 和 y 轴分量是随时间 t_{m-1} 呈正弦波动的，而 z 轴分量是与子样数间隔 $(i-j)$ 相关的小量常值。可见，在圆锥运动条件下，不同子样间的叉乘积在 z 轴(锥轴)方向可提供一定的角增量补偿作用，所以一般使用时间段 $[t_{m-1},t_m]$ 内所有子样之间的叉乘积之和来对式(2.6.19)作估计和补偿，记为

$$\delta\hat{\boldsymbol{\phi}}(T)=\sum_{j=2}^{N}\sum_{i=1}^{j-1}k_{ij}^*\,\Delta\boldsymbol{\theta}_{mi}\times\Delta\boldsymbol{\theta}_{mj} \tag{2.6.23}$$

式中：k_{ij}^* 为待定系数，共有 $N(N-1)/2$ 个系数，常称为圆锥误差补差系数。

注意到，式(2.6.22)中 z 轴分量与绝对时间 t_{m-1} 无关，只与子样数间隔 $(i-j)$ 有关，比如有 $\Delta\boldsymbol{\theta}_{m1}\times\Delta\boldsymbol{\theta}_{m2}=\Delta\boldsymbol{\theta}_{m2}\times\Delta\boldsymbol{\theta}_{m3}=\cdots=\Delta\boldsymbol{\theta}_{m(N-1)}\times\Delta\boldsymbol{\theta}_{mN}$，$\Delta\boldsymbol{\theta}_{m1}\times\Delta\boldsymbol{\theta}_{m3}=\Delta\boldsymbol{\theta}_{m2}\times\Delta\boldsymbol{\theta}_{m4}=\cdots=\Delta\boldsymbol{\theta}_{m(N-2)}\times\Delta\boldsymbol{\theta}_{mN}$，$\cdots$，$\Delta\boldsymbol{\theta}_{m1}\times\Delta\boldsymbol{\theta}_{m(N-1)}=\Delta\boldsymbol{\theta}_{m2}\times\Delta\boldsymbol{\theta}_{mN}$，等等，因此式(2.6.23)中所有子样叉乘积的项数可由 $N(N-1)/2$ 项降低为 $N-1$ 项，即式(2.6.23)可简化为

$$\delta\hat{\boldsymbol{\phi}}(T)=\sum_{i=1}^{N-1}k_{N-i}\Delta\boldsymbol{\theta}_{mi}\times\Delta\boldsymbol{\theta}_{mN} \tag{2.6.24}$$

系数 k_{N-i} 与 k_{ij}^* 之间的关系参见表 2.6.1，有 $k_{N-i}=\sum_{j=1}^{i}k_{j(j+N-i)}^*$，即 k_{N-i} 为表中数据列表的第 $(N-i)$ 次对角线元素之和。

表 2.6.1　系数 k_i 与 k_{ij}^* 之间的关系

i	j					
	1	2	3	4	…	N
1	—	k_{12}^*	k_{13}^*	k_{14}^*	…	k_{1N}^*

续表

i	j					
	1	2	3	4	…	N
2		—	k_{23}^*	k_{24}^*	…	k_{2N}^*
3			—	k_{34}^*	…	k_{3N}^*
⋮				⋮	⋮	⋮
$N-1$					—	$k_{(N-1)N}^*$

$k_{N-1}=k_{1N}^*$

$k_{N-2}=k_{1(N-1)}^*+k_{2N}^*$

……

$k_2=k_{13}^*+k_{24}^*+k_{35}^*+\cdots k_{(N-2)N}^*$

$k_1=k_{12}^*+k_{23}^*+k_{34}^*+\cdots k_{(N-1)N}^*$

根据式(2.6.22)可知，以式(2.6.24)估计式(2.6.19)，在x轴和y轴分量上是高阶的微幅振荡[$(\phi\lambda)^3$量级]，但这些误差是可忽略的，不会引起姿态累积漂移，因而后续主要考虑z轴分量的影响。

由$\lambda=\Omega h$和$T=Nh$，可得$\Omega T=N\lambda$，将式(2.6.19)中的z轴分量用泰勒级数展开，得

$$\begin{aligned}\delta\phi_z(T)&=2\sin^2\frac{\phi}{2}\cdot(\Omega T-\sin\Omega T)=2\sin^2\frac{\phi}{2}\cdot(N\lambda-\sin N\lambda)=\\&2\sin^2\frac{\phi}{2}\cdot\left[N\lambda-\left(N\lambda-\frac{N^3\lambda^3}{3!}+\frac{N^5\lambda^5}{5!}-\cdots\right)\right]=\\&4\sin^2\frac{\phi}{2}\cdot\left(\frac{N^3\lambda^3}{2\times 3!}-\frac{N^5\lambda^5}{2\times 5!}+\cdots\right)=4\sin^2\frac{\phi}{2}\cdot\sum_{i=1}^{\infty}(-1)^{i+1}c_i\lambda^{2i+1}\end{aligned}\tag{2.6.25}$$

其中

$$c_i=\frac{N^{2i+1}}{2\times(2i+1)!}\tag{2.6.26}$$

而将式(2.6.22)代入式(2.6.24)，得z轴分量估计值为

$$\begin{aligned}\delta\hat{\phi}_z(T)&=-4\sin^2\phi\cdot\sum_{i=1}^{N-1}k_{N-i}\sin^2\frac{\lambda}{2}\sin(i-N)\lambda=4\sin^2\phi\cdot\sum_{i=1}^{N-1}k_{N-i}\sin^2\frac{\lambda}{2}\sin(N-i)\lambda=\\&4\sin^2\phi\cdot\sum_{j=1}^{N-1}k_j\sin^2\frac{\lambda}{2}\sin j\lambda\end{aligned}\tag{2.6.27}$$

利用三角函数的三重积化和差公式

$$\begin{aligned}\sin x\cdot\sin y\cdot\sin z=&\frac{1}{4}[\sin(-x+y+z)+\sin(x-y+z)+\\&\sin(x+y-z)-\sin(x+y+z)]\end{aligned}\tag{2.6.28}$$

则在式(2.6.27)的求和项中有

$$\sin\frac{\lambda}{2}\sin\frac{\lambda}{2}\sin j\lambda=\frac{1}{4}[\sin j\lambda+\sin j\lambda+\sin(1-j)\lambda-\sin(1+j)\lambda]=$$

$$\frac{1}{4}[2\sin j\lambda-\sin(j-1)\lambda-\sin(j+1)\lambda] \tag{2.6.29}$$

将式(2.6.29)代入式(2.6.27),并进行泰勒级数展开,可得

$$\delta\hat{\phi}_z(T)=\sin^2\phi\cdot\sum_{j=1}^{N-1}k_j[2\sin j\lambda+\sin(1-j)\lambda-\sin(1+j)\lambda]=$$
$$\sin^2\phi\cdot\sum_{j=1}^{N-1}k_j\sum_{i=1}^{\infty}(-1)^{i-1}\frac{2j^{2i-1}-(j-1)^{2i-1}-(j+1)^{2i-1}}{(2i-1)!}\lambda^{2i-1} \tag{2.6.30}$$

注意到,当 $i=1$ 时有 $2j^{2i-1}-(j-1)^{2i-1}-(j+1)^{2i-1}=0$,因此式(2.6.30)可改写为

$$\delta\hat{\phi}_z(T)=\sin^2\phi\cdot\sum_{j=1}^{N-1}k_j\sum_{i=1}^{\infty}(-1)^{i}\frac{2j^{2i+1}-(j-1)^{2i+1}-(j+1)^{2i+1}}{(2i+1)!}\lambda^{2i+1}=$$
$$\sin^2\phi\cdot\sum_{j=1}^{N-1}k_j\sum_{i=1}^{\infty}(-1)^{i+1}\frac{(j+1)^{2i+1}+(j-1)^{2i+1}-2j^{2i+1}}{(2i+1)!}\lambda^{2i+1}=$$
$$\sin^2\phi\cdot\sum_{i=1}^{\infty}(-1)^{i+1}\sum_{j=1}^{N-1}A_{ij}k_j\lambda^{2i+1} \tag{2.6.31}$$

其中

$$A_{ij}=\frac{(j+1)^{2i+1}+(j-1)^{2i+1}-2j^{2i+1}}{(2i+1)!} \tag{2.6.32}$$

由于半锥角 ϕ 是小量,在式(2.6.25)中可进行近似 $4\sin^2\frac{\phi}{2}\approx\sin^2\phi$,再对比式(2.6.25)和式(2.6.31),令两式中关于 $\lambda^3,\lambda^5,\cdots,\lambda^{2N-1}$ 项的对应系数相等,则可建立线性方程组

$$\boldsymbol{AK}=\boldsymbol{C} \tag{2.6.33}$$

式中:$\boldsymbol{A}=(A_{ij})_{(N-1)\times(N-1)}$;$\boldsymbol{K}=(k_j)_{(N-1)\times 1}$;$\boldsymbol{C}=(c_i)_{(N-1)\times 1}$ $(i,j=1,2,\cdots N-1)$,通过求解上述方程便可确定出待定误差补偿系数 k_j。在式(2.6.25)中关于 λ 未补偿的最低次幂项为 $\lambda^{2N+1}=(\Omega T/N)^{2N+1}$,可见,在圆锥运动条件下算法的误差量级为 $O(T^{2N+1})$。若以漂移角速率(rad/s)表示圆锥补偿的剩余误差,定义如下:

$$\varepsilon_N=\frac{1}{T}[\delta\hat{\phi}_z(T)-\delta\phi_z(T)]\approx\frac{1}{T}\phi^2(\boldsymbol{A}_N\boldsymbol{K}\lambda^{2N+1}-c_N\lambda^{2N+1})=$$
$$(\boldsymbol{A}_N\boldsymbol{K}-c_N)\frac{1}{T}\phi^2(\Omega h)^{2N+1}=(\boldsymbol{A}_N\boldsymbol{K}-c_N)\frac{\phi^2(\Omega T)^{2N+1}}{N^{2N+1}T}=$$
$$\rho_N\frac{\phi^2(\Omega T)^{2N+1}}{T}\quad(N\geqslant 1) \tag{2.6.34}$$

其中:$\boldsymbol{A}_N=[A_{N1}\quad A_{N2}\quad\cdots\quad A_{N(N-1)}]$;$\rho_N=(\boldsymbol{A}_N\boldsymbol{K}-c_N)/N^{2N+1}$,$\rho_N$ 称为误差漂移系数。

表2.6.2给出了 $N=1\sim 10$ 子样算法的误差补偿系数以及对应的误差漂移系数(仅保留了三位小数)。由表中误差系数可知,只要 $\phi^2(\Omega T)^{2N+1}/T<1^\circ/\mathrm{h}$,二子样算法就能够满足绝大多数惯性级导航系统的算法精度要求。例如,当 $\Omega=10$ rad/s,$T=0.01$ s,$\phi=1^\circ$ 且 $N=2$ 时,有 $\phi^2(\Omega T)^5/T\approx 0.06^\circ/\mathrm{h}$,此时 $\rho_2\phi^2(\Omega T)^5/T$ 的影响可忽略不计;而当 $N=1$ 时,有 $\phi^2(\Omega T)^3/T\approx 6.28^\circ/\mathrm{h}$,这时 $\rho_1\phi^2(\Omega T)^3/T\approx 0.52^\circ/\mathrm{h}$,其影响不可忽略,或者说,单子样算法

不能达到惯性级系统的要求。

表 2.6.2　N=1～10 子样的圆锥误差补偿系数及误差漂移系数

N	k_1	k_2	k_3	k_4	k_5	k_6	k_7	k_8	k_9	ρ_N
1	—									8.333E－02
2	0.667									1.042E－03
3	1.350	0.450								4.899E－06
4	2.038	0.876	0.514							1.211E－08
5	2.728	1.290	1.042	0.496						1.847E－11
6	3.419	1.696	1.579	0.987	0.501					1.912E－14
7	4.111	2.097	2.124	1.471	1.004	0.500				1.432E－17
8	4.083	2.495	2.676	1.951	1.510	0.999	0.500			8.119E－21
9	5.495	2.891	3.231	2.426	2.018	1.497	1.000	0.500		3.606E－24
10	6.178	3.285	3.790	2.898	2.529	1.993	1.501	1.000	0.500	1.289E－27

1996 年，C. G. Park 经过仔细推导，给出了以分数形式表示的圆锥误差补偿系数的精确解，如表 2.6.3 所列。同时，Park 还给出剩余误差系数的解析表达式如下：

$$\rho_N=\frac{N!}{N^{2N}2^{N+1}\prod_{k=1}^{N+1}(2k-1)} \tag{2.6.35}$$

表 2.6.3　N=1～6 子样的圆锥误差补偿系数及误差漂移系数的分数解

N	k_1	k_2	k_3	k_4	k_5	ρ_N
1	—					1/12
2	2/3					1/960
3	27/20	9/20				1/204 120
4	214/105	92/105	54/105			1/82 575 360
5	1 375/504	650/504	525/504	250/504		1/54 140 625 000
6	15 797/4 620	7 834/4 620	7 296/4 620	4 558/4 620	2 315/4 620	1/52 295 018 840 064

在表 2.6.2 和表 2.6.3 中，误差补偿系数 $k_i(i=1,2,\cdots,N-1)$ 表示间隔为 i 的两子样之间叉乘的系数，以四子样算法为例，等效旋转矢量计算公式为

$$\begin{aligned}\boldsymbol{\phi}(T)=\Delta\boldsymbol{\theta}_m+\delta\hat{\boldsymbol{\phi}}(T)=&\\&(\Delta\boldsymbol{\theta}_{m1}+\Delta\boldsymbol{\theta}_{m2}+\Delta\boldsymbol{\theta}_{m3}+\Delta\boldsymbol{\theta}_{m4})+(k_3\Delta\boldsymbol{\theta}_{m1}+k_2\Delta\boldsymbol{\theta}_{m2}+k_1\Delta\boldsymbol{\theta}_{m3})\times\Delta\boldsymbol{\theta}_{m4}=\\&(\Delta\boldsymbol{\theta}_{m1}+\Delta\boldsymbol{\theta}_{m2}+\Delta\boldsymbol{\theta}_{m3}+\Delta\boldsymbol{\theta}_{m4})+\left(\frac{54}{105}\Delta\boldsymbol{\theta}_{m1}+\frac{92}{105}\Delta\boldsymbol{\theta}_{m2}+\frac{214}{105}\Delta\boldsymbol{\theta}_{m3}\right)\times\Delta\boldsymbol{\theta}_{m4}\end{aligned} \tag{2.6.36}$$

值得注意的是，在前述圆锥误差补偿系数的推导过程中进行了如下几点近似：① 式

(2.6.15) 在假设 ϕ 和 ΩT 为小量时对理论等效旋转矢量进行近似；② 式(2.6.22) 忽略了非圆锥轴振荡对圆锥误差补偿的影响；③ 在式(2.6.25) 中再次假设 ϕ 为小量。因此，当圆锥运动的锥角比较大时，表 2.6.2 中的误差漂移系数可能会变得不准确。在实际系统中，陀螺仪的测量分辨率或噪声、幅相特性不理想及数据间不同步都会影响到理论上的圆锥误差补偿效果。此外，实际运载体的剧烈角运动还会激励出陀螺仪的动态误差，动态误差可能远远大于算法引起的误差，致使多子样圆锥误差补偿往往达不到预期的效果，因此实际应用时子样数并非越多越好，二子样算法往往能够满足绝大多数的应用，建议最多不要超过四子样。

对比本节圆锥误差补偿多子样算法与 2.5 节基于泰勒级数展开的多子样算法，理论上，前者比后者更适合应用于圆锥运动环境，而后者比前者更适合应用于多项式角运动环境。对于实际系统，在角运动过程中，通常认为剧烈的多项式角运动只会短暂出现，而更容易激发的是较长时间的周期性振动，它可近似为圆锥运动，因此实际中一般优先考虑采用基于圆锥误差补偿的多子样算法。相对于 2.5 节而言，本节在圆锥运动假设条件下获得的圆锥误差补偿算法也常常称为多子样优化算法。

最后指出的是，有些文献将圆锥运动的角速度定义为

$$\boldsymbol{\omega}(t)=\begin{bmatrix} a\Omega\sin\Omega t \\ b\Omega\cos\Omega t \\ 0 \end{bmatrix} \tag{2.6.37}$$

这相当于在式(2.6.1) 中取 $c=0$，此时就不能够得到相应的等效旋转矢量或四元数的简单解析表达式了。

与式(2.6.37) 对应的角增量为

$$\Delta\boldsymbol{\theta}(t,t_{m-1})=\int_{t_{m-1}}^{t}\boldsymbol{\omega}(\tau)\mathrm{d}\tau=\begin{bmatrix} -a(\cos\Omega t-\cos\Omega t_{m-1}) \\ b(\sin\Omega t-\sin\Omega t_{m-1}) \\ 0 \end{bmatrix} \tag{2.6.38}$$

将式(2.6.37) 和式(2.6.38) 代入不可交换误差式(2.5.18)，可得

$$\begin{aligned}
\boldsymbol{\sigma}(t_m,t_{m-1}) &= \frac{1}{2}\int_{t_{m-1}}^{t_m}\Delta\boldsymbol{\theta}(\tau,t_{m-1})\times\boldsymbol{\omega}(\tau)\mathrm{d}\tau = \\
& \frac{1}{2}\int_{t_{m-1}}^{t_m}\begin{bmatrix} -a(\cos\Omega\tau-\cos\Omega t_{m-1}) \\ b(\sin\Omega\tau-\sin\Omega t_{m-1}) \\ 0 \end{bmatrix}\times\begin{bmatrix} a\Omega\sin\Omega\tau \\ b\Omega\cos\Omega\tau \\ 0 \end{bmatrix}\mathrm{d}\tau = \\
& -\frac{1}{2}\int_{t_{m-1}}^{t_m}\begin{bmatrix} 0 \\ 0 \\ ab\Omega[(\cos\Omega\tau-\cos\Omega t_{m-1})\cos\Omega\tau+(\sin\Omega\tau-\sin\Omega t_{m-1})\sin\Omega\tau] \end{bmatrix}\mathrm{d}\tau = \\
& -\frac{ab}{2}\int_{t_{m-1}}^{t_m}\begin{bmatrix} 0 \\ 0 \\ \Omega[1-\cos\Omega(\tau-t_{m-1})] \end{bmatrix}\mathrm{d}\tau = \\
& -\begin{bmatrix} 0 \\ 0 \\ ab/2\cdot[\Omega(t_m-t_{m-1})-\sin\Omega(t_m-t_{m-1})] \end{bmatrix}=-\begin{bmatrix} 0 \\ 0 \\ ab/2\cdot(\Omega T-\sin\Omega T) \end{bmatrix}
\end{aligned} \tag{2.6.39}$$

当角度幅值$-a=b=\phi$且为小量时，式(2.6.39)与式(2.6.19)的结果完全相同，后续圆锥误差补偿系数的求解方法和结果也与前文完全一致，无须赘述。

2.7 多项式角运动条件下的等效旋转矢量高阶算法与精确数值解法

传统主流的姿态更新求解方法是，先使用陀螺角增量的多子样采样计算等效旋转矢量，补偿转动不可交换误差，再使用等效旋转矢量计算姿态更新四元数。但是前两节的多子样算法都是在 Bortz 方程二阶近似的基础上进行推导的，从源头上看不可避免地存在原理性误差，使得在大机动环境下选用的子样数越多，精度往往越差。若适当保留 Bortz 方程的高阶项，则可获得等效旋转矢量高阶算法，在一定程度上降低了算法误差；若直接利用 Bortz 方程构造基于多项式迭代的等效旋转矢量精确数值解法，则可以完全避免原理性近似误差。

2.7.1 角运动的多项式描述

在实际捷联惯导系统中，大多数陀螺采样直接获得的是角增量输出，而本节算法需要用到角速度作为输入，因此，在角运动为多项式形式假设条件下先给出由角增量信息构造角速度的方法。

假设角速度 $\boldsymbol{\omega}(t)$ 为关于时间 t 的$(N-1)$次多项式，即

$$\boldsymbol{\omega}(t)=\begin{bmatrix}\boldsymbol{\omega}_x(t)\\ \boldsymbol{\omega}_y(t)\\ \boldsymbol{\omega}_z(t)\end{bmatrix}=\begin{bmatrix}w_{N-1,x} & w_{N-2,x} & \cdots & w_{0,x}\\ w_{N-1,y} & w_{N-2,y} & \cdots & w_{0,y}\\ w_{N-1,z} & w_{N-2,z} & \cdots & w_{0,z}\end{bmatrix}\begin{bmatrix}t^{N-1}\\ t^{N-2}\\ \vdots\\ 1\end{bmatrix}=$$

$$\begin{bmatrix}\boldsymbol{w}_{N-1} & \boldsymbol{w}_{N-2} & \cdots & \boldsymbol{w}_0\end{bmatrix}\begin{bmatrix}t^{N-1}\\ t^{N-2}\\ \vdots\\ 1\end{bmatrix}=\begin{bmatrix}\boldsymbol{W}_x\\ \boldsymbol{W}_y\\ \boldsymbol{W}_z\end{bmatrix}\begin{bmatrix}t^{N-1}\\ t^{N-2}\\ \vdots\\ 1\end{bmatrix}=\boldsymbol{W}\begin{bmatrix}t^{N-1}\\ t^{N-2}\\ \vdots\\ 1\end{bmatrix}\tag{2.7.1}$$

式中：$\boldsymbol{w}_i=[w_{i,x}\quad w_{i,y}\quad w_{i,z}]^{\mathrm{T}}(i=N-1,N-2,\cdots,0)$为列向量；$\boldsymbol{W}_j=[w_{N-1,j}\quad w_{N-2,j}\quad\cdots\quad w_{0,j}](j=x,y,z)$为行向量；$\boldsymbol{W}$为$3\times N$阶矩阵；$w_{i,j}$为多项式系数。

假设陀螺仪在时间段$[0,T]$内进行了N次角增量采样，分别记为$\Delta\boldsymbol{\theta}_j(j=1,2,\cdots,N)$，对式(2.7.1)积分可得

$$\Delta\boldsymbol{\theta}_j=\int_{t_{j-1}}^{t_j}\boldsymbol{\omega}(t)\mathrm{d}t=\frac{t_j^N-t_{j-1}^N}{N}\boldsymbol{w}_{N-1}+\frac{t_j^{N-1}-t_{j-1}^{N-1}}{N-1}\boldsymbol{w}_{N-2}+\cdots+(t_j-t_{j-1})\boldsymbol{w}_0\tag{2.7.2}$$

式中：简记$t_j=jT/N$。

根据式(2.7.2)，将相继N次角增量合并在一起写成矩阵形式如下：

$$\boldsymbol{\Theta}=\boldsymbol{W\Gamma}\tag{2.7.3}$$

其中

$$\boldsymbol{\Theta}=[\Delta\boldsymbol{\theta}_1\quad\Delta\boldsymbol{\theta}_2\quad\cdots\quad\Delta\boldsymbol{\theta}_N]$$

$$\boldsymbol{\Gamma}=\begin{bmatrix}(t_1^N-t_0^N)/N & (t_2^N-t_1^N)/N & \cdots & (t_N^N-t_{N-1}^N)/N \\ (t_1^{N-1}-t_0^{N-1})/(N-1) & (t_2^{N-1}-t_1^{N-1})/(N-1) & \cdots & (t_N^{N-1}-t_{N-1}^{N-1})/(N-1) \\ \vdots & \vdots & & \vdots \\ t_1-t_0 & t_2-t_1 & \cdots & t_N-t_{N-1}\end{bmatrix}$$

由式(2.7.3)容易求得以角增量表示的多项式系数矩阵为

$$\boldsymbol{W}=\boldsymbol{\Theta}\boldsymbol{\Gamma}^{-1} \tag{2.7.4a}$$

即

$$[\boldsymbol{w}_{N-1}\quad \boldsymbol{w}_{N-2}\quad \cdots\quad \boldsymbol{w}_0]=[\Delta\boldsymbol{\theta}_1\quad \Delta\boldsymbol{\theta}_2\quad \cdots\quad \Delta\boldsymbol{\theta}_N]\boldsymbol{\Gamma}^{-1} \tag{2.7.4b}$$

由此可见,根据相继的 N 次角增量采样,通过式(2.7.4)和式(2.7.1)总可以构造一个$(N-1)$次的多项式角速度拟合 $\boldsymbol{\omega}(t)$。

2.7.2　等效旋转矢量的高阶误差补偿算法

将等效旋转矢量微分方程式(2.5.10)重写如下:

$$\dot{\boldsymbol{\phi}}=\boldsymbol{\omega}+\frac{1}{2}\boldsymbol{\phi}\times\boldsymbol{\omega}+\left(\frac{1}{12}+\frac{\phi^2}{720}+\cdots\right)(\boldsymbol{\phi}\times)^2\boldsymbol{\omega} \tag{2.7.5}$$

将等效旋转矢量 $\boldsymbol{\phi}$ 作如下“和分解”:

$$\boldsymbol{\phi}=\boldsymbol{\phi}_1+\boldsymbol{\phi}_2+\boldsymbol{\phi}_3+\boldsymbol{\phi}_4+\boldsymbol{\phi}_5+\cdots \tag{2.7.6}$$

再将式(2.7.6)代入式(2.7.5),可得

$$\begin{aligned}&\dot{\boldsymbol{\phi}}_1+\dot{\boldsymbol{\phi}}_2+\dot{\boldsymbol{\phi}}_3+\dot{\boldsymbol{\phi}}_4+\dot{\boldsymbol{\phi}}_5+\cdots=\boldsymbol{\omega}+\frac{1}{2}(\boldsymbol{\phi}_1+\boldsymbol{\phi}_2+\boldsymbol{\phi}_3+\boldsymbol{\phi}_4+\cdots)\times\boldsymbol{\omega}+\\&\quad\left(\frac{1}{12}+\frac{\phi^2}{720}+\cdots\right)\{(\boldsymbol{\phi}_1+\boldsymbol{\phi}_2+\boldsymbol{\phi}_3+\boldsymbol{\phi}_4+\cdots)\times[(\boldsymbol{\phi}_1+\boldsymbol{\phi}_2+\boldsymbol{\phi}_3+\boldsymbol{\phi}_4+\cdots)\times\boldsymbol{\omega}]\}=\\&\quad\boldsymbol{\omega}+\frac{1}{2}\boldsymbol{\phi}_1\times\boldsymbol{\omega}+\\&\quad\left[\frac{1}{2}\boldsymbol{\phi}_2\times\boldsymbol{\omega}+\frac{1}{12}\boldsymbol{\phi}_1\times(\boldsymbol{\phi}_1\times\boldsymbol{\omega})\right]+\\&\quad\left\{\frac{1}{2}\boldsymbol{\phi}_3\times\boldsymbol{\omega}+\frac{1}{12}[\boldsymbol{\phi}_1\times(\boldsymbol{\phi}_2\times\boldsymbol{\omega})+\boldsymbol{\phi}_2\times(\boldsymbol{\phi}_1\times\boldsymbol{\omega})]\right\}+\\&\quad\left\{\frac{1}{2}\boldsymbol{\phi}_4\times\boldsymbol{\omega}+\frac{1}{12}\left[\boldsymbol{\phi}_1\times(\boldsymbol{\phi}_3\times\boldsymbol{\omega})+\boldsymbol{\phi}_3\times(\boldsymbol{\phi}_1\times\boldsymbol{\omega})+\boldsymbol{\phi}_2\times(\boldsymbol{\phi}_2\times\boldsymbol{\omega})\right]+\frac{\phi^2}{720}\boldsymbol{\phi}_1\times(\boldsymbol{\phi}_1\times\boldsymbol{\omega})\right\}+\cdots\end{aligned} \tag{2.7.7}$$

令式(2.7.7)等号左右两边的项一一对应相等,可得如下五个式子:

$$\dot{\boldsymbol{\phi}}_1=\boldsymbol{\omega} \tag{2.7.8a}$$

$$\dot{\boldsymbol{\phi}}_2=\frac{1}{2}\boldsymbol{\phi}_1\times\boldsymbol{\omega} \tag{2.7.8b}$$

$$\dot{\boldsymbol{\phi}}_3=\frac{1}{2}\boldsymbol{\phi}_2\times\boldsymbol{\omega}+\frac{1}{12}\boldsymbol{\phi}_1\times(\boldsymbol{\phi}_1\times\boldsymbol{\omega}) \tag{2.7.8c}$$

$$\dot{\boldsymbol{\phi}}_4=\frac{1}{2}\boldsymbol{\phi}_3\times\boldsymbol{\omega}+\frac{1}{12}[\boldsymbol{\phi}_1\times(\boldsymbol{\phi}_2\times\boldsymbol{\omega})+\boldsymbol{\phi}_2\times(\boldsymbol{\phi}_1\times\boldsymbol{\omega})] \tag{2.7.8d}$$

$$\dot{\boldsymbol{\phi}}_5 = \frac{1}{2}\boldsymbol{\phi}_4 \times \boldsymbol{\omega} + \frac{1}{12}[\boldsymbol{\phi}_1 \times (\boldsymbol{\phi}_3 \times \boldsymbol{\omega}) + \boldsymbol{\phi}_3 \times (\boldsymbol{\phi}_1 \times \boldsymbol{\omega}) + \boldsymbol{\phi}_2 \times (\boldsymbol{\phi}_2 \times \boldsymbol{\omega})] + \frac{\phi^2}{720}\boldsymbol{\phi}_1 \times (\boldsymbol{\phi}_1 \times \boldsymbol{\omega}) \tag{2.7.8e}$$

式中：前四个式子的最大特点是等号右端都是由比左端 $\dot{\boldsymbol{\phi}}_i\ (i=1,2,3,4)$ 角标更低的 $\boldsymbol{\phi}_j\ (j<i)$ 与角速度 $\boldsymbol{\omega}$ 进行叉乘。

由式(2.7.4b)可知，角速度多项式各项系数 $\boldsymbol{w}_i$ 均是所有角增量采样 $\Delta\boldsymbol{\theta}_j$ 的线性组合，因此式(2.7.1)中角速度 $\boldsymbol{\omega}$ 总可以表示为角增量 $\Delta\boldsymbol{\theta}_j$ 的线性组合多项式形式，即

$$\begin{aligned}\boldsymbol{\omega} = \boldsymbol{w}_{N-1}t^{N-1} + \boldsymbol{w}_{N-2}t^{N-2} + \cdots + \boldsymbol{w}_0 = \\ (\gamma_{11}\Delta\boldsymbol{\theta}_1 + \gamma_{21}\Delta\boldsymbol{\theta}_2 + \cdots + \gamma_{N1}\Delta\boldsymbol{\theta}_N)t^{N-1} + \\ (\gamma_{12}\Delta\boldsymbol{\theta}_1 + \gamma_{22}\Delta\boldsymbol{\theta}_2 + \cdots + \gamma_{N2}\Delta\boldsymbol{\theta}_N)t^{N-2} + \cdots + \\ (\gamma_{1N}\Delta\boldsymbol{\theta}_1 + \gamma_{2N}\Delta\boldsymbol{\theta}_2 + \cdots + \gamma_{NN}\Delta\boldsymbol{\theta}_N)\end{aligned} \tag{2.7.9}$$

式中：γ_{ij} 为逆阵 $\boldsymbol{\Gamma}^{-1}$ 的第 i 行 j 列元素，是已知量。

式(2.7.8a)显示，$\boldsymbol{\phi}_1$ 是角速度 $\boldsymbol{\omega}$ 的积分，即角增量，因而 $\boldsymbol{\phi}_1$ 也可以表示为所有 $\Delta\boldsymbol{\theta}_j$ 的线性组合多项式形式，根据式(2.7.9)可得

$$\begin{aligned}\boldsymbol{\phi}_1 = (\gamma_{11}\Delta\boldsymbol{\theta}_1 + \gamma_{21}\Delta\boldsymbol{\theta}_2 + \cdots + \gamma_{N1}\Delta\boldsymbol{\theta}_N)t^N/N + \\ (\gamma_{12}\Delta\boldsymbol{\theta}_1 + \gamma_{22}\Delta\boldsymbol{\theta}_2 + \cdots + \gamma_{N2}\Delta\boldsymbol{\theta}_N)t^{N-1}/(N-1) + \cdots + \\ (\gamma_{1N}\Delta\boldsymbol{\theta}_1 + \gamma_{2N}\Delta\boldsymbol{\theta}_2 + \cdots + \gamma_{NN}\Delta\boldsymbol{\theta}_N)t + \boldsymbol{0}\end{aligned} \tag{2.7.10}$$

根据三维向量的叉乘性质，将式(2.7.10)叉乘式(2.7.9)，其结果必定可以表示成如下 $N(N-1)/2$ 项单重叉积的线性组合形式：

$$\boldsymbol{\phi}_1 \times \boldsymbol{\omega} = \sum_{i=1}^{N}\sum_{j=i+1}^{N} k'_{ij}\Delta\boldsymbol{\theta}_i \times \Delta\boldsymbol{\theta}_j \tag{2.7.11}$$

式中：k'_{ij} 是与 γ_{ij} 和时间 t 有关的系数，具体表达式比较复杂。

将式(2.7.11)对时间积分不会改变其整体表示形式，仅会改变系数 k'_{ij}，因此，由式(2.7.8b)可知 $\boldsymbol{\phi}_2$ 也总可以表示为角增量采样单重叉积 $\Delta\boldsymbol{\theta}_i \times \Delta\boldsymbol{\theta}_j$ 的线性组合形式，记为

$$\boldsymbol{\phi}_2 = \sum_{i=1}^{N}\sum_{j=i+1}^{N} k_{ij}\Delta\boldsymbol{\theta}_i \times \Delta\boldsymbol{\theta}_j \tag{2.7.12}$$

依此类推，$\boldsymbol{\phi}_3$ 可以表示为 $N^2(N-1)/2$ 项双重叉积 $\Delta\boldsymbol{\theta}_i \times (\Delta\boldsymbol{\theta}_j \times \Delta\boldsymbol{\theta}_k)$ 的线性组合；而 $\boldsymbol{\phi}_4$ 也可以表示为 $N^3(N-1)/2$ 项三重叉积 $\Delta\boldsymbol{\theta}_i \times [\Delta\boldsymbol{\theta}_j \times (\Delta\boldsymbol{\theta}_k \times \Delta\boldsymbol{\theta}_l)]$ 的线性组合。然而，由于式(2.7.8e)中含因子 ϕ^2，理论上 $\boldsymbol{\phi}_5$ 不能完全表示为四重叉积形式，所以采用多子样多重叉积法最多只能精确补偿至三重叉积项。

若角速度 $\boldsymbol{\omega}$ 关于时间 t 的最低非零幂次为 0，最高非零幂次为 $N-1$，则经积分后，角增量 $\boldsymbol{\phi}_1$ 的最低非零幂次为 1，最高非零幂次为 N；考虑到 $\boldsymbol{\omega}$ 和 $\boldsymbol{\phi}_1$ 的最低非零幂次项和最高非零幂次项是线性相关的，则在一般非定轴转动情形下叉积 $\boldsymbol{\phi}_1 \times \boldsymbol{\omega}$ 的最低非零幂次为 2，最高非零幂次为 $2N-2$，因此式(2.7.8b)经积分后 $\boldsymbol{\phi}_2$ 的最低非零幂次为 3，最高非零幂次为 $2N-1$；依此类推，可分析得 $\boldsymbol{\phi}_3$，$\boldsymbol{\phi}_4$ 和 $\boldsymbol{\phi}_5$ 等分解项的最低和最高非零幂次，总结见表 2.7.1。其中，在式(2.7.8e)的右端最后一项中含等效旋转矢量模值平方之因子 ϕ^2，显然 $\phi^2 = \boldsymbol{\phi}^{\mathrm{T}}\boldsymbol{\phi}$ 的最低非零幂次为 2，最高幂次为无穷，因此 $\boldsymbol{\phi}_5$ 的最高非零幂次是无穷的。

表 2.7.1　等效旋转矢量分解的最低和最高非零幂次

	$\boldsymbol{\phi}_1$	$\boldsymbol{\phi}_2$	$\boldsymbol{\phi}_3$	$\boldsymbol{\phi}_4$	$\boldsymbol{\phi}_5$	$\boldsymbol{\phi}_k(k\geqslant 6)$
最低	1	3	5	5	7	$\geqslant 7$
最高	N	$2N-1$	$3N-1$	$4N-1$	∞	∞

式(2.7.8)和表 2.7.1 表明，传统的等效旋转矢量误差补偿算法只补偿至 $\boldsymbol{\phi}_2$ 项，即忽略了 $\boldsymbol{\phi}_3$ 及其之后所有项，误差阶为 $O(t^5)$；$\boldsymbol{\phi}_3$ 和 $\boldsymbol{\phi}_4$ 具有相同的误差阶 $O(t^5)$，若仅补偿 $\boldsymbol{\phi}_3$ 则误差阶依然为 $O(t^5)$，意义不大；若同时补偿 $\boldsymbol{\phi}_3$ 和 $\boldsymbol{\phi}_4$ 而忽略 $\boldsymbol{\phi}_5$，则误差阶为 $O(t^7)$。所谓的高阶误差补偿算法，即为对 $\boldsymbol{\phi}_2$，$\boldsymbol{\phi}_3$ 和 $\boldsymbol{\phi}_4$ 同时进行了误差补偿的等效旋转矢量多子样算法。

欲根据式(2.7.10)和式(2.7.11)的表达方式直接求解式(2.7.12)中的单重叉积系数 k_{ij}，甚至进一步求解双重叉积系数 k_{ijk} 或三重叉积系数 k_{ijkl}，十分烦琐，具体方法可参见文献[40]，下面直接给出结果。

1. 二子样高阶误差补偿系数

二子样算法的所有误差补偿系数如表 2.7.2 所列。

表 2.7.2　二子样算法误差补偿系数

ij	k_{ij}	ijk	k_{ijk}	$ijkl$	k_{ijkl}
12	2/3	112	2/15	1112	1/126
		212	−2/15	1212	−19/315
				2212	1/126

二子样算法的误差补偿系数数目不多，可根据表 2.7.2 直接写出完整的等效旋转矢量高阶误差补偿算法公式，即

$$\begin{aligned}\boldsymbol{\phi}=&\sum_{i=1}^{2}\Delta\boldsymbol{\theta}_i+\sum_{ij}k_{ij}\Delta\boldsymbol{\theta}_i\times\Delta\boldsymbol{\theta}_j+\sum_{ijk}k_{ijk}\Delta\boldsymbol{\theta}_i\times(\Delta\boldsymbol{\theta}_j\times\Delta\boldsymbol{\theta}_k)+\\&\sum_{ijkl}k_{ijkl}\Delta\boldsymbol{\theta}_i\times[\Delta\boldsymbol{\theta}_j\times(\Delta\boldsymbol{\theta}_k\times\Delta\boldsymbol{\theta}_l)]=\\&(\Delta\boldsymbol{\theta}_1+\Delta\boldsymbol{\theta}_2)+\frac{2}{3}\Delta\boldsymbol{\theta}_1\times\Delta\boldsymbol{\theta}_2+\frac{2}{15}\Delta\boldsymbol{\theta}_1\times(\Delta\boldsymbol{\theta}_1\times\Delta\boldsymbol{\theta}_2)+\\&\frac{-2}{15}\Delta\boldsymbol{\theta}_2\times(\Delta\boldsymbol{\theta}_1\times\Delta\boldsymbol{\theta}_2)+\frac{1}{126}\Delta\boldsymbol{\theta}_1\times[\Delta\boldsymbol{\theta}_1\times(\Delta\boldsymbol{\theta}_1\times\Delta\boldsymbol{\theta}_2)]+\\&\frac{-19}{315}\Delta\boldsymbol{\theta}_1\times[\Delta\boldsymbol{\theta}_2\times(\Delta\boldsymbol{\theta}_1\times\Delta\boldsymbol{\theta}_2)]+\frac{1}{126}\Delta\boldsymbol{\theta}_2\times[\Delta\boldsymbol{\theta}_2\times(\Delta\boldsymbol{\theta}_1\times\Delta\boldsymbol{\theta}_2)]\end{aligned}\qquad(2.7.13)$$

式中：求和符号 $\sum$ 的下标 ij，ijk 或 $ijkl$ 表示遍历表 2.7.2 中的所有取值。后文三子样和四子样高阶算法的误差补偿系数使用方法同式(2.7.13)，不再详细给出公式。显然，传统算法式(2.5.33)是式(2.7.13)在未考虑双重叉积和三重叉积情况下的特殊情形。

2. 三子样高阶误差补偿系数

三子样算法的误差补偿系数数目较多，参见表 2.7.3，共包含单重叉积系数 3 个、双重叉积

系数 8 个、三重叉积系数 18 个。

表 2.7.3　三子样算法误差补偿系数

ij	k_{ij}	ijk	k_{ijk}	$ijkl$	k_{ijkl}	$ijkl$	k_{ijkl}
12	57/80	112	261/2 240	1112	37/19 712	2123	−1 084/4 493
13	33/80	113	27/448	1113	−124/48 691	2212	195/8 389
23	57/80	123	603/1 120	1123	659/4 928	2213	13/704
		212	−207/1 120	1212	−671/10 151	2223	195/8 389
		213	−603/2 240	1213	−2 539/19 647	2313	139/11 211
		223	207/1 120	1223	1 084/4 493	2323	−671/10 151
		313	−27/448	1313	−635/19 712	3123	−247/1 787
		323	−261/2 240	1323	118/26 253	3313	−124/48 691

3. 四子样高阶误差补偿系数

四子样算法的误差补偿系数见表 2.7.4 和表 2.7.5，共包含单重叉积系数 6 个、双重叉积系数 20 个、三重叉积系数 60 个。

表 2.7.4　四子样算法误差补偿系数(单重和双重叉积)

ij	k_{ij}	ijk	k_{ijk}	ijk	k_{ijk}	ijk	k_{ijk}
12	736/945	112	591/5 179	213	−335/1 556	323	−111/823
13	334/945	113	265/3 934	214	−769/2 433	324	−599/1 792
14	526/945	114	156/1 571	223	111/823	334	753/3 056
23	218/315	123	499/908	224	109/3 719	414	−156/1 571
24	334/945	124	457/1 138	234	499/908	424	−265/3 934
34	736/945	134	457/1 138	313	−109/3 719	434	−591/5 179
		212	−753/3 056	314	−409/4 783		

表 2.7.5　四子样算法误差补偿系数(三重叉积)

$ijkl$	k_{ijkl}	$ijkl$	k_{ijkl}	$ijkl$	k_{ijkl}	$ijkl$	k_{ijkl}
1112	−32/40 095	1324	−157/673	2234	639/4 546	3234	−744/3 397
1113	16/61 613	1334	199/1 539	2313	−77/11 328	3313	−155/23 166
1114	27/12 272	1414	−396/8 287	2314	−1 639/12 120	3314	−86/8 795
1123	523/3 823	1424	164/6 275	2323	−249/4 246	3323	154/14 933
1124	134/1 231	1434	37/26 664	2324	−1 989/10 259	3324	−92/7 037
1134	557/6 298	2113	−84/7 187	2334	485/1 916	3334	83/1 920

续表

ijkl	k_{ijkl}	ijkl	k_{ijkl}	ijkl	k_{ijkl}	ijkl	k_{ijkl}
1212	−247/3 226	2114	−143/10 169	2414	63/2 143	3414	−185/14 596
1213	−185/1 904	2123	−241/839	2424	−74/2 747	3424	165/5 903
1214	−154/1 433	2124	−445/2 153	2434	22/555	3434	−247/3 226
1223	485/1 916	2134	−1 401/6 233	3114	87/26 666	4124	−169/1 475
1224	199/1 539	2212	83/1 920	3123	−990/11 347	4134	−437/3 964
1234	1 001/1 929	2213	192/9 125	3124	−170/2 793	4234	−379/2 148
1313	−74/2 747	2214	485/7 174	3134	−227/4 372	4414	27/12 272
1314	−20/321	2223	154/14 933	3214	547/3 442	4424	16/61 613
1323	−119/2 232	2224	−155/23 166	3224	167/3 590	4434	−32/40 095

由表 2.7.4 和表 2.7.5 可以看出，高阶高子样算法的系数繁多，计算量较大。实际上，提高陀螺仪采样频率容易降低姿态更新误差，采用高频低子样数的简单算法远比采用低频高子样数的高阶误差补偿复杂算法更加有效。

2.7.3　等效旋转矢量的迭代求解

将等效旋转矢量微分方程式(2.5.10)重写如下：

$$\dot{\boldsymbol{\phi}}=\boldsymbol{\omega}+\frac{1}{2}\boldsymbol{\phi}\times\boldsymbol{\omega}+\left(\frac{1}{12}+\frac{\phi^2}{720}+\frac{\phi^4}{30\ 240}+\frac{\phi^6}{1\ 209\ 600}+\cdots\right)(\boldsymbol{\phi}\times)^2\boldsymbol{\omega} \tag{2.7.14}$$

式(2.7.14)等号两边同时在时间区间$[0,t]$上积分，可得

$$\boldsymbol{\phi}-\boldsymbol{\phi}(0)=\int_0^t\boldsymbol{\omega}+\frac{1}{2}\boldsymbol{\phi}\times\boldsymbol{\omega}+\left(\frac{1}{12}+\frac{\phi^2}{720}+\frac{\phi^4}{30\ 240}+\frac{\phi^6}{1\ 209\ 600}+\cdots\right)(\boldsymbol{\phi}\times)^2\boldsymbol{\omega}\,\mathrm{d}\tau \tag{2.7.15}$$

将式(2.7.15)等号左边 $\boldsymbol{\phi}(0)$ 移到右边，并改写成迭代的形式，有

$$\begin{aligned}\boldsymbol{\phi}^{(i+1)}=\boldsymbol{\phi}(0)+\int_0^t&\boldsymbol{\omega}+\frac{1}{2}\boldsymbol{\phi}^{(i)}\times\boldsymbol{\omega}+\\&\left[\frac{(\phi^{(i)})^0}{12}+\frac{(\phi^{(i)})^2}{720}+\frac{(\phi^{(i)})^4}{30\ 240}+\frac{(\phi^{(i)})^6}{1\ 209\ 600}+\cdots\right](\boldsymbol{\phi}^{(i)}\times)^2\boldsymbol{\omega}\,\mathrm{d}\tau\end{aligned} \tag{2.7.16}$$

式中：$\boldsymbol{\phi}^{(i)}(i=0,1,2,\cdots)$表示第 i 次迭代的等效旋转矢量，且有迭代初值 $\boldsymbol{\phi}^{(0)}=\mathbf{0}$。不失一般性，可令初值 $\boldsymbol{\phi}(0)=\mathbf{0}$。

假设经过第 i 次迭代后的等效旋转矢量 $\boldsymbol{\phi}^{(i)}$ 多项式表示为

$$\boldsymbol{\phi}^{(i)}=\begin{bmatrix}\cdots & \phi_{2,x}^{(i)} & \phi_{1,x}^{(i)} & \phi_{0,x}^{(i)}\\ \cdots & \phi_{2,y}^{(i)} & \phi_{1,y}^{(i)} & \phi_{0,y}^{(i)}\\ \cdots & \phi_{2,z}^{(i)} & \phi_{1,z}^{(i)} & \phi_{0,z}^{(i)}\end{bmatrix}\begin{bmatrix}\vdots\\ t^2\\ t\\ 1\end{bmatrix}\triangleq\begin{bmatrix}\boldsymbol{\Phi}_x^{(i)}\\ \boldsymbol{\Phi}_y^{(i)}\\ \boldsymbol{\Phi}_z^{(i)}\end{bmatrix}\begin{bmatrix}\vdots\\ t^2\\ t\\ 1\end{bmatrix} \tag{2.7.17}$$

注意到式(2.7.16)中 $\boldsymbol{\phi}^{(i+1)}$ 为多项式的积分，因而 $\boldsymbol{\phi}^{(i+1)}$（或 $\boldsymbol{\phi}^{(i)}$）的多项式零次项系数必为 0，

即有 $\phi_{0,x}^{(i)}=\phi_{0,y}^{(i)}=\phi_{0,z}^{(i)}=0$。

将式(2.7.1)和式(2.7.17)代入式(2.7.16)等号右端的被积函数各项中作进一步计算,有

$$\boldsymbol{\phi}^{(i)}\times\boldsymbol{\omega}=\left(\begin{bmatrix}\boldsymbol{\Phi}_x^{(i)}\\\boldsymbol{\Phi}_y^{(i)}\\\boldsymbol{\Phi}_z^{(i)}\end{bmatrix}\begin{bmatrix}\vdots\\t^2\\t\\1\end{bmatrix}\right)\times\left(\begin{bmatrix}\boldsymbol{W}_x\\\boldsymbol{W}_y\\\boldsymbol{W}_z\end{bmatrix}\begin{bmatrix}t^{N-1}\\t^{N-2}\\\vdots\\1\end{bmatrix}\right)=\begin{bmatrix}\boldsymbol{\Phi}_y^{(i)}*\boldsymbol{W}_z-\boldsymbol{\Phi}_z^{(i)}*\boldsymbol{W}_y\\-\boldsymbol{\Phi}_x^{(i)}*\boldsymbol{W}_z+\boldsymbol{\Phi}_z^{(i)}*\boldsymbol{W}_x\\\boldsymbol{\Phi}_x^{(i)}*\boldsymbol{W}_y-\boldsymbol{\Phi}_y^{(i)}*\boldsymbol{W}_x\end{bmatrix}\begin{bmatrix}\vdots\\t^2\\t\\1\end{bmatrix}\triangleq\begin{bmatrix}\boldsymbol{U}_x\\\boldsymbol{U}_y\\\boldsymbol{U}_z\end{bmatrix}\begin{bmatrix}\vdots\\t^2\\t\\1\end{bmatrix}\tag{2.7.18}$$

$$(\boldsymbol{\phi}^{(i)}\times)^2\boldsymbol{\omega}=\left(\begin{bmatrix}\boldsymbol{\Phi}_x^{(i)}\\\boldsymbol{\Phi}_y^{(i)}\\\boldsymbol{\Phi}_z^{(i)}\end{bmatrix}\begin{bmatrix}\vdots\\t^2\\t\\1\end{bmatrix}\right)\times\left(\begin{bmatrix}\boldsymbol{U}_x\\\boldsymbol{U}_y\\\boldsymbol{U}_z\end{bmatrix}\begin{bmatrix}\vdots\\t^2\\t\\1\end{bmatrix}\right)=\begin{bmatrix}\boldsymbol{\Phi}_y^{(i)}*\boldsymbol{U}_z-\boldsymbol{\Phi}_z^{(i)}*\boldsymbol{U}_y\\-\boldsymbol{\Phi}_x^{(i)}*\boldsymbol{U}_z+\boldsymbol{\Phi}_z^{(i)}*\boldsymbol{U}_x\\\boldsymbol{\Phi}_x^{(i)}*\boldsymbol{U}_y-\boldsymbol{\Phi}_y^{(i)}*\boldsymbol{U}_x\end{bmatrix}\begin{bmatrix}\vdots\\t^2\\t\\1\end{bmatrix}\triangleq\begin{bmatrix}\boldsymbol{U}'_x\\\boldsymbol{U}'_y\\\boldsymbol{U}'_z\end{bmatrix}\begin{bmatrix}\vdots\\t^2\\t\\1\end{bmatrix}\tag{2.7.19}$$

$$(\phi^{(i)})^2=(\boldsymbol{\phi}^{(i)})^{\mathrm{T}}\cdot\boldsymbol{\phi}^{(i)}=[\boldsymbol{\Phi}_x^{(i)}*\boldsymbol{\Phi}_x^{(i)}+\boldsymbol{\Phi}_y^{(i)}*\boldsymbol{\Phi}_y^{(i)}+\boldsymbol{\Phi}_z^{(i)}*\boldsymbol{\Phi}_z^{(i)}]\begin{bmatrix}\vdots\\t^2\\t\\1\end{bmatrix}\triangleq\boldsymbol{\varphi}\begin{bmatrix}\vdots\\t^2\\t\\1\end{bmatrix}\tag{2.7.20}$$

$$\frac{(\phi^{(i)})^0}{12}+\frac{(\phi^{(i)})^2}{720}+\frac{(\phi^{(i)})^4}{30\ 240}+\frac{(\phi^{(i)})^6}{1\ 209\ 600}+\cdots=\left[\frac{1}{12}+\frac{\boldsymbol{\varphi}}{720}+\frac{\boldsymbol{\varphi}*\boldsymbol{\varphi}}{30\ 240}+\frac{\boldsymbol{\varphi}*\boldsymbol{\varphi}*\boldsymbol{\varphi}}{1\ 209\ 600}+\cdots\right]\begin{bmatrix}\vdots\\t^2\\t\\1\end{bmatrix}\triangleq\boldsymbol{\varphi}'\begin{bmatrix}\vdots\\t^2\\t\\1\end{bmatrix}\tag{2.7.21}$$

式中:运算符“$*$”表示两个多项式系数向量之间的卷积运算。

再将式(2.7.1)、式(2.7.18)、式(2.7.19)、式(2.7.21)代入式(2.7.16),可得

$$\boldsymbol{\phi}^{(i+1)}=\int_0^t\begin{bmatrix}\boldsymbol{W}_x\\\boldsymbol{W}_y\\\boldsymbol{W}_z\end{bmatrix}\begin{bmatrix}\tau^{N-1}\\\tau^{N-2}\\\vdots\\1\end{bmatrix}+\frac{1}{2}\begin{bmatrix}\boldsymbol{U}_x\\\boldsymbol{U}_y\\\boldsymbol{U}_z\end{bmatrix}\begin{bmatrix}\vdots\\\tau^2\\\tau\\1\end{bmatrix}+\begin{bmatrix}\boldsymbol{\varphi}'*\boldsymbol{U}'_x\\\boldsymbol{\varphi}'*\boldsymbol{U}'_y\\\boldsymbol{\varphi}'*\boldsymbol{U}'_z\end{bmatrix}\begin{bmatrix}\vdots\\\tau^2\\\tau\\1\end{bmatrix}\mathrm{d}\tau\triangleq\int_0^t\begin{bmatrix}\boldsymbol{U}''_x\\\boldsymbol{U}''_y\\\boldsymbol{U}''_z\end{bmatrix}\begin{bmatrix}\vdots\\\tau^2\\\tau\\1\end{bmatrix}\mathrm{d}\tau\tag{2.7.22}$$

根据幂函数的积分运算规则,由式(2.7.22)可得等效旋转矢量 $\boldsymbol{\phi}^{(i+1)}$ 的多项式系数向量 $\boldsymbol{\Phi}_j^{(i+1)}$ 的求解算法:

$$\boldsymbol{\Phi}_j^{(i+1)}=[\boldsymbol{U}''_j\quad 0]\odot\begin{bmatrix}\cdots & \frac{1}{3} & \frac{1}{2} & 1 & 0\end{bmatrix}\quad(j=x,y,z)\tag{2.7.23}$$

式中:运算符“$\odot$”表示两个同阶次的多项式系数向量之间的同幂次系数分量相乘运算,显然有 $\phi_{0,j}^{(i+1)}=0$。

至此,实现了从等效旋转矢量 $\boldsymbol{\phi}^{(i)}$ 到 $\boldsymbol{\phi}^{(i+1)}$ 的迭代递推求解,也就完成了从角速度 $\boldsymbol{\omega}$ 和初值 $\boldsymbol{\phi}^{(0)}=\mathbf{0}$ 到 $\boldsymbol{\phi}^{(i+1)}(i\to\infty)$ 的求解,理论上可获得等效旋转矢量的精确多项式解 $\boldsymbol{\phi}^{(\infty)}=\boldsymbol{\phi}$。从上述求解过程中不难看出,如果 $\boldsymbol{\phi}^{(1)}\times\boldsymbol{\omega}\neq\mathbf{0}$,即在非定轴转动情况下,即使角速度 $\boldsymbol{\omega}$ 为有限阶

次的多项式，等效旋转矢量 $\boldsymbol{\phi}^{(\infty)}$ 也将是无限阶次的。

在实际利用计算机进行求解时，需对式(2.7.16)等号右端括号内无穷级数取有限阶次处理。一般角速度 $\boldsymbol{\omega}$ 的零次项多项式系数不为 0，则当迭代次数 $i>0$ 时，多项式 $\boldsymbol{\phi}^{(i)}$ 的不为 0 的最低幂次为 1。如果存在不可交换误差，$(\boldsymbol{\phi}^{(i)}\times)\boldsymbol{\omega}$ 的多项式表示系数中不为 0 的最低幂次一般为 2，$(\boldsymbol{\phi}^{(i)}\times)^2\boldsymbol{\omega}$ 不为 0 的最低幂次为 3，$(\phi^{(i)})^k(\boldsymbol{\phi}^{(i)}\times)^2\boldsymbol{\omega}$ 不为 0 的最低幂次为 $k+3(k=0,2,4,6,\cdots)$。因此，若忽略了式(2.7.16)等号右端被积函数中与模值 $\phi^{(i)}$ 有关的不小于 k 的所有项，则将可能影响被积函数 $k+3$ 次幂的计算准确性，再经过积分之后等效旋转矢量多项式 $\boldsymbol{\phi}^{(j+1)}$ 的 $k+4$ 阶精度会受到影响。换句话说，若忽略 k 及其以上项后，等效旋转矢量的多项式迭代解 $\boldsymbol{\phi}^{(\infty)}=\boldsymbol{\phi}$ 在理论上只具有 $k+3$ 阶精度。k 取值越大，精度阶次越高，理论上等效旋转矢量的求解精度仅受限于计算机的数值计算精度，因此在多项式角运动条件下几乎可以获得等效旋转矢量的精确数值解。

表 2.7.1 显示，2.5.2 节的多子样算法仅具有 4 阶的等效旋转矢量求解精度。而在本节中若以下式进行迭代求解(即忽略了 $k\geqslant 2$ 次幂)：

$$\boldsymbol{\phi}^{(i+1)}=\int_0^t \boldsymbol{\omega}+\frac{1}{2}\boldsymbol{\phi}^{(i)}\times\boldsymbol{\omega}+\frac{1}{12}(\boldsymbol{\phi}^{(i)}\times)^2\boldsymbol{\omega}\mathrm{d}\tau \tag{2.7.24}$$

根据前述分析，迭代式(2.7.24)具有 5 阶精度，高于 2.5.2 节的多子样算法。研究还表明，第 i 次迭代可达到 $i+1$ 阶等效旋转矢量求解精度，因此迭代算法的收敛速度是比较快的。当然，与 2.5.2 节的多子样算法相比，此处算法的计算量是比较大的，进行一次完整的等效旋转矢量求解约需上千次乘法运算。

关于捷联惯导姿态更新的其他一些算法介绍可参见附录 C。

第 3 章　地球形状与重力场基础

惯性导航的基本原理是牛顿运动定律，仅靠惯导系统自身便可独立地完成三维空间中的方位和位置确定。实际上，方位和位置确定总是相对于某个参照物（系）而言的，比如相对于地球中心或表面，地球是自旋的，具有一定的形状且其周围存在重力场，这些特征对惯性导航都会产生影响，使得惯性导航计算变得比较复杂。地球自转运动的影响相对而言比较简单，本章主要介绍地球的几何形状和重力场有关知识。

3.1　地球的形状描述

在地球表面附近应用惯性导航技术，惯导系统输出其相对于地球参照物的导航参数（姿态、速度和位置），为了定义这些参数，需对地球的空间几何形状作详细的了解，这也是进行惯性导航解算方案设计的基础。

3.1.1　地球旋转椭球体的基本概念

实际的地球表面是一个凹凸不平、形状十分复杂的物理面，难以准确量化描述。为了研究方便，假想海洋表面静止，并将其向陆地延伸，所得到的封闭曲面称为大地水准面，被大地水准面包围的形体称为大地水准体(geoid)。受地球内部密度分布不均匀和表面形状起伏的影响，大地水准体也是一个不规则的几何体。实际应用中希望使用比较简单的数学方程来拟合地球几何形状，按精度从低到高有如下三种近似：

(1)近似成圆球体，中心选择在地球质心上，半径约 6 371 km，该描述比较粗略，适用于对精度要求不高的场合。

(2)近似成旋转椭球体，地球自转轴（极轴）与一椭圆短半轴重合，椭圆的椭圆度约 1/300（长、短半轴相差约 21 km），椭圆绕其短半轴旋转构成旋转椭球体的表面，在该描述中地球赤道是圆形的。

(3)近似成三轴椭球体，其中赤道是椭圆的，赤道椭圆度约 1/100 000（长、短半轴相差约 60 m）。

三轴椭球体描述虽然比旋转椭球体更精确，但前者的相关计算比后者复杂许多，考虑到三轴椭球体的赤道椭圆度不大，可将其近似成是圆形的，因此旋转椭球体应用最为广泛。

如图 3.1.1 所示，地球自转轴的南端点和北端点分别称为南极(S)和北极(N)，包含南、北极点的平面称为子午面，子午面与旋转椭球面的交线称为子午圈（或经圈）。通过英国格林尼治(Greenwich)的经线称为本初子午线（或零度经线）。任一经线所在子午面与本初子午面之间的夹角，定义为经度(longitude)，符号记为 λ，夹角方向与地球自转轴同方向，取值范围为 $-180^\circ \sim 180^\circ$。包含旋转椭球中心且垂直于自转轴的平面称为赤道面，赤道面与旋转椭球面的交线称为赤道，平行于赤道面的平面与椭球面的交线称为纬圈。

3.1.2　子午圈椭圆与纬度的计算

对于地球旋转椭球体而言，确定其三维形状参数的关键在于确定二维子午圈椭圆。

如图 3.1.1 所示，建立地心右手直角坐标系，常称为地心地固坐标系(Earth - Centered Earth - Fixed，ECEF)，坐标原点选在地心，$o_e z_e$ 轴为自转轴且指向北极，$o_e x_e$ 轴指向赤道与本初子午线的交点，$o_e y_e$ 轴在赤道平面内且指向 90°经线，ECEF 系与地球固连，即跟随地球自转一起相对惯性空间转动。对子午圈椭圆，不失一般性，选择本初子午线椭圆作为研究对象，如图3.1.2所示。椭圆上任一 P 点与地心连线 Po_e 与 $o_e x_e$ 轴的夹角称为地心纬度，记为 φ，取值范围为−90°～90°，南纬为负而北纬为正。过 P 点的椭圆法线 PQ 与 $o_e x_e$ 轴的夹角称为地理纬度(简称纬度，latitude)，符号记为 L，取值范围为−90°～90°。此外，与地心纬度对应的方向 Po_e 称为地心垂线，而与地理纬度对应的方向 PQ 称为地理垂线。

椭圆形状完全由其长半轴和短半轴确定，但在涉及椭圆的计算中，为了方便常引入扁率和偏心率概念。

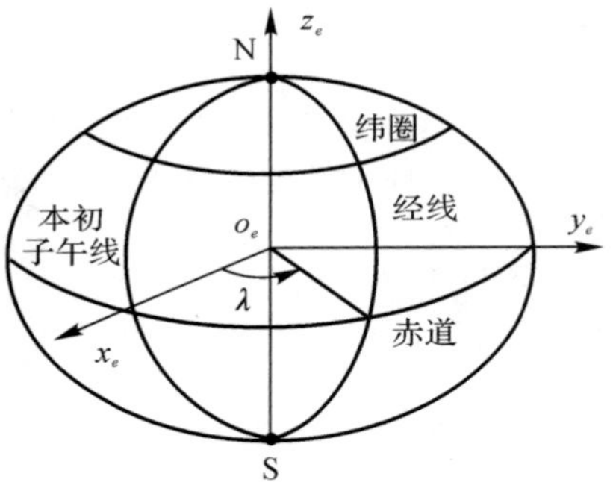

图 3.1.1　旋转椭球基本概念

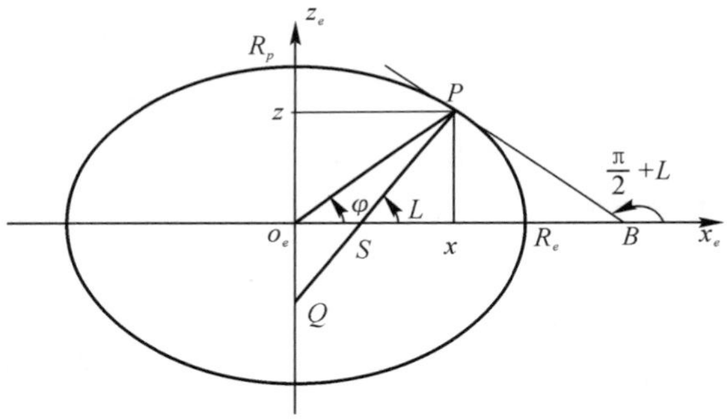

图 3.1.2　子午圈椭圆

椭圆方程为

$$\frac{x^2}{R_e^2}+\frac{z^2}{R_p^2}=1 \tag{3.1.1}$$

式中：R_e 和 R_p 分别为椭圆长半轴和短半轴。

椭圆扁率(或称椭圆度，flattening)定义为

$$f=\frac{R_e-R_p}{R_e} \tag{3.1.2}$$

椭圆偏心率(eccentricity)定义为

$$e=\frac{\sqrt{R_e^2-R_p^2}}{R_e} \tag{3.1.3}$$

第二偏心率定义为

$$e'=\frac{\sqrt{R_e^2-R_p^2}}{R_p}\quad 且有\quad e'^2=\frac{e^2}{1-e^2} \tag{3.1.4}$$

相对于第二偏心率而言，式(3.1.3)中有时也称 e 为第一偏心率。

由式(3.1.2)和式(3.1.3)可分别得

$$R_p=(1-f)R_e \tag{3.1.5}$$

$$R_p = R_e\sqrt{1-e^2} \tag{3.1.6}$$

比较上述两式，可得 f 与 e 之间的相互转换关系：

$$f = 1-\sqrt{1-e^2} \quad 或 \quad e^2 = 2f - f^2 \tag{3.1.7}$$

将椭圆方程式(3.1.1)等号两边同时对 x 求导，并考虑到式(3.1.6)，可得

$$\frac{2x}{R_e^2} + \frac{2z\mathrm{d}z/\mathrm{d}x}{R_e^2(1-e^2)} = 0 \tag{3.1.8}$$

移项整理得

$$\frac{\mathrm{d}z}{\mathrm{d}x} = -(1-e^2)\frac{x}{z} \tag{3.1.9}$$

式中：$\frac{\mathrm{d}z}{\mathrm{d}x}$ 表示椭圆在 P 点的切线 PB 的斜率，显然，切线 PB 与法线 PQ 之间是相互垂直的，法线 PQ 的斜率为 $\tan L$，则有

$$\frac{\mathrm{d}z}{\mathrm{d}x}\tan L = -(1-e^2)\frac{x}{z}\tan L = -1 \tag{3.1.10}$$

由式(3.1.10)可解得

$$z = x(1-e^2)\tan L \tag{3.1.11}$$

将式(3.1.6)和式(3.1.11)代入椭圆方程式(3.1.1)，可求得以地理纬度 L 为参数的椭圆参数方程

$$\left.\begin{aligned} x &= \frac{R_e}{\sqrt{1-e^2\sin^2 L}}\cos L \\ z &= \frac{R_e(1-e^2)}{\sqrt{1-e^2\sin^2 L}}\sin L \end{aligned}\right\} \tag{3.1.12}$$

参见图 3.1.2，记线段长度 $\overline{PQ} = R_N$，则有

$$x = R_N\sin\angle SQo_e = R_N\cos L \tag{3.1.13}$$

比较式(3.1.13)和式(3.1.12)中的第一式，可得

$$R_N = \frac{R_e}{\sqrt{1-e^2\sin^2 L}} \tag{3.1.14}$$

因此参数方程式(3.1.12)可简写为

$$\left.\begin{aligned} x &= R_N\cos L \\ z &= R_N(1-e^2)\sin L \end{aligned}\right\} \tag{3.1.15}$$

最后，比较一下地球表面上同一点的地理纬度与地心纬度之间的差别，或者说地理垂线与地心垂线之间的偏差。

对于地心纬度，注意到 $\tan\varphi = z/x$，根据式(3.1.11)，有

$$\tan\varphi = (1-e^2)\tan L \tag{3.1.16}$$

记地理纬度与地心纬度之间的偏差量 $\Delta L = L-\varphi$，则有

$$\tan\Delta L = \tan(L-\varphi) = \frac{\tan L - \tan\varphi}{1+\tan L\tan\varphi} = \frac{\tan L-(1-e^2)\tan L}{1+\tan L\cdot(1-e^2)\tan L} = \frac{e^2\sin 2L}{2(1-e^2\sin^2 L)} \tag{3.1.17}$$

将 ΔL 和 e 视为小量，则式(3.1.17)可近似为

$$\Delta L \approx \frac{e^2}{2}\sin 2L \approx f\sin 2L \tag{3.1.18}$$

式中：根据式(3.1.7)近似取 $f \approx e^2/2$。

若在式(3.1.17)和式(3.1.18)等号右边取地心纬度 φ 为变量，经过类似的推导，则有

$$\tan\Delta L = \frac{e^2\sin 2\varphi}{2(1-e^2\cos^2\varphi)} \approx f\sin 2\varphi \tag{3.1.19}$$

例如，若取椭圆扁率 $f=1/298.257$，则在纬度 $L=45°$ 处可求得地理纬度与地心纬度的最大偏差值约为 $\Delta L=11.5'$。

3.1.3　旋转椭球表面的曲率半径

在导航过程中，运载体在地球椭球表面附近移动，为了在合适的坐标系(通常指地理坐标系)下进行三维定位解算，旋转椭球表面的几何曲率半径是一个非常重要的参数。

首先给出法截线的概念。如图 3.1.3 所示，包含椭球面上某 P 点法线 PQ 的平面称为法截面，法截面与子午面之间的夹角记为 A，法截面与椭球的交线称为法截线。显然，当法截面包含南、北极点时，法截线即为子午圈；当法截面垂直于子午面时，法截线称为卯酉圈。

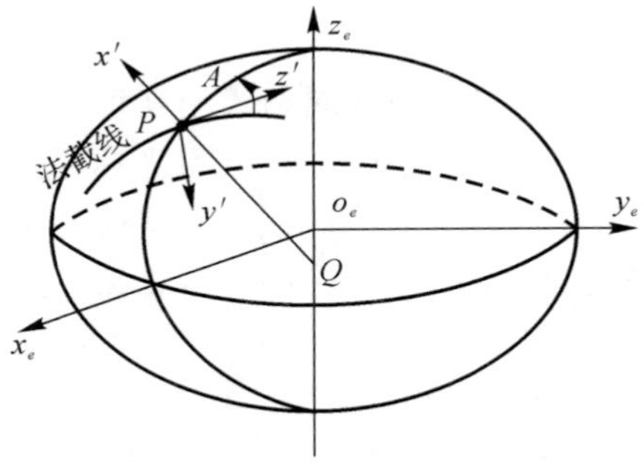

图 3.1.3　旋转椭球法截线及其局部坐标系

在图 3.1.3 中，不失一般性，假设 P 点在本初子午线上，以 P 为坐标原点建立局部直角坐标系 $Px'y'z'$，其中 Px' 轴沿法线向外，Pz' 轴沿法截线切线方向。不难看出，若坐标系 $Px'y'z'$ 先绕 Px' 轴转动 A 角度，然后绕 Py' 轴转动 L 角度，再作相应平移，则可得 $o_ex_ey_ez_e$ 坐标系(即地心直角坐标系)。根据椭圆参数方程式(3.1.12)知 P 点在 $o_ex_ey_ez_e$ 坐标系下的坐标为 $[R_N\cos L \quad 0 \quad R_N(1-e^2)\sin L]^{\mathrm{T}}$，此即前述平移的坐标值，因此 $Px'y'z'$ 和 $o_ex_ey_ez_e$ 两坐标系之间的坐标变换关系为

$$\begin{bmatrix} x \\ y \\ z \end{bmatrix} = \begin{bmatrix} \cos L & 0 & -\sin L \\ 0 & 1 & 0 \\ \sin L & 0 & \cos L \end{bmatrix} \begin{bmatrix} 1 & 0 & 0 \\ 0 & \cos A & \sin A \\ 0 & -\sin A & \cos A \end{bmatrix} \begin{bmatrix} x' \\ y' \\ z' \end{bmatrix} + \begin{bmatrix} R_N\cos L \\ 0 \\ R_N(1-e^2)\sin L \end{bmatrix} \tag{3.1.20}$$

将式(3.1.20)代入旋转椭球方程 $\dfrac{x^2+y^2}{R_e^2}+\dfrac{z^2}{R_p^2}=1$，移项整理得

$$x'^2 + z'^2 + 2R_Nx' + e'^2\,(x'\sin L + z'\cos A\cos L)^2 = 0 \tag{3.1.21}$$

由于在 $Px'y'z'$ 局部坐标系下表示的法截线方程必有 $y'=0$，所以式(3.1.21)中不含 y' 项。

将式(3.1.21)对坐标 z' 求一次导和二次导，代入平面曲线的曲率半径计算公式，可得法截线在 P 点的曲率半径(沿 $-x'$ 轴方向，须取负号)为

$$R_A=-\frac{1}{\mathrm{d}^2x'/\mathrm{d}z'^2}\left[1+\left(\frac{\mathrm{d}x'}{\mathrm{d}z'}\right)^2\right]^{3/2}\Bigg|_{P(x',z')=(0,0)}=\frac{R_N}{1+e'^2\cos^2A\cos^2L} \tag{3.1.22}$$

特别地，当角度 $A=0$ 或 $\pi/2$ 时，分别有

$$R_M=R_{A=0}=\frac{R_N}{1+e'^2\cos^2L}=\frac{R_N(1-e^2)}{1-e^2\sin^2L}=\frac{R_e(1-e^2)}{(1-e^2\sin^2L)^{3/2}} \tag{3.1.23}$$

$$R_{A=\pi/2}=\frac{R_N}{1+0}=\frac{R_e}{\sqrt{1-e^2\sin^2L}} \tag{3.1.24}$$

通常称 $R_M=R_{A=0}$ 为子午圈主曲率半径(principal radii of curvature along the meridional section)；而称 $R_N=R_{A=\pi/2}$ 为卯酉圈(东西圈或主垂线)主曲率半径(principal radii of curvature along the prime - vertical normal section)。在图 3.1.2 中卯酉圈主曲率半径即对应于线段 $\overline{PQ}$ 的长度。除在极点处有 $R_M=R_N$ 外，其他纬度处总有 $R_M<R_N$。实际上，在椭球表面上 R_N 对应的是曲率半径最长(曲率最小)的方向，而 R_M 对应的是曲率半径最短(曲率最大)的方向。

3.1.4 大地坐标与位置矩阵

在旋转椭球表面上 P 点处，纬圈切线与经圈切线相互垂直，且两切线同时垂直于椭球面的法线。在椭球表面上定义直角坐标系 $o_0x_0y_0z_0$：P 点为坐标原点(重记为 o_0)，纬圈切线指东、经圈切线指北、椭球面法线指天分别为 o_0x_0 轴、o_0y_0 轴和 o_0z_0 轴的正向。如图 3.1.4 所示，若某点 o_g 在坐标系 $o_0x_0y_0z_0$ 中的直角坐标为 $o_g(0,0,h)$，显然 o_g 在椭球面 P 点的法线上，h 称为 o_g 点的椭球高度，简称椭球高。以 o_g 为原点建立坐标系 $o_gx_gy_gz_g$，其三轴分别平行于 $o_0x_0y_0z_0$ 的同名坐标轴，称 $o_gx_gy_gz_g$ 为当地地理坐标系，简记为 g 系。o_g 点相对于地球椭球的空间位置可用所谓的大地坐标(地理坐标)表示，记为 $o_g(\lambda,L,h)$。

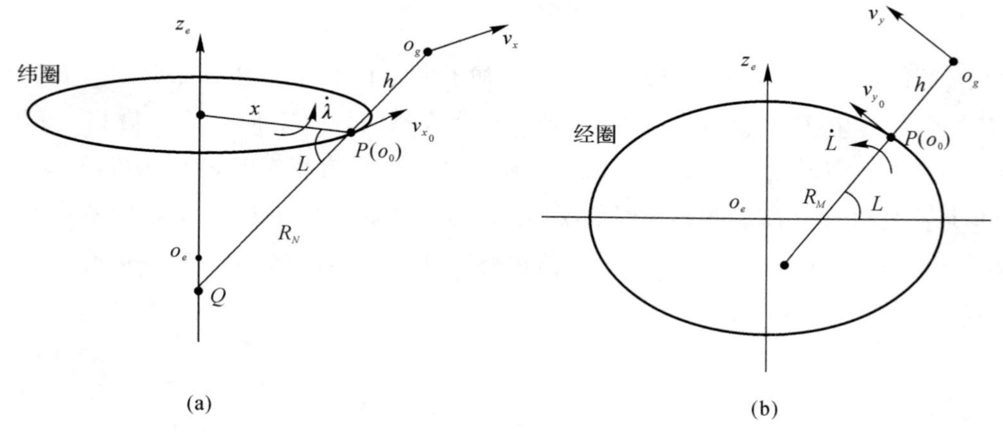

图 3.1.4 速度引起的经纬度变化

(a) 经度变化率； (b) 纬度变化率

在图 3.1.4 中，如果 o_0 点相对地球坐标系 $o_ex_ey_ez_e$ 的速度在 $o_0x_0y_0z_0$ 系的投影记为 $\boldsymbol{v}_{eo_0}^{o_0}=$

$[v_{x_0} \quad v_{y_0} \quad 0]^{\mathrm{T}}$。注意到 o_0x_0 轴与纬圈相切，两者在同一个平面内，因此 v_{x_0} 仅会引起经度的变化，有

$$\dot{\lambda}=\frac{v_{x_0}}{x}=\frac{v_{x_0}}{R_N\cos L} \tag{3.1.25}$$

同理，o_0y_0 轴与经圈相切，两者在同一平面内，因此速度 v_{y_0} 仅会引起纬度的变化，考虑到 P 点所在子午圈的曲率半径为 R_M，则有

$$\dot{L}=\frac{v_{y_0}}{R_M} \tag{3.1.26}$$

对于高度为 h 的 o_g 点，假设其速度为 $\boldsymbol{v}_{eg}^g=[v_x \quad v_y \quad v_z]^{\mathrm{T}}$，根据图 3.1.4 中几何关系，有

$$\frac{v_{x_0}}{R_N}=\frac{v_x}{R_N+h} \tag{3.1.27}$$

$$\frac{v_{y_0}}{R_M}=\frac{v_y}{R_M+h} \tag{3.1.28}$$

将上述两式分别代入式(3.1.25)和式(3.1.26)，并考虑到天向速度 v_z 仅引起高度 h 的变化，得出速度 $\boldsymbol{v}_{eg}^g$ 与大地坐标(λ,L,h)之间的关系，分别为

$$\dot{\lambda}=\frac{v_x}{(R_N+h)\cos L} \tag{3.1.29}$$

$$\dot{L}=\frac{v_y}{R_M+h} \tag{3.1.30}$$

$$\dot{h}=v_z \tag{3.1.31}$$

应当指出，在式(3.1.29)中须确保 $L\neq\pm\pi/2$。不难想象，地球经线在极点处收敛于一点，无法再用经度及其变化率的方法进行描述，因此这里仅讨论非极点处的导航求解问题。

地理坐标系 $o_gx_gy_gz_g$ 与地球坐标系 $o_ex_ey_ez_e$ 之间的转动关系可以用方向余弦阵表示，常称之为位置矩阵，记为 $\boldsymbol{C}_g^e$。如图 3.1.5 所示，g 系先绕 o_gz_g 轴转动 $-\pi/2$，接着绕 o_gy_g 轴转动 $-(\pi/2-L)$，再绕 o_gz_g 轴转动 $-\lambda$，这时 g 系三轴便与 e 系相应坐标轴平行。据此，可计算得到位置矩阵为

$$\boldsymbol{C}_g^e=\begin{bmatrix}\cos(-\lambda) & \sin(-\lambda) & 0\\ -\sin(-\lambda) & \cos(-\lambda) & 0\\ 0 & 0 & 1\end{bmatrix}\begin{bmatrix}\cos[-(\pi/2-L)] & 0 & -\sin[-(\pi/2-L)]\\ 0 & 1 & 0\\ \sin[-(\pi/2-L)] & 0 & \cos[-(\pi/2-L)]\end{bmatrix}\times$$
$$\begin{bmatrix}\cos(-\pi/2) & \sin(-\pi/2) & 0\\ -\sin(-\pi/2) & \cos(-\pi/2) & 0\\ 0 & 0 & 1\end{bmatrix}=$$
$$\begin{bmatrix}\cos\lambda & -\sin\lambda & 0\\ \sin\lambda & \cos\lambda & 0\\ 0 & 0 & 1\end{bmatrix}\begin{bmatrix}\sin L & 0 & \cos L\\ 0 & 1 & 0\\ -\cos L & 0 & \sin L\end{bmatrix}\begin{bmatrix}0 & -1 & 0\\ 1 & 0 & 0\\ 0 & 0 & 1\end{bmatrix}=$$
$$\begin{bmatrix}-\sin\lambda & -\sin L\cos\lambda & \cos L\cos\lambda\\ \cos\lambda & -\sin L\sin\lambda & \cos L\sin\lambda\\ 0 & \cos L & \sin L\end{bmatrix} \tag{3.1.32}$$

注意到，地理坐标系原点 o_g 的椭球面法线天向单位向量在地球坐标系的投影坐标正好是

位置矩阵 $\boldsymbol{C}_g^e$ 的第三列向量，可记为 $\boldsymbol{u}_g^e=[\cos L\cos\lambda \quad \cos L\sin\lambda \quad \sin L]^{\mathrm{T}}$。

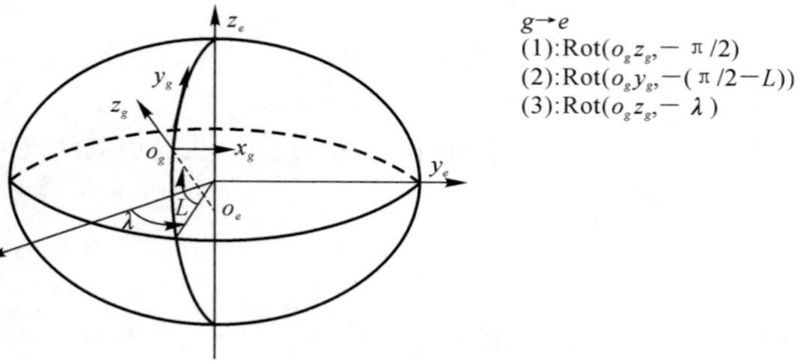

图 3.1.5 g 系至 e 系的三次转动

对式(3.1.32)等号两边同时微分，可得

$$\dot{\boldsymbol{C}}_g^e=\begin{bmatrix}-\dot\lambda\cos\lambda & -(\dot L\cos L\cos\lambda-\dot\lambda\sin L\sin\lambda) & -\dot L\sin L\cos\lambda-\dot\lambda\cos L\sin\lambda\\ -\dot\lambda\sin\lambda & -(\dot L\cos L\sin\lambda+\dot\lambda\sin L\cos\lambda) & -\dot L\sin L\sin\lambda+\dot\lambda\cos L\cos\lambda\\ 0 & -\dot L\sin L & \dot L\cos L\end{bmatrix}=$$

$$\begin{bmatrix}-\sin\lambda & -\sin L\cos\lambda & \cos L\cos\lambda\\ \cos\lambda & -\sin L\sin\lambda & \cos L\sin\lambda\\ 0 & \cos L & \sin L\end{bmatrix}\begin{bmatrix}0 & -\dot\lambda\sin L & \dot\lambda\cos L\\ \dot\lambda\sin L & 0 & \dot L\\ -\dot\lambda\cos L & -\dot L & 0\end{bmatrix}=$$

$$\boldsymbol{C}_g^e\left(\begin{bmatrix}-\dot L\\ \dot\lambda\cos L\\ \dot\lambda\sin L\end{bmatrix}\times\right) \tag{3.1.33}$$

式(3.1.33)与方向余弦阵微分公式 $\dot{\boldsymbol{C}}_g^e=\boldsymbol{C}_g^e(\boldsymbol{\omega}_{eg}^g\times)$ 对比，并将经纬度公式(3.1.29)和式(3.1.30)代入，分别记 v_x,v_y 为 $v_{\mathrm{E}},v_{\mathrm{N}}$，可得

$$\boldsymbol{\omega}_{eg}^g=[-\dot L \quad \dot\lambda\cos L \quad \dot\lambda\sin L]^{\mathrm{T}}=\begin{bmatrix}-\dfrac{v_{\mathrm{N}}}{R_M+h} & \dfrac{v_{\mathrm{E}}}{R_N+h} & \dfrac{v_{\mathrm{E}}}{R_N+h}\tan L\end{bmatrix}^{\mathrm{T}} \tag{3.1.34}$$

这便是因运载体运动线速度和地表曲率引起地理系(g 系)相对于地球系(e 系)旋转角速度的计算公式，它与东向速度及北向速度有关，而与天向速度无关。

3.1.5 大地坐标与地心直角坐标转换

下面给出地表附近同一地点的地理坐标(λ,L,h)与地心直角坐标(x,y,z)之间的相互转换关系。

1. 由(λ,L,h)求解(x,y,z)

根据式(3.1.15)和图 3.1.2，不难求得

$$\left.\begin{aligned}x&=(R_N+h)\cos L\cos\lambda\\ y&=(R_N+h)\cos L\sin\lambda\\ z&=[R_N(1-e^2)+h]\sin L\end{aligned}\right\} \tag{3.1.35}$$

式中：卯酉圈曲率半径 R_N 的计算见式(3.1.14)或重写如下：

$$R_N=\frac{R_e}{\sqrt{1-e^2\sin^2 L}} \tag{3.1.36}$$

2. 由 (x, y, z) 求解 (λ, L, h)

首先，由式(3.1.35)中第二式除以第一式，可得

$$\frac{y}{x}=\frac{\sin\lambda}{\cos\lambda} \tag{3.1.37}$$

当 x 和 y 不同时为 0 时(非极点处)，由式(3.1.37)可直接解得经度为

$$\lambda=\operatorname{atan2}(y, x) \tag{3.1.38}$$

式中：atan2(•)为计算给定横、纵坐标点的反正切值函数，取值范围为 $(-\pi, \pi]$。

其次，对于纬度，不能求得其显式表示，通常采用迭代算法，推导过程如下。

由式(3.1.35)中第一式和第二式进行如下运算：

$$(R_N+h)\cos L=\sqrt{x^2+y^2} \tag{3.1.39}$$

由式(3.1.35)中第三式移项整理，可得

$$(R_N+h)\sin L=z+R_N e^2\sin L \tag{3.1.40}$$

当 $x^2+y^2\neq 0$ 时，也即在非极点处，由式(3.1.40)除以式(3.1.39)，可得

$$\tan L=\frac{z+R_N e^2\sin L}{\sqrt{x^2+y^2}} \tag{3.1.41}$$

将式(3.1.36)改写成 $R_N=\dfrac{R_e}{\cos L\sqrt{1+(1-e^2)\tan^2 L}}$，再代入式(3.1.41)，可得

$$\tan L=\frac{1}{\sqrt{x^2+y^2}}\left[z+\frac{R_e e^2\tan L}{\sqrt{1+(1-e^2)\tan^2 L}}\right] \tag{3.1.42}$$

如记 $t=\tan L$，则由式(3.1.42)可构造出求解纬度正切值的迭代公式如下：

$$t_{i+1}=\frac{1}{\sqrt{x^2+y^2}}\left[z+\frac{R_e e^2 t_i}{\sqrt{1+(1-e^2)t_i^2}}\right] \tag{3.1.43}$$

令迭代初值 $t_0=0$，一般经过 5～6 次迭代便可达到足够的数值计算精度，再由 t_{i+1} 求反正切即可获得纬度 L。

最后，根据式(3.1.39)求解高度，可得

$$h=\frac{\sqrt{x^2+y^2}}{\cos L}-R_N \tag{3.1.44}$$

式(3.1.38)、式(3.1.43)和式(3.1.44)即为由 (x, y, z) 求解 (λ, L, h) 的算法。

3.2　地球的正常重力场

在地球的大地水准体描述中，水准体表面是地球实际重力场的一个等位面，每一点的重力方向均与该点所在等位面相垂直，实际的重力方向一般称为天文垂线，或称真垂线。由于实际地球内部密度分布不均匀，并且表面凹凸不平，大地水准面不规则，所以实际水准面上重力的大小和方向也不规则。与地球的几何形状描述类似，也希望使用一个简单的数学函数来拟合地球重力场，这个简单函数表示的重力场就称为正常重力场。

重力是地球万有引力和离心力共同作用的结果，如图 3.2.1 所示，在 P 点处，重力矢量 $\boldsymbol{g}$ 是引力矢量 $\boldsymbol{F}$ 和离心力矢量 $\boldsymbol{F}'$ 的合力。

3.2.1 圆球假设下的地球重力

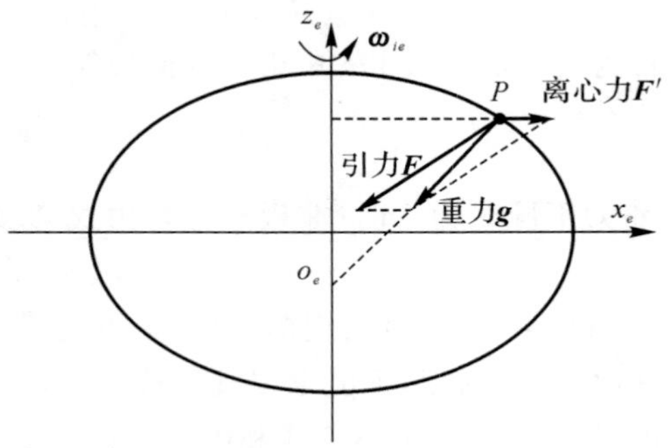

图 3.2.1 重力矢量

若将地球视为圆球体并且认为密度均匀分布，那么地球引力指向地心，根据牛顿万有引力定律，地球对其表面或外部单位质点的引力大小为

$$F=\frac{GM}{r^2}=\frac{\mu}{r^2} \tag{3.2.1}$$

其中：G 为万有引力常数；M 为地球质量，记 $\mu=GM$ 为地心引力常数；r 为质点至地心的距离。

由于地球绕其极轴存在自转角速率 ω_{ie}，使得与地球表面固连的单位质点受到离心力的作用，其大小为

$$F'=\omega_{ie}^2 R\cos L \tag{3.2.2}$$

其中：R 为圆球半径；L 为地理纬度（在圆球假设中即为地心纬度）。

重力是引力与离心力的合力，引力与离心力之间的夹角为 $\pi-L$，根据余弦定理，在纬度为 L 处 P 点的重力大小为

$$\begin{aligned}g_L&=\sqrt{F^2+F'^2+2FF'\cos(\pi-L)}=\sqrt{F^2+(\omega_{ie}^2R\cos L)^2-2F\omega_{ie}^2R\cos^2 L}=\\&\sqrt{(F-\omega_{ie}^2R)^2+2F\omega_{ie}^2R\sin^2 L-(\omega_{ie}^2R)^2\sin^2 L}=\\&\sqrt{(F-\omega_{ie}^2R)^2\left[1+2\frac{(F-1/2\omega_{ie}^2R)\omega_{ie}^2R}{(F-\omega_{ie}^2R)^2}\sin^2 L\right]}\approx\\&g_e\sqrt{1+2\frac{\omega_{ie}^2R}{g_e}\sin^2 L}\approx g_e\left(1+\frac{\omega_{ie}^2R}{g_e}\sin^2 L\right)\end{aligned} \tag{3.2.3}$$

其中：$g_e=F-\omega_{ie}^2R$ 为赤道上的重力大小；ω_{ie}^2R/g_e 为赤道上的离心力与重力的比值。

实测表明，基于圆球假设的重力公式(3.2.3) 与实际椭球地球相比，在高纬度地区偏小将近 $2\times10^{-3}g$，部分原因归结于实际椭球地球在高纬度地区地心距缩小，实际引力增大。为了更精确地计算正常重力值，需要在椭球条件下进行重力推导。

3.2.2 旋转椭球假设下的地球重力

对于地球的旋转椭球体描述，假设在椭球表面上的重力矢量处处垂直于表面，也就是说，旋转椭球表面为重力的一个等位面。意大利人索密里安 (C. Somigliana) 于 1929 年经过严密推导（过程比较复杂，从略），获得了旋转椭球体的正常重力公式，如下：

$$g_L=\frac{R_e g_e\cos^2 L+R_p g_p\sin^2 L}{\sqrt{R_e^2\cos^2 L+R_p^2\sin^2 L}} \tag{3.2.4}$$

其中：R_e 和 R_p 分别为旋转椭球的赤道长半轴和极轴短半轴；g_e 和 g_p 分别为赤道重力和极点重力大小；g_L 为地理纬度 L 处椭球表面的重力大小。

对于赤道重力 g_e 和极点重力 g_p，近似有

$$\left.\begin{aligned} g_e &\approx \frac{\mu}{R_e R_p}\left(1-\frac{3}{2}m-\frac{3}{7}mf\right) \\ g_p &\approx \frac{\mu}{R_e^2}\left(1+m+\frac{6}{7}mf\right) \end{aligned}\right\} \tag{3.2.5}$$

其中：f 为旋转椭球几何形状扁率，约等于 1/298；并且

$$m=\frac{\omega_{ie}^2 R_e}{\mu/(R_e R_p)} \approx \frac{\omega_{ie}^2 R_e}{g_e} \tag{3.2.6}$$

为赤道上的离心力与重力的比值，约等于 1/288。

定义地球重力扁率为

$$\beta=\frac{g_p-g_e}{g_e} \tag{3.2.7}$$

其实际值约等于 1/189。将式(3.2.5)代入式(3.2.7)，并展开成关于 m 和 f 的级数形式，可得

$$\begin{aligned} \beta &= \frac{g_p-g_e}{g_e}=\frac{g_p}{g_e}-1=\frac{R_p\left(1+m+\frac{6}{7}mf\right)}{R_e\left(1-\frac{3}{2}m-\frac{3}{7}mf\right)}-1=\frac{(1-f)\left(1+m+\frac{6}{7}mf\right)}{1-\frac{3}{2}m-\frac{3}{7}mf}-1= \\ &\left(1+m-f-\frac{1}{7}mf-\frac{6}{7}mf^2\right)\left[1+\left(\frac{3}{2}m+\frac{3}{7}mf\right)+\left(\frac{3}{2}m+\frac{3}{7}mf\right)^2+\cdots\right]-1= \\ &\frac{5}{2}m-f-\frac{17}{14}mf+\frac{15}{4}m^2+\cdots \end{aligned} \tag{3.2.8}$$

式(3.2.8)建立了重力扁率 β 与椭球形状扁率 f 之间的关系，若忽略高阶小量，近似有

$$\beta=\frac{5}{2}m-f \tag{3.2.9}$$

式(3.2.9)是利用重力测量方法确定地球形状参数 f 的基本公式，它最早于 1743 年由法国数学家克莱罗（A. C. Clairaut）求得，通常称为克莱罗公式。克莱罗在推导公式(3.2.9)时作了如下前提假设：地球是由密度不同的均匀物质层圈组成的椭球体，各椭球面都是重力等位面，且各层密度由地心向外有规律地减小。需要说明的是，克莱罗公式是近似成立的公式，而索密里安公式却是理论上严格成立的，并且后者的前提条件更加宽松，对椭球体密度分布不做任何限制。

若将 $g_p=(1+\beta)g_e$ 和 $R_p=(1-f)R_e$ 代入索密里安公式(3.2.4)，展开为关于 β 和 f 的级数形式，可得

$$\begin{aligned} g_L &= g_e\frac{\cos^2 L+(1-f)(1+\beta)\sin^2 L}{\sqrt{\cos^2 L+(1-f)^2\sin^2 L}}=g_e\frac{1+(\beta-f-\beta f)\sin^2 L}{[1-(2f-f^2)\sin^2 L]^{1/2}}= \\ &g_e[1+(\beta-f-\beta f)\sin^2 L]\left\{1+\frac{1}{2}(2f-f^2)\sin^2 L+\frac{3}{8}[(2f-f^2)\sin^2 L]^2+\cdots\right\}= \\ &g_e\left\{1+\left[(\beta-f-\beta f)+\frac{1}{2}(2f-f^2)\right]\sin^2 L+\right. \\ &\left.\left[\frac{3}{8}(2f-f^2)^2+\frac{1}{2}(\beta-f-\beta f)(2f-f^2)\right]\sin^4 L+\cdots\right\}= \\ &g_e\left[1+\left(\beta-\beta f-\frac{1}{2}f^2\right)\sin^2 L+\left(\beta f+\frac{1}{2}f^2+\cdots\right)\sin^4 L+\cdots\right] \end{aligned} \tag{3.2.10}$$

考虑到如下三角函数恒等式：

$$\sin^2 2L=(2\sin L\cos L)^2=4\sin^2 L(1-\sin^2 L)=4\sin^2 L-4\sin^4 L \tag{3.2.11}$$

将式(3.2.11)移项,有

$$\sin^4 L=\sin^2 L-\frac{1}{4}\sin^2 2L \tag{3.2.12}$$

再将式(3.2.12)代入式(3.2.10),忽略高阶小量,可得

$$\begin{aligned}g_L=&g_e\left[1+\left(\beta-\beta f-\frac{1}{2}f^2\right)\sin^2 L+\left(\beta f+\frac{1}{2}f^2\right)\left(\sin^2 L-\frac{1}{4}\sin^2 2L\right)\right]=\\&g_e\left[1+\beta\sin^2 L-\frac{1}{8}(2\beta f+f^2)\sin^2 2L\right]=\\&g_e(1+\beta\sin^2 L-\beta_1\sin^2 2L)\end{aligned} \tag{3.2.13}$$

其中

$$\beta_1=\frac{1}{8}(2\beta f+f^2) \tag{3.2.14}$$

若将克莱罗公式(3.2.9)代入式(3.2.14),还可得

$$\beta_1\approx\frac{1}{8}\left[2\left(\frac{5}{2}m-f\right)f+f^2\right]=\frac{1}{8}(5mf-f^2) \tag{3.2.15}$$

式(3.2.13)为索密里安公式的良好近似(最大误差小于 $10\times10^{-6}g$),实用中的正常重力模型常常是以该形式给出的,它比式(3.2.4)的计算量稍小些。

历史上曾给出过以下一些重要的正常重力模型。

(1)1901 年,德国人赫尔默特(F. R. Helmert)根据当时波斯坦系统的几千个重力测量结果,给出正常重力公式为

$$g_L=9.780\,3\times(1+0.005\,302\times\sin^2 L-0.000\,007\times\sin^2 2L)\quad(\mathrm{m/s^2}) \tag{3.2.16}$$

式(3.2.16)称为赫尔默特正常重力公式,其中重力扁率 $\beta=0.005\,302\approx1/188.6$,根据克莱罗公式,可以计算出相应的参考椭球扁率 $f=1/298.3$。

(2)1909 年,美国人海福特(J. F. Hayford)根据美国当时的大地测量结果给出了一个参考椭球,它的赤道半径为 $R_e=6\,378\,388$ m,几何扁率为 $f=1/297.0$;1928 年,芬兰人海斯卡宁(W. A. Heiskanen)根据当时的重力测量结果计算出正常地球模型在赤道上的重力为 $g_e=9.780\,49\ \mathrm{m/s^2}$。若取地球自转角速率 $\omega_{ie}=7.292\,115\,1\times10^{-5}$ rad/s,根据上述 4 个独立参数,可计算得

$$g_L=9.780\,49\times(1+0.005\,288\,4\times\sin^2 L-0.000\,005\,9\times\sin^2 2L)\quad(\mathrm{m/s^2}) \tag{3.2.17}$$

1930 年,国际大地测量与地球物理联合会(International Union of Geodesy and Geophysics,IUGG)将式(3.2.17)定为国际正常重力公式。

(3)利用现代卫星测量技术,IUGG 于 1979 年通过了 1980 大地参考系,与其对应的正常重力公式为

$$g_L=9.780\,327\times(1+0.005\,302\,44\times\sin^2 L-0.000\,005\,85\times\sin^2 2L)\quad(\mathrm{m/s^2}) \tag{3.2.18}$$

(4)1987 年,WGS-84(World Geodetic System 1984)大地坐标系给出的地球参数如下:半长轴 $R_e=6\,378\,137$m,地心引力常数(含大气层)$\mu=3.986\,004\,418\times10^{14}\ \mathrm{m^3/s^2}$,扁率 $f=1/298.257\,223\,563$,地球自转角速率 $\omega_{ie}=7.292\,115\,146\,7\times10^{-5}$ rad/s。如不考虑大气层影

响，可推导得正常重力公式为

$$g_L = 9.780\ 325 \times (1 + 0.005\ 302\ 40 \times \sin^2 L - 0.000\ 005\ 82 \times \sin^2 2L) \quad (\mathrm{m/s^2}) \tag{3.2.19}$$

3.2.3　重力与高度的关系

在惯性导航系统中常涉及椭球高、海拔高和气压高等几种高度的测量和计算，它们之间存在一定的差别：① 椭球高度又叫大地高，指在一定的地球椭球模型下，被测点与其在椭球面上投影之间的距离，椭球高是一个纯粹的几何概念，选择的椭球模型不同，高度也不一样；② 海拔高度也称绝对高度，它是被测点高出大地水准面的垂直距离；③ 气压高度是通过测量大气压力而实现的，海拔高度上升，气压下降，通过测量被测点处的气压，再参考标准大气压模型而算得海拔高度值。气压高一般不稳定，它与温度和湿度等气象因素有关，不容易精确建模，即使在同一地点，一天之内气压高的变化可达几十米甚至上百米。椭球高与海拔高之间可能也会存在几十米的差别，但一般在方圆上百千米范围内，两者之间的差值大致恒定，易于补偿。对于惯导系统而言，通常不需对椭球高与海拔高加以细致区分。本书后面所说的高度均为椭球高。

在地球表面附近的重力场中，引力与离心力相比前者占主要成分，重力随高度增加而减小，其变化规律与引力随距离增加而减小的规律近似相同。分析高度影响时，不妨将地球近似成圆球且质量集中在地心，地球对高度为 h 的单位质点的引力为

$$F = \frac{\mu}{(R+h)^2} \tag{3.2.20}$$

式(3.2.20)对 h 求微分，得

$$\mathrm{d}F = -2\frac{\mu}{(R+h)^3}\mathrm{d}h \approx -2\frac{\mu}{R^3}\mathrm{d}h = -\beta_2\mathrm{d}h \tag{3.2.21}$$

式中：记

$$\beta_2 \approx 2\frac{\mu}{R^3} \approx 2\frac{g_e}{R} \tag{3.2.22}$$

若取地心引力常数 $\mu = 3.986\ 005 \times 10^{14}\ \mathrm{m^3/s^2}$ 和地球平均半径 $R = 6\ 371\ \mathrm{km}$，则有 $\beta_2 = 3.08 \times 10^{-6}\ \mathrm{s^{-2}}$，这表示在地球表面附近高度每升高 1 m，引力值（或重力值）将减小 $3.08 \times 10^{-6}\ \mathrm{m/s^2}$（约 $0.3 \times 10^{-6}g$）。

综合式(3.2.13)和式(3.2.21)，可求得地球表面附近正常重力随纬度和高度变化的实用计算公式，即在大地坐标 $o_g(L,\lambda,h)$ 处的重力值，记为

$$g_{Lh} = g_0(1 + \beta\sin^2 L - \beta_1\sin^2 2L) - \beta_2 h \tag{3.2.23}$$

其中：常记 $g_0 = g_e$。值得注意的是，式(3.2.23)只给出了重力的大小，其方向应该是 o_g 点处的铅垂向（真垂线），而不是该点的地理法向（地理垂线），如图 3.2.2 所示。1967 年，Heiskanen 给出了真垂线和地理垂线之间夹角的近似公式为

$$\xi = \frac{\beta_3 h\sin 2L}{g_{Lh}} \tag{3.2.24}$$

其中：$\beta_3 = 8.08 \times 10^{-9}\ \mathrm{s^{-2}}$。据式(3.2.24)计算，在纬度 $L = 45°$ 处，高度每上升 1 km，ξ 约增加 $8.08 \times 10^{-9} \times 1\ 000/9.8 \approx 0.17''$。显然，除了赤道和极点的表面及上空外，只有在旋转椭球表面上（$h = 0$）真垂线与地理垂线才能严格重合。

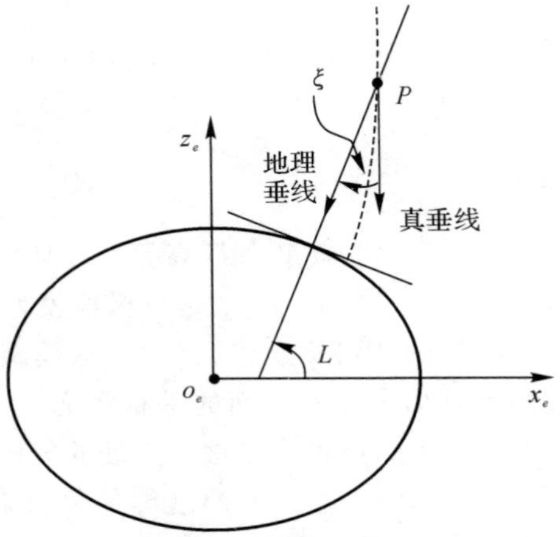

图 3.2.2　正常重力场的垂线偏差

当以地理坐标系（g 系）作为惯性导航参考坐标系时，为了消除重力的影响，需将重力矢量投影到地理坐标系，表示为

$$\boldsymbol{g}^g=\begin{bmatrix}0\\-g_{Lh}\sin\xi\\-g_{Lh}\cos\xi\end{bmatrix}\approx\begin{bmatrix}0\\-\beta_3 h\sin 2L\\-g_{Lh}\end{bmatrix}\tag{3.2.25}$$

式(3.2.25)的三个分量依次表示重力矢量在东、北和天向的投影值，在纬度 $L=45°$ 处，高度每上升 1 km，北向重力分量将变化 $8.08\times10^{-9}\times1\,000\approx0.8\times10^{-6}g$，这一影响在高空高精度惯性导航中是需要考虑和补偿的。更高精度的且与实际地球相关的重力场计算和补偿将在 3.3 节介绍。

3.3　地球重力场的球谐函数模型

在 3.2 节中正常重力场描述的是规则地球假设下产生的重力场，但实际地球并不规则，正常重力场只是实际重力场的一个较好的近似。为了更加细致地刻画实际地球的重力场，需引入球谐函数和重力位等概念，这在高精度惯性导航系统的重力场建模和补偿中十分有用。据统计，与正常重力相比，应用高精度的重力场模型可提升约 0.1 n mile/h（1 n mile＝1.852 km）的惯性导航精度。

3.3.1　球谐函数的基本概念

1. 拉普拉斯方程

如果三元函数 $u(x,y,z)$ 在空间区域 Ω 上满足如下偏微分方程：

$$\frac{\partial^2 u}{\partial x^2}+\frac{\partial^2 u}{\partial y^2}+\frac{\partial^2 u}{\partial z^2}=0\tag{3.3.1}$$

则称 u 是区域 Ω 上的调和函数（harmonic function），或称谐函数，上述方程称为拉普拉斯方程（Laplace equation）。

方程式(3.3.1)可简记为

$$\nabla u = 0 \tag{3.3.2}$$

式中:算符

$$\nabla = \frac{\partial^2}{\partial x^2} + \frac{\partial^2}{\partial y^2} + \frac{\partial^2}{\partial z^2} \tag{3.3.3}$$

称为拉普拉斯算子。

在图 3.3.1 中,球面上一点 u,其直角坐标(x,y,z)与极坐标(r,θ,λ)之间的坐标转换关系为

$$\left.\begin{aligned} x &= r\sin\theta\cos\lambda \\ y &= r\sin\theta\sin\lambda \\ z &= r\cos\theta \end{aligned}\right\} \tag{3.3.4}$$

其中:r 为点 u 距坐标中心的距离;λ 为经度;θ 为极距或称余纬。

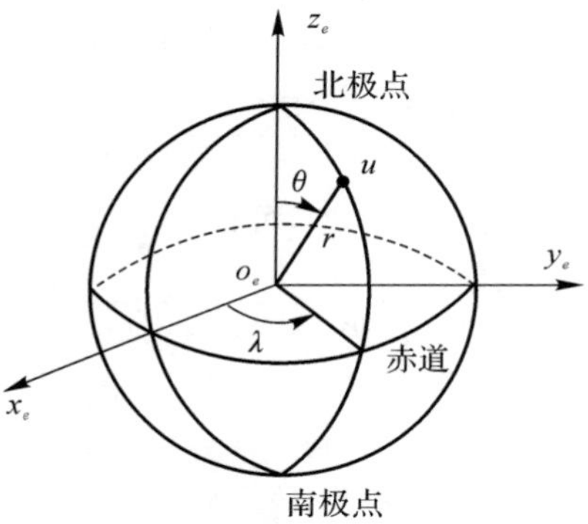

图 3.3.1　直角坐标与极坐标

经推导(过程烦琐,从略),可求得拉普拉斯算子式(3.3.3)在球坐标下的表示为

$$\nabla = \frac{1}{r^2}\left[\frac{\partial}{\partial r}\left(r^2\frac{\partial}{\partial r}\right) + \frac{1}{\sin\theta}\frac{\partial}{\partial\theta}\left(\sin\theta\frac{\partial}{\partial\theta}\right) + \frac{1}{\sin^2\theta}\frac{\partial^2}{\partial\lambda^2}\right] \tag{3.3.5}$$

因此,用球坐标表示的拉普拉斯方程为

$$\frac{1}{r^2}\left[\frac{\partial}{\partial r}\left(r^2\frac{\partial}{\partial r}\right) + \frac{1}{\sin\theta}\frac{\partial}{\partial\theta}\left(\sin\theta\frac{\partial}{\partial\theta}\right) + \frac{1}{\sin^2\theta}\frac{\partial^2}{\partial\lambda^2}\right]u = 0 \tag{3.3.6}$$

2. 球坐标下拉普拉斯方程的求解

求解拉普拉斯方程式(3.3.6)一般采用分离变量法,假设它的解为

$$u(r,\theta,\lambda) = R(r)Y(\theta,\lambda) \tag{3.3.7}$$

将式(3.3.7)代入式(3.3.6),可得

$$\frac{1}{r^2}\left[Y\frac{\partial}{\partial r}\left(r^2\frac{\partial R}{\partial r}\right) + \frac{R}{\sin\theta}\frac{\partial}{\partial\theta}\left(\sin\theta\frac{\partial Y}{\partial\theta}\right) + \frac{R}{\sin^2\theta}\frac{\partial^2 Y}{\partial\lambda^2}\right] = 0 \tag{3.3.8}$$

式(3.3.8)等号两边同时乘以$\frac{r^2}{RY}$,移项可得

$$\frac{1}{R}\frac{\partial}{\partial r}\left(r^2\frac{\partial R}{\partial r}\right) = -\frac{1}{Y\sin\theta}\frac{\partial}{\partial\theta}\left(\sin\theta\frac{\partial Y}{\partial\theta}\right) - \frac{1}{Y\sin^2\theta}\frac{\partial^2 Y}{\partial\lambda^2} \tag{3.3.9}$$

式(3.3.9)等号左边只与函数 R 有关,而等号右边只与函数 Y 有关,欲使两边相等,必须使它们都等于同一常值,显然该常值总可以表示为 $n(n+1)$ 形式(n 可为任意实数甚至为复数,

但在实际应用中通常取为整数)，所以有

$$\frac{1}{R_n}\frac{\mathrm{d}}{\mathrm{d}r}\left(r^2\frac{\mathrm{d}R_n}{\mathrm{d}r}\right)=n(n+1) \tag{3.3.10}$$

$$\frac{1}{Y_n\sin\theta}\frac{\partial}{\partial\theta}\left(\sin\theta\frac{\partial Y_n}{\partial\theta}\right)+\frac{1}{Y_n\sin^2\theta}\frac{\partial^2 Y_n}{\partial\lambda^2}=-n(n+1) \tag{3.3.11}$$

其中：R,Y 分别记为 R_n 和 Y_n，右下角标表示与常值参数 n 相关的解。

注意到式(3.3.10)变成了常微分方程，稍加整理，可得

$$r^2\frac{\mathrm{d}^2R_n}{\mathrm{d}r^2}+2r\frac{\mathrm{d}R_n}{\mathrm{d}r}-n(n+1)R_n=0 \tag{3.3.12}$$

式(3.3.12)为欧拉常微分方程，其通解为

$$R_n(r)=A_n^i r^n+A_n^e r^{-(n+1)} \tag{3.3.13}$$

其中：A_n^i 和 A_n^e 为任意常系数。

对式(3.3.11)等号左边的第一项进一步展开，该式可化为

$$\frac{\cos\theta}{Y_n\sin\theta}\frac{\partial Y_n}{\partial\theta}+\frac{1}{Y_n}\frac{\partial^2 Y_n}{\partial\theta^2}+\frac{1}{Y_n\sin^2\theta}\frac{\partial^2 Y_n}{\partial\lambda^2}=-n(n+1) \tag{3.3.14}$$

式(3.3.14)等号两边同时乘以 Y_n 并移项整理，可得

$$\frac{\partial^2 Y_n}{\partial\theta^2}+\cot\theta\frac{\partial Y_n}{\partial\theta}+\frac{1}{\sin^2\theta}\frac{\partial^2 Y_n}{\partial\lambda^2}+n(n+1)Y_n=0 \tag{3.3.15}$$

再次对式(3.3.15)采用分离变量法，令 $Y_n(\theta,\lambda)=\Lambda_n(\lambda)\Theta_n(\theta)$ 并代入，可得

$$\Lambda_n\frac{\partial^2\Theta_n}{\partial\theta^2}+\Lambda_n\cot\theta\frac{\partial\Theta_n}{\partial\theta}+\frac{\Theta_n}{\sin^2\theta}\frac{\partial^2\Lambda_n}{\partial\lambda^2}+n(n+1)\Lambda_n\Theta_n=0 \tag{3.3.16}$$

式(3.3.16)等号两边同时乘以$\dfrac{\sin^2\theta}{\Lambda_n\Theta_n}$并移项整理，可得

$$-\frac{1}{\Lambda_n}\frac{\partial^2\Lambda_n}{\partial\lambda^2}=\frac{\sin^2\theta}{\Theta_n}\left[\frac{\partial^2\Theta_n}{\partial\theta^2}+\cot\theta\frac{\partial\Theta_n}{\partial\theta}+n(n+1)\Theta_n\right] \tag{3.3.17}$$

式(3.3.17)等号左边只与函数 Λ_n 有关，而等号右边只与函数 Θ_n 有关，同样它们都应等于同一常数 l，因此有

$$\frac{1}{\Lambda_n}\frac{\mathrm{d}^2\Lambda_n}{\mathrm{d}\lambda^2}=-l \tag{3.3.18}$$

$$\frac{\sin^2\theta}{\Theta_n}\left[\frac{\mathrm{d}^2\Theta_n}{\mathrm{d}\theta^2}+\cot\theta\frac{\mathrm{d}\Theta_n}{\mathrm{d}\theta}+n(n+1)\Theta_n\right]=l \tag{3.3.19}$$

在方程式(3.3.18)中，考虑到经度坐标 λ 的自然周期条件 $\Lambda(\lambda)=\Lambda(\lambda+2\pi)$，常数取值必须为 $l=m^2(m=0,1,2,\cdots)$，由此求得方程式(3.3.18)的解为

$$\Lambda_n^m(\lambda)=C_n^m\cos m\lambda+S_n^m\sin m\lambda \tag{3.3.20}$$

其中：C_n^m 和 S_n^m 为任意常系数。

整理式(3.3.19)，考虑到 $l=m^2$，可得

$$\frac{\mathrm{d}^2\Theta_n^m}{\mathrm{d}\theta^2}+\cot\theta\frac{\mathrm{d}\Theta_n^m}{\mathrm{d}\theta}+\left[n(n+1)-\frac{m^2}{\sin^2\theta}\right]\Theta_n^m=0 \tag{3.3.21}$$

其中：Θ_n^m 的角标表示与常值参数 n 和 m 相关的解。

令 $x=\cos\theta$，则有$\dfrac{\mathrm{d}x}{\mathrm{d}\theta}=-\sin\theta$，并且有

$$\frac{\mathrm{d}\Theta_n^m}{\mathrm{d}\theta}=\frac{\mathrm{d}\Theta_n^m}{\mathrm{d}x}\frac{\mathrm{d}x}{\mathrm{d}\theta}=-\sin\theta\frac{\mathrm{d}\Theta_n^m}{\mathrm{d}x} \tag{3.3.22}$$

$$\frac{\mathrm{d}^2\Theta_n^m}{\mathrm{d}\theta^2}=\frac{\mathrm{d}}{\mathrm{d}\theta}\left(-\sin\theta\frac{\mathrm{d}\Theta_n^m}{\mathrm{d}x}\right)=-\cos\theta\frac{\mathrm{d}\Theta_n^m}{\mathrm{d}x}-\sin\theta\frac{\mathrm{d}}{\mathrm{d}x}\frac{\mathrm{d}x}{\mathrm{d}\theta}\frac{\mathrm{d}\Theta_n^m}{\mathrm{d}x}=$$

$$-\cos\theta\frac{\mathrm{d}\Theta_n^m}{\mathrm{d}x}-\sin\theta\frac{\mathrm{d}x}{\mathrm{d}\theta}\frac{\mathrm{d}}{\mathrm{d}x}\frac{\mathrm{d}\Theta_n^m}{\mathrm{d}x}=-\cos\theta\frac{\mathrm{d}\Theta_n^m}{\mathrm{d}x}+\sin^2\theta\frac{\mathrm{d}^2\Theta_n^m}{\mathrm{d}x^2} \tag{3.3.23}$$

将式(3.3.22)和式(3.3.23)代入式(3.3.21)，并记 $\Theta_n^m(\theta)$ 为 $y(x)$，可得

$$(1-x^2)\frac{\mathrm{d}^2y}{\mathrm{d}x^2}-2x\frac{\mathrm{d}y}{\mathrm{d}x}+\left[n(n+1)-\frac{m^2}{1-x^2}\right]y=0 \tag{3.3.24}$$

式(3.3.24)称为连带勒让德方程(associated Legendre equation)，由 $x=\cos\theta$ 可知，自变量的取值范围为 $-1\leqslant x\leqslant 1$。特别地，当 $m=0$ 时称其为勒让德方程，重写如下：

$$(1-x^2)\frac{\mathrm{d}^2y}{\mathrm{d}x^2}-2x\frac{\mathrm{d}y}{\mathrm{d}x}+n(n+1)y=0 \tag{3.3.25}$$

至此，将拉普拉斯偏微分方程的求解问题转化成了三个常微分方程的求解，即方程式(3.3.12)、式(3.3.18)和式(3.3.25)，其中前面两个方程的求解都比较容易，并已经获得解决，接下来主要介绍勒让德方程式(3.3.25)的求解及其解的特性。

3. 勒让德多项式

在勒让德方程式(3.3.25)中，实际使用时参数 n 多为非负整数，求解该方程一般采用级数法，设级数解为

$$y(x)=x^c(a_0+a_1x+a_2x^2+a_3x^3+\cdots)=\sum_{k=0}^{\infty}a_kx^{k+c} \tag{3.3.26}$$

将式(3.3.26)及其一阶和二阶导数代入式(3.3.25)，可求得待定系数 a_k(过程烦琐，从略)，从而获得通解

$$y(x)=C_1P_n(x)+C_2Q_n(x) \tag{3.3.27}$$

其中：C_1 和 C_2 为任意常系数；$P_n(x)$ 称为第一类勒让德多项式，最高阶次为 n，它在区间 $[-1,1]$ 上为有限值；$Q_n(x)$ 称为第二类勒让德多项式，为无穷级数，它在区间 $[-1,1]$ 上是无界的。这里主要讨论 $P_n(x)$，它的级数表达式为

$$P_n(x)=\sum_{k=0}^{[n/2]}(-1)^k\frac{(2n-2k)!}{2^nk!\ (n-k)!\ (n-2k)!}x^{n-2k} \tag{3.3.28}$$

其中：$[n/2]$ 表示 $n/2$ 的取整运算。实际上，式(3.3.28)亦可表示成如下 n 阶导数的形式：

$$P_n(x)=\frac{1}{2^nn!}\frac{\mathrm{d}^n(x^2-1)^n}{\mathrm{d}x^n} \tag{3.3.29}$$

在式(3.3.29)中，只需用二项式定理展开 $(x^2-1)^n$，然后逐项求 n 阶导，即可验证其与式(3.3.28)相等。式(3.3.29)一般称为勒让德多项式的罗德里格(Rodrigues)表示。

勒让德多项式具有如下递推公式：

$$P_0(x)=1 \tag{3.3.30a}$$

$$P_1(x)=x \tag{3.3.30b}$$

$$P_{n+1}(x)=\frac{1}{n+1}[(2n+1)xP_n(x)-nP_{n-1}(x)]\quad(n\geqslant 1) \tag{3.3.30c}$$

式(3.3.30)为递推求解高次勒让德多项式带来了极大的方便。

若将勒让德方程式(3.3.25)等号两边同时对 x 微分 m 次($m \leqslant n$),并记 $w=\dfrac{\mathrm{d}^m y}{\mathrm{d}x^m}$,可得

$$(1-x^2)\frac{\mathrm{d}^2 w}{\mathrm{d}x^2}-2x(m+1)\frac{\mathrm{d}w}{\mathrm{d}x}+[n(n+1)-m(m+1)]w=0 \tag{3.3.31}$$

引入新的变量 $z=(1-x^2)^{m/2}w$,则有

$$(1-x^2)\frac{\mathrm{d}^2 z}{\mathrm{d}x^2}-2x\frac{\mathrm{d}z}{\mathrm{d}x}+\left[n(n+1)-\frac{m^2}{1-x^2}\right]z=0 \tag{3.3.32}$$

显然,式(3.3.32)与式(3.3.24)的含义完全相同,均表示连带勒让德方程。上述变换过程说明,如果 y 是勒让德方程的解,则 $z=(1-x^2)^{m/2}\dfrac{\mathrm{d}^m y}{\mathrm{d}x^m}$ 必定是连带勒让德方程的解,因此连带勒让德方程式(3.3.32)的通解可以表示为

$$z(x)=C_1 P_n^m(x)+C_2 Q_n^m(x) \tag{3.3.33}$$

其中:C_1 和 C_2 为任意常系数,并且有

$$P_n^m(x)=(1-x^2)^{m/2}\frac{\mathrm{d}^m P_n(x)}{\mathrm{d}x^m} \tag{3.3.34}$$

$$Q_n^m(x)=(1-x^2)^{m/2}\frac{\mathrm{d}^m Q_n(x)}{\mathrm{d}x^m} \tag{3.3.35}$$

$P_n^m(x)$ 称为 n 次 m 阶第一类连带勒让德多项式,在区间$[-1,1]$上为有限值;$Q_n^m(x)$ 称为 n 次 m 阶第二类连带勒让德多项式,在区间$[-1,1]$上是无界的。与式(3.3.27)一样,这里主要讨论 $P_n^m(x)$。

在式(3.3.34)中,当 $m=0$ 时显然有 $P_n^0(x)=P_n(x)$,因此可将勒让德多项式 $P_n(x)$ 记作 $P_n^0(x)$。后面为了叙述简便,在不引起混淆的情况下,统一将勒让德多项式和连带勒让德多项式称为勒让德多项式。为了便于直观了解,表 3.3.1 给出了一些低阶的勒让德多项式的显式表达式,图 3.3.2 给出了相应的曲线,MATLAB 仿真程序参见附录 O.1。

表 3.3.1　一些低阶的勒让德多项式

$P_n^m(x)$		m					
		0	1	2	3	4	5
n	0	1	—	—	—	—	—
	1	x	t	—	—	—	—
	2	$\frac{1}{2}(3x^2-1)$	$3xt$	$3t^2$	—	—	—
	3	$\frac{1}{2}(5x^3-3x)$	$\frac{3}{2}(5x^2-1)t$	$15xt^2$	$15t^3$	—	—
	4	$\frac{1}{8}(35x^4-30x^2+3)$	$\frac{5}{2}(7x^3-3x)t$	$\frac{15}{2}(7x^2-1)t^2$	$105xt^3$	$105t^4$	—
	5	$\frac{1}{8}(63x^5-70x^3+15x)$	$\frac{15}{8}(21x^4-14x^2+1)t$	$\frac{105}{2}(3x^3-x)t^2$	$\frac{105}{2}(9x^2-1)t^3$	$945xt^4$	$945t^5$
	⋮	⋮	⋮	⋮	⋮	⋮	⋮

注:表中简记 $t=(1-x^2)^{1/2}$,若设 $x=\cos\theta$ 则有 $t=\sin\theta$。式(3.3.30)和式(3.3.34)所示规律在表中得到了清楚的体现。

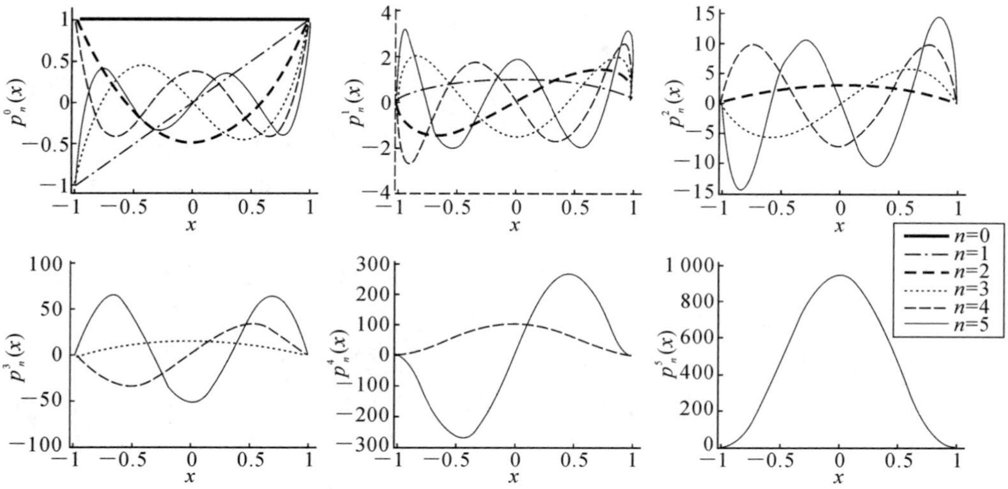

图 3.3.2　勒让德多项式曲线

连带勒让德多项式具有如下递推公式：

$$P_n^m(x)=\begin{cases}1 & (m=n=0)\\ (2n-1)P_{n-1}^{m-1}(x)(1-x^2)^{1/2} & (m=n>0)\end{cases} \tag{3.3.36a}$$

$$P_n^m(x)=(2n-1)xP_{n-1}^m(x) \qquad (m=n-1) \tag{3.3.36b}$$

$$P_n^m(x)=\frac{1}{n-m}[(2n-1)xP_{n-1}^m(x)-(n+m-1)P_{n-2}^m(x)] \qquad (m\leqslant n-2) \tag{3.3.36c}$$

对照表 3.3.1，不难看出式(3.3.36a) 给出了表中的对角线元素，式(3.3.36b) 给出了次对角线元素，式(3.3.36c) 给出了剩余其他元素。显然，式(3.3.30) 可以看作式(3.3.36) 中当 $m=0$ 时的特例。

此外，连带勒让德多项式还存在如下求导公式：

$$\frac{\mathrm{d}P_n^m(x)}{\mathrm{d}x}=-nxP_n^m(x)(1-x^2)^{-1} \qquad (n=m) \tag{3.3.37a}$$

$$\frac{\mathrm{d}P_n^m(x)}{\mathrm{d}x}=[-nxP_n^m(x)+(n+m)P_{n-1}^m(x)](1-x^2)^{-1} \qquad (n>m) \tag{3.3.37b}$$

若固定某一非负整数 m，勒让德多项式函数系 $\{P_n^m(x)\}_{n=m}^{\infty}$ 在区间$[-1,1]$上是完备正交系，有

$$\int_{-1}^{1}P_k^m(x)P_n^m(x)\mathrm{d}x=\begin{cases}0 & (k\neq n)\\ \dfrac{2(n+m)!}{(2n+1)(n-m)!} & (k=n)\end{cases} \tag{3.3.38}$$

若记正规化勒让德多项式 $\bar{P}_n^m(x)=\sqrt{\dfrac{(2n+1)(n-m)!}{2(n+m)!}}P_n^m(x)$，则 $\{\bar{P}_n^m(x)\}_{n=m}^{\infty}$ 是完备的正规正交系。

如果一元函数 $f(x)$ 在区间$[-1,1]$上单值连续[当 $m\neq 0$ 时要求 $f(x)$ 在端点处为 0]，则 $f(x)$ 可按勒让德多项式展开且收敛，即有

$$f(x)=\sum_{n=m}^{\infty}C_nP_n^m(x) \tag{3.3.39}$$

其中

$$C_n=\frac{(2n+1)(n-m)!}{2(n+m)!}\int_{-1}^{1}f(x)P_n^m(x)\mathrm{d}x \tag{3.3.40}$$

式(3.3.39)右端的级数称为傅里叶-勒让德级数，它是一种广义傅里叶级数。

最后，给出勒让德多项式 $P_n^m(x)$ 的一些重要特点：

(1) 当 $m=0$ 时，$P_n^m(x)$ 在端点 $x=\pm1$ 处取值为 -1 或 $+1$，或者说 $P_n^0(\pm1)\neq0$，而当 $m\neq0$ 时端点处均为 0，即 $P_n^{m\neq0}(\pm1)=0$；

(2) 当 $m+n$ 为偶数时，$P_n^m(x)$ 是偶函数，否则为奇函数；

(3) 在开区间 $(-1,1)$ 上，$P_n^m(x)$ 有 $n-m$ 个零点，特别地，$P_n^0(x)$ 有 n 个零点，而 $P_n^n(x)$ 在 $(-1,1)$ 上无零点。

4. 球谐函数

(1) 面球谐函数。在勒让德多项式 $P_n^m(x)$ 中，作变量替换 $x=\cos\theta$，考虑到 x 的取值范围为 $[-1,1]$，则方程式(3.3.21)的解为

$$\Theta_n^m(\theta)=P_n^m(\cos\theta) \tag{3.3.41}$$

因此，在微分方程式(3.3.15)中，对于任一常数 $m(0\leqslant m\leqslant n)$，其解为

$$Y_n^m(\theta,\lambda)=\Lambda_n^m(\lambda)\Theta_n^m(\theta)=(C_n^m\cos m\lambda+S_n^m\sin m\lambda)P_n^m(\cos\theta) \tag{3.3.42}$$

当 m 取遍 $0\sim n$ 时，所有解的线性组合记为方程式(3.3.15)的通解，为

$$Y_n(\theta,\lambda)=\sum_{m=0}^{n}Y_n^m(\theta,\lambda)=\sum_{m=0}^{n}(C_n^m\cos m\lambda+S_n^m\sin m\lambda)P_n^m(\cos\theta)=$$

$$C_n^0P_n^0(\cos\theta)+\sum_{m=1}^{n}(C_n^m\cos m\lambda+S_n^m\sin m\lambda)P_n^m(\cos\theta) \tag{3.3.43}$$

不难发现，在 $Y_n(\theta,\lambda)$ 中共有 $(2n+1)$ 个相互独立的基本函数，记作 $\{P_n^m(\cos\theta)\cos m\lambda,P_n^m(\cos\theta)\sin m\lambda\}_{m=0}^{n}$，二元自变量 (θ,λ) 的定义域为单位球面($S:0\leqslant\theta\leqslant\pi$，$0\leqslant\lambda<2\pi$)，常称这些函数为 n 次面球谐函数(或球面调和函数，spherical harmonic function)，相应地，式(3.3.15)称为 n 次球面函数方程。

根据勒让德多项式 $P_n^m(x)$ 的特点，考虑到 $x=\cos\theta$ 且 $\cos\theta$ 在 $0\leqslant\theta\leqslant\pi$ 上是单调的，可知：当 $m+n$ 为偶数时 $P_n^m(\cos\theta)$ 关于 $\theta=\pi/2$(赤道)是偶对称的，而当 $m+n$ 为奇数时 $P_n^m(\cos\theta)$ 关于赤道是奇对称的；$P_n^m(\cos\theta)$ 的零点个数与 $P_n^m(x)$ 相同，即 $P_n^m(\cos\theta)$ 在 $(0,\pi)$ 上有 $n-m$ 个零点，特别地，$P_n^n(\cos\theta)$ 无零点，而 $P_n^0(\cos\theta)$ 有 n 个零点。还易知，$\cos m\lambda$ 在 $0\leqslant\lambda<2\pi$ 上均匀分布着 $2m$ 个零点，特别地，当 $m=0$ 时无零点。

对于余弦面球谐函数 $P_n^m(\cos\theta)\cos m\lambda(n>0)$ 而言，其特点为：① 当 $m=0$ 时，有 $P_n^m(\cos\theta)\cos m\lambda=P_n^0(\cos\theta)$，这显示面球谐函数与经度 λ 无关，$P_n^0(\cos\theta)$ 的 n 个零点形成函数值等于 0 的 n 条纬线，把球面分隔成 $n+1$ 个条带，因此当 $m=0$ 时面球谐函数也形象地称为带谐函数(或主谐函数)；② 当 $m=n$ 时，有 $P_n^m(\cos\theta)\cos m\lambda=P_n^n(\cos\theta)\cos n\lambda$，$P_n^n(\cos\theta)$ 除极点 $\theta=0$ 和 $\theta=\pi$ 外无其他零点，而 $\cos n\lambda$ 的 $2n$ 个零点形成函数值等于 0 的 $2n$ 条经线，把球面分隔成 $2n$ 个扇形，因此当 $m=n$ 时面球谐函数也形象地称为扇谐函数；③ 当 $0<m<n$ 时，在 $P_n^m(\cos\theta)\cos m\lambda$ 中，一方面 $P_n^m(\cos\theta)$ 的 $n-m$ 个零点形成函数值等于 0 的 $n-m$ 条纬线，另一

方面 $\cos m\lambda$ 的 $2m$ 个零点形成函数值等于 0 的 $2m$ 条经线，这些函数值等于 0 的纬线和经线将球面分隔成 $2m(n-m+1)$ 个方块（极点周围为三角块），因此当 $0<m<n$ 时面球谐函数形象地称为田谐函数。此外，对于任意面球谐函数，由函数值为 0 的经线（或纬线）分隔的相邻区域的函数值正负符号正好相反。图 3.3.3 给出了 $n=4$ 时的带谐函数、扇谐函数和田谐函数示意图，MATLAB 仿真程序参见附录 O.2。

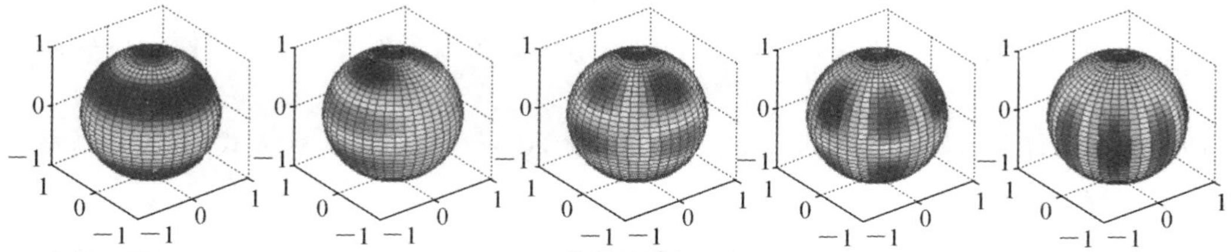

$\cos(0\lambda)\times P_4^0(\cos\theta)$　$\cos(1\lambda)\times P_4^1(\cos\theta)$　$\cos(2\lambda)\times P_4^2(\cos\theta)$　$\cos(3\lambda)\times P_4^3(\cos\theta)$　$\cos(4\lambda)\times P_4^4(\cos\theta)$

(a)　(b)　(c)

图 3.3.3　面球谐函数（$n=4$，图中深色区域函数值为正而浅色为负）

(a) 带谐函数；(b) 田谐函数（含中间三幅小图）；(c) 扇谐函数

对于正弦面球谐函数 $P_n^m(\cos\theta)\sin m\lambda\ (m\neq 0)$，它与 $P_n^m(\cos\theta)\cos m\lambda$ 在经度上相位相差正好为 90°，即前者绕极轴转动 $90°/m$ 即可得后者，两者其他特点完全一致，无须赘述。

在式(3.3.43)中，当 n 取遍 $0\sim\infty$ 时，所有的面球谐函数构成面球谐函数系，记作 $\{P_n^m(\cos\theta)\cos m\lambda, P_n^m(\cos\theta)\sin m\lambda\}_{n=0}^{\infty}(m\leqslant n)$。面球谐函数系是球面上的完备正交系，任意两函数之间存在如下正交关系：

$$\int_{-1}^{1}\int_{0}^{2\pi}P_n^m(\cos\theta)\begin{Bmatrix}\cos m\lambda\\ \sin m\lambda\end{Bmatrix}\cdot P_k^l(\cos\theta)\begin{Bmatrix}\cos l\lambda\\ \sin l\lambda\end{Bmatrix}\mathrm{d}\lambda\,\mathrm{d}\cos\theta=$$

$$\int_{0}^{\pi}\int_{0}^{2\pi}P_n^m(\cos\theta)P_k^l(\cos\theta)\sin\theta\begin{Bmatrix}\cos m\lambda\\ \sin m\lambda\end{Bmatrix}\begin{Bmatrix}\cos l\lambda\\ \sin l\lambda\end{Bmatrix}\mathrm{d}\lambda\,\mathrm{d}\theta=$$

$$\begin{cases}0 & (n\neq k\ 或\ m\neq l)\\ \dfrac{2\pi(1+\delta_m)(n+m)!}{(2n+1)(n-m)!} & (n=k\ 且\ m=l)\end{cases}\tag{3.3.44}$$

其中

$$\delta_m=\begin{cases}1 & (m=0)\\ 0 & (m\neq 0)\end{cases}$$

在被积函数中，符号 $\begin{Bmatrix}\cos m\lambda\\ \sin m\lambda\end{Bmatrix}$ 表示 $\cos m\lambda$ 或 $\sin m\lambda$ 任选其一，因而乘积 $\begin{Bmatrix}\cos m\lambda\\ \sin m\lambda\end{Bmatrix}\begin{Bmatrix}\cos l\lambda\\ \sin l\lambda\end{Bmatrix}$ 表示四种可能结果之一。显然，

$$\left\{\sqrt{\frac{(2n+1)(n-m)!}{2\pi(1+\delta_m)(n+m)!}}P_n^m(\cos\theta)\cos m\lambda,\sqrt{\frac{(2n+1)(n-m)!}{2\pi(1+\delta_m)(n+m)!}}P_n^m(\cos\theta)\sin m\lambda\right\}_{n=0}^{\infty}(m\leqslant n)$$

是球面上的完备正规正交系。

类似于傅里叶级数，在球面上的二元连续函数 $f(\theta,\lambda)$ 总可按面球谐函数系展开成级数形式，即

$$f(\theta,\lambda)=\sum_{n=0}^{\infty}\sum_{m=0}^{n}(C_n^m\cos m\lambda+S_n^m\sin m\lambda)P_n^m(\cos\theta)\tag{3.3.45}$$

其中，系数

$$C_n^m = \frac{(2n+1)(n-m)!}{2\pi(1+\delta_m)(n+m)!}\int_0^\pi\int_0^{2\pi} f(\theta,\lambda)P_n^m(\cos\theta)\cos m\lambda\sin\theta\mathrm{d}\lambda\mathrm{d}\theta$$

$$S_n^m = \frac{(2n+1)(n-m)!}{2\pi(1+\delta_m)(n+m)!}\int_0^\pi\int_0^{2\pi} f(\theta,\lambda)P_n^m(\cos\theta)\sin m\lambda\sin\theta\mathrm{d}\lambda\mathrm{d}\theta$$

在实际工作中，球面函数 $f(\theta,\lambda)$ 的具体表达式往往是未知的，只能在球面上测量获得一些离散点处的函数值，一般使用有限阶次的面球谐函数级数来拟合 $f(\theta,\lambda)$，便于后续插值等应用。

假设有 k 个球面函数的测量数据，记为 $f_i(\theta_i,\lambda_i)(i=1,2,\cdots,k)$，代入式(3.3.45)，略去高于 n 次的面球谐函数，可得

$$\begin{aligned}
f_i = & C_0^0 c_0 P_0^0 + C_1^0 c_1 P_1^0 + C_1^1 c_1 P_1^1 + S_1^1 s_1 P_1^1 + C_2^0 c_2 P_2^0 + C_2^1 c_2 P_2^1 + S_2^1 s_2 P_2^1 + C_2^2 c_2 P_2^2 + \\
& S_2^2 s_2 P_2^2 + \cdots + C_n^0 c_n P_n^0 + C_n^1 c_n P_n^1 + S_n^1 s_n P_n^1 + \cdots + C_n^n c_n P_n^n + S_n^n s_n P_n^n + \varepsilon_i = \\
& [c_0 P_0^0 \quad c_1 P_1^0 \quad c_1 P_1^1 \quad s_1 P_1^1 \quad c_2 P_2^0 \quad c_2 P_2^1 \quad s_2 P_2^1 \quad c_2 P_2^2 \quad s_2 P_2^2 \quad \cdots \\
& c_n P_n^0 \quad c_n P_n^1 \quad s_n P_n^1 \quad \cdots \quad c_n P_n^n \quad s_n P_n^n] \times \\
& [C_0^0 \quad C_1^0 \quad C_1^1 \quad S_1^1 \quad C_2^0 \quad C_2^1 \quad S_2^1 \quad C_2^2 \quad S_2^2 \quad \cdots \quad C_n^0 \quad C_n^1 \quad S_n^1 \cdots C_n^n \quad S_n^n]^{\mathrm{T}} + \varepsilon_i = \\
& \boldsymbol{H}_i \boldsymbol{x} + \varepsilon_i
\end{aligned} \tag{3.3.46}$$

式中：简记 $c_m = \cos m\lambda_i$，$s_m = \sin m\lambda_i$，$P_n^m = P_n^m(\cos\theta_i)$；$\varepsilon_i$ 表示测量误差。

若将 k 个测量数据合并一起写成矩阵形式，则有

$$\boldsymbol{f} = \boldsymbol{H}\boldsymbol{x} + \boldsymbol{\varepsilon} \tag{3.3.47}$$

其中

$$\boldsymbol{f} = \begin{bmatrix} f_1 \\ f_2 \\ \vdots \\ f_k \end{bmatrix}, \quad \boldsymbol{H} = \begin{bmatrix} \boldsymbol{H}_1 \\ \boldsymbol{H}_2 \\ \vdots \\ \boldsymbol{H}_k \end{bmatrix}, \quad \boldsymbol{\varepsilon} = \begin{bmatrix} \varepsilon_1 \\ \varepsilon_2 \\ \vdots \\ \varepsilon_k \end{bmatrix}$$

在式(3.3.46)中，不大于 n 次的面球谐函数待定系数共有 $1+3+5+\cdots+(2n+1)=(n+1)^2$ 个，欲使方程式(3.3.47)有唯一解，测量数据不得少于待定系数个数，即必须满足 $(n+1)^2 \leqslant k$，通常为了提高待定系数的估计精度，选 $n \ll \sqrt{k}$。

采用最小二乘法求解式(3.3.47)，可得

$$\hat{\boldsymbol{x}} = (\boldsymbol{H}^{\mathrm{T}}\boldsymbol{H})^{-1}\boldsymbol{H}^{\mathrm{T}}\boldsymbol{f} \tag{3.3.48}$$

最后指出，类似于一元函数的有限项傅里叶级数拟合，在 n 次面球谐函数拟合中，认为球面函数 $f(\theta,\lambda)$ 以低频成分（长波分量）为主，而忽略高频成分（短波分量）的影响；带谐函数和扇谐函数最多将半球分别分隔成 $n+1$ 和 n 份，因此，n 次面球谐函数拟合的最高角度分辨率近似为 π/n。

(2) 体球谐函数。在方程式(3.3.9)中，即球坐标拉普拉斯方程式(3.3.8)中，对于任一非负整数 n，其解为

$$u_n(r,\theta,\lambda) = R_n(r)Y_n(\theta,\lambda) \tag{3.3.49}$$

当 n 遍历 $0\sim\infty$ 时，所有解的线性组合记为方程式(3.3.8)的“形式通解”，如下：

$$
\begin{aligned}
u(r,\theta,\lambda) = & \sum_{n=0}^{\infty} R_n(r) Y_n(\theta,\lambda) = \\
& \sum_{n=0}^{\infty} \left[A_n^i r^n + A_n^e r^{-(n+1)} \right] \sum_{m=0}^{n} (C_n^m \cos m\lambda + S_n^m \sin m\lambda) P_n^m(\cos\theta) = \\
& \sum_{n=0}^{\infty} \sum_{m=0}^{n} r^n (A_n^i C_n^m \cos m\lambda + A_n^i S_n^m \sin m\lambda) P_n^m(\cos\theta) + \\
& \sum_{n=0}^{\infty} \sum_{m=0}^{n} r^{-(n+1)} (A_n^e C_n^m \cos m\lambda + A_n^e S_n^m \sin m\lambda) P_n^m(\cos\theta) = \\
& \sum_{n=0}^{\infty} \sum_{m=0}^{n} r^n (\widehat{C'}_n^m \cos m\lambda + \widehat{S'}_n^m \sin m\lambda) P_n^m(\cos\theta) + \\
& \sum_{n=0}^{\infty} \sum_{m=0}^{n} r^{-(n+1)} (\widehat{C}_n^m \cos m\lambda + \widehat{S}_n^m \sin m\lambda) P_n^m(\cos\theta) = \\
& u^i(r,\theta,\lambda) + u^e(r,\theta,\lambda)
\end{aligned} \tag{3.3.50}
$$

其中：$\widehat{C'}_n^m = A_n^i C_n^m$，$\widehat{S'}_n^m = A_n^i S_n^m$，$\widehat{C}_n^m = A_n^e C_n^m$ 和 $\widehat{S}_n^m = A_n^e S_n^m$ 均为常系数，可见 $R_n(r)$ 和 $Y_n(\theta,\lambda)$ 两者中的常系数相乘合并之后，不增加常系数的数目。为了书写方便，以后可以去掉这些常系数的上标“⌒”。在式(3.3.50)中，有

$$
u^i(r,\theta,\lambda) = \sum_{n=0}^{\infty} \sum_{m=0}^{n} r^n (C_n^m \cos m\lambda + S_n^m \sin m\lambda) P_n^m(\cos\theta) \tag{3.3.51}
$$

$$
\begin{aligned}
u^e(r,\theta,\lambda) = & \sum_{n=0}^{\infty} \sum_{m=0}^{n} r^{-(n+1)} (C_n^m \cos m\lambda + S_n^m \sin m\lambda) P_n^m(\cos\theta) = \\
& \sum_{n=0}^{\infty} r^{-(n+1)} Y_n(\theta,\lambda) = \sum_{n=0}^{\infty} u_n^e(r,\theta,\lambda)
\end{aligned} \tag{3.3.52}
$$

式(3.3.51)一般适用于 $r<1$ 场合；而式(3.3.52)适用于 $r>1$ 场合，在地球引力场中主要讨论的是后者，为简洁起见，后面讨论时将去掉右上标“e”。在式(3.3.52)中，记

$$
u_n(r,\theta,\lambda) = r^{-(n+1)} Y_n(\theta,\lambda) \tag{3.3.53}
$$

称为 n 次体球谐函数，它与面球谐函数 $Y_n(\theta,\lambda)$ 之间仅相差了与球半径有关的因子 $r^{-(n+1)}$。式(3.3.52)说明，调谐函数可以展开成一系列体球谐函数之和，或者说，调谐函数可以展开成一系列与球半径有关的面球谐函数之和。

类似于球面函数情形，在实际工作中，谐函数 $u(r,\theta,\lambda)$ 的具体表达式也往往是未知的，只能在三维空间定义域上测量获得一些离散点处的函数值，需使用有限阶次的体球谐函数级数来拟合 $u(r,\theta,\lambda)$。

同样，假设测量数据为 $u_i(r_i,\theta_i,\lambda_i)(i=1,2,\cdots,k)$，代入式(3.3.52)，略去高于 n 次的体球谐函数，得

$$
\begin{aligned}
u_i = & \frac{1}{r_i}\Big[\frac{c_0 P_0^0}{r_i^0} \quad \frac{c_1 P_1^0}{r_i^1} \quad \frac{c_1 P_1^1}{r_i^1} \quad \frac{s_1 P_1^1}{r_i^1} \quad \frac{c_2 P_2^0}{r_i^2} \quad \frac{c_2 P_2^1}{r_i^2} \quad \frac{s_2 P_2^1}{r_i^2} \quad \frac{c_2 P_2^2}{r_i^2} \quad \frac{s_2 P_2^2}{r_i^2} \quad \cdots \\
& \frac{c_n P_n^0}{r_i^n} \quad \frac{c_n P_n^1}{r_i^n} \quad \frac{c_n P_n^1}{r_i^n} \cdots \frac{c_n P_n^n}{r_i^n} \quad \frac{s_n P_n^n}{r_i^n} \Big] \times \\
& [C_0^0 \quad C_1^0 \quad C_1^1 \quad S_1^1 \quad C_2^0 \quad C_2^1 \quad S_2^1 \quad C_2^2 \quad S_2^2 \quad \cdots \quad C_n^0 \quad C_n^1 \quad S_n^1 \quad \cdots \quad C_n^n \quad S_n^n]^{\mathrm{T}} + \varepsilon_i = \\
& \boldsymbol{H}_i \boldsymbol{x} + \varepsilon_i
\end{aligned} \tag{3.3.54}
$$

若将所有的测量数据合并一起，可得测量方程组，再求解出相应系数向量 $\boldsymbol{x}$，不再赘述。

如果单位球面 $r=1$ 是谐函数 $u(r,\theta,\lambda)$ 定义域的边界，且测量数据均取样在单位球面上，即为 $u_i(1,\theta_i,\lambda_i)$，则式(3.3.54) 与式(3.3.46) 完全相同，这种情况下同样可以求得系数向量 $\boldsymbol{x}$。实际上这恰好反映了谐函数的性质：整个谐函数可以由它在定义域边界上的函数值唯一确定，这也正是高等数学中格林公式定理的反映。

习惯上，常将面球谐函数和体球谐函数统称为球谐函数。

3.3.2 引力位函数

参见图 3.3.4，假设地球总质量为 M，$\mathrm{d}m$ 是其上的质量微元。在地球外部空间上有一质量为 m' 的质点，$\mathrm{d}m$ 和 m' 之间的距离为 ρ。

根据牛顿万有引力定律，$\mathrm{d}m$ 和 m' 之间的引力大小为

$$f=\frac{G\mathrm{d}m\cdot m'}{\rho^2} \tag{3.3.55}$$

式中：G 为万有引力常数。

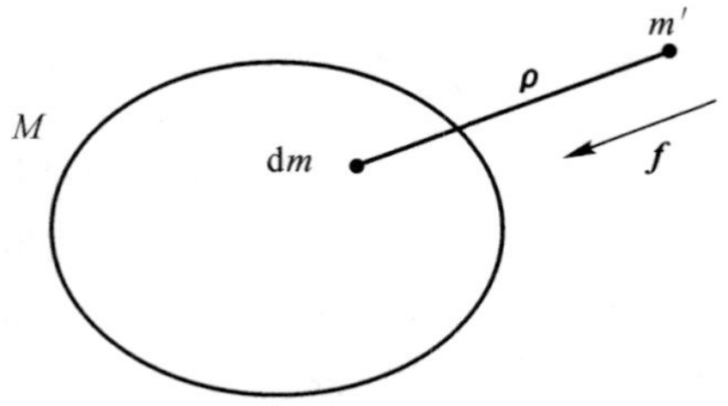

图 3.3.4　地球对其外部一质点的引力

若质点 m' 沿矢径方向移动 $\mathrm{d}\rho$，注意到 f 和 $\mathrm{d}\rho$ 方向正好相反，可得引力做功为

$$\mathrm{d}A=-f\mathrm{d}\rho=-\frac{G\mathrm{d}m\cdot m'}{\rho^2}\mathrm{d}\rho \tag{3.3.56}$$

若质点 m' 从无穷远处移动至半径 ρ 处，则引力做功为

$$A=\int_{\infty}^{\rho}-\frac{G\mathrm{d}m\cdot m'}{\rho^2}\mathrm{d}\rho=\frac{G\mathrm{d}m\cdot m'}{\rho}\Bigg|_{\infty}^{\rho}=\frac{G\mathrm{d}m\cdot m'}{\rho} \tag{3.3.57}$$

引力做功必然等于质点 m' 位能(势能) 的减少量。可见，在质量微元 $\mathrm{d}m$ 产生的引力场中，若将单位质量质点从无穷远处移动至半径 ρ 处，单位质点的位能减少为$\dfrac{G\mathrm{d}m}{\rho}$，将该减少量定义为 $\mathrm{d}m$ 的引力位函数，简称位函数，记为

$$\mathrm{d}V=\frac{G\mathrm{d}m}{\rho} \tag{3.3.58}$$

位函数 $\mathrm{d}V$ 是标量，整个地球质量 M 产生的位函数等于其上各质量微元的位函数之和，即

$$V=\int_M \mathrm{d}V=G\int_M\frac{\mathrm{d}m}{\rho} \tag{3.3.59}$$

若建立直角坐标系 $oxyz$，$\mathrm{d}m$ 和 m' 的坐标分别记为(x_m,y_m,z_m) 和(x,y,z)，则有两点间距离公式 $\rho=\sqrt{(x-x_m)^2+(y-y_m)^2+(z-z_m)^2}$，将 $1/\rho$ 对坐标 x 求一阶和二阶偏导，分别得

$$\frac{\partial}{\partial x}\left(\frac{1}{\rho}\right)=-\frac{1}{\rho^2}\frac{\partial\rho}{\partial x}=-\frac{1}{\rho^2}\frac{x-x_m}{\rho}=-\frac{x-x_m}{\rho^3} \tag{3.3.60}$$

$$\frac{\partial^2}{\partial x^2}\left(\frac{1}{\rho}\right)=-\frac{1}{\rho^3}+\frac{3(x-x_m)}{\rho^4}\frac{\partial\rho}{\partial x}=-\frac{1}{\rho^3}+\frac{3(x-x_m)^2}{\rho^5} \tag{3.3.61}$$

再求位函数 V 对坐标 x 的二阶偏导数，得

$$\frac{\partial^2 V}{\partial x^2}=G\int_M\frac{\partial^2}{\partial x^2}\left(\frac{1}{\rho}\right)\mathrm{d}m=G\int_M\left[-\frac{1}{\rho^3}+\frac{3(x-x_m)^2}{\rho^5}\right]\mathrm{d}m \tag{3.3.62}$$

同理，求位函数 V 对坐标 y 和 z 的二阶偏导数，有

$$\frac{\partial^2 V}{\partial y^2}=G\int_M\left[-\frac{1}{\rho^3}+\frac{3\,(y-y_m)^2}{\rho^5}\right]\mathrm{d}m \tag{3.3.63}$$

$$\frac{\partial^2 V}{\partial z^2}=G\int_M\left[-\frac{1}{\rho^3}+\frac{3\,(z-z_m)^2}{\rho^5}\right]\mathrm{d}m \tag{3.3.64}$$

将式(3.3.62)、式(3.3.63)和式(3.3.64)相加，得

$$\begin{aligned}\nabla V=&\frac{\partial^2 V}{\partial x^2}+\frac{\partial^2 V}{\partial y^2}+\frac{\partial^2 V}{\partial z^2}=\\ &G\int_M\left\{\left[-\frac{1}{\rho^3}+\frac{3\,(x-x_m)^2}{\rho^5}\right]+\left[-\frac{1}{\rho^3}+\frac{3\,(y-y_m)^2}{\rho^5}\right]+\left[-\frac{1}{\rho^3}+\frac{3\,(z-z_m)^2}{\rho^5}\right]\right\}\mathrm{d}m=\\ &G\int_M\left[-\frac{3}{\rho^3}+3\,\frac{(x-x_m)^2+(y-y_m)^2+(z-z_m)^2}{\rho^5}\right]\mathrm{d}m=G\int_M\left(-\frac{3}{\rho^3}+3\,\frac{\rho^2}{\rho^5}\right)\mathrm{d}m=0\end{aligned} \tag{3.3.65}$$

可见，位函数 V 在地球质量 M 的外部空间上是调和函数。

参见图 3.3.5，假设球外质点 m' 的球坐标为(r,θ,λ)，球内质量微元 $\mathrm{d}m$ 的球坐标为(R,θ',λ')，m'_0是质点 m' 在 $\mathrm{d}m$ 所在球面上的投影，记向径 R 与 r 之间的夹角为 ϕ。

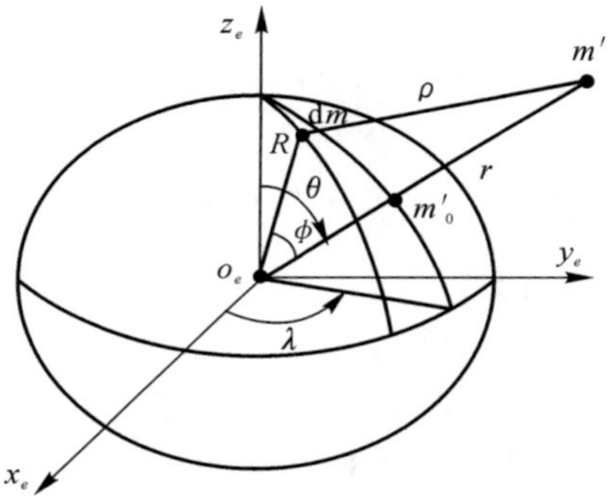

图 3.3.5　引力在极坐标下的表示

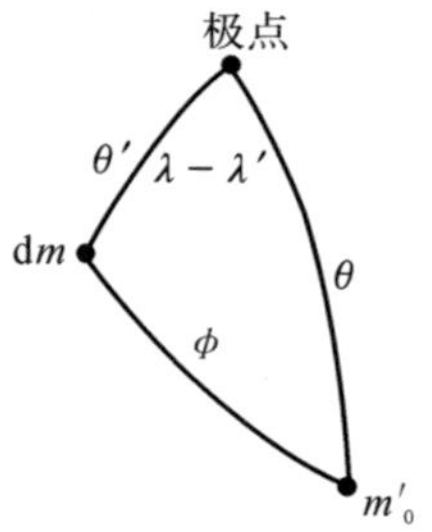

图 3.3.6　球面三角形

在由 o_e，$\mathrm{d}m$ 和 m' 三点构成的三角形中，根据余弦定理，有

$$\rho^2=r^2+R^2-2Rr\cos\phi=r^2\left[1+\left(\frac{R}{r}\right)^2-2\,\frac{R}{r}\cos\phi\right]=r^2(1-2ax+a^2) \tag{3.3.66}$$

其中：记 $a=R/r$ 和 $x=\cos\phi$。式(3.3.66)等号两边同时开二次方再取倒数，得

$$\frac{1}{\rho}=\frac{1}{r}\,(1-2ax+a^2)^{-1/2} \tag{3.3.67}$$

当 $a<1$ 时，可将$(1-2ax+a^2)^{-1/2}$展开成关于 a 的级数形式，即

$$\begin{aligned}(1-2ax+a^2)^{-1/2}=&[1+a(a-2x)]^{-1/2}=\\ &1-\frac{1}{2}a(a-2x)+\frac{3}{8}a^2(a-2x)^2-\frac{5}{16}a^3(a-2x)^3+\\ &\frac{35}{128}a^4(a-2x)^4-\cdots=\\ &1+xa+\frac{1}{2}(3x^2-1)a^2+\frac{1}{2}(5x^3-3x)a^3+\\ &\frac{1}{8}(35x^4-30x^2+3)a^4+\cdots\end{aligned} \tag{3.3.68}$$

对比式(3.3.68)级数的系数与勒让德多项式表3.3.1中的第一列数据，发现式(3.3.68)系数恰好等于各阶勒让德多项式，因此有

$$(1-2ax+a^2)^{-1/2}=\sum_{n=0}^{\infty}P_n(x)a^n \tag{3.3.69}$$

实际上，$(1-2ax+a^2)^{-1/2}$ 称为勒让德多项式 $P_n(x)$ 的生成函数(或母函数)。

将式(3.3.69)代入式(3.3.67)，再代入式(3.3.59)，有

$$V=G\int_M \frac{1}{r}\sum_{n=0}^{\infty}P_n(x)a^n\mathrm{d}m=\frac{G}{r}\sum_{n=0}^{\infty}\int_M\left(\frac{R}{r}\right)^n P_n(\cos\phi)\mathrm{d}m=$$

$$\frac{G}{r}\sum_{n=0}^{\infty}\left(\frac{R_e}{r}\right)^n\int_M\left(\frac{R}{R_e}\right)^n P_n(\cos\phi)\mathrm{d}m \tag{3.3.70}$$

式中：R_e 为地球 M 上距坐标原点最远的质量微元的距离，即旋转椭球半长轴的长度。

参见图3.3.6，根据球面三角形的余弦定理，有

$$\cos\phi=\cos\theta\cos\theta'+\sin\theta\sin\theta'\cos(\lambda-\lambda') \tag{3.3.71}$$

可见，$P_n(\cos\phi)$ 是 θ,θ',λ 和 λ' 四个球面角坐标变量的函数，因而 $P_n(\cos\phi)$ 可以用这四个变量的球谐函数来表示，即

$$P_n(\cos\phi)=\sum_{k=0}^{n}\frac{2(n-k)!}{(1+\delta_k)(n+k)!}P_n^k(\cos\theta)P_n^k(\cos\theta')\cos k(\lambda-\lambda')=$$

$$\sum_{k=0}^{n}\frac{2(n-k)!}{(1+\delta_k)(n+k)!}[P_n^k(\cos\theta)\cos k\lambda\cdot P_n^k(\cos\theta')\cos k\lambda'+$$

$$P_n^k(\cos\theta)\sin k\lambda\cdot P_n^k(\cos\theta')\sin k\lambda'] \tag{3.3.72}$$

式(3.3.72)称为球函数的加法公式(推导过程复杂，从略)。

在式(3.3.72)中，若暂且将(θ,λ)视为固定坐标，则 $P_n(\cos\phi)$ 可视为球面动坐标(θ',λ')的函数，将式(3.3.72)代入式(3.3.70)，考虑到积分是针对空间动坐标(R,θ',λ')实施的，则有

$$V=\frac{G}{r}\sum_{n=0}^{\infty}\left(\frac{R_e}{r}\right)^n\int_M\left(\frac{R}{R_e}\right)^n\sum_{k=0}^{n}\frac{2(n-k)!}{(1+\delta_k)(n+k)!}[P_n^k(\cos\theta)\cos k\lambda\cdot P_n^k(\cos\theta')\cos k\lambda'+$$

$$P_n^k(\cos\theta)\sin k\lambda\cdot P_n^k(\cos\theta')\sin k\lambda']\mathrm{d}m=$$

$$\frac{G}{r}\sum_{n=0}^{\infty}\left(\frac{R_e}{r}\right)^n\sum_{k=0}^{n}\left[\frac{2(n-k)!}{(1+\delta_k)(n+k)!}\int_M\left(\frac{R}{R_e}\right)^n P_n^k(\cos\theta')\cos k\lambda'\mathrm{d}m\cdot\right.$$

$$P_n^k(\cos\theta)\cos k\lambda+\frac{2(n-k)!}{(1+\delta_k)(n+k)!}\int_M\left(\frac{R}{R_e}\right)^n P_n^k(\cos\theta')\sin k\lambda'\mathrm{d}m\cdot$$

$$\left.P_n^k(\cos\theta)\sin k\lambda\right]=$$

$$\frac{\mu}{r}\sum_{n=0}^{\infty}\left(\frac{R_e}{r}\right)^n\sum_{k=0}^{n}(C_n^k\cos k\lambda+S_n^k\sin k\lambda)P_n^k(\cos\theta) \tag{3.3.73}$$

其中

$$C_n^k=\frac{2(n-k)!}{M(1+\delta_k)(n+k)!}\int_M\left(\frac{R}{R_e}\right)^n P_n^k(\cos\theta')\cos k\lambda'\mathrm{d}m \tag{3.3.74}$$

$$S_n^k=\frac{2(n-k)!}{M(1+\delta_k)(n+k)!}\int_M\left(\frac{R}{R_e}\right)^n P_n^k(\cos\theta')\sin k\lambda'\mathrm{d}m \tag{3.3.75}$$

记 $\mu=GM$ 为地球引力常数。

当 $n \leqslant 2$ 时，式(3.3.74)和式(3.3.75)中各阶系数具有明显的物理意义。根据直角坐标与球坐标之间的转换关系式(3.3.4)，重写如下：

$$\left.\begin{aligned} x &= R\sin\theta'\cos\lambda' \\ y &= R\sin\theta'\sin\lambda' \\ z &= R\cos\theta' \end{aligned}\right\} \tag{3.3.76}$$

将其代入式(3.3.74)和式(3.3.75)，容易得到以下结果：

$$C_0^0 = \frac{1}{M}\int_M \mathrm{d}m = 1 \tag{3.3.77a}$$

$$C_1^0 = \frac{1}{M}\int_M \frac{R}{R_e}\cos\theta'\mathrm{d}m = \frac{1}{M}\int_M \frac{z}{R_e}\mathrm{d}m = \frac{1}{R_e}\left(\frac{1}{M}\int_M z\,\mathrm{d}m\right) \tag{3.3.77b}$$

$$C_1^1 = \frac{1}{M}\int_M \frac{R}{R_e}\sin\theta'\cos\lambda'\mathrm{d}m = \frac{1}{M}\int_M \frac{R}{R_e}\frac{x}{R}\mathrm{d}m = \frac{1}{R_e}\left(\frac{1}{M}\int_M x\,\mathrm{d}m\right) \tag{3.3.77c}$$

$$S_1^1 = \frac{1}{M}\int_M \frac{R}{R_e}\sin\theta'\sin\lambda'\mathrm{d}m = \frac{1}{M}\int_M \frac{R}{R_e}\frac{y}{R}\mathrm{d}m = \frac{1}{R_e}\left(\frac{1}{M}\int_M y\,\mathrm{d}m\right) \tag{3.3.77d}$$

$$C_2^0 = \frac{1}{M}\int_M \frac{R^2}{R_e^2}\frac{(3\cos^2\theta'-1)}{2}\mathrm{d}m = \frac{1}{MR_e^2}\int_M \frac{3z^2-R^2}{2}\mathrm{d}m = \frac{1}{MR_e^2}\int_M z^2 - \frac{x^2+y^2}{2}\mathrm{d}m \tag{3.3.77e}$$

$$C_2^1 = \frac{2}{M\cdot 3!}\int_M \frac{R^2}{R_e^2}3\cos\theta'\sin\theta'\cos\lambda'\mathrm{d}m = \frac{1}{MR_e^2}\int_M xz\,\mathrm{d}m \tag{3.3.77f}$$

$$C_2^2 = \frac{2}{M\cdot 4!}\int_M \frac{R^2}{R_e^2}3\sin^2\theta'\cos 2\lambda'\mathrm{d}m = \frac{1}{4MR_e^2}\int_M R^2\sin^2\theta'(\cos^2\lambda'-\sin^2\lambda')\mathrm{d}m =$$
$$\frac{1}{4MR_e^2}\int_M x^2-y^2\,\mathrm{d}m \tag{3.3.77g}$$

$$S_2^1 = \frac{2}{M\cdot 3!}\int_M \frac{R^2}{R_e^2}3\cos\theta'\sin\theta'\sin\lambda'\mathrm{d}m = \frac{1}{MR_e^2}\int_M yz\,\mathrm{d}m \tag{3.3.77h}$$

$$S_2^2 = \frac{2}{M\cdot 4!}\int_M \frac{R^2}{R_e^2}3\sin^2\theta'\sin 2\lambda'\mathrm{d}m = \frac{1}{4MR_e^2}\int_M R^2\sin^2\theta'\cdot 2\sin\lambda'\cos\lambda')\mathrm{d}m =$$
$$\frac{1}{2MR_e^2}\int_M xy\,\mathrm{d}m \tag{3.3.77i}$$

式中：式(3.3.77b)～式(3.3.77d)中 $\frac{1}{M}\int_M x\,\mathrm{d}m$，$\frac{1}{M}\int_M y\,\mathrm{d}m$ 和 $\frac{1}{M}\int_M z\,\mathrm{d}m$ 表示地球的质心坐标，若将坐标系原点定义在地球质心上，则有 $C_1^0 = C_1^1 = S_1^1 = 0$。

另外，刚体的惯性张量定义为

$$\boldsymbol{I} = \begin{bmatrix} I_x & -I_{xy} & -I_{xz} \\ -I_{xy} & I_y & -I_{yz} \\ -I_{xz} & -I_{yz} & I_z \end{bmatrix} = \int_M \begin{bmatrix} y^2+z^2 & -xy & -xz \\ -xy & x^2+z^2 & -yz \\ -xz & -yz & x^2+y^2 \end{bmatrix}\mathrm{d}m \tag{3.3.78}$$

其中：$I_x = \int_M y^2+z^2\,\mathrm{d}m$，$I_y = \int_M x^2+z^2\,\mathrm{d}m$ 和 $I_z = \int_M x^2+y^2\,\mathrm{d}m$ 分别表示绕 x 轴、y 轴和 z 轴的转动惯量；$I_{xy} = \int_M xy\,\mathrm{d}m$，$I_{xz} = \int_M xz\,\mathrm{d}m$ 和 $I_{yz} = \int_M yz\,\mathrm{d}m$ 为惯量积。

比较式(3.3.77e)～式(3.3.77i)和式(3.3.78)，可求得

$$C_2^0 = \frac{1}{MR_e^2}\left(\frac{I_x+I_y}{2} - I_z\right) \tag{3.3.79a}$$

$$C_2^1=\frac{I_{xz}}{MR_e^2} \tag{3.3.79b}$$

$$C_2^2=\frac{I_y-I_x}{4MR_e^2} \tag{3.3.79c}$$

$$S_2^1=\frac{I_{yz}}{MR_e^2} \tag{3.3.79d}$$

$$S_2^2=\frac{I_{xy}}{2MR_e^2} \tag{3.3.79e}$$

若在定义直角坐标系时，使其坐标轴与地球的惯性主轴重合，则有 $I_{xy}=I_{yz}=I_{xz}=0$，即在式(3.3.79)中有 $C_2^1=S_2^1=S_2^2=0$。

对于实际地球，选择坐标系一般优先满足坐标原点与地球质心重合，oz 轴与地球自转轴平行，ox 轴在赤道面上且指向零度经线，这时坐标轴与地球惯性主轴往往不重合，因而实际上系数 C_2^1，S_2^1 和 S_2^2 一般均不等于零。式(3.3.79a)中的 C_2^0 反映了赤道与极轴转动惯量的差别；式(3.3.79c)中的 C_2^2 反映了赤道面上两坐标轴间转动惯量的差别。

利用三角函数恒等式，式(3.3.73)可化为

$$\begin{aligned}V=&\frac{\mu}{r}\left[1+\sum_{n=1}^{\infty}\left(\frac{R_e}{r}\right)^n\sum_{k=0}^{n}(C_n^k\cos k\lambda+S_n^k\sin k\lambda)P_n^k(\cos\theta)\right]=\\&\frac{\mu}{r}\left\{1+\sum_{n=1}^{\infty}\left(\frac{R_e}{r}\right)^n\left[C_n^0P_n^0(\cos\theta)+\sum_{k=1}^{n}(C_n^k\cos k\lambda+S_n^k\sin k\lambda)P_n^k(\cos\theta)\right]\right\}=\\&\frac{\mu}{r}\left\{1-\sum_{n=1}^{\infty}\left(\frac{R_e}{r}\right)^n\left[J_nP_n(\cos\theta)+\sum_{k=1}^{n}J_n^kP_n^k(\cos\theta)\cos k(\lambda+\lambda_n^k)\right]\right\}\end{aligned} \tag{3.3.80a}$$

其中

$$J_n=-C_n^0,\quad J_n^k=\sqrt{(C_n^k)^2+(S_n^k)^2},\quad \lambda_n^k=-\arctan(S_n^k/C_n^k)/k$$

常称 $J_2=-C_2^0$ 为地球的动力扁率。

在式(3.3.80a)中，μ/r 是球形地球引起的引力位，J_2 约为 0.001，其他系数比 J_2 小三个数量级。因而在有些应用中，比如人造卫星的运动，只需考虑 μ/r 和 J_2 的影响，式(3.3.80a)可近似为

$$V=\frac{\mu}{r}\left[1-\left(\frac{R_e}{r}\right)^2J_2P_2(\cos\theta)\right]=\frac{\mu}{r}\left[1-\frac{J_2R_e^2}{2r^2}(3\cos^2\theta-1)\right] \tag{3.3.80b}$$

根据牛顿第二运动定律，在地球引力场中卫星的运动方程为

$$\ddot{\boldsymbol{r}}=\boldsymbol{f} \tag{3.3.81}$$

式中：$\boldsymbol{r}=[x\quad y\quad z]^{\mathrm{T}}$ 为卫星在地心惯性坐标系中的位移矢量，且模值 $r=\sqrt{x^2+y^2+z^2}$，$\boldsymbol{f}=[f_x\quad f_y\quad f_z]^{\mathrm{T}}$ 为地球对卫星的引力。取式(3.3.81)的 x 坐标分量，并考虑到 $\cos\theta=z/r$，可得

$$\begin{aligned}\frac{\mathrm{d}^2x}{\mathrm{d}t^2}=f_x=\frac{\partial V}{\partial x}=\frac{\partial V}{\partial r}\cdot\frac{\partial r}{\partial x}=-\frac{\mu}{r^2}\left[1+\frac{3J_2R_e^2}{2r^2}\left(1-\frac{5z^2}{r^2}\right)\right]\cdot\frac{x}{r}=\\-\frac{\mu x}{r^3}\left[1+\frac{3J_2R_e^2}{2r^2}\left(1-\frac{5z^2}{r^2}\right)\right]\end{aligned} \tag{3.3.82a}$$

同理，对于 y 和 z 坐标分量有

$$\frac{\mathrm{d}^2y}{\mathrm{d}t^2}=f_y=\frac{\partial V}{\partial y}=-\frac{\mu y}{r^3}\left[1+\frac{3J_2R_e^2}{2r^2}\left(1-\frac{5z^2}{r^2}\right)\right] \tag{3.3.82b}$$

$$\frac{\mathrm{d}^2 z}{\mathrm{d}t^2}=f_z=\frac{\partial V}{\partial z}=-\frac{\mu z}{r^3}\left[1+\frac{3J_2R_e^2}{2r^2}\left(3-\frac{5z^2}{r^2}\right)\right] \tag{3.3.82c}$$

将式(3.3.82a) ～ 式(3.3.82c) 整理成更为简洁的矢量形式，为

$$\ddot{\boldsymbol{r}}=-\frac{\mu}{r^3}\left\{\boldsymbol{I}+\frac{3}{2}J_2\left(\frac{R_e}{r}\right)^2\left[\boldsymbol{D}-5\left(\boldsymbol{u}_r\cdot\boldsymbol{u}_p\right)^2\boldsymbol{I}\right]\right\}\boldsymbol{r} \tag{3.3.83}$$

其中：$\boldsymbol{D}=\mathrm{diag}(1\quad 1\quad 3)$；$\boldsymbol{u}_r$ 表示 $\boldsymbol{r}$ 上的单位矢量；$\boldsymbol{u}_p$ 表示地球自转轴上的单位矢量；$\boldsymbol{u}_r\cdot\boldsymbol{u}_p$ 是 $\boldsymbol{u}_r$ 与 $\boldsymbol{u}_p$ 之间的夹角余弦值。式(3.3.83) 便是卫星在惯性坐标系下的运动方程，它是矢量方程，与具体坐标系选择无关。值得指出的是，由于式(3.3.80b) 中只考虑了地球高阶引力位中的 J_2 主谐项，这时引力关于经度是旋转对称的，所以无须考虑地球自转的影响；如果出现引力的田谐项或扇谐项，就必须顾及地球自转的影响了。

3.3.3　重力位及重力计算

运载体在地球表面附近导航过程中，跟随地球自转一起转动，通常选择地固坐标系作为参考坐标系，这时运载体同时受到地球引力和离心力作用，两种力的合力即为重力。

地心直角坐标(x,y,z) 与球坐标(r,θ,λ) 之间的关系式(3.3.4)，重写如下：

$$\left.\begin{aligned} x&=r\sin\theta\cos\lambda\\ y&=r\sin\theta\sin\lambda\\ z&=r\cos\theta \end{aligned}\right\} \tag{3.3.84}$$

在球坐标表示中，地球自转仅会引起经度相对惯性空间随时间变化，记为

$$\lambda=\lambda_0+\omega_{ie}t \tag{3.3.85}$$

其中：λ_0 表示初始经度；ω_{ie} 是地球自转角速率，二者均为常值。将式(3.3.85) 代入式(3.3.84)，并对时间求一阶导数，可得

$$\left.\begin{aligned} \dot{x}&=-r\sin\theta\sin\lambda\cdot\omega_{ie}\\ \dot{y}&=r\sin\theta\cos\lambda\cdot\omega_{ie}\\ \dot{z}&=0 \end{aligned}\right\} \tag{3.3.86}$$

继续对式(3.3.86) 求导，可得

$$\left.\begin{aligned} \ddot{x}&=-r\sin\theta\cos\lambda\cdot\omega_{ie}^2=-\omega_{ie}^2x\\ \ddot{y}&=-r\sin\theta\sin\lambda\cdot\omega_{ie}^2=-\omega_{ie}^2y\\ \ddot{z}&=0 \end{aligned}\right\} \tag{3.3.87}$$

在式(3.3.87) 等号左边，是坐标对时间的二阶导数，其物理含义是运动轨迹的向心加速度。

根据物理学知识，在引力场中单位质点受力等于引力位函数的梯度，即

$$\boldsymbol{F}=\mathbf{grad}V \tag{3.3.88}$$

类似地，如果给定标量函数

$$Q=\frac{\omega_{ie}^2}{2}(x^2+y^2)=\frac{\omega_{ie}^2}{2}r^2\sin^2\theta \tag{3.3.89}$$

不难求得 Q 的梯度函数为

$$\mathbf{grad}Q=\begin{bmatrix}\dfrac{\partial Q}{\partial x} & \dfrac{\partial Q}{\partial y} & \dfrac{\partial Q}{\partial z}\end{bmatrix}^{\mathrm{T}}=\begin{bmatrix}\omega_{ie}^2x & \omega_{ie}^2y & 0\end{bmatrix}^{\mathrm{T}} \tag{3.3.90}$$

比较式(3.3.90)与式(3.3.87),它们在数值大小上恰好相等但符号相反,可将式(3.3.90)视为单位质点所受的惯性离心力,方向垂直于旋转轴向外。因此,式(3.3.89)给出的标量函数可称为离心力位。本质上,离心力不是物质力(无外界施力物体),而是在旋转坐标系下引入的一种惯性力。

容易验证,离心力位 Q 的拉普拉斯运算不为零,即

$$\nabla Q=\frac{\partial^2 Q}{\partial x^2}+\frac{\partial^2 Q}{\partial y^2}+\frac{\partial^2 Q}{\partial z^2}=2\omega_{ie}^2\neq 0 \tag{3.3.91}$$

可见,离心力位函数不是调和函数。

由于重力是引力和离心力之合力,因而重力位就等于引力位式(3.3.73)和离心力位式(3.3.89)之和,将重力位记为

$$\begin{aligned}W&=V+Q=\\&\frac{\mu}{r}\sum_{n=0}^{\infty}\left(\frac{R_e}{r}\right)^n\sum_{m=0}^{n}(C_n^m\cos m\lambda+S_n^m\sin m\lambda)P_n^m(\cos\theta)+\frac{\omega_{ie}^2}{2}r^2\sin^2\theta\end{aligned} \tag{3.3.92}$$

重力位等于常值的闭合曲面称为重力等位面,质点沿等位面移动,重力不做功。当重力位取不同的常值时,就得到一簇曲面,不同曲面之间既不平行也不相交。单位质点受到的重力就等于重力位的梯度,即

$$\boldsymbol{g}=\mathbf{grad}W \tag{3.3.93}$$

在球坐标系下,梯度的计算公式为

$$\mathbf{grad}W=\frac{\partial W}{\partial r}\boldsymbol{e}_r+\frac{1}{r}\frac{\partial W}{\partial\theta}\boldsymbol{e}_\theta+\frac{1}{r\sin\theta}\frac{\partial W}{\partial\lambda}\boldsymbol{e}_\lambda \tag{3.3.94}$$

其中:$\boldsymbol{e}_r$,$\boldsymbol{e}_\theta$ 和 $\boldsymbol{e}_\lambda$ 分别为沿圆球的径向、余纬和经度方向的单位矢量,即分别对应圆球面上的天向、南向和东向。

将式(3.3.92)和式(3.3.94)代入式(3.3.93),可求得地球重力在单位质点处“东(E)-北(N)-天(U)”坐标系下的三个分量(特别注意,此处的天向是圆球球心指向单位质点的方向,而非旋转椭球的重力铅垂向或地理天向):

$$\left.\begin{aligned}g'_{\mathrm{E}}&=\frac{1}{r\sin\theta}\frac{\partial W}{\partial\lambda}=\frac{\mu}{r^2\sin\theta}\sum_{n=1}^{\infty}\left(\frac{R_e}{r}\right)^n\sum_{m=0}^{n}m(-C_n^m\sin m\lambda+S_n^m\cos m\lambda)P_n^m(\cos\theta)\\g'_{\mathrm{N}}&=-\frac{1}{r}\frac{\partial W}{\partial\theta}=-\frac{\mu}{r^2}\sum_{n=1}^{\infty}\left(\frac{R_e}{r}\right)^n\sum_{m=0}^{n}(C_n^m\cos m\lambda+S_n^m\sin m\lambda)\frac{\mathrm{d}P_n^m(\cos\theta)}{\mathrm{d}\theta}-\frac{\omega_{ie}^2}{2}r\sin 2\theta\\g'_{\mathrm{U}}&=\frac{\partial W}{\partial r}=-\frac{\mu}{r^2}\sum_{n=0}^{\infty}(n+1)\left(\frac{R_e}{r}\right)^n\sum_{m=0}^{n}(C_n^m\cos m\lambda+S_n^m\sin m\lambda)P_n^m(\cos\theta)+\omega_{ie}^2r\sin^2\theta\end{aligned}\right\} \tag{3.3.95}$$

在式(3.3.95)的第二式中,根据勒让德求导公式(3.3.36c),可得

$$\begin{aligned}&\frac{\mathrm{d}P_n^m(\cos\theta)}{\mathrm{d}\theta}=\frac{\mathrm{d}P_n^m(\cos\theta)}{\mathrm{d}\cos\theta}\frac{\mathrm{d}\cos\theta}{\mathrm{d}\theta}=-\sin\theta\frac{\mathrm{d}P_n^m(\cos\theta)}{\mathrm{d}\cos\theta}=\\&\begin{cases}0 & (\theta=0,\pi)\\ n\cot\theta P_n^m(\cos\theta) & (n=m,\theta\neq 0,\pi)\\ n\cot\theta P_n^m(\cos\theta)-(n+m)\csc\theta P_{n-1}^m(\cos\theta) & (n>m,\theta\neq 0,\pi)\end{cases}\end{aligned}$$

在图3.3.7中,记地理纬度 L 与地心纬度 φ 的差值为 $\Delta L=L-\varphi$,则由式(3.3.95)经过旋

转变换，可获得地理系下的重力值，如下：

$$\left.\begin{aligned}g_{\mathrm{E}}&=g'_{\mathrm{E}}\\g_{\mathrm{N}}&=g'_{\mathrm{N}}\cos\Delta L-g'_{\mathrm{U}}\sin\Delta L\\g_{\mathrm{U}}&=g'_{\mathrm{N}}\sin\Delta L+g'_{\mathrm{U}}\cos\Delta L\end{aligned}\right\}\tag{3.3.96}$$

这便是由地球引力位函数系数 $\{C_n^m, S_n^m\}$ 及质点的球坐标 (r,θ,λ) 求解地理系下重力的计算公式。

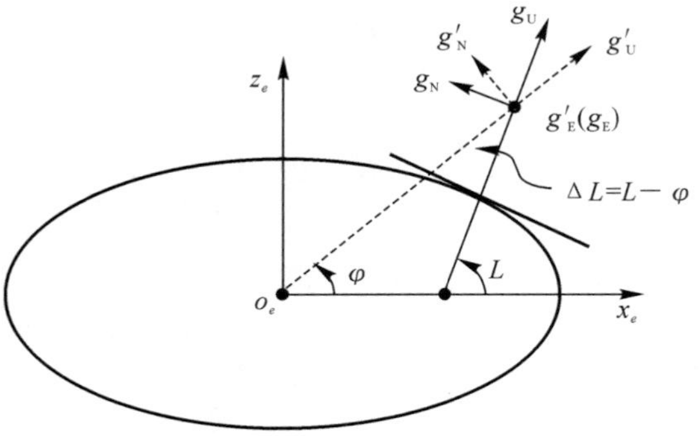

图 3.3.7　地理系下的重力计算

值得注意的是，从式(3.3.38)中可以看出，当 n 和 m 都比较大时(比如 $n,m>10$)，勒让德多项式 $P_n^m(x)$ 的模值二次方 $\int_{-1}^{1}[P_n^m(x)]^2\mathrm{d}x$ 达到了 $\dfrac{2(n+m)!}{(2n+1)(n-m)!}\approx(2n)!$ 量级，因此，直接使用勒让德多项式在数值计算上存在问题，实际应用中多采用正规化的勒让德多项式。下面给出相关算法的正规化勒让德多项式形式。

首先，根据式(3.3.36a)，不难求得正规化勒让德多项式 $\bar{P}_n^m(x)=\sqrt{\dfrac{(2n+1)(n-m)!}{2(n+m)!}}P_n^m(x)$ 的递推公式及求导公式，分别如下：

$$\bar{P}_n^m(x)=\begin{cases}\dfrac{1}{\sqrt{2}} & (m=n=0)\\ \sqrt{\dfrac{2n+1}{2n}}\bar{P}_{n-1}^{m-1}(x)(1-x^2)^{1/2} & (m=n>0)\end{cases}\tag{3.3.97a}$$

$$\bar{P}_n^m(x)=\sqrt{2n+1}\,x\bar{P}_{n-1}^m(x)\quad(m=n-1)\tag{3.3.97b}$$

$$\bar{P}_n^m(x)=\sqrt{\frac{2n+1}{(n-m)(n+m)}}\left[\sqrt{2n-1}\,x\bar{P}_{n-1}^m(x)-\sqrt{\frac{(n-m-1)(n+m-1)}{2n-3}}\bar{P}_{n-2}^m(x)\right]\quad(m\leqslant n-2)\tag{3.3.97c}$$

$$\frac{\mathrm{d}\bar{P}_n^m(x)}{\mathrm{d}x}=-nx\bar{P}_n^m(x)\,(1-x^2)^{-1}\quad(m=n)\tag{3.3.98a}$$

$$\frac{\mathrm{d}\bar{P}_n^m(x)}{\mathrm{d}x}=\left[-nx\bar{P}_n^m(x)+\sqrt{\frac{(2n+1)(n-m)(n+m)}{2n-1}}\bar{P}_{n-1}^m(x)\right](1-x^2)^{-1}\quad(m\leqslant n-1)\tag{3.3.98b}$$

其次，将引力位式(3.3.73)改写成如下形式：

$$V=\frac{\mu}{r}\sum_{n=0}^{\infty}\left(\frac{R_e}{r}\right)^n\sum_{m=0}^{n}(C_n^m\cos m\lambda+S_n^m\sin m\lambda)\sqrt{\frac{(1+\delta_m)(n+m)!}{2(2n+1)(n-m)!}}\times$$
$$\sqrt{\frac{2(2n+1)(n-m)!}{(1+\delta_m)(n+m)!}}P_n^m(\cos\theta)=$$
$$\frac{\mu}{r}\sum_{n=0}^{\infty}\left(\frac{R_e}{r}\right)^n\sum_{m=0}^{n}(\bar{C}_n^m\cos m\lambda+\bar{S}_n^m\sin m\lambda)\cdot\frac{2}{\sqrt{1+\delta_m}}\bar{P}_n^m(\cos\theta)=$$
$$\frac{\mu}{r}\sum_{n=0}^{\infty}\left(\frac{R_e}{r}\right)^n\sum_{m=0}^{n}[\bar{C}_n^m\kappa_m\bar{P}_n^m(\cos\theta)\cos m\lambda+\bar{S}_n^m\kappa_m\bar{P}_n^m(\cos\theta)\sin m\lambda]\tag{3.3.99}$$

其中

$$\begin{Bmatrix}\bar{C}_n^m\\\bar{S}_n^m\end{Bmatrix}=\sqrt{\frac{(1+\delta_m)(n+m)!}{2(2n+1)(n-m)!}}\begin{Bmatrix}C_n^m\\S_n^m\end{Bmatrix}$$

$$\kappa_m=\frac{2}{\sqrt{1+\delta_m}}=\begin{cases}\sqrt{2} & (m=0)\\2 & (m>0)\end{cases}$$

且有

$$\int_0^{\pi}\int_0^{2\pi}\kappa_m\bar{P}_n^m(\cos\theta)\begin{Bmatrix}\cos m\lambda\\\sin m\lambda\end{Bmatrix}\cdot\kappa_l\bar{P}_k^l(\cos\theta)\begin{Bmatrix}\cos l\lambda\\\sin l\lambda\end{Bmatrix}\mathrm{d}\lambda\sin\theta\mathrm{d}\theta=\begin{cases}0 & (n\neq k\text{ 或 }m\neq l)\\4\pi & (n=k\text{ 且 }m=l)\end{cases}$$

$\kappa_m\bar{P}_n^m(\cos\theta)\begin{Bmatrix}\cos m\lambda\\\sin m\lambda\end{Bmatrix}$称为正规化的球谐函数，其模方为 4π，即单位半径球面的面积。

因此，重力位式(3.3.92)可表示为

$$W=V+Q=$$
$$\frac{\mu}{r}\sum_{n=0}^{\infty}\left(\frac{R_e}{r}\right)^n\sum_{m=0}^{n}(\bar{C}_n^m\cos m\lambda+\bar{S}_n^m\sin m\lambda)\kappa_m\bar{P}_n^m(\cos\theta)+\frac{\omega_{ie}^2}{2}r^2\sin^2\theta\tag{3.3.100}$$

类似于式(3.3.95)，从式(3.3.100)可求得

$$\left.\begin{aligned}g'_{\mathrm{E}}&=\frac{\mu}{r^2\sin\theta}\sum_{n=1}^{\infty}\left(\frac{R_e}{r}\right)^n\sum_{m=0}^{n}(-\bar{C}_n^m\sin m\lambda+\bar{S}_n^m\cos m\lambda)m\kappa_m\bar{P}_n^m(\cos\theta)\\g'_{\mathrm{N}}&=-\frac{\mu}{r^2}\sum_{n=1}^{\infty}\left(\frac{R_e}{r}\right)^n\sum_{m=0}^{n}(\bar{C}_n^m\cos m\lambda+\bar{S}_n^m\sin m\lambda)\kappa_m\frac{\mathrm{d}\bar{P}_n^m(\cos\theta)}{\mathrm{d}\theta}-\frac{\omega_{ie}^2}{2}r\sin 2\theta\\g'_{\mathrm{U}}&=-\frac{\mu}{r^2}\sum_{n=0}^{\infty}(n+1)\left(\frac{R_e}{r}\right)^n\sum_{m=0}^{n}(\bar{C}_n^m\cos m\lambda+\bar{S}_n^m\sin m\lambda)\kappa_m\bar{P}_n^m(\cos\theta)+\omega_{ie}^2r\sin^2\theta\end{aligned}\right\}\tag{3.3.101}$$

其中

$$\frac{\mathrm{d}\bar{P}_n^m(\cos\theta)}{\mathrm{d}\theta}=\frac{\mathrm{d}\bar{P}_n^m(\cos\theta)}{\mathrm{d}\cos\theta}\frac{\mathrm{d}\cos\theta}{\mathrm{d}\theta}=-\sin\theta\frac{\mathrm{d}\bar{P}_n^m(\cos\theta)}{\mathrm{d}\cos\theta}=$$
$$\begin{cases}0 & (\theta=0,\pi)\\n\cot\theta\bar{P}_n^m(\cos\theta) & (n=m,\theta\neq0,\pi)\\n\cot\theta\bar{P}_n^m(\cos\theta)-\sqrt{\dfrac{(2n+1)(n-m)(n+m)}{(2n-1)}}\csc\theta\bar{P}_{n-1}^m(\cos\theta) & (n>m,\theta\neq0,\pi)\end{cases}$$

至此，总结给出计算地理坐标系下重力的四个步骤，如下：

(1) 由运载体地理位置(λ,L,h)计算地心直角坐标(x,y,z)，再计算地心球坐标(r,θ,λ)，

并得到纬度差值 $\Delta L = L - \varphi$，其中 $\varphi = \pi/2 - \theta$ 为地心纬度。

(2) 递推计算正规化勒让德函数 $\bar{P}_n^m(\cos\theta)$ 及其导数 $\mathrm{d}\bar{P}_n^m(\cos\theta)/\mathrm{d}\theta$。

(3) 读入引力位球谐系数$\{\bar{C}_n^m, \bar{S}_n^m\}$，根据式(3.3.101) 计算出 $g'_{\mathrm{E}}, g'_{\mathrm{N}}, g'_{\mathrm{U}}$。

(4) 通过式(3.3.96) 变换计算 $g_{\mathrm{E}}, g_{\mathrm{N}}, g_{\mathrm{U}}$。

如果有 $g_{\mathrm{E}} \neq 0$ 或 $g_{\mathrm{N}} \neq 0$，则说明实际计算重力方向(若足够精确则可视为真垂线或天文垂线) 与基于理想旋转椭球的地理垂线不重合，两者之间的角度偏差通常称为垂线偏差(vertical deflection)，垂线偏差可分解为子午(南北) 偏差分量 ξ 和卯酉(东西) 偏差分量 η，分别记为

$$\xi = -\frac{g_{\mathrm{N}}}{|g_{\mathrm{U}}|} \tag{3.3.102a}$$

$$\eta = -\frac{g_{\mathrm{E}}}{|g_{\mathrm{U}}|} \tag{3.3.102b}$$

此外，天向重力 g_{U} 与采用正常重力公式(3.2.23) 计算结果之间的大小偏差一般称为重力异常 (gravity anomaly)，可记为

$$\delta g = |g_{\mathrm{U}}| - g_{Lh} \tag{3.3.103}$$

在惯导系统中，高度通道本身就不稳定(可参考 4.3.2 节分析)，一般不会单独使用，因此，多数情况下并不需要过多关注重力异常对惯导系统的影响。然而，在实际地球重力场中如果垂线偏差较大而又不能精确补偿，将会带来一些不良的影响，它等效于加速度计偏值误差或者水平失准角误差，因此，垂线偏差是影响惯导精度的一个重要因素。实际地球的垂线偏差约为数角秒，局部超过 30″，最大甚至达 100″，一般在地形起伏地区偏差较大，而在地形平坦的地方相对较小些。实际地球重力场比较复杂，据统计，如果仅仅采用正常重力场进行惯性导航解算，垂线偏差对惯导精度的影响约为 0.1 n mile/h 量级。

最后，举两个例子说明重力场模型的仿真计算过程及结果。

【例 3.3.1】　在 WGS－84 正常地球引力模型中，地球模型基本参数如下：

地球引力常数 $\mu = 3.986\ 005 \times 10^{14}\ \mathrm{m^3/s^2}$；　自转角速率 $\omega_{ie} = 7.292\ 115 \times 10^{-5}\ \mathrm{rad/s}$；

长半轴半径 $R_e = 6.378\ 137 \times 10^6\ \mathrm{m}$；　旋转椭球扁率 $f = 1/298.257\ 223\ 563$。

此外，引力模型系数见表 3.3.2，由于正常地球引力模型在经度上是旋转对称的，在纬度上关于赤道南北对称，因而表中只包含偶数阶主球谐项。

表 3.3.2　WGS－84 正常地球引力模型参数　(单位：10^{-9})

$\bar{C}_0$	1×10^9	$\bar{C}_6$	－1.687 249 611 513 883
$\bar{C}_2$	－484 166.774 983 522 0	$\bar{C}_8$	0.003 460 524 683 954
$\bar{C}_4$	790.303 733 510 000 0	$\bar{C}_{10}$	－0.000 002 650 022 257

根据式(3.3.101)和式(3.3.96)计算，图 3.3.8 给出了 WGS－84 正常重力场的垂线偏差和重力异常。图 3.3.8(a)显示，当高度等于 0 时，垂线偏差均为 0，说明重力方向处处垂直于椭球面；垂线偏差随高度增加而增大，在 20 km 范围内球谐模型结果与 Heiskanen 公式(3.2.24)基本吻合(后者为细实线)。图 3.3.8(b)中重力异常给出的是基于球谐模型重力大小与重力公式(3.2.23)之间的偏差，理论上前者是准确的而后者是近似的，因此该图反映了式

(3.2.23)的近似程度。MATLAB 仿真程序见附录 O.3。

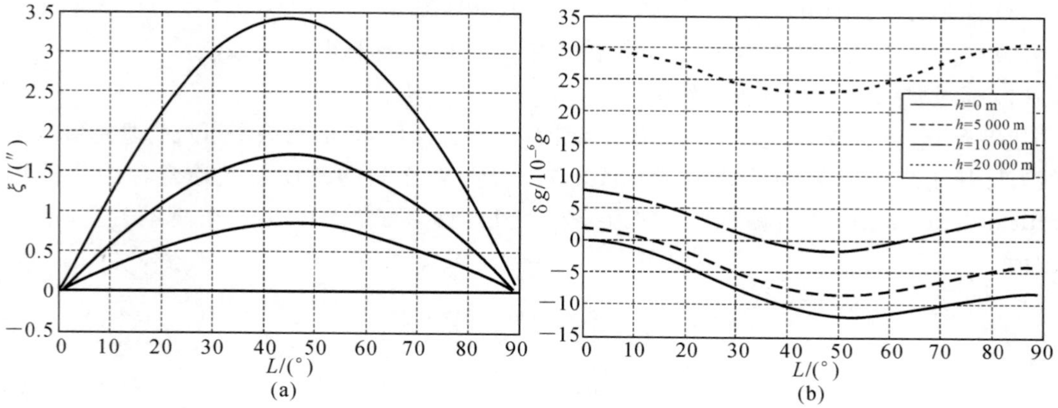

图 3.3.8 WGS-84 正常重力场的垂线偏差与重力异常

(a)子午垂线偏差； (b)重力异常

【例 3.3.2】 在 2 190 阶的 EIGEN-6C4 地球引力模型中，地球模型基本参数如下：地球引力常数 $\mu=3.986\ 004\ 415\times10^{14}\ \mathrm{m^2/s^3}$；自转角速率 $\omega_{ie}=7.292\ 115\ 146\ 7\times 10^{-5}$ rad/s；长半轴半径 $R_e=6.378\ 136\ 460\times10^6$ m；旋转椭球扁率 $f=1/298.257$。

前 4 阶引力模型系数见表 3.3.3。

表 3.3.3 EIGEN-6C4 地球引力模型参数 （单位：10^{-9}）

n	$\bar{C}_n^m,\bar{S}_n^m$				
	m				
	0	1	2	3	4
0	1×10^9 0				
1	0 0	0 0			
2	−484 165.217 061 0	−0.338 846 075 70 1.463 061 089 06	2 439.347 366 21 −1 400.304 299 47		
3	957.173 592 933 0	2 030.456 088 98 248.236 210 655	904.777 332 744 −619.004 510 413	721.259 489 074 1414.378 332 74	
4	539.998 754 738 0	−536.166 975 127 −473.569 524 220	350.486 856 274 662.500 873 652	990.864 873 903 −200.944 581 132	−188.5147 841 02 308.818 612 069

选用 EIGEN-6C4 引力模型中的前 150 阶系数，在经度为 109°(经过西安市)且海拔高度为 0 的经线上，计算垂线偏差随纬度变化情况，结果如图 3.3.9 所示。图 3.3.9(a)显示，大部分地方的垂线偏差在 10″以内，只有局部超过了 20″；图 3.3.9(b)显示，有些地方的重力异常达

到了 $80\times10^{-6}g$。MATLAB 解算程序见附录 O.4。

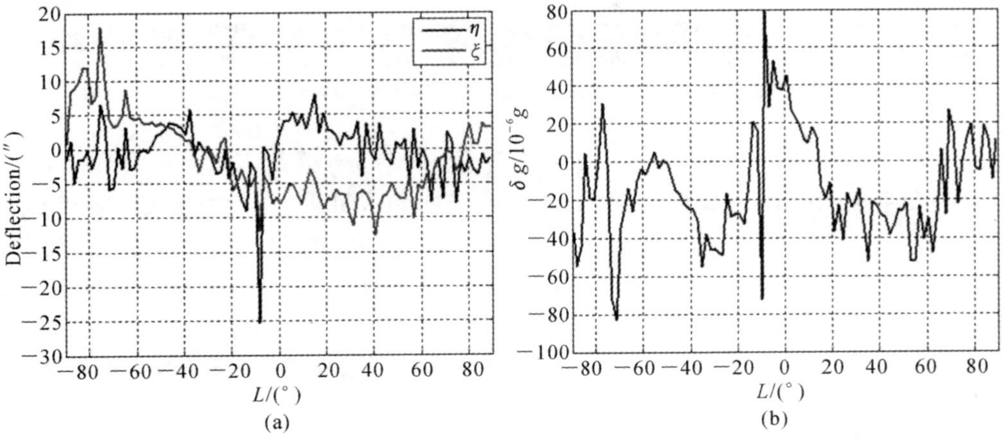

图 3.3.9　EIGEN－6C4 垂线偏差(150 阶、经度 109°、高度 0 m)

(a)垂线偏差；　(b)重力异常

第 4 章　捷联惯导更新算法及误差分析

捷联惯导系统(Strapdown Inertial Navigation System,SINS)中的惯性传感器(陀螺仪和加速度计)信号往往以数字形式进行采集,再输入导航计算机中进行解算,才能给出运载体坐标系相对于特定导航参考坐标系的姿态、速度和位置等导航信息。与平台惯导系统相比,捷联惯导系统中不存在物理上的稳定平台,只能以数学方式实时描述运载体坐标系至导航参考坐标系的坐标变换关系,这一参考坐标系通常称为虚拟平台(或数学平台)。本章首先介绍指北方位捷联惯导系统(north - slaved SINS)的力学编排方程(mechanization equations,由惯性传感器输出求解导航参数的一套计算方案),选"东-北-天"地理坐标系作为导航坐标系,推导捷联惯导的离散化数值递推更新算法,在第 2 章的基础上给出姿态更新算法,在速度更新算法中考虑了划桨运动误差的补偿。对连续的力学编排方程作离散化处理,必然会带来误差,一般的原则是保证由算法引起的误差不超过惯性传感器引起误差的 5%,这样的算法才算是与传感器相匹配的。然后,推导捷联惯导误差方程,它是进行捷联惯导误差特性分析以及进行组合导航的基础。最后,对静基座下的捷联惯导误差方程和规律进行详细的分析。

4.1　捷联惯导数值更新算法

捷联惯导数值更新算法通常可划分为姿态、速度和位置更新三部分,姿态更新算法是核心,其求解精度对整个捷联惯导的精度起着决定性的作用。目前主流的姿态更新求解方法是,先使用陀螺角增量的多子样采样计算等效旋转矢量,补偿转动不可交换误差,再使用等效旋转矢量计算姿态更新四元数。在第 2 章中已经对等效旋转矢量算法作了深入研究,本节主要介绍指北方位捷联惯导姿态更新算法的主要思路。在速度更新算法中,先介绍惯导比力方程,再对其离散化的更新算法进行详细推导。位置更新算法相对而言比较容易实现。

捷联惯导算法推导过程要涉及比较多的坐标系,下面先给出一些常用坐标系的定义。

4.1.1　常用坐标系的定义

运载体在三维空间中运动包含六个自由度,既有角运动又有线运动。在地球表面附近,运载体的角运动描述一般是以当地水平面和地理北向为参考基准的;线运动描述通常采用地理经度、纬度和高度表示,它是相对于整个地球旋转椭球体而言的。但是,运载体上惯导系统使用的惯性传感器(陀螺仪和加速度计)从原理上看是相对于惯性空间进行测量的。另外,地球绕其自转轴相对于惯性空间以常值角速率旋转,运载体在地球表面上的位置变化会引起其相对于地心的角速率。由此可见,捷联惯导系统的导航解算过程中必然会涉及比较多的坐标系概念,常用的坐标系定义及其表示符号分别介绍如下。

1. 地心惯性坐标系(i 系,inertial frame)

地心惯性坐标系用 $o_ix_iy_iz_i$ 表示,原点为地球中心,o_ix_i 和 o_iy_i 轴在地球赤道平面内,其中

o_ix_i 轴指向春分点(赤道面与黄道面的交线再与天球相交的交点之一),春分点是天文测量中确定恒星时的起始点,o_iz_i 轴为地球自转轴,并指向北极。惯性传感器的输出就是以该坐标系为参考基准的。

地心惯性坐标系实际上是一种准惯性坐标系,虽然它的转动角速率相对于理想惯性空间波动非常小(小于 5×10^{-7}°/h,影响可以忽略),但是它的线运动却不是理想匀速的。由于太阳引力场的影响,地球绕太阳公转,存在约 $6\times10^{-4}g$ 的公转向心力。有意思的是,在地球表面附近进行惯性导航并以地球作为导航定位参考基准,运载体与地球处于近似相同的太阳引力场中,公转向心力并不会对惯性导航造成明显的不利影响。

2. 地球坐标系(e 系,earth frame)

地球坐标系用 $o_ex_ey_ez_e$ 表示,原点为地球中心,o_ex_e 和 o_ey_e 轴在地球赤道平面内,其中 o_ex_e 指向本初子午线,o_ez_e 轴为地球自转轴,并指向北极。e 系与地球固连,也称为地心地固坐标系(Earth - Centered Earth - Fixed, ECEF),地球坐标系相对于惯性坐标系的角运动大小就是地球自转角速率,其值通常取

$$\omega_{ie}=7.292\,115\,146\,7\times10^{-5}\ \text{rad/s}=15.041\,067\,178\,6\ \text{°/h}$$

3. 地理坐标系(g 系,geographic frame)

地理坐标系用 $o_gx_gy_gz_g$ 表示,原点定义为运载体的重心或中心,o_gx_g 轴指向地理东向,o_gy_g 轴指向地理北向,o_gz_g 轴垂直于当地旋转椭球面指向天向。地理坐标系相对于地球坐标系的关系可由运载体的地理坐标表示,即经度 λ、纬度 L 和椭球高度 h。关于地理坐标系与地球坐标系的更多知识还可参考 3.1 节的介绍。

4. 导航坐标系(n 系,navigation frame)

导航坐标系用 $o_nx_ny_nz_n$ 表示,它是惯导系统在求解导航参数时所采用的参考坐标系。纯惯导系统的高度通道在原理上是发散的,因而惯导系统多采用当地水平坐标系作为参考坐标系,以实现水平和高度通道的解耦,在惯导系统长时间导航定位时只进行水平定位解算,而简单地将高度通道设置为固定值。地理坐标系就是一种当地水平坐标系,并且它的 o_gy_g 轴指向北向,随运载体在地球表面上的移动而移动。除地球极点外(实际应用中需排除极点附近),各地的地理坐标系是唯一的,书中选取"东-北-天"地理坐标系作为导航参考坐标系,能够适用于除极区外的全球导航应用,这种惯导系统常常称为指北方位惯导系统。

5. 载体坐标系(或称体系,b 系,body frame)

载体坐标系用 $o_bx_by_bz_b$ 表示,其原点定义为运载体的重心或中心,o_bx_b 轴沿运载体横轴向右,o_by_b 轴沿载体纵轴向前,o_bz_b 轴沿运载体立轴向上。b 系与运载体固连,载体坐标系相对于导航坐标系的方位关系可用一组欧拉角来描述,详见附录 B。

4.1.2　姿态更新算法

选取"东-北-天(E-N-U)"地理坐标系作为捷联惯导系统的导航参考坐标系,后面记为 n 系,则以 n 系作为参考系的姿态微分方程为

$$\dot{\boldsymbol{C}}_b^n=\boldsymbol{C}_b^n(\boldsymbol{\omega}_{nb}^b\times)\tag{4.1.1}$$

其中:矩阵 $\boldsymbol{C}_b^n$ 表示载体系(b 系)相对于导航坐标系(n 系)的姿态阵,由于陀螺输出的是 b 系相对于惯性系(i 系)的角速度 $\boldsymbol{\omega}_{ib}^b$,而角速度信息 $\boldsymbol{\omega}_{nb}^b$ 不能直接测量获得,需对微分方程式(4.1.1)作如下变换:

$$\dot{\boldsymbol{C}}_b^n=\boldsymbol{C}_b^n(\boldsymbol{\omega}_{nb}^b\times)=\boldsymbol{C}_b^n[(\boldsymbol{\omega}_{ib}^b-\boldsymbol{\omega}_{in}^b)\times]=\boldsymbol{C}_b^n(\boldsymbol{\omega}_{ib}^b\times)-\boldsymbol{C}_b^n(\boldsymbol{\omega}_{in}^b\times)=$$
$$\boldsymbol{C}_b^n(\boldsymbol{\omega}_{ib}^b\times)-\boldsymbol{C}_b^n(\boldsymbol{\omega}_{in}^b\times)\boldsymbol{C}_n^b\boldsymbol{C}_b^n=\boldsymbol{C}_b^n(\boldsymbol{\omega}_{ib}^b\times)-(\boldsymbol{\omega}_{in}^n\times)\boldsymbol{C}_b^n \tag{4.1.2}$$

其中：$\boldsymbol{\omega}_{in}^n$ 表示n系相对于i系的旋转，它包含两部分：地球自转引起的导航系旋转，以及惯导系统在地球表面附近移动因地球表面弯曲而引起的n系旋转，即有 $\boldsymbol{\omega}_{in}^n=\boldsymbol{\omega}_{ie}^n+\boldsymbol{\omega}_{en}^n$，其中

$$\boldsymbol{\omega}_{ie}^n=[0\quad \omega_{ie}\cos L\quad \omega_{ie}\sin L]^{\mathrm{T}} \tag{4.1.3}$$

$$\boldsymbol{\omega}_{en}^n=\left[-\frac{v_{\mathrm{N}}}{R_M+h}\quad \frac{v_{\mathrm{E}}}{R_N+h}\quad \frac{v_{\mathrm{E}}}{R_N+h}\tan L\right]^{\mathrm{T}} \tag{4.1.4}$$

式中：ω_{ie} 为地球自转角速率；L和h分别为地理纬度和高度。式(4.1.4)来源及含义可参见3.1节式(3.1.34)。

与矩阵微分方程 $\dot{\boldsymbol{C}}_b^i=\boldsymbol{C}_b^i(\boldsymbol{\omega}_{ib}^b\times)$ 相比，虽然式(4.1.2)也是线性时变的，但它的离散化求解更加麻烦，一般不会直接求解该方程，而是采用如下方法解决姿态阵更新问题。

根据矩阵链乘规则，有

$$\boldsymbol{C}_{b(m)}^{n(m)}=\boldsymbol{C}_i^{n(m)}\boldsymbol{C}_{b(m)}^i \tag{4.1.5}$$

式中：角标括号中的符号m表示t_m时刻。由于i系是绝对不动的惯性参考坐标系，它与时间无关，不需标注时刻；而n系和b系相对于i系都是动坐标系，均跟时间有关，需标注时刻。

根据姿态阵微分方程 $\dot{\boldsymbol{C}}_b^i=\boldsymbol{C}_b^i(\boldsymbol{\omega}_{ib}^b\times)$ 和 $\dot{\boldsymbol{C}}_i^n=(\boldsymbol{\omega}_{ni}^n\times)\boldsymbol{C}_i^n=(-\boldsymbol{\omega}_{in}^n\times)\boldsymbol{C}_i^n$，分别可得相对于惯性系的更新算法

$$\boldsymbol{C}_{b(m)}^i=\boldsymbol{C}_{b(m-1)}^i\boldsymbol{C}_{b(m)}^{b(m-1)} \tag{4.1.6}$$

$$\boldsymbol{C}_i^{n(m)}=\boldsymbol{C}_{n(m-1)}^{n(m)}\boldsymbol{C}_i^{n(m-1)} \tag{4.1.7}$$

其中：矩阵 $\boldsymbol{C}_{b(m)}^{b(m-1)}$ 表示以i系作为参考基准，b系从t_{m-1}时刻到t_m时刻的旋转变化，$\boldsymbol{C}_{b(m)}^{b(m-1)}$ 可由陀螺角速度 $\boldsymbol{\omega}_{ib}^b$ 确定；$\boldsymbol{C}_{n(m-1)}^{n(m)}$ 表示以i系作为参考基准，n系从t_m时刻到t_{m-1}时刻的旋转变化，$\boldsymbol{C}_{n(m-1)}^{n(m)}$ 可由计算角速度 $-\boldsymbol{\omega}_{in}^n$ 确定。

将式(4.1.6)和式(4.1.7)代入式(4.1.5)，得

$$\boldsymbol{C}_{b(m)}^{n(m)}=\boldsymbol{C}_{n(m-1)}^{n(m)}\boldsymbol{C}_i^{n(m-1)}\boldsymbol{C}_{b(m-1)}^i\boldsymbol{C}_{b(m)}^{b(m-1)}=\boldsymbol{C}_{n(m-1)}^{n(m)}\boldsymbol{C}_{b(m-1)}^{n(m-1)}\boldsymbol{C}_{b(m)}^{b(m-1)} \tag{4.1.8}$$

其中：$\boldsymbol{C}_{b(m-1)}^{n(m-1)}$ 和 $\boldsymbol{C}_{b(m)}^{n(m)}$ 分别表示 t_{m-1} 和 t_m 时刻的捷联姿态矩阵。若陀螺在时间段$[t_{m-1},t_m]$内$(T=t_m-t_{m-1})$进行了两次等间隔采样，角增量分别为 $\Delta\boldsymbol{\theta}_{m1}$ 和 $\Delta\boldsymbol{\theta}_{m2}$，采用二子样圆锥误差补偿算法，有

$$\boldsymbol{C}_{b(m)}^{b(m-1)}=\boldsymbol{M}_{\mathrm{RV}}(\boldsymbol{\phi}_{ib(m)}^b) \tag{4.1.9}$$

$$\boldsymbol{\phi}_{ib(m)}^b=(\Delta\boldsymbol{\theta}_{m1}+\Delta\boldsymbol{\theta}_{m2})+\frac{2}{3}\Delta\boldsymbol{\theta}_{m1}\times\Delta\boldsymbol{\theta}_{m2} \tag{4.1.10}$$

通常在导航更新周期$[t_{m-1},t_m]$内，可以认为由速度和位置引起的 $\boldsymbol{\omega}_{in}^n$ 变化很小，即可视 $\boldsymbol{\omega}_{in}^n$ 为常值，记为 $\boldsymbol{\omega}_{in(m)}^n$，则有

$$\boldsymbol{C}_{n(m-1)}^{n(m)}=(\boldsymbol{C}_{n(m)}^{n(m-1)})^{\mathrm{T}}=\boldsymbol{M}_{\mathrm{RV}}^{\mathrm{T}}(\boldsymbol{\phi}_{in(m)}^n)\approx\boldsymbol{M}_{\mathrm{RV}}^{\mathrm{T}}(T\boldsymbol{\omega}_{in(m)}^n) \tag{4.1.11}$$

式(4.1.8)～式(4.1.11)即为捷联惯导数值递推姿态更新算法。

4.1.3 比力方程、速度更新与划桨误差补偿算法

1. 比力方程

比力方程是在地球表面附近进行惯性导航解算的基本方程，先对其作详细推导。

参见图4.1.1，假设在地球表面附近有一运载体(惯导系统)，其中心为o_g点，以o_g为原点

定义当地地理坐标系(g 系),o_g 在地球坐标系(e 系)下的矢径记为 $\boldsymbol{R}_{eg}$,则 $\boldsymbol{R}_{eg}$ 在惯性坐标系(i 系)和 e 系之间的投影变换关系为

$$\boldsymbol{R}_{eg}^{e}=\boldsymbol{C}_{i}^{e}\boldsymbol{R}_{eg}^{i} \tag{4.1.12}$$

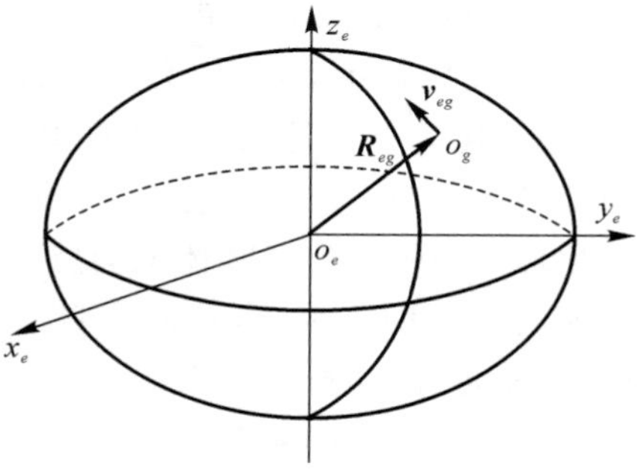

图 4.1.1　比力方程推导示意图

由式(4.1.12)等号两边同时微分,可得

$$\dot{\boldsymbol{R}}_{eg}^{e}=\boldsymbol{C}_{i}^{e}\dot{\boldsymbol{R}}_{eg}^{i}+\dot{\boldsymbol{C}}_{i}^{e}\boldsymbol{R}_{eg}^{i}=\boldsymbol{C}_{i}^{e}\dot{\boldsymbol{R}}_{eg}^{i}+\boldsymbol{C}_{i}^{e}(\boldsymbol{\omega}_{ei}^{i}\times)\boldsymbol{R}_{eg}^{i}=\boldsymbol{C}_{i}^{e}(\dot{\boldsymbol{R}}_{eg}^{i}-\boldsymbol{\omega}_{ie}^{i}\times\boldsymbol{R}_{eg}^{i}) \tag{4.1.13}$$

其中:$\dot{\boldsymbol{R}}_{eg}^{e}$ 表示 g 系原点 o_g 的速度,它是以 e 系为参考坐标系的(或者说在 e 系中观察到的),通常称其为地速,可记为 $\boldsymbol{v}_{eg}^{e}=\dot{\boldsymbol{R}}_{eg}^{e}$。若用变换阵 $\boldsymbol{C}_{e}^{g}$ 同时左乘式(4.1.13)等号的两边,可得

$$\boldsymbol{C}_{e}^{g}\boldsymbol{v}_{eg}^{e}=\boldsymbol{C}_{e}^{g}\boldsymbol{C}_{i}^{e}(\dot{\boldsymbol{R}}_{eg}^{i}-\boldsymbol{\omega}_{ie}^{i}\times\boldsymbol{R}_{eg}^{i})=\boldsymbol{C}_{i}^{g}(\dot{\boldsymbol{R}}_{eg}^{i}-\boldsymbol{\omega}_{ie}^{i}\times\boldsymbol{R}_{eg}^{i}) \tag{4.1.14}$$

其中:$\boldsymbol{C}_{e}^{g}\boldsymbol{v}_{eg}^{e}$ 表示地速在 g 系的投影,可记为 $\boldsymbol{v}_{eg}^{g}=\boldsymbol{C}_{e}^{g}\boldsymbol{v}_{eg}^{e}$,则有

$$\boldsymbol{v}_{eg}^{g}=\boldsymbol{C}_{i}^{g}(\dot{\boldsymbol{R}}_{eg}^{i}-\boldsymbol{\omega}_{ie}^{i}\times\boldsymbol{R}_{eg}^{i}) \tag{4.1.15}$$

用 $\boldsymbol{C}_{g}^{i}$ 同时左乘式(4.1.15)等号的两边,再移项,可依次得

$$\boldsymbol{C}_{g}^{i}\boldsymbol{v}_{eg}^{g}=\dot{\boldsymbol{R}}_{eg}^{i}-\boldsymbol{\omega}_{ie}^{i}\times\boldsymbol{R}_{eg}^{i} \tag{4.1.16}$$

$$\dot{\boldsymbol{R}}_{eg}^{i}=\boldsymbol{C}_{g}^{i}\boldsymbol{v}_{eg}^{g}+\boldsymbol{\omega}_{ie}^{i}\times\boldsymbol{R}_{eg}^{i} \tag{4.1.17}$$

对式(4.1.15)等号两边再次微分,考虑到地球自转角速度 $\boldsymbol{\omega}_{ie}^{i}$ 是常值,并将式(4.1.16)和式(4.1.17)代入,可得

$$\begin{aligned}\dot{\boldsymbol{v}}_{eg}^{g}=&\dot{\boldsymbol{C}}_{i}^{g}(\dot{\boldsymbol{R}}_{eg}^{i}-\boldsymbol{\omega}_{ie}^{i}\times\boldsymbol{R}_{eg}^{i})+\boldsymbol{C}_{i}^{g}(\ddot{\boldsymbol{R}}_{eg}^{i}-\boldsymbol{\omega}_{ie}^{i}\times\dot{\boldsymbol{R}}_{eg}^{i})=\\&\boldsymbol{C}_{i}^{g}(\boldsymbol{\omega}_{gi}^{i}\times)\boldsymbol{C}_{g}^{i}\boldsymbol{v}_{eg}^{g}+\boldsymbol{C}_{i}^{g}[\ddot{\boldsymbol{R}}_{eg}^{i}-\boldsymbol{\omega}_{ie}^{i}\times(\boldsymbol{C}_{g}^{i}\boldsymbol{v}_{eg}^{g}+\boldsymbol{\omega}_{ie}^{i}\times\boldsymbol{R}_{eg}^{i})]=\\&\boldsymbol{C}_{i}^{g}[\ddot{\boldsymbol{R}}_{eg}^{i}-(\boldsymbol{\omega}_{ie}^{i}\times)^{2}\boldsymbol{R}_{eg}^{i}]+\boldsymbol{C}_{i}^{g}[(\boldsymbol{\omega}_{gi}^{i}-\boldsymbol{\omega}_{ie}^{i})\times]\boldsymbol{C}_{g}^{i}\boldsymbol{v}_{eg}^{g}=\\&\boldsymbol{C}_{i}^{g}[\ddot{\boldsymbol{R}}_{eg}^{i}-(\boldsymbol{\omega}_{ie}^{i}\times)^{2}\boldsymbol{R}_{eg}^{i}]-(\boldsymbol{\omega}_{ie}^{g}+\boldsymbol{\omega}_{ig}^{g})\times\boldsymbol{v}_{eg}^{g}=\\&\boldsymbol{C}_{i}^{g}[\ddot{\boldsymbol{R}}_{eg}^{i}-(\boldsymbol{\omega}_{ie}^{i}\times)^{2}\boldsymbol{R}_{eg}^{i}]-(2\boldsymbol{\omega}_{ie}^{g}+\boldsymbol{\omega}_{eg}^{g})\times\boldsymbol{v}_{eg}^{g}\end{aligned} \tag{4.1.18}$$

由于 $\boldsymbol{R}_{ig}^{i}=\boldsymbol{R}_{ie}^{i}+\boldsymbol{R}_{eg}^{i}$,当选择地心惯性坐标系作为 i 系时,则 i 系和 e 系的坐标原点始终重合,即有 $\boldsymbol{R}_{ie}^{i}=\boldsymbol{0}$ 和 $\ddot{\boldsymbol{R}}_{ie}^{i}=\boldsymbol{0}$,因而有 $\ddot{\boldsymbol{R}}_{eg}^{i}=\ddot{\boldsymbol{R}}_{ig}^{i}$。根据牛顿第二运动定律,有 $\ddot{\boldsymbol{R}}_{ig}^{i}=\boldsymbol{f}_{\text{sf}}^{i}+\boldsymbol{G}^{i}$,其中:$\boldsymbol{f}_{\text{sf}}^{i}$ 为比力 (specific force);$\boldsymbol{G}^{i}$ 为地球引力加速度。再根据地球重力公式 $\boldsymbol{g}^{i}=\boldsymbol{G}^{i}-(\boldsymbol{\omega}_{ie}^{i}\times)^{2}\boldsymbol{R}_{eg}^{i}$,从而式(4.1.18)可转化为

$$\begin{aligned}\dot{\boldsymbol{v}}_{eg}^{g}=&\boldsymbol{C}_{i}^{g}[(\boldsymbol{f}_{\text{sf}}^{i}+\boldsymbol{G}^{i})-(\boldsymbol{\omega}_{ie}^{i}\times)^{2}\boldsymbol{R}_{eg}^{i}]-(2\boldsymbol{\omega}_{ie}^{g}+\boldsymbol{\omega}_{eg}^{g})\times\boldsymbol{v}_{eg}^{g}=\\&\boldsymbol{C}_{i}^{g}(\boldsymbol{f}_{\text{sf}}^{i}+\boldsymbol{g}^{i})-(2\boldsymbol{\omega}_{ie}^{g}+\boldsymbol{\omega}_{eg}^{g})\times\boldsymbol{v}_{eg}^{g}=\\&\boldsymbol{C}_{b}^{g}\boldsymbol{f}_{\text{sf}}^{b}-(2\boldsymbol{\omega}_{ie}^{g}+\boldsymbol{\omega}_{eg}^{g})\times\boldsymbol{v}_{eg}^{g}+\boldsymbol{g}^{g}\end{aligned} \tag{4.1.19}$$

若将式(4.1.19)中地理坐标系(g 系)替换成“东-北-天”导航坐标系(n 系),则有

$$\dot{\boldsymbol{v}}_{en}^{n}=\boldsymbol{C}_{b}^{n}\boldsymbol{f}_{\mathrm{sf}}^{b}-(2\boldsymbol{\omega}_{ie}^{n}+\boldsymbol{\omega}_{en}^{n})\times\boldsymbol{v}_{en}^{n}+\boldsymbol{g}^{n}\tag{4.1.20}$$

这便是惯导比力方程。其中：$\boldsymbol{f}_{\mathrm{sf}}^{b}$ 为加速度计测量的比力；$2\boldsymbol{\omega}_{ie}^{n}\times\boldsymbol{v}_{en}^{n}$ 为由运载体运动和地球自转引起的哥氏加速度；$\boldsymbol{\omega}_{en}^{n}\times\boldsymbol{v}_{en}^{n}$ 为由运载体运动引起的对地向心加速度；$\boldsymbol{g}^{n}$ 为重力加速度；$-(2\boldsymbol{\omega}_{ie}^{n}+\boldsymbol{\omega}_{en}^{n})\times\boldsymbol{v}_{en}^{n}+\boldsymbol{g}^{n}$ 统称为有害加速度。比力方程式(4.1.20)表明，只有在加速度计输出中扣除有害加速度后，才能获得运载体在导航系下的几何运动加速度 $\dot{\boldsymbol{v}}_{en}^{n}$，对加速度积分一次可得速度，再积分一次可得位置。因此，比力方程是惯导解算的基本方程。

如 4.1.1 节所述，地心准惯性坐标系在太阳引力场下存在 $6\times10^{-4}g$ 的向心加速度。当以地球坐标系作为导航参照系时，地球表面附近的运载体也会感受到与地心大致同样大小的太阳引力的影响，但是由于地球表面与地心的不重合，从而会引起约$10^{-7}g$ 量级的误差(通常称为太阳摄动力)。因此，在地球表面附近导航时，比力方程式(4.1.20)可达到$10^{-7}g$ 量级精度，这对于惯性级导航系统而言该项误差完全可忽略不计。

2.速度更新算法

在比力方程式(4.1.20)中将 $\boldsymbol{v}_{en}^{n}$ 简写为 $\boldsymbol{v}^{n}$，并明确标注出各量的时间变量参数，如下：

$$\dot{\boldsymbol{v}}^{n}(t)=\boldsymbol{C}_{b}^{n}(t)\boldsymbol{f}_{\mathrm{sf}}^{b}(t)-[2\boldsymbol{\omega}_{ie}^{n}(t)+\boldsymbol{\omega}_{en}^{n}(t)]\times\boldsymbol{v}^{n}(t)+\boldsymbol{g}^{n}(t)\tag{4.1.21}$$

式(4.1.21)等号两边同时在时间段$[t_{m-1},t_m]$内积分，得

$$\int_{t_{m-1}}^{t_m}\dot{\boldsymbol{v}}^{n}(t)\mathrm{d}t=\int_{t_{m-1}}^{t_m}\boldsymbol{C}_{b}^{n}(t)\boldsymbol{f}_{\mathrm{sf}}^{b}(t)-[2\boldsymbol{\omega}_{ie}^{n}(t)+\boldsymbol{\omega}_{en}^{n}(t)]\times\boldsymbol{v}^{n}(t)+\boldsymbol{g}^{n}(t)\mathrm{d}t\tag{4.1.22}$$

即

$$\begin{aligned}\boldsymbol{v}_{m}^{n(m)}-\boldsymbol{v}_{m-1}^{n(m-1)}&=\int_{t_{m-1}}^{t_m}\boldsymbol{C}_{b}^{n}(t)\boldsymbol{f}_{\mathrm{sf}}^{b}(t)\mathrm{d}t+\int_{t_{m-1}}^{t_m}-[2\boldsymbol{\omega}_{ie}^{n}(t)+\boldsymbol{\omega}_{en}^{n}(t)]\times\boldsymbol{v}^{n}(t)+\boldsymbol{g}^{n}(t)\mathrm{d}t=\\&\Delta\boldsymbol{v}_{\mathrm{sf}(m)}^{n}+\Delta\boldsymbol{v}_{\mathrm{cor/g}(m)}^{n}\end{aligned}\tag{4.1.23}$$

其中：$\boldsymbol{v}_{m-1}^{n(m-1)}$ 和 $\boldsymbol{v}_{m}^{n(m)}$ 分别为 t_{m-1} 和 t_m 时刻的惯导速度，并且记

$$\Delta\boldsymbol{v}_{\mathrm{sf}(m)}^{n}=\int_{t_{m-1}}^{t_m}\boldsymbol{C}_{b}^{n}(t)\boldsymbol{f}_{\mathrm{sf}}^{b}(t)\mathrm{d}t\tag{4.1.24}$$

$$\Delta\boldsymbol{v}_{\mathrm{cor/g}(m)}^{n}=\int_{t_{m-1}}^{t_m}\{-[2\boldsymbol{\omega}_{ie}^{n}(t)+\boldsymbol{\omega}_{en}^{n}(t)]\times\boldsymbol{v}^{n}(t)+\boldsymbol{g}^{n}(t)\}\mathrm{d}t\tag{4.1.25}$$

$\Delta\boldsymbol{v}_{\mathrm{sf}(m)}^{n}$ 和 $\Delta\boldsymbol{v}_{\mathrm{cor/g}(m)}^{n}$ 分别称为时间段 $T=t_m-t_{m-1}$ 内导航系比力速度增量和有害加速度的速度增量。

将式(4.1.23)移项，可改写成递推形式为

$$\boldsymbol{v}_{m}^{n(m)}=\boldsymbol{v}_{m-1}^{n(m-1)}+\Delta\boldsymbol{v}_{\mathrm{sf}(m)}^{n}+\Delta\boldsymbol{v}_{\mathrm{cor/g}(m)}^{n}\tag{4.1.26}$$

下面主要讨论 $\Delta\boldsymbol{v}_{\mathrm{sf}(m)}^{n}$ 和 $\Delta\boldsymbol{v}_{\mathrm{cor/g}(m)}^{n}$ 的数值积分算法。

首先，考虑有害加速度的速度增量 $\Delta\boldsymbol{v}_{\mathrm{cor/g}(m)}^{n}$ 的计算。

即使对于诸如飞机等快速运动的运载体，在短时间$[t_{m-1},t_m]$内其引起的导航坐标系旋转和重力矢量变化都是很小的，因而一般认为 $\Delta\boldsymbol{v}_{\mathrm{cor/g}(m)}^{n}$ 的被积函数是时间的缓慢量，可采用区间中点时刻 $t_{m-1/2}=(t_{m-1}+t_m)/2$ 进行近似计算，将式(4.1.25)近似为

$$\Delta\boldsymbol{v}_{\mathrm{cor/g}(m)}^{n}\approx\{-[2\boldsymbol{\omega}_{ie(m-1/2)}^{n}+\boldsymbol{\omega}_{en(m-1/2)}^{n}]\times\boldsymbol{v}_{m-1/2}^{n}+\boldsymbol{g}_{m-1/2}^{n}\}T\tag{4.1.27}$$

由于此时尚不知 t_m 时刻的导航速度和位置等参数，所以式(4.1.27)中 $t_{m-1/2}$ 时刻的各量需使用外推法计算，表示如下：

$$\boldsymbol{x}_{m-1/2}=\boldsymbol{x}_{m-1}+\frac{\boldsymbol{x}_{m-1}-\boldsymbol{x}_{m-2}}{2}=\frac{3\boldsymbol{x}_{m-1}-\boldsymbol{x}_{m-2}}{2}\quad(\boldsymbol{x}=\boldsymbol{\omega}_{ie}^{n},\boldsymbol{\omega}_{en}^{n},\boldsymbol{v}^{n},\boldsymbol{g}^{n})\tag{4.1.28}$$

式中：各参数在 t_{m-2} 和 t_{m-1} 时刻均是已知的。可见，$\Delta\boldsymbol{v}_{\mathrm{cor/g}(m)}^{n}$ 的计算过程比较简单。

其次是比力速度增量 $\Delta\boldsymbol{v}_{\mathrm{sf}(m)}^{n}$ 的计算，由于捷联惯导姿态阵和比力都有可能随时间快速变化，式(4.1.24)本质上是两个快变量的积分，它的高精度数值求解算法比较烦琐。

将式(4.1.24)右端被积姿态阵作如下矩阵链乘分解：

$$\Delta\boldsymbol{v}_{\mathrm{sf}(m)}^{n}=\int_{t_{m-1}}^{t_m}\boldsymbol{C}_{n(m-1)}^{n(t)}\boldsymbol{C}_{b(m-1)}^{n(m-1)}\boldsymbol{C}_{b(t)}^{b(m-1)}\boldsymbol{f}_{\mathrm{sf}}^{b}(t)\mathrm{d}t \tag{4.1.29}$$

假设与变换矩阵 $\boldsymbol{C}_{n(m-1)}^{n(t)}$ 相对应的等效旋转矢量为 $\boldsymbol{\phi}_{in}^{n}(t,t_{m-1})$，角增量为 $\boldsymbol{\theta}_{in}^{n}(t,t_{m-1})$；而与 $\boldsymbol{C}_{b(t)}^{b(m-1)}$ 相对应的等效旋转矢量为 $\boldsymbol{\phi}_{ib}^{b}(t,t_{m-1})$，角增量为 $\boldsymbol{\theta}_{ib}^{b}(t,t_{m-1})$。根据变换阵与等效旋转矢量之间的关系式(2.2.23)，当等效旋转矢量为小量时，可取如下一阶近似：

$$\boldsymbol{C}_{n(m-1)}^{n(t)}\approx\boldsymbol{I}-[\boldsymbol{\phi}_{in}^{n}(t,t_{m-1})\times]\approx\boldsymbol{I}-[\boldsymbol{\theta}_{in}^{n}(t,t_{m-1})\times] \tag{4.1.30}$$

$$\boldsymbol{C}_{b(t)}^{b(m-1)}\approx\boldsymbol{I}+[\boldsymbol{\phi}_{ib}^{b}(t,t_{m-1})\times]\approx\boldsymbol{I}+[\boldsymbol{\theta}_{ib}^{b}(t,t_{m-1})\times] \tag{4.1.31}$$

将式(4.1.30)和式(4.1.31)代入式(4.1.29)，展开并忽略 $\boldsymbol{\theta}_{in}^{n}(t,t_{m-1})$ 和 $\boldsymbol{\theta}_{ib}^{b}(t,t_{m-1})$ 之间乘积的二阶小量，可得

$$\begin{aligned}\Delta\boldsymbol{v}_{\mathrm{sf}(m)}^{n}\approx&\int_{t_{m-1}}^{t_m}[\boldsymbol{I}-\boldsymbol{\theta}_{in}^{n}(t,t_{m-1})\times]\boldsymbol{C}_{b(m-1)}^{n(m-1)}[\boldsymbol{I}+\boldsymbol{\theta}_{ib}^{b}(t,t_{m-1})\times]\boldsymbol{f}_{\mathrm{sf}}^{b}(t)\mathrm{d}t\approx\\&\int_{t_{m-1}}^{t_m}\boldsymbol{C}_{b(m-1)}^{n(m-1)}\boldsymbol{f}_{\mathrm{sf}}^{b}(t)-\boldsymbol{\theta}_{in}^{n}(t,t_{m-1})\times[\boldsymbol{C}_{b(m-1)}^{n(m-1)}\boldsymbol{f}_{\mathrm{sf}}^{b}(t)]+\boldsymbol{C}_{b(m-1)}^{n(m-1)}[\boldsymbol{\theta}_{ib}^{b}(t,t_{m-1})\times]\boldsymbol{f}_{\mathrm{sf}}^{b}(t)\mathrm{d}t=\\&\boldsymbol{C}_{b(m-1)}^{n(m-1)}\int_{t_{m-1}}^{t_m}\boldsymbol{f}_{\mathrm{sf}}^{b}(t)\mathrm{d}t-\int_{t_{m-1}}^{t_m}\boldsymbol{\theta}_{in}^{n}(t,t_{m-1})\times[\boldsymbol{C}_{b(m-1)}^{n(m-1)}\boldsymbol{f}_{\mathrm{sf}}^{b}(t)]\mathrm{d}t+\\&\boldsymbol{C}_{b(m-1)}^{n(m-1)}\int_{t_{m-1}}^{t_m}\boldsymbol{\theta}_{ib}^{b}(t,t_{m-1})\times\boldsymbol{f}_{\mathrm{sf}}^{b}(t)\mathrm{d}t\end{aligned} \tag{4.1.32}$$

下面进一步详细讨论式(4.1.32)等号右端的后两个积分的计算方法。

暂且先分析式(4.1.32)右端的第三积分项。由于

$$\begin{aligned}\frac{\mathrm{d}[\boldsymbol{\theta}_{ib}^{b}(t,t_{m-1})\times\boldsymbol{v}_{\mathrm{sf}}^{b}(t,t_{m-1})]}{\mathrm{d}t}=&\boldsymbol{\omega}_{ib}^{b}(t)\times\boldsymbol{v}_{\mathrm{sf}}^{b}(t,t_{m-1})+\boldsymbol{\theta}_{ib}^{b}(t,t_{m-1})\times\boldsymbol{f}_{\mathrm{sf}}^{b}(t)=\\&-\boldsymbol{v}_{\mathrm{sf}}^{b}(t,t_{m-1})\times\boldsymbol{\omega}_{ib}^{b}(t)-\boldsymbol{\theta}_{ib}^{b}(t,t_{m-1})\times\boldsymbol{f}_{\mathrm{sf}}^{b}(t)+\\&2\boldsymbol{\theta}_{ib}^{b}(t,t_{m-1})\times\boldsymbol{f}_{\mathrm{sf}}^{b}(t)\end{aligned} \tag{4.1.33}$$

式中：$\boldsymbol{v}_{\mathrm{sf}}^{b}(t,t_{m-1})=\int_{t_{m-1}}^{t}\boldsymbol{f}_{\mathrm{sf}}^{b}(\tau)\mathrm{d}\tau$ 为比力速度增量。将式(4.1.33)移项整理，可得

$$\begin{aligned}\boldsymbol{\theta}_{ib}^{b}(t,t_{m-1})\times\boldsymbol{f}_{\mathrm{sf}}^{b}(t)=&\frac{1}{2}\frac{\mathrm{d}[\boldsymbol{\theta}_{ib}^{b}(t,t_{m-1})\times\boldsymbol{v}_{\mathrm{sf}}^{b}(t,t_{m-1})]}{\mathrm{d}t}+\\&\frac{1}{2}[\boldsymbol{\theta}_{ib}^{b}(t,t_{m-1})\times\boldsymbol{f}_{\mathrm{sf}}^{b}(t)+\boldsymbol{v}_{\mathrm{sf}}^{b}(t,t_{m-1})\times\boldsymbol{\omega}_{ib}^{b}(t)]\end{aligned} \tag{4.1.34}$$

在时间段 $[t_{m-1},t_m]$ 内，对式(4.1.34)等号两边同时积分，可得

$$\begin{aligned}\int_{t_{m-1}}^{t_m}\boldsymbol{\theta}_{ib}^{b}(t,t_{m-1})\times\boldsymbol{f}_{\mathrm{sf}}^{b}(t)\mathrm{d}t=&\frac{1}{2}\boldsymbol{\theta}_{ib}^{b}(t_m,t_{m-1})\times\boldsymbol{v}_{\mathrm{sf}}^{b}(t_m,t_{m-1})+\frac{1}{2}\int_{t_{m-1}}^{t_m}\boldsymbol{\theta}_{ib}^{b}(t,t_{m-1})\times\boldsymbol{f}_{\mathrm{sf}}^{b}(t)+\\&\boldsymbol{v}_{\mathrm{sf}}^{b}(t,t_{m-1})\times\boldsymbol{\omega}_{ib}^{b}(t)\mathrm{d}t=\Delta\boldsymbol{v}_{\mathrm{rot}(m)}^{b(m-1)}+\Delta\boldsymbol{v}_{\mathrm{scul}(m)}^{b(m-1)}\end{aligned} \tag{4.1.35}$$

式中：记

$$\Delta\boldsymbol{v}_{\mathrm{rot}(m)}^{b(m-1)}=\frac{1}{2}\Delta\boldsymbol{\theta}_m\times\Delta\boldsymbol{v}_m \tag{4.1.36}$$

$$\Delta\boldsymbol{v}_{\mathrm{scul}(m)}^{b(m-1)}=\frac{1}{2}\int_{t_{m-1}}^{t_m}\boldsymbol{\theta}_{ib}^{b}(t,t_{m-1})\times\boldsymbol{f}_{\mathrm{sf}}^{b}(t)+\boldsymbol{v}_{\mathrm{sf}}^{b}(t,t_{m-1})\times\boldsymbol{\omega}_{ib}^{b}(t)\mathrm{d}t \tag{4.1.37}$$

$$\left.\begin{aligned}\Delta\boldsymbol{\theta}_m&=\boldsymbol{\theta}_{ib}^b(t_m,t_{m-1})=\int_{t_{m-1}}^{t_m}\boldsymbol{\omega}_{ib}^b(t)\mathrm{d}t\\ \Delta\boldsymbol{v}_m&=\boldsymbol{v}_{\mathrm{sf}}^b(t_m,t_{m-1})=\int_{t_{m-1}}^{t_m}\boldsymbol{f}_{\mathrm{sf}}^b(t)\mathrm{d}t\end{aligned}\right\}\tag{4.1.38}$$

式中：$\Delta\boldsymbol{\theta}_m$ 为陀螺采样角增量，而 $\Delta\boldsymbol{v}_m$ 为加速度计采样比力速度增量；$\Delta\boldsymbol{v}_{\mathrm{rot}(m)}^{b(m-1)}$ 称为速度的旋转误差补偿量，它由解算时间段内比力方向在空间旋转变化引起；$\Delta\boldsymbol{v}_{\mathrm{scul}(m)}^{b(m-1)}$ 称为划桨误差补偿量，其含义将在后面解释[见式(4.1.51)]。

一般情况下式(4.1.37)不能求得精确解，为了近似处理，假设陀螺仪角速度和加速度计比力测量均为线性模型，即

$$\left.\begin{aligned}\boldsymbol{\omega}_{ib}^b(t)&=\boldsymbol{a}+2\boldsymbol{b}(t-t_{m-1})\\ \boldsymbol{f}_{\mathrm{sf}}^b(t)&=\boldsymbol{A}+2\boldsymbol{B}(t-t_{m-1})\end{aligned}\right\}\tag{4.1.39}$$

其中：$\boldsymbol{a},\boldsymbol{b},\boldsymbol{A}$ 和 $\boldsymbol{B}$ 均为常值向量，则相应的角增量和速度增量表达式具体化为

$$\left.\begin{aligned}\boldsymbol{\theta}_{ib}^b(t,t_{m-1})&=\int_{t_{m-1}}^{t}\boldsymbol{\omega}_{ib}^b(\tau)\mathrm{d}\tau=\boldsymbol{a}(t-t_{m-1})+\boldsymbol{b}(t-t_{m-1})^2\\ \boldsymbol{v}_{\mathrm{sf}}^b(t,t_{m-1})&=\int_{t_{m-1}}^{t}\boldsymbol{f}_{\mathrm{sf}}^b(\tau)\mathrm{d}\tau=\boldsymbol{A}(t-t_{m-1})+\boldsymbol{B}(t-t_{m-1})^2\end{aligned}\right\}\tag{4.1.40}$$

将式(4.1.39)和式(4.1.40)代入式(4.1.37)并积分，可得

$$\begin{aligned}\Delta\boldsymbol{v}_{\mathrm{scul}(m)}^{b(m-1)}=&\frac{1}{2}\int_{t_{m-1}}^{t_m}[\boldsymbol{a}(t-t_{m-1})+\boldsymbol{b}(t-t_{m-1})^2]\times[\boldsymbol{A}+2\boldsymbol{B}(t-t_{m-1})]+\\&[\boldsymbol{A}(t-t_{m-1})+\boldsymbol{B}(t-t_{m-1})^2]\times[\boldsymbol{a}+2\boldsymbol{b}(t-t_{m-1})]\mathrm{d}t=\\&\frac{1}{2}\int_{t_{m-1}}^{t_m}(\boldsymbol{a}\times\boldsymbol{B}+\boldsymbol{A}\times\boldsymbol{b})(t-t_{m-1})^2\mathrm{d}t=(\boldsymbol{a}\times\boldsymbol{B}+\boldsymbol{A}\times\boldsymbol{b})\frac{(t_m-t_{m-1})^3}{6}\end{aligned}\tag{4.1.41}$$

若陀螺仪和加速度计在$[t_{m-1},t_m]$内均进行了两次等间隔采样，采样时刻分别为 $t_{m-1/2}$ 和 t_m，并且记 $h=(t_m-t_{m-1})/2=T/2$，则可得采样增量

$$\left.\begin{aligned}\Delta\boldsymbol{\theta}_{m1}&=\int_{t_{m-1}}^{t_{m-1}+h}\boldsymbol{\omega}_{ib}^b(\tau)\mathrm{d}\tau=h\boldsymbol{a}+h^2\boldsymbol{b}\\ \Delta\boldsymbol{\theta}_{m2}&=\int_{t_{m-1}+h}^{t_m}\boldsymbol{\omega}_{ib}^b(\tau)\mathrm{d}\tau=h\boldsymbol{a}+3h^2\boldsymbol{b}\\ \Delta\boldsymbol{v}_{m1}&=\int_{t_{m-1}}^{t_{m-1}+h}\boldsymbol{f}_{\mathrm{sf}}^b(\tau)\mathrm{d}\tau=h\boldsymbol{A}+h^2\boldsymbol{B}\\ \Delta\boldsymbol{v}_{m2}&=\int_{t_{m-1}+h}^{t_m}\boldsymbol{f}_{\mathrm{sf}}^b(\tau)\mathrm{d}\tau=h\boldsymbol{A}+3h^2\boldsymbol{B}\end{aligned}\right\}\tag{4.1.42}$$

由式(4.1.42)可反解得到以采样增量表示的线性模型系数，即

$$\left.\begin{aligned}\boldsymbol{a}&=\frac{3\Delta\boldsymbol{\theta}_{m1}-\Delta\boldsymbol{\theta}_{m2}}{2h},\quad \boldsymbol{b}=\frac{\Delta\boldsymbol{\theta}_{m2}-\Delta\boldsymbol{\theta}_{m1}}{2h^2}\\ \boldsymbol{A}&=\frac{3\Delta\boldsymbol{v}_{m1}-\Delta\boldsymbol{v}_{m2}}{2h},\quad \boldsymbol{B}=\frac{\Delta\boldsymbol{v}_{m2}-\Delta\boldsymbol{v}_{m1}}{2h^2}\end{aligned}\right\}\tag{4.1.43}$$

再将式(4.1.43)代入式(4.1.41)，便得二子样速度划桨误差补偿算法，即

$$\begin{aligned}\Delta\boldsymbol{v}_{\mathrm{scul}(m)}^{b(m-1)}=&\left(\frac{3\Delta\boldsymbol{\theta}_{m1}-\Delta\boldsymbol{\theta}_{m2}}{2h}\times\frac{\Delta\boldsymbol{v}_{m2}-\Delta\boldsymbol{v}_{m1}}{2h^2}+\frac{3\Delta\boldsymbol{v}_{m1}-\Delta\boldsymbol{v}_{m2}}{2h}\times\frac{\Delta\boldsymbol{\theta}_{m2}-\Delta\boldsymbol{\theta}_{m1}}{2h^2}\right)\frac{(2h)^3}{6}=\\&\frac{2}{3}(\Delta\boldsymbol{\theta}_{m1}\times\Delta\boldsymbol{v}_{m2}+\Delta\boldsymbol{v}_{m1}\times\Delta\boldsymbol{\theta}_{m2})\end{aligned}\tag{4.1.44}$$

至于式(4.1.32)等号右端的第二积分项，其在形式上与第三积分项完全相同，均为两个时变向量叉乘后的积分。若记

$$\left.\begin{aligned}
\Delta\boldsymbol{\theta}'_{m1}&=\int_{t_{m-1}}^{t_{m-1}+h}\boldsymbol{\omega}_{in}^{n}(\tau)\mathrm{d}\tau\\
\Delta\boldsymbol{\theta}'_{m2}&=\int_{t_{m-1}+h}^{t_m}\boldsymbol{\omega}_{in}^{n}(\tau)\mathrm{d}\tau\\
\Delta\boldsymbol{v}'_{m1}&=\int_{t_{m-1}}^{t_{m-1}+h}\boldsymbol{C}_{b(m-1)}^{n(m-1)}\boldsymbol{f}_{\mathrm{sf}}^{b}(\tau)\mathrm{d}\tau=\boldsymbol{C}_{b(m-1)}^{n(m-1)}\Delta\boldsymbol{v}_{m1}\\
\Delta\boldsymbol{v}'_{m2}&=\int_{t_{m-1}+h}^{t_m}\boldsymbol{C}_{b(m-1)}^{n(m-1)}\boldsymbol{f}_{\mathrm{sf}}^{b}(\tau)\mathrm{d}\tau=\boldsymbol{C}_{b(m-1)}^{n(m-1)}\Delta\boldsymbol{v}_{m2}\\
\Delta\boldsymbol{\theta}'_{m}&=\int_{t_{m-1}}^{t_m}\boldsymbol{\omega}_{in}^{n}(\tau)\mathrm{d}\tau=\Delta\boldsymbol{\theta}'_{m1}+\Delta\boldsymbol{\theta}'_{m2}\\
\Delta\boldsymbol{v}'_{m}&=\int_{t_{m-1}}^{t_m}\boldsymbol{C}_{b(m-1)}^{n(m-1)}\boldsymbol{f}_{\mathrm{sf}}^{b}(\tau)\mathrm{d}\tau=\boldsymbol{C}_{b(m-1)}^{n(m-1)}\Delta\boldsymbol{v}_{m}=\boldsymbol{C}_{b(m-1)}^{n(m-1)}(\Delta\boldsymbol{v}_{m1}+\Delta\boldsymbol{v}_{m2})
\end{aligned}\right\}\tag{4.1.45}$$

类比于式(4.1.36)、式(4.1.37)和式(4.1.44)，则有

$$\begin{aligned}
\int_{t_{m-1}}^{t_m}\boldsymbol{\theta}_{in}^{n}(t,t_{m-1})\times[\boldsymbol{C}_{b(m-1)}^{n(m-1)}\boldsymbol{f}_{\mathrm{sf}}^{b}(t)]\mathrm{d}t&=\frac{1}{2}\Delta\boldsymbol{\theta}'_{m}\times\Delta\boldsymbol{v}'_{m}+\frac{2}{3}(\Delta\boldsymbol{\theta}'_{m1}\times\Delta\boldsymbol{v}'_{m2}+\Delta\boldsymbol{v}'_{m1}\times\Delta\boldsymbol{\theta}'_{m2})=\\
&\frac{1}{2}\Delta\boldsymbol{\theta}'_{m}\times(\boldsymbol{C}_{b(m-1)}^{n(m-1)}\Delta\boldsymbol{v}_{m})+\frac{2}{3}(\Delta\boldsymbol{\theta}'_{m1}\times\Delta\boldsymbol{v}'_{m2}+\Delta\boldsymbol{v}'_{m1}\times\Delta\boldsymbol{\theta}'_{m2})
\end{aligned}\tag{4.1.46}$$

若作近似 $\Delta\boldsymbol{\theta}'_{m1}\approx\Delta\boldsymbol{\theta}'_{m2}\approx\frac{1}{2}\Delta\boldsymbol{\theta}'_{m}\approx\frac{T}{2}\boldsymbol{\omega}_{in(m-1/2)}^{n}$，则式(4.1.46)变为

$$\begin{aligned}
&\int_{t_{m-1}}^{t_m}\boldsymbol{\theta}_{in}^{n}(t,t_{m-1})\times[\boldsymbol{C}_{b(m-1)}^{n(m-1)}\boldsymbol{f}_{\mathrm{sf}}^{b}(t)]\mathrm{d}t\approx\\
&\quad\frac{1}{2}\Delta\boldsymbol{\theta}'_{m}\times[\boldsymbol{C}_{b(m-1)}^{n(m-1)}(\Delta\boldsymbol{v}_{m1}+\Delta\boldsymbol{v}_{m2})]+\frac{1}{3}\Delta\boldsymbol{\theta}'_{m}\times[\boldsymbol{C}_{b(m-1)}^{n(m-1)}(\Delta\boldsymbol{v}_{m2}-\Delta\boldsymbol{v}_{m1})]=\\
&\quad\frac{T}{6}\boldsymbol{\omega}_{in(m-1/2)}^{n}\times[\boldsymbol{C}_{b(m-1)}^{n(m-1)}(\Delta\boldsymbol{v}_{m1}+5\Delta\boldsymbol{v}_{m2})]
\end{aligned}\tag{4.1.47}$$

从而求得了导航系比力速度增量算法，即式(4.1.32)可表示为

$$\Delta\boldsymbol{v}_{\mathrm{sf}(m)}^{n}=\boldsymbol{C}_{b(m-1)}^{n(m-1)}\Delta\boldsymbol{v}_{m}-\frac{T}{6}\boldsymbol{\omega}_{in(m-1/2)}^{n}\times[\boldsymbol{C}_{b(m-1)}^{n(m-1)}(\Delta\boldsymbol{v}_{m1}+5\Delta\boldsymbol{v}_{m2})]+\boldsymbol{C}_{b(m-1)}^{n(m-1)}(\Delta\boldsymbol{v}_{\mathrm{rot}(m)}^{b(m-1)}+\Delta\boldsymbol{v}_{\mathrm{scul}(m)}^{b(m-1)})\tag{4.1.48}$$

式中：$\Delta\boldsymbol{v}_{\mathrm{rot}(m)}^{b(m-1)}$ 和 $\Delta\boldsymbol{v}_{\mathrm{scul}(m)}^{b(m-1)}$ 的计算分别见式(4.1.36)和式(4.1.44)。

在式(4.1.47)中，若时间段$[t_{m-1},t_m]$内的比力变化不大，进一步作近似 $\Delta\boldsymbol{v}_{m1}\approx\Delta\boldsymbol{v}_{m2}\approx\frac{1}{2}\Delta\boldsymbol{v}_{m}$，则式(4.1.47)还可简化为

$$\begin{aligned}
\int_{t_{m-1}}^{t_m}\boldsymbol{\theta}_{in}^{n}(t,t_{m-1})\times[\boldsymbol{C}_{b(m-1)}^{n(m-1)}\boldsymbol{f}_{\mathrm{sf}}^{b}(t)]\mathrm{d}t&\approx\frac{T}{6}\boldsymbol{\omega}_{in(m-1/2)}^{n}\times\left[\boldsymbol{C}_{b(m-1)}^{n(m-1)}\left(\frac{1}{2}\Delta\boldsymbol{v}_{m}+\frac{5}{2}\Delta\boldsymbol{v}_{m}\right)\right]=\\
&\frac{T}{2}\boldsymbol{\omega}_{in(m-1/2)}^{n}\times(\boldsymbol{C}_{b(m-1)}^{n(m-1)}\Delta\boldsymbol{v}_{m})
\end{aligned}\tag{4.1.49}$$

这时式(4.1.48)简化为

$$\Delta\boldsymbol{v}_{\mathrm{sf}(m)}^{n}=\boldsymbol{C}_{b(m-1)}^{n(m-1)}\Delta\boldsymbol{v}_{m}-\frac{T}{2}\boldsymbol{\omega}_{in(m-1/2)}^{n}\times(\boldsymbol{C}_{b(m-1)}^{n(m-1)}\Delta\boldsymbol{v}_{m})+\boldsymbol{C}_{b(m-1)}^{n(m-1)}(\Delta\boldsymbol{v}_{\mathrm{rot}(m)}^{b(m-1)}+\Delta\boldsymbol{v}_{\mathrm{scul}(m)}^{b(m-1)})=$$

$$\left[\boldsymbol{I}-\frac{T}{2}(\boldsymbol{\omega}_{in(m-1/2)}^{n}\times)\right]\boldsymbol{C}_{b(m-1)}^{n(m-1)}\Delta\boldsymbol{v}_m+\boldsymbol{C}_{b(m-1)}^{n(m-1)}(\Delta\boldsymbol{v}_{\mathrm{rot}(m)}^{b(m-1)}+\Delta\boldsymbol{v}_{\mathrm{scul}(m)}^{b(m-1)})\approx$$
$$\left[\boldsymbol{I}-\frac{T}{2}(\boldsymbol{\omega}_{in(m-1/2)}^{n}\times)\right]\boldsymbol{C}_{b(m-1)}^{n(m-1)}(\Delta\boldsymbol{v}_m+\Delta\boldsymbol{v}_{\mathrm{rot}(m)}^{b(m-1)}+\Delta\boldsymbol{v}_{\mathrm{scul}(m)}^{b(m-1)}) \tag{4.1.50}$$

至此,形成了一套完整的捷联惯导速度更新算法,主要包括式(4.1.26)、式(4.1.27)、式(4.1.36)、式(4.1.44)和式(4.1.50)。

3. 划桨误差补偿算法

式(4.1.44)给出的是在角速度和比力在线性(多项式)假设条件下的二子样速度误差补偿算法,以下分析在理想划桨运动条件下的划桨误差补偿算法。

假设动坐标系(b 系)绕其 x 轴作角振动,同时沿 y 轴作线振动,两者频率相同但相位正好相差 90°,即角速度和比力分别为

$$\boldsymbol{\omega}_{ib}^{b}(t)=\begin{bmatrix}\alpha\Omega\sin\Omega t\\0\\0\end{bmatrix} \tag{4.1.51a}$$

$$\boldsymbol{f}_{\mathrm{sf}}^{b}(t)=\begin{bmatrix}0\\\beta\Omega\cos\Omega t\\0\end{bmatrix} \tag{4.1.51b}$$

其中:α 为角振动的角度幅值;β 为线振动的比力增量幅值;Ω 为振动频率。式(4.1.51)描述的运动与现实生活划船中的划桨运动状况非常相似:一方面桨绕船身的横轴作往复角运动,另一方面船身连带船桨沿纵轴作间歇性加速线运动。可见,划船过程中船桨同时存在周期性的角运动和线运动,因此形象地称式(4.1.51)所描述的运动为划桨运动(sculling motion)。

将式(4.1.51)积分,可分别得角增量和比力增量为

$$\boldsymbol{\theta}_{ib}^{b}(t,t_{m-1})=\int_{t_{m-1}}^{t}\boldsymbol{\omega}_{ib}^{b}(\tau)\mathrm{d}\tau=\begin{bmatrix}-\alpha(\cos\Omega t-\cos\Omega t_{m-1})\\0\\0\end{bmatrix} \tag{4.1.52a}$$

$$\boldsymbol{v}_{\mathrm{sf}}^{b}(t,t_{m-1})=\int_{t_{m-1}}^{t}\boldsymbol{f}_{\mathrm{sf}}^{b}(\tau)\mathrm{d}\tau=\begin{bmatrix}0\\\beta(\sin\Omega t-\sin\Omega t_{m-1})\\0\end{bmatrix} \tag{4.1.52b}$$

再将式(4.1.51)和式(4.1.52)代入式(4.1.37),可得

$$\Delta\boldsymbol{v}_{\mathrm{scul}(m)}^{b(m-1)}=\frac{1}{2}\int_{t_{m-1}}^{t_m}[\boldsymbol{\theta}_{ib}^{b}(t,t_{m-1})\times\boldsymbol{f}_{\mathrm{sf}}^{b}(t)+\boldsymbol{v}_{\mathrm{sf}}^{b}(t,t_{m-1})\times\boldsymbol{\omega}_{ib}^{b}(t)]\mathrm{d}t=$$
$$\frac{1}{2}\int_{t_{m-1}}^{t_m}\left\{\begin{bmatrix}-\alpha(\cos\Omega t-\cos\Omega t_{m-1})\\0\\0\end{bmatrix}\times\begin{bmatrix}0\\\beta\Omega\cos\Omega t\\0\end{bmatrix}+\right.$$
$$\left.\begin{bmatrix}0\\\beta(\sin\Omega t-\sin\Omega t_{m-1})\\0\end{bmatrix}\times\begin{bmatrix}\alpha\Omega\sin\Omega t\\0\\0\end{bmatrix}\right\}\mathrm{d}t=$$
$$\frac{1}{2}\int_{t_{m-1}}^{t_m}\begin{bmatrix}-\alpha(\cos\Omega t-\cos\Omega t_{m-1})\\\beta(\sin\Omega t-\sin\Omega t_{m-1})\\0\end{bmatrix}\times\begin{bmatrix}\alpha\Omega\sin\Omega t\\\beta\Omega\cos\Omega t\\0\end{bmatrix}\mathrm{d}t=$$

$$\frac{1}{2}\int_{t_{m-1}}^{t_m}[\boldsymbol{\theta}_{ib}^b(t,t_{m-1})+\boldsymbol{v}_{\mathrm{sf}}^b(t,t_{m-1})]\times[\boldsymbol{f}_{\mathrm{sf}}^b(t)+\boldsymbol{\omega}_{ib}^b(t)]\mathrm{d}t \tag{4.1.53}$$

从形式上看，式(4.1.53) 与圆锥运动下的不可交换误差式(2.6.39) 完全相同，因而可将圆锥误差补偿算法系数应用于划桨误差补偿算法。

若设 $\boldsymbol{U}_{mi}=\Delta\boldsymbol{\theta}_{mi}+\Delta\boldsymbol{v}_{mi}$，其中 $\Delta\boldsymbol{\theta}_{mi}=\int_{t_{m-1+(i-1)h}}^{t_{m-1+ih}}\boldsymbol{\omega}_{ib}^b(t)\mathrm{d}t$，$\Delta\boldsymbol{v}_{mi}=\int_{t_{m-1+(i-1)h}}^{t_{m-1+ih}}\boldsymbol{f}_{\mathrm{sf}}^b(t)\mathrm{d}t(i=1,2,\cdots,N)$，类似于圆锥误差补偿公式(2.6.24)，有 N 子样划桨误差补偿算法，即

$$\Delta\hat{\boldsymbol{v}}_{\mathrm{scul}(m)}^{b(m-1)}=\sum_{i=1}^{N-1}k_{N-i}\boldsymbol{U}_{mi}\times\boldsymbol{U}_{mN}=\sum_{i=1}^{N-1}k_{N-i}(\Delta\boldsymbol{\theta}_{mi}+\Delta\boldsymbol{v}_{mi})\times(\Delta\boldsymbol{\theta}_{mN}+\Delta\boldsymbol{v}_{mN}) \tag{4.1.54}$$

在划桨运动下，注意到 $\Delta\boldsymbol{\theta}_{mi}\times\Delta\boldsymbol{\theta}_{mN}=\Delta\boldsymbol{v}_{mi}\times\Delta\boldsymbol{v}_{mN}=\boldsymbol{0}$，所以式(4.1.54) 可展开为

$$\Delta\hat{\boldsymbol{v}}_{\mathrm{scul}(m)}^{b(m-1)}=\sum_{i=1}^{N-1}k_{N-i}\Delta\boldsymbol{\theta}_{mi}\times\Delta\boldsymbol{v}_{mN}+\sum_{i=1}^{N-1}k_{N-i}\Delta\boldsymbol{v}_{mi}\times\Delta\boldsymbol{\theta}_{mN} \tag{4.1.55}$$

其中，系数 k_{N-i} 同圆锥误差补偿系数，参见表 2.6.2。

同样地，类似于圆锥误差补偿的剩余误差公式(2.6.34)，若进行符号替换 $\phi\rightarrow\sqrt{\alpha\beta\Omega}$，则可得以加速度(m/s²) 表示的划桨误差补偿的剩余误差公式如下：

$$\nabla_N=\frac{1}{T}[\Delta\hat{\boldsymbol{v}}_{\mathrm{scul}(m)}^{b(m-1)}-\Delta\boldsymbol{v}_{\mathrm{scul}(m)}^{b(m-1)}]_z=\rho_N\frac{\alpha\beta\Omega(\Omega T)^{2N+1}}{T} \tag{4.1.56}$$

式中：误差系数 ρ_N 同式(2.6.35)。

4.1.4　位置更新算法

捷联惯导系统的位置(纬度、经度和高度) 微分方程式(3.1.29) ～ 式(3.1.31)，重写如下：

$$\dot{L}=\frac{1}{R_M+h}v_{\mathrm{N}},\quad \dot{\lambda}=\frac{\sec L}{R_N+h}v_{\mathrm{E}},\quad \dot{h}=v_{\mathrm{U}} \tag{4.1.57}$$

将它们改写成矩阵形式，有

$$\dot{\boldsymbol{p}}=\boldsymbol{M}_{pv}\boldsymbol{v}^n \tag{4.1.58}$$

式中：记

$$\boldsymbol{p}=\begin{bmatrix}L\\ \lambda\\ h\end{bmatrix},\quad \boldsymbol{M}_{pv}=\begin{bmatrix}0 & 1/R_{Mh} & 0\\ \sec L/R_{Nh} & 0 & 0\\ 0 & 0 & 1\end{bmatrix}$$

$$R_{Mh}=R_M+h,\quad R_{Nh}=R_N+h$$

$$R_M=\frac{R_N(1-e^2)}{1-e^2\sin^2L},\quad R_N=\frac{R_e}{(1-e^2\sin^2L)^{1/2}},\quad e=\sqrt{2f-f^2}$$

与捷联惯导姿态和速度更新算法相比，位置更新算法引起的计算误差一般比较小，可采用比较简单的梯形积分法对式(4.1.58) 进行离散化，得

$$\boldsymbol{p}_m-\boldsymbol{p}_{m-1}=\int_{t_{m-1}}^{t_m}\boldsymbol{M}_{pv}\boldsymbol{v}^n\mathrm{d}t\approx\boldsymbol{M}_{pv}(t_{m-1/2})\int_{t_{m-1}}^{t_m}\boldsymbol{v}^n\mathrm{d}t\approx\boldsymbol{M}_{pv(m-1/2)}(\boldsymbol{v}_{m-1}^{n(m-1)}+\boldsymbol{v}_m^{n(m)})\frac{T}{2} \tag{4.1.59}$$

式(4.1.59) 移项，便得位置更新算法

$$\boldsymbol{p}_m=\boldsymbol{p}_{m-1}+\boldsymbol{M}_{pv(m-1/2)}(\boldsymbol{v}_{m-1}^{n(m-1)}+\boldsymbol{v}_m^{n(m)})\frac{T}{2} \tag{4.1.60}$$

其中：$\boldsymbol{M}_{pv(m-1/2)}$ 可采用如式(4.1.28) 所示的线性外推算法，对矩阵整体 $\boldsymbol{M}_{pv}$ 进行外推；亦可对

矩阵元素中的位置变量 L,h 外推，再构造矩阵 $\boldsymbol{M}_{pv}$。

最后，总结捷联惯导更新算法的主体计算框图如图 4.1.2 所示，它以 t_{m-1} 时刻的姿态阵 $\boldsymbol{C}_{b(m-1)}^{n(m-1)}$、速度 $\boldsymbol{v}_{m-1}^{n(m-1)}$、位置 $\boldsymbol{p}_{m-1}$ 以及从 t_{m-1} 时刻到 t_m 时刻的陀螺角增量采样 $\Delta\boldsymbol{\theta}_{mi}$、加速度计速度增量采样 $\Delta\boldsymbol{v}_{mi}$ 作为输入，解算获得 t_m 时刻的姿态阵 $\boldsymbol{C}_{b(m)}^{n(m)}$、速度 $\boldsymbol{v}_m^{n(m)}$ 和位置 $\boldsymbol{p}_m$ 输出。

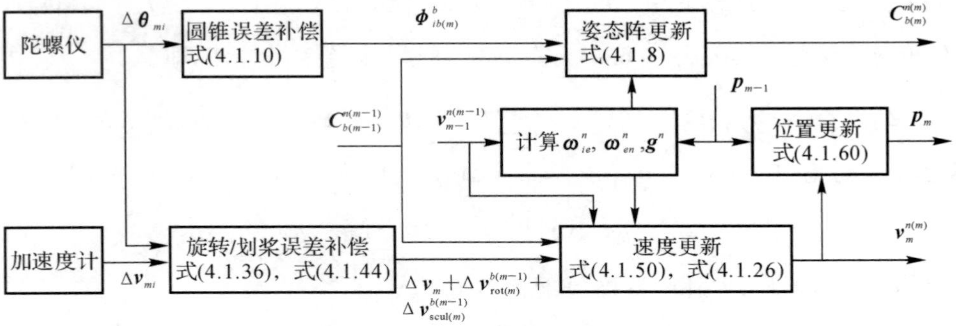

图 4.1.2　捷联惯导更新算法主体计算框图

4.2　捷联惯导误差方程

4.1 节给出的捷联惯导更新算法是假设理想无误差的，至多只会引入微小的数值计算误差。但是，在实际应用中，惯性传感器不可避免地存在测量误差，并且导航参数（姿态、方位、速度和位置）的初始化也不可能完全精确，这些误差都会通过导航更新算法进行传播，导致后续导航参数误差的不断累积。捷联惯导误差方程是研究惯导误差传播规律、进行初始对准和组合导航的基础。

4.2.1　惯性传感器测量误差模型

捷联惯导系统中的惯性传感器一般包含三只陀螺仪和三只加速度计，可分别称为陀螺组件（gyro triad）和加速度计组件（accelerometer triad）。

由于机械加工和装配误差等原因，陀螺组件中三只陀螺的敏感轴与理想载体坐标系（即直角坐标系 b 系）的坐标轴之间往往存在安装偏差角，可达角分量级甚至更大。在捷联导航解算之前必须先进行安装偏差角标定和补偿，标定工作通常还包括陀螺标度因数和陀螺零漂的测定。经过仔细标定之后，期望陀螺组件输出的是理想的 b 系的角运动信息，但是实际中总会或多或少存在一些剩余误差，使得陀螺组件在标定后输出的是某个非直角坐标系（记为 b_{g} 系）下的角速度信息。考虑陀螺残余标度系数误差 $\delta k_{\mathrm{g}ii}$ $(i=x,y,z)$ 和零漂误差 $\varepsilon_i^{b_{\mathrm{g}}}$ 后，陀螺组件的测量模型可表示为

$$\begin{bmatrix}\omega_{ibx}^{b}\\ \omega_{iby}^{b}\\ \omega_{ibz}^{b}\end{bmatrix}=(\boldsymbol{C}_{b_{\mathrm{g}}}^{b})^{-\mathrm{T}}\begin{bmatrix}(1-\delta k_{\mathrm{g}xx})\omega_{ibx}^{b_{\mathrm{g}}}-\varepsilon_x^{b_{\mathrm{g}}}\\ (1-\delta k_{\mathrm{g}yy})\omega_{iby}^{b_{\mathrm{g}}}-\varepsilon_y^{b_{\mathrm{g}}}\\ (1-\delta k_{\mathrm{g}zz})\omega_{ibz}^{b_{\mathrm{g}}}-\varepsilon_z^{b_{\mathrm{g}}}\end{bmatrix}\tag{4.2.1}$$

其中：$\boldsymbol{C}_{b_{\mathrm{g}}}^{b}$ 是从非直角坐标系 b_{g} 系到直角坐标系 b 系的坐标变换矩阵，其含义详见附录 D 或文

献[4] 的 10.1 节。可对式(4.2.1) 进行如下变形整理：

$$\begin{aligned}\boldsymbol{\omega}_{ib}^{b} = & (\boldsymbol{C}_{b_g}^{b})^{-\mathrm{T}}\{[\boldsymbol{I}-\mathrm{diag}(\delta\boldsymbol{k}_g)]\boldsymbol{\omega}_{ib}^{b_g}-\boldsymbol{\varepsilon}^{b_g}\}\approx \\ & [\boldsymbol{I}+(\boldsymbol{\mu}_g\times)+\boldsymbol{\varphi}_g^{\Delta}]^{-\mathrm{T}}\{[\boldsymbol{I}-\mathrm{diag}(\delta\boldsymbol{k}_g)]\boldsymbol{\omega}_{ib}^{b_g}-\boldsymbol{\varepsilon}^{b_g}\}\approx \\ & [\boldsymbol{I}+(\boldsymbol{\mu}_g\times)-\boldsymbol{\varphi}_g^{\nabla}]\{[\boldsymbol{I}-\mathrm{diag}(\delta\boldsymbol{k}_g)]\boldsymbol{\omega}_{ib}^{b_g}-\boldsymbol{\varepsilon}^{b_g}\}\approx \\ & [\boldsymbol{I}+(\boldsymbol{\mu}_g\times)-\boldsymbol{\varphi}_g^{\nabla}-\mathrm{diag}(\delta\boldsymbol{k}_g)]\boldsymbol{\omega}_{ib}^{b_g}-\boldsymbol{\varepsilon}^{b_g}\triangleq \\ & (\boldsymbol{I}-\delta\boldsymbol{K}_G)\boldsymbol{\omega}_{ib}^{b_g}-\boldsymbol{\varepsilon}^{b}\end{aligned}\tag{4.2.2}$$

式中：记

$$\boldsymbol{\omega}_{ib}^{b}=\begin{bmatrix}\omega_{ibx}^{b}\\ \omega_{iby}^{b}\\ \omega_{ibz}^{b}\end{bmatrix},\quad \boldsymbol{\varepsilon}^{b}=\begin{bmatrix}\varepsilon_x^{b}\\ \varepsilon_y^{b}\\ \varepsilon_z^{b}\end{bmatrix},\quad \boldsymbol{\omega}_{ib}^{b_g}=\begin{bmatrix}\omega_{ibx}^{b_g}\\ \omega_{iby}^{b_g}\\ \omega_{ibz}^{b_g}\end{bmatrix},\quad \boldsymbol{\varepsilon}^{b_g}=\begin{bmatrix}\varepsilon_x^{b_g}\\ \varepsilon_y^{b_g}\\ \varepsilon_z^{b_g}\end{bmatrix}$$

$$\delta\boldsymbol{k}_g=\begin{bmatrix}\delta k_{gxx}\\ \delta k_{gyy}\\ \delta k_{gzz}\end{bmatrix},\quad \boldsymbol{\mu}_g=\begin{bmatrix}\mu_{gx}\\ \mu_{gy}\\ \mu_{gz}\end{bmatrix},\quad \boldsymbol{\varphi}_g=\begin{bmatrix}\varphi_{gx}\\ \varphi_{gy}\\ \varphi_{gz}\end{bmatrix}$$

$$\delta\boldsymbol{K}_G=[\delta\boldsymbol{K}_{Gx}\quad \delta\boldsymbol{K}_{Gy}\quad \delta\boldsymbol{K}_{Gz}]=\mathrm{diag}(\delta\boldsymbol{k}_g)-(\boldsymbol{\mu}_g\times)+\boldsymbol{\varphi}_g^{\nabla}=\begin{bmatrix}\delta k_{gxx} & \mu_{gz} & -\mu_{gy}\\ -\mu_{gz}+\varphi_{gz} & \delta k_{gyy} & \mu_{gx}\\ \mu_{gy}+\varphi_{gy} & -\mu_{gx}+\varphi_{gx} & \delta k_{gzz}\end{bmatrix}$$

$\boldsymbol{\omega}_{ib}^{b}$ 为 b 系下的理论角速度，$\boldsymbol{\omega}_{ib}^{b_g}$ 为实际陀螺测量角速度输出(或可记作 $\tilde{\boldsymbol{\omega}}_{ib}^{b}$)；$\boldsymbol{\varepsilon}^{b}$，$\boldsymbol{\varepsilon}^{b_g}$ 分别为陀螺测量零漂在 b 系和 b_g 系的投影，可认为两者近似相等，即 $\boldsymbol{\varepsilon}^{b}\approx\boldsymbol{\varepsilon}^{b_g}$；$\delta\boldsymbol{K}_G$ 为陀螺标定刻度误差矩阵，$\delta\boldsymbol{k}_g$，$\boldsymbol{\mu}_g$，$\boldsymbol{\varphi}_g$ 分别为陀螺刻度系数误差、失准角误差和不正交误差，$\boldsymbol{\varphi}_g^{\Delta}$($\boldsymbol{\varphi}_g^{\nabla}$) 表示由 $\boldsymbol{\varphi}_g$ 构造的上(下) 三角矩阵，$\boldsymbol{\varphi}_g^{\nabla}=(\boldsymbol{\varphi}_g^{\Delta})^{\mathrm{T}}$。

将式(4.2.2) 移项整理，得陀螺组件测量误差模型为

$$\begin{aligned}\delta\boldsymbol{\omega}_{ib}^{b}= & \tilde{\boldsymbol{\omega}}_{ib}^{b}-\boldsymbol{\omega}_{ib}^{b}=\boldsymbol{\omega}_{ib}^{b_g}-\boldsymbol{\omega}_{ib}^{b}=\delta\boldsymbol{K}_G\tilde{\boldsymbol{\omega}}_{ib}^{b}+\boldsymbol{\varepsilon}^{b}\approx\delta\boldsymbol{K}_G\boldsymbol{\omega}_{ib}^{b}+\boldsymbol{\varepsilon}^{b}= \\ & \omega_{ibx}^{b}\delta\boldsymbol{K}_{Gx}+\omega_{iby}^{b}\delta\boldsymbol{K}_{Gy}+\omega_{ibz}^{b}\delta\boldsymbol{K}_{Gz}+\boldsymbol{\varepsilon}^{b}\end{aligned}\tag{4.2.3}$$

同理，可得加速度计组件的测量误差模型

$$\begin{aligned}\delta\boldsymbol{f}_{sf}^{b}= & \tilde{\boldsymbol{f}}_{sf}^{b}-\boldsymbol{f}_{sf}^{b}=\delta\boldsymbol{K}_A\tilde{\boldsymbol{f}}_{sf}^{b}+\boldsymbol{\nabla}^{b}\approx\delta\boldsymbol{K}_A\boldsymbol{f}_{sf}^{b}+\boldsymbol{\nabla}^{b}= \\ & f_{sfx}^{b}\delta\boldsymbol{K}_{Ax}+f_{sfy}^{b}\delta\boldsymbol{K}_{Ay}+f_{sfz}^{b}\delta\boldsymbol{K}_{Az}+\boldsymbol{\nabla}^{b}\end{aligned}\tag{4.2.4}$$

式中：记

$$\boldsymbol{f}_{sf}^{b}=\begin{bmatrix}f_{sfx}^{b}\\ f_{sfy}^{b}\\ f_{sfz}^{b}\end{bmatrix},\quad \tilde{\boldsymbol{f}}_{sf}^{b}=\begin{bmatrix}\tilde{f}_{sfx}^{b}\\ \tilde{f}_{sfy}^{b}\\ \tilde{f}_{sfz}^{b}\end{bmatrix},\quad \boldsymbol{\nabla}^{b}=\begin{bmatrix}\nabla_x^{b}\\ \nabla_y^{b}\\ \nabla_z^{b}\end{bmatrix},\quad \delta\boldsymbol{k}_a=\begin{bmatrix}\delta k_{axx}\\ \delta k_{ayy}\\ \delta k_{azz}\end{bmatrix},\quad \boldsymbol{\mu}_a=\begin{bmatrix}\mu_{ax}\\ \mu_{ay}\\ \mu_{az}\end{bmatrix},\quad \boldsymbol{\varphi}_a=\begin{bmatrix}\varphi_{ax}\\ \varphi_{ay}\\ \varphi_{az}\end{bmatrix}$$

$$\delta\boldsymbol{K}_A=[\delta\boldsymbol{K}_{Ax}\quad \delta\boldsymbol{K}_{Ay}\quad \delta\boldsymbol{K}_{Az}]=\mathrm{diag}(\delta\boldsymbol{k}_a)-(\boldsymbol{\mu}_a\times)+\boldsymbol{\varphi}_a^{\nabla}=\begin{bmatrix}\delta k_{axx} & \mu_{az} & -\mu_{ay}\\ -\mu_{az}+\varphi_{az} & \delta k_{ayy} & \mu_{ax}\\ \mu_{ay}+\varphi_{ay} & -\mu_{ax}+\varphi_{ax} & \delta k_{azz}\end{bmatrix}$$

其中：$\boldsymbol{f}_{sf}^{b}$ 和 $\tilde{\boldsymbol{f}}_{sf}^{b}$ 分别为加速度计的比力理论值和测量输出值；$\boldsymbol{\nabla}^{b}$ 为加速度计测量零偏；$\delta\boldsymbol{K}_A$ 为加速度计标定刻度误差矩阵；$\delta\boldsymbol{k}_a$，$\boldsymbol{\mu}_a$，$\boldsymbol{\varphi}_a$ 分别为加速度计刻度系数误差、失准角误差和不正交

误差；$\boldsymbol{\varphi}_{a}^{\nabla}$表示由 $\boldsymbol{\varphi}_{a}$ 构造的下三角矩阵。

4.2.2　姿态误差方程

假设从导航坐标系(n 系)到载体坐标系(b 系)的理想无误差捷联惯导姿态矩阵为 $\boldsymbol{C}_{b}^{n}$，而导航计算机中解算给出的姿态矩阵为 $\widetilde{\boldsymbol{C}}_{b}^{n}$，两者之间存在偏差。对于这两个变换矩阵 $\boldsymbol{C}_{b}^{n}$ 和 $\widetilde{\boldsymbol{C}}_{b}^{n}$，一般认为它们的 b 系是重合的，而将与 $\widetilde{\boldsymbol{C}}_{b}^{n}$ 对应的导航坐标系称为计算导航坐标系，简记为 n' 系，所以也常将计算姿态阵记为 $\boldsymbol{C}_{b}^{n'}$。因此，$\boldsymbol{C}_{b}^{n'}$ 与 $\boldsymbol{C}_{b}^{n}$ 之间的偏差在于 n' 系与 n 系与之间的偏差。

根据矩阵链乘规则，有

$$\boldsymbol{C}_{b}^{n'}=\boldsymbol{C}_{n}^{n'}\boldsymbol{C}_{b}^{n} \tag{4.2.5}$$

以 n 系作为参考坐标系，记从 n 系至 n' 系的等效旋转矢量为 $\boldsymbol{\phi}_{nn'}$(后面简记为 $\boldsymbol{\phi}$)，常称其为失准角误差。假设 $\boldsymbol{\phi}$ 为小量，根据等效旋转矢量与方向余弦阵关系式(2.2.23)，近似有

$$\boldsymbol{C}_{n'}^{n}\approx\boldsymbol{I}+(\boldsymbol{\phi}\times) \tag{4.2.6}$$

式(4.2.6)转置，有

$$\boldsymbol{C}_{n}^{n'}=(\boldsymbol{C}_{n'}^{n})^{\mathrm{T}}\approx\boldsymbol{I}-(\boldsymbol{\phi}\times) \tag{4.2.7}$$

将式(4.2.7)代入式(4.2.5)，可得

$$\boldsymbol{C}_{b}^{n'}=[\boldsymbol{I}-(\boldsymbol{\phi}\times)]\boldsymbol{C}_{b}^{n} \tag{4.2.8}$$

求解理想姿态矩阵的公式见式(4.1.2)，为方便叙述，重写如下：

$$\dot{\boldsymbol{C}}_{b}^{n}=\boldsymbol{C}_{b}^{n}(\boldsymbol{\omega}_{ib}^{b}\times)-(\boldsymbol{\omega}_{in}^{n}\times)\boldsymbol{C}_{b}^{n} \tag{4.2.9}$$

而实际计算时各量是含误差的，表示为

$$\dot{\boldsymbol{C}}_{b}^{n'}=\boldsymbol{C}_{b}^{n'}(\widetilde{\boldsymbol{\omega}}_{ib}^{b}\times)-(\widetilde{\boldsymbol{\omega}}_{in}^{n}\times)\boldsymbol{C}_{b}^{n'} \tag{4.2.10}$$

其中

$$\widetilde{\boldsymbol{\omega}}_{ib}^{b}=\boldsymbol{\omega}_{ib}^{b}+\delta\boldsymbol{\omega}_{ib}^{b} \tag{4.2.11}$$

$$\widetilde{\boldsymbol{\omega}}_{in}^{n}=\boldsymbol{\omega}_{in}^{n}+\delta\boldsymbol{\omega}_{in}^{n} \tag{4.2.12}$$

$\delta\boldsymbol{\omega}_{ib}^{b}$ 为陀螺测量误差，见式(4.2.3)；$\delta\boldsymbol{\omega}_{in}^{n}$ 为导航系计算误差，详细表达式见 4.2.5 小节。

将式(4.2.8)等号两边同时微分，其右端应当正好等于式(4.2.10)等号的右端，即有

$$(-\dot{\boldsymbol{\phi}}\times)\boldsymbol{C}_{b}^{n}+(\boldsymbol{I}-\boldsymbol{\phi}\times)\dot{\boldsymbol{C}}_{b}^{n}=\boldsymbol{C}_{b}^{n'}(\widetilde{\boldsymbol{\omega}}_{ib}^{b}\times)-(\widetilde{\boldsymbol{\omega}}_{in}^{n}\times)\boldsymbol{C}_{b}^{n'} \tag{4.2.13}$$

再将式(4.2.5)、式(4.2.9)、式(4.2.11)和式(4.2.12)代入式(4.2.13)，可得

$$\begin{aligned}&(-\dot{\boldsymbol{\phi}}\times)\boldsymbol{C}_{b}^{n}+(\boldsymbol{I}-\boldsymbol{\phi}\times)[\boldsymbol{C}_{b}^{n}(\boldsymbol{\omega}_{ib}^{b}\times)-(\boldsymbol{\omega}_{in}^{n}\times)\boldsymbol{C}_{b}^{n}]=\\&(\boldsymbol{I}-\boldsymbol{\phi}\times)\boldsymbol{C}_{b}^{n}[(\boldsymbol{\omega}_{ib}^{b}+\delta\boldsymbol{\omega}_{ib}^{b})\times]-[(\boldsymbol{\omega}_{in}^{n}+\delta\boldsymbol{\omega}_{in}^{n})\times](\boldsymbol{I}-\boldsymbol{\phi}\times)\boldsymbol{C}_{b}^{n}\end{aligned} \tag{4.2.14}$$

式(4.2.14)等号两边同时右乘 $\boldsymbol{C}_{n}^{b}$，展开并略去关于误差量的二阶小量，整理得

$$(\dot{\boldsymbol{\phi}}\times)=[(\boldsymbol{\phi}\times)(\boldsymbol{\omega}_{in}^{n}\times)-(\boldsymbol{\omega}_{in}^{n}\times)(\boldsymbol{\phi}\times)]+(\delta\boldsymbol{\omega}_{in}^{n}\times)-\boldsymbol{C}_{b}^{n}(\delta\boldsymbol{\omega}_{ib}^{b}\times)\boldsymbol{C}_{n}^{b} \tag{4.2.15}$$

在式(4.2.15)等号右边第一项中运用公式$(\boldsymbol{V}_{1}\times)(\boldsymbol{V}_{2}\times)-(\boldsymbol{V}_{2}\times)(\boldsymbol{V}_{1}\times)=[(\boldsymbol{V}_{1}\times\boldsymbol{V}_{2})\times]$，并在第三项中运用反对称阵的相似变换，则式(4.2.15)可简化为

$$\begin{aligned}(\dot{\boldsymbol{\phi}}\times)&=[(\boldsymbol{\phi}\times\boldsymbol{\omega}_{in}^{n})\times]+(\delta\boldsymbol{\omega}_{in}^{n}\times)-(\delta\boldsymbol{\omega}_{ib}^{n}\times)=\\&[(\boldsymbol{\phi}\times\boldsymbol{\omega}_{in}^{n}+\delta\boldsymbol{\omega}_{in}^{n}-\delta\boldsymbol{\omega}_{ib}^{n})\times]\end{aligned} \tag{4.2.16}$$

从而有

$$\dot{\boldsymbol{\phi}}=\boldsymbol{\phi}\times\boldsymbol{\omega}_{in}^{n}+\delta\boldsymbol{\omega}_{in}^{n}-\delta\boldsymbol{\omega}_{ib}^{n} \tag{4.2.17}$$

式(4.2.17)称为捷联惯导姿态误差(微分)方程，反映了计算导航系(n' 系)相对于理想导航系

(n 系) 的失准角 $\boldsymbol{\phi}$ 变化规律。

4.2.3　速度误差方程

速度误差是指惯导系统导航计算机中的计算速度与理想速度之间的偏差，描述这一偏差变化规律的微分方程称为速度误差(微分) 方程。计算速度表示为 $\tilde{\boldsymbol{v}}_{en'}^{n'}$，可简记为 $\tilde{\boldsymbol{v}}^n$，则速度误差定义为

$$\delta \boldsymbol{v}^n = \tilde{\boldsymbol{v}}^n - \boldsymbol{v}^n \tag{4.2.18}$$

对式(4.2.18) 等号两边同时求微分，可得

$$\delta \dot{\boldsymbol{v}}^n = \dot{\tilde{\boldsymbol{v}}}^n - \dot{\boldsymbol{v}}^n \tag{4.2.19}$$

比力方程的理论公式见式(4.1.20)，为叙述方便重写如下：

$$\dot{\boldsymbol{v}}^n = \boldsymbol{C}_b^n \boldsymbol{f}_{\mathrm{sf}}^b - (2\boldsymbol{\omega}_{ie}^n + \boldsymbol{\omega}_{en}^n) \times \boldsymbol{v}^n + \boldsymbol{g}^n \tag{4.2.20}$$

在实际计算时，表示为

$$\dot{\tilde{\boldsymbol{v}}}^n = \tilde{\boldsymbol{C}}_b^n \tilde{\boldsymbol{f}}_{\mathrm{sf}}^b - (2\tilde{\boldsymbol{\omega}}_{ie}^n + \tilde{\boldsymbol{\omega}}_{en}^n) \times \tilde{\boldsymbol{v}}^n + \tilde{\boldsymbol{g}}^n \tag{4.2.21}$$

其中

$$\tilde{\boldsymbol{f}}_{\mathrm{sf}}^b = \boldsymbol{f}_{\mathrm{sf}}^b + \delta \boldsymbol{f}_{\mathrm{sf}}^b \tag{4.2.22}$$

$$\tilde{\boldsymbol{\omega}}_{ie}^n = \boldsymbol{\omega}_{ie}^n + \delta \boldsymbol{\omega}_{ie}^n \tag{4.2.23}$$

$$\tilde{\boldsymbol{\omega}}_{en}^n = \boldsymbol{\omega}_{en}^n + \delta \boldsymbol{\omega}_{en}^n \tag{4.2.24}$$

$$\tilde{\boldsymbol{g}}^n = \boldsymbol{g}^n + \delta \boldsymbol{g}^n \tag{4.2.25}$$

$\delta \boldsymbol{f}_{\mathrm{sf}}^b$ 为加速度计测量误差，见式(4.2.4)；$\delta \boldsymbol{\omega}_{ie}^n$，$\delta \boldsymbol{\omega}_{en}^n$，$\delta \boldsymbol{g}^n$ 分别为地球自转角速度计算误差、导航系旋转计算误差和重力误差，具体见 4.2.5 小节。

将式(4.2.21) 减去式(4.2.20)，可得

$$\begin{aligned}
\delta \dot{\boldsymbol{v}}^n &= \dot{\tilde{\boldsymbol{v}}}^n - \dot{\boldsymbol{v}}^n = \\
&(\tilde{\boldsymbol{C}}_b^n \tilde{\boldsymbol{f}}_{\mathrm{sf}}^b - \boldsymbol{C}_b^n \boldsymbol{f}_{\mathrm{sf}}^b) - [(2\tilde{\boldsymbol{\omega}}_{ie}^n + \tilde{\boldsymbol{\omega}}_{en}^n) \times \tilde{\boldsymbol{v}}^n - (2\boldsymbol{\omega}_{ie}^n + \boldsymbol{\omega}_{en}^n) \times \boldsymbol{v}^n] + (\tilde{\boldsymbol{g}}^n - \boldsymbol{g}^n)
\end{aligned} \tag{4.2.26}$$

再将式(4.2.8)、式(4.2.22) ~ 式(4.2.25) 代入式(4.2.26)，展开并略去关于误差的二阶小量，可得

$$\begin{aligned}
\delta \dot{\boldsymbol{v}}^n = &[(\boldsymbol{I} - \boldsymbol{\phi} \times)\boldsymbol{C}_b^n (\boldsymbol{f}_{\mathrm{sf}}^b + \delta \boldsymbol{f}_{\mathrm{sf}}^b) - \boldsymbol{C}_b^n \boldsymbol{f}_{\mathrm{sf}}^b] - \\
&\{[2(\boldsymbol{\omega}_{ie}^n + \delta \boldsymbol{\omega}_{ie}^n) + (\boldsymbol{\omega}_{en}^n + \delta \boldsymbol{\omega}_{en}^n)] \times (\boldsymbol{v}^n + \delta \boldsymbol{v}^n) - (2\boldsymbol{\omega}_{ie}^n + \boldsymbol{\omega}_{en}^n) \times \boldsymbol{v}^n\} + \delta \boldsymbol{g}^n \approx \\
&-(\boldsymbol{\phi} \times)\boldsymbol{C}_b^n \boldsymbol{f}_{\mathrm{sf}}^b + \boldsymbol{C}_b^n \delta \boldsymbol{f}_{\mathrm{sf}}^b - (2\delta \boldsymbol{\omega}_{ie}^n + \delta \boldsymbol{\omega}_{en}^n) \times \boldsymbol{v}^n - (2\boldsymbol{\omega}_{ie}^n + \boldsymbol{\omega}_{en}^n) \times \delta \boldsymbol{v}^n + \delta \boldsymbol{g}^n = \\
&\boldsymbol{f}_{\mathrm{sf}}^n \times \boldsymbol{\phi} + \boldsymbol{v}^n \times (2\delta \boldsymbol{\omega}_{ie}^n + \delta \boldsymbol{\omega}_{en}^n) - (2\boldsymbol{\omega}_{ie}^n + \boldsymbol{\omega}_{en}^n) \times \delta \boldsymbol{v}^n + \delta \boldsymbol{f}_{\mathrm{sf}}^n + \delta \boldsymbol{g}^n
\end{aligned} \tag{4.2.27}$$

这便是捷联惯导速度误差微分方程。

4.2.4　位置误差方程

分别对捷联惯导位置(纬度、经度和高度) 微分方程式(4.1.57) 求偏差，但考虑到式中 R_M 和 R_N 在短时间内变化很小，均视为常值，可得

$$\delta \dot{L} = \frac{1}{R_M + h} \delta v_{\mathrm{N}} - \frac{v_{\mathrm{N}}}{(R_M + h)^2} \delta h \tag{4.2.28}$$

$$\delta \dot{\lambda} = \frac{\sec L}{R_N + h} \delta v_{\mathrm{E}} + \frac{v_{\mathrm{E}} \sec L \tan L}{R_N + h} \delta L - \frac{v_{\mathrm{E}} \sec L}{(R_N + h)^2} \delta h \tag{4.2.29}$$

$$\delta\dot{h}=\delta v_{\mathrm{U}} \tag{4.2.30}$$

其中：δL，$\delta\lambda$ 和 δh 分别表示纬度误差、经度误差和高度误差，并且记惯导速度分量 $\boldsymbol{v}^n=[v_{\mathrm{E}}\quad v_{\mathrm{N}}\quad v_{\mathrm{U}}]^{\mathrm{T}}$ 和速度误差分量 $\delta\boldsymbol{v}^n=[\delta v_{\mathrm{E}}\quad \delta v_{\mathrm{N}}\quad \delta v_{\mathrm{U}}]^{\mathrm{T}}$。

4.2.5 误差方程的整理

为了更加细致和完整地描述捷联惯导系统的误差传播规律，将前面的姿态、速度和位置误差进行统一的整理。

首先，将地球自转角速度 $\boldsymbol{\omega}_{ie}^n$ 以及导航系转动角速度 $\boldsymbol{\omega}_{en}^n$ 的表达式式(4.1.3)和式(4.1.4)分别重写如下：

$$\boldsymbol{\omega}_{ie}^n=\begin{bmatrix}0\\ \omega_{ie}\cos L\\ \omega_{ie}\sin L\end{bmatrix} \tag{4.2.31a}$$

$$\boldsymbol{\omega}_{en}^n=\begin{bmatrix}-v_{\mathrm{N}}/(R_M+h)\\ v_{\mathrm{E}}/(R_N+h)\\ v_{\mathrm{E}}\tan L/(R_N+h)\end{bmatrix} \tag{4.2.31b}$$

对式(4.2.31)求偏差，分别得

$$\delta\boldsymbol{\omega}_{ie}^n=\begin{bmatrix}0\\ -\omega_{ie}\sin L\cdot\delta L\\ \omega_{ie}\cos L\cdot\delta L\end{bmatrix}=\boldsymbol{M}_1\delta\boldsymbol{p} \tag{4.2.32a}$$

$$\delta\boldsymbol{\omega}_{en}^n=\begin{bmatrix}-\delta v_{\mathrm{N}}/(R_M+h)+v_{\mathrm{N}}\delta h/(R_M+h)^2\\ \delta v_{\mathrm{E}}/(R_N+h)-v_{\mathrm{E}}\delta h/(R_N+h)^2\\ \tan L\cdot\delta v_{\mathrm{E}}/(R_N+h)+v_{\mathrm{E}}\sec^2 L\cdot\delta L/(R_N+h)-v_{\mathrm{E}}\tan L\cdot\delta h/(R_N+h)^2\end{bmatrix}=$$

$$\begin{bmatrix}-\delta v_{\mathrm{N}}/R_{Mh}+v_{\mathrm{N}}\delta h/R_{Mh}^2\\ \delta v_{\mathrm{E}}/R_{Nh}-v_{\mathrm{E}}\delta h/R_{Nh}^2\\ \tan L\cdot\delta v_{\mathrm{E}}/R_{Nh}+v_{\mathrm{E}}\sec^2 L\cdot\delta L/R_{Nh}-v_{\mathrm{E}}\tan L\cdot\delta h/R_{Nh}^2\end{bmatrix}=$$

$$\boldsymbol{M}_{av}\delta\boldsymbol{v}^n+\boldsymbol{M}_2\delta\boldsymbol{p} \tag{4.2.32b}$$

式中：记

$$\boldsymbol{M}_1=\begin{bmatrix}0&0&0\\ -\omega_{ie}\sin L&0&0\\ \omega_{ie}\cos L&0&0\end{bmatrix} \tag{4.2.33a}$$

$$\boldsymbol{M}_{av}=\begin{bmatrix}0&-1/R_{Mh}&0\\ 1/R_{Nh}&0&0\\ \tan L/R_{Nh}&0&0\end{bmatrix} \tag{4.2.33b}$$

$$\boldsymbol{M}_2=\begin{bmatrix}0&0&v_{\mathrm{N}}/R_{Mh}^2\\ 0&0&-v_{\mathrm{E}}/R_{Nh}^2\\ v_{\mathrm{E}}\sec^2 L/R_{Nh}&0&-v_{\mathrm{E}}\tan L/R_{Nh}^2\end{bmatrix} \tag{4.2.33c}$$

这里还简记 $R_{Mh}=R_M+h$ 和 $R_{Nh}=R_N+h$，并记 $\delta\boldsymbol{p}=[\delta L\quad\delta\lambda\quad\delta h]^{\mathrm{T}}$ 为位置误差。

其次，将式(3.2.23)代入考虑了 Heiskanen 垂线偏差后的重力矢量公式(3.2.25)，并重记 $\boldsymbol{g}^g$ 为 $\boldsymbol{g}^n$，可得

$$\boldsymbol{g}^n=\begin{bmatrix}0\\-\beta_3 h\sin 2L\\-[g_0(1+\beta\sin^2 L-\beta_1\sin^2 2L)-\beta_2 h]\end{bmatrix}\tag{4.2.34}$$

对式(4.2.34)求偏差，可得

$$\delta\boldsymbol{g}^n=\begin{bmatrix}0\\-\beta_3(\sin 2L\cdot\delta h+2h\cos 2L\cdot\delta L)\\-[g_0\sin 2L(\beta-4\beta_1\cos 2L)\delta L-\beta_2\delta h]\end{bmatrix}=\boldsymbol{M}_3\delta\boldsymbol{p}\tag{4.2.35}$$

式中：记

$$\boldsymbol{M}_3=\begin{bmatrix}0&0&0\\-2\beta_3 h\cos 2L&0&-\beta_3\sin 2L\\-g_0(\beta-4\beta_1\cos 2L)\sin 2L&0&\beta_2\end{bmatrix}\tag{4.2.36}$$

实际中，除非惯导高度或高度误差比较大，$\boldsymbol{M}_3$ 对误差传播的影响很小，一般可以忽略不计。注意，这里只是简单采用了正常重力计算公式，而没有考虑实际地球的重力异常和垂线偏差影响。

至此，可计算得到姿态、速度和位置误差的详细表达式，介绍如下。

将式(4.2.3)、式(4.2.32)代入式(4.2.17)，得姿态误差方程为

$$\begin{aligned}\dot{\boldsymbol{\phi}}=&\boldsymbol{\phi}\times\boldsymbol{\omega}_{in}^n+\delta\boldsymbol{\omega}_{in}^n-\delta\boldsymbol{\omega}_{ib}^n=\\&\boldsymbol{\phi}\times\boldsymbol{\omega}_{in}^n+(\delta\boldsymbol{\omega}_{ie}^n+\delta\boldsymbol{\omega}_{en}^n)-\boldsymbol{C}_b^n\delta\boldsymbol{\omega}_{ib}^b=\\&\boldsymbol{\phi}\times\boldsymbol{\omega}_{in}^n+(\boldsymbol{M}_1\delta\boldsymbol{p}+\boldsymbol{M}_{av}\delta\boldsymbol{v}^n+\boldsymbol{M}_2\delta\boldsymbol{p})-\boldsymbol{C}_b^n(\omega_{ibx}^b\delta\boldsymbol{K}_{\mathrm{G}x}+\omega_{iby}^b\delta\boldsymbol{K}_{\mathrm{G}y}+\omega_{ibz}^b\delta\boldsymbol{K}_{\mathrm{G}z}+\boldsymbol{\varepsilon}^b)=\\&-\boldsymbol{\omega}_{in}^n\times\boldsymbol{\phi}+\boldsymbol{M}_{av}\delta\boldsymbol{v}^n+(\boldsymbol{M}_1+\boldsymbol{M}_2)\delta\boldsymbol{p}-\omega_{ibx}^b\boldsymbol{C}_b^n\delta\boldsymbol{K}_{\mathrm{G}x}-\omega_{iby}^b\boldsymbol{C}_b^n\delta\boldsymbol{K}_{\mathrm{G}y}-\omega_{ibz}^b\boldsymbol{C}_b^n\delta\boldsymbol{K}_{\mathrm{G}z}-\boldsymbol{C}_b^n\boldsymbol{\varepsilon}^b=\\&\boldsymbol{M}_{aa}\boldsymbol{\phi}+\boldsymbol{M}_{av}\delta\boldsymbol{v}^n+\boldsymbol{M}_{ap}\delta\boldsymbol{p}-\omega_{ibx}^b\boldsymbol{C}_b^n\delta\boldsymbol{K}_{\mathrm{G}x}-\omega_{iby}^b\boldsymbol{C}_b^n\delta\boldsymbol{K}_{\mathrm{G}y}-\omega_{ibz}^b\boldsymbol{C}_b^n\delta\boldsymbol{K}_{\mathrm{G}z}-\boldsymbol{C}_b^n\boldsymbol{\varepsilon}^b\end{aligned}\tag{4.2.37}$$

其中

$$\left.\begin{aligned}\boldsymbol{M}_{aa}&=-(\boldsymbol{\omega}_{in}^n\times)\\\boldsymbol{M}_{ap}&=\boldsymbol{M}_1+\boldsymbol{M}_2\end{aligned}\right\}\tag{4.2.38}$$

将式(4.2.4)、式(4.2.32)代入式(4.2.27)，得速度误差方程为

$$\begin{aligned}\delta\dot{\boldsymbol{v}}^n=&\boldsymbol{f}_{\mathrm{sf}}^n\times\boldsymbol{\phi}+\boldsymbol{v}^n\times(2\delta\boldsymbol{\omega}_{ie}^n+\delta\boldsymbol{\omega}_{en}^n)-(2\boldsymbol{\omega}_{ie}^n+\boldsymbol{\omega}_{en}^n)\times\delta\boldsymbol{v}^n+\delta\boldsymbol{f}_{\mathrm{sf}}^n+\delta\boldsymbol{g}^n=\\&\boldsymbol{f}_{\mathrm{sf}}^n\times\boldsymbol{\phi}+\boldsymbol{v}^n\times(2\boldsymbol{M}_1\delta\boldsymbol{p}+\boldsymbol{M}_{av}\delta\boldsymbol{v}^n+\boldsymbol{M}_2\delta\boldsymbol{p})-(2\boldsymbol{\omega}_{ie}^n+\boldsymbol{\omega}_{en}^n)\times\delta\boldsymbol{v}^n+\boldsymbol{C}_b^n\delta\boldsymbol{f}_{\mathrm{sf}}^b+\boldsymbol{M}_3\delta\boldsymbol{p}=\\&\boldsymbol{f}_{\mathrm{sf}}^n\times\boldsymbol{\phi}+[(\boldsymbol{v}^n\times)\boldsymbol{M}_{av}-(2\boldsymbol{\omega}_{ie}^n+\boldsymbol{\omega}_{en}^n)\times]\delta\boldsymbol{v}^n+[(\boldsymbol{v}^n\times)(2\boldsymbol{M}_1+\boldsymbol{M}_2)+\boldsymbol{M}_3]\delta\boldsymbol{p}+\\&\boldsymbol{C}_b^n(f_{\mathrm{sf}x}^b\delta\boldsymbol{K}_{\mathrm{A}x}+f_{\mathrm{sf}y}^b\delta\boldsymbol{K}_{\mathrm{A}y}+f_{\mathrm{sf}z}^b\delta\boldsymbol{K}_{\mathrm{A}z}+\boldsymbol{\nabla}^{\mathrm{b}})=\\&\boldsymbol{M}_{va}\boldsymbol{\phi}+\boldsymbol{M}_{vv}\delta\boldsymbol{v}^n+\boldsymbol{M}_{vp}\delta\boldsymbol{p}+f_{\mathrm{sf}x}^b\boldsymbol{C}_b^n\delta\boldsymbol{K}_{\mathrm{A}x}+f_{\mathrm{sf}y}^b\boldsymbol{C}_b^n\delta\boldsymbol{K}_{\mathrm{A}y}+f_{\mathrm{sf}z}^b\boldsymbol{C}_b^n\delta\boldsymbol{K}_{\mathrm{A}z}+\boldsymbol{C}_b^n\boldsymbol{\nabla}^{\mathrm{b}}\end{aligned}\tag{4.2.39}$$

其中

$$\left.\begin{aligned}\boldsymbol{M}_{va}&=(\boldsymbol{f}_{\mathrm{sf}}^n\times)\\\boldsymbol{M}_{vv}&=(\boldsymbol{v}^n\times)\boldsymbol{M}_{av}-[(2\boldsymbol{\omega}_{ie}^n+\boldsymbol{\omega}_{en}^n)\times]\\\boldsymbol{M}_{vp}&=(\boldsymbol{v}^n\times)(\boldsymbol{M}_1+\boldsymbol{M}_{ap})+\boldsymbol{M}_3\end{aligned}\right\}\tag{4.2.40}$$

将位置误差式(4.2.28) ~ 式(4.2.30) 改写为向量形式,可得

$$\delta\dot{\boldsymbol{p}} = \boldsymbol{M}_{pv}\delta\boldsymbol{v}^n + \boldsymbol{M}_{pp}\delta\boldsymbol{p} \tag{4.2.41}$$

其中

$$\boldsymbol{M}_{pv} = \begin{bmatrix} 0 & 1/R_{Mh} & 0 \\ \sec L/R_{Nh} & 0 & 0 \\ 0 & 0 & 1 \end{bmatrix} \tag{4.2.42a}$$

$$\boldsymbol{M}_{pp} = \begin{bmatrix} 0 & 0 & -v_{\mathrm{N}}/R_{Mh}^2 \\ v_{\mathrm{E}}\sec L\tan L/R_{Nh} & 0 & -v_{\mathrm{E}}\sec L/R_{Nh}^2 \\ 0 & 0 & 0 \end{bmatrix} \tag{4.2.42b}$$

在大多数情况下,比如在惯导系统标定比较准确或者运载体机动不大时,可以忽略标度系数矩阵误差 $\delta\boldsymbol{K}_{\mathrm{G}}$ 和 $\delta\boldsymbol{K}_{\mathrm{A}}$ 的影响,将姿态误差方程式(4.2.37)、速度误差方程式(4.2.39) 和位置误差方程式(4.2.41) 展开成分量形式,可得

$$\dot{\phi}_{\mathrm{E}} = \left(\omega_{\mathrm{U}} + \frac{v_{\mathrm{E}}\tan L}{R_{Nh}}\right)\phi_{\mathrm{N}} - \left(\omega_{\mathrm{N}} + \frac{v_{\mathrm{E}}}{R_{Nh}}\right)\phi_{\mathrm{U}} - \frac{1}{R_{Mh}}\delta v_{\mathrm{N}} + \frac{v_{\mathrm{N}}}{R_{Mh}^2}\delta h - \varepsilon_{\mathrm{E}} \tag{4.2.43a}$$

$$\dot{\phi}_{\mathrm{N}} = -\left(\omega_{\mathrm{U}} + \frac{v_{\mathrm{E}}\tan L}{R_{Nh}}\right)\phi_{\mathrm{E}} - \frac{v_{\mathrm{N}}}{R_{Mh}}\phi_{\mathrm{U}} + \frac{1}{R_{Nh}}\delta v_{\mathrm{E}} - \omega_{\mathrm{U}}\delta L - \frac{v_{\mathrm{E}}}{R_{Nh}^2}\delta h - \varepsilon_{\mathrm{N}} \tag{4.2.43b}$$

$$\dot{\phi}_{\mathrm{U}} = \left(\omega_{\mathrm{N}} + \frac{v_{\mathrm{E}}}{R_{Nh}}\right)\phi_{\mathrm{E}} + \frac{v_{\mathrm{N}}}{R_{Mh}}\phi_{\mathrm{N}} + \frac{\tan L}{R_{Nh}}\delta v_{\mathrm{E}} + \left(\omega_{\mathrm{N}} + \frac{v_{\mathrm{E}}\sec^2 L}{R_{Nh}}\right)\delta L - \frac{v_{\mathrm{E}}\tan L}{R_{Nh}^2}\delta h - \varepsilon_{\mathrm{U}} \tag{4.2.43c}$$

$$\begin{aligned}\delta\dot{v}_{\mathrm{E}} = & -f_{\mathrm{U}}\phi_{\mathrm{N}} + f_{\mathrm{N}}\phi_{\mathrm{U}} + \frac{v_{\mathrm{N}}\tan L - v_{\mathrm{U}}}{R_{Nh}}\delta v_{\mathrm{E}} + \left(2\omega_{\mathrm{U}} + \frac{v_{\mathrm{E}}\tan L}{R_{Nh}}\right)\delta v_{\mathrm{N}} - \left(2\omega_{\mathrm{N}} + \frac{v_{\mathrm{E}}}{R_{Nh}}\right)\delta v_{\mathrm{U}} + \\ & \left[2(v_{\mathrm{N}}\omega_{\mathrm{N}} + v_{\mathrm{U}}\omega_{\mathrm{U}}) + \frac{v_{\mathrm{E}}v_{\mathrm{N}}\sec^2 L}{R_{Nh}}\right]\delta L + \frac{v_{\mathrm{E}}(v_{\mathrm{U}} - v_{\mathrm{N}}\tan L)}{R_{Nh}^2}\delta h + \nabla_{\mathrm{E}}\end{aligned} \tag{4.2.43d}$$

$$\begin{aligned}\delta\dot{v}_{\mathrm{N}} = & f_{\mathrm{U}}\phi_{\mathrm{E}} - f_{\mathrm{E}}\phi_{\mathrm{U}} - 2\left(\omega_{\mathrm{U}} + \frac{v_{\mathrm{E}}\tan L}{R_{Nh}}\right)\delta v_{\mathrm{E}} - \frac{v_{\mathrm{U}}}{R_{Mh}}\delta v_{\mathrm{N}} - \frac{v_{\mathrm{N}}}{R_{Mh}}\delta v_{\mathrm{U}} - \\ & \left[v_{\mathrm{E}}\left(2\omega_{\mathrm{N}} + \frac{v_{\mathrm{E}}\sec^2 L}{R_{Nh}}\right) + 2\beta_3 h\cos 2L\right]\delta L + \left(\frac{v_{\mathrm{N}}v_{\mathrm{U}}}{R_{Mh}^2} + \frac{v_{\mathrm{E}}^2\tan L}{R_{Nh}^2} - \beta_3\sin 2L\right)\delta h + \nabla_{\mathrm{N}}\end{aligned} \tag{4.2.43e}$$

$$\begin{aligned}\delta\dot{v}_{\mathrm{U}} = & -f_{\mathrm{N}}\phi_{\mathrm{E}} + f_{\mathrm{E}}\phi_{\mathrm{N}} + 2\left(\omega_{\mathrm{N}} + \frac{v_{\mathrm{E}}}{R_{Nh}}\right)\delta v_{\mathrm{E}} + \frac{2v_{\mathrm{N}}}{R_{Mh}}\delta v_{\mathrm{N}} - \\ & [2\omega_{\mathrm{U}}v_{\mathrm{E}} + g_0(\beta - 4\beta_1\cos 2L)\sin 2L]\delta L - \left(\frac{v_{\mathrm{E}}^2}{R_{Nh}^2} + \frac{v_{\mathrm{N}}^2}{R_{Mh}^2} - \beta_2\right)\delta h + \nabla_{\mathrm{U}}\end{aligned} \tag{4.2.43f}$$

$$\delta\dot{L} = \frac{1}{R_{Mh}}\delta v_{\mathrm{N}} - \frac{v_{\mathrm{N}}}{R_{Mh}^2}\delta h \tag{4.2.43g}$$

$$\delta\dot{\lambda} = \frac{\sec L}{R_{Nh}}\delta v_{\mathrm{E}} + \frac{v_{\mathrm{E}}\sec L\tan L}{R_{Nh}}\delta L - \frac{v_{\mathrm{E}}\sec L}{R_{Nh}^2}\delta h \tag{4.2.43h}$$

$$\delta\dot{h} = \delta v_{\mathrm{U}} \tag{4.2.43i}$$

式中:记各分量形式

$$\boldsymbol{\phi} = [\phi_{\mathrm{E}} \quad \phi_{\mathrm{N}} \quad \phi_{\mathrm{U}}]^{\mathrm{T}} \tag{4.2.44a}$$

$$\boldsymbol{\omega}_{ie}^n = [0 \quad \omega_{ie}\cos L \quad \omega_{ie}\sin L]^{\mathrm{T}} \triangleq [0 \quad \omega_{\mathrm{N}} \quad \omega_{\mathrm{U}}]^{\mathrm{T}} \tag{4.2.44b}$$

$$\boldsymbol{\varepsilon}^n = \boldsymbol{C}_b^n \boldsymbol{\varepsilon}^b \triangleq [\varepsilon_E \quad \varepsilon_N \quad \varepsilon_U]^T \tag{4.2.44c}$$

$$\boldsymbol{f}_{sf}^n = \boldsymbol{C}_b^n \boldsymbol{f}_{sf}^b \triangleq [f_E \quad f_N \quad f_U]^T \tag{4.2.45a}$$

$$\boldsymbol{\nabla}^n = \boldsymbol{C}_b^n \boldsymbol{\nabla}^b \triangleq [\nabla_E \quad \nabla_N \quad \nabla_U]^T \tag{4.2.45b}$$

若惯导系统标定结果不理想，即标定误差 $\delta\boldsymbol{K}_G$（或 $\delta\boldsymbol{K}_A$）较大，则在角运动（或加速运动）下会迅速耦合引起姿态（或速度）误差。比如仅考虑式(4.2.37)中右端的 $-\omega_{ibz}^b\boldsymbol{C}_b^n\delta\boldsymbol{K}_{Gz}$ 项，有

$$\dot{\boldsymbol{\phi}} = -\omega_{ibz}^b \boldsymbol{C}_b^n \delta\boldsymbol{K}_{Gz} \tag{4.2.46}$$

假设惯导绕方位 z 轴转动，在短时间$[t_0, t_1]$内方位角从 ψ_0 变化到 ψ_1（这里方位角取北偏西为正），转动过程中水平姿态角（俯仰角 θ 和横滚角 γ）始终近似为 0，相应地，记失准角从 $\boldsymbol{\phi}_0$ 变化到 $\boldsymbol{\phi}_1$，且记失准角变化量为 $\Delta\boldsymbol{\phi} = \boldsymbol{\phi}_1 - \boldsymbol{\phi}_0$，则对式(4.2.46)等号两边积分，有

$$\Delta\boldsymbol{\phi} = \boldsymbol{\phi}_1 - \boldsymbol{\phi}_0 = \int_{t_0}^{t_1} -\omega_{ibz}^b \begin{bmatrix} \cos\psi & -\sin\psi & 0 \\ \sin\psi & \cos\psi & 0 \\ 0 & 0 & 1 \end{bmatrix} \begin{bmatrix} \delta k_{gxz} \\ \delta k_{gyz} \\ \delta k_{gzz} \end{bmatrix} dt \approx$$

$$\int_{t_0}^{t_1} -\omega_{nbz}^b \begin{bmatrix} \cos\psi & -\sin\psi & 0 \\ \sin\psi & \cos\psi & 0 \\ 0 & 0 & 1 \end{bmatrix} \begin{bmatrix} \delta k_{gxz} \\ \delta k_{gyz} \\ \delta k_{gzz} \end{bmatrix} dt = -\int_{\psi_0}^{\psi_1} \begin{bmatrix} \cos\psi & -\sin\psi & 0 \\ \sin\psi & \cos\psi & 0 \\ 0 & 0 & 1 \end{bmatrix} \begin{bmatrix} \delta k_{gxz} \\ \delta k_{gyz} \\ \delta k_{gzz} \end{bmatrix} d\psi =$$

$$-\begin{bmatrix} (\sin\psi_1 - \sin\psi_0)\delta k_{gxz} + (\cos\psi_1 - \cos\psi_0)\delta k_{gyz} \\ -(\cos\psi_1 - \cos\psi_0)\delta k_{gxz} + (\sin\psi_1 - \sin\psi_0)\delta k_{gyz} \\ (\psi_1 - \psi_0)\delta k_{gzz} \end{bmatrix} \tag{4.2.47}$$

特别地，当取 $\psi_0 = 0$ 且惯导绕方位 z 轴转动 $+180°$ 时（即 $\psi_1 = \pi$），有

$$\Delta\boldsymbol{\phi} = \begin{bmatrix} 2\delta k_{gyz} \\ -2\delta k_{gxz} \\ -\pi\delta k_{gzz} \end{bmatrix} \tag{4.2.48}$$

可见，在角运动过程中，陀螺标定误差将直接引起惯导失准角误差；反之，如果在转动过程中能观测到失准角误差的变化，也可对陀螺标定误差做出估计和修正。

4.3　静基座误差特性分析

捷联惯导的动态误差传播本质上是一个复杂的时变系统，误差跟运载体特定航行轨迹密切相关，一般不能求得解析解，而只能通过数值仿真的方法进行精确分析。但是，在静基座条件下惯导的误差传播相对比较简单，它退化成一个线性定常系统，通过求解定常系统的解析解容易获得惯导误差传播特性，有助于增强对惯导规律的认识。

4.3.1　静基座误差方程

在静基座下，惯导真实速度为 $\boldsymbol{v}^n = \boldsymbol{0}$，真实位置 $\boldsymbol{p} = [L \quad \lambda \quad h]^T$ 一般准确已知，比力在导航坐标系的投影理论上为 $\boldsymbol{f}_{sf}^n = [0 \quad 0 \quad g]^T$，可将参数 R_{Mh} 和 R_{Nh} 近似为地球平均半径 R，则式(4.2.43)可简化并解耦为高度通道和水平通道，分别如下：

$$\left.\begin{aligned} \delta\dot{v}_U &= 2\omega_N\delta v_E - g_0\sin 2L(\beta - 4\beta_1\cos 2L)\delta L + \beta_2\delta h + \nabla_U \\ \delta\dot{h} &= \delta v_U \end{aligned}\right\} \tag{4.3.1}$$

$$\left.\begin{aligned}\dot{\phi}_E &= \omega_U\phi_N - \omega_N\phi_U - \delta v_N/R - \varepsilon_E \\ \dot{\phi}_N &= -\omega_U\phi_E + \delta v_E/R - \omega_U\delta L - \varepsilon_N \\ \dot{\phi}_U &= \omega_N\phi_E + \delta v_E\tan L/R + \omega_N\delta L - \varepsilon_U \\ \delta\dot{v}_E &= -g\phi_N + 2\omega_U\delta v_N + \nabla_E \\ \delta\dot{v}_N &= g\phi_E - 2\omega_U\delta v_E + \nabla_N \\ \delta\dot{L} &= \delta v_N/R \\ \delta\dot{\lambda} &= \delta v_E\sec L/R\end{aligned}\right\} \tag{4.3.2}$$

在高度通道中，对比式(4.3.1)和式(4.2.43f)，这里认为惯导水平速度不大($v_E \approx v_N \approx 0$)且运动平稳($f_E \approx f_N \approx 0$)；而在水平通道中，认为天向速度和高度，以及它们的误差均为零($v_U \approx \delta v_U \approx 0$ 且 $h \approx \delta h \approx 0$)。

下面分别对高度通道和水平通道进行详细分析。

4.3.2 高度通道

图4.3.1给出了与式(4.3.1)等效的控制系统结构图，图中等效天向加速度计零偏输入为 $\nabla'_U = 2\omega_N\delta v_E - g_e\sin 2L(\beta - 4\beta_1\cos 2L)\delta L + \nabla_U$，不难求得系统传递函数为

$$\delta h(s) = \frac{1}{s^2 - \beta_2}\ \nabla'_U(s) \tag{4.3.3}$$

显然，图4.3.1是一个正反馈系统，对应式(4.3.3)的特征方程含有二重正根 $s = \sqrt{\beta_2}$，系统只要受到扰动，包括 δv_E，δL，∇_U 和 $\delta v_U(0)$，$\delta h(0)$ 等的任何干扰，高度误差 δh 都会随时间不断发散，因此，纯惯导系统的高度通道是不稳定的。

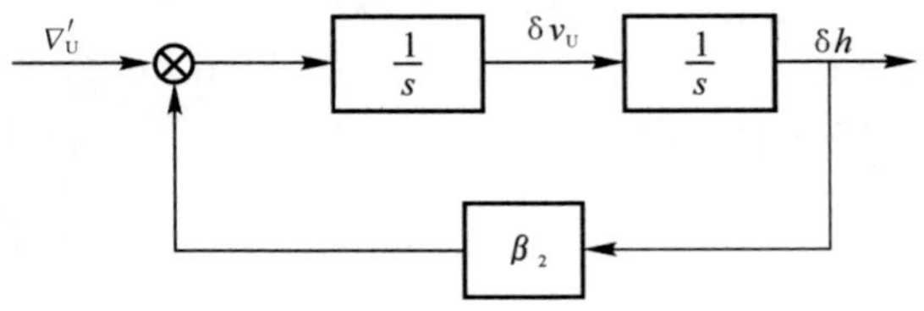

图 4.3.1　高度通道结构图

假设 ∇'_U 在时域中为常值，则式(4.3.3)变为

$$\delta h(s) = \frac{1}{s^2 - \beta_2}\cdot\frac{\nabla'_U}{s} = \frac{\nabla'_U}{2\beta_2}\left(\frac{1}{s+\sqrt{\beta_2}} + \frac{1}{s-\sqrt{\beta_2}} - \frac{2}{s}\right) \tag{4.3.4}$$

对式(4.3.4)作拉普拉斯反变换，可得

$$\delta h(t) = \frac{\nabla'_U}{2\beta_2}(e^{\sqrt{\beta_2}t} + e^{-\sqrt{\beta_2}t} - 2) = \frac{\nabla'_U}{\beta_2}\left[\frac{(\sqrt{\beta_2}t)^2}{2!} + \frac{(\sqrt{\beta_2}t)^4}{4!} + \frac{(\sqrt{\beta_2}t)^6}{6!} + \cdots\right] \tag{4.3.5a}$$

考虑到 $\beta_2 = 3.08\times10^{-6}\,\mathrm{s}^{-2}$，在 $\sqrt{\beta_2}t > 1$ 即 $t > 1/\sqrt{\beta_2} \approx 600$ s 之后，式(4.3.5a)中关于时间二次方以上的项将会产生越来越显著的影响，总体上按指数规律发散。但在短时间(约10 min)内，若忽略所有二次方以上项的影响，则有 $\delta h(t) \approx \nabla'_U t^2/2$，这时高度误差 δh 可以近似看成是加速度计等效天向零偏 ∇'_U 的二次积分结果。

若进一步考虑初值 $\delta v_U(0)$ 和 $\delta h(0)$ 的影响，可综合求得高度 δh 的变化规律(读者作为练习)及其在短时间内的近似，如下

$$\begin{aligned}\delta h(t) = {} & \frac{\delta h(0)}{2}(e^{\sqrt{\beta_2}t} + e^{-\sqrt{\beta_2}t}) + \frac{\delta v_U(0)}{2\sqrt{\beta_2}}(e^{\sqrt{\beta_2}t} - e^{-\sqrt{\beta_2}t}) + \frac{\nabla'_U}{2\beta_2}(e^{\sqrt{\beta_2}t} + e^{-\sqrt{\beta_2}t} - 2) \approx \\ & \delta h(0) + \delta v_U(0)t + \nabla'_U t^2/2\end{aligned} \tag{4.3.5b}$$

纯惯导的高度通道不能长时间单独使用，必须借助其他高度测量设备，比如气压高度计，进行高度阻尼；或者在某些高度变化不大的应用场合，比如在海上或陆地平原上使用，不要求进行精确的高度导航时，可全程简单地使用导航起始时刻的固定高度值，或者直接将高度设置为零。

4.3.3　水平通道

不难看出，式(4.3.2)中经度误差 $\delta\lambda$ 的传播是一个相对独立的过程，它仅仅是东向速度误差 δv_E 的一次积分，$\delta\lambda$ 与其他误差之间没有交联。若分别设置状态向量 $\boldsymbol{X}$、输入向量 $\boldsymbol{U}$ 和系统矩阵 $\boldsymbol{F}$ 如下：

$$\boldsymbol{X} = [\phi_E \quad \phi_N \quad \phi_U \quad \delta v_E \quad \delta v_N \quad \delta L]^T$$

$$\boldsymbol{U} = [-\varepsilon_E \quad -\varepsilon_N \quad -\varepsilon_U \quad \nabla_E \quad \nabla_N \quad 0]^T$$

$$\boldsymbol{F} = \begin{bmatrix} 0 & \omega_U & -\omega_N & 0 & -1/R & 0 \\ -\omega_U & 0 & 0 & 1/R & 0 & -\omega_U \\ \omega_N & 0 & 0 & \tan L/R & 0 & \omega_N \\ 0 & -g & 0 & 0 & 2\omega_U & 0 \\ g & 0 & 0 & -2\omega_U & 0 & 0 \\ 0 & 0 & 0 & 0 & 1/R & 0 \end{bmatrix}$$

则式(4.3.2)可简写为

$$\dot{\boldsymbol{X}} = \boldsymbol{F}\boldsymbol{X} + \boldsymbol{U} \tag{4.3.6a}$$

$$\delta\dot{\lambda} = \frac{\delta v_E}{R}\sec L \tag{4.3.6b}$$

上述两式所示系统均为定常系统，对其取拉普拉斯变换，分别得

$$\boldsymbol{X}(s) = (s\boldsymbol{I} - \boldsymbol{F})^{-1}[\boldsymbol{X}(0) + \boldsymbol{U}(s)] \tag{4.3.7a}$$

$$\delta\lambda(s) = \frac{1}{s}\left[\frac{\delta v_E(s)}{R}\sec L + \delta\lambda(0)\right] \tag{4.3.7b}$$

式中：状态向量 $\boldsymbol{X}$ 的初值记为

$$\boldsymbol{X}(0) = [\phi_E(0) \quad \phi_N(0) \quad \phi_U(0) \quad \delta v_E(0) \quad \delta v_N(0) \quad \delta L(0)]^T$$

以下主要针对式(4.3.7a)作分析。根据矩阵求逆公式，可得

$$(s\boldsymbol{I} - \boldsymbol{F})^{-1} = \frac{\boldsymbol{N}(s)}{|s\boldsymbol{I} - \boldsymbol{F}|} \tag{4.3.8}$$

式中：$\boldsymbol{N}(s)$ 为 $(s\boldsymbol{I} - \boldsymbol{F})$ 的伴随矩阵，其矩阵元素的详细展开式非常复杂，但是通过展开和仔细整理，可得式(4.3.8)的分母特征多项式为

$$\Delta(s) = |s\boldsymbol{I} - \boldsymbol{F}| = (s^2 + \omega_{ie}^2)[(s^2 + \omega_s^2)^2 + 4s^2\omega_f^2] \tag{4.3.9}$$

式中：$\omega_s = \sqrt{g/R}$ 为休拉(Schuler)角频率；$\omega_f = \omega_{ie}\sin L$ 为傅科(Foucault)角频率。若取数值 $g = 9.8\ \text{m/s}^2$ 和 $R = 6\ 371\ \text{km}$，可计算得休拉周期 $T_s = 2\pi/\omega_s \approx 84.4\ \text{min}$；傅科频率 $\omega_f = \omega_U$ 即为地球自转的天向分量，傅科周期 $T_f = 2\pi/\omega_f$ 在地球极点处最短为 24 h，随纬度减小而增大，傅科周期在赤道上消失($T_f \to \infty$)。一般运行时间在 3 ～ 4 h 以内的惯导系统无须考虑傅科周期的影响。显然，总有 $\omega_s \gg \omega_f$ 成立。

在式(4.3.9)中，若令 $\Delta(s) = 0$，可解得特征根为

$$\left.\begin{aligned}s_{1,2}&=\pm\mathrm{j}\omega_{ie}\\s_{3,4}&=\pm\mathrm{j}\left(\sqrt{\omega_s^2+\omega_f^2}+\omega_f\right)\approx\pm\mathrm{j}(\omega_s+\omega_f)\\s_{5,6}&=\pm\mathrm{j}\left(\sqrt{\omega_s^2+\omega_f^2}-\omega_f\right)\approx\pm\mathrm{j}(\omega_s-\omega_f)\end{aligned}\right\}\tag{4.3.10}$$

由此可见，惯导系统误差水平通道式(4.3.2)除 $\delta\lambda$ 外的六个特征根全部为虚根，该误差系统为无阻尼振荡系统，它包含地球自转、休拉和傅科三种周期振荡。由于 $\omega_s\gg\omega_f$，频率 $\omega_s+\omega_f$ 和 $\omega_s-\omega_f$ 之间在数值上非常接近，两者叠加会产生拍频现象；根据三角函数的积化和差运算有 $\sin(\omega_s+\omega_f)t+\sin(\omega_s-\omega_f)t=2\sin\omega_s t\cdot\cos\omega_f t$，或者说，休拉振荡的幅值总是受傅科频率的调制作用(休拉振荡视为载波，傅科振荡视为调制信号)。

由于伴随矩阵 $\boldsymbol{N}(s)$ 的展开过于复杂，欲利用反拉氏变换法精确求出状态 $\boldsymbol{X}$ 的时域表达式非常困难。经过仔细分析，表 4.3.1 直接给出了一组精度较好的近似解析解，它全面包括了陀螺常值漂移误差、加速度计常值偏值误差、初始失准角误差、初始速度误差、初始经纬度误差等 12 个误差源的影响。为了简化书写，表 4.3.1 中使用了如下一些记号：$s_L=\sin L$，$c_L=\cos L$，$t_L=\tan L$，$e_L=\sec L$，$s_s=\sin\omega_s t$，$c_s=\cos\omega_s t$，$s_f=\sin\omega_f t$，$c_f=\cos\omega_f t$，$s_e=\sin\omega_{ie}t$，$c_e=\cos\omega_{ie}t$，$V_I=\sqrt{gR}$。特别值得一提的是，在北向和天向陀螺常值漂移引起的经度误差中存在着随时间线性增长的趋势项，除此之外，其他误差项都是有界振荡的，不存在趋势项，这反映了惯导系统解算在姿态、速度和纬度位置之间的相互影响，实质上构成了一套完整而严密的闭环反馈系统。

如果惯导系统运行时间比较短，比如在几分钟内(甚至可长至 20 min 左右，但一般须小于 1/4 休拉周期)，则可对表 4.3.1 中的误差进行近似简化，即作近似 $s_f\approx0$，$c_f\approx1$，$s_e\approx0$，$c_e\approx1$，$s_e/\omega_{ie}\approx t$，$s_s\approx\omega_s t$(或 $s_s\approx\omega_s t-(\omega_s t)^3/6$)，$c_s\approx1$(或 $c_s\approx1-(\omega_s t)^2/2$)，结果见表 4.3.2。表 4.3.2 在惯导初始对准分析或短时惯导精度评估中十分有用，例如第 5 行显示，方位误差 ϕ_{U0} 和东向陀螺漂移 ε_E 均会引起北向速度误差 δv_N 随时间的二次方变化，因而可以根据 δv_N 的观测值并利用曲线拟合方法计算出 ϕ_{U0} 和 ε_E，但 ϕ_{U0} 和 ε_E 引起 δv_N 的变化规律完全相同，两者之间又无法区分，最终 ε_E 将成为 ϕ_{U0} 的估计极限精度制约因素。注意到，如果将第 6 行 δL 乘以 R(或第 7 行 $\delta\lambda$ 乘以 Rc_L)，则可得以米为单位表示的惯导短时定位误差。

4.3.4 水平通道的简化

1. 单纯的失准角误差通道

在式(4.3.2)中，如果令 $\delta v_E=\delta v_N=0$ 且 $\delta L=0$，则可得以失准角误差 ϕ_E，ϕ_N 和 ϕ_U 三个状态构成的单纯的姿态误差方程

$$\left.\begin{aligned}\dot\phi_E&=\omega_U\phi_N-\omega_N\phi_U-\varepsilon_E\\\dot\phi_N&=-\omega_U\phi_E-\varepsilon_N\\\dot\phi_U&=\omega_N\phi_E-\varepsilon_U\end{aligned}\right\}\quad 即\quad \dot{\boldsymbol{\phi}}=-\boldsymbol{\omega}_{ie}^n\times\boldsymbol{\phi}-\boldsymbol{\varepsilon}^n\tag{4.3.11}$$

其结构图如图 4.3.2 所示。

实际上，式(4.3.11)相当于是与姿态更新算法 $\dot{\boldsymbol{C}}_b^{n'}=\boldsymbol{C}_b^{n'}(\tilde{\boldsymbol{\omega}}_{ib}^b\times)-(\boldsymbol{\omega}_{ie}^n\times)\boldsymbol{C}_b^{n'}$ 对应的失准角误差方程，可视为固定地理位置下的姿态跟踪误差方程。图 4.3.2 所示系统的特征方程为

$$\Delta=\left|s\boldsymbol{I}-\begin{bmatrix}0&\omega_U&-\omega_N\\-\omega_U&0&0\\\omega_N&0&0\end{bmatrix}\right|=s(s^2+\omega_{ie}^2)=0\tag{4.3.12}$$

这表明，单纯的失准角回路的振荡频率为地球自转频率，周期为 24 h。

表 4.3.1　惯导系统误差传递关系

状态(行 i)	误差源(列 j)		
	∇_E (1)	∇_N (2)	δL_0 (3)
ϕ_E(1)	$-\frac{\nabla_E}{g}c_s s_f$	$-\frac{\nabla_N}{g}(1-c_s c_f)$	$-\delta L_0 \frac{\omega_{ie}}{\omega_s} s_L s_s s_f$
ϕ_N(2)	$\frac{\nabla_E}{g}(1-c_s c_f)$	$-\frac{\nabla_N}{g}c_s s_f$	$-\delta L_0 \frac{\omega_{ie}}{\omega_s} s_L s_s c_f$
ϕ_U(3)	$\frac{\nabla_E}{g}t_L(1-c_s c_f)$	$-\frac{\nabla_N}{g}t_L c_s s_f$	$\delta L_0 e_L\left(s_e-\frac{\omega_{ie}}{\omega_s}s_L^2 s_s c_f\right)$
δv_E(4)	$\frac{\nabla_E}{g}V_I s_s c_f$	$\frac{\nabla_N}{g}V_I s_s s_f$	$\delta L_0 R\omega_U(c_e-c_s c_f)$
δv_N(5)	$-\frac{\nabla_E}{g}V_I s_s s_f$	$\frac{\nabla_N}{g}V_I s_s c_f$	$\delta L_0 R\omega_{ie}(s_L c_s s_f-s_e)$
δL (6)	$\frac{\nabla_E}{g}c_s s_f$	$\frac{\nabla_N}{g}(1-c_s c_f)$	$\delta L_0\left(c_e+\frac{\omega_{ie}}{\omega_s}s_L s_s s_f\right)$
$\delta\lambda$ (7)	$\frac{\nabla_E}{g}e_L(1-c_s c_f)$	$-\frac{\nabla_N}{g}e_L c_s s_f$	$\delta L_0 t_L\left(s_e-\frac{\omega_{ie}}{\omega_s}s_s c_f\right)$
状态(行 i)	误差源(列 j)		
	ϕ_{E0}(4)	ϕ_{N0}(5)	ϕ_{U0}(6)
ϕ_E(1)	$\phi_{E0}c_s c_f$	$\phi_{N0}c_s s_f$	$-\phi_{U0}\frac{\omega_{ie}}{\omega_s}c_L s_s c_f$
ϕ_N(2)	$-\phi_{E0}c_s s_f$	$\phi_{N0}c_s c_f$	$\phi_{U0}\frac{\omega_{ie}}{\omega_s}c_L s_s s_f$
ϕ_U(3)	$\phi_{E0}e_L(s_e-s_L c_s s_f)$	$\phi_{N0}t_L(c_s c_f-c_e)$	$\phi_{U0}\left(c_e+\frac{\omega_{ie}}{\omega_s}s_L s_s s_f\right)$
δv_E(4)	$\phi_{E0}V_I s_s s_f$	$-\phi_{N0}V_I s_s c_f$	$\phi_{U0}R\omega_N(c_s s_f-s_L s_e)$
δv_N(5)	$\phi_{E0}V_I s_s c_f$	$\phi_{N0}V_I s_s s_f$	$\phi_{U0}R\omega_N(c_s c_f-c_e)$
δL(6)	$\phi_{E0}(c_e-c_s c_f)$	$\phi_{N0}(s_L s_e-c_s s_f)$	$-\phi_{U0}c_L\left(s_e-\frac{\omega_{ie}}{\omega_s}s_s c_f\right)$
$\delta\lambda$(7)	$\phi_{E0}e_L(s_L s_e-c_s s_f)$	$\phi_{N0}e_L(c_s c_f-c_L^2-s_L^2 c_e)$	$-\phi_{U0}\left[s_L(1-c_e)-\frac{\omega_{ie}}{\omega_s}s_s s_f\right]$

续 表

状态(行 i)	误差源(列 j)		
	$\varepsilon_E(7)$	$\varepsilon_N(8)$	$\varepsilon_U(9)$
$\phi_E(1)$	$-\frac{\varepsilon_E}{\omega_s}s_s c_f$	$-\frac{\varepsilon_N}{\omega_s}s_s s_f$	0
$\phi_N(2)$	$\frac{\varepsilon_E}{\omega_s}s_s c_f$	$-\frac{\varepsilon_N}{\omega_s}s_s s_f$	0
$\phi_U(3)$	$-\varepsilon_E e_L\left(\frac{1-c_e}{\omega_{ie}}-\frac{s_L s_s s_f}{\omega_s}\right)$	$\varepsilon_N t_L\left(\frac{s_e}{\omega_{ie}}-\frac{s_s c_f}{\omega_s}\right)$	$-\frac{\varepsilon_U}{\omega_{ie}}s_e$
$\delta v_E(4)$	$-\varepsilon_E R(s_L s_e-c_s s_f)$	$-\varepsilon_N R(c_s c_f-c_L^2-s_L^2 c_e)$	$\varepsilon_U R c_L\left[s_L(1-c_e)-\frac{\omega_{ie}}{\omega_s}s_s s_f\right]$
$\delta v_N(5)$	$-\varepsilon_E R(c_e-c_s c_f)$	$-\varepsilon_N R(s_L s_e-c_s s_f)$	$\varepsilon_U R c_L\left(s_e-\frac{\omega_{ie}}{\omega_s}s_s c_f\right)$
$\delta L(6)$	$-\varepsilon_E\left(\frac{s_e}{\omega_{ie}}-\frac{s_s c_f}{\omega_s}\right)$	$-\varepsilon_N\left[\frac{s_L}{\omega_{ie}}(1-c_e)-\frac{s_s s_f}{\omega_s}\right]$	$\frac{\varepsilon_U}{\omega_{ie}}c_L(1-c_e)$
$\delta\lambda(7)$	$-\varepsilon_E e_L\left[\frac{s_L}{\omega_{ie}}(1-c_e)-\frac{s_s s_f}{\omega_s}\right]$	$\varepsilon_N\left(c_L t+\frac{s_L t_L}{\omega_{ie}}s_e-\frac{e_L}{\omega_s}s_s c_f\right)$	$\varepsilon_U s_L\left(t-\frac{1}{\omega_{ie}}s_e\right)$

状态(行 i)	误差源(列 j)		
	$\delta v_{E0}(10)$	$\delta v_{N0}(11)$	$\delta\lambda_0(12)$
$\phi_E(1)$	$\frac{\delta v_{E0}}{V_I}s_s s_f$	$-\frac{\delta v_{N0}}{V_I}s_s c_f$	0
$\phi_N(2)$	$\frac{\delta v_{E0}}{V_I}s_s s_f$	$\frac{\delta v_{N0}}{V_I}s_s s_f$	0
$\phi_U(3)$	$\frac{\delta v_{E0}}{V_I}t_L s_s c_f$	$\frac{\delta v_{N0}}{V_I}t_L s_s s_f$	0
$\delta v_E(4)$	$\delta v_{E0} c_s c_f$	$\delta v_{N0} c_s s_f$	0
$\delta v_N(5)$	$-\delta v_{E0} c_s s_f$	$\delta v_{N0} c_s c_f$	0
$\delta L(6)$	$-\frac{\delta v_{E0}}{V_I}s_s s_f$	$\frac{\delta v_{N0}}{V_I}s_s c_f$	0
$\delta\lambda(7)$	$\frac{\delta v_{E0} e_L}{V_I}s_s c_f$	$\frac{\delta v_{N0} e_L}{V_I}s_s s_f$	$\delta\lambda_0$

注:在惯导误差估算时,可能用到这些近似值:$V_I=\sqrt{gR}=R\omega_s\approx 7\ 900\ \text{m/s}$(即第一宇宙速度),$R\omega_{ie}\approx 470\ \text{m/s}$,$\omega_{ie}/\omega_s\approx 0.06$;当加速度计偏值 $\nabla=5\times10^{-5}g$ 时有 $\nabla/g\approx 10''$;当陀螺漂移 $\varepsilon=0.01^\circ/\text{h}$ 时有 $\varepsilon R\approx 0.3\ \text{m/s}$,$\varepsilon/\omega_{ie}\approx 2.3'$ 和 $\varepsilon/\omega_s\approx 8''$。

表 4.3.2　惯导短时误差特性

状态(行 i)	误差源(列 j)											
	∇_E (1)	∇_N (2)	δL_0 (3)	ϕ_{E0} (4)	ϕ_{N0} (5)	ϕ_{U0} (6)	ε_E (7)	ε_N (8)	ε_U (9)	δv_{E0} (10)	δv_{N0} (11)	$\delta\lambda_0$ (12)
ϕ_E (1)	0	$-\nabla_N\dfrac{t^2}{2R}$	0	ϕ_{E0}	0	$-\phi_{U0}\omega_N t$	$-\varepsilon_E t$	0	0	0	$-\delta v_{N0}\dfrac{t}{R}$	0
ϕ_N (2)	$\nabla_E\dfrac{t^2}{2R}$	0	0	0	ϕ_{N0}	0	0	$-\varepsilon_N t$	0	$\delta v_{E0}\dfrac{t}{R}$	0	0
ϕ_U (3)	$\nabla_E\dfrac{t_L t^2}{2R}$	0	0	0	0	ϕ_{U0}	0	0	$-\varepsilon_U t$	$\delta v_{E0}\dfrac{t_L t}{R}$	0	0
δv_E (4)	$\nabla_E t$	0	0	0	$-\phi_{N0} g t$	0	0	$\varepsilon_N\dfrac{gt^2}{2}$	0	δv_{E0}	0	0
δv_N (5)	0	$\nabla_N t$	0	$\phi_{E0} g t$	0	$-\phi_{U0}\dfrac{g\omega_N t^2}{2}$	$-\varepsilon_E\dfrac{gt^2}{2}$	0	0	0	δv_{N0}	0
δL (6)	0	$\nabla_N\dfrac{t^2}{2R}$	δL_0	$\phi_{E0}\dfrac{gt^2}{2R}$	0	$-\phi_{U0}\dfrac{g\omega_N t^3}{6R}$	$-\varepsilon_E\dfrac{gt^3}{6R}$	0	0	0	$\delta v_{N0}\dfrac{t}{R}$	0
$\delta\lambda$ (7)	$\nabla_E\dfrac{t^2}{2Rc_L}$	0	0	0	$-\phi_{N0}\dfrac{gt^2}{2Rc_L}$	0	0	$\varepsilon_N\dfrac{gt^3}{6Rc_L}$	0	$\delta v_{E0}\dfrac{t}{Rc_L}$	0	$\delta\lambda_0$

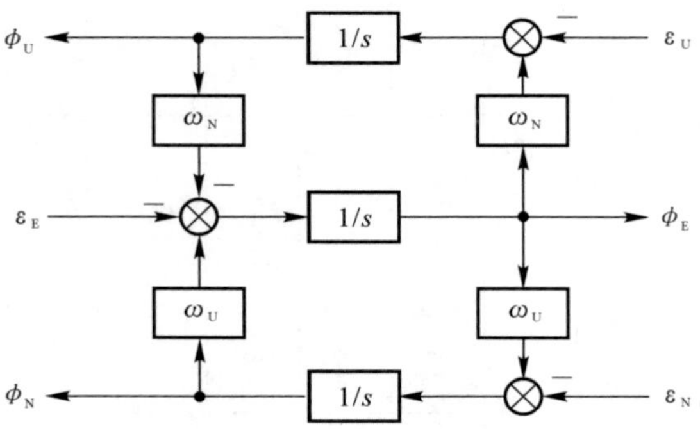

图 4.3.2　纯失准角误差

假设陀螺漂移 ε_E,ε_N 和 ε_U 均为随机常值,采用拉氏变换法不难求得式(4.3.11)的解析解(非零初始状态响应)为

$$\left.\begin{aligned}
\phi_E &= \phi_{E0}c_e + \phi_{N0}s_L s_e - \phi_{U0}c_L s_e - \frac{\varepsilon_E}{\omega_{ie}}s_e - \frac{\varepsilon_N}{\omega_{ie}}s_L(1-c_e) + \frac{\varepsilon_U}{\omega_{ie}}c_L(1-c_e) \\
\phi_N &= -\phi_{E0}s_L s_e + \phi_{N0}(c_L^2 + s_L^2 c_e) + \phi_{U0}s_L c_L(1-c_e) + \frac{\varepsilon_E}{\omega_{ie}}s_L(1-c_e) - \\
&\quad \frac{\varepsilon_N}{\omega_{ie}}(c_L^2\omega_{ie}t + s_L^2 s_e) - \frac{\varepsilon_U}{\omega_{ie}}s_L c_L(\omega_{ie}t - s_e) \\
\phi_U &= \phi_{E0}c_L s_e + \phi_{N0}s_L c_L(1-c_e) + \phi_{U0}(s_L^2 + c_L^2 c_e) - \frac{\varepsilon_E}{\omega_{ie}}c_L(1-c_e) - \\
&\quad \frac{\varepsilon_N}{\omega_{ie}}s_L c_L(\omega_{ie}t - s_e) - \frac{\varepsilon_U}{\omega_{ie}}(s_L^2\omega_{ie}t + c_L^2 s_e)
\end{aligned}\right\} \tag{4.3.13a}$$

由式(4.3.13a)可见,ε_E 和初始失准角 ϕ_{E0},ϕ_{N0},ϕ_{U0} 造成的失准角误差均是以地球自转周期为周期振荡型的,而 ε_N 和 ε_U 会引起随时间线性增长 + 振荡的北向和天向失准角误差。

式(4.3.13a)按模态 1,$\omega_{ie}t$,s_e,$(1-c_e)$,$(s_e-\omega_{ie}t)$ 整理,可得

$$\left.\begin{aligned}
\phi_E &= \phi_{E0} + \alpha s_e + \xi(1-c_e) \\
\phi_N &= \phi_{N0} + \beta\omega_{ie}t - \alpha s_L(1-c_e) - \xi s_L(\omega_{ie}t - s_e) \\
\phi_U &= \phi_{U0} + \gamma\omega_{ie}t + \alpha c_L(1-c_e) + \xi c_L(\omega_{ie}t - s_e)
\end{aligned}\right\} \tag{4.3.13b}$$

其中记常值:

$$\alpha = \phi_{N0}s_L - \phi_{U0}c_L - \frac{\varepsilon_E}{\omega_{ie}}, \quad \beta = -\phi_{E0}s_L - \frac{\varepsilon_N}{\omega_{ie}}$$

$$\gamma = \phi_{E0}c_L - \frac{\varepsilon_U}{\omega_{ie}}, \quad \xi = -\phi_{E0} - \frac{\varepsilon_N}{\omega_{ie}}s_L + \frac{\varepsilon_U}{\omega_{ie}}c_L$$

当时间 t 较短时(比如小于 20 min),将式(4.3.13b)中的三角函数按泰勒级数展开,忽略关于 $\omega_{ie}t$ 二次及以上项,可近似得

$$\left.\begin{aligned}
\phi_E &= \phi_{E0} + \alpha\omega_{ie}t \\
\phi_N &= \phi_{N0} + \beta\omega_{ie}t \\
\phi_U &= \phi_{U0} + \gamma\omega_{ie}t
\end{aligned}\right\} \tag{4.3.13c}$$

式(4.3.13c)反映了惯导姿态跟踪算法的姿态误差在短时间内的变化规律,三个分量均是线性变化的,与惯导速度解算误差结合可用于参数辨识初始对准,具体参见 8.2.4 节。

2. 水平东向 / 北向通道

在式(4.3.2) 中，如果令 $\phi_E = \phi_U = 0$，$\delta v_N = 0$ 且 $\delta L = 0$，则可得以 ϕ_N，δv_E 和 $\delta\lambda$ 三个状态构成的东向通道，见式(4.3.14a)，其结构图如图 4.3.3 所示；如果令 $\phi_N = \phi_U = 0$ 且 $\delta v_E = 0$，则可得以 ϕ_E，δv_N 和 δL 三个状态构成的北向通道，见式(4.3.14b)，其结构图如图 4.3.4 所示。

$$\left.\begin{aligned}\dot{\phi}_N &= \delta v_E / R - \varepsilon_N \\ \delta \dot{v}_E &= -g\phi_N + \nabla_E \\ \delta\dot{\lambda} &= \delta v_E \sec L / R\end{aligned}\right\} \tag{4.3.14a}$$

$$\left.\begin{aligned}\dot{\phi}_E &= -\delta v_N / R - \varepsilon_E \\ \delta \dot{v}_N &= g\phi_E + \nabla_N \\ \delta\dot{L} &= \delta v_N / R\end{aligned}\right\} \tag{4.3.14b}$$

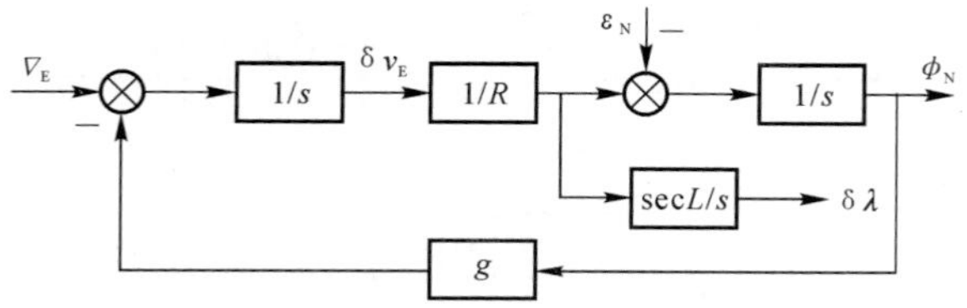

图 4.3.3　水平东向通道

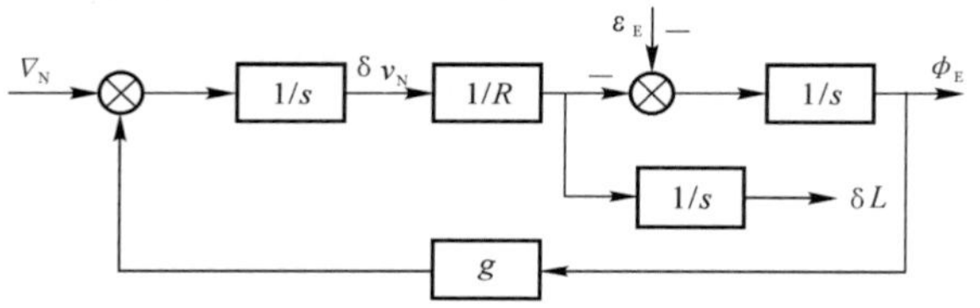

图 4.3.4　水平北向通道

图 4.3.3 和图 4.3.4 的特征方程均为

$$\Delta = s^2 + g/R = s^2 + \omega_s^2 = 0 \tag{4.3.15}$$

式(4.3.15) 表明水平单通道的无阻尼振荡频率为休拉频率 $\omega_s = \sqrt{g/R}$。以北向通道为例，严格的休拉频率 ω_s 需满足条件：$\phi_N = \phi_U = 0$，$\delta v_E = \delta v_U = 0$ 且 $f_E = f_U = 0$，$v_E = v_U = 0$，即在东向及天向通道上无运动及误差。通常惯导在低速、短时小加速度机动情况下，休拉振荡也会比较明显，但在高速、长时间大加速度机动，甚至存在时变的陀螺仪漂移或加速度计偏值时，休拉振荡规律可能会受到破坏，不一定表现得十分明显。

在式(4.3.2) 中，如果令 $\phi_U = 0$，则可得以 ϕ_E，ϕ_N，δv_E，δv_N，δL 和 $\delta\lambda$ 六个状态构成的简化水平双通道为

$$\left.\begin{aligned}\dot{\phi}_E &= \omega_U \phi_N - \delta v_N / R - \varepsilon_E \\ \dot{\phi}_N &= -\omega_U \phi_E + \delta v_E / R - \omega_U \delta L - \varepsilon_N \\ \delta \dot{v}_E &= -g\phi_N + 2\omega_U \delta v_N + \nabla_E \\ \delta \dot{v}_N &= g\phi_E - 2\omega_U \delta v_E + \nabla_N \\ \delta\dot{L} &= \delta v_N / R \\ \delta\dot{\lambda} &= \delta v_E \sec L / R\end{aligned}\right\} \tag{4.3.16}$$

其结构图如图 4.3.5 所示。

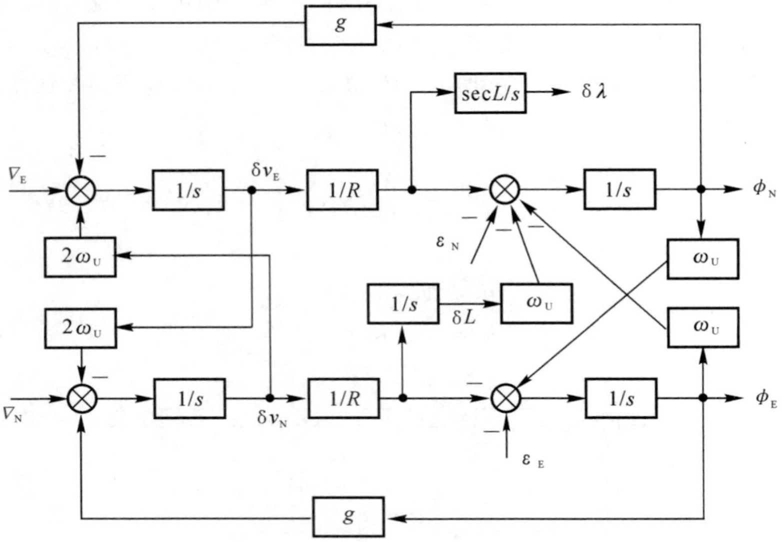

图 4.3.5　简化水平双通道($\phi_U = 0$)

除经度误差 $\delta\lambda$ 相对独立外，经过仔细推导，可得简化水平双通道的特征方程为

$$\Delta = \left| s\boldsymbol{I} - \begin{bmatrix} 0 & \omega_U & 0 & -1/R & 0 \\ -\omega_U & 0 & 1/R & 0 & -\omega_U \\ 0 & -g & 0 & 2\omega_U & 0 \\ g & 0 & -2\omega_U & 0 & 0 \\ 0 & 0 & 0 & 1/R & 0 \end{bmatrix} \right| =$$

$$s^5 + (2g/R + 5\omega_U^2)s^3 + (g^2/R^2 - \omega_U^2 g/R + 4\omega_U^4)s =$$

$$s[s^4 + (2\omega_s^2 + 5\omega_U^2)s^2 + (\omega_s^4 - \omega_U^2\omega_s^2 + 4\omega_U^4)] =$$

$$s\left\{\left[s^2 + \left(\omega_s^2 + \frac{5}{2}\omega_U^2\right)\right]^2 - (6\omega_U^2\omega_s^2 + \frac{9}{4}\omega_U^4)\right\} \approx s\left\{\left[s^2 + \left(\omega_s^2 + \frac{5}{2}\omega_U^2\right)\right]^2 - 6\omega_U^2\omega_s^2\right\} =$$

$$s\left[s^2 + \left(\omega_s^2 + \frac{5}{2}\omega_U^2\right) + \sqrt{6}\,\omega_s\omega_U\right]\left[s^2 + \left(\omega_s^2 + \frac{5}{2}\omega_U^2\right) - \sqrt{6}\,\omega_s\omega_U\right] \approx$$

$$s\left[s^2 + \left(\omega_s + \frac{\sqrt{6}}{2}\omega_U\right)^2\right]\left[s^2 + \left(\omega_s - \frac{\sqrt{6}}{2}\omega_U\right)^2\right] = 0 \tag{4.3.17}$$

式(4.3.17) 表明水平双通道的无阻尼振荡频率有两个，分别为休拉频率 ω_s 和$\frac{\sqrt{6}}{2}\omega_U$。

3. 水平北向及方位通道

在式(4.3.2) 中，如果令 $\phi_N = 0$ 且 $\delta v_E = 0$，则可得以 ϕ_E，ϕ_U，δv_N 和 δL 四个状态构成的水平北向及方位通道为

$$\left.\begin{aligned} \dot{\phi}_E &= -\omega_N\phi_U - \delta v_N/R - \varepsilon_E \\ \dot{\phi}_U &= \omega_N\phi_E + \omega_N\delta L - \varepsilon_U \\ \delta\dot{v}_N &= g\phi_E + \nabla_N \\ \delta\dot{L} &= \delta v_N/R \end{aligned}\right\} \tag{4.3.18}$$

其结构图如图 4.3.6 所示。

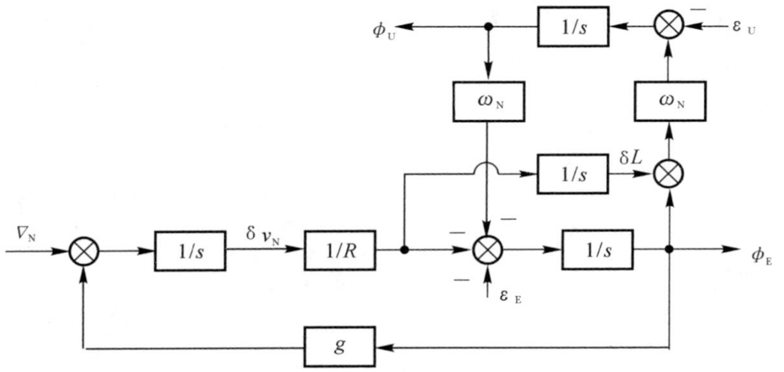

图 4.3.6　水平北向及方位通道

经过仔细推导，可得水平北向及方位通道的特征方程为

$$\Delta=\left|s\boldsymbol{I}-\begin{bmatrix}0 & -\omega_N & -1/R & 0\\ \omega_N & 0 & 0 & \omega_N\\ g & 0 & 0 & 0\\ 0 & 0 & 1/R & 0\end{bmatrix}\right|=s^4+(\omega_N^2+g/R)s^2+\omega_N^2 g/R=$$
$$(s^2+\omega_s^2)(s^2+\omega_N^2)=0 \tag{4.3.19}$$

从图 4.3.6 中可以看出，如果存在方位误差 ϕ_U，它将通过地球自转的北向分量 ω_N 耦合引起东向失准角 ϕ_E，ϕ_E 再通过重力 g 耦合引起北向速度误差 δv_N，这一过程通常称为罗经效应。由初始方位误差 ϕ_{U0} 引起的北向速度 δv_N 响应为

$$\delta v_N(s)=\frac{-g\omega_N s}{(s^2+\omega_s^2)(s^2+\omega_N^2)}\phi_{U0} \tag{4.3.20}$$

对式(4.3.20) 进行反拉氏变换，可得

$$\delta v_N(t)=-\phi_{U0}g\omega_N\frac{\cos\omega_N t-\cos\omega_s t}{(\omega_s+\omega_N)(\omega_s-\omega_N)}\approx-\phi_{U0}g\omega_N\frac{\cos\omega_N t-\cos\omega_s t}{\omega_s^2} \tag{4.3.21}$$

在短时间内，近似为

$$\delta v_N(t)\approx-\phi_{U0}g\omega_N\frac{1-[\omega_s t-(\omega_s t)^2/2]}{\omega_s^2}=-\phi_{U0}\frac{g\omega_N t^2}{2} \tag{4.3.22}$$

式(4.3.22) 与表 4.3.2 第 5 行第 6 列数据完全一致。

4.3.5　水平通道误差特性仿真

为了更加直观地了解捷联惯导静态误差传播特性，附录 O.5 给出误差仿真程序，读者可对其作相应修改，绘制出各种条件下的状态误差曲线图。图 4.3.7 和图 4.3.8 给出两组仿真结果，纬度取为 30° 且仿真时长为 24 h，其中图 4.3.7 仅设置了东向陀螺常值漂移误差 $\varepsilon_E=0.01°/h$，而图 4.3.8 仅设置了东向加速度计常值偏值 $\nabla_E=100\times10^{-6}g$，从图中可以明显地看出傅科频率对休拉频率的调制作用。

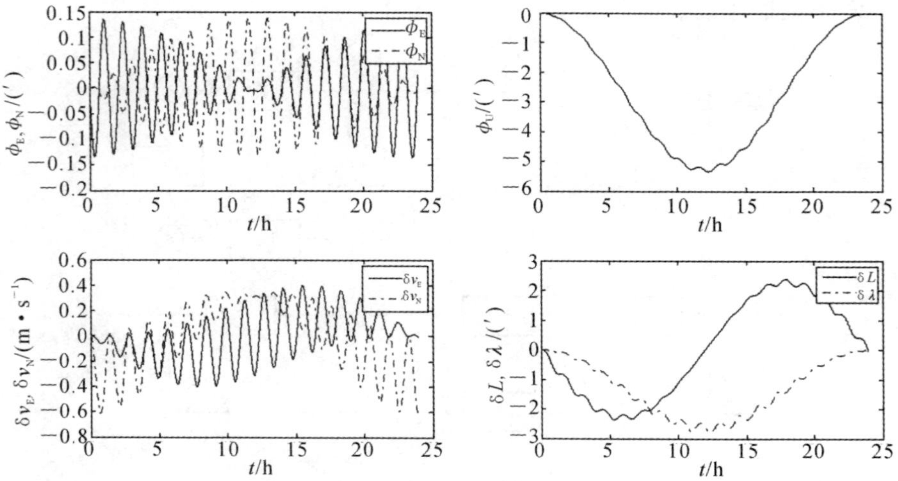

图 4.3.7　东向陀螺常值漂移引起的静态导航误差

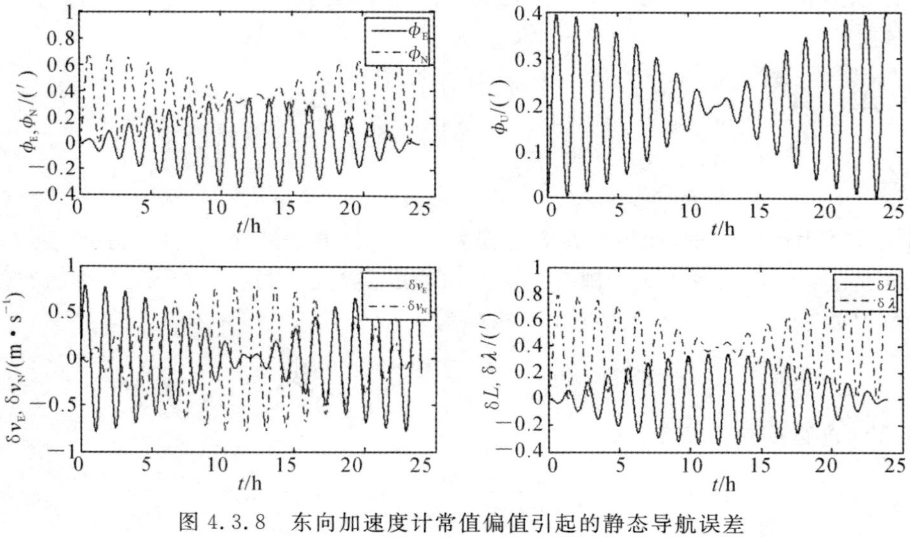

图 4.3.8　东向加速度计常值偏值引起的静态导航误差

第 5 章　最优估计与 Kalman 滤波基本原理

估计理论是概率论与数理统计的一个分支，它是根据受扰动的观测数据来提取系统某些参数或状态的一种数学方法。1795 年，高斯(K. Gauss)提出了最小二乘法；1912 年，费歇尔(R. A. Fisher)提出了极大似然估计法，从概率密度角度考虑估计问题；1940 年，维纳(N. Wiener)提出了在频域中设计统计最优滤波器的方法，称为维纳滤波，但它只能处理平稳随机过程问题且滤波器设计复杂，应用受到很大限制；1960 年，卡尔曼(R. E. Kalman)提出了一种最优递推滤波方法，称为 Kalman 滤波，它既适用于平稳随机过程，也适用于非平稳过程，一经提出便得到了广泛应用。

5.1　几种最优估计方法

在概率论随机变量概念的基础上，本节先引入一些与连续型随机向量概率密度函数相关的基本概念和运算，以方便后续估计理论的介绍。

5.1.1　随机向量的概率密度函数

假设 $\boldsymbol{X}$ 为 n 维连续型随机向量，$\boldsymbol{Z}$ 为 m 维连续型随机向量，$\boldsymbol{Y}$ 为 $\boldsymbol{X}$ 和 $\boldsymbol{Z}$ 的组合，即

$$\boldsymbol{X}=\begin{bmatrix}X_1\\X_2\\\vdots\\X_n\end{bmatrix},\quad \boldsymbol{Z}=\begin{bmatrix}Z_1\\Z_2\\\vdots\\Z_m\end{bmatrix},\quad \boldsymbol{Y}=\begin{bmatrix}\boldsymbol{X}\\\boldsymbol{Z}\end{bmatrix}=\begin{bmatrix}Y_1\\Y_2\\\vdots\\Y_{n+m}\end{bmatrix}$$

其中：$Y_i=X_i(i=1,2,\cdots,n)$；$Y_{n+j}=Z_j(j=1,2,\cdots,m)$；$X_i$ 和 Z_j 均为连续型随机变量。

随机向量 $\boldsymbol{Y}$ 的联合概率密度函数 (joint Probability Density Function，PDF) 记为

$$p(\boldsymbol{y})=p(y_1,y_2,\cdots,y_{n+m})=p(\boldsymbol{x},\boldsymbol{z})=p(x_1,x_2,\cdots,x_n,z_1,z_2,\cdots,z_m)\tag{5.1.1}$$

显然，$p(\boldsymbol{y})$ 为含$(n+m)$ 个自变量的标量函数。$\boldsymbol{Y}$ 的数学期望和方差阵分别定义为

$$\boldsymbol{m}_Y=\mathrm{E}[\boldsymbol{Y}]=\int_{-\infty}^{\infty}\boldsymbol{y}p(\boldsymbol{y})\mathrm{d}\boldsymbol{y}\triangleq\int_{-\infty}^{\infty}\cdots\int_{-\infty}^{\infty}\begin{bmatrix}y_1\\\vdots\\y_{n+m}\end{bmatrix}p(y_1,\cdots,y_{n+m})\mathrm{d}y_1\cdots\mathrm{d}y_{n+m}\tag{5.1.2}$$

$$\begin{aligned}\boldsymbol{C}_Y=\mathrm{Var}[\boldsymbol{Y}]=\mathrm{Cov}(\boldsymbol{Y},\boldsymbol{Y})=\mathrm{E}[(\boldsymbol{Y}-\mathrm{E}[\boldsymbol{Y}])(\boldsymbol{Y}-\mathrm{E}[\boldsymbol{Y}])^{\mathrm{T}}]=\\\int_{-\infty}^{\infty}(\boldsymbol{y}-\mathrm{E}[\boldsymbol{Y}])(\boldsymbol{y}-\mathrm{E}[\boldsymbol{Y}])^{\mathrm{T}}p(\boldsymbol{y})\mathrm{d}\boldsymbol{y}\end{aligned}\tag{5.1.3}$$

$\boldsymbol{m}_Y$ 为$(n+m)$ 维确定性向量，而 $\boldsymbol{C}_Y$ 为$(n+m)$ 阶正定方阵。总有协方差阵公式 $\boldsymbol{C}_{XZ}=\mathrm{Cov}(\boldsymbol{X},\boldsymbol{Z})=\mathrm{E}[\boldsymbol{X}\boldsymbol{Z}^{\mathrm{T}}]-\boldsymbol{m}_X\boldsymbol{m}_Z^{\mathrm{T}}$ 成立。

随机向量 $\boldsymbol{Y}$ 的关于第 $i(1\leqslant i\leqslant n+m)$ 个分量 Y_i 的边缘概率密度函数 (marginal PDF) 定义为

$$p_{Y_i}(y_i)=\int_{-\infty}^{\infty}\cdots\int_{-\infty}^{\infty}p(y_1,\cdots,y_{i-1},y_i,y_{i+1},\cdots,y_{n+m})\mathrm{d}y_1\cdots\mathrm{d}y_{i-1}\mathrm{d}y_{i+1}\cdots\mathrm{d}y_{n+m} \quad (5.1.4)$$

按照上述定义,$\boldsymbol{Y}$ 中某些分量组合的边缘密度函数,比如 $\boldsymbol{Z}=[Z_1 \quad \cdots \quad Z_m]^{\mathrm{T}}$,应为删除相应分量积分后的概率密度函数,即

$$p_Z(\boldsymbol{z})=\int_{-\infty}^{\infty}p(\boldsymbol{x},\boldsymbol{z})\mathrm{d}\boldsymbol{x}=\int_{-\infty}^{\infty}\cdots\int_{-\infty}^{\infty}p(x_1,\cdots,x_n,z_1\cdots,z_m)\mathrm{d}x_1\cdots\mathrm{d}x_n \quad (5.1.5)$$

根据概率论知识可知,在 $\boldsymbol{Z}=\boldsymbol{z}$ 条件下 $\boldsymbol{X}$ 的条件概率密度函数 (conditional PDF) 为

$$p(\boldsymbol{x}\mid\boldsymbol{z})=\frac{p(\boldsymbol{x},\boldsymbol{z})}{p_Z(\boldsymbol{z})} \quad (5.1.6)$$

由条件密度函数计算 $\boldsymbol{X}$ 的条件数学期望和条件方差阵分别记为

$$\boldsymbol{m}_{X|Z}=\mathrm{E}[\boldsymbol{X}\mid\boldsymbol{z}]=\int_{-\infty}^{\infty}\boldsymbol{x}p(\boldsymbol{x}\mid\boldsymbol{z})\mathrm{d}\boldsymbol{x} \quad (5.1.7)$$

$$\begin{aligned}\boldsymbol{C}_{X|Z}=\mathrm{Cov}(\boldsymbol{X}\mid\boldsymbol{z},\boldsymbol{X}\mid\boldsymbol{z})=\mathrm{E}[(\boldsymbol{x}-\mathrm{E}[\boldsymbol{X}\mid\boldsymbol{z}])(\boldsymbol{x}-\mathrm{E}[\boldsymbol{X}\mid\boldsymbol{z}])^{\mathrm{T}}]=\\ \int_{-\infty}^{\infty}(\boldsymbol{x}-\mathrm{E}[\boldsymbol{X}\mid\boldsymbol{z}])(\boldsymbol{x}-\mathrm{E}[\boldsymbol{X}\mid\boldsymbol{z}])^{\mathrm{T}}p(\boldsymbol{x}\mid\boldsymbol{z})\mathrm{d}\boldsymbol{x}\end{aligned} \quad (5.1.8)$$

显然,$\boldsymbol{m}_{X|Z}$(或 $\boldsymbol{C}_{X|Z}$) 是 $\boldsymbol{z}$ 的函数,它刻画了 $\boldsymbol{X}$ 的条件期望(或条件方差阵) 如何随 $\boldsymbol{Z}$ 的具体取值 $\boldsymbol{z}$ 变化而变化的趋势。

与式(5.1.6) 类似,在 $\boldsymbol{X}=\boldsymbol{x}$ 条件下 $\boldsymbol{Z}$ 的条件密度函数为

$$p(\boldsymbol{z}\mid\boldsymbol{x})=\frac{p(\boldsymbol{x},\boldsymbol{z})}{p_X(\boldsymbol{x})} \quad (5.1.9)$$

根据式(5.1.6) 和式(5.1.9),易得

$$p(\boldsymbol{x},\boldsymbol{z})=p(\boldsymbol{x}\mid\boldsymbol{z})p_Z(\boldsymbol{z})=p(\boldsymbol{z}\mid\boldsymbol{x})p_X(\boldsymbol{x}) \quad (5.1.10)$$

式(5.1.6)、式(5.1.9)和式(5.1.10)都称为贝叶斯公式(Bayes' formula),它描述了联合密度函数、边缘密度函数与条件密度函数三者之间的关系。贝叶斯公式也称为逆概率公式,常用于已知先验概率密度函数(prior PDF)求后验概率密度函数(posterior PDF)。

5.1.2 最优估计的基本概念

假设随机系统的状态与观测(或称量测)之间具有函数关系

$$\boldsymbol{Z}=\boldsymbol{h}(\boldsymbol{X},\boldsymbol{V}) \quad (5.1.11)$$

其中:$\boldsymbol{X}$ 为 n 维的系统状态向量(可为常值参数或随机向量);$\boldsymbol{Z}$ 为 m 维观测向量;$\boldsymbol{V}$ 为干扰噪声向量;$\boldsymbol{h}(\cdot)$ 是已知的 m 维向量函数,或称观测模型方程,既可以是线性的,也可以是非线性的。

由于系统含有噪声,所以无法由观测 $\boldsymbol{Z}$ 直接求得状态 $\boldsymbol{X}$ 的解析解,而必须按数理统计的方法进行统计求解(即估计)。根据某一观测样本 $\boldsymbol{Z}$ 统计求解状态 $\boldsymbol{X}$,其结果记为 $\hat{\boldsymbol{X}}$,$\hat{\boldsymbol{X}}$ 即称为状态 $\boldsymbol{X}$ 的估计。显然,估计 $\hat{\boldsymbol{X}}$ 是观测样本 $\boldsymbol{Z}$ 的函数,为明显起见可记为

$$\hat{\boldsymbol{X}}=\hat{\boldsymbol{X}}(\boldsymbol{Z}) \quad (5.1.12)$$

定义估计量 $\hat{\boldsymbol{X}}$ 的误差为

$$\tilde{\boldsymbol{X}}=\boldsymbol{X}-\hat{\boldsymbol{X}}(\boldsymbol{Z}) \quad (5.1.13)$$

估计误差 $\tilde{\boldsymbol{X}}$ 同时是状态 $\boldsymbol{X}$ 和观测 $\boldsymbol{Z}$ 的函数。对于随机变量,常用均方误差 (Mean Square Error,MSE) 来衡量估计量与被估计量之间的误差大小,类似地,对于随机向量定义均方误差阵为

$$\mathrm{MSE}[\hat{\boldsymbol{X}}]=\mathrm{E}[\tilde{\boldsymbol{X}}\tilde{\boldsymbol{X}}^{\mathrm{T}}]=\mathrm{E}[[\boldsymbol{X}-\hat{\boldsymbol{X}}(\boldsymbol{Z})][\boldsymbol{X}-\hat{\boldsymbol{X}}(\boldsymbol{Z})]^{\mathrm{T}}] \tag{5.1.14}$$

特别地，如果估计 $\hat{\boldsymbol{X}}$ 是无偏的，则均方误差阵就等于其误差的方差阵，即有 $\mathrm{MSE}[\hat{\boldsymbol{X}}]=\mathrm{Var}[\tilde{\boldsymbol{X}}]$ 成立。一般也称标量函数 $\mathrm{E}[\tilde{\boldsymbol{X}}^{\mathrm{T}}\tilde{\boldsymbol{X}}]$ 为均方误差，显然有

$$\mathrm{E}[\tilde{\boldsymbol{X}}^{\mathrm{T}}\tilde{\boldsymbol{X}}]=\mathrm{E}[\mathrm{tr}(\tilde{\boldsymbol{X}}\tilde{\boldsymbol{X}}^{\mathrm{T}})]=\mathrm{tr}(\mathrm{E}[\tilde{\boldsymbol{X}}\tilde{\boldsymbol{X}}^{\mathrm{T}}]) \tag{5.1.15}$$

对两个均方误差阵进行大小比较，通常是指比较均方误差阵之迹的大小，它等价于比较均方误差的大小。

所谓最优估计，是指在某一估计准则（指标函数）条件下，按照统计意义使估计达到最优。准则不同，估计方法就不同，估计结果往往也不相同。一些与估计准则相关的概念参见附录 E。如果状态 $\boldsymbol{X}$ 和观测 $\boldsymbol{Z}$ 之间没有明确的函数关系，只有概率上的联系，比如已知联合密度函数 $p(\boldsymbol{x},\boldsymbol{z})$ 或条件密度函数 $p(\boldsymbol{x}\mid\boldsymbol{z})$ 或 $p(\boldsymbol{z}\mid\boldsymbol{x})$，可以给出最小方差估计、极大似然估计和极大验后估计等最优估计方法，下面分别予以介绍。

5.1.3　最小方差估计和线性最小方差估计

1. *最小方差估计*

最小方差估计（Minimum Variance，MV）有时也称为最小均方误差估计（Minimum Mean Square Error，MMSE），后面将看到该估计是无偏估计，因此估计误差的方差与估计值的均方误差完全相等，两种称谓是等价的。

最小方差估计就是使如下均方误差指标函数达到最小的一种估计：

$$J(\hat{\boldsymbol{X}})=\mathrm{E}[\tilde{\boldsymbol{X}}^{\mathrm{T}}\tilde{\boldsymbol{X}}]\big|_{\hat{\boldsymbol{X}}=\hat{\boldsymbol{X}}_{\mathrm{MV}}}=\min \tag{5.1.16}$$

将上述指标函数展开为

$$\begin{aligned}
J(\hat{\boldsymbol{X}})=&\mathrm{E}[[\boldsymbol{X}-\hat{\boldsymbol{X}}(\boldsymbol{Z})]^{\mathrm{T}}[\boldsymbol{X}-\hat{\boldsymbol{X}}(\boldsymbol{Z})]]=\\
&\int_{-\infty}^{\infty}\int_{-\infty}^{\infty}[\boldsymbol{x}-\hat{\boldsymbol{X}}(\boldsymbol{z})]^{\mathrm{T}}[\boldsymbol{x}-\hat{\boldsymbol{X}}(\boldsymbol{z})]p(\boldsymbol{x},\boldsymbol{z})\mathrm{d}\boldsymbol{x}\mathrm{d}\boldsymbol{z}=\\
&\int_{-\infty}^{\infty}\int_{-\infty}^{\infty}[\boldsymbol{x}-\hat{\boldsymbol{X}}(\boldsymbol{z})]^{\mathrm{T}}[\boldsymbol{x}-\hat{\boldsymbol{X}}(\boldsymbol{z})]p(\boldsymbol{x}\mid\boldsymbol{z})p_Z(\boldsymbol{z})\mathrm{d}\boldsymbol{x}\mathrm{d}\boldsymbol{z}=\\
&\int_{-\infty}^{\infty}p_Z(\boldsymbol{z})\left\{\int_{-\infty}^{\infty}[\boldsymbol{x}-\hat{\boldsymbol{X}}(\boldsymbol{z})]^{\mathrm{T}}[\boldsymbol{x}-\hat{\boldsymbol{X}}(\boldsymbol{z})]p(\boldsymbol{x}\mid\boldsymbol{z})\mathrm{d}\boldsymbol{x}\right\}\mathrm{d}\boldsymbol{z}=\\
&\int_{-\infty}^{\infty}p_Z(\boldsymbol{z})\left\{\int_{-\infty}^{\infty}\boldsymbol{x}^{\mathrm{T}}\boldsymbol{x}p(\boldsymbol{x}\mid\boldsymbol{z})\mathrm{d}\boldsymbol{x}-2\hat{\boldsymbol{X}}^{\mathrm{T}}(\boldsymbol{z})\int_{-\infty}^{\infty}\boldsymbol{x}p(\boldsymbol{x}\mid\boldsymbol{z})\mathrm{d}\boldsymbol{x}+\right.\\
&\left.\hat{\boldsymbol{X}}^{\mathrm{T}}(\boldsymbol{z})\hat{\boldsymbol{X}}(\boldsymbol{z})\int_{-\infty}^{\infty}p(\boldsymbol{x}\mid\boldsymbol{z})\mathrm{d}\boldsymbol{x}\right\}\mathrm{d}\boldsymbol{z}=\\
&\int_{-\infty}^{\infty}p_Z(\boldsymbol{z})\{\mathrm{E}_X[\boldsymbol{X}^{\mathrm{T}}\boldsymbol{X}\mid\boldsymbol{z}]-2\hat{\boldsymbol{X}}^{\mathrm{T}}(\boldsymbol{z})\mathrm{E}_X[\boldsymbol{X}\mid\boldsymbol{z}]+\hat{\boldsymbol{X}}^{\mathrm{T}}(\boldsymbol{z})\hat{X}(\boldsymbol{z})\}\mathrm{d}\boldsymbol{z}=\\
&\int_{-\infty}^{\infty}p_Z(\boldsymbol{z})\{\mathrm{E}_X[\boldsymbol{X}^{\mathrm{T}}\boldsymbol{X}\mid\boldsymbol{z}]-\mathrm{E}_X^{\mathrm{T}}[\boldsymbol{X}\mid\boldsymbol{z}]\mathrm{E}_X[\boldsymbol{X}\mid\boldsymbol{z}]+\mathrm{E}_X^{\mathrm{T}}[\boldsymbol{X}\mid\boldsymbol{z}]\mathrm{E}_X[\boldsymbol{X}\mid\boldsymbol{z}]-\\
&2\hat{\boldsymbol{X}}^{\mathrm{T}}(\boldsymbol{z})\mathrm{E}_X[\boldsymbol{X}\mid\boldsymbol{z}]+\hat{\boldsymbol{X}}^{\mathrm{T}}(\boldsymbol{z})\hat{X}(\boldsymbol{z})\}\mathrm{d}\boldsymbol{z}=\\
&\int_{-\infty}^{\infty}p_Z(\boldsymbol{z})\{\mathrm{E}_X[\boldsymbol{X}^{\mathrm{T}}\boldsymbol{X}\mid\boldsymbol{z}]-\mathrm{E}_X^{\mathrm{T}}[\boldsymbol{X}\mid\boldsymbol{z}]\mathrm{E}_X[\boldsymbol{X}\mid\boldsymbol{z}]\}\mathrm{d}\boldsymbol{z}+\\
&\int_{-\infty}^{\infty}p_Z(\boldsymbol{z})[\mathrm{E}_X[\boldsymbol{X}\mid\boldsymbol{z}]-\hat{\boldsymbol{X}}(\boldsymbol{z})]^{\mathrm{T}}[\mathrm{E}_X[\boldsymbol{X}\mid\boldsymbol{z}]-\hat{\boldsymbol{X}}(\boldsymbol{z})]\mathrm{d}\boldsymbol{z}
\end{aligned} \tag{5.1.17}$$

式中：求数学期望符号“E_X”的右下角标表示仅对 X 求期望。式(5.1.17)最后等号右端第一项积分与 $\hat{\boldsymbol{X}}$ 无关；第二项积分中边缘密度函数 $p_Z(\boldsymbol{z})$ 非负且不恒为 0，向量内积

$[\mathrm{E}_X[\boldsymbol{X}\mid\boldsymbol{z}]-\hat{\boldsymbol{X}}(\boldsymbol{z})]^{\mathrm{T}}[\mathrm{E}_X[\boldsymbol{X}\mid\boldsymbol{z}]-\hat{\boldsymbol{X}}(\boldsymbol{z})]$ 必定非负。因此，欲使指标函数 $J(\hat{\boldsymbol{X}})$ 最小，只须要求

$$\mathrm{E}_X[\boldsymbol{X}\mid\boldsymbol{z}]-\hat{\boldsymbol{X}}(\boldsymbol{z})=\boldsymbol{0}\quad 即\quad \hat{\boldsymbol{X}}(\boldsymbol{z})=\mathrm{E}_X[\boldsymbol{X}\mid\boldsymbol{z}] \tag{5.1.18}$$

所以有

$$\hat{\boldsymbol{X}}_{\mathrm{MV}}(\boldsymbol{Z})=\mathrm{E}[\boldsymbol{X}\mid\boldsymbol{Z}] \tag{5.1.19}$$

式中：也常用 $\boldsymbol{Z}$ 来表示总体的一个样本。式(5.1.19)说明，最小方差估计等于某一观测实现 $\boldsymbol{Z}$ 条件下的条件均值，所以有时也称最小方差估计为条件期望估计。

最小方差估计的示意性解释如图 5.1.1 所示。在图 5.1.1(a) 所示联合概率密度中，X 的取值可能性随 Z 而变化(X 取值可能性范围较大)，在未知量测 Z 的情况下，不好给出 X 的准确度高的估计。当观测到某量测 $Z=z$ 时，将在图 5.1.1(a) 联合概率密度 $p(x,z)$ 曲面中竖切出一条曲线，形成图 5.1.1(b) 的条件概率密度 $p(x\mid z)$，该条件概率密度缩小了 X 取值的随机性(X 取值可能性范围变小了)，以条件均值 $\mathrm{E}[X\mid Z]$ 作为 X 的估计就是最小方差估计。事实上，均值就是任何概率分布下一种最具代表性的点估计量(如果均方误差存在的话则其必然最小)。

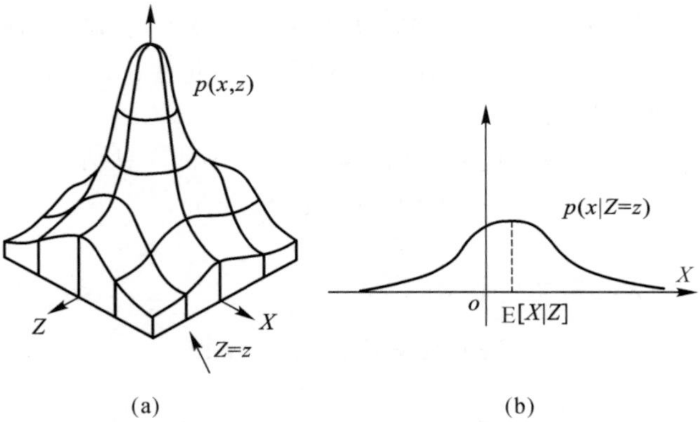

图 5.1.1　最小方差估计示意图

(a) 联合概率密度；(b) 条件概率密度

最小方差估计 $\hat{\boldsymbol{X}}_{\mathrm{MV}}(\boldsymbol{Z})$ 是观测样本 $\boldsymbol{Z}$ 的函数，观测样本不同，估计结果也会不同，对多次估计结果求数学期望，可得

$$\begin{aligned}\mathrm{E}_Z[\hat{\boldsymbol{X}}_{\mathrm{MV}}(\boldsymbol{Z})]=\mathrm{E}_Z[\mathrm{E}_X[\boldsymbol{X}\mid\boldsymbol{Z}]]=\int_{-\infty}^{\infty}\left[\int_{-\infty}^{\infty}\boldsymbol{x}p(\boldsymbol{x}\mid\boldsymbol{z})\mathrm{d}\boldsymbol{x}\right]p(\boldsymbol{z})\mathrm{d}\boldsymbol{z}=\\ \int_{-\infty}^{\infty}\int_{-\infty}^{\infty}\boldsymbol{x}p(\boldsymbol{x}\mid\boldsymbol{z})p(\boldsymbol{z})\mathrm{d}\boldsymbol{x}\mathrm{d}\boldsymbol{z}=\int_{-\infty}^{\infty}\int_{-\infty}^{\infty}\boldsymbol{x}p(\boldsymbol{x},\boldsymbol{z})\mathrm{d}\boldsymbol{z}\mathrm{d}\boldsymbol{x}=\\ \int_{-\infty}^{\infty}\boldsymbol{x}\int_{-\infty}^{\infty}p(\boldsymbol{x},\boldsymbol{z})\mathrm{d}\boldsymbol{z}\mathrm{d}\boldsymbol{x}=\int_{-\infty}^{\infty}\boldsymbol{x}p_X(\boldsymbol{x})\mathrm{d}\boldsymbol{x}=\mathrm{E}[\boldsymbol{X}]\end{aligned} \tag{5.1.20}$$

这说明，最小方差估计是无偏的。由多次观测样本分别求取状态的最小方差估计，多次状态估计的均值就等于真实状态的均值。

最小方差估计 $\hat{\boldsymbol{X}}_{\mathrm{MV}}(\boldsymbol{Z})$ 的均方误差阵为

$$\begin{aligned}\mathrm{E}[\tilde{\boldsymbol{X}}_{\mathrm{MV}}\tilde{\boldsymbol{X}}_{\mathrm{MV}}^{\mathrm{T}}]=\mathrm{E}[[\boldsymbol{X}-\hat{\boldsymbol{X}}_{\mathrm{MV}}(\boldsymbol{z})][\boldsymbol{X}-\hat{\boldsymbol{X}}_{\mathrm{MV}}(\boldsymbol{z})]^{\mathrm{T}}]=\\ \int_{-\infty}^{\infty}\int_{-\infty}^{\infty}[\boldsymbol{x}-\hat{\boldsymbol{X}}_{\mathrm{MV}}(\boldsymbol{z})][\boldsymbol{x}-\hat{\boldsymbol{X}}_{\mathrm{MV}}(\boldsymbol{z})]^{\mathrm{T}}p(\boldsymbol{x},\boldsymbol{z})\mathrm{d}\boldsymbol{x}\mathrm{d}\boldsymbol{z}=\end{aligned}$$

$$\int_{-\infty}^{\infty}\int_{-\infty}^{\infty}(\boldsymbol{x}-\mathrm{E}[\boldsymbol{X}\mid\boldsymbol{z}])(\boldsymbol{x}-\mathrm{E}[\boldsymbol{X}\mid\boldsymbol{z}])^{\mathrm{T}}p(\boldsymbol{x}\mid\boldsymbol{z})\mathrm{d}\boldsymbol{x}p_Z(\boldsymbol{z})\mathrm{d}\boldsymbol{z}=$$

$$\int_{-\infty}^{\infty}\boldsymbol{C}_{X|Z}p_Z(\boldsymbol{z})\mathrm{d}\boldsymbol{z} \tag{5.1.21}$$

这说明,最小方差估计的均方误差阵可通过条件方差阵 $\boldsymbol{C}_{X|Z}$ 与边缘密度函数 $p_Z(\boldsymbol{z})$ 求得。

根据贝叶斯公式(5.1.10)还可得

$$\hat{\boldsymbol{X}}(\boldsymbol{z})=\mathrm{E}_X[\boldsymbol{X}\mid\boldsymbol{z}]=\int_{-\infty}^{\infty}\boldsymbol{x}p(\boldsymbol{x}\mid\boldsymbol{z})\mathrm{d}\boldsymbol{x}=\int_{-\infty}^{\infty}\boldsymbol{x}\frac{p(\boldsymbol{x},\boldsymbol{z})}{p_Z(\boldsymbol{z})}\mathrm{d}\boldsymbol{x} \tag{5.1.22}$$

由此可知,最小方差估计需要知道联合密度函数 $p(\boldsymbol{x},\boldsymbol{z})$ 或条件概率密度函数 $p(\boldsymbol{x}\mid\boldsymbol{z})$,这在很多情况下是得不到的,或者是难以计算的。但是,如果被估计量和观测量都服从正态分布,则问题的求解会得到极大简化,分析如下。

假设随机向量 $\boldsymbol{Y}$ 服从正态分布,即

$$\boldsymbol{Y}\sim N(\boldsymbol{m}_Y,\boldsymbol{C}_Y)\qquad 或\qquad \begin{bmatrix}\boldsymbol{X}\\\boldsymbol{Z}\end{bmatrix}\sim N\left(\begin{bmatrix}\boldsymbol{m}_X\\\boldsymbol{m}_Z\end{bmatrix},\begin{bmatrix}\boldsymbol{C}_X & \boldsymbol{C}_{XZ}\\\boldsymbol{C}_{ZX} & \boldsymbol{C}_Z\end{bmatrix}\right) \tag{5.1.23}$$

其中:均值 $\boldsymbol{m}_Y=\begin{bmatrix}\boldsymbol{m}_X\\\boldsymbol{m}_Z\end{bmatrix}$;协方差阵 $\boldsymbol{C}_Y=\begin{bmatrix}\boldsymbol{C}_X & \boldsymbol{C}_{XZ}\\\boldsymbol{C}_{ZX} & \boldsymbol{C}_Z\end{bmatrix}$;$\boldsymbol{C}_X,\boldsymbol{C}_Z,\boldsymbol{C}_Y$ 均为正定对称方阵,且有协方差阵 $\boldsymbol{C}_{XZ}=\mathrm{Cov}(\boldsymbol{X},\boldsymbol{Z})=\boldsymbol{C}_{ZX}^{\mathrm{T}}=\mathrm{Cov}^{\mathrm{T}}(\boldsymbol{Z},\boldsymbol{X})$。

根据概率论知识,正态分布随机向量 $\boldsymbol{Y}$ 的概率密度函数为

$$p(\boldsymbol{y})=p(\boldsymbol{x},\boldsymbol{z})=\frac{1}{(2\pi)^{(n+m)/2}\,|\boldsymbol{C}_Y|^{1/2}}\exp\left\{-\frac{1}{2}(\boldsymbol{y}-\boldsymbol{m}_Y)^{\mathrm{T}}\boldsymbol{C}_Y^{-1}(\boldsymbol{y}-\boldsymbol{m}_Y)\right\} \tag{5.1.24}$$

式中:$|\cdot|$ 表示方阵的行列式运算符,即 $|\boldsymbol{C}_Y|=\det(\boldsymbol{C}_Y)$。

考虑如下两个矩阵计算公式(请读者自行验证):

$$\boldsymbol{C}_Y^{-1}=\begin{bmatrix}\boldsymbol{C}_X & \boldsymbol{C}_{XZ}\\\boldsymbol{C}_{ZX} & \boldsymbol{C}_Z\end{bmatrix}^{-1}=\begin{bmatrix}\boldsymbol{I} & \boldsymbol{0}\\-\boldsymbol{C}_Z^{-1}\boldsymbol{C}_{ZX} & \boldsymbol{I}\end{bmatrix}\begin{bmatrix}(\boldsymbol{C}_X-\boldsymbol{C}_{XZ}\boldsymbol{C}_Z^{-1}\boldsymbol{C}_{ZX})^{-1} & \boldsymbol{0}\\\boldsymbol{0} & \boldsymbol{C}_Z^{-1}\end{bmatrix}\begin{bmatrix}\boldsymbol{I} & -\boldsymbol{C}_{XZ}\boldsymbol{C}_Z^{-1}\\\boldsymbol{0} & \boldsymbol{I}\end{bmatrix} \tag{5.1.25}$$

$$|\boldsymbol{C}_Y|=\begin{vmatrix}\boldsymbol{C}_X & \boldsymbol{C}_{XZ}\\\boldsymbol{C}_{ZX} & \boldsymbol{C}_Z\end{vmatrix}=|\boldsymbol{C}_X-\boldsymbol{C}_{XZ}\boldsymbol{C}_Z^{-1}\boldsymbol{C}_{ZX}|\cdot|\boldsymbol{C}_Z| \tag{5.1.26}$$

若记

$$\left.\begin{aligned}\boldsymbol{m}_{X|Z}&=\boldsymbol{m}_X+\boldsymbol{C}_{XZ}\boldsymbol{C}_Z^{-1}(\boldsymbol{z}-\boldsymbol{m}_Z)\\\boldsymbol{C}_{X|Z}&=\boldsymbol{C}_X-\boldsymbol{C}_{XZ}\boldsymbol{C}_Z^{-1}\boldsymbol{C}_{ZX}\end{aligned}\right\} \tag{5.1.27}$$

则式(5.1.24)可展开为

$$p(\boldsymbol{x},\boldsymbol{z})=\frac{1}{(2\pi)^{(n+m)/2}(|\boldsymbol{C}_{X|Z}|\cdot|\boldsymbol{C}_Z|)^{1/2}}\exp\left\{-\frac{1}{2}\left(\begin{bmatrix}\boldsymbol{x}\\\boldsymbol{z}\end{bmatrix}-\begin{bmatrix}\boldsymbol{m}_X\\\boldsymbol{m}_Z\end{bmatrix}\right)^{\mathrm{T}}\times\right.$$

$$\left.\begin{bmatrix}\boldsymbol{I} & \boldsymbol{0}\\-\boldsymbol{C}_Z^{-1}\boldsymbol{C}_{ZX} & \boldsymbol{I}\end{bmatrix}\begin{bmatrix}\boldsymbol{C}_{X|Z}^{-1} & \boldsymbol{0}\\\boldsymbol{0} & \boldsymbol{C}_Z^{-1}\end{bmatrix}\begin{bmatrix}\boldsymbol{I} & -\boldsymbol{C}_{XZ}\boldsymbol{C}_Z^{-1}\\\boldsymbol{0} & \boldsymbol{I}\end{bmatrix}\left(\begin{bmatrix}\boldsymbol{x}\\\boldsymbol{z}\end{bmatrix}-\begin{bmatrix}\boldsymbol{m}_X\\\boldsymbol{m}_Z\end{bmatrix}\right)\right\}=$$

$$\frac{1}{(2\pi)^{n/2+m/2}\,|\boldsymbol{C}_{X|Z}|^{1/2}\cdot|\boldsymbol{C}_Z|^{1/2}}\exp\left\{-\frac{1}{2}(\boldsymbol{x}-\boldsymbol{m}_{X|Z})^{\mathrm{T}}\boldsymbol{C}_{X|Z}^{-1}(\boldsymbol{x}-\boldsymbol{m}_{X|Z})-\right.$$

$$\left.\frac{1}{2}(\boldsymbol{z}-\boldsymbol{m}_Z)^{\mathrm{T}}\boldsymbol{C}_Z^{-1}(\boldsymbol{z}-\boldsymbol{m}_Z)\right\}=$$

$$\frac{1}{(2\pi)^{n/2}\ |\boldsymbol{C}_{X|Z}|^{1/2}}\exp\left\{-\frac{1}{2}(\boldsymbol{x}-\boldsymbol{m}_{X|Z})^{\mathrm{T}}\boldsymbol{C}_{X|Z}^{-1}(\boldsymbol{x}-\boldsymbol{m}_{X|Z})\right\}\times$$
$$\frac{1}{(2\pi)^{m/2}\ |\boldsymbol{C}_{Z}|^{1/2}}\exp\left\{-\frac{1}{2}(\boldsymbol{z}-\boldsymbol{m}_{Z})^{\mathrm{T}}\boldsymbol{C}_{Z}^{-1}(\boldsymbol{z}-\boldsymbol{m}_{Z})\right\} \tag{5.1.28}$$

式(5.1.28) 等号两边对 $\boldsymbol{x}$ 积分，可得边缘密度函数

$$p_Z(\boldsymbol{z})=\int_{-\infty}^{\infty}p(\boldsymbol{x},\boldsymbol{z})\mathrm{d}\boldsymbol{x}=\int_{-\infty}^{-\infty}\frac{1}{(2\pi)^{n/2}\ |\boldsymbol{C}_{X|Z}|^{1/2}}\exp\left\{-\frac{1}{2}(\boldsymbol{x}-\boldsymbol{m}_{X|Z})^{\mathrm{T}}\boldsymbol{C}_{X|Z}^{-1}(\boldsymbol{x}-\boldsymbol{m}_{X|Z})\right\}\mathrm{d}\boldsymbol{x}\times$$
$$\frac{1}{(2\pi)^{m/2}\ |\boldsymbol{C}_{Z}|^{1/2}}\exp\left\{-\frac{1}{2}(\boldsymbol{z}-\boldsymbol{m}_{Z})^{\mathrm{T}}\boldsymbol{C}_{Z}^{-1}(\boldsymbol{z}-\boldsymbol{m}_{Z})\right\}=$$
$$\frac{1}{(2\pi)^{m/2}\ |\boldsymbol{C}_{Z}|^{1/2}}\exp\left\{-\frac{1}{2}(\boldsymbol{z}-\boldsymbol{m}_{Z})^{\mathrm{T}}\boldsymbol{C}_{Z}^{-1}(\boldsymbol{z}-\boldsymbol{m}_{Z})\right\} \tag{5.1.29}$$

因此，式(5.1.28) 可化为

$$p(\boldsymbol{x},\boldsymbol{z})=\frac{1}{(2\pi)^{n/2}\ |\boldsymbol{C}_{X|Z}|^{1/2}}\exp\left\{-\frac{1}{2}(\boldsymbol{x}-\boldsymbol{m}_{X|Z})^{\mathrm{T}}\boldsymbol{C}_{X|Z}^{-1}(\boldsymbol{x}-\boldsymbol{m}_{X|Z})\right\}\times p_Z(\boldsymbol{z}) \tag{5.1.30}$$

将式(5.1.30) 与贝叶斯公式 $p(\boldsymbol{x},\boldsymbol{z})=p(\boldsymbol{x}\mid\boldsymbol{z})p_Z(\boldsymbol{z})$ 对比，可得条件密度函数

$$p(\boldsymbol{x}\mid\boldsymbol{z})=\frac{1}{(2\pi)^{n/2}\ |\boldsymbol{C}_{X|Z}|^{1/2}}\exp\left\{-\frac{1}{2}(\boldsymbol{x}-\boldsymbol{m}_{X|Z})^{\mathrm{T}}\boldsymbol{C}_{X|Z}^{-1}(\boldsymbol{x}-\boldsymbol{m}_{X|Z})\right\} \tag{5.1.31}$$

显然，式(5.1.31) 恰好为正态分布的概率密度函数表达式，条件均值为 $\boldsymbol{m}_{X|Z}$，条件方差阵为 $\boldsymbol{C}_{X|Z}$ 且与观测量 $\boldsymbol{z}$ 无关。根据正态分布的均值特征可直接给出最小方差估计，再由式(5.1.21) 和式(5.1.27) 可得该估计的均方误差阵，即

$$\hat{\boldsymbol{X}}_{\mathrm{MV}}=\mathrm{E}[\boldsymbol{X}\mid\boldsymbol{z}]=\int_{-\infty}^{\infty}\boldsymbol{x}p(\boldsymbol{x}\mid\boldsymbol{z})\mathrm{d}\boldsymbol{x}=\boldsymbol{m}_{X|Z}=\boldsymbol{m}_X+\boldsymbol{C}_{XZ}\boldsymbol{C}_Z^{-1}(\boldsymbol{z}-\boldsymbol{m}_Z) \tag{5.1.32a}$$

$$\mathrm{E}[\tilde{\boldsymbol{X}}_{\mathrm{MV}}\tilde{\boldsymbol{X}}_{\mathrm{MV}}^{\mathrm{T}}]=\int_{-\infty}^{\infty}\boldsymbol{C}_{X|Z}p_Z(\boldsymbol{z})\mathrm{d}\boldsymbol{z}=\int_{-\infty}^{\infty}(\boldsymbol{C}_X-\boldsymbol{C}_{XZ}\boldsymbol{C}_Z^{-1}\boldsymbol{C}_{ZX})p_Z(\boldsymbol{z})\mathrm{d}\boldsymbol{z}=$$
$$(\boldsymbol{C}_X-\boldsymbol{C}_{XZ}\boldsymbol{C}_Z^{-1}\boldsymbol{C}_{ZX})\int_{-\infty}^{\infty}p_Z(\boldsymbol{z})\mathrm{d}\boldsymbol{z}=\boldsymbol{C}_X-\boldsymbol{C}_{XZ}\boldsymbol{C}_Z^{-1}\boldsymbol{C}_{ZX} \tag{5.1.32b}$$

由此可见，当状态与观测之间服从联合正态分布时，只需使用一、二阶矩参数就能很容易地求得最小方差估计的表达式。如果有 $\boldsymbol{C}_{X|Z}\to\boldsymbol{0}$(或者 $\boldsymbol{C}_Z\to\infty$)，则有 $\hat{\boldsymbol{X}}_{\mathrm{MV}}\to\boldsymbol{m}_X$ 和 $\boldsymbol{C}_{X|Z}\to\boldsymbol{C}_X$，这说明当观测 $\boldsymbol{Z}$ 与状态 $\boldsymbol{X}$ 之间相关性很小(或者观测质量很差) 时，先验的状态均值 $\boldsymbol{m}_X$ 几乎就是最好的估计；由 $\boldsymbol{C}_{X|Z}=\boldsymbol{C}_X-\boldsymbol{C}_{XZ}\boldsymbol{C}_Z^{-1}\boldsymbol{C}_{ZX}\leqslant\boldsymbol{C}_X-\boldsymbol{0}\leqslant\boldsymbol{C}_X$ 可知，引入观测后，与 $\boldsymbol{X}$ 的先验方差阵 $\boldsymbol{C}_X$ 相比，估计值 $\hat{\boldsymbol{X}}_{\mathrm{MV}}$ 的不确定度(条件方差阵 $\boldsymbol{C}_{X|Z}$) 降低了。

2. 线性最小方差估计

线性最小方差估计 (Linear Minimum Variance，LMV) 属于一种特殊的最小方差估计，不论理论观测模型是线性的还是非线性的，它都采用观测量的线性组合建模来对状态进行估计，表示为

$$\hat{\boldsymbol{X}}=\boldsymbol{A}\boldsymbol{Z}+\boldsymbol{b} \tag{5.1.33}$$

其中：$\boldsymbol{A}$ 为 $n\times m$ 阶的待定常值矩阵；$\boldsymbol{b}$ 为 n 维待定常值向量。由于限定了观测量的线性构造方式，线性最小方差估计的精度一般不如最小方差估计，但是线性建模非常简单，所以线性最小方差估计的应用十分广泛。

线性最小方差估计的性能指标函数为

$$J(\hat{\boldsymbol{X}})=\mathrm{E}[\tilde{\boldsymbol{X}}^{\mathrm{T}}\tilde{\boldsymbol{X}}]\,|_{\hat{\boldsymbol{X}}=\hat{\boldsymbol{X}}_{\mathrm{LMV}}}=\min \tag{5.1.34}$$

对指标函数作如下变换：

$$\begin{aligned}
J(\hat{\boldsymbol{X}})=&\mathrm{E}[\tilde{\boldsymbol{X}}^{\mathrm{T}}\tilde{\boldsymbol{X}}]=\mathrm{tr}(\mathrm{E}[\tilde{\boldsymbol{X}}\tilde{\boldsymbol{X}}^{\mathrm{T}}])=\\
&\mathrm{tr}(\mathrm{E}[(\boldsymbol{X}-\boldsymbol{AZ}-\boldsymbol{b})(\boldsymbol{X}-\boldsymbol{AZ}-\boldsymbol{b})^{\mathrm{T}}])=\\
&\mathrm{tr}(\mathrm{E}[\boldsymbol{XX}^{\mathrm{T}}+\boldsymbol{AZZ}^{\mathrm{T}}\boldsymbol{A}^{\mathrm{T}}+\boldsymbol{bb}^{\mathrm{T}}-\boldsymbol{XZ}^{\mathrm{T}}\boldsymbol{A}^{\mathrm{T}}-\boldsymbol{AZX}^{\mathrm{T}}-\boldsymbol{Xb}^{\mathrm{T}}-\boldsymbol{bX}^{\mathrm{T}}+\boldsymbol{bZ}^{\mathrm{T}}\boldsymbol{A}^{\mathrm{T}}+\boldsymbol{AZb}^{\mathrm{T}}])=\\
&\mathrm{tr}((\boldsymbol{C}_X+\boldsymbol{m}_X\boldsymbol{m}_X^{\mathrm{T}})+\boldsymbol{A}(\boldsymbol{C}_Z+\boldsymbol{m}_Z\boldsymbol{m}_Z^{\mathrm{T}})\boldsymbol{A}^{\mathrm{T}}+\boldsymbol{bb}^{\mathrm{T}}-(\boldsymbol{C}_{XZ}+\boldsymbol{m}_X\boldsymbol{m}_Z^{\mathrm{T}})\boldsymbol{A}^{\mathrm{T}}-\boldsymbol{A}(\boldsymbol{C}_{ZX}+\boldsymbol{m}_Z\boldsymbol{m}_X^{\mathrm{T}})-\\
&\boldsymbol{m}_X\boldsymbol{b}^{\mathrm{T}}-\boldsymbol{bm}_X^{\mathrm{T}}+\boldsymbol{bm}_Z^{\mathrm{T}}\boldsymbol{A}^{\mathrm{T}}+\boldsymbol{Am}_Z\boldsymbol{b}^{\mathrm{T}})=\\
&\mathrm{tr}((\boldsymbol{A}-\boldsymbol{C}_{XZ}\boldsymbol{C}_Z^{-1})\boldsymbol{C}_Z(\boldsymbol{A}-\boldsymbol{C}_{XZ}\boldsymbol{C}_Z^{-1})^{\mathrm{T}}+(\boldsymbol{C}_X-\boldsymbol{C}_{XZ}\boldsymbol{C}_Z^{-1}\boldsymbol{C}_{ZX})+\\
&(\boldsymbol{m}_X-\boldsymbol{Am}_Z-\boldsymbol{b})(\boldsymbol{m}_X-\boldsymbol{Am}_Z-\boldsymbol{b})^{\mathrm{T}})=\\
&\mathrm{tr}((\boldsymbol{A}-\boldsymbol{C}_{XZ}\boldsymbol{C}_Z^{-1})\boldsymbol{C}_Z(\boldsymbol{A}-\boldsymbol{C}_{XZ}\boldsymbol{C}_Z^{-1})^{\mathrm{T}})+\mathrm{tr}(\boldsymbol{C}_X-\boldsymbol{C}_{XZ}\boldsymbol{C}_Z^{-1}\boldsymbol{C}_{ZX})+\\
&\mathrm{tr}((\boldsymbol{m}_X-\boldsymbol{Am}_Z-\boldsymbol{b})(\boldsymbol{m}_X-\boldsymbol{Am}_Z-\boldsymbol{b})^{\mathrm{T}})
\end{aligned} \tag{5.1.35}$$

不难发现，式(5.1.35)最后等号的右端第二项与待定参数 $\boldsymbol{A}$，$\boldsymbol{b}$ 无关；第一和第三项必定非负。欲使指标函数 $J(\hat{\boldsymbol{X}})$ 达到最小，只需使第一和第三项同时为零，即满足

$$\left.\begin{aligned}\boldsymbol{A}-\boldsymbol{C}_{XZ}\boldsymbol{C}_Z^{-1}=\boldsymbol{0}\\ \boldsymbol{m}_X-\boldsymbol{Am}_Z-\boldsymbol{b}=\boldsymbol{0}\end{aligned}\right\} \tag{5.1.36}$$

由式(5.1.36)可以求得

$$\left.\begin{aligned}\boldsymbol{A}=\boldsymbol{C}_{XZ}\boldsymbol{C}_Z^{-1}\\ \boldsymbol{b}=\boldsymbol{m}_X-\boldsymbol{C}_{XZ}\boldsymbol{C}_Z^{-1}\boldsymbol{m}_Z\end{aligned}\right\} \tag{5.1.37}$$

将式(5.1.37)代入式(5.1.33)便得线性最小方差估计

$$\hat{\boldsymbol{X}}_{\mathrm{LMV}}=\boldsymbol{AZ}+\boldsymbol{b}=\boldsymbol{m}_X+\boldsymbol{C}_{XZ}\boldsymbol{C}_Z^{-1}(\boldsymbol{Z}-\boldsymbol{m}_Z) \tag{5.1.38}$$

可见，只需已知状态 $\boldsymbol{X}$ 和观测 $\boldsymbol{Z}$ 的一、二阶矩即可求得线性最小方差估计，与最小方差估计需要已知联合密度函数相比，线性最小方差估计的求解条件更加宽松，容易实现。

对式(5.1.38)求数学期望，有

$$\begin{aligned}\mathrm{E}_Z[\hat{\boldsymbol{X}}_{\mathrm{LMV}}]=&\mathrm{E}_Z[\boldsymbol{m}_X+\boldsymbol{C}_{XZ}\boldsymbol{C}_Z^{-1}(\boldsymbol{Z}-\boldsymbol{m}_Z)]=\boldsymbol{m}_X+\boldsymbol{C}_{XZ}\boldsymbol{C}_Z^{-1}(\mathrm{E}_Z[\boldsymbol{Z}]-\boldsymbol{m}_Z)=\\ &\boldsymbol{m}_X+\boldsymbol{C}_{XZ}\boldsymbol{C}_Z^{-1}(\boldsymbol{m}_Z-\boldsymbol{m}_Z)=\boldsymbol{m}_X=\mathrm{E}[\boldsymbol{X}]\end{aligned} \tag{5.1.39}$$

这说明线性最小方差估计也是无偏估计。

计算估计误差 $\tilde{\boldsymbol{X}}_{\mathrm{LMV}}$ 的方差阵，有

$$\begin{aligned}
\mathrm{E}[\tilde{\boldsymbol{X}}_{\mathrm{LMV}}\tilde{\boldsymbol{X}}_{\mathrm{LMV}}^{\mathrm{T}}]=&\mathrm{E}[\{\boldsymbol{X}-[\boldsymbol{m}_X+\boldsymbol{C}_{XZ}\boldsymbol{C}_Z^{-1}(\boldsymbol{Z}-\boldsymbol{m}_Z)]\}\{\boldsymbol{X}-[\boldsymbol{m}_X+\boldsymbol{C}_{XZ}\boldsymbol{C}_Z^{-1}(\boldsymbol{Z}-\boldsymbol{m}_Z)]\}^{\mathrm{T}}]=\\
&\mathrm{E}[[(\boldsymbol{X}-\boldsymbol{m}_X)-\boldsymbol{C}_{XZ}\boldsymbol{C}_Z^{-1}(\boldsymbol{Z}-\boldsymbol{m}_Z)][(\boldsymbol{X}-\boldsymbol{m}_X)-\boldsymbol{C}_{XZ}\boldsymbol{C}_Z^{-1}(\boldsymbol{Z}-\boldsymbol{m}_Z)]^{\mathrm{T}}]=\\
&\mathrm{E}[(\boldsymbol{X}-\boldsymbol{m}_X)(\boldsymbol{X}-\boldsymbol{m}_X)^{\mathrm{T}}]-\mathrm{E}[(\boldsymbol{X}-\boldsymbol{m}_X)[\boldsymbol{C}_{XZ}\boldsymbol{C}_Z^{-1}(\boldsymbol{Z}-\boldsymbol{m}_Z)]^{\mathrm{T}}]-\\
&\mathrm{E}[\boldsymbol{C}_{XZ}\boldsymbol{C}_Z^{-1}(\boldsymbol{Z}-\boldsymbol{m}_Z)(\boldsymbol{X}-\boldsymbol{m}_X)^{\mathrm{T}}]+\\
&\mathrm{E}[\boldsymbol{C}_{XZ}\boldsymbol{C}_Z^{-1}(\boldsymbol{Z}-\boldsymbol{m}_Z)[\boldsymbol{C}_{XZ}\boldsymbol{C}_Z^{-1}(\boldsymbol{Z}-\boldsymbol{m}_Z)]^{\mathrm{T}}]=\\
&\boldsymbol{C}_X-\boldsymbol{C}_{XZ}\boldsymbol{C}_Z^{-1}\boldsymbol{C}_{ZX}-\boldsymbol{C}_{XZ}\boldsymbol{C}_Z^{-1}\boldsymbol{C}_{ZX}+\boldsymbol{C}_{XZ}\boldsymbol{C}_Z^{-1}\boldsymbol{C}_Z\boldsymbol{C}_Z^{-1}\boldsymbol{C}_{ZX}=\\
&\boldsymbol{C}_X-\boldsymbol{C}_{XZ}\boldsymbol{C}_Z^{-1}\boldsymbol{C}_{ZX}
\end{aligned} \tag{5.1.40}$$

比较式(5.1.32)、式(5.1.38)和式(5.1.40)可知，对于正态分布而言，最小方差估计等价于线性最小方差估计，究其原因在于两正态分布变量之间的关系总可以用线性关系来描述。但是，一般在任意概率分布情况下，线性最小方差估计的精度往往不如最小方差估计。

最后，计算线性最小方差估计的误差 $\tilde{\boldsymbol{X}}_{\mathrm{LMV}}$ 与观测量 $\boldsymbol{Z}$ 之间的协相关矩阵，有

$$\begin{aligned}\mathrm{Cov}(\tilde{\boldsymbol{X}}_{\mathrm{LMV}},\boldsymbol{Z})=&\mathrm{E}[\{\boldsymbol{X}-[\boldsymbol{m}_X+\boldsymbol{C}_{XZ}\boldsymbol{C}_Z^{-1}(\boldsymbol{Z}-\boldsymbol{m}_Z)]\}(\boldsymbol{Z}-\boldsymbol{m}_Z)^{\mathrm{T}}]=\\&\mathrm{E}[(\boldsymbol{X}-\boldsymbol{m}_X)(\boldsymbol{Z}-\boldsymbol{m}_Z)^{\mathrm{T}}]-\boldsymbol{C}_{XZ}\boldsymbol{C}_Z^{-1}\mathrm{E}[(\boldsymbol{Z}-\boldsymbol{m}_Z)(\boldsymbol{Z}-\boldsymbol{m}_Z)^{\mathrm{T}}]=\\&\boldsymbol{C}_{XZ}-\boldsymbol{C}_{XZ}\boldsymbol{C}_Z^{-1}\boldsymbol{C}_Z=\boldsymbol{0}\end{aligned}\tag{5.1.41}$$

式(5.1.41)表明，估计误差 $\tilde{\boldsymbol{X}}_{\mathrm{LMV}}$ 与观测量 $\boldsymbol{Z}$ 之间互不相关。从几何角度上看，称 $\tilde{\boldsymbol{X}}_{\mathrm{LMV}}$ 与 $\boldsymbol{Z}$ 正交，估计值 $\hat{\boldsymbol{X}}_{\mathrm{LMV}}$ 是被估计量 $\boldsymbol{X}$ 在观测空间 $\boldsymbol{Z}$ 上的正交投影，其示意图参见图 5.1.2。

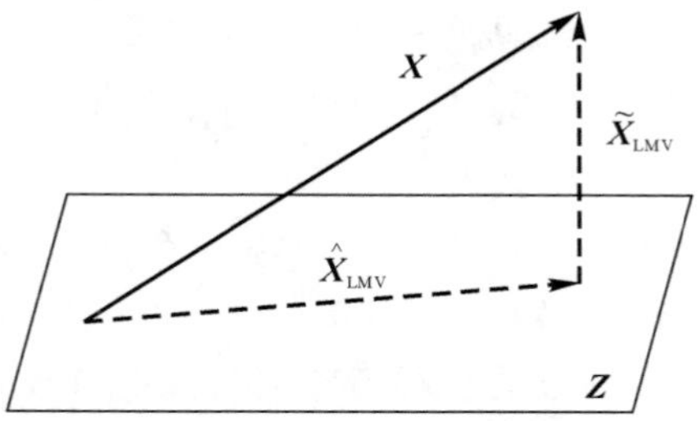

图 5.1.2　正交投影示意图

5.1.4　极大似然估计

已知在 $\boldsymbol{X}=\boldsymbol{x}$ 条件下观测量 $\boldsymbol{Z}$ 的条件密度函数为 $p(\boldsymbol{z}\mid\boldsymbol{x})$。为了估计 $\boldsymbol{X}$，对 $\boldsymbol{Z}$ 进行观测，如果观测值为 $\boldsymbol{z}$，则出现该值的概率密度为 $L(\boldsymbol{x})=p(\boldsymbol{z}\mid\boldsymbol{x})$。对于某一具体观测值 $\boldsymbol{z}$ 而言，$L(\boldsymbol{x})$ 只是 $\boldsymbol{x}$ 的函数，对于 $\boldsymbol{x}$ 的两个不同取值 $\boldsymbol{x}_1$ 和 $\boldsymbol{x}_2$，如果有概率密度 $L(\boldsymbol{x}_1)>L(\boldsymbol{x}_2)$，则认为选取估计值 $\hat{\boldsymbol{X}}=\boldsymbol{x}_1$ 时出现观测值 $\boldsymbol{z}$ 的可能性会比选取估计值 $\hat{\boldsymbol{X}}=\boldsymbol{x}_2$ 时更大。因此，可将使 $L(\boldsymbol{x})=p(\boldsymbol{z}\mid\boldsymbol{x})$ 取得最大值时的 $\boldsymbol{x}$ 作为 $\boldsymbol{X}$ 的最优估计 $\hat{\boldsymbol{X}}$，这时 $\hat{\boldsymbol{X}}$ 是准确值的可能性最大，应用这一思路的估计方法称为极大似然估计（Maximum Likelihood，ML），记为

$$L(\boldsymbol{x})\mid_{\boldsymbol{x}=\hat{\boldsymbol{X}}_{\mathrm{ML}}}=\max\tag{5.1.42}$$

常称 $L(\boldsymbol{x})=p(\boldsymbol{z}\mid\boldsymbol{x})$ 为似然函数。

为求式(5.1.42)的极值，令

$$\frac{\partial L(\boldsymbol{x})}{\partial\boldsymbol{x}}\mid_{\boldsymbol{x}=\hat{\boldsymbol{X}}_{\mathrm{ML}}}=\boldsymbol{0}\tag{5.1.43}$$

式(5.1.43)称为似然方程，如果极值存在且唯一，由它可求得极大似然估计值 $\hat{\boldsymbol{X}}_{\mathrm{ML}}$。

如果对观测量 $\boldsymbol{Z}$ 进行了 k 次观测（独立抽样），观测序列分别为 $\{\boldsymbol{z}_1,\boldsymbol{z}_2,\cdots,\boldsymbol{z}_k\}$，则出现该观测序列的概率密度为

$$L(\boldsymbol{x})=p(\boldsymbol{z}_1\mid\boldsymbol{x})p(\boldsymbol{z}_2\mid\boldsymbol{x})\cdots p(\boldsymbol{z}_k\mid\boldsymbol{x})=\prod_{i=1}^{k}p(\boldsymbol{z}_i\mid\boldsymbol{x})\tag{5.1.44}$$

考虑到似然函数为若干个概率密度乘积形式，似然函数一般为正且对数函数是单调函数，为求式(5.1.42)或式(5.1.44)的极值，也可令

$$\frac{\partial\ln L(\boldsymbol{x})}{\partial\boldsymbol{x}}\mid_{\boldsymbol{x}=\hat{\boldsymbol{X}}_{\mathrm{ML}}}=\boldsymbol{0}\tag{5.1.45}$$

式(5.1.45)称为对数似然方程，由它亦可求得极大似然估计值 $\hat{\boldsymbol{X}}_{\mathrm{ML}}$。显然，按极大似然估计法求取 $\hat{\boldsymbol{X}}_{\mathrm{ML}}$，无须了解状态 $\boldsymbol{X}$ 的任何先验知识。

5.1.5　极大验后估计

类似于极大似然估计准则 $L(\boldsymbol{x})\mid_{x=\hat{x}_{\mathrm{ML}}}=p(\boldsymbol{z}\mid\boldsymbol{x})=\max$，若已知条件概率密度函数 $p(\boldsymbol{x}\mid\boldsymbol{z})$ 且以 $p(\boldsymbol{x}\mid\boldsymbol{z})=\max$ 作为准则，也可得到状态 $\boldsymbol{X}$ 的一种最优估计方法，称为极大验后估计（Maximum A Posteriori，MAP），其含义是：给定某一观测值 $\boldsymbol{Z}=\boldsymbol{z}$，使条件密度函数 $p(\boldsymbol{x}\mid\boldsymbol{z})$ 达到极大的那个 $\boldsymbol{x}$ 值，就是最可能的估计值，记作

$$p(\boldsymbol{x}\mid\boldsymbol{z})\mid_{x=\hat{x}_{\mathrm{MAP}}}=\max \tag{5.1.46}$$

式(5.1.46) 取极值的必要条件为

$$\left.\frac{\partial p(\boldsymbol{x}\mid\boldsymbol{z})}{\partial\boldsymbol{x}}\right|_{x=\hat{x}_{\mathrm{MAP}}}=\boldsymbol{0}\quad\text{或者}\quad\left.\frac{\partial\ln p(\boldsymbol{x}\mid\boldsymbol{z})}{\partial\boldsymbol{x}}\right|_{x=\hat{x}_{\mathrm{MAP}}}=\boldsymbol{0} \tag{5.1.47}$$

如果 $p(\boldsymbol{x}\mid\boldsymbol{z})$ 未知，而已知 $p(\boldsymbol{z}\mid\boldsymbol{x})$ 和 $p_X(\boldsymbol{x})$，则根据贝叶斯公式(5.1.10) 可得

$$p(\boldsymbol{x}\mid\boldsymbol{z})=\frac{p(\boldsymbol{z}\mid\boldsymbol{x})p_X(\boldsymbol{x})}{p_Z(\boldsymbol{z})} \tag{5.1.48}$$

式中：由于等号右端分子中边缘密度函数 $p_X(\boldsymbol{x})$ 已知，它表示在未作观测之前就已经知道了状态 $\boldsymbol{X}$ 的概率密度函数，所以又称 $p_X(\boldsymbol{x})$ 为验前概率密度函数；相对而言，等号左端条件概率密度函数 $p(\boldsymbol{x}\mid\boldsymbol{z})$ 意为作出观测 $\boldsymbol{Z}=\boldsymbol{z}$ 之后的状态 $\boldsymbol{X}$ 的概率密度函数，因此 $p(\boldsymbol{x}\mid\boldsymbol{z})$ 通常被称为验后概率密度函数，式(5.1.47) 称为验后方程（或对数验后方程）。

若将式(5.1.48) 先取对数再对 $\boldsymbol{x}$ 求偏导数，注意到 $p_Z(\boldsymbol{z})$ 与 $\boldsymbol{x}$ 无关，则可得

$$\frac{\partial\ln p(\boldsymbol{x}\mid\boldsymbol{z})}{\partial\boldsymbol{x}}=\frac{\partial\ln p(\boldsymbol{z}\mid\boldsymbol{x})}{\partial\boldsymbol{x}}+\frac{\partial\ln p_X(\boldsymbol{x})}{\partial\boldsymbol{x}} \tag{5.1.49}$$

如果验前概率密度函数 $p_X(\boldsymbol{x})$ 未知，可认为状态 $\boldsymbol{X}$ 是服从均值为 $\boldsymbol{m}_X$（有限）且方差非常大（$\boldsymbol{C}_X\to\infty$）的正态分布，即有如下密度函数：

$$p_X(\boldsymbol{x})=\frac{1}{(2\pi)^{n/2}\ |\boldsymbol{C}_X|^{1/2}}\exp\left\{-\frac{1}{2}(\boldsymbol{x}-\boldsymbol{m}_X)^{\mathrm{T}}\boldsymbol{C}_X^{-1}(\boldsymbol{x}-\boldsymbol{m}_X)\right\} \tag{5.1.50}$$

从而有

$$\begin{aligned}\frac{\partial\ln p_X(\boldsymbol{x})}{\partial\boldsymbol{x}}&=\frac{\partial}{\partial\boldsymbol{x}}\left\{-\ln[(2\pi)^{n/2}\ |\boldsymbol{C}_X|^{1/2}]-\frac{1}{2}(\boldsymbol{x}-\boldsymbol{m}_X)^{\mathrm{T}}\boldsymbol{C}_X^{-1}(\boldsymbol{x}-\boldsymbol{m}_X)\right\}=\\&-\boldsymbol{C}_X^{-1}(\boldsymbol{x}-\boldsymbol{m}_X)\to\boldsymbol{0}\end{aligned} \tag{5.1.51}$$

将它代入式(5.1.49) 便得 $\dfrac{\partial\ln p(\boldsymbol{x}\mid\boldsymbol{z})}{\partial\boldsymbol{x}}=\dfrac{\partial\ln p(\boldsymbol{z}\mid\boldsymbol{x})}{\partial\boldsymbol{x}}$，这说明，在缺乏状态 $\boldsymbol{X}$ 任何先验知识的情况下，极大验后估计等价于极大似然估计。

需要指出的是，对于极大验后估计和极大似然估计，一般不再讨论它们的无偏性和方差特性，存在许多例子（只要其结果与最小方差估计不一致的话），极大验后（或极大似然估计）的估计误差都是有偏的并且方差也不再是最小的。

5.1.6　最小二乘估计

假设观测模型是线性的，即观测 $\boldsymbol{Z}$ 与状态 $\boldsymbol{X}$ 之间具有线性函数关系

$$\boldsymbol{Z}=\boldsymbol{H}\boldsymbol{X}+\boldsymbol{V} \tag{5.1.52}$$

其中：$\boldsymbol{H}$ 是 $m\times n$ 阶的常值系数矩阵；$\boldsymbol{V}$ 为 m 维干扰噪声向量且假设均值 $\mathrm{E}[\boldsymbol{V}]=\boldsymbol{0}$ 和正定方差阵 $\mathrm{E}[\boldsymbol{V}\boldsymbol{V}^{\mathrm{T}}]=\boldsymbol{C}_V$。

1. 加权最小二乘估计

加权最小二乘估计（Weighted Least Square，WLS）的优化指标是，使观测 $\boldsymbol{Z}$ 与由状态估计 $\hat{\boldsymbol{X}}$ 确定的观测估计 $\hat{\boldsymbol{Z}}=\boldsymbol{H}\hat{\boldsymbol{X}}$ 之间的加权误差平方和达到最小，即

$$J(\hat{\boldsymbol{X}})=(\boldsymbol{Z}-\boldsymbol{H}\hat{\boldsymbol{X}})^{\mathrm{T}}\boldsymbol{W}(\boldsymbol{Z}-\boldsymbol{H}\hat{\boldsymbol{X}})\Big|_{\hat{\boldsymbol{X}}=\hat{\boldsymbol{X}}_{\mathrm{WLS}}}=\min \tag{5.1.53}$$

其中，$\boldsymbol{W}$ 是 m 阶对称正定的加权矩阵。

为使 $J(\hat{\boldsymbol{X}})$ 达到最小，将其对 $\hat{\boldsymbol{X}}$ 求导，并令其等于零，可得

$$\begin{aligned}\frac{\partial J(\hat{\boldsymbol{X}})}{\partial\hat{\boldsymbol{X}}}=\frac{\partial}{\partial\hat{\boldsymbol{X}}}(\boldsymbol{Z}^{\mathrm{T}}\boldsymbol{W}\boldsymbol{Z}-\hat{\boldsymbol{X}}^{\mathrm{T}}\boldsymbol{H}^{\mathrm{T}}\boldsymbol{W}\boldsymbol{Z}-\boldsymbol{Z}^{\mathrm{T}}\boldsymbol{W}\boldsymbol{H}\hat{\boldsymbol{X}}+\hat{\boldsymbol{X}}^{\mathrm{T}}\boldsymbol{H}^{\mathrm{T}}\boldsymbol{W}\boldsymbol{H}\hat{\boldsymbol{X}})=\\ \boldsymbol{0}-\boldsymbol{H}^{\mathrm{T}}\boldsymbol{W}\boldsymbol{Z}-\boldsymbol{H}^{\mathrm{T}}\boldsymbol{W}\boldsymbol{Z}+2\boldsymbol{H}^{\mathrm{T}}\boldsymbol{W}\boldsymbol{H}\hat{\boldsymbol{X}}=2(\boldsymbol{H}^{\mathrm{T}}\boldsymbol{W}\boldsymbol{H}\hat{\boldsymbol{X}}-\boldsymbol{H}^{\mathrm{T}}\boldsymbol{W}\boldsymbol{Z})=\boldsymbol{0}\end{aligned} \tag{5.1.54}$$

假设 $\boldsymbol{H}^{\mathrm{T}}\boldsymbol{W}\boldsymbol{H}$ 可逆，由式(5.1.54)可求得加权最小二乘估计

$$\hat{\boldsymbol{X}}_{\mathrm{WLS}}=(\boldsymbol{H}^{\mathrm{T}}\boldsymbol{W}\boldsymbol{H})^{-1}\boldsymbol{H}^{\mathrm{T}}\boldsymbol{W}\boldsymbol{Z} \tag{5.1.55}$$

显然，估计的均值为

$$\begin{aligned}\mathrm{E}[\hat{\boldsymbol{X}}_{\mathrm{WLS}}]=(\boldsymbol{H}^{\mathrm{T}}\boldsymbol{W}\boldsymbol{H})^{-1}\boldsymbol{H}^{\mathrm{T}}\boldsymbol{W}\mathrm{E}[\boldsymbol{Z}]=(\boldsymbol{H}^{\mathrm{T}}\boldsymbol{W}\boldsymbol{H})^{-1}\boldsymbol{H}^{\mathrm{T}}\boldsymbol{W}\mathrm{E}[\boldsymbol{H}\boldsymbol{X}+\boldsymbol{V}]=\\ (\boldsymbol{H}^{\mathrm{T}}\boldsymbol{W}\boldsymbol{H})^{-1}\boldsymbol{H}^{\mathrm{T}}\boldsymbol{W}(\boldsymbol{H}\mathrm{E}[\boldsymbol{X}]+\mathrm{E}[\boldsymbol{V}])=\mathrm{E}[\boldsymbol{X}]\end{aligned} \tag{5.1.56}$$

这说明，只要噪声 $\boldsymbol{V}$ 是零均值的，加权最小二乘估计就是无偏的。

$\hat{\boldsymbol{X}}_{\mathrm{WLS}}$ 的估计误差为

$$\begin{aligned}\tilde{\boldsymbol{X}}_{\mathrm{WLS}}=\boldsymbol{X}-\hat{\boldsymbol{X}}_{\mathrm{WLS}}=(\boldsymbol{H}^{\mathrm{T}}\boldsymbol{W}\boldsymbol{H})^{-1}(\boldsymbol{H}^{\mathrm{T}}\boldsymbol{W}\boldsymbol{H})\boldsymbol{X}-(\boldsymbol{H}^{\mathrm{T}}\boldsymbol{W}\boldsymbol{H})^{-1}\boldsymbol{H}^{\mathrm{T}}\boldsymbol{W}\boldsymbol{Z}=\\ (\boldsymbol{H}^{\mathrm{T}}\boldsymbol{W}\boldsymbol{H})^{-1}\boldsymbol{H}^{\mathrm{T}}\boldsymbol{W}(\boldsymbol{H}\boldsymbol{X}-\boldsymbol{Z})=-(\boldsymbol{H}^{\mathrm{T}}\boldsymbol{W}\boldsymbol{H})^{-1}\boldsymbol{H}^{\mathrm{T}}\boldsymbol{W}\boldsymbol{V}\end{aligned} \tag{5.1.57}$$

$\hat{\boldsymbol{X}}_{\mathrm{WLS}}$ 的均方误差阵为

$$\begin{aligned}\mathrm{E}[\tilde{\boldsymbol{X}}_{\mathrm{WLS}}\tilde{\boldsymbol{X}}_{\mathrm{WLS}}^{\mathrm{T}}]=\mathrm{E}[(\boldsymbol{H}^{\mathrm{T}}\boldsymbol{W}\boldsymbol{H})^{-1}\boldsymbol{H}^{\mathrm{T}}\boldsymbol{W}\boldsymbol{V}\,[(\boldsymbol{H}^{\mathrm{T}}\boldsymbol{W}\boldsymbol{H})^{-1}\boldsymbol{H}^{\mathrm{T}}\boldsymbol{W}\boldsymbol{V}]^{\mathrm{T}}]=\\ (\boldsymbol{H}^{\mathrm{T}}\boldsymbol{W}\boldsymbol{H})^{-1}\boldsymbol{H}^{\mathrm{T}}\boldsymbol{W}\mathrm{E}[\boldsymbol{V}\boldsymbol{V}^{\mathrm{T}}]\,[(\boldsymbol{H}^{\mathrm{T}}\boldsymbol{W}\boldsymbol{H})^{-1}\boldsymbol{H}^{\mathrm{T}}\boldsymbol{W}]^{\mathrm{T}}=\\ (\boldsymbol{H}^{\mathrm{T}}\boldsymbol{W}\boldsymbol{H})^{-1}\boldsymbol{H}^{\mathrm{T}}\boldsymbol{W}\boldsymbol{C}_V\boldsymbol{W}\boldsymbol{H}(\boldsymbol{H}^{\mathrm{T}}\boldsymbol{W}\boldsymbol{H})^{-1}\end{aligned} \tag{5.1.58}$$

由于噪声方差阵 $\boldsymbol{C}_V$ 是正定的，它总可以进行平方根分解 $\boldsymbol{C}_V=\boldsymbol{S}^{\mathrm{T}}\boldsymbol{S}$ 且 $\boldsymbol{S}$ 可逆，记

$$\boldsymbol{A}=\boldsymbol{H}^{\mathrm{T}}\boldsymbol{S}^{-1} \tag{5.1.59}$$

$$\boldsymbol{B}=\boldsymbol{S}\boldsymbol{W}\boldsymbol{H}\,(\boldsymbol{H}^{\mathrm{T}}\boldsymbol{W}\boldsymbol{H})^{-1} \tag{5.1.60}$$

显然有 $\boldsymbol{A}\boldsymbol{B}=\boldsymbol{I}$，再考虑如下矩阵不等式（许瓦茨不等式）：

$$\begin{aligned}[\boldsymbol{B}-\boldsymbol{A}^{\mathrm{T}}(\boldsymbol{A}\boldsymbol{A}^{\mathrm{T}})^{-1}\boldsymbol{A}\boldsymbol{B}]^{\mathrm{T}}[\boldsymbol{B}-\boldsymbol{A}^{\mathrm{T}}(\boldsymbol{A}\boldsymbol{A}^{\mathrm{T}})^{-1}\boldsymbol{A}\boldsymbol{B}]=\\ \boldsymbol{B}^{\mathrm{T}}\boldsymbol{B}-2\boldsymbol{B}^{\mathrm{T}}\boldsymbol{A}^{\mathrm{T}}(\boldsymbol{A}\boldsymbol{A}^{\mathrm{T}})^{-1}\boldsymbol{A}\boldsymbol{B}+\boldsymbol{B}^{\mathrm{T}}\boldsymbol{A}^{\mathrm{T}}(\boldsymbol{A}\boldsymbol{A}^{\mathrm{T}})^{-1}\boldsymbol{A}\boldsymbol{A}^{\mathrm{T}}(\boldsymbol{A}\boldsymbol{A}^{\mathrm{T}})^{-1}\boldsymbol{A}\boldsymbol{B}=\\ \boldsymbol{B}^{\mathrm{T}}\boldsymbol{B}-(\boldsymbol{A}\boldsymbol{B})^{\mathrm{T}}(\boldsymbol{A}\boldsymbol{A}^{\mathrm{T}})^{-1}\boldsymbol{A}\boldsymbol{B}\geqslant 0\end{aligned} \tag{5.1.61}$$

即

$$\boldsymbol{B}^{\mathrm{T}}\boldsymbol{B}\geqslant(\boldsymbol{A}\boldsymbol{B})^{\mathrm{T}}(\boldsymbol{A}\boldsymbol{A}^{\mathrm{T}})^{-1}\boldsymbol{A}\boldsymbol{B}=(\boldsymbol{A}\boldsymbol{A}^{\mathrm{T}})^{-1} \tag{5.1.62}$$

因此，由均方误差阵式(5.1.58)可得

$$\begin{aligned}\mathrm{E}[\tilde{\boldsymbol{X}}_{\mathrm{WLS}}\tilde{\boldsymbol{X}}_{\mathrm{WLS}}^{\mathrm{T}}]=(\boldsymbol{H}^{\mathrm{T}}\boldsymbol{W}\boldsymbol{H})^{-1}\boldsymbol{H}^{\mathrm{T}}\boldsymbol{W}\boldsymbol{S}^{\mathrm{T}}\boldsymbol{S}\boldsymbol{W}\boldsymbol{H}(\boldsymbol{H}^{\mathrm{T}}\boldsymbol{W}\boldsymbol{H})^{-1}=\\ \boldsymbol{B}^{\mathrm{T}}\boldsymbol{B}\geqslant(\boldsymbol{A}\boldsymbol{A}^{\mathrm{T}})^{-1}=(\boldsymbol{H}^{\mathrm{T}}\boldsymbol{C}_V^{-1}\boldsymbol{H})^{-1}\end{aligned} \tag{5.1.63}$$

此即

$$\mathrm{E}[\tilde{\boldsymbol{X}}_{\mathrm{WLS}}\tilde{\boldsymbol{X}}_{\mathrm{WLS}}^{\mathrm{T}}]=(\boldsymbol{H}^{\mathrm{T}}\boldsymbol{W}\boldsymbol{H})^{-1}\boldsymbol{H}^{\mathrm{T}}\boldsymbol{W}\boldsymbol{C}_V\boldsymbol{W}\boldsymbol{H}\,(\boldsymbol{H}^{\mathrm{T}}\boldsymbol{W}\boldsymbol{H})^{-1}\geqslant(\boldsymbol{H}^{\mathrm{T}}\boldsymbol{C}_V^{-1}\boldsymbol{H})^{-1} \tag{5.1.64}$$

不难验证，式(5.1.64)等号成立的条件是 $\boldsymbol{W}=\boldsymbol{C}_V^{-1}\sigma^2$（$\sigma^2$ 为任意正常数）。当取加权矩阵 $\boldsymbol{W}=\boldsymbol{C}_V^{-1}\sigma^2$ 时，加权最小二乘估计的均方误差阵最小（精度最高），这时称为最优加权最小二乘估计，

或称高斯-马尔可夫估计，其结果总结为

$$\hat{\boldsymbol{X}}_{\mathrm{WLS}}=(\boldsymbol{H}^{\mathrm{T}}\boldsymbol{C}_V^{-1}\boldsymbol{H})^{-1}\boldsymbol{H}^{\mathrm{T}}\boldsymbol{C}_V^{-1}\boldsymbol{Z} \tag{5.1.65}$$

$$\mathrm{E}[\tilde{\boldsymbol{X}}_{\mathrm{WLS}}\tilde{\boldsymbol{X}}_{\mathrm{WLS}}^{\mathrm{T}}]=(\boldsymbol{H}^{\mathrm{T}}\boldsymbol{C}_V^{-1}\boldsymbol{H})^{-1} \tag{5.1.66}$$

从前面分析可以看出，最优加权最小二乘估计要求状态与观测之间为线性模型关系，且假设噪声 $\boldsymbol{V}$ 是零均值方差已知的，而对状态 $\boldsymbol{X}$ 的统计特性不作任何要求。最优加权最小二乘估计是一种最佳线性无偏估计(Best Linear Unbiased Estimator，BLUE)，即其状态估计是均方误差阵最小的关于量测线性的无偏估计。注意，此处的线性估计有别于线性最小方差估计(LMV) 式(5.1.33)，此处不包含待定常值向量 $\boldsymbol{b}$。对于线性模型，BLUE 的估计精度一般低于 LMV，但当 $\boldsymbol{m}_X=\boldsymbol{0}$ 时，两者精度是一样的。其中，$\boldsymbol{m}_X=\boldsymbol{0}$ 表示已知状态的均值为零或未知状态的任何先验信息，姑且默认它是零均值的。

如果噪声 $\boldsymbol{V}$ 的方差阵 $\boldsymbol{C}_V$ 未知，通常只能假设加权矩阵 $\boldsymbol{W}$ 为单位阵 $\boldsymbol{I}$（等加权），则对应的最小二乘估计 (Least Square，LS) 及其均方误差阵分别为

$$\hat{\boldsymbol{X}}_{\mathrm{LS}}=(\boldsymbol{H}^{\mathrm{T}}\boldsymbol{H})^{-1}\boldsymbol{H}^{\mathrm{T}}\boldsymbol{Z} \tag{5.1.67}$$

$$\mathrm{E}[\tilde{\boldsymbol{X}}_{\mathrm{LS}}\tilde{\boldsymbol{X}}_{\mathrm{LS}}^{\mathrm{T}}]=(\boldsymbol{H}^{\mathrm{T}}\boldsymbol{H})^{-1}\boldsymbol{H}^{\mathrm{T}}\boldsymbol{C}_V\boldsymbol{H}(\boldsymbol{H}^{\mathrm{T}}\boldsymbol{H})^{-1} \tag{5.1.68}$$

2. 基于稳健估计的最小二乘法

传统最小二乘估计(LS)的目标函数是使所有残差的平方和最小。但是，如果观测数据中存在粗差(Outlier，或称野值、异常点、离群点)，粗差的残差平方的影响权重会比正常数据大得多，因而 LS 参数估计对粗差非常敏感，LS 不具有稳健性。与传统 LS 相比，如果一种估计方法能不受或少受量测粗差的影响，则称之为稳健估计(Robust Estimation，RE，或称抗差估计)。稳健估计的方法很多，比如 M 估计、L 估计和 R 估计等，其中比较常用的 M 估计是由统计学家 P. J. Huber 在 1954 年对极大似然估计加以引申而提出的。

Huber 给出了一种量测权重确定方法，通过降低量测中粗差的利用权重，从而减弱粗差的不良影响，将其应用于最小二乘法，具体实现为

$$w_i=\begin{cases}1 & u_i\leqslant c_h\\ c_h/u_i & u_i>c_h\end{cases} \tag{5.1.69}$$

$$u_i=|\tilde{Z}_i|/s \tag{5.1.70}$$

$$s=M(|\tilde{\boldsymbol{Z}}-M(\tilde{\boldsymbol{Z}})|)/0.674\ 5 \tag{5.1.71}$$

式中：w_i 为量测向量中第 i 个分量的权重系数；c_h 为调节因子，一般可取 1.345；u_i 为标准化绝对残差；s 为残差尺度；$\tilde{Z}_i$ 为残差向量 $\tilde{\boldsymbol{Z}}=\boldsymbol{Z}-\boldsymbol{H}\hat{\boldsymbol{X}}$ 的第 i 个分量；$M(\cdot)$ 为求取中位数(median)统计量的计算函数。中位数定义为 m 维向量中所有分量从大到小排序后取中间分量值(如 m 为偶数则取中间 2 个分量的平均值)，采用中位数的突出优点是能够尽量避免少量粗差的影响，即粗差的个数及其幅值不会使量测向量的中位数产生明显偏移。实际上，式(5.1.71) 是利用样本中位数估计样本标准差的一种方法，式中的减号表示向量的所有分量都减去同一标量。

从上述权重 w_i 的计算过程中不难看出，w_i 的计算依赖于状态估计 $\hat{\boldsymbol{X}}$，因此稳健估计方法大多需进行迭代求解，大体步骤如下：

(1) 设置权重初值，不妨都取为 1，即 $w_i^{(0)}=1(i=1,2,\cdots,m)$；

(2) 对于 $k=0,1,2,\cdots$，做加权最小二乘估计 $\hat{\boldsymbol{X}}_{\mathrm{RE}}^{(k)}=(\boldsymbol{H}^{\mathrm{T}}\boldsymbol{W}^{(k)}\boldsymbol{H})^{-1}\boldsymbol{H}^{\mathrm{T}}\boldsymbol{W}^{(k)}\boldsymbol{Z}$，其中 $\boldsymbol{W}^{(k)}=\mathrm{diag}(w_1^{(k)}\ \ w_2^{(k)}\ \ \cdots\ \ w_m^{(k)})$ 为对角线权重矩阵；

(3) 计算残差 $\widetilde{\boldsymbol{Z}}^{(k+1)}=\boldsymbol{Z}-\boldsymbol{H}\hat{\boldsymbol{X}}_{\mathrm{RE}}^{(k)}$ 的尺度参数 s，并更新第 i 个残差分量 $\widetilde{Z}_i^{(k+1)}$ 的权重 $w_i^{(k+1)}$；

(4) 对于所有 m 个权重，如果存在一个 $\left|w_i^{(k+1)}-w_i^{(k)}\right|/w_i^{(k)}\geqslant\varepsilon$（$\varepsilon$ 为预设的小正数，比如取 10^{-6}）则令 $k=k+1$ 并返回执行步骤(2)；如果所有 $\left|w_i^{(k+1)}-w_i^{(k)}\right|/w_i^{(k)}<\varepsilon$ 均成立则停止迭代，$\hat{\boldsymbol{X}}_{\mathrm{RE}}=\hat{\boldsymbol{X}}_{\mathrm{RE}}^{(k)}$ 为最终状态估计。

以上通过迭代并不断调整权重进行最小二乘状态估计的方法，通常称为迭代重加权最小二乘法（Iterative Re - weighted Least Squares，IRLS）或者再生权最小二乘法（Self - Born Weighted Least Squares，SBWLS）。

需要指出的是，稳健估计主要适用于量测数据维数大且仅有少量粗差的场合。如果量测数据维数小，则稳健估计方法容易产生粗差误判，导致应用效果改善并不明显，极端情况下如没有冗余量测则不能使用稳健估计方法；如果粗差太多，比如超过 50%，则中位数可能是粗差量测，该方法将失去稳健性；如果明确已知不存在粗差，采用稳健估计方法的精度往往还稍逊于传统加权最小二乘估计。

以下通过一线性量测且正态分布条件下的习题，分析线性最小方差估计、极大似然估计、极大验后估计和加权最小二乘估计四种估计结果之间的相互联系。

【例 5.1.1】 已知线性观测方程

$$\boldsymbol{Z}=\boldsymbol{H}\boldsymbol{X}+\boldsymbol{V} \tag{5.1.72}$$

其中：$\boldsymbol{X}\sim N(\boldsymbol{m}_X,\boldsymbol{C}_X)$，$\boldsymbol{V}\sim N(\boldsymbol{0},\boldsymbol{C}_V)$ 和 $\mathrm{Cov}(\boldsymbol{X},\boldsymbol{V})=\boldsymbol{0}$，试由观测 $\boldsymbol{Z}=\boldsymbol{z}$ 分别求解状态 $\boldsymbol{X}$ 的线性最小方差估计 $\hat{\boldsymbol{X}}_{\mathrm{LMV}}$、极大似然估计 $\hat{\boldsymbol{X}}_{\mathrm{ML}}$、极大验后估计 $\hat{\boldsymbol{X}}_{\mathrm{MAP}}$ 和加权最小二乘估计 $\hat{\boldsymbol{X}}_{\mathrm{WLS}}$。

解　首先，由已知条件计算均值 $\boldsymbol{m}_Z$、方差阵 $\boldsymbol{C}_Z$ 和协方差阵 $\boldsymbol{C}_{XZ}$：

$$\boldsymbol{m}_Z=\mathrm{E}[\boldsymbol{Z}]=\mathrm{E}[\boldsymbol{H}\boldsymbol{X}+\boldsymbol{V}]=\boldsymbol{H}\boldsymbol{m}_X \tag{5.1.73}$$

$$\begin{aligned}\boldsymbol{C}_Z&=\mathrm{Cov}(\boldsymbol{Z},\boldsymbol{Z})=\mathrm{Cov}(\boldsymbol{H}\boldsymbol{X}+\boldsymbol{V},\boldsymbol{H}\boldsymbol{X}+\boldsymbol{V})=\\&\mathrm{Cov}(\boldsymbol{H}\boldsymbol{X},\boldsymbol{H}\boldsymbol{X})+\mathrm{Cov}(\boldsymbol{H}\boldsymbol{X},\boldsymbol{V})+\mathrm{Cov}(\boldsymbol{V},\boldsymbol{H}\boldsymbol{X})+\mathrm{Cov}(\boldsymbol{V},\boldsymbol{V})=\\&\boldsymbol{H}\boldsymbol{C}_X\boldsymbol{H}^{\mathrm{T}}+\boldsymbol{H}\boldsymbol{C}_{XV}+\boldsymbol{C}_{VX}\boldsymbol{H}^{\mathrm{T}}+\boldsymbol{C}_V=\boldsymbol{H}\boldsymbol{C}_X\boldsymbol{H}^{\mathrm{T}}+\boldsymbol{C}_V\end{aligned} \tag{5.1.74}$$

$$\boldsymbol{C}_{XZ}=\mathrm{Cov}(\boldsymbol{X},\boldsymbol{Z})=\mathrm{Cov}(\boldsymbol{X},\boldsymbol{H}\boldsymbol{X}+\boldsymbol{V})=\boldsymbol{C}_X\boldsymbol{H}^{\mathrm{T}} \tag{5.1.75}$$

由于状态 $\boldsymbol{X}$ 和噪声 $\boldsymbol{V}$ 均服从正态分布，其线性组合观测 $\boldsymbol{Z}=\boldsymbol{H}\boldsymbol{X}+\boldsymbol{V}$ 亦服从正态分布，所以 $\boldsymbol{X}$ 和 $\boldsymbol{Z}$ 的联合正态分布为

$$\begin{bmatrix}\boldsymbol{X}\\\boldsymbol{Z}\end{bmatrix}\sim N\left(\begin{bmatrix}\boldsymbol{m}_X\\\boldsymbol{m}_Z\end{bmatrix},\begin{bmatrix}\boldsymbol{C}_X&\boldsymbol{C}_{XZ}\\\boldsymbol{C}_{ZX}&\boldsymbol{C}_Z\end{bmatrix}\right) \tag{5.1.76}$$

(1) 线性最小方差估计。

根据式(5.1.38)和式(5.1.40)可分别得线性最小方差估计及其均方误差阵为

$$\hat{\boldsymbol{X}}_{\mathrm{LMV}}=\boldsymbol{m}_X+\boldsymbol{C}_{XZ}\boldsymbol{C}_Z^{-1}(\boldsymbol{Z}-\boldsymbol{m}_Z)=\boldsymbol{m}_X+\boldsymbol{C}_X\boldsymbol{H}^{\mathrm{T}}(\boldsymbol{H}\boldsymbol{C}_X\boldsymbol{H}^{\mathrm{T}}+\boldsymbol{C}_V)^{-1}(\boldsymbol{Z}-\boldsymbol{H}\boldsymbol{m}_X) \tag{5.1.77}$$

$$\mathrm{E}[\widetilde{\boldsymbol{X}}_{\mathrm{LMV}}\widetilde{\boldsymbol{X}}_{\mathrm{LMV}}^{\mathrm{T}}]=\boldsymbol{C}_X-\boldsymbol{C}_{XZ}\boldsymbol{C}_Z^{-1}\boldsymbol{C}_{ZX}=\boldsymbol{C}_X-\boldsymbol{C}_X\boldsymbol{H}^{\mathrm{T}}(\boldsymbol{H}\boldsymbol{C}_X\boldsymbol{H}^{\mathrm{T}}+\boldsymbol{C}_V)^{-1}\boldsymbol{H}\boldsymbol{C}_X \tag{5.1.78}$$

根据矩阵求逆引理(参见附录 F)，有

$$\boldsymbol{C}_X\boldsymbol{H}^{\mathrm{T}}(\boldsymbol{H}\boldsymbol{C}_X\boldsymbol{H}^{\mathrm{T}}+\boldsymbol{C}_V)^{-1}=(\boldsymbol{C}_X^{-1}+\boldsymbol{H}^{\mathrm{T}}\boldsymbol{C}_V^{-1}H)^{-1}\boldsymbol{H}^{\mathrm{T}}\boldsymbol{C}_V^{-1} \tag{5.1.79}$$

$$(\boldsymbol{C}_X^{-1}+\boldsymbol{H}^{\mathrm{T}}\boldsymbol{C}_V^{-1}\boldsymbol{H})^{-1}=\boldsymbol{C}_X-\boldsymbol{C}_X\boldsymbol{H}^{\mathrm{T}}(\boldsymbol{H}\boldsymbol{C}_X\boldsymbol{H}^{\mathrm{T}}+\boldsymbol{C}_V)^{-1}\boldsymbol{H}\boldsymbol{C}_X \tag{5.1.80}$$

因此，式(5.1.77)和式(5.1.78)可化为

$$\begin{aligned}\hat{\boldsymbol{X}}_{\mathrm{LMV}}&=\boldsymbol{m}_X+(\boldsymbol{C}_X^{-1}+\boldsymbol{H}^{\mathrm{T}}\boldsymbol{C}_X^{-1}\boldsymbol{H})^{-1}\boldsymbol{H}^{\mathrm{T}}\boldsymbol{C}_V^{-1}(\boldsymbol{Z}-\boldsymbol{H}\boldsymbol{m}_X)=\\&(\boldsymbol{C}_X^{-1}+\boldsymbol{H}^{\mathrm{T}}\boldsymbol{C}_X^{-1}\boldsymbol{H})^{-1}[(\boldsymbol{C}_X^{-1}+\boldsymbol{H}^{\mathrm{T}}\boldsymbol{C}_V^{-1}\boldsymbol{H})\boldsymbol{m}_X+\boldsymbol{H}^{\mathrm{T}}\boldsymbol{C}_V^{-1}(\boldsymbol{Z}-\boldsymbol{H}\boldsymbol{m}_X)]=\\&(\boldsymbol{C}_X^{-1}+\boldsymbol{H}^{\mathrm{T}}\boldsymbol{C}_X^{-1}\boldsymbol{H})^{-1}(\boldsymbol{H}^{\mathrm{T}}\boldsymbol{C}_V^{-1}\boldsymbol{Z}+\boldsymbol{C}_X^{-1}\boldsymbol{m}_X)\end{aligned} \tag{5.1.81}$$

$$\mathrm{E}[\widetilde{\boldsymbol{X}}_{\mathrm{LMV}}\widetilde{\boldsymbol{X}}_{\mathrm{LMV}}^{\mathrm{T}}]=(\boldsymbol{C}_X^{-1}+\boldsymbol{H}^{\mathrm{T}}\boldsymbol{C}_V^{-1}\boldsymbol{H})^{-1} \tag{5.1.82}$$

(2) 极大似然估计。

类似于式(5.1.31)，仅需简单对换 $\boldsymbol{X}$ 和 $\boldsymbol{Z}$ 位置，可直接给出条件概率密度函数

$$p(\boldsymbol{z}\mid\boldsymbol{x})=\frac{1}{(2\pi)^{m/2}\,|\boldsymbol{C}_{Z|X}|^{1/2}}\exp\left\{-\frac{1}{2}(\boldsymbol{z}-\boldsymbol{m}_{Z|X})^{\mathrm{T}}\boldsymbol{C}_{Z|X}^{-1}(\boldsymbol{z}-\boldsymbol{m}_{Z|X})\right\}=$$

$$\frac{1}{(2\pi)^{m/2}\,|\boldsymbol{C}_V|^{1/2}}\exp\left\{-\frac{1}{2}(\boldsymbol{z}-\boldsymbol{Hx})^{\mathrm{T}}\boldsymbol{C}_V^{-1}(\boldsymbol{z}-\boldsymbol{Hx})\right\} \tag{5.1.83}$$

其中

$$\left.\begin{aligned}\boldsymbol{m}_{Z|X}&=\boldsymbol{m}_Z+\boldsymbol{C}_{ZX}\boldsymbol{C}_X^{-1}(\boldsymbol{x}-\boldsymbol{m}_X)=\boldsymbol{Hm}_X+\boldsymbol{HC}_X\boldsymbol{C}_X^{-1}(\boldsymbol{x}-\boldsymbol{m}_X)=\boldsymbol{Hx}\\ \boldsymbol{C}_{Z|X}&=\boldsymbol{C}_Z-\boldsymbol{C}_{ZX}\boldsymbol{C}_X^{-1}\boldsymbol{C}_{XZ}=(\boldsymbol{HC}_X\boldsymbol{H}^{\mathrm{T}}+\boldsymbol{C}_V)-\boldsymbol{HC}_X\boldsymbol{C}_X^{-1}\boldsymbol{C}_X\boldsymbol{H}^{\mathrm{T}}=\boldsymbol{C}_V\end{aligned}\right\} \tag{5.1.84}$$

因此，对数极大似然方程为

$$\frac{\partial\ln p(\boldsymbol{z}\mid\boldsymbol{x})}{\partial\boldsymbol{x}}=\frac{\partial}{\partial\boldsymbol{x}}\left\{-\ln[(2\pi)^{m/2}\,|\boldsymbol{C}_V|^{1/2}]-\frac{1}{2}(\boldsymbol{z}-\boldsymbol{Hx})^{\mathrm{T}}\boldsymbol{C}_V^{-1}(\boldsymbol{z}-\boldsymbol{Hx})\right\}=$$

$$\boldsymbol{H}^{\mathrm{T}}\boldsymbol{C}_V^{-1}(\boldsymbol{z}-\boldsymbol{Hx})=\boldsymbol{0} \tag{5.1.85}$$

由式(5.1.85) 可求得极大似然估计

$$\hat{\boldsymbol{X}}_{\mathrm{ML}}=(\boldsymbol{H}^{\mathrm{T}}\boldsymbol{C}_V^{-1}\boldsymbol{H})^{-1}\boldsymbol{H}^{\mathrm{T}}\boldsymbol{C}_V^{-1}\boldsymbol{Z} \tag{5.1.86}$$

(3) 极大验后估计。

由式(5.1.29) 可求得条件概率密度函数

$$p(\boldsymbol{x}\mid\boldsymbol{z})=\frac{1}{(2\pi)^{n/2}\,|\boldsymbol{C}_{X|Z}|^{1/2}}\exp\left\{-\frac{1}{2}(\boldsymbol{x}-\boldsymbol{m}_{X|Z})^{\mathrm{T}}\boldsymbol{C}_{X|Z}^{-1}(\boldsymbol{x}-\boldsymbol{m}_{X|Z})\right\} \tag{5.1.87}$$

其中

$$\left.\begin{aligned}\boldsymbol{m}_{X|Z}&=\boldsymbol{m}_X+\boldsymbol{C}_{XZ}\boldsymbol{C}_Z^{-1}(\boldsymbol{z}-\boldsymbol{m}_Z)=\boldsymbol{m}_X+\boldsymbol{C}_X\boldsymbol{H}^{\mathrm{T}}(\boldsymbol{HC}_X\boldsymbol{H}^{\mathrm{T}}+\boldsymbol{C}_V)^{-1}(\boldsymbol{z}-\boldsymbol{m}_Z)\\ \boldsymbol{C}_{X|Z}&=\boldsymbol{C}_X-\boldsymbol{C}_{XZ}\boldsymbol{C}_Z^{-1}\boldsymbol{C}_{ZX}=\boldsymbol{C}_X-\boldsymbol{C}_X\boldsymbol{H}^{\mathrm{T}}(\boldsymbol{HC}_X\boldsymbol{H}^{\mathrm{T}}+\boldsymbol{C}_V)^{-1}\boldsymbol{HC}_X\end{aligned}\right\} \tag{5.1.88}$$

建立对数极大验后方程

$$\frac{\partial\ln p(\boldsymbol{x}\mid\boldsymbol{z})}{\partial\boldsymbol{x}}=\frac{\partial}{\partial\boldsymbol{x}}\left\{-\ln[(2\pi)^{n/2}\,|\boldsymbol{C}_{X|Z}|^{1/2}]-\frac{1}{2}(\boldsymbol{x}-\boldsymbol{m}_{X|Z})^{\mathrm{T}}\boldsymbol{C}_{X|Z}^{-1}(\boldsymbol{x}-\boldsymbol{m}_{X|Z})\right\}=$$

$$-\boldsymbol{C}_{X|Z}^{-1}(\boldsymbol{x}-\boldsymbol{m}_{X|Z})=\boldsymbol{0} \tag{5.1.89}$$

从而求得极大验后估计

$$\hat{\boldsymbol{X}}_{\mathrm{MAP}}=\boldsymbol{m}_{X|Z}=\boldsymbol{m}_X+\boldsymbol{C}_X\boldsymbol{H}^{\mathrm{T}}(\boldsymbol{HC}_X\boldsymbol{H}^{\mathrm{T}}+\boldsymbol{C}_V)^{-1}(\boldsymbol{Z}-\boldsymbol{Hm}_X) \tag{5.1.90}$$

(4) 加权最小二乘估计。

根据式(5.1.55) 和式(5.1.64)，选取加权阵 $\boldsymbol{W}=\boldsymbol{C}_V^{-1}$，则加权最小二乘估计及其均方误差分别为[同式(5.1.65) 式(5.1.66)]

$$\hat{\boldsymbol{X}}_{\mathrm{WLS}}=(\boldsymbol{H}^{\mathrm{T}}\boldsymbol{C}_V^{-1}\boldsymbol{H})^{-1}\boldsymbol{H}^{\mathrm{T}}\boldsymbol{C}_V^{-1}\boldsymbol{Z} \tag{5.1.91}$$

$$\mathrm{E}[\widetilde{\boldsymbol{X}}_{\mathrm{WLS}}\widetilde{\boldsymbol{X}}_{\mathrm{WLS}}^{\mathrm{T}}]=(\boldsymbol{H}^{\mathrm{T}}\boldsymbol{C}_V^{-1}\boldsymbol{H})^{-1} \tag{5.1.92}$$

综合前面分析可知，在线性观测模型和服从正态分布情况下，加权最小二乘估计结果与极大似然估计相同，而线性最小方差估计与极大验后估计相同；线性最小方差估计的均方误差 $(\boldsymbol{C}_X^{-1}+\boldsymbol{H}^{\mathrm{T}}\boldsymbol{C}_V^{-1}\boldsymbol{H})^{-1}$ 小于加权最小二乘估计的均方误差$(\boldsymbol{H}^{\mathrm{T}}\boldsymbol{C}_V^{-1}\boldsymbol{H})^{-1}$，只有当 $\boldsymbol{C}_X\to\infty$ 即验前统计特性未知时，两者均方误差才相同，这时有估计值 $\hat{\boldsymbol{X}}_{\mathrm{LMV}}=\hat{\boldsymbol{X}}_{\mathrm{WLS}}$。

5.1.7 贝叶斯估计

针对通用观测模型 $\boldsymbol{Z}=\boldsymbol{h}(\boldsymbol{X},\boldsymbol{V})$ 的状态估计问题，定义损失函数（loss function，或称代价函数）为

$$L(\tilde{\boldsymbol{X}})=L(\boldsymbol{X}-\hat{\boldsymbol{X}}(\boldsymbol{Z})) \tag{5.1.93}$$

损失函数是一标量函数，它须满足如下 3 个条件：

(1) 当 $\|\tilde{\boldsymbol{X}}_1\| \geqslant \|\tilde{\boldsymbol{X}}_2\|$ 时，有 $L(\tilde{\boldsymbol{X}}_1) \geqslant L(\tilde{\boldsymbol{X}}_2) \geqslant 0$；

(2) 当 $\|\tilde{\boldsymbol{X}}\|=0$ 时，有 $L(\tilde{\boldsymbol{X}})=0$；

(3) $L(\tilde{\boldsymbol{X}})=L(-\tilde{\boldsymbol{X}})$。

其中，$\|\cdot\|$ 表示向量范数。显然，损失函数具有非负性和对称性，且估计误差为零时取最小值。

损失函数 $L(\tilde{\boldsymbol{X}})$ 是观测样本的函数，当样本取值不同时，带来的损失一般也不相同。为了从整体上评价损失函数的性能，定义平均损失函数即贝叶斯风险（Bayesian Risk）为

$$R(\hat{\boldsymbol{X}})=\mathrm{E}[L(\tilde{\boldsymbol{X}})]=\mathrm{E}[L(\boldsymbol{X}-\hat{\boldsymbol{X}}(\boldsymbol{Z}))]=\int_{-\infty}^{\infty}\int_{-\infty}^{\infty}L(\boldsymbol{x}-\hat{\boldsymbol{X}}(\boldsymbol{z}))\,p(\boldsymbol{x},\boldsymbol{z})\,\mathrm{d}\boldsymbol{x}\,\mathrm{d}\boldsymbol{z}=$$
$$\int_{-\infty}^{\infty}\left[\int_{-\infty}^{\infty}L(\boldsymbol{x}-\hat{\boldsymbol{X}}(\boldsymbol{z}))\,p(\boldsymbol{x}\mid\boldsymbol{z})\,\mathrm{d}\boldsymbol{x}\right]p_Z(\boldsymbol{z})\,\mathrm{d}\boldsymbol{z} \tag{5.1.94}$$

使贝叶斯风险达到最小的估计称为贝叶斯估计，记为 $\hat{\boldsymbol{X}}_{\mathrm{B}}$。式(5.1.94)等号右端内层积分及 $p_Z(\boldsymbol{z})$ 都是非负的，欲使 $R(\hat{\boldsymbol{X}})$ 最小的充要条件是使内层积分在任意观测 $\boldsymbol{Z}=\boldsymbol{z}$ 时都取最小，即有

$$R(\hat{\boldsymbol{X}}\mid\boldsymbol{z})=\int_{-\infty}^{\infty}L(\boldsymbol{x}-\hat{\boldsymbol{X}}(\boldsymbol{z}))\,p(\boldsymbol{x}\mid\boldsymbol{z})\,\mathrm{d}\boldsymbol{x}\Big|_{\hat{\boldsymbol{X}}=\hat{\boldsymbol{X}}_{\mathrm{B}}}=\min \tag{5.1.95}$$

式中：$R(\hat{\boldsymbol{X}}\mid\boldsymbol{z})$ 也称为条件平均损失函数或称验后风险。

在实际应用贝叶斯估计时，如何选取合适的损失函数很重要，多数时候总可以选择平方损失函数，比如前面介绍的最小方差估计实际上就是贝叶斯估计的一个特例，即有$L(\tilde{\boldsymbol{X}})=\tilde{\boldsymbol{X}}^{\mathrm{T}}\tilde{\boldsymbol{X}}$。

对于绝对损失函数 $L(\tilde{\boldsymbol{X}})=|\boldsymbol{X}-\hat{\boldsymbol{X}}|$，其验后风险为

$$R(\hat{\boldsymbol{X}}\mid\boldsymbol{z})=\int_{-\infty}^{\infty}|\boldsymbol{x}-\hat{\boldsymbol{X}}(\boldsymbol{z})|\,p(\boldsymbol{x}\mid\boldsymbol{z})\,\mathrm{d}\boldsymbol{x}=$$
$$\int_{-\infty}^{\hat{\boldsymbol{X}}(\boldsymbol{z})}(\hat{\boldsymbol{X}}(\boldsymbol{z})-\boldsymbol{x})\,p(\boldsymbol{x}\mid\boldsymbol{z})\,\mathrm{d}\boldsymbol{x}+\int_{\hat{\boldsymbol{X}}(\boldsymbol{z})}^{\infty}(\boldsymbol{x}-\hat{\boldsymbol{X}}(\boldsymbol{z}))\,p(\boldsymbol{x}\mid\boldsymbol{z})\,\mathrm{d}\boldsymbol{x} \tag{5.1.96}$$

将验后风险对 $\hat{\boldsymbol{X}}(\boldsymbol{z})$ 求导并令其等于 $\boldsymbol{0}$，可得

$$\frac{\mathrm{d}R(\hat{\boldsymbol{X}}\mid\boldsymbol{z})}{\mathrm{d}\hat{\boldsymbol{X}}(\boldsymbol{z})}=\frac{\mathrm{d}\hat{\boldsymbol{X}}(\boldsymbol{z})}{\mathrm{d}\hat{\boldsymbol{X}}(\boldsymbol{z})}\cdot(\hat{\boldsymbol{X}}(\boldsymbol{z})-\boldsymbol{x})\,p(\boldsymbol{x}\mid\boldsymbol{z})\Big|_{\boldsymbol{x}=\hat{\boldsymbol{X}}(\boldsymbol{z})}+\int_{-\infty}^{\hat{\boldsymbol{X}}(\boldsymbol{z})}\frac{\mathrm{d}[(\hat{\boldsymbol{X}}(\boldsymbol{z})-\boldsymbol{x})\,p(\boldsymbol{x}\mid\boldsymbol{z})]}{\mathrm{d}\hat{\boldsymbol{X}}(\boldsymbol{z})}\mathrm{d}\boldsymbol{x}$$
$$-\frac{\mathrm{d}\hat{\boldsymbol{X}}(\boldsymbol{z})}{\mathrm{d}\hat{\boldsymbol{X}}(\boldsymbol{z})}\cdot(\boldsymbol{x}-\hat{\boldsymbol{X}}(\boldsymbol{z}))\,p(\boldsymbol{x}\mid\boldsymbol{z})\Big|_{\boldsymbol{x}=\hat{\boldsymbol{X}}(\boldsymbol{z})}+\int_{\hat{\boldsymbol{X}}(\boldsymbol{z})}^{+\infty}\frac{\mathrm{d}[(\boldsymbol{x}-\hat{\boldsymbol{X}}(\boldsymbol{z}))\,p(\boldsymbol{x}\mid\boldsymbol{z})]}{\mathrm{d}\hat{\boldsymbol{X}}(\boldsymbol{z})}\mathrm{d}\boldsymbol{x}=$$
$$\boldsymbol{0}+\int_{-\infty}^{\hat{\boldsymbol{X}}(\boldsymbol{z})}p(\boldsymbol{x}\mid\boldsymbol{z})\,\mathrm{d}\boldsymbol{x}-\boldsymbol{0}-\int_{\hat{\boldsymbol{X}}(\boldsymbol{z})}^{\infty}p(\boldsymbol{x}\mid\boldsymbol{z})\,\mathrm{d}\boldsymbol{x}=$$
$$\int_{-\infty}^{\hat{\boldsymbol{X}}(\boldsymbol{z})}p(\boldsymbol{x}\mid\boldsymbol{z})\,\mathrm{d}\boldsymbol{x}-\int_{\hat{\boldsymbol{X}}(\boldsymbol{z})}^{\infty}p(\boldsymbol{x}\mid\boldsymbol{z})\,\mathrm{d}\boldsymbol{x}=\boldsymbol{0} \tag{5.1.97}$$

假设有 $\hat{\boldsymbol{X}}(\boldsymbol{z})=\hat{\boldsymbol{X}}_{\mathrm{med}}(\boldsymbol{z})$ 使式(5.1.97)成立，则其必须满足条件概率$\int_{-\infty}^{\hat{\boldsymbol{X}}_{\mathrm{med}}(\boldsymbol{z})}p(\boldsymbol{x}\mid\boldsymbol{z})\,\mathrm{d}\boldsymbol{x}=1/2$，这

说明在绝对损失函数情形中 $\hat{\boldsymbol{X}}_{\mathrm{med}}(z)$ 是条件概率为中位数 1/2 时的最优估计，一般称 $\hat{\boldsymbol{X}}_{\mathrm{med}}(\boldsymbol{z})$ 为条件中位数估计。

下面将要说明极大验后估计也是贝叶斯估计的一个特例。

在贝叶斯估计中选择均匀损失函数

$$L(\widetilde{\boldsymbol{X}})=\begin{cases}0, & \|\boldsymbol{X}-\hat{\boldsymbol{X}}\|<\varepsilon/2 \\ 1/\varepsilon, & \|\boldsymbol{X}-\hat{\boldsymbol{X}}\| \geqslant \varepsilon/2\end{cases} \tag{5.1.98}$$

其中，$\varepsilon>0$。相应的验后风险为

$$R(\hat{\boldsymbol{X}})=\mathrm{E}[L(\boldsymbol{X}-\hat{\boldsymbol{X}}(\boldsymbol{Z}))]=\int_{-\infty}^{\infty}\left[\int_{\|\boldsymbol{X}-\hat{\boldsymbol{X}}\| \geqslant \varepsilon/2} \frac{1}{\varepsilon} p(\boldsymbol{x} \mid \boldsymbol{z}) \mathrm{d}\boldsymbol{x}\right] p_{Z}(\boldsymbol{z}) \mathrm{d}\boldsymbol{z}=$$

$$\int_{-\infty}^{\infty} \frac{1}{\varepsilon}\left[1-\int_{\|\boldsymbol{X}-\hat{\boldsymbol{X}}\|<\varepsilon/2} p(\boldsymbol{x} \mid \boldsymbol{z}) \mathrm{d}\boldsymbol{x}\right] p_{Z}(\boldsymbol{z}) \mathrm{d}\boldsymbol{z} \tag{5.1.99}$$

使式(5.1.99)最小，等价于

$$\int_{\|\boldsymbol{X}-\hat{\boldsymbol{X}}\|<\varepsilon/2} p(\boldsymbol{x} \mid \boldsymbol{z}) \mathrm{d}\boldsymbol{x}=\max \xrightarrow{\varepsilon \rightarrow 0} p(\boldsymbol{x} \mid \boldsymbol{z})=\max \tag{5.1.100}$$

这正是极大验后估计的极值条件，所求得的贝叶斯最优估计即为极大验后估计。

上述平方损失、绝对损失和均匀损失等三种损失函数的总结如图 5.1.3 所示(以一维随机变量为例)。

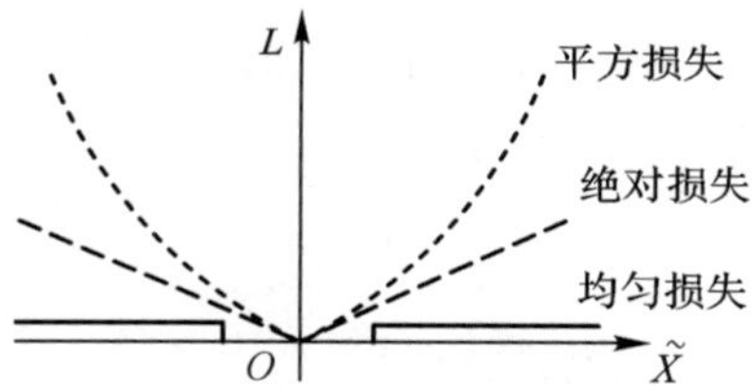

图 5.1.3　三种损失函数示意图

5.1.8　维纳滤波

前面讨论的几种估计问题可视为系统状态在某一观测时刻的“静态估计”，而维纳滤波研究的是从动态系统的长时间观测中求解状态变量最优估计的“动态估计”问题。

设一维连续时间系统的观测方程为

$$Z(t)=X(t)+V(t) \tag{5.1.101}$$

式中：$Z(t)$ 为观测信号；$X(t)$ 为有用信号；$V(t)$ 为噪声。假设三者都是零均值且各态遍历的平稳随机过程。

参见图 5.1.4，维纳滤波的任务就是设计出一个估计器 G(线性定常系统)，根据观测 $Z(t)$ 估计 $X(t)$，结果记为 $\hat{X}(t)$，使得 $\hat{X}(t)$ 尽量接近于 $X(t)$，用统计的术语表示就是使 $\hat{X}(t)$ 的均方误差最小，即

$$J(\hat{X}(t))=\mathrm{E}[\widetilde{X}^{2}(t)]=\mathrm{E}[[X(t)-\hat{X}(t)]^{2}]=\min \tag{5.1.102}$$

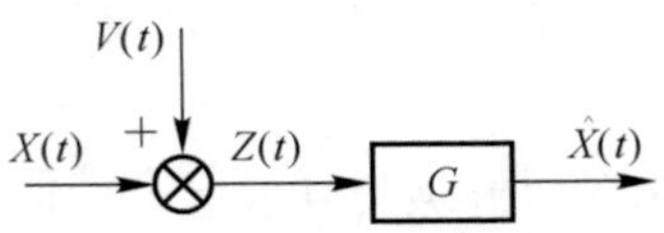

图 5.1.4　维纳滤波示意图

设线性系统 G 的单位脉冲响应函数为 $g(t)$，则有

$$\hat{X}(t)=\int_0^{\infty} g(\lambda)Z(t-\lambda)\mathrm{d}\lambda \tag{5.1.103}$$

计算滤波估计误差的均值

$$\begin{aligned}\mathrm{E}[\tilde{X}(t)]=\mathrm{E}[X(t)-\hat{X}(t)]=\mathrm{E}[X(t)]-\mathrm{E}\left[\int_0^{\infty} g(\lambda)Z(t-\lambda)\mathrm{d}\lambda\right]=\\ \mathrm{E}[X(t)]-\int_0^{\infty} g(\lambda)\mathrm{E}[Z(t-\lambda)]\mathrm{d}\lambda=0\end{aligned} \tag{5.1.104}$$

式(5.1.102)～式(5.1.104)表明，维纳滤波也是一种线性最小方差估计(线性估计、均方误差最小且无偏)。

式(5.1.41)所蕴含的正交投影规律不仅适用于“静态估计”，也适用于“动态估计”，也就是说，当估计 $\hat{X}(t)$ 的均方误差最小时，估计误差 $\tilde{X}(t)$ 应与观测 $Z(t)$ 正交，即有

$$\begin{aligned}\mathrm{E}[\tilde{X}(t)Z(t-\tau)]=\mathrm{E}\left[\left[X(t)-\int_0^{\infty} g(\lambda)Z(t-\lambda)\mathrm{d}\lambda\right]Z(t-\tau)\right]=\\ \mathrm{E}[X(t)Z(t-\tau)]-\mathrm{E}\left[\int_0^{\infty} g(\lambda)Z(t-\lambda)\mathrm{d}\lambda Z(t-\tau)\right]=\\ \mathrm{E}[X(t)Z(t-\tau)]-\int_0^{\infty} g(\lambda)\mathrm{E}[Z(t-\lambda)Z(t-\tau)]\mathrm{d}\lambda=\\ R_{XZ}(\tau)-\int_0^{\infty} g(\lambda)R_Z(\tau-\lambda)\mathrm{d}\lambda=0\end{aligned} \tag{5.1.105}$$

式中：$R_{XZ}(\tau)=\mathrm{E}[X(t)Z(t-\tau)]$ 为 $X(t)$ 和 $Z(t)$ 之间的互相关函数；$R_Z(\tau)=\mathrm{E}[Z(t)Z(t-\tau)]$ 为 $Z(t)$ 的自相关函数。

由式(5.1.105)可得

$$R_{XZ}(\tau)=\int_0^{\infty} g(\lambda)R_Z(\tau-\lambda)\mathrm{d}\lambda \tag{5.1.106}$$

这便是维纳-霍夫(Wiener - Hopf)积分方程。若已知 $R_{XZ}(\tau)$ 和 $R_Z(\tau)$，理论上通过求解该积分方程即可获得滤波器的脉冲响应函数 $g(t)$(或传递函数 G)，完成维纳滤波器设计。在实际应用中，一般是已知与 $R_Z(\tau)$ 和 $R_{XZ}(\tau)$ 相对应的功率谱密度(Power Spectral Density，PSD)和互谱密度(cross PSD)，从频域上通过谱分解方法求解传递函数 G，这一过程相当烦琐和复杂。

维纳滤波是 20 世纪 40 年代在随机滤波理论上的一个重大突破，在方法论上具有比较深远的影响，但是在实际使用中却受到很大限制，其主要原因在于维纳-霍夫方程一般很难求解，即便能够求解，相应的传递函数在工程上往往也很难实现。此外，维纳滤波仅适用于处理单输出平稳随机过程，难以应用于复杂的高维随机系统。1960 年，卡尔曼采用状态空间描述，提出了一种全新的适合于计算机递推的滤波方法——Kalman 滤波。Kalman 滤波有效克服了维

纳滤波的主要缺点且适用范围更广，自此维纳滤波的研究渐渐淡出了人们的视线。

5.2　递推最小二乘估计

传统的最小二乘估计对所有的量测数据作整体一次性处理（批处理）并给出系统参数或状态的估计，然而，当量测数据很多时，需要较大的存储空间。实际中，量测数据往往是按时间顺序逐步获得的，因而可以考虑采用递推的方法进行最小二乘估计，有效地减少数据存储量，这便是递推最小二乘估计方法（Recursive Least Square，RLS）。了解递推最小二乘估计对更好地理解 Kalman 滤波算法有一定的帮助，因而本节先对前者作简要的介绍。

对 5.1 节式(5.1.52) 给出的量测模型进行重新描述。记第 k 次（$k=1,2,3,\cdots$）量测方程为

$$\boldsymbol{Z}_k=\boldsymbol{H}_k\boldsymbol{X}+\boldsymbol{V}_k \tag{5.2.1}$$

其中：$\boldsymbol{Z}_k$ 是 m 维量测向量；$\boldsymbol{H}_k$ 是 $m\times n$ 阶量测矩阵；$\boldsymbol{X}$ 是 n 维的待估的状态向量；$\boldsymbol{V}_k$ 是 m 维量测噪声并且假设 $\mathrm{E}[\boldsymbol{V}_k]=\boldsymbol{0}$ 和 $\mathrm{E}[\boldsymbol{V}_k\boldsymbol{V}_j^{\mathrm{T}}]=\boldsymbol{R}_k\delta_{kj}$。

若将前 $1,2,\cdots,i$ 次量测合并写在一起，记

$$\bar{\boldsymbol{Z}}_i=\begin{bmatrix}\boldsymbol{Z}_1\\ \boldsymbol{Z}_2\\ \vdots\\ \boldsymbol{Z}_i\end{bmatrix},\quad \bar{\boldsymbol{H}}_i=\begin{bmatrix}\boldsymbol{H}_1\\ \boldsymbol{H}_2\\ \vdots\\ \boldsymbol{H}_i\end{bmatrix},\quad \bar{\boldsymbol{V}}_i=\begin{bmatrix}\boldsymbol{V}_1\\ \boldsymbol{V}_2\\ \vdots\\ \boldsymbol{V}_i\end{bmatrix} \tag{5.2.2}$$

则有

$$\bar{\boldsymbol{Z}}_i=\bar{\boldsymbol{H}}_i\boldsymbol{X}+\bar{\boldsymbol{V}}_i \tag{5.2.3}$$

$$\mathrm{E}[\bar{\boldsymbol{V}}_i]=\boldsymbol{0},\quad \mathrm{E}[\bar{\boldsymbol{V}}_i\bar{\boldsymbol{V}}_i^{\mathrm{T}}]=\bar{\boldsymbol{R}}_i=\mathrm{diag}(\boldsymbol{R}_1,\boldsymbol{R}_2,\cdots,\boldsymbol{R}_i) \tag{5.2.4}$$

根据最小二乘估计公式(5.1.55)，当 $i=k-1$ 时，由 $\bar{\boldsymbol{Z}}_{k-1}$ 对 $\boldsymbol{X}$ 作最优加权最小二乘估计，结果为

$$\hat{\boldsymbol{X}}_{k-1}=(\bar{\boldsymbol{H}}_{k-1}^{\mathrm{T}}\bar{\boldsymbol{R}}_{k-1}^{-1}\bar{\boldsymbol{H}}_{k-1})^{-1}\bar{\boldsymbol{H}}_{k-1}^{\mathrm{T}}\bar{\boldsymbol{R}}_{k-1}^{-1}\bar{\boldsymbol{Z}}_{k-1}=\boldsymbol{P}_{k-1}\bar{\boldsymbol{H}}_{k-1}^{\mathrm{T}}\bar{\boldsymbol{R}}_{k-1}^{-1}\bar{\boldsymbol{Z}}_{k-1} \tag{5.2.5}$$

式中：记

$$\boldsymbol{P}_{k-1}=(\bar{\boldsymbol{H}}_{k-1}^{\mathrm{T}}\bar{\boldsymbol{R}}_{k-1}^{-1}\bar{\boldsymbol{H}}_{k-1})^{-1} \tag{5.2.6}$$

而当 $i=k$ 时，由 $\bar{\boldsymbol{Z}}_k$ 对 $\boldsymbol{X}$ 作最优加权最小二乘估计，结果为

$$\begin{aligned}\hat{\boldsymbol{X}}_k&=(\bar{\boldsymbol{H}}_k^{\mathrm{T}}\bar{\boldsymbol{R}}_k^{-1}\bar{\boldsymbol{H}}_k)^{-1}\bar{\boldsymbol{H}}_k^{\mathrm{T}}\bar{\boldsymbol{R}}_k^{-1}\bar{\boldsymbol{Z}}_k=\boldsymbol{P}_k\left(\begin{bmatrix}\bar{\boldsymbol{H}}_{k-1}^{\mathrm{T}} & \boldsymbol{H}_k^{\mathrm{T}}\end{bmatrix}\begin{bmatrix}\bar{\boldsymbol{R}}_{k-1}^{-1} & \boldsymbol{0}\\ \boldsymbol{0} & \boldsymbol{R}_k^{-1}\end{bmatrix}\begin{bmatrix}\bar{\boldsymbol{Z}}_{k-1}\\ \boldsymbol{Z}_k\end{bmatrix}\right)=\\ &\boldsymbol{P}_k(\bar{\boldsymbol{H}}_{k-1}^{\mathrm{T}}\bar{\boldsymbol{R}}_{k-1}^{-1}\bar{\boldsymbol{Z}}_{k-1}+\boldsymbol{H}_k^{\mathrm{T}}\boldsymbol{R}_k^{-1}\boldsymbol{Z}_k)\end{aligned} \tag{5.2.7}$$

由于

$$\begin{aligned}\boldsymbol{P}_k&=(\bar{\boldsymbol{H}}_k^{\mathrm{T}}\bar{\boldsymbol{R}}_k^{-1}\bar{\boldsymbol{H}}_k)^{-1}=\left(\begin{bmatrix}\bar{\boldsymbol{H}}_{k-1}^{\mathrm{T}} & \boldsymbol{H}_k^{\mathrm{T}}\end{bmatrix}\begin{bmatrix}\bar{\boldsymbol{R}}_{k-1}^{-1} & \boldsymbol{0}\\ \boldsymbol{0} & \boldsymbol{R}_k^{-1}\end{bmatrix}\begin{bmatrix}\bar{\boldsymbol{H}}_{k-1}\\ \boldsymbol{H}_k\end{bmatrix}\right)^{-1}=\\ &(\bar{\boldsymbol{H}}_{k-1}^{\mathrm{T}}\bar{\boldsymbol{R}}_{k-1}^{-1}\bar{\boldsymbol{H}}_{k-1}+\boldsymbol{H}_k^{\mathrm{T}}\boldsymbol{R}_k^{-1}\boldsymbol{H}_k)^{-1}=(\boldsymbol{P}_{k-1}^{-1}+\boldsymbol{H}_k^{\mathrm{T}}\boldsymbol{R}_k^{-1}\boldsymbol{H}_k)^{-1}\end{aligned} \tag{5.2.8}$$

因而有

$$\boldsymbol{P}_k^{-1}=\boldsymbol{P}_{k-1}^{-1}+\boldsymbol{H}_k^{\mathrm{T}}\boldsymbol{R}_k^{-1}\boldsymbol{H}_k \tag{5.2.9}$$

借助于式(5.2.5)和式(5.2.9),式(5.2.7)可整理为

$$\hat{\boldsymbol{X}}_k=\boldsymbol{P}_k(\boldsymbol{P}_{k-1}^{-1}\boldsymbol{P}_{k-1}\overline{\boldsymbol{H}}_{k-1}^{\mathrm{T}}\overline{\boldsymbol{R}}_{k-1}^{-1}\overline{\boldsymbol{Z}}_{k-1}+\boldsymbol{H}_k^{\mathrm{T}}\boldsymbol{R}_k^{-1}\boldsymbol{Z}_k)=\boldsymbol{P}_k(\boldsymbol{P}_{k-1}^{-1}\hat{\boldsymbol{X}}_{k-1}+\boldsymbol{H}_k^{\mathrm{T}}\boldsymbol{R}_k^{-1}\boldsymbol{Z}_k)=$$

$$\boldsymbol{P}_k[(\boldsymbol{P}_k^{-1}-\boldsymbol{H}_k^{\mathrm{T}}\boldsymbol{R}_k^{-1}\boldsymbol{H}_k)\hat{\boldsymbol{X}}_{k-1}+\boldsymbol{H}_k^{\mathrm{T}}\boldsymbol{R}_k^{-1}\boldsymbol{Z}_k]=\hat{\boldsymbol{X}}_{k-1}+\boldsymbol{P}_k\boldsymbol{H}_k^{\mathrm{T}}\boldsymbol{R}_k^{-1}(\boldsymbol{Z}_k-\boldsymbol{H}_k\hat{\boldsymbol{X}}_{k-1}) \quad (5.2.10)$$

事实上,式(5.2.9)和式(5.2.10)一起已经构成了一种最小二乘估计递推计算公式,能够实现从 $\hat{\boldsymbol{X}}_{k-1}$ 和 $\boldsymbol{P}_{k-1}$ 到 $\hat{\boldsymbol{X}}_k$ 和 $\boldsymbol{P}_k$ 的递推求解。以下将它改造成另外一种更常用的表示形式。

根据矩阵求逆引理(详见附录 F),有

$$(\boldsymbol{P}_{k-1}^{-1}+\boldsymbol{H}_k^{\mathrm{T}}\boldsymbol{R}_k^{-1}\boldsymbol{H}_k)^{-1}=\boldsymbol{P}_{k-1}-\boldsymbol{P}_{k-1}\boldsymbol{H}_k^{\mathrm{T}}(\boldsymbol{R}_k+\boldsymbol{H}_k\boldsymbol{P}_{k-1}\boldsymbol{H}_k^{\mathrm{T}})^{-1}\boldsymbol{H}_k\boldsymbol{P}_{k-1} \quad (5.2.11)$$

$$\boldsymbol{P}_{k-1}\boldsymbol{H}_k^{\mathrm{T}}(\boldsymbol{R}_k+\boldsymbol{H}_k\boldsymbol{P}_{k-1}\boldsymbol{H}_k^{\mathrm{T}})^{-1}=(\boldsymbol{P}_{k-1}^{-1}+\boldsymbol{H}_k^{\mathrm{T}}\boldsymbol{R}_k^{-1}\boldsymbol{H}_k)^{-1}\boldsymbol{H}_k^{\mathrm{T}}\boldsymbol{R}_k^{-1} \quad (5.2.12)$$

若简记

$$\boldsymbol{K}_k=\boldsymbol{P}_{k-1}\boldsymbol{H}_k^{\mathrm{T}}(\boldsymbol{H}_k\boldsymbol{P}_{k-1}\boldsymbol{H}_k^{\mathrm{T}}+\boldsymbol{R}_k)^{-1} \quad (5.2.13)$$

首先,将式(5.2.8)和式(5.2.13)代入式(5.2.11),可得

$$\boldsymbol{P}_k=\boldsymbol{P}_{k-1}-\boldsymbol{K}_k\boldsymbol{H}_k\boldsymbol{P}_{k-1} \quad (5.2.14)$$

其次,将式(5.2.8)和式(5.2.13)代入式(5.2.12),可得

$$\boldsymbol{K}_k=\boldsymbol{P}_k\boldsymbol{H}_k^{\mathrm{T}}\boldsymbol{R}_k^{-1} \quad (5.2.15)$$

最后,将式(5.2.15)代入式(5.2.10),可得

$$\hat{\boldsymbol{X}}_k=\hat{\boldsymbol{X}}_{k-1}+\boldsymbol{K}_k(\boldsymbol{Z}_k-\boldsymbol{H}_k\hat{\boldsymbol{X}}_{k-1}) \quad (5.2.16)$$

至此,由式(5.2.13)、式(5.2.14)和式(5.2.16)便组成常见的递推最小二乘估计算法,重写如下:

$$\left.\begin{aligned}&\boldsymbol{K}_k=\boldsymbol{P}_{k-1}\boldsymbol{H}_k^{\mathrm{T}}(\boldsymbol{H}_k\boldsymbol{P}_{k-1}\boldsymbol{H}_k^{\mathrm{T}}+\boldsymbol{R}_k)^{-1}\\&\hat{\boldsymbol{X}}_k=\hat{\boldsymbol{X}}_{k-1}+\boldsymbol{K}_k(\boldsymbol{Z}_k-\boldsymbol{H}_k\hat{\boldsymbol{X}}_{k-1})\\&\boldsymbol{P}_k=(\boldsymbol{I}-\boldsymbol{K}_k\boldsymbol{H}_k)\boldsymbol{P}_{k-1}\end{aligned}\right\} \quad (5.2.17)$$

其实,无须利用矩阵求逆引理,也可获得递推最小二乘估计算法,简要推导如下。

直接将式(5.2.9)等号两边同时左乘 $\boldsymbol{P}_k$ 并右乘 $\boldsymbol{P}_{k-1}$,可得

$$\boldsymbol{P}_k\boldsymbol{P}_k^{-1}\boldsymbol{P}_{k-1}=\boldsymbol{P}_k(\boldsymbol{P}_{k-1}^{-1}+\boldsymbol{H}_k^{\mathrm{T}}\boldsymbol{R}_k^{-1}\boldsymbol{H}_k)\boldsymbol{P}_{k-1} \quad (5.2.18)$$

式(5.2.18)化简再移项,可得

$$\boldsymbol{P}_k=\boldsymbol{P}_{k-1}-\boldsymbol{P}_k\boldsymbol{H}_k^{\mathrm{T}}\boldsymbol{R}_k^{-1}\boldsymbol{H}_k\boldsymbol{P}_{k-1} \quad (5.2.19)$$

将式(5.2.19)等号两边同时右乘 $\boldsymbol{H}_k^{\mathrm{T}}$,可得

$$\boldsymbol{P}_k\boldsymbol{H}_k^{\mathrm{T}}=\boldsymbol{P}_{k-1}\boldsymbol{H}_k^{\mathrm{T}}-\boldsymbol{P}_k\boldsymbol{H}_k^{\mathrm{T}}\boldsymbol{R}_k^{-1}\boldsymbol{H}_k\boldsymbol{P}_{k-1}\boldsymbol{H}_k^{\mathrm{T}} \quad (5.2.20)$$

改写为

$$\boldsymbol{P}_k\boldsymbol{H}_k^{\mathrm{T}}\boldsymbol{R}_k^{-1}\boldsymbol{R}_k=\boldsymbol{P}_{k-1}\boldsymbol{H}_k^{\mathrm{T}}-\boldsymbol{P}_k\boldsymbol{H}_k^{\mathrm{T}}\boldsymbol{R}_k^{-1}\boldsymbol{H}_k\boldsymbol{P}_{k-1}\boldsymbol{H}_k^{\mathrm{T}} \quad (5.2.21)$$

整理为

$$\boldsymbol{P}_k\boldsymbol{H}_k^{\mathrm{T}}\boldsymbol{R}_k^{-1}(\boldsymbol{H}_k\boldsymbol{P}_{k-1}\boldsymbol{H}_k^{\mathrm{T}}+\boldsymbol{R}_k)=\boldsymbol{P}_{k-1}\boldsymbol{H}_k^{\mathrm{T}} \quad (5.2.22)$$

若记 $\boldsymbol{K}_k=\boldsymbol{P}_k\boldsymbol{H}_k^{\mathrm{T}}\boldsymbol{R}_k^{-1}$,根据式(5.2.22)即有

$$\boldsymbol{K}_k=\boldsymbol{P}_k\boldsymbol{H}_k^{\mathrm{T}}\boldsymbol{R}_k^{-1}=\boldsymbol{P}_{k-1}\boldsymbol{H}_k^{\mathrm{T}}(\boldsymbol{H}_k\boldsymbol{P}_{k-1}\boldsymbol{H}_k^{\mathrm{T}}+\boldsymbol{R}_k)^{-1} \quad (5.2.23)$$

显然,将式(5.2.23)、式(5.2.10)和式(5.2.19)合并在一起,其结果与式(5.2.17)完全相同。

5.3　Kalman 滤波方程的推导

Kalman 滤波方程的严密推导可用正交投影、新息理论和线性最小方差估计等方法，这些方法都涉及较复杂的数理统计方面的知识。这里主要借鉴递推最小二乘估计的表示形式，采用直观的方法进行 Kalman 滤波推导，推导过程虽然不够严谨，但却是便于理解的。

5.3.1　随机系统状态空间模型

给定随机系统状态空间模型

$$\left.\begin{aligned}\boldsymbol{X}_k &= \boldsymbol{\Phi}_{k/k-1}\boldsymbol{X}_{k-1} + \boldsymbol{\Gamma}_{k/k-1}\boldsymbol{W}_{k-1}\\ \boldsymbol{Z}_k &= \boldsymbol{H}_k\boldsymbol{X}_k + \boldsymbol{V}_k\end{aligned}\right\} \tag{5.3.1}$$

式中：$\boldsymbol{X}_k$ 是 n 维的状态向量；$\boldsymbol{Z}_k$ 是 m 维的量测向量；$\boldsymbol{\Phi}_{k/k-1}$，$\boldsymbol{\Gamma}_{k/k-1}$ 和 $\boldsymbol{H}_k$ 是已知的系统结构参数，分别称为 n 阶的状态一步转移矩阵、$n\times l$ 阶的系统噪声分配矩阵、$m\times n$ 阶的量测矩阵，为简洁，可将 $\boldsymbol{\Gamma}_{k/k-1}$ 简记为 $\boldsymbol{\Gamma}_{k-1}$；$\boldsymbol{W}_{k-1}$ 是 l 维的系统噪声向量，$\boldsymbol{V}_k$ 是 m 维的量测噪声向量，两者都是零均值的高斯白噪声向量序列（服从正态分布），且它们之间互不相关，即满足

$$\left.\begin{aligned}&\mathrm{E}[\boldsymbol{W}_k]=\boldsymbol{0},\quad \mathrm{E}[\boldsymbol{W}_k\boldsymbol{W}_j^{\mathrm{T}}]=\boldsymbol{Q}_k\delta_{kj}\\ &\mathrm{E}[\boldsymbol{V}_k]=\boldsymbol{0},\quad \mathrm{E}[\boldsymbol{V}_k\boldsymbol{V}_j^{\mathrm{T}}]=\boldsymbol{R}_k\delta_{kj}\\ &\mathrm{E}[\boldsymbol{W}_k\boldsymbol{V}_j^{\mathrm{T}}]=\boldsymbol{0}\end{aligned}\right\} \tag{5.3.2}$$

式(5.3.2)是 Kalman 滤波状态空间模型中对于噪声要求的基本假设，一般要求 $\boldsymbol{Q}_k$ 是非负定的且 $\boldsymbol{R}_k$ 是正定的，即 $\boldsymbol{Q}_k\geqslant 0$ 且 $\boldsymbol{R}_k>0$。显然，如果 $\boldsymbol{Q}_k$ 不可逆，则总可以通过重新构造合适的噪声 $\boldsymbol{W}'_{k-1}$ 及噪声分配阵 $\boldsymbol{\Gamma}'_{k-1}$，使得 $\boldsymbol{\Gamma}'_{k-1}\boldsymbol{W}'_{k-1}=\boldsymbol{\Gamma}_{k-1}\boldsymbol{W}_{k-1}$ 和 $\mathrm{E}[\boldsymbol{W}'_k(\boldsymbol{W}'_j)^{\mathrm{T}}]=\boldsymbol{Q}'_k\delta_{kj}$，并保证 $\boldsymbol{Q}'_k$ 是正定的。

5.3.2　滤波方程的推导

记 $k-1$ 时刻（前一时刻）的状态最优估计为 $\hat{\boldsymbol{X}}_{k-1}$，状态估计误差为 $\tilde{\boldsymbol{X}}_{k-1}$，状态估计的均方误差阵为 $\boldsymbol{P}_{k-1}$，即有

$$\tilde{\boldsymbol{X}}_{k-1}=\boldsymbol{X}_{k-1}-\hat{\boldsymbol{X}}_{k-1} \tag{5.3.3}$$

$$\boldsymbol{P}_{k-1}=\mathrm{E}[\tilde{\boldsymbol{X}}_{k-1}\tilde{\boldsymbol{X}}_{k-1}^{\mathrm{T}}]=\mathrm{E}[(\boldsymbol{X}_{k-1}-\hat{\boldsymbol{X}}_{k-1})(\boldsymbol{X}_{k-1}-\hat{\boldsymbol{X}}_{k-1})^{\mathrm{T}}] \tag{5.3.4}$$

假设已知前一时刻的状态估计 $\hat{\boldsymbol{X}}_{k-1}$ 及其均方误差阵 $\boldsymbol{P}_{k-1}$。根据 $\hat{\boldsymbol{X}}_{k-1}$ 和系统的状态方程可对 k 时刻（当前时刻）的状态 $\boldsymbol{X}_k$ 作最优估计（习惯上称为最优一步预测），结果为

$$\hat{\boldsymbol{X}}_{k/k-1}=\mathrm{E}[\boldsymbol{\Phi}_{k/k-1}\hat{\boldsymbol{X}}_{k-1}+\boldsymbol{\Gamma}_{k-1}\boldsymbol{W}_{k-1}]=\boldsymbol{\Phi}_{k/k-1}\hat{\boldsymbol{X}}_{k-1} \tag{5.3.5}$$

可见，系统方程中的零均值白噪声 $\boldsymbol{W}_{k-1}$ 对预测不会有任何贡献。

记状态一步预测误差为

$$\tilde{\boldsymbol{X}}_{k/k-1}=\boldsymbol{X}_k-\hat{\boldsymbol{X}}_{k/k-1} \tag{5.3.6}$$

将系统式(5.3.1)中的状态方程及式(5.3.5)一起代入式(5.3.6)，可得

$$\begin{aligned}\tilde{\boldsymbol{X}}_{k/k-1}&=(\boldsymbol{\Phi}_{k/k-1}\boldsymbol{X}_{k-1}+\boldsymbol{\Gamma}_{k-1}\boldsymbol{W}_{k-1})-\boldsymbol{\Phi}_{k/k-1}\hat{\boldsymbol{X}}_{k-1}=\\ &\boldsymbol{\Phi}_{k/k-1}(\boldsymbol{X}_{k-1}-\hat{\boldsymbol{X}}_{k-1})+\boldsymbol{\Gamma}_{k-1}\boldsymbol{W}_{k-1}=\boldsymbol{\Phi}_{k/k-1}\tilde{\boldsymbol{X}}_{k-1}+\boldsymbol{\Gamma}_{k-1}\boldsymbol{W}_{k-1}\end{aligned} \tag{5.3.7}$$

从状态方程时序上可以看出，$k-1$ 时刻的噪声 $\boldsymbol{W}_{k-1}$ 只影响 k 时刻及其之后的状态，即 $\boldsymbol{W}_{k-1}$ 与 k 时刻之前的系统状态 $\boldsymbol{X}_i(i\leqslant k-1)$ 不相关；再者 $\boldsymbol{W}_{k-1}$ 与 $\hat{\boldsymbol{X}}_{k-1}$ 也不相关，或者说估计

$\hat{\boldsymbol{X}}_{k-1}$ 没有用到 $\boldsymbol{W}_{k-1}$ 的任何信息。因此，在式(5.3.7)中，$\tilde{\boldsymbol{X}}_{k-1}=\boldsymbol{X}_{k-1}-\hat{\boldsymbol{X}}_{k-1}$ 与 $\boldsymbol{W}_{k-1}$ 不相关，即有 $\mathrm{E}[\tilde{\boldsymbol{X}}_{k-1}\boldsymbol{W}_{k-1}^{\mathrm{T}}]=\boldsymbol{0}$。由式(5.3.7)得状态一步预测均方误差阵为

$$\begin{aligned}\boldsymbol{P}_{k/k-1}&=\mathrm{E}[\tilde{\boldsymbol{X}}_{k/k-1}\tilde{\boldsymbol{X}}_{k/k-1}^{\mathrm{T}}]=\mathrm{E}[(\boldsymbol{\Phi}_{k/k-1}\tilde{\boldsymbol{X}}_{k-1}+\boldsymbol{\Gamma}_{k-1}\boldsymbol{W}_{k-1})(\boldsymbol{\Phi}_{k/k-1}\tilde{\boldsymbol{X}}_{k-1}+\boldsymbol{\Gamma}_{k-1}\boldsymbol{W}_{k-1})^{\mathrm{T}}]=\\&\boldsymbol{\Phi}_{k/k-1}\mathrm{E}[\tilde{\boldsymbol{X}}_{k-1}\tilde{\boldsymbol{X}}_{k-1}^{\mathrm{T}}]\boldsymbol{\Phi}_{k/k-1}^{\mathrm{T}}+\boldsymbol{\Gamma}_{k-1}\mathrm{E}[\boldsymbol{W}_{k-1}\boldsymbol{W}_{k-1}^{\mathrm{T}}]\boldsymbol{\Gamma}_{k-1}^{\mathrm{T}}=\\&\boldsymbol{\Phi}_{k/k-1}\boldsymbol{P}_{k-1}\boldsymbol{\Phi}_{k/k-1}^{\mathrm{T}}+\boldsymbol{\Gamma}_{k-1}\boldsymbol{Q}_{k-1}\boldsymbol{\Gamma}_{k-1}^{\mathrm{T}}\end{aligned}\tag{5.3.8}$$

同理，通过状态一步预测 $\hat{\boldsymbol{X}}_{k/k-1}$ 和系统的量测方程可对 k 时刻的量测作一步预测，有

$$\hat{\boldsymbol{Z}}_{k/k-1}=\mathrm{E}[\boldsymbol{H}_k\hat{\boldsymbol{X}}_{k/k-1}+\boldsymbol{V}_k]=\boldsymbol{H}_k\hat{\boldsymbol{X}}_{k/k-1}\tag{5.3.9}$$

但是，在 k 时刻真实的量测 $\boldsymbol{Z}_k$ 到来时，它与量测一步预测 $\hat{\boldsymbol{Z}}_{k/k-1}$ 之间很可能存在差别，此即量测一步预测误差，记为

$$\tilde{\boldsymbol{Z}}_{k/k-1}=\boldsymbol{Z}_k-\hat{\boldsymbol{Z}}_{k/k-1}\tag{5.3.10}$$

将系统式(5.3.1)中的量测方程及式(5.3.9)一起代入式(5.3.10)，可得

$$\tilde{\boldsymbol{Z}}_{k/k-1}=(\boldsymbol{H}_k\boldsymbol{X}_k+\boldsymbol{V}_k)-\boldsymbol{H}_k\hat{\boldsymbol{X}}_{k/k-1}=\boldsymbol{H}_k\tilde{\boldsymbol{X}}_{k/k-1}+\boldsymbol{V}_k\tag{5.3.11}$$

同样，根据时序先后关系易知 $\boldsymbol{V}_k$ 与 $\tilde{\boldsymbol{X}}_{k/k-1}$ 不相关，即有 $\mathrm{E}[\tilde{\boldsymbol{X}}_{k/k-1}\boldsymbol{V}_k^{\mathrm{T}}]=\boldsymbol{0}$。记量测一步预测均方误差阵 $\boldsymbol{P}_{ZZ,k/k-1}$、状态一步预测与量测一步预测之间的协均方误差阵 $\boldsymbol{P}_{XZ,k/k-1}$，则有

$$\begin{aligned}\boldsymbol{P}_{ZZ,k/k-1}&=\mathrm{E}[\tilde{\boldsymbol{Z}}_{k/k-1}\tilde{\boldsymbol{Z}}_{k/k-1}^{\mathrm{T}}]=\mathrm{E}[(\boldsymbol{H}_k\tilde{\boldsymbol{X}}_{k/k-1}+\boldsymbol{V}_k)(\boldsymbol{H}_k\tilde{\boldsymbol{X}}_{k/k-1}+\boldsymbol{V}_k)^{\mathrm{T}}]=\\&\boldsymbol{H}_k\mathrm{E}[\tilde{\boldsymbol{X}}_{k/k-1}\tilde{\boldsymbol{X}}_{k/k-1}^{\mathrm{T}}]\boldsymbol{H}_k^{\mathrm{T}}+\mathrm{E}[\boldsymbol{V}_k\boldsymbol{V}_k^{\mathrm{T}}]=\boldsymbol{H}_k\boldsymbol{P}_{k/k-1}\boldsymbol{H}_k^{\mathrm{T}}+\boldsymbol{R}_k\end{aligned}\tag{5.3.12}$$

$$\boldsymbol{P}_{XZ,k/k-1}=\mathrm{E}[\tilde{\boldsymbol{X}}_{k/k-1}\tilde{\boldsymbol{Z}}_{k/k-1}^{\mathrm{T}}]=\mathrm{E}[\tilde{\boldsymbol{X}}_{k/k-1}(\boldsymbol{H}_k\tilde{\boldsymbol{X}}_{k/k-1}+\boldsymbol{V}_k)^{\mathrm{T}}]=\boldsymbol{P}_{k/k-1}\boldsymbol{H}_k^{\mathrm{T}}\tag{5.3.13}$$

如果仅仅使用系统状态方程的状态一步预测 $\hat{\boldsymbol{X}}_{k/k-1}$ 去估计 $\boldsymbol{X}_k$，由于没有用到量测方程的任何信息，会导致估计精度不高。此外，从式(5.3.11)可以发现，在使用系统量测方程计算的量测一步预测误差 $\tilde{\boldsymbol{Z}}_{k/k-1}$ 中也包含状态一步预测 $\hat{\boldsymbol{X}}_{k/k-1}$ 的信息。可见，上述两种渠道中都含有状态信息，一种很自然的想法是综合考虑状态方程和量测方程的影响，利用 $\tilde{\boldsymbol{Z}}_{k/k-1}$ 修正 $\hat{\boldsymbol{X}}_{k/k-1}$ 之后，再作为 $\boldsymbol{X}_k$ 的估计，有助于提高状态估计精度，因而可令 $\boldsymbol{X}_k$ 的最优估计为

$$\hat{\boldsymbol{X}}_k=\hat{\boldsymbol{X}}_{k/k-1}+\boldsymbol{K}_k\tilde{\boldsymbol{Z}}_{k/k-1}\tag{5.3.14}$$

其中，$\boldsymbol{K}_k$ 为待定的修正系数矩阵。式(5.3.14)的含义正体现了估计值 $\hat{\boldsymbol{X}}_k$ 综合利用了状态预测 $\hat{\boldsymbol{X}}_{k/k-1}$ 与量测预测误差 $\tilde{\boldsymbol{Z}}_{k/k-1}$ 的信息。

将式(5.3.10)代入式(5.3.14)，整理并考虑到式(5.3.5)，可得

$$\begin{aligned}\hat{\boldsymbol{X}}_k&=\hat{\boldsymbol{X}}_{k/k-1}+\boldsymbol{K}_k(\boldsymbol{Z}_k-\boldsymbol{H}_k\hat{\boldsymbol{X}}_{k/k-1})=(\boldsymbol{I}-\boldsymbol{K}_k\boldsymbol{H}_k)\hat{\boldsymbol{X}}_{k/k-1}+\boldsymbol{K}_k\boldsymbol{Z}_k=\\&(\boldsymbol{I}-\boldsymbol{K}_k\boldsymbol{H}_k)\boldsymbol{\Phi}_{k/k-1}\hat{\boldsymbol{X}}_{k-1}+\boldsymbol{K}_k\boldsymbol{Z}_k\end{aligned}\tag{5.3.15}$$

式(5.3.15)显示，当前状态估计 $\hat{\boldsymbol{X}}_k$ 是前一时刻状态估计 $\hat{\boldsymbol{X}}_{k-1}$ 和当前量测 $\boldsymbol{Z}_k$ 的线性组合(加权估计)，且从该式的构造方式上看，它综合考虑了状态方程结构参数 $\boldsymbol{\Phi}_{k/k-1}$ 和量测方程结构参数 $\boldsymbol{H}_k$ 的影响。事实上，利用线性最小方差估计理论也可以证明，式(5.3.14)正是最优的状态估计表示形式——"预测＋修正"形式。在 Kalman 滤波理论中，一般将量测预测误差 $\tilde{\boldsymbol{Z}}_{k/k-1}$ 称为新息(innovation)，它表示量测预测误差中携带有关于状态估计的新信息；将系数矩阵 $\boldsymbol{K}_k$ 称为滤波增益(filter gain)；将状态预测 $\hat{\boldsymbol{X}}_{k/k-1}$ 和估计 $\hat{\boldsymbol{X}}_k$ 分别称为状态 $\boldsymbol{X}_k$ 的先验估计和后验估计。因此，式(5.3.14)的直观含义就是：利用新息 $\tilde{\boldsymbol{Z}}_{k/k-1}$ 对先验估计 $\hat{\boldsymbol{X}}_{k/k-1}$ 进行修正以得到后验估计 $\hat{\boldsymbol{X}}_k$，后验估计应当比先验估计更加准确。

知道了系统状态估计 $\hat{\boldsymbol{X}}_k$ 的表示形式之后，剩下的主要问题就是如何求取待定系数矩阵 $\boldsymbol{K}_k$ 以使得 $\hat{\boldsymbol{X}}_k$ 的估计误差最小。

记当前 k 时刻的状态估计误差为

$$\tilde{\boldsymbol{X}}_k = \boldsymbol{X}_k - \hat{\boldsymbol{X}}_k \tag{5.3.16}$$

将式(5.3.15) 第一等号右边代入式(5.3.16)，整理得

$$\begin{aligned}\tilde{\boldsymbol{X}}_k &= \boldsymbol{X}_k - [\hat{\boldsymbol{X}}_{k/k-1} + \boldsymbol{K}_k(\boldsymbol{Z}_k - \boldsymbol{H}_k\hat{\boldsymbol{X}}_{k/k-1})] = \tilde{\boldsymbol{X}}_{k/k-1} - \boldsymbol{K}_k(\boldsymbol{H}_k\boldsymbol{X}_k + \boldsymbol{V}_k - \boldsymbol{H}_k\hat{\boldsymbol{X}}_{k/k-1}) = \\ &(\boldsymbol{I} - \boldsymbol{K}_k\boldsymbol{H}_k)\tilde{\boldsymbol{X}}_{k/k-1} - \boldsymbol{K}_k\boldsymbol{V}_k\end{aligned} \tag{5.3.17}$$

因而 k 时刻状态估计 $\hat{\boldsymbol{X}}_k$ 的均方误差阵为

$$\begin{aligned}\boldsymbol{P}_k &= \mathrm{E}[\tilde{\boldsymbol{X}}_k\tilde{\boldsymbol{X}}_k^{\mathrm{T}}] = \mathrm{E}\{[(\boldsymbol{I} - \boldsymbol{K}_k\boldsymbol{H}_k)\tilde{\boldsymbol{X}}_{k/k-1} - \boldsymbol{K}_k\boldsymbol{V}_k][(\boldsymbol{I} - \boldsymbol{K}_k\boldsymbol{H}_k)\tilde{\boldsymbol{X}}_{k/k-1} - \boldsymbol{K}_k\boldsymbol{V}_k]^{\mathrm{T}}\} = \\ &(\boldsymbol{I} - \boldsymbol{K}_k\boldsymbol{H}_k)\mathrm{E}[\tilde{\boldsymbol{X}}_{k/k-1}\tilde{\boldsymbol{X}}_{k/k-1}^{\mathrm{T}}](\boldsymbol{I} - \boldsymbol{K}_k\boldsymbol{H}_k)^{\mathrm{T}} + \boldsymbol{K}_k\mathrm{E}[\boldsymbol{V}_k\boldsymbol{V}_k^{\mathrm{T}}]\boldsymbol{K}_k^{\mathrm{T}} = \\ &(\boldsymbol{I} - \boldsymbol{K}_k\boldsymbol{H}_k)\boldsymbol{P}_{k/k-1}(\boldsymbol{I} - \boldsymbol{K}_k\boldsymbol{H}_k)^{\mathrm{T}} + \boldsymbol{K}_k\boldsymbol{R}_k\boldsymbol{K}_k^{\mathrm{T}}\end{aligned} \tag{5.3.18}$$

估计误差 $\tilde{\boldsymbol{X}}_k$ 是一随机向量，使其“误差最小”的含义规定为使各分量的均方误差之和最小，即

$$\mathrm{E}[(\tilde{X}_k^{(1)})^2] + \mathrm{E}[(\tilde{X}_k^{(2)})^2] + \cdots + \mathrm{E}[(\tilde{X}_k^{(n)})^2] = \min \tag{5.3.19}$$

这等价于

$$\mathrm{E}[\tilde{\boldsymbol{X}}_k^{\mathrm{T}}\tilde{\boldsymbol{X}}_k] = \min \tag{5.3.20}$$

其中：$\tilde{X}_k^{(i)}(i=1,2,\cdots,n)$ 为 $\tilde{\boldsymbol{X}}_k$ 的第 i 分量。显然，式(5.3.20) 与线性最小方差估计的准则式(5.1.34) 是完全相同的。

另外，若将 $\mathrm{E}[\tilde{\boldsymbol{X}}_k\tilde{\boldsymbol{X}}_k^{\mathrm{T}}]$ 展开，可得

$$\mathrm{E}[\tilde{\boldsymbol{X}}_k\tilde{\boldsymbol{X}}_k^{\mathrm{T}}] = \begin{bmatrix} \mathrm{E}[(\tilde{X}_k^{(1)})^2] & \mathrm{E}[\tilde{X}_k^{(1)}\tilde{X}_k^{(2)}] & \cdots & \mathrm{E}[\tilde{X}_k^{(1)}\tilde{X}_k^{(n)}] \\ \mathrm{E}[\tilde{X}_k^{(2)}\tilde{X}_k^{(1)}] & \mathrm{E}[(\tilde{X}_k^{(2)})^2] & \cdots & \mathrm{E}[\tilde{X}_k^{(2)}\tilde{X}_k^{(n)}] \\ \vdots & \vdots & & \vdots \\ \mathrm{E}[\tilde{X}_k^{(n)}\tilde{X}_k^{(1)}] & \mathrm{E}[\tilde{X}_k^{(n)}\tilde{X}_k^{(2)}] & \cdots & \mathrm{E}[(\tilde{X}_k^{(n)})^2] \end{bmatrix} \tag{5.3.21}$$

可见，式(5.3.20) 亦等价于

$$\mathrm{tr}(\boldsymbol{P}_k) = \mathrm{tr}(\mathrm{E}[\tilde{\boldsymbol{X}}_k\tilde{\boldsymbol{X}}_k^{\mathrm{T}}]) = \min \tag{5.3.22}$$

其中：$\mathrm{tr}(\cdot)$ 表示方阵的求迹运算，其结果为一标量函数。

考虑到均方误差阵 $\boldsymbol{P}_{k/k-1}$ 必定是对称阵，因而式(5.3.18) 可展开为

$$\boldsymbol{P}_k = \boldsymbol{P}_{k/k-1} - \boldsymbol{K}_k\boldsymbol{H}_k\boldsymbol{P}_{k/k-1} - (\boldsymbol{K}_k\boldsymbol{H}_k\boldsymbol{P}_{k/k-1})^{\mathrm{T}} + \boldsymbol{K}_k(\boldsymbol{H}_k\boldsymbol{P}_{k/k-1}\boldsymbol{H}_k^{\mathrm{T}} + \boldsymbol{R}_k)\boldsymbol{K}_k^{\mathrm{T}} \tag{5.3.23}$$

对式(5.3.23) 等号两边同时求迹运算，可得

$$\begin{aligned}\mathrm{tr}(\boldsymbol{P}_k) = &\mathrm{tr}(\boldsymbol{P}_{k/k-1}) - \mathrm{tr}(\boldsymbol{K}_k\boldsymbol{H}_k\boldsymbol{P}_{k/k-1}) - \mathrm{tr}((\boldsymbol{K}_k\boldsymbol{H}_k\boldsymbol{P}_{k/k-1})^{\mathrm{T}}) + \\ &\mathrm{tr}(\boldsymbol{K}_k(\boldsymbol{H}_k\boldsymbol{P}_{k/k-1}\boldsymbol{H}_k^{\mathrm{T}} + \boldsymbol{R}_k)\boldsymbol{K}_k^{\mathrm{T}})\end{aligned} \tag{5.3.24}$$

式(5.3.24) 是关于待定参数矩阵 $\boldsymbol{K}_k$ 的二次函数，所以 $\mathrm{tr}(\boldsymbol{P}_k)$ 必定存在极值(按概率含义这里应当是极小值)。

为了便于利用求导方法求取式(5.3.24) 的极值，引入方阵的迹对矩阵求导的两个等式，分别如下：

$$\frac{\mathrm{d}}{\mathrm{d}\boldsymbol{X}}\mathrm{tr}(\boldsymbol{XB}) = \frac{\mathrm{d}}{\mathrm{d}\boldsymbol{X}}\mathrm{tr}((\boldsymbol{XB})^{\mathrm{T}}) = \boldsymbol{B}^{\mathrm{T}} \tag{5.3.25a}$$

$$\frac{\mathrm{d}}{\mathrm{d}\boldsymbol{X}}\mathrm{tr}(\boldsymbol{XAX}^{\mathrm{T}}) = 2\boldsymbol{XA} \tag{5.3.25b}$$

式中：$\boldsymbol{X}$ 表示 $n \times m$ 阶矩阵变量；$\boldsymbol{A}$，$\boldsymbol{B}$ 分别是 m 阶对称方阵和 $m \times n$ 阶矩阵，均为常系数矩阵。实际上，只需采用矩阵分量表示法并直接展开即可验证式(5.3.25) 成立。

根据式(5.3.25)，将式(5.3.24) 等号两边同时对 $\boldsymbol{K}_k$ 求导，可得

$$\frac{\mathrm{d}}{\mathrm{d}\boldsymbol{K}_k}\mathrm{tr}(\boldsymbol{P}_k)=\boldsymbol{0}-(\boldsymbol{H}_k\boldsymbol{P}_{k/k-1})^{\mathrm{T}}-(\boldsymbol{H}_k\boldsymbol{P}_{k/k-1})^{\mathrm{T}}+2\boldsymbol{K}_k(\boldsymbol{H}_k\boldsymbol{P}_{k/k-1}\boldsymbol{H}_k^{\mathrm{T}}+\boldsymbol{R}_k)=$$
$$2[\boldsymbol{K}_k(\boldsymbol{H}_k\boldsymbol{P}_{k/k-1}\boldsymbol{H}_k^{\mathrm{T}}+\boldsymbol{R}_k)-\boldsymbol{P}_{k/k-1}\boldsymbol{H}_k^{\mathrm{T}}] \tag{5.3.26}$$

根据函数极值原理，令式(5.3.26)右端等于零，可解得

$$\boldsymbol{P}_{k/k-1}\boldsymbol{H}_k^{\mathrm{T}}=\boldsymbol{K}_k(\boldsymbol{H}_k\boldsymbol{P}_{k/k-1}\boldsymbol{H}_k^{\mathrm{T}}+\boldsymbol{R}_k) \tag{5.3.27}$$

由于 $\boldsymbol{H}_k\boldsymbol{P}_{k/k-1}\boldsymbol{H}_k^{\mathrm{T}}$ 是非负定的且 $\boldsymbol{R}_k$ 是正定的，所以$(\boldsymbol{H}_k\boldsymbol{P}_{k/k-1}\boldsymbol{H}_k^{\mathrm{T}}+\boldsymbol{R}_k)$必然是正定可逆的，从式(5.3.27)可进一步解得

$$\boldsymbol{K}_k=\boldsymbol{P}_{k/k-1}\boldsymbol{H}_k^{\mathrm{T}}(\boldsymbol{H}_k\boldsymbol{P}_{k/k-1}\boldsymbol{H}_k^{\mathrm{T}}+\boldsymbol{R}_k)^{-1} \tag{5.3.28}$$

这便是满足极值条件式(5.3.20)的待定系数矩阵 $\boldsymbol{K}_k$ 的取值，此时状态估计误差 $\tilde{\boldsymbol{X}}_k$ 达到最小，或者说 $\hat{\boldsymbol{X}}_k$ 是 $\boldsymbol{X}_k$ 在均方误差指标下的最优估计。

将式(5.3.27)代入式(5.3.23)，不难求得 $\boldsymbol{P}_k=(\boldsymbol{I}-\boldsymbol{K}_k\boldsymbol{H}_k)\boldsymbol{P}_{k/k-1}$。至此，获得 Kalman 滤波全套算法，可划分为如下五个基本公式：

(1) 状态一步预测

$$\hat{\boldsymbol{X}}_{k/k-1}=\boldsymbol{\Phi}_{k/k-1}\hat{\boldsymbol{X}}_{k-1} \tag{5.3.29a}$$

(2) 状态一步预测均方误差阵

$$\boldsymbol{P}_{k/k-1}=\boldsymbol{\Phi}_{k/k-1}\boldsymbol{P}_{k-1}\boldsymbol{\Phi}_{k/k-1}^{\mathrm{T}}+\boldsymbol{\Gamma}_{k-1}\boldsymbol{Q}_{k-1}\boldsymbol{\Gamma}_{k-1}^{\mathrm{T}} \tag{5.3.29b}$$

(3) 滤波增益

$$\boldsymbol{K}_k=\boldsymbol{P}_{k/k-1}\boldsymbol{H}_k^{\mathrm{T}}(\boldsymbol{H}_k\boldsymbol{P}_{k/k-1}\boldsymbol{H}_k^{\mathrm{T}}+\boldsymbol{R}_k)^{-1}\quad \text{或简写为}\quad \boldsymbol{K}_k=\boldsymbol{P}_{XZ,k/k-1}\boldsymbol{P}_{ZZ,k/k-1}^{-1} \tag{5.3.29c}$$

(4) 状态估计

$$\hat{\boldsymbol{X}}_k=\hat{\boldsymbol{X}}_{k/k-1}+\boldsymbol{K}_k(\boldsymbol{Z}_k-\boldsymbol{H}_k\hat{\boldsymbol{X}}_{k/k-1}) \tag{5.3.29d}$$

(5) 状态估计均方误差阵

$$\boldsymbol{P}_k=(\boldsymbol{I}-\boldsymbol{K}_k\boldsymbol{H}_k)\boldsymbol{P}_{k/k-1} \tag{5.3.29e}$$

注意到，在滤波增益计算公式(5.3.29c)中涉及矩阵求逆问题，但由于$(\boldsymbol{H}_k\boldsymbol{P}_{k/k-1}\boldsymbol{H}_k^{\mathrm{T}}+\boldsymbol{R}_k)$是对称正定的，对其求逆可采用所谓的“变量循环重新编号法”或三角分解法，有利于减少计算量或提高数值稳定性，具体可参见计算方法之类书籍，此处不再详述。

特别地，若在状态空间模型式(5.3.1)中设状态一步转移矩阵 $\boldsymbol{\Phi}_{k/k-1}=\boldsymbol{I}$ 且设状态噪声 $\boldsymbol{Q}_{k-1}=\boldsymbol{0}$，则有状态 $\boldsymbol{X}_k=\boldsymbol{X}_0$ 始终为常值，这时模型式(5.3.1)与5.2节最小二乘模型式(5.2.1)完全相同；若在 Kalman 滤波公式(5.3.29)中令 $\hat{\boldsymbol{X}}_{k/k-1}=\hat{\boldsymbol{X}}_{k-1}$ 和 $\boldsymbol{P}_{k/k-1}=\boldsymbol{P}_{k-1}$，则 Kalman 滤波与递推最小二乘公式(5.2.17)也完全一致。可见，递推最小二乘估计可以看作是 Kalman 滤波的一个特例；反之，Kalman 滤波可以看作是递推最小二乘估计应用于时变状态过程的推广。

不难证明(读者作为练习)，以下两种滤波增益计算公式等价：

$$\boldsymbol{K}_k=\boldsymbol{P}_{k/k-1}\boldsymbol{H}_k^{\mathrm{T}}(\boldsymbol{H}_k\boldsymbol{P}_{k/k-1}\boldsymbol{H}_k^{\mathrm{T}}+\boldsymbol{R}_k)^{-1} \tag{5.3.30a}$$

$$\boldsymbol{K}_k=\boldsymbol{P}_k\boldsymbol{H}_k^{\mathrm{T}}\boldsymbol{R}_k^{-1} \tag{5.3.30b}$$

还有下列四种均方误差阵的计算公式也相互等价：

$$\boldsymbol{P}_k=(\boldsymbol{I}-\boldsymbol{K}_k\boldsymbol{H}_k)\boldsymbol{P}_{k/k-1} \tag{5.3.31a}$$

$$\boldsymbol{P}_k=\boldsymbol{P}_{k/k-1}-\boldsymbol{K}_k(\boldsymbol{H}_k\boldsymbol{P}_{k/k-1}\boldsymbol{H}_k^{\mathrm{T}}+\boldsymbol{R}_k)\boldsymbol{K}_k^{\mathrm{T}}\ (\text{即 }\boldsymbol{P}_k=\boldsymbol{P}_{k/k-1}-\boldsymbol{K}_k\boldsymbol{P}_{ZZ,k/k-1}\boldsymbol{K}_k^{\mathrm{T}}) \tag{5.3.31b}$$

$$\boldsymbol{P}_k=(\boldsymbol{I}-\boldsymbol{K}_k\boldsymbol{H}_k)\boldsymbol{P}_{k/k-1}(\boldsymbol{I}-\boldsymbol{K}_k\boldsymbol{H}_k)^{\mathrm{T}}+\boldsymbol{K}_k\boldsymbol{R}_k\boldsymbol{K}_k^{\mathrm{T}} \tag{5.3.31c}$$

$$\boldsymbol{P}_k^{-1}=\boldsymbol{P}_{k/k-1}^{-1}+\boldsymbol{H}_k^{\mathrm{T}}\boldsymbol{R}_k^{-1}\boldsymbol{H}_k \tag{5.3.31d}$$

式(5.3.31c)有时称为 Joseph 算法，它的对称性和数值稳定性相对式(5.3.31a)和式(5.3.31b)稍好些，但并没有明显的数值计算优势。式(5.3.31d)存在多个求逆运算，在标准 Kalman 滤波算法中一般不推荐采用，但 6.3 节将会看到这是信息滤波中的一个重要公式。可以证明，如下更新公式亦成立：

$$\boldsymbol{P}_k^{-1}\hat{\boldsymbol{X}}_k = \boldsymbol{P}_{k/k-1}^{-1}\hat{\boldsymbol{X}}_{k/k-1} + \boldsymbol{H}_k^{\mathrm{T}}\boldsymbol{R}_k^{-1}\boldsymbol{Z}_k \tag{5.3.32}$$

实际上，根据线性最小方差估计结果也可以直接给出 Kalman 滤波中的三个主要公式。现将线性最小方差估计公式(5.1.77) 和式(5.1.78) 重写如下：

$$\left.\begin{aligned} \hat{\boldsymbol{X}}_{\mathrm{LMV}} &= \boldsymbol{m}_X + \boldsymbol{C}_X\boldsymbol{H}^{\mathrm{T}}(\boldsymbol{H}\boldsymbol{C}_X\boldsymbol{H}^{\mathrm{T}} + \boldsymbol{C}_V)^{-1}(\boldsymbol{Z} - \boldsymbol{H}\boldsymbol{m}_X) \\ \mathrm{E}[\tilde{\boldsymbol{X}}_{\mathrm{LMV}}\tilde{\boldsymbol{X}}_{\mathrm{LMV}}^{\mathrm{T}}] &= \boldsymbol{C}_X - \boldsymbol{C}_X\boldsymbol{H}^{\mathrm{T}}(\boldsymbol{H}\boldsymbol{C}_X\boldsymbol{H}^{\mathrm{T}} + \boldsymbol{C}_V)^{-1}\boldsymbol{H}\boldsymbol{C}_X \end{aligned}\right\} \tag{5.3.33}$$

经过 Kalman 滤波状态预测之后，对于量测模型 $\boldsymbol{Z}_k = \boldsymbol{H}_k\boldsymbol{X}_k + \boldsymbol{V}_k$，已知正态分布 $\boldsymbol{X}_k \sim N(\hat{\boldsymbol{X}}_{k/k-1}, \boldsymbol{P}_{k/k-1})$ 和 $\boldsymbol{V}_k \sim N(\boldsymbol{0}, \boldsymbol{R}_k)$，在式(5.3.33) 中只需简单作符号替换 $\hat{\boldsymbol{X}}_{\mathrm{LMV}} \to \hat{\boldsymbol{X}}_k$，$\mathrm{E}[\tilde{\boldsymbol{X}}_{\mathrm{LMV}}\tilde{\boldsymbol{X}}_{\mathrm{LMV}}^{\mathrm{T}}] \to \boldsymbol{P}_k$，$\boldsymbol{m}_X \to \hat{\boldsymbol{X}}_{k/k-1}$，$\boldsymbol{C}_X \to \boldsymbol{P}_{k/k-1}$，$\boldsymbol{H} \to \boldsymbol{H}_k$，$\boldsymbol{C}_V \to \boldsymbol{R}_k$，$\boldsymbol{Z} \to \boldsymbol{Z}_k$，即得

$$\begin{aligned} \hat{\boldsymbol{X}}_k &= \hat{\boldsymbol{X}}_{k/k-1} + \boldsymbol{P}_{k/k-1}\boldsymbol{H}_k^{\mathrm{T}}(\boldsymbol{H}_k\boldsymbol{P}_{k/k-1} + \boldsymbol{R}_k)^{-1}(\boldsymbol{Z}_k - \boldsymbol{H}_k\hat{\boldsymbol{X}}_{k/k-1}) = \\ &\quad \hat{\boldsymbol{X}}_{k/k-1} + \boldsymbol{K}_k(\boldsymbol{Z}_k - \boldsymbol{H}_k\hat{\boldsymbol{X}}_{k/k-1}) \end{aligned} \tag{5.3.34a}$$

$$\boldsymbol{P}_k = \boldsymbol{P}_{k/k-1} - \boldsymbol{P}_{k/k-1}\boldsymbol{H}_k^{\mathrm{T}}(\boldsymbol{H}_k\boldsymbol{P}_{k/k-1}\boldsymbol{H}_k^{\mathrm{T}} + \boldsymbol{R}_k)^{-1}\boldsymbol{H}_k\boldsymbol{P}_{k/k-1} = (\boldsymbol{I} - \boldsymbol{K}_k\boldsymbol{H}_k)\boldsymbol{P}_{k/k-1} \tag{5.3.34b}$$

$$\boldsymbol{K}_k = \boldsymbol{P}_{k/k-1}\boldsymbol{H}_k^{\mathrm{T}}(\boldsymbol{H}_k\boldsymbol{P}_{k/k-1}\boldsymbol{H}_k^{\mathrm{T}} + \boldsymbol{R}_k)^{-1} \tag{5.3.34c}$$

这正是式(5.3.29d)、式(5.3.31a)和式(5.3.30a)。

此外，Kalman 滤波公式还可以通过加权最小二乘估计进行推导。根据式(5.3.6)，将状态的一步预测视为虚拟量测，有

$$\hat{\boldsymbol{X}}_{k/k-1} = \boldsymbol{X}_k - \tilde{\boldsymbol{X}}_{k/k-1} \tag{5.3.35}$$

显然，虚拟量测噪声 $-\tilde{\boldsymbol{X}}_{k/k-1}$ 的均值为 $\boldsymbol{0}$ 且均方差阵为 $\boldsymbol{P}_{k/k-1}$。将式(5.3.35) 与式(5.3.1) 中的量测方程联合在一起，构成新的量测方程

$$\begin{bmatrix} \hat{\boldsymbol{X}}_{k/k-1} \\ \boldsymbol{Z}_k \end{bmatrix} = \begin{bmatrix} \boldsymbol{I} \\ \boldsymbol{H}_k \end{bmatrix}\boldsymbol{X}_k + \begin{bmatrix} -\tilde{\boldsymbol{X}}_{k/k-1} \\ \boldsymbol{V}_k \end{bmatrix} \tag{5.3.36}$$

由于 $\tilde{\boldsymbol{X}}_{k/k-1}$ 仅与 k 时刻之前的系统噪声及量测噪声相关，而 $\boldsymbol{V}_k$ 为 k 时刻的量测噪声，因而 $\tilde{\boldsymbol{X}}_{k/k-1}$ 与 $\boldsymbol{V}_k$ 两个噪声之间不相关。根据式(5.1.66) 和式(5.1.65)，对式(5.3.36) 中状态 $\boldsymbol{X}_k$ 作最优加权最小二乘估计，均方误差阵及状态估计结果分别为

$$\begin{aligned} \mathrm{E}[\tilde{\boldsymbol{X}}_k\tilde{\boldsymbol{X}}_k^{\mathrm{T}}] &= \left(\begin{bmatrix} \boldsymbol{I} \\ \boldsymbol{H}_k \end{bmatrix}^{\mathrm{T}} \begin{bmatrix} \boldsymbol{P}_{k/k-1}^{-1} & \boldsymbol{0} \\ \boldsymbol{0} & \boldsymbol{R}_k^{-1} \end{bmatrix} \begin{bmatrix} \boldsymbol{I} \\ \boldsymbol{H}_k \end{bmatrix}\right)^{-1} = \\ &\quad (\boldsymbol{P}_{k/k-1}^{-1} + \boldsymbol{H}_k^{\mathrm{T}}\boldsymbol{R}_k^{-1}\boldsymbol{H}_k)^{-1} \triangleq \boldsymbol{P}_k \end{aligned} \tag{5.3.37a}$$

$$\begin{aligned} \hat{\boldsymbol{X}}_k &= \left(\begin{bmatrix} \boldsymbol{I} \\ \boldsymbol{H}_k \end{bmatrix}^{\mathrm{T}} \begin{bmatrix} \boldsymbol{P}_{k/k-1}^{-1} & \boldsymbol{0} \\ \boldsymbol{0} & \boldsymbol{R}_k^{-1} \end{bmatrix} \begin{bmatrix} \boldsymbol{I} \\ \boldsymbol{H}_k \end{bmatrix}\right)^{-1} \begin{bmatrix} \boldsymbol{I} \\ \boldsymbol{H}_k \end{bmatrix}^{\mathrm{T}} \begin{bmatrix} \boldsymbol{P}_{k/k-1}^{-1} & \boldsymbol{0} \\ \boldsymbol{0} & \boldsymbol{R}_k^{-1} \end{bmatrix} \begin{bmatrix} \hat{\boldsymbol{X}}_{k/k-1} \\ \boldsymbol{Z}_k \end{bmatrix} = \\ &\quad \boldsymbol{P}_k(\boldsymbol{P}_{k/k-1}^{-1}\hat{\boldsymbol{X}}_{k/k-1} + \boldsymbol{H}_k^{\mathrm{T}}\boldsymbol{R}_k^{-1}\boldsymbol{Z}_k) \end{aligned} \tag{5.3.37b}$$

结合状态的一步预测及其均方误差阵，便可得到以最优加权最小二乘估计表示的全套 Kalman 滤波公式，如下

$$\left.\begin{aligned} \hat{\boldsymbol{X}}_{k/k-1} &= \boldsymbol{\Phi}_{k/k-1}\hat{\boldsymbol{X}}_{k-1} \\ \boldsymbol{P}_{k/k-1} &= \boldsymbol{\Phi}_{k/k-1}\boldsymbol{P}_{k-1}\boldsymbol{\Phi}_{k/k-1}^{\mathrm{T}} + \boldsymbol{\Gamma}_{k-1}\boldsymbol{Q}_{k-1}\boldsymbol{\Gamma}_{k-1}^{\mathrm{T}} \\ \hat{\boldsymbol{X}}_k &= \boldsymbol{P}_k(\boldsymbol{P}_{k/k-1}^{-1}\hat{\boldsymbol{X}}_{k/k-1} + \boldsymbol{H}_k^{\mathrm{T}}\boldsymbol{R}_k^{-1}\boldsymbol{Z}_k) \\ \boldsymbol{P}_k &= (\boldsymbol{P}_{k/k-1}^{-1} + \boldsymbol{H}_k^{\mathrm{T}}\boldsymbol{R}_k^{-1}\boldsymbol{H}_k)^{-1} \end{aligned}\right\} \tag{5.3.38}$$

这与 Kalman 滤波公式(5.3.29)是完全等价的。

最后,Kalman 滤波公式也能够按照递推贝叶斯原理推导获得,过程详见附录 G。

5.3.3 Kalman 滤波的几何解释

Kalman 滤波公式可以用几何方式进行形象化的描述,这有助于增强对 Kalman 滤波含义的直观理解。

在滤波方程式(5.3.29d) 中,若将当前估计 $\hat{\boldsymbol{X}}_k$ 逐步回溯递推展开,可得

$$\begin{aligned}\hat{\boldsymbol{X}}_k &= \hat{\boldsymbol{X}}_{k/k-1} + \boldsymbol{K}_k(\boldsymbol{Z}_k - \boldsymbol{H}_k\hat{\boldsymbol{X}}_{k/k-1}) = (\boldsymbol{I} - \boldsymbol{K}_k\boldsymbol{H}_k)\boldsymbol{\Phi}_{k/k-1}\hat{\boldsymbol{X}}_{k-1} + \boldsymbol{K}_k\boldsymbol{Z}_k = \\ &\boldsymbol{G}_k\hat{\boldsymbol{X}}_{k-1} + \boldsymbol{K}_k\boldsymbol{Z}_k = \boldsymbol{G}_k(\boldsymbol{G}_{k-1}\hat{\boldsymbol{X}}_{k-2} + \boldsymbol{K}_{k-1}\boldsymbol{Z}_{k-1}) + \boldsymbol{K}_k\boldsymbol{Z}_k = \\ &\boldsymbol{G}_k\boldsymbol{G}_{k-1}\hat{\boldsymbol{X}}_{k-2} + \boldsymbol{G}_k\boldsymbol{K}_{k-1}\boldsymbol{Z}_{k-1} + \boldsymbol{K}_k\boldsymbol{Z}_k = \\ &\boldsymbol{G}_k\boldsymbol{G}_{k-1}\boldsymbol{G}_{k-2}\hat{\boldsymbol{X}}_{k-3} + \boldsymbol{G}_k\boldsymbol{G}_{k-1}\boldsymbol{K}_{k-2}\boldsymbol{Z}_{k-2} + \boldsymbol{G}_k\boldsymbol{K}_{k-1}\boldsymbol{Z}_{k-1} + \boldsymbol{K}_k\boldsymbol{Z}_k = \cdots\cdots = \\ &\Big(\prod_{i=1}^{k}\boldsymbol{G}_i\Big)\hat{\boldsymbol{X}}_0 + \sum_{i=1}^{k}\Big(\prod_{j=i+1}^{k}\boldsymbol{G}_j\Big)\boldsymbol{K}_i\boldsymbol{Z}_i\end{aligned} \tag{5.3.39}$$

式中:简记 $\boldsymbol{G}_k = (\boldsymbol{I} - \boldsymbol{K}_k\boldsymbol{H}_k)\boldsymbol{\Phi}_{k/k-1}$。如果令初始状态 $\hat{\boldsymbol{X}}_0 = \boldsymbol{0}$,则式(5.3.39)表明当前估计 $\hat{\boldsymbol{X}}_k$ 是既往所有量测序列 $\{\boldsymbol{Z}_1, \boldsymbol{Z}_2, \cdots, \boldsymbol{Z}_k\}$ 的线性组合。

如图 5.3.1 所示,已知上一时刻的状态估计 $\hat{\boldsymbol{X}}_{k-1}$ 和当前时刻的量测 $\boldsymbol{Z}_k$,若两者之间不共线,则可以共同确定一个平面,记为 $o\eta\xi$,在此平面基础上建立 $o\eta\xi\gamma$ 空间直角坐标系。$\hat{\boldsymbol{X}}_{k-1}$ 和 $\boldsymbol{Z}_k$ 经伸缩(线性变换)之后分别变成 $\boldsymbol{G}_k\hat{\boldsymbol{X}}_{k-1}$ 和 $\boldsymbol{K}_k\boldsymbol{Z}_k$,再合成为当前时刻的状态估计 $\hat{\boldsymbol{X}}_k$,所以 $\hat{\boldsymbol{X}}_k$ 是 $\hat{\boldsymbol{X}}_{k-1}$ 和 $\boldsymbol{Z}_k$ 的线性组合,$\hat{\boldsymbol{X}}_k$ 也必定在 $o\eta\xi$ 平面内。但是,当前时刻的状态真值 $\boldsymbol{X}_k$ 不一定恰好在 $o\eta\xi$ 平面内,只有当估计 $\hat{\boldsymbol{X}}_k$ 等于真值 $\boldsymbol{X}_k$ 在 $o\eta\xi$ 平面上的正交投影时,估计误差 $\tilde{\boldsymbol{X}}_k = \boldsymbol{X}_k - \hat{\boldsymbol{X}}_k$ 才会最小。实现这一过程的关键在于确定系数矩阵 $\boldsymbol{K}_k$。根据以上描述容易看出,估计误差 $\tilde{\boldsymbol{X}}_k$ 必定同时垂直(不相关)于 $\hat{\boldsymbol{X}}_{k-1}$ 和 $\boldsymbol{Z}_k$,使用统计公式表示如下:

$$\mathrm{E}[\tilde{\boldsymbol{X}}_k\hat{\boldsymbol{X}}_{k-1}^{\mathrm{T}}] = \boldsymbol{0} \tag{5.3.40a}$$

$$\mathrm{E}[\tilde{\boldsymbol{X}}_k\boldsymbol{Z}_k^{\mathrm{T}}] = \boldsymbol{0} \tag{5.3.40b}$$

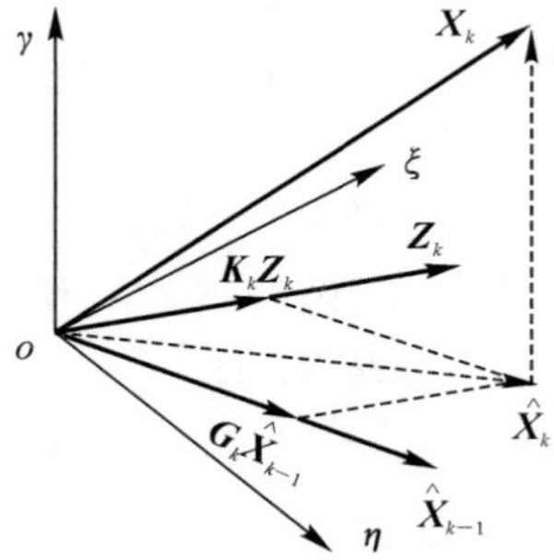

图 5.3.1 Kalman 滤波的几何解释

实际上,上述几何方式描述的正是 Kalman 滤波(线性最小方差无偏估计)的正交投影性质,即状态 $\boldsymbol{X}_k$ 的最优估计 $\hat{\boldsymbol{X}}_k$ 是 $\boldsymbol{X}_k$ 在由 $\hat{\boldsymbol{X}}_{k-1}$ 和 $\boldsymbol{Z}_k$ 构成的线性空间上的正交投影,根据式(5.3.39)可知,$\hat{\boldsymbol{X}}_k$ 也是 $\boldsymbol{X}_k$ 在由 k 时刻之前所有量测构成的量测空间 $\{\boldsymbol{Z}_1, \boldsymbol{Z}_2, \cdots, \boldsymbol{Z}_k\}$ 上的正交投影,即有

$$\mathrm{E}[\tilde{\boldsymbol{X}}_k\boldsymbol{Z}_j^{\mathrm{T}}] = \boldsymbol{0} \qquad (j \leqslant k) \tag{5.3.41}$$

式(5.3.41)表明，估计误差 $\tilde{\boldsymbol{X}}_k$ 中已不含量测 $\boldsymbol{Z}_j$ 的任何信息，两者不再相关，或者说，Kalman 滤波估计 $\hat{\boldsymbol{X}}_k$ 实现了对量测 $\boldsymbol{Z}_j$ 所有有用信息的提取。

由正交投影还可以得出一个重要的性质，即新息序列 $\{\tilde{\boldsymbol{Z}}_{1/0},\tilde{\boldsymbol{Z}}_{2/1},\cdots,\tilde{\boldsymbol{Z}}_{k/k-1},\cdots\}$ 为零均值白噪声序列，证明如下。

重写新息表达式并整理，可得

$$\begin{aligned}\tilde{\boldsymbol{Z}}_{k/k-1}=\boldsymbol{Z}_k-\boldsymbol{H}_k\hat{\boldsymbol{X}}_{k/k-1}=\boldsymbol{Z}_k-\boldsymbol{H}_k\boldsymbol{\Phi}_{k/k-1}\hat{\boldsymbol{X}}_{k-1}=&\\ \boldsymbol{H}_k(\boldsymbol{\Phi}_{k/k-1}\boldsymbol{X}_{k-1}+\boldsymbol{\Gamma}_{k-1}\boldsymbol{W}_{k-1})+\boldsymbol{V}_k-\boldsymbol{H}_k\boldsymbol{\Phi}_{k/k-1}\hat{\boldsymbol{X}}_{k-1}=&\\ \boldsymbol{H}_k\boldsymbol{\Phi}_{k/k-1}(\boldsymbol{X}_{k-1}-\hat{\boldsymbol{X}}_{k-1})+\boldsymbol{H}_k\boldsymbol{\Gamma}_{k-1}\boldsymbol{W}_{k-1}+\boldsymbol{V}_k=&\\ \boldsymbol{H}_k\boldsymbol{\Phi}_{k/k-1}\tilde{\boldsymbol{X}}_{k-1}+\boldsymbol{H}_k\boldsymbol{\Gamma}_{k-1}\boldsymbol{W}_{k-1}+\boldsymbol{V}_k&\end{aligned}\tag{5.3.42}$$

显然，由状态估计的无偏性知，有 $\mathrm{E}[\tilde{\boldsymbol{Z}}_{k/k-1}]=\boldsymbol{0}$ 成立。

当 $j\neq k$ 时，不妨假设 $k>j$，根据式(5.3.42)有

$$\mathrm{E}[\tilde{\boldsymbol{Z}}_{k/k-1}\tilde{\boldsymbol{Z}}_{j/j-1}^{\mathrm{T}}]=\mathrm{E}[(\boldsymbol{H}_k\boldsymbol{\Phi}_{k/k-1}\tilde{\boldsymbol{X}}_{k-1}+\boldsymbol{H}_k\boldsymbol{\Gamma}_{k-1}\boldsymbol{W}_{k-1}+\boldsymbol{V}_k)(\boldsymbol{Z}_j-\boldsymbol{H}_j\boldsymbol{\Phi}_{j/j-1}\hat{\boldsymbol{X}}_{j-1})^{\mathrm{T}}]\tag{5.3.43}$$

在 $k>j$ 情况下，由正交投影性质可知 $\tilde{\boldsymbol{X}}_{k-1}$ 与 $\boldsymbol{Z}_j$，$\hat{\boldsymbol{X}}_{j-1}$ 均不相关；又从时序上看，$\boldsymbol{W}_{k-1}$，$\boldsymbol{V}_k$ 与 $\boldsymbol{Z}_j$，$\hat{\boldsymbol{X}}_{j-1}$ 也均不相关，从而有

$$\mathrm{E}[\tilde{\boldsymbol{Z}}_{k/k-1}\tilde{\boldsymbol{Z}}_{j/j-1}^{\mathrm{T}}]=\boldsymbol{0}\tag{5.3.44}$$

当 $j=k$ 时，从时序上看 $\tilde{\boldsymbol{X}}_{k-1}$，$\boldsymbol{W}_{k-1}$ 和 $\boldsymbol{V}_k$ 三者之间互不相关，从而有

$$\begin{aligned}\mathrm{E}[\tilde{\boldsymbol{Z}}_{k/k-1}\tilde{\boldsymbol{Z}}_{k/k-1}^{\mathrm{T}}]=\boldsymbol{H}_k\boldsymbol{\Phi}_{k/k-1}\boldsymbol{P}_{k-1}\boldsymbol{\Phi}_{k/k-1}^{\mathrm{T}}\boldsymbol{H}_k^{\mathrm{T}}+\boldsymbol{H}_k\boldsymbol{\Gamma}_{k-1}\boldsymbol{Q}_{k-1}\boldsymbol{\Gamma}_{k-1}^{\mathrm{T}}\boldsymbol{H}_k^{\mathrm{T}}+\boldsymbol{R}_k=&\\ \boldsymbol{H}_k\boldsymbol{P}_{k/k-1}\boldsymbol{H}_k^{\mathrm{T}}+\boldsymbol{R}_k&\end{aligned}\tag{5.3.45}$$

综上所述，有

$$\mathrm{E}[\tilde{\boldsymbol{Z}}_{k/k-1}\tilde{\boldsymbol{Z}}_{j/j-1}^{\mathrm{T}}]=(\boldsymbol{H}_k\boldsymbol{P}_{k/k-1}\boldsymbol{H}_k^{\mathrm{T}}+\boldsymbol{R}_k)\delta_{kj}\tag{5.3.46}$$

得证。

5.3.4　滤波流程框图与滤波初值的选择

Kalman 滤波过程可用流程框图表示，如图 5.3.2～图 5.3.4 所示。

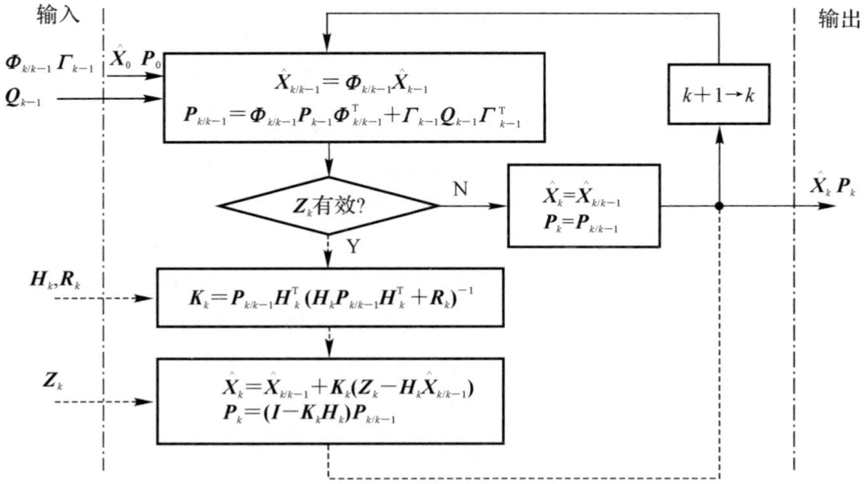

图 5.3.2　Kalman 滤波流程框图 1

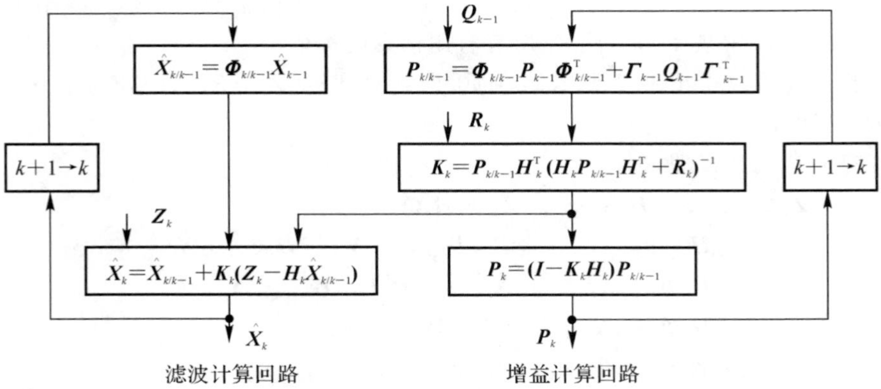

图 5.3.3　Kalman 滤波流程框图 2(滤波计算回路与增益计算回路)

在图 5.3.2 中,实线信号流部分称为时间更新,在系统中每一步更新都需要同时执行状态及其均方误差阵预测,即 $\hat{\boldsymbol{X}}_{k/k-1}=\boldsymbol{\Phi}_{k/k-1}\hat{\boldsymbol{X}}_{k-1}$ 和 $\boldsymbol{P}_{k/k-1}=\boldsymbol{\Phi}_{k/k-1}\boldsymbol{P}_{k-1}\boldsymbol{\Phi}^{\mathrm{T}}_{k/k-1}+\boldsymbol{\Gamma}_{k-1}\boldsymbol{Q}_{k-1}\boldsymbol{\Gamma}^{\mathrm{T}}_{k-1}$,为了提高系统的带宽和计算精度,一般要求较高的滤波时间更新频率,特别在高动态系统中尤为重要。时间更新之后,如果没有量测信息,则量测预测将作为状态的最优估计输出,即 $\hat{\boldsymbol{X}}_k=\hat{\boldsymbol{X}}_{k/k-1}$ 和 $\boldsymbol{P}_k=\boldsymbol{P}_{k/k-1}$,这相当于有量测时的 $\boldsymbol{R}_k=\infty$ 及 $\boldsymbol{K}_k=\boldsymbol{0}$。时间更新之后,若有量测信息,则执行量测更新,即计算增益 $\boldsymbol{K}_k=\boldsymbol{P}_{k/k-1}\boldsymbol{H}^{\mathrm{T}}_k(\boldsymbol{H}_k\boldsymbol{P}_{k/k-1}\boldsymbol{H}^{\mathrm{T}}_k+\boldsymbol{R}_k)^{-1}$,以及状态估计 $\hat{\boldsymbol{X}}_k=\hat{\boldsymbol{X}}_{k/k-1}+\boldsymbol{K}_k(\boldsymbol{Z}_k-\boldsymbol{H}_k\hat{\boldsymbol{X}}_{k/k-1})$ 和 $\boldsymbol{P}_k=(\boldsymbol{I}-\boldsymbol{K}_k\boldsymbol{H}_k)\boldsymbol{P}_{k/k-1}$,如图中虚线信号流所示,获得状态最优估计,量测更新频率取决于量测传感器的量测频率,理论上量测频率一般越高越好,但实际中往往小于时间更新的频率。有时也称时间更新为状态的先验估计,即量测到来之前仅通过状态方程对状态作出的估计(预测);而称量测更新为后验估计,即量测到来之后利用量测方程对状态先验估计作出的估计(修正)。

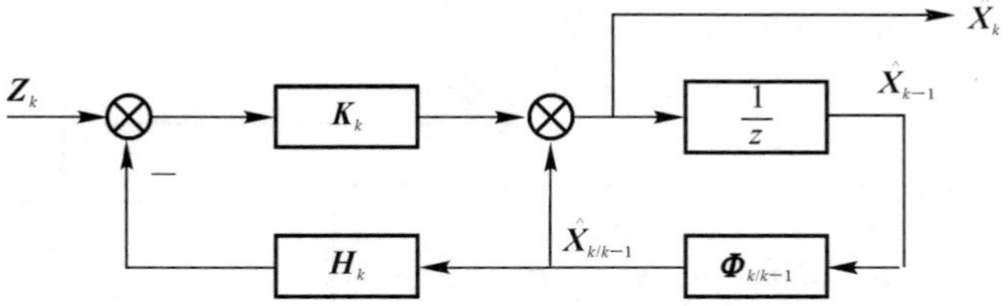

图 5.3.4　Kalman 滤波流程框图 3(滤波计算回路)

在图 5.3.3 中,Kalman 滤波被明显地划分为两个回路:一个是与状态 $\hat{\boldsymbol{X}}_k$ 计算有关的回路,称为滤波计算回路;另一个是与均方误差阵 $\boldsymbol{P}_k$ 计算有关的回路,称为增益计算回路。由图可知,两回路之间的唯一联系是增益矩阵 $\boldsymbol{K}_k$,且联系是单向的,即滤波计算回路受增益计算回路的影响,而滤波计算回路不对增益计算回路产生任何影响。图 5.3.4 单独给出了滤波计算回路的框图,更清楚地显示了滤波信号输入输出关系。

量测信息 $\boldsymbol{Z}_k$ 是 Kalman 滤波的最主要输入,但对于时变系统而言,系统结构参数 $\boldsymbol{\Phi}_{k/k-1}$,$\boldsymbol{\Gamma}_{k-1}$,$\boldsymbol{H}_k$ 及噪声 $\boldsymbol{Q}_{k-1}$,$\boldsymbol{R}_k$ 中的全部或部分是时变的,也可视为滤波算法的输入,需实时更新。除了状态估计 $\hat{\boldsymbol{X}}_k$ 外,状态估计均方误差阵 $\boldsymbol{P}_k$ 也是 Kalman 滤波输出的重要组成部分,$\boldsymbol{P}_k$ 对评

价状态估计的质量发挥着非常重要的作用。

此外，欲启动 Kalman 滤波器，必须预设初始值 $\hat{\boldsymbol{X}}_0$ 和 $\boldsymbol{P}_0$。理论上，若取滤波器的状态初值为

$$\hat{\boldsymbol{X}}_0 = \mathrm{E}[\boldsymbol{X}_0] \tag{5.3.47}$$

则滤波结果 $\hat{\boldsymbol{X}}_i (i \geqslant 1)$ 都是无偏的，即有 $\hat{\boldsymbol{X}}_i = \mathrm{E}[\boldsymbol{X}_i]$，简要说明如下。

一方面，将状态空间模型式(5.3.1)代入状态估计式(5.3.15)，展开得

$$\begin{aligned}\hat{\boldsymbol{X}}_k &= (\boldsymbol{I} - \boldsymbol{K}_k\boldsymbol{H}_k)\hat{\boldsymbol{X}}_{k/k-1} + \boldsymbol{K}_k\boldsymbol{Z}_k = \\ &(\boldsymbol{I} - \boldsymbol{K}_k\boldsymbol{H}_k)\boldsymbol{\Phi}_{k/k-1}\hat{\boldsymbol{X}}_{k-1} + \boldsymbol{K}_k[\boldsymbol{H}_k(\boldsymbol{\Phi}_{k/k-1}\boldsymbol{X}_{k-1} + \boldsymbol{\Gamma}_{k-1}\boldsymbol{W}_{k-1}) + \boldsymbol{V}_k] = \\ &\boldsymbol{\Phi}_{k/k-1}\hat{\boldsymbol{X}}_{k-1} + \boldsymbol{K}_k\boldsymbol{H}_k\boldsymbol{\Phi}_{k/k-1}(\boldsymbol{X}_{k-1} - \hat{\boldsymbol{X}}_{k-1}) + \boldsymbol{K}_k(\boldsymbol{H}_k\boldsymbol{\Gamma}_{k-1}\boldsymbol{W}_{k-1} + \boldsymbol{V}_k)\end{aligned} \tag{5.3.48}$$

式(5.3.48)等号两边同时求均值，得

$$\mathrm{E}[\hat{\boldsymbol{X}}_k] = \boldsymbol{\Phi}_{k/k-1}\mathrm{E}[\hat{\boldsymbol{X}}_{k-1}] + \boldsymbol{K}_k\boldsymbol{H}_k\boldsymbol{\Phi}_{k/k-1}(\mathrm{E}[\boldsymbol{X}_{k-1}] - \mathrm{E}[\hat{\boldsymbol{X}}_{k-1}]) \tag{5.3.49}$$

另一方面，若直接对式(5.3.1)中的状态方程两边同时求均值，可得

$$\mathrm{E}[\boldsymbol{X}_k] = \boldsymbol{\Phi}_{k/k-1}\mathrm{E}[\boldsymbol{X}_{k-1}] \tag{5.3.50}$$

比较式(5.3.49)和式(5.3.50)可知，只要 $\mathrm{E}[\hat{\boldsymbol{X}}_{k-1}] = \mathrm{E}[\boldsymbol{X}_{k-1}]$，就有 $\mathrm{E}[\hat{\boldsymbol{X}}_k] = \mathrm{E}[\boldsymbol{X}_k]$，利用数学归纳法不难推知，只要 $\hat{\boldsymbol{X}}_0$ 是无偏的，$\hat{\boldsymbol{X}}_i (i \geqslant 1)$ 就是无偏的。在实际应用中，某一次滤波过程只会是随机过程总体的一个实现样本，况且滤波状态初值的真值往往是未知的，所以一般将滤波状态初值设置为真值附近的某值，有时甚至直接设置为零向量。因此，在实践中 Kalman 滤波的估计结果总是有偏的，但只要滤波系统是渐进稳定的，随着滤波步数的增加，初值的影响就将逐渐消失(相关内容参见 6.10 节)。

至于滤波器初始均方误差阵的设置，如果取

$$\boldsymbol{P}_0 = \mathrm{Var}[\boldsymbol{X}_0] \tag{5.3.51}$$

则在理论上 $\boldsymbol{P}_i (i \geqslant 1)$ 将准确描述状态估计 $\hat{\boldsymbol{X}}_i$ 的均方误差。实际上，与 $\mathrm{E}[\boldsymbol{X}_0]$ 一样，$\mathrm{Var}[\boldsymbol{X}_0]$ 也不可能准确已知，一般将初始均方误差阵 $\boldsymbol{P}_0$ 设置为对角矩阵，各对角线元素的平方根粗略地反映了相应状态分量初值的不确定度。

实践中，对于可观测性较强的状态分量，对应的状态初值和均方误差阵设置偏差容许适当大些，它们随着滤波更新将会快速收敛，如果均方误差阵设置太小，则会使收敛速度变慢。而对于可观测性较弱的状态，对应的状态初值和均方误差阵应该设置尽量准确，如果均方误差阵设置过大，容易引起状态估计的剧烈波动，反之，如果均方误差阵设置过小，同样会使状态收敛速度变慢，这两种情况下均方误差阵都不宜用于评估相应状态估计的精度。对于不可观测的状态分量，其状态估计及其均方误差阵不会随滤波更新而变化，即不会有滤波效果。关于可观测性概念和均方误差阵的精度评价内容，可参见 6.10 节和 6.11 节。

5.3.5　带确定性输入时的滤波方程

带确定性输入的状态空间模型可表示为

$$\left.\begin{aligned}\boldsymbol{X}_k &= \boldsymbol{\Phi}_{k/k-1}\boldsymbol{X}_{k-1} + \boldsymbol{B}_{k-1}\boldsymbol{u}_{k-1} + \boldsymbol{\Gamma}_{k-1}\boldsymbol{W}_{k-1} \\ \boldsymbol{Z}_k &= \boldsymbol{H}_k\boldsymbol{X}_k + \boldsymbol{Y}_k + \boldsymbol{V}_k\end{aligned}\right\} \tag{5.3.52}$$

其中，$\boldsymbol{u}_{k-1}$ 和 $\boldsymbol{Y}_k$ 均为已知的确定性输入；$\boldsymbol{B}_{k-1}$ 为输入系数矩阵；可将 $\boldsymbol{u}_{k-1}$ 当作系统方程的控制输入，而 $\boldsymbol{Y}_k$ 视为测量设备的已知偏差，其他符号同式(5.3.1)。

仿照前面 Kalman 滤波公式的推导过程，不难得到针对模型式(5.3.52)的滤波公式为

$$\left.\begin{aligned}
\hat{\boldsymbol{X}}_{k/k-1} &= \boldsymbol{\Phi}_{k/k-1}\hat{\boldsymbol{X}}_{k-1} + \boldsymbol{B}_{k-1}\boldsymbol{u}_{k-1} \\
\boldsymbol{P}_{k/k-1} &= \boldsymbol{\Phi}_{k/k-1}\boldsymbol{P}_{k-1}\boldsymbol{\Phi}_{k/k-1}^{\mathrm{T}} + \boldsymbol{\Gamma}_{k-1}\boldsymbol{Q}_{k-1}\boldsymbol{\Gamma}_{k-1}^{\mathrm{T}} \\
\boldsymbol{K}_k &= \boldsymbol{P}_{k/k-1}\boldsymbol{H}_k^{\mathrm{T}}(\boldsymbol{H}_k\boldsymbol{P}_{k/k-1}\boldsymbol{H}_k^{\mathrm{T}} + \boldsymbol{R}_k)^{-1} \\
\hat{\boldsymbol{X}}_k &= \hat{\boldsymbol{X}}_{k/k-1} + \boldsymbol{K}_k(\boldsymbol{Z}_k - \boldsymbol{Y}_k - \boldsymbol{H}_k\hat{\boldsymbol{X}}_{k/k-1}) \\
\boldsymbol{P}_k &= (\boldsymbol{I} - \boldsymbol{K}_k\boldsymbol{H}_k)\boldsymbol{P}_{k/k-1}
\end{aligned}\right\} \tag{5.3.53}$$

与式(5.3.29)相比，式(5.3.53)只在第一式和第四式存在差别，一是在状态一步预测中引入了控制项 $\boldsymbol{u}_{k-1}$ 的作用，二是相当于将 $\boldsymbol{Z}_k-\boldsymbol{Y}_k$ 作为新的量测使用，而其他三个公式保持不变，这说明模型中确定性的输入丝毫不影响状态估计均方误差阵的传播，也不影响 Kalman 滤波增益矩阵的计算。

5.3.6 Kalman 滤波举例

【例 5.3.1】 设有一维线性定常系统

$$\begin{cases} X_k = \phi X_{k-1} + W_{k-1} \\ Z_k = X_k + V_k \end{cases}$$

其中，W_{k-1} 和 V_k 均为零均值白噪声、方差分别为 $Q\geqslant 0$ 和 $R>0$，且两者间互不相关，试分析该系统的 Kalman 滤波结果。

解 根据 Kalman 滤波方程式(5.3.29)，得

$$\hat{X}_{k/k-1} = \phi\hat{X}_{k-1} \tag{1}$$

$$P_{k/k-1} = \phi^2 P_{k-1} + Q \tag{2}$$

$$K_k = \frac{P_{k/k-1}}{P_{k/k-1}+R} = \frac{\phi^2 P_{k-1}+Q}{\phi^2 P_{k-1}+Q+R} \tag{3}$$

$$\hat{X}_k = \hat{X}_{k/k-1} + K_k(Z_k - \hat{X}_{k/k-1}) = (1-K_k)\hat{X}_{k/k-1} + K_k Z_k \tag{4}$$

$$P_k = (1-K_k)P_{k/k-1} = \left(1 - \frac{P_{k/k-1}}{P_{k/k-1}+R}\right)P_{k/k-1} = RK_k \tag{5}$$

不难看出，在式(3)中增益 K_k 的取值区间为(0,1)。式(4)显示，状态估计 $\hat{X}_k$ 是一步预测 $\hat{X}_{k/k-1}$ 与量测 Z_k 的加权平均。若系统噪声 Q 越大(即表示使用状态方程作状态预测的可信度不高)，则式(3)中增益 K_k 越大，将导致式(4)中对状态预测 $\hat{X}_{k/k-1}$ 的利用率降低，相对而言对量测 Z_k 的利用率就提高了；反之，若系统噪声 Q 越小，则在式(4)中将会提高状态预测 $\hat{X}_{k/k-1}$ 的利用率，相应减小量测 Z_k 的利用率。若量测噪声 R 越大(即表示量测信息可信度不高)，则式(3)中增益 K_k 越小，将导致式(4)中对量测 Z_k 的利用率降低，相应地对状态预测 $\hat{X}_{k/k-1}$ 的利用率就提高了；反之亦然。由此可见，Kalman 滤波根据状态噪声和量测噪声的大小，自动调节状态方程信息和量测方程信息的利用率，从而对当前状态做出最合理的估计。

特别地，当取 $\phi=Q=1, R=2, P_0=3$ 时，$P_{k/k-1}$，P_k 和 K_k 的 Kalman 滤波变化曲线如图 5.3.5 所示。由图可见，随着滤波步数 k 的增大，滤波增益 K_k(或滤波误差 P_k)逐渐减小，这意味着滤波刚开始时对状态的估计更依赖于量测，之后滤波精度不断提高，状态预测的可信度得到了加强，量测的作用相对减弱了。“锯齿”形虚线表明，在同一时刻的状态估计误差 P_k 总是小于预测误差 $P_{k/k-1}$，这正体现了量测对状态预测的修正作用，或者说状态的后验估计精度总是优于先验估计。

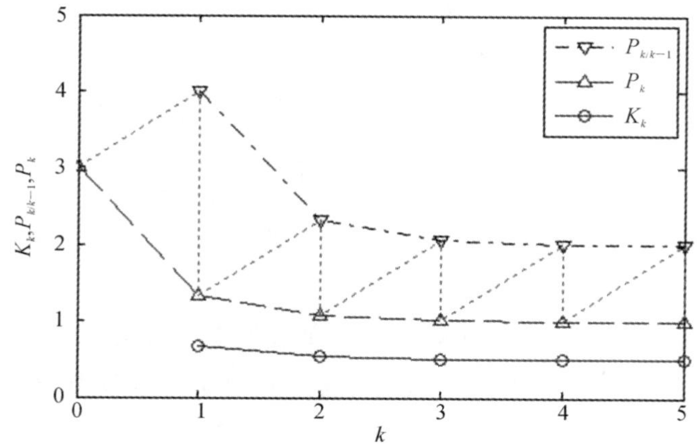

图 5.3.5　例 5.3.1 Kalman 滤波仿真

5.4　连续时间随机系统的离散化与连续时间 Kalman 滤波

实际应用中给出的随机系统建模多数是时间连续型的，为了进行计算机仿真和 Kalman 滤波估计，需要对连续时间系统进行离散化。特别是针对噪声的等效离散化处理，随机系统与确定性系统有着显著的区别。

R. E. Kalman 本人最初在 1960 年给出的是离散时间形式的 Kalman 滤波方法，之后在 1961 年与数学家 R. Bucy 合作，推导给出了连续时间 Kalman 滤波方法，所以 Kalman 滤波有时也称为 Kalman－Bucy 滤波。连续时间 Kalman 滤波虽然实际应用较少，但它具有比较重要的理论意义和教学参考价值。

5.4.1　系统方程的离散化

给定连续时间线性随机系统（即线性随机微分方程）：

$$\dot{\boldsymbol{X}}(t)=\boldsymbol{F}(t)\boldsymbol{X}(t)+\boldsymbol{G}(t)\boldsymbol{w}(t) \tag{5.4.1}$$

式中：$\boldsymbol{F}(t)$ 和 $\boldsymbol{G}(t)$ 是关于时间参数 t 的确定性时变矩阵；而 $\boldsymbol{w}(t)$ 是零均值高斯白噪声向量，它满足如下统计特性：

$$\mathrm{E}[\boldsymbol{w}(t)]=\boldsymbol{0},\quad \mathrm{E}[\boldsymbol{w}(t)\boldsymbol{w}^{\mathrm{T}}(\tau)]=\boldsymbol{q}(t)\delta(t-\tau) \tag{5.4.2}$$

式中：$\boldsymbol{q}(t)$ 是白噪声的方差强度矩阵，一般为非负定的常值矩阵；$\delta(t)$ 是狄拉克冲激函数。特别注意，对于单位冲激时间信号 $\delta(t)$，由于其在整个时间轴上的积分为 1（无量纲单位），因而 $\delta(t)$ 的幅值单位为 1/s，$\boldsymbol{q}(t)$ 的量纲单位与功率谱密度的单位一致，实际上 $\boldsymbol{q}(t)$ 反映的正是噪声 $\boldsymbol{w}(t)$ 的功率谱强度，比如当 $\boldsymbol{w}(t)$ 为标量时，单位假设为 U，则 $\sqrt{\boldsymbol{q}(t)}$ 的单位为 U/$\sqrt{\mathrm{Hz}}$，常称 $\sqrt{\boldsymbol{q}(t)}$ 为噪声系数或随机游走系数。

根据线性系统理论，式(5.4.1) 的等效离散化形式为

$$\boldsymbol{X}_k=\boldsymbol{\Phi}_{k/k-1}\boldsymbol{X}_{k-1}+\boldsymbol{\eta}_{k-1} \tag{5.4.3}$$

其中

$$\boldsymbol{X}_k=\boldsymbol{X}(t_k) \tag{5.4.4}$$

$$\boldsymbol{\Phi}_{k/k-1}=\boldsymbol{\Phi}(t_k,t_{k-1})\approx \mathrm{e}^{\int_{t_{k-1}}^{t_k}\boldsymbol{F}(\tau)\mathrm{d}\tau} \tag{5.4.5}$$

$$\boldsymbol{\eta}_{k-1}=\int_{t_{k-1}}^{t_k}\boldsymbol{\Phi}(t_k,\tau)\boldsymbol{G}(\tau)\boldsymbol{w}(\tau)\mathrm{d}\tau \tag{5.4.6}$$

记离散化时间间隔 $T_s=t_k-t_{k-1}$，当 $\boldsymbol{F}(t)$ 在较短的积分区间$[t_{k-1},t_k]$内变化不太剧烈时，且设 $\boldsymbol{F}(t_{k-1})T_s\ll\boldsymbol{I}$，则一步转移矩阵式(5.4.5)可近似为

$$\boldsymbol{\Phi}_{k/k-1}\approx \mathrm{e}^{\boldsymbol{F}(t_{k-1})T_s}=\boldsymbol{I}+\boldsymbol{F}(t_{k-1})T_s+\boldsymbol{F}^2(t_{k-1})\frac{T_s^2}{2!}+\boldsymbol{F}^3(t_{k-1})\frac{T_s^3}{3!}+\cdots\approx$$
$$\boldsymbol{I}+\boldsymbol{F}(t_{k-1})T_s \tag{5.4.7}$$

式(5.4.6)表明 $\boldsymbol{\eta}_{k-1}$ 是关于高斯白噪声 $\boldsymbol{w}(\tau)$ 的线性变换，其结果仍是正态分布的随机向量，因而可使用一、二阶统计特征来描述和等效 $\boldsymbol{\eta}_{k-1}$。以下详细分析 $\boldsymbol{\eta}_{k-1}$ 的一阶和二阶统计特征。

首先是均值，不难得出

$$\mathrm{E}[\boldsymbol{\eta}_{k-1}]=\mathrm{E}\left[\int_{t_{k-1}}^{t_k}\boldsymbol{\Phi}(t_k,\tau)\boldsymbol{G}(\tau)\boldsymbol{w}(\tau)\mathrm{d}\tau\right]=\int_{t_{k-1}}^{t_k}\boldsymbol{\Phi}(t_k,\tau)\boldsymbol{G}(\tau)\mathrm{E}[\boldsymbol{w}(\tau)]\mathrm{d}\tau=\boldsymbol{0} \tag{5.4.8}$$

其次，对于二阶统计特征，当 $k\neq j$ 时，$\boldsymbol{\eta}_{k-1}$ 和 $\boldsymbol{\eta}_{j-1}$ 的被积函数——噪声 $\boldsymbol{w}(\tau_k)$ 和 $\boldsymbol{w}(\tau_j)$ 之间的时间参数互不重叠，因此 $\boldsymbol{\eta}_{k-1}$ 和 $\boldsymbol{\eta}_{j-1}$ 之间必然是不相关的，即有

$$\mathrm{E}[\boldsymbol{\eta}_{k-1}\boldsymbol{\eta}_{j-1}^{\mathrm{T}}]=\boldsymbol{0}\qquad (k\neq j)$$

而当 $k=j$ 时，有

$$\begin{aligned}\mathrm{E}[\boldsymbol{\eta}_{k-1}\boldsymbol{\eta}_{k-1}^{\mathrm{T}}]=&\mathrm{E}\left\{\int_{t_{k-1}}^{t_k}\boldsymbol{\Phi}(t_k,\tau)\boldsymbol{G}(\tau)\boldsymbol{w}(\tau)\mathrm{d}\tau\cdot\left[\int_{t_{k-1}}^{t_k}\boldsymbol{\Phi}(t_k,s)\boldsymbol{G}(s)\boldsymbol{w}(s)\mathrm{d}s\right]^{\mathrm{T}}\right\}=\\&\mathrm{E}\left[\int_{t_{k-1}}^{t_k}\boldsymbol{\Phi}(t_k,\tau)\boldsymbol{G}(\tau)\boldsymbol{w}(\tau)\int_{t_{k-1}}^{t_k}\boldsymbol{w}^{\mathrm{T}}(s)\boldsymbol{G}^{\mathrm{T}}(s)\boldsymbol{\Phi}^{\mathrm{T}}(t_k,s)\mathrm{d}s\mathrm{d}\tau\right]=\\&\int_{t_{k-1}}^{t_k}\boldsymbol{\Phi}(t_k,\tau)\boldsymbol{G}(\tau)\int_{t_{k-1}}^{t_k}\mathrm{E}[\boldsymbol{w}(\tau)\boldsymbol{w}^{\mathrm{T}}(s)]\boldsymbol{G}^{\mathrm{T}}(s)\boldsymbol{\Phi}^{\mathrm{T}}(t_k,s)\mathrm{d}s\mathrm{d}\tau=\\&\int_{t_{k-1}}^{t_k}\boldsymbol{\Phi}(t_k,\tau)\boldsymbol{G}(\tau)\int_{t_{k-1}}^{t_k}\boldsymbol{q}(\tau)\delta(\tau-s)\boldsymbol{G}^{\mathrm{T}}(s)\boldsymbol{\Phi}^{\mathrm{T}}(t_k,s)\mathrm{d}s\mathrm{d}\tau=\\&\int_{t_{k-1}}^{t_k}\boldsymbol{\Phi}(t_k,\tau)\boldsymbol{G}(\tau)\boldsymbol{q}(\tau)\boldsymbol{G}^{\mathrm{T}}(\tau)\boldsymbol{\Phi}^{\mathrm{T}}(t_k,\tau)\mathrm{d}\tau\end{aligned}$$

若假设噪声分配矩阵 $\boldsymbol{G}(\tau)$ 在区间$[t_{k-1},t_k]$内变化也比较平缓，继续推导上式，有

$$\begin{aligned}\mathrm{E}[\boldsymbol{\eta}_{k-1}\boldsymbol{\eta}_{k-1}^{\mathrm{T}}]\approx&\int_{t_{k-1}}^{t_k}[\boldsymbol{I}+\boldsymbol{F}(t_{k-1})(t_k-\tau)]\boldsymbol{G}(t_{k-1})\boldsymbol{q}(t_{k-1})\boldsymbol{G}^{\mathrm{T}}(t_{k-1})\,[\boldsymbol{I}+\boldsymbol{F}(t_{k-1})(t_k-\tau)]^{\mathrm{T}}\mathrm{d}\tau=\\&\int_{t_{k-1}}^{t_k}\boldsymbol{G}(t_{k-1})\boldsymbol{q}(t_{k-1})\boldsymbol{G}^{\mathrm{T}}(t_{k-1})\mathrm{d}\tau+\\&\int_{t_{k-1}}^{t_k}\boldsymbol{G}(t_{k-1})\boldsymbol{q}(t_{k-1})\boldsymbol{G}^{\mathrm{T}}(t_{k-1})\boldsymbol{F}^{\mathrm{T}}(t_{k-1})(t_k-\tau)\mathrm{d}\tau+\\&\int_{t_{k-1}}^{t_k}\boldsymbol{F}(t_{k-1})\boldsymbol{G}(t_{k-1})\boldsymbol{q}(t_{k-1})\boldsymbol{G}^{\mathrm{T}}(t_{k-1})(t_k-\tau)\mathrm{d}\tau+\\&\int_{t_{k-1}}^{t_k}\boldsymbol{F}(t_{k-1})\boldsymbol{G}(t_{k-1})\boldsymbol{q}(t_{k-1})\boldsymbol{G}^{\mathrm{T}}(t_{k-1})\boldsymbol{F}^{\mathrm{T}}(t_{k-1})\,(t_k-\tau)^2\mathrm{d}\tau=\\&\boldsymbol{G}(t_{k-1})\boldsymbol{q}(t_{k-1})\boldsymbol{G}^{\mathrm{T}}(t_{k-1})T_s+\frac{1}{2}\boldsymbol{G}(t_{k-1})\boldsymbol{q}(t_{k-1})\boldsymbol{G}^{\mathrm{T}}(t_{k-1})\boldsymbol{F}^{\mathrm{T}}(t_{k-1})T_s^2+\\&\frac{1}{2}\boldsymbol{F}(t_{k-1})\boldsymbol{G}(t_{k-1})\boldsymbol{q}(t_{k-1})\boldsymbol{G}^{\mathrm{T}}(t_{k-1})T_s^2+\end{aligned}$$

$$\frac{1}{3}\boldsymbol{F}(t_{k-1})\boldsymbol{G}(t_{k-1})\boldsymbol{q}(t_{k-1})\boldsymbol{G}^{\mathrm{T}}(t_{k-1})\boldsymbol{F}^{\mathrm{T}}(t_{k-1})T_s^3=$$
$$\left[\boldsymbol{I}+\frac{1}{2}\boldsymbol{F}(t_{k-1})T_s\right]\cdot\left[\boldsymbol{G}(t_{k-1})\boldsymbol{q}(t_{k-1})\boldsymbol{G}^{\mathrm{T}}(t_{k-1})T_s\right]\cdot\left[\boldsymbol{I}+\frac{1}{2}\boldsymbol{F}(t_{k-1})T_s\right]^{\mathrm{T}}+$$
$$\frac{1}{12}\boldsymbol{F}(t_{k-1})\boldsymbol{G}(t_{k-1})\boldsymbol{q}(t_{k-1})\boldsymbol{G}^{\mathrm{T}}(t_{k-1})\boldsymbol{F}^{\mathrm{T}}(t_{k-1})T_s^3\approx$$
$$\left\{\left[\boldsymbol{I}+\frac{1}{2}\boldsymbol{F}(t_{k-1})T_s\right]\boldsymbol{G}(t_{k-1})\right\}\cdot\left[\boldsymbol{q}(t_{k-1})T_s\right]\cdot\left\{\left[\boldsymbol{I}+\frac{1}{2}\boldsymbol{F}(t_{k-1})T_s\right]\boldsymbol{G}(t_{k-1})\right\}^{\mathrm{T}} \tag{5.4.9}$$

当满足 $\boldsymbol{F}(t_{k-1})T_s\ll\boldsymbol{I}$ 时，式(5.4.9)可进一步近似为

$$\mathrm{E}[\boldsymbol{\eta}_{k-1}\boldsymbol{\eta}_{k-1}^{\mathrm{T}}]\approx\boldsymbol{G}(t_{k-1})\cdot[\boldsymbol{q}(t_{k-1})T_s]\cdot\boldsymbol{G}^{\mathrm{T}}(t_{k-1}) \tag{5.4.10}$$

因此，若令 $\boldsymbol{\eta}_{k-1}=\boldsymbol{\Gamma}_{k-1}\boldsymbol{W}_{k-1}$，则连续时间随机系统式(5.4.1)可进行如下近似离散化等效：

$$\boldsymbol{X}_k=\boldsymbol{\Phi}_{k/k-1}\boldsymbol{X}_{k-1}+\boldsymbol{\Gamma}_{k-1}\boldsymbol{W}_{k-1} \tag{5.4.11a}$$

其中

$$\boldsymbol{\Phi}_{k/k-1}\approx\mathrm{e}^{\boldsymbol{F}(t_{k-1})T_s}\approx\boldsymbol{I}+\boldsymbol{F}(t_{k-1})T_s$$
$$\boldsymbol{\Gamma}_{k-1}\approx\left[\boldsymbol{I}+\frac{1}{2}\boldsymbol{F}(t_{k-1})T_s\right]\boldsymbol{G}(t_{k-1})\approx\boldsymbol{G}(t_{k-1})$$
$$\mathrm{E}[\boldsymbol{W}_k]=\boldsymbol{0},\quad \mathrm{E}[\boldsymbol{W}_k\boldsymbol{W}_j^{\mathrm{T}}]=\boldsymbol{Q}_k\delta_{kj}=[\boldsymbol{q}(t_k)T_s]\delta_{kj}$$

注意到 $\boldsymbol{Q}_k=\boldsymbol{q}(t_k)T_s$，它与等效噪声 $\boldsymbol{\eta}_k$（或 $\boldsymbol{W}_k$、或 $\boldsymbol{X}_k$）方差的量纲单位是一致的。

对式(5.4.11a)中的噪声整体 $\boldsymbol{\Gamma}_k\boldsymbol{W}_k$ 的方差阵作变换，有

$$\mathrm{E}[(\boldsymbol{\Gamma}_k\boldsymbol{W}_k)(\boldsymbol{\Gamma}_j\boldsymbol{W}_j)^{\mathrm{T}}]=\boldsymbol{\Gamma}_k\mathrm{E}[\boldsymbol{W}_k\boldsymbol{W}_j^{\mathrm{T}}]\boldsymbol{\Gamma}_j^{\mathrm{T}}=\boldsymbol{G}(t_k)[\boldsymbol{q}(t_k)T_s]\delta_{kj}\boldsymbol{G}^{\mathrm{T}}(t_j)=$$
$$[\boldsymbol{G}(t_k)T_s]\left[\frac{\boldsymbol{q}(t_k)}{T_s}\delta_{kj}\right][\boldsymbol{G}(t_j)T_s]^{\mathrm{T}}=$$
$$\boldsymbol{\Gamma}_k'\mathrm{E}[\boldsymbol{W}_k'(\boldsymbol{W}_j')^{\mathrm{T}}](\boldsymbol{\Gamma}_j')^{\mathrm{T}}=\mathrm{E}[(\boldsymbol{\Gamma}_k'\boldsymbol{W}_k')(\boldsymbol{\Gamma}_j'\boldsymbol{W}_j')^{\mathrm{T}}]$$

所以式(5.4.11a)也可以等效离散化为如下形式：

$$\boldsymbol{X}_k=\boldsymbol{\Phi}_{k/k-1}\boldsymbol{X}_{k-1}+\boldsymbol{\Gamma}_{k-1}'\boldsymbol{W}_{k-1}' \tag{5.4.11b}$$

其中

$$\boldsymbol{\Gamma}_{k-1}'=\boldsymbol{G}(t_{k-1})T_s$$
$$\mathrm{E}[\boldsymbol{W}_k']=\boldsymbol{0},\quad \mathrm{E}[\boldsymbol{W}_k'(\boldsymbol{W}_j')^{\mathrm{T}}]=\boldsymbol{Q}_k'\delta_{kj}=\frac{\boldsymbol{q}(t_k)}{T_s}\delta_{kj}$$

下面直接给出几种典型的连续时间随机过程及其离散化结果，供应用时参考。

1. 一阶马尔可夫过程

连续时间一阶马尔可夫过程表示为

$$\dot{X}(t)=-\beta X(t)+w(t) \tag{5.4.12}$$

其中：$\beta\in(0,+\infty)$ 称为反相关时间常数；$w(t)$ 为激励高斯白噪声且有 $\mathrm{E}[w(t)]=0$ 和 $\mathrm{E}[w(t)w^{\mathrm{T}}(\tau)]=q\delta(t-\tau)$。在满足离散化时间间隔条件 $T_s\ll1/\beta$ 时，式(5.4.12)可等效离散化为

$$X_k=(1-\beta T_s)X_{k-1}+W_{k-1} \tag{5.4.13}$$

其中

$$\mathrm{E}[W_k]=0,\quad \mathrm{E}[W_kW_j^{\mathrm{T}}]=(qT_s)\delta_{kj}$$

2. 二阶马尔可夫过程

连续时间二阶马尔可夫过程表示为

$$\ddot{X}(t)=-2\beta\dot{X}(t)-\beta^2X(t)+w(t) \tag{5.4.14}$$

其中，β 和 $w(t)$ 含义同一阶马尔可夫过程。式(5.4.14)中含有二阶微分，须先将其转化为仅含一阶微分的二维状态方程，再进行离散化，这里仅给出最终结果，为

$$X_k=2(1-\beta T_s)X_{k-1}-(1-\beta T_s)^2X_{k-2}+W_{k-2} \tag{5.4.15}$$

其中

$$\mathrm{E}[W_k]=0,\quad \mathrm{E}[W_kW_j^{\mathrm{T}}]=(qT_s^3)\delta_{kj}$$

3. 随机游走

连续时间随机游走(或称为维纳过程、布朗运动)表示为

$$\dot{X}(t)=w(t) \tag{5.4.16}$$

其中，$w(t)$ 为激励高斯白噪声且有 $\mathrm{E}[w(t)]=0$ 和 $\mathrm{E}[w(t)w^{\mathrm{T}}(\tau)]=q\delta(t-\tau)$，式(5.4.16)可等效离散化为

$$X_k=X_{k-1}+W_{k-1} \tag{5.4.17}$$

其中

$$\mathrm{E}[W_k]=0,\quad \mathrm{E}[W_kW_j^{\mathrm{T}}]=(qT_s)\delta_{kj}$$

4. 随机常值

连续时间随机常值过程表示为

$$\dot{X}(t)=0 \tag{5.4.18}$$

式(5.4.18)可等效离散化为

$$X_k=X_0 \tag{5.4.19}$$

事实上，随机游走式(5.4.16)可以看作是一阶马尔可夫过程式(5.4.12)在 $\beta=0$ 时的特殊情形；而随机常值过程式(5.4.18)是随机游走式(5.4.16)在噪声强度 $q=0$ 时的特殊情形。

5.4.2 量测方程的离散化

暂且考虑如下简单的状态空间模型

$$\left.\begin{aligned}\dot{X}(t)&=0\\ Z(t)&=X(t)+v(t)\end{aligned}\right\} \tag{5.4.20}$$

其中

$$\mathrm{E}[v(t)]=0,\quad \mathrm{E}[v(t)v^{\mathrm{T}}(\tau)]=r\delta(t-\tau)$$

显然，该系统的状态 $X(t)$ 为随机常值，简记为 X_t；由于 $v(t)$ 为零均值白噪声，可见量测 $Z(t)$ 也是白噪声，且均值始终为 $X(t)=X_t$。

假设离散化间隔为 T_s，系统式(5.4.20)的量测方程可等效离散化为

$$Z_k=X_t+V_k \tag{5.4.21}$$

其中

$$\mathrm{E}[V_k]=0,\quad \mathrm{E}[V_kV_j^{\mathrm{T}}]=R_{T_s}\delta_{kj}$$

方差 R_{T_s} 同时与连续量测噪声参数 r 和离散化间隔 T_s 都有关，下面说明它的计算方法。

如果在时间区间[0，T]内进行了 m 次离散化($m=T/T_s$)，则根据式(5.4.21)，在[0，T]内

由所有量测 Z_k 估计常值状态 X_t 的公式为

$$\hat{X}_T=\frac{1}{m}\sum_{k=1}^{m}Z_k \tag{5.4.22}$$

其实式(5.4.22)即为等加权平均公式，不难求得估计 $\hat{X}_T$ 的均值和均方误差，分别如下：

$$\mathrm{E}[\hat{X}_T]=\frac{1}{m}\sum_{k=1}^{m}\mathrm{E}[Z_k]=X_T \tag{5.4.23a}$$

$$\begin{aligned}P_T=&\mathrm{E}[(X_T-\hat{X}_T)(X_T-\hat{X}_T)^{\mathrm{T}}]=\\&\mathrm{E}\left[\left(\frac{1}{m}\sum_{k=1}^{m}\mathrm{E}[Z_k]-\frac{1}{m}\sum_{k=1}^{m}Z_k\right)\left(\frac{1}{m}\sum_{k=1}^{m}\mathrm{E}[Z_k]-\frac{1}{m}\sum_{k=1}^{m}Z_k\right)^{\mathrm{T}}\right]=\\&\frac{1}{m^2}\sum_{k=1}^{m}\mathrm{E}[(Z_k-\mathrm{E}[Z_k])(Z_k-\mathrm{E}[Z_k])^{\mathrm{T}}]=\\&\frac{1}{m^2}\sum_{k=1}^{m}\mathrm{E}[V_kV_k^{\mathrm{T}}]=\frac{R_{T_s}}{m}=\frac{R_{T_s}T_s}{T}\end{aligned} \tag{5.4.23b}$$

在式(5.4.23b)中，原则上 T 时刻的均方误差 P_T 应当与噪声参数 r 成正比，且应当与离散化间隔 T_s 无关，此外，当 $T_s\to 0$(即 $m\to\infty$)时均方误差 P_T 应不为 0 才有意义，由此可令离散化噪声参数

$$R_{T_s}=\frac{r}{T_s} \tag{5.4.24}$$

这便是离散化噪声参数 R_{T_s} 与连续噪声参数之间的关系式，它与连续时间噪声参数 r 成正比，同时与采样间隔 T_s 成反比，R_{T_s} 可以看作是 r 在时间间隔 T_s 内的平均效果。将式(5.4.24)代入式(5.4.23b)有

$$P_T=\mathrm{E}[(X_T-\hat{X}_T)(X_T-\hat{X}_T)^{\mathrm{T}}]=\frac{r}{T} \tag{5.4.25}$$

这时，P_T 与离散化时间间隔 T_s 无关。虽然式(5.4.24)显示，离散化时间间隔 T_s 越小，离散化量测噪声 R_{T_s} 就越大，但是在总时间区间$[0,T]$内将离散化得到越多的量测值，因此由所有量测构造的估计误差会保持不变，其结果均为式(5.4.25)。

对于一般的量测方程

$$\boldsymbol{Z}(t)=\boldsymbol{H}(t)\boldsymbol{X}(t)+\boldsymbol{v}(t) \tag{5.4.26}$$

其中

$$\mathrm{E}[\boldsymbol{v}(t)]=\boldsymbol{0},\quad \mathrm{E}[\boldsymbol{v}(t)\boldsymbol{v}^{\mathrm{T}}(\tau)]=\boldsymbol{r}(t)\delta(t-\tau)$$

基于离散噪声视为连续噪声的时间平均的思路，将式(5.4.26)在离散化间隔$[t_{k-1},t_k]$内取平均，记为

$$\frac{1}{T_s}\int_{t_{k-1}}^{t_k}\boldsymbol{Z}(\tau)\mathrm{d}\tau=\frac{1}{T_s}\int_{t_{k-1}}^{t_k}\boldsymbol{H}(\tau)\boldsymbol{X}(\tau)+\boldsymbol{v}(\tau)\mathrm{d}\tau=\frac{1}{T_s}\int_{t_{k-1}}^{t_k}\boldsymbol{H}(\tau)\boldsymbol{X}(\tau)\mathrm{d}\tau+\frac{1}{T_s}\int_{t_{k-1}}^{t_k}\boldsymbol{v}(\tau)\mathrm{d}\tau \tag{5.4.27}$$

当 $\boldsymbol{Z}(t)$ 变化平缓时，近似有 $\frac{1}{T_s}\int_{t_{k-1}}^{t_k}\boldsymbol{Z}(\tau)\mathrm{d}\tau\approx\boldsymbol{Z}(t_k)$，可简记为 $\boldsymbol{Z}_k$；当 $\boldsymbol{H}(t)\boldsymbol{X}(t)$ 也变化平缓时，近似有 $\frac{1}{T_s}\int_{t_{k-1}}^{t_k}\boldsymbol{H}(\tau)\boldsymbol{X}(\tau)\mathrm{d}\tau\approx\boldsymbol{H}(t_k)\boldsymbol{X}(t_k)$，可简记为 $\boldsymbol{H}_k\boldsymbol{X}_k$；再简记 $\boldsymbol{V}_k=\frac{1}{T_s}\int_{t_{k-1}}^{t_k}\boldsymbol{v}(\tau)\mathrm{d}\tau$，则式

(5.4.27) 化为

$$\boldsymbol{Z}_k \approx \boldsymbol{H}_k\boldsymbol{X}_k + \boldsymbol{V}_k \tag{5.4.28}$$

其中

$$\mathrm{E}[\boldsymbol{V}_k] = \mathrm{E}\left[\frac{1}{T_s}\int_{t_{k-1}}^{t_k}\boldsymbol{v}(\tau)\mathrm{d}\tau\right] = \frac{1}{T_s}\int_{t_{k-1}}^{t_k}\mathrm{E}[\boldsymbol{v}(\tau)]\mathrm{d}\tau = \boldsymbol{0} \tag{5.4.29a}$$

$$\mathrm{E}[\boldsymbol{V}_k\boldsymbol{V}_j^{\mathrm{T}}] = \mathrm{E}\left[\left(\frac{1}{T_s}\int_{t_{k-1}}^{t_k}\boldsymbol{v}(\tau)\mathrm{d}\tau\right)\left(\frac{1}{T_s}\int_{t_{j-1}}^{t_j}\boldsymbol{v}(s)\mathrm{d}s\right)^{\mathrm{T}}\right] = \frac{1}{T_s^2}\int_{t_{k-1}}^{t_k}\int_{t_{j-1}}^{t_j}\mathrm{E}[\boldsymbol{v}(\tau)\boldsymbol{v}^{\mathrm{T}}(s)]\mathrm{d}s\mathrm{d}\tau =$$
$$\frac{1}{T_s^2}\int_{t_{k-1}}^{t_k}\int_{t_{j-1}}^{t_j}\boldsymbol{r}(\tau)\delta(s-\tau)\mathrm{d}s\mathrm{d}\tau = \frac{1}{T_s^2}\int_{t_{k-1}}^{t_k}\boldsymbol{r}(\tau)\delta_{kj}\mathrm{d}\tau \approx \frac{\boldsymbol{r}(t_k)}{T_s}\delta_{kj} \triangleq \boldsymbol{R}_k\delta_{kj} \tag{5.4.29b}$$

从上述分析可以看出，连续量测方程的离散化本质上是在离散化间隔内对量测方程作平均等效处理。在离散化间隔内假设 $\boldsymbol{H}(t)\boldsymbol{X}(t)$ 及 $\boldsymbol{r}(t)$ 变化平缓，其变化越平缓，则离散化近似程度就越高；如果 $\boldsymbol{H}(t)\boldsymbol{X}(t)$ 或 $\boldsymbol{r}(t)$ 变化比较剧烈，则应当采用较短的离散化时间间隔。

在实际应用中，大多数系统的量测方程是以离散形式直接给出的，无须再进行离散化处理。值得一提的是，一方面，如果在一定量测频率范围内量测噪声的方差大小基本不变，则在量测设备允许的情况下选用较高的量测频率对提高滤波估计精度是有益的；另一方面，如果系统状态变化比较平缓，为了减小量测更新频率和计算量，则可将相继多次量测作平均处理，并相应减少量测噪声大小，利用平均量测进行滤波量测更新与进行多次量测更新是基本等效的。

5.4.3 连续时间 Kalman 滤波方程

随着数字计算机的广泛应用，Kalman 滤波一般采用离散化算法；连续时间 Kalman 滤波不具有递推性，在解决实际问题中并不多见，但从数学角度上看，研究其推导方法和结果仍具有比较重要的理论意义。推导连续时间 Kalman 滤波方程的方法很多，以下采用离散滤波周期取极限的方法进行推导，过程直观易懂。

给定如下连续时间随机系统：

$$\left.\begin{aligned}\dot{\boldsymbol{X}}(t) &= \boldsymbol{F}(t)\boldsymbol{X}(t) + \boldsymbol{G}(t)\boldsymbol{w}(t)\\ \boldsymbol{Z}(t) &= \boldsymbol{H}(t)\boldsymbol{X}(t) + \boldsymbol{v}(t)\end{aligned}\right\} \tag{5.4.30}$$

其中

$$\begin{cases}\mathrm{E}[\boldsymbol{w}(t)] = \boldsymbol{0}, \quad \mathrm{E}[\boldsymbol{w}(t)\boldsymbol{w}^{\mathrm{T}}(\tau)] = \boldsymbol{q}(t)\delta(t-\tau)\\ \mathrm{E}[\boldsymbol{v}(t)] = \boldsymbol{0}, \quad \mathrm{E}[\boldsymbol{v}(t)\boldsymbol{v}^{\mathrm{T}}(\tau)] = \boldsymbol{r}(t)\delta(t-\tau)\\ \mathrm{E}[\boldsymbol{w}(t)\boldsymbol{v}^{\mathrm{T}}(\tau)] = \boldsymbol{0}\end{cases}$$

式中：$\boldsymbol{q}(t)$ 是非负定对称阵；$\boldsymbol{r}(t)$ 是正定对称阵。

这里通过将离散 Kalman 滤波公式取极限的方法推导连续时间 Kalman 滤波公式，为此，重新列写离散时间系统的 Kalman 滤波方程如下：

$$\hat{\boldsymbol{X}}_{k/k-1} = \boldsymbol{\Phi}_{k/k-1}\hat{\boldsymbol{X}}_{k-1} \tag{5.4.31a}$$

$$\boldsymbol{P}_{k/k-1} = \boldsymbol{\Phi}_{k/k-1}\boldsymbol{P}_{k-1}\boldsymbol{\Phi}_{k/k-1}^{\mathrm{T}} + \boldsymbol{\Gamma}_{k-1}\boldsymbol{Q}_{k-1}\boldsymbol{\Gamma}_{k-1}^{\mathrm{T}} \tag{5.4.31b}$$

$$\boldsymbol{K}_k = \boldsymbol{P}_k\boldsymbol{H}_k^{\mathrm{T}}\boldsymbol{R}_k^{-1} \tag{5.4.31c}$$

$$\hat{\boldsymbol{X}}_k = \hat{\boldsymbol{X}}_{k/k-1} + \boldsymbol{K}_k(\boldsymbol{Z}_k - \boldsymbol{H}_k\hat{\boldsymbol{X}}_{k/k-1}) \tag{5.4.31d}$$

$$\boldsymbol{P}_k = (\boldsymbol{I} - \boldsymbol{K}_k\boldsymbol{H}_k)\boldsymbol{P}_{k/k-1} \tag{5.4.31e}$$

首先，将量测噪声关系式 $\boldsymbol{R}_k = \boldsymbol{r}(t_k)/T_s$ 代入增益矩阵式(5.4.31c)，可得

$$\boldsymbol{K}_k = \boldsymbol{P}_k\boldsymbol{H}_k^{\mathrm{T}}\boldsymbol{R}_k^{-1} = \boldsymbol{P}_k\boldsymbol{H}_k^{\mathrm{T}}\left[\frac{\boldsymbol{r}(t_k)}{T_s}\right]^{-1} = T_s\boldsymbol{P}_k\boldsymbol{H}_k^{\mathrm{T}}\boldsymbol{r}^{-1}(t_k) \tag{5.4.32}$$

将式(5.4.32) 等号两边同时除以离散化间隔 T_s，并取极限 $T_s \to 0$，记为

$$\boldsymbol{K}(t) = \lim_{T_s\to 0}\frac{\boldsymbol{K}_k}{T_s} = \lim_{T_s\to 0}\boldsymbol{P}_k\boldsymbol{H}_k^{\mathrm{T}}\boldsymbol{r}^{-1}(t_k) = \boldsymbol{P}(t)\boldsymbol{H}^{\mathrm{T}}(t)\boldsymbol{r}^{-1}(t) \tag{5.4.33}$$

式中：下标 k 的含义为时间 $t_k = kT_s$，当 $T_s \to 0$ 时有 $kT_s \to t$。

其次，将式(5.4.31a) 代入式(5.4.31d)，并考虑到一步转移矩阵的一阶近似关系式 $\boldsymbol{\Phi}_{k/k-1} \approx \boldsymbol{I} + \boldsymbol{F}(t_{k-1})T_s$，可得

$$\begin{aligned}\hat{\boldsymbol{X}}_k &= \boldsymbol{\Phi}_{k/k-1}\hat{\boldsymbol{X}}_{k-1} + \boldsymbol{K}_k(\boldsymbol{Z}_k - \boldsymbol{H}_k\boldsymbol{\Phi}_{k/k-1}\hat{\boldsymbol{X}}_{k-1}) = \\ &[\boldsymbol{I} + \boldsymbol{F}(t_{k-1})T_s]\hat{\boldsymbol{X}}_{k-1} + \boldsymbol{K}_k\{\boldsymbol{Z}_k - \boldsymbol{H}_k[\boldsymbol{I} + \boldsymbol{F}(t_{k-1})T_s]\hat{\boldsymbol{X}}_{k-1}\} = \\ &\hat{\boldsymbol{X}}_{k-1} + \boldsymbol{F}(t_{k-1})\hat{\boldsymbol{X}}_{k-1}T_s + \boldsymbol{K}_k[\boldsymbol{Z}_k - \boldsymbol{H}_k\hat{\boldsymbol{X}}_{k-1} - \boldsymbol{H}_k\boldsymbol{F}(t_{k-1})\hat{\boldsymbol{X}}_{k-1}T_s]\end{aligned} \tag{5.4.34}$$

将式(5.4.34) 右端第一项移到左端，再两边同时除以 T_s，取极限，记为

$$\begin{aligned}\dot{\hat{\boldsymbol{X}}}(t) &= \lim_{T_s\to 0}\frac{\hat{\boldsymbol{X}}_k - \hat{\boldsymbol{X}}_{k-1}}{T_s} = \lim_{T_s\to 0}\boldsymbol{F}(t_{k-1})\hat{\boldsymbol{X}}_{k-1} + \frac{\boldsymbol{K}_k}{T_s}[\boldsymbol{Z}_k - \boldsymbol{H}_k\hat{\boldsymbol{X}}_{k-1} - \boldsymbol{H}_k\boldsymbol{F}(t_{k-1})\hat{\boldsymbol{X}}_{k-1}T_s] = \\ &\boldsymbol{F}(t)\hat{\boldsymbol{X}}(t) + \boldsymbol{K}(t)[\boldsymbol{Z}(t) - \boldsymbol{H}(t)\hat{\boldsymbol{X}}(t)]\end{aligned} \tag{5.4.35}$$

最后，将式(5.4.31b) 代入式(5.4.31e)，并考虑到关系式 $\boldsymbol{\Phi}_{k/k-1} \approx \boldsymbol{I} + \boldsymbol{F}(t_{k-1})T_s$，$\boldsymbol{\Gamma}_{k-1} \approx \boldsymbol{G}(t_{k-1})$ 和 $\boldsymbol{Q}_{k-1} = \boldsymbol{q}(t_{k-1})T_s$，可得

$$\begin{aligned}\boldsymbol{P}_k &= (\boldsymbol{I} - \boldsymbol{K}_k\boldsymbol{H}_k)(\boldsymbol{\Phi}_{k/k-1}\boldsymbol{P}_{k-1}\boldsymbol{\Phi}_{k/k-1}^{\mathrm{T}} + \boldsymbol{\Gamma}_{k-1}\boldsymbol{Q}_{k-1}\boldsymbol{\Gamma}_{k-1}^{\mathrm{T}}) = \\ &(\boldsymbol{I} - \boldsymbol{K}_k\boldsymbol{H}_k)\{[\boldsymbol{I} + \boldsymbol{F}(t_{k-1})T_s]\boldsymbol{P}_{k-1}[\boldsymbol{I} + \boldsymbol{F}(t_{k-1})T_s]^{\mathrm{T}} + \boldsymbol{G}(t_{k-1})\cdot\boldsymbol{q}(t_{k-1})T_s\cdot\boldsymbol{G}^{\mathrm{T}}(t_{k-1})\} = \\ &\boldsymbol{P}_{k-1} + \boldsymbol{F}(t_{k-1})\boldsymbol{P}_{k-1}T_s + \boldsymbol{P}_{k-1}\boldsymbol{F}^{\mathrm{T}}(t_{k-1})T_s + \\ &\boldsymbol{G}(t_{k-1})\boldsymbol{q}(t_{k-1})\boldsymbol{G}^{\mathrm{T}}(t_{k-1})T_s + O(T_s^2) - \boldsymbol{K}_k\boldsymbol{H}_k[\boldsymbol{P}_{k-1} + O(T_s)]\end{aligned} \tag{5.4.36}$$

其中，$O(\cdot)$ 表示可忽略的关于 T_s 的小量。将式(5.4.36) 右端第一项移到左端，再两边同时除以 T_s，并取极限，记为

$$\begin{aligned}\dot{\boldsymbol{P}}(t) &= \lim_{T_s\to 0}\frac{\boldsymbol{P}_k - \boldsymbol{P}_{k-1}}{T_s} = \lim_{T_s\to 0}\boldsymbol{F}(t_{k-1})\boldsymbol{P}_{k-1} + \boldsymbol{P}_{k-1}\boldsymbol{F}^{\mathrm{T}}(t_{k-1}) + \boldsymbol{G}(t_{k-1})\boldsymbol{q}(t_{k-1})\boldsymbol{G}^{\mathrm{T}}(t_{k-1}) - \frac{\boldsymbol{K}_k}{T_s}\boldsymbol{H}_k\boldsymbol{P}_{k-1} = \\ &\boldsymbol{F}(t)\boldsymbol{P}(t) + \boldsymbol{P}(t)\boldsymbol{F}^{\mathrm{T}}(t) + \boldsymbol{G}(t)\boldsymbol{q}(t)\boldsymbol{G}^{\mathrm{T}}(t) - \boldsymbol{K}(t)\boldsymbol{H}(t)\boldsymbol{P}(t) = \\ &\boldsymbol{F}(t)\boldsymbol{P}(t) + \boldsymbol{P}(t)\boldsymbol{F}^{\mathrm{T}}(t) - \boldsymbol{P}(t)\boldsymbol{H}^{\mathrm{T}}(t)\boldsymbol{r}^{-1}(t)\boldsymbol{H}(t)\boldsymbol{P}(t) + \boldsymbol{G}(t)\boldsymbol{q}(t)\boldsymbol{G}^{\mathrm{T}}(t)\end{aligned} \tag{5.4.37}$$

这是一个关于均方误差矩阵 $\boldsymbol{P}(t)$ 的二阶非线性微分方程，通常称为黎卡蒂 (Riccati) 方程，它的解能够表示为两个方阵的乘积形式，即

$$\boldsymbol{P}(t) = \boldsymbol{Y}(t)\boldsymbol{D}^{-1}(t) \tag{5.4.38}$$

式中：方阵 $\boldsymbol{Y}(t)$ 和 $\boldsymbol{D}(t)$ 满足如下线性矩阵微分方程组：

$$\begin{bmatrix}\dot{\boldsymbol{Y}}(t)\\ \dot{\boldsymbol{D}}(t)\end{bmatrix} = \begin{bmatrix}\boldsymbol{F}(t) & \boldsymbol{G}(t)\boldsymbol{q}(t)\boldsymbol{G}^{\mathrm{T}}(t)\\ \boldsymbol{H}^{\mathrm{T}}(t)\boldsymbol{r}^{-1}(t)\boldsymbol{H}(t) & -\boldsymbol{F}^{\mathrm{T}}(t)\end{bmatrix}\begin{bmatrix}\boldsymbol{Y}(t)\\ \boldsymbol{D}(t)\end{bmatrix} \tag{5.4.39}$$

初始条件为 $\boldsymbol{Y}(t_0) = \boldsymbol{P}(t_0)$ 且 $\boldsymbol{D}(t_0) = \boldsymbol{I}$。以下验证式(5.4.39) 的解满足 Riccati 方程。

将式(5.4.38) 等号两边同时右乘 $\boldsymbol{D}(t)$，可得

$$\boldsymbol{Y}(t) = \boldsymbol{P}(t)\boldsymbol{D}(t) \tag{5.4.40}$$

由式(5.4.39)可得 $\dot{\boldsymbol{D}}(t)$ 的表达式为

$$\dot{\boldsymbol{D}}(t)=\boldsymbol{H}^{\mathrm{T}}(t)\boldsymbol{r}^{-1}(t)\boldsymbol{H}(t)\boldsymbol{Y}(t)-\boldsymbol{F}^{\mathrm{T}}(t)\boldsymbol{D}(t)=\boldsymbol{H}^{\mathrm{T}}(t)\boldsymbol{r}^{-1}(t)\boldsymbol{H}(t)\boldsymbol{P}(t)\boldsymbol{D}(t)-\boldsymbol{F}^{\mathrm{T}}(t)\boldsymbol{D}(t)=$$
$$[\boldsymbol{H}^{\mathrm{T}}(t)\boldsymbol{r}^{-1}(t)\boldsymbol{H}(t)\boldsymbol{P}(t)-\boldsymbol{F}^{\mathrm{T}}(t)]\boldsymbol{D}(t) \tag{5.4.41}$$

若将式(5.4.41)中 $[\boldsymbol{H}^{\mathrm{T}}(t)\boldsymbol{r}^{-1}(t)\boldsymbol{H}(t)\boldsymbol{P}(t)-\boldsymbol{F}^{\mathrm{T}}(t)]$ 视为状态 $\boldsymbol{D}(t)$ 的系统矩阵,则根据控制理论知识可知,与该系统矩阵对应的状态转移矩阵[记为 $\boldsymbol{\Phi}(t,t_0)$]是可逆的,考虑到初值 $\boldsymbol{D}(t_0)=\boldsymbol{I}$,从而 $\boldsymbol{D}(t)=\boldsymbol{\Phi}(t,t_0)\boldsymbol{D}(t_0)$ 也是可逆的。

对式(5.4.40)等号两边同时微分,可得

$$\dot{\boldsymbol{Y}}(t)=\dot{\boldsymbol{P}}(t)\boldsymbol{D}(t)+\boldsymbol{P}(t)\dot{\boldsymbol{D}}(t) \tag{5.4.42}$$

式(5.4.42)等号两边同时右乘 $\boldsymbol{D}^{-1}(t)$,移项并将式(5.4.39)代入,可得

$$\dot{\boldsymbol{P}}(t)=\dot{\boldsymbol{Y}}(t)\boldsymbol{D}^{-1}(t)-\boldsymbol{P}(t)\dot{\boldsymbol{D}}(t)\boldsymbol{D}^{-1}(t)=$$
$$[\boldsymbol{F}(t)\boldsymbol{Y}(t)+\boldsymbol{G}(t)\boldsymbol{q}(t)\boldsymbol{G}^{\mathrm{T}}(t)\boldsymbol{D}(t)]\boldsymbol{D}^{-1}(t)-$$
$$\boldsymbol{P}(t)[\boldsymbol{H}^{\mathrm{T}}(t)\boldsymbol{r}^{-1}(t)\boldsymbol{H}(t)\boldsymbol{Y}(t)-\boldsymbol{F}^{\mathrm{T}}(t)\boldsymbol{D}(t)]\boldsymbol{D}^{-1}(t)=$$
$$\boldsymbol{F}(t)\boldsymbol{Y}(t)\boldsymbol{D}^{-1}(t)+\boldsymbol{G}(t)\boldsymbol{q}(t)\boldsymbol{G}^{\mathrm{T}}(t)-\boldsymbol{P}(t)\boldsymbol{H}^{\mathrm{T}}(t)\boldsymbol{r}^{-1}(t)\boldsymbol{H}(t)\boldsymbol{Y}(t)\boldsymbol{D}^{-1}(t)+\boldsymbol{P}(t)\boldsymbol{F}^{\mathrm{T}}(t)=$$
$$\boldsymbol{F}(t)\boldsymbol{P}(t)+\boldsymbol{G}(t)\boldsymbol{q}(t)\boldsymbol{G}^{\mathrm{T}}(t)-\boldsymbol{P}(t)\boldsymbol{H}^{\mathrm{T}}(t)\boldsymbol{r}^{-1}(t)\boldsymbol{H}(t)\boldsymbol{P}(t)+\boldsymbol{P}(t)\boldsymbol{F}^{\mathrm{T}}(t) \tag{5.4.43}$$

这与式(5.4.37)完全一致,验证成立。式(5.4.38)和式(5.4.39)将非线性 Riccati 微分方程的求解问题简化成了两个线性矩阵微分方程的联立求解,具有极大便利,但是,即便如此,对于一般的时变系统,求解方程式(5.4.39)往往还是十分困难的,不一定存在初等解(只能存在毕卡级数解)。

最后,总结连续时间系统的 Kalman 滤波公式如下:

$$\boldsymbol{K}(t)=\boldsymbol{P}(t)\boldsymbol{H}^{\mathrm{T}}(t)\boldsymbol{r}^{-1}(t) \tag{5.4.44a}$$

$$\dot{\hat{\boldsymbol{X}}}(t)=\boldsymbol{F}(t)\hat{\boldsymbol{X}}(t)+\boldsymbol{K}(t)[\boldsymbol{Z}(t)-\boldsymbol{H}(t)\hat{\boldsymbol{X}}(t)] \tag{5.4.44b}$$

$$\dot{\boldsymbol{P}}(t)=\boldsymbol{F}(t)\boldsymbol{P}(t)+\boldsymbol{P}(t)\boldsymbol{F}^{\mathrm{T}}(t)-\boldsymbol{K}(t)\boldsymbol{r}(t)\boldsymbol{K}^{\mathrm{T}}(t)+\boldsymbol{G}(t)\boldsymbol{q}(t)\boldsymbol{G}^{\mathrm{T}}(t) \tag{5.4.44c}$$

理论上,滤波初值选取为 $\hat{\boldsymbol{X}}(t_0)=\mathrm{E}[\boldsymbol{X}(t_0)]$ 和 $\boldsymbol{P}(t_0)=\mathrm{Var}[\boldsymbol{X}(t_0)]$。图 5.4.1 给出了状态估计(滤波回路)的实现框图,由于状态估计的均方误差阵 $\boldsymbol{P}(t)$ 与观测值 $\boldsymbol{Z}(t)$ 无关,而仅与已知的系统结构和噪声参数有关,所以在应用时 $\boldsymbol{P}(t)$ 和 $\boldsymbol{K}(t)$ 可离线预先算出。

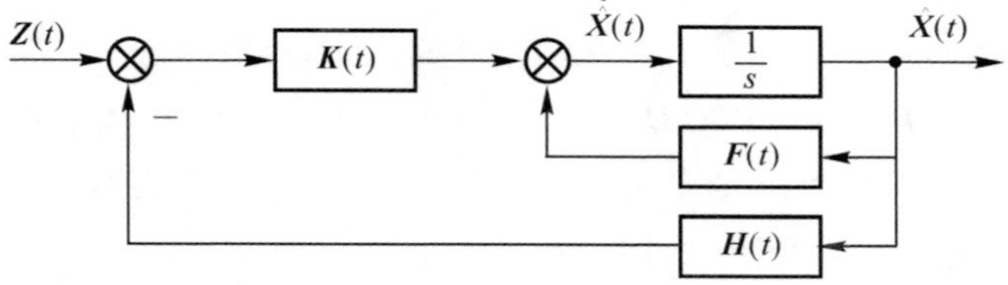

图 5.4.1 连续时间 Kalman 滤波状态估计框图(滤波回路)

第 6 章 Kalman 滤波的一些技术处理方法

第 5 章介绍的常规(或称传统/经典/标准)Kalman 滤波基本公式在理论上非常完美且不复杂,在随机系统建模准确的条件下,能够得到系统状态的最优估计,即线性最小方差无偏估计。但在实际应用中,可能需要对具体模型进行处理使得噪声满足基本假设条件,或提高滤波过程中矩阵数值计算的稳定性,或在随机系统建模不准情况下仍具有一定的滤波稳健性,或将线性滤波方法推广至非线性系统,等等。本章将介绍一些常用的技术处理方法,增强 Kalman 滤波的实用性。

6.1 噪声相关条件下的 Kalman 滤波

第 5 章式(5.3.2)是 Kalman 滤波对状态空间模型噪声的基本要求,但是,如果所建模型中噪声不满足这一要求,即当系统噪声与量测噪声之间存在相关性,或者两者不是白噪声时,则需要通过一定的技术处理,使之满足基本要求,才能正确使用 Kalman 滤波。下面逐一予以介绍。

6.1.1 系统噪声与量测噪声相关

随机系统状态空间模型见式(5.3.1),重写如下:

$$\left.\begin{aligned}\boldsymbol{X}_k&=\boldsymbol{\Phi}_{k/k-1}\boldsymbol{X}_{k-1}+\boldsymbol{\Gamma}_{k-1}\boldsymbol{W}_{k-1}\\\boldsymbol{Z}_k&=\boldsymbol{H}_k\boldsymbol{X}_k+\boldsymbol{V}_k\end{aligned}\right\}\tag{6.1.1}$$

但是,这里假设系统噪声与量测噪声之间是相关的,即

$$\left.\begin{aligned}&\mathrm{E}[\boldsymbol{W}_k]=\boldsymbol{0},\quad \mathrm{E}[\boldsymbol{W}_k\boldsymbol{W}_j^{\mathrm{T}}]=\boldsymbol{Q}_k\delta_{kj}\\&\mathrm{E}[\boldsymbol{V}_k]=\boldsymbol{0},\quad \mathrm{E}[\boldsymbol{V}_k\boldsymbol{V}_j^{\mathrm{T}}]=\boldsymbol{R}_k\delta_{kj}\\&\mathrm{E}[\boldsymbol{W}_k\boldsymbol{V}_j^{\mathrm{T}}]=\boldsymbol{S}_k\delta_{kj}\end{aligned}\right\}\tag{6.1.2}$$

以下讨论如何进行去相关处理。

由系统量测方程可构造恒等式

$$\boldsymbol{0}=\boldsymbol{J}_{k-1}(\boldsymbol{Z}_{k-1}-\boldsymbol{H}_{k-1}\boldsymbol{X}_{k-1}-\boldsymbol{V}_{k-1})\tag{6.1.3}$$

其中,$\boldsymbol{J}_{k-1}$ 为任意系数矩阵。将式(6.1.3)添加到系统状态方程中,整理得

$$\begin{aligned}\boldsymbol{X}_k=&\boldsymbol{\Phi}_{k/k-1}\boldsymbol{X}_{k-1}+\boldsymbol{\Gamma}_{k-1}\boldsymbol{W}_{k-1}+\boldsymbol{J}_{k-1}(\boldsymbol{Z}_{k-1}-\boldsymbol{H}_{k-1}\boldsymbol{X}_{k-1}-\boldsymbol{V}_{k-1})=\\&(\boldsymbol{\Phi}_{k/k-1}-\boldsymbol{J}_{k-1}\boldsymbol{H}_{k-1})\boldsymbol{X}_{k-1}+\boldsymbol{J}_{k-1}\boldsymbol{Z}_{k-1}+(\boldsymbol{\Gamma}_{k-1}\boldsymbol{W}_{k-1}-\boldsymbol{J}_{k-1}\boldsymbol{V}_{k-1})=\\&\boldsymbol{\Phi}_{k/k-1}^{*}\boldsymbol{X}_{k-1}+\boldsymbol{J}_{k-1}\boldsymbol{Z}_{k-1}+\boldsymbol{W}_{k-1}^{*}\end{aligned}\tag{6.1.4}$$

其中,记

$$\boldsymbol{\Phi}_{k/k-1}^{*}=\boldsymbol{\Phi}_{k/k-1}-\boldsymbol{J}_{k-1}\boldsymbol{H}_{k-1}\tag{6.1.5}$$

$$\boldsymbol{W}_{k-1}^{*}=\boldsymbol{\Gamma}_{k-1}\boldsymbol{W}_{k-1}-\boldsymbol{J}_{k-1}\boldsymbol{V}_{k-1}\tag{6.1.6}$$

现计算噪声 $\boldsymbol{W}_k^{*}$ 的均值、方差阵以及 $\boldsymbol{W}_k^{*}$ 与 $\boldsymbol{V}_k$ 之间的协方差阵,可得

$$\mathrm{E}[\boldsymbol{W}_k^*]=\mathrm{E}[\boldsymbol{\Gamma}_{k-1}\boldsymbol{W}_{k-1}-\boldsymbol{J}_{k-1}\boldsymbol{V}_{k-1}]=\boldsymbol{0} \tag{6.1.7}$$

$$\mathrm{E}[\boldsymbol{W}_k^*(\boldsymbol{W}_j^*)^{\mathrm{T}}]=(\boldsymbol{\Gamma}_k\boldsymbol{Q}_k\boldsymbol{\Gamma}_k^{\mathrm{T}}+\boldsymbol{J}_k\boldsymbol{R}_k\boldsymbol{J}_k^{\mathrm{T}}-\boldsymbol{\Gamma}_k\boldsymbol{S}_k\boldsymbol{J}_k^{\mathrm{T}}-\boldsymbol{J}_k\boldsymbol{S}_k^{\mathrm{T}}\boldsymbol{\Gamma}_k^{\mathrm{T}})\delta_{kj} \tag{6.1.8}$$

$$\mathrm{E}[\boldsymbol{W}_k^*\boldsymbol{V}_j^{\mathrm{T}}]=(\boldsymbol{\Gamma}_k\boldsymbol{S}_k-\boldsymbol{J}_k\boldsymbol{R}_k)\delta_{kj} \tag{6.1.9}$$

显然，如果在式(6.1.9)中令$\boldsymbol{\Gamma}_k\boldsymbol{S}_k-\boldsymbol{J}_k\boldsymbol{R}_k=\boldsymbol{0}$，即令系数矩阵

$$\boldsymbol{J}_k=\boldsymbol{\Gamma}_k\boldsymbol{S}_k\boldsymbol{R}_k^{-1} \tag{6.1.10}$$

则式(6.1.9)恰好等于零，这时$\boldsymbol{W}_k^*$与$\boldsymbol{V}_k$之间不再相关，达到去相关的目的。再将式(6.1.10)代入式(6.1.8)，可得

$$\begin{aligned}\mathrm{E}[\boldsymbol{W}_k^*(\boldsymbol{W}_j^*)^{\mathrm{T}}]=&(\boldsymbol{\Gamma}_k\boldsymbol{Q}_k\boldsymbol{\Gamma}_k^{\mathrm{T}}-\boldsymbol{J}_k\boldsymbol{S}_k^{\mathrm{T}}\boldsymbol{\Gamma}_k^{\mathrm{T}})\delta_{kj}=(\boldsymbol{\Gamma}_k\boldsymbol{Q}_k\boldsymbol{\Gamma}_k^{\mathrm{T}}-\boldsymbol{J}_k\boldsymbol{R}_k\boldsymbol{R}_k^{-1}\boldsymbol{S}_k^{\mathrm{T}}\boldsymbol{\Gamma}_k^{\mathrm{T}})\delta_{kj}=\\&(\boldsymbol{\Gamma}_k\boldsymbol{Q}_k\boldsymbol{\Gamma}_k^{\mathrm{T}}-\boldsymbol{J}_k\boldsymbol{R}_k\boldsymbol{J}_k^{\mathrm{T}})\delta_{kj}\end{aligned} \tag{6.1.11}$$

可简记

$$\boldsymbol{Q}_k^*=\boldsymbol{\Gamma}_k\boldsymbol{Q}_k\boldsymbol{\Gamma}_k^{\mathrm{T}}-\boldsymbol{J}_k\boldsymbol{R}_k\boldsymbol{J}_k^{\mathrm{T}} \tag{6.1.12}$$

至此，状态空间模型式(6.1.1)转化为

$$\left.\begin{aligned}\boldsymbol{X}_k&=\boldsymbol{\Phi}_{k/k-1}^*\boldsymbol{X}_{k-1}+\boldsymbol{J}_{k-1}\boldsymbol{Z}_{k-1}+\boldsymbol{W}_{k-1}^*\\\boldsymbol{Z}_k&=\boldsymbol{H}_k\boldsymbol{X}_k+\boldsymbol{V}_k\end{aligned}\right\} \tag{6.1.13}$$

其中

$$\left.\begin{aligned}&\mathrm{E}[\boldsymbol{W}_k^*]=\boldsymbol{0},\quad \mathrm{E}[\boldsymbol{W}_k^*(\boldsymbol{W}_j^*)^{\mathrm{T}}]=\boldsymbol{Q}_k^*\delta_{kj}\\&\mathrm{E}[\boldsymbol{V}_k]=\boldsymbol{0},\quad \mathrm{E}[\boldsymbol{V}_k\boldsymbol{V}_j^{\mathrm{T}}]=\boldsymbol{R}_k\delta_{kj}\\&\mathrm{E}[\boldsymbol{W}_k^*\boldsymbol{V}_j^{\mathrm{T}}]=\boldsymbol{0}\end{aligned}\right\} \tag{6.1.14}$$

这正好消除了系统噪声和量测噪声之间的相关性，参考带确定性输入的 Kalman 滤波方程式(5.3.49)，可得针对式(6.1.13)的滤波方程，重新整理如下：

$$\left.\begin{aligned}\hat{\boldsymbol{X}}_{k/k-1}&=\boldsymbol{\Phi}_{k/k-1}^*\hat{\boldsymbol{X}}_{k-1}+\boldsymbol{J}_{k-1}\boldsymbol{Z}_{k-1}\\\boldsymbol{P}_{k/k-1}&=\boldsymbol{\Phi}_{k/k-1}^*\boldsymbol{P}_{k-1}(\boldsymbol{\Phi}_{k/k-1}^*)^{\mathrm{T}}+\boldsymbol{Q}_{k-1}^*\\\boldsymbol{K}_k&=\boldsymbol{P}_{k/k-1}\boldsymbol{H}_k^{\mathrm{T}}(\boldsymbol{H}_k\boldsymbol{P}_{k/k-1}\boldsymbol{H}_k^{\mathrm{T}}+\boldsymbol{R}_k)^{-1}\\\hat{\boldsymbol{X}}_k&=\hat{\boldsymbol{X}}_{k/k-1}+\boldsymbol{K}_k(\boldsymbol{Z}_k-\boldsymbol{H}_k\hat{\boldsymbol{X}}_{k/k-1})\\\boldsymbol{P}_k&=(\boldsymbol{I}-\boldsymbol{K}_k\boldsymbol{H}_k)\boldsymbol{P}_{k/k-1}\end{aligned}\right\} \tag{6.1.15}$$

式中：$\boldsymbol{J}_{k-1}=\boldsymbol{\Gamma}_{k-1}\boldsymbol{S}_{k-1}\boldsymbol{R}_{k-1}^{-1}$；$\boldsymbol{\Phi}_{k/k-1}^*=\boldsymbol{\Phi}_{k/k-1}-\boldsymbol{J}_{k-1}\boldsymbol{H}_{k-1}$；$\boldsymbol{Q}_{k-1}^*=\boldsymbol{\Gamma}_{k-1}\boldsymbol{Q}_{k-1}\boldsymbol{\Gamma}_{k-1}^{\mathrm{T}}-\boldsymbol{J}_{k-1}\boldsymbol{R}_{k-1}\boldsymbol{J}_{k-1}^{\mathrm{T}}$。

显然，当协方差阵$\boldsymbol{S}_{k-1}=\boldsymbol{0}$时有$\boldsymbol{J}_{k-1}=\boldsymbol{0}$，此时式(6.1.15)与常规 Kalman 滤波方程完全一样。值得指出的是，在$k=1$时刻，滤波公式(6.1.15)中需要利用到$\boldsymbol{S}_0$，$\boldsymbol{R}_0$，$\boldsymbol{H}_0$和$\boldsymbol{Z}_0$的值，而在常规滤波中并不需要这些值。

6.1.2 系统噪声为有色噪声

系统状态空间模型在形式上同式(5.3.1)，亦重写如下：

$$\left.\begin{aligned}\boldsymbol{X}_k&=\boldsymbol{\Phi}_{k/k-1}\boldsymbol{X}_{k-1}+\boldsymbol{\Gamma}_{k-1}\boldsymbol{W}_{k-1}\\\boldsymbol{Z}_k&=\boldsymbol{H}_k\boldsymbol{X}_k+\boldsymbol{V}_k\end{aligned}\right\} \tag{6.1.16}$$

式中：系统噪声$\boldsymbol{W}_k$是零均值噪声，量测噪声$\boldsymbol{V}_k$是零均值白噪声，且$\boldsymbol{W}_k$和$\boldsymbol{V}_k$之间不相关。注意，这里在系统噪声向量$\boldsymbol{W}_k$中可能仅有一部分分量是白噪声，而剩余其他分量为有色噪声，即假设$\boldsymbol{W}_k$可分离$\boldsymbol{W}_{w,k}$和$\boldsymbol{W}_{c,k}$两部分噪声，且两者之间不相关。对$\boldsymbol{\Gamma}_k\boldsymbol{W}_k$可作如下分解：

$$\boldsymbol{\Gamma}_k\boldsymbol{W}_k=[\boldsymbol{\Gamma}_{w,k}\quad\boldsymbol{\Gamma}_{c,k}]\begin{bmatrix}\boldsymbol{W}_{w,k}\\\boldsymbol{W}_{c,k}\end{bmatrix} \tag{6.1.17}$$

满足

$$\mathrm{E}[\boldsymbol{W}_{w,k}]=\mathbf{0},\quad \mathrm{E}[\boldsymbol{W}_{w,k}\boldsymbol{W}_{w,j}^{\mathrm{T}}]=\boldsymbol{Q}_{w,k}\delta_{kj},\quad \mathrm{E}[\boldsymbol{W}_{w,k}\boldsymbol{W}_{c,j}^{\mathrm{T}}]=\mathbf{0} \tag{6.1.18}$$

且假设有色噪声 $\boldsymbol{W}_{c,k}$ 可表示成有限维状态方程的形式

$$\begin{bmatrix}\boldsymbol{W}_{c,k}\\ \boldsymbol{W}'_{c,k}\end{bmatrix}=\begin{bmatrix}\boldsymbol{\Pi}_{k/k-1}^{11} & \boldsymbol{\Pi}_{k/k-1}^{12}\\ \boldsymbol{\Pi}_{k/k-1}^{21} & \boldsymbol{\Pi}_{k/k-1}^{22}\end{bmatrix}\begin{bmatrix}\boldsymbol{W}_{c,k-1}\\ \boldsymbol{W}'_{c,k-1}\end{bmatrix}+\begin{bmatrix}\boldsymbol{\zeta}_{k-1}\\ \boldsymbol{\zeta}'_{k-1}\end{bmatrix} \tag{6.1.19}$$

其中：$\boldsymbol{W}'_{c,k}$是将 $\boldsymbol{W}_{c,k}$ 表示为状态方程后可能需要扩维的新状态；$\begin{bmatrix}\boldsymbol{\zeta}_{k-1}\\ \boldsymbol{\zeta}'_{k-1}\end{bmatrix}$ 是零均值高斯白噪声，即

$$\mathrm{E}\left[\begin{bmatrix}\boldsymbol{\zeta}_{k}\\ \boldsymbol{\zeta}'_{k}\end{bmatrix}\right]=\mathbf{0},\quad \mathrm{E}\left[\begin{bmatrix}\boldsymbol{\zeta}_{k}\\ \boldsymbol{\zeta}'_{k}\end{bmatrix}\begin{bmatrix}\boldsymbol{\zeta}_{j}\\ \boldsymbol{\zeta}'_{j}\end{bmatrix}^{\mathrm{T}}\right]=\begin{bmatrix}\boldsymbol{Q}_{c,k} & \mathbf{0}\\ \mathbf{0} & \boldsymbol{Q}'_{c,k}\end{bmatrix}\delta_{kj} \tag{6.1.20}$$

理论上，若有色噪声 $\boldsymbol{W}_{c,k}$ 不能表示成有限维状态方程形式，则无法建立严格的满足 Kalman 滤波对噪声基本要求的状态方程，从而不能对系统式(6.1.16)作 Kalman 滤波估计。但是，实际应用中，有色噪声一般总可以使用 AR(p)模型(即时间序列 p 阶自回归模型)进行近似，因而式(6.1.19)具有较普遍的实用意义，常常将有色噪声近似为低阶的 AR(p)模型。

将式(6.1.17)和式(6.1.19)代入式(6.1.16)，可整理成如下形式：

$$\left.\begin{aligned}\begin{bmatrix}\boldsymbol{X}_{k}\\ \boldsymbol{W}_{c,k}\\ \boldsymbol{W}'_{c,k}\end{bmatrix}&=\begin{bmatrix}\boldsymbol{\Phi}_{k/k-1} & \boldsymbol{\Gamma}_{c,k-1} & \mathbf{0}\\ \mathbf{0} & \boldsymbol{\Pi}_{k/k-1}^{11} & \boldsymbol{\Pi}_{k/k-1}^{12}\\ \mathbf{0} & \boldsymbol{\Pi}_{k/k-1}^{21} & \boldsymbol{\Pi}_{k/k-1}^{22}\end{bmatrix}\begin{bmatrix}\boldsymbol{X}_{k-1}\\ \boldsymbol{W}_{c,k-1}\\ \boldsymbol{W}'_{c,k-1}\end{bmatrix}+\begin{bmatrix}\boldsymbol{\Gamma}_{w,k-1} & \mathbf{0} & \mathbf{0}\\ \mathbf{0} & \boldsymbol{I} & \mathbf{0}\\ \mathbf{0} & \mathbf{0} & \boldsymbol{I}\end{bmatrix}\begin{bmatrix}\boldsymbol{W}_{w,k-1}\\ \boldsymbol{\zeta}_{k-1}\\ \boldsymbol{\zeta}'_{k-1}\end{bmatrix}\\ \boldsymbol{Z}_{k}&=\begin{bmatrix}\boldsymbol{H}_{k} & \mathbf{0} & \mathbf{0}\end{bmatrix}\begin{bmatrix}\boldsymbol{X}_{k}\\ \boldsymbol{W}_{c,k}\\ \boldsymbol{W}'_{c,k}\end{bmatrix}+\boldsymbol{V}_{k}\end{aligned}\right\} \tag{6.1.21}$$

这表明，若将噪声状态 $\boldsymbol{W}_{c,k}$ 和 $\boldsymbol{W}'_{c,k}$都列入系统状态构成增广状态，即分别记

$$\boldsymbol{X}_{k}^{a}=\begin{bmatrix}\boldsymbol{X}_{k}\\ \boldsymbol{W}_{c,k}\\ \boldsymbol{W}'_{c,k}\end{bmatrix},\quad \boldsymbol{\Phi}_{k/k-1}^{a}=\begin{bmatrix}\boldsymbol{\Phi}_{k/k-1} & \boldsymbol{\Gamma}_{c,k-1} & \mathbf{0}\\ \mathbf{0} & \boldsymbol{\Pi}_{k/k-1}^{11} & \boldsymbol{\Pi}_{k/k-1}^{12}\\ \mathbf{0} & \boldsymbol{\Pi}_{k/k-1}^{21} & \boldsymbol{\Pi}_{k/k-1}^{22}\end{bmatrix}$$

$$\boldsymbol{\Gamma}_{k}^{a}=\begin{bmatrix}\boldsymbol{\Gamma}_{w,k} & \mathbf{0} & \mathbf{0}\\ \mathbf{0} & \boldsymbol{I} & \mathbf{0}\\ \mathbf{0} & \mathbf{0} & \boldsymbol{I}\end{bmatrix},\quad \boldsymbol{W}_{k}^{a}=\begin{bmatrix}\boldsymbol{W}_{w,k}\\ \boldsymbol{\zeta}_{k}\\ \boldsymbol{\zeta}'_{k}\end{bmatrix},\quad \boldsymbol{H}_{k}^{a}=\begin{bmatrix}\boldsymbol{H}_{k} & \mathbf{0} & \mathbf{0}\end{bmatrix}$$

则式(6.1.21) 可简写为

$$\left.\begin{aligned}\boldsymbol{X}_{k}^{a}&=\boldsymbol{\Phi}_{k/k-1}^{a}\boldsymbol{X}_{k-1}^{a}+\boldsymbol{\Gamma}_{k-1}^{a}\boldsymbol{W}_{k-1}^{a}\\ \boldsymbol{Z}_{k}&=\boldsymbol{H}_{k}^{a}\boldsymbol{X}_{k}^{a}+\boldsymbol{V}_{k}\end{aligned}\right\} \tag{6.1.22}$$

由于噪声 $\boldsymbol{W}_{k}$ 与 $\boldsymbol{V}_{k}$ 之间不相关，则 $\boldsymbol{W}_{k}^{a}$ 与 $\boldsymbol{V}_{k}$ 之间也是不相关的，所以有

$$\left.\begin{aligned}&\mathrm{E}[\boldsymbol{W}_{k}^{a}]=\mathbf{0},\quad \mathrm{E}[\boldsymbol{W}_{k}^{a}(\boldsymbol{W}_{j}^{a})^{\mathrm{T}}]=\boldsymbol{Q}_{k}^{a}\delta_{kj}=\mathrm{diag}(\boldsymbol{Q}_{w,k}\quad \boldsymbol{Q}_{c,k}\quad \boldsymbol{Q}'_{c,k})\delta_{kj}\\ &\mathrm{E}[\boldsymbol{V}_{k}]=\mathbf{0},\quad \mathrm{E}[\boldsymbol{V}_{k}\boldsymbol{V}_{j}^{\mathrm{T}}]=\boldsymbol{R}_{k}\delta_{kj}\\ &\mathrm{E}[\boldsymbol{W}_{j}^{a}\boldsymbol{V}_{k}^{\mathrm{T}}]=\mathbf{0}\end{aligned}\right\} \tag{6.1.23}$$

式(6.1.23) 满足 Kalman 滤波关于噪声的基本假设，从而不难得出关于增广状态 $\boldsymbol{X}_{k}^{a}$ 的滤波公式，这里不再详述。

6.1.3 量测噪声为有色噪声

同样地，系统状态空间模型重写如下：

$$\left.\begin{aligned}\boldsymbol{X}_k &= \boldsymbol{\Phi}_{k/k-1}\boldsymbol{X}_{k-1} + \boldsymbol{\Gamma}_{k-1}\boldsymbol{W}_{k-1} \\ \boldsymbol{Z}_k &= \boldsymbol{H}_k\boldsymbol{X}_k + \boldsymbol{V}_k\end{aligned}\right\} \tag{6.1.24}$$

式中：系统噪声 $\boldsymbol{W}_k$ 是零均值白噪声，量测噪声 $\boldsymbol{V}_k$ 是零均值噪声，且 $\boldsymbol{W}_k$ 和 $\boldsymbol{V}_k$ 之间不相关。注意，这里假设在 $\boldsymbol{V}_k$ 中可能仅有一部分分量是白噪声，而剩余其他分量为有色噪声。以下介绍两种将量测有色噪声白化的方法。

1. 状态增广法

假设 $\boldsymbol{V}_k$ 可分离为白噪声 $\boldsymbol{V}_{w,k}$ 和有色噪声 $\boldsymbol{V}_{c,k}$ 两部分，且两者之间不相关，即对 $\boldsymbol{V}_k$ 可作如下分解：

$$\boldsymbol{V}_k = \begin{bmatrix}\boldsymbol{\Theta}_{w,k} & \boldsymbol{\Theta}_{c,k}\end{bmatrix}\begin{bmatrix}\boldsymbol{V}_{w,k} \\ \boldsymbol{V}_{c,k}\end{bmatrix} \tag{6.1.25}$$

满足

$$\mathrm{E}[\boldsymbol{V}_{w,k}] = \boldsymbol{0}, \quad \mathrm{E}[\boldsymbol{V}_{w,k}\boldsymbol{V}_{w,j}^{\mathrm{T}}] = \boldsymbol{R}_{w,k}\delta_{kj}, \quad \mathrm{E}[\boldsymbol{V}_{w,k}\boldsymbol{V}_{c,j}^{\mathrm{T}}] = \boldsymbol{0} \tag{6.1.26}$$

而假设有色噪声 $\boldsymbol{V}_{c,k}$ 可表示成有限维状态方程的形式

$$\begin{bmatrix}\boldsymbol{V}_{c,k} \\ \boldsymbol{V}'_{c,k}\end{bmatrix} = \begin{bmatrix}\boldsymbol{\Psi}_{c,k/k-1}^{11} & \boldsymbol{\Psi}_{c,k/k-1}^{12} \\ \boldsymbol{\Psi}_{c,k/k-1}^{21} & \boldsymbol{\Psi}_{c,k/k-1}^{22}\end{bmatrix}\begin{bmatrix}\boldsymbol{V}_{c,k-1} \\ \boldsymbol{V}'_{c,k-1}\end{bmatrix} + \begin{bmatrix}\boldsymbol{\zeta}_{k-1} \\ \boldsymbol{\zeta}'_{k-1}\end{bmatrix} \tag{6.1.27}$$

其中：$\boldsymbol{V}'_{c,k}$ 是将 $\boldsymbol{V}_{c,k}$ 表示为状态方程后可能需要增加的新状态；$\begin{bmatrix}\boldsymbol{\zeta}_{k-1} \\ \boldsymbol{\zeta}'_{k-1}\end{bmatrix}$ 是零均值高斯白噪声，即

$$\mathrm{E}\left[\begin{bmatrix}\boldsymbol{\zeta}_k \\ \boldsymbol{\zeta}'_k\end{bmatrix}\right] = \boldsymbol{0}, \quad \mathrm{E}\left[\begin{bmatrix}\boldsymbol{\zeta}_k \\ \boldsymbol{\zeta}'_k\end{bmatrix}\begin{bmatrix}\boldsymbol{\zeta}_k \\ \boldsymbol{\zeta}'_k\end{bmatrix}^{\mathrm{T}}\right] = \begin{bmatrix}\boldsymbol{R}_{c,k} & \boldsymbol{0} \\ \boldsymbol{0} & \boldsymbol{R}'_{c,k}\end{bmatrix}\delta_{kj} \tag{6.1.28}$$

将式(6.1.25)和式(6.1.27)代入量测方程，可得

$$\begin{aligned}\boldsymbol{Z}_k &= \boldsymbol{H}_k\boldsymbol{X}_k + \boldsymbol{\Theta}_{w,k}\boldsymbol{V}_{w,k} + \boldsymbol{\Theta}_{c,k}(\boldsymbol{\Psi}_{c,k/k-1}^{11}\boldsymbol{V}_{c,k-1} + \boldsymbol{\Psi}_{c,k/k-1}^{12}\boldsymbol{V}'_{c,k-1} + \boldsymbol{\zeta}_{k-1}) = \\ &\begin{bmatrix}\boldsymbol{H}_k & \boldsymbol{\Theta}_{c,k}\boldsymbol{\Psi}_{c,k/k-1}^{11} & \boldsymbol{\Theta}_{c,k}\boldsymbol{\Psi}_{c,k/k-1}^{12}\end{bmatrix}\begin{bmatrix}\boldsymbol{X}_k \\ \boldsymbol{V}_{c,k-1} \\ \boldsymbol{V}'_{c,k-1}\end{bmatrix} + (\boldsymbol{\Theta}_{w,k}\boldsymbol{V}_{w,k} + \boldsymbol{\Theta}_{c,k}\boldsymbol{\zeta}_{k-1})\end{aligned} \tag{6.1.29}$$

因此，如果将噪声状态 $\boldsymbol{V}_{c,k-1}$ 和 $\boldsymbol{V}'_{c,k-1}$ 都增广为系统状态，对应的状态方程为

$$\begin{bmatrix}\boldsymbol{X}_k \\ \boldsymbol{V}_{c,k-1} \\ \boldsymbol{V}'_{c,k-1}\end{bmatrix} = \begin{bmatrix}\boldsymbol{\Phi}_{k/k-1} & \boldsymbol{0} & \boldsymbol{0} \\ \boldsymbol{0} & \boldsymbol{\Psi}_{c,k-1/k-2}^{11} & \boldsymbol{\Psi}_{c,k-1/k-2}^{12} \\ \boldsymbol{0} & \boldsymbol{\Psi}_{c,k-1/k-2}^{21} & \boldsymbol{\Psi}_{c,k-1/k-2}^{22}\end{bmatrix}\begin{bmatrix}\boldsymbol{X}_{k-1} \\ \boldsymbol{V}_{c,k-2} \\ \boldsymbol{V}'_{c,k-2}\end{bmatrix} + \begin{bmatrix}\boldsymbol{\Gamma}_{k-1} & \boldsymbol{0} & \boldsymbol{0} \\ \boldsymbol{0} & \boldsymbol{I} & \boldsymbol{0} \\ \boldsymbol{0} & \boldsymbol{0} & \boldsymbol{I}\end{bmatrix}\begin{bmatrix}\boldsymbol{W}_{k-1} \\ \boldsymbol{\zeta}_{k-2} \\ \boldsymbol{\zeta}'_{k-2}\end{bmatrix} \tag{6.1.30}$$

式(6.1.30)和式(6.1.29)构成的状态空间模型，可简记为

$$\left.\begin{aligned}\boldsymbol{X}_k^a &= \boldsymbol{\Phi}_{k/k-1}^a\boldsymbol{X}_{k-1}^a + \boldsymbol{\Gamma}_{k-1}^a\boldsymbol{W}_{k-1}^a \\ \boldsymbol{Z}_k &= \boldsymbol{H}_k^a\boldsymbol{X}_k^a + \boldsymbol{V}_k^a\end{aligned}\right\} \tag{6.1.31}$$

这里有

$$\boldsymbol{X}_k^a = \begin{bmatrix}\boldsymbol{X}_k \\ \boldsymbol{V}_{c,k-1} \\ \boldsymbol{V}'_{c,k-1}\end{bmatrix}, \quad \boldsymbol{\Phi}_{k/k-1}^a = \begin{bmatrix}\boldsymbol{\Phi}_{k/k-1} & \boldsymbol{0} & \boldsymbol{0} \\ \boldsymbol{0} & \boldsymbol{\Psi}_{c,k-1/k-2}^{11} & \boldsymbol{\Psi}_{c,k-1/k-2}^{12} \\ \boldsymbol{0} & \boldsymbol{\Psi}_{c,k-1/k-2}^{21} & \boldsymbol{\Psi}_{c,k-1/k-2}^{22}\end{bmatrix}, \quad \boldsymbol{\Gamma}_k^a = \begin{bmatrix}\boldsymbol{\Gamma}_k & \boldsymbol{0} & \boldsymbol{0} \\ \boldsymbol{0} & \boldsymbol{I} & \boldsymbol{0} \\ \boldsymbol{0} & \boldsymbol{0} & \boldsymbol{I}\end{bmatrix}, \quad \boldsymbol{W}_k^a = \begin{bmatrix}\boldsymbol{W}_k \\ \boldsymbol{\zeta}_{k-1} \\ \boldsymbol{\zeta}'_{k-1}\end{bmatrix}$$

$$\boldsymbol{H}_k^a = [\boldsymbol{H}_k \quad \boldsymbol{\Theta}_{c,k}\boldsymbol{\Psi}_{c,k/k-1}^{11} \quad \boldsymbol{\Theta}_{c,k}\boldsymbol{\Psi}_{c,k/k-1}^{12}], \quad \boldsymbol{V}_k^a = \boldsymbol{\Theta}_{w,k}\boldsymbol{V}_{w,k} + \boldsymbol{\Theta}_{c,k}\boldsymbol{\zeta}_{k-1}$$

且有

$$\left.\begin{array}{l} \mathrm{E}[\boldsymbol{W}_k^a] = \boldsymbol{0}, \quad \mathrm{E}[\boldsymbol{W}_k^a (\boldsymbol{W}_j^a)^{\mathrm{T}}] = \mathrm{diag}(\boldsymbol{Q}_k \quad \boldsymbol{R}_{c,k-1} \quad \boldsymbol{R}'_{c,k-1})\delta_{kj} \\ \mathrm{E}[\boldsymbol{V}_k^a] = \boldsymbol{0}, \quad \mathrm{E}[\boldsymbol{V}_k^a (\boldsymbol{V}_j^a)^{\mathrm{T}}] = (\boldsymbol{\Theta}_{w,k}\boldsymbol{R}_{w,k}\boldsymbol{\Theta}_{w,k}^{\mathrm{T}} + \boldsymbol{\Theta}_{c,k}\boldsymbol{R}_{c,k-1}\boldsymbol{\Theta}_{c,k}^{\mathrm{T}})\delta_{kj} \\ \mathrm{E}[\boldsymbol{W}_k^a (\boldsymbol{V}_j^a)^{\mathrm{T}}] = [\boldsymbol{0} \quad (\boldsymbol{R}_{c,k-1}\boldsymbol{\Theta}_{c,k}^{\mathrm{T}}) \quad \boldsymbol{0}]^{\mathrm{T}}\delta_{kj} \end{array}\right\} \tag{6.1.32}$$

式(6.1.32) 显示增广系统的状态噪声 $\boldsymbol{W}_k^a$ 与量测噪声 $\boldsymbol{V}_k^a$ 相关，之后的推导可参考本节第一种情况的滤波处理方法，具体过程不再赘述。

2. *量测求差法*

如果量测方程中的有色噪声 $\boldsymbol{V}_k$ 可以表示为如下形式：

$$\boldsymbol{V}_k = \boldsymbol{\psi}_{k/k-1}\boldsymbol{V}_{k-1} + \boldsymbol{\xi}_{k-1} \tag{6.1.33}$$

其中，$\boldsymbol{\xi}_{k-1}$ 是零均值高斯白噪声，即

$$\mathrm{E}[\boldsymbol{\xi}_k] = \boldsymbol{0}, \quad \mathrm{E}[\boldsymbol{\xi}_k\boldsymbol{\xi}_j^{\mathrm{T}}] = \boldsymbol{R}_{\xi,k}\delta_{kj} \tag{6.1.34}$$

利用量测方程，将相邻前后时刻的量测按以下方式求差并展开：

$$\begin{aligned} \boldsymbol{Z}_k - \boldsymbol{\psi}_{k/k-1}\boldsymbol{Z}_{k-1} = & [\boldsymbol{H}_k(\boldsymbol{\Phi}_{k/k-1}\boldsymbol{X}_{k-1} + \boldsymbol{\Gamma}_{k-1}\boldsymbol{W}_{k-1}) + (\boldsymbol{\psi}_{k/k-1}\boldsymbol{V}_{k-1} + \boldsymbol{\xi}_{k-1})] - \\ & \boldsymbol{\psi}_{k/k-1}(\boldsymbol{H}_{k-1}\boldsymbol{X}_{k-1} + \boldsymbol{V}_{k-1}) = \\ & (\boldsymbol{H}_k\boldsymbol{\Phi}_{k/k-1} - \boldsymbol{\psi}_{k/k-1}\boldsymbol{H}_{k-1})\boldsymbol{X}_{k-1} + (\boldsymbol{H}_k\boldsymbol{\Gamma}_{k-1}\boldsymbol{W}_{k-1} + \boldsymbol{\xi}_{k-1}) \end{aligned} \tag{6.1.35}$$

如果记

$$\boldsymbol{Z}_k^* = \boldsymbol{Z}_k - \boldsymbol{\psi}_{k/k-1}\boldsymbol{Z}_{k-1}, \quad \boldsymbol{H}_k^* = \boldsymbol{H}_k\boldsymbol{\Phi}_{k/k-1} - \boldsymbol{\psi}_{k/k-1}\boldsymbol{H}_{k-1}, \quad \boldsymbol{V}_k^* = \boldsymbol{H}_k\boldsymbol{\Gamma}_{k-1}\boldsymbol{W}_{k-1} + \boldsymbol{\xi}_{k-1}$$

$$\boldsymbol{X}_k^* = \boldsymbol{X}_{k-1}, \quad \boldsymbol{\Phi}_{k/k-1}^* = \boldsymbol{\Phi}_{k-1/k-2}, \quad \boldsymbol{\Gamma}_k^* = \boldsymbol{\Gamma}_{k-1}, \quad \boldsymbol{W}_k^* = \boldsymbol{W}_{k-1}$$

则有

$$\left.\begin{array}{l} \boldsymbol{X}_k^* = \boldsymbol{\Phi}_{k/k-1}^*\boldsymbol{X}_{k-1}^* + \boldsymbol{\Gamma}_{k-1}^*\boldsymbol{W}_{k-1}^* \\ \boldsymbol{Z}_k^* = \boldsymbol{H}_k^*\boldsymbol{X}_k^* + \boldsymbol{V}_k^* \end{array}\right\} \tag{6.1.36}$$

其中

$$\left.\begin{array}{l} \mathrm{E}[\boldsymbol{W}_k^*] = \boldsymbol{0} \quad \mathrm{E}[\boldsymbol{W}_k^*(\boldsymbol{W}_j^*)^{\mathrm{T}}] = \boldsymbol{Q}_{k-1}\delta_{kj} \\ \mathrm{E}[\boldsymbol{V}_k^*] = \boldsymbol{0}, \quad \mathrm{E}[\boldsymbol{V}_k^*(\boldsymbol{V}_j^*)^{\mathrm{T}}] = (\boldsymbol{H}_k\boldsymbol{\Gamma}_{k-1}\boldsymbol{Q}_{k-1}\boldsymbol{\Gamma}_{k-1}^{\mathrm{T}}\boldsymbol{H}_k^{\mathrm{T}} + \boldsymbol{R}_{\xi,k-1})\delta_{kj} \\ \mathrm{E}[\boldsymbol{W}_k^*(\boldsymbol{V}_j^*)^{\mathrm{T}}] = \boldsymbol{Q}_{k-1}\boldsymbol{\Gamma}_{k-1}^{\mathrm{T}}\boldsymbol{H}_k^{\mathrm{T}}\delta_{kj} \end{array}\right\} \tag{6.1.37}$$

这里状态噪声 $\boldsymbol{W}_k^*$ 与量测噪声 $\boldsymbol{V}_k^*$ 相关，也需按本节第一种方法进行再处理。

值得注意的是，在方法 2 中利用 k 时刻量测 $\boldsymbol{Z}_k$ 滤波获得的是状态在 $k-1$ 时刻的估计 $\hat{\boldsymbol{X}}_{k-1}$。方法 2 与方法 1 相比的优点是减小了滤波器的维数，降低了计算量。

对比式(6.1.33) 和式(6.1.35) 的构造特点易知，如果量测噪声能够写成高阶马尔可夫过程的形式，也可以使用量测求差法，实现量测噪声去相关，请读者自行分析。

6.2　序贯滤波

对于标准 Kalman 滤波，其中增益计算式(5.3.29c)涉及矩阵的求逆运算，当量测维数较高时，计算量很大。序贯滤波(sequential Kalman filtering)是一种将高维数量测更新降低为多个低维数量测更新的方法，能有效地降低矩阵的求逆计算量。

滤波系统的随机状态空间模型同式(5.3.1)和式(5.3.2)，为方便参考，重写如下：

$$\left.\begin{aligned}\boldsymbol{X}_k &= \boldsymbol{\Phi}_{k/k-1}\boldsymbol{X}_{k-1} + \boldsymbol{\Gamma}_{k-1}\boldsymbol{W}_{k-1} \\ \boldsymbol{Z}_k &= \boldsymbol{H}_k\boldsymbol{X}_k + \boldsymbol{V}_k\end{aligned}\right\} \tag{6.2.1}$$

其中

$$\left.\begin{aligned}&\mathrm{E}[\boldsymbol{W}_k]=\boldsymbol{0}, \quad \mathrm{E}[\boldsymbol{W}_k\boldsymbol{W}_j^{\mathrm{T}}]=\boldsymbol{Q}_k\delta_{kj} \\ &\mathrm{E}[\boldsymbol{V}_k]=\boldsymbol{0}, \quad \mathrm{E}[\boldsymbol{V}_k\boldsymbol{V}_j^{\mathrm{T}}]=\boldsymbol{R}_k\delta_{kj} \\ &\mathrm{E}[\boldsymbol{W}_k\boldsymbol{V}_j^{\mathrm{T}}]=\boldsymbol{0}\end{aligned}\right\}$$

但是,这里假设 k 时刻的量测方程可以分解成如下 N 组:

$$\begin{bmatrix}\boldsymbol{Z}_k^{(1)} \\ \boldsymbol{Z}_k^{(2)} \\ \vdots \\ \boldsymbol{Z}_k^{(N)}\end{bmatrix} = \begin{bmatrix}\boldsymbol{H}_k^{(1)} \\ \boldsymbol{H}_k^{(2)} \\ \vdots \\ \boldsymbol{H}_k^{(N)}\end{bmatrix}\boldsymbol{X}_k + \begin{bmatrix}\boldsymbol{V}_k^{(1)} \\ \boldsymbol{V}_k^{(2)} \\ \vdots \\ \boldsymbol{V}_k^{(N)}\end{bmatrix} \tag{6.2.2}$$

且噪声 $\boldsymbol{V}_k^{(i)}$ 与 $\boldsymbol{V}_k^{(j)}$ $(i \neq j)$ 之间互不相关,这时量测噪声方差阵可写成分块对角阵形式,即

$$\boldsymbol{R}_k = \begin{bmatrix}\boldsymbol{R}_k^{(1)} & & & \boldsymbol{0} \\ & \boldsymbol{R}_k^{(2)} & & \\ & & \ddots & \\ \boldsymbol{0} & & & \boldsymbol{R}_k^{(N)}\end{bmatrix} \tag{6.2.3}$$

针对该特殊形式量测噪声的系统,除了采用常规 Kalman 滤波公式(5.3.29)外,还可以采用所谓的序贯滤波方法,其滤波过程如图 6.2.1 所示。

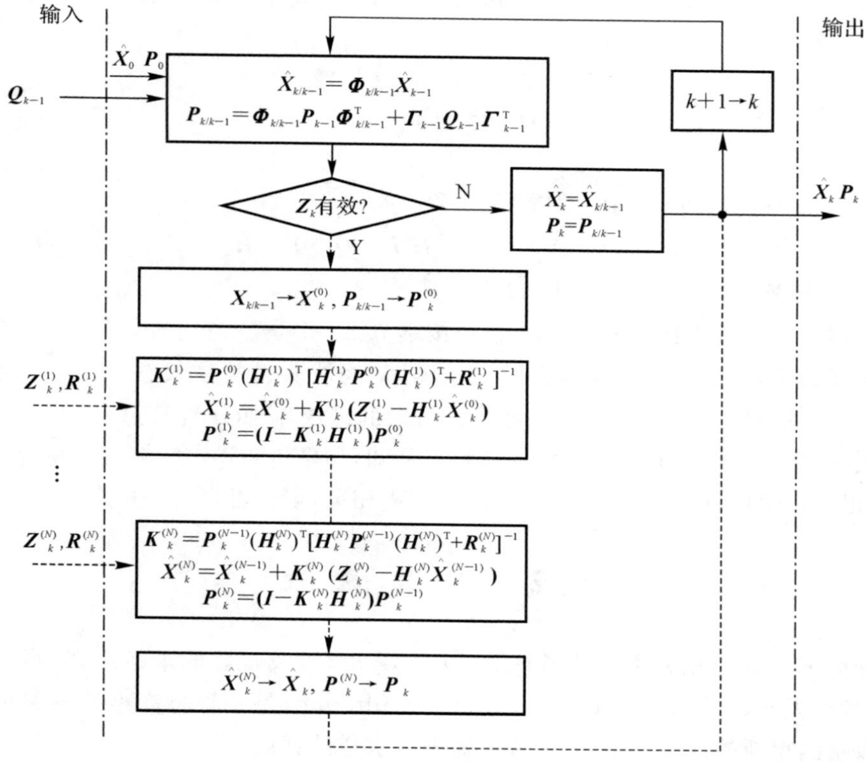

图 6.2.1　序贯滤波更新过程

比较图 6.2.1 与常规 Kalman 滤波图 5.3.2 可以看出，序贯滤波的主要不同之处在于量测更新，它将量测更新分解为 N 个子量测更新，k 时刻的所有子量测更新等效于是在初值 $\hat{\boldsymbol{X}}_k^{(0)}=\hat{\boldsymbol{X}}_{k/k-1}$ 和 $\boldsymbol{P}_k^{(0)}=\boldsymbol{P}_{k/k-1}$ 条件下进行了 N 次递推最小二乘估计，最后结果作为 Kalman 滤波的输出。若视为递推最小二乘估计，图 6.2.1 中的各个子量测更新公式可等价表示为

$$(\boldsymbol{P}_k^{(i)})^{-1}=(\boldsymbol{P}_k^{(i-1)})^{-1}+(\boldsymbol{H}_k^{(i)})^{\mathrm{T}}(\boldsymbol{R}_k^{(i)})^{-1}\boldsymbol{H}_k^{(i)} \tag{6.2.4}$$

$$(\boldsymbol{P}_k^{(i)})^{-1}\hat{\boldsymbol{X}}_k^{(i)}=(\boldsymbol{P}_k^{(i-1)})^{-1}\hat{\boldsymbol{X}}_k^{(i-1)}+(\boldsymbol{H}_k^{(i)})^{\mathrm{T}}(\boldsymbol{R}_k^{(i)})^{-1}\boldsymbol{Z}_k^{(i)} \tag{6.2.5}$$

式中：式(6.2.5)可由式(5.2.10)的第二等号直接推得。

理论上序贯滤波与常规滤波结果是等价的，下面证明在序贯滤波中在所有子量测更新完成之后，有 $\hat{\boldsymbol{X}}_k=\hat{\boldsymbol{X}}_k^{(N)}$ 和 $\boldsymbol{P}_k=\boldsymbol{P}_k^{(N)}$ 成立。

首先证明 $\boldsymbol{P}_k=\boldsymbol{P}_k^{(N)}$。在常规滤波中有

$$\begin{aligned}
\boldsymbol{P}_k^{-1}&=\boldsymbol{P}_{k/k-1}^{-1}+\boldsymbol{H}_k^{\mathrm{T}}\boldsymbol{R}_k^{-1}\boldsymbol{H}_k=\\
&\boldsymbol{P}_{k/k-1}^{-1}+\begin{bmatrix}(\boldsymbol{H}_k^{(1)})^{\mathrm{T}} & \cdots & (\boldsymbol{H}_k^{(N)})^{\mathrm{T}}\end{bmatrix}\begin{bmatrix}\boldsymbol{R}_k^{(1)} & & \boldsymbol{0}\\ & \ddots & \\ \boldsymbol{0} & & \boldsymbol{R}_k^{(N)}\end{bmatrix}^{-1}\begin{bmatrix}\boldsymbol{H}_k^{(1)}\\ \vdots\\ \boldsymbol{H}_k^{(N)}\end{bmatrix}=\\
&\boldsymbol{P}_{k/k-1}^{-1}+(\boldsymbol{H}_k^{(1)})^{\mathrm{T}}(\boldsymbol{R}_k^{(1)})^{-1}\boldsymbol{H}_k^{(1)}+\cdots+(\boldsymbol{H}_k^{(N)})^{\mathrm{T}}(\boldsymbol{R}_k^{(N)})^{-1}\boldsymbol{H}_k^{(N)}
\end{aligned} \tag{6.2.6}$$

而根据式(6.2.4)，在序贯滤波中有

$$\begin{aligned}
(\boldsymbol{P}_k^{(N)})^{-1}&=(\boldsymbol{P}_k^{(N-1)})^{-1}+(\boldsymbol{H}_k^{(N)})^{\mathrm{T}}(\boldsymbol{R}_k^{(N)})^{-1}\boldsymbol{H}_k^{(N)}=\\
&(\boldsymbol{P}_k^{(N-2)})^{-1}+(\boldsymbol{H}_k^{(N-1)})^{\mathrm{T}}(\boldsymbol{R}_k^{(N-1)})^{-1}\boldsymbol{H}_k^{(N-1)}+(\boldsymbol{H}_k^{(N)})^{\mathrm{T}}(\boldsymbol{R}_k^{(N)})^{-1}\boldsymbol{H}_k^{(N)}=\cdots=\\
&(\boldsymbol{P}_k^{(0)})^{-1}+(\boldsymbol{H}_k^{(1)})^{\mathrm{T}}(\boldsymbol{R}_k^{(1)})^{-1}\boldsymbol{H}_k^{(1)}+\cdots+(\boldsymbol{H}_k^{(N)})^{\mathrm{T}}(\boldsymbol{R}_k^{(N)})^{-1}\boldsymbol{H}_k^{(N)}
\end{aligned} \tag{6.2.7}$$

比较式(6.2.6)和式(6.2.7)，考虑到 $\boldsymbol{P}_{k/k-1}=\boldsymbol{P}_k^{(0)}$，因此 $\boldsymbol{P}_k=\boldsymbol{P}_k^{(N)}$ 得证。

其次证明 $\hat{\boldsymbol{X}}_k=\hat{\boldsymbol{X}}_k^{(N)}$。根据式(5.3.32)，在常规滤波中有

$$\begin{aligned}
\boldsymbol{P}_k^{-1}\hat{\boldsymbol{X}}_k&=\boldsymbol{P}_{k/k-1}^{-1}\hat{\boldsymbol{X}}_{k/k-1}+\boldsymbol{H}_k^{\mathrm{T}}\boldsymbol{R}_k^{-1}\boldsymbol{Z}_k=\\
&\boldsymbol{P}_{k/k-1}^{-1}\hat{\boldsymbol{X}}_{k/k-1}+\begin{bmatrix}(\boldsymbol{H}_k^{(1)})^{\mathrm{T}} & \cdots & (\boldsymbol{H}_k^{(N)})^{\mathrm{T}}\end{bmatrix}\begin{bmatrix}\boldsymbol{R}_k^{(1)} & & \boldsymbol{0}\\ & \ddots & \\ \boldsymbol{0} & & \boldsymbol{R}_k^{(N)}\end{bmatrix}^{-1}\begin{bmatrix}\boldsymbol{Z}_k^{(1)}\\ \vdots\\ \boldsymbol{Z}_k^{(N)}\end{bmatrix}=\\
&\boldsymbol{P}_{k/k-1}^{-1}\hat{\boldsymbol{X}}_{k/k-1}+(\boldsymbol{H}_k^{(1)})^{\mathrm{T}}(\boldsymbol{R}_k^{(1)})^{-1}\boldsymbol{Z}_k^{(1)}+\cdots+(\boldsymbol{H}_k^{(N)})^{\mathrm{T}}(\boldsymbol{R}_k^{(N)})^{-1}\boldsymbol{Z}_k^{(N)}
\end{aligned} \tag{6.2.8}$$

而根据式(6.2.5)，在序贯滤波中有

$$\begin{aligned}
(\boldsymbol{P}_k^{(N)})^{-1}\hat{\boldsymbol{X}}_k^{(N)}&=(\boldsymbol{P}_k^{(N-1)})^{-1}\hat{\boldsymbol{X}}_k^{(N-1)}+(\boldsymbol{H}_k^{(N)})^{\mathrm{T}}(\boldsymbol{R}_k^{(N)})^{-1}\boldsymbol{Z}_k^{(N)}=\\
&(\boldsymbol{P}_k^{(N-2)})^{-1}\hat{\boldsymbol{X}}_k^{(N-2)}+(\boldsymbol{H}_k^{(N-1)})^{\mathrm{T}}(\boldsymbol{R}_k^{(N-1)})^{-1}\boldsymbol{Z}_k^{(N-1)}+(\boldsymbol{H}_k^{(N)})^{\mathrm{T}}(\boldsymbol{R}_k^{(N)})^{-1}\boldsymbol{Z}_k^{(N)}=\\
&\cdots=\\
&(\boldsymbol{P}_k^{(0)})^{-1}\hat{\boldsymbol{X}}_k^{(0)}+(\boldsymbol{H}_k^{(1)})^{\mathrm{T}}(\boldsymbol{R}_k^{(1)})^{-1}\boldsymbol{Z}_k^{(1)}+\cdots+(\boldsymbol{H}_k^{(N)})^{\mathrm{T}}(\boldsymbol{R}_k^{(N)})^{-1}\boldsymbol{Z}_k^{(N)}
\end{aligned} \tag{6.2.9}$$

比较式(6.2.8)和式(6.2.9)，考虑到 $\boldsymbol{P}_k=\boldsymbol{P}_k^{(N)}$，$\boldsymbol{P}_{k/k-1}=\boldsymbol{P}_k^{(0)}$ 和 $\hat{\boldsymbol{X}}_{k/k-1}=\hat{\boldsymbol{X}}_k^{(0)}$，因此 $\hat{\boldsymbol{X}}_k=\hat{\boldsymbol{X}}_k^{(N)}$ 得证。

实际上，式(6.2.6)～式(6.2.9)所证明的也正是最小二乘估计的批处理算法与递推算法之间的等价性。

特别地，如果 $N=m$，即量测方程可简单地分解为 m 个标量量测，这时量测噪声方差阵 $\boldsymbol{R}_k$ 为对角线矩阵。利用序贯滤波，在滤波增益计算中的矩阵求逆问题将转化为标量的倒数运算，有利于减少滤波计算量和增强数值计算的稳定性。

当然，如果量测方差阵 $\boldsymbol{R}_k$ 不是对角矩阵，通过下面介绍的变换方法，可实现对角化处理，再利用序贯滤波。

由于 $\boldsymbol{R}_k$ 是正定对称阵，它总可以进行如下的三角分解(比如 Cholesky 分解)：

$$\boldsymbol{R}_k=\boldsymbol{L}_k\boldsymbol{L}_k^{\mathrm{T}} \tag{6.2.10}$$

其中，$\boldsymbol{L}_k$ 为非奇异的上(或下)三角矩阵。

在式(6.2.1)中，以 $\boldsymbol{L}_k^{-1}$ 同时左乘量测方程两边，可得

$$\boldsymbol{L}_k^{-1}\boldsymbol{Z}_k=\boldsymbol{L}_k^{-1}\boldsymbol{H}_k\boldsymbol{X}_k+\boldsymbol{L}_k^{-1}\boldsymbol{V}_k \tag{6.2.11}$$

将式(6.2.11)简写为

$$\boldsymbol{Z}_k^*=\boldsymbol{H}_k^*\boldsymbol{X}_k+\boldsymbol{V}_k^* \tag{6.2.12}$$

其中，记

$$\boldsymbol{Z}_k^*=\boldsymbol{L}_k^{-1}\boldsymbol{Z}_k,\quad \boldsymbol{H}_k^*=\boldsymbol{L}_k^{-1}\boldsymbol{H}_k,\quad \boldsymbol{V}_k^*=\boldsymbol{L}_k^{-1}\boldsymbol{V}_k$$

式(6.2.12)中新的量测噪声方差阵为

$$\begin{aligned}\boldsymbol{R}_k^*=\mathrm{E}[\boldsymbol{V}_k^*(\boldsymbol{V}_k^*)^{\mathrm{T}}]=\mathrm{E}[(\boldsymbol{L}_k^{-1}\boldsymbol{V}_k)(\boldsymbol{L}_k^{-1}\boldsymbol{V}_k)^{\mathrm{T}}]=\\ \boldsymbol{L}_k^{-1}\mathrm{E}[\boldsymbol{V}_k\boldsymbol{V}_k^{\mathrm{T}}](\boldsymbol{L}_k^{-1})^{\mathrm{T}}=\boldsymbol{L}_k^{-1}\boldsymbol{R}_k(\boldsymbol{L}_k^{-1})^{\mathrm{T}}=\boldsymbol{I}\end{aligned} \tag{6.2.13}$$

可见，新的量测噪声方差阵为对角阵(且为单位阵)，之后便可采用序贯滤波方法处理，不再赘述。当然，该方法的代价是必须对 $\boldsymbol{R}_k$ 作三角分解，即在量测噪声之间去相关(解耦)处理，这会增加一些矩阵分解的计算量；特别地，如果量测噪声方差阵 $\boldsymbol{R}_k$ 是常值阵，则只需在滤波初始化时作一次三角分解即可。

6.3 信息滤波与信息融合

信息融合的需求最初主要来源于军事领域，人们认识到只有把各种传感器获得的信息有效组合起来，才能实现自动化指挥。在多传感器系统中，各种传感器提供的信息可能具有不同的特征，只有充分利用多个传感器资源，通过对各种观测信息的合理使用，将它们在时间和空间上的互补与冗余信息依据某种优化准则组合起来，才能实现对观测目标的最优一致性描述。随着传感器技术的飞速发展，信息融合理论和技术的研究也获得了长足的进步，其研究内容十分广泛，这里主要介绍与 Kalman 滤波密切相关的一些信息融合基本概念，反过来看，以信息融合的观点看待 Kalman 滤波，也有助于增强对 Kalman 滤波的理解。

6.3.1 信息滤波

在 Kalman 滤波中，状态估计的均方误差阵定义为

$$\boldsymbol{P}_k=\mathrm{E}[(\boldsymbol{X}_k-\hat{\boldsymbol{X}}_k)(\boldsymbol{X}_k-\hat{\boldsymbol{X}}_k)^{\mathrm{T}}]$$

如果估计值 $\hat{\boldsymbol{X}}_k$ 接近真实值 $\boldsymbol{X}_k$，则 $\boldsymbol{P}_k$ 应当很小，对应于 $\boldsymbol{P}_k^{-1}\to\infty$；反之，如果 $\hat{\boldsymbol{X}}_k$ 远离真实值，则 $\boldsymbol{P}_k$ 应当很大，对应于 $\boldsymbol{P}_k^{-1}\to\boldsymbol{0}$。这说明，$\boldsymbol{P}_k^{-1}$ 反映了估计值 $\hat{\boldsymbol{X}}_k$ 与真实值 $\boldsymbol{X}_k$ 的接近程度，$\boldsymbol{P}_k^{-1}$ 越大则越接近，反之亦然。因此，可以将 $\boldsymbol{P}_k^{-1}$ 看作是衡量估计 $\hat{\boldsymbol{X}}_k$ 中含有真实状态 $\boldsymbol{X}_k$ 信息量多少的指标，$\boldsymbol{P}_k^{-1}$ 越大则信息越多，即状态估计越准确，习惯上称 $\boldsymbol{P}_k^{-1}$ 为信息矩阵，可重记为 $\boldsymbol{I}_k=\boldsymbol{P}_k^{-1}$。

为了方便叙述，系统状态空间模型重写如下：

$$\left.\begin{aligned}\boldsymbol{X}_k&=\boldsymbol{\Phi}_{k/k-1}\boldsymbol{X}_{k-1}+\boldsymbol{\Gamma}_{k-1}\boldsymbol{W}_{k-1}\\ \boldsymbol{Z}_k&=\boldsymbol{H}_k\boldsymbol{X}_k+\boldsymbol{V}_k\end{aligned}\right\}\tag{6.3.1}$$

其中

$$\left.\begin{aligned}&\mathrm{E}[\boldsymbol{W}_k]=\boldsymbol{0},\quad \mathrm{E}[\boldsymbol{W}_k\boldsymbol{W}_j^{\mathrm{T}}]=\boldsymbol{Q}_k\delta_{kj}\\ &\mathrm{E}[\boldsymbol{V}_k]=\boldsymbol{0},\quad \mathrm{E}[\boldsymbol{V}_k\boldsymbol{V}_j^{\mathrm{T}}]=\boldsymbol{R}_k\delta_{kj}\\ &\mathrm{E}[\boldsymbol{W}_k\boldsymbol{V}_j^{\mathrm{T}}]=\boldsymbol{0}\end{aligned}\right\}$$

根据 Kalman 滤波公式(5.3.29)，可得以信息矩阵 $\boldsymbol{I}_k$ 表示的所谓信息滤波(information filtering)公式为

$$\boldsymbol{I}_{k/k-1}=(\boldsymbol{\Phi}_{k/k-1}\boldsymbol{I}_{k-1}^{-1}\boldsymbol{\Phi}_{k/k-1}^{\mathrm{T}}+\boldsymbol{\Gamma}_{k-1}\boldsymbol{Q}_{k-1}\boldsymbol{\Gamma}_{k-1}^{\mathrm{T}})^{-1}\tag{6.3.2a}$$

$$\boldsymbol{I}_k=\boldsymbol{I}_{k/k-1}+\boldsymbol{H}_k^{\mathrm{T}}\boldsymbol{R}_k^{-1}\boldsymbol{H}_k\tag{6.3.2b}$$

$$\boldsymbol{K}_k=\boldsymbol{I}_k^{-1}\boldsymbol{H}_k^{\mathrm{T}}\boldsymbol{R}_k^{-1}\tag{6.3.2c}$$

$$\hat{\boldsymbol{X}}_{k/k-1}=\boldsymbol{\Phi}_{k/k-1}\hat{\boldsymbol{X}}_{k-1}\tag{6.3.2d}$$

$$\hat{\boldsymbol{X}}_k=\hat{\boldsymbol{X}}_{k/k-1}+\boldsymbol{K}_k(\boldsymbol{Z}_k-\boldsymbol{H}_k\hat{\boldsymbol{X}}_{k/k-1})\tag{6.3.2e}$$

这是信息滤波的一种表示方法，但为了避免上述式中 $\boldsymbol{I}_{k-1}$ 和 $\boldsymbol{I}_k$ 可能存在不可逆的问题，需要进行适当的转换。

首先，通过矩阵求逆引理(参见附录 F)，将信息阵预测式(6.3.2a)转化为

$$\begin{aligned}\boldsymbol{I}_{k/k-1}=&(\boldsymbol{\Phi}_{k/k-1}\boldsymbol{I}_{k-1}^{-1}\boldsymbol{\Phi}_{k/k-1}^{\mathrm{T}}+\boldsymbol{\Gamma}_{k-1}\boldsymbol{Q}_{k-1}\boldsymbol{\Gamma}_{k-1}^{\mathrm{T}})^{-1}=\\ &[\boldsymbol{I}-\boldsymbol{\Phi}_{k/k-1}^{-\mathrm{T}}\boldsymbol{I}_{k-1}\boldsymbol{\Phi}_{k/k-1}^{-1}\boldsymbol{\Gamma}_{k-1}(\boldsymbol{Q}_{k-1}^{-1}+\boldsymbol{\Gamma}_{k-1}^{\mathrm{T}}\boldsymbol{\Phi}_{k/k-1}^{-\mathrm{T}}\boldsymbol{I}_{k-1}\boldsymbol{\Phi}_{k/k-1}^{-1}\boldsymbol{\Gamma}_{k-1})^{-1}\boldsymbol{\Gamma}_{k-1}^{\mathrm{T}}]\boldsymbol{\Phi}_{k/k-1}^{-\mathrm{T}}\boldsymbol{I}_{k-1}\boldsymbol{\Phi}_{k/k-1}^{-1}=\\ &[\boldsymbol{I}-\boldsymbol{M}_{k-1}\boldsymbol{\Gamma}_{k-1}(\boldsymbol{Q}_{k-1}^{-1}+\boldsymbol{\Gamma}_{k-1}^{\mathrm{T}}\boldsymbol{M}_{k-1}\boldsymbol{\Gamma}_{k-1})^{-1}\boldsymbol{\Gamma}_{k-1}^{\mathrm{T}}]\boldsymbol{M}_{k-1}=\\ &(\boldsymbol{I}-\boldsymbol{N}_{k-1})\boldsymbol{M}_{k-1}\end{aligned}\tag{6.3.3}$$

式中：记

$$\boldsymbol{M}_{k-1}=\boldsymbol{\Phi}_{k/k-1}^{-\mathrm{T}}\boldsymbol{I}_{k-1}\boldsymbol{\Phi}_{k/k-1}^{-1}\tag{6.3.4}$$

$$\boldsymbol{N}_{k-1}=\boldsymbol{M}_{k-1}\boldsymbol{\Gamma}_{k-1}(\boldsymbol{\Gamma}_{k-1}^{\mathrm{T}}\boldsymbol{M}_{k-1}\boldsymbol{\Gamma}_{k-1}+\boldsymbol{Q}_{k-1}^{-1})^{-1}\boldsymbol{\Gamma}_{k-1}^{\mathrm{T}}\tag{6.3.5}$$

注意到 $\boldsymbol{M}_{k-1}$ 是对称非负定的，通过选择合适的噪声分配阵 $\boldsymbol{\Gamma}_{k-1}$，总可保证 $\boldsymbol{Q}_{k-1}$ 是正定的，因而式(6.3.5)的右端中$(\boldsymbol{\Gamma}_{k-1}^{\mathrm{T}}\boldsymbol{M}_{k-1}\boldsymbol{\Gamma}_{k-1}+\boldsymbol{Q}_{k-1}^{-1})$必定是正定可逆的。

其次，引入记号 $\hat{\boldsymbol{S}}_k=\boldsymbol{I}_k\hat{\boldsymbol{X}}_k$，则根据式(5.3.32)，即 $\boldsymbol{P}_k^{-1}\hat{\boldsymbol{X}}_k=\boldsymbol{P}_{k/k-1}^{-1}\hat{\boldsymbol{X}}_{k/k-1}+\boldsymbol{H}_k^{\mathrm{T}}\boldsymbol{R}_k^{-1}\boldsymbol{Z}_k$，有

$$\hat{\boldsymbol{S}}_k=\boldsymbol{I}_k\hat{\boldsymbol{X}}_k=\boldsymbol{I}_{k/k-1}\hat{\boldsymbol{X}}_{k/k-1}+\boldsymbol{H}_k^{\mathrm{T}}\boldsymbol{R}_k^{-1}\boldsymbol{Z}_k=\hat{\boldsymbol{S}}_{k/k-1}+\boldsymbol{H}_k^{\mathrm{T}}\boldsymbol{R}_k^{-1}\boldsymbol{Z}_k\tag{6.3.6}$$

其中

$$\begin{aligned}\hat{\boldsymbol{S}}_{k/k-1}=&\boldsymbol{I}_{k/k-1}\hat{\boldsymbol{X}}_{k/k-1}=(\boldsymbol{I}-\boldsymbol{N}_{k-1})\boldsymbol{M}_{k-1}\boldsymbol{\Phi}_{k/k-1}\hat{\boldsymbol{X}}_{k-1}=\\ &(\boldsymbol{I}-\boldsymbol{N}_{k-1})\boldsymbol{\Phi}_{k/k-1}^{-\mathrm{T}}\boldsymbol{I}_{k-1}\boldsymbol{\Phi}_{k/k-1}^{-1}\boldsymbol{\Phi}_{k/k-1}\hat{\boldsymbol{X}}_{k-1}=(\boldsymbol{I}-\boldsymbol{N}_{k-1})\boldsymbol{\Phi}_{k/k-1}^{-\mathrm{T}}\boldsymbol{I}_{k-1}\hat{\boldsymbol{X}}_{k-1}=\\ &(\boldsymbol{I}-\boldsymbol{N}_{k-1})\boldsymbol{\Phi}_{k/k-1}^{-\mathrm{T}}\hat{\boldsymbol{S}}_{k-1}\end{aligned}\tag{6.3.7}$$

至此，信息滤波公式(6.3.2)可转化为

$$\boldsymbol{M}_{k-1}=\boldsymbol{\Phi}_{k/k-1}^{-\mathrm{T}}\boldsymbol{I}_{k-1}\boldsymbol{\Phi}_{k/k-1}^{-1}\tag{6.3.8a}$$

$$\boldsymbol{N}_{k-1}=\boldsymbol{M}_{k-1}\boldsymbol{\Gamma}_{k-1}(\boldsymbol{\Gamma}_{k-1}^{\mathrm{T}}\boldsymbol{M}_{k-1}\boldsymbol{\Gamma}_{k-1}+\boldsymbol{Q}_{k-1}^{-1})^{-1}\boldsymbol{\Gamma}_{k-1}^{\mathrm{T}}\tag{6.3.8b}$$

$$\boldsymbol{I}_{k/k-1}=(\boldsymbol{I}-\boldsymbol{N}_{k-1})\boldsymbol{M}_{k-1}\tag{6.3.8c}$$

$$\boldsymbol{I}_k=\boldsymbol{I}_{k/k-1}+\boldsymbol{H}_k^{\mathrm{T}}\boldsymbol{R}_k^{-1}\boldsymbol{H}_k\tag{6.3.8d}$$

$$\hat{\boldsymbol{S}}_{k/k-1}=(\boldsymbol{I}-\boldsymbol{N}_{k-1})\boldsymbol{\Phi}_{k/k-1}^{-\mathrm{T}}\hat{\boldsymbol{S}}_{k-1}\tag{6.3.8e}$$

$$\hat{\boldsymbol{S}}_k=\hat{\boldsymbol{S}}_{k/k-1}+\boldsymbol{H}_k^{\mathrm{T}}\boldsymbol{R}_k^{-1}\boldsymbol{Z}_k\tag{6.3.8f}$$

这就避免了在信息滤波递推公式中直接对 $\boldsymbol{I}_{k-1}$ 和 $\boldsymbol{I}_k$ 求逆的问题。与常规 Kalman 滤波相比，信息滤波的优点是其状态估计均方误差阵的初值 $\boldsymbol{P}_0$ 可设置为无穷大，对应于 $\boldsymbol{I}_k=\boldsymbol{0}$，这表示对状态的初始信息一无所知；此外，在信息滤波中，$\boldsymbol{Q}_k^{-1}$，$\boldsymbol{R}_k^{-1}$ 和 $\boldsymbol{\Phi}_{k/k-1}^{-1}$ 一般直接当作已知量，如果 $\boldsymbol{Q}_k$ 的阶数小于 $\boldsymbol{R}_k$ 的阶数，则信息滤波的求逆计算量会相对较少些。但是，在信息滤波更新过程中，特别是初始阶段，如果 $\boldsymbol{I}_k$ 不可逆，则不能获得状态估计 $\hat{\boldsymbol{X}}_k$，而只有在 $\boldsymbol{I}_k$ 可逆后，才能由 $\boldsymbol{P}_k=\boldsymbol{I}_k^{-1}$ 和 $\hat{\boldsymbol{X}}_k=\boldsymbol{P}_k\hat{\boldsymbol{S}}_k$ 分别求解出均方误差阵 $\boldsymbol{P}_k$ 和状态估计 $\hat{\boldsymbol{X}}_k$。

信息滤波的信息阵更新与标准 Kalman 滤波的均方误差阵更新之间具有明显的对偶关系，说明如下。

由标准 Kalman 滤波过程，可得均方误差阵更新公式

$$\boldsymbol{P}_{k/k-1}=\boldsymbol{\Phi}_{k/k-1}\boldsymbol{P}_{k-1}\boldsymbol{\Phi}_{k/k-1}^{\mathrm{T}}+\boldsymbol{\Gamma}_{k-1}\boldsymbol{Q}_{k-1}\boldsymbol{\Gamma}_{k-1}^{\mathrm{T}} \tag{6.3.9a}$$

$$\boldsymbol{P}_k=[\boldsymbol{I}-\boldsymbol{P}_{k/k-1}\boldsymbol{H}_k^{\mathrm{T}}(\boldsymbol{H}_k\boldsymbol{P}_{k/k-1}\boldsymbol{H}_k^{\mathrm{T}}+\boldsymbol{R}_k)^{-1}\boldsymbol{H}_k]\boldsymbol{P}_{k/k-1} \tag{6.3.9b}$$

而由信息滤波过程，可得信息阵更新公式

$$\boldsymbol{I}_{k/k-1}=[\boldsymbol{I}-\boldsymbol{M}_{k-1}\boldsymbol{\Gamma}_{k-1}(\boldsymbol{\Gamma}_{k-1}^{\mathrm{T}}\boldsymbol{M}_{k-1}\boldsymbol{\Gamma}_{k-1}+\boldsymbol{Q}_{k-1}^{-1})^{-1}\boldsymbol{\Gamma}_{k-1}^{\mathrm{T}}]\boldsymbol{M}_{k-1} \tag{6.3.10a}$$

$$\boldsymbol{I}_k=\boldsymbol{I}_{k/k-1}+\boldsymbol{H}_k^{\mathrm{T}}\boldsymbol{R}_k^{-1}\boldsymbol{H}_k \tag{6.3.10b}$$

不难看出，标准滤波的时间更新式(6.3.9a)与信息滤波的量测更新式(6.3.10b)，或者标准滤波的量测更新式(6.3.9b)与信息滤波的时间更新式(6.3.10a)在表达形式上完全一致，此即称为对偶性。在标准滤波中，系统方程噪声 $\boldsymbol{Q}_{k-1}$ 使得状态预测均方误差阵增大 $\boldsymbol{\Gamma}_{k-1}\boldsymbol{Q}_{k-1}\boldsymbol{\Gamma}_{k-1}^{\mathrm{T}}$，而在信息滤波中，量测方程信息 $\boldsymbol{R}_k^{-1}$ 使得状态估计信息阵增大 $\boldsymbol{H}_k^{\mathrm{T}}\boldsymbol{R}_k^{-1}\boldsymbol{H}_k$；在标准滤波中，量测方程噪声 $\boldsymbol{R}_k$ 使得状态估计均方误差阵减小，而在信息滤波中，系统方程信息 $\boldsymbol{Q}_{k-1}^{-1}$ 使得状态预测信息阵减小。

实际上，递推最小二乘法可视为 Kalman 滤波的特例，参见公式(5.2.9)和式(5.2.10)中的第二等号，重写为

$$\boldsymbol{P}_k^{-1}=\boldsymbol{P}_{k-1}^{-1}+\boldsymbol{H}_k^{\mathrm{T}}\boldsymbol{R}_k^{-1}\boldsymbol{H}_k \tag{6.3.11a}$$

$$\boldsymbol{P}_k^{-1}\hat{\boldsymbol{X}}_k=\boldsymbol{P}_{k-1}^{-1}\hat{\boldsymbol{X}}_{k-1}+\boldsymbol{H}_k^{\mathrm{T}}\boldsymbol{R}_k^{-1}\boldsymbol{Z}_k \tag{6.3.11b}$$

在式(6.3.8)中，若令 $\boldsymbol{Q}_{k-1}=\boldsymbol{I}$，$\boldsymbol{\Gamma}_{k-1}=\boldsymbol{0}$ 和 $\boldsymbol{\Phi}_{k/k-1}=\boldsymbol{I}$，则有 $\boldsymbol{N}_{k-1}=\boldsymbol{0}$，$\boldsymbol{I}_{k/k-1}=\boldsymbol{M}_{k-1}=\boldsymbol{I}_{k-1}$ 和 $\hat{\boldsymbol{S}}_{k/k-1}=\hat{\boldsymbol{S}}_{k-1}$，由此可直接得递推最小二乘估计的信息滤波公式为

$$\boldsymbol{I}_k=\boldsymbol{I}_{k-1}+\boldsymbol{H}_k^{\mathrm{T}}\boldsymbol{R}_k^{-1}\boldsymbol{H}_k \tag{6.3.12a}$$

$$\hat{\boldsymbol{S}}_k=\hat{\boldsymbol{S}}_{k-1}+\boldsymbol{H}_k^{\mathrm{T}}\boldsymbol{R}_k^{-1}\boldsymbol{Z}_k \tag{6.3.12b}$$

式(6.3.12a)非常直观地体现了信息具有可累加的特性。

6.3.2 信息融合

针对如下特殊的包含 N 组量测的最小二乘问题：

$$\left.\begin{aligned}\hat{\boldsymbol{X}}_1&=\boldsymbol{X}+\boldsymbol{V}_1\\ \hat{\boldsymbol{X}}_2&=\boldsymbol{X}+\boldsymbol{V}_2\\ &\cdots\cdots\\ \hat{\boldsymbol{X}}_N&=\boldsymbol{X}+\boldsymbol{V}_N\end{aligned}\right\} \tag{6.3.13}$$

式中：$\hat{\boldsymbol{X}}_i(i=1,2,\cdots,N)$ 表示由多个传感器或多种渠道对同一状态向量 $\boldsymbol{X}$ 的估计，且误差 $\boldsymbol{V}_i$ 满足 $\mathrm{E}[\boldsymbol{V}_i]=\boldsymbol{0}$ 和 $\mathrm{E}[\boldsymbol{V}_i\boldsymbol{V}_j^{\mathrm{T}}]=\boldsymbol{P}_i\delta_{ij}$，$\boldsymbol{P}_i$ 正定可逆，注意这里右下标 i 表示信息来源标号而非时

间序号。

若由$\{\hat{\boldsymbol{X}}_1,\hat{\boldsymbol{X}}_2,\cdots,\hat{\boldsymbol{X}}_N\}$对$\boldsymbol{X}$进行联合估计，且设初值$\boldsymbol{I}_0=\boldsymbol{0}$（$\hat{\boldsymbol{X}}_0$可任意），则根据式(6.3.12)有

$$\begin{aligned}\boldsymbol{I}_N=\boldsymbol{I}_{N-1}+\boldsymbol{P}_N^{-1}=(\boldsymbol{I}_{N-2}+\boldsymbol{P}_{N-1}^{-1})+\boldsymbol{P}_N^{-1}=\cdots=(\boldsymbol{I}_1+\boldsymbol{P}_2^{-1})+\cdots+\boldsymbol{P}_{N-1}^{-1}+\boldsymbol{P}_N^{-1}=\\ \boldsymbol{P}_1^{-1}+\boldsymbol{P}_2^{-1}+\cdots+\boldsymbol{P}_{N-1}^{-1}+\boldsymbol{P}_N^{-1}\end{aligned}\tag{6.3.14a}$$

$$\begin{aligned}\hat{\boldsymbol{S}}_N=\hat{\boldsymbol{S}}_{N-1}+\boldsymbol{P}_N^{-1}\hat{\boldsymbol{X}}_N=(\hat{\boldsymbol{S}}_{N-2}+\boldsymbol{P}_{N-1}^{-1}\hat{\boldsymbol{X}}_{N-1})+\boldsymbol{P}_N^{-1}\hat{\boldsymbol{X}}_N=\cdots=\\ (\hat{\boldsymbol{S}}_1+\boldsymbol{P}_2^{-1}\hat{\boldsymbol{X}}_2)+\cdots+\boldsymbol{P}_{N-1}^{-1}\hat{\boldsymbol{X}}_{N-1}+\boldsymbol{P}_N^{-1}\hat{\boldsymbol{X}}_N=\\ \boldsymbol{P}_1^{-1}\hat{\boldsymbol{X}}_1+\boldsymbol{P}_2^{-1}\hat{\boldsymbol{X}}_2+\cdots+\boldsymbol{P}_{N-1}^{-1}\hat{\boldsymbol{X}}_{N-1}+\boldsymbol{P}_N^{-1}\hat{\boldsymbol{X}}_N\end{aligned}\tag{6.3.14b}$$

若记$\boldsymbol{I}_N=(\boldsymbol{P}_g)^{-1}$和$\hat{\boldsymbol{S}}_N=(\boldsymbol{P}_g)^{-1}\hat{\boldsymbol{X}}_g$，右下标“g”表示全局(global)含义，代入式(6.3.14)，可得

$$\boldsymbol{P}_g=\Big(\sum_{i=1}^{N}\boldsymbol{P}_i^{-1}\Big)^{-1}\tag{6.3.15a}$$

$$\hat{\boldsymbol{X}}_g=\boldsymbol{P}_g\sum_{i=1}^{N}\boldsymbol{P}_i^{-1}\hat{\boldsymbol{X}}_i\tag{6.3.15b}$$

这便是多源信息融合的基本公式。$\hat{\boldsymbol{X}}_i$表示从不同渠道获得的对同一状态向量$\boldsymbol{X}$的局部估计，将所有渠道信息按上述合成公式进行融合后将得到状态的全局最优估计$\hat{\boldsymbol{X}}_g$，理论上全局估计误差$\boldsymbol{P}_g$将小于任一局部误差$\boldsymbol{P}_i$，这正是信息融合方法能够提高状态估计精度的体现。其实，递推最小二乘估计也可以看作是一种按时间先后（而非按渠道来源）获取状态信息的特殊信息融合方法。

重新审视式(6.3.8d)，它也体现了信息融合的特征，其中$\boldsymbol{I}_{k/k-1}$表示基于所有历史量测的状态预测信息，而$\boldsymbol{H}_k^{\mathrm{T}}\boldsymbol{R}_k^{-1}\boldsymbol{H}_k$表示最新量测所携带的状态当前信息，两种渠道信息进行相加融合即得到最优状态估计信息$\boldsymbol{I}_k$。信息滤波从信息融合角度探讨最优估计问题，仍然具有Kalman滤波的基本结构，因此常称之为信息融合Kalman滤波。

特别地，在式(6.3.15)中，当$N=2$，即对两种来源信息进行融合时，有

$$\boldsymbol{P}_g=(\boldsymbol{P}_1^{-1}+\boldsymbol{P}_2^{-1})^{-1}\tag{6.3.16a}$$

$$\hat{\boldsymbol{X}}_g=\boldsymbol{P}_g(\boldsymbol{P}_1^{-1}\hat{\boldsymbol{X}}_1+\boldsymbol{P}_2^{-1}\hat{\boldsymbol{X}}_2)\tag{6.3.16b}$$

根据矩阵求逆引理（参见附录F），式(6.3.16a)可转换为

$$\boldsymbol{P}_g=\boldsymbol{P}_1-\boldsymbol{P}_1(\boldsymbol{P}_1+\boldsymbol{P}_2)^{-1}\boldsymbol{P}_1\tag{6.3.17a}$$

而式(6.3.16b)可直接进行如下变换：

$$\begin{aligned}\hat{\boldsymbol{X}}_g=(\boldsymbol{P}_1^{-1}+\boldsymbol{P}_2^{-1})^{-1}(\boldsymbol{P}_1^{-1}\hat{\boldsymbol{X}}_1+\boldsymbol{P}_2^{-1}\hat{\boldsymbol{X}}_1-\boldsymbol{P}_2^{-1}\hat{\boldsymbol{X}}_1+\boldsymbol{P}_2^{-1}\hat{\boldsymbol{X}}_2)=\\ (\boldsymbol{P}_1^{-1}+\boldsymbol{P}_2^{-1})^{-1}(\boldsymbol{P}_1^{-1}+\boldsymbol{P}_2^{-1})\hat{\boldsymbol{X}}_1+(\boldsymbol{P}_1^{-1}+\boldsymbol{P}_2^{-1})^{-1}\boldsymbol{P}_2^{-1}(\hat{\boldsymbol{X}}_2-\hat{\boldsymbol{X}}_1)=\\ \hat{\boldsymbol{X}}_1+\boldsymbol{P}_1(\boldsymbol{P}_1+\boldsymbol{P}_2)^{-1}(\hat{\boldsymbol{X}}_2-\hat{\boldsymbol{X}}_1)\end{aligned}\tag{6.3.17b}$$

如果两种来源信息$\hat{\boldsymbol{X}}_1$和$\hat{\boldsymbol{X}}_2$之间存在相关性，记$\boldsymbol{P}_{12}=\boldsymbol{P}_{21}^{\mathrm{T}}=\mathrm{E}[(\boldsymbol{X}_1-\hat{\boldsymbol{X}}_1)(\boldsymbol{X}_2-\hat{\boldsymbol{X}}_2)^{\mathrm{T}}]$，使用加权最小二乘估计方法可以求得它们之间的融合公式为

$$\boldsymbol{P}_g=\boldsymbol{P}_1-(\boldsymbol{P}_1-\boldsymbol{P}_{12})(\boldsymbol{P}_1+\boldsymbol{P}_2-\boldsymbol{P}_{12}-\boldsymbol{P}_{21})^{-1}(\boldsymbol{P}_1-\boldsymbol{P}_{21})\tag{6.3.18a}$$

$$\hat{\boldsymbol{X}}_g=\hat{\boldsymbol{X}}_1+(\boldsymbol{P}_1-\boldsymbol{P}_{12})(\boldsymbol{P}_1+\boldsymbol{P}_2-\boldsymbol{P}_{12}-\boldsymbol{P}_{21})^{-1}(\hat{\boldsymbol{X}}_2-\hat{\boldsymbol{X}}_1)\tag{6.3.18b}$$

显然，式(6.3.17)是式(6.3.18)在$\boldsymbol{P}_{12}=\boldsymbol{P}_{21}^{\mathrm{T}}=\boldsymbol{0}$时的特殊情形。

6.4 平方根滤波与UD分解滤波

在经典Kalman滤波中，均方误差阵 $\boldsymbol{P}_k$ 表示的是状态估计误差的平方。一个数的平方在数值表示上需要更多的数字位数(一般两倍于该数的表示)，因而为了保证滤波精度，均方误差阵 $\boldsymbol{P}_k$ 的更新往往比状态估计 $\hat{\boldsymbol{X}}_k$ 的更新需要更多的有效数字位。平方根滤波方法主要是针对均方误差阵更新过程(增益计算回路)设计，采用均方误差阵 $\boldsymbol{P}_k$ 的平方根进行更新，以减少数值位数和计算误差，与经典Kalman滤波方程相比，平方根滤波方程计算只需要大约一半的有效数字位就能达到同样的数值精度，这在早期计算机位数不高时(定点或单精度浮点情形)是比较有效的。对于目前广为普及的双精度浮点计算硬件而言，是否采取平方根滤波方法，两者的滤波估计精度和稳定性差异不大，然而平方根滤波的计算量总是大于经典滤波，因此，可以肯定，至少在实际组合导航领域，平方根滤波方法的应用必要性并不强。

6.4.1 Potter平方根滤波

学者J. Potter首先提出平方根滤波思想，它将均方误差阵 $\boldsymbol{P}_k$ 按乔莱斯基法(Cholesky，见附录H和附录O.6)分解为下三角阵 $\boldsymbol{\Delta}_k$ 在滤波中进行传递，随后，J. F. Bellantoni和A. Andrews将其推广得到了平方根滤波的Potter算法。

1. 均方误差阵的量测更新

在状态空间模型式(5.3.1)中，暂且考虑量测 Z_k 为标量情形，如下：

$$\left.\begin{aligned}\boldsymbol{X}_k&=\boldsymbol{\Phi}_{k/k-1}\boldsymbol{X}_{k-1}+\boldsymbol{\Gamma}_{k-1}\boldsymbol{W}_{k-1}\\ Z_k&=\boldsymbol{H}_k\boldsymbol{X}_k+V_k\end{aligned}\right\}\tag{6.4.1}$$

其中

$$\begin{cases}\mathrm{E}[\boldsymbol{W}_k]=\boldsymbol{0}, & \mathrm{E}[\boldsymbol{W}_k\boldsymbol{W}_j^{\mathrm{T}}]=\boldsymbol{Q}_k\delta_{kj}\\ \mathrm{E}[V_k]=0, & \mathrm{E}[V_kV_j^{\mathrm{T}}]=R_k\delta_{kj}\\ \mathrm{E}[\boldsymbol{W}_kV_j^{\mathrm{T}}]=\boldsymbol{0}\end{cases}$$

针对式(6.4.1)的Kalman滤波，将增益公式 $\boldsymbol{K}_k=\boldsymbol{P}_{k/k-1}\boldsymbol{H}_k^{\mathrm{T}}(\boldsymbol{H}_k\boldsymbol{P}_{k/k-1}\boldsymbol{H}_k^{\mathrm{T}}+R_k)^{-1}$ 代入均方误差量测更新公式 $\boldsymbol{P}_k=(\boldsymbol{I}-\boldsymbol{K}_k\boldsymbol{H}_k)\boldsymbol{P}_{k/k-1}$，可得

$$\boldsymbol{P}_k=\boldsymbol{P}_{k/k-1}-\boldsymbol{P}_{k/k-1}\boldsymbol{H}_k^{\mathrm{T}}(\boldsymbol{H}_k\boldsymbol{P}_{k/k-1}\boldsymbol{H}_k^{\mathrm{T}}+R_k)^{-1}\boldsymbol{H}_k\boldsymbol{P}_{k/k-1}\tag{6.4.2}$$

假设均方误差阵 $\boldsymbol{P}_{k-1},\boldsymbol{P}_{k/k-1},\boldsymbol{P}_k$ 的平方根分别为 $\boldsymbol{\Delta}_{k-1},\boldsymbol{\Delta}_{k/k-1},\boldsymbol{\Delta}_k$，即满足

$$\boldsymbol{P}_{k-1}=\boldsymbol{\Delta}_{k-1}\boldsymbol{\Delta}_{k-1}^{\mathrm{T}},\quad \boldsymbol{P}_{k/k-1}=\boldsymbol{\Delta}_{k/k-1}\boldsymbol{\Delta}_{k/k-1}^{\mathrm{T}},\quad \boldsymbol{P}_k=\boldsymbol{\Delta}_k\boldsymbol{\Delta}_k^{\mathrm{T}}\tag{6.4.3}$$

式中：$\boldsymbol{\Delta}_{k-1},\boldsymbol{\Delta}_{k/k-1},\boldsymbol{\Delta}_k$ 一般不限于三角矩阵，事实上，后面将会看到只有 $\boldsymbol{\Delta}_{k/k-1}$ 是三角矩阵(上三角阵或下三角阵均可，习惯上取为下三角阵)。

将式(6.4.3)代入式(6.4.2)，可得

$$\begin{aligned}\boldsymbol{\Delta}_k\boldsymbol{\Delta}_k^{\mathrm{T}}&=\boldsymbol{\Delta}_{k/k-1}\boldsymbol{\Delta}_{k/k-1}^{\mathrm{T}}-\boldsymbol{\Delta}_{k/k-1}\boldsymbol{\Delta}_{k/k-1}^{\mathrm{T}}\boldsymbol{H}_k^{\mathrm{T}}(\boldsymbol{H}_k\boldsymbol{\Delta}_{k/k-1}\boldsymbol{\Delta}_{k/k-1}^{\mathrm{T}}\boldsymbol{H}_k^{\mathrm{T}}+R_k)^{-1}\boldsymbol{H}_k\boldsymbol{\Delta}_{k/k-1}\boldsymbol{\Delta}_{k/k-1}^{\mathrm{T}}=\\ &\boldsymbol{\Delta}_{k/k-1}[\boldsymbol{I}-\boldsymbol{\Delta}_{k/k-1}^{\mathrm{T}}\boldsymbol{H}_k^{\mathrm{T}}(\boldsymbol{H}_k\boldsymbol{\Delta}_{k/k-1}\boldsymbol{\Delta}_{k/k-1}^{\mathrm{T}}\boldsymbol{H}_k^{\mathrm{T}}+R_k)^{-1}\boldsymbol{H}_k\boldsymbol{\Delta}_{k/k-1}]\boldsymbol{\Delta}_{k/k-1}^{\mathrm{T}}\end{aligned}\tag{6.4.4}$$

注意到式(6.4.4)中 $\boldsymbol{H}_k\boldsymbol{\Delta}_{k/k-1}\boldsymbol{\Delta}_{k/k-1}^{\mathrm{T}}\boldsymbol{H}_k^{\mathrm{T}}$ 为标量且非负，可简记

$$\rho_k^2=\boldsymbol{H}_k\boldsymbol{\Delta}_{k/k-1}\boldsymbol{\Delta}_{k/k-1}^{\mathrm{T}}\boldsymbol{H}_k^{\mathrm{T}}+R_k\tag{6.4.5}$$

则式(6.4.4)化为

$$\boldsymbol{\Delta}_k\boldsymbol{\Delta}_k^{\mathrm{T}}=\boldsymbol{\Delta}_{k/k-1}(\boldsymbol{I}-\rho_k^{-2}\boldsymbol{\Delta}_{k/k-1}^{\mathrm{T}}\boldsymbol{H}_k^{\mathrm{T}}\boldsymbol{H}_k\boldsymbol{\Delta}_{k/k-1})\boldsymbol{\Delta}_{k/k-1}^{\mathrm{T}} \tag{6.4.6}$$

恰巧式(6.4.6)中$(\boldsymbol{I}-\rho_k^{-2}\boldsymbol{\Delta}_{k/k-1}^{\mathrm{T}}\boldsymbol{H}_k^{\mathrm{T}}\boldsymbol{H}_k\boldsymbol{\Delta}_{k/k-1})$能表示成某一矩阵平方的形式，如果令

$$\boldsymbol{I}-\rho_k^{-2}\boldsymbol{\Delta}_{k/k-1}^{\mathrm{T}}\boldsymbol{H}_k^{\mathrm{T}}\boldsymbol{H}_k\boldsymbol{\Delta}_{k/k-1}=(\boldsymbol{I}-\gamma_k^{-1}\boldsymbol{\Delta}_{k/k-1}^{\mathrm{T}}\boldsymbol{H}_k^{\mathrm{T}}\boldsymbol{H}_k\boldsymbol{\Delta}_{k/k-1})(\boldsymbol{I}-\gamma_k^{-1}\boldsymbol{\Delta}_{k/k-1}^{\mathrm{T}}\boldsymbol{H}_k^{\mathrm{T}}\boldsymbol{H}_k\boldsymbol{\Delta}_{k/k-1})^{\mathrm{T}} \tag{6.4.7}$$

其中：γ_k 为待定系数，展开式(6.4.7)等号右边，可得

$$\begin{aligned}&(\boldsymbol{I}-\gamma_k^{-1}\boldsymbol{\Delta}_{k/k-1}^{\mathrm{T}}\boldsymbol{H}_k^{\mathrm{T}}\boldsymbol{H}_k\boldsymbol{\Delta}_{k/k-1})(\boldsymbol{I}-\gamma_k^{-1}\boldsymbol{\Delta}_{k/k-1}^{\mathrm{T}}\boldsymbol{H}_k^{\mathrm{T}}\boldsymbol{H}_k\boldsymbol{\Delta}_{k/k-1})^{\mathrm{T}}=\\&\quad\boldsymbol{I}-2\gamma_k^{-1}\boldsymbol{\Delta}_{k/k-1}^{\mathrm{T}}\boldsymbol{H}_k^{\mathrm{T}}\boldsymbol{H}_k\boldsymbol{\Delta}_{k/k-1}+\gamma_k^{-2}\boldsymbol{\Delta}_{k/k-1}^{\mathrm{T}}\boldsymbol{H}_k^{\mathrm{T}}\boldsymbol{H}_k\boldsymbol{\Delta}_{k/k-1}\boldsymbol{\Delta}_{k/k-1}^{\mathrm{T}}\boldsymbol{H}_k^{\mathrm{T}}\boldsymbol{H}_k\boldsymbol{\Delta}_{k/k-1}=\\&\quad\boldsymbol{I}-2\gamma_k^{-1}\boldsymbol{\Delta}_{k/k-1}^{\mathrm{T}}\boldsymbol{H}_k^{\mathrm{T}}\boldsymbol{H}_k\boldsymbol{\Delta}_{k/k-1}+\gamma_k^{-2}\boldsymbol{\Delta}_{k/k-1}^{\mathrm{T}}\boldsymbol{H}_k^{\mathrm{T}}(\rho_k^2-R_k)\boldsymbol{H}_k\boldsymbol{\Delta}_{k/k-1}=\\&\quad\boldsymbol{I}-[2\gamma_k^{-1}-(\rho_k^2-R_k)\gamma_k^{-2}]\boldsymbol{\Delta}_{k/k-1}^{\mathrm{T}}\boldsymbol{H}_k^{\mathrm{T}}\boldsymbol{H}_k\boldsymbol{\Delta}_{k/k-1}\end{aligned} \tag{6.4.8}$$

比较式(6.4.7)与式(6.4.8)，可得

$$\rho_k^{-2}=2\gamma_k^{-1}-(\rho_k^2-R_k)\gamma_k^{-2} \tag{6.4.9}$$

式(6.4.9)整理得

$$\gamma_k^2-2\rho_k^2\gamma_k+\rho_k^2(\rho_k^2-R_k)=0 \tag{6.4.10}$$

由式(6.4.10)求解 γ_k，可得

$$\gamma_k=\frac{2\rho_k^2\pm\sqrt{4\rho_k^4-4\rho_k^2(\rho_k^2-R_k)}}{2}=\rho_k(\rho_k\pm\sqrt{R_k}) \tag{6.4.11}$$

式中两个解都是合理的，实际应用时可任选一个。

至此，根据式(6.4.6)和式(6.4.7)，可得

$$\begin{aligned}\boldsymbol{\Delta}_k\boldsymbol{\Delta}_k^{\mathrm{T}}&=\boldsymbol{\Delta}_{k/k-1}(\boldsymbol{I}-\gamma_k^{-1}\boldsymbol{\Delta}_{k/k-1}^{\mathrm{T}}\boldsymbol{H}_k^{\mathrm{T}}\boldsymbol{H}_k\boldsymbol{\Delta}_{k/k-1})(\boldsymbol{I}-\gamma_k^{-1}\boldsymbol{\Delta}_{k/k-1}^{\mathrm{T}}\boldsymbol{H}_k^{\mathrm{T}}\boldsymbol{H}_k\boldsymbol{\Delta}_{k/k-1})^{\mathrm{T}}\boldsymbol{\Delta}_{k/k-1}^{\mathrm{T}}=\\&[\boldsymbol{\Delta}_{k/k-1}(\boldsymbol{I}-\gamma_k^{-1}\boldsymbol{\Delta}_{k/k-1}^{\mathrm{T}}\boldsymbol{H}_k^{\mathrm{T}}\boldsymbol{H}_k\boldsymbol{\Delta}_{k/k-1})][\boldsymbol{\Delta}_{k/k-1}(\boldsymbol{I}-\gamma_k^{-1}\boldsymbol{\Delta}_{k/k-1}^{\mathrm{T}}\boldsymbol{H}_k^{\mathrm{T}}\boldsymbol{H}_k\boldsymbol{\Delta}_{k/k-1})]^{\mathrm{T}}\end{aligned} \tag{6.4.12}$$

从而可得平方根 $\boldsymbol{\Delta}_k$ 的更新公式

$$\boldsymbol{\Delta}_k=\boldsymbol{\Delta}_{k/k-1}(\boldsymbol{I}-\gamma_k^{-1}\boldsymbol{\Delta}_{k/k-1}^{\mathrm{T}}\boldsymbol{H}_k^{\mathrm{T}}\boldsymbol{H}_k\boldsymbol{\Delta}_{k/k-1}) \tag{6.4.13}$$

值得注意的是，这里即使 $\boldsymbol{\Delta}_{k/k-1}$ 是三角阵，$\boldsymbol{\Delta}_k$ 一般不再是三角阵。

由式(6.4.11)可得 $\gamma_k=\rho_k^2(1\pm\sqrt{R_k}/\rho_k)$，可见 γ_k 与 ρ_k^2 的数值计算精度一样，但若比较式(6.4.6)和式(6.4.13)，后者在等号右边少乘了矩阵 $\boldsymbol{\Delta}_{k/k-1}^{\mathrm{T}}$，因此平方根分解方法有利于提高数值计算精度。

2. 均方误差阵的时间更新

将式(6.4.3)代入 Kalman 滤波均方误差阵的时间更新公式 $\boldsymbol{P}_{k/k-1}=\boldsymbol{\Phi}_{k/k-1}\boldsymbol{P}_{k-1}\boldsymbol{\Phi}_{k/k-1}^{\mathrm{T}}+\boldsymbol{\Gamma}_{k-1}\boldsymbol{Q}_{k-1}\boldsymbol{\Gamma}_{k-1}^{\mathrm{T}}$，有

$$\begin{aligned}\boldsymbol{\Delta}_{k/k-1}\boldsymbol{\Delta}_{k/k-1}^{\mathrm{T}}&=\boldsymbol{\Phi}_{k/k-1}\boldsymbol{\Delta}_{k-1}\boldsymbol{\Delta}_{k-1}^{\mathrm{T}}\boldsymbol{\Phi}_{k/k-1}^{\mathrm{T}}+\boldsymbol{\Gamma}_{k-1}\boldsymbol{Q}_{k-1}^{\frac{1}{2}}(\boldsymbol{Q}_{k-1}^{\frac{1}{2}})^{\mathrm{T}}\boldsymbol{\Gamma}_{k-1}^{\mathrm{T}}=\\&\begin{bmatrix}\boldsymbol{\Phi}_{k/k-1}\boldsymbol{\Delta}_{k-1} & \boldsymbol{\Gamma}_{k-1}\boldsymbol{Q}_{k-1}^{\frac{1}{2}}\end{bmatrix}\begin{bmatrix}\boldsymbol{\Delta}_{k-1}^{\mathrm{T}}\boldsymbol{\Phi}_{k/k-1}^{\mathrm{T}}\\(\boldsymbol{Q}_{k-1}^{\frac{1}{2}})^{\mathrm{T}}\boldsymbol{\Gamma}_{k-1}^{\mathrm{T}}\end{bmatrix}\end{aligned} \tag{6.4.14}$$

其中，$\boldsymbol{Q}_{k-1}^{\frac{1}{2}}$ 表示 $\boldsymbol{Q}_{k-1}$ 的平方根矩阵，满足 $\boldsymbol{Q}_{k-1}^{\frac{1}{2}}(\boldsymbol{Q}_{k-1}^{\frac{1}{2}})^{\mathrm{T}}=\boldsymbol{Q}_{k-1}$，比如可令 $\boldsymbol{Q}_{k-1}^{\frac{1}{2}}$ 为三角矩阵，这样由 $\boldsymbol{Q}_{k-1}$ 求解 $\boldsymbol{Q}_{k-1}^{\frac{1}{2}}$ 也可采用乔莱斯基分解法。

对于式(6.4.14)，若简记

$$\boldsymbol{A}_{(n+l)\times n}=\begin{bmatrix}\boldsymbol{\Delta}_{k-1}^{\mathrm{T}}\boldsymbol{\Phi}_{k/k-1}^{\mathrm{T}}\\(\boldsymbol{Q}_{k-1}^{\frac{1}{2}})^{\mathrm{T}}\boldsymbol{\Gamma}_{k-1}^{\mathrm{T}}\end{bmatrix} \tag{6.4.15}$$

由于 $\boldsymbol{\Delta}_{k-1}^{\mathrm{T}}\boldsymbol{\Phi}_{k/k-1}^{\mathrm{T}}$ 可逆，可知 $\boldsymbol{A}_{(n+l)\times n}$ 必定是列满秩的，根据矩阵理论，有 QR 分解 $\boldsymbol{A}_{(n+l)\times n}=\hat{\boldsymbol{Q}}_{(n+l)\times n}\hat{\boldsymbol{R}}_{n\times n}$ 成立，其中 $\hat{\boldsymbol{Q}}_{(n+l)\times n}^{\mathrm{T}}\hat{\boldsymbol{Q}}_{(n+l)\times n}=\boldsymbol{I}_{n\times n}$ 且 $\hat{\boldsymbol{R}}_{n\times n}$ 是非奇异上三角阵（或下三角阵）。因此，由式(6.4.15)可得

$$\boldsymbol{A}_{(n+l)\times n}^{\mathrm{T}}\boldsymbol{A}_{(n+l)\times n}=(\hat{\boldsymbol{Q}}_{(n+l)\times n}\hat{\boldsymbol{R}}_{n\times n})^{\mathrm{T}}(\hat{\boldsymbol{Q}}_{(n+l)\times n}\hat{\boldsymbol{R}}_{n\times n})=\hat{\boldsymbol{R}}_{n\times n}^{\mathrm{T}}\hat{\boldsymbol{R}}_{n\times n}\triangleq\boldsymbol{\Delta}_{k/k-1}\boldsymbol{\Delta}_{k/k-1}^{\mathrm{T}} \tag{6.4.16}$$

这说明，可以将 $\boldsymbol{\Delta}_{k/k-1}^{\mathrm{T}}$ 视为对矩阵 $\boldsymbol{A}_{(n+l)\times n}$ 作 QR 分解之后的三角矩阵，示意性记为

$$\begin{bmatrix}\boldsymbol{\Delta}_{k-1}^{\mathrm{T}}\boldsymbol{\Phi}_{k/k-1}^{\mathrm{T}}\\(\boldsymbol{Q}_{k-1}^{\frac{1}{2}})^{\mathrm{T}}\boldsymbol{\Gamma}_{k-1}^{\mathrm{T}}\end{bmatrix}\xrightarrow{=}\boldsymbol{A}_{(n+l)\times n}\xrightarrow{\mathrm{QR}}\hat{\boldsymbol{R}}_{n\times n}\xrightarrow{=}\boldsymbol{\Delta}_{k/k-1}^{\mathrm{T}} \tag{6.4.17}$$

矩阵 QR 分解可采用 Householder 变换算法或者 MGS（修正格莱姆-斯密特）算法，其中 MGS 算法可参见附录 H 和附录 O.6。

3. 平方根滤波流程

若简记

$$\boldsymbol{a}_k=\boldsymbol{\Delta}_{k/k-1}^{\mathrm{T}}\boldsymbol{H}_k^{\mathrm{T}} \tag{6.4.18}$$

则由式(6.4.5)、式(6.4.13)及滤波增益公式，可分别得

$$\rho_k^2=\boldsymbol{H}_k\boldsymbol{\Delta}_{k/k-1}\boldsymbol{\Delta}_{k/k-1}^{\mathrm{T}}\boldsymbol{H}_k^{\mathrm{T}}+R_k=\boldsymbol{a}_k^{\mathrm{T}}\boldsymbol{a}_k+R_k \tag{6.4.19}$$

$$\boldsymbol{\Delta}_k=\boldsymbol{\Delta}_{k/k-1}(\boldsymbol{I}-\gamma_k^{-1}\boldsymbol{\Delta}_{k/k-1}^{\mathrm{T}}\boldsymbol{H}_k^{\mathrm{T}}\boldsymbol{H}_k\boldsymbol{\Delta}_{k/k-1})=\boldsymbol{\Delta}_{k/k-1}(\boldsymbol{I}-\gamma_k^{-1}\boldsymbol{a}_k\boldsymbol{a}_k^{\mathrm{T}}) \tag{6.4.20}$$

$$\boldsymbol{K}_k=\boldsymbol{\Delta}_{k/k-1}\boldsymbol{\Delta}_{k/k-1}^{\mathrm{T}}\boldsymbol{H}_k^{\mathrm{T}}(\boldsymbol{H}_k\boldsymbol{\Delta}_{k/k-1}\boldsymbol{\Delta}_{k/k-1}^{\mathrm{T}}\boldsymbol{H}_k^{\mathrm{T}}+R_k)^{-1}=\boldsymbol{\Delta}_{k/k-1}\boldsymbol{a}_k\rho_k^{-2} \tag{6.4.21a}$$

或者

$$\boldsymbol{K}_k=\boldsymbol{P}_k\boldsymbol{H}_k^{\mathrm{T}}R_k^{-1}=\boldsymbol{\Delta}_k\boldsymbol{\Delta}_k^{\mathrm{T}}\boldsymbol{H}_k^{\mathrm{T}}R_k^{-1} \tag{6.4.21b}$$

至此，Kalman 平方根滤波流程可总结如图 6.4.1 所示，其中，初始化时输入为状态估计均方误差阵的平方根 $\boldsymbol{\Delta}_0$，滤波过程采用平方根更新算法，滤波迭代运算的是均方误差阵平方根 $\boldsymbol{\Delta}_k$，若想输出均方误差阵 $\boldsymbol{P}_k$，作平方运算 $\boldsymbol{P}_k=\boldsymbol{\Delta}_k\boldsymbol{\Delta}_k^{\mathrm{T}}$ 即可。

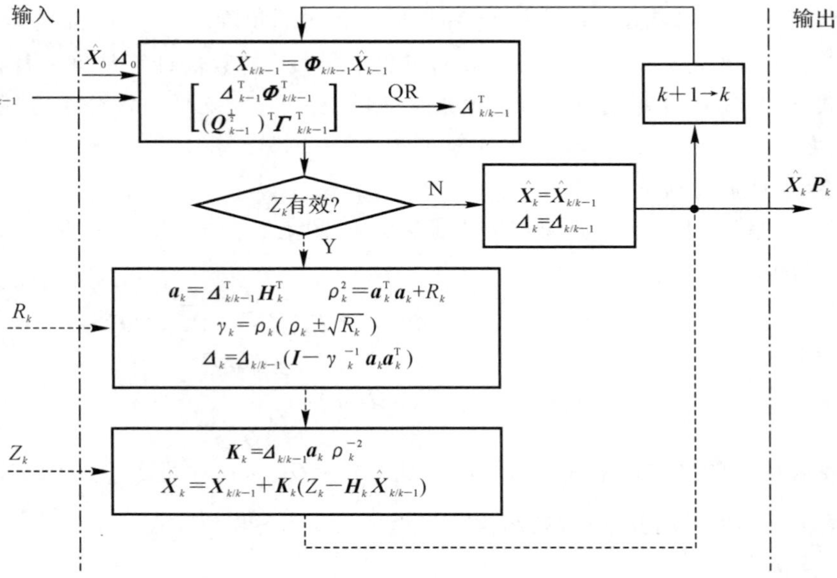

图 6.4.1　平方根滤波流程（标量量测）

由图 6.4.1 可见，平方根滤波主要应用于状态估计均方误差阵平方根 $\boldsymbol{\Delta}_k$ 的迭代更新，由于增益阵 $\boldsymbol{K}_k$ 并不影响 $\boldsymbol{\Delta}_k$ 的迭代精度，所以对 $\boldsymbol{K}_k$ 的数值计算精度要求并不高。

上述介绍平方根滤波的前提条件是量测为标量情形。针对量测为向量情形，一种处理思路是，先采用序贯滤波方法进行预处理，将量测转化为标量形式，再使用标量量测平方根滤波方法；另一种思路是，直接进行向量量测平方根滤波，这时状态估计均方误差阵的量测更新及其对应的平方根滤波公式分别为

$$\boldsymbol{P}_k=\boldsymbol{P}_{k/k-1}-\boldsymbol{P}_{k/k-1}\boldsymbol{H}_k^{\mathrm{T}}(\boldsymbol{H}_k\boldsymbol{P}_{k/k-1}\boldsymbol{H}_k^{\mathrm{T}}+\boldsymbol{R}_k)^{-1}\boldsymbol{H}_k\boldsymbol{P}_{k/k-1} \tag{6.4.22a}$$

$$\boldsymbol{\Delta}_k=\boldsymbol{\Delta}_{k/k-1}[\boldsymbol{I}-\boldsymbol{\Delta}_{k/k-1}^{\mathrm{T}}\boldsymbol{H}_k^{\mathrm{T}}(\boldsymbol{\rho}_k\boldsymbol{\rho}_k^{\mathrm{T}}+\boldsymbol{R}_k^{\frac{1}{2}}\boldsymbol{\rho}_k^{\mathrm{T}})^{-1}\boldsymbol{H}_k\boldsymbol{\Delta}_{k/k-1}] \tag{6.4.22b}$$

其中，$\boldsymbol{R}_k^{\frac{1}{2}}$ 表示 $\boldsymbol{R}_k$ 的平方根矩阵，且矩阵 $\boldsymbol{\rho}_k$ 满足

$$\boldsymbol{\rho}_k\boldsymbol{\rho}_k^{\mathrm{T}}=\boldsymbol{H}_k\boldsymbol{P}_{k/k-1}\boldsymbol{H}_k^{\mathrm{T}}+\boldsymbol{R}_k=\begin{bmatrix}\boldsymbol{H}_k\boldsymbol{\Delta}_{k/k-1} & \boldsymbol{R}_k^{\frac{1}{2}}\end{bmatrix}\begin{bmatrix}\boldsymbol{\Delta}_{k/k-1}^{\mathrm{T}}\boldsymbol{H}_k^{\mathrm{T}}\\(\boldsymbol{R}_k^{\frac{1}{2}})^{\mathrm{T}}\end{bmatrix} \tag{6.4.23a}$$

在式(6.4.23a)中，可应用与式(6.4.14)一样的 QR 分解方法求取平方根矩阵 $\boldsymbol{\rho}_k$，即有

$$\begin{bmatrix}\boldsymbol{\Delta}_{k/k-1}^{\mathrm{T}}\boldsymbol{H}_k^{\mathrm{T}}\\(\boldsymbol{R}_k^{\frac{1}{2}})^{\mathrm{T}}\end{bmatrix}\xrightarrow{\mathrm{QR}}\boldsymbol{\rho}_k^{\mathrm{T}} \tag{6.4.23b}$$

显然，当 $\boldsymbol{R}_k$ 为标量时，式(6.4.22b)与式(6.4.13)完全相同；当 $\boldsymbol{R}_k$ 为矩阵时，以下验证式(6.4.22b)是成立的，即验证 $\boldsymbol{P}_k=\boldsymbol{\Delta}_k\boldsymbol{\Delta}_k^{\mathrm{T}}$。

首先，根据式(6.4.22b)计算

$$\begin{aligned}\boldsymbol{\Delta}_k\boldsymbol{\Delta}_k^{\mathrm{T}}=&\boldsymbol{\Delta}_{k/k-1}[\boldsymbol{I}-\boldsymbol{\Delta}_{k/k-1}^{\mathrm{T}}\boldsymbol{H}_k^{\mathrm{T}}(\boldsymbol{\rho}_k\boldsymbol{\rho}_k^{\mathrm{T}}+\boldsymbol{R}_k^{\frac{1}{2}}\boldsymbol{\rho}_k^{\mathrm{T}})^{-1}\boldsymbol{H}_k\boldsymbol{\Delta}_{k/k-1}]\times\\&[\boldsymbol{I}-\boldsymbol{\Delta}_{k/k-1}^{\mathrm{T}}\boldsymbol{H}_k^{\mathrm{T}}(\boldsymbol{\rho}_k\boldsymbol{\rho}_k^{\mathrm{T}}+\boldsymbol{\rho}_k(\boldsymbol{R}_k^{\frac{1}{2}})^{\mathrm{T}})^{-1}\boldsymbol{H}_k\boldsymbol{\Delta}_{k/k-1}]\boldsymbol{\Delta}_{k/k-1}^{\mathrm{T}}=\\&\boldsymbol{\Delta}_{k/k-1}\{\boldsymbol{I}-\boldsymbol{\Delta}_{k/k-1}^{\mathrm{T}}\boldsymbol{H}_k^{\mathrm{T}}[(\boldsymbol{\rho}_k\boldsymbol{\rho}_k^{\mathrm{T}}+\boldsymbol{R}_k^{\frac{1}{2}}\boldsymbol{\rho}_k^{\mathrm{T}})^{-1}+(\boldsymbol{\rho}_k\boldsymbol{\rho}_k^{\mathrm{T}}+\boldsymbol{\rho}_k(\boldsymbol{R}_k^{\frac{1}{2}})^{\mathrm{T}})^{-1}]\boldsymbol{H}_k\boldsymbol{\Delta}_{k/k-1}+\\&\boldsymbol{\Delta}_{k/k-1}^{\mathrm{T}}\boldsymbol{H}_k^{\mathrm{T}}(\boldsymbol{\rho}_k\boldsymbol{\rho}_k^{\mathrm{T}}+\boldsymbol{R}_k^{\frac{1}{2}}\boldsymbol{\rho}_k^{\mathrm{T}})^{-1}\boldsymbol{H}_k\boldsymbol{\Delta}_{k/k-1}\boldsymbol{\Delta}_{k/k-1}^{\mathrm{T}}\boldsymbol{H}_k^{\mathrm{T}}(\boldsymbol{\rho}_k\boldsymbol{\rho}_k^{\mathrm{T}}+\boldsymbol{\rho}_k(\boldsymbol{R}_k^{\frac{1}{2}})^{\mathrm{T}})^{-1}\boldsymbol{H}_k\boldsymbol{\Delta}_{k/k-1}\}\boldsymbol{\Delta}_{k/k-1}^{\mathrm{T}}=\\&\boldsymbol{P}_{k/k-1}-\boldsymbol{P}_{k/k-1}\boldsymbol{H}_k^{\mathrm{T}}\{(\boldsymbol{\rho}_k\boldsymbol{\rho}_k^{\mathrm{T}}+\boldsymbol{R}_k^{\frac{1}{2}}\boldsymbol{\rho}_k^{\mathrm{T}})^{-1}+[\boldsymbol{\rho}_k\boldsymbol{\rho}_k^{\mathrm{T}}+\boldsymbol{\rho}_k(\boldsymbol{R}_k^{\frac{1}{2}})^{\mathrm{T}}]^{-1}-\\&(\boldsymbol{\rho}_k\boldsymbol{\rho}_k^{\mathrm{T}}+\boldsymbol{R}_k^{\frac{1}{2}}\boldsymbol{\rho}_k^{\mathrm{T}})^{-1}\boldsymbol{H}_k\boldsymbol{P}_{k/k-1}\boldsymbol{H}_k^{\mathrm{T}}[\boldsymbol{\rho}_k\boldsymbol{\rho}_k^{\mathrm{T}}+\boldsymbol{\rho}_k(\boldsymbol{R}_k^{\frac{1}{2}})^{\mathrm{T}}]^{-1}\}\boldsymbol{H}_k\boldsymbol{P}_{k/k-1}\end{aligned} \tag{6.4.24}$$

其中

$$\begin{aligned}&(\boldsymbol{\rho}_k\boldsymbol{\rho}_k^{\mathrm{T}}+\boldsymbol{R}_k^{\frac{1}{2}}\boldsymbol{\rho}_k^{\mathrm{T}})^{-1}+[\boldsymbol{\rho}_k\boldsymbol{\rho}_k^{\mathrm{T}}+\boldsymbol{\rho}_k(\boldsymbol{R}_k^{\frac{1}{2}})^{\mathrm{T}}]-(\boldsymbol{\rho}_k\boldsymbol{\rho}_k^{\mathrm{T}}+\boldsymbol{R}_k^{\frac{1}{2}}\boldsymbol{\rho}_k^{\mathrm{T}})^{-1}\boldsymbol{H}_k\boldsymbol{P}_{k/k-1}\boldsymbol{H}_k^{\mathrm{T}}[\boldsymbol{\rho}_k\boldsymbol{\rho}_k^{\mathrm{T}}+\boldsymbol{\rho}_k(\boldsymbol{R}_k^{\frac{1}{2}})^{\mathrm{T}}]^{-1}=\\&\quad(\boldsymbol{\rho}_k\boldsymbol{\rho}_k^{\mathrm{T}}+\boldsymbol{R}_k^{\frac{1}{2}}\boldsymbol{\rho}_k^{\mathrm{T}})^{-1}\{[\boldsymbol{\rho}_k\boldsymbol{\rho}_k^{\mathrm{T}}+\boldsymbol{\rho}_k(\boldsymbol{R}_k^{\frac{1}{2}})^{\mathrm{T}}]+(\boldsymbol{\rho}_k\boldsymbol{\rho}_k^{\mathrm{T}}+\boldsymbol{R}_k^{\frac{1}{2}}\boldsymbol{\rho}_k^{\mathrm{T}})-(\boldsymbol{\rho}_k\boldsymbol{\rho}_k^{\mathrm{T}}-\boldsymbol{R}_k)\}[\boldsymbol{\rho}_k\boldsymbol{\rho}_k^{\mathrm{T}}+\boldsymbol{\rho}_k(\boldsymbol{R}_k^{\frac{1}{2}})^{\mathrm{T}}]^{-1}=\\&\quad(\boldsymbol{\rho}_k\boldsymbol{\rho}_k^{\mathrm{T}}+\boldsymbol{R}_k^{\frac{1}{2}}\boldsymbol{\rho}_k^{\mathrm{T}})^{-1}[\boldsymbol{\rho}_k\boldsymbol{\rho}_k^{\mathrm{T}}+\boldsymbol{\rho}_k(\boldsymbol{R}_k^{\frac{1}{2}})^{\mathrm{T}}+\boldsymbol{R}_k^{\frac{1}{2}}\boldsymbol{\rho}_k^{\mathrm{T}}+\boldsymbol{R}_k][\boldsymbol{\rho}_k\boldsymbol{\rho}_k^{\mathrm{T}}+\boldsymbol{\rho}_k(\boldsymbol{R}_k^{\frac{1}{2}})^{\mathrm{T}}]^{-1}=\\&\quad(\boldsymbol{\rho}_k\boldsymbol{\rho}_k^{\mathrm{T}}+\boldsymbol{R}_k^{\frac{1}{2}}\boldsymbol{\rho}_k^{\mathrm{T}})^{-1}(\boldsymbol{\rho}_k+\boldsymbol{R}_k^{\frac{1}{2}})[\boldsymbol{\rho}_k^{\mathrm{T}}+(\boldsymbol{R}_k^{\frac{1}{2}})^{\mathrm{T}}][\boldsymbol{\rho}_k\boldsymbol{\rho}_k^{\mathrm{T}}+\boldsymbol{\rho}_k(\boldsymbol{R}_k^{\frac{1}{2}})^{\mathrm{T}}]^{-1}=\\&\quad(\boldsymbol{\rho}_k^{\mathrm{T}})^{-1}\boldsymbol{\rho}_k^{-1}=(\boldsymbol{\rho}_k\boldsymbol{\rho}_k^{\mathrm{T}})^{-1}\end{aligned} \tag{6.4.25}$$

再将式(6.4.25)代入式(6.4.24)，即得

$$\begin{aligned}\boldsymbol{\Delta}_k\boldsymbol{\Delta}_k^{\mathrm{T}}=&\boldsymbol{P}_{k/k-1}-\boldsymbol{P}_{k/k-1}\boldsymbol{H}_k^{\mathrm{T}}(\boldsymbol{\rho}_k\boldsymbol{\rho}_k^{\mathrm{T}})^{-1}\boldsymbol{H}_k\boldsymbol{P}_{k/k-1}=\\&[\boldsymbol{I}-\boldsymbol{P}_{k/k-1}\boldsymbol{H}_k^{\mathrm{T}}(\boldsymbol{H}_k\boldsymbol{P}_{k/k-1}\boldsymbol{H}_k^{\mathrm{T}}+\boldsymbol{R}_k)^{-1}\boldsymbol{H}_k]\boldsymbol{P}_{k/k-1}=\boldsymbol{P}_k\end{aligned} \tag{6.4.26}$$

得证。

实际上，在由式(6.4.23b)求得 $\boldsymbol{\rho}_k$ 后，可将式(6.4.22a)改写为

$$\boldsymbol{P}_k=\boldsymbol{P}_{k/k-1}-\boldsymbol{K}_k\boldsymbol{P}_{ZZ,k/k-1}\boldsymbol{K}_k^{\mathrm{T}}=\boldsymbol{P}_{k/k-1}-\boldsymbol{K}_k\boldsymbol{\rho}_k\boldsymbol{\rho}_k^{\mathrm{T}}\boldsymbol{K}_k^{\mathrm{T}}=\boldsymbol{P}_{k/k-1}-\sum_{i=1}^{m}(\boldsymbol{K}_k\boldsymbol{\rho}_k)_i(\boldsymbol{K}_k\boldsymbol{\rho}_k)_i^{\mathrm{T}} \tag{6.4.27}$$

即

$$\boldsymbol{\Delta}_k\boldsymbol{\Delta}_k^{\mathrm{T}}=\boldsymbol{\Delta}_{k/k-1}\boldsymbol{\Delta}_{k/k-1}^{\mathrm{T}}-\sum_{i=1}^{m}(\boldsymbol{K}_k\boldsymbol{\rho}_k)_i(\boldsymbol{K}_k\boldsymbol{\rho}_k)_i^{\mathrm{T}} \tag{6.4.28}$$

式中：$\boldsymbol{K}_k=\boldsymbol{\Delta}_{k/k-1}\boldsymbol{\Delta}_{k/k-1}^{\mathrm{T}}\boldsymbol{H}_k^{\mathrm{T}}\boldsymbol{\rho}_k^{-2}$，$(\boldsymbol{K}_k\boldsymbol{\rho}_k)_i$ 表示矩阵的第 i 列。式(6.4.28)的平方根更新可采用乔莱斯基分解秩-1 更新算法，实现从 $\boldsymbol{\Delta}_{k/k-1}^{\mathrm{T}}$ 到 $\boldsymbol{\Delta}_k^{\mathrm{T}}$ 的更新，具体可参见 7.4.4 节，这里不再详述。

此外，若对式(5.3.31c)作 QR 分解也可实现均方误差阵的平方根更新，将式(5.3.31c)等价变换为

$$\boldsymbol{\Delta}_k\boldsymbol{\Delta}_k^{\mathrm{T}}=(\boldsymbol{I}-\boldsymbol{K}_k\boldsymbol{H}_k)\boldsymbol{\Delta}_{k/k-1}\boldsymbol{\Delta}_{k/k-1}^{\mathrm{T}}(\boldsymbol{I}-\boldsymbol{K}_k\boldsymbol{H}_k)^{\mathrm{T}}+\boldsymbol{K}_k\boldsymbol{R}_k^{\frac{1}{2}}(\boldsymbol{R}_k^{\frac{1}{2}})^{\mathrm{T}}\boldsymbol{K}_k^{\mathrm{T}}=$$
$$\begin{bmatrix}(\boldsymbol{I}-\boldsymbol{K}_k\boldsymbol{H}_k)\boldsymbol{\Delta}_{k/k-1} & \boldsymbol{K}_k\boldsymbol{R}_k^{\frac{1}{2}}\end{bmatrix}\begin{bmatrix}\boldsymbol{\Delta}_{k/k-1}^{\mathrm{T}}(\boldsymbol{I}-\boldsymbol{K}_k\boldsymbol{H}_k)^{\mathrm{T}}\\(\boldsymbol{R}_k^{\frac{1}{2}})^{\mathrm{T}}\boldsymbol{K}_k^{\mathrm{T}}\end{bmatrix} \tag{6.4.29}$$

则可直接得到

$$\begin{bmatrix}\boldsymbol{\Delta}_{k/k-1}^{\mathrm{T}}(\boldsymbol{I}-\boldsymbol{K}_k\boldsymbol{H}_k)^{\mathrm{T}}\\(\boldsymbol{R}_k^{\frac{1}{2}})^{\mathrm{T}}\boldsymbol{K}_k^{\mathrm{T}}\end{bmatrix}\xrightarrow{\mathrm{QR}}\boldsymbol{\Delta}_k^{\mathrm{T}} \tag{6.4.30}$$

6.4.2 奇异值分解滤波

重写 Kalman 滤波均方误差阵更新公式，如下：

$$\boldsymbol{P}_{k/k-1}=\boldsymbol{\Phi}_{k/k-1}\boldsymbol{P}_{k-1}\boldsymbol{\Phi}_{k/k-1}^{\mathrm{T}}+\boldsymbol{\Gamma}_{k-1}\boldsymbol{Q}_{k-1}\boldsymbol{\Gamma}_{k-1}^{\mathrm{T}} \tag{6.4.31a}$$

$$\boldsymbol{P}_k^{-1}=\boldsymbol{P}_{k/k-1}^{-1}+\boldsymbol{H}_k^{\mathrm{T}}\boldsymbol{R}_k^{-1}\boldsymbol{H}_k \tag{6.4.31b}$$

不难看出，上述两式在形式上完全一致，即右端均表示成两个非负定对称阵之和，因此，若仿照式(6.4.14)，则可得平方根滤波算法为

$$\begin{bmatrix}\boldsymbol{\Delta}_{k-1}^{\mathrm{T}}\boldsymbol{\Phi}_{k/k-1}^{\mathrm{T}}\\(\boldsymbol{Q}_{k-1}^{\frac{1}{2}})^{\mathrm{T}}\boldsymbol{\Gamma}_{k-1}^{\mathrm{T}}\end{bmatrix}\xrightarrow{\mathrm{QR}}\boldsymbol{\Delta}_{k/k-1}^{\mathrm{T}} \tag{6.4.32a}$$

$$\begin{bmatrix}\boldsymbol{\Delta}_{k/k-1}^{-\mathrm{T}}\\\boldsymbol{R}_k^{-\frac{1}{2}}\boldsymbol{H}_k\end{bmatrix}\xrightarrow{\mathrm{QR}}\boldsymbol{\Delta}_k^{-\mathrm{T}} \tag{6.4.32b}$$

其中：$\boldsymbol{R}_k^{-\frac{1}{2}}$ 表示 $\boldsymbol{R}_k^{-1}$ 的平方根矩阵。略显不足的是，上述方法存在两次三角阵的求逆运算，即 $\boldsymbol{\Delta}_{k/k-1}^{\mathrm{T}}\rightarrow\boldsymbol{\Delta}_{k/k-1}^{-\mathrm{T}}$ 和 $\boldsymbol{\Delta}_k^{-\mathrm{T}}\rightarrow\boldsymbol{\Delta}_k^{\mathrm{T}}$，虽然三角阵求逆的运算量并不算太大。

如果能将三角阵的求逆变为对角阵的求逆，那就能大大降低计算量，为此提出奇异值分解(Singular Value Decomposition，SVD)滤波方法。

考虑到均方误差阵 $\boldsymbol{P}_k$ 和 $\boldsymbol{P}_{k/k-1}$ 是对称正定的，总可以进行如下奇异值分解：

$$\boldsymbol{P}_k=\boldsymbol{U}_k\boldsymbol{\Lambda}_k\boldsymbol{U}_k^{\mathrm{T}},\quad \boldsymbol{P}_{k/k-1}=\boldsymbol{U}_{k/k-1}\boldsymbol{\Lambda}_{k/k-1}\boldsymbol{U}_{k/k-1}^{\mathrm{T}} \tag{6.4.33}$$

其中：$\boldsymbol{U}_k$ 和 $\boldsymbol{U}_{k/k-1}$ 均是 n 阶单位正交阵；$\boldsymbol{\Lambda}_k$ 和 $\boldsymbol{\Lambda}_{k/k-1}$ 均是 n 阶对角阵且对角线元素均为正。

一方面，将式(6.4.33)代入式(6.4.31a)，可得

$$\boldsymbol{U}_{k/k-1}\boldsymbol{\Lambda}_{k/k-1}\boldsymbol{U}_{k/k-1}^{\mathrm{T}}=\boldsymbol{\Phi}_{k/k-1}\boldsymbol{U}_{k-1}\boldsymbol{\Lambda}_{k-1}\boldsymbol{U}_{k-1}^{\mathrm{T}}\boldsymbol{\Phi}_{k/k-1}^{\mathrm{T}}+\boldsymbol{\Gamma}_{k-1}\boldsymbol{Q}_{k-1}\boldsymbol{\Gamma}_{k-1}^{\mathrm{T}}=$$

$$\begin{bmatrix}\boldsymbol{\Phi}_{k/k-1}\boldsymbol{U}_{k-1}\boldsymbol{\Lambda}_{k-1}^{\frac{1}{2}} & \boldsymbol{\Gamma}_{k-1}\boldsymbol{Q}_{k-1}^{\frac{1}{2}}\end{bmatrix}\begin{bmatrix}(\boldsymbol{\Lambda}_{k-1}^{\frac{1}{2}})^{\mathrm{T}}\boldsymbol{U}_{k-1}^{\mathrm{T}}\boldsymbol{\Phi}_{k/k-1}^{\mathrm{T}} \\ (\boldsymbol{Q}_{k-1}^{\frac{1}{2}})^{\mathrm{T}}\boldsymbol{\Gamma}_{k-1}^{\mathrm{T}}\end{bmatrix} \tag{6.4.34}$$

在式(6.4.34)中，记右端矩阵$\begin{bmatrix}\boldsymbol{\Phi}_{k/k-1}\boldsymbol{U}_{k-1}\boldsymbol{\Lambda}_{k-1}^{\frac{1}{2}} & \boldsymbol{\Gamma}_{k-1}(\boldsymbol{Q}_{k-1}^{\frac{1}{2}})\end{bmatrix}$的奇异值分解为

$$\begin{bmatrix}\boldsymbol{\Phi}_{k/k-1}\boldsymbol{U}_{k-1}\boldsymbol{\Lambda}_{k-1}^{\frac{1}{2}} & \boldsymbol{\Gamma}_{k-1}\boldsymbol{Q}_{k-1}^{\frac{1}{2}}\end{bmatrix}=\boldsymbol{S}_{k/k-1}\boldsymbol{D}_{k/k-1}\boldsymbol{V}_{k/k-1}^{\mathrm{T}} \tag{6.4.35}$$

其中：$\boldsymbol{S}_{k/k-1}$和$\boldsymbol{V}_{k/k-1}$分别是n阶和$(n+l)$阶的单位正交阵；$\boldsymbol{D}_{k/k-1}$是$n\times(n+l)$阶长方形对角阵，再将式(6.4.35)代入式(6.4.34)，有

$$\boldsymbol{U}_{k/k-1}\boldsymbol{\Lambda}_{k/k-1}\boldsymbol{U}_{k/k-1}^{\mathrm{T}}=(\boldsymbol{S}_{k/k-1}\boldsymbol{D}_{k/k-1}\boldsymbol{V}_{k/k-1}^{\mathrm{T}})(\boldsymbol{S}_{k/k-1}\boldsymbol{D}_{k/k-1}\boldsymbol{V}_{k/k-1}^{\mathrm{T}})^{\mathrm{T}}=$$

$$\boldsymbol{S}_{k/k-1}(\boldsymbol{D}_{k/k-1}\boldsymbol{D}_{k/k-1}^{\mathrm{T}})\boldsymbol{S}_{k/k-1}^{\mathrm{T}} \tag{6.4.36}$$

显然，式(6.4.36)中$(\boldsymbol{D}_{k/k-1}\boldsymbol{D}_{k/k-1}^{\mathrm{T}})$是$n$阶正定的对角阵，比较式(6.4.36)的两端，可令

$$\boldsymbol{U}_{k/k-1}=\boldsymbol{S}_{k/k-1},\quad \boldsymbol{\Lambda}_{k/k-1}^{\frac{1}{2}}=(\boldsymbol{D}_{k/k-1}\boldsymbol{D}_{k/k-1}^{\mathrm{T}})^{\frac{1}{2}} \tag{6.4.37}$$

对于$\boldsymbol{\Lambda}_{k/k-1}^{\frac{1}{2}}=(\boldsymbol{D}_{k/k-1}\boldsymbol{D}_{k/k-1}^{\mathrm{T}})^{\frac{1}{2}}$，只需简单地取$\boldsymbol{\Lambda}_{k/k-1}^{\frac{1}{2}}$为长方对角阵$\boldsymbol{D}_{k/k-1}$的对角元素重新构成方阵，即有

$$\boldsymbol{D}_{k/k-1}=\begin{bmatrix}\boldsymbol{\Lambda}_{k/k-1}^{\frac{1}{2}} & \boldsymbol{0}_{n\times l}\end{bmatrix} \tag{6.4.38}$$

另一方面，将式(6.4.33)代入式(6.4.31b)，可得$(\boldsymbol{U}_k\boldsymbol{\Lambda}_k\boldsymbol{U}_k^{\mathrm{T}})^{-1}=(\boldsymbol{U}_{k/k-1}\boldsymbol{\Lambda}_{k/k-1}\boldsymbol{U}_{k/k-1}^{\mathrm{T}})^{-1}+\boldsymbol{H}_k^{\mathrm{T}}\boldsymbol{R}_k^{-1}\boldsymbol{H}_k$，这等价于

$$\boldsymbol{U}_k\boldsymbol{\Lambda}_k^{-1}\boldsymbol{U}_k^{\mathrm{T}}=\boldsymbol{U}_{k/k-1}\boldsymbol{\Lambda}_{k/k-1}^{-1}\boldsymbol{U}_{k/k-1}^{\mathrm{T}}+\boldsymbol{H}_k^{\mathrm{T}}\boldsymbol{R}_k^{-1}\boldsymbol{H}_k=$$

$$\begin{bmatrix}\boldsymbol{U}_{k/k-1}\boldsymbol{\Lambda}_{k/k-1}^{-\frac{1}{2}} & \boldsymbol{H}_k^{\mathrm{T}}(\boldsymbol{R}_k^{-\frac{1}{2}})^{\mathrm{T}}\end{bmatrix}\begin{bmatrix}(\boldsymbol{\Lambda}_{k/k-1}^{-\frac{1}{2}})^{\mathrm{T}}\boldsymbol{U}_{k/k-1}^{\mathrm{T}} \\ \boldsymbol{R}_k^{-\frac{1}{2}}\boldsymbol{H}_k\end{bmatrix} \tag{6.4.39}$$

同样地，在式(6.4.39)中，记右端$\begin{bmatrix}\boldsymbol{U}_{k/k-1}\boldsymbol{\Lambda}_{k/k-1}^{-\frac{1}{2}} & \boldsymbol{H}_k^{\mathrm{T}}(\boldsymbol{R}_k^{-\frac{1}{2}})^{\mathrm{T}}\end{bmatrix}$的奇异值分解为

$$\begin{bmatrix}\boldsymbol{U}_{k/k-1}\boldsymbol{\Lambda}_{k/k-1}^{-\frac{1}{2}} & \boldsymbol{H}_k^{\mathrm{T}}(\boldsymbol{R}_k^{-\frac{1}{2}})^{\mathrm{T}}\end{bmatrix}=\boldsymbol{S}_k\boldsymbol{D}_k\boldsymbol{V}_k^{\mathrm{T}} \tag{6.4.40}$$

其中：$\boldsymbol{S}_k$和$\boldsymbol{V}_k$分别是n阶和$(n+m)$阶单位正交阵(注意，这里符号$\boldsymbol{V}_k$不要与 Kalman 滤波系统的量测噪声混淆)，$\boldsymbol{D}_k$是$n\times(n+m)$阶长方对角阵，再将式(6.4.40)代入式(6.4.39)，不难得到

$$\boldsymbol{U}_k=\boldsymbol{S}_k,\quad \boldsymbol{\Lambda}_k^{-\frac{1}{2}}=(\boldsymbol{D}_k\boldsymbol{D}_k^{\mathrm{T}})^{\frac{1}{2}}\quad 即\quad \boldsymbol{D}_k=\begin{bmatrix}\boldsymbol{\Lambda}_k^{-\frac{1}{2}} & \boldsymbol{0}_{n\times m}\end{bmatrix} \tag{6.4.41}$$

综上所述，可得均方误差阵的奇异值更新算法为

$$\begin{bmatrix}\boldsymbol{\Phi}_{k/k-1}\boldsymbol{U}_{k-1}\boldsymbol{\Lambda}_{k-1}^{\frac{1}{2}} & \boldsymbol{\Gamma}_{k-1}\boldsymbol{Q}_{k-1}^{\frac{1}{2}}\end{bmatrix}\xrightarrow{\text{SVD}}(\boldsymbol{S}_{k/k-1},\boldsymbol{D}_{k/k-1})\rightarrow(\boldsymbol{U}_{k/k-1},\ \boldsymbol{\Lambda}_{k/k-1}^{\frac{1}{2}}) \tag{6.4.42a}$$

$$\begin{bmatrix}\boldsymbol{U}_{k/k-1}\boldsymbol{\Lambda}_{k/k-1}^{-\frac{1}{2}} & \boldsymbol{H}_k^{\mathrm{T}}(\boldsymbol{R}_k^{-\frac{1}{2}})^{\mathrm{T}}\end{bmatrix}\xrightarrow{\text{SVD}}(\boldsymbol{S}_k,\boldsymbol{D}_k)\rightarrow(\boldsymbol{U}_k,\ \boldsymbol{\Lambda}_k^{-\frac{1}{2}}) \tag{6.4.42b}$$

仿照图 6.4.1，容易得到奇异值分解滤波流程如图 6.4.2 所示。在奇异值分解滤波算法中，涉及两次对角阵的求逆运算，即$\boldsymbol{\Lambda}_{k/k-1}^{\frac{1}{2}}\rightarrow\boldsymbol{\Lambda}_{k/k-1}^{-\frac{1}{2}}$和$\boldsymbol{\Lambda}_k^{-\frac{1}{2}}\rightarrow\boldsymbol{\Lambda}_k^{\frac{1}{2}}$，实质上它们均为标量的除法

运算，计算量相对于三角阵的求逆运算大大降低了。值得指出的是，由于存在对角阵求逆运算，其对角线元素必须确保非零，所以 SVD 分解滤波的状态估计均方误差阵必须是严格正定的。此外，与矩阵的 QR 分解相比，SVD 分解稍微复杂且计算量也更大些。

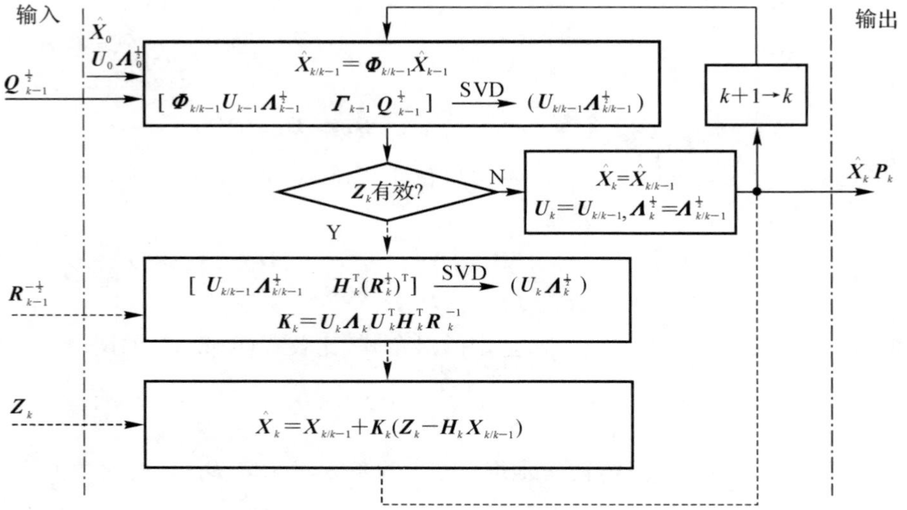

图 6.4.2　奇异值分解滤波流程

6.4.3　平方根信息滤波

根据信息滤波的信息阵更新与标准 Kalman 滤波的均方误差阵更新之间的对偶关系，参见式(6.3.9)和式(6.3.10)，不难得到平方根信息 Kalman 滤波(Square Root Information KF，SRIKF)算法。

信息阵 $\boldsymbol{I}_k$ 和 $\boldsymbol{I}_{k/k-1}$ 的平方根分解分别记为

$$\boldsymbol{I}_k=\boldsymbol{\xi}_k\boldsymbol{\xi}_k^{\mathrm{T}},\quad \boldsymbol{I}_{k/k-1}=\boldsymbol{\xi}_{k/k-1}\boldsymbol{\xi}_{k/k-1}^{\mathrm{T}} \tag{6.4.43}$$

首先，根据信息阵预测公式(6.3.10a)，可得

$$\begin{aligned}\boldsymbol{I}_{k/k-1}=&\boldsymbol{\Phi}_{k/k-1}^{-\mathrm{T}}\boldsymbol{I}_{k-1}\boldsymbol{\Phi}_{k/k-1}^{-1}-\boldsymbol{\Phi}_{k/k-1}^{-\mathrm{T}}\boldsymbol{I}_{k-1}\boldsymbol{\Phi}_{k/k-1}^{-1}\boldsymbol{\Gamma}_{k-1}(\boldsymbol{\Gamma}_{k-1}^{\mathrm{T}}\boldsymbol{\Phi}_{k/k-1}^{-\mathrm{T}}\boldsymbol{I}_{k-1}\boldsymbol{\Phi}_{k/k-1}^{-1}\boldsymbol{\Gamma}_{k-1}+\boldsymbol{Q}_{k-1}^{-1})^{-1}\times\\&\boldsymbol{\Gamma}_{k-1}^{\mathrm{T}}\boldsymbol{\Phi}_{k/k-1}^{-\mathrm{T}}\boldsymbol{I}_{k-1}\boldsymbol{\Phi}_{k/k-1}^{-1}\end{aligned} \tag{6.4.44}$$

类比于标准 Kalman 滤波的均方误差阵更新式(6.4.22)，只需作符号替换 $\boldsymbol{\Delta}_k\rightarrow\boldsymbol{\xi}_{k/k-1}$，$\boldsymbol{\Delta}_{k/k-1}\rightarrow\boldsymbol{\Phi}_{k/k-1}^{-\mathrm{T}}\boldsymbol{\xi}_{k-1}$，$\boldsymbol{H}_k\rightarrow\boldsymbol{\Gamma}_{k-1}^{\mathrm{T}}$ 及 $\boldsymbol{R}_k^{\frac{1}{2}}\rightarrow(\boldsymbol{Q}_{k-1}^{-\frac{1}{2}})^{\mathrm{T}}$，由式(6.4.44)即可得 SRIKF 的时间更新算法

$$\boldsymbol{\xi}_{k/k-1}=\boldsymbol{\Phi}_{k/k-1}^{-\mathrm{T}}\boldsymbol{\xi}_{k-1}\{\boldsymbol{I}-\boldsymbol{\xi}_{k-1}^{\mathrm{T}}\boldsymbol{\Phi}_{k/k-1}^{-1}\boldsymbol{\Gamma}_{k-1}[\boldsymbol{\rho}_k\boldsymbol{\rho}_k^{\mathrm{T}}+(\boldsymbol{Q}_{k-1}^{-\frac{1}{2}})^{\mathrm{T}}\boldsymbol{\rho}_k^{\mathrm{T}}]^{-1}\boldsymbol{\Gamma}_{k-1}^{\mathrm{T}}\boldsymbol{\Phi}_{k/k-1}^{-\mathrm{T}}\boldsymbol{\xi}_{k-1}\} \tag{6.4.45}$$

这里

$$\begin{bmatrix}\boldsymbol{\xi}_{k-1}^{\mathrm{T}}\boldsymbol{\Phi}_{k/k-1}^{-1}\boldsymbol{\Gamma}_{k-1}\\ \boldsymbol{Q}_{k-1}^{-\frac{1}{2}}\end{bmatrix}\xrightarrow{\mathrm{QR}}\boldsymbol{\rho}_k^{\mathrm{T}} \tag{6.4.46}$$

其次，由式(6.3.10b)，容易得 SRIKF 的量测更新算法

$$\begin{bmatrix}\boldsymbol{\xi}_{k/k-1}^{\mathrm{T}}\\ \boldsymbol{R}_k^{-\frac{1}{2}}\boldsymbol{H}_k\end{bmatrix}\xrightarrow{\mathrm{QR}}\boldsymbol{\xi}_k^{\mathrm{T}} \tag{6.4.47}$$

6.4.4　UD 分解滤波

对非负定均方误差阵还可作如下矩阵分解：

$$\boldsymbol{P}_k=\boldsymbol{U}_k\boldsymbol{D}_k\boldsymbol{U}_k^{\mathrm{T}},\quad \boldsymbol{P}_{k/k-1}=\boldsymbol{U}_{k/k-1}\boldsymbol{D}_{k/k-1}\boldsymbol{U}_{k/k-1}^{\mathrm{T}} \tag{6.4.48}$$

其中：$\boldsymbol{U}_k$ 和 $\boldsymbol{U}_{k/k-1}$ 是上(或下)三角矩阵且对角线元素全为 1；$\boldsymbol{D}_k$ 和 $\boldsymbol{D}_{k/k-1}$ 是对角矩阵且对角线元素非负。式(6.4.48)称为非负定对称方阵的 U－D－U^{T} 分解，常简称为 UD 分解，具体算法参见附录 H 和附录 O.6。

1. 均方误差阵的量测更新

UD 分解滤波的量测更新算法只能适用于量测为标量情形，如果量测为向量，必须先借助于序贯滤波方法进行预处理。因此，以下不妨假设量测为标量情形。

将式(6.4.48)代入式(6.4.2)，即 $\boldsymbol{P}_k=\boldsymbol{P}_{k/k-1}-\boldsymbol{P}_{k/k-1}\boldsymbol{H}_k^{\mathrm{T}}(\boldsymbol{H}_k\boldsymbol{P}_{k/k-1}\boldsymbol{H}_k^{\mathrm{T}}+R_k)^{-1}\boldsymbol{H}_k\boldsymbol{P}_{k/k-1}$，可得

$$\begin{aligned}\boldsymbol{U}_k\boldsymbol{D}_k\boldsymbol{U}_k^{\mathrm{T}}=&\boldsymbol{U}_{k/k-1}\boldsymbol{D}_{k/k-1}\boldsymbol{U}_{k/k-1}^{\mathrm{T}}-\\&\boldsymbol{U}_{k/k-1}\boldsymbol{D}_{k/k-1}\boldsymbol{U}_{k/k-1}^{\mathrm{T}}\boldsymbol{H}_k^{\mathrm{T}}(\boldsymbol{H}_k\boldsymbol{U}_{k/k-1}\boldsymbol{D}_{k/k-1}\boldsymbol{U}_{k/k-1}^{\mathrm{T}}\boldsymbol{H}_k^{\mathrm{T}}+R_k)^{-1}\boldsymbol{H}_k\boldsymbol{U}_{k/k-1}\boldsymbol{D}_{k/k-1}\boldsymbol{U}_{k/k-1}^{\mathrm{T}}=\\&\boldsymbol{U}_{k/k-1}[\boldsymbol{D}_{k/k-1}-\boldsymbol{D}_{k/k-1}\boldsymbol{U}_{k/k-1}^{\mathrm{T}}\boldsymbol{H}_k^{\mathrm{T}}(\boldsymbol{H}_k\boldsymbol{U}_{k/k-1}\boldsymbol{D}_{k/k-1}\boldsymbol{U}_{k/k-1}^{\mathrm{T}}\boldsymbol{H}_k^{\mathrm{T}}+R_k)^{-1}\boldsymbol{H}_k\boldsymbol{U}_{k/k-1}\boldsymbol{D}_{k/k-1}]\boldsymbol{U}_{k/k-1}^{\mathrm{T}}=\\&\boldsymbol{U}_{k/k-1}(\boldsymbol{D}_{k/k-1}-\boldsymbol{g}\alpha^{-1}\boldsymbol{g}^{\mathrm{T}})\boldsymbol{U}_{k/k-1}^{\mathrm{T}}=\boldsymbol{U}_{k/k-1}(\boldsymbol{D}_{k/k-1}-\alpha^{-1}\boldsymbol{g}\boldsymbol{g}^{\mathrm{T}})\boldsymbol{U}_{k/k-1}^{\mathrm{T}}\end{aligned} \tag{6.4.49}$$

式中：记

$$\begin{cases}\alpha=\boldsymbol{H}_k\boldsymbol{U}_{k/k-1}\boldsymbol{D}_{k/k-1}\boldsymbol{U}_{k/k-1}^{\mathrm{T}}\boldsymbol{H}_k^{\mathrm{T}}+R_k=\boldsymbol{f}^{\mathrm{T}}\boldsymbol{g}+R_k\\ \boldsymbol{f}=(\boldsymbol{H}_k\boldsymbol{U}_{k/k-1})^{\mathrm{T}}\\ \boldsymbol{g}=\boldsymbol{D}_{k/k-1}\boldsymbol{U}_{k/k-1}^{\mathrm{T}}\boldsymbol{H}_k^{\mathrm{T}}=\boldsymbol{D}_{k/k-1}\boldsymbol{f}\end{cases}$$

如果对式(6.4.49)右端的$(\boldsymbol{D}_{k/k-1}-\alpha^{-1}\boldsymbol{g}\boldsymbol{g}^{\mathrm{T}})$作 UD 分解(留给读者作为练习)，分解结果记为$(\boldsymbol{D}_{k/k-1}-\alpha^{-1}\boldsymbol{g}\boldsymbol{g}^{\mathrm{T}})=\bar{\boldsymbol{U}}_{k/k-1}\bar{\boldsymbol{D}}_{k/k-1}\bar{\boldsymbol{U}}_{k/k-1}^{\mathrm{T}}$，再将其代入式(6.4.40)，比较等式两端，易得三角阵 $\boldsymbol{U}_k=\boldsymbol{U}_{k/k-1}\bar{\boldsymbol{U}}_{k/k-1}$ 和对角阵 $\boldsymbol{D}_k=\bar{\boldsymbol{D}}_{k/k-1}$，从而实现均方误差阵的 UD 分解量测更新。但是，考虑到在标量量测情况下，α 为标量且 $\boldsymbol{f}$ 和 $\boldsymbol{g}$ 都是简单的 n 维列向量，G. J. Bierman(1975 年)通过展开并比较式(6.4.49)两端，获得了上三角阵 $\boldsymbol{U}_k$ 和对角阵 $\boldsymbol{D}_k$ 中各元素的直接计算公式，如下：

$$D_{k,jj}=\alpha_{j-1}/\alpha_j\cdot D_{k/k-1,jj} \tag{6.4.50a}$$

$$U_{k,ij}=U_{k/k-1,ij}+\lambda_j\left(g_i+\sum_{s=i+1}^{j-1}U_{k/k-1,is}g_s\right) \tag{6.4.50b}$$

其中

$$\lambda_j=-f_j/\alpha_{j-1},\quad \alpha_{j-1}=\alpha_j-f_jg_j\quad (j=n,n-1,\cdots,1;\quad i=1,2,\cdots,j-1)$$

f_j 和 g_j 分别表示向量 $\boldsymbol{f}$ 和 $\boldsymbol{g}$ 的第 j 分量；α_j 的迭代初值为 $\alpha_n=\alpha$，注意，当 $R_k>0$ 时总有 $\alpha_j>0$。

2. 均方误差阵的时间更新

将式(6.4.48) 代入式(6.4.31a)，即 $\boldsymbol{P}_{k/k-1}=\boldsymbol{\Phi}_{k/k-1}\boldsymbol{P}_{k-1}\boldsymbol{\Phi}_{k/k-1}^{\mathrm{T}}+\boldsymbol{\Gamma}_{k-1}\boldsymbol{Q}_{k-1}\boldsymbol{\Gamma}_{k-1}^{\mathrm{T}}$，可得

$$\begin{aligned}\boldsymbol{U}_{k/k-1}\boldsymbol{D}_{k/k-1}\boldsymbol{U}_{k/k-1}^{\mathrm{T}}=&\boldsymbol{\Phi}_{k/k-1}\boldsymbol{U}_{k-1}\boldsymbol{D}_{k-1}\boldsymbol{U}_{k-1}^{\mathrm{T}}\boldsymbol{\Phi}_{k/k-1}^{\mathrm{T}}+\boldsymbol{\Gamma}_{k-1}\boldsymbol{Q}_{k-1}\boldsymbol{\Gamma}_{k-1}^{\mathrm{T}}=\\&[\boldsymbol{\Phi}_{k/k-1}\boldsymbol{U}_{k-1}\quad \boldsymbol{\Gamma}_{k-1}]\begin{bmatrix}\boldsymbol{D}_{k-1} & \boldsymbol{0}\\ \boldsymbol{0} & \boldsymbol{Q}_{k-1}\end{bmatrix}\begin{bmatrix}\boldsymbol{U}_{k-1}^{\mathrm{T}}\boldsymbol{\Phi}_{k/k-1}^{\mathrm{T}}\\ \boldsymbol{\Gamma}_{k-1}^{\mathrm{T}}\end{bmatrix}=\\&\boldsymbol{W}_{k/k-1}\widetilde{\boldsymbol{D}}_{k-1}\boldsymbol{W}_{k/k-1}^{\mathrm{T}}\end{aligned} \tag{6.4.51}$$

式中：记

$$\boldsymbol{W}_{k/k-1}=\begin{bmatrix}\boldsymbol{\Phi}_{k/k-1}\boldsymbol{U}_{k-1} & \boldsymbol{\Gamma}_{k-1}\end{bmatrix},\quad \widetilde{\boldsymbol{D}}_{k-1}=\begin{bmatrix}\boldsymbol{D}_{k-1} & \boldsymbol{0}\\ \boldsymbol{0} & \boldsymbol{Q}_{k-1}\end{bmatrix} \tag{6.4.52}$$

若记 QR 分解 $\boldsymbol{W}_{k/k-1}^{\mathrm{T}}=\widehat{\boldsymbol{Q}}\widehat{\boldsymbol{R}}$，这里 $\widehat{\boldsymbol{R}}$ 特意选为下三角阵，将其代入式(6.4.51)，可得

$$\boldsymbol{U}_{k/k-1}\boldsymbol{D}_{k/k-1}\boldsymbol{U}_{k/k-1}^{\mathrm{T}}=\widehat{\boldsymbol{R}}^{\mathrm{T}}\widehat{\boldsymbol{Q}}^{\mathrm{T}}\widetilde{\boldsymbol{D}}_{k-1}\widehat{\boldsymbol{Q}}\widehat{\boldsymbol{R}}=\widehat{\boldsymbol{R}}^{\mathrm{T}}\boldsymbol{A}\widehat{\boldsymbol{R}} \tag{6.4.53}$$

式中：记 $\boldsymbol{A}=\widehat{\boldsymbol{Q}}^{\mathrm{T}}\widetilde{\boldsymbol{D}}_{k-1}\widehat{\boldsymbol{Q}}$，显然 $\boldsymbol{A}$ 为非负定对称阵，可对其作 UD 分解，记为 $\boldsymbol{A}=\widehat{\boldsymbol{U}}\widehat{\boldsymbol{D}}\widehat{\boldsymbol{U}}^{\mathrm{T}}$，此处 $\widehat{\boldsymbol{U}}$ 选为上三角阵，再代入式(6.4.53)，可得

$$\boldsymbol{U}_{k/k-1}\boldsymbol{D}_{k/k-1}\boldsymbol{U}_{k/k-1}^{\mathrm{T}}=\widehat{\boldsymbol{R}}^{\mathrm{T}}\widehat{\boldsymbol{U}}\widehat{\boldsymbol{D}}\widehat{\boldsymbol{U}}^{\mathrm{T}}\widehat{\boldsymbol{R}}=(\widehat{\boldsymbol{R}}^{\mathrm{T}}\widehat{\boldsymbol{U}})\widehat{\boldsymbol{D}}(\widehat{\boldsymbol{R}}^{\mathrm{T}}\widehat{\boldsymbol{U}})^{\mathrm{T}} \tag{6.4.54}$$

显然，式(6.4.54)中两个上三角阵的乘积 $\widehat{\boldsymbol{R}}^{\mathrm{T}}\widehat{\boldsymbol{U}}$ 亦为上三角阵，因而可令上三角阵 $\boldsymbol{U}_{k/k-1}=\widehat{\boldsymbol{R}}^{\mathrm{T}}\widehat{\boldsymbol{U}}$ 和对角阵 $\boldsymbol{D}_{k/k-1}=\widehat{\boldsymbol{D}}$，这样便实现了 UD 分解滤波的均方误差阵时间更新。

但是，上述算法式(6.4.53)和式(6.4.54)共需要两次矩阵分解及多次矩阵乘法运算，计算量较大。考虑到式(6.4.51)中 $\widetilde{\boldsymbol{D}}_{k-1}$ 是对角阵，Bierman 给出了高效的直接由 $\boldsymbol{W}_{k/k-1}$ 和 $\widetilde{\boldsymbol{D}}_{k-1}$ 进行 UD 分解，求解上三角阵 $\boldsymbol{U}_{k/k-1}$ 和对角阵 $\boldsymbol{D}_{k/k-1}$ 的算法，如下：

$$D_{k/k-1,jj}=\sum_{s=1}^{n+l}\widetilde{D}_{k-1,ss}W_{j,s}^{(n-j)}W_{j,s}^{(n-j)} \tag{6.4.55a}$$

$$U_{k/k-1,ij}=\frac{\sum\limits_{s=1}^{n+l}\widetilde{D}_{k-1,ss}W_{i,s}^{(n-j)}W_{j,s}^{(n-j)}}{D_{k/k-1,jj}} \tag{6.4.55b}$$

其中

$$\boldsymbol{W}_i^{(n-j+1)}=\boldsymbol{W}_i^{(n-j)}-U_{k/k-1,ij}\boldsymbol{W}_j^{(n-j)}\quad (j=n,n-1,\cdots,1;\quad i=1,2,\cdots,j-1)$$

$W_{j,s}^{(n-j)}$ 表示向量 $\boldsymbol{W}_j^{(n-j)}$ 的第 s 分量，向量初值 $\boldsymbol{W}_j^{(0)}$ 为 $\boldsymbol{W}_{k/k-1}=\begin{bmatrix}\boldsymbol{\Phi}_{k/k-1}\boldsymbol{U}_{k-1} & \boldsymbol{\Gamma}_{k-1}\end{bmatrix}$ 的第 j 行向量。特别地，当 $D_{k/k-1,jj}=0$ 时，由式(6.4.55a)说明有 $\widetilde{D}_{k-1,ss}=0$ 或 $\boldsymbol{W}_j^{(n-j)}=\boldsymbol{0}$，这时式(6.4.55b)右端的分子和分母同时为 0，$U_{k/k-1,ij}$ 可取任意值，一般简单地取 $U_{k/k-1,ij}=0$ 即可，因而 UD 分解滤波可应用于均方误差阵为非负定情形。图 6.4.3 给出了 UD 分解各元素及中间变量 $\boldsymbol{W}_j^{(n-j)}$ 的计算顺序。

$$\begin{array}{lllll}
 & & & & \boldsymbol{W}_1^{(0)},\cdots,\boldsymbol{W}_{n-2}^{(0)},\boldsymbol{W}_{n-1}^{(0)},\boldsymbol{W}_n^{(0)};\\
\to D_{k/k-1,nn}; & U_{k/k-1,1n}, & \cdots, & U_{k/k-1,(n-2)n},\quad U_{k/k-1,(n-1)n}; & \boldsymbol{W}_1^{(1)},\cdots,\boldsymbol{W}_{n-2}^{(1)},\boldsymbol{W}_{n-1}^{(1)};\\
\to D_{k/k-1,(n-1)(n-1)}; & U_{k/k-1,1(n-1)}, & \cdots, & U_{k/k-1,(n-2)(n-1)}; & \boldsymbol{W}_1^{(2)},\cdots,\boldsymbol{W}_{n-2}^{(2)};\\
\vdots & \vdots & & & \vdots\\
\to D_{k/k-1,22}; & U_{k/k-1,12}; & & & \boldsymbol{W}_1^{(n-1)}\\
\to D_{k/k-1,11} & & & &
\end{array}$$

图 6.4.3　时间更新 UD 分解的计算顺序

需要特别说明的是，UD 分解滤波并不属于平方根滤波算法，不具备降低均方差阵 $\boldsymbol{P}_k$ 元素浮点数值表示位数的能力，特别地，当 $\boldsymbol{U}_k=\boldsymbol{I}$ 时有 $\boldsymbol{P}_k=\boldsymbol{D}_k$；UD 分解滤波仅仅是将均方差阵分解表示为特殊三角阵与对角阵之积，再分别更新，滤波过程中更容易保证结果的非负定性。

最后，给出几种平方根滤波以及 UD 分解滤波算法的 MATLAB 仿真程序，见附录 O.7。

6.5　遗忘滤波

标准 Kalman 滤波综合利用了历史所有量测值 $\boldsymbol{Z}_k$，当滤波模型准确时从理论上能够得到状态的最优估计 $\hat{\boldsymbol{X}}_k$，在经过较长时间滤波之后，滤波的增益计算回路一般会逐渐收敛，滤波增益 $\boldsymbol{K}_k$ 减小，使得滤波器的惯性不断增大，新的量测值对状态估计的修正作用逐渐减弱。但是，如果实际系统建模存在偏差，滤波器容易出现虚的过度收敛现象，均方误差阵 $\boldsymbol{P}_k$ 并不能如实反映状态估计精度。为了减轻过度收敛症状，使得状态估计能较好地适应新的量测值变化，研究者们提出了遗忘滤波算法，在滤波过程中刻意修改系统噪声 $\boldsymbol{Q}_k$ 和量测噪声 $\boldsymbol{R}_k$ 的权重，从而逐渐减小历史信息的权重，相对而言提高了新信息的权重，达到减小滤波器惯性的目的。遗忘滤波在系统建模不准情况下改善了滤波性能，是一种次优滤波算法。

针对状态空间模型式(5.3.1)，重写如下：

$$\left.\begin{aligned}\boldsymbol{X}_k &= \boldsymbol{\Phi}_{k/k-1}\boldsymbol{X}_{k-1} + \boldsymbol{\Gamma}_{k-1}\boldsymbol{W}_{k-1}\\ \boldsymbol{Z}_k &= \boldsymbol{H}_k\boldsymbol{X}_k + \boldsymbol{V}_k\end{aligned}\right\} \tag{6.5.1}$$

式中：$\boldsymbol{W}_k$，$\boldsymbol{V}_k$ 是零均值白噪声且两者不相关，对于某有限时间序列 $1 \sim N$，如果噪声的方差阵为

$$\left.\begin{aligned}E[\boldsymbol{W}_k\boldsymbol{W}_j^{\mathrm{T}}] &= s^{N-(k+1)}\boldsymbol{Q}_k\delta_{kj}\\ E[\boldsymbol{V}_k\boldsymbol{V}_j^{\mathrm{T}}] &= s^{N-k}\boldsymbol{R}_k\delta_{kj}\end{aligned}\quad (j,k \leqslant N)\right\} \tag{6.5.2}$$

式中：s 是略大于1的实数比例因子。式(6.5.2)的含义是，在序列最后 N 时刻看既往的系统噪声和量测噪声都以几何级数倍被放大了，即反着看状态和量测的不确定性逐渐增大了；或者说，与传统 Kalman 滤波模型相比，新系统噪声设置式(6.5.2)更加强调新近状态和量测的作用。式(6.5.2)便是遗忘滤波(或者称为渐消记忆滤波)的噪声模型假设，并且常称比例因子 s 为遗忘因子或渐消因子。

根据 Kalman 滤波基本公式(5.3.29)，不难写出在遗忘滤波噪声模型假设条件下的在 N 时刻的滤波公式，如下：

$$\left.\begin{aligned}\hat{\boldsymbol{X}}_{k/k-1}^N &= \boldsymbol{\Phi}_{k/k-1}\hat{\boldsymbol{X}}_{k-1}^N\\ \boldsymbol{P}_{k/k-1}^N &= \boldsymbol{\Phi}_{k/k-1}\boldsymbol{P}_{k-1}^N\boldsymbol{\Phi}_{k/k-1}^{\mathrm{T}} + \boldsymbol{\Gamma}_{k-1}s^{N-k}\boldsymbol{Q}_{k-1}\boldsymbol{\Gamma}_{k-1}^{\mathrm{T}}\\ \boldsymbol{K}_k^N &= \boldsymbol{P}_{k/k-1}^N\boldsymbol{H}_k^{\mathrm{T}}(\boldsymbol{H}_k\boldsymbol{P}_{k/k-1}^N\boldsymbol{H}_k^{\mathrm{T}} + s^{N-k}\boldsymbol{R}_k)^{-1}\\ \hat{\boldsymbol{X}}_k^N &= \hat{\boldsymbol{X}}_{k/k-1}^N + \boldsymbol{K}_k^N(\boldsymbol{Z}_k - \boldsymbol{H}_k\hat{\boldsymbol{X}}_{k/k-1}^N)\\ \boldsymbol{P}_k^N &= (\boldsymbol{I} - \boldsymbol{K}_k^N\boldsymbol{H}_k)\boldsymbol{P}_{k/k-1}^N\end{aligned}\right\} \tag{6.5.3}$$

注意，式中各符号(除 s 外)的右上标 N 不表示幂次方，而是表示 N 时刻的数据。

下面对滤波公式(6.5.3)作等效简化。

首先，将均方误差阵 $\boldsymbol{P}_{k/k-1}^N$ 公式的两边同时乘以因子 $s^{-(N-k)}$，可得

$$s^{-(N-k)}\boldsymbol{P}_{k/k-1}^N = \boldsymbol{\Phi}_{k/k-1}s^{-(N-k)}\boldsymbol{P}_{k-1}^N\boldsymbol{\Phi}_{k/k-1}^{\mathrm{T}} + \boldsymbol{\Gamma}_{k-1}\boldsymbol{Q}_{k-1}\boldsymbol{\Gamma}_{k-1}^{\mathrm{T}} \tag{6.5.4}$$

若简记

$$\boldsymbol{P}_{k-1}^* = s^{-[N-(k-1)]}\boldsymbol{P}_{k-1}^N,\quad \boldsymbol{P}_{k/k-1}^* = s^{-(N-k)}\boldsymbol{P}_{k/k-1}^N \tag{6.5.5}$$

则有

$$\boldsymbol{P}_{k/k-1}^* = \boldsymbol{\Phi}_{k/k-1}(s\boldsymbol{P}_{k-1}^*)\boldsymbol{\Phi}_{k/k-1}^{\mathrm{T}} + \boldsymbol{\Gamma}_{k-1}\boldsymbol{Q}_{k-1}\boldsymbol{\Gamma}_{k-1}^{\mathrm{T}} \tag{6.5.6}$$

其次，增益矩阵 $\boldsymbol{K}_k^N$ 可改写为

$$\begin{aligned}\boldsymbol{K}_k^N = s^{-(N-k)}\boldsymbol{P}_{k/k-1}^N\boldsymbol{H}_k^{\mathrm{T}}(\boldsymbol{H}_k s^{-(N-k)}\boldsymbol{P}_{k/k-1}^N\boldsymbol{H}_k^{\mathrm{T}}+\boldsymbol{R}_k)^{-1} = \\ \boldsymbol{P}_{k/k-1}^*\boldsymbol{H}_k^{\mathrm{T}}(\boldsymbol{H}_k\boldsymbol{P}_{k/k-1}^*\boldsymbol{H}_k^{\mathrm{T}}+\boldsymbol{R}_k)^{-1}\end{aligned} \tag{6.5.7}$$

而若将状态估计均方误差阵更新公式 $\boldsymbol{P}_k^N=(\boldsymbol{I}-\boldsymbol{K}_k^N\boldsymbol{H}_k)\boldsymbol{P}_{k/k-1}^N$ 的两边同时乘以 $s^{-(N-k)}$，则变为

$$s^{-(N-k)}\boldsymbol{P}_k^N=(\boldsymbol{I}-\boldsymbol{K}_k^N\boldsymbol{H}_k)s^{-(N-k)}\boldsymbol{P}_{k/k-1}^N \tag{6.5.8}$$

根据简化记号式(6.5.5)，式(6.5.8)即为

$$\boldsymbol{P}_k^*=(\boldsymbol{I}-\boldsymbol{K}_k^N\boldsymbol{H}_k)\boldsymbol{P}_{k/k-1}^* \tag{6.5.9}$$

最后，若改记

$$\hat{\boldsymbol{X}}_{k-1}^*=\hat{\boldsymbol{X}}_{k-1}^N,\quad \hat{\boldsymbol{X}}_k^*=\hat{\boldsymbol{X}}_k^N,\quad \hat{\boldsymbol{X}}_{k/k-1}^*=\hat{\boldsymbol{X}}_{k/k-1}^N,\quad \boldsymbol{K}_k^*=\boldsymbol{K}_k^N \tag{6.5.10}$$

则滤波公式(6.5.3)等价为

$$\left.\begin{aligned}&\hat{\boldsymbol{X}}_{k/k-1}^*=\boldsymbol{\Phi}_{k/k-1}\hat{\boldsymbol{X}}_{k-1}^*\\&\boldsymbol{P}_{k/k-1}^*=\boldsymbol{\Phi}_{k/k-1}(s\boldsymbol{P}_{k-1}^*)\boldsymbol{\Phi}_{k/k-1}^{\mathrm{T}}+\boldsymbol{\Gamma}_{k-1}\boldsymbol{Q}_{k-1}\boldsymbol{\Gamma}_{k-1}^{\mathrm{T}}\\&\boldsymbol{K}_k^*=\boldsymbol{P}_{k/k-1}^*\boldsymbol{H}_k^{\mathrm{T}}(\boldsymbol{H}_k\boldsymbol{P}_{k/k-1}^*\boldsymbol{H}_k^{\mathrm{T}}+\boldsymbol{R}_k)^{-1}\\&\hat{\boldsymbol{X}}_k^*=\hat{\boldsymbol{X}}_{k/k-1}^*+\boldsymbol{K}_k^*(\boldsymbol{Z}_k-\boldsymbol{H}_k\hat{\boldsymbol{X}}_{k/k-1}^*)\\&\boldsymbol{P}_k^*=(\boldsymbol{I}-\boldsymbol{K}_k^*\boldsymbol{H}_k)\boldsymbol{P}_{k/k-1}^*\end{aligned}\right\} \tag{6.5.11}$$

由式(6.5.11)结果可见，简化后的滤波公式(6.5.11)在形式上与当前时刻 N 无关，并且只需将前一时刻状态均方误差阵 $\boldsymbol{P}_{k-1}^*$ 乘上一个遗忘因子 s，即等效于扩大了状态预测的不确定性，淡忘了既往的估计，而其他公式与常规 Kalman 滤波公式完全相同。当遍历时刻 $N=1,2,3,\cdots$ 时，式(6.5.11)便构成了遗忘滤波递推公式。

如果遗忘因子 $s>1$，则根据式(6.5.11)中第二式有 $\boldsymbol{P}_{k/k-1}^*>\boldsymbol{P}_{k/k-1}$，再根据第三式在形式上有 $\boldsymbol{K}_k^*>\boldsymbol{K}_k$(理论上 $\boldsymbol{K}_k$ 不一定是方阵，不能比较大小)，又由于

$$\hat{\boldsymbol{X}}_k^*=\hat{\boldsymbol{X}}_{k/k-1}^*+\boldsymbol{K}_k^*(\boldsymbol{Z}_k-\boldsymbol{H}_k\hat{\boldsymbol{X}}_{k/k-1}^*)=(\boldsymbol{I}-\boldsymbol{K}_k^*\boldsymbol{H}_k)\hat{\boldsymbol{X}}_{k/k-1}^*+\boldsymbol{K}_k^*\boldsymbol{Z}_k \tag{6.5.12}$$

式(6.5.12)也说明了遗忘滤波增大了当前量测 $\boldsymbol{Z}_k$ 的权重，相应地减少了状态预测 $\hat{\boldsymbol{X}}_{k/k-1}^*$ 的权重，即减少了旧量测数据的影响。

显然，可以将常规 Kalman 滤波看作是遗忘滤波中当遗忘因子 $s=1$ 时的特殊情形。常规 Kalman 滤波综合利用了所有的历史信息；而在遗忘滤波中若 s 越大于1，则历史信息被遗忘的速度就越快。

6.6 自适应滤波

自适应滤波的研究内容和方法相当广泛，广义上说，能够根据实时量测自动调整滤波器参数并获得良好状态估计效果的方法都可称之为自适应滤波。本节主要对其中两种比较实用的方法作简要介绍 —— Sage - Husa 自适应滤波和软卡方检验自适应滤波。

6.6.1 Sage - Husa 量测方差自适应滤波

理论上，只有在随机动态系统的结构参数和噪声统计特性参数都准确已知的条件下，标准 Kalman 滤波才能获得状态的最优估计。然而，实际应用中，以上两类参数的获取都或多或少存在一些误差，致使 Kalman 滤波的精度降低，严重时还可能会引起滤波发散。不难理解，随

机系统的模型误差往往会影响到其输出，换言之，量测输出中很可能隐含了关于系统模型的某些信息，那么当系统模型参数不够准确时能否根据量测输出对部分参数进行重新估计建模呢？这实质上属于系统辨识问题。1969 年，学者 A. P. Sage 和 G. W. Husa 提出了一种自适应滤波算法，它在进行状态估计的同时还可以通过量测输出在线实时地估计系统的噪声参数，但要对所有的噪声参数（系统噪声均值和方差、量测噪声均值和方差）进行估计往往是不可能的，这里仅介绍实际中最常用也是比较有效的量测噪声方差阵自适应算法。

系统状态空间模型见式(5.3.1)，重写如下：

$$\left.\begin{aligned}\boldsymbol{X}_k &= \boldsymbol{\Phi}_{k/k-1}\boldsymbol{X}_{k-1} + \boldsymbol{\Gamma}_{k-1}\boldsymbol{W}_{k-1}\\ \boldsymbol{Z}_k &= \boldsymbol{H}_k\boldsymbol{X}_k + \boldsymbol{V}_k\end{aligned}\right\} \tag{6.6.1}$$

其中

$$\begin{cases}\mathrm{E}[\boldsymbol{W}_k]=\boldsymbol{0}, & \mathrm{E}[\boldsymbol{W}_k\boldsymbol{W}_j^{\mathrm{T}}]=\boldsymbol{Q}_k\delta_{kj}\\ \mathrm{E}[\boldsymbol{V}_k]=\boldsymbol{0}, & \mathrm{E}[\boldsymbol{V}_k\boldsymbol{V}_j^{\mathrm{T}}]=\boldsymbol{R}_k\delta_{kj}\\ \mathrm{E}[\boldsymbol{W}_k\boldsymbol{V}_j^{\mathrm{T}}]=\boldsymbol{0} & \end{cases}$$

但是，这里假设量测噪声方差阵 $\boldsymbol{R}_k$ 是未知的。

下面给出 $\boldsymbol{R}_k$ 的自适应估计方法。

在 Kalman 滤波中，量测预测误差（即新息）公式为

$$\tilde{\boldsymbol{Z}}_{k/k-1} = \boldsymbol{Z}_k - \hat{\boldsymbol{Z}}_{k/k-1} = \boldsymbol{H}_k\boldsymbol{X}_k + \boldsymbol{V}_k - \boldsymbol{H}_k\hat{\boldsymbol{X}}_{k/k-1} = \boldsymbol{H}_k\tilde{\boldsymbol{X}}_{k/k-1} + \boldsymbol{V}_k \tag{6.6.2}$$

在状态初始选取无偏的情况下状态一步预测误差 $\tilde{\boldsymbol{X}}_{k/k-1}$ 是无偏的，再由量测噪声 $\boldsymbol{V}_k$ 的均值为零，可知新息 $\tilde{\boldsymbol{Z}}_{k/k-1}$ 的均值也为零，进一步考虑到 $\tilde{\boldsymbol{X}}_{k/k-1}$ 与 $\boldsymbol{V}_k$ 之间互不相关，对式(6.6.2) 等号两边同时求方差，可得

$$\mathrm{E}[\tilde{\boldsymbol{Z}}_{k/k-1}\tilde{\boldsymbol{Z}}_{k/k-1}^{\mathrm{T}}] = \boldsymbol{H}_k\boldsymbol{P}_{k/k-1}\boldsymbol{H}_k^{\mathrm{T}} + \boldsymbol{R}_k \tag{6.6.3}$$

式(6.6.3) 移项，可得量测噪声方差阵的表达式

$$\boldsymbol{R}_k = \mathrm{E}[\tilde{\boldsymbol{Z}}_{k/k-1}\tilde{\boldsymbol{Z}}_{k/k-1}^{\mathrm{T}}] - \boldsymbol{H}_k\boldsymbol{P}_{k/k-1}\boldsymbol{H}_k^{\mathrm{T}} \tag{6.6.4}$$

式中：$\mathrm{E}[\tilde{\boldsymbol{Z}}_{k/k-1}\tilde{\boldsymbol{Z}}_{k/k-1}^{\mathrm{T}}]$ 在理论上表示随机序列的集总平均，然而在自适应滤波算法的实际应用中应当以时间平均代替，$\boldsymbol{R}_k$ 的等加权递推估计方法可构造如下：

$$\begin{aligned}\hat{\boldsymbol{R}}_k &= \frac{1}{k}\sum_{i=1}^{k}(\tilde{\boldsymbol{Z}}_{i/i-1}\tilde{\boldsymbol{Z}}_{i/i-1}^{\mathrm{T}} - \boldsymbol{H}_i\boldsymbol{P}_{i/i-1}\boldsymbol{H}_i^{\mathrm{T}}) =\\ &\frac{1}{k}\left[\sum_{i=1}^{k-1}(\tilde{\boldsymbol{Z}}_{i/i-1}\tilde{\boldsymbol{Z}}_{i/i-1}^{\mathrm{T}} - \boldsymbol{H}_i\boldsymbol{P}_{i/i-1}\boldsymbol{H}_i^{\mathrm{T}}) + (\tilde{\boldsymbol{Z}}_{k/k-1}\tilde{\boldsymbol{Z}}_{k/k-1}^{\mathrm{T}} - \boldsymbol{H}_k\boldsymbol{P}_{k/k-1}\boldsymbol{H}_k^{\mathrm{T}})\right] =\\ &\frac{1}{k}[(k-1)\hat{\boldsymbol{R}}_{k-1} + (\tilde{\boldsymbol{Z}}_{k/k-1}\tilde{\boldsymbol{Z}}_{k/k-1}^{\mathrm{T}} - \boldsymbol{H}_k\boldsymbol{P}_{k/k-1}\boldsymbol{H}_k^{\mathrm{T}})] =\\ &\left(1-\frac{1}{k}\right)\hat{\boldsymbol{R}}_{k-1} + \frac{1}{k}(\tilde{\boldsymbol{Z}}_{k/k-1}\tilde{\boldsymbol{Z}}_{k/k-1}^{\mathrm{T}} - \boldsymbol{H}_k\boldsymbol{P}_{k/k-1}\boldsymbol{H}_k^{\mathrm{T}})\end{aligned} \tag{6.6.5}$$

其中，初值 $\hat{\boldsymbol{R}}_0$ 可根据实际情况选择为适当大的方差阵。

在式(6.6.5)中，当 $k\to\infty$ 时有 $1/k\to 0$，也就是在长时间滤波后自适应能力将逐渐减弱，直至几乎失去自适应效果，为了始终保持适当大小的自适应能力，可将等加权式(6.6.5)改为指数渐消记忆加权平均，如下：

$$\hat{\boldsymbol{R}}_k = (1-\beta_k)\hat{\boldsymbol{R}}_{k-1} + \beta_k(\tilde{\boldsymbol{Z}}_{k/k-1}\tilde{\boldsymbol{Z}}_{k/k-1}^{\mathrm{T}} - \boldsymbol{H}_k\boldsymbol{P}_{k/k-1}\boldsymbol{H}_k^{\mathrm{T}}) \tag{6.6.6}$$

$$\beta_k = \frac{\beta_{k-1}}{\beta_{k-1}+b} \tag{6.6.7}$$

式中：初值 $\beta_0=1$，而 $0<b<1$ 称为渐消因子。当 k 充分大时，近似有 $\beta_k\approx1-b$，渐消因子 b 取得越小，则对新量测噪声变化的自适应能力就越强，常取 $b=0.9\sim0.999$。需要注意的是，渐消因子 b 也不能取得过小，否则噪声估计结果会跳变得太剧烈。

观察式(6.6.6)，如果实际系统的量测噪声与理论建模值相比偏小，则 $\tilde{\boldsymbol{Z}}_{k/k-1}\tilde{\boldsymbol{Z}}_{k/k-1}^{\mathrm{T}}$ 会比较小；如果初始状态噪声设置偏大，则 $\boldsymbol{H}_k\boldsymbol{P}_{k/k-1}\boldsymbol{H}_k^{\mathrm{T}}$ 会比较大。以上两种情况都可能导致 $\tilde{\boldsymbol{Z}}_{k/k-1}\tilde{\boldsymbol{Z}}_{k/k-1}^{\mathrm{T}}-\boldsymbol{H}_k\boldsymbol{P}_{k/k-1}\boldsymbol{H}_k^{\mathrm{T}}<0$，从而容易使 $\hat{\boldsymbol{R}}_k$ 失去正定性，引起滤波异常。避免该问题的一种有效办法是采用序贯滤波方法并对 $\hat{\boldsymbol{R}}_k$ 对角线每个元素的大小进行限制。

假设 $\hat{\boldsymbol{R}}_k$ 为对角线矩阵，采用序贯滤波在进行第 i 个标量序贯量测更新时，标量量测方程为

$$Z_k^{(i)}=\boldsymbol{H}_k^{(i)}\boldsymbol{X}_k+V_k^{(i)} \tag{6.6.8}$$

简记

$$\rho_k^{(i)}=(\tilde{Z}_{k/k-1}^{(i)})^2-\boldsymbol{H}_k^{(i)}\boldsymbol{P}_{k/k-1}^{(i)}(\boldsymbol{H}_k^{(i)})^{\mathrm{T}} \tag{6.6.9}$$

再利用如下式所示的下限条件 $R_{\min}^{(i)}$ 以保证 $\hat{R}_k^{(i)}$ 为正，同时利用上限条件 $R_{\max}^{(i)}$ 以快速降低量测 $Z_k^{(i)}$ 的可信度($R_{\max}^{(i)}$ 也可用于判断量测是否异常，若视为异常则放弃本次量测更新，这实际上蕴含了故障检测与隔离的思想)。

$$\hat{R}_k^{(i)}=\begin{cases}(1-\beta_k)\hat{R}_{k-1}^{(i)}+\beta_k R_{\min}^{(i)} & (\rho_k^{(i)}<R_{\min}^{(i)})\\ R_{\max}^{(i)} & (\rho_k^{(i)}>R_{\max}^{(i)})\\ (1-\beta_k)\hat{R}_{k-1}^{(i)}+\beta_k\rho_k^{(i)} & (\text{其他})\end{cases} \tag{6.6.10}$$

通过上述处理，便可将量测噪声 $\hat{R}_k^{(i)}$ 始终限制在区间 $[R_{\min}^{(i)},R_{\max}^{(i)}]$ 之内，从而具有较好的自适应能力及滤波可靠性。

以上便是传统的 Sage - Husa 量测噪声自适应滤波算法，它认为量测噪声的方差是缓慢变化的，若方差从一个值缓慢变化到另一个值，在新值上会维持一段较长的时间。该方法并不适用于方差快速变化的情形。

为了适应量测噪声方差快速变化或者偶尔出现量测粗差情形，可将式(6.6.10)改造为

$$\hat{R}_k^{(i)}=\begin{cases}R_k^{(i)} & (\rho_k^{(i)}\leqslant s^2R_k^{(i)})\\ \rho_k^{(i)}/s^2 & (\rho_k^{(i)}>s^2R_k^{(i)})\end{cases} \tag{6.6.11}$$

式中：s 称为粗差噪声均方差的缩小因子，可取 2～4，比如若取 $s=2$，则条件 $\rho_k^{(i)}\leqslant s^2R_k^{(i)}$ 表示在高斯分布的 $\pm2\sigma$($\sigma=\sqrt{R_k^{(i)}}$)范围内的量测噪声都视为正常噪声；而条件 $\rho_k^{(i)}>s^2R_k^{(i)}$ 表示量测出现粗差噪声，这时方差估计 $\hat{R}_k^{(i)}$ 简单地赋值为粗差平方后再缩小 $1/s^2$，即 $\hat{R}_k^{(i)}=\rho_k^{(i)}/s^2$。由式(6.6.11)可见，只要 $\rho_k^{(i)}>s^2R_k^{(i)}$，量测噪声都会被视为粗差噪声：如果 $\rho_k^{(i)}$ 的偏差不大(小粗差)则 $\hat{R}_k^{(i)}$ 对状态估计会有一定贡献；如果 $\rho_k^{(i)}$ 偏差严重(大粗差)，对应的量测方差 $\hat{R}_k^{(i)}$ 也将变得很大，其对状态估计的影响会非常微小，隐含了一定的抗大粗差干扰能力。不难看出，式(6.6.11)是式(6.6.10)在 $R_k^{(i)}=R_{\min}^{(i)}$，$b=0$(即 $\beta_k=1$)且 $s=1$ 时的特殊情形。

6.6.2 软卡方检验自适应滤波

1. 量测故障的卡方检验原理

将 Kalman 滤波中的量测更新公式重写为

$$\left.\begin{aligned}&\tilde{\boldsymbol{Z}}_{k/k-1}=\boldsymbol{Z}_k-\boldsymbol{H}_k\hat{\boldsymbol{X}}_{k/k-1}\\&\boldsymbol{P}_{ZZ,k/k-1}=\boldsymbol{H}_k\boldsymbol{P}_{k/k-1}\boldsymbol{H}_k^{\mathrm{T}}+\boldsymbol{R}_k\\&\boldsymbol{K}_k=\boldsymbol{P}_{k/k-1}\boldsymbol{H}_k^{\mathrm{T}}\boldsymbol{P}_{ZZ,k/k-1}^{-1}\\&\hat{\boldsymbol{X}}_k=\hat{\boldsymbol{X}}_{k/k-1}+\boldsymbol{K}_k\tilde{\boldsymbol{Z}}_{k/k-1}\\&\boldsymbol{P}_k=(\boldsymbol{I}-\boldsymbol{K}_k\boldsymbol{H}_k)\boldsymbol{P}_{k/k-1}\end{aligned}\right\}\tag{6.6.12}$$

由量测新息 $\tilde{\boldsymbol{Z}}_{k/k-1}$ 及其均方差阵 $\boldsymbol{P}_{ZZ,k/k-1}$ 可构造统计量

$$\lambda_k=\tilde{\boldsymbol{Z}}_{k/k-1}^{\mathrm{T}}\boldsymbol{P}_{ZZ,k/k-1}^{-1}\tilde{\boldsymbol{Z}}_{k/k-1}\tag{6.6.13}$$

根据数理统计知识知，λ_k 服从自由度为 m 的卡方分布，即 $\lambda_k\sim\chi^2(m)$。在量测正常情况下，统计量 λ_k 的数值应当比较小；而如果量测出现异常，λ_k 将变得较大，量测正常与否一般以某选定的阈值 T_{Dm} 作为判断门限，即

$$\left.\begin{aligned}&\lambda_k\leqslant T_{Dm}\quad\text{量测正常（记为 }\chi_k=1\text{）}\\&\lambda_k>T_{Dm}\quad\text{量测异常（记为 }\chi_k=0\text{）}\end{aligned}\right\}\tag{6.6.14}$$

这便是 Kalman 滤波量测故障的传统卡方检测原理。在滤波过程中可以计算统计量 λ_k，根据其大小实时监测量测是否异常，进而决定是否进行量测更新，式(6.6.12)中的量测及其均方差阵更新方程可改写为

$$\left.\begin{aligned}&\hat{\boldsymbol{X}}_k=\hat{\boldsymbol{X}}_{k/k-1}+\sqrt{\chi_k}\boldsymbol{K}_k\tilde{\boldsymbol{Z}}_{k/k-1}\\&\boldsymbol{P}_k=(\boldsymbol{I}-\chi_k\boldsymbol{K}_k\boldsymbol{H}_k)\boldsymbol{P}_{k/k-1}\end{aligned}\right\}\tag{6.6.15}$$

显然，当 $\chi_k=1$ 即 $\lambda_k\leqslant T_{Dm}$ 时，进行正常的 Kalman 滤波量测更新；而当 $\chi_k=0$ 即 $\lambda_k>T_{Dm}$ 时，则放弃量测更新，达到隔离异常量测的目的。

2. 基于软卡方检验的自适应滤波

传统卡方检测方法有效的前提条件是滤波系统模型准确无误，然而量测噪声参数可能会随着系统运动状态变化、建模不完善、系统老化或运行环境等原因，难以完全精确建模，这样就会使得卡方检测阈值 T_{Dm} 难以严格地按理论方法准确确定。阈值设置过大会造成故障检测概率降低，存在将较多的异常值引入滤波量测的风险，从而造成滤波误差增大；阈值设置过小又会造成故障虚警概率增大，经常性的虚警降低了量测利用率，量测修正作用减小也会降低滤波估计精度。

传统卡方检测方法的结果是二值化的，非 0 即 1，再无任何中间状态。对于有些应用场合，在量测信息正常（信任）与异常（丢弃）之间还可能存在大量的中间状态（可疑），仅简单地使用卡方检测二值化结果就不太合适了。为了利用可疑量测信息，将式(6.6.15)改造为

$$\left.\begin{aligned}&\hat{\boldsymbol{X}}_k=\hat{\boldsymbol{X}}_{k/k-1}+\sqrt{\gamma_k}\boldsymbol{K}_k\tilde{\boldsymbol{Z}}_{k/k-1}\\&\boldsymbol{P}_k=(\boldsymbol{I}-\gamma_k\boldsymbol{K}_k\boldsymbol{H}_k)\boldsymbol{P}_{k/k-1}\end{aligned}\right\}\tag{6.6.16}$$

$$\gamma_k=\begin{cases}1 & \lambda_k\leqslant T_{Dm}\\ T_{Dm}/\lambda_k & \lambda_k>T_{Dm}\end{cases}\tag{6.6.17}$$

显然，当量测新息出现异常时，式(6.6.16)中的等效滤波增益 $\sqrt{\gamma_k}\boldsymbol{K}_k$ 对新息的利用会随着新息增大而逐渐下降，是一种软下降方式，因此称之为软卡方检测方法。相较于式(6.6.16)，可将传统卡方检测式(6.6.15)中新息利用的二值化硬下降（从 1 直接跳变到 0）的方法称为硬卡方检测方法。

值得特别指出的是，如果式(6.6.12)中量测是多维的，传统卡方检测将多维量测视为整

体，只要有任何一个分量出现异常，卡方检测方法都会同时降低其他正常量测分量的新息利用率，这种处理方式不是很合理，为了避免该缺陷，需对各量测分量逐一作卡方检测。如果在Kalman滤波模型中，各量测分量之间是不相关的，即量测噪声均方差阵 $\boldsymbol{R}_k$ 为对角线矩阵，则采用序贯滤波处理后，各序贯量测更新的卡方检测就是相当于对单个量测分量的逐一处理。如果 $\boldsymbol{R}_k$ 为非对角线矩阵，不妨记 $\tilde{Z}_{k/k-1}^{(i)}$ 为新息 $\tilde{\boldsymbol{Z}}_{k/k-1}$ 的第 $i(i=1,2,\cdots,m)$ 个分量，$P_{ZZ,k/k-1}^{(ii)}$ 为新息均方差阵 $\boldsymbol{P}_{ZZ,k/k-1}$ 的第 i 行 i 列对角线元素，且记统计量

$$\lambda_k^{(i)}=\tilde{Z}_{k/k-1}^{\mathrm{T}}(P_{ZZ,k/k-1}^{(ii)})^{-1}\tilde{Z}_{k/k-1}^{(i)}=(\tilde{Z}_{k/k-1}^{(i)})^2/P_{ZZ,k/k-1}^{(ii)} \tag{6.6.18}$$

不难理解，各统计量 $\lambda_k^{(i)}$ 均服从自由度为1的卡方分布，即有 $\lambda_{k(i)}\sim\chi^2(1)$。

参考式(6.6.16)和式(6.6.17)，推广和建立由 $\lambda_k^{(i)}$ 构造的Kalman滤波量测更新方法，如下：

$$\left.\begin{aligned}&\boldsymbol{K}_k=\boldsymbol{P}_{k/k-1}\boldsymbol{H}_k^{\mathrm{T}}\sqrt{\boldsymbol{\gamma}_k}\boldsymbol{P}_{ZZ,k/k-1}^{-1}\\&\hat{\boldsymbol{X}}_k=\hat{\boldsymbol{X}}_{k/k-1}+\boldsymbol{K}_k\tilde{\boldsymbol{Z}}_{k/k-1}\\&\boldsymbol{P}_k=(\boldsymbol{I}-\boldsymbol{K}_k\sqrt{\boldsymbol{\gamma}_k}^{\mathrm{T}}\boldsymbol{H}_k)\boldsymbol{P}_{k/k-1}\end{aligned}\right\} \tag{6.6.19}$$

$$\sqrt{\boldsymbol{\gamma}_k}=\mathrm{diag}(\sqrt{\gamma_k^{(1)}}\quad\sqrt{\gamma_k^{(2)}}\quad\cdots\quad\sqrt{\gamma_k^{(m)}}) \tag{6.6.20}$$

$$\gamma_k^{(i)}=\begin{cases}1 & \lambda_k^{(i)}\leqslant T_{D1}\\T_{D1}/\lambda_k^{(i)} & \lambda_k^{(i)}>T_{D1}\end{cases} \tag{6.6.21}$$

在式(6.6.19)中，修改了滤波增益 $\boldsymbol{K}_k$ 的计算方式，其目的是为了保证之后均方差阵 $\boldsymbol{P}_k$ 计算的对称性，显然，式(6.6.16)是式(6.6.19)中 γ_k 各分量都相等时的特殊情形。在式(6.6.19)中，参数 T_{D1} 是自由度为1的卡方统计量 $\lambda_k^{(i)}$ 的故障检测设置阈值，当取显著性水平为0.05时有 $T_{D1}\approx3.8$。

最后指出，与常规Kalman滤波算法不同，在自适应滤波中滤波计算回路对增益计算回路产生了影响，因而自适应滤波的滤波计算回路不再是简单线性的，其实质上是一个异常复杂的非线性系统。理论上要进行自适应滤波的可观测性和稳定性等分析是非常困难的，所以实际使用中应尽量减少自适应参数的个数，以利于保证滤波的有效性。

6.7 量测故障检测与强跟踪滤波

为方便叙述，重写系统状态空间模型式(5.3.1)，如下：

$$\left.\begin{aligned}&\boldsymbol{X}_k=\boldsymbol{\Phi}_{k/k-1}\boldsymbol{X}_{k-1}+\boldsymbol{\Gamma}_{k-1}\boldsymbol{W}_{k-1}\\&\boldsymbol{Z}_k=\boldsymbol{H}_k\boldsymbol{X}_k+\boldsymbol{V}_k\end{aligned}\right\} \tag{6.7.1}$$

其中

$$\begin{cases}\mathrm{E}[\boldsymbol{W}_k]=\boldsymbol{0}, & \mathrm{E}[\boldsymbol{W}_k\boldsymbol{W}_j^{\mathrm{T}}]=\boldsymbol{Q}_k\delta_{kj}\\\mathrm{E}[\boldsymbol{V}_k]=\boldsymbol{0}, & \mathrm{E}[\boldsymbol{V}_k\boldsymbol{V}_j^{\mathrm{T}}]=\boldsymbol{R}_k\delta_{kj}\\\mathrm{E}[\boldsymbol{W}_k\boldsymbol{V}_j^{\mathrm{T}}]=\boldsymbol{0}\end{cases}$$

在建模准确的情况下，标准Kalman滤波的新息序列在理论上是白噪声，参见式(5.3.42)，其方差阵重写为

$$\mathrm{E}[\tilde{\boldsymbol{Z}}_{k/k-1}\tilde{\boldsymbol{Z}}_{k/k-1}^{\mathrm{T}}]=\boldsymbol{H}_k(\boldsymbol{\Phi}_{k/k-1}\boldsymbol{P}_{k-1}\boldsymbol{\Phi}_{k/k-1}^{\mathrm{T}}+\boldsymbol{\Gamma}_{k-1}\boldsymbol{Q}_{k-1}\boldsymbol{\Gamma}_{k-1}^{\mathrm{T}})\boldsymbol{H}_k^{\mathrm{T}}+\boldsymbol{R}_k \tag{6.7.2}$$

同样采用形如式(6.6.6)的渐消加权方法，由实际滤波的新息时间序列估计如下方差阵：

$$\hat{\boldsymbol{C}}_k=(1-\beta_k)\hat{\boldsymbol{C}}_{k-1}+\beta_k\tilde{\boldsymbol{Z}}_{k/k-1}\tilde{\boldsymbol{Z}}_{k/k-1}^{\mathrm{T}} \tag{6.7.3}$$

理论上，式(6.7.2)和式(6.7.3)应当一致，即近似有

$$\hat{\boldsymbol{C}}_k\approx\boldsymbol{H}_k(\boldsymbol{\Phi}_{k/k-1}\boldsymbol{P}_{k-1}\boldsymbol{\Phi}_{k/k-1}^{\mathrm{T}}+\boldsymbol{\Gamma}_{k-1}\boldsymbol{Q}_{k-1}\boldsymbol{\Gamma}_{k-1}^{\mathrm{T}})\boldsymbol{H}_k^{\mathrm{T}}+\boldsymbol{R}_k \tag{6.7.4}$$

对于实际系统，如果建模不够准确，不论是系统结构参数 $\boldsymbol{\Phi}_{k/k-1}$，$\boldsymbol{\Gamma}_{k-1}$，$\boldsymbol{H}_k$ 还是噪声参数 $\boldsymbol{Q}_k$，$\boldsymbol{R}_k$ 存在描述偏差，都会破坏式(6.7.4)的平衡性，以下称之为新息方差阵失配，简称新息失配。

基于不同的视角，对式(6.7.4)是否成立进行判断和相应的数据处理，将会得到不一样的滤波器性能，分别介绍如下。

6.7.1　量测故障的检测与隔离

在式(6.7.1)中，假设系统参数 $\boldsymbol{\Phi}_{k/k-1}$，$\boldsymbol{\Gamma}_{k-1}$，$\boldsymbol{H}_k$，$\boldsymbol{Q}_k$，$\boldsymbol{R}_k$ 均正确，当新息失配严重时，往往是量测 $\boldsymbol{Z}_k$ 出现异常波动，将使得由式(6.7.3)计算的新息方差阵 $\hat{\boldsymbol{C}}_k$ 变得很大，若式(6.7.4)按求迹运算处理，会有

$$\mathrm{tr}(\hat{\boldsymbol{C}}_k)\gg\mathrm{tr}[\boldsymbol{H}_k(\boldsymbol{\Phi}_{k/k-1}\boldsymbol{P}_{k-1}\boldsymbol{\Phi}_{k/k-1}^{\mathrm{T}}+\boldsymbol{\Gamma}_{k-1}\boldsymbol{Q}_{k-1}\boldsymbol{\Gamma}_{k-1}^{\mathrm{T}})\boldsymbol{H}_k^{\mathrm{T}}+\boldsymbol{R}_k] \tag{6.7.5}$$

这时须直接将量测 $\boldsymbol{Z}_k$ 隔离，不再进入 Kalman 滤波量测更新，以减少有害量测的不利影响。

由于求迹运算式(6.7.5)将所有量测作为整体处理，无法具体分离出哪个量测分量出现故障，在实际使用中，为了能够精细检测某一异常波动量测分量的影响，可采用将向量量测改为序贯滤波的方法对每一个标量量测进行故障检测，经过检测之后，异常量测分量被隔离，但正常量测分量仍然可以参与 Kalman 滤波量测更新。与整体处理法相比，序贯处理法提高了量测信息的利用率。

6.7.2　量测方差自适应滤波

假设系统参数 $\boldsymbol{\Phi}_{k/k-1}$，$\boldsymbol{\Gamma}_{k-1}$，$\boldsymbol{H}_k$，$\boldsymbol{Q}_k$ 均正确，将式(6.7.4)移项，变为

$$\hat{\boldsymbol{C}}_k-\boldsymbol{H}_k(\boldsymbol{\Phi}_{k/k-1}\boldsymbol{P}_{k-1}\boldsymbol{\Phi}_{k/k-1}^{\mathrm{T}}+\boldsymbol{\Gamma}_{k-1}\boldsymbol{Q}_{k-1}\boldsymbol{\Gamma}_{k-1}^{\mathrm{T}})\boldsymbol{H}_k^{\mathrm{T}}\approx\boldsymbol{R}_k \tag{6.7.6}$$

在新息失配症状较轻的情况下，认为量测方差阵 $\boldsymbol{R}_k$ 的设置存在偏差，实时对其大小作整体调整，使式(6.7.6)成立，即

$$\hat{\boldsymbol{C}}_k-\boldsymbol{H}_k(\boldsymbol{\Phi}_{k/k-1}\boldsymbol{P}_{k-1}\boldsymbol{\Phi}_{k/k-1}^{\mathrm{T}}+\boldsymbol{\Gamma}_{k-1}\boldsymbol{Q}_{k-1}\boldsymbol{\Gamma}_{k-1}^{\mathrm{T}})\boldsymbol{H}_k^{\mathrm{T}}=\alpha_k\boldsymbol{R}_k \tag{6.7.7}$$

式中：比例系数 α_k 可定义为

$$\alpha_k=\frac{\mathrm{tr}(\hat{\boldsymbol{C}}_k-\boldsymbol{H}_k(\boldsymbol{\Phi}_{k/k-1}\boldsymbol{P}_{k-1}\boldsymbol{\Phi}_{k/k-1}^{\mathrm{T}}+\boldsymbol{\Gamma}_{k-1}\boldsymbol{Q}_{k-1}\boldsymbol{\Gamma}_{k-1}^{\mathrm{T}})\boldsymbol{H}_k^{\mathrm{T}})}{\mathrm{tr}(\boldsymbol{R}_k)} \tag{6.7.8}$$

将修正后的 $\alpha_k\boldsymbol{R}_k$ 代替 $\boldsymbol{R}_k$ 用于 Kalman 滤波量测更新，从而实现了量测噪声方差的自适应滤波。当然，这里也可采用序贯量测自适应数据处理方法，以对每一个量测噪声分量进行更有针对性的自适应。这一处理方法与 6.6 节 Sage - Husa 自适应滤波效果类似。

6.7.3　单重渐消因子自适应滤波

将式(6.7.4)移项，变为

$$\hat{\boldsymbol{C}}_k-\boldsymbol{H}_k\boldsymbol{\Gamma}_{k-1}\boldsymbol{Q}_{k-1}\boldsymbol{\Gamma}_{k-1}^{\mathrm{T}}\boldsymbol{H}_k^{\mathrm{T}}-\boldsymbol{R}_k\approx\boldsymbol{H}_k\boldsymbol{\Phi}_{k/k-1}\boldsymbol{P}_{k-1}\boldsymbol{\Phi}_{k/k-1}^{\mathrm{T}}\boldsymbol{H}_k^{\mathrm{T}} \tag{6.7.9}$$

如果系统参数 $\boldsymbol{\Phi}_{k/k-1}$，$\boldsymbol{\Gamma}_{k-1}$，$\boldsymbol{H}_k$，$\boldsymbol{Q}_k$ 或 $\boldsymbol{R}_k$ 中的某些不明参数建模不够准确，随着滤波的进行，可能会引起状态估计精度变差，导致新息失配。现人为强制调整状态估计均方误差阵 $\boldsymbol{P}_{k-1}$，将式(6.7.9)修改为

$$\hat{\boldsymbol{C}}_k-\boldsymbol{H}_k\boldsymbol{\Gamma}_{k-1}\boldsymbol{Q}_{k-1}\boldsymbol{\Gamma}_{k-1}^{\mathrm{T}}\boldsymbol{H}_k^{\mathrm{T}}-\boldsymbol{R}_k=\boldsymbol{H}_k\boldsymbol{\Phi}_{k/k-1}(\lambda_k\boldsymbol{P}_{k-1})\boldsymbol{\Phi}_{k/k-1}^{\mathrm{T}}\boldsymbol{H}_k^{\mathrm{T}} \tag{6.7.10}$$

对式(6.7.10)等号两边同时作矩阵的求迹运算，考虑到比例系数 λ_k 不宜小于 1，可得

$$\lambda_k=\max\left(1,\frac{\mathrm{tr}(\boldsymbol{N}_k)}{\mathrm{tr}(\boldsymbol{M}_k)}\right) \tag{6.7.11}$$

其中

$$\boldsymbol{N}_k=\hat{\boldsymbol{C}}_k-\boldsymbol{H}_k\boldsymbol{\Gamma}_{k-1}\boldsymbol{Q}_{k-1}\boldsymbol{\Gamma}_{k-1}^{\mathrm{T}}\boldsymbol{H}_k^{\mathrm{T}}-\boldsymbol{R}_k \tag{6.7.12}$$

$$\boldsymbol{M}_k=\boldsymbol{H}_k\boldsymbol{\Phi}_{k/k-1}\boldsymbol{P}_{k-1}\boldsymbol{\Phi}_{k/k-1}^{\mathrm{T}}\boldsymbol{H}_k^{\mathrm{T}} \tag{6.7.13}$$

这时 Kalman 滤波方程变为

$$\left.\begin{aligned}
&\hat{\boldsymbol{X}}_{k/k-1}=\boldsymbol{\Phi}_{k/k-1}\hat{\boldsymbol{X}}_{k-1}\\
&\boldsymbol{P}_{k/k-1}=\boldsymbol{\Phi}_{k/k-1}(\lambda_k\boldsymbol{P}_{k-1})\boldsymbol{\Phi}_{k/k-1}^{\mathrm{T}}+\boldsymbol{\Gamma}_{k-1}\boldsymbol{Q}_{k-1}\boldsymbol{\Gamma}_{k-1}^{\mathrm{T}}\\
&\boldsymbol{K}_k=\boldsymbol{P}_{k/k-1}\boldsymbol{H}_k^{\mathrm{T}}(\boldsymbol{H}_k\boldsymbol{P}_{k/k-1}\boldsymbol{H}_k^{\mathrm{T}}+\boldsymbol{R}_k)^{-1}\\
&\hat{\boldsymbol{X}}_k=\hat{\boldsymbol{X}}_{k/k-1}+\boldsymbol{K}_k(\boldsymbol{Z}_k-\boldsymbol{H}_k\hat{\boldsymbol{X}}_{k/k-1})\\
&\boldsymbol{P}_k=(\boldsymbol{I}-\boldsymbol{K}_k\boldsymbol{H}_k)\boldsymbol{P}_{k/k-1}
\end{aligned}\right\} \tag{6.7.14}$$

与遗忘滤波式(6.5.11)相比，式(6.7.14)在形式上完全相同，只是这里引入了自适应调整渐消因子 λ_k 的算法。由式(6.7.11)知 $\lambda_k\geqslant 1$，可见新息失配时总是对 $\boldsymbol{P}_{k-1}$ 作放大处理，使得滤波增益 $\boldsymbol{K}_k$ 变大，加大了量测对状态估计的修正作用以更加快速地跟踪量测的变化，使用该类数据处理方法的滤波器也常称为强跟踪 Kalman 滤波器(Strong Tracking KF，STKF)。显然，当不存在新息失配时有 $\lambda_k=1$，STKF 便退化为普通的 Kalman 滤波，同样具有最优的状态估计精度。

6.7.4 多重渐消因子自适应滤波

在式(6.7.10)中，对所有的状态分量均选用相同的渐消因子 λ_k(单重渐消因子法)，然而，对于高维系统而言，模型的不确定性对不同的状态分量的影响往往是不一样的，宜采用多个渐消因子对不同的状态分量进行不一样的自适应调整(多重渐消因子法)。将式(6.7.10)修改为

$$\hat{\boldsymbol{C}}_k-\boldsymbol{H}_k\boldsymbol{\Gamma}_{k-1}\boldsymbol{Q}_{k-1}\boldsymbol{\Gamma}_{k-1}^{\mathrm{T}}\boldsymbol{H}_k^{\mathrm{T}}-\boldsymbol{R}_k=\boldsymbol{H}_k\boldsymbol{\Phi}_{k/k-1}(\boldsymbol{\Lambda}_k\boldsymbol{P}_{k-1}\boldsymbol{\Lambda}_k)\boldsymbol{\Phi}_{k/k-1}^{\mathrm{T}}\boldsymbol{H}_k^{\mathrm{T}} \tag{6.7.15}$$

式中：多重渐消因子矩阵 $\boldsymbol{\Lambda}_k$ 为对角阵，定义为

$$\boldsymbol{\Lambda}_k=\mathrm{diag}\left(\sqrt{\lambda_k(1)},\sqrt{\lambda_k(2)},\cdots,\sqrt{\lambda_k(n)}\right)=\sqrt{c_k}\boldsymbol{\alpha} \tag{6.7.16}$$

$$\boldsymbol{\alpha}=\mathrm{diag}\left(\sqrt{\alpha_1},\sqrt{\alpha_2},\cdots,\sqrt{\alpha_n}\right) \tag{6.7.17}$$

式中：$\lambda_k(i)=c_k\alpha_i$，c_k 为待定系数，$\alpha_i\geqslant 1(i=1,2,\cdots,n)$为针对第 i 个状态分量 $X_k^{(i)}$ 事先确定好的经验渐消比例系数。

对式(6.7.15)等号两边同时作求迹运算，可得

$$\mathrm{tr}(\boldsymbol{N}_k)=\mathrm{tr}[\boldsymbol{H}_k\boldsymbol{\Phi}_{k/k-1}(\boldsymbol{\Lambda}_k\boldsymbol{P}_{k-1}\boldsymbol{\Lambda}_k)\boldsymbol{\Phi}_{k/k-1}^{\mathrm{T}}\boldsymbol{H}_k^{\mathrm{T}}]=c_k\mathrm{tr}[\boldsymbol{H}_k\boldsymbol{\Phi}_{k/k-1}(\boldsymbol{\alpha}\boldsymbol{P}_{k-1}\boldsymbol{\alpha})\boldsymbol{\Phi}_{k/k-1}^{\mathrm{T}}\boldsymbol{H}_k^{\mathrm{T}}] \tag{6.7.18}$$

由此可求得待定系数

$$c_k=\frac{\mathrm{tr}(\boldsymbol{N}_k)}{\mathrm{tr}(\boldsymbol{M}_k)} \tag{6.7.19}$$

其中

$$\boldsymbol{N}_k=\hat{\boldsymbol{C}}_k-\boldsymbol{H}_k\boldsymbol{\Gamma}_{k-1}\boldsymbol{Q}_{k-1}\boldsymbol{\Gamma}_{k-1}^{\mathrm{T}}\boldsymbol{H}_k^{\mathrm{T}}-\boldsymbol{R}_k \tag{6.7.20}$$

$$\boldsymbol{M}_k=\boldsymbol{H}_k\boldsymbol{\Phi}_{k/k-1}(\boldsymbol{\alpha}\boldsymbol{P}_{k-1}\boldsymbol{\alpha})\boldsymbol{\Phi}_{k/k-1}^{\mathrm{T}}\boldsymbol{H}_k^{\mathrm{T}} \tag{6.7.21}$$

同样地，考虑到渐消因子一般应不小于 1，须进行如下技术处理：

$$\lambda_k(i)=\max(1,c_k\alpha_i) \tag{6.7.22}$$

当已知状态分量 $X_k(i)$ 容易突变时，宜取稍大的比例系数 $\alpha_i>1$，当无法知道 $X_k(i)$ 是否易于突变时，则可简单地取 $\alpha_i=1$，而如果已知 $X_k(i)$ 不会突变则可直接取 $\lambda_k(i)=1$。如何选取合适的 α_i 是强跟踪滤波的一大难题。

至此，得到多重渐消因子 Kalman 滤波方程为

$$\left.\begin{aligned}
&\hat{\boldsymbol{X}}_{k/k-1}=\boldsymbol{\Phi}_{k/k-1}\hat{\boldsymbol{X}}_{k-1}\\
&\boldsymbol{P}_{k/k-1}=\boldsymbol{\Phi}_{k/k-1}(\boldsymbol{\Lambda}_k\boldsymbol{P}_{k-1}\boldsymbol{\Lambda}_k)\boldsymbol{\Phi}_{k/k-1}^{\mathrm{T}}+\boldsymbol{\Gamma}_{k-1}\boldsymbol{Q}_{k-1}\boldsymbol{\Gamma}_{k-1}^{\mathrm{T}}\\
&\boldsymbol{K}_k=\boldsymbol{P}_{k/k-1}\boldsymbol{H}_k^{\mathrm{T}}(\boldsymbol{H}_k\boldsymbol{P}_{k/k-1}\boldsymbol{H}_k^{\mathrm{T}}+\boldsymbol{R}_k)^{-1}\\
&\hat{\boldsymbol{X}}_k=\hat{\boldsymbol{X}}_{k/k-1}+\boldsymbol{K}_k(\boldsymbol{Z}_k-\boldsymbol{H}_k\hat{\boldsymbol{X}}_{k/k-1})\\
&\boldsymbol{P}_k=(\boldsymbol{I}-\boldsymbol{K}_k\boldsymbol{H}_k)\boldsymbol{P}_{k/k-1}
\end{aligned}\right\} \tag{6.7.23}$$

需要指出的是，从前述式(6.7.19)求迹处理上不难看出，所谓强跟踪是从误差整体上的“强跟踪”，这对于高维系统而言很难保证每一个状态分量都有良好的估计性能，这是强跟踪滤波的又一大问题甚至缺陷，难以获得实际应用。

6.7.5　基于序贯算法的多重渐消因子自适应滤波

在式(6.7.19)中，求迹运算 $\mathrm{tr}(\boldsymbol{N}_k)$ 从整体上考虑了所有新息分量的共同影响，可能会使得有突变的新息分量影响到未突变状态的估计。为了进一步提升多重渐消因子算法的滤波效果，可考虑将其与序贯滤波结合，针对每一标量量测分量逐一进行多重渐消因子滤波。

假设模型式(6.7.1)中 $\boldsymbol{R}_k$ 为对角阵(若不满足则可按 6.2 节作变换，过程从略)，m 维量测方程的第 j $(j=1,2,\cdots,m)$ 个标量量测分量可表示为

$$Z_k^{(j)}=\boldsymbol{H}_k^{(j)}\boldsymbol{X}_k+V_k^{(j)} \tag{6.7.24}$$

参见图 6.2.1，由于在序贯滤波中只存在一次时间更新，而量测更新有多次，难以在每一次量测更新中实现对 $\boldsymbol{P}_{k-1}$ 的修正。这里考虑直接对图 6.2.1 序贯滤波中的状态预测均方误差阵 $\boldsymbol{P}_k^{(j)}$ 作处理，同样能够达到自适应修正滤波增益的目的，方法简单介绍如下。

对于第 j 个标量量测，根据式(6.7.24)有

$$\hat{C}_k^{(j)}-R_k^{(j)}=\boldsymbol{H}_k^{(j)}(\boldsymbol{\Lambda}_k^{(j)}\boldsymbol{P}_k^{(j-1)}\boldsymbol{\Lambda}_k^{(j)})(\boldsymbol{H}_k^{(j)})^{\mathrm{T}} \tag{6.7.25}$$

其中：$\hat{C}_k^{(j)}=(1-\beta_k^{(j)})\hat{C}_{k-1}^{(j)}+\beta_k^{(j)}(\tilde{Z}_{k/k-1}^{(j)})^2$；$R_k^{(j)}$ 为量测噪声分量 $V_k^{(j)}$ 的方差；$\boldsymbol{P}_k^{(0)}=\boldsymbol{P}_{k/k-1}$。式(6.7.25)为一维的标量方程，多重渐消因子 $\boldsymbol{\Lambda}_k^{(j)}$ 为对角阵，共有 n 个待定元素，其解不唯一。类似于式(6.7.16)，给定 $\boldsymbol{\Lambda}_k^{(j)}$ 的设置公式为

$$\boldsymbol{\Lambda}_k^{(j)}=\mathrm{diag}\left(\sqrt{\lambda_k^{(j)}(1)},\sqrt{\lambda_k^{(j)}(2)},\cdots,\sqrt{\lambda_k^{(j)}(n)}\right)=\sqrt{c_k^{(j)}}\boldsymbol{\alpha}^{(j)} \tag{6.7.26}$$

$$\boldsymbol{\alpha}^{(j)}=\mathrm{diag}\left(\sqrt{\alpha_1^{(j)}},\sqrt{\alpha_2^{(j)}},\cdots,\sqrt{\alpha_n^{(j)}}\right) \tag{6.7.27}$$

$$\lambda_k^{(j)}(i)=\max(1,c_k^{(j)}\alpha_i^{(j)}) \tag{6.7.28}$$

$$c_k^{(j)}=N_k^{(j)}/M_k^{(j)} \tag{6.7.29}$$

$$N_k^{(j)}=\hat{C}_k-R_k^{(j)} \tag{6.7.30}$$

$$M_k^{(j)}=\boldsymbol{H}_k^{(j)}\boldsymbol{\alpha}^{(j)}\boldsymbol{P}_k^{(j)}\boldsymbol{\alpha}^{(j)}(\boldsymbol{H}_k^{(j)})^{\mathrm{T}} \tag{6.7.31}$$

其中，$\alpha_i^{(j)}\geqslant 1$ 为在第 j 个序贯滤波中针对状态分量 $X_k^{(i)}$ 事先确定好的经验渐消比例系数。实际系统中，应用多重渐消因子滤波的难点在于恰当地设置这些经验系数，共有 $n\times m$ 个预设比例系数 $\alpha_i^{(j)}(i=1,2,\cdots,n;j=1,2,\cdots,m)$。

至此，可得基于量测序贯处理的多重渐消因子 Kalman 滤波公式

$$\left.\begin{aligned}
&\hat{\boldsymbol{X}}_{k/k-1}=\boldsymbol{\Phi}_{k/k-1}\hat{\boldsymbol{X}}_{k-1}\\
&\boldsymbol{P}_{k/k-1}=\boldsymbol{\Phi}_{k/k-1}\boldsymbol{P}_{k-1}\boldsymbol{\Phi}_{k/k-1}^{\mathrm{T}}+\boldsymbol{\Gamma}_{k-1}Q_{k-1}\boldsymbol{\Gamma}_{k-1}^{\mathrm{T}}\\
&\widehat{\boldsymbol{P}}_{k}^{(j-1)}=\boldsymbol{\Lambda}_{k}^{(j)}\boldsymbol{P}_{k}^{(j-1)}\boldsymbol{\Lambda}_{k}^{(j)}\qquad (j=1,2,\cdots,m)\\
&\boldsymbol{K}_{k}^{(j)}=\widehat{\boldsymbol{P}}_{k}^{(j-1)}(\boldsymbol{H}_{k}^{(j)})^{\mathrm{T}}\left[\boldsymbol{H}_{k}^{(j)}\widehat{\boldsymbol{P}}_{k}^{(j-1)}(\boldsymbol{H}_{k}^{(j)})^{\mathrm{T}}+R_{k}^{(j)}\right]^{-1}\\
&\hat{\boldsymbol{X}}_{k}^{(j)}=\hat{\boldsymbol{X}}_{k}^{(j-1)}+\boldsymbol{K}_{k}^{(j)}(Z_{k}^{(j)}-\boldsymbol{H}_{k}^{(j)}\hat{\boldsymbol{X}}_{k}^{(j-1)})\\
&\boldsymbol{P}_{k}^{(j)}=(\boldsymbol{I}-\boldsymbol{K}_{k}^{(j)}\boldsymbol{H}_{k}^{(j)})\widehat{\boldsymbol{P}}_{k}^{(j-1)}
\end{aligned}\right\}\tag{6.7.32}$$

其中，$\hat{\boldsymbol{X}}_{k}^{(0)}=\hat{\boldsymbol{X}}_{k|k-1}$，$\hat{\boldsymbol{X}}_{k}^{(m)}=\hat{\boldsymbol{X}}_{k}$，$\boldsymbol{P}_{k}^{(0)}=\boldsymbol{P}_{k/k-1}$，$\boldsymbol{P}_{k}^{(m)}=\boldsymbol{P}_{k}$。

最后指出，量测故障检测与强跟踪滤波两者的要求之间往往是相互矛盾的，欲获得灵敏的故障检测能力就不能使状态快速跟踪量测的变化；反之，过分强调滤波器的强跟踪性能就会丧失部分故障检测能力。

6.8 最优平滑算法

利用量测序列 $\bar{\boldsymbol{Z}}_M=\{\boldsymbol{Z}_1\ \boldsymbol{Z}_2\cdots\ \boldsymbol{Z}_k\cdots\ \boldsymbol{Z}_M\}$ 计算 j 时刻状态 $\boldsymbol{X}_j(1\leqslant j\leqslant M)$ 的最佳估计值 $\hat{\boldsymbol{X}}_{j/k}$，根据量测时刻 k 与状态估计时刻 j 的先后关系，可分为三种情形（参见图 6.8.1）：①若 $j>k$ 则称为最优预测；②若 $j=k$ 则称为最优估计，这时 $\hat{\boldsymbol{X}}_{k/k}$ 简记为 $\hat{\boldsymbol{X}}_k$；③若 $j<k$ 则称为最优平滑，或称内插。预测是估计的基础，而估计又是平滑的基础。

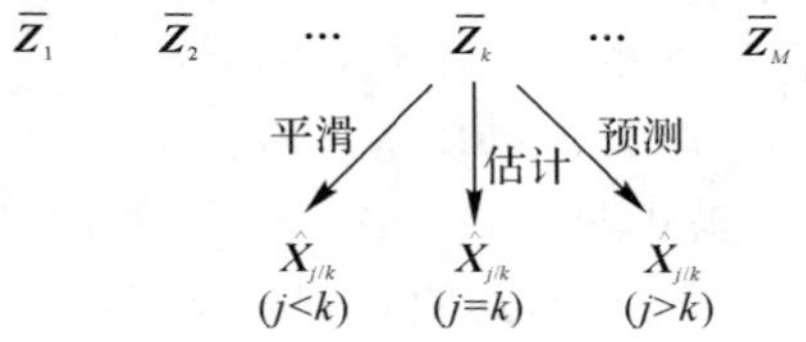

图 6.8.1 最优预测、估计与平滑

在最优平滑算法中，如果被估计状态 $\boldsymbol{X}_j$ 是某个固定的 j 时刻，则称为固定点平滑（fixed - point smoothing），固定点平滑输出为 $\hat{\boldsymbol{X}}_{j/j+1}$，$\hat{\boldsymbol{X}}_{j/j+2}$，$\cdots$，$\hat{\boldsymbol{X}}_{j/M}$；如果被估计状态 $\boldsymbol{X}_j$ 与量测 $\boldsymbol{Z}_{j+N}$ 之间总存在固定的时间间隔滞后值 N，则称为固定滞后平滑（fixed - lag smoothing），固定滞后平滑输出为 $\hat{\boldsymbol{X}}_{1/1+N}$，$\hat{\boldsymbol{X}}_{2/2+N}$，$\cdots$，$\hat{\boldsymbol{X}}_{M-N/M}$；如果被估计状态 $\boldsymbol{X}_j$ 的时刻在量测时间区间内取遍所有值，则称为固定区间平滑（fixed - interval smoothing），固定区间平滑输出为 $\hat{\boldsymbol{X}}_{1/M}$，$\hat{\boldsymbol{X}}_{2/M}$，$\cdots$，$\hat{\boldsymbol{X}}_{j/M}$，$\cdots\hat{\boldsymbol{X}}_{M/M}$。三种平滑示意图见图 6.8.2。

这里主要介绍固定区间平滑算法，它在数据后处理技术中具有重要的应用价值。固定区间平滑在前向 Kalman 滤波的基础上再实施反向滤波，充分利用了量测区间内的所有量测值对状态进行估计，具有比单向滤波更高的估计精度。

状态空间模型同式(5.3.1)，为方便引用重写如下：

$$\left.\begin{aligned}
&\boldsymbol{X}_k=\boldsymbol{\Phi}_{k/k-1}\boldsymbol{X}_{k-1}+\boldsymbol{\Gamma}_{k-1}\boldsymbol{W}_{k-1}\\
&\boldsymbol{Z}_k=\boldsymbol{H}_k\boldsymbol{X}_k+\boldsymbol{V}_k
\end{aligned}\right\}\tag{6.8.1}$$

其中

$$\begin{cases} \mathrm{E}[\boldsymbol{W}_k]=\boldsymbol{0}, & \mathrm{E}[\boldsymbol{W}_k\boldsymbol{W}_j^{\mathrm{T}}]=\boldsymbol{Q}_k\delta_{kj} \\ \mathrm{E}[\boldsymbol{V}_k]=\boldsymbol{0}, & \mathrm{E}[\boldsymbol{V}_k\boldsymbol{V}_j^{\mathrm{T}}]=\boldsymbol{R}_k\delta_{kj} \\ \mathrm{E}[\boldsymbol{W}_k\boldsymbol{V}_j^{\mathrm{T}}]=\boldsymbol{0} \end{cases}$$

在平滑算法中，针对某一 j 时刻的状态 $\boldsymbol{X}_j$ 进行最优平滑，它表示利用所有量测序列 $\bar{\boldsymbol{Z}}_M=\{\boldsymbol{Z}_1\ \boldsymbol{Z}_2\cdots\ \boldsymbol{Z}_k\cdots\ \boldsymbol{Z}_M\}$ 对 $\boldsymbol{X}_j$ 作估计，结果记为 $\hat{\boldsymbol{X}}_{j/M}$。若以 j 时刻为分界，全部量测 $\bar{\boldsymbol{Z}}_M$ 可分隔为两部分，即前半部分 $\bar{\boldsymbol{Z}}_{1:j}=\{\boldsymbol{Z}_1\ \boldsymbol{Z}_2\cdots\ \boldsymbol{Z}_j\}$ 和后半部分 $\bar{\boldsymbol{Z}}_{j+1:M}=\{\boldsymbol{Z}_{j+1}\ \boldsymbol{Z}_{j+2}\cdots\ \boldsymbol{Z}_M\}$。

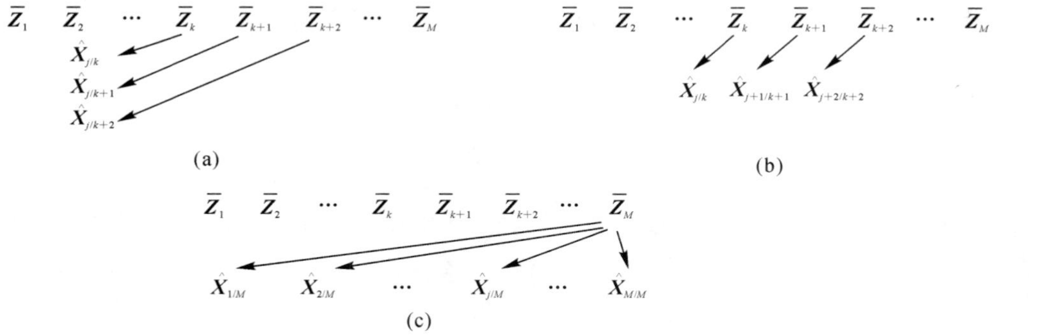

图 6.8.2　三种平滑算法

(a)固定点平滑；（b)固定滞后平滑；（c)固定区间平滑

首先，利用前半部分量测 $\bar{\boldsymbol{Z}}_{1:j}$ 作正向滤波对 $\boldsymbol{X}_j$ 进行估计，算法与式(5.3.29)相同，重写为

$$\left.\begin{aligned} &\hat{\boldsymbol{X}}_{\mathrm{f},k/k-1}=\boldsymbol{\Phi}_{k/k-1}\hat{\boldsymbol{X}}_{\mathrm{f},k-1} \\ &\boldsymbol{P}_{\mathrm{f},k/k-1}=\boldsymbol{\Phi}_{k/k-1}\boldsymbol{P}_{\mathrm{f},k-1}\boldsymbol{\Phi}_{k/k-1}^{\mathrm{T}}+\boldsymbol{\Gamma}_{k-1}\boldsymbol{Q}_{k-1}\boldsymbol{\Gamma}_{k-1}^{\mathrm{T}} \\ &\boldsymbol{K}_{\mathrm{f},k}=\boldsymbol{P}_{\mathrm{f},k/k-1}\boldsymbol{H}_k^{\mathrm{T}}(\boldsymbol{H}_k\boldsymbol{P}_{\mathrm{f},k/k-1}\boldsymbol{H}_k^{\mathrm{T}}+\boldsymbol{R}_k)^{-1} \qquad (k=1,2,\cdots,j) \\ &\hat{\boldsymbol{X}}_{\mathrm{f},k}=\hat{\boldsymbol{X}}_{\mathrm{f},k/k-1}+\boldsymbol{K}_{\mathrm{f},k}(\boldsymbol{Z}_k-\boldsymbol{H}_k\hat{\boldsymbol{X}}_{\mathrm{f},k/k-1}) \\ &\boldsymbol{P}_{\mathrm{f},k}=(\boldsymbol{I}-\boldsymbol{K}_{\mathrm{f},k}\boldsymbol{H}_k)\boldsymbol{P}_{\mathrm{f},k/k-1} \end{aligned}\right\} \tag{6.8.2}$$

式中：右下标“f”表示正向滤波(forward filtering)，当 $k=j$ 时，由式(6.8.2)可获得状态 $\boldsymbol{X}_j$ 的正向最优估计 $\hat{\boldsymbol{X}}_{\mathrm{f},j}$ 及其均方误差阵 $\boldsymbol{P}_{\mathrm{f},j}$。

其次，若将模型式(6.8.1)改写为

$$\left.\begin{aligned} &\boldsymbol{X}_k=\boldsymbol{\Phi}_{k+1/k}^{-1}\boldsymbol{X}_{k+1}-\boldsymbol{\Phi}_{k+1/k}^{-1}\boldsymbol{\Gamma}_k\boldsymbol{W}_k \\ &\boldsymbol{Z}_k=\boldsymbol{H}_k\boldsymbol{X}_k+\boldsymbol{V}_k \end{aligned}\right\} \tag{6.8.3}$$

简记

$$\boldsymbol{\Phi}_{k/k+1}^{*}=\boldsymbol{\Phi}_{k+1/k}^{-1},\quad \boldsymbol{\Gamma}_k^{*}=-\boldsymbol{\Phi}_{k+1/k}^{-1}\boldsymbol{\Gamma}_k \tag{6.8.4}$$

则有反向滤波状态空间模型

$$\left.\begin{aligned} &\boldsymbol{X}_k=\boldsymbol{\Phi}_{k/k+1}^{*}\boldsymbol{X}_{k+1}+\boldsymbol{\Gamma}_k^{*}\boldsymbol{W}_k \\ &\boldsymbol{Z}_k=\boldsymbol{H}_k\boldsymbol{X}_k+\boldsymbol{V}_k \end{aligned}\right\} \tag{6.8.5}$$

如果一步转移矩阵 $\boldsymbol{\Phi}_{k+1/k}$ 来自于某一连续时间系统，根据离散化方法式(5.4.11)有 $\boldsymbol{\Phi}_{k+1/k}\approx\boldsymbol{I}+\boldsymbol{F}(t_k)T_s$，当离散化周期 T_s 足够短时，可作近似处理 $\boldsymbol{\Phi}_{k/k+1}^{*}=\boldsymbol{\Phi}_{k+1/k}^{-1}\approx[\boldsymbol{I}+\boldsymbol{F}(t_k)T_s]^{-1}\approx\boldsymbol{I}-\boldsymbol{F}(t_{k+1})T_s$，这就避免了矩阵求逆运算，有利于降低计算量。

对于模型式(6.8.5)，实际应用时可假设 $\boldsymbol{X}_{k+1}$ 与 $\boldsymbol{W}_k$ 之间不相关，利用后半部分量测 $\bar{\boldsymbol{Z}}_{j+1:M}$ 逆序作反向滤波对 $\boldsymbol{X}_{j+1}$ 进行估计，再对 $\boldsymbol{X}_j$ 进行反向一步预测，算法如下：

$$\left.\begin{aligned}&\hat{\boldsymbol{X}}_{\mathrm{b},k/k+1}=\boldsymbol{\Phi}^{*}_{k/k+1}\hat{\boldsymbol{X}}_{\mathrm{b},k+1}\\&\boldsymbol{P}_{\mathrm{b},k/k+1}=\boldsymbol{\Phi}^{*}_{k/k+1}\boldsymbol{P}_{\mathrm{b},k+1}(\boldsymbol{\Phi}^{*}_{k/k+1})^{\mathrm{T}}+\boldsymbol{\Gamma}^{*}_{k}\boldsymbol{Q}_{k}(\boldsymbol{\Gamma}^{*}_{k})^{\mathrm{T}}\\&\boldsymbol{K}_{\mathrm{b},k}=\boldsymbol{P}_{\mathrm{b},k/k+1}\boldsymbol{H}_{k}^{\mathrm{T}}(\boldsymbol{H}_{k}\boldsymbol{P}_{\mathrm{b},k/k+1}\boldsymbol{H}_{k}^{\mathrm{T}}+\boldsymbol{R}_{k})^{-1}\qquad (k=M-1,M-2,\cdots,j)\\&\hat{\boldsymbol{X}}_{\mathrm{b},k}=\hat{\boldsymbol{X}}_{\mathrm{b},k/k+1}+\boldsymbol{K}_{\mathrm{b},k}(\boldsymbol{Z}_{k}-\boldsymbol{H}_{k}\hat{\boldsymbol{X}}_{\mathrm{b},k/k+1})\\&\boldsymbol{P}_{\mathrm{b},k}=(\boldsymbol{I}-\boldsymbol{K}_{\mathrm{b},k}\boldsymbol{H}_{k})\boldsymbol{P}_{\mathrm{b},k/k+1}\end{aligned}\right\}\tag{6.8.6}$$

式中:右下标“b”表示反向滤波(backward filtering),当 $k=j$ 时,由式(6.8.6)可获得状态 $\boldsymbol{X}_j$ 的反向最优一步预测 $\hat{\boldsymbol{X}}_{\mathrm{b},j/j+1}$ 及其均方误差阵 $\boldsymbol{P}_{\mathrm{b},j/j+1}$。当然,在 $k=j$ 时,$\boldsymbol{K}_{\mathrm{b},j}$,$\hat{\boldsymbol{X}}_{\mathrm{b},j}$ 和 $\boldsymbol{P}_{\mathrm{b},j}$ 是不需要计算的。

最后,综合正向和反向滤波结果,建立如下模型:

$$\left.\begin{aligned}&\hat{\boldsymbol{X}}_{\mathrm{f},j}=\boldsymbol{X}_j+\boldsymbol{V}_{\mathrm{f},j}\\&\hat{\boldsymbol{X}}_{\mathrm{b},j/j+1}=\boldsymbol{X}_j+\boldsymbol{V}_{\mathrm{b},j/j+1}\end{aligned}\right\}\tag{6.8.7}$$

一般量测序列的前半部分与后半部分之间是误差不相关的,又由于 Kalman 滤波状态估计是量测的线性组合,因而估计 $\hat{\boldsymbol{X}}_{\mathrm{f},j}$ 和 $\hat{\boldsymbol{X}}_{\mathrm{b},j/j+1}$ 之间也是不相关的,对于式(6.8.7)中误差分布,有

$$\boldsymbol{V}_{\mathrm{f},j}\sim N(\boldsymbol{0},\boldsymbol{P}_{\mathrm{f},j}),\quad \boldsymbol{V}_{\mathrm{b},j/j+1}\sim N(\boldsymbol{0},\boldsymbol{P}_{\mathrm{b},j/j+1}),\quad \mathrm{Cov}(\boldsymbol{V}_{\mathrm{f},j},\boldsymbol{V}_{\mathrm{b},j/j+1})=\boldsymbol{0}\tag{6.8.8}$$

根据信息融合公式(6.3.16),可得状态 $\boldsymbol{X}_j$ 的最优平滑值及其均方误差阵为

$$\boldsymbol{P}_{\mathrm{s},j}=(\boldsymbol{P}_{\mathrm{f},j}^{-1}+\boldsymbol{P}_{\mathrm{b},j/j+1}^{-1})^{-1}\tag{6.8.9a}$$

$$\hat{\boldsymbol{X}}_{\mathrm{s},j}=\boldsymbol{P}_{\mathrm{s},j}(\boldsymbol{P}_{\mathrm{f},j}^{-1}\hat{\boldsymbol{X}}_{\mathrm{f},j}+\boldsymbol{P}_{\mathrm{b},j/j+1}^{-1}\hat{\boldsymbol{X}}_{\mathrm{b},j/j+1})\tag{6.8.9b}$$

式中:右下标“s”表示平滑结果(smoothing),$\hat{\boldsymbol{X}}_{\mathrm{s},j}$ 即为前述 $\hat{\boldsymbol{X}}_{j/M}$,它利用了量测序列的全部信息对 j 时刻的状态进行了最优估计。

式(6.8.9)是某一 j 时刻的状态最优平滑(即固定点平滑),当 j 取遍 $1,2,\cdots,M$ 时即实现了固定区间平滑。实际应用时,固定区间平滑算法可以这么实现:对于给定的量测序列 $\bar{\boldsymbol{Z}}_M$,先按由前往后的顺序作正向滤波,求解并存储 $\hat{\boldsymbol{X}}_{\mathrm{f},j}$ 和 $\boldsymbol{P}_{\mathrm{f},j}(j=1,2,\cdots,M)$,如有需要还可存储模型参数 $\boldsymbol{\Phi}_{j/j-1}$,$\boldsymbol{H}_j$,$\boldsymbol{\Gamma}_j$,$\boldsymbol{Q}_j$ 和 $\boldsymbol{R}_j$;再按由后往前的量测顺序作反向滤波和预测,求解 $\hat{\boldsymbol{X}}_{\mathrm{b},j/j+1}$ 和 $\boldsymbol{P}_{\mathrm{b},j/j+1}(j=M-1,M-2,\cdots,1)$,期间每反向预测一步,就结合正向滤波中对应时刻的存储结果 $\hat{\boldsymbol{X}}_{\mathrm{f},j}$ 和 $\boldsymbol{P}_{\mathrm{f},j}$,通过式(6.8.9)计算可获得最优平滑 $\hat{\boldsymbol{X}}_{\mathrm{s},j}$ 及其均方误差阵 $\boldsymbol{P}_{\mathrm{s},j}$,当反向执行至 $j=1$时便实现了整个区间的状态平滑。

前述利用正反向滤波算法实现固定区间平滑(简称双向滤波算法)的思路比较简单,但该方法需要进行反向滤波并且涉及较多的求逆运算,计算量比较大。1965 年,学者 H. Rauch, F. Tung 和 C. Striebel 合作提出了所谓的 RTS 固定区间平滑算法,当状态维数不高时能够在一定程度上降低计算量。这里直接给出该算法的过程:对于给定的量测序列 $\bar{\boldsymbol{Z}}_M$,同样先按由前往后的顺序作正向滤波,获得并存储 $\boldsymbol{\Phi}_{j/j-1}$,$\hat{\boldsymbol{X}}_{\mathrm{f},j}$,$\boldsymbol{P}_{\mathrm{f},j}$,$\hat{\boldsymbol{X}}_{\mathrm{f},j/j-1}$ 和 $\boldsymbol{P}_{\mathrm{f},j/j-1}(j=1,2,\cdots,M)$;再按由后往前的量测顺序直接执行如下 RTS 平滑算法:

$$\left.\begin{aligned}&\boldsymbol{K}_{\mathrm{s},k}=\boldsymbol{P}_{\mathrm{f},k}\boldsymbol{\Phi}_{k+1/k}^{\mathrm{T}}\boldsymbol{P}_{\mathrm{f},k+1/k}^{-1}\\&\hat{\boldsymbol{X}}_{\mathrm{s},k}=\hat{\boldsymbol{X}}_{\mathrm{f},k}+\boldsymbol{K}_{\mathrm{s},k}(\hat{\boldsymbol{X}}_{\mathrm{s},k+1}-\hat{\boldsymbol{X}}_{\mathrm{f},k+1/k})\qquad (k=M-1,M-2,\cdots,1)\\&\boldsymbol{P}_{\mathrm{s},k}=\boldsymbol{P}_{\mathrm{f},k}+\boldsymbol{K}_{\mathrm{s},k}(\boldsymbol{P}_{\mathrm{s},k+1}-\boldsymbol{P}_{\mathrm{f},k+1/k})\boldsymbol{K}_{\mathrm{s},k}^{\mathrm{T}}\end{aligned}\right\}\tag{6.8.10}$$

式中:反向平滑初值选为 $\hat{\boldsymbol{X}}_{\mathrm{s},M}=\hat{\boldsymbol{X}}_{\mathrm{f},M}$ 和 $\boldsymbol{P}_{\mathrm{s},M}=\boldsymbol{P}_{\mathrm{f},M}$。RTS 平滑算法 MATLAB 仿真程序可参见附录 O.8。

如果模型参数 $\boldsymbol{\Phi}_{j/j-1}$,$\boldsymbol{H}_j$,$\boldsymbol{\Gamma}_j$,$\boldsymbol{Q}_j$ 和 $\boldsymbol{R}_j$ 均为常值或可以通过计算即时获得而不需存储,则

与双向滤波平滑算法相比，RTS 平滑算法在正向滤波过程中需要增加一步预测 $\hat{\boldsymbol{X}}_{\mathrm{f},j/j-1}$ 和 $\boldsymbol{P}_{\mathrm{f},j/j-1}$ 的存储量，特别在状态维数很高的情况下，对均方误差阵的存储量需求是很大的。

实际上，在应用双向滤波算法时，为了进一步降低数据存储量和求逆运算，可以仅保存状态估计值和均方误差阵的对角线元素，并分别以滤波值 $\hat{\boldsymbol{X}}_{\mathrm{b},j}$，$\boldsymbol{P}_{\mathrm{b},j}$ 近似代替反向一步预测值 $\hat{\boldsymbol{X}}_{\mathrm{b},j/j+1}$，$\boldsymbol{P}_{\mathrm{b},j/j+1}$，再进行简单加权处理，可得

$$P_{\mathrm{s},j}^{(i)}=(1/P_{\mathrm{f},j}^{(i)}+1/P_{\mathrm{b},j}^{(i)})^{-1} \tag{6.8.11a}$$

$$\hat{X}_{\mathrm{s},j}^{(i)}=P_{\mathrm{s},j}^{(i)}(\hat{X}_{\mathrm{f},j}^{(i)}/P_{\mathrm{f},j}^{(i)}+\hat{X}_{\mathrm{b},j}^{(i)}/P_{\mathrm{b},j}^{(i)}) \tag{6.8.11b}$$

式中：右上标"(i)"表示状态向量 $\hat{\boldsymbol{X}}$ 或均方误差阵 $\boldsymbol{P}$ 对角线的第 i 个分量，这种不考虑状态分量之间相关性的数据平滑方法通常也能达到足够的精度。

最后指出，滤波器中并不是所有的状态分量都具有"可平滑性"，即状态分量的平滑精度优于单向滤波的精度。研究表明，只有受噪声驱动的状态分量才是可平滑的；而对于比如像不受噪声影响的随机常值状态分量，它们就不具有可平滑性，其平滑值精度不会优于正向滤波最后时刻的最优估计精度。

6.9 联邦滤波

Kalman 滤波的计算量与状态维数的三次方成正比，状态维数增加，计算量急剧变大。一个复杂的大系统往往包含众多的状态变量，但大系统通常可以分解成若干子系统，并且在子系统中可能存在一个关键的公共参考系统。比如惯性导航/卫星导航/里程仪/气压高度表组合导航系统就是这样的一个典型系统，它以惯导系统为主要参考导航系统（假设无故障），其他三种导航子系统在正常工作时辅助惯导，提高系统总体导航精度，当某一系统出现故障时将被监测和隔离，以免影响系统总体性能。针对这类大系统，可以设计一个高维的综合滤波器，包含所有状态变量，再进行 Kalman 滤波，这一处理方式通常称为集中式滤波；也可以采取所谓的联邦滤波方法进行分散降阶处理，采用联邦滤波有利于降低计算量，还便于各子系统的故障诊断和隔离，避免有故障的子系统影响整个滤波器，提高总体性能。

N. A. Carlson 在 20 世纪 80 年代提出联邦滤波，曾声称联邦滤波器已被美国空军的容错导航系统"公共卡尔曼滤波器"计划选为基本算法，但从目前组合导航系统发展情况看，历经 30 余年实践该算法并没有明显的优势，未获得广泛应用。以下主要介绍联邦滤波的基本概念和主要思路，以期对它有个大概的了解。

6.9.1 从序贯滤波到分散滤波

参见 6.2 节，在序贯滤波中，如果量测噪声方差阵是分块的对角阵，即量测可分为多组且相互之间不相关，则可将量测更新过程拆分成多个，依次执行，但是序贯滤波必须使用统一的时间更新过程。这里介绍一种将时间更新也进行拆分的方法。

假设序贯滤波的状态空间模型如下：

$$\left.\begin{aligned}\boldsymbol{X}_k&=\boldsymbol{\Phi}_{k/k-1}\boldsymbol{X}_{k-1}+\boldsymbol{\Gamma}_{k-1}\boldsymbol{W}_{k-1}\\ \bar{\boldsymbol{Z}}_k&=\bar{\boldsymbol{H}}_k\boldsymbol{X}_k+\bar{\boldsymbol{V}}_k\end{aligned}\right\} \tag{6.9.1}$$

其中

$$\bar{\boldsymbol{Z}}_k=\begin{bmatrix}\boldsymbol{Z}_k^{(1)}\\ \vdots\\ \boldsymbol{Z}_k^{(N)}\end{bmatrix},\quad \bar{\boldsymbol{H}}_k=\begin{bmatrix}\boldsymbol{H}_k^{(1)}\\ \vdots\\ \boldsymbol{H}_k^{(N)}\end{bmatrix},\quad \bar{\boldsymbol{V}}_k=\begin{bmatrix}\boldsymbol{V}_k^{(1)}\\ \vdots\\ \boldsymbol{V}_k^{(N)}\end{bmatrix}$$

$$\begin{cases}\mathrm{E}[\boldsymbol{W}_k]=\boldsymbol{0} & \mathrm{E}[\boldsymbol{W}_k\boldsymbol{W}_j^{\mathrm{T}}]=\boldsymbol{Q}_k\delta_{kj}\\ \mathrm{E}[\bar{\boldsymbol{V}}_k]=\boldsymbol{0}, & \mathrm{E}[\bar{\boldsymbol{V}}_k\bar{\boldsymbol{V}}_j^{\mathrm{T}}]=\bar{\boldsymbol{R}}_k\delta_{kj}, \\ \mathrm{E}[\boldsymbol{W}_k\bar{\boldsymbol{V}}_j^{\mathrm{T}}]=\boldsymbol{0}\end{cases}\quad \bar{\boldsymbol{R}}_k=\begin{bmatrix}\boldsymbol{R}_k^{(1)} & & \\ & \ddots & \\ & & \boldsymbol{R}_k^{(N)}\end{bmatrix}$$

显然,模型式(6.9.1)的状态估计均方误差阵与状态滤波更新方程为

$$\boldsymbol{P}_k^{-1}=\boldsymbol{P}_{k/k-1}^{-1}+\bar{\boldsymbol{H}}_k\bar{\boldsymbol{R}}_k^{-1}\bar{\boldsymbol{H}}_k^{\mathrm{T}}=(\boldsymbol{\Phi}_{k/k-1}\boldsymbol{P}_{k-1}\boldsymbol{\Phi}_{k/k-1}^{\mathrm{T}}+\boldsymbol{\Gamma}_{k-1}\boldsymbol{Q}_{k-1}\boldsymbol{\Gamma}_{k-1}^{\mathrm{T}})^{-1}+\sum_{i=1}^{N}\boldsymbol{H}_k^{(i)}(\boldsymbol{R}_k^{(i)})^{-1}(\boldsymbol{H}_k^{(i)})^{\mathrm{T}} \tag{6.9.2a}$$

$$\begin{aligned}\hat{\boldsymbol{X}}_k&=(\boldsymbol{I}-\bar{\boldsymbol{K}}_k\bar{\boldsymbol{H}}_k)\hat{\boldsymbol{X}}_{k/k-1}+\bar{\boldsymbol{K}}_k\bar{\boldsymbol{Z}}_k=(\boldsymbol{I}-\boldsymbol{P}_k\bar{\boldsymbol{H}}_k^{\mathrm{T}}\bar{\boldsymbol{R}}_k^{-1}\bar{\boldsymbol{H}}_k)\boldsymbol{\Phi}_{k/k-1}\hat{\boldsymbol{X}}_{k-1}+\boldsymbol{P}_k\bar{\boldsymbol{H}}_k^{\mathrm{T}}\bar{\boldsymbol{R}}_k^{-1}\bar{\boldsymbol{Z}}_k=\\ &\left[\boldsymbol{I}-\boldsymbol{P}_k\sum_{i=1}^{N}(\boldsymbol{H}_k^{(i)})^{\mathrm{T}}(\boldsymbol{R}_k^{(i)})^{-1}\boldsymbol{H}_k^{(i)}\right]\boldsymbol{\Phi}_{k/k-1}\hat{\boldsymbol{X}}_{k-1}+\boldsymbol{P}_k\sum_{i=1}^{N}(\boldsymbol{H}_k^{(i)})^{\mathrm{T}}(\boldsymbol{R}_k^{(i)})^{-1}\boldsymbol{Z}_k^{(i)}\end{aligned} \tag{6.9.2b}$$

下面推导分散滤波方法。

首先,将模型式(6.9.1)的状态拷贝成 N 份,形式上看作是 N 个子系统的合成,构造增广状态方程和量测方程如下:

$$\begin{bmatrix}\boldsymbol{X}_k^{(1)}\\ \vdots\\ \boldsymbol{X}_k^{(N)}\end{bmatrix}=\begin{bmatrix}\boldsymbol{\Phi}_{k/k-1}^{(11)} & & \\ & \ddots & \\ & & \boldsymbol{\Phi}_{k/k-1}^{(NN)}\end{bmatrix}\begin{bmatrix}\boldsymbol{X}_{k-1}^{(1)}\\ \vdots\\ \boldsymbol{X}_{k-1}^{(N)}\end{bmatrix}+\begin{bmatrix}\boldsymbol{\Gamma}_{k-1}^{(1)}\\ \vdots\\ \boldsymbol{\Gamma}_{k-1}^{(N)}\end{bmatrix}\boldsymbol{W}_{k-1} \tag{6.9.3a}$$

$$\begin{bmatrix}\boldsymbol{Z}_k^{(1)}\\ \vdots\\ \boldsymbol{Z}_k^{(N)}\end{bmatrix}=\begin{bmatrix}\boldsymbol{H}_k^{(1)} & & \\ & \ddots & \\ & & \boldsymbol{H}_k^{(N)}\end{bmatrix}\begin{bmatrix}\boldsymbol{X}_k^{(1)}\\ \vdots\\ \boldsymbol{X}_k^{(N)}\end{bmatrix}+\begin{bmatrix}\boldsymbol{V}_k^{(1)}\\ \vdots\\ \boldsymbol{V}_k^{(N)}\end{bmatrix} \tag{6.9.3b}$$

其中:$\boldsymbol{X}_k^{(i)}=\boldsymbol{X}_k$;$\boldsymbol{\Phi}_{k/k-1}^{(ii)}=\boldsymbol{\Phi}_{k/k-1}$;$\boldsymbol{\Gamma}_{k-1}^{(i)}=\boldsymbol{\Gamma}_{k-1}(i=1,2,\cdots,N)$;$\boldsymbol{W}_{k-1}$ 为状态方程的公共噪声。理论上,式(6.9.3a)不符合状态方程的状态无冗余要求,这里的处理是为了方便后续推导。

由式(6.9.3a)求状态估计均方误差阵的时间更新

$$\begin{aligned}\begin{bmatrix}\boldsymbol{P}_{k/k-1}^{(11)} & \cdots & \boldsymbol{P}_{k/k-1}^{(1N)}\\ \vdots & & \vdots\\ \boldsymbol{P}_{k/k-1}^{(N1)} & \cdots & \boldsymbol{P}_{k/k-1}^{(NN)}\end{bmatrix}&=\begin{bmatrix}\boldsymbol{\Phi}_{k/k-1}^{(11)} & & \\ & \ddots & \\ & & \boldsymbol{\Phi}_{k/k-1}^{(NN)}\end{bmatrix}\begin{bmatrix}\boldsymbol{P}_{k-1}^{(11)} & \cdots & \boldsymbol{P}_{k-1}^{(1N)}\\ \vdots & & \vdots\\ \boldsymbol{P}_{k-1}^{(N1)} & \cdots & \boldsymbol{P}_{k-1}^{(NN)}\end{bmatrix}\times\\ &\begin{bmatrix}(\boldsymbol{\Phi}_{k/k-1}^{(11)})^{\mathrm{T}} & & \\ & \ddots & \\ & & (\boldsymbol{\Phi}_{k/k-1}^{(NN)})^{\mathrm{T}}\end{bmatrix}+\begin{bmatrix}\boldsymbol{\Gamma}_{k-1}^{(1)}\\ \vdots\\ \boldsymbol{\Gamma}_{k-1}^{(N)}\end{bmatrix}\boldsymbol{Q}_{k-1}\left[(\boldsymbol{\Gamma}_{k-1}^{(1)})^{\mathrm{T}}\quad\cdots\quad(\boldsymbol{\Gamma}_{k-1}^{(N)})^{\mathrm{T}}\right]=\\ &\begin{bmatrix}\boldsymbol{\Phi}_{k/k-1}^{(11)} & & \\ & \ddots & \\ & & \boldsymbol{\Phi}_{k/k-1}^{(NN)}\end{bmatrix}\begin{bmatrix}\boldsymbol{P}_{k-1}^{(11)} & \cdots & \boldsymbol{P}_{k-1}^{(1N)}\\ \vdots & & \vdots\\ \boldsymbol{P}_{k-1}^{(N1)} & \cdots & \boldsymbol{P}_{k-1}^{(NN)}\end{bmatrix}\begin{bmatrix}(\boldsymbol{\Phi}_{k/k-1}^{(11)})^{\mathrm{T}} & & \\ & \ddots & \\ & & (\boldsymbol{\Phi}_{k/k-1}^{(NN)})^{\mathrm{T}}\end{bmatrix}+\\ &\begin{bmatrix}\boldsymbol{\Gamma}_{k-1}^{(1)} & & \\ & \ddots & \\ & & \boldsymbol{\Gamma}_{k-1}^{(N)}\end{bmatrix}\begin{bmatrix}\boldsymbol{Q}_{k-1} & \cdots & \boldsymbol{Q}_{k-1}\\ \vdots & & \vdots\\ \boldsymbol{Q}_{k-1} & \cdots & \boldsymbol{Q}_{k-1}\end{bmatrix}\begin{bmatrix}(\boldsymbol{\Gamma}_{k-1}^{(1)})^{\mathrm{T}} & & \\ & \ddots & \\ & & (\boldsymbol{\Gamma}_{k-1}^{(N)})^{\mathrm{T}}\end{bmatrix}\end{aligned} \tag{6.9.4}$$

从式(6.9.4)中可得各分块矩阵计算公式

$$\boldsymbol{P}_{k/k-1}^{(ij)}=\boldsymbol{\Phi}_{k/k-1}^{(ii)}\boldsymbol{P}_{k-1}^{(ij)}(\boldsymbol{\Phi}_{k/k-1}^{(jj)})^{\mathrm{T}}+\boldsymbol{\Gamma}_{k-1}^{(i)}\boldsymbol{Q}_{k-1}(\boldsymbol{\Gamma}_{k-1}^{(j)})^{\mathrm{T}} \tag{6.9.5}$$

由此可见,由于存在公共噪声 $\boldsymbol{Q}_{k-1}$,即使 $\boldsymbol{P}_{k-1}^{(ij)}=\boldsymbol{0}$ 也会使得 $\boldsymbol{P}_{k/k-1}^{(ij)}\neq\boldsymbol{0}$,说明时间更新会导致各状态拷贝之间相关。下面利用方差上界技术来消除相关。

根据矩阵理论,对于非负定方阵有如下的上界(证明见附录 I):

$$\begin{bmatrix}\boldsymbol{A}_{11} & \cdots & \boldsymbol{A}_{1N}\\ \vdots & & \vdots\\ \boldsymbol{A}_{N1} & \cdots & \boldsymbol{A}_{NN}\end{bmatrix}\leqslant\begin{bmatrix}\beta_1^{-1}\boldsymbol{A}_{11} & & \\ & \ddots & \\ & & \beta_N^{-1}\boldsymbol{A}_{NN}\end{bmatrix} \tag{6.9.6}$$

其中:β_i 称为信息分配系数,它满足

$$\sum_{i=1}^{N}\beta_i=1\qquad(0\leqslant\beta_i\leqslant 1) \tag{6.9.7}$$

因此,由式(6.9.4)可得

$$\begin{aligned}\begin{bmatrix}\boldsymbol{P}_{k/k-1}^{(11)} & \cdots & \boldsymbol{P}_{k/k-1}^{(1N)}\\ \vdots & & \vdots\\ \boldsymbol{P}_{k/k-1}^{(N1)} & \cdots & \boldsymbol{P}_{k/k-1}^{(NN)}\end{bmatrix}\leqslant&\begin{bmatrix}\boldsymbol{\Phi}_{k/k-1}^{(11)} & & \\ & \ddots & \\ & & \boldsymbol{\Phi}_{k/k-1}^{(NN)}\end{bmatrix}\begin{bmatrix}\beta_1^{-1}\boldsymbol{P}_{k-1}^{(11)} & & \\ & \ddots & \\ & & \beta_N^{-1}\boldsymbol{P}_{k-1}^{(NN)}\end{bmatrix}\times\\ &\begin{bmatrix}(\boldsymbol{\Phi}_{k/k-1}^{(11)})^{\mathrm{T}} & & \\ & \ddots & \\ & & (\boldsymbol{\Phi}_{k/k-1}^{(NN)})^{\mathrm{T}}\end{bmatrix}+\\ &\begin{bmatrix}\boldsymbol{\Gamma}_{k-1}^{(1)} & & \\ & \ddots & \\ & & \boldsymbol{\Gamma}_{k-1}^{(N)}\end{bmatrix}\begin{bmatrix}\beta_1^{-1}\boldsymbol{Q}_{k-1} & & \\ & \ddots & \\ & & \beta_N^{-1}\boldsymbol{Q}_{k-1}\end{bmatrix}\begin{bmatrix}(\boldsymbol{\Gamma}_{k-1}^{(1)})^{\mathrm{T}} & & \\ & \ddots & \\ & & (\boldsymbol{\Gamma}_{k-1}^{(N)})^{\mathrm{T}}\end{bmatrix}\end{aligned} \tag{6.9.8}$$

这说明,如果在式(6.9.8)中取等号,适当放大状态预测均方误差阵,则可分离出各状态拷贝的均方误差阵的时间更新,即使得

$$\left.\begin{aligned}&\boldsymbol{P}_{k/k-1}^{(ii)}=\beta_i^{-1}[\boldsymbol{\Phi}_{k/k-1}^{(ii)}\boldsymbol{P}_{k-1}^{(ii)}(\boldsymbol{\Phi}_{k/k-1}^{(ii)})^{\mathrm{T}}+\boldsymbol{\Gamma}_{k-1}^{(i)}\boldsymbol{Q}_{k-1}(\boldsymbol{\Gamma}_{k-1}^{(i)})^{\mathrm{T}}]\quad&(i=j)\\ &\boldsymbol{P}_{k/k-1}^{(ij)}=\boldsymbol{0}&(i\neq j)\end{aligned}\right\} \tag{6.9.9}$$

其次,计算滤波增益,可得

$$\begin{aligned}&\begin{bmatrix}\boldsymbol{K}_k^{(11)} & \cdots & \boldsymbol{K}_k^{(1N)}\\ \vdots & & \vdots\\ \boldsymbol{K}_k^{(N1)} & \cdots & \boldsymbol{K}_k^{(NN)}\end{bmatrix}=\begin{bmatrix}\boldsymbol{P}_{k/k-1}^{(11)} & & \\ & \ddots & \\ & & \boldsymbol{P}_{k/k-1}^{(NN)}\end{bmatrix}\begin{bmatrix}(\boldsymbol{H}_k^{(1)})^{\mathrm{T}} & & \\ & \ddots & \\ & & (\boldsymbol{H}_k^{(N)})^{\mathrm{T}}\end{bmatrix}\times\\ &\left(\begin{bmatrix}\boldsymbol{H}_k^{(1)} & & \\ & \ddots & \\ & & \boldsymbol{H}_k^{(N)}\end{bmatrix}\begin{bmatrix}\boldsymbol{P}_{k/k-1}^{(11)} & & \\ & \ddots & \\ & & \boldsymbol{P}_{k/k-1}^{(NN)}\end{bmatrix}\begin{bmatrix}(\boldsymbol{H}_k^{(1)})^{\mathrm{T}} & & \\ & \ddots & \\ & & (\boldsymbol{H}_k^{(N)})^{\mathrm{T}}\end{bmatrix}+\begin{bmatrix}\boldsymbol{R}_k^{(1)} & & \\ & \ddots & \\ & & \boldsymbol{R}_k^{(N)}\end{bmatrix}\right)^{-1}=\\ &\begin{bmatrix}\boldsymbol{P}_{k/k-1}^{(11)}(\boldsymbol{H}_k^{(1)})^{\mathrm{T}}[\boldsymbol{H}_k^{(1)}\boldsymbol{P}_{k/k-1}^{(11)}(\boldsymbol{H}_k^{(1)})^{\mathrm{T}}+\boldsymbol{R}_k^{(1)}]^{-1} & & \\ & \ddots & \\ & & \boldsymbol{P}_{k/k-1}^{(NN)}(\boldsymbol{H}_k^{(N)})^{\mathrm{T}}[\boldsymbol{H}_k^{(N)}\boldsymbol{P}_{k/k-1}^{(NN)}(\boldsymbol{H}_k^{(N)})^{\mathrm{T}}+\boldsymbol{R}_k^{(N)}]^{-1}\end{bmatrix}\end{aligned} \tag{6.9.10}$$

可见，当 $\boldsymbol{P}_{k/k-1}^{(ij)}=0$ 时，滤波增益也是可分离的，即有

$$\left.\begin{aligned}&\boldsymbol{K}_k^{(ii)}=\boldsymbol{P}_{k/k-1}^{(ii)}(\boldsymbol{H}_k^{(i)})^{\mathrm{T}}[\boldsymbol{H}_k^{(i)}\boldsymbol{P}_{k/k-1}^{(ii)}(\boldsymbol{H}_k^{(i)})^{\mathrm{T}}+\boldsymbol{R}_k^{(i)}]^{-1}\quad(i=j)\\&\boldsymbol{K}_k^{(ij)}=\boldsymbol{0}\quad(i\neq j)\end{aligned}\right\}\tag{6.9.11}$$

再计算状态均方误差阵的量测更新，可得

$$\begin{bmatrix}\boldsymbol{P}_k^{(11)}&\cdots&\boldsymbol{P}_k^{(1N)}\\\vdots&&\vdots\\\boldsymbol{P}_k^{(N1)}&\cdots&\boldsymbol{P}_k^{(NN)}\end{bmatrix}=\left(\boldsymbol{I}-\begin{bmatrix}\boldsymbol{K}_k^{(11)}&&\\&\ddots&\\&&\boldsymbol{K}_k^{(NN)}\end{bmatrix}\begin{bmatrix}\boldsymbol{H}_k^{(1)}&&\\&\ddots&\\&&\boldsymbol{H}_k^{(N)}\end{bmatrix}\right)\begin{bmatrix}\boldsymbol{P}_{k/k-1}^{(11)}&&\\&\ddots&\\&&\boldsymbol{P}_{k/k-1}^{(NN)}\end{bmatrix}=$$

$$\begin{bmatrix}(\boldsymbol{I}-\boldsymbol{K}_k^{(11)}\boldsymbol{H}_k^{(1)})\boldsymbol{P}_{k/k-1}^{(11)}&&\\&\ddots&\\&&(\boldsymbol{I}-\boldsymbol{K}_k^{(NN)}\boldsymbol{H}_k^{(N)})\boldsymbol{P}_{k/k-1}^{(NN)}\end{bmatrix}\tag{6.9.12}$$

即

$$\left.\begin{aligned}&\boldsymbol{P}_k^{(ii)}=(\boldsymbol{I}-\boldsymbol{K}_k^{(ii)}\boldsymbol{H}_k^{(i)})\boldsymbol{P}_{k/k-1}^{(ii)}\quad(i=j)\\&\boldsymbol{P}_k^{(ij)}=\boldsymbol{0}\quad(i\neq j)\end{aligned}\right\}\tag{6.9.13}$$

这表明各状态拷贝之间不存在相关性。

此外，计算状态空间模型式(6.9.3)的状态预测和状态估计，分别有

$$\begin{bmatrix}\hat{\boldsymbol{X}}_{k/k-1}^{(1)}\\\vdots\\\hat{\boldsymbol{X}}_{k/k-1}^{(N)}\end{bmatrix}=\begin{bmatrix}\boldsymbol{\Phi}_{k/k-1}^{(11)}&&\\&\ddots&\\&&\boldsymbol{\Phi}_{k/k-1}^{(NN)}\end{bmatrix}\begin{bmatrix}\hat{\boldsymbol{X}}_{k-1}^{(1)}\\\vdots\\\hat{\boldsymbol{X}}_{k-1}^{(N)}\end{bmatrix}\tag{6.9.14}$$

$$\begin{bmatrix}\hat{\boldsymbol{X}}_k^{(1)}\\\vdots\\\hat{\boldsymbol{X}}_k^{(N)}\end{bmatrix}=\begin{bmatrix}\hat{\boldsymbol{X}}_{k/k-1}^{(1)}\\\vdots\\\hat{\boldsymbol{X}}_{k/k-1}^{(N)}\end{bmatrix}+\begin{bmatrix}\boldsymbol{K}_k^{(11)}&&\\&\ddots&\\&&\boldsymbol{K}_k^{(NN)}\end{bmatrix}\left(\begin{bmatrix}\boldsymbol{Z}_k^{(1)}\\\vdots\\\boldsymbol{Z}_k^{(N)}\end{bmatrix}-\begin{bmatrix}\boldsymbol{H}_k^{(1)}&&\\&\ddots&\\&&\boldsymbol{H}_k^{(N)}\end{bmatrix}\begin{bmatrix}\hat{\boldsymbol{X}}_{k/k-1}^{(1)}\\\vdots\\\hat{\boldsymbol{X}}_{k/k-1}^{(N)}\end{bmatrix}\right)\tag{6.9.15}$$

即

$$\hat{\boldsymbol{X}}_{k/k-1}^{(i)}=\boldsymbol{\Phi}_{k/k-1}^{(ii)}\hat{\boldsymbol{X}}_{k-1}^{(i)}\tag{6.9.16}$$

$$\hat{\boldsymbol{X}}_k^{(i)}=\hat{\boldsymbol{X}}_{k/k-1}^{(i)}+\boldsymbol{K}_k^{(ii)}(\boldsymbol{Z}_k^{(i)}-\boldsymbol{H}_k^{(i)}\hat{\boldsymbol{X}}_{k/k-1}^{(i)})\tag{6.9.17}$$

这说明状态预测和估计也可以分离成每份拷贝单独执行。

最后，由于各状态拷贝之间互不相关，可以利用信息融合公式(6.3.15)对它们作信息融合，有

$$\begin{aligned}(\boldsymbol{P}_k^{\mathrm{g}})^{-1}=&(\boldsymbol{P}_k^{(11)})^{-1}+(\boldsymbol{P}_k^{(22)})^{-1}+\cdots+(\boldsymbol{P}_k^{NN})^{-1}=\\&[(\boldsymbol{P}_{k/k-1}^{(11)})^{-1}+\boldsymbol{H}_k^{(1)}(\boldsymbol{R}_k^{(1)})^{-1}(\boldsymbol{H}_k^{(1)})^{\mathrm{T}}]+\cdots+[(\boldsymbol{P}_{k/k-1}^{(NN)})^{-1}+\boldsymbol{H}_k^{(N)}(\boldsymbol{R}_k^{(N)})^{-1}(\boldsymbol{H}_k^{(N)})^{\mathrm{T}}]=\\&[(\boldsymbol{P}_{k/k-1}^{(11)})^{-1}+\cdots+(\boldsymbol{P}_{k/k-1}^{(NN)})^{-1}]+[\boldsymbol{H}_k^{(1)}(\boldsymbol{R}_k^{(1)})^{-1}(\boldsymbol{H}_k^{(1)})^{\mathrm{T}}+\cdots+\boldsymbol{H}_k^{(N)}(\boldsymbol{R}_k^{(N)})^{-1}(\boldsymbol{H}_k^{(N)})^{\mathrm{T}}]=\\&\left(\sum_{i=1}^N\beta_i\right)[\boldsymbol{\Phi}_{k/k-1}^{(ii)}\boldsymbol{P}_{k-1}^{(ii)}(\boldsymbol{\Phi}_{k/k-1}^{(ii)})^{\mathrm{T}}+\boldsymbol{\Gamma}_{k-1}^{(i)}\boldsymbol{Q}_{k-1}(\boldsymbol{\Gamma}_{k-1}^{(i)})^{\mathrm{T}}]^{-1}+\sum_{i=1}^N\boldsymbol{H}_k^{(i)}(\boldsymbol{R}_k^{(i)})^{-1}(\boldsymbol{H}_k^{(i)})^{\mathrm{T}}=\\&[\boldsymbol{\Phi}_{k/k-1}^{(ii)}\boldsymbol{P}_{k-1}^{(ii)}(\boldsymbol{\Phi}_{k/k-1}^{(ii)})^{\mathrm{T}}+\boldsymbol{\Gamma}_{k-1}^{(i)}\boldsymbol{Q}_{k-1}(\boldsymbol{\Gamma}_{k-1}^{(i)})^{\mathrm{T}}]^{-1}+\sum_{i=1}^N\boldsymbol{H}_k^{(i)}(\boldsymbol{R}_k^{(i)})^{-1}(\boldsymbol{H}_k^{(i)})^{\mathrm{T}}\end{aligned}\tag{6.9.18a}$$

$$\begin{aligned}
\hat{X}_k^{g} &= P_k^{g}\sum_{i=1}^{N}(P_k^{(ii)})^{-1}\hat{X}_k^{(i)} = P_k^{g}\sum_{i=1}^{N}(P_k^{(ii)})^{-1}\left[(I-K_k^{(ii)}H_k^{(i)})\hat{X}_{k/k-1}^{(i)}+K_k^{(ii)}Z_k^{(i)}\right]=\\
&P_k^{g}\sum_{i=1}^{N}(P_k^{(ii)})^{-1}\left\{\left[I-P_k^{(ii)}(H_k^{(i)})^{\mathrm{T}}(R_k^{(i)})^{-1}H_k^{(i)}\right]\Phi_{k/k-1}\hat{X}_{k-1}^{g}+P_k^{(ii)}(H_k^{(i)})^{\mathrm{T}}(R_k^{(i)})^{-1}Z_k^{(i)}\right\}=\\
&\left\{P_k^{g}\sum_{i=1}^{N}(P_k^{(ii)})^{-1}-P_k^{g}\left[\sum_{i=1}^{N}(H_k^{(i)})^{\mathrm{T}}(R_k^{(i)})^{-1}H_k^{(i)}\right]\right\}\Phi_{k/k-1}\hat{X}_{k-1}^{g}+\\
&P_k^{g}\sum_{i=1}^{N}(H_k^{(i)})^{\mathrm{T}}(R_k^{(i)})^{-1}Z_k^{(i)}=\\
&\left\{I-P_k^{g}\left[\sum_{i=1}^{N}(H_k^{(i)})^{\mathrm{T}}(R_k^{(i)})^{-1}H_k^{(i)}\right]\right\}\Phi_{k/k-1}\hat{X}_{k-1}^{g}+P_k^{g}\sum_{i=1}^{N}(H_k^{(i)})^{\mathrm{T}}(R_k^{(i)})^{-1}Z_k^{(i)}
\end{aligned}\tag{6.9.18b}$$

式(6.9.18)显示，经分散滤波和融合后的状态估计 $\hat{X}_k^g$ 及其均方误差阵 P_k^g 与序贯滤波式(6.9.2)的对应量 $\hat{X}_k$ 和 P_k 结果完全一致。这说明，前面推导过程中虽然应用了方差上界技术，对时间更新均方误差阵进行形式上放大处理，但经过信息融合后，该放大处理对最终滤波结果恰巧又没有任何不良影响。

分散滤波将序贯滤波转化成了 N 个分散的子滤波器，如图 6.9.1 所示。需要注意的是，由子系统 i 的均方误差阵更新公式 $(P_k^{(ii)})^{-1}=(P_{k/k-1}^{(ii)})^{-1}+H_k^{(i)}(R_k^{(i)})^{-1}(H_k^{(i)})^{\mathrm{T}}$ 可知，式(6.9.9)中 $P_{k/k-1}^{(ii)}$ 扩大了 β_i^{-1} 倍，然而 $P_k^{(ii)}$ 并不正好扩大 β_i^{-1} 倍，并且 $P_k^{(ii)}$ 不再是子系统 i 的最优状态估计均方误差阵，相应的 $\hat{X}_k^{(i)}$ 也不是状态 X_k 的最优估计。但是，经过信息融合之后，$\hat{X}_k^g$ 和 P_k^g 又变成是最优的了，可作为下一步滤波的初始值使用(重置)。

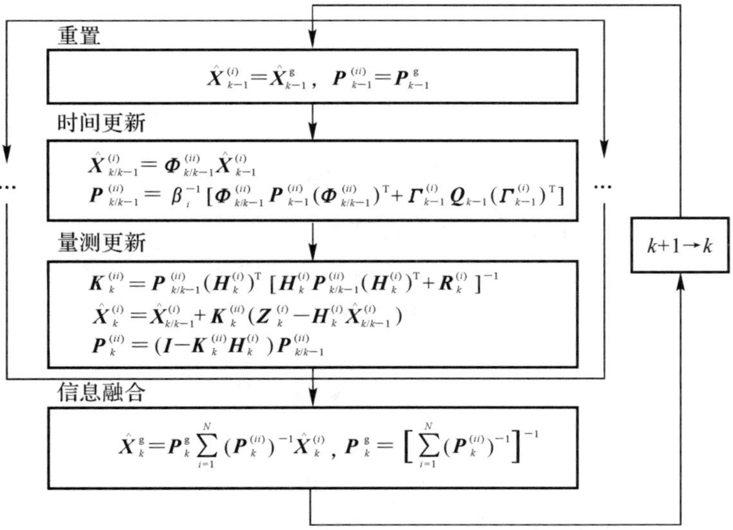

图 6.9.1　分散滤波

按信息滤波理论，在图 6.9.1 中 $(P_{k-1}^g)^{-1}$ 和 Q_{k-1}^{-1} 表示状态方程的总信息量，各个子滤波器分别分配到信息 $\beta_i(P_{k-1}^g)^{-1}$ 和 $\beta_i Q_{k-1}^{-1}$，但总量保持不变，即有 $\sum_{i=1}^{N}\beta_i=1$，若不进行状态方程信息分配，将会存在信息重复利用问题；$(R_k^{(i)})^{-1}$ 表示量测方程的信息量，量测方程信息在各个子滤波器中都是独立引入的,不存在重复利用问题,无须分配。

6.9.2 联邦滤波

1. 从分散滤波到联邦滤波

在分散滤波中认为所有子滤波器的状态都是相同的,而联邦滤波不再满足这一条件。假设有 N 个子滤波器,状态空间模型如下:

$$\left.\begin{aligned} \boldsymbol{X}_k^{(i)} &= \boldsymbol{\Phi}_{k/k-1}^{(i)}\boldsymbol{X}_{k-1}^{(i)} + \boldsymbol{\Gamma}_{k-1}^{(i)}\boldsymbol{W}_{k-1}^{(i)} \\ \boldsymbol{Z}_k^{(i)} &= \boldsymbol{H}_k^{(i)}\boldsymbol{X}_k^{(i)} + \boldsymbol{V}_k^{(i)} \end{aligned}\right\} \tag{6.9.19}$$

其中

$$\left.\begin{aligned} &\mathrm{E}[\boldsymbol{W}_k^{(i)}]=\boldsymbol{0}, \quad \mathrm{E}[\boldsymbol{W}_k^{(i)}(\boldsymbol{W}_j^{(i)})^{\mathrm{T}}]=\boldsymbol{Q}_k^{(i)}\delta_{kj} \\ &\mathrm{E}[\boldsymbol{V}_k^{(i)}]=\boldsymbol{0}, \quad \mathrm{E}[\boldsymbol{V}_k^{(i)}(\boldsymbol{V}_j^{(i)})^{\mathrm{T}}]=\boldsymbol{R}_k^{(i)}\delta_{kj} \\ &\mathrm{E}[\boldsymbol{W}_k^{(i)}(\boldsymbol{V}_j^{(i)})^{\mathrm{T}}]=\boldsymbol{0} \end{aligned}\right\} \tag{6.9.20}$$

$$\boldsymbol{X}_k^{(i)} = \begin{bmatrix} \boldsymbol{X}_k^{(ci)} \\ \boldsymbol{X}_k^{(bi)} \end{bmatrix} \tag{6.9.21}$$

式中:$\boldsymbol{X}_k^{(ci)}$ 是所有子滤波器共有的公共状态;$\boldsymbol{X}_k^{(bi)}$ 是第 i 个子滤波器的专有状态。

当然,在联邦滤波中,只能针对所有子滤波器共有的公共状态进行融合和重置,非公共状态无法相互融合。假设 $k-1$ 时刻第 i 个子滤波器的状态估计及其均方误差阵分别为

$$\hat{\boldsymbol{X}}_{k-1}^{(i)} = \begin{bmatrix} \hat{\boldsymbol{X}}_{k-1}^{(ci)} \\ \hat{\boldsymbol{X}}_{k-1}^{(bi)} \end{bmatrix}, \quad \boldsymbol{P}_{k-1}^{(i)} = \mathrm{E}[\tilde{\boldsymbol{X}}_{k-1}^{(i)}(\tilde{\boldsymbol{X}}_{k-1}^{(i)})^{\mathrm{T}}] = \begin{bmatrix} \boldsymbol{P}_{k-1}^{(ci)} & \boldsymbol{P}_{k-1}^{(cibi)} \\ \boldsymbol{P}_{k-1}^{(bici)} & \boldsymbol{P}_{k-1}^{(bi)} \end{bmatrix} \tag{6.9.22}$$

各子滤波器经过信息融合为

$$\boldsymbol{P}_{k-1}^{\mathrm{g}} = \Big[\sum_{i=1}^{N}(\boldsymbol{P}_{k-1}^{(ci)})^{-1}\Big]^{-1} \tag{6.9.23a}$$

$$\hat{\boldsymbol{X}}_{k-1}^{\mathrm{g}} = \boldsymbol{P}_{k-1}^{\mathrm{g}}\sum_{i=1}^{N}(\boldsymbol{P}_{k-1}^{(ci)})^{-1}\hat{\boldsymbol{X}}_{k-1}^{(ci)} \tag{6.9.23b}$$

则在 k 时刻开始滤波前,经重置后滤波初值选择为

$$\boldsymbol{P}'^{(i)}_{k-1} = \begin{bmatrix} \boldsymbol{P}_{k-1}^{\mathrm{g}} & \boldsymbol{A}\boldsymbol{P}_{k-1}^{(cibi)} \\ \boldsymbol{P}_{k-1}^{(bici)}\boldsymbol{A}^{\mathrm{T}} & \boldsymbol{P}_{k-1}^{(bi)} \end{bmatrix} \tag{6.9.24a}$$

$$\hat{\boldsymbol{X}}'^{(i)}_{k-1} = \begin{bmatrix} \hat{\boldsymbol{X}}_{k-1}^{\mathrm{g}} \\ \hat{\boldsymbol{X}}_{k-1}^{(bi)} \end{bmatrix} \tag{6.9.24b}$$

式中:待定方阵 $\boldsymbol{A}$ 满足

$$\boldsymbol{A}\boldsymbol{P}_{k-1}^{(ci)}\boldsymbol{A}^{\mathrm{T}} = \boldsymbol{P}_{k-1}^{\mathrm{g}} \tag{6.9.25}$$

类似于分散滤波的流程,联邦滤波公式总结如下:

(1) 状态重置(各子滤波器的公共状态重置而独有状态保持不变),见式(6.9.24)。

(2) 各子滤波器进行滤波:

$$\hat{\boldsymbol{X}}_{k/k-1}^{(i)} = \boldsymbol{\Phi}_{k/k-1}^{(i)}\hat{\boldsymbol{X}}'^{(i)}_{k-1} \tag{6.9.26a}$$

$$\boldsymbol{P}_{k/k-1}^{(i)} = \beta_i^{-1}[\boldsymbol{\Phi}_{k/k-1}^{(i)}\boldsymbol{P}'^{(i)}_{k-1}(\boldsymbol{\Phi}_{k/k-1}^{(i)})^{\mathrm{T}} + \boldsymbol{\Gamma}_{k-1}^{(i)}\boldsymbol{Q}_{k-1}^{(i)}(\boldsymbol{\Gamma}_{k-1}^{(i)})^{\mathrm{T}}] \tag{6.9.26b}$$

$$\boldsymbol{K}_k^{(i)} = \boldsymbol{P}_{k/k-1}^{(i)}(\boldsymbol{H}_k^{(i)})^{\mathrm{T}}[\boldsymbol{H}_k^{(i)}\boldsymbol{P}_{k/k-1}^{(i)}(\boldsymbol{H}_k^{(i)})^{\mathrm{T}} + \boldsymbol{R}_k^{(i)}]^{-1} \tag{6.9.26c}$$

$$\hat{\boldsymbol{X}}_k^{(i)} = \hat{\boldsymbol{X}}_{k/k-1}^{(i)} + \boldsymbol{K}_k^{(i)}(\boldsymbol{Z}_k^{(i)} - \boldsymbol{H}_k^{(i)}\hat{\boldsymbol{X}}_{k/k-1}^{(i)}) \tag{6.9.26d}$$

$$\boldsymbol{P}_k^{(i)} = (\boldsymbol{I} - \boldsymbol{K}_k^{(i)}\boldsymbol{H}_k^{(i)})\boldsymbol{P}_{k/k-1}^{(i)} \tag{6.9.26e}$$

(3) 信息融合，见式(6.9.23)。

如前所述，在分散滤波中，由于所有状态均为公共状态，虽然推导过程中采用了方差上界技术，对均方误差阵进行了放大，但经过信息融合后这一操作对滤波器并没有影响，最后给出的状态估计 $\hat{\boldsymbol{X}}_k^{\mathrm{g}}$ 仍然是全局最优的；然而，在一般的联邦滤波系统中，存在公共状态和非公共状态之间的耦合影响，使得全局状态估计 $\hat{\boldsymbol{X}}_k^{\mathrm{g}}$ 不再是最优的，因而联邦滤波是一种次优滤波方法。

2. Carlson 联邦滤波

N. A. Carlson 提出的联邦滤波器是一种两级滤波器，参见图 6.9.2。Carlson 联邦滤波器增加了一个主滤波器，由于主滤波器不接受量测输入，因而它只有时间更新而没有量测更新，另外还增设了主滤波器至子滤波器的反馈控制开关。整个滤波系统具有 $\bar{N}=(N+1)$ 个滤波器，N 个子滤波器的局部估计($\hat{\boldsymbol{X}}_k^{(ci)}$ 和 $\boldsymbol{P}_k^{(ci)}$)都送入主滤波器，跟主滤波器的估计($\hat{\boldsymbol{X}}_k^{(m)}$ 和 $\boldsymbol{P}_k^{(m)}$)一起进行最优融合以得到全局估计($\hat{\boldsymbol{X}}_k^{\mathrm{g}}$ 和 $\boldsymbol{P}_k^{\mathrm{g}}$)。其中，主滤波器的滤波计算(时间更新)比较简单，为

$$\left.\begin{aligned} &\hat{\boldsymbol{X}}_k^{(m)} = \boldsymbol{\Phi}_{k/k-1}^{(m)}\hat{\boldsymbol{X}}_{k-1}^{\mathrm{g}} \\ &\boldsymbol{P}_k^{(m)} = \beta_m^{-1}[\boldsymbol{\Phi}_{k/k-1}^{(m)}\boldsymbol{P}_{k-1}^{\mathrm{g}}(\boldsymbol{\Phi}_{k/k-1}^{(m)})^{\mathrm{T}} + \boldsymbol{\Gamma}_{k-1}^{(m)}\boldsymbol{Q}_{k-1}^{(m)}(\boldsymbol{\Gamma}_{k-1}^{(m)})^{\mathrm{T}}] \end{aligned}\right\} \text{(有反馈)} \tag{6.9.27a}$$

或

$$\left.\begin{aligned} &\hat{\boldsymbol{X}}_k^{(m)} = \boldsymbol{\Phi}_{k/k-1}^{(m)}\hat{\boldsymbol{X}}_{k-1}^{(m)} \\ &\boldsymbol{P}_k^{(m)} = \boldsymbol{\Phi}_{k/k-1}^{(m)}\boldsymbol{P}_{k-1}^{(m)}(\boldsymbol{\Phi}_{k/k-1}^{(m)})^{\mathrm{T}} + \boldsymbol{\Gamma}_{k-1}^{(m)}\boldsymbol{Q}_{k-1}^{(m)}(\boldsymbol{\Gamma}_{k-1}^{(m)})^{\mathrm{T}} \end{aligned}\right\} \text{(无反馈)} \tag{6.9.27b}$$

根据反馈与否以及信息分配系数 $\beta_i(i=1,2,\cdots,N,m)$ 的选取策略不同，联邦滤波器具有不同的结构和特性：①如果选择 $\beta_m=0$，则相当于主滤波器不进行滤波而只进行信息融合；②如果去除虚线连线部分的反馈功能，则各子滤波器独立工作，由于没有反馈重置的影响，所以系统具有较强的容错能力；③如果选择 $\beta_m=\beta_i=1/\bar{N}$ 并进行反馈重置，即主滤波器与子滤波器平均分配信息，此时系统整体精度较高，但容错能力有所下降。

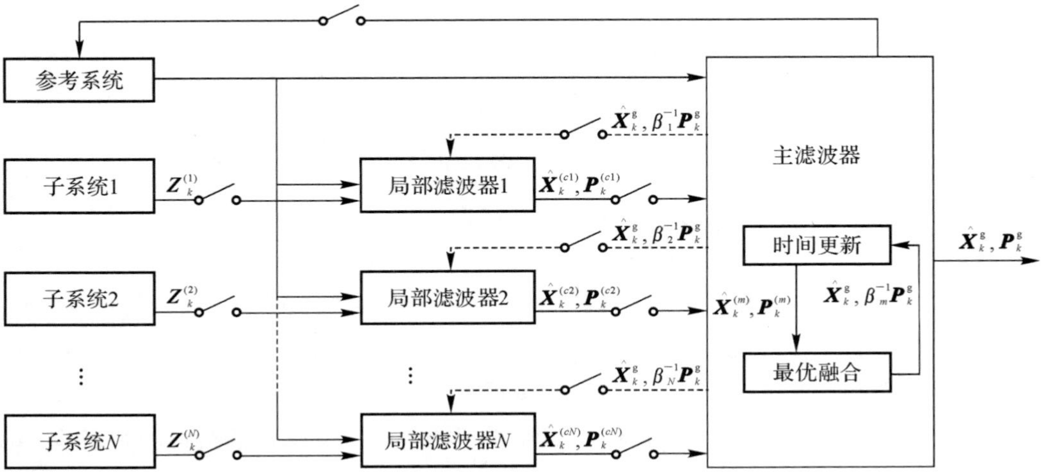

图 6.9.2　联邦滤波器结构图

6.10 随机系统的可控性、可观性与滤波器的稳定性分析

可控性、可观性与稳定性是现代控制系统(确定性系统)的三大基本属性,是现代控制理论的研究基础,对于随机系统而言也有这三个概念,但两类系统之间还是有明显区别的。关于确定性系统的基本概念参见附录J。本节将简要介绍随机系统的随机可控性与随机可观性概念,以及Kalman滤波器稳定性的概念和判断方法,对改进滤波器设计和进行滤波效果分析会有一定帮助。

6.10.1 随机可控性与随机可观性

假设随机系统模型为

$$\left.\begin{aligned}\boldsymbol{X}_k&=\boldsymbol{\Phi}_{k/k-1}\boldsymbol{X}_{k-1}+\boldsymbol{\Gamma}_{k-1}\boldsymbol{W}_{k-1}\\ \boldsymbol{Z}_k&=\boldsymbol{H}_k\boldsymbol{X}_k+\boldsymbol{V}_k\end{aligned}\right\}\tag{6.10.1}$$

各符号含义详见式(5.3.1),不再重复。

1. 随机可控性

如果对于时刻 j,存在正整数 N,使得

$$\boldsymbol{\Lambda}(j,j+N)=\sum_{i=j}^{j+N-1}\boldsymbol{\Phi}_{j+N/i+1}\boldsymbol{\Gamma}_i\boldsymbol{Q}_i\boldsymbol{\Gamma}_i^{\mathrm{T}}\boldsymbol{\Phi}_{j+N/i+1}^{\mathrm{T}}>0\tag{6.10.2}$$

则称系统式(6.10.1)在 j 时刻是完全随机可控的,$\boldsymbol{\Lambda}(j,j+N)$ 称为随机可控性格莱姆矩阵(stochastic controllability Gramian matrix)。

为建立 $\boldsymbol{X}_{j+N}$ 与 $\boldsymbol{X}_j$ 之间关系,由状态方程不断往前迭代,可得

$$\begin{aligned}\boldsymbol{X}_{j+N}=&\boldsymbol{\Phi}_{j+N/j+N-1}\boldsymbol{X}_{j+N-1}+\boldsymbol{\Gamma}_{j+N-1}\boldsymbol{W}_{j+N-1}=\\ &\boldsymbol{\Phi}_{j+N/j+N-1}(\boldsymbol{\Phi}_{j+N-1/j+N-2}\boldsymbol{X}_{j+N-2}+\boldsymbol{\Gamma}_{j+N-2}\boldsymbol{W}_{j+N-2})+\boldsymbol{\Gamma}_{j+N-1}\boldsymbol{W}_{j+N-1}=\\ &\boldsymbol{\Phi}_{j+N/j+N-2}\boldsymbol{X}_{j+N-2}+\boldsymbol{\Phi}_{j+N/j+N-1}\boldsymbol{\Gamma}_{j+N-2}\boldsymbol{W}_{j+N-2}+\boldsymbol{\Phi}_{j+N/j+N}\boldsymbol{\Gamma}_{j+N-1}\boldsymbol{W}_{j+N-1}=\cdots=\\ &\boldsymbol{\Phi}_{j+N/j}\boldsymbol{X}_j+\sum_{i=j}^{j+N-1}\boldsymbol{\Phi}_{j+N/i+1}\boldsymbol{\Gamma}_i\boldsymbol{W}_i\end{aligned}\tag{6.10.3}$$

将式(6.10.3)右端第一项移到左端,再两边同时求方差,有

$$\begin{aligned}&\mathrm{E}[(\boldsymbol{X}_{j+N}-\boldsymbol{\Phi}_{j+N/j}\boldsymbol{X}_j)(\boldsymbol{X}_{j+N}-\boldsymbol{\Phi}_{j+N/j}\boldsymbol{X}_j)^{\mathrm{T}}]=\\ &\quad\mathrm{E}\Big[\Big(\sum_{i=j}^{j+N-1}\boldsymbol{\Phi}_{j+N/i+1}\boldsymbol{\Gamma}_i\boldsymbol{W}_i\Big)\Big(\sum_{i=j}^{j+N-1}\boldsymbol{\Phi}_{j+N/i+1}\boldsymbol{\Gamma}_i\boldsymbol{W}_i\Big)^{\mathrm{T}}\Big]=\\ &\quad\sum_{i=j}^{j+N-1}\boldsymbol{\Phi}_{j+N/i+1}\boldsymbol{\Gamma}_i\boldsymbol{Q}_i\boldsymbol{\Gamma}_i^{\mathrm{T}}\boldsymbol{\Phi}_{j+N/i+1}^{\mathrm{T}}=\boldsymbol{\Lambda}(j,j+N)\end{aligned}\tag{6.10.4}$$

由于 $\boldsymbol{W}_i$ 是正态分布的噪声向量序列,则 $\boldsymbol{X}_{j+N}-\boldsymbol{\Phi}_{j+N/j}\boldsymbol{X}_j$ 也是正态分布的,由 $\boldsymbol{\Lambda}(j,j+N)>0$ 可知,从任意给定的状态 $\boldsymbol{X}_j$ 出发,使得 $\boldsymbol{X}_{j+N}=\boldsymbol{0}$ 的概率为正,即 $P\{\boldsymbol{X}_{j+N}=\boldsymbol{0}\}>0$,这便是完全随机可控的含义。对于线性定常随机系统,完全随机可控意味着从任意给定的状态 $\boldsymbol{X}_j$ 出发,总能够以正概率到达任何状态 $\boldsymbol{X}_{j+N}$。

如果系统在任意时刻都是完全随机可控的,则称系统是一致完全随机可控的。

2. 随机可观性

设有量测序列 $\{\boldsymbol{Z}_j,\boldsymbol{Z}_{j+1},\cdots,\boldsymbol{Z}_{j+N-1}\}$ 的某种线性组合

$$\boldsymbol{X}_j^* = \boldsymbol{\Theta}^{-1}(j,j+N)\sum_{i=j}^{j+N-1}\boldsymbol{\Phi}_{i/j}^{\mathrm{T}}\boldsymbol{H}_i^{\mathrm{T}}\boldsymbol{R}_i^{-1}\boldsymbol{Z}_i \tag{6.10.5}$$

式中：定义矩阵

$$\boldsymbol{\Theta}(j,j+N) = \sum_{i=j}^{j+N-1}\boldsymbol{\Phi}_{i/j}^{\mathrm{T}}\boldsymbol{H}_i^{\mathrm{T}}\boldsymbol{R}_i^{-1}\boldsymbol{H}_i\boldsymbol{\Phi}_{i/j} \tag{6.10.6}$$

对式(6.10.5) 等号两边同时求期望，有

$$\begin{aligned}\mathrm{E}[\boldsymbol{X}_j^*] &= \boldsymbol{\Theta}^{-1}(j,j+N)\sum_{i=j}^{j+N-1}\boldsymbol{\Phi}_{i/j}^{\mathrm{T}}\boldsymbol{H}_i^{\mathrm{T}}\boldsymbol{R}_i^{-1}\mathrm{E}[\boldsymbol{Z}_i] = \\ &\boldsymbol{\Theta}^{-1}(j,j+N)\sum_{i=j}^{j+N-1}\boldsymbol{\Phi}_{i/j}^{\mathrm{T}}\boldsymbol{H}_i^{\mathrm{T}}\boldsymbol{R}_i^{-1}\boldsymbol{H}_i\mathrm{E}[\boldsymbol{X}_i]\end{aligned} \tag{6.10.7}$$

根据式(6.10.3)，可得

$$\boldsymbol{X}_i = \boldsymbol{\Phi}_{i/j}\boldsymbol{X}_j + \sum_{m=j}^{i-1}\boldsymbol{\Phi}_{i/m+1}\boldsymbol{\Gamma}_m\boldsymbol{W}_m \tag{6.10.8}$$

将式(6.10.8) 代入式(6.10.7)，可得

$$\begin{aligned}\mathrm{E}[\boldsymbol{X}_j^*] &= \boldsymbol{\Theta}^{-1}(j,j+N)\sum_{i=j}^{j+N-1}\boldsymbol{\Phi}_{i/j}^{\mathrm{T}}\boldsymbol{H}_i^{\mathrm{T}}\boldsymbol{R}_i^{-1}\boldsymbol{H}_i\mathrm{E}\left[\boldsymbol{\Phi}_{i/j}\boldsymbol{X}_j + \sum_{m=j}^{i-1}\boldsymbol{\Phi}_{i/m+1}\boldsymbol{\Gamma}_m\boldsymbol{W}_m\right] = \\ &\boldsymbol{\Theta}^{-1}(j,j+N)\sum_{i=j}^{j+N-1}\boldsymbol{\Phi}_{i/j}^{\mathrm{T}}\boldsymbol{H}_i^{\mathrm{T}}\boldsymbol{R}_i^{-1}\boldsymbol{H}_i\boldsymbol{\Phi}_{i/j}\mathrm{E}[\boldsymbol{X}_j] = \mathrm{E}[\boldsymbol{X}_j]\end{aligned} \tag{6.10.9}$$

由于系统量测方程 $\boldsymbol{Z}_k = \boldsymbol{H}_k\boldsymbol{X}_k + \boldsymbol{V}_k$ 存在量测噪声且 $\boldsymbol{H}_k$ 不一定为可逆方阵，由量测 $\boldsymbol{Z}_k$ 并不能完全确定状态向量 $\boldsymbol{X}_k$，但是式(6.10.9) 说明，当 $\boldsymbol{\Theta}(j,j+N) > 0$ 时，根据式(6.10.5) 中量测序列 $\{\boldsymbol{Z}_j, \boldsymbol{Z}_{j+1}, \cdots, \boldsymbol{Z}_{j+N-1}\}$ 构造的组合 $\boldsymbol{X}_j^*$ 是 j 时刻状态 $\boldsymbol{X}_j$ 的线性无偏估计(注意不一定是最小方差的)，这是随机可观性的本质含义；反之，如果 $\boldsymbol{\Theta}(j,j+N)$ 不正定，则由量测 $\{\boldsymbol{Z}_j, \boldsymbol{Z}_{j+1}, \cdots, \boldsymbol{Z}_{j+N-1}\}$ 就无法实现状态 $\boldsymbol{X}_j$ 的线性无偏估计。式(6.10.6) 中的 $\boldsymbol{\Theta}(j,j+N)$ 称为随机可观性格莱姆矩阵 (stochastic observability Gramian matrix)。

不难发现，式(6.10.2) 和式(6.10.6) 分别与确定性系统的可控性和可观性格莱姆矩阵的构造方式是非常相似的(可参考附录 J)。实际上，确定性系统的格莱姆矩阵可以看作是随机系统中当 $\boldsymbol{Q}_k = \boldsymbol{I}$ 且 $\boldsymbol{R}_k = \boldsymbol{I}$ 时的特殊情形。对于 Kalman 滤波随机系统而言，往往要求 $\boldsymbol{R}_k$ 是正定的，随机可观性的分析结论与对应确定性系统的完全一致；但随机系统中仅要求 $\boldsymbol{Q}_k$ 非负定，因而随机可控性结论与对应确定性系统的可能不一致。

特别地，如果随机系统式(6.10.1) 是定常的，将 $\boldsymbol{\Phi}_{k/k-1}, \boldsymbol{\Gamma}_{k-1}, \boldsymbol{H}_k, \boldsymbol{Q}_k, \boldsymbol{R}_k$ 分别简记为 $\boldsymbol{\Phi}, \boldsymbol{\Gamma}, \boldsymbol{H}, \boldsymbol{Q}, \boldsymbol{R}$，则一致完全随机可控性和一致完全随机可观性格莱姆判据可分别等价于如下秩判据：

$$\mathrm{rank}\left(\begin{bmatrix}\boldsymbol{\Gamma}\boldsymbol{Q}^{\frac{1}{2}} & \boldsymbol{\Phi}^1\boldsymbol{\Gamma}\boldsymbol{Q}^{\frac{1}{2}} & \boldsymbol{\Phi}^2\boldsymbol{\Gamma}\boldsymbol{Q}^{\frac{1}{2}} & \cdots & \boldsymbol{\Phi}^{n-1}\boldsymbol{\Gamma}\boldsymbol{Q}^{\frac{1}{2}}\end{bmatrix}\right) = n \tag{6.10.10}$$

$$\mathrm{rank}\left(\begin{bmatrix}\boldsymbol{R}^{-\frac{1}{2}}\boldsymbol{H} \\ \boldsymbol{R}^{-\frac{1}{2}}\boldsymbol{H}\boldsymbol{\Phi}^1 \\ \boldsymbol{R}^{-\frac{1}{2}}\boldsymbol{H}\boldsymbol{\Phi}^2 \\ \cdots \\ \boldsymbol{R}^{-\frac{1}{2}}\boldsymbol{H}\boldsymbol{\Phi}^{n-1}\end{bmatrix}\right) = n \tag{6.10.11}$$

其中：n 是系统状态 $\boldsymbol{X}_k$ 的维数。

6.10.2 滤波器的稳定性分析

针对随机系统模型

$$\left.\begin{aligned} \boldsymbol{X}_k &= \boldsymbol{\Phi}_{k/k-1}\boldsymbol{X}_{k-1} + \boldsymbol{\Gamma}_{k-1}\boldsymbol{W}_{k-1} \\ \boldsymbol{Z}_k &= \boldsymbol{H}_k\boldsymbol{X}_k + \boldsymbol{V}_k \end{aligned}\right\} \tag{6.10.12}$$

对其作 Kalman 滤波的状态滤波方程为

$$\begin{aligned} \hat{\boldsymbol{X}}_k &= \boldsymbol{\Phi}_{k/k-1}\hat{\boldsymbol{X}}_{k-1} + \boldsymbol{K}_k(\boldsymbol{Z}_k - \boldsymbol{H}_k\boldsymbol{\Phi}_{k/k-1}\hat{\boldsymbol{X}}_{k-1}) = (\boldsymbol{I} - \boldsymbol{K}_k\boldsymbol{H}_k)\boldsymbol{\Phi}_{k/k-1}\hat{\boldsymbol{X}}_{k-1} + \boldsymbol{K}_k\boldsymbol{Z}_k = \\ &\quad \boldsymbol{G}_{k/k-1}\hat{\boldsymbol{X}}_{k-1} + \boldsymbol{K}_k\boldsymbol{Z}_k \end{aligned} \tag{6.10.13}$$

式(6.10.13)滤波方程可视为一个时变的线性系统(状态估计器),状态为 $\hat{\boldsymbol{X}}_k$,一步转移矩阵为 $\boldsymbol{G}_{k/k-1} = (\boldsymbol{I} - \boldsymbol{K}_k\boldsymbol{H}_k)\boldsymbol{\Phi}_{k/k-1}$,输入为 $\boldsymbol{Z}_k$。在原系统式(6.10.12)的参数 $\boldsymbol{\Phi}_{k/k-1}$,$\boldsymbol{H}_k$,$\boldsymbol{Q}_k$ 和 $\boldsymbol{R}_k$ 已知并且滤波均方误差阵初值 $\boldsymbol{P}_0$ 给定之后,滤波增益 $\boldsymbol{K}_k$ 和一步转移矩阵 $\boldsymbol{G}_{k/k-1}$ 也随之确定。状态估计器与确定性系统的状态观测器不同,即使随机系统是定常的,状态估计器一般也是时变的。

在式(6.10.13)中,如果对于任意给定的两个初始状态 $\hat{\boldsymbol{X}}_0^1$ 和 $\hat{\boldsymbol{X}}_0^2$,总有

$$\lim_{k\to\infty} \| \hat{\boldsymbol{X}}_k^1 - \hat{\boldsymbol{X}}_k^2 \| = 0 \tag{6.10.14}$$

则称滤波器式(6.10.13)是稳定的,此即李雅普诺夫意义下的渐进稳定性含义。式(6.10.14)显示状态估计渐进不受滤波初值的影响,不论如何设置初值,在经历足够长的时间后都将得到一致的滤波结果。

众所周知,线性系统的稳定性判别与输入无关,对于线性定常系统,其稳定的充要条件是一步转移矩阵的特征根都在单位圆内,且 0 为其平衡状态。但是,滤波器式(6.10.13)往往是时变的,不能使用这一判别条件。如果使用李雅普诺夫稳定性判别理论,滤波器式(6.10.13)稳定的充要条件是:对于任意给定的对称矩阵 $\boldsymbol{B}_k > 0$,存在实对称矩阵 $\boldsymbol{A}_k > 0$,使满足矩阵方程 $\boldsymbol{G}_{k/k-1}^{\mathrm{T}}\boldsymbol{A}_k\boldsymbol{G}_{k/k-1} - \boldsymbol{A}_{k-1} = -\boldsymbol{B}_{k-1}$,且二次型函数 $v(\hat{\boldsymbol{X}}_k, k) = \hat{\boldsymbol{X}}_k^{\mathrm{T}}\boldsymbol{A}_k\hat{\boldsymbol{X}}_k$ 为系统的李雅普诺夫函数。根据 Kalman 滤波公式,这里一步转移矩阵 $\boldsymbol{G}_{k/k-1}$ 表达式比较复杂,几乎不可能求解出李雅普诺夫函数。因此,希望直接通过原系统式(6.10.12)的性质来直接判断滤波器式(6.10.13)的稳定性。应该注意到,这里讨论的是滤波器式(6.10.13)的稳定性,而不是指系统式(6.10.12)的稳定性,实际上 Kalman 滤波可应用于非平稳系统,甚至系统式(6.10.12)可以是不稳定的。

R. E. Kalman 等学者经过研究,给出了根据原系统式(6.10.12)来判别滤波器式(6.10.13)稳定的三个充分条件(满足任何一个即可):

(1) 如果系统式(6.10.12)一致完全随机可控并且一致完全随机可观,则滤波器式(6.10.13)稳定。

(2) 如果系统式(6.10.12)推广形式随机可控并且一致完全随机可观,则滤波器式(6.10.13)稳定。

(3) 对于定常系统,如果系统式(6.10.12)完全随机可稳定并且完全随机可检测,则滤波器式(6.10.13)稳定。

下面再给出上述充分条件中涉及的推广形式随机可控、完全随机可稳定和完全随机可检测的基本概念。

推广形式可控阵定义为

$$\overline{\boldsymbol{\Lambda}}(j,j+N)=\boldsymbol{\Phi}_{j+N/j}\boldsymbol{P}_j\boldsymbol{\Phi}_{j+N/j}^{\mathrm{T}}+\sum_{i=j}^{j+N-1}\boldsymbol{\Phi}_{j+N/i+1}\boldsymbol{\Gamma}_i\boldsymbol{Q}_i\boldsymbol{\Gamma}_i^{\mathrm{T}}\boldsymbol{\Phi}_{j+N/i+1}^{\mathrm{T}}=$$

$$\boldsymbol{\Phi}_{j+N/j}\boldsymbol{P}_j\boldsymbol{\Phi}_{j+N/j}^{\mathrm{T}}+\boldsymbol{\Lambda}(j,j+N) \tag{6.10.15}$$

通常情况下滤波选取初值 $\boldsymbol{P}_0>0$，则由以下滤波均方误差阵递推公式：

$$\boldsymbol{P}_{k/k-1}=\boldsymbol{\Phi}_{k/k-1}\boldsymbol{P}_{k-1}\boldsymbol{\Phi}_{k/k-1}^{\mathrm{T}}+\boldsymbol{\Gamma}_{k-1}\boldsymbol{Q}_{k-1}\boldsymbol{\Gamma}_{k-1}^{\mathrm{T}}>0$$

$$\boldsymbol{P}_k=(\boldsymbol{I}-\boldsymbol{K}_k\boldsymbol{H}_k)\boldsymbol{P}_{k/k-1}(\boldsymbol{I}-\boldsymbol{K}_k\boldsymbol{H}_k)^{\mathrm{T}}+\boldsymbol{K}_k\boldsymbol{R}_k\boldsymbol{K}_k^{\mathrm{T}}>0$$

可判断在式(6.10.15)中总有 $\boldsymbol{P}_j>0$，因而推广形式可控阵 $\overline{\boldsymbol{\Lambda}}(j,j+N)$ 总是正定的，这样在使用条件(2)时，一般只需考虑系统的一致完全随机可观性即可。

完全随机可稳定是指：系统经过可控性分解后，分为可控部分和不可控部分，其中不可控部分是稳定的。

完全随机可检测是指：系统经过可观性分解后，分为可观部分和不可观部分，其中不可观部分是稳定的。

最后，给出一个简单的例子，以加深对滤波器稳定性判别的直观理解。

【例 6.10.1】　考虑一维线性定常系统

$$\begin{cases}X_k=\phi X_{k-1}+W_{k-1}\\Z_k=X_k+V_k\end{cases}$$

其中：W_k 和 V_k 均为零均值白噪声，方差分别为 $Q\geqslant 0$ 和 $R>0$，且两者间不相关。试分析该系统的滤波稳定性。

解　根据 Kalman 滤波方程式(5.3.29)，可得

$$\hat{X}_{k/k-1}=\phi\hat{X}_{k-1} \tag{1}$$

$$P_{k/k-1}=\phi^2P_{k-1}+Q \tag{2}$$

$$K_k=\frac{P_{k/k-1}}{P_{k/k-1}+R}=\frac{\phi^2P_{k-1}+Q}{\phi^2P_{k-1}+Q+R} \tag{3}$$

$$\hat{X}_k=\hat{X}_{k/k-1}+K_k(Z_k-\hat{X}_{k/k-1})=(1-K_k)\hat{X}_{k/k-1}+K_kZ_k \tag{4}$$

$$P_k=(1-K_k)P_{k/k-1}=\left(1-\frac{P_{k/k-1}}{P_{k/k-1}+R}\right)P_{k/k-1}=RK_k \tag{5}$$

按式(6.10.11)知该定常系统完全随机可观，所以下面主要从可控性角度讨论系统的滤波稳定性：

(1) 若 $Q>0$，系统是完全随机可控的，按判别条件(1)滤波器稳定。

(2) 若 $Q=0,P_0>0$，系统推广形式随机可控，按判别条件(2)滤波器稳定。

(3) 若 $Q=0,P_0=0,|\phi|<1$，如按可控性分解，状态方程可以看作只含一个不可控的子系统，但它是稳定的，按判别条件(3)滤波器稳定。由式(3)得 $K_k=0$，量测的修正作用消失，但 $|\phi|<1$，不论状态取何初值，状态最终都会收敛至 0。

(4) 若 $Q=0,P_0=0,|\phi|\geqslant 1$，不满足三个判别条件中的任何一个，不能判断滤波器是否稳定。由式(3)得 $K_k=0$，量测的修正作用消失，事实上，这时系统状态方程相当于是确定性方程，状态依赖于初始值，由 $\hat{X}_k=\phi\hat{X}_{k-1}$ 可见，当 $|\phi|\geqslant 1$ 时状态估计是不稳定的。

Kalman 给出的判断滤波器稳定的条件是充分条件，有时过于苛刻：若满足充分条件，则可以肯定滤波器是稳定的；若不满足充分条件，则还不能判断滤波器是否稳定。前面举的只是比较简单的例子，然而，对于高维的时变的复杂系统，使用稳定判别条件往往是非常困难甚至

不可能的。

6.11 状态估计的误差分配与可观测度分析

在实际应用 Kalman 滤波时，一般没有必要按 6.10.2 小节那样在理论上进行严格的稳定性分析，况且现实系统的工作时间总是有限的，通常不会出现绝对稳定的情形，在有限的时间内滤波结果或多或少会受初值的影响。此外，滤波结果还受动态过程噪声和量测噪声的影响。对于高维数的时变随机系统而言，不可能从理论上用解析方法分析滤波器的稳定性和状态估计效果，而只能采用数值方法进行仿真计算。下面将使用滤波协方差分析方法来定量分析 Kalman 滤波误差的影响因素及实际状态估计效果，具有较强的实用性。

6.11.1 误差分配基本原理

在系统模型参数 $\boldsymbol{\Phi}_{k/k-1}$，$\boldsymbol{\Gamma}_{k-1}$ 和 $\boldsymbol{H}_k$ 确定之后，标准 Kalman 滤波的均方误差阵 $\boldsymbol{P}_k$ 仅与 $\boldsymbol{P}_0$，$\boldsymbol{Q}_k$ 和 $\boldsymbol{R}_k$ 有关，而与状态初值 $\boldsymbol{X}_0$ 及量测 $\boldsymbol{Z}_k$ 无关，因此，下面只需分析 $\boldsymbol{P}_0$，$\boldsymbol{Q}_k$ 和 $\boldsymbol{R}_k$ 对 $\boldsymbol{P}_k$ 的影响，这便是状态估计误差的误差分配问题。

Kalman 滤波均方误差阵的预测及量测更新公式重写如下：

$$\boldsymbol{P}_{k/k-1}=\boldsymbol{\Phi}_{k/k-1}\boldsymbol{P}_{k-1}\boldsymbol{\Phi}_{k/k-1}^{\mathrm{T}}+\boldsymbol{\Gamma}_{k-1}\boldsymbol{Q}_{k-1}\boldsymbol{\Gamma}_{k-1}^{\mathrm{T}} \tag{6.11.1a}$$

$$\boldsymbol{P}_k=(\boldsymbol{I}-\boldsymbol{K}_k\boldsymbol{H}_k)\boldsymbol{P}_{k/k-1}(\boldsymbol{I}-\boldsymbol{K}_k\boldsymbol{H}_k)^{\mathrm{T}}+\boldsymbol{K}_k\boldsymbol{R}_k\boldsymbol{K}_k^{\mathrm{T}} \tag{6.11.1b}$$

将式(6.11.1a) 代入式(6.11.1b)，可得

$$\begin{aligned}\boldsymbol{P}_k=&(\boldsymbol{I}-\boldsymbol{K}_k\boldsymbol{H}_k)(\boldsymbol{\Phi}_{k/k-1}\boldsymbol{P}_{k-1}\boldsymbol{\Phi}_{k/k-1}^{\mathrm{T}}+\boldsymbol{\Gamma}_{k-1}\boldsymbol{Q}_{k-1}\boldsymbol{\Gamma}_{k-1}^{\mathrm{T}})(\boldsymbol{I}-\boldsymbol{K}_k\boldsymbol{H}_k)^{\mathrm{T}}+\boldsymbol{K}_k\boldsymbol{R}_k\boldsymbol{K}_k^{\mathrm{T}}=\\&(\boldsymbol{I}-\boldsymbol{K}_k\boldsymbol{H}_k)\boldsymbol{\Phi}_{k/k-1}\boldsymbol{P}_{k-1}\boldsymbol{\Phi}_{k/k-1}^{\mathrm{T}}(\boldsymbol{I}-\boldsymbol{K}_k\boldsymbol{H}_k)^{\mathrm{T}}+(\boldsymbol{I}-\boldsymbol{K}_k\boldsymbol{H}_k)\boldsymbol{\Gamma}_{k-1}\boldsymbol{Q}_{k-1}\boldsymbol{\Gamma}_{k-1}^{\mathrm{T}}(\boldsymbol{I}-\boldsymbol{K}_k\boldsymbol{H}_k)^{\mathrm{T}}+\boldsymbol{K}_k\boldsymbol{R}_k\boldsymbol{K}_k^{\mathrm{T}}=\\&\boldsymbol{A}_{k/k-1}\boldsymbol{P}_{k-1}\boldsymbol{A}_{k/k-1}^{\mathrm{T}}+\boldsymbol{B}_{k/k-1}\boldsymbol{Q}_{k-1}\boldsymbol{B}_{k/k-1}^{\mathrm{T}}+\boldsymbol{K}_k\boldsymbol{R}_k\boldsymbol{K}_k^{\mathrm{T}}\end{aligned} \tag{6.11.2}$$

式中：记

$$\left.\begin{aligned}\boldsymbol{A}_{k/k-1}&=(\boldsymbol{I}-\boldsymbol{K}_k\boldsymbol{H}_k)\boldsymbol{\Phi}_{k/k-1}\\\boldsymbol{B}_{k/k-1}&=(\boldsymbol{I}-\boldsymbol{K}_k\boldsymbol{H}_k)\boldsymbol{\Gamma}_{k-1}\end{aligned}\right\} \tag{6.11.3}$$

根据式(6.11.2)，若下标 k 往前递推一步，只需简单地进行符号替换，即 $k\rightarrow k-1$，$k/k-1\rightarrow k-1/k-2$，$k-1\rightarrow k-2$，则有

$$\boldsymbol{P}_{k-1}=\boldsymbol{A}_{k-1/k-2}\boldsymbol{P}_{k-2}\boldsymbol{A}_{k-1/k-2}^{\mathrm{T}}+\boldsymbol{B}_{k-1/k-2}\boldsymbol{Q}_{k-2}\boldsymbol{B}_{k-1/k-2}^{\mathrm{T}}+\boldsymbol{K}_{k-1}\boldsymbol{R}_{k-1}\boldsymbol{K}_{k-1}^{\mathrm{T}} \tag{6.11.4}$$

将式(6.11.4) 代入式(6.11.2)，并不断往前递推，不难得到

$$\begin{aligned}\boldsymbol{P}_k=&\boldsymbol{A}_{k/k-1}(\boldsymbol{A}_{k-1/k-2}\boldsymbol{P}_{k-2}\boldsymbol{A}_{k-1/k-2}^{\mathrm{T}}+\boldsymbol{B}_{k-1/k-2}\boldsymbol{Q}_{k-2}\boldsymbol{B}_{k-1/k-2}^{\mathrm{T}}+\boldsymbol{K}_{k-1}\boldsymbol{R}_{k-1}\boldsymbol{K}_{k-1}^{\mathrm{T}})\boldsymbol{A}_{k/k-1}^{\mathrm{T}}+\\&\boldsymbol{B}_{k/k-1}\boldsymbol{Q}_{k-1}\boldsymbol{B}_{k/k-1}^{\mathrm{T}}+\boldsymbol{K}_k\boldsymbol{R}_k\boldsymbol{K}_k^{\mathrm{T}}=\\&\boldsymbol{A}_{k/k-1}\boldsymbol{A}_{k-1/k-2}\boldsymbol{P}_{k-2}\boldsymbol{A}_{k-1/k-2}^{\mathrm{T}}\boldsymbol{A}_{k/k-1}^{\mathrm{T}}+(\boldsymbol{A}_{k/k-1}\boldsymbol{B}_{k-1/k-2}\boldsymbol{Q}_{k-2}\boldsymbol{B}_{k-1/k-2}^{\mathrm{T}}\boldsymbol{A}_{k/k-1}^{\mathrm{T}}+\\&\boldsymbol{B}_{k/k-1}\boldsymbol{Q}_{k-1}\boldsymbol{B}_{k/k-1}^{\mathrm{T}})+(\boldsymbol{A}_{k/k-1}\boldsymbol{K}_{k-1}\boldsymbol{R}_{k-1}\boldsymbol{K}_{k-1}^{\mathrm{T}}\boldsymbol{A}_{k/k-1}^{\mathrm{T}}+\boldsymbol{K}_k\boldsymbol{R}_k\boldsymbol{K}_k^{\mathrm{T}})=\cdots=\\&(\boldsymbol{A}_{k/k-1}\cdots\boldsymbol{A}_{2/1}\boldsymbol{A}_{1/0}\boldsymbol{P}_0\boldsymbol{A}_{1/0}^{\mathrm{T}}\boldsymbol{A}_{2/1}^{\mathrm{T}}\cdots\boldsymbol{A}_{k/k-1}^{\mathrm{T}})+[(\boldsymbol{A}_{k/k-1}\cdots\boldsymbol{A}_{2/1}\boldsymbol{B}_{1/0}\boldsymbol{Q}_0\boldsymbol{B}_{1/0}^{\mathrm{T}}\boldsymbol{A}_{2/1}^{\mathrm{T}}\cdots\boldsymbol{A}_{k/k-1}^{\mathrm{T}})+\\&(\boldsymbol{A}_{k/k-1}\cdots\boldsymbol{A}_{3/2}\boldsymbol{B}_{2/1}\boldsymbol{Q}_1\boldsymbol{B}_{2/1}^{\mathrm{T}}\boldsymbol{A}_{3/2}^{\mathrm{T}}\cdots\boldsymbol{A}_{k/k-1}^{\mathrm{T}})+\cdots+(\boldsymbol{B}_{k/k-1}\boldsymbol{Q}_{k-1}\boldsymbol{B}_{k/k-1}^{\mathrm{T}})]+\\&[(\boldsymbol{A}_{k/k-1}\cdots\boldsymbol{A}_{2/1}\boldsymbol{K}_1\boldsymbol{R}_1\boldsymbol{K}_1^{\mathrm{T}}\boldsymbol{A}_{2/1}^{\mathrm{T}}\cdots\boldsymbol{A}_{k/k-1}^{\mathrm{T}})+(\boldsymbol{A}_{k/k-1}\cdots\boldsymbol{A}_{3/2}\boldsymbol{K}_2\boldsymbol{R}_2\boldsymbol{K}_2^{\mathrm{T}}\boldsymbol{A}_{3/2}^{\mathrm{T}}\cdots\boldsymbol{A}_{k/k-1}^{\mathrm{T}})+\cdots+\\&(\boldsymbol{K}_k\boldsymbol{R}_k\boldsymbol{K}_k^{\mathrm{T}})]=\\&\bar{\boldsymbol{A}}_{k/0}\boldsymbol{P}_0\bar{\boldsymbol{A}}_{k/0}^{\mathrm{T}}+\sum_{i=1}^{k}\bar{\boldsymbol{B}}_{k/i-1}\boldsymbol{Q}_{i-1}(\bar{\boldsymbol{B}}_{k/i-1})^{\mathrm{T}}+\sum_{i=1}^{k}\bar{\boldsymbol{K}}_{k/i}\boldsymbol{R}_i(\bar{\boldsymbol{K}}_{k/i})^{\mathrm{T}}\end{aligned} \tag{6.11.5}$$

式中：记

$$\left.\begin{aligned}\bar{\boldsymbol{A}}_{k/i-1}&=\boldsymbol{A}_{k/k-1}\boldsymbol{A}_{k-1/k-2}\cdots\boldsymbol{A}_{i/i-1}\\ \bar{\boldsymbol{B}}_{k/i-1}&=\bar{\boldsymbol{A}}_{k/i}\boldsymbol{B}_{i/i-1}\\ \bar{\boldsymbol{K}}_{k/i}&=\bar{\boldsymbol{A}}_{k/i}\boldsymbol{K}_i\end{aligned}\quad(i=1,2,3,\cdots,k)\right\}\tag{6.11.6}$$

且记 $\bar{\boldsymbol{A}}_{k/k}=\boldsymbol{I}$ 和 $\bar{\boldsymbol{K}}_{k/k}=\boldsymbol{K}_k$。

一般情况下，$\boldsymbol{P}_0$，$\boldsymbol{Q}_{i-1}$ 及 $\boldsymbol{R}_i$ 均为对角矩阵（若不为对角矩阵则总可以作 UD 对角化分解，后续分析方法完全相同），均可假设成如下形式：

$$\boldsymbol{Y}=\mathrm{diag}\begin{bmatrix}Y_{(11)}\\Y_{(22)}\\\vdots\\Y_{(pp)}\end{bmatrix}=\mathrm{diag}\begin{bmatrix}Y_{(11)}\\0\\\vdots\\0\end{bmatrix}+\mathrm{diag}\begin{bmatrix}0\\Y_{(22)}\\\vdots\\0\end{bmatrix}+\cdots+\mathrm{diag}\begin{bmatrix}0\\0\\\vdots\\Y_{(pp)}\end{bmatrix}=\sum_{j=1}^{p}\boldsymbol{Y}_{(jj)}\tag{6.11.7}$$

式中：与对角阵 $\boldsymbol{Y}=\boldsymbol{P}_0$，$\boldsymbol{Q}_{i-1}$，$\boldsymbol{R}_i$ 对应的阶数分别为 $p=n,l,m$；$Y_{(jj)}$ 表示方阵 $\boldsymbol{Y}$ 的第 j 行 j 列对角元素；$\boldsymbol{Y}_{(jj)}$ 表示第 j 行 j 列对角元素为 $Y_{(jj)}$ 而其他元素全为 0 的 p 阶方阵。

根据式(6.11.7)，式(6.11.5)可改写为

$$\begin{aligned}\boldsymbol{P}_k=&\sum_{j=1}^{n}\bar{\boldsymbol{A}}_{k/0}\boldsymbol{P}_{0(jj)}\bar{\boldsymbol{A}}_{k/0}^{\mathrm{T}}+\sum_{i=1}^{k}\sum_{j=1}^{l}\bar{\boldsymbol{B}}_{k/i-1}\boldsymbol{Q}_{i-1(jj)}\bar{\boldsymbol{B}}_{k/i-1}^{\mathrm{T}}+\sum_{i=1}^{k}\sum_{j=1}^{m}\bar{\boldsymbol{K}}_{k/i}\boldsymbol{R}_{i(jj)}\bar{\boldsymbol{K}}_{k/i}^{\mathrm{T}}=\\&\sum_{j=1}^{n}P_{0(jj)}\bar{\boldsymbol{A}}_{k/0}^{(:j)}(\bar{\boldsymbol{A}}_{k/0}^{(:j)})^{\mathrm{T}}+\sum_{j=1}^{l}\sum_{i=1}^{k}\bar{\boldsymbol{B}}_{k/i-1}\boldsymbol{Q}_{i-1(jj)}\bar{\boldsymbol{B}}_{k/i-1}^{\mathrm{T}}+\sum_{j=1}^{m}\sum_{i=1}^{k}\bar{\boldsymbol{K}}_{k/i}\boldsymbol{R}_{i(jj)}\bar{\boldsymbol{K}}_{k/i}^{\mathrm{T}}=\\&\sum_{j=1}^{n}\bar{\boldsymbol{P}}_k^{(j)}+\sum_{j=1}^{l}\bar{\boldsymbol{Q}}_k^{(j)}+\sum_{j=1}^{m}\bar{\boldsymbol{R}}_k^{(j)}\end{aligned}\tag{6.11.8}$$

式中：记

$$\left.\begin{aligned}\bar{\boldsymbol{P}}_k^{(j)}&=P_{0(jj)}\bar{\boldsymbol{A}}_{k/0}^{(:j)}(\bar{\boldsymbol{A}}_{k/0}^{(:j)})^{\mathrm{T}}\\ \bar{\boldsymbol{Q}}_k^{(j)}&=\sum_{i=1}^{k}\bar{\boldsymbol{B}}_{k/i-1}\boldsymbol{Q}_{i-1(jj)}\bar{\boldsymbol{B}}_{k/i-1}^{\mathrm{T}}\\ \bar{\boldsymbol{R}}_k^{(j)}&=\sum_{i=1}^{k}\bar{\boldsymbol{K}}_{k/i}\boldsymbol{R}_{i(jj)}\bar{\boldsymbol{K}}_{k/i}^{\mathrm{T}}\end{aligned}\right\}\tag{6.11.9}$$

$\bar{\boldsymbol{A}}_{k/0}^{(:j)}$ 表示矩阵 $\bar{\boldsymbol{A}}_{k/0}$ 的第 j 列向量($j=1,2,\cdots,n$)。

注意到 $\bar{\boldsymbol{A}}_{k/0}$，$\bar{\boldsymbol{Q}}_k^{(j)}$ 和 $\bar{\boldsymbol{R}}_k^{(j)}$ 都是 n 阶方阵，它们分别有如下递推计算公式：

$$\bar{\boldsymbol{A}}_{k/0}=\boldsymbol{A}_{k/k-1}\cdots\boldsymbol{A}_{2/1}\boldsymbol{A}_{1/0}=\boldsymbol{A}_{k/k-1}\bar{\boldsymbol{A}}_{k-1/0}\tag{6.11.10a}$$

$$\begin{aligned}\bar{\boldsymbol{Q}}_k^{(j)}=&\sum_{i=1}^{k}\bar{\boldsymbol{B}}_{k/i-1}\boldsymbol{Q}_{i-1(jj)}\bar{\boldsymbol{B}}_{k/i-1}^{\mathrm{T}}=\sum_{i=1}^{k}\bar{\boldsymbol{A}}_{k/i}\boldsymbol{B}_{i/i-1}\boldsymbol{Q}_{i-1(jj)}(\bar{\boldsymbol{A}}_{k/i}\boldsymbol{B}_{i/i-1})^{\mathrm{T}}=\\&\sum_{i=1}^{k-1}\bar{\boldsymbol{A}}_{k/i}\boldsymbol{B}_{i/i-1}\boldsymbol{Q}_{i-1(jj)}(\bar{\boldsymbol{A}}_{k/i}\boldsymbol{B}_{i/i-1})^{\mathrm{T}}+\boldsymbol{B}_{k/k-1}\boldsymbol{Q}_{k-1(jj)}\boldsymbol{B}_{k/k-1}^{\mathrm{T}}=\\&\boldsymbol{A}_{k/k-1}\left[\sum_{i=1}^{k-1}\bar{\boldsymbol{A}}_{k-1/i}\boldsymbol{B}_{i/i-1}\boldsymbol{Q}_{i-1(jj)}(\bar{\boldsymbol{A}}_{k-1/i}\boldsymbol{B}_{i/i-1})^{\mathrm{T}}\right]\boldsymbol{A}_{k/k-1}^{\mathrm{T}}+Q_{k-1(jj)}\boldsymbol{B}_{k/k-1}^{(:j)}(\boldsymbol{B}_{k/k-1}^{(:j)})^{\mathrm{T}}=\\&\boldsymbol{A}_{k/k-1}\bar{\boldsymbol{Q}}_{k-1}^{(j)}\boldsymbol{A}_{k/k-1}^{\mathrm{T}}+Q_{k-1(jj)}\boldsymbol{B}_{k/k-1}^{(:j)}(\boldsymbol{B}_{k/k-1}^{(:j)})^{\mathrm{T}}\end{aligned}\tag{6.11.10b}$$

$$\bar{\boldsymbol{R}}_k^{(j)}=\boldsymbol{A}_{k/k-1}\bar{\boldsymbol{R}}_{k-1}^{(j)}\boldsymbol{A}_{k/k-1}^{\mathrm{T}}+R_{k(jj)}\boldsymbol{K}_k^{(:j)}(\boldsymbol{K}_k^{(:j)})^{\mathrm{T}}\tag{6.11.10c}$$

其中：$\boldsymbol{B}_{k/i-1}^{(:j)}$ 表示矩阵 $\boldsymbol{B}_{k/i-1}$ 的第 j 列向量($j=1,2,\cdots,l$)，而 $\boldsymbol{K}_{k/i}^{(:j)}$ 表示矩阵 $\boldsymbol{K}_{k/i}$ 的第 j 列向量($j=1,2,\cdots,m$)；递推初值为 $\bar{\boldsymbol{A}}_{0/0}=\boldsymbol{I}$，$\bar{\boldsymbol{Q}}_0^{(j)}=\boldsymbol{0}$，$\bar{\boldsymbol{R}}_0^{(j)}=\boldsymbol{0}$。

由式(6.11.8)可见,$\bar{\boldsymbol{P}}_k^{(j)}$,$\bar{\boldsymbol{Q}}_k^{(j)}$ 和$\bar{\boldsymbol{R}}_k^{(j)}$ 分别表示初始状态均方误差(可视为状态的初始不确定性)分量 $P_{0(jj)}(j=1,2,\cdots,n)$、系统噪声分量 $Q_{i-1(jj)}(i=1,2,\cdots,k;j=1,2,\cdots,l)$ 及量测噪声分量 $R_{i(jj)}(i=1,2,\cdots,k;j=1,2,\cdots,m)$ 对滤波 k 时刻状态估计的均方误差阵 $\boldsymbol{P}_k$ 的贡献,所有 $(n+l+m)$ 个分量的贡献之和组成了总均方误差阵 $\boldsymbol{P}_k$。需要特别注意的是,由式(6.11.3)和式(6.11.6)可见,$\bar{\boldsymbol{A}}_{k/0}^{(:j)}$,$\bar{\boldsymbol{B}}_{k/i-1}$,$\bar{\boldsymbol{K}}_{k/i}$ 均与滤波增益 $\boldsymbol{K}_k$ 有关;而根据 Kalman 滤波公式知 $\boldsymbol{K}_k$ 又同时与 $\boldsymbol{P}_0$,$\boldsymbol{Q}_k$ 和 $\boldsymbol{R}_k$ 有关,因此,式(6.11.8)的分解表示只是形式上的,它们之间实际上隐含着相互关联的间接关系。如果仅考虑 $\boldsymbol{P}_0$,$\boldsymbol{Q}_k$ 和 $\boldsymbol{R}_k$ 对总均方误差阵 $\boldsymbol{P}_k$ 的直接影响,可称式(6.11.8)为 Kalman 滤波误差影响因素的误差分配公式,它可粗略地用于定量评价各种误差因素对 Kalman 滤波状态估计的影响,定义各因素的误差贡献百分比如下:

$$\left.\begin{aligned}
p_s^j &= \frac{\bar{P}_{k(ss)}^{(j)}}{P_{k(ss)}}\times 100\% \quad (j=1,2,\cdots,n)\\
q_s^j &= \frac{\bar{Q}_{k(ss)}^{(j)}}{P_{k(ss)}}\times 100\% \quad (j=1,2,\cdots,l)\\
r_s^j &= \frac{\bar{R}_{k(ss)}^{(j)}}{P_{k(ss)}}\times 100\% \quad (j=1,2,\cdots,m)
\end{aligned}\right\} \tag{6.11.11}$$

式中:右下角标“(ss)”均表示相应矩阵的第 s 行 s 列对角元素$(s=1,2,\cdots,n)$。以 p_s^j 为例,它表示初始均方误差阵 $\boldsymbol{P}_0$ 的第 j 个对角分量 $P_{0(jj)}$ 对滤波 k 时刻均方误差阵的第 s 个分量 $P_{k(ss)}$ 影响所占的比例,也就是 $P_{0(jj)}$ 对第 s 个状态分量 $\hat{X}_{k(s)}$ 估计误差的影响,比例越大则造成的误差影响就越大。同理,q_s^j,r_s^j 分别表示过程噪声分量 $Q_{k(jj)}$ 和量测噪声分量 $R_{k(jj)}$ 对状态分量 $\hat{X}_{k(s)}$ 估计误差影响的比例。根据式(6.11.11),可构造出如表 6.11.1 所列的误差分配表格,它为定量分析各误差因素对滤波估计的影响提供了重要的参考,也为减小滤波估计误差指明了方向。表 6.11.1 中数据部分共含 $n\times(n+l+m)$ 个取值,显然,每一行数据的总和必为 1,每一行中的最大值便是决定该行对应状态分量估计误差的最主要误差源,通过仔细设计或改进滤波器来减小最大值的影响能够有效提高滤波估计精度。

表 6.11.1　Kalman 滤波状态估计的误差分配列表

状态分量	误差因素及百分比		
	初始误差	过程噪声	量测噪声
$\hat{X}_{k(1)}$	$p_1^1\quad p_1^2\quad\cdots\quad p_1^n$	$q_1^1\quad q_1^2\quad\cdots\quad q_1^l$	$r_1^1\quad r_1^2\quad\cdots\quad r_1^m$
$\hat{X}_{k(2)}$	$p_2^1\quad p_2^2\quad\cdots\quad p_2^n$	$q_2^1\quad q_2^2\quad\cdots\quad q_2^l$	$r_2^1\quad r_2^2\quad\cdots\quad r_2^m$
$\vdots$	$\vdots\quad\vdots\quad\quad\vdots$	$\vdots\quad\vdots\quad\quad\vdots$	$\vdots\quad\vdots\quad\quad\vdots$
$\hat{X}_{k(n)}$	$p_n^1\quad p_n^2\quad\cdots\quad p_n^n$	$q_n^1\quad q_n^2\quad\cdots\quad q_n^l$	$r_n^1\quad r_n^2\quad\cdots\quad r_n^m$

特别地,如果系统噪声方差阵 $\boldsymbol{Q}_k$ 为常值(记为 $\boldsymbol{Q}_0$),则由式(6.11.10b)等号两边同时除以 $Q_{0(jj)}$,有

$$\bar{\bar{\boldsymbol{Q}}}_k^{(j)}=\boldsymbol{A}_{k/k-1}\bar{\bar{\boldsymbol{Q}}}_{k-1}^{(j)}\boldsymbol{A}_{k/k-1}^{\mathrm{T}}+\boldsymbol{B}_{k/k-1}^{(:j)}(\boldsymbol{B}_{k/k-1}^{(:j)})^{\mathrm{T}} \tag{6.11.12a}$$

其中:$\bar{\bar{\boldsymbol{Q}}}_k^{(j)}=\bar{\boldsymbol{Q}}_k^{(j)}/Q_{0(jj)}$。同理,当量测噪声方差阵 $\boldsymbol{R}_k$ 为常值(记为 $\boldsymbol{R}_0$)时,根据式(6.11.10c)有

$$\bar{\bar{\boldsymbol{R}}}_k^{(j)}=\boldsymbol{A}_{k/k-1}\bar{\bar{\boldsymbol{R}}}_{k-1}^{(j)}\boldsymbol{A}_{k/k-1}^{\mathrm{T}}+\boldsymbol{K}_k^{(:j)}(\boldsymbol{K}_k^{(:j)})^{\mathrm{T}} \tag{6.11.12b}$$

其中:$\bar{\bar{\boldsymbol{R}}}_k^{(j)}=\bar{\boldsymbol{R}}_k^{(j)}/R_{0(jj)}$。再记

$$\overline{\overline{\boldsymbol{P}}}_k^{(j)}=\overline{\boldsymbol{A}}_{k/0}^{(:j)}(\overline{\boldsymbol{A}}_{k/0}^{(:j)})^{\mathrm{T}} \tag{6.11.12c}$$

这时，式(6.11.9)可简写为

$$\left.\begin{aligned}\overline{\boldsymbol{P}}_k^{(j)}&=P_{0(jj)}\overline{\overline{\boldsymbol{P}}}_k^{(j)}\\\overline{\boldsymbol{Q}}_k^{(j)}&=Q_{0(jj)}\overline{\overline{\boldsymbol{Q}}}_k^{(j)}\\\overline{\boldsymbol{R}}_k^{(j)}&=R_{0(jj)}\overline{\overline{\boldsymbol{R}}}_k^{(j)}\end{aligned}\right\} \tag{6.11.13}$$

其中：$\overline{\overline{\boldsymbol{P}}}_k^{(j)}$，$\overline{\overline{\boldsymbol{Q}}}_k^{(j)}$ 和 $\overline{\overline{\boldsymbol{R}}}_k^{(j)}$ 分别称为初始状态、系统噪声和量测噪声方差影响的传递矩阵。可见，在系统噪声和量测噪声方差阵均为定常的情况下，不考虑增益 $\boldsymbol{K}_k$ 的间接影响时，误差因素大小及其影响大小之间恰好成正比关系。如果考虑增益的影响，这一比例关系不再严格成立，但对于主要误差因素而言，仍然能够近似成立。

6.11.2　可观测度分析

式(6.10.6)只给出了随机系统状态的可观性的定性定义，即使结合滤波稳定判别条件，也不能定量描述实际 Kalman 滤波的状态估计效果。

如果系统建模准确，Kalman 滤波均方误差阵 $\boldsymbol{P}_k$ 就反映了各状态分量之间的协方差，其中对角线元素为对应状态分量的估计均方误差。因此，从 $\boldsymbol{P}_k$ 随时间的变化过程中可以看出状态估计误差的变化情况，对角线元素的变化幅度，正好定量描述了对应状态分量估计效果的强弱程度，特别针对时变系统，$\boldsymbol{P}_k$ 的变化曲线还可用于分析系统时变参数对状态估计的影响，或有助于改进系统设计和运动激励过程。

系统状态的初始估计 $\hat{\boldsymbol{X}}_0$ 一般是不能准确知道的，而只能根据经验设定 $\hat{\boldsymbol{X}}_0$ 的粗略值。滤波初始均方误差阵 $\boldsymbol{P}_0$ 反映的是初始状态的估计误差，原则上，$\hat{\boldsymbol{X}}_0$ 设置得越粗略则 $\boldsymbol{P}_0$ 应当设置得越大。Kalman 滤波的目的在于给出状态的估值，误差越小越好，随着滤波的不断推进，均方误差阵 $\boldsymbol{P}_k$ 往往会越变越小，这才能体现出滤波的效果。

针对状态向量中的每一个分量 $X_{k(j)}(j=1,2,\cdots,n)$，定义它的可观测度如下：

$$\sigma_{k(j)}=\sqrt{\frac{P_{0(jj)}}{P_{k(jj)}}} \tag{6.11.14}$$

由定义可知，可观测度是针对某一状态分量在某一时刻而言的，其含义是某一状态分量的 0 时刻初始设置误差的标准差与同一状态分量在 k 时刻的滤波误差标准差的比值。可观测度为无因次量，在数值上越大，表明在经过 Kalman 滤波后，相应状态分量的估计误差下降程度越显著，或者说精度提升效果就越明显。

根据经验，可人为设置如下阈值大致判断状态分量 $X_{k(j)}$ 的可观测度强弱：

$$\left.\begin{array}{ll}\text{不可观测} & (\sigma_{k(j)}\leqslant 1)\\ \text{弱} & (1<\sigma_{k(j)}\leqslant 2)\\ \text{中等} & (2<\sigma_{k(j)}\leqslant 10)\\ \text{强} & (\sigma_{k(j)}>10)\end{array}\right\} \tag{6.11.15}$$

如果绘制出可观测度 $\sigma_{k(j)}$ 相对于时间 k 的对数曲线 $k-\lg(\sigma_{k(j)})$，则能够直观地显示出状态估计的可观测度变化趋势。当然，如果直接给出各状态分量误差的标准差曲线 $k-\sqrt{P_{k(jj)}}$，也能够表示出状态估计误差的绝对大小变化情况。

在实际应用中，如果针对某一问题，设计了全面描述系统动力学行为的复杂高维滤波系统，可观测度分析和前述误差分配技术可应用于滤波器的优化：

(1)对于不可观测的状态分量，宜将其删去，从而降低系统状态维数，减小滤波计算量。

(2)对于可观测度较弱的状态分量，与其对应的均方误差阵对角元素的初值不宜设置得太大，过大容易引起滤波过程中的估计误差剧烈波动，特别在间接滤波中应当慎重使用反馈校正，反馈时机不当容易引起滤波发散。

(3)对于可观测度较强的状态分量，与其对应的均方误差阵对角元素可以设置成较大的初值，即便如此，在随后滤波过程中也会快速减小和收敛。

(4)通过误差分配表，针对可观测的状态分量，采取恰当措施合理地减小最大误差因素所占的比例，往往能够有效减小相应状态分量的滤波估计误差，即提高滤波估计精度。

第 7 章　非线性滤波方法

在系统模型线性且噪声高斯分布的条件下，通过 Kalman 滤波可获得状态的最优估计。但是，对于非线性系统，一般只能进行近似求解，常用的方法有两种：一种是利用泰勒级数展开进行非线性函数的线性化或多项式近似，再作概率传播；另一种是利用插值计算直接实现非线性函数的概率传播近似。前者需要已知非线性函数显式表达式且易于求导，主要有扩展卡尔曼滤波(EKF)和二阶滤波方法；后者可使用差分代替微分并在多点进行插值计算，甚至采用高阶算法求解也不复杂，包括中心差分卡尔曼滤波(CDKF)、高斯-埃尔米特求积卡尔曼滤波(GHQKF)、容积卡尔曼滤波(CKF)和无迹卡尔曼滤波(UKF)等方法。

7.1　扩展 Kalman 滤波

标准 Kalman 滤波仅能适用于线性系统。对于非线性系统，一种常见的解决思路是先进行泰勒级数展开，略去高阶项后近似为线性系统，再作线性 Kalman 滤波估计。这种处理非线性系统的 Kalman 滤波方法称为扩展 Kalman 滤波(Extended Kalman Filtering, EKF)，或称广义 Kalman 滤波。下面首先介绍向量函数的泰勒级数展开公式，为了应用于二阶滤波方法，分析时将泰勒级数展开到二阶项。

7.1.1　向量函数的泰勒级数展开

考虑含 n 个自变量的 m 维向量函数

$$\boldsymbol{Y}=\boldsymbol{f}(\boldsymbol{X}) \quad \text{或} \quad \begin{cases} y_1=f_1(\boldsymbol{X})=f_1(x_1,x_2,\cdots,x_n) \\ y_2=f_2(\boldsymbol{X})=f_2(x_1,x_2,\cdots,x_n) \\ \qquad\cdots\cdots \\ y_m=f_m(\boldsymbol{X})=f_m(x_1,x_2,\cdots,x_n) \end{cases} \tag{7.1.1}$$

式中：输入向量为 $\boldsymbol{X}=[x_1 \quad x_2 \quad \cdots \quad x_n]^{\mathrm{T}}$；输出向量为 $\boldsymbol{Y}=[y_1 \quad y_2 \quad \cdots \quad y_m]^{\mathrm{T}}$。如果向量函数 $\boldsymbol{Y}=\boldsymbol{f}(\boldsymbol{X})$ 在某 $\boldsymbol{X}^{(0)}=[x_1^{(0)} \quad x_2^{(0)} \quad \cdots \quad x_n^{(0)}]$ 邻域内存在连续的偏导数，则其泰勒级数展开式可表示为

$$\boldsymbol{Y}=\boldsymbol{f}(\boldsymbol{X}^{(0)})+\sum_{i=1}^{\infty}\frac{1}{i!}(\boldsymbol{\nabla}^{\mathrm{T}}\cdot\Delta\boldsymbol{X})^i\boldsymbol{f}(\boldsymbol{X}^{(0)})\triangleq\boldsymbol{f}(\boldsymbol{X}^{(0)})+\sum_{i=1}^{\infty}\frac{1}{i!}\boldsymbol{D}_{\Delta\boldsymbol{X}}^i\boldsymbol{f} \tag{7.1.2}$$

其中

$$\Delta\boldsymbol{X}=\boldsymbol{X}-\boldsymbol{X}^{(0)}=[\Delta x_1 \quad \Delta x_2 \quad \cdots \quad \Delta x_n]^{\mathrm{T}}$$

$$\boldsymbol{\nabla}=\begin{bmatrix}\dfrac{\partial}{\partial x_1} & \dfrac{\partial}{\partial x_2} & \cdots & \dfrac{\partial}{\partial x_n}\end{bmatrix}^{\mathrm{T}}$$

$$\boldsymbol{D}_{\Delta\boldsymbol{X}}^i\boldsymbol{f}=(\boldsymbol{\nabla}^{\mathrm{T}}\cdot\Delta\boldsymbol{X})^i\boldsymbol{f}(\boldsymbol{X}^{(0)})=\left(\frac{\partial}{\partial x_1}\Delta x_1+\frac{\partial}{\partial x_2}\Delta x_2+\cdots+\frac{\partial}{\partial x_n}\Delta x_n\right)^i\boldsymbol{f}(\boldsymbol{X})\bigg|_{\boldsymbol{X}=\boldsymbol{X}^{(0)}}$$

算符 $\boldsymbol{\nabla}$ 表示偏导数算子，仅对函数 $\boldsymbol{f}$ 起作用。

在式(7.1.2)中，一阶全导数项($i=1$)的详细展开为

$$
\begin{aligned}
\frac{1}{1}\boldsymbol{D}_{\Delta\boldsymbol{X}}^{1}\boldsymbol{f}=&\left(\frac{\partial}{\partial x_1}\Delta x_1+\frac{\partial}{\partial x_2}\Delta x_2+\cdots+\frac{\partial}{\partial x_n}\Delta x_n\right)\boldsymbol{f}(\boldsymbol{X})\bigg|_{\boldsymbol{X}=\boldsymbol{X}^{(0)}}=\\
&\begin{bmatrix}
\dfrac{\partial f_1(\boldsymbol{X})}{\partial x_1}\Delta x_1+\dfrac{\partial f_1(\boldsymbol{X})}{\partial x_2}\Delta x_2+\cdots+\dfrac{\partial f_1(\boldsymbol{X})}{\partial x_n}\Delta x_n\\
\dfrac{\partial f_2(\boldsymbol{X})}{\partial x_1}\Delta x_1+\dfrac{\partial f_2(\boldsymbol{X})}{\partial x_2}\Delta x_2+\cdots+\dfrac{\partial f_2(\boldsymbol{X})}{\partial x_n}\Delta x_n\\
\cdots\cdots\\
\dfrac{\partial f_m(\boldsymbol{X})}{\partial x_1}\Delta x_1+\dfrac{\partial f_m(\boldsymbol{X})}{\partial x_2}\Delta x_2+\cdots+\dfrac{\partial f_m(\boldsymbol{X})}{\partial x_n}\Delta x_n
\end{bmatrix}_{\boldsymbol{X}=\boldsymbol{X}^{(0)}}=\\
&\begin{bmatrix}
\dfrac{\partial f_1(\boldsymbol{X})}{\partial x_1} & \dfrac{\partial f_1(\boldsymbol{X})}{\partial x_2} & \cdots & \dfrac{\partial f_1(\boldsymbol{X})}{\partial x_n}\\
\dfrac{\partial f_2(\boldsymbol{X})}{\partial x_1} & \dfrac{\partial f_2(\boldsymbol{X})}{\partial x_2} & \cdots & \dfrac{\partial f_2(\boldsymbol{X})}{\partial x_n}\\
\vdots & \vdots & & \vdots\\
\dfrac{\partial f_m(\boldsymbol{X})}{\partial x_1} & \dfrac{\partial f_m(\boldsymbol{X})}{\partial x_2} & \cdots & \dfrac{\partial f_m(\boldsymbol{X})}{\partial x_n}
\end{bmatrix}_{\boldsymbol{X}=\boldsymbol{X}^{(0)}}
\begin{bmatrix}\Delta x_1\\ \Delta x_2\\ \vdots\\ \Delta x_n\end{bmatrix}=\\
&\boldsymbol{J}(\boldsymbol{f}(\boldsymbol{X}))\big|_{\boldsymbol{X}=\boldsymbol{X}^{(0)}}\Delta\boldsymbol{X}
\end{aligned}
\tag{7.1.3}
$$

其中，记

$$
\boldsymbol{J}(\boldsymbol{f}(\boldsymbol{X}))=\frac{\partial\boldsymbol{f}(\boldsymbol{X})}{\partial\boldsymbol{X}^{\mathrm{T}}}=
\begin{bmatrix}
\dfrac{\partial f_1(\boldsymbol{X})}{\partial x_1} & \dfrac{\partial f_1(\boldsymbol{X})}{\partial x_2} & \cdots & \dfrac{\partial f_1(\boldsymbol{X})}{\partial x_n}\\
\dfrac{\partial f_2(\boldsymbol{X})}{\partial x_1} & \dfrac{\partial f_2(\boldsymbol{X})}{\partial x_2} & \cdots & \dfrac{\partial f_2(\boldsymbol{X})}{\partial x_n}\\
\vdots & \vdots & & \vdots\\
\dfrac{\partial f_m(\boldsymbol{X})}{\partial x_1} & \dfrac{\partial f_m(\boldsymbol{X})}{\partial x_2} & \cdots & \dfrac{\partial f_m(\boldsymbol{X})}{\partial x_n}
\end{bmatrix}
\tag{7.1.4}
$$

为所有一阶偏导数组成的 $m\times n$ 阶矩阵，常称 $\boldsymbol{J}(\boldsymbol{f}(\boldsymbol{X}))$ 为向量函数 $\boldsymbol{f}(\boldsymbol{X})$ 的雅克比(Jacobian)矩阵。

在式(7.1.2)中，二阶全导数项($i=2$)的详细展开为

$$
\begin{aligned}
\frac{1}{2}\boldsymbol{D}_{\Delta\boldsymbol{X}}^{2}\boldsymbol{f}=&\frac{1}{2}\left(\frac{\partial}{\partial x_1}\Delta x_1+\frac{\partial}{\partial x_2}\Delta x_2+\cdots+\frac{\partial}{\partial x_n}\Delta x_n\right)^2\boldsymbol{f}(\boldsymbol{X})\bigg|_{\boldsymbol{X}=\boldsymbol{X}^{(0)}}=\\
&\frac{1}{2}\mathrm{tr}\left(
\begin{bmatrix}
\dfrac{\partial^2}{\partial x_1^2} & \dfrac{\partial^2}{\partial x_1\partial x_2} & \cdots & \dfrac{\partial^2}{\partial x_1\partial x_n}\\
\dfrac{\partial^2}{\partial x_2\partial x_1} & \dfrac{\partial^2}{\partial x_2^2} & \cdots & \dfrac{\partial^2}{\partial x_2\partial x_n}\\
\vdots & \vdots & & \vdots\\
\dfrac{\partial^2}{\partial x_n\partial x_1} & \dfrac{\partial^2}{\partial x_n\partial x_2} & \cdots & \dfrac{\partial^2}{\partial x_n^2}
\end{bmatrix}
\begin{bmatrix}
\Delta x_1^2 & \Delta x_1\Delta x_2 & \cdots & \Delta x_1\Delta x_n\\
\Delta x_2\Delta x_1 & \Delta x_2^2 & \cdots & \Delta x_2\Delta x_n\\
\vdots & \vdots & & \vdots\\
\Delta x_n\Delta x_1 & \Delta x_n\Delta x_2 & \cdots & \Delta x_n^2
\end{bmatrix}\right)\boldsymbol{f}(\boldsymbol{X})\Bigg|_{\boldsymbol{X}=\boldsymbol{X}^{(0)}}=\\
&\frac{1}{2}\mathrm{tr}(\boldsymbol{\nabla}\boldsymbol{\nabla}^{\mathrm{T}}\cdot\Delta\boldsymbol{X}\Delta\boldsymbol{X}^{\mathrm{T}})\boldsymbol{f}(\boldsymbol{X})\bigg|_{\boldsymbol{X}=\boldsymbol{X}^{(0)}}=\frac{1}{2}\mathrm{tr}(\boldsymbol{\nabla}\boldsymbol{\nabla}^{\mathrm{T}}\cdot\Delta\boldsymbol{X}\Delta\boldsymbol{X}^{\mathrm{T}})\sum_{j=1}^{m}\boldsymbol{e}_j f_j(\boldsymbol{X})\bigg|_{\boldsymbol{X}=\boldsymbol{X}^{(0)}}=\\
&\frac{1}{2}\sum_{j=1}^{m}\boldsymbol{e}_j\,\mathrm{tr}(\boldsymbol{\nabla}\boldsymbol{\nabla}^{\mathrm{T}}\cdot\Delta\boldsymbol{X}\Delta\boldsymbol{X}^{\mathrm{T}})f_j(\boldsymbol{X})\bigg|_{\boldsymbol{X}=\boldsymbol{X}^{(0)}}=
\end{aligned}
$$

$$\frac{1}{2}\sum_{j=1}^{m}\boldsymbol{e}_j\operatorname{tr}(\boldsymbol{\nabla\nabla}^{\mathrm{T}}f_j(\boldsymbol{X})\big|_{\boldsymbol{X}=\boldsymbol{X}^{(0)}}\cdot\Delta\boldsymbol{X}\Delta\boldsymbol{X}^{\mathrm{T}})=$$

$$\frac{1}{2}\sum_{j=1}^{m}\boldsymbol{e}_j\operatorname{tr}(\boldsymbol{\mathcal{H}}(f_j(\boldsymbol{X}))\big|_{\boldsymbol{X}=\boldsymbol{X}^{(0)}}\cdot\Delta\boldsymbol{X}\Delta\boldsymbol{X}^{\mathrm{T}})\tag{7.1.5}$$

其中，记

$$\boldsymbol{\mathcal{H}}(f_j(\boldsymbol{X}))=\boldsymbol{\nabla\nabla}^{\mathrm{T}}f_j(\boldsymbol{X})=\begin{bmatrix}\dfrac{\partial^2 f_j(\boldsymbol{X})}{\partial x_1^2} & \dfrac{\partial^2 f_j(\boldsymbol{X})}{\partial x_1\partial x_2} & \cdots & \dfrac{\partial^2 f_j(\boldsymbol{X})}{\partial x_1\partial x_n}\\ \dfrac{\partial^2 f_j(\boldsymbol{X})}{\partial x_2\partial x_1} & \dfrac{\partial^2 f_j(\boldsymbol{X})}{\partial x_2^2} & \cdots & \dfrac{\partial^2 f_j(\boldsymbol{X})}{\partial x_2\partial x_n}\\ \vdots & \vdots & & \vdots\\ \dfrac{\partial^2 f_j(\boldsymbol{X})}{\partial x_n\partial x_1} & \dfrac{\partial^2 f_j(\boldsymbol{X})}{\partial x_n\partial x_2} & \cdots & \dfrac{\partial^2 f_j(\boldsymbol{X})}{\partial x_n^2}\end{bmatrix}\tag{7.1.6}$$

$\boldsymbol{\mathcal{H}}(f_j(\boldsymbol{X}))$称为海森(Hessian)矩阵，它是一个 n 阶对称方阵，由多元函数的二阶偏导数构成，描述了多元函数的局部曲率大小，在一定程度上反映了函数的非线性强弱大小；$\boldsymbol{e}_j=[\boldsymbol{0}_{1\times(j-1)}\quad 1\quad \boldsymbol{0}_{1\times(m-j)}]^{\mathrm{T}}$ 为 m 维单位列向量，即它的第 j 个元素为 1 而其他元素全为 0。

至此，向量函数的泰勒级数展开式(7.1.2)可以写成

$$\boldsymbol{Y}=\boldsymbol{f}(\boldsymbol{X}^{(0)})+\boldsymbol{J}(\boldsymbol{f}(\boldsymbol{X}^{(0)}))\Delta\boldsymbol{X}+\frac{1}{2}\sum_{j=1}^{m}\boldsymbol{e}_j\operatorname{tr}(\boldsymbol{\mathcal{H}}(f_j(\boldsymbol{X}^{(0)}))\Delta\boldsymbol{X}\Delta\boldsymbol{X}^{\mathrm{T}})+\cdots\tag{7.1.7}$$

注意到，式(7.1.7)中只有 1 个 $m\times n$ 阶的雅克比矩阵$\boldsymbol{J}(\boldsymbol{f})$，而有 m 个 n 阶的海森矩阵$\boldsymbol{\mathcal{H}}(f_j)$。

有些应用场合，式(7.1.3)和式(7.1.5)中的一阶和二阶全导数还可以分别表示成如下分量相加形式(请读者自行验证)：

$$\boldsymbol{D}_{\Delta\boldsymbol{X}}^{1}\boldsymbol{f}=\left(\sum_{k=1}^{n}\frac{\partial}{\partial x_k}\Delta x_k\right)\boldsymbol{f}(\boldsymbol{X}^{(0)})=\sum_{j=1}^{m}\left[\boldsymbol{e}_j\left(\sum_{k=1}^{n}\frac{\partial}{\partial x_k}\Delta x_k\right)f_j(\boldsymbol{X}^{(0)})\right]\tag{7.1.8}$$

$$\boldsymbol{D}_{\Delta\boldsymbol{X}}^{2}\boldsymbol{f}=\left(\sum_{l=1}^{n}\sum_{k=1}^{n}\frac{\partial^2}{\partial x_k\partial x_l}\Delta x_k\Delta x_l\right)\boldsymbol{f}(\boldsymbol{X}^{(0)})=\sum_{j=1}^{m}\left[\boldsymbol{e}_j\left(\sum_{l=1}^{n}\sum_{k=1}^{n}\frac{\partial^2}{\partial x_k\partial x_l}\Delta x_k\Delta x_l\right)f_j(\boldsymbol{X}^{(0)})\right]\tag{7.1.9}$$

显然，式(7.1.8)中含有 $m\times n$ 个一阶偏导数分量，而式(7.1.9)中含有 $m\times n^2$ 个二阶偏导数分量。

7.1.2　EKF 滤波

假设离散时间状态空间非线性模型为

$$\left.\begin{aligned}\boldsymbol{X}_k&=\boldsymbol{f}(\boldsymbol{X}_{k-1})+\boldsymbol{\Gamma}_{k-1}\boldsymbol{W}_{k-1}\\ \boldsymbol{Z}_k&=\boldsymbol{h}(\boldsymbol{X}_k)+\boldsymbol{V}_k\end{aligned}\right\}\tag{7.1.10}$$

其中

$$\left.\begin{aligned}&\mathrm{E}[\boldsymbol{W}_k]=\boldsymbol{0},\quad \mathrm{E}[\boldsymbol{W}_k\boldsymbol{W}_j^{\mathrm{T}}]=\boldsymbol{Q}_k\delta_{kj}\\ &\mathrm{E}[\boldsymbol{V}_k]=\boldsymbol{0},\quad \mathrm{E}[\boldsymbol{V}_k\boldsymbol{V}_j^{\mathrm{T}}]=\boldsymbol{R}_k\delta_{kj}\\ &\mathrm{E}[\boldsymbol{W}_k\boldsymbol{V}_j^{\mathrm{T}}]=\boldsymbol{0}\end{aligned}\right\}\tag{7.1.11}$$

$\boldsymbol{X}_k$ 是 n 维状态向量；$\boldsymbol{f}(\boldsymbol{X}_k)=[f_1(\boldsymbol{X}_k)\ f_2(\boldsymbol{X}_k)\ \cdots\ f_n(\boldsymbol{X}_k)]^{\mathrm{T}}$ 是 n 维非线性向量函数；$\boldsymbol{Z}_k$ 是 m 维量测向量，$\boldsymbol{h}(\boldsymbol{X}_k)=[h_1(\boldsymbol{X}_k)\ h_2(\boldsymbol{X}_k)\ \cdots\ h_m(\boldsymbol{X}_k)]^{\mathrm{T}}$ 是 m 维非线性向量函数；关于 $\boldsymbol{\Gamma}_{k-1}$ 和噪

声的更详细描述参见 5.3.1 节。

若已知 $k-1$ 时刻状态 $\boldsymbol{X}_{k-1}$ 的一个参考值(或称名义值、标称值),记为 $\boldsymbol{X}_{k-1}^{\mathrm{n}}$(右上标符号"n"表示 nominal,下同),该参考值与真实值之间的偏差记为

$$\Delta\boldsymbol{X}_{k-1}=\boldsymbol{X}_{k-1}-\boldsymbol{X}_{k-1}^{\mathrm{n}} \tag{7.1.12}$$

当忽略零均值的系统噪声影响时,直接通过式(7.1.10)的状态方程对 k 时刻的状态进行预测,可得

$$\boldsymbol{X}_{k/k-1}^{\mathrm{n}}=\boldsymbol{f}(\boldsymbol{X}_{k-1}^{\mathrm{n}}) \tag{7.1.13}$$

状态预测的偏差记为

$$\Delta\boldsymbol{X}_{k}=\boldsymbol{X}_{k}-\boldsymbol{X}_{k/k-1}^{\mathrm{n}} \tag{7.1.14}$$

同样地,若忽略零均值量测噪声的影响,利用式(7.1.10)的量测方程和参考值 $\boldsymbol{X}_{k/k-1}^{\mathrm{n}}$ 可对量测进行预测,有

$$\boldsymbol{Z}_{k/k-1}^{\mathrm{n}}=\boldsymbol{h}(\boldsymbol{X}_{k/k-1}^{\mathrm{n}}) \tag{7.1.15}$$

量测预测的偏差记为

$$\Delta\boldsymbol{Z}_{k}=\boldsymbol{Z}_{k}-\boldsymbol{Z}_{k/k-1}^{\mathrm{n}} \tag{7.1.16}$$

现将系统式(7.1.10)中的状态非线性函数 $\boldsymbol{f}(\cdot)$ 在 $k-1$ 时刻的参考值 $\boldsymbol{X}_{k-1}^{\mathrm{n}}$ 邻域附近展开成泰勒级数并取一阶近似,可得

$$\begin{aligned}\boldsymbol{X}_{k}&\approx\boldsymbol{f}(\boldsymbol{X}_{k-1}^{\mathrm{n}})+\boldsymbol{J}(\boldsymbol{f}(\boldsymbol{X}_{k-1}^{\mathrm{n}}))(\boldsymbol{X}_{k-1}-\boldsymbol{X}_{k-1}^{\mathrm{n}})+\boldsymbol{\Gamma}_{k-1}\boldsymbol{W}_{k-1}=\\&\boldsymbol{X}_{k/k-1}^{\mathrm{n}}+\boldsymbol{\Phi}_{k/k-1}^{\mathrm{n}}(\boldsymbol{X}_{k-1}-\boldsymbol{X}_{k-1}^{\mathrm{n}})+\boldsymbol{\Gamma}_{k-1}\boldsymbol{W}_{k-1}\end{aligned} \tag{7.1.17}$$

即

$$\boldsymbol{X}_{k}-\boldsymbol{X}_{k/k-1}^{\mathrm{n}}=\boldsymbol{\Phi}_{k/k-1}^{\mathrm{n}}(\boldsymbol{X}_{k-1}-\boldsymbol{X}_{k-1}^{\mathrm{n}})+\boldsymbol{\Gamma}_{k-1}\boldsymbol{W}_{k-1} \tag{7.1.18}$$

式中:简记非线性状态方程的雅克比矩阵 $\boldsymbol{\Phi}_{k/k-1}^{\mathrm{n}}=\boldsymbol{J}(\boldsymbol{f}(\boldsymbol{X}_{k-1}^{\mathrm{n}}))$。

同理,若将系统式(7.1.10)中的量测非线性函数 $\boldsymbol{h}(\cdot)$ 在参考状态预测 $\boldsymbol{X}_{k/k-1}^{\mathrm{n}}$ 附近展开成泰勒级数并取一阶近似,可得

$$\begin{aligned}\boldsymbol{Z}_{k}&\approx\boldsymbol{h}(\boldsymbol{X}_{k/k-1}^{\mathrm{n}})+\boldsymbol{J}(\boldsymbol{h}(\boldsymbol{X}_{k/k-1}^{\mathrm{n}}))(\boldsymbol{X}_{k}-\boldsymbol{X}_{k/k-1}^{\mathrm{n}})+\boldsymbol{V}_{k}=\\&\boldsymbol{Z}_{k/k-1}^{\mathrm{n}}+\boldsymbol{H}_{k}^{\mathrm{n}}(\boldsymbol{X}_{k}-\boldsymbol{X}_{k/k-1}^{\mathrm{n}})+\boldsymbol{V}_{k}\end{aligned} \tag{7.1.19}$$

即

$$\boldsymbol{Z}_{k}-\boldsymbol{Z}_{k/k-1}^{\mathrm{n}}=\boldsymbol{H}_{k}^{\mathrm{n}}(\boldsymbol{X}_{k}-\boldsymbol{X}_{k/k-1}^{\mathrm{n}})+\boldsymbol{V}_{k} \tag{7.1.20}$$

式中:简记非线性量测方程雅克比矩阵 $\boldsymbol{H}_{k}^{\mathrm{n}}=\boldsymbol{J}(\boldsymbol{h}(\boldsymbol{X}_{k/k-1}^{\mathrm{n}}))$。

在式(7.1.18)和式(7.1.20)中,若将偏差量 $\Delta\boldsymbol{X}_{k}=\boldsymbol{X}_{k}-\boldsymbol{X}_{k/k-1}^{\mathrm{n}}$ 和 $\Delta\boldsymbol{X}_{k-1}=\boldsymbol{X}_{k-1}-\boldsymbol{X}_{k-1}^{\mathrm{n}}$ 当作新的状态,且将 $\Delta\boldsymbol{Z}_{k}=\boldsymbol{Z}_{k}-\boldsymbol{Z}_{k/k-1}^{\mathrm{n}}$ 当作新的量测,则可构成了一个新的系统,并且恰好是线性的,重写为

$$\left.\begin{aligned}\Delta\boldsymbol{X}_{k}&=\boldsymbol{\Phi}_{k/k-1}^{\mathrm{n}}\Delta\boldsymbol{X}_{k-1}+\boldsymbol{\Gamma}_{k-1}\boldsymbol{W}_{k-1}\\\Delta\boldsymbol{Z}_{k}&=\boldsymbol{H}_{k}^{\mathrm{n}}\Delta\boldsymbol{X}_{k}+\boldsymbol{V}_{k}\end{aligned}\right\} \tag{7.1.21}$$

针对偏差状态线性系统式(7.1.21),可直接应用标准线性 Kalman 滤波方法进行偏差状态估计,公式如下:

$$\left.\begin{aligned}&\Delta\hat{\boldsymbol{X}}_{k/k-1}=\boldsymbol{\Phi}_{k/k-1}^{\mathrm{n}}\Delta\hat{\boldsymbol{X}}_{k-1}\\&\boldsymbol{P}_{k/k-1}=\boldsymbol{\Phi}_{k/k-1}^{\mathrm{n}}\boldsymbol{P}_{k-1}(\boldsymbol{\Phi}_{k/k-1}^{\mathrm{n}})^{\mathrm{T}}+\boldsymbol{\Gamma}_{k-1}\boldsymbol{Q}_{k-1}\boldsymbol{\Gamma}_{k-1}^{\mathrm{T}}\\&\boldsymbol{K}_{k}^{\mathrm{n}}=\boldsymbol{P}_{k/k-1}(\boldsymbol{H}_{k}^{\mathrm{n}})^{\mathrm{T}}\left[\boldsymbol{H}_{k}\boldsymbol{P}_{k/k-1}(\boldsymbol{H}_{k}^{\mathrm{n}})^{\mathrm{T}}+\boldsymbol{R}_{k}\right]^{-1}\\&\Delta\hat{\boldsymbol{X}}_{k}=\Delta\hat{\boldsymbol{X}}_{k/k-1}+\boldsymbol{K}_{k}^{\mathrm{n}}(\Delta\boldsymbol{Z}_{k}-\boldsymbol{H}_{k}^{\mathrm{n}}\Delta\hat{\boldsymbol{X}}_{k/k-1})\\&\boldsymbol{P}_{k}=(\boldsymbol{I}-\boldsymbol{K}_{k}^{\mathrm{n}}\boldsymbol{H}_{k}^{\mathrm{n}})\boldsymbol{P}_{k/k-1}\end{aligned}\right\} \tag{7.1.22}$$

其中

$$\Delta\hat{\boldsymbol{X}}_{k-1}=\hat{\boldsymbol{X}}_{k-1}-\boldsymbol{X}_{k-1}^{n} \tag{7.1.23}$$

$$\Delta\hat{\boldsymbol{X}}_{k}=\hat{\boldsymbol{X}}_{k}-\boldsymbol{X}_{k/k-1}^{n} \tag{7.1.24}$$

根据式(7.1.24)可计算得非线性系统的状态估计

$$\hat{\boldsymbol{X}}_{k}=\boldsymbol{X}_{k/k-1}^{n}+\Delta\hat{\boldsymbol{X}}_{k}=\boldsymbol{f}(\boldsymbol{X}_{k-1}^{n})+\Delta\hat{\boldsymbol{X}}_{k} \tag{7.1.25}$$

以上便是基于参考值 $\boldsymbol{X}_{k-1}^{n}$ 展开线性化的非线性系统 Kalman 滤波方法。观察式(7.1.23)，如果取参考值 $\boldsymbol{X}_{k-1}^{n}=\hat{\boldsymbol{X}}_{k-1}$，便有 $\Delta\hat{\boldsymbol{X}}_{k-1}=\boldsymbol{0}$，可对非线性滤波过程作进一步简化。

将式(7.1.22)中的第一式代入第四式，可得

$$\Delta\hat{\boldsymbol{X}}_{k}=\boldsymbol{\Phi}_{k/k-1}^{n}\Delta\hat{\boldsymbol{X}}_{k-1}+\boldsymbol{K}_{k}^{n}(\Delta\boldsymbol{Z}_{k}-\boldsymbol{H}_{k}^{n}\boldsymbol{\Phi}_{k/k-1}^{n}\Delta\hat{\boldsymbol{X}}_{k-1}) \tag{7.1.26}$$

再将式(7.1.23)、式(7.1.24)和式(7.1.16)代入式(7.1.26)并整理，可得

$$\hat{\boldsymbol{X}}_{k}=\boldsymbol{X}_{k/k-1}^{n}+\boldsymbol{K}_{k}^{n}(\boldsymbol{Z}_{k}-\boldsymbol{Z}_{k/k-1}^{n})+(\boldsymbol{I}-\boldsymbol{K}_{k}^{n}\boldsymbol{H}_{k}^{n})\boldsymbol{\Phi}_{k/k-1}^{n}(\hat{\boldsymbol{X}}_{k-1}-\boldsymbol{X}_{k-1}^{n}) \tag{7.1.27}$$

显然，当 $k-1$ 时刻的参考值 $\boldsymbol{X}_{k-1}^{n}$ 特意取为估计值 $\hat{\boldsymbol{X}}_{k-1}$ 时，即令 $\boldsymbol{X}_{k-1}^{n}=\hat{\boldsymbol{X}}_{k-1}$，式(7.1.27)正好可以消除等式右边第三项的影响，从而在形式上可以得到直接针对状态 $\boldsymbol{X}_{k}$（而非偏差量 $\Delta\boldsymbol{X}_{k}$）的滤波公式

$$\begin{aligned}\hat{\boldsymbol{X}}_{k}&=\boldsymbol{X}_{k/k-1}^{n}+\boldsymbol{K}_{k}^{n}(\boldsymbol{Z}_{k}-\boldsymbol{Z}_{k/k-1}^{n})+\boldsymbol{0}=\boldsymbol{f}(\boldsymbol{X}_{k-1}^{n})+\boldsymbol{K}_{k}^{n}[\boldsymbol{Z}_{k}-\boldsymbol{h}(\boldsymbol{f}(\boldsymbol{X}_{k-1}^{n}))]=\\&\boldsymbol{f}(\hat{\boldsymbol{X}}_{k-1})+\boldsymbol{K}_{k}^{n}[\boldsymbol{Z}_{k}-\boldsymbol{h}(\boldsymbol{f}(\hat{\boldsymbol{X}}_{k-1}))]=\hat{\boldsymbol{X}}_{k/k-1}+\boldsymbol{K}_{k}^{n}[\boldsymbol{Z}_{k}-\boldsymbol{h}(\hat{\boldsymbol{X}}_{k/k-1})]\end{aligned} \tag{7.1.28}$$

式中：记 $\hat{\boldsymbol{X}}_{k/k-1}=\boldsymbol{f}(\hat{\boldsymbol{X}}_{k-1})$。

至此，偏差状态滤波公式(7.1.22)经过转换，就获得了直接针对状态 $\boldsymbol{X}_{k}$ 的非线性系统 EKF 滤波公式，如下(为简洁，省略所有符号的右上角标“n”)：

$$\left.\begin{aligned}&\hat{\boldsymbol{X}}_{k/k-1}=\boldsymbol{f}(\hat{\boldsymbol{X}}_{k-1})\\&\boldsymbol{P}_{k/k-1}=\boldsymbol{\Phi}_{k/k-1}\boldsymbol{P}_{k-1}\boldsymbol{\Phi}_{k/k-1}^{T}+\boldsymbol{\Gamma}_{k-1}\boldsymbol{Q}_{k-1}\boldsymbol{\Gamma}_{k-1}^{T}\\&\boldsymbol{K}_{k}=\boldsymbol{P}_{k/k-1}\boldsymbol{H}_{k}^{T}(\boldsymbol{H}_{k}\boldsymbol{P}_{k/k-1}\boldsymbol{H}_{k}^{T}+\boldsymbol{R}_{k})^{-1}\\&\hat{\boldsymbol{X}}_{k}=\hat{\boldsymbol{X}}_{k/k-1}+\boldsymbol{K}_{k}[\boldsymbol{Z}_{k}-\boldsymbol{h}(\hat{\boldsymbol{X}}_{k/k-1})]\\&\boldsymbol{P}_{k}=(\boldsymbol{I}-\boldsymbol{K}_{k}\boldsymbol{H}_{k})\boldsymbol{P}_{k/k-1}\end{aligned}\right\} \tag{7.1.29}$$

式中：系统雅克比矩阵 $\boldsymbol{\Phi}_{k/k-1}=\boldsymbol{J}(\boldsymbol{f}(\hat{\boldsymbol{X}}_{k-1}))$，量测雅克比矩阵 $\boldsymbol{H}_{k}=\boldsymbol{J}(\boldsymbol{h}(\hat{\boldsymbol{X}}_{k/k-1}))$。

在某些情况下，如果非线性函数求导复杂甚至不可导，则可将一阶偏导数运算近似为中心差商运算，以分量 $\partial f_i(\hat{\boldsymbol{X}}_{k-1})/\partial x_j$ 为例，近似有

$$\frac{\partial f_i(\hat{\boldsymbol{X}}_{k-1})}{\partial x_j}\approx\frac{\delta_j f_i(\hat{\boldsymbol{X}}_{k-1})}{\delta x_j}\triangleq\frac{f_i(\hat{\boldsymbol{X}}_{k-1}+\boldsymbol{e}_j d_j/2)-f_i(\hat{\boldsymbol{X}}_{k-1}-\boldsymbol{e}_j d_j/2)}{d_j} \tag{7.1.30}$$

式中：相对于前向差分 $\delta_j^{(f)}f_i(\hat{\boldsymbol{X}}_{k-1})\triangleq f_i(\hat{\boldsymbol{X}}_{k-1}+\boldsymbol{e}_j d_j)-f_i(\hat{\boldsymbol{X}}_{k-1})$ 或后向差分 $\delta_j^{(b)}f_i(\hat{\boldsymbol{X}}_{k-1})\triangleq f_i(\hat{\boldsymbol{X}}_{k-1})-f_i(\hat{\boldsymbol{X}}_{k-1}-\boldsymbol{e}_j d_j)$ 而言，式(7.1.30)中分子的差分计算方式 $\delta_j f_i(\hat{\boldsymbol{X}}_{k-1})$ 称为中心差分，δ_j 仅作用于 $\hat{\boldsymbol{X}}_{k-1}$ 的第 j 分量；$\boldsymbol{e}_j$ 表示第 j 分量为 1 而其他分量为 0 的单位列向量；差分步长 d_j 为某一小量，其取值大小对差商计算结果有一定的影响。假设状态向量 $\boldsymbol{X}$ 服从高斯分布，记 $\boldsymbol{X}\sim N(\hat{\boldsymbol{X}}_{k-1},\boldsymbol{P}_{k-1})$，则分量 x_j 的大概率取值区间为 $[\hat{x}_j-\sqrt{P_{k-1,jj}},\ \hat{x}_j+\sqrt{P_{k-1,jj}}]$，因而可取步长 $d_j=\sqrt{P_{k-1,jj}}$，其中 $P_{k-1,jj}$ 为协方差阵 $\boldsymbol{P}_{k-1}$ 的第 j 个对角线元素。值得指出的是，为求得每一个差商 $\delta_j f_i(\hat{\boldsymbol{X}}_{k-1})/\delta x_j$ 都必须计算两次非线性函数 $f_i(\cdot)$，其计算量可能较大。因此，当某分量 $\partial f_i(\hat{\boldsymbol{X}}_{k-1})/\partial x_j$ 不可导时，只能使用差商 $\delta_j f_i(\hat{\boldsymbol{X}}_{k-1})/\delta x_j$ 代替；而当 $\partial f_i(\hat{\boldsymbol{X}}_{k-1})/\partial x_j$ 可导时，可选择 $\partial f_i(\hat{\boldsymbol{X}}_{k-1})/\partial x_j$ 和 $\delta_j f_i(\hat{\boldsymbol{X}}_{k-1})/\delta x_j$ 中计算复杂度较小者进行

求解。

针对式(7.1.29),下面给出全部元素均以差商进行近似的系统雅克比矩阵和量测雅克比矩阵构造方法

$$\boldsymbol{\Phi}_{k/k-1}=\frac{\partial \boldsymbol{f}(\hat{\boldsymbol{X}}_{k-1})}{\partial \boldsymbol{X}^{\mathrm{T}}}\approx\frac{\delta \boldsymbol{f}(\hat{\boldsymbol{X}}_{k-1})}{\delta \boldsymbol{X}^{\mathrm{T}}}=\begin{bmatrix}\frac{\delta_1 f_1(\hat{\boldsymbol{X}}_{k-1})}{\delta x_1} & \frac{\delta_2 f_1(\hat{\boldsymbol{X}}_{k-1})}{\delta x_2} & \cdots & \frac{\delta_n f_1(\hat{\boldsymbol{X}}_{k-1})}{\delta x_n} \\ \frac{\delta_1 f_2(\hat{\boldsymbol{X}}_{k-1})}{\delta x_1} & \frac{\delta_2 f_2(\hat{\boldsymbol{X}}_{k-1})}{\delta x_2} & \cdots & \frac{\delta_n f_2(\hat{\boldsymbol{X}}_{k-1})}{\delta x_n} \\ \vdots & \vdots & & \vdots \\ \frac{\delta_1 f_n(\hat{\boldsymbol{X}}_{k-1})}{\delta x_1} & \frac{\delta_2 f_n(\hat{\boldsymbol{X}}_{k-1})}{\delta x_2} & \cdots & \frac{\delta_n f_n(\hat{\boldsymbol{X}}_{k-1})}{\delta x_n}\end{bmatrix} \tag{7.1.31}$$

$$\frac{\delta_j f_i(\hat{\boldsymbol{X}}_{k-1})}{\delta x_j}=\frac{f_i(\hat{\boldsymbol{X}}_{k-1}+\boldsymbol{e}_j d_j/2)-f_i(\hat{\boldsymbol{X}}_{k-1}-\boldsymbol{e}_j d_j/2)}{d_j},(d_j=\sqrt{P_{k-1,jj}};\ i,j=1,2,\cdots,n)$$

$$\boldsymbol{H}_k=\frac{\partial \boldsymbol{h}(\hat{\boldsymbol{X}}_{k/k-1})}{\partial \boldsymbol{X}^{\mathrm{T}}}\approx\frac{\delta \boldsymbol{h}(\hat{\boldsymbol{X}}_{k/k-1})}{\delta \boldsymbol{X}^{\mathrm{T}}}=\begin{bmatrix}\frac{\delta_1 h_1(\hat{\boldsymbol{X}}_{k/k-1})}{\delta x_1} & \frac{\delta_2 h_1(\hat{\boldsymbol{X}}_{k/k-1})}{\delta x_2} & \cdots & \frac{\delta_n h_1(\hat{\boldsymbol{X}}_{k/k-1})}{\delta x_n} \\ \frac{\delta_1 h_2(\hat{\boldsymbol{X}}_{k/k-1})}{\delta x_1} & \frac{\delta_2 h_2(\hat{\boldsymbol{X}}_{k/k-1})}{\delta x_2} & \cdots & \frac{\delta_n h_2(\hat{\boldsymbol{X}}_{k/k-1})}{\delta x_n} \\ \vdots & \vdots & & \vdots \\ \frac{\delta_1 h_m(\hat{\boldsymbol{X}}_{k/k-1})}{\delta x_1} & \frac{\delta_2 h_m(\hat{\boldsymbol{X}}_{k/k-1})}{\delta x_2} & \cdots & \frac{\delta_n h_m(\hat{\boldsymbol{X}}_{k/k-1})}{\delta x_n}\end{bmatrix} \tag{7.1.32}$$

$$\frac{\delta_j h_i(\hat{\boldsymbol{X}}_{k/k-1})}{\delta x_j}=\frac{h_i(\hat{\boldsymbol{X}}_{k/k-1}+\boldsymbol{e}_j d_j/2)-h_i(\hat{\boldsymbol{X}}_{k/k-1}-\boldsymbol{e}_j d_j/2)}{d_j},$$

$$(d_j=\sqrt{P_{k/k-1,jj}};\ i=1,2,\cdots,m;\ j=1,2,\cdots,n)$$

将差商方法式(7.1.31)和式(7.1.32)应用于计算雅克比矩阵,再通过式(7.1.29)进行EKF滤波的方法,可称之为差商扩展Kalman滤波(Difference Quotient EKF,DQEKF)。

7.1.3 二阶滤波

与一阶线性化的EKF滤波相比,二阶滤波还考虑了非线性函数泰勒级数展开二阶项对误差传播的影响,因而二阶滤波在理论上具有更高的精度。

对式(7.1.10)中的状态方程在参考值 $\boldsymbol{X}_{k-1}^{\mathrm{n}}=\hat{\boldsymbol{X}}_{k-1}$ 附近作二阶泰勒级数展开,可得

$$\boldsymbol{X}_k=\boldsymbol{f}(\boldsymbol{X}_{k-1}^{\mathrm{n}})+\boldsymbol{\Phi}_{k/k-1}^{\mathrm{n}}\Delta\boldsymbol{X}+\frac{1}{2}\sum_{i=1}^{n}\boldsymbol{e}_i\operatorname{tr}(\boldsymbol{D}_{fi}\cdot\Delta\boldsymbol{X}\Delta\boldsymbol{X}^{\mathrm{T}})+\boldsymbol{\Gamma}_{k-1}\boldsymbol{W}_{k-1} \tag{7.1.33}$$

式中:简记 $\Delta\boldsymbol{X}=\boldsymbol{X}_{k-1}-\boldsymbol{X}_{k-1}^{\mathrm{n}}$,$\boldsymbol{\Phi}_{k/k-1}^{\mathrm{n}}=\boldsymbol{J}(\boldsymbol{f}(\boldsymbol{X}_{k-1}^{\mathrm{n}}))$,$\boldsymbol{D}_{fi}=\boldsymbol{\mathcal{H}}(f_i(\boldsymbol{X}_{k-1}^{\mathrm{n}}))$。假设 $\Delta\boldsymbol{X}\sim N(\boldsymbol{0},\boldsymbol{P}_{k-1})$,对式(7.1.33)进行状态一步预测,即对右端求期望,可得

$$\begin{aligned}\hat{\boldsymbol{X}}_{k/k-1}=&\mathrm{E}\left[\boldsymbol{f}(\boldsymbol{X}_{k-1}^{\mathrm{n}})+\boldsymbol{\Phi}_{k/k-1}^{\mathrm{n}}\Delta\boldsymbol{X}+\frac{1}{2}\sum_{i=1}^{n}\boldsymbol{e}_i\operatorname{tr}(\boldsymbol{D}_{fi}\cdot\Delta\boldsymbol{X}\Delta\boldsymbol{X}^{\mathrm{T}})+\boldsymbol{\Gamma}_{k-1}\boldsymbol{W}_{k-1}\right]=\\&\boldsymbol{f}(\boldsymbol{X}_{k-1}^{\mathrm{n}})+\boldsymbol{\Phi}_{k/k-1}^{\mathrm{n}}\mathrm{E}[\Delta\boldsymbol{X}]+\frac{1}{2}\sum_{i=1}^{n}\boldsymbol{e}_i\operatorname{tr}(\boldsymbol{D}_{fi}\cdot\mathrm{E}[\Delta\boldsymbol{X}\Delta\boldsymbol{X}^{\mathrm{T}}])+\boldsymbol{\Gamma}_{k-1}\mathrm{E}[\boldsymbol{W}_{k-1}]=\\&\boldsymbol{f}(\boldsymbol{X}_{k-1}^{\mathrm{n}})+\frac{1}{2}\sum_{i=1}^{n}\boldsymbol{e}_i\operatorname{tr}(\boldsymbol{D}_{fi}\boldsymbol{P}_{k-1})\end{aligned} \tag{7.1.34}$$

将式(7.1.33)减式(7.1.34)，可得状态一步预测误差

$$\tilde{\boldsymbol{X}}_{k/k-1}=\boldsymbol{X}_k-\hat{\boldsymbol{X}}_{k/k-1}=$$

$$\boldsymbol{\Phi}^{\mathrm{n}}_{k/k-1}\Delta\boldsymbol{X}+\frac{1}{2}\sum_{i=1}^{n}\boldsymbol{e}_i\operatorname{tr}(\boldsymbol{D}_{fi}\cdot\Delta\boldsymbol{X}\Delta\boldsymbol{X}^{\mathrm{T}})+\boldsymbol{\Gamma}_{k-1}\boldsymbol{W}_{k-1}-\frac{1}{2}\sum_{i=1}^{n}\boldsymbol{e}_i\operatorname{tr}(\boldsymbol{D}_{fi}\boldsymbol{P}_{k-1})=$$

$$\boldsymbol{\Phi}^{\mathrm{n}}_{k/k-1}\Delta\boldsymbol{X}+\frac{1}{2}\sum_{i=1}^{n}\boldsymbol{e}_i\operatorname{tr}(\boldsymbol{D}_{fi}(\Delta\boldsymbol{X}\Delta\boldsymbol{X}^{\mathrm{T}}-\boldsymbol{P}_{k-1}))+\boldsymbol{\Gamma}_{k-1}\boldsymbol{W}_{k-1}\tag{7.1.35}$$

根据式(7.1.35)可得状态一步预测 $\hat{\boldsymbol{X}}_{k/k-1}$ 的均方误差阵为

$$\boldsymbol{P}_{k/k-1}=\mathrm{E}[\tilde{\boldsymbol{X}}_{k/k-1}\tilde{\boldsymbol{X}}^{\mathrm{T}}_{k/k-1}]=$$

$$\mathrm{E}\left[\left[\boldsymbol{\Phi}^{\mathrm{n}}_{k/k-1}\Delta\boldsymbol{X}+\frac{1}{2}\sum_{i=1}^{n}\boldsymbol{e}_i\operatorname{tr}(\boldsymbol{D}_{fi}(\Delta\boldsymbol{X}\Delta\boldsymbol{X}^{\mathrm{T}}-\boldsymbol{P}_{k-1}))+\boldsymbol{\Gamma}_{k-1}\boldsymbol{W}_{k-1}\right]\times\right.$$

$$\left.\left[\boldsymbol{\Phi}^{\mathrm{n}}_{k/k-1}\Delta\boldsymbol{X}+\frac{1}{2}\sum_{i=1}^{n}\boldsymbol{e}_i\operatorname{tr}(\boldsymbol{D}_{fi}(\Delta\boldsymbol{X}\Delta\boldsymbol{X}^{\mathrm{T}}-\boldsymbol{P}_{k-1}))+\boldsymbol{\Gamma}_{k-1}\boldsymbol{W}_{k-1}\right]^{\mathrm{T}}\right]\tag{7.1.36}$$

考虑到 $\Delta\boldsymbol{X}$ 是对称分布的，其奇次阶矩为零，且 $\Delta\boldsymbol{X}$ 和 $\boldsymbol{W}_{k-1}$ 之间不相关，由式(7.1.36)可得

$$\boldsymbol{P}_{k/k-1}=\boldsymbol{\Phi}^{\mathrm{n}}_{k/k-1}\boldsymbol{P}_{k-1}(\boldsymbol{\Phi}^{\mathrm{n}}_{k/k-1})^{\mathrm{T}}+$$

$$\frac{1}{4}\mathrm{E}\left[\sum_{i=1}^{n}\boldsymbol{e}_i\operatorname{tr}(\boldsymbol{D}_{fi}(\Delta\boldsymbol{X}\Delta\boldsymbol{X}^{\mathrm{T}}-\boldsymbol{P}_{k-1}))\left(\sum_{i=1}^{n}\boldsymbol{e}_i\operatorname{tr}(\boldsymbol{D}_{fi}(\Delta\boldsymbol{X}\Delta\boldsymbol{X}^{\mathrm{T}}-\boldsymbol{P}_{k-1}))\right)^{\mathrm{T}}\right]+\boldsymbol{\Gamma}_{k-1}\boldsymbol{Q}_{k-1}\boldsymbol{\Gamma}^{\mathrm{T}}_{k-1}=$$

$$\boldsymbol{\Phi}^{\mathrm{n}}_{k/k-1}\boldsymbol{P}_{k-1}(\boldsymbol{\Phi}^{\mathrm{n}}_{k/k-1})^{\mathrm{T}}+$$

$$\frac{1}{4}\sum_{i=1}^{n}\sum_{j=1}^{n}\boldsymbol{e}_i\boldsymbol{e}_j^{\mathrm{T}}\mathrm{E}[\operatorname{tr}(\boldsymbol{D}_{fi}(\Delta\boldsymbol{X}\Delta\boldsymbol{X}^{\mathrm{T}}-\boldsymbol{P}_{k-1}))\cdot\operatorname{tr}(\boldsymbol{D}_{fj}(\Delta\boldsymbol{X}\Delta\boldsymbol{X}^{\mathrm{T}}-\boldsymbol{P}_{k-1}))]+\boldsymbol{\Gamma}_{k-1}\boldsymbol{Q}_{k-1}\boldsymbol{\Gamma}^{\mathrm{T}}_{k-1}\tag{7.1.37}$$

式(7.1.37)右端第二项中的期望运算可展开为(其中第三个等号的证明见附录 K)

$$\mathrm{E}[\operatorname{tr}(\boldsymbol{D}_{fi}(\Delta\boldsymbol{X}\Delta\boldsymbol{X}^{\mathrm{T}}-\boldsymbol{P}_{k-1}))\cdot\operatorname{tr}(\boldsymbol{D}_{fj}(\Delta\boldsymbol{X}\Delta\boldsymbol{X}^{\mathrm{T}}-\boldsymbol{P}_{k-1}))]=$$

$$\mathrm{E}[\operatorname{tr}(\boldsymbol{D}_{fi}\cdot\Delta\boldsymbol{X}\Delta\boldsymbol{X}^{\mathrm{T}})\cdot\operatorname{tr}(\boldsymbol{D}_{fj}\cdot\Delta\boldsymbol{X}\Delta\boldsymbol{X}^{\mathrm{T}})-\operatorname{tr}(\boldsymbol{D}_{fi}\cdot\Delta\boldsymbol{X}\Delta\boldsymbol{X}^{\mathrm{T}})\cdot\operatorname{tr}(\boldsymbol{D}_{fj}\boldsymbol{P}_{k-1})-$$

$$\operatorname{tr}(\boldsymbol{D}_{fi}\boldsymbol{P}_{k-1})\cdot\operatorname{tr}(\boldsymbol{D}_{fj}\cdot\Delta\boldsymbol{X}\Delta\boldsymbol{X}^{\mathrm{T}})+\operatorname{tr}(\boldsymbol{D}_{fi}\boldsymbol{P}_{k-1})\cdot\operatorname{tr}(\boldsymbol{D}_{fj}\boldsymbol{P}_{k-1})]=$$

$$\mathrm{E}[\operatorname{tr}(\boldsymbol{D}_{fi}\cdot\Delta\boldsymbol{X}\Delta\boldsymbol{X}^{\mathrm{T}})\cdot\operatorname{tr}(\boldsymbol{D}_{fj}\cdot\Delta\boldsymbol{X}\Delta\boldsymbol{X}^{\mathrm{T}})]-\operatorname{tr}(\boldsymbol{D}_{fi}\boldsymbol{P}_{k-1})\cdot\operatorname{tr}(\boldsymbol{D}_{fj}\boldsymbol{P}_{k-1})=$$

$$2\operatorname{tr}(\boldsymbol{D}_{fi}\boldsymbol{P}_{k-1}\boldsymbol{D}_{fj}\boldsymbol{P}_{k-1})\tag{7.1.38}$$

再将式(7.1.38)代入式(7.1.37)，可得

$$\boldsymbol{P}_{k/k-1}=\boldsymbol{\Phi}^{\mathrm{n}}_{k/k-1}\boldsymbol{P}_{k-1}(\boldsymbol{\Phi}^{\mathrm{n}}_{k/k-1})^{\mathrm{T}}+\frac{1}{2}\sum_{i=1}^{n}\sum_{j=1}^{n}\boldsymbol{e}_i\boldsymbol{e}_j^{\mathrm{T}}\operatorname{tr}(\boldsymbol{D}_{fi}\boldsymbol{P}_{k-1}\boldsymbol{D}_{fj}\boldsymbol{P}_{k-1})+\boldsymbol{\Gamma}_{k-1}\boldsymbol{Q}_{k-1}\boldsymbol{\Gamma}^{\mathrm{T}}_{k-1}\tag{7.1.39}$$

由式(7.1.34)和式(7.1.39)可见，与 EKF 滤波相比，由于考虑了式(7.1.33)中二阶非线性项的影响，即 $\boldsymbol{D}_{fi}\neq\boldsymbol{0}$，从而使得状态及其均方误差阵的预测多出了与海森矩阵有关的项，该项可以视为二阶修正项。

同理，对于在参考值 $\boldsymbol{X}^{\mathrm{n}}_{k/k-1}=\hat{\boldsymbol{X}}_{k/k-1}$ 附近二阶泰勒级数展开的量测方程，有

$$\boldsymbol{Z}_{k/k-1}=\boldsymbol{h}(\boldsymbol{X}^{\mathrm{n}}_{k/k-1})+\boldsymbol{H}^{\mathrm{n}}_k\Delta\boldsymbol{X}+\frac{1}{2}\sum_{i=1}^{m}\boldsymbol{e}_i\operatorname{tr}(\boldsymbol{D}_{hi}\cdot\Delta\boldsymbol{X}\Delta\boldsymbol{X}^{\mathrm{T}})+\boldsymbol{V}_k\tag{7.1.40}$$

其中，简记 $\Delta\boldsymbol{X}=\boldsymbol{X}_k-\boldsymbol{X}^{\mathrm{n}}_{k/k-1}$，$\boldsymbol{H}^{\mathrm{n}}_k=\boldsymbol{J}(\boldsymbol{h}(\boldsymbol{X}^{\mathrm{n}}_{k/k-1}))$，$\boldsymbol{D}_{hi}=\mathcal{H}(h_i(\boldsymbol{X}^{\mathrm{n}}_{k/k-1}))$，这里假设 $\Delta\boldsymbol{X}\sim N(\boldsymbol{0},\boldsymbol{P}_{k/k-1})$，由式(7.1.40)作量测一步预测，并计算量测一步预测的均方误差阵及协方差阵，可分别得

$$\hat{\boldsymbol{Z}}_{k/k-1}=\boldsymbol{h}(\boldsymbol{X}^{\mathrm{n}}_{k/k-1})+\frac{1}{2}\sum_{i=1}^{m}\boldsymbol{e}_i\operatorname{tr}(\boldsymbol{D}_{hi}\boldsymbol{P}_{k/k-1})\tag{7.1.41}$$

$$\boldsymbol{P}_{ZZ,k/k-1}=\boldsymbol{H}_k^{\mathrm{n}}\boldsymbol{P}_{k/k-1}(\boldsymbol{H}_k^{\mathrm{n}})^{\mathrm{T}}+\frac{1}{2}\sum_{i=1}^{m}\sum_{j=1}^{m}\boldsymbol{e}_i\boldsymbol{e}_j^{\mathrm{T}}\mathrm{tr}(\boldsymbol{D}_{hi}\boldsymbol{P}_{k/k-1}\boldsymbol{D}_{hj}\boldsymbol{P}_{k/k-1})+\boldsymbol{R}_k \tag{7.1.42}$$

$$\boldsymbol{P}_{XZ,k/k-1}=\boldsymbol{P}_{k/k-1}\boldsymbol{H}_k^{\mathrm{n}} \tag{7.1.43}$$

至此，选择泰勒级数展开点 $\boldsymbol{X}_{k-1}^{\mathrm{n}}=\hat{\boldsymbol{X}}_{k-1}$ 和 $\boldsymbol{X}_{k/k-1}^{\mathrm{n}}=\hat{\boldsymbol{X}}_{k/k-1}$，并略去所有符号的右上标“n”，可获得二阶 EKF 滤波公式，如下：

$$\left.\begin{aligned}
&\hat{\boldsymbol{X}}_{k/k-1}=\boldsymbol{f}(\hat{\boldsymbol{X}}_{k-1})+\frac{1}{2}\sum_{i=1}^{n}\boldsymbol{e}_i\mathrm{tr}(\boldsymbol{D}_{fi}\boldsymbol{P}_{k-1})\\
&\boldsymbol{P}_{k/k-1}=\boldsymbol{\Phi}_{k/k-1}\boldsymbol{P}_{k-1}\boldsymbol{\Phi}_{k/k-1}^{\mathrm{T}}+\frac{1}{2}\sum_{i=1}^{n}\sum_{j=1}^{n}\boldsymbol{e}_i\boldsymbol{e}_j^{\mathrm{T}}\mathrm{tr}(\boldsymbol{D}_{fi}\boldsymbol{P}_{k-1}\boldsymbol{D}_{fj}\boldsymbol{P}_{k-1})+\boldsymbol{\Gamma}_{k-1}\boldsymbol{Q}_{k-1}\boldsymbol{\Gamma}_{k-1}^{\mathrm{T}}\\
&\boldsymbol{K}_k=\boldsymbol{P}_{k/k-1}\boldsymbol{H}_k^{\mathrm{T}}\left[\boldsymbol{H}_k\boldsymbol{P}_{k/k-1}\boldsymbol{H}_k^{\mathrm{T}}+\frac{1}{2}\sum_{i=1}^{m}\sum_{j=1}^{m}\boldsymbol{e}_i\boldsymbol{e}_j^{\mathrm{T}}\mathrm{tr}(\boldsymbol{D}_{hi}\boldsymbol{P}_{k/k-1}\boldsymbol{D}_{hj}\boldsymbol{P}_{k/k-1})+\boldsymbol{R}_k\right]^{-1}\\
&\hat{\boldsymbol{X}}_k=\hat{\boldsymbol{X}}_{k/k-1}+\boldsymbol{K}_k\left[\boldsymbol{Z}_k-\boldsymbol{h}(\hat{\boldsymbol{X}}_{k/k-1})-\frac{1}{2}\sum_{i=1}^{m}\boldsymbol{e}_i\mathrm{tr}(\boldsymbol{D}_{hi}\boldsymbol{P}_{k/k-1})\right]\\
&\boldsymbol{P}_k=(\boldsymbol{I}-\boldsymbol{K}_k\boldsymbol{H}_k)\boldsymbol{P}_{k/k-1}
\end{aligned}\right\} \tag{7.1.44}$$

显然，当所有海森矩阵均为零时，式(7.1.44)便退化为普通的 EKF 滤波公式；或者说，海森矩阵相关项可以看作是二阶滤波对 EKF 滤波的修正。

类似于使用一阶中心差商情形，若式(7.1.44)中有些函数分量的二阶偏导数难以计算或不存在，亦可以二阶中心差商进行近似，比如有

$$\begin{aligned}
\frac{\partial^2 f_i(\hat{\boldsymbol{X}}_{k-1})}{\partial x_j\partial x_l}&\approx\frac{\delta_{jl}^2 f_i(\hat{\boldsymbol{X}}_{k-1})}{\delta x_j\delta x_l}\triangleq\delta_l\left[\frac{f_i(\hat{\boldsymbol{X}}_{k-1}+\boldsymbol{e}_jd_j/2)-f_i(\hat{\boldsymbol{X}}_{k-1}-\boldsymbol{e}_jd_j/2)}{d_j}\right]\Big/\delta x_l=\\
&\frac{\delta_l f_i(\hat{\boldsymbol{X}}_{k-1}+\boldsymbol{e}_jd_j/2)/\delta x_l-\delta_l f_i(\hat{\boldsymbol{X}}_{k-1}-\boldsymbol{e}_jd_j/2)/\delta x_l}{d_j}=\\
&\frac{1}{d_jd_l}\{[f_i(\hat{\boldsymbol{X}}_{k-1}+\boldsymbol{e}_jd_j/2+\boldsymbol{e}_ld_l/2)-f_i(\hat{\boldsymbol{X}}_{k-1}+\boldsymbol{e}_jd_j/2-\boldsymbol{e}_ld_l/2)]-\\
&[f_i(\hat{\boldsymbol{X}}_{k-1}-\boldsymbol{e}_jd_j/2+\boldsymbol{e}_ld_l/2)-f_i(\hat{\boldsymbol{X}}_{k-1}-\boldsymbol{e}_jd_j/2-\boldsymbol{e}_ld_l/2)]\}=\\
&\frac{1}{d_jd_l}[f_i(\hat{\boldsymbol{X}}_{k-1}+\boldsymbol{e}_jd_j/2+\boldsymbol{e}_ld_l/2)+f_i(\hat{\boldsymbol{X}}_{k-1}-\boldsymbol{e}_jd_j/2-\boldsymbol{e}_ld_l/2)-\\
&f_i(\hat{\boldsymbol{X}}_{k-1}-\boldsymbol{e}_jd_j/2+\boldsymbol{e}_ld_l/2)-f_i(\hat{\boldsymbol{X}}_{k-1}+\boldsymbol{e}_jd_j/2-\boldsymbol{e}_ld_l/2)]
\end{aligned} \tag{7.1.45}$$

式中：$d_j=\sqrt{P_{k-1,jj}}$，$d_l=\sqrt{P_{k-1,ll}}$。特别地，当 $j=l$ 时，有

$$\frac{\partial^2 f_i(\hat{\boldsymbol{X}}_{k-1})}{\partial x_j^2}\approx\frac{\delta_j^2 f_i(\hat{\boldsymbol{X}}_{k-1})}{\delta x_j^2}=\frac{1}{d_j^2}[f_i(\hat{\boldsymbol{X}}_{k-1}+\boldsymbol{e}_jd_j)+f_i(\hat{\boldsymbol{X}}_{k-1}-\boldsymbol{e}_jd_j)-2f_i(\hat{\boldsymbol{X}}_{k-1})] \tag{7.1.46}$$

7.1.4 迭代滤波

在 EKF 算法中，状态非线性函数 $\boldsymbol{f}(\boldsymbol{X})$ 围绕上一时刻的状态估计 $\hat{\boldsymbol{X}}_{k-1}$ 进行一阶泰勒级数展开，这在量测值 $\boldsymbol{Z}_k$ 尚未取得前，$\hat{\boldsymbol{X}}_{k-1}$ 确实是状态 $\boldsymbol{X}_{k-1}$ 的最优估计，泰勒级数展开点的选取是合理的。但是，在取得量测 $\boldsymbol{Z}_k$ 并完成滤波后，一步反向平滑值 $\hat{\boldsymbol{X}}_{k-1/k}$ 的精度要优于 $\hat{\boldsymbol{X}}_{k-1}$，这时可重新选取 $\boldsymbol{f}(\boldsymbol{X})$ 的泰勒级数展开点，若以平滑值 $\hat{\boldsymbol{X}}_{k-1/k}$ 取代 $\hat{\boldsymbol{X}}_{k-1}$，再利用状态非线性函数 $\boldsymbol{f}(\boldsymbol{X})$ 进行状态预测修正和计算雅克比矩阵，将有助于提高状态预测和雅可比矩阵的求解精

度。同样的道理，对于量测非线性函数 $\boldsymbol{h}(\boldsymbol{X})$，在滤波之后也可以用状态估计值 $\hat{\boldsymbol{X}}_k$ 代替预测值 $\hat{\boldsymbol{X}}_{k/k-1}$，再利用量测非线性函数 $\boldsymbol{h}(\boldsymbol{X})$ 进行量测预测修正和计算雅克比矩阵，也有助于提高求解精度，从而改善 EKF 滤波精度。

首先，按普通 EKF 方法进行预滤波（此时状态估计的均方误差阵无须量测更新），可得

$$\left.\begin{aligned}&\hat{\boldsymbol{X}}^*_{k/k-1}=\boldsymbol{f}(\hat{\boldsymbol{X}}_{k-1})\\&\boldsymbol{P}^*_{k/k-1}=\boldsymbol{\Phi}^*_{k/k-1}\boldsymbol{P}_{k-1}(\boldsymbol{\Phi}^*_{k/k-1})^{\mathrm{T}}+\boldsymbol{\Gamma}_{k-1}\boldsymbol{Q}_{k-1}\boldsymbol{\Gamma}^{\mathrm{T}}_{k-1}\\&\boldsymbol{K}^*_k=\boldsymbol{P}^*_{k/k-1}(\boldsymbol{H}^*_k)^{\mathrm{T}}\left[\boldsymbol{H}^*_k\boldsymbol{P}^*_{k/k-1}(\boldsymbol{H}^*_k)^{\mathrm{T}}+\boldsymbol{R}_k\right]^{-1}\\&\hat{\boldsymbol{X}}^*_k=\hat{\boldsymbol{X}}^*_{k/k-1}+\boldsymbol{K}^*_k\left[\boldsymbol{Z}_k-\boldsymbol{h}(\hat{\boldsymbol{X}}^*_{k/k-1})\right]\end{aligned}\right\}\tag{7.1.47}$$

其中：$\boldsymbol{\Phi}^*_{k/k-1}=\boldsymbol{J}(\boldsymbol{f}(\hat{\boldsymbol{X}}_{k-1}))$；$\boldsymbol{H}^*_k=\boldsymbol{J}(\boldsymbol{h}(\hat{\boldsymbol{X}}^*_{k/k-1}))$。

其次，在获得 k 时刻的状态估计后，通过 RTS 平滑算法式（6.8.10）可求取平滑值 $\hat{\boldsymbol{X}}_{k-1/k}$ 为

$$\hat{\boldsymbol{X}}_{k-1/k}=\hat{\boldsymbol{X}}_{k-1}+\boldsymbol{P}_{k-1}(\boldsymbol{\Phi}^*_{k/k-1})^{\mathrm{T}}(\boldsymbol{P}^*_{k/k-1})^{-1}(\hat{\boldsymbol{X}}^*_k-\hat{\boldsymbol{X}}^*_{k/k-1})\tag{7.1.48}$$

由平滑值 $\hat{\boldsymbol{X}}_{k-1/k}$ 进行状态一步预测修正为

$$\begin{aligned}\hat{\boldsymbol{X}}_{k/k-1}&=\boldsymbol{f}(\hat{\boldsymbol{X}}_{k-1})=\boldsymbol{f}(\hat{\boldsymbol{X}}_{k-1/k})+\boldsymbol{f}(\hat{\boldsymbol{X}}_{k-1})-\boldsymbol{f}(\hat{\boldsymbol{X}}_{k-1/k})\approx\\&\quad\boldsymbol{f}(\hat{\boldsymbol{X}}_{k-1/k})+\boldsymbol{J}(\boldsymbol{f}(\hat{\boldsymbol{X}}_{k-1/k}))(\hat{\boldsymbol{X}}_{k-1}-\hat{\boldsymbol{X}}_{k-1/k})\end{aligned}\tag{7.1.49}$$

由估计值 $\hat{\boldsymbol{X}}^*_k$ 进行量测一步预测修正为

$$\begin{aligned}\hat{\boldsymbol{Z}}_{k/k-1}&=\boldsymbol{h}(\hat{\boldsymbol{X}}_{k/k-1})=\boldsymbol{h}(\hat{\boldsymbol{X}}^*_k)+\boldsymbol{h}(\hat{\boldsymbol{X}}_{k/k-1})-\boldsymbol{h}(\hat{\boldsymbol{X}}^*_k)\approx\\&\quad\boldsymbol{h}(\hat{\boldsymbol{X}}^*_k)+\boldsymbol{J}(\boldsymbol{h}(\hat{\boldsymbol{X}}^*_k))(\hat{\boldsymbol{X}}_{k/k-1}-\hat{\boldsymbol{X}}^*_k)\end{aligned}\tag{7.1.50}$$

最后，可得迭代滤波公式

$$\left.\begin{aligned}&\hat{\boldsymbol{X}}_{k/k-1}=\boldsymbol{f}(\hat{\boldsymbol{X}}_{k-1/k})+\boldsymbol{\Phi}_{k/k-1}(\hat{\boldsymbol{X}}_{k-1}-\hat{\boldsymbol{X}}_{k-1/k})\\&\boldsymbol{P}_{k/k-1}=\boldsymbol{\Phi}_{k/k-1}\boldsymbol{P}_{k-1}\boldsymbol{\Phi}^{\mathrm{T}}_{k/k-1}+\boldsymbol{\Gamma}_{k-1}\boldsymbol{Q}_{k-1}\boldsymbol{\Gamma}^{\mathrm{T}}_{k-1}\\&\boldsymbol{K}_k=\boldsymbol{P}_{k/k-1}\boldsymbol{H}^{\mathrm{T}}_k(\boldsymbol{H}_k\boldsymbol{P}_{k/k-1}\boldsymbol{H}^{\mathrm{T}}_k+\boldsymbol{R}_k)^{-1}\\&\hat{\boldsymbol{X}}_k=\hat{\boldsymbol{X}}_{k/k-1}+\boldsymbol{K}_k\left[\boldsymbol{Z}_k-\boldsymbol{h}(\hat{\boldsymbol{X}}^*_k)-\boldsymbol{H}_k(\hat{\boldsymbol{X}}_{k/k-1}-\hat{\boldsymbol{X}}^*_k)\right]\\&\boldsymbol{P}_k=(\boldsymbol{I}-\boldsymbol{K}_k\boldsymbol{H}_k)\boldsymbol{P}_{k/k-1}\end{aligned}\right\}\tag{7.1.51}$$

其中：$\boldsymbol{\Phi}_{k/k-1}=\boldsymbol{J}(\boldsymbol{f}(\hat{\boldsymbol{X}}_{k-1/k}))$；$\boldsymbol{H}_k=\boldsymbol{J}(\boldsymbol{h}(\hat{\boldsymbol{X}}^*_k))$。

理论上，迭代滤波算法在每一个量测更新时刻均可反复迭代多次，但是，平滑值 $\hat{\boldsymbol{X}}_{k-1/k}$ 和滤波估计值 $\hat{\boldsymbol{X}}_k$ 都与量测值 $\boldsymbol{Z}_k$ 有关，量测 $\boldsymbol{Z}_k$ 提供的信息有限，因此在实际应用中不论是否能够提高滤波精度，往往只需迭代一次就足够了。

7.2　差分 Kalman 滤波

在非线性函数的导数运算复杂甚至导数不存在的情况下，式（7.1.31）和式（7.1.32）通过差商近似求解雅克比矩阵，实现非线性函数的线性化近似，完成 EKF 滤波估计。实际上，还可以采用差分方法直接进行非线性函数的一、二阶矩传播，滤波过程与基于差商雅克比矩阵的 EKF 略微不同，介绍如下。

7.2.1　基于中心差分的一、二阶矩传播

针对非线性函数 $\boldsymbol{Y}=\tilde{\boldsymbol{f}}(\boldsymbol{Z})$，重写全导数的定义式（7.1.8）如下：

$$\boldsymbol{D}_{\Delta Z}\tilde{\boldsymbol{f}}=\left(\sum_{j=1}^{n}\frac{\partial}{\partial z_j}\Delta z_j\right)\tilde{\boldsymbol{f}}(\hat{\boldsymbol{Z}})=\sum_{j=1}^{m}\left[\boldsymbol{e}_j\left(\sum_{i=1}^{n}\frac{\partial}{\partial z_i}\Delta z_i\right)\tilde{f}_j(\hat{\boldsymbol{Z}})\right] \tag{7.2.1}$$

参照式(7.2.1)，现对 n 维输入 m 维输出向量函数 $\boldsymbol{Y}=\tilde{\boldsymbol{f}}(\boldsymbol{Z})$ 及其参考点 $\hat{\boldsymbol{Z}}$，利用中心差商近似全导数 $\tilde{\boldsymbol{D}}_{\Delta Z}\tilde{\boldsymbol{f}}\approx\boldsymbol{D}_{\Delta Z}\tilde{\boldsymbol{f}}$，定义中心差商 $\tilde{\boldsymbol{D}}_{\Delta Z}\tilde{\boldsymbol{f}}$ 为

$$\tilde{\boldsymbol{D}}_{\Delta Z}\tilde{\boldsymbol{f}}\triangleq\sum_{j=1}^{m}\left[\boldsymbol{e}_j\left(\sum_{i=1}^{n}\frac{\bar{\delta}_i}{2\delta z_i}\Delta z_i\right)\tilde{f}_j(\hat{\boldsymbol{Z}})\right]=\sum_{j=1}^{m}\boldsymbol{e}_j\left(\sum_{i=1}^{n}\frac{\bar{\delta}_i\tilde{f}_j(\hat{\boldsymbol{Z}})}{2d_i}\Delta z_i\right) \tag{7.2.2}$$

式中：$\boldsymbol{e}_j$ 是第 j 列为 1 而其他元素为 0 的适当维数的列向量(此处为 m 维)；多元函数 $\tilde{f}_j(\boldsymbol{Z})$ 的中心差分 $\bar{\delta}_i$ 定义为

$$\bar{\delta}_i\tilde{f}_j(\hat{\boldsymbol{Z}})=\tilde{f}_j(\hat{\boldsymbol{Z}}+\boldsymbol{e}_i d_i)-\tilde{f}_j(\hat{\boldsymbol{Z}}-\boldsymbol{e}_i d_i) \tag{7.2.3}$$

式中：$\bar{\delta}_i$ 为中心差分算子，仅作用于输入 $\hat{\boldsymbol{Z}}$ 的第 i 分量；$d_i=\delta z_i$ 为差分步长。注意到，如定义平均算子 μ，即 $\mu f(x)\triangleq[f(x+d/2)+f(x-d/2)]/2$，则这里的中心差分算子 $\bar{\delta}$ 与式(7.1.30)中的 δ、及前/后向差分之间存在关系 $\bar{\delta}f(x)=\delta^{(f)}f(x)+\delta^{(b)}f(x)=2\mu\delta f(x)$，即有

$$\begin{aligned}\delta^{(f)}f(x)+\delta^{(b)}f(x)&=[f(x+d)-f(x)]+[f(x)-f(x-d)]=\\&f(x+d)-f(x-d)=\bar{\delta}f(x)\end{aligned} \tag{7.2.4}$$

$$\begin{aligned}\mu\delta f(x)&=\mu[f(x+d/2)-f(x-d/2)]=\mu f(x+d/2)-\mu f(x-d/2)=\\&[f(x+d)+f(x)]/2-[f(x)+f(x-d)]/2=\\&[f(x+d)-f(x-d)]/2=\bar{\delta}f(x)/2\end{aligned} \tag{7.2.5}$$

非线性向量函数 $\boldsymbol{Y}=\tilde{\boldsymbol{f}}(\boldsymbol{Z})$ 围绕参考点 $\hat{\boldsymbol{Z}}$ 的一阶泰勒级数展开为

$$\boldsymbol{Y}=\tilde{\boldsymbol{f}}(\hat{\boldsymbol{Z}})+\tilde{\boldsymbol{D}}_{\Delta Z}\tilde{\boldsymbol{f}} \tag{7.2.6}$$

假设 $\Delta\boldsymbol{Z}=[\Delta z_1\quad\Delta z_2\quad\cdots\quad\Delta z_n]^T$ 为零均值的随机向量，计算 $\boldsymbol{Y}$ 的期望和均方差阵，分别有

$$\bar{\boldsymbol{Y}}=\mathrm{E}[\tilde{\boldsymbol{f}}(\hat{\boldsymbol{Z}})+\tilde{\boldsymbol{D}}_{\Delta Z}\tilde{\boldsymbol{f}}]=\tilde{\boldsymbol{f}}(\hat{\boldsymbol{Z}}) \tag{7.2.7}$$

$$\begin{aligned}\boldsymbol{P}_Y&=\mathrm{E}[(\boldsymbol{Y}-\bar{\boldsymbol{Y}})(\boldsymbol{Y}-\bar{\boldsymbol{Y}})^{\mathrm{T}}]=\mathrm{E}[(\tilde{\boldsymbol{D}}_{\Delta Z}\tilde{\boldsymbol{f}})(\tilde{\boldsymbol{D}}_{\Delta Z}\tilde{\boldsymbol{f}})^{\mathrm{T}}]=\\&\mathrm{E}\left\{\sum_{j=1}^{m}\boldsymbol{e}_j\left(\sum_{i=1}^{n}\frac{\bar{\delta}_i\tilde{f}_j(\hat{\boldsymbol{Z}})}{2d_i}\Delta z_i\right)\left[\sum_{l=1}^{m}\boldsymbol{e}_l\left(\sum_{k=1}^{n}\frac{\bar{\delta}_k\tilde{f}_l(\hat{\boldsymbol{Z}})}{2d_k}\Delta z_k\right)\right]^{\mathrm{T}}\right\}=\\&\sum_{j=1}^{m}\sum_{l=1}^{m}\boldsymbol{e}_j\boldsymbol{e}_l^{\mathrm{T}}\mathrm{E}\left[\left(\sum_{i=1}^{n}\frac{\bar{\delta}_i\tilde{f}_j(\hat{\boldsymbol{Z}})}{2d_i}\Delta z_i\right)\left(\sum_{k=1}^{n}\frac{\bar{\delta}_k\tilde{f}_l(\hat{\boldsymbol{Z}})}{2d_k}\Delta z_k\right)\right]\triangleq\sum_{j=1}^{m}\sum_{l=1}^{m}\boldsymbol{e}_{jl}P_{Y,jl}\end{aligned} \tag{7.2.8}$$

式中：$\boldsymbol{e}_{jl}$ 表示第 j 行 l 列为 1 而其他元素为 0 的适当阶数的方阵(此处为 m 阶)。

一般情况下欲对式(7.2.8)作进一步的化简分析是比较困难的，不妨假设 $\Delta\boldsymbol{Z}$ 为标准正态分布的，即 $\Delta\boldsymbol{Z}\sim N(\boldsymbol{0},\boldsymbol{I})$，各分量 Δz_i 和 $\Delta z_k(i\neq k)$ 之间互不相关，并且差分步长 d_i 和 d_k 都取相同值 d，则在式(7.2.8)中有

$$\begin{aligned}P_{Y,jl}&=\mathrm{E}\left[\left(\sum_{i=1}^{n}\frac{\bar{\delta}_i\tilde{f}_j(\hat{\boldsymbol{Z}})}{2d_i}\Delta z_i\right)\left(\sum_{k=1}^{n}\frac{\bar{\delta}_k\tilde{f}_l(\hat{\boldsymbol{Z}})}{2d_k}\Delta z_k\right)\right]=\sum_{i=1}^{n}\frac{\bar{\delta}_i\tilde{f}_j(\hat{\boldsymbol{Z}})\cdot\bar{\delta}_i\tilde{f}_l(\hat{\boldsymbol{Z}})}{2d\cdot 2d}\mathrm{E}[\Delta z_i\Delta z_i]=\\&\frac{1}{4d^2}\sum_{i=1}^{n}[\tilde{f}_j(\hat{\boldsymbol{Z}}+\boldsymbol{e}_i d)-\tilde{f}_j(\hat{\boldsymbol{Z}}-\boldsymbol{e}_i d)][\tilde{f}_l(\hat{\boldsymbol{Z}}+\boldsymbol{e}_i d)-\tilde{f}_l(\hat{\boldsymbol{Z}}-\boldsymbol{e}_i d)]\end{aligned} \tag{7.2.9}$$

注意到，向量 $\boldsymbol{e}_i$ 中只有第 i 元素为 1，它可看作是单位均方差阵 $\sqrt{\boldsymbol{P}_{\Delta Z}}=\boldsymbol{I}$ 的第 i 列向量。

假设有随机向量线性变换关系 $\boldsymbol{Z}=\boldsymbol{S}^{-1}\boldsymbol{X}$，即有 $\hat{\boldsymbol{Z}}+\Delta\boldsymbol{Z}=\boldsymbol{S}^{-1}(\hat{\boldsymbol{X}}+\Delta\boldsymbol{X})$，$\hat{\boldsymbol{Z}}=\boldsymbol{S}^{-1}\hat{\boldsymbol{X}}$ 和 $\Delta\boldsymbol{Z}=\boldsymbol{S}^{-1}\Delta\boldsymbol{X}$，从而有 $\Delta\boldsymbol{X}\sim N(\boldsymbol{0},\boldsymbol{P}_{\Delta X})$ 且 $\boldsymbol{P}_{\Delta X}=\boldsymbol{S}\boldsymbol{S}^{\mathrm{T}}$(即 $\sqrt{\boldsymbol{P}_{\Delta X}}=\boldsymbol{S}$ 为下三角阵)；再假设有函数关系 $\tilde{f}_j(\boldsymbol{Z})=f_j(\boldsymbol{S}\boldsymbol{Z})=f_j(\boldsymbol{X})$，则有

$$\tilde{f}_j(\hat{\boldsymbol{Z}}\pm\boldsymbol{e}_i d)=f_j(\boldsymbol{S}(\hat{\boldsymbol{Z}}\pm\boldsymbol{e}_i d))=f_j(\hat{\boldsymbol{X}}\pm\boldsymbol{S}_i d) \tag{7.2.10}$$

式中：$\boldsymbol{S}_i$ 为平方根矩阵 $\boldsymbol{S}$ 的第 i 列向量。将式(7.2.10)代入式(7.2.9)，则可转换为

$$P_{Y,jl}=\frac{1}{4d^2}\sum_{i=1}^{n}[f_j(\hat{\boldsymbol{X}}+\boldsymbol{S}_i d)-f_j(\hat{\boldsymbol{X}}-\boldsymbol{S}_i d)][f_l(\hat{\boldsymbol{X}}+\boldsymbol{S}_i d)-f_l(\hat{\boldsymbol{X}}-\boldsymbol{S}_i d)] \tag{7.2.11}$$

最后，再将所有元素 $P_{Y,jl}$ 组成均方差阵 $\boldsymbol{P}_Y$，式(7.2.8)恰好可以表示为

$$\boldsymbol{P}_Y=\frac{1}{4d^2}\sum_{i=1}^{n}[\boldsymbol{f}(\hat{\boldsymbol{X}}+\boldsymbol{S}_i d)-\boldsymbol{f}(\hat{\boldsymbol{X}}-\boldsymbol{S}_i d)][\boldsymbol{f}(\hat{\boldsymbol{X}}+\boldsymbol{S}_i d)-\boldsymbol{f}(\hat{\boldsymbol{X}}-\boldsymbol{S}_i d)]^{\mathrm{T}} \tag{7.2.12}$$

类似地，不难得到 $\boldsymbol{X}$ 与 $\boldsymbol{Y}$ 之间的协方差矩阵[可视为式(7.2.12)的特例]

$$\begin{aligned}\boldsymbol{P}_{XY}&=\mathrm{E}[(\boldsymbol{X}-\bar{\boldsymbol{X}})(\boldsymbol{Y}-\bar{\boldsymbol{Y}})^{\mathrm{T}}]=\mathrm{E}[(\Delta\boldsymbol{X})(\tilde{\boldsymbol{D}}_{\Delta Z}\tilde{\boldsymbol{f}})^{\mathrm{T}}]=\\&\frac{1}{4d^2}\sum_{i=1}^{n}[(\hat{\boldsymbol{X}}+\boldsymbol{S}_i d)-(\hat{\boldsymbol{X}}-\boldsymbol{S}_i d)][\boldsymbol{f}(\hat{\boldsymbol{X}}+\boldsymbol{S}_i d)-\boldsymbol{f}(\hat{\boldsymbol{X}}-\boldsymbol{S}_i d)]^{\mathrm{T}}=\\&\frac{1}{2d}\sum_{i=1}^{n}\boldsymbol{S}_i[\boldsymbol{f}(\hat{\boldsymbol{X}}+\boldsymbol{S}_i d)-\boldsymbol{f}(\hat{\boldsymbol{X}}-\boldsymbol{S}_i d)]^{\mathrm{T}}\end{aligned} \tag{7.2.13}$$

若将 $\boldsymbol{Y}=\tilde{\boldsymbol{f}}(\boldsymbol{Z})$ 展开为二阶泰勒级数 $\boldsymbol{Y}=\tilde{\boldsymbol{f}}(\hat{\boldsymbol{Z}})+\tilde{\boldsymbol{D}}_{\Delta Z}\tilde{\boldsymbol{f}}+\tilde{\boldsymbol{D}}_{\Delta Z}^2\tilde{\boldsymbol{f}}$[有文献认为该公式源自于复杂的斯特林(Stirling)插值公式，那是没必要的]，经过一系列的推导(烦琐，从略)，可得 $\boldsymbol{Y}=\boldsymbol{f}(\boldsymbol{X})$ 的输出均值及协方差矩阵，分别为

$$\bar{\boldsymbol{Y}}=\frac{d^2-n}{d^2}\boldsymbol{f}(\hat{\boldsymbol{X}})+\frac{1}{2d^2}\sum_{i=1}^{n}[\boldsymbol{f}(\hat{\boldsymbol{X}}+\boldsymbol{S}_i d)+\boldsymbol{f}(\hat{\boldsymbol{X}}-\boldsymbol{S}_i d)] \tag{7.2.14}$$

$$\boldsymbol{P}_Y=\frac{1}{4d^2}\sum_{i=1}^{n}\langle\boldsymbol{f}(\hat{\boldsymbol{X}}+\boldsymbol{S}_i d)-\boldsymbol{f}(\hat{\boldsymbol{X}}-\boldsymbol{S}_i d)\rangle^2+\frac{d^2-1}{4d^2}\sum_{i=1}^{n}\langle\boldsymbol{f}(\hat{\boldsymbol{X}}+\boldsymbol{S}_i d)+\boldsymbol{f}(\hat{\boldsymbol{X}}-\boldsymbol{S}_i d)-2\boldsymbol{f}(\hat{\boldsymbol{X}})\rangle^2 \tag{7.2.15}$$

$$\boldsymbol{P}_{XY}=\frac{1}{2d}\sum_{i=1}^{n}\boldsymbol{S}_i[\boldsymbol{f}(\hat{\boldsymbol{X}}+\boldsymbol{S}_i d)-\boldsymbol{f}(\hat{\boldsymbol{X}}-\boldsymbol{S}_i d)]^{\mathrm{T}}\quad \text{同式(7.2.13)} \tag{7.2.16}$$

注意，式(7.2.15)中为了书写简便，将矩阵及其转置之乘积记为 $\langle\boldsymbol{M}\rangle^2\triangleq\boldsymbol{M}\boldsymbol{M}^{\mathrm{T}}$，下同。

7.2.2　三种差分 Kalman 滤波算法

假设离散时间状态空间非线性模型为加性噪声的，同式(7.1.10)，重写如下：

$$\left.\begin{aligned}\boldsymbol{X}_k&=\boldsymbol{f}(\boldsymbol{X}_{k-1})+\boldsymbol{\Gamma}_{k-1}\boldsymbol{W}_{k-1}\\\boldsymbol{Z}_k&=\boldsymbol{h}(\boldsymbol{X}_k)+\boldsymbol{V}_k\end{aligned}\right\} \tag{7.2.17}$$

式(7.2.17)中各符号的含义不再赘述。

1. 一阶 CDKF 算法

将非线性状态空间模型作一阶泰勒级数展开并以差分近似代替微分，使用一、二阶矩的传播式(7.2.7)、式(7.2.12)和式(7.2.13)，以下给出一阶中心差分 Kalman 滤波(Central Divided－difference KF，CDKF)的主要计算步骤。

(1)根据 $k-1$ 时刻状态估计 $\boldsymbol{X}_{k-1}\sim N(\hat{\boldsymbol{X}}_{k-1},\boldsymbol{P}_{k-1})$，作状态一步预测

$$\hat{\boldsymbol{X}}_{k/k-1}=\boldsymbol{f}(\hat{\boldsymbol{X}}_{k-1}) \tag{7.2.18}$$

$$\boldsymbol{P}_{k/k-1}=\frac{1}{4d^2}\sum_{i=1}^{n}\langle\boldsymbol{f}(\hat{\boldsymbol{X}}_{k-1}+\boldsymbol{S}_{k-1,i}d)-\boldsymbol{f}(\hat{\boldsymbol{X}}_{k-1}-\boldsymbol{S}_{k-1,i}d)\rangle^2+\boldsymbol{\Gamma}_{k-1}\boldsymbol{Q}_{k-1}\boldsymbol{\Gamma}_{k-1}^{\mathrm{T}} \tag{7.2.19}$$

其中：$\boldsymbol{S}_{k-1}=\sqrt{\boldsymbol{P}_{k-1}}$；差分步长 d 可取为 1 ~ 3，下同。

(2) 根据状态预测 $\boldsymbol{X}_k \sim N(\hat{\boldsymbol{X}}_{k/k-1},\ \boldsymbol{P}_{k/k-1})$，作量测一步预测

$$\hat{\boldsymbol{Z}}_{k/k-1}=\boldsymbol{h}(\hat{\boldsymbol{X}}_{k/k-1}) \tag{7.2.20}$$

$$\boldsymbol{P}_{ZZ,k/k-1}=\frac{1}{4d^2}\sum_{i=1}^{n}\langle \boldsymbol{h}(\hat{\boldsymbol{X}}_{k/k-1}+\boldsymbol{S}_{k/k-1,i}d)-\boldsymbol{h}(\hat{\boldsymbol{X}}_{k/k-1}-\boldsymbol{S}_{k/k-1,i}d)\rangle^2+\boldsymbol{R}_k \tag{7.2.21}$$

$$\boldsymbol{P}_{XZ,k/k-1}=\frac{1}{2d}\sum_{i=1}^{n}\boldsymbol{S}_{k/k-1,i}\left[\boldsymbol{h}(\hat{\boldsymbol{X}}_{k/k-1}+\boldsymbol{S}_{k/k-1,i}d)-\boldsymbol{h}(\hat{\boldsymbol{X}}_{k/k-1}-\boldsymbol{S}_{k/k-1,i}d)\right]^{\mathrm{T}} \tag{7.2.22}$$

式中：$\boldsymbol{S}_{k/k-1}=\sqrt{\boldsymbol{P}_{k/k-1}}$。

(3) 作状态滤波(后验估计)$\boldsymbol{X}_k \sim N(\hat{\boldsymbol{X}}_k,\ \boldsymbol{P}_k)$，方法同线性系统的 Kalman 滤波，重写为

$$\boldsymbol{K}_k=\boldsymbol{P}_{XZ,k/k-1}\boldsymbol{P}_{ZZ,k/k-1}^{-1} \tag{7.2.23}$$

$$\hat{\boldsymbol{X}}_k=\hat{\boldsymbol{X}}_{k/k-1}+\boldsymbol{K}_k(\boldsymbol{Z}_k-\hat{\boldsymbol{Z}}_{k/k-1}) \tag{7.2.24}$$

$$\boldsymbol{P}_k=\boldsymbol{P}_{k/k-1}-\boldsymbol{K}_k\boldsymbol{P}_{ZZ,k/k-1}\boldsymbol{K}_k^{\mathrm{T}} \tag{7.2.25}$$

2. 二阶 CDKF 算法

如将非线性状态空间模型泰勒级数展开至二阶，并利用式(7.2.14) ~ 式(7.2.16)，可得二阶 CDKF 滤波算法，状态预测和量测预测分别如下：

$$\hat{\boldsymbol{X}}_{k/k-1}=\frac{d^2-n}{d^2}\boldsymbol{f}(\hat{\boldsymbol{X}}_{k-1})+\frac{1}{2d^2}\sum_{i=1}^{n}\left[\boldsymbol{f}(\hat{\boldsymbol{X}}_{k-1}+\boldsymbol{S}_{k-1,i}d)+\boldsymbol{f}(\hat{\boldsymbol{X}}_{k-1}-\boldsymbol{S}_{k-1,i}d)\right] \tag{7.2.26}$$

$$\begin{aligned}\boldsymbol{P}_{k/k-1}=&\frac{1}{4d^2}\sum_{i=1}^{n}\langle \boldsymbol{f}(\hat{\boldsymbol{X}}_{k-1}+\boldsymbol{S}_{k-1,i}d)-\boldsymbol{f}(\hat{\boldsymbol{X}}_{k-1}-\boldsymbol{S}_{k-1,i}d)\rangle^2+\\&\frac{d^2-1}{4d^2}\sum_{i=1}^{n}\langle \boldsymbol{f}(\hat{\boldsymbol{X}}_{k-1}+\boldsymbol{S}_{k-1,i}d)+\boldsymbol{f}(\hat{\boldsymbol{X}}_{k-1}-\boldsymbol{S}_{k-1,i}d)-2\boldsymbol{f}(\hat{\boldsymbol{X}}_{k-1})\rangle^2+\boldsymbol{\Gamma}_{k-1}\boldsymbol{Q}_{k-1}\boldsymbol{\Gamma}_{k-1}^{\mathrm{T}}\end{aligned} \tag{7.2.27}$$

$$\hat{\boldsymbol{Z}}_{k/k-1}=\frac{d^2-n}{d^2}\boldsymbol{h}(\hat{\boldsymbol{X}}_{k/k-1})+\frac{1}{2d^2}\sum_{i=1}^{n}\left[\boldsymbol{h}(\hat{\boldsymbol{X}}_{k/k-1}+\boldsymbol{S}_{k/k-1,i}d)+\boldsymbol{h}(\hat{\boldsymbol{X}}_{k/k-1}-\boldsymbol{S}_{k/k-1,i}d)\right] \tag{7.2.28}$$

$$\begin{aligned}\boldsymbol{P}_{ZZ,k/k-1}=&\frac{1}{4d^2}\sum_{i=1}^{n}\langle \boldsymbol{h}(\hat{\boldsymbol{X}}_{k/k-1}+\boldsymbol{S}_{k/k-1,i}d)-\boldsymbol{h}(\hat{\boldsymbol{X}}_{k/k-1}-\boldsymbol{S}_{k/k-1,i}d)\rangle^2+\\&\frac{d^2-1}{4d^2}\sum_{i=1}^{n}\langle \boldsymbol{h}(\hat{\boldsymbol{X}}_{k/k-1}+\boldsymbol{S}_{k/k-1,i}d)+\boldsymbol{h}(\hat{\boldsymbol{X}}_{k/k-1}-\boldsymbol{S}_{k/k-1,i}d)-2\boldsymbol{h}(\hat{\boldsymbol{X}}_{k/k-1})\rangle^2+\boldsymbol{R}_k\end{aligned} \tag{7.2.29}$$

$$\boldsymbol{P}_{XZ,k/k-1}=\frac{1}{2d}\sum_{i=1}^{n}\boldsymbol{S}_{k/k-1,i}\left[\boldsymbol{h}(\hat{\boldsymbol{X}}_{k-1}+\boldsymbol{S}_{k/k-1,i}d)-\boldsymbol{h}(\hat{\boldsymbol{X}}_{k-1}-\boldsymbol{S}_{k/k-1,i}d)\right]^{\mathrm{T}} \tag{7.2.30}$$

滤波公式同式(7.2.23) ~ 式(7.2.25)。

3. 前/后向差分 KF 算法

不难看出，如果采用前向差分定义 $\delta_i^{(\mathrm{f})}\tilde{\boldsymbol{f}}_j(\hat{\boldsymbol{Z}})=\tilde{\boldsymbol{f}}_j(\hat{\boldsymbol{Z}}+\boldsymbol{e}_i d_i)-\tilde{\boldsymbol{f}}_j(\hat{\boldsymbol{Z}})$，则有

$$\boldsymbol{P}_{\mathrm{Y}}^{(\mathrm{f})}=\frac{1}{d^2}\sum_{i=1}^{n}\langle \boldsymbol{f}(\hat{\boldsymbol{X}}+\boldsymbol{S}_i d)-\boldsymbol{f}(\hat{\boldsymbol{X}}-\boldsymbol{S}_i\cdot 0)\rangle^2=\frac{1}{d^2}\sum_{i=1}^{n}\langle \boldsymbol{f}(\hat{\boldsymbol{X}}+\boldsymbol{S}_i d)-\boldsymbol{f}(\hat{\boldsymbol{X}})\rangle^2 \tag{7.2.31}$$

如果采用后向差分定义 $\delta_i^{(\mathrm{b})}\tilde{\boldsymbol{f}}_j(\hat{\boldsymbol{Z}})=\tilde{\boldsymbol{f}}_j(\hat{\boldsymbol{Z}})-\tilde{\boldsymbol{f}}_j(\hat{\boldsymbol{Z}}-\boldsymbol{e}_i d_i)$，则有

$$\boldsymbol{P}_Y^{(b)}=\frac{1}{d^2}\sum_{i=1}^{n}\langle\boldsymbol{f}(\hat{\boldsymbol{X}})-\boldsymbol{f}(\hat{\boldsymbol{X}}-\boldsymbol{S}_i d)\rangle^2=\frac{1}{d^2}\sum_{i=1}^{n}\langle\boldsymbol{f}(\hat{\boldsymbol{X}}-\boldsymbol{S}_i d)-\boldsymbol{f}(\hat{\boldsymbol{X}})\rangle^2 \tag{7.2.32}$$

将前 / 后向差分两者求平均，则有

$$\boldsymbol{P}'_Y=\frac{1}{2}(\boldsymbol{P}_Y^{(f)}+\boldsymbol{P}_Y^{(b)})=\frac{1}{2d^2}\left[\sum_{i=1}^{n}\langle\boldsymbol{f}(\hat{\boldsymbol{X}}+\boldsymbol{S}_i d)-\boldsymbol{f}(\hat{\boldsymbol{X}})\rangle^2+\sum_{i=1}^{n}\langle\boldsymbol{f}(\hat{\boldsymbol{X}}-\boldsymbol{S}_i d)-\boldsymbol{f}(\hat{\boldsymbol{X}})\rangle^2\right]=$$

$$\frac{1}{2d^2}\sum_{i=1}^{2n}\langle\boldsymbol{f}(\hat{\boldsymbol{X}}+\boldsymbol{S}'_i d)-\boldsymbol{f}(\hat{\boldsymbol{X}})\rangle^2 \tag{7.2.33}$$

式中：记 $\boldsymbol{S}'=\left[\sqrt{\boldsymbol{P}_{\Delta X}}\quad -\sqrt{\boldsymbol{P}_{\Delta X}}\right]$。

基于式(7.2.33)，可得基于前 / 后向差分的状态预测和量测预测如下：

$$\hat{\boldsymbol{X}}_{k/k-1}=\boldsymbol{f}(\hat{\boldsymbol{X}}_{k-1}) \tag{7.2.34}$$

$$\boldsymbol{P}_{k/k-1}=\frac{1}{2d^2}\sum_{i=1}^{2n}\langle\boldsymbol{f}(\hat{\boldsymbol{X}}_{k-1}+\boldsymbol{S}'_{k-1,i}d)-\hat{\boldsymbol{X}}_{k/k-1}\rangle^2+\boldsymbol{\Gamma}_{k-1}\boldsymbol{Q}_{k-1}\boldsymbol{\Gamma}_{k-1}^T \tag{7.2.35}$$

$$\hat{\boldsymbol{Z}}_{k/k-1}=\boldsymbol{h}(\hat{\boldsymbol{X}}_{k/k-1}) \tag{7.2.36}$$

$$\boldsymbol{P}_{ZZ,k/k-1}=\frac{1}{2d^2}\sum_{i=1}^{2n}\langle\boldsymbol{h}(\hat{\boldsymbol{X}}_{k/k-1}+\boldsymbol{S}'_{k/k-1,i}d)-\hat{\boldsymbol{Z}}_{k/k-1}\rangle^2+\boldsymbol{R}_k \tag{7.2.37}$$

$$\boldsymbol{P}_{XZ,k/k-1}=\frac{1}{2d}\sum_{i=1}^{2n}\boldsymbol{S}_{k/k-1,i}\left[\boldsymbol{h}(\hat{\boldsymbol{X}}_{k/k-1}+\boldsymbol{S}'_{k/k-1,i}d)-\hat{\boldsymbol{Z}}_{k/k-1}\right]^{\mathrm{T}} \tag{7.2.38}$$

式中：$\boldsymbol{S}'_{k-1}=\left[\sqrt{\boldsymbol{P}_{k-1}}\quad -\sqrt{\boldsymbol{P}_{k-1}}\right]$，$\boldsymbol{S}'_{k/k-1}=\left[\sqrt{\boldsymbol{P}_{k/k-1}}\quad -\sqrt{\boldsymbol{P}_{k/k-1}}\right]$。滤波公式同式(7.2.23)～式(7.2.25)。

在上述三种差分滤波算法中，每进行一次非线性协方差阵传播都需要实施一次矩阵平方根分解，以及 $2n$ 次非线性函数运算，计算量较大。相比之下，7.1.2 节的 DQEKF 滤波无需矩阵平方根分解，有时具有一定的计算速度优势。

7.3　Gauss－Hermite 求积 Kalman 滤波

一般计算概率分布的非线性传播是非常困难的，但对于高斯分布而言，存在特殊的高精度的非线性变换数值积分算法。Gauss－Hermite 数值求积公式中的权函数($e^{-x^2/2}$)为高斯函数，它恰好能用于描述高斯分布随机变量经过非线性变换之后的统计特征。将 Gauss－Hermite 求积公式用于非线性状态方程和量测方程的一、二阶矩传播计算，并与 Kalman 滤波框架结合，就构成了所谓的 Gauss－Hermite 求积 Kalman 滤波(Gauss－Hermite Quadrature Kalman Filter，GHQKF)。

7.3.1　非线性概率传播的 Gauss－Hermite 求积算法

暂且以一维随机变量为例，记非线性变换关系为

$$Z=h(X) \tag{7.3.1}$$

式中：X 为服从标准正态分布的输入，即 $X\sim N(0,1)$，或可记 X 的概率密度函数为

$$p(x)=\frac{1}{\sqrt{2\pi}}e^{-x^2/2}\triangleq N(x;0,1) \tag{7.3.2}$$

想要准确求得输出 Z 的概率密度往往是比较困难的，甚至是不可能的。但是，总可以采用

数值积分的方法近似求得 Z 的一、二阶统计特性，比如有 Z 的期望的计算方法

$$\mathrm{E}[Z]=\int_{-\infty}^{\infty}h(x)p(x)\mathrm{d}x=\int_{-\infty}^{\infty}h(x)\frac{1}{\sqrt{2\pi}}\mathrm{e}^{-x^2/2}\mathrm{d}x=\frac{1}{\sqrt{2\pi}}\int_{-\infty}^{\infty}h(x)\mathrm{e}^{-x^2/2}\mathrm{d}x \tag{7.3.3}$$

这是一个典型的 Gauss - Hermite 积分问题(参见附录 L)，其数值求积公式为

$$\mathrm{E}[Z]=\frac{1}{\sqrt{2\pi}}\int_{-\infty}^{\infty}h(x)\mathrm{e}^{-x^2/2}\mathrm{d}x\approx\frac{1}{\sqrt{2\pi}}\sum_{k=1}^{s}w_k h(x_k) \tag{7.3.4}$$

式中：$x_k(k=1,2,\cdots,s)$ 为 s 阶 Hermite 多项式的零点，即高斯求积节点；w_k 是对应的求积系数。在选定节点数 s 后，x_k 和 w_k 均为已知量，Gauss 求积公式是数值积分算法中代数精度最高的，具有 $2s-1$ 次代数精度。

在求得期望 $\mathrm{E}[Z]$ 之后，类似的，方差和协方差的数值计算方法分别为

$$\mathrm{Var}[Z]=\int_{-\infty}^{\infty}(h(x)-\mathrm{E}[Z])^2p(x)\mathrm{d}x=\frac{1}{\sqrt{2\pi}}\int_{-\infty}^{\infty}(h(x)-\mathrm{E}[Z])^2\mathrm{e}^{-x^2/2}\mathrm{d}x\approx$$

$$\frac{1}{\sqrt{2\pi}}\sum_{k=1}^{s}w_k(h(x_k)-\mathrm{E}[Z])^2 \tag{7.3.5}$$

$$\mathrm{Cov}[X,Z]\approx\frac{1}{\sqrt{2\pi}}\sum_{k=1}^{s}w_k x_k(h(x_k)-\mathrm{E}[Z]) \tag{7.3.6}$$

如果随机变量 X 服从高斯分布但不是标准的，假设 $X\sim N(\mu,\sigma^2)$，通过变换 $x'=(x-\mu)/\sigma$ 可将 X 转换为标准高斯分布，则有以下计算方法：

$$\mathrm{E}[Z]=\int_{-\infty}^{\infty}h(x)\frac{1}{\sqrt{2\pi}\sigma}\mathrm{e}^{-(x-\mu)^2/(2\sigma^2)}\mathrm{d}x=\frac{1}{\sqrt{2\pi}}\int_{-\infty}^{\infty}h(\sigma x'+\mu)\mathrm{e}^{-x'^2/2}\mathrm{d}x'\approx$$

$$\frac{1}{\sqrt{2\pi}}\sum_{k=1}^{s}w_k h(\sigma x'_k+\mu)\triangleq\frac{1}{\sqrt{2\pi}}\sum_{k=1}^{s}w_k h(\sigma x_k+\mu) \tag{7.3.7}$$

$$\mathrm{Var}[Z]\approx\frac{1}{\sqrt{2\pi}}\sum_{k=1}^{s}w_k[h(\sigma x_k+\mu)-\mathrm{E}[Z]]^2 \tag{7.3.8}$$

$$\mathrm{Cov}[Z]\approx\frac{1}{\sqrt{2\pi}}\sum_{k=1}^{s}w_k(\sigma x_k+\mu)[h(\sigma x_k+\mu)-\mathrm{E}[Z]] \tag{7.3.9}$$

式中：$x'_k\triangleq x_k$ 依然定义为 s 阶 Hermite 多项式的零点。

下面将 Gauss - Hermite 求积公式推广到向量情形。

记非线性变换 $\boldsymbol{Z}=\boldsymbol{h}(\boldsymbol{X})$ 的输入和输出均为随机向量，$\boldsymbol{X}=[x_1\quad x_2\quad\cdots\quad x_n]^{\mathrm{T}}$ 是 n 维标准高斯分布，即 $\boldsymbol{X}\sim N(\boldsymbol{0},\boldsymbol{I})$，这意味 $\boldsymbol{X}$ 的各分量之间是相互独立的，参照标量情形，有向量数值求积公式如下：

$$\mathrm{E}[\boldsymbol{Z}]=\int_{-\infty}^{\infty}\boldsymbol{h}(\boldsymbol{x})p(\boldsymbol{x})\mathrm{d}\boldsymbol{x}=\int_{-\infty}^{\infty}\cdots\int_{-\infty}^{\infty}\int_{-\infty}^{\infty}\boldsymbol{h}(\boldsymbol{x})p(x_1)p(x_2)\cdots p(x_n)\mathrm{d}x_1\mathrm{d}x_2\cdots\mathrm{d}x_n=$$

$$\int_{-\infty}^{\infty}\cdots\int_{-\infty}^{\infty}\int_{-\infty}^{\infty}\boldsymbol{h}(\boldsymbol{x})p(x_1)\mathrm{d}x_1 p(x_2)\mathrm{d}x_2\cdots p(x_n)\mathrm{d}x_n\approx$$

$$\frac{1}{(2\pi)^{1/2}}\int_{-\infty}^{\infty}\cdots\int_{-\infty}^{\infty}\sum_{k_1=1}^{s}w_{k_1}\boldsymbol{h}(\boldsymbol{x}_{k_1})p(x_2)\mathrm{d}x_2\cdots p(x_n)\mathrm{d}x_n\approx$$

$$\frac{1}{(2\pi)^{2/2}}\int_{-\infty}^{\infty}\cdots\sum_{k_2=1}^{s}w_{k_2}\sum_{k_1=1}^{s}w_{k_1}\boldsymbol{h}(\boldsymbol{x}_{k_1,k_2})\cdots p(x_n)\mathrm{d}x_n\approx\cdots\approx$$

$$\frac{1}{(2\pi)^{n/2}}\sum_{k_n=1}^{s}w_{k_n}\cdots\sum_{k_2=1}^{s}w_{k_2}\sum_{k_1=1}^{s}w_{k_1}\boldsymbol{h}\left(\boldsymbol{x}_{k_1,k_2,\cdots,k_n}\right)\triangleq\frac{1}{(2\pi)^{n/2}}\sum_{k_1,k_2,\cdots,k_n=1}^{s^n}w_{k_1,k_2,\cdots,k_n}\boldsymbol{h}(\boldsymbol{x}_{k_1,k_2,\cdots,k_n})$$

(7.3.10)

式中：$\boldsymbol{x}_{k_1}$ 表示向量的第一个分量取高斯节点；$\boldsymbol{x}_{k_1k_2}$ 表示在第一个分量取高斯节点的基础上，对第二个分量再取高斯节点。$\boldsymbol{x}_{k_1}$ 和 $\boldsymbol{x}_{k_1k_2}$ 构成的节点集可分别记为

$$\{\boldsymbol{x}_{k_1}\}=\left\{\begin{bmatrix}x_{1,1}\\ \vdots\end{bmatrix},\begin{bmatrix}x_{1,2}\\ \vdots\end{bmatrix},\cdots,\begin{bmatrix}x_{1,s}\\ \vdots\end{bmatrix}\right\}$$

$$\{\boldsymbol{x}_{k_1,k_2}\}=\left\{\begin{bmatrix}x_{1,1}\\x_{2,1}\\ \vdots\end{bmatrix},\begin{bmatrix}x_{1,2}\\x_{2,1}\\ \vdots\end{bmatrix},\cdots,\begin{bmatrix}x_{1,s}\\x_{2,1}\\ \vdots\end{bmatrix},\begin{bmatrix}x_{1,1}\\x_{2,2}\\ \vdots\end{bmatrix},\begin{bmatrix}x_{1,2}\\x_{2,2}\\ \vdots\end{bmatrix},\cdots,\begin{bmatrix}x_{1,s}\\x_{2,2}\\ \vdots\end{bmatrix},\cdots,\begin{bmatrix}x_{1,1}\\x_{2,s}\\ \vdots\end{bmatrix},\begin{bmatrix}x_{1,2}\\x_{2,s}\\ \vdots\end{bmatrix},\cdots\begin{bmatrix}x_{1,s}\\x_{2,s}\\ \vdots\end{bmatrix}\right\}$$

依此类推，可以得到高斯节点集 $\{\boldsymbol{x}_{k_1,k_2,\cdots,k_n}\}$。不难看出，在点集 $\{\boldsymbol{x}_{k_1,k_2,\cdots,k_n}\}$ 中共有 s^n 个 n 维的高斯节点，$w_{k_1,k_2,\cdots,k_n}=w_{k_1}w_{k_2}\cdots w_{k_n}$ 为与节点 $\begin{bmatrix}x_{1,k_1} & x_{2,k_2} & \cdots & x_{n,k_n}\end{bmatrix}^{\mathrm{T}}$ 对应的求积系数。

特别地，比如当 $s=2,n=3$ 时，高斯节点集的生成过程和结果如下（高斯积分的 2 节点取值为 ±1）：

$$\{\boldsymbol{x}_{k_1}\}=\left\{\begin{bmatrix}1\\ \vdots\end{bmatrix},\begin{bmatrix}-1\\ \vdots\end{bmatrix}\right\}$$

$$\{\boldsymbol{x}_{k_1,k_2}\}=\left\{\begin{bmatrix}1\\1\\ \vdots\end{bmatrix},\begin{bmatrix}-1\\1\\ \vdots\end{bmatrix},\begin{bmatrix}1\\-1\\ \vdots\end{bmatrix},\begin{bmatrix}-1\\-1\\ \vdots\end{bmatrix}\right\}$$

$$\{\boldsymbol{x}_{k_1,k_2,k_3}\}=\left\{\begin{bmatrix}1\\1\\1\end{bmatrix},\begin{bmatrix}-1\\1\\1\end{bmatrix},\begin{bmatrix}1\\-1\\1\end{bmatrix},\begin{bmatrix}-1\\-1\\1\end{bmatrix},\begin{bmatrix}1\\1\\-1\end{bmatrix},\begin{bmatrix}-1\\1\\-1\end{bmatrix},\begin{bmatrix}1\\-1\\-1\end{bmatrix},\begin{bmatrix}-1\\-1\\-1\end{bmatrix}\right\}$$

且所有高斯点的权重系数均为 $w_{k_1,k_2,\cdots,k_n}=(\pi/2)^{n/2}=(\pi/2)^{3/2}$。

若输入向量 $\boldsymbol{X}\sim N(\boldsymbol{\mu},\boldsymbol{P})$ 为非标准高斯分布，为了应用 Gauss - Hermite 求积公式，需将输入标准化为 $\boldsymbol{x}'=\sqrt{\boldsymbol{P}}^{-1}(\boldsymbol{x}-\boldsymbol{\mu})$，使得 $\boldsymbol{x}'$ 的各分量之间去相关、单位化且期望为零，仿照标量高斯分布的标准化及其求积公式(7.3.7)～式(7.3.9)，有

$$\mathrm{E}[\boldsymbol{Z}]=\frac{1}{(2\pi)^{n/2}}\sum_{k_1,k_2,\cdots,k_n=1}^{s^n}w_{k_1,k_2,\cdots,k_n}\boldsymbol{h}(\sqrt{\boldsymbol{P}}\boldsymbol{x}_{k_1,k_2,\cdots,k_n}+\boldsymbol{\mu})\tag{7.3.11}$$

$$\mathrm{Var}[\boldsymbol{Z}]=\frac{1}{(2\pi)^{n/2}}\sum_{k_1,k_2,\cdots,k_n=1}^{s^n}w_{k_1,k_2,\cdots,k_n}\langle\boldsymbol{h}(\sqrt{\boldsymbol{P}}\boldsymbol{x}_{k_1,k_2,\cdots,k_n}+\boldsymbol{\mu})-\mathrm{E}[\boldsymbol{Z}]\rangle^2\tag{7.3.12}$$

$$\mathrm{Cov}[\boldsymbol{X},\boldsymbol{Z}]=\frac{1}{(2\pi)^{n/2}}\sum_{k_1,k_2,\cdots,k_n=1}^{s^n}w_{k_1,k_2,\cdots,k_n}(\sqrt{\boldsymbol{P}}\boldsymbol{x}_{k_1,k_2,\cdots,k_n}+\boldsymbol{\mu})\left[\boldsymbol{h}(\sqrt{\boldsymbol{P}}\boldsymbol{x}_{k_1,k_2,\cdots,k_n}+\boldsymbol{\mu})-\mathrm{E}[\boldsymbol{Z}]\right]^{\mathrm{T}}$$

(7.3.13)

式中：$\sqrt{\boldsymbol{P}}$ 为 $\boldsymbol{P}$ 的平方根矩阵，即有 $\boldsymbol{P}=\sqrt{\boldsymbol{P}}\sqrt{\boldsymbol{P}}^{\mathrm{T}}$，可采用乔莱斯基分解法计算，取 $\sqrt{\boldsymbol{P}}$ 为下三角阵。

若将高斯节点简记为 $\boldsymbol{x}_i$，并将系数 $1/(2\pi)^{n/2}$ 也归入求积系数记为 w_i，则式(7.3.11)～式(7.3.13)可简写为

$$\mathrm{E}[\boldsymbol{Z}]=\sum_{i=1}^{s^n}w_i\boldsymbol{h}(\sqrt{\boldsymbol{P}}\boldsymbol{x}_i+\boldsymbol{\mu}) \tag{7.3.14}$$

$$\mathrm{Var}[\boldsymbol{Z}]=\sum_{i=1}^{s^n}w_i\langle\boldsymbol{h}(\sqrt{\boldsymbol{P}}\boldsymbol{x}_i+\boldsymbol{\mu})-\mathrm{E}[\boldsymbol{Z}]\rangle^2 \tag{7.3.15}$$

$$\mathrm{Cov}[\boldsymbol{X},\boldsymbol{Z}]=\sum_{i=1}^{s^n}w_i(\sqrt{\boldsymbol{P}}\boldsymbol{x}_i+\boldsymbol{\mu})\left[\boldsymbol{h}(\sqrt{\boldsymbol{P}}\boldsymbol{x}_i+\boldsymbol{\mu})-\mathrm{E}[\boldsymbol{Z}]\right]^{\mathrm{T}} \tag{7.3.16}$$

7.3.2 GHQKF 滤波

假设离散时间状态空间非线性模型为加性噪声的，同式(7.1.10)，重写如下：

$$\left.\begin{aligned}\boldsymbol{X}_k&=\boldsymbol{f}(\boldsymbol{X}_{k-1})+\boldsymbol{\Gamma}_{k-1}\boldsymbol{W}_{k-1}\\ \boldsymbol{Z}_k&=\boldsymbol{h}(\boldsymbol{X}_k)+\boldsymbol{V}_k\end{aligned}\right\} \tag{7.3.17}$$

式(7.3.17)中各符号的含义不再赘述。

首先，根据 $k-1$ 时刻状态估计的高斯分布假设 $N(\boldsymbol{X}_{k-1};\hat{\boldsymbol{X}}_{k-1},\boldsymbol{P}_{k-1})$ 和系统的状态方程作状态一步预测，有

$$\hat{\boldsymbol{X}}_{k/k-1}=\sum_{i=1}^{s^n}w_i\boldsymbol{f}(\sqrt{\boldsymbol{P}_{k-1}}\boldsymbol{x}_i+\hat{\boldsymbol{X}}_{k-1}) \tag{7.3.18}$$

$$\boldsymbol{P}_{k/k-1}=\sum_{i=1}^{s^n}w_i\langle\boldsymbol{f}(\sqrt{\boldsymbol{P}_{k-1}}\boldsymbol{x}_i+\hat{\boldsymbol{X}}_{k-1})-\hat{\boldsymbol{X}}_{k/k-1}\rangle^2+\boldsymbol{\Gamma}_{k-1}\boldsymbol{Q}_{k-1}\boldsymbol{\Gamma}_{k-1}^{\mathrm{T}} \tag{7.3.19}$$

需要指出的是，即使上一时刻的状态 $\boldsymbol{X}_{k-1}$ 服从高斯分布，其经过非线性变换 $\boldsymbol{f}(\boldsymbol{X}_{k-1})$ 之后，状态预测 $\boldsymbol{X}_{k/k-1}$ 也不再是高斯分布的，但在 GHQKF 算法中只能将 $\boldsymbol{X}_{k/k-1}$ 近似为高斯的，使后续的滤波步骤得以在高斯假设下进行。

接着，在验前高斯分布 $N(\boldsymbol{X}_k;\hat{\boldsymbol{X}}_{k/k-1},\boldsymbol{P}_{k/k-1})$ 的基础上，利用系统建模的量测方程作量测一步预测并计算其协方差，有

$$\hat{\boldsymbol{Z}}_{k/k-1}=\sum_{i=1}^{s^n}w_i\boldsymbol{h}(\sqrt{\boldsymbol{P}_{k/k-1}}\boldsymbol{x}_i+\hat{\boldsymbol{X}}_{k/k-1}) \tag{7.3.20}$$

$$\boldsymbol{P}_{ZZ,k/k-1}=\sum_{i=1}^{s^n}w_i\langle\boldsymbol{h}(\sqrt{\boldsymbol{P}_{k/k-1}}\boldsymbol{x}_i+\hat{\boldsymbol{X}}_{k/k-1})-\hat{\boldsymbol{Z}}_{k/k-1}\rangle^2+\boldsymbol{R}_k \tag{7.3.21}$$

$$\boldsymbol{P}_{XZ,k/k-1}=\sum_{i=1}^{s^n}w_i(\sqrt{\boldsymbol{P}_{k/k-1}}\boldsymbol{x}_i+\hat{\boldsymbol{X}}_{k/k-1})\left[\boldsymbol{h}(\sqrt{\boldsymbol{P}_{k/k-1}}\boldsymbol{x}_i+\hat{\boldsymbol{X}}_{k/k-1})-\hat{\boldsymbol{Z}}_{k/k-1}\right]^{\mathrm{T}} \tag{7.3.22}$$

至此，获得了各种所需的一、二阶矩统计量，再借用 Kalman 滤波框架求解验后估计 $N(\boldsymbol{X}_k;\hat{\boldsymbol{X}}_k,\boldsymbol{P}_k)$，公式如下：

$$\boldsymbol{K}_k=\boldsymbol{P}_{XZ,k/k-1}\boldsymbol{P}_{ZZ,k/k-1}^{-1} \tag{7.3.23}$$

$$\hat{\boldsymbol{X}}_k=\hat{\boldsymbol{X}}_{k/k-1}+\boldsymbol{K}_k(\boldsymbol{Z}_k-\hat{\boldsymbol{Z}}_{k/k-1}) \tag{7.3.24}$$

$$\boldsymbol{P}_k=\boldsymbol{P}_{k/k-1}-\boldsymbol{K}_k\boldsymbol{P}_{ZZ,k/k-1}\boldsymbol{K}_k^{\mathrm{T}} \tag{7.3.25}$$

理论上，Gauss - Hermite 数值积分的计算精度高，采用 s 个节点可达到 $2s-1$ 次代数精度，但是对于高维系统而言，节点数总共有 s^n 个，针对每一个节点都需计算一次非线性向量函数，计算量随状态维数呈指数增长，存在“维数灾难”问题。此外，即使假设初始输入是高斯分布的，但经过非线性函数变换后，其输出往往也不再是高斯的，然而 GHQKF 滤波又必须强行将输出视为高斯的，以便进行后续步骤的高斯求积计算，这在原理上会使得实际滤波效果大打

折扣,滤波结果必定是次优的。

7.4　容积 Kalman 滤波

Gauss - Hermite 求积 Kalman 滤波的数值计算精度高,但是在状态维数高时计算量特别大。为了减少计算量,将笛卡尔直角坐标下表示的数值积分转化为球面-径向积分(极坐标积分),形成容积 Kalman 滤波算法。

7.4.1　球面-径向积分准则

对 n 维空间 $\mathbb{R}^n$ 中定义的多元函数 $f(\boldsymbol{x})$ 进行高斯加权积分,记为

$$I(f)=\int_{\mathbb{R}^n} f(\boldsymbol{x})\exp(-\boldsymbol{x}^{\mathrm{T}}\boldsymbol{x})\mathrm{d}\boldsymbol{x} \tag{7.4.1}$$

令 $\boldsymbol{x}=r\boldsymbol{s}$,其中 $r=\sqrt{\boldsymbol{x}^{\mathrm{T}}\boldsymbol{x}}$,$\boldsymbol{s}^{\mathrm{T}}\boldsymbol{s}=1$,则式(7.4.1)可从直角坐标形式转换为球面-径向坐标形式,即

$$I(f)=\int_0^{\infty}\int_{U_n} f(r\boldsymbol{s})r^{n-1}\mathrm{e}^{-r^2}\mathrm{d}\sigma(\boldsymbol{s})\mathrm{d}r=\int_0^{\infty} r^{n-1}\mathrm{e}^{-r^2}\int_{U_n} f(r\boldsymbol{s})\mathrm{d}\sigma(\boldsymbol{s})\mathrm{d}r \tag{7.4.2}$$

式中:$\sigma(\boldsymbol{s})$ 是 n 维空间单位球面 $\boldsymbol{U}_n$ 上的与单位矢量 $\boldsymbol{s}$ 相垂直的面积微元。注意,式(7.4.1)中未采用高斯密度权函数 $\exp(-\boldsymbol{x}^{\mathrm{T}}\boldsymbol{x}/2)$,若采用它也是可以往后推导的,只是稍显麻烦些而已。

特别地,对于三维空间中的直角坐标-极坐标积分转换关系,显然有

$$\iiint_{\mathbb{R}^3} f(x,y,z)\mathrm{d}x\mathrm{d}y\mathrm{d}z=\int_0^{\infty}\int_0^{2\pi}\int_0^{\pi} f(r\boldsymbol{s})r^2\sin\varphi\mathrm{d}\varphi\mathrm{d}\theta\mathrm{d}r=\int_0^{\infty} r^2\int_{U_3} f(r\boldsymbol{s})\mathrm{d}\sigma(\boldsymbol{s})\mathrm{d}r \tag{7.4.3}$$

式中:$\mathrm{d}\sigma(\boldsymbol{s})=\sin\varphi\mathrm{d}\varphi\mathrm{d}\theta$ 为单位球面上的面积微元。若不考虑高斯权系数 e^{-r^2},式(7.4.3)是式(7.4.2)的特例。

在式(7.4.2)中,分别记球面积分(spherical integral)和径向积分(radial integral)为

$$S(r)=\int_{U_n} f(r\boldsymbol{s})\mathrm{d}\sigma(\boldsymbol{s}) \tag{7.4.4}$$

$$I(f)=\int_0^{\infty} S(r)r^{n-1}\mathrm{e}^{-r^2}\mathrm{d}r \tag{7.4.5}$$

假设球面积分可由 n_s 个容积点(cubature point,注:quadrature 通常指求积分、求面积,而 cubatrue 多指高维求积分、求容/体积)的球面准则近似,而径向积分可由 n_r 个容积点的径向准则近似,即

$$S(r)=\sum_{i=1}^{n_s} w_{s,i}f(r\boldsymbol{s}_i) \tag{7.4.6}$$

$$I(f)=\sum_{j=1}^{n_r} w_{r,j}S(r_j) \tag{7.4.7}$$

将式(7.4.6)代入式(7.4.7),可得

$$I(f)=\sum_{j=1}^{n_r} w_{r,j}\sum_{i=1}^{n_s} w_{s,i}f(r_j\boldsymbol{s}_i)=\sum_{j=1}^{n_r}\sum_{i=1}^{n_s} w_{r,j}w_{s,i}f(r_j\boldsymbol{s}_i) \tag{7.4.8}$$

其中:$\boldsymbol{s}_i$ 和 $w_{s,i}$ 是计算球面积分的容积点及其权重;r_j 和 $w_{r,j}$ 是计算径向积分的容积点及其权重。

下面分别对球面积分和径向积分的数值计算方法进行介绍。

1.球面积分

单位矢量 $\boldsymbol{s}=[s_1 \quad s_2 \quad \cdots \quad s_n]^{\mathrm{T}}=\boldsymbol{x}/r$ 亦代表 n 维空间单位球面上的点，单位球面上的连续且可导的被积函数 $f(\boldsymbol{s})$ 总可以利用泰勒级数展开为关于 $s_i(i=1,2,\cdots,n)$ 的多项式(polynomial)之和的形式，多项式中的每一项称为单项式(monomial)，暂且对单项式的球面积分作分析。

已知单项式 $s_1^{d_1}s_2^{d_2}\cdots s_n^{d_n}$ 在单位半径球面上的积分具有如下结论(定理)：

$$S_d=\int_{U_n}s_1^{d_1}s_2^{d_2}\cdots s_n^{d_n}\mathrm{d}\sigma(\boldsymbol{s})=2\frac{\prod_{i=1}^{n}\Gamma((d_i+1)/2)}{\Gamma((d+n)/2)} \tag{7.4.9}$$

其中：d_i 为各变量 s_i 的非负整数阶次；$d=\sum_{i=1}^{n}d_i$ 为单项式的总阶次；$\Gamma(x)=\int_0^{\infty}t^{x-1}\mathrm{e}^{-t}\mathrm{d}t(x>0)$ 为伽马函数，其基本特性有 $\Gamma(x+1)=x\Gamma(x)$，$\Gamma(1)=1$，$\Gamma(1/2)=\sqrt{\pi}$。

显然，当单项式的总阶次 d 为奇数(odd)时，单项式 $s_1^{d_1}s_2^{d_2}\cdots s_n^{d_n}$ 在单位球面上的取值必定存在正负对称性，其积分为零，即总有 $S_{\mathrm{odd}}=0$ 成立。

当总阶次 $d=0$ 时有任意 $d_i=0$，从而有

$$S_0=\int_{U_n}1\mathrm{d}\sigma(\boldsymbol{s})=2\frac{\prod_{i=1}^{n}\Gamma(1/2)}{\Gamma(n/2)}=\frac{2\pi^{n/2}}{\Gamma(n/2)}\triangleq A_n \tag{7.4.10}$$

式中：$A_n=2\pi^{n/2}/\Gamma(n/2)$ 表示 n 维空间中单位球面的面积。特别地，在 1 维空间中有 $A_1=2\pi^{1/2}/\Gamma(1/2)=2\pi^{1/2}/\pi^{1/2}=2$，此即“单位圆”的直径；在 2 维空间中有 $A_2=2\pi^{2/2}/\Gamma(2/2)=2\pi/1=2\pi$，此即单位圆的周长；在 3 维空间中有 $A_3=2\pi^{3/2}/\Gamma(3/2)=2\pi^{3/2}/(\pi^{1/2}/2)=4\pi$，此即单位球的表面积。

当总阶次 $d=2$ 时，若有 $d_i=d_j=1(i\neq j)$ 即存在两个不同的一次方变量之积 s_is_j，则在球面上变量 s_is_j 的取值总是呈现正负对称的情形，其积分必为零，即有 $S_{2(i\neq j)}=\int_{U_n}s_is_j\mathrm{d}\sigma(\boldsymbol{s})=0$；若有某 $d_i=2$ 即仅存在一个变量的平方 s_i^2，则有

$$S_2=S_{2(i=j)}=\int_{U_n}s_i^2\mathrm{d}\sigma(\boldsymbol{s})=2\frac{\Gamma(3/2)\cdot\prod_{j=1,j\neq i}^{n}\Gamma(1/2)}{\Gamma((2+n)/2)}=2\frac{\pi^{1/2}/2\times\pi^{(n-1)/2}}{\Gamma(n/2)\times n/2}=\frac{A_n}{n} \tag{7.4.11}$$

当单项式总阶次为 $d\geqslant 4$ 的偶数时，其球面积分比较复杂，这里视为高阶小量忽略，因此前述所讨论的球面积分的最高代数精度为 3。

在利用球面准则近似计算球面积分中，容积点 $\boldsymbol{s}_i$ 往往是对称选取的，假设容积点个数 $n_s=2n$(而非 2^n 个)。以 3 维空间为例，6 个容积点组成的点集为

$$\{\boldsymbol{s}_i\}=\left\{\begin{bmatrix}s_1\\0\\0\end{bmatrix},\begin{bmatrix}0\\s_2\\0\end{bmatrix},\begin{bmatrix}0\\0\\s_3\end{bmatrix},\begin{bmatrix}-s_1\\0\\0\end{bmatrix},\begin{bmatrix}0\\-s_2\\0\end{bmatrix},\begin{bmatrix}0\\0\\-s_3\end{bmatrix}\right\}$$

由于对称性要求，应当有 $s_1=s_2=s_3$。显然，该点集中的每个容积点恰好是直角坐标轴与半径为 s_1 球面的交点，空间上是完全正负对称的，这种容积点选取方式最为简单。

再假设各容积点的积分权重相等，即有 $w_{s,i}=w_s(i=1,2,\cdots,n_s)$，则式(7.4.6)在单位球面上的求积公式可写成

$$S=\int_{U_n} f(\boldsymbol{s})\mathrm{d}\sigma(\boldsymbol{s}) \approx w_s \sum_{i=1}^{2n} f(\boldsymbol{s}_i) \tag{7.4.12}$$

特别地，若将 $f(\boldsymbol{s})=s_i^0=1$ 代入式(7.4.12)，并考虑到式(7.4.10)，可得零阶次关系式

$$S_0=A_n \approx w_s \sum_{i=1}^{2n} 1=2nw_s \tag{7.4.13}$$

同理，若将 $f(\boldsymbol{s})=s_i^2=f(\pm \boldsymbol{s}_i)$ 代入式(7.4.12)，并考虑到式(7.4.11)，则有二阶次关系式

$$S_2=A_n/n \approx w_s[f(\boldsymbol{s}_i)+f(-\boldsymbol{s}_i)]=2w_s s_i^2 \tag{7.4.14}$$

联合式(7.4.13)和式(7.4.14)可解得待定参数，即权重和容积点，分别为

$$w_s=\frac{A_n}{2n}=\frac{\pi^{n/2}}{n\Gamma(n/2)},\quad s_i^2=1 \tag{7.4.15}$$

式中：$s_i^2=1$ 说明各容积点是坐标轴与单位球的交点。至此，求积公式(7.4.12)可具体化为

$$S=\int_{U_n} f(\boldsymbol{s})\mathrm{d}\sigma(\boldsymbol{s}) \approx \frac{A_n}{2n}\sum_{i=1}^{n}[f(\boldsymbol{e}_i)+f(-\boldsymbol{e}_i)] \tag{7.4.16}$$

式中：$\boldsymbol{e}_i$ 表示第 i 个元素为 1 的单位列向量。

若在半径为 r 的球面上积分，将被积函数 $f(\boldsymbol{s})$ 改为 $f(r\boldsymbol{s})$，类似于式(7.4.13)和式(7.4.14)，有

$$S_0(r)=\int_{U_n} r\mathrm{d}\sigma(\boldsymbol{s})=rA_n \approx w_s \sum_{i=1}^{2n} r=2nrw_s \tag{7.4.17}$$

$$S_2(r)=\int_{U_n} r^2 s_i^2 \mathrm{d}\sigma(\boldsymbol{s})=r^2 A_n/n \approx w_s[f(r\boldsymbol{s}_i)+f(-r\boldsymbol{s}_i)]=2w_s r^2 s_i^2 \tag{7.4.18}$$

通过以上二式同样可求得相应的权重和容积点，结果同式(7.4.15)，这说明球面积分算法与球面半径无关，最终有 3 阶精度的球面求积公式

$$S(r)=\int_{U_n} f(r\boldsymbol{s})\mathrm{d}\sigma(\boldsymbol{s}) \approx \frac{\pi^{n/2}}{n\Gamma(n/2)}\sum_{i=1}^{n}[f(r\boldsymbol{e}_i)+f(-r\boldsymbol{e}_i)] \tag{7.4.19}$$

特别地，在式(7.4.19)中若取 $f(r\boldsymbol{s})=1$，式右端等于 $\frac{\pi^{n/2}}{n\Gamma(n/2)}\sum_{i=1}^{n}[f(r\boldsymbol{e}_i)+f(-r\boldsymbol{e}_i)]=\frac{\pi^{n/2}}{n\Gamma(n/2)}\sum_{i=1}^{n}(1+1)=\frac{\pi^{n/2}}{n\Gamma(n/2)}\times 2n=\frac{2\pi^{n/2}}{\Gamma(n/2)}$，这正好是单位球的表面积，其结果与式(7.4.10)完全相同。

2. 径向积分

对于径向积分式(7.4.5)，令 $t=r^2$，可转换为

$$I(f)=\int_0^{\infty} S(r)r^{n-1}e^{-r^2}\mathrm{d}r=\int_0^{\infty} S(t^{1/2})t^{(n-1)/2}\mathrm{e}^{-t}\cdot\frac{1}{2}t^{-1/2}\mathrm{d}t=\frac{1}{2}\int_0^{\infty} S(\sqrt{t})t^{n/2-1}\mathrm{e}^{t}\mathrm{d}t \tag{7.4.20}$$

这是一个标准的广义高斯-拉盖尔积分(参见附录 L.3)，其权函数为 $\rho(t)=t^{n/2-1}\mathrm{e}^{-t}$，被积函数为 $S(\sqrt{t})$。

若采用 1 点广义高斯-拉盖尔求积法，记 $\alpha=n/2-1$，由式(L.19)可得

$$I(f)=\frac{1}{2}\int_0^{\infty} S(\sqrt{t})t^{n/2-1}\mathrm{e}^{-t}\mathrm{d}t=\frac{1}{2}\int_0^{\infty} S(\sqrt{t})t^{\alpha}\mathrm{e}^{-t}\mathrm{d}t \approx$$

$$\frac{1}{2}\Gamma(\alpha+1)S(\sqrt{\alpha+1})=\frac{1}{2}\Gamma(n/2)S(\sqrt{n/2}) \triangleq w_{r,1}S(r_1) \tag{7.4.21}$$

其中：$I(f)$ 的求积系数为 $w_{r,1}=\Gamma(n/2)/2$；求积节点为 $r_1=\sqrt{n/2}$。对于变量 t 而言，1 点广义高斯-拉盖尔求积法具有 1 次代数精度，但对于径向变量 r 而言，该求积法具有 2 次代数精度。

至此，将球面积分式(7.4.19) 和径向积分式(7.4.21) 按照球面-径向求积式(7.4.8) 进行合并，并将标量函数扩维成向量函数情形，可得

$$\boldsymbol{I}(\boldsymbol{f})=\int_{\mathbb{R}^n}\boldsymbol{f}(\boldsymbol{x})\exp(-\boldsymbol{x}^{\mathrm{T}}\boldsymbol{x})\mathrm{d}\boldsymbol{x}\approx\sum_{j=1}^{n_r}\sum_{i=1}^{n_s}w_{r,j}w_{s,i}\boldsymbol{f}(r_j\boldsymbol{s}_i)=w_{r,1}\sum_{i=1}^{2n}w_s\boldsymbol{f}(r_1\boldsymbol{s}_i)=$$
$$\frac{\Gamma(n/2)}{2}\frac{\pi^{n/2}}{n\Gamma(n/2)}\sum_{i=1}^{2n}\boldsymbol{f}\left(\sqrt{\frac{n}{2}}\boldsymbol{s}_i\right)=\frac{\pi^{n/2}}{2n}\sum_{i=1}^{n}\left[\boldsymbol{f}\left(\sqrt{\frac{n}{2}}\boldsymbol{e}_i\right)+\boldsymbol{f}\left(-\sqrt{\frac{n}{2}}\boldsymbol{e}_i\right)\right]\tag{7.4.22}$$

由于球面积分具有 3 次代数精度，也就是对于任意单项式 $s_1^{d_1}s_2^{d_2}\cdots s_n^{d_n}$，当 $d=\sum_{i=1}^{n}d_i=3$ 时球面积分为零，这时径向-球面积分也必然为零，因此球面-径向求积公式(7.4.22) 具有 3 次代数精度，称为 3 阶球面-径向容积准则。实际上，对于直角坐标系中的积分变量 $\boldsymbol{x}$ 而言，式(7.4.22) 同样具有 3 次代数精度。

假设 n 维随机向量 $\boldsymbol{X}$ 服从高斯分布，记为 $N(\boldsymbol{x};\hat{\boldsymbol{X}},\boldsymbol{P})$，即关于 $\boldsymbol{X}$ 的非线性函数的高斯概率积分为

$$\int_{\mathbb{R}^n}\boldsymbol{f}(\boldsymbol{x})N(\boldsymbol{x};\hat{\boldsymbol{X}},\boldsymbol{P})\mathrm{d}\boldsymbol{x}=\int_{\mathbb{R}^n}\boldsymbol{f}(\boldsymbol{x})\frac{1}{(2\pi)^{n/2}|\boldsymbol{P}|^{1/2}}\exp\left[-\frac{1}{2}(\boldsymbol{x}-\hat{\boldsymbol{X}})^{\mathrm{T}}\boldsymbol{P}^{-1}(\boldsymbol{x}-\hat{\boldsymbol{X}})\right]\mathrm{d}\boldsymbol{x}\tag{7.4.23}$$

为了利用球面-径向求积公式(7.4.22) 进行计算，需将式(7.4.23) 右端被积函数中的指数部分变换为标准形式，令 $\boldsymbol{y}=(2\boldsymbol{P})^{-1/2}(\boldsymbol{x}-\hat{\boldsymbol{X}})$，即 $\boldsymbol{x}=(2\boldsymbol{P})^{1/2}\boldsymbol{y}+\hat{\boldsymbol{X}}$，则有

$$\int_{\mathbb{R}^n}\boldsymbol{f}(\boldsymbol{x})N(\boldsymbol{x};\hat{\boldsymbol{X}},\boldsymbol{P})\mathrm{d}\boldsymbol{x}=\int_{\mathbb{R}^n}\boldsymbol{f}((2\boldsymbol{P})^{1/2}\boldsymbol{y}+\hat{\boldsymbol{X}})\frac{1}{(2\pi)^{n/2}|\boldsymbol{P}|^{1/2}}\exp(-\boldsymbol{y}^{\mathrm{T}}\boldsymbol{y})\,|2\boldsymbol{P}|^{1/2}\mathrm{d}\boldsymbol{y}=$$
$$\frac{(2)^{n/2}}{(2\pi)^{n/2}}\int_{\mathbb{R}^n}\boldsymbol{f}((2\boldsymbol{P})^{1/2}\boldsymbol{y}+\hat{\boldsymbol{X}})\exp(-\boldsymbol{y}^{\mathrm{T}}\boldsymbol{y})\mathrm{d}\boldsymbol{y}\triangleq$$
$$\frac{1}{\pi^{n/2}}\int_{\mathbb{R}^n}\boldsymbol{f}((2\boldsymbol{P})^{1/2}\boldsymbol{x}+\hat{\boldsymbol{X}})\exp(-\boldsymbol{x}^{\mathrm{T}}\boldsymbol{x})\mathrm{d}\boldsymbol{x}\approx$$
$$\frac{1}{\pi^{n/2}}\frac{\pi^{n/2}}{2n}\sum_{i=1}^{n}\left[\boldsymbol{f}\left(\sqrt{\frac{n}{2}}(2\boldsymbol{P})^{1/2}\boldsymbol{e}_i+\hat{\boldsymbol{X}}\right)+\boldsymbol{f}\left(-\sqrt{\frac{n}{2}}(2\boldsymbol{P})^{1/2}\boldsymbol{e}_i+\hat{\boldsymbol{X}}\right)\right]=$$
$$\frac{1}{2n}\sum_{i=1}^{n}\left[\boldsymbol{f}(\sqrt{n\boldsymbol{P}}\boldsymbol{e}_i+\hat{\boldsymbol{X}})+\boldsymbol{f}(-\sqrt{n\boldsymbol{P}}\boldsymbol{e}_i+\hat{\boldsymbol{X}})\right]\tag{7.4.24}$$

式(7.4.24) 便是利用 3 阶球面-径向容积准则推导给出的具有 3 次代数精度的数值积分算法，它对函数 $\boldsymbol{f}(\boldsymbol{x})$ 的泰勒级数展开中不超过三次方的所有多项式都是精确成立的。获得式(7.4.24) 的推导过程比较复杂，涉及球面积分、径向积分和高斯积分等知识，但是其结论却是非常简单的，只需在均值 $\hat{\boldsymbol{X}}$ 附近按均方差阵采点 $\pm\sqrt{n\boldsymbol{P}}\boldsymbol{e}_i$，再进行非线性变换 $\boldsymbol{f}(\cdot)$，最后作等加权 $1/(2n)$ 平均即可，这与附录 M 中式(M.12) 的直观推导结果完全一致。

同理，基于 5 阶球面-径向容积准则(推导从略)，可以给出具有 5 次代数精度的数值积分算法，即

$$\int_{\mathbb{R}^n}\boldsymbol{f}(\boldsymbol{x})N(\boldsymbol{x};\hat{\boldsymbol{X}},\boldsymbol{P})\mathrm{d}\boldsymbol{x}\approx\frac{4-n}{2(n+2)^2}\sum_{i=1}^{n}\left[\boldsymbol{f}(\sqrt{(n+2)\boldsymbol{P}}\boldsymbol{e}_i+\hat{\boldsymbol{X}})+\boldsymbol{f}(-\sqrt{(n+2)\boldsymbol{P}}\boldsymbol{e}_i+\hat{\boldsymbol{X}})\right]+$$

$$\frac{1}{(n+2)^2}\sum_{i=1}^{n(n-1)/2}\left[\boldsymbol{f}(\sqrt{(n+2)\boldsymbol{P}}\boldsymbol{e}_i^+ + \hat{\boldsymbol{X}}) + \boldsymbol{f}(-\sqrt{(n+2)\boldsymbol{P}}\boldsymbol{e}_i^+ + \hat{\boldsymbol{X}}) + \boldsymbol{f}(\sqrt{(n+2)\boldsymbol{P}}\boldsymbol{e}_i^- + \hat{\boldsymbol{X}}) + \boldsymbol{f}(-\sqrt{(n+2)\boldsymbol{P}}\boldsymbol{e}_i^- + \hat{\boldsymbol{X}})\right] + \frac{2}{n+2}\boldsymbol{f}(\hat{\boldsymbol{X}}) \tag{7.4.25}$$

式中：$\boldsymbol{e}_i^+ = (\boldsymbol{e}_j + \boldsymbol{e}_k)/\sqrt{2}$，$\boldsymbol{e}_i^- = (\boldsymbol{e}_j - \boldsymbol{e}_k)/\sqrt{2}$（$j,k=1,2,\cdots,n;j<k$）。显然，式(7.4.25)中共有 $2n^2+1$ 个容积点，而在式(7.4.24)中仅需 $2n$ 个容积点。

7.4.2 CKF 滤波

对于形如式(7.1.10)的非线性状态空间模型，重写如下：

$$\left.\begin{aligned}\boldsymbol{X}_k &= \boldsymbol{f}(\boldsymbol{X}_{k-1}) + \boldsymbol{\Gamma}_{k-1}\boldsymbol{W}_{k-1}\\ \boldsymbol{Z}_k &= \boldsymbol{h}(\boldsymbol{X}_k) + \boldsymbol{V}_k\end{aligned}\right\} \tag{7.4.26}$$

采用球面-径向准则进行一、二阶矩传播和状态估计，主要过程如下。

(1) 状态预测及其均方差阵计算：

$$\hat{\boldsymbol{X}}_{k/k-1} = \int_{\mathbb{R}^n}\boldsymbol{f}(\boldsymbol{x}_{k-1})N(\boldsymbol{x}_{k-1};\hat{\boldsymbol{X}}_{k-1},\boldsymbol{P}_{k-1})\mathrm{d}\boldsymbol{x}_{k-1} \approx \frac{1}{2n}\sum_{i=1}^{n}\left[\boldsymbol{f}(\sqrt{n\boldsymbol{P}_{k-1}}\boldsymbol{e}_i + \hat{\boldsymbol{X}}_{k-1}) + \boldsymbol{f}(-\sqrt{n\boldsymbol{P}_{k-1}}\boldsymbol{e}_i + \hat{\boldsymbol{X}}_{k-1})\right] \tag{7.4.27}$$

$$\boldsymbol{P}_{k/k-1} = \int_{\mathbb{R}^n}\langle\boldsymbol{f}(\boldsymbol{x}_{k-1}) - \hat{\boldsymbol{X}}_{k/k-1}\rangle^2 N(\boldsymbol{x}_{k-1};\hat{\boldsymbol{X}}_{k-1},\boldsymbol{P}_{k-1})\mathrm{d}\boldsymbol{x}_{k-1} + \boldsymbol{\Gamma}_{k-1}\boldsymbol{Q}_{k-1}\boldsymbol{\Gamma}_{k-1}^{\mathrm{T}} \approx \frac{1}{2n}\sum_{i=1}^{n}\left[\langle\boldsymbol{f}(\sqrt{n\boldsymbol{P}_{k-1}}\boldsymbol{e}_i + \hat{\boldsymbol{X}}_{k-1}) - \hat{\boldsymbol{X}}_{k/k-1}\rangle^2 + \langle\boldsymbol{f}(-\sqrt{n\boldsymbol{P}_{k-1}}\boldsymbol{e}_i + \hat{\boldsymbol{X}}_{k-1}) - \hat{\boldsymbol{X}}_{k/k-1}\rangle^2\right] + \boldsymbol{\Gamma}_{k-1}\boldsymbol{Q}_{k-1}\boldsymbol{\Gamma}_{k-1}^{\mathrm{T}} \tag{7.4.28}$$

(2) 量测预测、量测预测均方差阵计算，以及状态预测与量测预测之间的协方差阵计算：

$$\hat{\boldsymbol{Z}}_{k/k-1} = \int_{\mathbb{R}^n}\boldsymbol{h}(\boldsymbol{x}_{k/k-1})N(\boldsymbol{x}_{k/k-1};\hat{\boldsymbol{X}}_{k/k-1},\boldsymbol{P}_{k/k-1})\mathrm{d}\boldsymbol{x}_{k/k-1} \approx \frac{1}{2n}\sum_{i=1}^{n}\left[\boldsymbol{h}(\sqrt{n\boldsymbol{P}_{k/k-1}}\boldsymbol{e}_i + \hat{\boldsymbol{X}}_{k/k-1}) + \boldsymbol{h}(-\sqrt{n\boldsymbol{P}_{k/k-1}}\boldsymbol{e}_i + \hat{\boldsymbol{X}}_{k/k-1})\right] \tag{7.4.29}$$

$$\boldsymbol{P}_{ZZ,k/k-1} = \int_{\mathbb{R}^n}\langle\boldsymbol{h}(\boldsymbol{x}_{k/k-1}) - \hat{\boldsymbol{Z}}_{k/k-1}\rangle^2 N(\boldsymbol{x}_{k/k-1};\hat{\boldsymbol{X}}_{k/k-1},\boldsymbol{P}_{k/k-1})\mathrm{d}\boldsymbol{x}_{k/k-1} + \boldsymbol{R}_k \approx \frac{1}{2n}\sum_{i=1}^{n}\left[\langle\boldsymbol{h}(\sqrt{n\boldsymbol{P}_{k/k-1}}\boldsymbol{e}_i + \hat{\boldsymbol{X}}_{k/k-1}) - \hat{\boldsymbol{Z}}_{k/k-1}\rangle^2 + \langle\boldsymbol{h}(-\sqrt{n\boldsymbol{P}_{k/k-1}}\boldsymbol{e}_i + \hat{\boldsymbol{X}}_{k/k-1}) - \hat{\boldsymbol{Z}}_{k/k-1}\rangle^2\right] + \boldsymbol{R}_k \tag{7.4.30}$$

$$\boldsymbol{P}_{XZ,k/k-1} = \int_{\mathbb{R}^n}(\boldsymbol{x}_{k/k-1} - \hat{\boldsymbol{X}}_{k/k-1})\left[\boldsymbol{h}(\boldsymbol{x}_{k/k-1}) - \hat{\boldsymbol{Z}}_{k/k-1}\right]^{\mathrm{T}}N(\boldsymbol{x}_{k/k-1};\hat{\boldsymbol{X}}_{k/k-1},\boldsymbol{P}_{k/k-1})\mathrm{d}\boldsymbol{x}_{k/k-1} \approx \frac{1}{2n}\sum_{i=1}^{n}\left\{(\sqrt{n\boldsymbol{P}_{k/k-1}}\boldsymbol{e}_i)\left[\boldsymbol{h}(\sqrt{n\boldsymbol{P}_{k/k-1}}\boldsymbol{e}_i + \hat{\boldsymbol{X}}_{k/k-1}) - \hat{\boldsymbol{Z}}_{k/k-1}\right]^{\mathrm{T}} + (-\sqrt{n\boldsymbol{P}_{k/k-1}}\boldsymbol{e}_i)\left[\boldsymbol{h}(-\sqrt{n\boldsymbol{P}_{k/k-1}}\boldsymbol{e}_i + \hat{\boldsymbol{X}}_{k/k-1}) - \hat{\boldsymbol{Z}}_{k/k-1}\right]^{\mathrm{T}}\right\} \tag{7.4.31}$$

将式(7.4.27)～式(7.4.31)写成更简洁的形式，即

$$\hat{\boldsymbol{X}}_{k/k-1} = \sum_{i=1}^{L} w_i \boldsymbol{f}(\xi_{i,k-1}) \tag{7.4.32}$$

$$\boldsymbol{P}_{k/k-1}=\sum_{i=1}^{L}w_i\langle\boldsymbol{f}(\boldsymbol{\xi}_{i,k-1})-\hat{\boldsymbol{X}}_{k/k-1}\rangle^2+\boldsymbol{\Gamma}_{k-1}\boldsymbol{Q}_{k-1}\boldsymbol{\Gamma}_{k-1}^{\mathrm{T}} \tag{7.4.33}$$

$$\hat{\boldsymbol{Z}}_{k/k-1}=\sum_{i=1}^{L}w_i\boldsymbol{h}(\boldsymbol{\xi}_{i,k/k-1}) \tag{7.4.34}$$

$$\boldsymbol{P}_{ZZ,k/k-1}=\sum_{i=1}^{L}w_i\langle\boldsymbol{h}(\boldsymbol{\xi}_{i,k/k-1})-\hat{\boldsymbol{Z}}_{k/k-1}\rangle^2+\boldsymbol{R}_k \tag{7.4.35}$$

$$\boldsymbol{P}_{XZ,k/k-1}=\sum_{i=1}^{L}w_i(\boldsymbol{\xi}_{i,k/k-1}-\hat{\boldsymbol{X}}_{k/k-1})[\boldsymbol{h}(\boldsymbol{\xi}_{i,k/k-1})-\hat{\boldsymbol{Z}}_{k/k-1}]^{\mathrm{T}} \tag{7.4.36}$$

式中：$L=2n, w_i=1/(2n)$，容积点集为

$$\{\boldsymbol{\xi}_{i,K}\}=\{[\sqrt{n\boldsymbol{P}_K}\quad -\sqrt{n\boldsymbol{P}_K}]+[\hat{\boldsymbol{X}}_K]_{2n}\}, K\triangleq k-1, k/k-1$$

$[\boldsymbol{X}]_n$ 表示所有列均为向量 $\boldsymbol{X}$ 的 n 列矩阵。

(3) 进行状态估计，同式(7.2.23) ~ 式(7.2.25)，重写如下：

$$\boldsymbol{K}_k=\boldsymbol{P}_{XZ,k/k-1}\boldsymbol{P}_{ZZ,k/k-1}^{-1} \tag{7.4.37}$$

$$\hat{\boldsymbol{X}}_k=\hat{\boldsymbol{X}}_{k/k-1}+\boldsymbol{K}_k(\boldsymbol{Z}_k-\hat{\boldsymbol{Z}}_{k/k-1}) \tag{7.4.38}$$

$$\boldsymbol{P}_k=\boldsymbol{P}_{k/k-1}-\boldsymbol{K}_k\boldsymbol{P}_{ZZ,k/k-1}\boldsymbol{K}_k^{\mathrm{T}} \tag{7.4.39}$$

若选用 5 阶球面-径向容积准则的 CKF 算法，则仅需将式(7.4.32) ~ 式(7.4.36) 中的参数修改为 $L=2n^2+1$，且容积点及相应权重分别改为

$$\{\boldsymbol{\xi}_{i,K}\}=\{\sqrt{(n+2)\boldsymbol{P}_K}[\{\boldsymbol{e}_i\}\quad\{-\boldsymbol{e}_i\}\quad\{\boldsymbol{e}_i^{+}\}\quad\{-\boldsymbol{e}_i^{+}\}\quad\{\boldsymbol{e}_i^{-}\}\quad\{-\boldsymbol{e}_i^{-}\}\quad\boldsymbol{0}_{n\times1}]+[\hat{\boldsymbol{X}}_K]_{2n^2+1}\},$$
$$K\triangleq k-1, k/k-1$$

$$\{w_i\}=\left\{\left[\frac{4-n}{2(n+2)^2}\right]_{2n}\quad\left[\frac{1}{(n+2)^2}\right]_{2n(n-1)}\quad\frac{2}{n+2}\right\}$$

7.4.3 UKF 滤波

大多数文献通过引入无迹变换(Unscented Transformation，UT)介绍 UKF 滤波，这里将 CKF 滤波公式(7.4.32)～式(7.4.39)作超参数推广，同样可以获得 UKF 滤波公式，结果如下：

$$\hat{\boldsymbol{X}}_{k/k-1}=\sum_{i=1}^{L}w_i^m\boldsymbol{f}(\boldsymbol{\xi}_{i,k-1}) \tag{7.4.40}$$

$$\boldsymbol{P}_{k/k-1}=\sum_{i=1}^{L}w_i^c\langle\boldsymbol{f}(\boldsymbol{\xi}_{i,k-1})-\hat{\boldsymbol{X}}_{k/k-1}\rangle^2+\boldsymbol{\Gamma}_{k-1}\boldsymbol{Q}_{k-1}\boldsymbol{\Gamma}_{k-1}^{\mathrm{T}} \tag{7.4.41}$$

$$\hat{\boldsymbol{Z}}_{k/k-1}=\sum_{i=1}^{L}w_i^m\boldsymbol{h}(\boldsymbol{\xi}_{i,k/k-1}) \tag{7.4.42}$$

$$\boldsymbol{P}_{ZZ,k/k-1}=\sum_{i=1}^{L}w_i^c\langle\boldsymbol{h}(\boldsymbol{\xi}_{i,k/k-1})-\hat{\boldsymbol{Z}}_{k/k-1}\rangle^2+\boldsymbol{R}_k \tag{7.4.43}$$

$$\boldsymbol{P}_{XZ,k/k-1}=\sum_{i=1}^{L}w_i^c(\boldsymbol{\xi}_{i,k/k-1}-\hat{\boldsymbol{X}}_{k/k-1})[\boldsymbol{h}(\boldsymbol{\xi}_{i,k/k-1})-\hat{\boldsymbol{Z}}_{k/k-1}]^{\mathrm{T}} \tag{7.4.44}$$

$$\boldsymbol{K}_k=\boldsymbol{P}_{XZ,k/k-1}\boldsymbol{P}_{ZZ,k/k-1}^{-1} \tag{7.4.45}$$

$$\hat{\boldsymbol{X}}_k=\hat{\boldsymbol{X}}_{k/k-1}+\boldsymbol{K}_k(\boldsymbol{Z}_k-\hat{\boldsymbol{Z}}_{k/k-1}) \tag{7.4.46}$$

$$\boldsymbol{P}_k=\boldsymbol{P}_{k/k-1}-\boldsymbol{K}_k\boldsymbol{P}_{ZZ,k/k-1}\boldsymbol{K}_k^{\mathrm{T}} \tag{7.4.47}$$

式中：容积点(或称 Sigma 点集) 个数为 $L=2n+1$；容积点集及相应权重分别为

$$\{\boldsymbol{\xi}_{i,K}\}=\{[\gamma\sqrt{\boldsymbol{P}_K}\quad -\gamma\sqrt{\boldsymbol{P}_K}]+[\hat{\boldsymbol{X}}_K]_{2n}\quad \hat{\boldsymbol{X}}_K\},K\triangleq k-1,k/k-1$$

$$\{w_i^m\}=\{[1/(2\gamma^2)]_{2n}\quad \lambda/\gamma^2\},\quad \{w_i^c\}=\{[1/(2\gamma^2)]_{2n}\quad \lambda/\gamma^2+(1-\alpha^2+\beta)\}$$

$\gamma=\sqrt{n+\lambda}$，$\lambda=\alpha^2(n+\kappa)-n$。超参数 α 用于控制 Sigma 点在其均值 $\hat{\boldsymbol{X}}_K$ 附近的分布情况，调整 α 可调节 Sigma 点与 $\hat{\boldsymbol{X}}_K$ 的距离，通常选取 α 为一个小的正值，以避免非线性严重时的非局部性效应影响，一般选择 $10^{-4}\leqslant\alpha\leqslant 1$，典型情况下可取 $\alpha=10^{-3}$；超参数 κ 是一比例因子，可直接设置为 0；超参数 $\beta\geqslant 0$ 是另一比例因子，一般取 2。

一般情况下，UKF 滤波的状态估计仅具有 2 次代数精度，而均方差阵计算具有 3 次代数精度。特别地，当超参数 $\alpha=1$ 且 $\kappa=\beta=0$ 时，有 $\gamma=\sqrt{n}$，$\lambda=0$，中心 Sigma 点 $\boldsymbol{\xi}_{2n+1,K}$ 的权重为 $w_{2n+1}^m=w_{2n+1}^c=0$，等效于无中心点，此时 UKF 滤波正好退化为具有 3 次代数精度的 3 阶 CKF 滤波。因此，通常认为 CKF 滤波的精度优于 UKF。

7.4.4　平方根 UKF 滤波(SRUKF)

对 UKF 滤波公式(7.4.40)～式(7.4.47)进行平方根滤波处理，仅需处理其中跟二阶矩计算有关的量。

首先分析式(7.4.41)，注意到其中的加权系数 $w_i^c(i=1,2,\cdots,2n)$ 恒为正，而加权系数 $w_L^c(L=2n+1)$ 一般为负，即有

$$w_L^c=\lambda/\gamma^2+(1-\alpha^2+\beta)=\frac{\alpha^2(n+\kappa)-n}{n+[\alpha^2(n+\kappa)-n]}+(1-\alpha^2+\beta)=$$

$$2-\alpha^2+\beta-\frac{n}{\alpha^2(n+\kappa)}$$

通常取 $\beta=2$，$\kappa=0$，则有 $w_L^c=4-\alpha^2-1/\alpha^2=-(\alpha^4-4\alpha^2+1)/\alpha^2$，可见当 $0<\alpha<\sqrt{2-\sqrt{3}}\approx 0.5$ 时总有 $w_L^c<0$。因而，不能在整体上对式(7.4.41)作 QR 分解，须将其改写为

$$\boldsymbol{P}_{k/k-1}=\sum_{i=1}^{2n}\sqrt{w_i^c}^{\,2}\langle\boldsymbol{f}(\boldsymbol{\xi}_{i,k-1})-\hat{\boldsymbol{X}}_{k/k-1}\rangle^2+\boldsymbol{\Gamma}_{k-1}\boldsymbol{Q}_{k-1}\boldsymbol{\Gamma}_{k-1}^{\mathrm{T}}-\sqrt{|w_L^c|}^{\,2}\langle\boldsymbol{f}(\boldsymbol{\xi}_{L,k-1})-\hat{\boldsymbol{X}}_{k/k-1}\rangle^2=$$
$$\langle[[\sqrt{w_i^c}(\boldsymbol{f}(\boldsymbol{\xi}_{i,k-1})-\hat{\boldsymbol{X}}_{k/k-1})]_{1:2n}\quad \boldsymbol{\Gamma}_{k-1}\sqrt{\boldsymbol{Q}_{k-1}}]\rangle^2-\langle\sqrt{|w_L^c|}(\boldsymbol{f}(\boldsymbol{\xi}_{L,k-1})-\hat{\boldsymbol{X}}_{k/k-1})\rangle^2 \tag{7.4.48}$$

式中：$[\sqrt{w_i^c}(\boldsymbol{f}(\boldsymbol{\xi}_{i,k-1})-\hat{\boldsymbol{X}}_{k/k-1})]_{1:2n}$ 表示由 $2n$ 个列向量$(i=1,2,\cdots,2n)$组成的矩阵。经过改写后，便可对式(7.4.48)右端第一项中的 $[[\sqrt{w_i^c}(\boldsymbol{f}(\boldsymbol{\xi}_{i,k-1})-\hat{\boldsymbol{X}}_{k/k-1})]_{1:2n}\quad \boldsymbol{\Gamma}_{k-1}\sqrt{\boldsymbol{Q}_{k-1}}]^{\mathrm{T}}$ 作 QR 分解，所得上三角阵记为 $\boldsymbol{S}_{k/k-1}$，则式(7.4.48)可进一步化为

$$\boldsymbol{P}_{k/k-1}=\boldsymbol{S}_{k/k-1}^{\mathrm{T}}\boldsymbol{S}_{k/k-1}-\langle\sqrt{|w_L^c|}(\boldsymbol{f}(\boldsymbol{\xi}_{L,k-1})-\hat{\boldsymbol{X}}_{k/k-1})\rangle^2 \tag{7.4.49}$$

接下来，使用乔莱斯基分解的秩-1 更新算法(cholupdate，参见附录 H.3)，由式(7.4.49)可求得下三角平方根矩阵，表示为

$$\sqrt{\boldsymbol{P}_{k/k-1}}=\mathrm{cholupdate}(\boldsymbol{S}_{k/k-1},\sqrt{|w_L^c|}(\boldsymbol{f}(\boldsymbol{\xi}_{L,k-1})-\hat{\boldsymbol{X}}_{k/k-1})^{\mathrm{T}},-1)^{\mathrm{T}} \tag{7.4.50}$$

对式(7.4.43)的平方根处理方法与式(7.4.41)完全一样，可求得 $\sqrt{\boldsymbol{P}_{ZZ,k/k-1}}$。对于式(7.4.44)和式(7.4.45)，无需作特别的平方根处理。

针对式(7.4.47)，须采用多次秩-1 更新算法进行求解。将式(7.4.47)化为

$$\begin{aligned}\boldsymbol{P}_k=&\boldsymbol{P}_{k/k-1}-\boldsymbol{K}_k\sqrt{\boldsymbol{P}_{ZZ,k/k-1}}\sqrt{\boldsymbol{P}_{ZZ,k/k-1}}^{\mathrm{T}}\boldsymbol{K}_k^{\mathrm{T}}=\\&\boldsymbol{P}_{k/k-1}-\sum_{i=1}^{m}(\boldsymbol{K}_k\sqrt{\boldsymbol{P}_{ZZ,k/k-1}})_i(\boldsymbol{K}_k\sqrt{\boldsymbol{P}_{ZZ,k/k-1}})_i^{\mathrm{T}}\end{aligned}\tag{7.4.51}$$

式中：$(\boldsymbol{K}_k\sqrt{\boldsymbol{P}_{ZZ,k/k-1}})_i$ 表示矩阵的第 i 列。执行如下迭代更新算法：

$$\sqrt{\boldsymbol{P}_{k,i}}=\mathrm{cholupdate}(\sqrt{\boldsymbol{P}_{k,i-1}}^{\mathrm{T}},(\boldsymbol{K}_k\sqrt{\boldsymbol{P}_{ZZ,k/k-1}})_i^{\mathrm{T}},-1)^{\mathrm{T}}\tag{7.4.52}$$

其中：当 $i=1$ 时取初值$\sqrt{\boldsymbol{P}_{k,0}}=\sqrt{\boldsymbol{P}_{k/k-1}}$；直到执行至 $i=m$ 时便可得结果$\sqrt{\boldsymbol{P}_k}=\sqrt{\boldsymbol{P}_{k,m}}$。

至此，完成 SRUKF 滤波中所有均方差阵的平方根预测与更新。

显然，对于 SRCKF 滤波，其状态估计均方差阵的平方根更新同式(7.4.52)；但是，由于 CKF 中的全部容积点权系数 $w_i=1/(2n)$ 均为正，因而在状态及量测均方差阵的平方根预测中都无须涉及秩-1 更新算法。相较于 SRUKF 滤波，SRCKF 稍简单一些。

7.5 间接滤波方法与滤波校正

对于非线性系统的滤波估计，除了使用 7.1 节介绍的 EKF 滤波外，还可以采用所谓的间接滤波方法，现介绍如下。

假设有比式(7.1.10)更一般化的非线性随机系统，其形式为

$$\left.\begin{aligned}\boldsymbol{X}_k&=\boldsymbol{g}(\boldsymbol{X}_{k-1},\boldsymbol{W}_{k-1})\\\boldsymbol{Z}_k&=\boldsymbol{j}(\boldsymbol{X}_k,\boldsymbol{V}_k)\end{aligned}\right\}\tag{7.5.1}$$

式中：$\boldsymbol{g}(\cdot)$ 和 $\boldsymbol{j}(\cdot)$ 均是非线性的向量函数，其他符号的含义同式(7.1.10)。如果原始系统式(7.5.1) 可以分解为两部分：一是不含噪声的确定性标称子系统

$$\left.\begin{aligned}\boldsymbol{X}_k^{\mathrm{n}}&=\boldsymbol{g}(\boldsymbol{X}_{k-1}^{\mathrm{n}},\boldsymbol{0})\\\boldsymbol{Z}_k^{\mathrm{n}}&=\boldsymbol{j}(\boldsymbol{X}_k^{\mathrm{n}},\boldsymbol{0})\end{aligned}\right\}\tag{7.5.2}$$

二是含随机噪声的误差子系统

$$\left.\begin{aligned}\Delta\boldsymbol{X}_k&=\boldsymbol{f}(\Delta\boldsymbol{X}_{k-1})+\boldsymbol{\Gamma}_{k-1}\boldsymbol{W}_{k-1}\\\Delta\boldsymbol{Z}_k&=\boldsymbol{h}(\Delta\boldsymbol{X}_k)+\boldsymbol{V}_k\end{aligned}\right\}\tag{7.5.3}$$

并且上述三式的状态(或量测) 之间具有如下关系：

$$\left.\begin{aligned}\boldsymbol{X}_k&=\boldsymbol{X}_k^{\mathrm{n}}+\Delta\boldsymbol{X}_k\\\boldsymbol{Z}_k&=\boldsymbol{Z}_k^{\mathrm{n}}+\Delta\boldsymbol{Z}_k\end{aligned}\right\}\tag{7.5.4}$$

对非线性系统式(7.5.1) 作状态估计，可以这样实现：先利用标称子系统式(7.5.2) 递推计算 $\boldsymbol{X}_k^{\mathrm{n}}$ 和$\boldsymbol{Z}_k^{\mathrm{n}}$，再通过误差子系统式(7.5.3) 利用误差量 $\Delta\boldsymbol{Z}_k=\boldsymbol{Z}_k-\boldsymbol{Z}_k^{\mathrm{n}}$ 滤波估计误差状态 $\Delta\hat{\boldsymbol{X}}_k$，最后获得非线性状态估计 $\hat{\boldsymbol{X}}_k=\boldsymbol{X}_k^{\mathrm{n}}+\Delta\hat{\boldsymbol{X}}_k$。这种间接估计非线性系统状态的方法称为间接滤波。

当然，作为非线性系统的特殊情形，线性系统也可以采用间接滤波方法。为了方便理解，暂且以线性系统为例来详细讨论间接滤波方法。

对于线性随机系统

$$\left.\begin{aligned}\boldsymbol{X}_k&=\boldsymbol{\Phi}_{k/k-1}\boldsymbol{X}_{k-1}+\boldsymbol{\Gamma}_{k-1}\boldsymbol{W}_{k-1}\\\boldsymbol{Z}_k&=\boldsymbol{H}_k\boldsymbol{X}_k+\boldsymbol{V}_k\end{aligned}\right\}\tag{7.5.5}$$

与其对应的标称子系统和误差子系统分别为

$$\left.\begin{aligned} \boldsymbol{X}_k^{\mathrm{n}} &= \boldsymbol{\Phi}_{k/k-1}\boldsymbol{X}_{k-1}^{\mathrm{n}} \\ \boldsymbol{Z}_k^{\mathrm{n}} &= \boldsymbol{H}_k\boldsymbol{X}_k^{\mathrm{n}} \end{aligned}\right\} \tag{7.5.6}$$

$$\left.\begin{aligned} \Delta\boldsymbol{X}_k &= \boldsymbol{\Phi}_{k/k-1}\Delta\boldsymbol{X}_{k-1} + \boldsymbol{\Gamma}_{k-1}\boldsymbol{W}_{k-1} \\ \Delta\boldsymbol{Z}_k &= \boldsymbol{H}_k\Delta\boldsymbol{X}_k + \boldsymbol{V}_k \end{aligned}\right\} \tag{7.5.7}$$

显然有式(7.5.4)成立。根据以上几个关系式，不难绘制出间接滤波的示意方框图，如图 7.5.1 所示，其中“Kalman 滤波”部分仅给出了误差子系统的状态更新，而未给出它的均方误差阵更新。图中标称子系统是完全自治的，即不受 Kalman 滤波的任何影响。

结合式(7.5.6)、式(7.5.7)和图 7.5.1 进一步分析。

如果在 $k-1$ 时刻利用某一已知的校正向量 $\boldsymbol{b}_{k-1}$ 对原标称子系统的状态 $\boldsymbol{X}_{k-1}^{\mathrm{n}}$ 进行校正，即令

$$\boldsymbol{X}_{k-1}^{\mathrm{n}*} = \boldsymbol{X}_{k-1}^{\mathrm{n}} + \boldsymbol{b}_{k-1} \tag{7.5.8}$$

则新的标称子系统变为

$$\left.\begin{aligned} \boldsymbol{X}_k^{\mathrm{n}*} &= \boldsymbol{\Phi}_{k/k-1}\boldsymbol{X}_{k-1}^{\mathrm{n}*} \\ \boldsymbol{Z}_k^{\mathrm{n}*} &= \boldsymbol{H}_k\boldsymbol{X}_k^{\mathrm{n}*} \end{aligned}\right\} \tag{7.5.9}$$

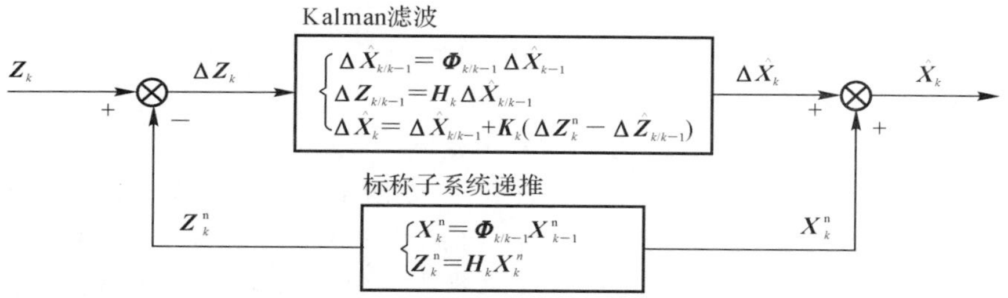

图 7.5.1　线性系统的间接 Kalman 滤波示意图

相应地，新的误差子系统变为

$$\left.\begin{aligned} \Delta\boldsymbol{X}_k^* &= \boldsymbol{\Phi}_{k/k-1}\Delta\boldsymbol{X}_{k-1}^* + \boldsymbol{\Gamma}_{k-1}\boldsymbol{W}_{k-1} \\ \Delta\boldsymbol{Z}_k^* &= \boldsymbol{H}_k\Delta\boldsymbol{X}_k^* + \boldsymbol{V}_k \end{aligned}\right\} \tag{7.5.10}$$

其中

$$\Delta\boldsymbol{X}_{k-1}^* = \boldsymbol{X}_{k-1} - \boldsymbol{X}_{k-1}^{\mathrm{n}*} = \boldsymbol{X}_{k-1} - (\boldsymbol{X}_{k-1}^{\mathrm{n}} + \boldsymbol{b}_{k-1}) = \Delta\boldsymbol{X}_{k-1} - \boldsymbol{b}_{k-1} \tag{7.5.11}$$

$$\begin{aligned} \Delta\boldsymbol{Z}_k^* = \boldsymbol{Z}_k - \boldsymbol{Z}_k^{\mathrm{n}*} = \boldsymbol{Z}_k - \boldsymbol{H}_k\boldsymbol{\Phi}_{k/k-1}(\boldsymbol{X}_{k-1}^{\mathrm{n}} + \boldsymbol{b}_{k-1}) = \\ \Delta\boldsymbol{Z}_k - \boldsymbol{H}_k\boldsymbol{\Phi}_{k/k-1}\boldsymbol{b}_{k-1} \end{aligned} \tag{7.5.12}$$

若已知原误差子系统式(7.5.7)在 $k-1$ 时刻的状态估计 $\Delta\hat{\boldsymbol{X}}_{k-1}$，并同样利用向量 $\boldsymbol{b}_{k-1}$ 进行状态估计校正，令

$$\Delta\hat{\boldsymbol{X}}_{k-1}^* = \Delta\hat{\boldsymbol{X}}_{k-1} - \boldsymbol{b}_{k-1} \tag{7.5.13}$$

则新误差子系统式(7.5.10)的 Kalman 滤波状态更新为

$$\left.\begin{aligned} \Delta\hat{\boldsymbol{X}}_{k/k-1}^* &= \boldsymbol{\Phi}_{k/k-1}\Delta\hat{\boldsymbol{X}}_{k-1}^* \\ \Delta\hat{\boldsymbol{Z}}_{k/k-1}^* &= \boldsymbol{H}_k\Delta\hat{\boldsymbol{X}}_{k/k-1}^* \\ \Delta\hat{\boldsymbol{X}}_k^* &= \Delta\hat{\boldsymbol{X}}_{k/k-1}^* + \boldsymbol{K}_k^*(\Delta\boldsymbol{Z}_k^{\mathrm{n}*} - \Delta\hat{\boldsymbol{Z}}_{k/k-1}^*) \end{aligned}\right\} \tag{7.5.14}$$

而对于新误差子系统的均方误差阵更新，在 $k-1$ 时刻其状态估计均方误差阵为

$\boldsymbol{P}_{\Delta\hat{\boldsymbol{X}}_{k-1}^*} = \mathrm{E}[(\Delta\boldsymbol{X}_{k-1}^* - \Delta\hat{\boldsymbol{X}}_{k-1}^*)(\Delta\boldsymbol{X}_{k-1}^* - \Delta\hat{\boldsymbol{X}}_{k-1}^*)^{\mathrm{T}}] =$

$$\mathrm{E}\{[(\Delta \boldsymbol{X}_{k-1}-\boldsymbol{b}_{k-1})-(\Delta \hat{\boldsymbol{X}}_{k-1}-\boldsymbol{b}_{k-1})][(\Delta \boldsymbol{X}_{k-1}-\boldsymbol{b}_{k-1})-(\Delta \hat{\boldsymbol{X}}_{k-1}-\boldsymbol{b}_{k-1})]^{\mathrm{T}}\}=$$
$$\mathrm{E}[(\Delta \boldsymbol{X}_{k-1}-\Delta \hat{\boldsymbol{X}}_{k-1})(\Delta \boldsymbol{X}_{k-1}-\Delta \hat{\boldsymbol{X}}_{k-1})^{\mathrm{T}}]=\boldsymbol{P}_{\Delta \hat{\boldsymbol{X}}_{k-1}} \tag{7.5.15}$$

此外式(7.5.10)还显示，新误差子系统的系统噪声和量测噪声统计特性均不变，所以状态校正不会影响新误差子系统的滤波增益 $\boldsymbol{K}_k^*$ 计算和均方误差阵 $\boldsymbol{P}_{\Delta \hat{\boldsymbol{X}}_{k-1}^*}$ 更新，即有 $\boldsymbol{K}_k^*=\boldsymbol{K}_k$ 和 $\boldsymbol{P}_{\Delta \hat{\boldsymbol{X}}_{k-1}^*}=\boldsymbol{P}_{\Delta \hat{\boldsymbol{X}}_{k-1}}$。

若利用新标称子系统的状态 $\boldsymbol{X}_k^{\mathrm{n}*}$ 和新误差子系统的状态估计 $\Delta \hat{\boldsymbol{X}}_k^*$ 构造原系统式(7.5.5)的状态估计 $\hat{\boldsymbol{X}}_k^*$，可得

$$\begin{aligned}
\hat{\boldsymbol{X}}_k^* = \boldsymbol{X}_k^{\mathrm{n}*}+\Delta \hat{\boldsymbol{X}}_k^* &= \boldsymbol{X}_k^{\mathrm{n}*}+\Delta \hat{\boldsymbol{X}}_{k/k-1}^*+\boldsymbol{K}_k^*(\Delta \boldsymbol{Z}_k^*-\Delta \hat{\boldsymbol{Z}}_{k/k-1}^*)=\\
&\boldsymbol{\Phi}_{k/k-1}(\boldsymbol{X}_{k-1}^{\mathrm{n}}+\boldsymbol{b}_{k-1})+\boldsymbol{\Phi}_{k/k-1}(\Delta \hat{\boldsymbol{X}}_{k-1}-\boldsymbol{b}_{k-1})+\\
&\boldsymbol{K}_k^*[\Delta \boldsymbol{Z}_k-\boldsymbol{H}_k\boldsymbol{\Phi}_{k/k-1}\boldsymbol{b}_{k-1}-\boldsymbol{H}_k\boldsymbol{\Phi}_{k/k-1}(\Delta \hat{\boldsymbol{X}}_{k-1}-\boldsymbol{b}_{k-1})]=\\
&\boldsymbol{X}_k^{\mathrm{n}}+\Delta \hat{\boldsymbol{X}}_{k/k-1}+\boldsymbol{K}_k(\Delta \boldsymbol{Z}_k-\Delta \hat{\boldsymbol{Z}}_{k/k-1})=\boldsymbol{X}_k^{\mathrm{n}}+\Delta \hat{\boldsymbol{X}}_k=\hat{\boldsymbol{X}}_k
\end{aligned} \tag{7.5.16}$$

式(7.5.16)表明，在 $k-1$ 时刻利用校正量 $\boldsymbol{b}_{k-1}$ 对标称子系统状态 $\boldsymbol{X}_{k-1}^{\mathrm{n}}$ 进行正向校正，同时对误差子系统状态估计 $\Delta \hat{\boldsymbol{X}}_{k-1}$ 进行负向校正，校正方法分别见式(7.5.8)和式(7.5.13)，最终结果完全不影响系统在 k 时刻的状态估计 $\hat{\boldsymbol{X}}_k$，即有 $\hat{\boldsymbol{X}}_k^*=\hat{\boldsymbol{X}}_k$。

特别地，若取校正向量

$$\boldsymbol{b}_{k-1}=\boldsymbol{D}_{k-1}\Delta \hat{\boldsymbol{X}}_{k-1} \tag{7.5.17}$$

式中：校正系数矩阵定义为

$$\boldsymbol{D}_{k-1}=\mathrm{diag}(d_{k-1,1} \quad d_{k-1,2} \quad \cdots \quad d_{k-1,n}) \qquad (0 \leqslant d_{k-1,i} \leqslant 1) \tag{7.5.18}$$

则经过校正之后的间接Kalman滤波方框图如图7.5.2所示。作为特殊情形，如果校正系数矩阵 $\boldsymbol{D}_{k-1}=\boldsymbol{0}$ 则表示不需校正，如果再取标称状态初值 $\boldsymbol{X}_0^{\mathrm{n}}=\boldsymbol{0}$，则在标称子系统中 $\boldsymbol{X}_k^{\mathrm{n}}$ 和 $\boldsymbol{Z}_k^{\mathrm{n}}$ 都始终为零，图7.5.2也就变成了直接滤波方法，由此也容易得出结论，线性系统的直接滤波与间接滤波结果完全一致；如果校正系数矩阵 $\boldsymbol{D}_{k-1}=\boldsymbol{I}$，则误差子系统的Kalman滤波状态更新将变得非常简单，它立即退化为 $\Delta \hat{\boldsymbol{X}}_k=\boldsymbol{K}_k\Delta \boldsymbol{Z}_k$。一般情况下，当 $0<d_{k-1,i}<1$ 时，表示利用误差子系统的状态估计对标称子系统的状态进行部分校正，如果滤波器收敛则误差状态会因不断被校正而逐渐衰减至零附近，相应地，标称状态将逐渐逼近于真实状态，$d_{k-1,i}$ 的取值越小，则衰减或逼近的速度就越慢。

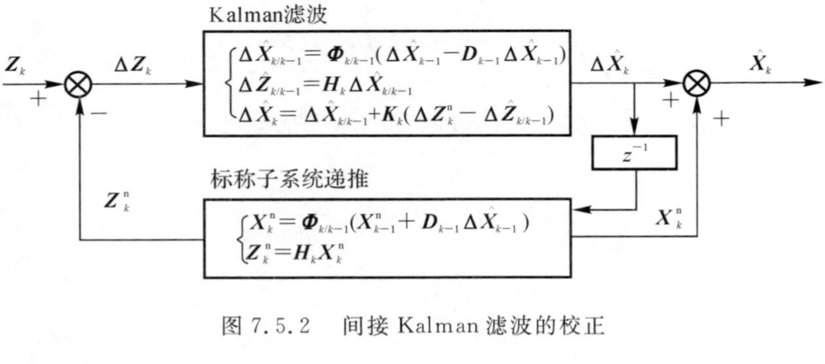

图7.5.2　间接Kalman滤波的校正

实际上，引入间接滤波方法的主要意图在于解决非线性系统的估计问题或提高估计精度。如果原始系统式(7.5.1)的非线性比较强烈，但经过系统分解之后，误差子系统式

(7.5.7)的非线性减弱了,则使用EKF滤波有利于降低泰勒级数展开高阶截断误差,甚至有时误差子系统还可近似简化成线性系统,可直接使用标准 Kalman 滤波方法进行状态估计。从前面的线性系统间接滤波和校正的思想还容易看出,对于非线性系统,通过间接滤波和校正可使误差状态变为小量,有利于保持误差子系统的弱非线性甚至线性。显然,当误差子系统的某一状态分量可观测性比较弱时,在校正时与其对应的校正系数 $d_{k-1,i}$ 应当选择得适当小,以降低误差子系统在 Kalman 滤波暂态过程中状态估计剧烈波动的不利影响;否则,对于非线性系统而言,滤波校正的过渡阶段可能会降低标称子系统的精度,进而可能影响误差子系统描述的准确性,容易造成滤波发散。

最后指出,如果非线性系统分解后的误差子系统是线性的或近似线性的,并且使用校正系数矩阵 $\boldsymbol{D}_{k-1}=\boldsymbol{I}$ 进行校正,不难验证间接滤波方法实际上就等价于 EKF 滤波方法。当然,间接滤波的误差子系统还可以是非线性的,所以间接滤波比 EKF 滤波的应用范围更广。

7.6　非线性滤波举例

针对前面提出的众多非线性滤波方法,本节通过一个简单的竖直落体例子,进一步介绍各种滤波的具体实现方法,给出比较详细的 MATLAB 仿真程序和滤波估计效果,供读者使用参考。

7.6.1　竖直落体建模

参见图 7.6.1,有一竖直落体(Vertically Falling Body, VBF),距地面高度记为 X_1,下落速度记为 X_2,考虑到重力(近似为常值 g)和空气阻力的影响,可得落体运动学方程:

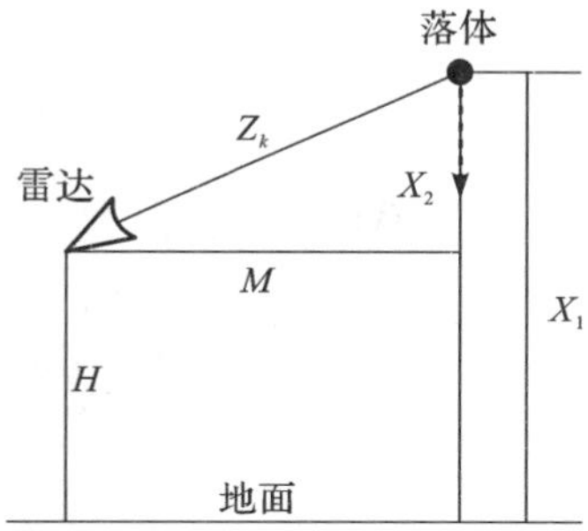

图 7.6.1　竖直落体下落示意图

$$\left.\begin{aligned}\dot{X}_1&=-X_2\\ \dot{X}_2&=g-\frac{C\rho A}{2m}X_2^2\end{aligned}\right\}\tag{7.6.1}$$

式中:C,ρ,A,m 分别为空气阻力系数、空气密度、落体等效迎风面积、落体质量。空气密度与高度之间的关系满足波尔兹曼公式 $\rho=\rho_0\mathrm{e}^{-\gamma X_1}$,其中,$\rho_0$ 为海平面处的大气密度,参数 $\gamma\approx 1.7\times10^{-4}(\mathrm{m}^{-1})$。定义常值 $X_3=C\rho_0A/(2m)$ 为弹道系数(单位 m^{-1}),为待估计的未知量。根据以上分析,可得落体的连续时间状态方程如下:

$$f(\boldsymbol{X}):\quad \begin{cases} \dot{X}_1 = -X_2 \\ \dot{X}_2 = g - \mathrm{e}^{-\gamma X_1} X_2^2 X_3 \\ \dot{X}_3 = 0 \end{cases} \tag{7.6.2}$$

假设在水平距离为 M 且高度为 H 处有一雷达对落体进行测距 Z_k，观测间隔为 T，离散时间观测方程为

$$h(\boldsymbol{X}_k):\quad Z_k = \sqrt{M^2 + (X_{1,k} - H)^2} + V_k \tag{7.6.3}$$

式中：V_k 为雷达测距零均值高斯白噪声，方差为 R_k。

由上述落体状态空间建模可知，状态方程式(7.6.2) 和量测方程式(7.6.3) 均是非线性的，且状态方程为确定性方程(不含系统激励噪声)，所要解决的问题是通过受噪声干扰的雷达测距估计落体的高度、速度及弹道系数。

为方便后续各种滤波方法的仿真编程，这里统一给出状态空间的离散化、雅克比矩阵、海森矩阵和线性化扰动方程等的分析结果。

采用一阶欧拉法对式(7.6.2) 作离散化，可得

$$f(\boldsymbol{X}_{k-1}):\quad \begin{cases} X_{1,k} = X_{1,k-1} - X_{2,k-1} T_s \\ X_{2,k} = X_{2,k-1} + (g - \mathrm{e}^{-\gamma X_{1,k-1}} X_{2,k-1}^2 X_{3,k-1}) T_s \\ X_{3,k} = X_{3,k-1} \end{cases} \tag{7.6.4}$$

式中：T_s 为状态方程的离散化间隔。

若记 $\boldsymbol{f}(\boldsymbol{X}_{k-1}) = [f_1 \quad f_2 \quad f_3]^{\mathrm{T}}$，分别对式(7.6.4) 和式(7.6.3) 求雅克比矩阵 $\boldsymbol{\Phi}_{k/k-1}$、$\boldsymbol{H}_k$ 和海森矩阵 $\boldsymbol{D}_*$，可得

$$\boldsymbol{\Phi}_{k/k-1} = \frac{\partial \boldsymbol{f}(\boldsymbol{X}_{k-1})}{\partial \boldsymbol{X}_{k-1}^{\mathrm{T}}} = \begin{bmatrix} 1 & -T_s & 0 \\ \gamma \mathrm{e}^{-\gamma X_{1,k-1}} X_{2,k-1}^2 X_{3,k-1} T_s & 1 - 2\mathrm{e}^{-\gamma X_{1,k-1}} X_{2,k-1} X_{3,k-1} T_s & -\mathrm{e}^{-\gamma X_{1,k-1}} X_{2,k-1}^2 T_s \\ 0 & 0 & 1 \end{bmatrix} \tag{7.6.5}$$

$$\boldsymbol{H}_k = \frac{\partial h(\boldsymbol{X}_k)}{\partial \boldsymbol{X}_k^{\mathrm{T}}} = \begin{bmatrix} \dfrac{X_{1,k} - H}{\sqrt{M^2 + (X_{1,k} - H)^2}} & 0 & 0 \end{bmatrix} \tag{7.6.6}$$

$$\boldsymbol{D}_{f_1} = \boldsymbol{D}_{f_3} = \boldsymbol{0}_{3\times 3}, \boldsymbol{D}_{f_2} = \begin{bmatrix} -\gamma^2 \mathrm{e}^{-\gamma X_{1,k-1}} X_{2,k-1}^2 X_{3,k-1} & 2\gamma \mathrm{e}^{-\gamma X_{1,k-1}} X_{2,k-1} X_{3,k-1} & \gamma \mathrm{e}^{-\gamma X_{1,k-1}} X_{2,k-1}^2 \\ 2\gamma \mathrm{e}^{-\gamma X_{1,k-1}} X_{2,k-1} X_{3,k-1} & -2\mathrm{e}^{-\gamma X_{1,k-1}} X_{3,k-1} & -2\mathrm{e}^{-\gamma X_{1,k-1}} X_{2,k-1} \\ \gamma \mathrm{e}^{-\gamma X_{1,k-1}} X_{2,k-1}^2 & -2\mathrm{e}^{-\gamma X_{1,k-1}} X_{2,k-1} & 0 \end{bmatrix} T_s \tag{7.6.7}$$

$$\boldsymbol{D}_h = \begin{bmatrix} M^2 / [M^2 + (X_{1,k} - H)^2]^{3/2} & 0 & 0 \\ & \boldsymbol{0}_{2\times 3} & \end{bmatrix} \tag{7.6.8}$$

同时，不难求得以差商近似的雅克比矩阵，分别为

$$\boldsymbol{\Phi}_{k/k-1} \approx \frac{\delta \boldsymbol{f}(\boldsymbol{X}_{k-1})}{\delta \boldsymbol{X}_{k-1}^{\mathrm{T}}} = \begin{bmatrix} 1 & -T_s & 0 \\ \varphi_{21} & \varphi_{22} & \varphi_{23} \\ 0 & 0 & 1 \end{bmatrix} \tag{7.6.9}$$

$$\boldsymbol{H}_k \approx \frac{\delta h(\boldsymbol{X}_k)}{\delta \boldsymbol{X}_k^{\mathrm{T}}} = [h_{11} \quad 0 \quad 0] \tag{7.6.10}$$

其中

$$\varphi_{21}=-\frac{\left[e^{-\gamma(X_{1,k-1}+d/2)}-e^{-\gamma(X_{1,k-1}-d/2)}\right]X_{2,k-1}^2X_{3,k-1}T_s}{d}$$

$$\varphi_{22}=1-\frac{e^{-\gamma X_{1,k-1}}\left[(X_{2,k-1}+d/2)^2-(X_{2,k-1}-d/2)^2\right]X_{3,k-1}T_s}{d}$$

$$\varphi_{23}=-e^{-\gamma X_{1,k-1}}X_{2,k-1}^2T_s$$

$$h_{11}=\frac{\sqrt{M^2+(X_{1,k}+d/2-H)^2}-\sqrt{M^2+(X_{1,k}-d/2-H)^2}}{d}$$

对式(7.6.2)和式(7.6.3)作扰动处理,可得线性化的扰动方程

$$f(\Delta\boldsymbol{X}):\quad\begin{cases}\Delta\dot{X}_1=-\Delta X_2\\ \Delta\dot{X}_2=\gamma e^{-\gamma X_1}X_2^2X_3\Delta X_1-2e^{-\gamma X_1}X_2X_3\Delta X_2-e^{-\gamma X_1}X_2^2\Delta X_3\\ \Delta\dot{X}_3=0\end{cases}\tag{7.6.11}$$

$$h(\Delta\boldsymbol{X}_k):\quad\Delta Z_k=\frac{X_{1,k}-H}{\sqrt{M^2+(X_{1,k}-H)^2}}\Delta X_{1,k}+V_k\tag{7.6.12}$$

其中:ΔX_1,ΔX_2,ΔX_3 分别表示高度偏差、速度偏差和弹道系数偏差;ΔZ_k 为雷达测距偏差。因此,线性化扰动状态空间模型为

$$\left.\begin{aligned}\Delta\dot{\boldsymbol{X}}&=\widetilde{\boldsymbol{F}}\Delta\boldsymbol{X}\\ \Delta Z_k&=\widetilde{\boldsymbol{H}}_k\Delta\boldsymbol{X}_k+V_k\end{aligned}\right\}\tag{7.6.13}$$

式中:

$$\Delta\boldsymbol{X}=\begin{bmatrix}\Delta X_1\\ \Delta X_2\\ \Delta X_3\end{bmatrix},\quad\widetilde{\boldsymbol{F}}=\begin{bmatrix}0&-1&0\\ \gamma e^{-\gamma X_1}X_2^2X_3&-2e^{-\gamma X_1}X_2X_3&-e^{-\gamma X_1}X_2^2\\ 0&0&0\end{bmatrix},$$

$$\widetilde{\boldsymbol{H}}_k=\begin{bmatrix}\dfrac{X_{1,k}-H}{\sqrt{M^2+(X_{1,k}-H)^2}}&0&0\end{bmatrix}$$

7.6.2　运动轨迹仿真

假设雷达位置参数 $M=H=30\ 000$ m,雷达测距高斯白噪声均方差$\sqrt{R_k}=100$ m,量测频率 1 Hz($T=1$ s)。以状态初值 $X_{1,0}=60\ 000$ m、$X_{2,0}=6\ 000$ ($\mathrm{m\cdot s^{-1}}$)、$X_{3,0}=0.001$ ($\mathrm{m^{-1}}$),状态方程离散化频率 100 Hz($T_s=0.01$ s),仿真模拟落体轨迹高度 $X_{1,k}$、速度 $X_{2,k}$、空气阻力 $f_{r,k}=e^{-\gamma X_{1,k}}X_{2,k}^2X_{3,k}$ 及雷达的量测距离 Z_k,如图 7.6.2 所示。由图看出,可大致将落体下降过程划分为三个阶段:①0 ~ 5 s 空气稀薄阻力小,落体近似高速匀速下落;②5 ~ 15 s 空气阻力较大,落体下落速度快速减小;③15 s 之后落体接近地面,下落速度相对较小。雷达量测距离 Z_k 由远及近,再逐渐变远,约在 5 s 时落体与雷达大致处于同一高度,观测距离最小。

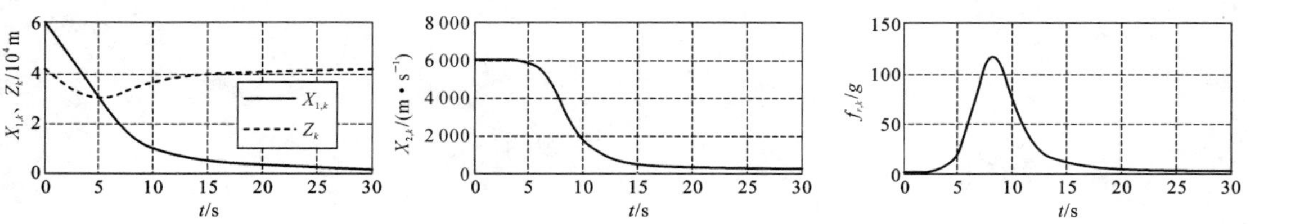

图 7.6.2　落体高度、速度及雷达测距曲线

落体轨迹仿真主程序、状态方程函数和量测方程函数如下，注意在函数中还包含了雅克比矩阵和海森矩阵的计算，以备后面相应的滤波算法使用。

1. 轨迹仿真主程序

```
Ts = 0.01;  len = fix(30/Ts);
gamma = 1.7e-4; g = 9.8; M = 3e4; H = 3e4; rk = 100;
tpara.gamma = gamma; tpara.g = g; tpara.Ts = Ts; tpara.M = M; tpara.H = H;
x10 = 6e4; x20 = 6e3; x30 = 1e-3;  Xn = [x10; x20; x30];
n = 3; m = 1;
xk = zeros(len,n);  zk = zeros(len,m);  t = (1:len)'*Ts;
for k=1:len
    Xn = vfbfx(Xn, tpara);
    xk(k,:) = Xn';
    zk(k,:) =vfbhx(xk(k,1), tpara, rk);
end
```

2. 状态方程函数

```
function [X1, Phik, D] = vfbfx(X0, tpara)
    gamma = tpara.gamma;  g = tpara.g;  Ts = tpara.Ts;
    x1 = X0(1); x2 = X0(2); x3 = X0(3);
    %% X0->X1
    egx1 = exp(-gamma*x1);
    X1 = [ x1 - x2*Ts;% Euler1 discretization
           x2 + (g-egx1*x2^2*x3)*Ts;
           x3 ];
    %% Jacobian Phik
    if nargout>1
        Phik = [0,                   -1,        0;
                [gamma*x2*x3,        -2*x3,     -x2]*egx1*x2;
                0,                   0,         0 ];
        Phik = eye(size(Phik)) + Phik*Ts;   % Phi = expm(Phi*ts);
    end
    %% Hessian D
    if nargout>2
        D{1} = zeros(3);
        D{2} = [ [-gamma*x2*x3,   2*x3,             x2]*gamma*egx1*x2;
                  0,              -2*egx1*x3,       -2*egx1*x2
                  0,              0,                0 ]*Ts;
        D{2}(2,1)=D{2}(1,2); D{2}(3,1)=D{2}(1,3); D{2}(3,2)=D{2}(2,3);% symmetric
        D{3} = zeros(3);
    end
```

3. 量测方程函数

```
function [Z, Hk, D] = vfbhx(X, tpara, rk)
    M = tpara.M; H = tpara.H;
    %% Z
    Z = sqrt(M^2+(X(1)-H)^2);
    %% Jacobian Hk
    if nargout>1,  Hk = [(X(1)-H)/Z, 0, 0];  end
    %% Hessian D
    if nargout>2,  D{1} = [M^2/Z^3, 0, 0; 0, 0, 0; 0, 0, 0];  end
    %% Measurement noise
    if nargin==3, Z=Z+rk*randn(1); end
```

7.6.3　滤波仿真程序

总共采用了 14 种非线性滤波算法进行落体状态估计，表 7.6.1 列出各算法简称及其描述。

表 7.6.1　14 种非线性滤波仿真算法

序号	简称	滤波算法描述	序号	简称	滤波算法描述
1	EKF	扩展 Kalman 滤波	8	GHQKF3	3 阶 Gauss - Hermite 求积 KF
2	DQEKF	差商 EKF	9	GHQKF5	5 阶 GHQKF
3	EKF2	二阶 EKF	10	CKF3	3 阶容积 Kalman 滤波
4	IEKF	迭代 EKF	11	CKF5	5 阶 CKF
5	CDKF1	一阶中心差分 KF	12	UKF	无迹 Kalman 滤波
6	CDKF2	二阶 CDKF	13	SRUKF	平方根 UKF
7	FBDKF	前/后向差分 KF	14	IDKF	间接 Kalman 滤波

在表 7.6.1 中，前 13 种滤波器的状态初值及其均方差阵设置均相同，为

$$\hat{\boldsymbol{X}}_0=[(60\ 000+1\ 000\upsilon)\mathrm{m}\quad(6\ 000+600\upsilon)\ (\mathrm{m}\cdot\mathrm{s}^{-1})\quad 0]^{\mathrm{T}} \tag{7.6.14}$$

$$\boldsymbol{P}_0=\mathrm{diag}\ (1\ 000\ \mathrm{m}\quad 600\ (\mathrm{m}\cdot\mathrm{s}^{-1})\quad 0.001\ (\mathrm{m}^{-1}))^2 \tag{7.6.15}$$

其中：υ 是服从标准正态分布的随机量，状态估计初值分量 $\hat{X}_{1,0}$ 和 $\hat{X}_{2,0}$ 均加入随机量，表示它们的设置有别于仿真轨迹状态真值，是带有一定不确定性初始误差的；弹道系数状态初值分量 $\hat{X}_{3,0}$ 未知，不妨将其设置为 0。

特别地，在第 14 种 IDKF 滤波算法中，将非线性参考系统的状态初值设置为 $\hat{\boldsymbol{X}}_0^{\mathrm{n}}=\hat{\boldsymbol{X}}_0$，误差状态线性系统的状态估计初值设置为 $\Delta\hat{\boldsymbol{X}}_0=\boldsymbol{0}$，而状态均方差阵初值设置与式(7.6.15)相同，此外，在 IDKF 算法中还使用了反馈校正方式。

所有 14 种非线性滤波算法的 MATLAB 代码片段在下面逐一列出，完整的可直接运行的程序参见笔者编写的高精度捷联惯导系统算法工具箱 PSINS Toolbox 中的“demos\

test_nonlinear_Gauss_KF_vertically_ falling_body. m”程序。

注意到，GHQKF、CKF 和 UKF 三类滤波算法在计算形式上完全一致，以时间更新过程为例，可统一写成

$$\hat{\boldsymbol{X}}_{k/k-1}=\sum_{i=1}^{L}w_i^m\boldsymbol{f}(\sqrt{\boldsymbol{P}_{k-1}}\boldsymbol{U}_i+\hat{\boldsymbol{X}}_{k-1})\tag{7.6.16}$$

$$\boldsymbol{P}_{k/k-1}=\sum_{i=1}^{L}w_i^c\langle\boldsymbol{f}(\sqrt{\boldsymbol{P}_{k-1}}\boldsymbol{U}_i+\hat{\boldsymbol{X}}_{k-1})-\hat{\boldsymbol{X}}_{k/k-1}\rangle^2+\boldsymbol{\Gamma}_{k-1}\boldsymbol{Q}_{k-1}\boldsymbol{\Gamma}_{k-1}^{\mathrm{T}}\tag{7.6.17}$$

在这三类算法中，针对各种具体算法，其不同点主要体现在采样点的选取、均值权重系数和均方差阵权重系数的计算，其中 GHQKF3、CKF3 和 UKF 的差异如表 7.6.2 所列。在表 7.6.2 中，$\boldsymbol{U}$，$\boldsymbol{w}^m$，$\boldsymbol{w}^c$ 分别表示采样点矩阵、均值权重系数向量和均方差阵权重系数向量，在式(7.6.16)和式(7.6.17)中，w_i^m 和 w_i^c 分别是向量 $\boldsymbol{w}^m$ 和 $\boldsymbol{w}^c$ 的第 i 分量，而 $\boldsymbol{U}_i$ 是 $\boldsymbol{U}$ 的第 i 列向量。至于 GHQKF5 和 CKF5，这两者的参数计算稍显烦琐，表中不再列出，其具体实现可详见后面程序代码。

表 7.6.2　GHQKF3、CKF3 和 UKF 的参数计算差异

滤波算法	$\boldsymbol{U}$	$\boldsymbol{w}^m$	$\boldsymbol{w}^c$
GHQKF3	$\{\boldsymbol{x}_i\}$	$[(\pi/2)^{3/2}/(2\pi)^{n/2}]_L$	$=\boldsymbol{w}^m$
CKF3	$\sqrt{n}\,[\boldsymbol{I}\quad -\boldsymbol{I}]$	$[1/(2n)]_L$	$=\boldsymbol{w}^m$
UKF	$\gamma[\boldsymbol{I}\quad -\boldsymbol{I}\quad \boldsymbol{0}_{n\times 1}]$	$\{[1/(2\gamma^2)]_{2n}\quad \lambda/\gamma^2\}$	$\{[1/(2\gamma^2)]_{2n}\quad \lambda/\gamma^2+(1-\alpha^2+\beta)\}$

1. EKF 滤波

```
T = 1;zint = fix(T/Ts);  % measurement interval/frequency
res = zeros(len,2 * n+1);
Qk = zeros(n);  Rk = rk^2;
Xk0 = [x10;x20;0]+[1000;600;0.001]. * randn(3,1);
Pk0 = diag([1000,600,0.001])^2; % init KF X0,P0
initSmall=0;
if initSmall==1,  Xk0(3) = 0.001+0.0001 * randn(1);  Pk0(3,3) = 0.0001^2;  end
Xk = Xk0;  Pk = Pk0;
for k=1:len
    [Xkk_1, Phikk_1] = vfbfx(Xk,tpara);  % time update
    Pkk_1 = Phikk_1 * Pk * Phikk_1' + Qk;
    if mod(k,zint)==0  % meas update
        [Zkk_1, Hk] = vfbhx(Xkk_1,tpara);
        PXZ = Pkk_1 * Hk';  PZZ = Hk * PXZ+Rk;  Kk = PXZ * PZZ^-1;
        Xk = Xkk_1 + Kk * (zk(k)-Zkk_1);
        Pk = Pkk_1 - Kk * PZZ * Kk';  Pk = (Pk+Pk')/2;
    else
        Xk = Xkk_1;  Pk = Pkk_1;
    end
    res(k,:) = [Xk; diag(Pk)]';
end
```

2. DQEKF 滤波

```
Xk = Xk0;   Pk = Pk0;
for k=1:len
    [Xkk_1, Phi1] = vfbfx(Xk,tpara);
    d = sqrt(diag(Pk));
    phi21 = -(exp(-gamma*(Xk(1)+d(1)/2))-exp(-gamma*(Xk(1)-d(1)/2)))*...
            Xk(2)^2*Xk(3)*Ts/d(1);
    phi22 = 1-exp(-gamma*Xk(1))*((Xk(2)+d(2)/2)^2-(Xk(2)-d(2)/2)^2)* ...
            Xk(3)*Ts/d(2);
    phi23 = -exp(-gamma*Xk(1))*Xk(2)^2*Ts;
    Phikk_1 = [1,-Ts,0; phi21,phi22,phi23; 0,0,1];
    Pkk_1 = Phikk_1*Pk*Phikk_1' + Qk;
    if mod(k,zint)==0
        [Zkk_1, H1] = vfbhx(Xkk_1,tpara);
        d = sqrt(Pkk_1(1,1));
        h11 = (sqrt(M^2+(Xkk_1(1)+d/2-H)^2)-sqrt(M^2+(Xkk_1(1)-d/2-H)^2))/d;
        Hk = [h11, 0, 0];
        PXZ = Pkk_1*Hk';   PZZ = Hk*PXZ+Rk;   Kk = PXZ*PZZ^-1;
        Xk = Xkk_1 + Kk*(zk(k)-Zkk_1);
        Pk = Pkk_1 - Kk*PZZ*Kk';   Pk = (Pk+Pk')/2;
    else
        Xk = Xkk_1;   Pk = Pkk_1;
    end
    res(k,:) = [Xk; diag(Pk)]';
end
```

3. EKF2 滤波

```
Xk = Xk0; Pk = Pk0;
for k=1:len
    [Xkk_1, Phikk_1, Df] = vfbfx(Xk,tpara); Pk_1 = Pk;
    Pkk_1 = Phikk_1*Pk*Phikk_1' + Qk;
    for k1=1:n
       Xkk_1(k1) = Xkk_1(k1) + 1/2*trace(Df{k1}*Pk_1);
       for k2=1:n,
           Pkk_1(k1,k2) = Pkk_1(k1,k2) + 1/2*trace(Df{k1}*Pk_1*Df{k2}*Pk_1);  end
    end
    if mod(k,zint)==0
        [Zkk_1, Hk, Dh] = vfbhx(Xkk_1, tpara);
        PXZ = Pkk_1*Hk';   PZZ = Hk*PXZ+Rk;
        for k1=1:m
           Zkk_1(k1) = Zkk_1(k1) + 1/2*trace(Dh{k1}*Pkk_1);
           for k2=1:m,
              PZZ(k1,k2) = PZZ(k1,k2) + 1/2*trace(Dh{k1}*Pkk_1*Dh{k2}*Pkk_1);  end
        end
        Kk = PXZ*PZZ^-1;
```

```
        Xk = Xkk_1 + Kk * (zk(k) - Zkk_1);
        Pk = Pkk_1 - Kk * PZZ * Kk';   Pk = (Pk+Pk')/2;
    else
        Xk = Xkk_1;   Pk = Pkk_1;
    end
    res(k,:) = [Xk; diag(Pk)]';
end
```

4. IEKF 滤波

```
Xk = Xk0; Pk = Pk0;
for k=1:len
    [Xkk_1, Phikk_1] = vfbfx(Xk, tpara);
    Pkk_1 = Phikk_1 * Pk * Phikk_1' + Qk;
    if mod(k,zint)==0
        [Zkk_1, Hk] = vfbhx(Xkk_1,tpara);
        PXZ = Pkk_1 * Hk';   PZZ = Hk * PXZ+Rk;   Kk = PXZ * PZZ^-1;
        Xk1 = Xkk_1 + Kk * (zk(k) - Zkk_1); % pre filtering
        Xk_1k = Xk + Pk * Phikk_1' * inv(Pkk_1) * (Xk1 - Xkk_1);   % RTS
        [Xkk_1, Phikk_1] = vfbfx(Xk_1k,tpara);   Xkk_1 = Xkk_1+Phikk_1 * (Xk - Xk_1k);
        Pkk_1 = Phikk_1 * Pk * Phikk_1' + Qk;
        [Zkk_1, Hk] = vfbhx(Xk1,tpara);   Zkk_1 = Zkk_1+Hk * (Xkk_1 - Xk1);
        PXZ = Pkk_1 * Hk';   PZZ = Hk * PXZ+Rk;   Kk = PXZ * PZZ^-1;
        Xk = Xkk_1 + Kk * (zk(k) - Zkk_1);
        Pk = Pkk_1 - Kk * PZZ * Kk';   Pk = (Pk+Pk')/2;
    else
        Xk = Xkk_1;   Pk = Pkk_1;
    end
    res(k,:) = [Xk; diag(Pk)]';
end
```

5. CDKF1 滤波

```
Xk =Xk0; Pk = Pk0;
L = n;   d = sqrt(3);
for k=1:len
    Xkk_1 = vfbfx(Xk,tpara);
    sP = chol(Pk,'lower');   Pkk_1 = Qk;
    for k1=1:L, dX = vfbfx(Xk+sP(:,k1) * d,tpara) - vfbfx(Xk - sP(:,k1) * d,tpara);
                Pkk_1 = Pkk_1 + dX * dX'/(4 * d^2); end;
    if mod(k,zint)==0
        Zkk_1 = vfbhx(Xkk_1, tpara);
        sP = chol(Pkk_1,'lower');   PXZ = zeros(n,m); PZZ = Rk;
        for k1=1:L
```

```
            dX = sP(:,k1);
            dZ = vfbhx(Xkk_1+sP(:,k1)*d,tpara)-vfbhx(Xkk_1-sP(:,k1)*d,tpara);
            PXZ = PXZ + dX*dZ'/(2*d); PZZ =PZZ + dZ*dZ'/(4*d^2);    end;
        Kk = PXZ*PZZ^-1;
        Xk = Xkk_1 + Kk*(zk(k)-Zkk_1);
        Pk = Pkk_1 - Kk*PZZ*Kk';  Pk = (Pk+Pk')/2;
    else
        Xk = Xkk_1;  Pk = Pkk_1;
    end
    res(k,:) = [Xk; diag(Pk)]';
end
```

6. CDKF2 滤波

```
Xk = Xk0; Pk = Pk0;
L = n;  d = sqrt(3);
for k=1:len
    sP = chol(Pk,'lower');
    X0 = vfbfx(Xk, tpara); Xp = zeros(n); Xn = Xp; Xkk_1 = zeros(n,1);
    for k1=1:L,  Xp(:,k1) = vfbfx(Xk+sP(:,k1)*d,tpara);
                 Xn(:,k1) = vfbfx(Xk-sP(:,k1)*d,tpara);
                 Xkk_1 = Xkk_1 + Xp(:,k1) + Xn(:,k1); end;
    Xkk_1 = (d^2-n)/d^2*X0 + Xkk_1/(2*d^2);
    P1 = zeros(n); P2 = P1;
    for k1=1:L, dX = Xp(:,k1)-Xn(:,k1); P1 = P1+dX*dX';
                dX2 = Xp(:,k1)+Xn(:,k1)-2*X0; P2 = P2+dX2*dX2';  end;
    Pkk_1 = P1/(4*d^2) + P2*(d^2-1)/(4*d^2) + Qk;
    if mod(k,zint)==0
        sP = chol(Pkk_1,'lower');
        Z0 = vfbhx(Xkk_1, tpara); Zp = zeros(m,n); Zn = Zp; Zkk_1 = zeros(m,1);
        for k1=1:L,  Zp(:,k1) = vfbhx(Xkk_1+sP(:,k1)*d,tpara);
                     Zn(:,k1) = vfbhx(Xkk_1-sP(:,k1)*d,tpara);
                     Zkk_1 = Zkk_1 + Zp(:,k1) + Zn(:,k1);  end;
        Zkk_1 = (d^2-n)/d^2*Z0 + Zkk_1/(2*d^2);
        PXZ = zeros(n,m); P1 = zeros(m); P2 = P1;
        for k1=1:L, dZ = Zp(:,k1)-Zn(:,k1); P1 = P1+dZ*dZ';
                    dZ2 = Zp(:,k1)+Zn(:,k1)-2*Z0; P2 = P2+dZ2*dZ2';
                    PXZ = PXZ + sP(:,k1)*dZ';  end;
        PZZ = P1/(4*d^2) + P2*(d^2-1)/(4*d^2) + Rk;  PXZ = PXZ/(2*d);
        Kk = PXZ*PZZ^-1;
        Xk = Xkk_1 + Kk*(zk(k)-Zkk_1);
        Pk = Pkk_1 - Kk*PZZ*Kk';  Pk = (Pk+Pk')/2;
    else
```

```
            Xk = Xkk_1;   Pk = Pkk_1;
        end
        res(k,:)= [Xk; diag(Pk)]';
end
```

7. FBDKF 滤波

```
Xk = Xk0; Pk = Pk0;
L = 2*n;   d = sqrt(3);
for k=1:len
    Xkk_1 = vfbfx(Xk, tpara);
    sP = chol(Pk,'lower');   sP = [sP, -sP];
    Pkk_1=zeros(n)
    for k1=1:L, dX = vfbfx(Xk+sP(:,k1)*d,tpara)-Xkk_1; Pkk_1 = Pkk_1+dX*dX';   end;
    Pkk_1 = Pkk_1/(2*d^2) + Qk;
    if mod(k,zint)==0
        Zkk_1 = vfbhx(Xkk_1, tpara);
        sP = chol(Pkk_1,'lower');   sP = [sP, -sP];
        PXZ=zeros(n,m); PZZ=zeros(m);
        for k1=1:L, dX = sP(:,k1); dZ = vfbhx(Xkk_1+sP(:,k1)*d,tpara)-Zkk_1;
                    PXZ = PXZ+dX*dZ'; PZZ = PZZ+dZ*dZ';   end;
        PXZ = PXZ/(2*d); PZZ = PZZ/(2*d^2) + Rk;
        Kk = PXZ*PZZ^-1;
        Xk = Xkk_1 + Kk*(zk(k)-Zkk_1);
        Pk = Pkk_1 - Kk*PZZ*Kk';   Pk = (Pk+Pk')/2;
    else
        Xk = Xkk_1;   Pk = Pkk_1;
    end
    res(k,:) = [Xk; diag(Pk)]';
end
```

8. GHQKF3 滤波

```
[U, wm] = ghpoint(n, 3);   wc = wm; % get Gaussian point matrix & weights
GCU_KF_Frame;
```

其中,计算高斯-埃尔米特求积点及相应求积系数的子程序 ghpoint 如下:

```
function [U, w] = ghpoint(n, odr)
    if nargin<2, odr=3; end
    if odr==3,      U0 = [1, -1];                    w0 = [1 1]*sqrt(2*pi)/2;
    elseif odr==5,  U0 = [1, 0 ,-1]*sqrt(3);         w0 = [1 4 1]*sqrt(2*pi)/6;   end
    U = U0; w = w0;
    for k=2:n
        U1 = repmat(U0, size(U,2), 1);    w1 = repmat(w0, size(U,2), 1);
```

```
        U = repmat(U, 1, length(U0));        w = repmat(w, 1, length(U0));
        U1 = reshape(U1, 1, size(U,2));      w1 = reshape(w1, 1, size(U,2));
        U = [U; U1];                         w = w.*w1;
    end
    w = w*1/(2*pi)^(n/2);
```

针对 GHQKF、CKF、UKF 三种滤波方法的统一框架程序 GCU_KF_Frame.m 如下：

```
Xk = Xk0; Pk = Pk0;
L = length(wm);  Xikk_1 = zeros(n,L);  Zikk_1 = zeros(m,L);
for k=1:len
    sP = chol(Pk,'lower');  Xik_1 = sP*U + repmat(Xk,1,L);
    Xkk_1=zeros(n,1);
    for k1=1:L, Xikk_1(:,k1) = vfbfx(Xik_1(:,k1), tpara);
                Xkk_1 = Xkk_1+wm(k1)*Xikk_1(:,k1);  end
    Pkk_1=Qk;
    for k1=1:L, dX = Xikk_1(:,k1)-Xkk_1; Pkk_1 = Pkk_1+wc(k1)*dX*dX'; end;
    if mod(k,zint)==0
        sP = chol(Pkk_1,'lower');  Xikk_1 = sP*U + repmat(Xkk_1,1,L);
        Zkk_1=zeros(m,1);
        for k1=1:L, Zikk_1(:,k1) = vfbhx(Xikk_1(:,k1), tpara);
                    Zkk_1 = Zkk_1+wm(k1)*Zikk_1(:,k1);end
        PXZ = zeros(n,m); PZZ = Rk;
        for k1=1:L, dX = Xikk_1(:,k1)-Xkk_1; dZ = Zikk_1(:,k1)-Zkk_1;
                    PXZ = PXZ+wc(k1)*dX*dZ';  PZZ = PZZ+wc(k1)*dZ*dZ';  end;
        Kk = PXZ*PZZ^-1;
        Xk =Xkk_1 + Kk*(zk(k)-Zkk_1);
        Pk = Pkk_1 - Kk*PZZ*Kk';  Pk = (Pk+Pk')/2;
    else
        Xk = Xkk_1;  Pk = Pkk_1;
    end
    res(k,:) = [Xk; diag(Pk)]';
end
```

9. GHQKF5 滤波

```
[U, wm] = ghpoint(n, 5);  wc = wm;
GCU_KF_Frame;
```

10. CKF3 滤波

```
[U, wm] = cubpoint(n, 3); wc = wm;
GCU_KF_Frame;
```

其中，计算容积点及相应系数的子程序 cubpoint 如下：

```
function [U, w] = cubpoint(n, odr)
    if nargin<2, odr=3; end
```

```
    if odr==3
        U = [eye(n), -eye(n)] * sqrt(n);   w = repmat(1/(2 * n), 2 * n, 1);
    elseif odr==5
        ei = eye(n); ein = -ei;
        pip = zeros(n,n * (n-1)/2); pin = pip;   kk = 1;
        for k=1:n
            for j=1:k-1
                pip(:,kk) = ei(:,j) + ein(:,k);
                pin(:,kk) = ei(:,j) - ein(:,k); kk = kk+1;
            end
        end
        U = [ei, ein, [pip,-pip,pin,-pin]/sqrt(2), zeros(n,1)] * sqrt(n+2);
        w = [repmat((4-n)/2/(n+2)^2,1,2 * n), repmat(1/(n+2)^2,1,2 * n * (n-1)),...
            2/(n+2)];
    end
```

11. CKF5 滤波

```
[U, wm] = cubpoint(n,5);   wc = wm;
GCU_KF_Frame;
```

12. UKF 滤波

```
[U, wm, wc] = utpoint(n);
GCU_KF_Frame;
```

其中,计算 Sigma 点及相应系数的子程序 utpoint 如下:

```
function [U, wm, wc, gamma] = utpoint(n, afa, beta, kappa)
    if nargin<4, kappa=0; end
    if nargin<3, beta=2; end
    if nargin<2, afa=1e-3; end
    lambda = afa^2 * (n+kappa)-n;   gamma = sqrt(n+lambda);
    U = gamma * [eye(n), -eye(n), zeros(n,1)];
    wm = [repmat(1/(2 * gamma^2),1,2 * n), lambda/gamma^2];
    wc = wm; wc(end) = wc(end)+(1-afa^2+beta);
```

13. SRUKF 滤波

```
[U, wm, wc, gmm] = utpoint(n);   swc = sqrt(abs(wc));
L = length(wm); Xk = Xk0; sPk = chol(Pk0,'lower'); sQk = zeros(3); sRk = chol(Rk,'lower');
for k=1:len
    sP = gmm * sPk;   Xi = [sP, -sP, zeros(n,1)]+repmat(Xk,1,L); % sigma points
    Xkk_1=zeros(n,1);
    for k1=1:L,Xi(:,k1) = vfbfx(Xi(:,k1),tpara);
            Xkk_1 = Xkk_1+wm(k1) * Xi(:,k1); end;   % mean
```

```
        dX=zeros(n,L); for k1=1:L, dX(:,k1) = swc(k1)*(Xi(:,k1)-Xkk_1); end;
        [q,sPkk_1] = qr([dX(:,1:L-1), sQk]',0);
        sPkk_1 = mycholupdate(sPkk_1,dX(:,end),-1)'; % var
        if mod(k,zint)==0
            sP = gmm*sPkk_1;  dX = [sP, -sP, zeros(n,1)];
            Xi = dX+repmat(Xkk_1,1,L);  XiZ = zeros(m,L);
            Zkk_1=zeros(m,1);
            for k1=1:L, XiZ(:,k1) = vfbhx(Xi(:,k1),tpara);
                        Zkk_1 = Zkk_1+wm(k1)*XiZ(:,k1); end;
            PXZ=zeros(n,m); dZ=zeros(m,L);
            for k1=1:L, dZ(:,k1) = swc(k1)*(XiZ(:,k1)-Zkk_1);
                        PXZ = PXZ + swc(k1)*dX(:,k1)*dZ(:,k1)'; end;
            [q,sPZZ] = qr([dZ(:,1:L-1), sRk]',0);
            sPZZ = mycholupdate(sPZZ,dZ(:,end),-1)';
            Kk = PXZ/(sPZZ*sPZZ');
            Xk = Xkk_1 + Kk*(zk(k)-Zkk_1);
            sPk = mycholupdate(sPkk_1', Kk*sPZZ, -1)';
        else
            Xk = Xkk_1;  sPk = sPkk_1;
        end
        res(k,:) = [Xk;diag(sPk*sPk')]';
    end
```

其中,乔莱斯基分解秩-1 更新子程序 mycholupdate 如下(同附录 O.6):

```
    function R = mycholupdate(R, X, sgn)
    %乔莱斯基分解秩-1更新,R'*R:=R'*R+sgn*X*X',R上三角,X列向量(可多列)
        if nargin<3, sgn=1; end
        [n, m] = size(X);
        if m>1   % 若X为多列,则逐列更新
            for k=1:m, R = mycholupdate(R, X(:,k), sgn); end
            return;
        end
        X = X(:)'; % 转为行向量
        for k=1:n
            s11 = sqrt(R(k,k)^2+sgn*X(k)^2); % 须非负
            c = R(k,k)/s11;  s = X(k)/s11;
            s12 = c*R(k,k+1:n) + sgn*s*X(k+1:n);
            X(k+1:n) = c*X(k+1:n) - s*R(k,k+1:n);
            R(k,k:n) = [s11,s12];
        end
```

14. IDKF 滤波

```
    Xn = Xk0;
    Xk = zeros(n,1);  Pk = Pk0;
```

```
for k=1:len
    [Xn, Phikk_1] = vfbfx(Xn, tpara);
    Xkk_1 = Phikk_1 * Xk;
    Pkk_1 = Phikk_1 * Pk * Phikk_1' + Qk;
    if mod(k,zint)==0
        [Z, Hk] = vfbhx(X,tpara);
        Zkk_1 = Hk * Xkk_1;
        PXZ = Pkk_1 * Hk';   PZZ = Hk * PXZ+Rk;   Kk = PXZ * PZZ^-1;
        Xk = Xkk_1 + Kk * (zk(k)-Z-Zkk_1);
        Pk = Pkk_1 - Kk * PZZ * Kk';   Pk = (Pk+Pk')/2;
        Xn = Xn+Xk;   Xk = zeros(n,1);    % feedback
    else
        Xk = Xkk_1;   Pk = Pkk_1;
    end
    res(k,:) = [Xn; diag(Pk)]';
end
```

7.6.4 滤波结果与分析

利用表 7.6.1 列出的 14 种非线性滤波方法进行落体状态估计，结果如图 7.6.3 所示。为了便于放在一起参考对比和分析，将图 7.6.2 也放入图 7.6.3 中，如图 7.6.3(a)(b)(c)所示；图 7.6.3(d)(e)(f)为状态估计误差；图 7.6.3(g)(h)(i)为状态估计均方误差，即均方差阵的对角线元素之开二次方。

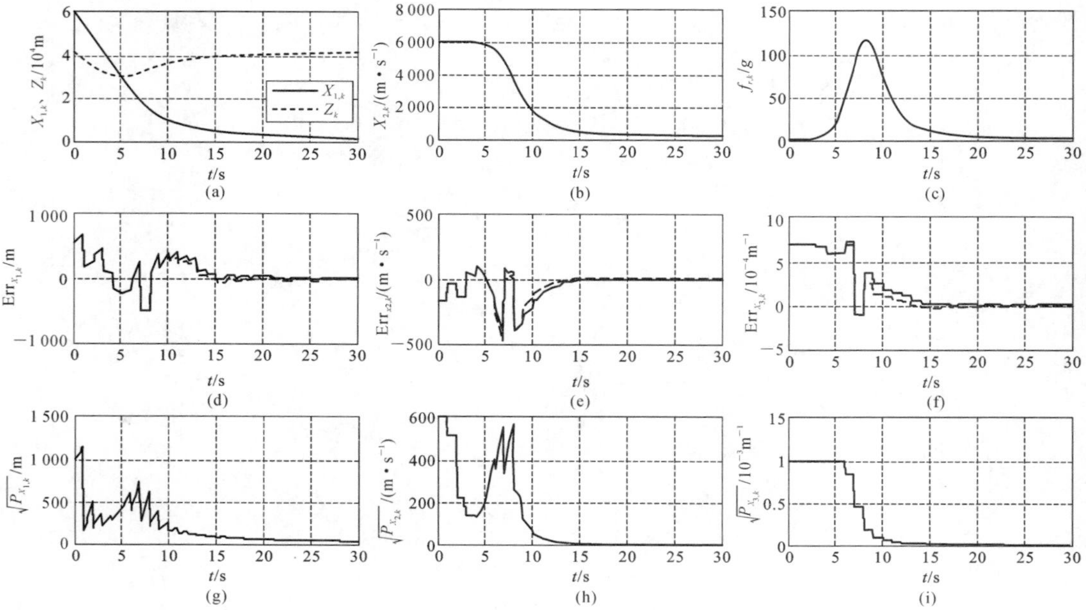

图 7.6.3　滤波估计结果

由图 7.6.3(f)(i)$\mathrm{Err}_{X3,k}$和$\sqrt{P_{X3,k}}$可以看出，开始 0～5 s 时间段内由于空气稀薄，阻力小，弹道系数对落体影响小，因而状态 $X_{3,k}$ 几乎没有估计效果，而距离 $X_{1,k}$ 和速度 $X_{2,k}$ 两个状态略有估计效果；图 7.6.3(a) 显示，在 5 s 左右，落体高度约 30 km，落体下落方向几乎与雷达观测视方向相互垂直，从雷达观测中难以反映出落体高度和速度的变化(即高度和速度状态的可观测性差)，因而状态 $X_{1,k}$ 和状态 $X_{2,k}$ 的估计误差反而变大；在 5 ～ 10 s 时间段内落体高度降低，因空气变稠密而阻力变大，全部三个状态都迅速获得估计效果；15 s 后状态估计误差逐渐变小、稳定。

从图 7.6.3(d)～(i)状态估计及其均方误差中看出，14 种非线性滤波估计的曲线基本重合，说明它们的滤波效果大体相似。更多细致的仿真和分析显示，这些算法从精度上可大致划分成三组：第一组是 CKF5 和 GHQKF5，精度最高；第二组是 CKF3、GHQKF3、UKF、SRUKF、EKF2 和 CDKF2，精度中等；第三组为 EKF、IDKF、QDKF、CDKF1、FBDKF、IEKF，精度最低。它们按精度排序如下：

$$\begin{aligned}&\mathrm{CKF5}\approx\mathrm{GHQKF5}>\\&\mathrm{CKF3}\approx\mathrm{GHQKF3}\approx\mathrm{UKF}=\mathrm{SRUKF}\approx\mathrm{EKF2}\approx\mathrm{CDKF2}>\\&\mathrm{EKF}=\mathrm{IDKF}\approx\mathrm{QDKF}\approx\mathrm{CDKF1}\approx\mathrm{FBDKF}\approx\mathrm{IEKF}\end{aligned}\tag{7.6.18}$$

其中，“>”和“≈”分别表示精度优于和精度相近；“=”表示精度完全一样(EKF=IDKF)或几乎没有区别(UKF=SRUKF)。在同组之内各种算法精度差异甚微，若进行多次仿真对比，各算法的精度高低排序是不固定的(“=”号除外)，因此难以绝对评定孰优孰劣，况且有些算法还跟超参数选取有关(比如差分滤波算法中含有步长 d、UKF 滤波中含有 α,β,κ 等参数)。值得指出的是，在第二组中，多数仿真样本显示 CKF3 的算法精度略优于其他算法；而在第三组中，不少仿真显示 IEKF 的精度与 EKF 相比没有提高，反而下降，IEKF 的精度稳定性保持不好。

此外，若假设弹道参数粗略已知，将滤波初始条件式(7.6.14)和式(7.6.15)分别修改为

$$\hat{\boldsymbol{X}}_0'=[(60\ 000+1\ 000\upsilon)\ \mathrm{m}\quad(6\ 000+600\upsilon)\ (\mathrm{m\cdot s^{-1}})\quad(0.001+0.000\ 1\upsilon)\ (\mathrm{m^{-1}})]^{\mathrm{T}}\tag{7.6.19}$$

$$\boldsymbol{P}_0'=\mathrm{diag}(1\ 000\ \mathrm{m}\quad 600\ (\mathrm{m\cdot s^{-1}})\quad 0.000\ 1\ (\mathrm{m^{-1}}))^2\tag{7.6.20}$$

式(7.6.19)说明，弹道系数是大致已知的，仅有 0.000 1/0.001=10%的不确定性，式(7.6.20)也相应地降低了弹道系数的均方差初值。对所有 14 种滤波算法进行了重新仿真，结果如图 7.6.4 所示，其中 IDKF 滤波初值设置分别为 $\hat{\boldsymbol{X}}_0'^{n}=\hat{\boldsymbol{X}}_0'$、$\Delta\hat{\boldsymbol{X}}_0'=\mathbf{0}$ 和 $\boldsymbol{P}_0'$。

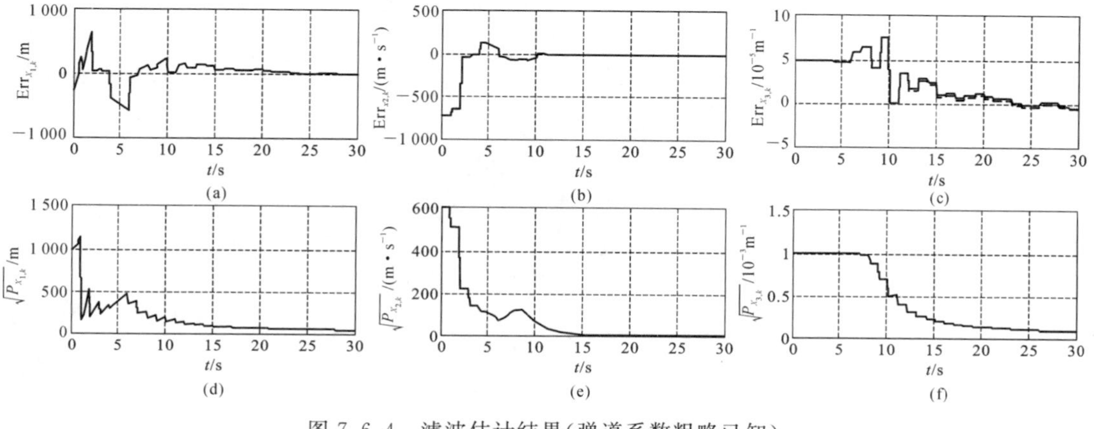

图 7.6.4　滤波估计结果(弹道系数粗略已知)

相较于图 7.6.3,图 7.6.4 的状态估计误差波动明显减小了。在图 7.6.4 中,各算法的估计精度高低关系依然满足式(7.6.18),但即使是图 7.6.4 中的第三组算法,其精度也高于图 7.6.3中第一组算法的精度。由此可见,在非线性滤波方法中,如能够越准确地知道状态初值并减小初始不确定性,对提高滤波估计精度是越有效的,这时采用 EKF 滤波或 IDKF 滤波往往就可以满足使用精度要求。显然,在有些后处理应用场合,通过反复多次滤波和修正,能够提高滤波器的初值精度,从而可将非线性滤波问题转化为 IDKF 线性滤波问题,最终提高状态估计精度。

最后指出,本章给出了众多的非线性滤波算法,并且通过例子仿真也展示出了一定的状态估计效果,然而这仅仅是针对一些相对简单的低维系统而言的。对于复杂的高维非线性系统,除 EKF 和 IDKF 滤波外,其他非线性滤波方法的实用性和可用性都不强,特别在惯性技术相关的组合导航领域,虽然关于非线性滤波的文献研究不少,但是它们普遍存在工程应用必要性不强或工程实用效果欠佳的问题。

第 8 章　初始对准与组合导航技术

捷联惯导系统在运载体行驶导航之前通常必须先进行初始对准，以确定导航参数姿态、方位、速度和位置的初始值，其中方位的初始对准最为困难和关键。惯导系统虽然具有很强的自主性，但其不足之处亦非常明显，惯导的误差随着时间发展会不断累积，单独使用惯导难以长时间维持高精度的定位导航，需要与其他导航方式综合在一起才能发挥更大的优势。

8.1　捷联惯导粗对准

惯导系统初始对准就是确定参考导航坐标系的一个过程。惯导系统刚上电启动时，其载体坐标系相对于参考导航坐标系的各轴指向完全未知或不够精确，无法立即进入导航状态，因此必须先确定载体坐标系相对于导航坐标系的空间方位，从惯导的角度看这等效于寻找参考导航坐标系的一个过程。以地理坐标系作为参考坐标系为例，它的三轴指向分别是东向、北向和天向，其中天向是根据重力加速度矢量方向定义的，有了天向也就相当于确定了当地水平面，在水平面上寻找东向和北向需要测定地球自转信息，其中北向是根据地球自转轴定义的。因此，重力加速度和地球自转角速度是惯导自对准的天然物理参考量，可分别利用加速度计和陀螺仪进行测量和确定。实际惯导系统中惯性仪器存在测量误差，导致其确定的导航参考坐标系也会产生误差。

8.1.1　矢量定姿原理

1. 双矢量定姿

在三维空间中有两个直角坐标系 r 系和 b 系，已知两个不共线的参考矢量 $\boldsymbol{V}_1$ 和 $\boldsymbol{V}_2$，它们在两个坐标下的投影坐标分别记为 $\boldsymbol{V}_1^r, \boldsymbol{V}_1^b$ 和 $\boldsymbol{V}_2^r, \boldsymbol{V}_2^b$，通过已知投影坐标求解 b 系和 r 系之间的方位关系问题，称为双矢量定姿。

两坐标系间方位关系可用方向余弦阵（姿态阵）来描述，记为 $\boldsymbol{C}_b^r$。显然，两矢量坐标在不同坐标系下存在如下转换关系式：

$$\boldsymbol{V}_1^r = \boldsymbol{C}_b^r \boldsymbol{V}_1^b \tag{8.1.1}$$

$$\boldsymbol{V}_2^r = \boldsymbol{C}_b^r \boldsymbol{V}_2^b \tag{8.1.2}$$

上述两式中共含有 6 个标量方程，为了方便求解 $\boldsymbol{C}_b^r$，再构造一个矢量等式（含 3 个标量方程），构造方法是将式(8.1.1)叉乘式(8.1.2)，得辅助矢量等式

$$\boldsymbol{V}_1^r \times \boldsymbol{V}_2^r = (\boldsymbol{C}_b^r \boldsymbol{V}_1^b) \times (\boldsymbol{C}_b^r \boldsymbol{V}_2^b) = \boldsymbol{C}_b^r (\boldsymbol{V}_1^b \times \boldsymbol{V}_2^b) \tag{8.1.3}$$

将前述三式合并在一起，写成矩阵形式，可得

$$[\boldsymbol{V}_1^r \quad \boldsymbol{V}_2^r \quad \boldsymbol{V}_1^r \times \boldsymbol{V}_2^r] = \boldsymbol{C}_b^r [\boldsymbol{V}_1^b \quad \boldsymbol{V}_2^b \quad \boldsymbol{V}_1^b \times \boldsymbol{V}_2^b] \tag{8.1.4}$$

由于矢量 $\boldsymbol{V}_1$ 和 $\boldsymbol{V}_2$ 不共线，因而 $\boldsymbol{V}_1^b, \boldsymbol{V}_2^b$ 和 $\boldsymbol{V}_1^b \times \boldsymbol{V}_2^b$ 三者必定不共面，即 $[\boldsymbol{V}_1^b \quad \boldsymbol{V}_2^b \quad \boldsymbol{V}_1^b \times \boldsymbol{V}_2^b]$ 可逆，由式(8.1.4)可直接解得

$$\boldsymbol{C}_b^r=\begin{bmatrix}\boldsymbol{V}_1^r & \boldsymbol{V}_2^r & \boldsymbol{V}_1^r\times\boldsymbol{V}_2^r\end{bmatrix}\begin{bmatrix}\boldsymbol{V}_1^b & \boldsymbol{V}_2^b & \boldsymbol{V}_1^b\times\boldsymbol{V}_2^b\end{bmatrix}^{-1} \tag{8.1.5}$$

考虑到 $\boldsymbol{C}_b^r$ 是单位正交阵，有 $\boldsymbol{C}_b^r=(\boldsymbol{C}_b^r)^{-\mathrm{T}}$，式(8.1.5)等号两边同时转置后再求逆，不难得到

$$\boldsymbol{C}_b^r=\begin{bmatrix}(\boldsymbol{V}_1^r)^{\mathrm{T}}\\(\boldsymbol{V}_2^r)^{\mathrm{T}}\\(\boldsymbol{V}_1^r\times\boldsymbol{V}_2^r)^{\mathrm{T}}\end{bmatrix}^{-1}\begin{bmatrix}(\boldsymbol{V}_1^b)^{\mathrm{T}}\\(\boldsymbol{V}_2^b)^{\mathrm{T}}\\(\boldsymbol{V}_1^b\times\boldsymbol{V}_2^b)^{\mathrm{T}}\end{bmatrix} \tag{8.1.6}$$

式(8.1.6)是求解双矢量定姿问题的比较简单的算法，等式右边两个矩阵中的每一行向量均表示相应矢量(含辅助矢量)在两坐标系的投影坐标，只要三个行向量不共面即可。然而，实际中 $\boldsymbol{V}_1^r,\boldsymbol{V}_2^r$ 或 $\boldsymbol{V}_1^b,\boldsymbol{V}_2^b$ 中的某些甚至所有值是由测量设备提供的，存在一定的测量误差，对于矢量误差往往既包含模值误差又包含方向误差，使得按式(8.1.6)求解的姿态阵并不能严格满足单位正交化要求。

针对式(8.1.6)进行改进，一种思路是预先对参与解算的所有矢量作正交及单位化处理。图 8.1.1 给出了由测量矢量 $\tilde{\boldsymbol{V}}_1^b$ 和 $\tilde{\boldsymbol{V}}_2^b$ 依次求解三个单位正交矢量 $\dfrac{\tilde{\boldsymbol{V}}_1^b}{|\tilde{\boldsymbol{V}}_1^b|}$，$\dfrac{\tilde{\boldsymbol{V}}_1^b\times\tilde{\boldsymbol{V}}_2^b}{|\tilde{\boldsymbol{V}}_1^b\times\tilde{\boldsymbol{V}}_2^b|}$ 和 $\dfrac{\tilde{\boldsymbol{V}}_1^b\times\tilde{\boldsymbol{V}}_2^b\times\tilde{\boldsymbol{V}}_1^b}{|\tilde{\boldsymbol{V}}_1^b\times\tilde{\boldsymbol{V}}_2^b\times\tilde{\boldsymbol{V}}_1^b|}$ 的几何示意图。注意，图中 $\tilde{\boldsymbol{V}}_1^b$ 被选为主矢量，选择主矢量的原则通常是选择两个矢量中的重要性较大者，或者相对测量误差较小者。

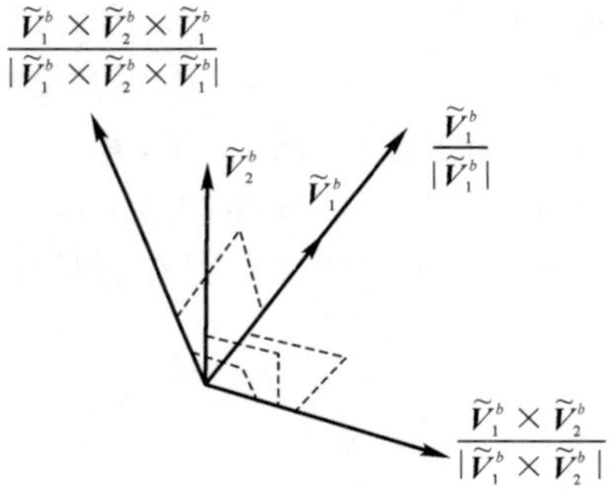

图 8.1.1　由两个非共线矢量构造三个正交规范化矢量

对应地，由 $\tilde{\boldsymbol{V}}_1^r$ 和 $\tilde{\boldsymbol{V}}_2^r$ 也可求得 $\dfrac{\tilde{\boldsymbol{V}}_1^r}{|\tilde{\boldsymbol{V}}_1^r|}$，$\dfrac{\tilde{\boldsymbol{V}}_1^r\times\tilde{\boldsymbol{V}}_2^r}{|\tilde{\boldsymbol{V}}_1^r\times\tilde{\boldsymbol{V}}_2^r|}$ 和 $\dfrac{\tilde{\boldsymbol{V}}_1^r\times\tilde{\boldsymbol{V}}_2^r\times\tilde{\boldsymbol{V}}_1^r}{|\tilde{\boldsymbol{V}}_1^r\times\tilde{\boldsymbol{V}}_2^r\times\tilde{\boldsymbol{V}}_1^r|}$，再根据式(8.1.6)，构造姿态阵如下：

$$\hat{\boldsymbol{C}}_b^r=\begin{bmatrix}(\tilde{\boldsymbol{V}}_1^r)^{\mathrm{T}}/|\tilde{\boldsymbol{V}}_1^r|\\(\tilde{\boldsymbol{V}}_1^r\times\tilde{\boldsymbol{V}}_2^r)^{\mathrm{T}}/|\tilde{\boldsymbol{V}}_1^r\times\tilde{\boldsymbol{V}}_2^r|\\(\tilde{\boldsymbol{V}}_1^r\times\tilde{\boldsymbol{V}}_2^r\times\tilde{\boldsymbol{V}}_1^r)^{\mathrm{T}}/|\tilde{\boldsymbol{V}}_1^r\times\tilde{\boldsymbol{V}}_2^r\times\tilde{\boldsymbol{V}}_1^r|\end{bmatrix}^{-1}\begin{bmatrix}(\tilde{\boldsymbol{V}}_1^b)^{\mathrm{T}}/|\tilde{\boldsymbol{V}}_1^b|\\(\tilde{\boldsymbol{V}}_1^b\times\tilde{\boldsymbol{V}}_2^b)^{\mathrm{T}}/|\tilde{\boldsymbol{V}}_1^b\times\tilde{\boldsymbol{V}}_2^b|\\(\tilde{\boldsymbol{V}}_1^b\times\tilde{\boldsymbol{V}}_2^b\times\tilde{\boldsymbol{V}}_1^b)^{\mathrm{T}}/|\tilde{\boldsymbol{V}}_1^b\times\tilde{\boldsymbol{V}}_2^b\times\tilde{\boldsymbol{V}}_1^b|\end{bmatrix}=$$

$$\begin{bmatrix}\dfrac{\tilde{\boldsymbol{V}}_1^r}{|\tilde{\boldsymbol{V}}_1^r|} & \dfrac{\tilde{\boldsymbol{V}}_1^r\times\tilde{\boldsymbol{V}}_2^r}{|\tilde{\boldsymbol{V}}_1^r\times\tilde{\boldsymbol{V}}_2^r|} & \dfrac{\tilde{\boldsymbol{V}}_1^r\times\tilde{\boldsymbol{V}}_2^r\times\tilde{\boldsymbol{V}}_1^r}{|\tilde{\boldsymbol{V}}_1^r\times\tilde{\boldsymbol{V}}_2^r\times\tilde{\boldsymbol{V}}_1^r|}\end{bmatrix}\begin{bmatrix}(\tilde{\boldsymbol{V}}_1^b)^{\mathrm{T}}/|\tilde{\boldsymbol{V}}_1^b|\\(\tilde{\boldsymbol{V}}_1^b\times\tilde{\boldsymbol{V}}_2^b)^{\mathrm{T}}/|\tilde{\boldsymbol{V}}_1^b\times\tilde{\boldsymbol{V}}_2^b|\\(\tilde{\boldsymbol{V}}_1^b\times\tilde{\boldsymbol{V}}_2^b\times\tilde{\boldsymbol{V}}_1^b)^{\mathrm{T}}/|\tilde{\boldsymbol{V}}_1^b\times\tilde{\boldsymbol{V}}_2^b\times\tilde{\boldsymbol{V}}_1^b|\end{bmatrix} \tag{8.1.7}$$

式中：$\hat{\boldsymbol{C}}_b^r$ 自然满足单位正交化条件。

2. 多矢量定姿

假设三维空间中有 m($m\geqslant 2$，也适用于双矢量定姿)个不共面的矢量，在 b 系和 r 系中同时对这些矢量进行测量，由于存在测量误差，它们只能近似满足如下变换关系：

$$\widetilde{\boldsymbol{V}}_i^r \approx \boldsymbol{C}_b^r \widetilde{\boldsymbol{V}}_i^b \quad (i=1,2,\cdots,m) \tag{8.1.8}$$

多矢量定姿问题就是求解满足式(8.1.8)的最优姿态变换阵 $\boldsymbol{C}_b^r$(右手单位正交阵)。

为了定量描述"最优"性能,这里构造指标函数为

$$J^*(\boldsymbol{C}_b^r)=\frac{1}{2}\sum_{i=1}^{m} w_i \left|\widetilde{\boldsymbol{V}}_i^r-\boldsymbol{C}_b^r\widetilde{\boldsymbol{V}}_i^b\right|^2=\min \tag{8.1.9}$$

其中:w_i 为已知的加权系数,一般有 $\sum_{i=1}^{m} w_i=1$,对于等加权平均可取 $w_i=1/m$,或直接取 $w_i=1$ 并不影响极值条件;$\widetilde{\boldsymbol{V}}_i^r-\boldsymbol{C}_b^r\widetilde{\boldsymbol{V}}_i^b$ 反映的是在两个坐标系中测量同一物理矢量的不一致性误差。式(8.1.9)所谓"最优"的含义就是使测量误差的加权平方和达到最小。

现对误差平方进行如下等价变形:

$$\begin{aligned}\left|\widetilde{\boldsymbol{V}}_i^r-\boldsymbol{C}_b^r\widetilde{\boldsymbol{V}}_i^b\right|^2 &= (\widetilde{\boldsymbol{V}}_i^r-\boldsymbol{C}_b^r\widetilde{\boldsymbol{V}}_i^b)^{\mathrm{T}}(\widetilde{\boldsymbol{V}}_i^r-\boldsymbol{C}_b^r\widetilde{\boldsymbol{V}}_i^b)=\left[(\widetilde{\boldsymbol{V}}_i^r)^{\mathrm{T}}-(\widetilde{\boldsymbol{V}}_i^b)^{\mathrm{T}}(\boldsymbol{C}_b^r)^{\mathrm{T}}\right](\widetilde{\boldsymbol{V}}_i^r-\boldsymbol{C}_b^r\widetilde{\boldsymbol{V}}_i^b)= \\ &\left|\widetilde{\boldsymbol{V}}_i^r\right|^2-(\widetilde{\boldsymbol{V}}_i^r)^{\mathrm{T}}\boldsymbol{C}_b^r\widetilde{\boldsymbol{V}}_i^b-(\widetilde{\boldsymbol{V}}_i^b)^{\mathrm{T}}(\boldsymbol{C}_b^r)^{\mathrm{T}}\widetilde{\boldsymbol{V}}_i^r+(\widetilde{\boldsymbol{V}}_i^b)^{\mathrm{T}}(\boldsymbol{C}_b^r)^{\mathrm{T}}\boldsymbol{C}_b^r\widetilde{\boldsymbol{V}}_i^b= \\ &\left|\widetilde{\boldsymbol{V}}_i^r\right|^2+\left|\widetilde{\boldsymbol{V}}_i^b\right|^2-2(\widetilde{\boldsymbol{V}}_i^r)^{\mathrm{T}}\boldsymbol{C}_b^r\widetilde{\boldsymbol{V}}_i^b\end{aligned} \tag{8.1.10}$$

将式(8.1.10)代入式(8.1.9),可得

$$J^*(\boldsymbol{C}_b^r)=\frac{1}{2}\sum_{i=1}^{m} w_i\left|\widetilde{\boldsymbol{V}}_i^r-\boldsymbol{C}_b^r\widetilde{\boldsymbol{V}}_i^b\right|^2=\frac{1}{2}\sum_{i=1}^{m} w_i\left(\left|\widetilde{\boldsymbol{V}}_i^r\right|^2+\left|\widetilde{\boldsymbol{V}}_i^b\right|^2\right)-\sum_{i=1}^{m} w_i(\widetilde{\boldsymbol{V}}_i^r)^{\mathrm{T}}\boldsymbol{C}_b^r\widetilde{\boldsymbol{V}}_i^b \tag{8.1.11}$$

在所有测量值采集给定之后,$\widetilde{\boldsymbol{V}}_i^r$ 和 $\widetilde{\boldsymbol{V}}_i^b$ 是已知的,即式(8.1.11)等号右边第一项中 $\sum_{i=1}^{m} w_i\left(\left|\widetilde{\boldsymbol{V}}_i^r\right|^2+\left|\widetilde{\boldsymbol{V}}_i^b\right|^2\right)$ 为已知量,因而欲使 $J^*(\boldsymbol{C}_b^r)$ 达到最小,等价于使如下重新构造的指标函数达到最大:

$$J(\boldsymbol{C}_b^r)=\sum_{i=1}^{m} w_i(\widetilde{\boldsymbol{V}}_i^r)^{\mathrm{T}}\boldsymbol{C}_b^r\widetilde{\boldsymbol{V}}_i^b=\max \tag{8.1.12}$$

进一步对式(8.1.12)作变换可得

$$\begin{aligned}J(\boldsymbol{C}_b^r)=\sum_{i=1}^{m} w_i(\widetilde{\boldsymbol{V}}_i^r)^{\mathrm{T}}\boldsymbol{C}_b^r\widetilde{\boldsymbol{V}}_i^b &=\mathrm{tr}\left(\begin{bmatrix} w_1(\widetilde{\boldsymbol{V}}_1^r)^{\mathrm{T}} \\ w_2(\widetilde{\boldsymbol{V}}_2^r)^{\mathrm{T}} \\ \vdots \\ w_m(\widetilde{\boldsymbol{V}}_m^r)^{\mathrm{T}}\end{bmatrix}\boldsymbol{C}_b^r\begin{bmatrix}\widetilde{\boldsymbol{V}}_1^b & \widetilde{\boldsymbol{V}}_2^b & \cdots & \widetilde{\boldsymbol{V}}_m^b\end{bmatrix}\right)= \\ &\mathrm{tr}\left(\boldsymbol{C}_b^r\begin{bmatrix}\widetilde{\boldsymbol{V}}_1^b & \widetilde{\boldsymbol{V}}_2^b & \cdots & \widetilde{\boldsymbol{V}}_m^b\end{bmatrix}\begin{bmatrix} w_1(\widetilde{\boldsymbol{V}}_1^r)^{\mathrm{T}} \\ w_2(\widetilde{\boldsymbol{V}}_2^r)^{\mathrm{T}} \\ \vdots \\ w_m(\widetilde{\boldsymbol{V}}_m^r)^{\mathrm{T}}\end{bmatrix}\right)=\mathrm{tr}\left(\boldsymbol{C}_b^r\sum_{i=1}^{m} w_i\widetilde{\boldsymbol{V}}_i^b(\widetilde{\boldsymbol{V}}_i^r)^{\mathrm{T}}\right)\end{aligned} \tag{8.1.13}$$

式(8.1.13)第三等号使用了矩阵乘积的求迹公式 $\mathrm{tr}(\boldsymbol{M}_1\boldsymbol{M}_2)=\mathrm{tr}(\boldsymbol{M}_2\boldsymbol{M}_1)$,从而式(8.1.12)又等价于

$$J(\boldsymbol{C}_b^r)=\mathrm{tr}(\boldsymbol{C}_b^r\boldsymbol{A}^{\mathrm{T}})=\max \tag{8.1.14}$$

式中:记

$$\boldsymbol{A}=\left[\sum_{i=1}^{m} w_i\widetilde{\boldsymbol{V}}_i^b(\widetilde{\boldsymbol{V}}_i^r)^{\mathrm{T}}\right]^{\mathrm{T}}=\sum_{i=1}^{m} w_i\widetilde{\boldsymbol{V}}_i^r(\widetilde{\boldsymbol{V}}_i^b)^{\mathrm{T}} \tag{8.1.15}$$

根据附录N中定理2,假设三阶方阵 $\boldsymbol{A}$ 的秩不小于2且它的奇异值分解为 $\boldsymbol{A}=\boldsymbol{U}\boldsymbol{D}\boldsymbol{V}^{\mathrm{T}}$,则可

求得唯一的最优姿态矩阵为

$$\hat{\boldsymbol{C}}_b^r = \boldsymbol{U} \cdot \mathrm{diag}(1 \quad 1 \quad \det(\boldsymbol{U}\boldsymbol{V}^{\mathrm{T}})) \cdot \boldsymbol{V}^{\mathrm{T}} \tag{8.1.16}$$

理论上，只要 m 个矢量中至少存在两个不共线都可以求得唯一的最优姿态矩阵，但是结果可能是误差很大或者无实际意义的。在实际应用中，一种简单的处理方法是：当发现 $\tilde{\boldsymbol{V}}_i^b$ 和 $\tilde{\boldsymbol{V}}_j^b(i \neq j)$ 之间的夹角与 $\tilde{\boldsymbol{V}}_i^r$ 和 $\tilde{\boldsymbol{V}}_j^r$ 之间的夹角差异明显较大时，可引入第三(或更多)矢量对比，将异常值去除。

8.1.2 解析粗对准方法及其误差分析

初始对准一般是在运载体对地静止的环境下进行的，即运载体相对地面既没有明显的线运动也没有角运动，且对准地点处的地理位置准确已知，也就是说，重力矢量 $\boldsymbol{g}$ 和地球自转角速度矢量 $\boldsymbol{\omega}_{ie}$ 在地理坐标系(初始对准参考坐标系)的分量准确已知，分别如下：

$$\boldsymbol{g}^n = \begin{bmatrix} 0 \\ 0 \\ -g \end{bmatrix}, \quad \boldsymbol{\omega}_{ie}^n = \begin{bmatrix} 0 \\ \omega_{ie}\cos L \\ \omega_{ie}\sin L \end{bmatrix} = \begin{bmatrix} 0 \\ \omega_{\mathrm{N}} \\ \omega_{\mathrm{U}} \end{bmatrix} \tag{8.1.17}$$

其中：L，g 和 ω_{ie} 分别表示当地纬度、重力加速度大小和地球自转角速率大小，且记地球自转角速度的北向分量 $\omega_{\mathrm{N}} = \omega_{ie}\cos L$ 和天向分量 $\omega_{\mathrm{U}} = \omega_{ie}\sin L$。

根据 4.1 节的分析，有如下惯导角速度测量关系和比力方程：

$$\boldsymbol{C}_b^n\boldsymbol{\omega}_{ib}^b = \boldsymbol{\omega}_{ib}^n = \boldsymbol{\omega}_{ie}^n + \boldsymbol{\omega}_{en}^n + \boldsymbol{\omega}_{nb}^n \tag{8.1.18a}$$

$$\dot{\boldsymbol{v}}^n = \boldsymbol{C}_b^n\boldsymbol{f}_{\mathrm{sf}}^b - (2\boldsymbol{\omega}_{ie}^n + \boldsymbol{\omega}_{en}^n) \times \boldsymbol{v}^n + \boldsymbol{g}^n \tag{8.1.18b}$$

在静基座下线运动引起的 $\boldsymbol{\omega}_{en}^n$ 和 $(2\boldsymbol{\omega}_{ie}^n + \boldsymbol{\omega}_{en}^n) \times \boldsymbol{v}^n$ 都非常小，可以忽略，再考虑到陀螺仪测量误差 $\delta\boldsymbol{\omega}_{ib}^b$ 和加速度计测量误差 $\delta\boldsymbol{f}_{\mathrm{sf}}^b$，上述两式分别改写为

$$\boldsymbol{C}_b^n(\tilde{\boldsymbol{\omega}}_{ib}^b - \delta\boldsymbol{\omega}_{ib}^b) - \boldsymbol{\omega}_{nb}^n = \boldsymbol{\omega}_{ie}^n \tag{8.1.19a}$$

$$\boldsymbol{C}_b^n(\tilde{\boldsymbol{f}}_{\mathrm{sf}}^b - \delta\boldsymbol{f}_{\mathrm{sf}}^b) - \dot{\boldsymbol{v}}^n = -\boldsymbol{g}^n \tag{8.1.19b}$$

其中：$\boldsymbol{\omega}_{nb}^n$ 为基座角晃动干扰角速度；$\dot{\boldsymbol{v}}^n$ 为基座线晃动干扰加速度。

式(8.1.19)还可简写为

$$\boldsymbol{C}_b^n\tilde{\boldsymbol{\omega}}_{ib}^b - \hat{\boldsymbol{\varepsilon}}^n = \boldsymbol{\omega}_{ie}^n \tag{8.1.20a}$$

$$\boldsymbol{C}_b^n\tilde{\boldsymbol{f}}_{\mathrm{sf}}^b - \hat{\boldsymbol{\nabla}}^n = -\boldsymbol{g}^n \tag{8.1.20b}$$

其中：$\hat{\boldsymbol{\varepsilon}}^n = \boldsymbol{C}_b^n\delta\boldsymbol{\omega}_{ib}^b + \boldsymbol{\omega}_{nb}^n$ 为等效陀螺仪测量误差；$\hat{\boldsymbol{\nabla}}^n = \boldsymbol{C}_b^n\delta\boldsymbol{f}_{\mathrm{sf}}^b + \dot{\boldsymbol{v}}^n$ 为等效加速度计测量误差。当测量误差远小于有用信号时，比如 $|\hat{\boldsymbol{\varepsilon}}^n| < \frac{1}{10}|\boldsymbol{\omega}_{ie}^n| = \omega_{ie}/10$ 并且 $|\hat{\boldsymbol{\nabla}}^n| < \frac{1}{100}|-\boldsymbol{g}^n| = g/100$ 时，式(8.1.20)近似估计为

$$\tilde{\boldsymbol{C}}_b^n\tilde{\boldsymbol{\omega}}_{ib}^b = \boldsymbol{\omega}_{ie}^n \tag{8.1.21a}$$

$$\tilde{\boldsymbol{C}}_b^n\tilde{\boldsymbol{f}}_{\mathrm{sf}}^b = -\boldsymbol{g}^n \tag{8.1.21b}$$

一般情况下线运动干扰相对误差小于角运动，所以常常选择$(-\boldsymbol{g}^n)$作为主参考矢量，根据式(8.1.7)可得姿态阵估计

$$\hat{\boldsymbol{C}}_b^n = \begin{bmatrix} \dfrac{(-\boldsymbol{g}^n)}{|(-\boldsymbol{g}^n)|} & \dfrac{(-\boldsymbol{g}^n) \times \boldsymbol{\omega}_{ie}^n}{|(-\boldsymbol{g}^n) \times \boldsymbol{\omega}_{ie}^n|} & \dfrac{(-\boldsymbol{g}^n) \times \boldsymbol{\omega}_{ie}^n \times (-\boldsymbol{g}^n)}{|(-\boldsymbol{g}^n) \times \boldsymbol{\omega}_{ie}^n \times (-\boldsymbol{g}^n)|} \end{bmatrix} \times \begin{bmatrix} (\tilde{\boldsymbol{f}}_{\mathrm{sf}}^b)^{\mathrm{T}} / |\tilde{\boldsymbol{f}}_{\mathrm{sf}}^b| \\ (\tilde{\boldsymbol{f}}_{\mathrm{sf}}^b \times \tilde{\boldsymbol{\omega}}_{ib}^b)^{\mathrm{T}} / |\tilde{\boldsymbol{f}}_{\mathrm{sf}}^b \times \tilde{\boldsymbol{\omega}}_{ib}^b| \\ (\tilde{\boldsymbol{f}}_{\mathrm{sf}}^b \times \tilde{\boldsymbol{\omega}}_{ib}^b \times \tilde{\boldsymbol{f}}_{\mathrm{sf}}^b)^{\mathrm{T}} / |\tilde{\boldsymbol{f}}_{\mathrm{sf}}^b \times \tilde{\boldsymbol{\omega}}_{ib}^b \times \tilde{\boldsymbol{f}}_{\mathrm{sf}}^b| \end{bmatrix} \tag{8.1.22}$$

将式(8.1.17)代入式(8.1.22),可得

$$\hat{\boldsymbol{C}}_b^n=\begin{bmatrix}0&-1&0\\0&0&1\\1&0&0\end{bmatrix}\begin{bmatrix}(\tilde{\boldsymbol{f}}_{\mathrm{sf}}^b)^{\mathrm{T}}/|\tilde{\boldsymbol{f}}_{\mathrm{sf}}^b|\\(\tilde{\boldsymbol{f}}_{\mathrm{sf}}^b\times\tilde{\boldsymbol{\omega}}_{ib}^b)^{\mathrm{T}}/|\tilde{\boldsymbol{f}}_{\mathrm{sf}}^b\times\tilde{\boldsymbol{\omega}}_{ib}^b|\\(\tilde{\boldsymbol{f}}_{\mathrm{sf}}^b\times\tilde{\boldsymbol{\omega}}_{ib}^b\times\tilde{\boldsymbol{f}}_{\mathrm{sf}}^b)^{\mathrm{T}}/|\tilde{\boldsymbol{f}}_{\mathrm{sf}}^b\times\tilde{\boldsymbol{\omega}}_{ib}^b\times\tilde{\boldsymbol{f}}_{\mathrm{sf}}^b|\end{bmatrix}=$$

$$\begin{bmatrix}-(\tilde{\boldsymbol{f}}_{\mathrm{sf}}^b\times\tilde{\boldsymbol{\omega}}_{ib}^b)^{\mathrm{T}}/|\tilde{\boldsymbol{f}}_{\mathrm{sf}}^b\times\tilde{\boldsymbol{\omega}}_{ib}^b|\\(\tilde{\boldsymbol{f}}_{\mathrm{sf}}^b\times\tilde{\boldsymbol{\omega}}_{ib}^b\times\tilde{\boldsymbol{f}}_{\mathrm{sf}}^b)^{\mathrm{T}}/|\tilde{\boldsymbol{f}}_{\mathrm{sf}}^b\times\tilde{\boldsymbol{\omega}}_{ib}^b\times\tilde{\boldsymbol{f}}_{\mathrm{sf}}^b|\\(\tilde{\boldsymbol{f}}_{\mathrm{sf}}^b)^{\mathrm{T}}/|\tilde{\boldsymbol{f}}_{\mathrm{sf}}^b|\end{bmatrix}\tag{8.1.23}$$

由式(8.1.23)可见,根据实际陀螺仪和加速度计测量值即可直接实现姿态阵估计,这一过程表面上与地理位置无关,其实地理纬度信息隐含在两矢量 $\tilde{\boldsymbol{\omega}}_{ib}^b$ 与 $\tilde{\boldsymbol{f}}_{\mathrm{sf}}^b$ 的夹角之中,即应当有 $\angle(\tilde{\boldsymbol{\omega}}_{ib}^b,\tilde{\boldsymbol{f}}_{\mathrm{sf}}^b)\approx\pi/2-L$。特别地,在地理极点附近有 $\angle(\tilde{\boldsymbol{\omega}}_{ib}^b,\tilde{\boldsymbol{f}}_{\mathrm{sf}}^b)\approx 0$ 即 $\tilde{\boldsymbol{\omega}}_{ib}^b\times\tilde{\boldsymbol{f}}_{\mathrm{sf}}^b\approx\boldsymbol{0}$,这时式(8.1.23)中会出现分母为 0 从而引起很大的计算误差,不能完成初始对准。因此,后面总是假设初始对准是在中低纬度地区进行的。

实际应用中,为了降低传感器高频噪声及高频环境晃动的影响,主要是针对陀螺仪高频噪声和高频角晃动的影响,常常需要采集一段时间$[0,T]$的惯性传感器数据,假设角增量为 $\Delta\boldsymbol{\theta}(T)$ 和速度增量为 $\Delta\boldsymbol{V}(T)$,求解该时间段内的平均角速度为 $\bar{\boldsymbol{\omega}}_{ib}^b=\Delta\boldsymbol{\theta}(T)/T$ 以及比力为 $\bar{\boldsymbol{f}}_{\mathrm{sf}}^b=\Delta\boldsymbol{V}(T)/T$,分别代替式(8.1.23)中的 $\tilde{\boldsymbol{\omega}}_{ib}^b$ 和 $\tilde{\boldsymbol{f}}_{\mathrm{sf}}^b$,从而可以估计得 $\hat{\boldsymbol{C}}_b^n$。一般情况下,在$[0,T]$时间段内当低频晃动角小于 $\omega_{ie}T/10$ 且速度变化小于 $gT/100$ 时,就能够求得具有一定近似精度的粗略对准结果。

以下对粗对准的误差进行简要的分析。

在式(8.1.23)中,各行向量的分母模值分别近似如下:

$$|\tilde{\boldsymbol{f}}_{\mathrm{sf}}^b\times\tilde{\boldsymbol{\omega}}_{ib}^b|\approx|(-\boldsymbol{g}^n)\times\boldsymbol{\omega}_{ie}^n|=g\omega_{ie}\cos L=g\omega_{\mathrm{N}}\tag{8.1.24a}$$

$$|\tilde{\boldsymbol{f}}_{\mathrm{sf}}^b\times\tilde{\boldsymbol{\omega}}_{ib}^b\times\tilde{\boldsymbol{f}}_{\mathrm{sf}}^b|\approx|(-\boldsymbol{g}^n)\times\boldsymbol{\omega}_{ie}^n\times(-\boldsymbol{g}^n)|=g^2\omega_{\mathrm{N}}\tag{8.1.24b}$$

$$|\tilde{\boldsymbol{f}}_{\mathrm{sf}}^b|\approx|(-\boldsymbol{g}^n)|=g\tag{8.1.24c}$$

若忽略关于误差的高阶小量,式(8.1.23)可展开为

$$\hat{\boldsymbol{C}}_b^n\approx\begin{bmatrix}-[(\boldsymbol{f}_{\mathrm{sf}}^b+\delta\boldsymbol{f}_{\mathrm{sf}}^b)\times(\boldsymbol{\omega}_{ib}^b+\delta\boldsymbol{\omega}_{ib}^b)]^{\mathrm{T}}/(g\omega_{\mathrm{N}})\\ [(\boldsymbol{f}_{\mathrm{sf}}^b+\delta\boldsymbol{f}_{\mathrm{sf}}^b)\times(\boldsymbol{\omega}_{ib}^b+\delta\boldsymbol{\omega}_{ib}^b)\times(\boldsymbol{f}_{\mathrm{sf}}^b+\delta\boldsymbol{f}_{\mathrm{sf}}^b)]^{\mathrm{T}}/(g^2\omega_{\mathrm{N}})\\(\boldsymbol{f}_{\mathrm{sf}}^b+\delta\boldsymbol{f}_{\mathrm{sf}}^b)^{\mathrm{T}}/g\end{bmatrix}\approx$$

$$\begin{bmatrix}-(\boldsymbol{f}_{\mathrm{sf}}^b\times\boldsymbol{\omega}_{ib}^b)^{\mathrm{T}}/(g\omega_{\mathrm{N}})\\(\boldsymbol{f}_{\mathrm{sf}}^b\times\boldsymbol{\omega}_{ib}^b\times\boldsymbol{f}_{\mathrm{sf}}^b)^{\mathrm{T}}/(g^2\omega_{\mathrm{N}})\\(\boldsymbol{f}_{\mathrm{sf}}^b)^{\mathrm{T}}/g\end{bmatrix}+\begin{bmatrix}-(\delta\boldsymbol{f}_{\mathrm{sf}}^b\times\boldsymbol{\omega}_{ib}^b+\boldsymbol{f}_{\mathrm{sf}}^b\times\delta\boldsymbol{\omega}_{ib}^b)^{\mathrm{T}}/(g\omega_{\mathrm{N}})\\ *\\(\delta\boldsymbol{f}_{\mathrm{sf}}^b)^{\mathrm{T}}/g\end{bmatrix}\boldsymbol{C}_n^b\boldsymbol{C}_b^n=$$

$$\boldsymbol{C}_b^n+\begin{bmatrix}-(\delta\boldsymbol{f}_{\mathrm{sf}}^n\times\boldsymbol{\omega}_{ie}^n+(-\boldsymbol{g}^n)\times\delta\boldsymbol{\omega}_{ib}^n)^{\mathrm{T}}/(g\omega_{\mathrm{N}})\\ *\\(\delta\boldsymbol{f}_{\mathrm{sf}}^n)^{\mathrm{T}}/g\end{bmatrix}\boldsymbol{C}_b^n=$$

$$\left(\boldsymbol{I}+\begin{bmatrix}*&-\delta\omega_{ib,\mathrm{E}}^n/\omega_{\mathrm{N}}+\delta f_{\mathrm{sf,E}}^n\tan L/g&*\\ *&*&*\\ \delta f_{\mathrm{sf,E}}^n/g&\delta f_{\mathrm{sf,N}}^n/g&*\end{bmatrix}\right)\boldsymbol{C}_b^n\tag{8.1.25}$$

式中:记 $\delta\boldsymbol{f}_{\mathrm{sf}}^n=[\delta f_{\mathrm{sf,E}}^n\quad\delta f_{\mathrm{sf,N}}^n\quad\delta f_{\mathrm{sf,U}}^n]^{\mathrm{T}}$ 和 $\delta\boldsymbol{\omega}_{ib}^n=[\delta\omega_{ib,\mathrm{E}}^n\quad\delta\omega_{ib,\mathrm{N}}^n\quad\delta\omega_{ib,\mathrm{U}}^n]^{\mathrm{T}}$,符号“ * ”表示矩阵中不必关注的元素。

假设姿态阵估计值 $\hat{\boldsymbol{C}}_b^n$ 与真实值 $\boldsymbol{C}_b^n$ 之间存在小量的失准角 $\boldsymbol{\phi}$，根据 4.2.2 小节分析，它们满足如下关系：

$$\hat{\boldsymbol{C}}_b^n=(\boldsymbol{I}-\boldsymbol{\phi}\times)\boldsymbol{C}_b^n \tag{8.1.26}$$

比较式(8.1.25)和式(8.1.26)，可得

$$-(\boldsymbol{\phi}\times)=\begin{bmatrix} * & -\delta\omega_{ib,\mathrm{E}}^n/\omega_\mathrm{N}+\delta f_{\mathrm{sf,E}}^n\tan L/g & * \\ * & * & * \\ \delta f_{\mathrm{sf,E}}^n/g & \delta f_{\mathrm{sf,N}}^n/g & * \end{bmatrix} \tag{8.1.27}$$

从而有

$$\boldsymbol{\phi}=\begin{bmatrix} -\delta f_{\mathrm{sf,N}}^n/g \\ \delta f_{\mathrm{sf,E}}^n/g \\ -\delta\omega_{ib,\mathrm{E}}^n/\omega_\mathrm{N}+\delta f_{\mathrm{sf,E}}^n\tan L/g \end{bmatrix}\approx\begin{bmatrix} -\delta f_{\mathrm{sf,N}}^n/g \\ \delta f_{\mathrm{sf,E}}^n/g \\ -\delta\omega_{ib,\mathrm{E}}^n/\omega_\mathrm{N} \end{bmatrix} \tag{8.1.28}$$

一般情况下，陀螺仪相对地球自转的测量误差大于加速度计相对地球重力的测量误差，即在式(8.1.28)中有 $|\delta\omega_{ib,\mathrm{E}}^n/\omega_\mathrm{N}|\gg|\delta f_{\mathrm{sf,E}}^n\tan L/g|$。式(8.1.28)表明，水平失准角的对准误差主要取决于加速度计的等效水平测量误差 $\delta f_{\mathrm{sf,N}}^n$ 和 $\delta f_{\mathrm{sf,E}}^n$，而方位失准角的对准误差主要取决于陀螺仪的等效东向测量误差 $\delta\omega_{ib,\mathrm{E}}^n$。

8.1.3 间接粗对准方法

暂且定义两个重要的惯性坐标系：①初始时刻载体惯性系(b_0)，它与初始对准开始瞬时的载体坐标系(b 系)重合，随后相对于惯性空间无转动；②初始时刻导航惯性系(n_0)，它与初始对准开始瞬时的导航坐标系(n 系，即地理坐标系)重合，随后相对于惯性空间无转动。间接初始对准方法的关键是求解 b_0 系与 n_0 系的方位关系，即常值矩阵 $\boldsymbol{C}_{b_0}^{n_0}$。

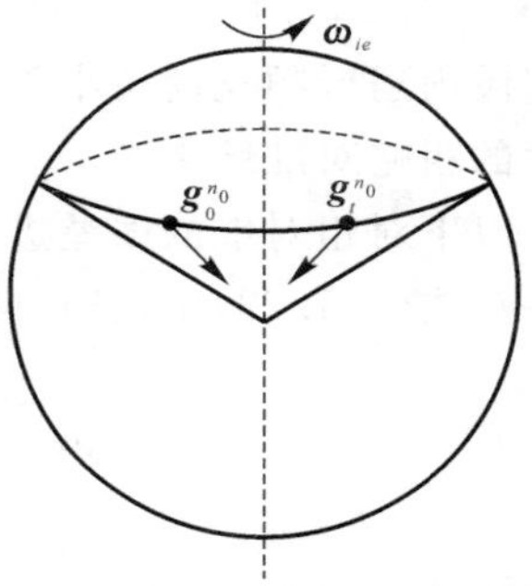

图 8.1.2 惯性空间中观察重力矢量形成锥面

参见图 8.1.2，不难想象，从惯性坐标系中观察地球表面上某固定点(惯导)的重力矢量，它的方向将随着地球自转逐渐改变，24 h 内恰好旋转一圈，形成一个锥面。重力矢量的方向为地向，而其变化率(微分)方向为东西方向，因而在重力矢量及其变化中包含了地理坐标系信息，即水平和方位信息。

首先，重力矢量在 n_0 系的投影为

$$\boldsymbol{g}^{n_0}=\boldsymbol{C}_n^{n_0}\boldsymbol{g}^n \tag{8.1.29}$$

其中：$\boldsymbol{g}^n=[0\quad 0\quad -g]^\mathrm{T}$ 为常矢量，而

$$\dot{\boldsymbol{C}}_n^{n_0}=\boldsymbol{C}_n^{n_0}(\boldsymbol{\omega}_{n_0n}^n\times)=\boldsymbol{C}_n^{n_0}(\boldsymbol{\omega}_{ie}^n\times) \tag{8.1.30}$$

由于 $\boldsymbol{\omega}_{ie}^n$ 为常值，即 n 系相对于 n_0 系为定轴转动，由式(8.1.30)可解得

$$\boldsymbol{C}_n^{n_0}=\mathrm{e}^{(\boldsymbol{\omega}_{ie}^n\times)}=\boldsymbol{I}+\frac{\sin\omega_{ie}t}{\omega_{ie}t}(t\boldsymbol{\omega}_{ie}^n\times)+\frac{1-\cos\omega_{ie}t}{(\omega_{ie}t)^2}(t\boldsymbol{\omega}_{ie}^n\times)^2=$$

$$\begin{bmatrix} \cos\omega_{ie}t & -\sin\omega_{ie}t\sin L & \sin\omega_{ie}t\cos L \\ \sin\omega_{ie}t\sin L & 1-(1-\cos\omega_{ie}t)\sin^2L & (1-\cos\omega_{ie}t)\sin L\cos L \\ -\sin\omega_{ie}t\cos L & (1-\cos\omega_{ie}t)\sin L\cos L & 1-(1-\cos\omega_{ie}t)\cos^2L \end{bmatrix} \tag{8.1.31}$$

所以有

$$\boldsymbol{g}^{n_0}=-g\begin{bmatrix}\sin\omega_{ie}t\cos L\\(1-\cos\omega_{ie}t)\sin L\cos L\\1-(1-\cos\omega_{ie}t)\cos^2 L\end{bmatrix} \tag{8.1.32}$$

其次，惯导加速度计的比力输出在 b_0 系投影为

$$\boldsymbol{f}_{\mathrm{sf}}^{b_0}=\boldsymbol{C}_b^{b_0}\boldsymbol{f}_{\mathrm{sf}}^{b} \tag{8.1.33}$$

其中

$$\dot{\boldsymbol{C}}_b^{b_0}=\boldsymbol{C}_b^{b_0}(\boldsymbol{\omega}_{b_0b}^{b}\times)=\boldsymbol{C}_b^{b_0}(\boldsymbol{\omega}_{ib}^{b}\times) \tag{8.1.34}$$

式中：$\boldsymbol{\omega}_{ib}^{b}$ 为陀螺仪的测量值，姿态阵初始值 $\boldsymbol{C}_b^{b_0}(0)=\boldsymbol{I}$，利用姿态更新算法可求得实时姿态阵 $\boldsymbol{C}_b^{b_0}$。这里无须对 $\boldsymbol{\omega}_{ib}^{b}$ 的大小做任何限制，因而间接对准算法具有很强的抗角运动干扰能力。

最后，通过 $\boldsymbol{C}_{b_0}^{n_0}$ 建立重力加速度与加速度计比力量测之间的关系。将式(8.1.20b)的两边同时左乘 $\boldsymbol{C}_n^{n_0}$，可得

$$\boldsymbol{C}_n^{n_0}(\boldsymbol{C}_b^n\tilde{\boldsymbol{f}}_{\mathrm{sf}}^{b}-\hat{\boldsymbol{\nabla}}^n)=\boldsymbol{C}_n^{n_0}(-\boldsymbol{g}^n) \tag{8.1.35}$$

即

$$\boldsymbol{C}_{b_0}^{n_0}(\boldsymbol{C}_b^{b_0}\tilde{\boldsymbol{f}}_{\mathrm{sf}}^{b}-\hat{\boldsymbol{\nabla}}^{b_0})=-\boldsymbol{g}^{n_0} \tag{8.1.36}$$

其中：$\hat{\boldsymbol{\nabla}}^{b_0}=\boldsymbol{C}_b^{b_0}\delta\boldsymbol{f}_{\mathrm{sf}}^{b}+\dot{\boldsymbol{v}}^{b_0}$ 表示在 b_0 系的加速度计测量误差及线加速度干扰。

通过式(8.1.36)，理论上只要获得两个时刻的重力及其比力测量值，建立两个矩阵方程，就可使用双矢量定姿算法求解出 $\boldsymbol{C}_{b_0}^{n_0}$。但是，为了降低线运动干扰的影响，在初始对准过程中对式(8.1.36)积分，记

$$\left.\begin{aligned}\tilde{\boldsymbol{F}}_i^{b_0}&=\int_0^{t_i}\boldsymbol{C}_b^{b_0}\tilde{\boldsymbol{f}}_{\mathrm{sf}}^{b}\,\mathrm{d}t\\\boldsymbol{G}_i^{n_0}&=-\int_0^{t_i}\boldsymbol{g}^{n_0}\,\mathrm{d}t\end{aligned}\quad(i=1,2)\right\} \tag{8.1.37}$$

则有

$$\boldsymbol{C}_{b_0}^{n_0}\tilde{\boldsymbol{F}}_i^{b_0}-\int_0^{t_i}\boldsymbol{C}_{b_0}^{n_0}\hat{\boldsymbol{\nabla}}^{b_0}\,\mathrm{d}t=\boldsymbol{G}_i^{n_0} \tag{8.1.38}$$

通常取 $t_2=2t_1$，t_2 为对准结束时刻。

根据双矢量定姿算法式(8.1.7)，在式(8.1.38)中忽略干扰 $\hat{\boldsymbol{\nabla}}^{b_0}$ 的影响，可求得

$$\hat{\boldsymbol{C}}_{b_0}^{n_0}=\begin{bmatrix}\dfrac{\boldsymbol{G}_1^{n_0}}{|\boldsymbol{G}_1^{n_0}|} & \dfrac{\boldsymbol{G}_1^{n_0}\times\boldsymbol{G}_2^{n_0}}{|\boldsymbol{G}_1^{n_0}\times\boldsymbol{G}_2^{n_0}|} & \dfrac{\boldsymbol{G}_1^{n_0}\times\boldsymbol{G}_2^{n_0}\times\boldsymbol{G}_1^{n_0}}{|\boldsymbol{G}_1^{n_0}\times\boldsymbol{G}_2^{n_0}\times\boldsymbol{G}_1^{n_0}|}\end{bmatrix}\times\begin{bmatrix}(\tilde{\boldsymbol{F}}_1^{b_0})^{\mathrm{T}}/|\tilde{\boldsymbol{F}}_1^{b_0}|\\(\tilde{\boldsymbol{F}}_1^{b_0}\times\tilde{\boldsymbol{F}}_2^{b_0})^{\mathrm{T}}/|\tilde{\boldsymbol{F}}_1^{b_0}\times\tilde{\boldsymbol{F}}_2^{b_0}|\\(\tilde{\boldsymbol{F}}_1^{b_0}\times\tilde{\boldsymbol{F}}_2^{b_0}\times\tilde{\boldsymbol{F}}_1^{b_0})^{\mathrm{T}}/|\tilde{\boldsymbol{F}}_1^{b_0}\times\tilde{\boldsymbol{F}}_2^{b_0}\times\tilde{\boldsymbol{F}}_1^{b_0}|\end{bmatrix} \tag{8.1.39}$$

实际上，求解满足式(8.1.36)的最优姿态阵 $\hat{\boldsymbol{C}}_{b_0}^{n_0}$ 也可以采用多矢量定姿算法，将式(8.1.15)中的求和改为积分，并特别地令所有加权系数为1，可得

$$\boldsymbol{A}=-\int_0^{t_2}\boldsymbol{g}^{n_0}(\tilde{\boldsymbol{f}}_{\mathrm{sf}}^{b_0})^{\mathrm{T}}\mathrm{d}t=-\int_0^{t_2}\boldsymbol{g}^{n_0}(\tilde{\boldsymbol{f}}_{\mathrm{sf}}^{b})^{\mathrm{T}}\boldsymbol{C}_{b_0}^{b}\,\mathrm{d}t \tag{8.1.40}$$

再由三阶矩阵 $\boldsymbol{A}$ 进行奇异值分解也可求得 $\hat{\boldsymbol{C}}_{b_0}^{n_0}$。

显然，$\hat{\boldsymbol{C}}_{b_0}^{n_0}$ 相当于是粗对准初始时刻的姿态阵，为了得到粗对准结束时刻的姿态矩阵 $\hat{\boldsymbol{C}}_b^n$，可使用如下链乘公式进行计算：

$$\hat{\boldsymbol{C}}_b^n = \boldsymbol{C}_{n_0}^n \hat{\boldsymbol{C}}_{b_0}^{n_0} \boldsymbol{C}_b^{b_0} \tag{8.1.41}$$

其中：$\boldsymbol{C}_{n_0}^n$ 和 $\boldsymbol{C}_b^{b_0}$ 分别由式(8.1.30)和式(8.1.34)确定。

与解析粗对准相比，间接粗对准方法具有更好的角晃动抗干扰能力，只是在短时间内线晃动抗干扰能力相对弱些，若适当延长粗对准时间(一般在分钟量级)，间接粗对准方法往往都能够取得良好的效果。间接粗对准方法是一种非常实用的捷联惯导粗对准方法，得到了广泛的应用。

8.2 捷联惯导精对准

经过粗对准阶段，捷联惯导获得了粗略的姿态矩阵，也就是获得了粗略的地理导航系指向，但是与真实地理坐标系相比往往还存在一定的失准角误差，通常水平失准角可达数(′)，而方位失准角可达数(°)，若直接进入后续的纯惯性导航，导航误差将迅速发散，因此，需要进行进一步精对准，尽量减小失准角误差。

8.2.1 精对准速度误差建模

实际上，在静基座下的导航解算速度即为速度误差，根据惯导系统误差传播规律，从速度误差中能够反推出失准角误差。在静基座下进行初始对准，由于真实惯导系统的地理位置没有明显移动，且真实速度为零，至多因干扰而产生微小线晃动，因而对准过程中的惯导解算可以使用如下简化导航算法。

首先，在式(4.1.2)中，令 $\boldsymbol{\omega}_{en}=\boldsymbol{0}$，得简化姿态算法

$$\dot{\boldsymbol{C}}_b^n = \boldsymbol{C}_b^n(\boldsymbol{\omega}_{nb}^b\times) = \boldsymbol{C}_b^n[(\boldsymbol{\omega}_{ib}^b - \boldsymbol{\omega}_{ie}^b - \boldsymbol{\omega}_{en}^b)\times] = \boldsymbol{C}_b^n[(\boldsymbol{\omega}_{ib}^b - \boldsymbol{\omega}_{ie}^b)\times] \tag{8.2.1}$$

其次，在比力方程式(4.1.20)中，令右端的速度为零，即 $\boldsymbol{v}^n=\boldsymbol{0}$，得简化速度算法

$$\dot{\boldsymbol{v}}^n = \boldsymbol{C}_b^n \boldsymbol{f}_{\mathrm{sf}}^b + \boldsymbol{g}^n \tag{8.2.2}$$

相应的姿态和速度数值更新算法不再赘述。

仿照捷联惯导误差方程式(4.2.17)、式(4.2.27)的推导过程，或直接在它们的基础上进行简化，不难获得与简化算法式(8.2.1)和式(8.2.2)相对应的误差方程，为

$$\left.\begin{aligned} \dot{\boldsymbol{\phi}} &= \boldsymbol{\phi}\times\boldsymbol{\omega}_{ie}^n - \boldsymbol{\varepsilon}^n \\ \delta\dot{\boldsymbol{v}}^n &= \boldsymbol{f}_{\mathrm{sf}}^n\times\boldsymbol{\phi} + \boldsymbol{\nabla}^n \end{aligned}\right\} \tag{8.2.3}$$

其中

$$\boldsymbol{\varepsilon}^n = \begin{bmatrix} \varepsilon_{\mathrm{E}} \\ \varepsilon_{\mathrm{N}} \\ \varepsilon_{\mathrm{U}} \end{bmatrix} = \begin{bmatrix} C_{11}\varepsilon_x^b + C_{12}\varepsilon_y^b + C_{13}\varepsilon_z^b \\ C_{21}\varepsilon_x^b + C_{22}\varepsilon_y^b + C_{23}\varepsilon_z^b \\ C_{31}\varepsilon_x^b + C_{32}\varepsilon_y^b + C_{33}\varepsilon_z^b \end{bmatrix}, \quad \boldsymbol{\nabla}^n = \begin{bmatrix} \nabla_{\mathrm{E}} \\ \nabla_{\mathrm{N}} \\ \nabla_{\mathrm{U}} \end{bmatrix} = \begin{bmatrix} C_{11}\nabla_x^b + C_{12}\nabla_y^b + C_{13}\nabla_z^b \\ C_{21}\nabla_x^b + C_{22}\nabla_y^b + C_{23}\nabla_z^b \\ C_{31}\nabla_x^b + C_{32}\nabla_y^b + C_{33}\nabla_z^b \end{bmatrix}$$

$\boldsymbol{\varepsilon}^n$ 为等效陀螺仪随机常值漂移，在静基座下姿态阵 $\boldsymbol{C}_b^n$ 近似为常值，若 $\boldsymbol{\varepsilon}^b = [\varepsilon_x^b \quad \varepsilon_y^b \quad \varepsilon_z^b]^{\mathrm{T}}$ 为常值，则 $\boldsymbol{\varepsilon}^n$ 也为常值；$\boldsymbol{\nabla}^n$ 为等效加速度计随机常值零偏，亦可视为常值；$C_{ij}\,(i,j=1,2,3)$ 为姿态阵 $\boldsymbol{C}_b^n$ 的第 i 行 j 列元素。

式(8.2.3)显示，基于简化导航算法的误差方程比较简洁，这有利于初始对准误差特性的分析。再进一步，在静基座下还可作近似 $\boldsymbol{f}_{\mathrm{sf}}^n \approx -\boldsymbol{g}^n = [0 \quad 0 \quad g]^{\mathrm{T}}$，若将式(8.2.3)展开，则有

$$\left.\begin{aligned}
\dot{\phi}_E &= \omega_U\phi_N - \omega_N\phi_U - \varepsilon_E \\
\dot{\phi}_N &= -\omega_U\phi_E - \varepsilon_N \\
\dot{\phi}_U &= \omega_N\phi_E - \varepsilon_U \\
\delta\dot{v}_E &= -g\phi_N + \nabla_E \\
\delta\dot{v}_N &= g\phi_E + \nabla_N \\
\delta\dot{v}_U &= \nabla_U
\end{aligned}\right\} \tag{8.2.4}$$

在式(8.2.4)中，最后一个方程 $\delta\dot{v}_U=\nabla_U$ 与其他方程之间没有任何交联，因此天向速度误差对失准角估计不会有任何作用。通常在静基座下天向速度误差仅用于天向加速度计零偏的估计，在分析初始对准失准角估计时，一般可忽略天向通道（天向速度和加速度计零偏）的影响。

8.2.2　Kalman 滤波精对准

基于式(8.2.4)，并将陀螺随机常值漂移和加速度计随机常值零偏扩充为状态，建立初始对准状态空间模型如下：

$$\left.\begin{aligned}
\dot{\boldsymbol{X}} &= \boldsymbol{F}\boldsymbol{X} \\
\boldsymbol{Z} &= \boldsymbol{H}\boldsymbol{X}
\end{aligned}\right\} \tag{8.2.5}$$

其中

$$\boldsymbol{X}=\begin{bmatrix}\phi_E & \phi_N & \phi_U & \delta v_E & \delta v_N & \varepsilon_E & \varepsilon_N & \varepsilon_U & \nabla_E & \nabla_N\end{bmatrix}^T$$

$$\boldsymbol{F}=\begin{bmatrix}
0 & \omega_U & -\omega_N & 0 & 0 & -1 & 0 & 0 & 0 & 0 \\
-\omega_U & 0 & 0 & 0 & 0 & 0 & -1 & 0 & 0 & 0 \\
\omega_N & 0 & 0 & 0 & 0 & 0 & 0 & -1 & 0 & 0 \\
0 & -g & 0 & 0 & 0 & 0 & 0 & 0 & 1 & 0 \\
g & 0 & 0 & 0 & 0 & 0 & 0 & 0 & 0 & 1 \\
\multicolumn{10}{c}{\boldsymbol{0}_{5\times 10}}
\end{bmatrix}$$

$$\boldsymbol{H}=\begin{bmatrix}
0 & 0 & 0 & 1 & 0 & 0 & 0 & 0 & 0 & 0 \\
0 & 0 & 0 & 0 & 1 & 0 & 0 & 0 & 0 & 0
\end{bmatrix}$$

显然，式(8.2.5)是线性定常系统，系统的可观测性矩阵为

$$\boldsymbol{O}=\begin{bmatrix}\boldsymbol{H}\\ \boldsymbol{HF}\\ \vdots \\ \boldsymbol{HF}^9\end{bmatrix}=\begin{bmatrix}
0 & 0 & 0 & 1 & 0 & 0 & 0 & 0 & 0 & 0 \\
0 & 0 & 0 & 0 & 1 & 0 & 0 & 0 & 0 & 0 \\
0 & -g & 0 & 0 & 0 & 0 & 0 & 0 & 1 & 0 \\
g & 0 & 0 & 0 & 0 & 0 & 0 & 0 & 0 & 1 \\
g\omega_U & 0 & 0 & 0 & 0 & 0 & g & 0 & 0 & 0 \\
0 & g\omega_U & -g\omega_N & 0 & 0 & -g & 0 & 0 & 0 & 0 \\
0 & g\omega_U^2 & -g\omega_N\omega_U & 0 & 0 & -g\omega_U & 0 & 0 & 0 & 0 \\
-g\omega_{ie}^2 & 0 & 0 & 0 & 0 & 0 & -g\omega_U & g\omega_N & 0 & 0 \\
\vdots & \vdots & \vdots & \vdots & \vdots & \vdots & \vdots & \vdots & \vdots & \vdots
\end{bmatrix} \tag{8.2.6}$$

经仔细分析有 $\text{rank}(\boldsymbol{O})=7$，在式(8.2.6)中只详细列出了前 8 行的元素，显然第 7 行与第

6 行线性相关(仅相差比例因子 ω_U),除第 7 行外其他 7 行向量间互不相关。

根据可观测性矩阵 $\boldsymbol{O}$,可列出速度量测(或其微分)与状态之间的关系 $\mathrm{d}^n\boldsymbol{Z}/\mathrm{d}t^n=\boldsymbol{HF}^n\boldsymbol{X}$ $(n=0,1,2,\cdots)$,即

$$\left.\begin{aligned}
&\delta v_E=\delta v_E\\
&\delta v_N=\delta v_N\\
&\delta\dot{v}_E=-g\phi_N+\nabla_E\\
&\delta\dot{v}_N=g\phi_E+\nabla_N\\
&\delta\ddot{v}_E=g\omega_U\phi_E+g\varepsilon_N\\
&\delta\ddot{v}_N=g\omega_U\phi_N-g\omega_N\phi_U-g\varepsilon_E\\
&\delta\dddot{v}_E=\delta\ddot{v}_N\omega_U\\
&\delta\dddot{v}_N=-g\omega_{ie}^2\phi_E-g\omega_U\varepsilon_N+g\omega_N\varepsilon_U
\end{aligned}\right\}\tag{8.2.7}$$

由 rank($\boldsymbol{O}$)=7 可知,在状态向量 $\boldsymbol{X}$ 的 10 个分量当中只有 7 个状态(或状态组合)是可观测的,式(8.2.7)中的第 1 和第 2 式显示 δv_E 和 δv_N 直接取自量测量,为独立直接可观测的;其他 8 个状态分量没有一个是独立可观测的。通常将 ∇_E,∇_N和 ε_E 三个状态视为不可观测的,则式(8.2.7)可改写为

$$\left.\begin{aligned}
&\delta v_E=\delta v_E\\
&\delta v_N=\delta v_N\\
&\phi_N=-(\delta\dot{v}_E-\nabla_E)/g\\
&\phi_E=(\delta\dot{v}_N-\nabla_N)/g\\
&\varepsilon_N=(\delta\ddot{v}_E-g\omega_U\phi_E)/g=[\delta\ddot{v}_E-\omega_U(\delta\dot{v}_N-\nabla_N)]/g\\
&\phi_U=-(\delta\ddot{v}_N-g\omega_U\phi_N+g\varepsilon_E)/(g\omega_N)=-[\delta\ddot{v}_N+\omega_U(\delta\dot{v}_E-\nabla_E)+g\varepsilon_E]/(g\omega_N)\\
&\varepsilon_U=(\delta\dddot{v}_N+g\omega_{ie}^2\phi_E+g\omega_U\varepsilon_N)/(g\omega_N)=[\delta\dddot{v}_N+\omega_{ie}^2(\delta\dot{v}_N-\nabla_N)+g\omega_U\varepsilon_N]/(g\omega_N)
\end{aligned}\right\}\tag{8.2.8}$$

式中:δv_E 和 δv_N 直接来自量测;ϕ_N 和 ϕ_E 需通过量测的一次导数计算;ε_N 和 ϕ_U 需通过量测的二次导数计算;而 ε_U 需通过量测的三次导数计算。如果速度量测存在干扰,普遍的规律是求导次数越多,误差会越大,也就是说,如果将量测视为随时间变化的多项式,则估计多项式高次项的系数越不可靠,即与高次项系数对应的状态的可观测性就越差。

如果将 δv_E 和 δv_N 及它们的各阶导数视为准确已知的,则不可观测的状态 ∇_E,∇_N和 ε_E 将成为限制可观测状态的误差因素,由式(8.2.8)可求得可观测状态的极限精度,为

$$\left.\begin{aligned}
&\phi_E=-\nabla_N/g\\
&\phi_N=\nabla_E/g\\
&\phi_U=\tan L\cdot\nabla_E/g-\varepsilon_E/\omega_N\\
&\varepsilon_N=\omega_U\ \nabla_N/g\\
&\varepsilon_U=-\omega_{ie}\sec L\cdot\nabla_N/g+\tan L\cdot\varepsilon_N=-\omega_N\ \nabla_N/g
\end{aligned}\right\}\tag{8.2.9}$$

前面将惯导系统误差方程视为确定性系统,对状态可观测性和误差进行了分析。实际应用中,一般使用 Kalman 滤波进行状态估计,系统模型应视为随机模型,为了降低计算量和减少不可观测状态的影响,可将 ∇_E,∇_N和 ε_E 删去,建立 7 维随机系统模型如下:

$$\left.\begin{aligned}
&\dot{\boldsymbol{X}}=\boldsymbol{FX}+\boldsymbol{GW}^b\\
&\boldsymbol{Z}=\boldsymbol{HX}+\boldsymbol{V}
\end{aligned}\right\}\tag{8.2.10}$$

其中

$$\boldsymbol{X}=[\phi_E \quad \phi_N \quad \phi_U \quad \delta v_E \quad \delta v_N \quad \varepsilon_N \quad \varepsilon_U]^T$$

$$\boldsymbol{F}=\begin{bmatrix} 0 & \omega_U & -\omega_N & 0 & 0 & 0 & 0 \\ -\omega_U & 0 & 0 & 0 & 0 & -1 & 0 \\ \omega_N & 0 & 0 & 0 & 0 & 0 & -1 \\ 0 & -g & 0 & 0 & 0 & 0 & 0 \\ g & 0 & 0 & 0 & 0 & 0 & 0 \\ & & & \boldsymbol{0}_{2\times 7} & & & \end{bmatrix}$$

$$\boldsymbol{G}=\begin{bmatrix} -C_{11} & -C_{12} & -C_{13} & 0 & 0 & 0 \\ -C_{21} & -C_{22} & -C_{23} & 0 & 0 & 0 \\ -C_{31} & -C_{32} & -C_{33} & 0 & 0 & 0 \\ 0 & 0 & 0 & C_{11} & C_{12} & C_{13} \\ 0 & 0 & 0 & C_{21} & C_{22} & C_{23} \\ & & \boldsymbol{0}_{2\times 6} & & & \end{bmatrix}, \quad \boldsymbol{W}^b=\begin{bmatrix} w_{gx}^b \\ w_{gy}^b \\ w_{gz}^b \\ w_{ax}^b \\ w_{ay}^b \\ w_{az}^b \end{bmatrix}$$

$$\boldsymbol{H}=\begin{bmatrix} 0 & 0 & 0 & 1 & 0 & 0 & 0 \\ 0 & 0 & 0 & 0 & 1 & 0 & 0 \end{bmatrix}, \quad \boldsymbol{V}=\begin{bmatrix} V_E \\ V_N \end{bmatrix}$$

式中：$w_{gi}^b(i=x,y,z)$为陀螺角速率白噪声，一般设 $E[w_{gi}^b]=0$，$E[w_{gi}^b(t)w_{gi}^b(\tau)]=q_{gi}^b\delta(t-\tau)$，$\sqrt{q_{gi}^b}$为角度随机游走系数；$w_{ai}^b(i=x,y,z)$为加速度计比力白噪声，一般设 $E[w_{ai}^b]=0$，$E[w_{ai}^b(t)w_{ai}^b(\tau)]=q_{ai}^b\delta(t-\tau)$，$\sqrt{q_{ai}^b}$为速度随机游走系数；$V_E$ 和 V_N 分别为等效东向和北向速度量测噪声。

实际上，在静基座下噪声分配阵 $\boldsymbol{G}$ 近似为常值矩阵，可将系统噪声 $\boldsymbol{GW}^b$ 作等效处理，记 $\boldsymbol{W}=\boldsymbol{GW}^b$，则系统模型式(8.2.10)可简化为

$$\left.\begin{aligned} \dot{\boldsymbol{X}}&=\boldsymbol{FX}+\boldsymbol{W} \\ \boldsymbol{Z}&=\boldsymbol{HX}+\boldsymbol{V} \end{aligned}\right\} \tag{8.2.11}$$

其中

$$\boldsymbol{W}=[w_{gE} \quad w_{gN} \quad w_{gU} \quad w_{aE} \quad w_{aN} \quad 0 \quad 0]^T$$

式中：$w_{gi}(i=E,N,U)$为等效陀螺噪声；$w_{ai}(i=E,N)$为等效加速度计噪声。

将式(8.2.11)离散化，再采用 Kalman 滤波方法进行估计，便可获得失准角的最优估计，实现惯导系统的精对准。

8.2.3　双位置对准

前面讨论的是捷联惯导系统静止不动情况下常用的精对准方法，下面再简要介绍一下对准过程中存在转动情况的"双位置"对准方法。

所谓双位置对准方法，就是在初始对准过程中故意将捷联惯导系统转动一个角位置，这相当于改变了惯导系统的姿态阵，使惯导误差方程从定常系统转变成了时变系统，有利于提高惯性传感器误差的可观测性，从而提高水平姿态角和方位角的初始对准精度。常用的双位置方法是将惯导绕其方位轴转动 180°，且转动时机一般选择在精对准时间段的中点附近。实际中，使惯导绕其俯仰轴或横滚轴转动 180°构造的双位置也是可行的，但其效果不如绕方位轴

转动，所以并不常用。

采用12维状态的惯导系统精对准随机模型如下：

$$\left.\begin{aligned}\dot{\boldsymbol{X}}&=\boldsymbol{F}\boldsymbol{X}+\boldsymbol{G}\boldsymbol{W}^b\\ \boldsymbol{Z}&=\boldsymbol{H}\boldsymbol{X}+\boldsymbol{V}\end{aligned}\right\}\tag{8.2.12}$$

其中

$$\boldsymbol{X}=\begin{bmatrix}\phi_{\mathrm{E}} & \phi_{\mathrm{N}} & \phi_{\mathrm{U}} & \delta v_{\mathrm{E}} & \delta v_{\mathrm{N}} & \delta v_{\mathrm{U}} & \varepsilon_x^b & \varepsilon_y^b & \varepsilon_z^b & \nabla_x^b & \nabla_y^b & \nabla_z^b\end{bmatrix}^{\mathrm{T}}$$

$$\boldsymbol{F}=\begin{bmatrix}-(\boldsymbol{\omega}_{ie}^n\times) & \boldsymbol{0}_{3\times3} & -\boldsymbol{C}_b^n & \boldsymbol{0}_{3\times3}\\ -(\boldsymbol{g}^n\times) & \boldsymbol{0}_{3\times3} & \boldsymbol{0}_{3\times3} & \boldsymbol{C}_b^n\\ \multicolumn{4}{c}{\boldsymbol{0}_{6\times12}}\end{bmatrix},\quad \boldsymbol{G}=\begin{bmatrix}-\boldsymbol{C}_b^n & \boldsymbol{0}_{3\times3}\\ \boldsymbol{0}_{3\times3} & \boldsymbol{C}_b^n\\ \multicolumn{2}{c}{\boldsymbol{0}_{6\times6}}\end{bmatrix}$$

$$\boldsymbol{W}^b=\begin{bmatrix}w_{\mathrm{g}x}^b & w_{\mathrm{g}y}^b & w_{\mathrm{g}z}^b & w_{\mathrm{a}x}^b & w_{\mathrm{a}y}^b & w_{\mathrm{a}z}^b\end{bmatrix}^{\mathrm{T}}$$

$$\boldsymbol{H}=\begin{bmatrix}\boldsymbol{0}_{3\times3} & \boldsymbol{I}_{3\times3} & \boldsymbol{0}_{3\times6}\end{bmatrix},\quad \boldsymbol{V}=\begin{bmatrix}V_{\mathrm{E}} & V_{\mathrm{N}} & V_{\mathrm{U}}\end{bmatrix}^{\mathrm{T}}$$

在双位置初始对准中，所有状态分量，包括陀螺随机常值漂移和加速度计随机常值零偏，都是可观测的。特别在陀螺随机常值漂移和加速度计随机常值零偏比较大的情况下，采用双位置对准具有明显的优势，降低了惯性传感器随机常值误差的影响，有效提高了初始对准精度。

关于Kalman滤波精对准和双位置对准的几点说明：①对于不可观测或可观测性较弱的状态，其对应的初始方差阵元素取值应适当小些；②在初始失准角较大时，应采用滤波反馈修正技术，即在滤波过程中不断利用失准角估计值修正惯导计算导航系，使其接近真实导航系，通过反馈有利于保持惯导误差方程为线性，逼近极限对准精度；③在双位置对准的转动过程中容易产生线运动干扰，这时只需进行导航解算和Kalman滤波时间更新，不宜进行滤波量测更新；④量测噪声大小应视实际线运动干扰大小而设置，如果设置偏小，虽收敛较快，但抗干扰性能会变差。

特别地，在双位置对准过程中，如果除绕方位轴转动外在第一、第二位置时间段内捷联惯导系统均静止不动，也可采用如下直接计算的方法进行对准并估计惯性器件零偏参数。

假设在第一静止位置的陀螺平均角速度和加速度计平均比力输出分别为 $\bar{\boldsymbol{\omega}}_{ib1}^b$，$\bar{\boldsymbol{f}}_{\mathrm{sf1}}^b$，根据式(8.1.23)可计算得第一静止位置姿态阵 $\bar{\boldsymbol{C}}_{b1}^n$，再根据角速度变换关系 $\boldsymbol{\omega}_{ie}^n=\boldsymbol{C}_{b1}^n\boldsymbol{\omega}_{ib}^b$ 并考虑到陀螺常值漂移 $\boldsymbol{\varepsilon}^b$ 和姿态阵 $\bar{\boldsymbol{C}}_{b1}^n$ 中含失准角误差 $\boldsymbol{\phi}$，可得

$$\begin{aligned}\boldsymbol{\omega}_{ie}^n=\boldsymbol{C}_{b1}^n\boldsymbol{\omega}_{ib}^b=(\boldsymbol{I}+\boldsymbol{\phi}\times)\bar{\boldsymbol{C}}_{b1}^n(\bar{\boldsymbol{\omega}}_{ib1}^b-\boldsymbol{\varepsilon}^b)\approx\\ \bar{\boldsymbol{C}}_{b1}^n\bar{\boldsymbol{\omega}}_{ib1}^b-(\bar{\boldsymbol{C}}_{b1}^n\bar{\boldsymbol{\omega}}_{ib1}^b)\times\boldsymbol{\phi}-\bar{\boldsymbol{C}}_{b1}^n\boldsymbol{\varepsilon}^b\end{aligned}\tag{8.2.13}$$

由式(8.2.13)构造角速度测量 $\boldsymbol{Z}_{\omega1}$，测量方程记为

$$\boldsymbol{Z}_{\omega1}=\bar{\boldsymbol{C}}_{b1}^n\bar{\boldsymbol{\omega}}_{ib1}^b-\boldsymbol{\omega}_{ie}^n=(\bar{\boldsymbol{C}}_{b1}^n\bar{\boldsymbol{\omega}}_{ib1}^b)\times\boldsymbol{\phi}+\bar{\boldsymbol{C}}_{b1}^n\boldsymbol{\varepsilon}^b\tag{8.2.14a}$$

记从第一静止位置转动到第二静止位置的姿态阵变化为 $\boldsymbol{C}_{b2}^{b1}$，则类似于式(8.2.14a)，可构造角速度量测方程

$$\boldsymbol{Z}_{\omega2}=\bar{\boldsymbol{C}}_{b2}^n\bar{\boldsymbol{\omega}}_{ib2}^b-\boldsymbol{\omega}_{ie}^n=(\bar{\boldsymbol{C}}_{b2}^n\bar{\boldsymbol{\omega}}_{ib2}^b)\times\boldsymbol{\phi}+\bar{\boldsymbol{C}}_{b2}^n\boldsymbol{\varepsilon}^b\tag{8.2.14b}$$

其中：$\bar{\boldsymbol{\omega}}_{ib2}^b$ 为第二静止位置的陀螺平均角速度；第二静止位置的姿态阵为 $\bar{\boldsymbol{C}}_{b2}^n=\bar{\boldsymbol{C}}_{b1}^n\boldsymbol{C}_{b2}^{b1}$，变化量 $\boldsymbol{C}_{b2}^{b1}$ 可由陀螺仪跟踪实现或机械转位机构提供，一般认为它是准确的(或者误差很小可忽略不计)，因而在第二静止位置姿态阵 $\bar{\boldsymbol{C}}_{b2}^n$ 的失准角依然为 $\boldsymbol{\phi}$；陀螺仪在两个静止位置中的常值漂移 $\boldsymbol{\varepsilon}^b$ 假定是相同的。

同理，根据第一、二静止位置的加速度计的平均比力输出 $\bar{\boldsymbol{f}}_{sf1}^{b}$ 和 $\bar{\boldsymbol{f}}_{sf2}^{b}$，以及加速度计常值零偏 $\boldsymbol{\nabla}^{b}$，可构造比力量测方程

$$\boldsymbol{Z}_{sf1}=\bar{\boldsymbol{C}}_{b1}^{n}\bar{\boldsymbol{f}}_{sf1}^{b}+\boldsymbol{g}^{n}=(\bar{\boldsymbol{C}}_{b1}^{n}\bar{\boldsymbol{f}}_{sf1}^{b})\times\boldsymbol{\phi}+\bar{\boldsymbol{C}}_{b1}^{n}\boldsymbol{\nabla}^{b} \tag{8.2.15a}$$

$$\boldsymbol{Z}_{sf2}=\bar{\boldsymbol{C}}_{b2}^{n}\bar{\boldsymbol{f}}_{sf2}^{b}+\boldsymbol{g}^{n}=(\bar{\boldsymbol{C}}_{b2}^{n}\bar{\boldsymbol{f}}_{sf2}^{b})\times\boldsymbol{\phi}+\bar{\boldsymbol{C}}_{b2}^{n}\boldsymbol{\nabla}^{b} \tag{8.2.15b}$$

将式(8.2.14)与式(8.2.15)合并，整理成

$$\begin{bmatrix}\boldsymbol{Z}_{\omega1}\\ \boldsymbol{Z}_{\omega2}\\ \boldsymbol{Z}_{sf1}\\ \boldsymbol{Z}_{sf2}\end{bmatrix}=\begin{bmatrix}(\bar{\boldsymbol{C}}_{b1}^{n}\bar{\boldsymbol{\omega}}_{ib1}^{b})\times & \bar{\boldsymbol{C}}_{b1}^{n} & \boldsymbol{0}_{3\times3}\\ (\bar{\boldsymbol{C}}_{b2}^{n}\bar{\boldsymbol{\omega}}_{ib2}^{b})\times & \bar{\boldsymbol{C}}_{b2}^{n} & \boldsymbol{0}_{3\times3}\\ (\bar{\boldsymbol{C}}_{b1}^{n}\bar{\boldsymbol{f}}_{sf1}^{b})\times & \boldsymbol{0}_{3\times3} & \bar{\boldsymbol{C}}_{b1}^{n}\\ (\bar{\boldsymbol{C}}_{b2}^{n}\bar{\boldsymbol{f}}_{sf2}^{b})\times & \boldsymbol{0}_{3\times3} & \bar{\boldsymbol{C}}_{b2}^{n}\end{bmatrix}\begin{bmatrix}\boldsymbol{\phi}\\ \boldsymbol{\varepsilon}^{b}\\ \boldsymbol{\nabla}^{b}\end{bmatrix} \tag{8.2.16}$$

通过式(8.2.16)，采用最小二乘法即可估计出失准角 $\boldsymbol{\phi}$(其中方位失准角 ϕ_U 的估计精度不高，通常将其删去不估计)、陀螺常值漂移 $\boldsymbol{\varepsilon}^{b}$ 和加速度计常值零偏 $\boldsymbol{\nabla}^{b}$，之后，再利用零偏补偿后的角速度 $\bar{\boldsymbol{\omega}}_{ib2}^{b}-\boldsymbol{\varepsilon}^{b}$ 和比力 $\bar{\boldsymbol{f}}_{sf2}^{b}-\boldsymbol{\nabla}^{b}$ 按式(8.1.23)重新计算 $\boldsymbol{C}_{b2}^{n}$，即可完成第二位置的精对准。

相较于 Kalman 滤波双位置精对准方法，直接计算双位置对准法不受加速度计内杆臂误差(尺寸效应)以及零偏斜坡误差的影响，在第一、二位置均处于纯静基座情况下具有明显的精度优势。从第一静止位置转动到第二静止位置的姿态阵变化为 $\boldsymbol{C}_{b2}^{b1}$，若由陀螺仪跟踪实现，则当存在陀螺仪标度因数误差时，将引起陀螺漂移估计误差；而当存在陀螺仪交叉耦合误差时，会引起加速度计零偏估计误差，因此，需要确保较高的陀螺仪标定精度。

8.2.4　参数辨识精对准

将式(4.3.13c) 代入式(8.2.4) 中的水平速度误差并在区间[0,t] 上积分，有

$$\left.\begin{aligned}\delta v_E-\delta v_{E0}&=\int_0^t -g\phi_N+\nabla_E\mathrm{d}\tau=\int_0^t -g(\phi_{N0}+\beta\omega_{ie}\tau)+\nabla_E\mathrm{d}\tau\\ \delta v_N-\delta v_{N0}&=\int_0^t g\phi_E+\nabla_N\mathrm{d}\tau=\int_0^t g(\phi_{E0}+\alpha\omega_{ie}\tau)+\nabla_N\mathrm{d}\tau\end{aligned}\right\} \tag{8.2.17}$$

将式(8.2.17) 移项整理，可得

$$\left.\begin{aligned}\delta v_E&=\delta v_{E0}+(-g\phi_{N0}+\nabla_E)t-\beta g\omega_{ie}/2\cdot t^2\triangleq\delta v_{E0}+a_{E1}t+a_{E2}t^2\\ \delta v_N&=\delta v_{N0}+(g\phi_{E0}+\nabla_N)t+\alpha g\omega_{ie}/2\cdot t^2\triangleq\delta v_{N0}+a_{N1}t+a_{N2}t^2\end{aligned}\right\} \tag{8.2.18}$$

其中，记

$$\left.\begin{aligned}a_{E1}&=-g\phi_{N0}+\nabla_E,\quad a_{E2}=-\beta g\omega_{ie}/2\\ a_{N1}&=g\phi_{E0}+\nabla_N,\quad a_{N2}=\alpha g\omega_{ie}/2\end{aligned}\right\} \tag{8.2.19}$$

由式(8.2.18) 可见，粗对准后的惯导水平速度误差可近似用时间 t 的二次多项式描述，根据一段时间的精对准导航速度误差并采用曲线拟合方法能够辨识出待定常值参数 a_{ij} ($i=$E，N；$j=1,2$)。

考虑到式(4.3.13b) 中的记号 $\alpha=\phi_{N0}s_L-\phi_{U0}c_L-\dfrac{\varepsilon_E}{\omega_{ie}}$ 和 $\beta=-\phi_{E0}s_L-\dfrac{\varepsilon_N}{\omega_{ie}}$，再结合式(8.2.19)，由辨识参数可求得

$$\phi_{E0}=\frac{a_{N1}}{g}-\frac{\nabla_N}{g} \tag{8.2.20a}$$

$$\phi_{N0}=-\frac{a_{E1}}{g}+\frac{\nabla_E}{g} \tag{8.2.20b}$$

$$\phi_{U0}=\left(\phi_{N0}s_L-\alpha-\frac{\varepsilon_E}{\omega_{ie}}\right)/c_L=\phi_{N0}t_L-\frac{2a_{N2}}{g\omega_N}-\frac{\varepsilon_E}{\omega_N}=-\frac{1}{g}\left(a_{E1}t_L+\frac{2a_{N2}}{\omega_N}\right)+\frac{\nabla_E t_L}{g}-\frac{\varepsilon_E}{\omega_N}$$

(8.2.20c)

$$\varepsilon_N=-(\beta+\phi_{E0}s_L)\omega_{ie}=\frac{2a_{E2}}{g}-\phi_{E0}\omega_U=\frac{1}{g}(2a_{E2}-a_{N1}\omega_U)+\frac{\nabla_N\omega_U}{g} \quad (8.2.20\text{d})$$

显然，在初始对准过程中惯性器件误差 ε_E、∇_E和 ∇_N未知，它们将成为参数辨识精对准精度的限制因素。除不能得到天向陀螺漂移 ε_U 外，由式(8.2.20)求得的对准极限精度结果与式(8.2.9)完全相同。

在辨识出失准角初值之后，再利用式(4.3.13c)容易计算得实时失准角，最后对惯导更新算法的计算姿态阵作一次修正，即完成精对准。相较于 Kalman 滤波精对准，参数辨识精对准的主要优点是无须精心设计滤波参数，普遍适用于各种精度等级惯导系统的初始对准。

需要说明得是，参数辨识精对准一般只适用于基座角晃动不大的情形，如果角晃动太大，捷联惯导系统的等效加速度计偏值 ∇_E、∇_N和等效东向陀螺漂移 ε_E 难以维持恒定常值，使得多项式(8.2.18)中的常值系数建模假设不能严格成立，从而影响参数辨识和对准精度。

此外，式(8.2.17)仅适用于短时间对准情形，若应用于长时间初始对准(小时量级)，宜采用模型式(4.3.13b)才能获得更准确的对准结果，以下直接给出该参数辨识模型，为

$$\left.\begin{aligned}
\delta v_E&=\delta v_{E0}+(-g\phi_{N0}+\nabla_E)t-\frac{\beta g}{2\omega_{ie}}(\omega_{ie}t)^2+\frac{\alpha g s_L}{\omega_{ie}}(\omega_{ie}t-s_e)+\frac{\xi g s_L}{\omega_{ie}}\left[\frac{(\omega_{ie}t)^2}{2}-1+c_e\right]\triangleq\\
&\quad\delta v_{E0}+a'_{E1}(\omega_{ie}t)+a'_{E2}(\omega_{ie}t)^2+a'_{E3}(\omega_{ie}t-s_e)+a'_{E4}[(\omega_{ie}t)^2/2-1+c_e]\\
\delta v_N&=\delta v_{N0}+(g\phi_{E0}+\nabla_N)t+\frac{\alpha g}{\omega_{ie}}(1-c_e)+\frac{\xi g}{\omega_{ie}}(\omega_{ie}t-s_e)\triangleq\\
&\quad\delta v_{N0}+a'_{N1}(\omega_{ie}t)+a'_{N2}(1-c_e)+a'_{N3}(\omega_{ie}t-s_e)
\end{aligned}\right\}$$

(8.2.21)

其中，记

$$\left.\begin{aligned}
&a'_{E1}=\frac{-g\phi_{N0}+\nabla_E}{\omega_{ie}},\quad a'_{E2}=-\frac{\beta g}{2\omega_{ie}},\quad a'_{E3}=\frac{\alpha g s_L}{\omega_{ie}},\quad a'_{E4}=\frac{\xi g s_L}{\omega_{ie}}\\
&a'_{N1}=\frac{g\phi_{E0}+\nabla_N}{\omega_{ie}},\quad a'_{N2}=\frac{\alpha g}{\omega_{ie}},\quad a'_{N3}=\frac{\xi g}{\omega_{ie}}
\end{aligned}\right\}$$

理论上，式(8.2.21)不受对准时间限制，可应用于任意时长的精对准。显然，式(8.2.21)不再是时间 t 的简单多项式模型，而是关于时间函数$(\omega_{ie}t)$，$(\omega_{ie}t)^2$，$(1-c_e)$，$(\omega_{ie}t-s_e)$等的复杂曲线模型，同样可采取参数辨识的方法求解待定参数 $a'_{ij}(i=\text{E},\text{N};j=1,2,3,4)$，进而计算得精对准参数：

$$\phi_{E0}=\frac{a'_{N1}\omega_{ie}}{g}-\frac{\nabla_N}{g} \quad (8.2.22\text{a})$$

$$\phi_{N0}=-\frac{a'_{E1}\omega_{ie}}{g}+\frac{\nabla_E}{g} \quad (8.2.22\text{b})$$

$$\phi_{U0}=\left(\phi_{N0}s_L-\alpha-\frac{\varepsilon_E}{\omega_{ie}}\right)/c_L=-\frac{\omega_{ie}}{gc_L}(a'_{E1}s_L+a'_{N2})+\frac{\nabla_E t_L}{g}-\frac{\varepsilon_E}{\omega_N} \quad (8.2.22\text{c})$$

$$\varepsilon_N=-(\beta+\phi_{E0}s_L)\omega_{ie}=\frac{\omega_{ie}^2}{g}(2a'_{E2}-a'_{N1}s_L)+\frac{\nabla_N\omega_U}{g} \quad (8.2.22\text{d})$$

$$\varepsilon_U=\frac{(\xi+\phi_{E0})\omega_{ie}}{c_L}+\varepsilon_N t_L=\frac{\omega_{ie}^2}{gc_L}(a'_{N3}+2a'_{E2}s_L+a'_{N1}c_L^2)-\frac{\nabla_N\omega_N}{g} \tag{8.2.22e}$$

在 Kalman 滤波精对准中通过反馈校正可使误差始终保持为小量，滤波状态方程的线性性好。相比之下，参数辨识精对准中的导航误差是不断振荡发散的，模型中或多或少存在一定非线性但又不能采用反馈校正措施，因此，减少粗对准的初始失准角有利于提高误差模型的线性性，从而提高精对准精度。

8.3　惯性/卫星组合导航

目前，全球导航卫星系统(Global Navigation Satellite System，GNSS，简称卫导)主要有美国全球定位系统(Global Positioning System，GPS)、俄罗斯格洛纳斯(Global Orbiting Navigation Satellite System，GLONASS)、中国北斗(BeiDon Navigation Satellite System，BDS)和欧盟伽利略(Gliteo Satellite Navigation System，GALILEO)等四个系统，各个系统均由卫星、地面测控站和用户设备三部分组成，用户利用接收机接收卫星信号进行实时定位和导航。卫星信号非常微弱，极易受到干扰，但卫星导航提供的位置误差不随时间累积，卫导系统与惯导系统之间具有很好的互补性，通过惯性/卫星组合导航可以充分发挥两种系统的优点。

8.3.1　空间杆臂误差

惯性导航一般以惯组(Inertial Measurement Unit，IMU)的几何中心(或某一固定参考点)作为导航定位或测速的参考基准，而卫星导航则以接收机天线的相位中心作为参考基准，在实际运载体中同时使用两种甚至多种导航系统时，它们在安装位置上往往会存在一定的偏差。为了将多种导航系统的导航信息进行比对和融合，必须对导航信息实施转换，转换至统一的参考基准下表示。

如图 8.3.1 所示，假设惯组相对于地心 o_e 的矢量为 $\boldsymbol{R}$，卫星接收机天线相位中心相对于地心的矢量为 $\boldsymbol{r}$，天线相位中心相对于惯组的矢量为 $\delta\boldsymbol{l}$，三者之间的矢量关系满足

$$\boldsymbol{r}=\boldsymbol{R}+\delta\boldsymbol{l} \tag{8.3.1}$$

考虑到天线和惯组之间的安装位置一般相对固定不动，即杆臂 $\delta\boldsymbol{l}$ 在惯组坐标系(b 系)下为常矢量，式(8.3.1)等号两边相对地球坐标系(e 系)求导，可得

$$\left.\frac{\mathrm{d}\boldsymbol{r}}{\mathrm{d}t}\right|_e=\left.\frac{\mathrm{d}\boldsymbol{R}}{\mathrm{d}t}\right|_e+\left.\frac{\mathrm{d}(\delta\boldsymbol{l})}{\mathrm{d}t}\right|_e=\left.\frac{\mathrm{d}\boldsymbol{R}}{\mathrm{d}t}\right|_e+\left.\frac{\mathrm{d}(\delta\boldsymbol{l})}{\mathrm{d}t}\right|_b+\boldsymbol{\omega}_{eb}\times\delta\boldsymbol{l}=\left.\frac{\mathrm{d}\boldsymbol{R}}{\mathrm{d}t}\right|_e+\boldsymbol{\omega}_{eb}\times\delta\boldsymbol{l} \tag{8.3.2}$$

即

$$\boldsymbol{v}_{en(\mathrm{GNSS})}=\boldsymbol{v}_{en(\mathrm{INS})}+\boldsymbol{\omega}_{eb}\times\delta\boldsymbol{l} \tag{8.3.3}$$

式中：记 $\boldsymbol{v}_{en(\mathrm{GNSS})}=\left.\frac{\mathrm{d}\boldsymbol{r}}{\mathrm{d}t}\right|_e$ 为卫星天线的地速；$\boldsymbol{v}_{en(\mathrm{INS})}=\left.\frac{\mathrm{d}\boldsymbol{R}}{\mathrm{d}t}\right|_e$ 为惯导的地速。理论上，由于存在杆臂距离，两种地速所定义的导航坐标系(即天线导航坐标系和惯组导航坐标系)是不同的，但是杆臂长度一般在米量级(甚至更小)，两种导航坐标系之间的角度差别非常微小，可以认为它们是相互平行的。将式(8.3.3)投影至惯组导航坐标系，省略速度符号的右下标“en”，可得

$$\boldsymbol{v}_{\mathrm{GNSS}}^n=\boldsymbol{v}_{\mathrm{INS}}^n+\boldsymbol{C}_b^n(\boldsymbol{\omega}_{eb}^b\times\delta\boldsymbol{l}^b) \tag{8.3.4}$$

在实际应用中，由于 $\boldsymbol{\omega}_{ie}$ 和 $\boldsymbol{\omega}_{en}$ 的影响很小，还可作近似 $\boldsymbol{\omega}_{eb}^b\approx\boldsymbol{\omega}_{ib}^b$ 或者 $\boldsymbol{\omega}_{eb}^b\approx\boldsymbol{\omega}_{nb}^b$。将惯导与卫导之间的速度误差定义为杆臂速度误差，即有

$$\delta \boldsymbol{v}_{\mathrm{L}}^{n}=\boldsymbol{v}_{\mathrm{INS}}^{n}-\boldsymbol{v}_{\mathrm{GNSS}}^{n}=-\boldsymbol{C}_{b}^{n}(\boldsymbol{\omega}_{eb}^{b}\times\delta \boldsymbol{l}^{b})=-\boldsymbol{C}_{b}^{n}(\boldsymbol{\omega}_{eb}^{b}\times)\delta \boldsymbol{l}^{b} \tag{8.3.5}$$

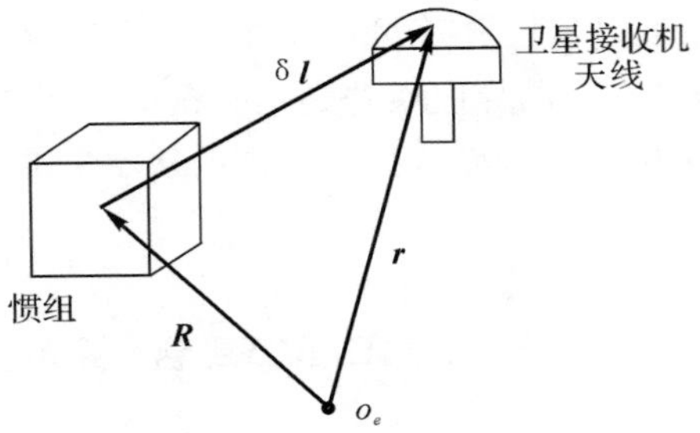

图 8.3.1　惯组与卫星接收机天线之间的杆臂

若记

$$\delta \boldsymbol{l}^{n}=[\delta l_{\mathrm{E}}\quad \delta l_{\mathrm{N}}\quad \delta l_{\mathrm{U}}]^{\mathrm{T}}=\boldsymbol{C}_{b}^{n}\delta \boldsymbol{l}^{b} \tag{8.3.6}$$

其中：δl_{E}，δl_{N} 和 δl_{U} 分别为杆臂的东向、北向和天向投影分量，则惯导与卫星天线之间的地理位置偏差近似满足

$$\left.\begin{aligned}L_{\mathrm{INS}}-L_{\mathrm{GNSS}}&=-\delta l_{\mathrm{N}}/R_{Mh}\\\lambda_{\mathrm{INS}}-\lambda_{\mathrm{GNSS}}&=-\delta l_{\mathrm{E}}\sec L_{\mathrm{INS}}/R_{Nh}\\h_{\mathrm{INS}}-h_{\mathrm{GNSS}}&=-\delta l_{\mathrm{U}}\end{aligned}\right\} \tag{8.3.7}$$

其中：R_{Mh}，R_{Nh} 分别为由惯导（或卫导）位置计算的子午圈主曲率半径和卯酉圈主曲率半径。

由式(8.3.6)和式(8.3.7)可计算得惯导与卫导之间的杆臂位置误差向量，记为

$$\delta \boldsymbol{p}_{\mathrm{GL}}=\boldsymbol{p}_{\mathrm{INS}}-\boldsymbol{p}_{\mathrm{GNSS}}=-\boldsymbol{M}_{pv}\boldsymbol{C}_{b}^{n}\delta \boldsymbol{l}^{b} \tag{8.3.8}$$

式中：$\boldsymbol{p}_{\mathrm{INS}}=[L_{\mathrm{INS}}\quad \lambda_{\mathrm{INS}}\quad h_{\mathrm{INS}}]^{\mathrm{T}}$；$\boldsymbol{p}_{\mathrm{GNSS}}=[L_{\mathrm{GNSS}}\quad \lambda_{\mathrm{GNSS}}\quad h_{\mathrm{GNSS}}]^{\mathrm{T}}$；矩阵 $\boldsymbol{M}_{pv}$ 的计算详见式(4.2.42a)。

8.3.2　时间不同步误差

参见图 8.3.2，在惯性/卫星组合导航系统中，组合导航计算机获得两类传感器导航信息的时刻(C)往往不是传感器实际信息的采集时刻(A 和 B)，从传感器信息采集到组合导航计算之间存在一定的时间滞后，比如卫星接收机采集到无线电信号后，需要先进行一系列的解算，再经过通信端口发送给组合导航计算机。惯性和卫星两类传感器的时间滞后一般并不相同，两者之间的相对滞后记为时间不同步误差 δt。在组合导航信息比对时，必须对时间不同步误差进行估计或补偿。

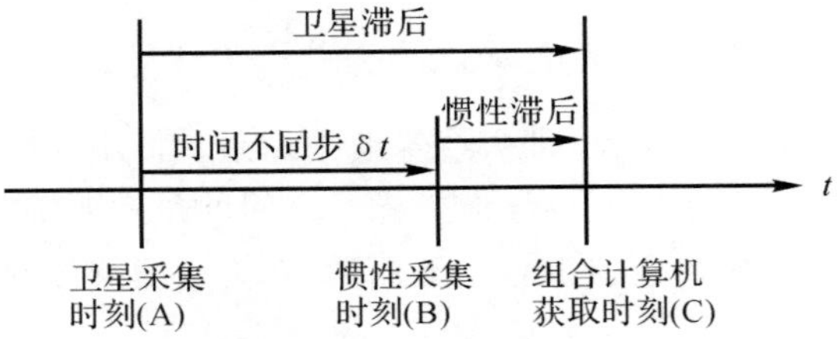

图 8.3.2　惯组与卫星接收机之间的时间不同步

在分析时间不同步误差时，假设惯导与卫导之间的杆臂误差已经得到校正。如图 8.3.2 所示，惯导速度和卫星速度之间的关系应为

$$\boldsymbol{v}^n_{\mathrm{GNSS}}+\boldsymbol{a}^n\delta t=\boldsymbol{v}^n_{\mathrm{INS}} \tag{8.3.9}$$

其中：$\boldsymbol{a}^n$ 是载体在不同步时间附近的平均线加速度，它可通过惯导在两相邻时间（$T=t_m-t_{m-1}$）内的速度平均变化来近似，即

$$\boldsymbol{a}^n\approx\frac{\boldsymbol{v}^n_{\mathrm{INS}(m)}-\boldsymbol{v}^n_{\mathrm{INS}(m-1)}}{T} \tag{8.3.10}$$

一般情况下，可假设时间不同步 δt 是相对固定的，视为常值参数。

由式(8.3.9)可计算得惯导和卫导之间的速度不同步误差 $\delta\boldsymbol{v}^n_{\delta t}$，为

$$\delta\boldsymbol{v}^n_{\delta t}=\boldsymbol{v}^n_{\mathrm{INS}}-\boldsymbol{v}^n_{\mathrm{GNSS}}=\boldsymbol{a}^n\delta t \tag{8.3.11}$$

同理，不难求得两者间的位置不同步误差 $\delta\boldsymbol{p}_{\delta t}$，为

$$\delta\boldsymbol{p}_{\delta t}=\boldsymbol{p}_{\mathrm{INS}}-\boldsymbol{p}_{\mathrm{GNSS}}=\boldsymbol{M}_{pv}\boldsymbol{v}^n_{\mathrm{INS}}\delta t \tag{8.3.12}$$

8.3.3　状态空间模型

在 4.2 节惯导误差分析的基础上，同时考虑杆臂误差和时间不同步误差，可获得以速度和位置误差作为观测量的惯性/卫星组合导航状态空间模型如下：

$$\left.\begin{aligned}\dot{\boldsymbol{X}}&=\boldsymbol{F}\boldsymbol{X}+\boldsymbol{G}\boldsymbol{W}^b\\ \boldsymbol{Z}&=\begin{bmatrix}\tilde{\boldsymbol{v}}^n_{\mathrm{INS}}-\tilde{\boldsymbol{v}}^n_{\mathrm{GNSS}}\\ \tilde{\boldsymbol{p}}_{\mathrm{INS}}-\tilde{\boldsymbol{p}}_{\mathrm{GNSS}}\end{bmatrix}=\boldsymbol{H}\boldsymbol{X}+\boldsymbol{V}\end{aligned}\right\} \tag{8.3.13}$$

其中

$$\boldsymbol{X}=\begin{bmatrix}\boldsymbol{\phi}^{\mathrm{T}} & (\delta\boldsymbol{v}^n)^{\mathrm{T}} & (\delta\boldsymbol{p})^{\mathrm{T}} & (\boldsymbol{\varepsilon}^b)^{\mathrm{T}} & (\boldsymbol{\nabla}^b)^{\mathrm{T}} & (\delta\boldsymbol{l}^b)^{\mathrm{T}} & \delta t\end{bmatrix}^{\mathrm{T}}$$

$$\boldsymbol{F}=\begin{bmatrix}\boldsymbol{M}_{aa} & \boldsymbol{M}_{av} & \boldsymbol{M}_{ap} & -\boldsymbol{C}^n_b & \boldsymbol{0}_{3\times3} & \boldsymbol{0}_{3\times4}\\ \boldsymbol{M}_{va} & \boldsymbol{M}_{vv} & \boldsymbol{M}_{vp} & \boldsymbol{0}_{3\times3} & \boldsymbol{C}^n_b & \boldsymbol{0}_{3\times4}\\ \boldsymbol{0}_{3\times3} & \boldsymbol{M}_{pv} & \boldsymbol{M}_{pp} & \boldsymbol{0}_{3\times3} & \boldsymbol{0}_{3\times3} & \boldsymbol{0}_{3\times4}\\ \multicolumn{6}{c}{\boldsymbol{0}_{10\times19}}\end{bmatrix},\quad \boldsymbol{G}=\begin{bmatrix}-\boldsymbol{C}^n_b & \boldsymbol{0}_{3\times3}\\ \boldsymbol{0}_{3\times3} & \boldsymbol{C}^n_b\\ \multicolumn{2}{c}{\boldsymbol{0}_{13\times6}}\end{bmatrix},\quad \boldsymbol{W}^b=\begin{bmatrix}\boldsymbol{w}^b_{\mathrm{g}}\\ \boldsymbol{w}^b_{\mathrm{a}}\end{bmatrix}$$

$$\boldsymbol{H}=\begin{bmatrix}\boldsymbol{0}_{3\times3} & \boldsymbol{I}_{3\times3} & \boldsymbol{0}_{3\times3} & \boldsymbol{0}_{3\times6} & -\boldsymbol{C}^n_b(\boldsymbol{\omega}^b_{eb}\times) & \boldsymbol{a}^n\\ \boldsymbol{0}_{3\times3} & \boldsymbol{0}_{3\times3} & \boldsymbol{I}_{3\times3} & \boldsymbol{0}_{3\times6} & -\boldsymbol{M}_{pv}\boldsymbol{C}^n_b & \boldsymbol{M}_{pv}\boldsymbol{v}^n_{\mathrm{INS}}\end{bmatrix},\quad \boldsymbol{V}=\begin{bmatrix}\boldsymbol{V}_v\\ \boldsymbol{V}_p\end{bmatrix}$$

式中：$\boldsymbol{w}^b_{\mathrm{g}}$ 和 $\boldsymbol{w}^b_{\mathrm{a}}$ 分别为陀螺仪角速度测量白噪声和加速度计比力测量白噪声；$\boldsymbol{V}_v$ 和 $\boldsymbol{V}_p$ 分别为卫星接收机速度测量白噪声和位置测量白噪声；其他符号含义参见 4.2.5 小节。

在实际应用中，如果条件允许的话，应当事先对惯导和卫导之间的杆臂（或时间不同步）误差进行精确测量并作相应的补偿，不再将它们列入滤波器状态，这样既有利于减少滤波计算量，还能够防止杆臂（或时间不同步）状态估计不准而影响其他状态的估计效果。只有杆臂（或时间不同步）误差难以精确测量，或随时间缓慢变化，才推荐进行状态建模和滤波估计，并且只有在适当机动的情况下，这些状态才是可观测的。

8.4 传递对准技术

在某些武器发射系统(比如机载-导弹、车载-导弹或舰艇-鱼雷等系统)中,同时存在多类惯导系统。一类是发射平台上的高精度惯导系统,称为主(或母)惯导系统(Master INS, MINS),它在平台运行过程中已经完成初始化并持续为平台提供高精度的导航信息;另一类是弹上的中低精度惯导系统,称为子惯导系统(Slave INS, SINS)。弹上子惯导系统通常只需在导弹发射前启动,利用平台上主惯导实时发送来的导航信息迅速完成子惯导导航参数精确初始化,这一初始化过程称为传递对准。

传递对准可以划分为两个阶段:首先是导航信息装订,假设主子惯导之间的对应坐标轴是近似平行安装的(或安装角度是粗略已知可补偿的),直接利用主惯导发送的姿态、速度和位置给子惯导赋值;接着,子惯导在装订粗略导航参数的基础上进行导航解算,由于参数粗略,导航误差大,子惯导与主惯导实时发送的导航参数作比对,构造量测量,通过滤波器估计和修正子惯导误差,快速(典型值在 30 s 以内)提高子惯导导航参数精度。第一阶段的信息装订比较简单,所谓的传递对准一般是指第二阶段子惯导误差的滤波估计和修正过程。

为了区分主或子两类惯导系统,以下主惯导的体坐标系用 b_M 表示,而子惯导的体坐标系用 b_S 表示。

1. 子惯导导航解算

在整个传递对准过程中,主子惯导始终处于同一运载平台上,两者的理想导航坐标系(n 系)几乎相同,以主惯导计算参数(主惯导精度高,误差可忽略不计)代替子惯导的相关计算参数进行捷联解算,可得子惯导的姿态阵 $\boldsymbol{C}_{b_S}^{n}$ 和速度 $\boldsymbol{v}_S^n$ 更新方程,分别为

$$\dot{\boldsymbol{C}}_{b_S}^{n}=\boldsymbol{C}_{b_S}^{n}(\boldsymbol{\omega}_{nb_S}^{b_S}\times)=\boldsymbol{C}_{b_S}^{n}(\boldsymbol{\omega}_{ib_S}^{b_S}\times)-(\boldsymbol{\omega}_{in,M}^{n}\times)\boldsymbol{C}_{b_S}^{n} \tag{8.4.1}$$

$$\dot{\boldsymbol{v}}_S^n=\boldsymbol{C}_{b_S}^{n}\boldsymbol{f}_{\mathrm{sf}}^{b_S}-(2\boldsymbol{\omega}_{ie,M}^{n}+\boldsymbol{\omega}_{en,M}^{n})\times\boldsymbol{v}_M^n+\boldsymbol{g}_M^n \tag{8.4.2}$$

其中:$\boldsymbol{v}_M^n$ 为主惯导速度;$\boldsymbol{\omega}_{in,M}^{n}$,$\boldsymbol{\omega}_{ie,M}^{n}$,$\boldsymbol{\omega}_{en,M}^{n}$,$\boldsymbol{g}_M^n$ 为主惯导的计算参数。在传递对准中,子惯导无需进行位置更新解算。

2. 子惯导误差方程

通过常规姿态误差方程式(4.2.17)和速度误差方程式(4.2.27)简化,不难获得与式(8.4.1)和式(8.4.2)相对应的子惯导失准角 $\boldsymbol{\phi}_S$ 和速度误差 $\delta\boldsymbol{v}_S^n$ 的微分方程,分别为

$$\dot{\boldsymbol{\phi}}_S=\dot{\boldsymbol{\phi}}_S\times\boldsymbol{\omega}_{in,M}^{n}-\boldsymbol{C}_{b_S}^{n}\boldsymbol{\varepsilon}^{b_S} \tag{8.4.3}$$

$$\delta\dot{\boldsymbol{v}}_S^n=(\boldsymbol{C}_{b_S}^{n}\boldsymbol{f}_{\mathrm{sf}}^{b_S})\times\dot{\boldsymbol{\phi}}_S+\boldsymbol{C}_{b_S}^{n}\boldsymbol{\nabla}^{b_S} \tag{8.4.4}$$

考虑到传递对准时间一般比较短且 $\boldsymbol{\omega}_{in,M}^{n}$ 是小量,式(8.4.3)有时还可进一步简化为 $\dot{\boldsymbol{\phi}}_S=-\boldsymbol{C}_{b_S}^{n}\boldsymbol{\varepsilon}^{b_S}$,这显示,引起失准角变化的主要因素是陀螺漂移。

3. 量测方程

首先,计算主子惯导之间的速度差异,考虑子惯导相对于主惯导的杆臂参数 $\delta\boldsymbol{l}^b$,根据式(8.3.5),可得速度量测方程

$$\boldsymbol{Z}_v=\tilde{\boldsymbol{v}}_S^n-\boldsymbol{v}_M^n=\delta\boldsymbol{v}_S^n-\boldsymbol{C}_{b_S}^{n}(\boldsymbol{\omega}_{eb_S}^{b_S}\times)\delta\boldsymbol{l}^b+\boldsymbol{V}_v \tag{8.4.5}$$

式中:$\boldsymbol{V}_v$ 为速度量测噪声。

其次,计算主惯导姿态阵 $\boldsymbol{C}_{b_M}^{n}$ 与子惯导姿态阵 $\boldsymbol{C}_{b_S}^{n\prime}$ 之间的乘积,构造方式如下:

$$
\begin{aligned}
\boldsymbol{C}_{b_M}^{n}(\boldsymbol{C}_{b_S}^{n'})^{\mathrm{T}}=&\boldsymbol{C}_{b_S}^{n}\boldsymbol{C}_{b_M}^{b_S}\boldsymbol{C}_{n}^{b_S}\boldsymbol{C}_{n'}^{n}\approx\\
&\boldsymbol{C}_{b_S}^{n}\{\boldsymbol{I}-[(\boldsymbol{\mu}^b+\boldsymbol{\theta}^b)\times]\}\boldsymbol{C}_{n}^{b_S}[\boldsymbol{I}+(\boldsymbol{\phi}_S\times)]\approx\\
&\boldsymbol{I}+(\boldsymbol{\phi}_S\times)-\boldsymbol{C}_{b_S}^{n}[(\boldsymbol{\mu}^b+\boldsymbol{\theta}^b)\times]\boldsymbol{C}_{n}^{b_S}=\\
&\boldsymbol{I}+(\boldsymbol{\phi}_S\times)-\{[\boldsymbol{C}_{b_S}^{n}(\boldsymbol{\mu}^b+\boldsymbol{\theta}^b)]\times\}\triangleq\boldsymbol{I}+(\boldsymbol{Z}_\phi\times)
\end{aligned}\tag{8.4.6}
$$

其中：n'为子惯导的计算导航系；$\boldsymbol{C}_{b_M}^{b_S}$为主子惯导之间的安装偏差矩阵，包含固定偏差角$\boldsymbol{\mu}^b$和动态偏差角$\boldsymbol{\theta}^b$。

比如，机载主惯导放置在机腹舱内，而导弹连同弹载子惯导安装在机翼挂架上，主子惯导之间存在某一固定安装偏差角$\boldsymbol{\mu}^b$，又因飞行过程中载机机翼颤振变形影响，在固定偏差角$\boldsymbol{\mu}^b$的基础上还会额外产生动态偏差角（挠曲变形角）$\boldsymbol{\theta}^b$。通常将固定偏差角$\boldsymbol{\mu}^b$视为随机常值，而将动态偏差角$\boldsymbol{\theta}^b$的各分量$\theta_i^b(i=x,y,z)$建模成相互独立的二阶马尔科夫过程，即有

$$
\ddot{\theta}_i^b=-2\beta_i\dot{\theta}_i^b-\beta_i^2\theta_i^b+w_{\theta,i}\tag{8.4.7}
$$

或者，式(8.4.7)可写成状态方程形式，为

$$
\frac{\mathrm{d}}{\mathrm{d}t}\begin{bmatrix}\theta_i^b\\ \dot{\theta}_i^b\end{bmatrix}=\begin{bmatrix}0 & 1\\ -\beta_i^2 & -2\beta_i\end{bmatrix}\begin{bmatrix}\theta_i^b\\ \dot{\theta}_i^b\end{bmatrix}+\begin{bmatrix}0\\ w_{\theta,i}\end{bmatrix}\tag{8.4.8}
$$

其中：$\beta_i=2.146/\tau_i$；τ_i为二阶马尔科夫过程的相关时间；$w_{\theta,i}$为激励白噪声。

根据式(8.4.6)构造姿态量测方程，得

$$
\boldsymbol{Z}_\phi=[\boldsymbol{C}_{b_M}^{n}(\boldsymbol{C}_{b_S}^{n'})^{\mathrm{T}}-\boldsymbol{I}]^{\vee}=\boldsymbol{\phi}_S-\boldsymbol{C}_{b_S}^{n}\boldsymbol{\mu}^b-\boldsymbol{C}_{b_S}^{n}\boldsymbol{\theta}^b+\boldsymbol{V}_\phi\tag{8.4.9}
$$

其中：符号“$(\cdot)^{\vee}$”表示三维向量反对称阵$(\cdot\times)$之逆运算，即有$(\boldsymbol{v}\times)^{\vee}=\boldsymbol{v}$；$\boldsymbol{V}_\phi$为姿态量测噪声。

4. 传递对准状态空间模型

综合式(8.4.3)～式(8.4.5)、式(8.4.8)和式(8.4.9)，可得“速度＋姿态”量测匹配传递对准状态空间模型如下：

$$
\left.\begin{aligned}
&\dot{\boldsymbol{X}}=\boldsymbol{F}\boldsymbol{X}+\boldsymbol{G}\boldsymbol{W}^b\\
&\boldsymbol{Z}=\begin{bmatrix}\tilde{\boldsymbol{v}}_S^n-\boldsymbol{v}_M^n\\ [\boldsymbol{C}_{b_M}^{n}(\boldsymbol{C}_{b_S}^{n'})^{\mathrm{T}}-\boldsymbol{I}]^{\vee}\end{bmatrix}=\boldsymbol{H}\boldsymbol{X}+\boldsymbol{V}
\end{aligned}\right\}\tag{8.4.10}
$$

式中：

$$
\boldsymbol{X}=[\boldsymbol{\phi}_S^{\mathrm{T}}\quad(\delta\boldsymbol{v}_S^n)^{\mathrm{T}}\quad(\boldsymbol{\varepsilon}^{b_S})^{\mathrm{T}}\quad(\boldsymbol{\nabla}^{b_S})^{\mathrm{T}}\quad(\delta\boldsymbol{l}^b)^{\mathrm{T}}\quad(\boldsymbol{\mu}^b)^{\mathrm{T}}\quad(\boldsymbol{\theta}^b)^{\mathrm{T}}\quad(\dot{\boldsymbol{\theta}}^b)^{\mathrm{T}}]^{\mathrm{T}}
$$

$$
\boldsymbol{F}=\begin{bmatrix}
-\boldsymbol{\omega}_{in,M}^n\times & \boldsymbol{0}_{3\times3} & -\boldsymbol{C}_{b_S}^n & \boldsymbol{0}_{3\times3} & \boldsymbol{0}_{3\times6} & \boldsymbol{0}_{3\times3} & \boldsymbol{0}_{3\times3}\\
\boldsymbol{f}_{\mathrm{sf}}^n\times & \boldsymbol{0}_{3\times3} & \boldsymbol{0}_{3\times3} & \boldsymbol{C}_{b_S}^n & \boldsymbol{0}_{3\times6} & \boldsymbol{0}_{3\times3} & \boldsymbol{0}_{3\times3}\\
 & & & \boldsymbol{0}_{12\times24} & & & \\
\boldsymbol{0}_{3\times3} & \boldsymbol{0}_{3\times3} & \boldsymbol{0}_{3\times3} & \boldsymbol{0}_{3\times3} & \boldsymbol{0}_{3\times6} & \boldsymbol{0}_{3\times3} & \boldsymbol{I}_{3\times3}\\
\boldsymbol{0}_{3\times3} & \boldsymbol{0}_{3\times3} & \boldsymbol{0}_{3\times3} & \boldsymbol{0}_{3\times3} & \boldsymbol{0}_{3\times6} & -\boldsymbol{B}^2 & -2\boldsymbol{B}
\end{bmatrix},
$$

$$
\boldsymbol{G}=\begin{bmatrix}
-\boldsymbol{C}_{b_S}^n & \boldsymbol{0}_{3\times3} & \boldsymbol{0}_{3\times3}\\
\boldsymbol{0}_{3\times3} & \boldsymbol{C}_{b_S}^n & \boldsymbol{0}_{3\times3}\\
 & \boldsymbol{0}_{15\times9} & \\
\boldsymbol{0}_{3\times3} & \boldsymbol{0}_{3\times3} & \boldsymbol{I}_{3\times3}
\end{bmatrix},\quad \boldsymbol{W}^b=\begin{bmatrix}\boldsymbol{w}_{\mathrm{g}}^b\\ \boldsymbol{w}_{\mathrm{a}}^b\\ \boldsymbol{w}_\theta\end{bmatrix}
$$

$$
\boldsymbol{H}=\begin{bmatrix}
\boldsymbol{0}_{3\times3} & \boldsymbol{I}_{3\times3} & \boldsymbol{0}_{3\times6} & -\boldsymbol{C}_{b_S}^n(\boldsymbol{\omega}_{eb_S}^{b_S}\times) & \boldsymbol{0}_{3\times3} & \boldsymbol{0}_{3\times3} & \boldsymbol{0}_{3\times3}\\
\boldsymbol{I}_{3\times3} & \boldsymbol{0}_{3\times3} & \boldsymbol{0}_{3\times6} & \boldsymbol{0}_{3\times3} & -\boldsymbol{C}_{b_S}^n & -\boldsymbol{C}_{b_S}^n & \boldsymbol{0}_{3\times3}
\end{bmatrix},\quad \boldsymbol{V}=\begin{bmatrix}\boldsymbol{V}_v\\ \boldsymbol{V}_\phi\end{bmatrix}
$$

$$\boldsymbol{B}=\mathrm{diag}(\beta_x \quad \beta_y \quad \beta_z)$$

讨论：

(1)与常规惯导初始对准相比，“速度＋姿态”匹配传递对准的突出优点是方位对准的快速性，其核心在于主子惯导一起进行垂直于方位轴向的角度运动(比如机载导弹摇翼横滚机动，或车载导弹起竖俯仰机动)，通过姿态变化量测估计子惯导方位失准角。一般俯仰或横滚姿态变化需达 20°以上，反之如果角度变化太小，传递对准就近似退化为普通的速度量测初始对准，需要依赖较大的水平加减速机动才能完成方位快速对准。

(2)挠曲变形角 $\boldsymbol{\theta}^b$ 的二阶马尔科夫过程建模往往很难符合实际情况，并且过程参数也难以建模准确，比如车载导弹起竖过程的弹筒变形应当与载机飞行的机翼颤动明显不同，前者的动态偏差角不是平稳随机过程。实际应用中，由于动态偏差角建模困难，往往会删去动态偏差角及其角速率状态，因而，若存在较大且未知的动态偏差角变化，它将成为制约传递对准精度的主要因素。

(3)如果子惯导精度较低，其相对于主惯导的杆臂 $\delta\boldsymbol{l}^b$ 不容易在传递对准滤波器中准确估计，最好事先进行主子惯导安装位置关系测量，将杆臂作为已知参数在速度量测构造中直接补偿。

(4)速度量测 $\boldsymbol{Z}_v$ 一般对水平失准角 ϕ_E，ϕ_N 具有很好的估计作用，因此在姿态量测 $\boldsymbol{Z}_\phi$ 中，可以删去第一、二水平分量而只保留第三方位分量，减小角度机动过程中动态偏差角建模不准及主子惯导姿态量测时间不同步对水平失准角的干扰影响。在传递对准后期进行一小段时间的静止或平稳飞行，通过速度量测有助于获得精度高且稳定的水平姿态角。

(5)传递对准时间往往比较短，一般只能实现陀螺随机常值漂移 $\boldsymbol{\varepsilon}^{b_S}$ 的粗略估计；在传递对准姿态角变化不大(小于 45°)的情况下，水平加速度计随机常值偏值 $\boldsymbol{\nabla}^{b_S}$ 的估计效果往往也不好。

(6)在主惯导导航信息传送至子惯导过程中，若存在未知时延且时延也不固定，典型值如几十毫秒量级，则在构造主子惯导量测匹配时应尽量选择机动平缓时刻，比如载机摇翼至左或右最大角度时(此时对应角速率很小)，避免或降低摇翼角速率较大时对量测信息的利用。

基于上述讨论，可得简化且实用的“速度＋方位”匹配传递对准建模，如下：

$$\left.\begin{aligned}
&\dot{\boldsymbol{X}}=\boldsymbol{F}\boldsymbol{X}+\boldsymbol{G}\boldsymbol{W}^b\\
&\boldsymbol{Z}=\begin{bmatrix}\tilde{\boldsymbol{v}}_S^n+\boldsymbol{C}_{b_S}^n(\boldsymbol{\omega}_{eb_S}^{b_S}\times\delta\boldsymbol{l}^b)-\boldsymbol{v}_M^n\\ \{[\boldsymbol{C}_{b_M}^n(\boldsymbol{C}_{b_S}^{n\prime})^\mathrm{T}-\boldsymbol{I}]^\vee\}_{(3)}\end{bmatrix}=\boldsymbol{H}\boldsymbol{X}+\boldsymbol{V}
\end{aligned}\right\}\tag{8.4.11}$$

式中：

$$\boldsymbol{X}=[\boldsymbol{\phi}_S^\mathrm{T} \quad (\delta\boldsymbol{v}_S^n)^\mathrm{T} \quad (\boldsymbol{\varepsilon}^{b_S})^\mathrm{T} \quad (\boldsymbol{\nabla}^{b_S})^\mathrm{T} \quad (\boldsymbol{\mu}^b)^\mathrm{T}]^\mathrm{T}$$

$$\boldsymbol{F}=\begin{bmatrix}-\boldsymbol{\omega}_{in,M}^n\times & \boldsymbol{0}_{3\times3} & -\boldsymbol{C}_{b_S}^n & \boldsymbol{0}_{3\times3} & \boldsymbol{0}_{3\times3}\\ \boldsymbol{f}_\mathrm{sf}^n\times & \boldsymbol{0}_{3\times3} & \boldsymbol{0}_{3\times3} & \boldsymbol{C}_{b_S}^n & \boldsymbol{0}_{3\times3}\\ \multicolumn{5}{c}{\boldsymbol{0}_{9\times15}}\end{bmatrix},\quad \boldsymbol{G}=\begin{bmatrix}-\boldsymbol{C}_{b_S}^n & \boldsymbol{0}_{3\times3}\\ \boldsymbol{0}_{3\times3} & \boldsymbol{C}_{b_S}^n\\ \multicolumn{2}{c}{\boldsymbol{0}_{9\times6}}\end{bmatrix},\quad \boldsymbol{W}^b=\begin{bmatrix}\boldsymbol{w}_\mathrm{g}^b\\ \boldsymbol{w}_\mathrm{a}^b\end{bmatrix}$$

$$\boldsymbol{H}=\begin{bmatrix}\boldsymbol{0}_{3\times3} & \boldsymbol{I}_{3\times3} & \boldsymbol{0}_{3\times6} & \boldsymbol{0}_{3\times3}\\ 0\ 0\ 1 & \boldsymbol{0}_{1\times3} & \boldsymbol{0}_{1\times6} & -(\boldsymbol{C}_{b_S}^n)_{(3,:)}\end{bmatrix},\quad \boldsymbol{V}=\begin{bmatrix}\boldsymbol{V}_v\\ (\boldsymbol{V}_\phi)_{(3)}\end{bmatrix}$$

$(\cdot)_{(3)}$ 表示向量的第三分量元素，$(\cdot)_{(3,:)}$ 表示矩阵的第三行向量；杆臂误差 $\delta\boldsymbol{l}^b$ 已知且在速度量测构造中进行了补偿。

最后指出：在传递对准中，一般主惯导精度远高于子惯导，认为主惯导是无误差的或误差可忽略不计的，子惯导的传递对准精度考核通常为以主惯导为参考基准的相对精度，如果要考查子惯导的绝对精度，则需要考虑叠加主惯导的误差影响。

8.5　车载惯性导航技术

惯导系统广泛应用于先进的陆用车辆和车载武器装备，它能够自主、实时地输出精确的导航参数，引导载车行驶，甚至为车载武器发射提供参考基准。车载里程仪的里程测量是一个非常重要的车辆导航辅助信息。只要惯导系统相对于车体固定安装，便可利用惯导姿态矩阵实时地将车体坐标系下测得的里程信息转换至导航坐标系，再进行定位解算，有效抑制惯导系统误差的快速累积。此外，即使在没有里程仪辅助的情况下，仅仅根据车辆的运动特点，比如采取非完整性运动学约束方法或零速修正技术，也可以提高车载惯导系统的导航精度。

8.5.1　航位推算算法

航位推算（Dead Reckoning，DR）利用姿态、航向和行驶里程信息来推算载车相对于起始点的相对位置。里程仪（odometer）输出的信号一般是载车在一小段时间内行驶的路程增量，为了理论分析方便，不妨假设里程仪输出的是瞬时速度。轮式车辆的车轮往往可分为转向轮和非转向轮，行驶转弯时转向轮发生偏转，而非转向轮不偏转，后者始终与车体正前方保持同向，这里暂且假设里程仪测量的是非转向轮的信号。

载车在正常行驶时，假设车轮紧贴路面，无打滑、滑行和弹跳，里程仪测量的是沿车体正前方向上的速度大小，前进取正而倒车取负。为研究方便，建立里程仪测量坐标系（或称车体坐标系），简记为 m 系，oy_m 轴在和载车车轮相接触的地平面内，并且指向车体的正前方，oz_m 轴垂直于地平面向上为正，ox_m 轴指向右方，里程仪坐标系是一个与车体固连的“右-前-上”右手直角坐标系。按照上述定义，里程仪的速度输出在里程仪坐标系上可以表示为

$$\boldsymbol{v}_{\mathrm{D}}^{m}=[0\quad v_{\mathrm{D}}\quad 0]^{\mathrm{T}} \tag{8.5.1}$$

其中：v_{D} 为里程仪测得的前向速度大小；右向和天向速度均为零，可视为载车正常行驶时的速度约束条件。

捷联惯组（IMU）固定安装在车体上，假设 IMU 坐标系（b 系）与车体坐标系（m 系）的同名坐标轴重合。通过 IMU 中的三陀螺组合可以实时计算载车的姿态矩阵，记为 $\boldsymbol{C}_b^n$，利用 $\boldsymbol{C}_b^n$ 对 $\boldsymbol{v}_{\mathrm{D}}^{m}$ 转换可得在导航坐标系下的里程仪速度输出，即

$$\boldsymbol{v}_{\mathrm{D}}^{n}=\boldsymbol{C}_b^n\boldsymbol{v}_{\mathrm{D}}^{m} \tag{8.5.2}$$

与捷联惯导位置更新算法微分方程式（4.1.57）一样，由里程仪速度 $\boldsymbol{v}_{\mathrm{D}}^{n}$ 可得航位推算定位解算的微分方程如下：

$$\dot{L}_{\mathrm{D}}=\frac{v_{\mathrm{DN}}}{R_{Mh\mathrm{D}}} \tag{8.5.3a}$$

$$\dot{\lambda}_{\mathrm{D}}=\frac{v_{\mathrm{DE}}\sec L_{\mathrm{D}}}{R_{Nh\mathrm{D}}} \tag{8.5.3b}$$

$$\dot{h}_{\mathrm{D}}=v_{\mathrm{DU}} \tag{8.5.3c}$$

若将上述三式写成向量形式，则为

$$\dot{\boldsymbol{p}}_{\mathrm{D}}=\boldsymbol{M}_{pv\mathrm{D}}\boldsymbol{v}_{\mathrm{D}}^{n} \tag{8.5.4}$$

其中：$\boldsymbol{p}_{\mathrm{D}}=[L_{\mathrm{D}}\quad \lambda_{\mathrm{D}}\quad h_{\mathrm{D}}]^{\mathrm{T}}$；$L_{\mathrm{D}}$，$\lambda_{\mathrm{D}}$ 和 h_{D} 分别为航位推算的地理纬度、经度和高度；$R_{Mh\mathrm{D}}=R_{M\mathrm{D}}+h_{\mathrm{D}}$，$R_{Nh\mathrm{D}}=R_{N\mathrm{D}}+h_{\mathrm{D}}$，$R_{M\mathrm{D}}$和 $R_{N\mathrm{D}}$分别为使用航位推算地理位置计算的子午圈和卯酉圈主曲率半径；$\boldsymbol{v}_{\mathrm{D}}^{n}=[v_{\mathrm{DE}}\quad v_{\mathrm{DN}}\quad v_{\mathrm{DU}}]^{\mathrm{T}}$；且有

$$\boldsymbol{M}_{pv\mathrm{D}}=\begin{bmatrix}0 & 1/R_{Mh\mathrm{D}} & 0\\ \sec L_{\mathrm{D}}/R_{Nh\mathrm{D}} & 0 & 0\\ 0 & 0 & 1\end{bmatrix}$$

在惯导姿态微分方程式(4.1.2)中，以里程仪计算速度 $\boldsymbol{v}_{\mathrm{D}}^{n}$ 代替捷联惯导速度 $\boldsymbol{v}^{n}$，并以航位推算纬度 L_{D} 代替捷联惯导解算纬度 L，可得航位推算的姿态矩阵微分方程如下：

$$\dot{\boldsymbol{C}}_{b}^{n}=\boldsymbol{C}_{b}^{n}(\boldsymbol{\omega}_{ib}^{b}\times)-(\boldsymbol{\omega}_{in}^{n}\times)\boldsymbol{C}_{b}^{n} \tag{8.5.5}$$

其中：$\boldsymbol{\omega}_{ib}^{b}$ 为三陀螺组件的角速度信息，且

$$\boldsymbol{\omega}_{in}^{n}=\boldsymbol{\omega}_{ie}^{n}+\boldsymbol{\omega}_{en}^{n}$$

$$\boldsymbol{\omega}_{ie}^{n}=[0\quad \omega_{ie}\cos L_{\mathrm{D}}\quad \omega_{ie}\sin L_{\mathrm{D}}]^{\mathrm{T}},\quad \boldsymbol{\omega}_{en}^{n}=\begin{bmatrix}-\dfrac{v_{\mathrm{DN}}}{R_{Mh\mathrm{D}}} & \dfrac{v_{\mathrm{DE}}}{R_{Nh\mathrm{D}}} & \dfrac{v_{\mathrm{DE}}\tan L_{\mathrm{D}}}{R_{Nh\mathrm{D}}}\end{bmatrix}^{\mathrm{T}}$$

式(8.5.4)和式(8.5.5)一起便构成了航位推算算法，由此可见，在航位推算算法中无须使用加速度计的任何信息。当然，为了获得姿态阵 $\boldsymbol{C}_{b}^{n}$ 的初值而进行惯导初始对准，就需要利用加速度计辅助来确定水平姿态了。

下面采用里程仪的路程增量来给出航位推算的数值更新算法。

记里程仪在一小段时间段$[t_{j-1},t_{j}]$($T_{j}=t_{j}-t_{j-1}$)内的路程增量为 ΔS_{j}，如果该时间段很短，则可以认为载车在这小段时间内是沿直线行驶，路程增量在车体坐标系(m 系)的投影为

$$\Delta\boldsymbol{S}_{j}^{m}=[0\quad \Delta S_{j}\quad 0]^{\mathrm{T}} \tag{8.5.6}$$

类似于速度转换关系式(8.5.2)，有

$$\Delta\boldsymbol{S}_{j}^{n}=\boldsymbol{C}_{b(j-1)}^{n}\Delta\boldsymbol{S}_{j}^{m} \tag{8.5.7}$$

其中：$\boldsymbol{C}_{b(j-1)}^{n}$是 t_{j-1}时刻的载车姿态矩阵。

将式(8.5.3)离散化，可得航位推算位置更新算法如下：

$$L_{\mathrm{D}(j)}=L_{\mathrm{D}(j-1)}+\frac{T_{j}v_{\mathrm{DN}(j)}}{R_{Mh\mathrm{D}(j-1)}}=L_{\mathrm{D}(j-1)}+\frac{\Delta S_{\mathrm{N}(j)}}{R_{Mh\mathrm{D}(j-1)}} \tag{8.5.8a}$$

$$\lambda_{\mathrm{D}(j)}=\lambda_{\mathrm{D}(j-1)}+\frac{T_{j}v_{\mathrm{DE}(j)}\sec L_{\mathrm{D}(j-1)}}{R_{Nh\mathrm{D}(j-1)}}=\lambda_{\mathrm{D}(j-1)}+\frac{\Delta S_{\mathrm{E}(j)}\sec L_{\mathrm{D}(j-1)}}{R_{Nh\mathrm{D}(j-1)}} \tag{8.5.8b}$$

$$h_{\mathrm{D}(j)}=h_{\mathrm{D}(j-1)}+T_{j}v_{\mathrm{DU}(j)}=h_{\mathrm{D}(j-1)}+\Delta S_{\mathrm{U}(j)} \tag{8.5.8c}$$

式中：记 $\Delta\boldsymbol{S}_{j}^{n}=[\Delta S_{\mathrm{E}(j)}\quad \Delta S_{\mathrm{N}(j)}\quad \Delta S_{\mathrm{U}(j)}]^{\mathrm{T}}$；$\Delta S_{\mathrm{E}(j)}$，$\Delta S_{\mathrm{N}(j)}$，$\Delta S_{\mathrm{U}(j)}$ 分别为东、北、天向的位移增量。

与捷联惯导姿态更新算法式(4.1.8)类似，航位推算的姿态阵更新算法为

$$\boldsymbol{C}_{b(j)}^{n}=\boldsymbol{C}_{n(j-1)}^{n(j)}\boldsymbol{C}_{b(j-1)}^{n}\boldsymbol{C}_{b(j)}^{b(j-1)} \tag{8.5.9}$$

其中

$$\boldsymbol{C}_{b(j)}^{b(j-1)}=\boldsymbol{M}_{\mathrm{RV}}(\boldsymbol{\phi}_{ib(j)}^{b}),\quad \boldsymbol{C}_{n(j-1)}^{n(j)}=\boldsymbol{M}_{\mathrm{RV}}^{\mathrm{T}}(\boldsymbol{\phi}_{in(j)}^{n})$$

式中：$\boldsymbol{\phi}_{ib(j)}^{b}$ 为由陀螺仪输出计算的等效旋转矢量，与捷联惯导中的算法完全一样；$\boldsymbol{\phi}_{in(j)}^{n}$ 的计算方法为

$$\boldsymbol{\phi}_{in(j)}^{n}=T_{j}(\boldsymbol{\omega}_{ie(j)}^{n}+\boldsymbol{\omega}_{en(j)}^{n})=T_{j}\begin{bmatrix}0\\ \omega_{ie}\cos L_{\mathrm{D}(j)}\\ \omega_{ie}\sin L_{\mathrm{D}(j)}\end{bmatrix}+T_{j}\begin{bmatrix}-v_{\mathrm{DN}(j)}/R_{Mh\mathrm{D}(j)}\\ v_{\mathrm{DE}(j)}/R_{Nh\mathrm{D}(j)}\\ v_{\mathrm{DE}(j)}\tan L_{\mathrm{D}(j)}/R_{Nh\mathrm{D}(j)}\end{bmatrix}=$$

$$T_{j}\begin{bmatrix}0\\ \omega_{ie}\cos L_{\mathrm{D}(j)}\\ \omega_{ie}\sin L_{\mathrm{D}(j)}\end{bmatrix}+\begin{bmatrix}-\Delta S_{\mathrm{DN}(j)}/R_{Mh\mathrm{D}(j)}\\ \Delta S_{\mathrm{DE}(j)}/R_{Nh\mathrm{D}(j)}\\ \Delta S_{\mathrm{DE}(j)}\tan L_{\mathrm{D}(j)}/R_{Nh\mathrm{D}(j)}\end{bmatrix}$$

8.5.2　航位推算误差分析

1. 误差方程推导

实际系统中，捷联惯组安装到载车上，很难保证惯组坐标系(b 系)与车体坐标系(m 系)各坐标轴完全相互平行。假设从 m 系至 b 系存在小量的安装偏差角，即绕车体横轴 ox_m、纵轴 oy_m 及竖轴 oz_m 分别存在俯仰偏角 α_θ、滚动偏角 α_γ 和方位偏角 α_ψ，记偏差角矢量 $\boldsymbol{\alpha}=[\alpha_\theta\quad \alpha_\gamma\quad \alpha_\psi]^{\mathrm{T}}$，则类似于式(4.2.6)，可得变换矩阵

$$\boldsymbol{C}_b^m=\boldsymbol{I}+(\boldsymbol{\alpha}\times)=\begin{bmatrix}1 & -\alpha_\psi & \alpha_\gamma\\ \alpha_\psi & 1 & -\alpha_\theta\\ -\alpha_\gamma & \alpha_\theta & 1\end{bmatrix}\tag{8.5.10}$$

另外，在实际里程仪的测量中还可能存在刻度系数误差 δK_{D}，其输出速度大小 $\tilde{v}_{\mathrm{D}}$ 与理论速度大小 v_{D} 之间的关系为

$$\tilde{v}_{\mathrm{D}}=(1+\delta K_{\mathrm{D}})v_{\mathrm{D}}\tag{8.5.11}$$

式(8.5.11)用矢量表示为

$$\tilde{\boldsymbol{v}}_{\mathrm{D}}^m=(1+\delta K_{\mathrm{D}})\boldsymbol{v}_{\mathrm{D}}^m\tag{8.5.12}$$

所以，在导航坐标系中里程仪的实际速度输出应为

$$\begin{aligned}\tilde{\boldsymbol{v}}_{\mathrm{D}}^n&=\tilde{\boldsymbol{C}}_b^n(\boldsymbol{C}_b^m)^{\mathrm{T}}\tilde{\boldsymbol{v}}_{\mathrm{D}}^m=(\boldsymbol{I}-\boldsymbol{\phi}_D\times)\boldsymbol{C}_b^n(\boldsymbol{I}-\boldsymbol{\alpha}\times)(1+\delta K_{\mathrm{D}})\boldsymbol{v}_{\mathrm{D}}^m\approx\\ &\boldsymbol{v}_{\mathrm{D}}^n-(\boldsymbol{\phi}_{\mathrm{D}}\times)\boldsymbol{C}_b^n\boldsymbol{v}_{\mathrm{D}}^n-\boldsymbol{C}_b^n(\boldsymbol{\alpha}\times)\boldsymbol{v}_{\mathrm{D}}^m+\boldsymbol{C}_b^n\delta K_{\mathrm{D}}\boldsymbol{v}_{\mathrm{D}}^m=\\ &\boldsymbol{v}_{\mathrm{D}}^n+\boldsymbol{v}_{\mathrm{D}}^n\times\boldsymbol{\phi}_{\mathrm{D}}+\boldsymbol{C}_b^n(\boldsymbol{v}_{\mathrm{D}}^m\times)\boldsymbol{\alpha}+\boldsymbol{C}_b^n\boldsymbol{v}_{\mathrm{D}}^m\delta K_{\mathrm{D}}\end{aligned}\tag{8.5.13}$$

其中：$\boldsymbol{\phi}_{\mathrm{D}}$ 为航位推算的姿态失准角。将 $\boldsymbol{C}_b^n=C_{ij}(i,j=1,2,3)$ 和 $\boldsymbol{v}_{\mathrm{D}}^m=[0\quad v_{\mathrm{D}}\quad 0]^{\mathrm{T}}$ 代入式(8.5.13)中右端第三及第四项，可得

$$\begin{aligned}\tilde{\boldsymbol{v}}_{\mathrm{D}}^n&=\boldsymbol{v}_{\mathrm{D}}^n+\boldsymbol{v}_{\mathrm{D}}^n\times\boldsymbol{\phi}_{\mathrm{D}}+\begin{bmatrix}C_{11} & C_{12} & C_{13}\\ C_{21} & C_{22} & C_{23}\\ C_{31} & C_{32} & C_{33}\end{bmatrix}\begin{bmatrix}0 & 0 & v_{\mathrm{D}}\\ 0 & 0 & 0\\ -v_{\mathrm{D}} & 0 & 0\end{bmatrix}\boldsymbol{\alpha}+\begin{bmatrix}C_{11} & C_{12} & C_{13}\\ C_{21} & C_{22} & C_{23}\\ C_{31} & C_{32} & C_{33}\end{bmatrix}\begin{bmatrix}0\\ v_{\mathrm{D}}\\ 0\end{bmatrix}\delta K_{\mathrm{D}}=\\ &\boldsymbol{v}_{\mathrm{D}}^n+\boldsymbol{v}_{\mathrm{D}}^n\times\boldsymbol{\phi}_{\mathrm{D}}+v_{\mathrm{D}}\begin{bmatrix}-C_{13} & 0 & C_{11}\\ -C_{23} & 0 & C_{21}\\ -C_{33} & 0 & C_{31}\end{bmatrix}\boldsymbol{\alpha}+v_{\mathrm{D}}\begin{bmatrix}C_{12}\\ C_{22}\\ C_{32}\end{bmatrix}\delta K_{\mathrm{D}}\end{aligned}\tag{8.5.14}$$

式(8.5.14)显示，滚动偏角 α_γ 不影响里程仪的速度测量值。对式(8.5.14)作进一步简化，有

$$\tilde{\boldsymbol{v}}_{\mathrm{D}}^n=\boldsymbol{v}_{\mathrm{D}}^n+\boldsymbol{v}_{\mathrm{D}}^n\times\boldsymbol{\phi}_{\mathrm{D}}+v_{\mathrm{D}}\begin{bmatrix}-C_{13} & C_{12} & C_{11}\\ -C_{23} & C_{22} & C_{21}\\ -C_{33} & C_{32} & C_{31}\end{bmatrix}\begin{bmatrix}\alpha_\theta\\ \delta K_{\mathrm{D}}\\ \alpha_\psi\end{bmatrix}=\boldsymbol{v}_{\mathrm{D}}^n+\boldsymbol{v}_{\mathrm{D}}^n\times\boldsymbol{\phi}_{\mathrm{D}}+\boldsymbol{M}_{vk\mathrm{D}}\boldsymbol{\kappa}_{\mathrm{D}}\tag{8.5.15}$$

式中：记

$$\boldsymbol{M}_{vk\mathrm{D}}=v_{\mathrm{D}}\begin{bmatrix}-C_{13} & C_{12} & C_{11}\\ -C_{23} & C_{22} & C_{21}\\ -C_{33} & C_{32} & C_{31}\end{bmatrix},\quad \boldsymbol{\kappa}_{\mathrm{D}}=\begin{bmatrix}\alpha_{\theta}\\ \delta K_{\mathrm{D}}\\ \alpha_{\psi}\end{bmatrix}$$

由式(8.5.15)可求得里程仪速度误差方程

$$\delta\boldsymbol{v}_{\mathrm{D}}^{n}=\tilde{\boldsymbol{v}}_{\mathrm{D}}^{n}-\boldsymbol{v}_{\mathrm{D}}^{n}=\boldsymbol{v}_{\mathrm{D}}^{n}\times\boldsymbol{\phi}_{\mathrm{D}}+\boldsymbol{M}_{vk\mathrm{D}}\boldsymbol{\kappa}_{\mathrm{D}} \tag{8.5.16}$$

类似于式(4.2.41)，将航位推算位置方程式(8.5.4)等号两边同时求偏差，可得

$$\delta\dot{\boldsymbol{p}}_{\mathrm{D}}=\boldsymbol{M}_{pv\mathrm{D}}\delta\boldsymbol{v}_{\mathrm{D}}^{n}+\boldsymbol{M}_{pp\mathrm{D}}\delta\boldsymbol{p}_{\mathrm{D}} \tag{8.5.17}$$

其中

$$\boldsymbol{M}_{pv\mathrm{D}}=\begin{bmatrix}0 & 1/R_{Mh\mathrm{D}} & 0\\ \sec L_{\mathrm{D}}/R_{Nh\mathrm{D}} & 0 & 0\\ 0 & 0 & 1\end{bmatrix}$$

$$\boldsymbol{M}_{pp\mathrm{D}}=\begin{bmatrix}0 & 0 & -v_{\mathrm{DN}}/R_{Mh\mathrm{D}}^{2}\\ v_{\mathrm{DE}}\sec L_{\mathrm{D}}\tan L_{\mathrm{D}}/R_{Nh\mathrm{D}} & 0 & -v_{\mathrm{DE}}\sec L_{\mathrm{D}}/R_{Nh\mathrm{D}}^{2}\\ 0 & 0 & 0\end{bmatrix}$$

将式(8.5.16)代入式(8.5.17)，得航位推算位置误差方程

$$\delta\dot{\boldsymbol{p}}_{\mathrm{D}}=\boldsymbol{M}_{pv\mathrm{D}}(\boldsymbol{v}_{\mathrm{D}}^{n}\times\boldsymbol{\phi}_{\mathrm{D}}+\boldsymbol{M}_{vk\mathrm{D}}\boldsymbol{\kappa}_{\mathrm{D}})+\boldsymbol{M}_{pp\mathrm{D}}\delta\boldsymbol{p}_{\mathrm{D}}=\boldsymbol{M}_{pa\mathrm{D}}\boldsymbol{\phi}_{\mathrm{D}}+\boldsymbol{M}_{pk\mathrm{D}}\boldsymbol{\kappa}_{\mathrm{D}}+\boldsymbol{M}_{pp\mathrm{D}}\delta\boldsymbol{p}_{\mathrm{D}} \tag{8.5.18}$$

其中

$$\boldsymbol{M}_{pa\mathrm{D}}=\boldsymbol{M}_{pv\mathrm{D}}(\boldsymbol{v}_{\mathrm{D}}^{n}\times),\quad \boldsymbol{M}_{pk\mathrm{D}}=\boldsymbol{M}_{pv\mathrm{D}}\boldsymbol{M}_{vk\mathrm{D}}$$

类似于捷联惯导的姿态误差方程式(4.2.17)，不难得到

$$\dot{\boldsymbol{\phi}}_{\mathrm{D}}=\boldsymbol{M}_{aa\mathrm{D}}'\boldsymbol{\phi}_{\mathrm{D}}+\boldsymbol{M}_{av\mathrm{D}}\delta\boldsymbol{v}_{\mathrm{D}}^{n}+\boldsymbol{M}_{ap\mathrm{D}}\delta\boldsymbol{p}_{\mathrm{D}}-\boldsymbol{C}_{b}^{n}\boldsymbol{\varepsilon}^{b} \tag{8.5.19}$$

其中

$$\boldsymbol{M}_{aa\mathrm{D}}'=-\left(\begin{bmatrix}0\\ \omega_{ie}\cos L_{\mathrm{D}}\\ \omega_{ie}\sin L_{\mathrm{D}}\end{bmatrix}+\begin{bmatrix}-v_{\mathrm{DN}}/R_{Mh\mathrm{D}}\\ v_{\mathrm{DE}}/R_{Nh\mathrm{D}}\\ v_{\mathrm{DE}}\tan L_{\mathrm{D}}/R_{Nh\mathrm{D}}\end{bmatrix}\right)\times,\quad \boldsymbol{M}_{av\mathrm{D}}=\begin{bmatrix}0 & -1/R_{Mh\mathrm{D}} & 0\\ 1/R_{Nh\mathrm{D}} & 0 & 0\\ \tan L_{\mathrm{D}}/R_{Nh\mathrm{D}} & 0 & 0\end{bmatrix}$$

$$\boldsymbol{M}_{ap\mathrm{D}}=\begin{bmatrix}0 & 0 & 0\\ -\omega_{ie}\sin L_{\mathrm{D}} & 0 & 0\\ \omega_{ie}\cos L_{\mathrm{D}}+v_{\mathrm{DE}}\sec^{2}L_{\mathrm{D}}/R_{Nh\mathrm{D}} & 0 & 0\end{bmatrix}$$

将式(8.5.16)代入式(8.5.19)，得航位推算的姿态误差方程

$$\begin{aligned}\dot{\boldsymbol{\phi}}_{\mathrm{D}}=&\boldsymbol{M}_{aa\mathrm{D}}'\boldsymbol{\phi}_{\mathrm{D}}+\boldsymbol{M}_{av\mathrm{D}}(\boldsymbol{v}_{\mathrm{D}}^{n}\times\boldsymbol{\phi}_{\mathrm{D}}+\boldsymbol{M}_{vk\mathrm{D}}\boldsymbol{\kappa}_{\mathrm{D}})+\boldsymbol{M}_{ap\mathrm{D}}\delta\boldsymbol{p}_{\mathrm{D}}-\boldsymbol{C}_{b}^{n}\boldsymbol{\varepsilon}^{b}=\\ &[\boldsymbol{M}_{aa\mathrm{D}}'+\boldsymbol{M}_{av\mathrm{D}}(\boldsymbol{v}_{\mathrm{D}}^{n}\times)]\boldsymbol{\phi}_{\mathrm{D}}+\boldsymbol{M}_{av\mathrm{D}}\boldsymbol{M}_{vk\mathrm{D}}\boldsymbol{\kappa}_{\mathrm{D}}+\boldsymbol{M}_{ap\mathrm{D}}\delta\boldsymbol{p}_{\mathrm{D}}-\boldsymbol{C}_{b}^{n}\boldsymbol{\varepsilon}^{b}=\\ &\boldsymbol{M}_{aa\mathrm{D}}\boldsymbol{\phi}_{\mathrm{D}}+\boldsymbol{M}_{ak\mathrm{D}}\boldsymbol{\kappa}_{\mathrm{D}}+\boldsymbol{M}_{ap\mathrm{D}}\delta\boldsymbol{p}_{\mathrm{D}}-\boldsymbol{C}_{b}^{n}\boldsymbol{\varepsilon}^{b}\end{aligned} \tag{8.5.20}$$

其中

$$\boldsymbol{M}_{aa\mathrm{D}}=\boldsymbol{M}_{aa\mathrm{D}}'+\boldsymbol{M}_{av\mathrm{D}}(\boldsymbol{v}_{\mathrm{D}}^{n}\times),\quad \boldsymbol{M}_{ak\mathrm{D}}=\boldsymbol{M}_{av\mathrm{D}}\boldsymbol{M}_{vk\mathrm{D}}$$

至此，由式(8.5.18)和式(8.5.20)构成了航位推算误差方程。在初始位置误差 $\delta\boldsymbol{p}_{\mathrm{D}}$ 不大的情况下，失准角 $\boldsymbol{\phi}_{D}$、安装偏差 α_{θ} 和 α_{ψ}、里程仪刻度系数误差 δK_{D} 及陀螺漂移 $\boldsymbol{\varepsilon}^{b}$ 是航位推算的主要误差源。

2. 轨迹相似性原理

为了更加深刻地揭示航位推算的导航规律，针对速度方程式(8.5.14)作进一步分析。

在载车行驶过程中，一般水平姿态角都比较小，近似有

$$\boldsymbol{C}_b^n \approx \begin{bmatrix} \cos\psi & -\sin\psi & 0 \\ \sin\psi & \cos\psi & 0 \\ 0 & 0 & 1 \end{bmatrix} \tag{8.5.21}$$

$$\boldsymbol{v}_{\mathrm{D}}^n \times \boldsymbol{u}_{\mathrm{U}} = (\boldsymbol{C}_b^n \boldsymbol{v}_{\mathrm{D}}^m) \times \boldsymbol{u}_{\mathrm{U}} \approx$$

$$\begin{bmatrix} \cos\psi & -\sin\psi & 0 \\ \sin\psi & \cos\psi & 0 \\ 0 & 0 & 1 \end{bmatrix} \begin{bmatrix} 0 \\ v_{\mathrm{D}} \\ 0 \end{bmatrix} \times \begin{bmatrix} 0 \\ 0 \\ 1 \end{bmatrix} = v_{\mathrm{D}} \begin{bmatrix} -\sin\psi \\ \cos\psi \\ 0 \end{bmatrix} \times \begin{bmatrix} 0 \\ 0 \\ 1 \end{bmatrix} = v_{\mathrm{D}} \begin{bmatrix} \cos\psi \\ \sin\psi \\ 0 \end{bmatrix} \tag{8.5.22}$$

其中：$\boldsymbol{u}_{\mathrm{U}} = [0 \quad 0 \quad 1]^{\mathrm{T}}$ 为天向单位矢量。

在姿态误差矢量 $\boldsymbol{\phi}_{\mathrm{D}} = [\phi_{\mathrm{DE}} \quad \phi_{\mathrm{DN}} \quad \phi_{\mathrm{DU}}]^{\mathrm{T}}$ 中，若忽略水平姿态误差影响，即作近似 $\phi_{\mathrm{DE}} \approx \phi_{\mathrm{DN}} \approx 0$，则根据式(8.5.14)，可得

$$\tilde{\boldsymbol{v}}_{\mathrm{D}}^n \approx \boldsymbol{v}_{\mathrm{D}}^n + \boldsymbol{v}_{\mathrm{D}}^n \times \begin{bmatrix} 0 \\ 0 \\ \phi_{\mathrm{DU}} \end{bmatrix} + v_{\mathrm{D}} \begin{bmatrix} 0 & 0 & \cos\psi \\ 0 & 0 & \sin\psi \\ -1 & 0 & 0 \end{bmatrix} \begin{bmatrix} \alpha_\theta \\ \alpha_\gamma \\ \alpha_\psi \end{bmatrix} + \boldsymbol{v}_{\mathrm{D}}^n \delta K_{\mathrm{D}} =$$

$$\boldsymbol{v}_D^n + \phi_{\mathrm{DU}} \boldsymbol{v}_{\mathrm{D}}^n \times \begin{bmatrix} 0 \\ 0 \\ 1 \end{bmatrix} + \alpha_\psi v_{\mathrm{D}} \begin{bmatrix} \cos\psi \\ \sin\psi \\ 0 \end{bmatrix} - \alpha_\theta v_{\mathrm{D}} \begin{bmatrix} 0 \\ 0 \\ 1 \end{bmatrix} + \boldsymbol{v}_{\mathrm{D}}^n \delta K_{\mathrm{D}} =$$

$$\boldsymbol{v}_{\mathrm{D}}^n + \phi_{\mathrm{DU}} \boldsymbol{v}_{\mathrm{D}}^n \times \boldsymbol{u}_{\mathrm{U}} + \alpha_\psi \boldsymbol{v}_{\mathrm{D}}^n \times \boldsymbol{u}_{\mathrm{U}} - \alpha_\theta v_{\mathrm{D}} \boldsymbol{u}_{\mathrm{U}} + \boldsymbol{v}_{\mathrm{D}}^n \delta K_{\mathrm{D}} =$$

$$[\boldsymbol{I} - (\phi_{\mathrm{DU}} + \alpha_\psi) \boldsymbol{u}_{\mathrm{U}} \times] \boldsymbol{v}_{\mathrm{D}}^n + \delta K_D \boldsymbol{v}_{\mathrm{D}}^n - \alpha_\theta v_{\mathrm{D}} \boldsymbol{u}_{\mathrm{U}} \approx$$

$$(1 + \delta K_{\mathrm{D}}) [\boldsymbol{I} - (\phi_{\mathrm{DU}} + \alpha_\psi) \boldsymbol{u}_{\mathrm{U}} \times] \boldsymbol{v}_{\mathrm{D}}^n - \alpha_\theta v_{\mathrm{D}} \boldsymbol{u}_{\mathrm{U}} \tag{8.5.23}$$

假设 α_θ，$\phi_{\mathrm{DU}} + \alpha_\psi$ 和 δK_{D} 均为常值小量，且载车在地理位置变化不大的范围内行驶，即整个导航过程中导航坐标系的旋转变化不大，可近似当作平面看待，将式(8.5.23)等号两边同时积分，可得

$$\tilde{\boldsymbol{S}}_{\mathrm{D}}^n = (1 + \delta K_{\mathrm{D}}) [\boldsymbol{I} - (\phi_{\mathrm{DU}} + \alpha_\psi) \boldsymbol{u}_{\mathrm{U}} \times] \boldsymbol{S}_{\mathrm{D}}^n - \alpha_\theta S_{\mathrm{D}} \boldsymbol{u}_{\mathrm{U}} \tag{8.5.24}$$

其中：$\boldsymbol{S}_{\mathrm{D}}^n = \int_0^T \boldsymbol{v}_{\mathrm{D}}^n \mathrm{d}t$，$\tilde{\boldsymbol{S}}_{\mathrm{D}}^n = \int_0^T \tilde{\boldsymbol{v}}_{\mathrm{D}}^n \mathrm{d}t$，$S_{\mathrm{D}} = \int_0^T v_{\mathrm{D}} \mathrm{d}t$ 分别表示在时间段$[0, T]$内的载车真实位移矢量、计算位移矢量和行驶里程。

若将式(8.5.24)分解为水平和垂直两部分，可得

$$\tilde{\boldsymbol{S}}_{\mathrm{DH}}^n = (1 + \delta K_D) [\boldsymbol{I} - (\phi_{\mathrm{DU}} + \alpha_\psi) \boldsymbol{u}_{\mathrm{U}} \times] \boldsymbol{S}_{\mathrm{DH}}^n \tag{8.5.25a}$$

$$\tilde{S}_{\mathrm{DU}} = (1 + \delta K_{\mathrm{D}}) S_{\mathrm{DU}} - \alpha_\theta S_{\mathrm{D}} \tag{8.5.25b}$$

式中：记 $\tilde{\boldsymbol{S}}_{\mathrm{D}}^n = [\tilde{S}_{\mathrm{DE}} \quad \tilde{S}_{\mathrm{DN}} \quad \tilde{S}_{\mathrm{DU}}]^{\mathrm{T}}$，$\boldsymbol{S}_{\mathrm{D}}^n = [S_{\mathrm{DE}} \quad S_{\mathrm{DN}} \quad S_{\mathrm{DU}}]^{\mathrm{T}}$，$\tilde{\boldsymbol{S}}_{\mathrm{DH}}^n = [\tilde{S}_{\mathrm{DE}} \quad \tilde{S}_{\mathrm{DN}} \quad 0]^{\mathrm{T}}$，$\boldsymbol{S}_{\mathrm{DH}}^n = [S_{\mathrm{DE}} \quad S_{\mathrm{DN}} \quad 0]^{\mathrm{T}}$，右下标字符中“H”表示在水平面上的投影分量。

如图 8.5.1 所示，假设载车从 A 点开始沿某线路行驶一圈又回到 A 点。在行驶线路上任取一点 B，图示 $\boldsymbol{S}_{\mathrm{DH}}^n = \overrightarrow{AB}$ 为水平面上的真实位移，$\tilde{\boldsymbol{S}}_{\mathrm{DH}}^n = \overrightarrow{AC}$ 为相应的计算位移，若做辅助线段 BD 使 $BD \perp AC$，式(8.5.25a)的几何含义是：真实位移 $\boldsymbol{S}_{\mathrm{DH}}^n$ 绕天向轴 $\boldsymbol{u}_{\mathrm{U}}$ 转动角度$(\phi_{\mathrm{DU}} + \alpha_\psi)$得到$\overrightarrow{AD}$；再扩大$(1 + \delta K_{\mathrm{D}})$倍，得计算位移 $\tilde{\boldsymbol{S}}_{\mathrm{DH}}^n$。由于在行驶路线上的每一点都满足以上几何规律，因此，导航解算路线和真实路线是几何相似的，即：以起始点 A 为中心点，解算路线在整体上转动了$(\phi_{\mathrm{DU}} + \alpha_\psi)$角度并扩大了$(1 + \delta K_{\mathrm{D}})$倍，这一特点称为航位推算轨迹与真实轨迹相似性原理。由图 8.5.1 还可看出，$(\phi_{\mathrm{DU}} + \alpha_\psi)$将引起垂直于位移方向的误差$\overrightarrow{BD}$，而 δK_{D} 会引起沿

着位移方向的误差$\overrightarrow{DC}$,这两项误差总和为$\overrightarrow{BC}$。显然,载车行驶距起始点越远误差越大,但在返回起始点过程中,误差又会逐渐减小甚至消失。

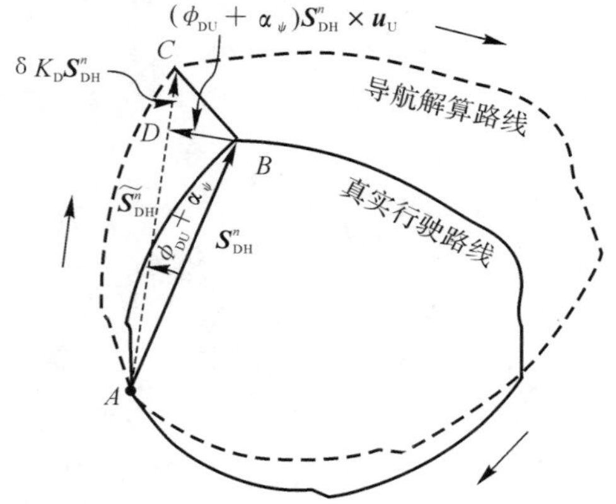

图 8.5.1　航位推算轨迹与真实轨迹相似

根据式(8.5.25b)定义航位推算的高度误差

$$\delta S_{DU}=\widetilde{S}_{DU}-S_{DU}=\delta K_{D}S_{DU}-\alpha_{\theta}S_{D} \tag{8.5.26}$$

载车在行驶过程中,一般情况下行驶里程远大于其高度变化,即有 $S_{D}\gg S_{DU}$,当里程仪刻度系数误差 δK_{D} 较小时,近似有

$$\delta S_{DU}\approx-\alpha_{\theta}S_{D} \tag{8.5.27}$$

这表明,航位推算的高度误差跟俯仰安装误差角及行驶里程成正比,不论行驶路线如何,随着行驶里程增加,高度误差都会不断积累。

8.5.3　惯性/里程仪组合

1. 里程仪转向与杆臂校正

在 8.5.1 节中假设里程仪测量的是非转向轮的速度信号,如果里程仪测量的是转向轮的速度,以下给出将转向轮测量输出转换至车体坐标系的方法。

对于常规的载车,后轮一般是非转向轮,前轮是转向轮,用于控制载车转向。在转弯过程中,前轮出现偏转角 φ,如图 8.5.2 所示。实际上,前左轮 A 和前右轮 B 的偏转角度大小是不一样的,转弯内侧的轮子偏转角相对大些,而外侧的小些。假设安装了差动式里程仪,里程仪的测量值近似为 A 和 B 连线中点 O_1 处的速度大小,就如同在 O_1 点处有一个虚拟转向轮一样。设后轮 C 和 D 连线的中点为 O_2,也就像在 O_2 点处有一个虚拟非转向轮一样。根据车辆转向原理,载车转弯时虚拟转向轮和虚拟非转向轮的行驶轨迹是同心圆弧,并且圆弧中心在后轮 CD 的延长线上,容易看出 O_1 和 O_2 的行驶轨迹是不一样的,O_1 所在的圆弧半径大,而 O_2 的稍小些。可见,前轮里程仪测量的是虚拟转向轮 O_1 与地面接触点处的速度,大小记为 v_D(倒车取负),方向指向轨迹的切线方向。

根据图 8.5.2,里程仪输出在车体坐标系(m 系)上投影为

$$\boldsymbol{v}_{D}^{m}=\begin{bmatrix}v_{D}\sin\varphi & v_{D}\cos\varphi & 0\end{bmatrix}^{T} \tag{8.5.28}$$

式中:转弯偏转角 φ 右偏取正而左偏取负。在满足车辆转向原理前提下,偏转角 φ 可通过载车航向角变化率 $\dot{\psi}$ 和里程仪速度大小 v_D 求得,即

$$\varphi=\angle O_1OO_2=\arcsin\frac{d_L}{r_\psi} \tag{8.5.29}$$

式中：d_L 为前后轮轴之间的距离；r_ψ 为航向转弯半径（后虚拟轮 O_2 处），满足

$$r_\psi=\frac{v_D}{\dot\psi} \tag{8.5.30}$$

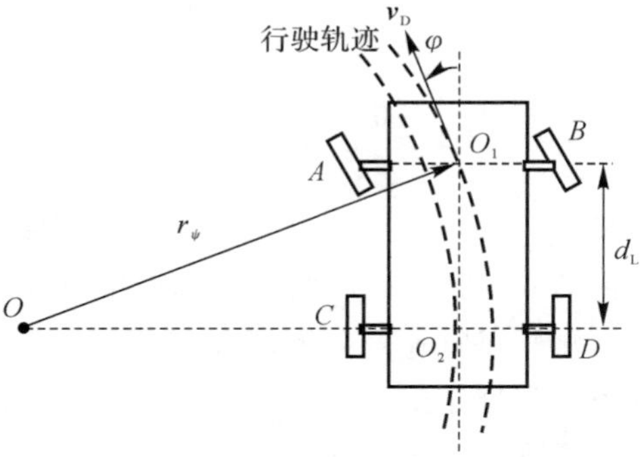

图 8.5.2　载车转弯分析

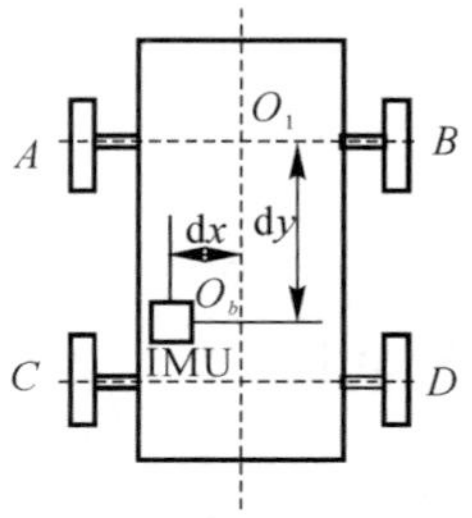

图 8.5.3　IMU 的安装位置

实际上，只要将 r_ψ 看成带符号的数值，上述计算过程就能够正确求得带符号的偏转角 φ。根据物理意义，φ 的取值必定在主值范围内，即有 $-\pi/2<\varphi\leqslant\pi/2$。将式(8.5.29)和式(8.5.30)代入式(8.5.28)，可求得里程仪输出

$$\boldsymbol{v}_D^m=\begin{bmatrix}d_L\dot\psi & \sqrt{v_D^2-(d_L\dot\psi)^2} & 0\end{bmatrix}^T \tag{8.5.31}$$

从式(8.5.31)可以看出，如果前后轮距 $d_L=0$ 或者里程仪装在后轮上，则式(8.5.31)就和式(8.5.1)完全一致了。

捷联惯组安装至车体上，惯组测量中心 O_b 与里程计测量点 O_1 往往不一致，参见图8.5.3，假设里程仪杆臂为 $\delta\boldsymbol{l}_D^b=[\mathrm{d}x\quad \mathrm{d}y\quad 0]^T$，由于载车在行驶过程中水平姿态角一般不大，因而可以忽略高度方向的杆臂影响。类似于惯导/卫导杆臂计算方法式(8.3.8)，可得里程仪与惯导之间杆臂误差为

$$\delta\boldsymbol{p}_{DL}=\boldsymbol{p}_{INS}-\boldsymbol{p}_D=-\boldsymbol{M}_{pvD}\boldsymbol{C}_b^n\delta\boldsymbol{l}_D^b \tag{8.5.32}$$

2. 惯导/航位推算组合模式

在捷联惯导更新解算中已经进行了姿态更新解算，航位推算算法中可以不必再实施姿态更新，而直接使用惯导的姿态矩阵对里程仪测量进行坐标变换，获得导航系下的航位推算速度。这时惯导解算和航位推算使用共同的姿态阵，也就具有相同的失准角误差，将惯导误差和航位推算误差合并在一起，组成如下状态向量：

$$\boldsymbol{X}=\begin{bmatrix}\boldsymbol{\phi}^T & (\delta\boldsymbol{v}^n)^T & (\delta\boldsymbol{p})^T & (\delta\boldsymbol{p}_D)^T & (\boldsymbol{\varepsilon}^b)^T & (\boldsymbol{\nabla}^b)^T & \boldsymbol{\kappa}_D^T\end{bmatrix}^T \tag{8.5.33}$$

其中：$\boldsymbol{\varepsilon}^b$，$\boldsymbol{\nabla}^b$ 和 $\boldsymbol{\kappa}_D$ 均视为随机常值向量。

假设里程仪相对于惯组的杆臂已知并进行了补偿，以惯导解算位置与航位推算位置之差构造观测量，可得

$$\boldsymbol{Z}=\tilde{\boldsymbol{p}}_{INS}-\delta\boldsymbol{p}_{DL}-\tilde{\boldsymbol{p}}_D=\delta\boldsymbol{p}_{INS}-\delta\boldsymbol{p}_D \tag{8.5.34}$$

所以，惯导/航位推算组合状态空间模型为

$$\left.\begin{aligned}\dot{\boldsymbol{X}}&=\boldsymbol{F}\boldsymbol{X}+\boldsymbol{G}\boldsymbol{W}^b\\ \boldsymbol{Z}&=\boldsymbol{H}\boldsymbol{X}+\boldsymbol{V}\end{aligned}\right\} \tag{8.5.35}$$

其中

$$\boldsymbol{F}=\begin{bmatrix} \boldsymbol{M}_{aa} & \boldsymbol{M}_{av} & \boldsymbol{M}_{ap} & \boldsymbol{0}_{3\times3} & -\boldsymbol{C}_b^n & \boldsymbol{0}_{3\times3} & \boldsymbol{0}_{3\times3} \\ \boldsymbol{M}_{va} & \boldsymbol{M}_{vv} & \boldsymbol{M}_{vp} & \boldsymbol{0}_{3\times3} & \boldsymbol{0}_{3\times3} & \boldsymbol{C}_b^n & \boldsymbol{0}_{3\times3} \\ \boldsymbol{0}_{3\times3} & \boldsymbol{M}_{pv} & \boldsymbol{M}_{pp} & \boldsymbol{0}_{3\times3} & \boldsymbol{0}_{3\times3} & \boldsymbol{0}_{3\times3} & \boldsymbol{0}_{3\times3} \\ \boldsymbol{M}_{pa\mathrm{D}} & \boldsymbol{0}_{3\times3} & \boldsymbol{0}_{3\times3} & \boldsymbol{M}_{pp\mathrm{D}} & \boldsymbol{0}_{3\times3} & \boldsymbol{0}_{3\times3} & \boldsymbol{M}_{pk\mathrm{D}} \\ \multicolumn{7}{c}{\boldsymbol{0}_{9\times21}} \end{bmatrix},\quad \boldsymbol{G}=\begin{bmatrix} -\boldsymbol{C}_b^n & \boldsymbol{0}_{3\times3} \\ \boldsymbol{0}_{3\times3} & \boldsymbol{C}_b^n \\ \multicolumn{2}{c}{\boldsymbol{0}_{15\times6}} \end{bmatrix},\quad \boldsymbol{W}^b=\begin{bmatrix} \boldsymbol{w}_{\mathrm{g}}^b \\ \boldsymbol{w}_{\mathrm{a}}^b \end{bmatrix}$$

$$\boldsymbol{H}=\begin{bmatrix} \boldsymbol{0}_{3\times6} & \boldsymbol{I}_{3\times3} & -\boldsymbol{I}_{3\times3} & \boldsymbol{0}_{3\times9} \end{bmatrix}$$

$\boldsymbol{V}$ 为位置量测噪声。

最后给出几点讨论。在惯性/卫星组合导航中，卫星接收机提供的是导航坐标系下的速度或位置，通过加减速运动可提高方位失准角的可观测性；而在惯性/里程仪组合导航中，里程仪提供的是载体系下的速度，需借助于惯导姿态矩阵进行速度分解，因此惯导和航位推算具有共同的方位失准角误差，加减速运动无法提高方位失准角的可观测性。此外，惯导和航位推算具有相同的初始位置误差，初始位置误差也是不可观的。载车在短时间内做加减速运动，因惯导速度误差在短时间内变化很小，里程仪和惯导之间的横向、纵向和天向速度偏差分别反映了方位安装误差角、里程仪刻度系数误差和俯仰安装误差，因而加减速有利于误差 $\boldsymbol{\kappa}_{\mathrm{D}}$ 的辨识。惯导与里程仪之间方位安装误差角 α_ψ 的辨识，依赖于惯导方位失准角 ϕ_{DU} 的估计精度，因而只有高精度惯导系统才合适将方位安装误差角作为未知状态估计，否则最好事先测量准确并补偿。至于俯仰安装误差角 α_θ，容易受载车载重变化的影响，难以保持为常值且不容易估计准确，惯导和航位推算在高度方向上都是发散的，为了提供高精度的高度信息，还需要依靠气压高度计等其他辅助设备。

3. 惯导/航位推算增量组合模式

在航位推算算法中，如果行驶路况不好，里程仪容易出现打滑或滑行故障，或者在转弯过程中难以严格满足车辆转弯原理。在这些不良行驶状态下，因建模不准确会导致航位推算误差变大，因此，在惯导/航位推算组合模式中，航位推算的精度制约了组合导航系统精度的提高。一种有效的改进措施是，实时对载车行驶状态进行判断，只在状态良好时进行组合，而在不良状态下不作组合。但是，当从不良状态恢复至状态良好时，航位推算精度依然会受到影响，为此提出惯导/航位推算增量组合方法。在该方法中，当判断状态良好时，使用良好时间段内的航位推算增量与惯导组合，航位推算增量不受不良时间段的影响；而当判断状态不好时不组合，因而降低了里程仪运行误差的影响。

下面主要推导惯导/航位推算增量组合的量测构造方法。

原理上，惯导解算速度与里程仪解算速度之间的误差为

$$\begin{aligned} \boldsymbol{z} &= \tilde{\boldsymbol{v}}_{\mathrm{INS}}^n - \tilde{\boldsymbol{v}}_{\mathrm{D}}^n = \delta\boldsymbol{v}_{\mathrm{INS}}^n - \delta\boldsymbol{v}_{\mathrm{D}}^n = \delta\boldsymbol{v}_{\mathrm{INS}}^n - (\boldsymbol{v}_{\mathrm{D}}^n \times \boldsymbol{\phi} + \boldsymbol{M}_{vk\mathrm{D}}\boldsymbol{\kappa}_{\mathrm{D}}) \approx \\ &\quad -\tilde{\boldsymbol{v}}_{\mathrm{D}}^n \times \boldsymbol{\phi} + \delta\boldsymbol{v}_{\mathrm{INS}}^n - \boldsymbol{M}_{vk\mathrm{D}}\boldsymbol{\kappa}_{\mathrm{D}} \end{aligned} \tag{8.5.36}$$

在一小段时间 $[t_{j-1}, t_j]$ 内，比如 $T_j = t_j - t_{j-1} = 1\ \mathrm{s}$ 内，惯导失准角误差 $\boldsymbol{\phi}$ 可视为常值，对式(8.5.36)积分，可得

$$\int_z(t_j) = \tilde{\int}_{v\mathrm{INS}}(t_j) - \tilde{\int}_{v\mathrm{D}}(t_j) = -\tilde{\int}_{v\mathrm{D}}(t_j) \times \boldsymbol{\phi}(t_j) + \frac{\delta\boldsymbol{v}_{\mathrm{INS}}^n(t_{j-1}) + \delta\boldsymbol{v}_{\mathrm{INS}}^n(t_j)}{2} T_j - \int_M(t_j)\boldsymbol{\kappa}_{\mathrm{D}} =$$

$$-\widetilde{\int}_{vD}(t_j)\times\boldsymbol{\phi}(t_j)+\left[\delta\boldsymbol{v}_{\mathrm{INS}}^n(t_j)T_j-\frac{\delta\boldsymbol{v}_{\mathrm{INS}}^n(t_j)-\delta\boldsymbol{v}_{\mathrm{INS}}^n(t_{j-1})}{2}T_j\right]-\int_M(t_j)\boldsymbol{\kappa}_{\mathrm{D}} \tag{8.5.37}$$

式中：对惯导速度误差 $\delta\boldsymbol{v}_{\mathrm{INS}}^n$ 的积分采用了梯形法，并且记

$$\int_z(t_j)=\widetilde{\int}_{v\mathrm{INS}}(t_j)-\widetilde{\int}_{vD}(t_j),\quad \widetilde{\int}_{v\mathrm{INS}}(t_j)=\int_{t_{j-1}}^{t_j}\tilde{\boldsymbol{v}}_{\mathrm{INS}}^n\mathrm{d}t$$

$$\widetilde{\int}_{vD}(t_j)=\int_{t_{j-1}}^{t_j}\tilde{\boldsymbol{v}}_{\mathrm{D}}^n\mathrm{d}t,\quad \int_M(t_j)=\int_{t_{j-1}}^{t_j}\boldsymbol{M}_{vk\mathrm{D}}\mathrm{d}t$$

将 $\widetilde{\int}_{vD}(t_j)$ 和 $\int_M(t_j)$ 的被积函数展开后，再进行数值积分计算，所有的里程仪速度表示量均可转换为路程增量，具体数值算法不再赘述。

若将惯导速度误差方程式(4.2.27)近似为

$$\delta\dot{\boldsymbol{v}}_{\mathrm{INS}}^n\approx\boldsymbol{f}_{\mathrm{sf}}^n\times\boldsymbol{\phi}(t_j) \tag{8.5.38}$$

对式(8.5.38)等号两边同时积分，则可得

$$\delta\boldsymbol{v}_{\mathrm{INS}}^n(t_j)-\delta\boldsymbol{v}_{\mathrm{INS}}^n(t_{j-1})\approx\int_{t_{j-1}}^{t_j}\boldsymbol{f}_{\mathrm{sf}}^n\mathrm{d}t\times\boldsymbol{\phi}(t_j) \tag{8.5.39}$$

将式(8.5.39)代入式(8.5.37)，可得

$$\begin{aligned}\int_z(t_j)&=-\widetilde{\int}_{vD}(t_j)\times\boldsymbol{\phi}(t_j)+\left[\delta\boldsymbol{v}_{\mathrm{INS}}^n(t_j)T_j-\frac{T_j}{2}\int_{t_{j-1}}^{t_j}\boldsymbol{f}_{\mathrm{sf}}^n\mathrm{d}t\times\boldsymbol{\phi}(t_j)\right]-\int_M(t_j)\boldsymbol{\kappa}_{\mathrm{D}}=\\&-\left[\frac{T_j}{2}\int_{t_{j-1}}^{t_j}\boldsymbol{f}_{\mathrm{sf}}^n\mathrm{d}t+\widetilde{\int}_{vD}(t_j)\right]\times\boldsymbol{\phi}(t_j)+\delta\boldsymbol{v}_{\mathrm{INS}}^n(t_j)T_j-\int_M(t_j)\boldsymbol{\kappa}_{\mathrm{D}}\end{aligned} \tag{8.5.40}$$

这便是惯导/航位推算增量组合的量测方程。

若选择状态向量

$$\boldsymbol{X}=\begin{bmatrix}\boldsymbol{\phi}^{\mathrm{T}} & (\delta\boldsymbol{v}^n)^{\mathrm{T}} & (\delta\boldsymbol{p})^{\mathrm{T}} & (\boldsymbol{\varepsilon}^b)^{\mathrm{T}} & (\boldsymbol{\nabla}^b)^{\mathrm{T}} & \boldsymbol{\kappa}_{\mathrm{D}}^{\mathrm{T}}\end{bmatrix}^{\mathrm{T}} \tag{8.5.41}$$

则惯导/航位推算增量组合模型为

$$\left.\begin{aligned}&\dot{\boldsymbol{X}}=\boldsymbol{F}\boldsymbol{X}+\boldsymbol{G}\boldsymbol{W}\\&\boldsymbol{Z}(t_j)=\int_z(t_j)=\boldsymbol{H}(t_j)\boldsymbol{X}(t_j)+\boldsymbol{V}(t_j)\end{aligned}\right\} \tag{8.5.42}$$

其中

$$\boldsymbol{F}=\begin{bmatrix}\boldsymbol{M}_{aa} & \boldsymbol{M}_{av} & \boldsymbol{M}_{ap} & -\boldsymbol{C}_b^n & \boldsymbol{0}_{3\times3} & \boldsymbol{0}_{3\times3}\\ \boldsymbol{M}_{va} & \boldsymbol{M}_{vv} & \boldsymbol{M}_{vp} & \boldsymbol{0}_{3\times3} & \boldsymbol{C}_b^n & \boldsymbol{0}_{3\times3}\\ \boldsymbol{0}_{3\times3} & \boldsymbol{M}_{pv} & \boldsymbol{M}_{pp} & \boldsymbol{0}_{3\times3} & \boldsymbol{0}_{3\times3} & \boldsymbol{0}_{3\times3}\\ & & & \boldsymbol{0}_{9\times18} & & \end{bmatrix},\quad \boldsymbol{G}=\begin{bmatrix}-\boldsymbol{C}_b^n & \boldsymbol{0}_{3\times3}\\ \boldsymbol{0}_{3\times3} & \boldsymbol{C}_b^n\\ & \boldsymbol{0}_{12\times6}\end{bmatrix},\quad \boldsymbol{W}=\begin{bmatrix}\boldsymbol{w}_{\mathrm{g}}^b\\ \boldsymbol{w}_{\mathrm{a}}^b\end{bmatrix}$$

$$\boldsymbol{H}(t_j)=\begin{bmatrix}-\left[\dfrac{T_j}{2}\displaystyle\int_{t_{j-1}}^{t_j}\boldsymbol{f}_{\mathrm{sf}}^n\mathrm{d}t+\widetilde{\int}_{vD}(t_j)\right]\times & T_j\boldsymbol{I}_{3\times3} & \boldsymbol{0}_{3\times9} & -\displaystyle\int_M(t_j)\end{bmatrix}$$

$\boldsymbol{V}(t_j)$ 为位置增量量测噪声。

在惯导/航位推算增量组合模式下，量测本质上为速度误差，惯导的位置误差是不可直接观测的，Kalman 滤波组合导航能够给出位置误差估计的本质在于，通过估计出惯导的速度误差再进行积分预测出惯导位置误差。

8.5.4 车载运动学辅助惯性导航方法

车载运动学辅助惯性导航方法也称为非完整性约束(Non - Holonomic Constraint,NHC)导航,它与里程仪辅助惯性导航一样,认为在载车运动过程中其右向和天向速度均为零,但由于缺乏里程仪测量信息,载车的前向速度是无法精确获得的。因此,在载车三维运动速度信息中仅有两维是已知的,此即非完整性的含义。

载车在 m 系(同里程仪坐标系)中的速度记为 $\boldsymbol{v}^m=\begin{bmatrix}v_x^m & v_y^m & v_z^m\end{bmatrix}^{\mathrm{T}}$,其中前向速度 v_y^m 未知,而右向和天向运动速度为零,即可构成如下约束条件:

$$v_x^m=v_z^m=0 \tag{8.5.43}$$

理想中 m 系和 b 系是重合的,即 $\boldsymbol{C}_b^m=\boldsymbol{I}$,将惯导系统在 n 系中的速度转换至 m 系的理论公式为

$$\boldsymbol{v}^m=\boldsymbol{C}_b^m\boldsymbol{C}_n^b\boldsymbol{v}^n=\boldsymbol{C}_n^b\boldsymbol{v}^n \tag{8.5.44}$$

但实际计算时,式(8.5.44)中各量是含误差的,应写为

$$\begin{aligned}\tilde{\boldsymbol{v}}^m=\boldsymbol{C}_b^m\tilde{\boldsymbol{C}}_n^b\tilde{\boldsymbol{v}}^n=(\boldsymbol{I}+\alpha\times)\boldsymbol{C}_n^b(\boldsymbol{I}+\boldsymbol{\phi}\times)(\boldsymbol{v}^n+\delta\boldsymbol{v}^n)\approx\\ \boldsymbol{C}_n^b\boldsymbol{v}^n+(\boldsymbol{\alpha}\times)\boldsymbol{C}_n^b\boldsymbol{v}^n+\boldsymbol{C}_n^b(\boldsymbol{\phi}\times)\boldsymbol{v}^n+\boldsymbol{C}_n^b\delta\boldsymbol{v}^n=\\ \boldsymbol{C}_n^b\boldsymbol{v}^n-\boldsymbol{C}_n^b(\boldsymbol{v}^n\times)\boldsymbol{\phi}+\boldsymbol{C}_n^b\delta\boldsymbol{v}^n-(\boldsymbol{C}_n^b\boldsymbol{v}^n)\times\boldsymbol{\alpha}\triangleq\\ \boldsymbol{v}^m-\boldsymbol{M}_\phi\boldsymbol{\phi}+\boldsymbol{C}_n^b\delta\boldsymbol{v}^n-\boldsymbol{v}^m\times\boldsymbol{\alpha}\end{aligned} \tag{8.5.45}$$

展开式(8.5.45),取第一和第三分量,可得

$$\left.\begin{aligned}\tilde{v}_x^m=-\boldsymbol{M}_1\boldsymbol{\phi}+\boldsymbol{C}_1\delta\boldsymbol{v}^n-v_y^m\alpha_\psi\\ \tilde{v}_z^m=-\boldsymbol{M}_3\boldsymbol{\phi}+\boldsymbol{C}_3\delta\boldsymbol{v}^n+v_y^m\alpha_\theta\end{aligned}\right\} \tag{8.5.46}$$

式中:$\boldsymbol{M}_i,\boldsymbol{C}_i(i=1,2,3)$分别表示三阶矩阵 $\boldsymbol{M}_\phi,\boldsymbol{C}_n^b$ 的第 i 行行向量。

若选择状态向量

$$\boldsymbol{X}=\begin{bmatrix}\boldsymbol{\phi}^{\mathrm{T}} & (\delta\boldsymbol{v}^n)^{\mathrm{T}} & (\delta\boldsymbol{p})^{\mathrm{T}} & (\boldsymbol{\varepsilon}^b)^{\mathrm{T}} & (\boldsymbol{\nabla}^b)^T & \alpha_\theta & \alpha_\psi\end{bmatrix}^T \tag{8.5.47}$$

则可建立车载非完整性约束辅助惯导的 $Kalman$ 滤波状态空间模型,为

$$\left.\begin{aligned}\dot{\boldsymbol{X}}=\boldsymbol{F}\boldsymbol{X}+\boldsymbol{G}\boldsymbol{W}\\ \boldsymbol{Z}=\begin{bmatrix}\tilde{v}_x^m\\ \tilde{v}_z^m\end{bmatrix}=\boldsymbol{H}\boldsymbol{X}+\boldsymbol{V}\end{aligned}\right\} \tag{8.5.48}$$

其中

$$\boldsymbol{F}=\begin{bmatrix}\boldsymbol{M}_{aa} & \boldsymbol{M}_{av} & \boldsymbol{M}_{ap} & -\boldsymbol{C}_b^n & \boldsymbol{0}_{3\times3} & \boldsymbol{0}_{3\times2}\\ \boldsymbol{M}_{va} & \boldsymbol{M}_{vv} & \boldsymbol{M}_{vp} & \boldsymbol{0}_{3\times3} & \boldsymbol{C}_b^n & \boldsymbol{0}_{3\times2}\\ \boldsymbol{0}_{3\times3} & \boldsymbol{M}_{pv} & \boldsymbol{M}_{pp} & \boldsymbol{0}_{3\times3} & \boldsymbol{0}_{3\times3} & \boldsymbol{0}_{3\times2}\\ & & \boldsymbol{0}_{8\times17} & & & \end{bmatrix},\quad \boldsymbol{G}=\begin{bmatrix}-\boldsymbol{C}_b^n & \boldsymbol{0}_{3\times3}\\ \boldsymbol{0}_{3\times3} & \boldsymbol{C}_b^n\\ \boldsymbol{0}_{11\times6} & \end{bmatrix},\quad \boldsymbol{W}=\begin{bmatrix}w_{\mathrm{g}}^b\\ w_{\mathrm{a}}^b\end{bmatrix}$$

$$\boldsymbol{H}=\begin{bmatrix}-\boldsymbol{M}_1 & \boldsymbol{C}_1 & \boldsymbol{0}_{1\times9} & \boldsymbol{0} & -v_y^m\\ -\boldsymbol{M}_3 & \boldsymbol{C}_3 & \boldsymbol{0}_{1\times9} & v_y^m & 0\end{bmatrix}$$

$\boldsymbol{V}$ 为载车运动的右向和天向速度非完整性约束噪声,其他符号含义可参见式(8.5.42)。

注意到,量测矩阵 $\boldsymbol{H}$ 中的速度 v_y^m 是未知的,当惯导速度误差不大时,可以使用惯导速度的模值来代替,即近似有 $v_y^m=|\boldsymbol{v}^n|$。在惯导系统方位和速度误差比较小的情况下,比如采用载车从静止零速短时加速到高速行驶的方法,偏差角 $\alpha_\theta,\alpha_\psi$ 容易获得好的估计效果。如果偏差角 $\alpha_\theta,\alpha_\psi$ 均比较小或者已经经过了充分标定补偿,则惯导速度不准确性对偏差角的耦合影响可忽略不计,这时没必要再将 $\alpha_\theta,\alpha_\psi$ 列入滤波状态。

不难理解，就水平面上的导航定位精度而言，车载非完整性约束在某一时刻仅存在左右方向上的速度约束，如果载车长时间方位角大致相同，即沿同一个方向行驶（比如方位角 0°、沿南北向），则前后方向的纯惯性导航误差会不断累积，只有左右方向（对应东西向）的误差会受到约束；若一段时间后载车能够转向 90°行驶（比如沿东西向），这时载车左右方向（对应南北向）的导航误差将受到限制。因此，在非完整性约束辅助条件下，不时改变载车的行驶方向，特别是使相继的行驶方向大致正交并保持一定时间，对提高车载惯导系统的水平定位精度是非常显著的。

8.5.5　车载零速修正技术

在陆基惯导系统应用中，容易满足零速测量参考条件，而空基和海基等环境中难以严格达到这一条件。所谓零速测量参考，即当载体相对地面静止不动时，惯导理论上的真实速度应当为零，但惯导实际解算的速度一般不为零，其解算输出速度即为速度误差，利用该速度误差可对惯导导航参数误差进行估计和补偿。

车载惯导零速修正（Zero Velocity Update，ZUPT）通常每隔 5～10 min（不得超过 1/8 的休拉周期）特意停车 10～20 s，通过静态惯导速度量测 $\boldsymbol{Z}=\tilde{\boldsymbol{v}}^n=\delta\boldsymbol{v}^n$ 进行 Kalman 滤波估计。常用的车载零速修正的 Kalman 滤波状态空间模型为

$$\left.\begin{aligned}\dot{\boldsymbol{X}}&=\boldsymbol{F}\boldsymbol{X}+\boldsymbol{G}\boldsymbol{W}\\ \boldsymbol{Z}&=\boldsymbol{H}\boldsymbol{X}+\boldsymbol{V}\end{aligned}\right\}\tag{8.5.49}$$

其中

$$\boldsymbol{X}=[\boldsymbol{\phi}^{\mathrm{T}}\quad(\delta\boldsymbol{v}^n)^{\mathrm{T}}\quad(\delta\boldsymbol{p})^{\mathrm{T}}\quad(\boldsymbol{\varepsilon}^b)^{\mathrm{T}}\quad(\boldsymbol{\nabla}^b)^{\mathrm{T}}]^{\mathrm{T}}$$

$$\boldsymbol{F}=\begin{bmatrix}\boldsymbol{M}_{aa} & \boldsymbol{M}_{av} & \boldsymbol{M}_{ap} & -\boldsymbol{C}_b^n & \boldsymbol{0}_{3\times3}\\ \boldsymbol{M}_{va} & \boldsymbol{M}_{vv} & \boldsymbol{M}_{vp} & \boldsymbol{0}_{3\times3} & \boldsymbol{C}_b^n\\ \boldsymbol{0}_{3\times3} & \boldsymbol{M}_{pv} & \boldsymbol{M}_{pp} & \boldsymbol{0}_{3\times3} & \boldsymbol{0}_{3\times3}\\ & & \boldsymbol{0}_{6\times15} & & \end{bmatrix},\quad \boldsymbol{G}=\begin{bmatrix}-\boldsymbol{C}_b^n & \boldsymbol{0}_{3\times3}\\ \boldsymbol{0}_{3\times3} & \boldsymbol{C}_b^n\\ \multicolumn{2}{c}{\boldsymbol{0}_{9\times6}}\end{bmatrix},\quad \boldsymbol{W}=\begin{bmatrix}\boldsymbol{w}_{\mathrm{g}}^b\\ \boldsymbol{w}_{\mathrm{a}}^b\end{bmatrix}$$

$$\boldsymbol{H}=[\boldsymbol{0}_{3\times3}\quad \boldsymbol{I}_{3\times3}\quad \boldsymbol{0}_{3\times9}]$$

$\boldsymbol{V}$ 为载车的零速修正停车速度测量噪声，其他符号含义可参见式(8.5.42)。

由(8.5.49)可见，车载零速修正 Kalman 滤波的状态方程即为惯导的误差状态方程，其量测为惯导静态速度输出。车载零速修正不需额外的传感器，是一种极易实现的导航辅助技术，可显著提升惯导定位精度。根据经验，采用惯性级导航系统每隔 10 min 进行一次零速修正，经过 1 h 行驶 50 km 的放射状（直线形而非绕弯闭环形）路况定位测试，水平定位精度可达 10 m量级，这往往高于车载运动学辅助的定位精度，因为零速修正的静态零速测量参考更加精确，而运动学辅助的动态速度约束测量即使在近似匀速行驶情况下使用也存在不少干扰。当然，零速修正的主要缺点是必须进行有规律的频繁停车，这限制了载车的机动性能。

欲实现高精度的零速修正应用效果，至少应当关注以下几点问题：

(1)加速度计比例因数的影响。暂且不考虑惯导失准角误差，假设载车从零速开始直线行驶，导航距离可视为水平加速度计比力输出的二次积分，这时导航距离的相对误差恰好正比于加速度计比例因数误差。比如加速度计比例因数误差 100×10^{-6}，其在行驶50 km后将引起 5 m的纵向定位误差。为获得准确的加速度计比例因数，需在有高精度绝对重力基准（10 μg 量级）的实验室进行校准，这在其他导航应用场合中是容易被忽略的，许多应用对纯惯性定位精度不会如此苛刻。

(2)重力场垂线偏差的影响。在零速修正载车行驶范围内，虽然重力场整体垂线偏差影响

不大，但是垂线偏差局部变化会等效于加速度计零偏的随行驶距离波动，如果垂线偏差波动大，比如超过 5″，则需考虑采用实测垂线偏差或重力场的高阶球谐模型作精细的补偿。

(3)方位误差角与行驶路线形状的影响。零速修正兼具方位精对准的能力，即使初始方位失准角稍大，随着停车点数的不断增加，方位失准角也可逐渐减小至受等效东向陀螺漂移限制的极限精度。方位误差角会直接导致横向定位误差，且误差与直线行驶距离成正比，从这一角度看转弯闭环的行驶线路能减少定位误差。但是，对于捷联惯导系统，方位角变化容易激励出惯性器件的非正交标定误差，频繁的转弯对零速修正应用是十分不利的，可采取旋转调制惯导或混合惯导等类似于平台惯导的物理框架隔离方法降低影响。

8.6 低成本姿态航向参考系统

随着微机电系统(Micro - Electro - Mechanical Systems，MEMS)制造技术的发展，MEMS 惯性传感器以其成本低、体积小、功耗低等优点，在军事、工业甚至民用消费电子领域获得了广泛的应用。但是，目前 MEMS 惯性传感器精度还相对较低，难以单独进行长时间导航(一般只能维持数秒钟至数分钟)，往往需要结合其他传感器共同使用，比如卫星导航系统或地磁方位传感器，或者在特定的环境下采取特殊的数据处理方法，才能实现特定的导航任务。

8.6.1 简化的惯导算法及误差方程

在低成本 MEMS 惯导系统中，陀螺仪精度(零偏重复性)为 0.1°/s 量级，加速度计精度为 5 mg 量级。由于陀螺仪精度太低，无法敏感到地球自转信息，因而没有必要采用如 4.1 节所述的完整而复杂的捷联惯导更新算法，可对其作大幅简化。

简化的捷联姿态更新算法为

$$\boldsymbol{Q}_{b(m)}^{n}=\boldsymbol{Q}_{b(m-1)}^{n}\circ\boldsymbol{Q}_{b(m)}^{b(m-1)} \tag{8.6.1}$$

其中

$$\boldsymbol{Q}_{b(m)}^{b(m-1)}=\begin{bmatrix}\cos\dfrac{\Delta\theta_m}{2}\\ \dfrac{\Delta\boldsymbol{\theta}_m}{\Delta\theta_m}\sin\dfrac{\Delta\theta_m}{2}\end{bmatrix} \tag{8.6.2}$$

$\boldsymbol{Q}_{b(m)}^{n}$ 表示 t_m 时刻的姿态变换四元数，$\boldsymbol{Q}_{b(m)}^{b(m-1)}$ 是从 t_{m-1} 时刻到 t_m 时刻的姿态四元数变化，$\Delta\boldsymbol{\theta}_m$ 是陀螺仪在时间段$[t_{m-1},t_m]$内输出的角增量且模值 $\Delta\theta_m=|\Delta\boldsymbol{\theta}_m|$。如果低精度陀螺仪采用角速率输出采样方式，只需简单地将其乘以采样间隔 $T_s=t_m-t_{m-1}$ 即可近似变换为角增量。

对于中低速行驶的运载体，比如地速 $v<100$ m/s，在惯导比力方程式(4.1.20)中，其右端第二项$(2\boldsymbol{\omega}_{ie}^{n}+\boldsymbol{\omega}_{en}^{n})\times\boldsymbol{v}^{n}$ 的量级最大约为 $\omega_{ie}v=1\times10^{-3}g$，小于传感器本身的误差，因此可以忽略地球自转及地球曲率的影响，将速度更新方程简化为

$$\boldsymbol{v}_{m}^{n}=\boldsymbol{v}_{m-1}^{n}+\Delta\boldsymbol{v}_{\mathrm{sf}(m)}^{n}+\boldsymbol{g}^{n}T_s \tag{8.6.3}$$

其中

$$\Delta\boldsymbol{v}_{\mathrm{sf}(m)}^{n}=\boldsymbol{C}_{b(m-1)}^{n}\left(\Delta\boldsymbol{v}_m+\frac{1}{2}\Delta\boldsymbol{\theta}_m\times\Delta\boldsymbol{v}_m\right) \tag{8.6.4}$$

$\boldsymbol{v}_{m}^{n}$ 为 t_m 时刻的惯导速度，$\boldsymbol{C}_{b(m-1)}^{n}$ 为与四元数 $\boldsymbol{Q}_{b(m-1)}^{n}$ 对应的姿态阵，$\Delta\boldsymbol{v}_m$ 是加速度计在时间段$[t_{m-1},t_m]$内输出的比力增量，实际中也可直接采用比力输出乘以采样间隔进行近似。

一般应用中，低成本 MEMS 惯导系统总是在小范围内运动，比如数千米，这时可以选择当

地直角坐标系作为导航参考坐标系(n 系)，与地球表面固连不动，导航起始点为坐标原点(o)，三坐标轴(ox_n，oy_n 和 oz_n)分别指向东向、北向和天向。在直角坐标系下，导航定位微分方程将变得非常简单，为 $\dot{\boldsymbol{p}}^n=\boldsymbol{v}^n$，对其离散化即得位置更新方程

$$\boldsymbol{p}_m^n=\boldsymbol{p}_{m-1}^n+\frac{\boldsymbol{v}_{m-1}^n+\boldsymbol{v}_m^n}{2}T_s \tag{8.6.5}$$

式中：记 $\boldsymbol{p}_m^n=[x_m \quad y_m \quad z_m]^{\mathrm{T}}$，以米为单位。

参考 4.2 节的推导，不难获得与上述简化导航算法相对应的低精度惯导系统误差方程，如下：

$$\dot{\boldsymbol{\phi}}=-\boldsymbol{C}_b^n(\boldsymbol{\varepsilon}_r^b+\boldsymbol{w}_{\mathrm{g}}^b) \tag{8.6.6a}$$

$$\delta\dot{\boldsymbol{v}}^n=\boldsymbol{f}_{\mathrm{sf}}^n\times\boldsymbol{\phi}+\boldsymbol{C}_b^n(\boldsymbol{\nabla}_r^b+\boldsymbol{w}_{\mathrm{a}}^b) \tag{8.6.6b}$$

$$\delta\dot{\boldsymbol{p}}^n=\delta\boldsymbol{v}^n \tag{8.6.6c}$$

其中：$\boldsymbol{w}_{\mathrm{g}}^b$ 和 $\boldsymbol{w}_{\mathrm{a}}^b$ 分别为陀螺仪角速率白噪声和加速度计比力白噪声；$\boldsymbol{\varepsilon}_r^b=[\varepsilon_{rx}^b \quad \varepsilon_{ry}^b \quad \varepsilon_{rz}^b]^{\mathrm{T}}$ 和 $\boldsymbol{\nabla}_r^b=[\nabla_{rx}^b \quad \nabla_{ry}^b \quad \nabla_{rz}^b]^{\mathrm{T}}$ 分别为陀螺仪和加速度计一阶马尔可夫过程误差，如下：

$$\dot{\varepsilon}_{ri}^b=-\frac{1}{\tau_{gi}}\varepsilon_{ri}^b+w_{rgi}^b \tag{8.6.7a}$$

$$\dot{\nabla}_{ri}^b=-\frac{1}{\tau_{\mathrm{a}i}}\nabla_{ri}^b+w_{r\mathrm{a}i}^b \tag{8.6.7b}$$

式中：τ_{gi} 和 $\tau_{\mathrm{a}i}(i=x,y,z)$ 是相关时间常数；w_{rgi}^b 和 $w_{r\mathrm{a}i}^b$ 是一阶马尔可夫过程激励白噪声。

对于低精度的惯性传感器，假设其时间相关误差模型为一阶马尔可夫过程是非常实用的：其一，与随机常值模型相比，一阶马尔可夫模型可在长时间组合滤波后避免滤波器过度收敛现象，过度收敛会导致滤波器抗干扰性能变差；其二，如果惯性传感器误差中确实存在较大随机常值成分，可通过滤波器的惯性传感器误差反馈校正，消除随机常值误差的影响；其三，与同时建立随机常值和一阶马尔可夫过程两种模型相比，仅使用后者有利于降低建模维数和滤波计算量。

8.6.2　地磁场测量及误差方程

参见图 8.6.1，地球在其外部产生一个巨大的磁场，可视为一个磁偶极子，其两极(S 极和 N 极)分别位于地球的地理北极和地理南极附近，地磁两极的连线称为磁轴，磁轴与地球的自转轴之间约存在 11.5°的倾斜，这使得地磁北向和地理北向一般不重合，该偏差角称为磁偏角，比如在我国磁偏角通常情况下为 2°～3°，最大可达 10°。地磁场是矢量场，其强度大小为 0.5～0.6 Gs[Gs，高斯，1 Gs=10^{-4} T(特斯拉)]，通常规定顺着磁力线方向为磁场的正方向。

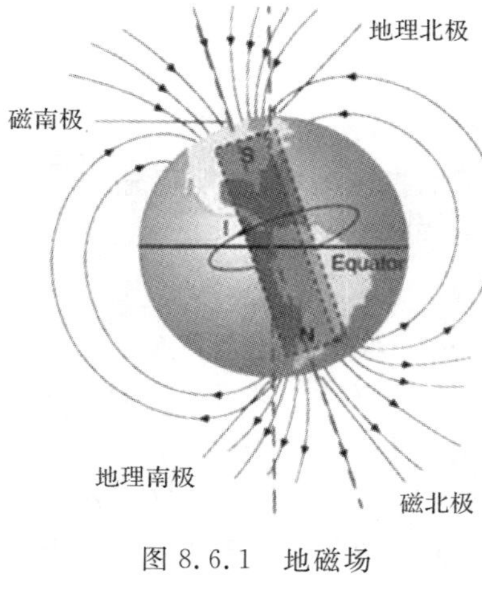

图 8.6.1　地磁场

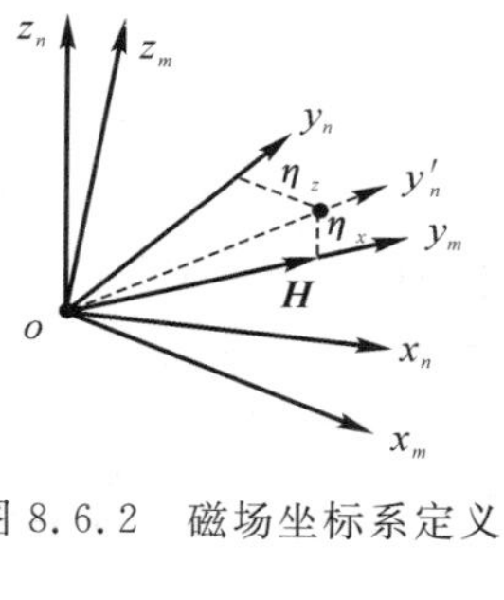

图 8.6.2　磁场坐标系定义

在某一小范围区域内，可将地磁场矢量 $\boldsymbol{H}$ 当作常矢量看待，建立磁场坐标系($ox_my_mz_m$ 系，简记为 m 系)，参见图 8.6.2，oy_m 轴指向磁场方向，ox_m 轴在水平面内，三轴构成右手直角坐标系。在图 8.6.2 中，显然有地磁在 m 系的投影 $\boldsymbol{H}^m=[0 \quad H \quad 0]^{\mathrm{T}}$，其中磁场大小记为 $H=|\boldsymbol{H}|$；$\boldsymbol{H}$ 与水平面 ox_ny_n 之间夹角 η_x 称为磁倾角，地理北向至 $\boldsymbol{H}$ 的水平面投影线之间的夹角 η_z 称为磁偏角。

由图 8.6.2 可见，地理坐标系 $ox_ny_nz_n$ 绕 oz_n 轴转动 $-\eta_z$ 角度得 $ox_my_n'z_n$，再绕 ox_m 轴转动 $-\eta_x$ 角度即得磁场坐标系 $ox_my_mz_m$，因此 $ox_ny_nz_n$ 系至 $ox_my_mz_m$ 系的变换矩阵为

$$\boldsymbol{C}_m^n=\boldsymbol{C}_{-\eta_z}\boldsymbol{C}_{-\eta_x}=\begin{bmatrix}\cos\eta_z & \sin\eta_z & 0\\ -\sin\eta_z & \cos\eta_z & 0\\ 0 & 0 & 1\end{bmatrix}\begin{bmatrix}1 & 0 & 0\\ 0 & \cos\eta_x & \sin\eta_x\\ 0 & -\sin\eta_x & \cos\eta_x\end{bmatrix}=$$

$$\begin{bmatrix}\cos\eta_z & \sin\eta_z\cos\eta_x & \sin\eta_z\sin\eta_x\\ -\sin\eta_z & \cos\eta_z\cos\eta_x & \cos\eta_z\sin\eta_x\\ 0 & -\sin\eta_x & \cos\eta_x\end{bmatrix} \tag{8.6.8}$$

在实际应用中，真实的角度参数 η_x 和 η_z 是难以精确获得的，假设实际给出的粗略估计值为 $\tilde{\eta}_x$ 和 $\tilde{\eta}_z$，均存在小量误差，分别记为 $\delta\eta_x=\tilde{\eta}_x-\eta_x$ 和 $\delta\eta_z=\tilde{\eta}_z-\eta_z$，由 $\tilde{\eta}_x$ 和 $\tilde{\eta}_z$ 确定的计算磁场坐标系简记为 m' 系，则有 m 系至 m' 系的变换矩阵为

$$\boldsymbol{C}_{m'}^m=\boldsymbol{C}_{-\delta\eta_z}\boldsymbol{C}_{-\delta\eta_x}=\begin{bmatrix}\cos\delta\eta_z & \sin\delta\eta_z\cos\delta\eta_x & \sin\delta\eta_z\sin\delta\eta_x\\ -\sin\delta\eta_z & \cos\delta\eta_z\cos\delta\eta_x & \cos\delta\eta_z\sin\delta\eta_x\\ 0 & -\sin\delta\eta_x & \cos\delta\eta_x\end{bmatrix}\approx$$

$$\begin{bmatrix}1 & \delta\eta_z & 0\\ -\delta\eta_z & 1 & \delta\eta_x\\ 0 & -\delta\eta_x & 1\end{bmatrix}=\boldsymbol{I}-(\delta\boldsymbol{\eta}\times) \tag{8.6.9}$$

式中：记磁偏差角矢量 $\delta\boldsymbol{\eta}=[\delta\eta_x \quad 0 \quad \delta\eta_z]^{\mathrm{T}}$。

由三轴磁强计(tri - axial magnetometer)的三个测量敏感轴确定的直角坐标系记为 b_m 系，一般惯导 IMU 与磁传感器之间会存在小量的安装偏差角，假设磁传感器坐标系绕其三轴分别转动角度 γ_x，γ_y 和 γ_z 可得 IMU 坐标系，即两传感器坐标系之间的失准角为 $\boldsymbol{\gamma}=[\gamma_x \quad \gamma_y \quad \gamma_z]^{\mathrm{T}}$，则类似于式(4.2.6)，有

$$\boldsymbol{C}_b^{b_m}\approx\boldsymbol{I}+(\boldsymbol{\gamma}\times)=\begin{bmatrix}1 & -\gamma_z & \gamma_y\\ \gamma_z & 1 & -\gamma_x\\ -\gamma_y & \gamma_x & 1\end{bmatrix} \tag{8.6.10}$$

三轴磁强计测量的是地磁场矢量在 b_m 系下的投影坐标，记实际输出为 $\tilde{\boldsymbol{H}}^{b_m}$，现定义磁测量误差 $\delta\boldsymbol{H}^n=\tilde{\boldsymbol{C}}_b^n\tilde{\boldsymbol{H}}^{b_m}-\boldsymbol{C}_{m'}^n\boldsymbol{H}^m$，对其进行展开推导，可得

$$\begin{aligned}\delta\boldsymbol{H}^n&=\tilde{\boldsymbol{C}}_b^n\tilde{\boldsymbol{H}}^{b_m}-\boldsymbol{C}_{m'}^n\boldsymbol{H}^m=\tilde{\boldsymbol{C}}_b^n\boldsymbol{C}_b^{b_m}\tilde{\boldsymbol{H}}^b-\boldsymbol{C}_m^n\boldsymbol{C}_{m'}^m\boldsymbol{H}^m\approx\\&(\boldsymbol{I}-\boldsymbol{\phi}\times)\boldsymbol{C}_b^n(\boldsymbol{I}+\boldsymbol{\gamma}\times)\tilde{\boldsymbol{H}}^b-\boldsymbol{C}_m^n(\boldsymbol{I}-\delta\boldsymbol{\eta}\times)\boldsymbol{H}^m\approx\\&[\boldsymbol{C}_b^n\tilde{\boldsymbol{H}}^b-(\boldsymbol{\phi}\times)\boldsymbol{C}_b^n\tilde{\boldsymbol{H}}^b+\boldsymbol{C}_b^n(\boldsymbol{\gamma}\times)\tilde{\boldsymbol{H}}^b]-[\boldsymbol{C}_m^n\boldsymbol{H}^m-\boldsymbol{C}_m^n(\delta\boldsymbol{\eta}\times)\boldsymbol{H}^m]=\\&[\boldsymbol{C}_b^n\tilde{\boldsymbol{H}}^b+(\boldsymbol{C}_b^n\tilde{\boldsymbol{H}}^b)\times\boldsymbol{\phi}-\boldsymbol{C}_b^n(\tilde{\boldsymbol{H}}^b\times)\boldsymbol{\gamma}]-[\boldsymbol{H}^n+\boldsymbol{C}_m^n(\boldsymbol{H}^m\times)\delta\boldsymbol{\eta}]=\\&[\boldsymbol{C}_b^n\tilde{\boldsymbol{H}}^b+(\boldsymbol{C}_b^n\tilde{\boldsymbol{H}}^b)\times\boldsymbol{\phi}-(\boldsymbol{C}_b^n\tilde{\boldsymbol{H}}^b)\times(\boldsymbol{C}_b^n\boldsymbol{\gamma})]-[\boldsymbol{H}^n+\boldsymbol{H}^n\times(\boldsymbol{C}_m^n\delta\boldsymbol{\eta})]\end{aligned} \tag{8.6.11}$$

其中：$\tilde{\boldsymbol{C}}_b^n$ 是由捷联惯导提供的姿态矩阵计算值；$\boldsymbol{\phi}$ 为失准角。若不考虑磁传感器的测量误差

（比如零偏和比例系数误差等），在式(8.6.11)右端作近似 $\boldsymbol{H}^n \approx \boldsymbol{C}_b^n \widetilde{\boldsymbol{H}}^b$，则可简化为

$$\delta \boldsymbol{H}^n = \widetilde{\boldsymbol{C}}_b^n \widetilde{\boldsymbol{H}}^{b_m} - \boldsymbol{C}_{m'}^n \boldsymbol{H}^m = \boldsymbol{H}^n \times \boldsymbol{\phi} - \boldsymbol{H}^n \times (\boldsymbol{C}_b^n \boldsymbol{\gamma}) - (\boldsymbol{H}^n \times) \boldsymbol{C}_m^n \delta \boldsymbol{\eta} = \boldsymbol{H}^n \times (\boldsymbol{\phi} - \boldsymbol{C}_b^n \boldsymbol{\gamma} - \boldsymbol{C}_m^n \delta \boldsymbol{\eta}) \tag{8.6.12}$$

将式(8.6.12)等号两边同时除以磁场大小 $H = |\widetilde{\boldsymbol{H}}^{b_m}| = |\boldsymbol{H}^m| = |\boldsymbol{H}^n|$，记为量测 $\boldsymbol{Z}_H = \delta \boldsymbol{H}^n / H$，则可得

$$\boldsymbol{Z}_H = \widetilde{\boldsymbol{C}}_b^n \widetilde{\boldsymbol{h}}^{b_m} - \boldsymbol{C}_{m'}^n \boldsymbol{e}_2 = \boldsymbol{h}^n \times (\boldsymbol{\phi} - \boldsymbol{C}_b^n \boldsymbol{\gamma} - \boldsymbol{C}_m^n \delta \boldsymbol{\eta}) \tag{8.6.13}$$

其中：$\widetilde{\boldsymbol{h}}^{b_m} = \widetilde{\boldsymbol{H}}^{b_m} / |\widetilde{\boldsymbol{H}}^{b_m}|$ 为归一化磁场测量矢量；$\boldsymbol{h}^n = \boldsymbol{H}^n / |\boldsymbol{H}^n|$ 为归一化磁场真实矢量；$\boldsymbol{e}_2 = [0 \quad 1 \quad 0]^{\mathrm{T}}$ 为 oy_m 轴单位矢量。

如果磁偏角参数 η_x 和 η_z 准确已知，并且 IMU 与磁传感器两坐标系之间相互重合，或者安装误差经过了失准角补偿，即 $\boldsymbol{\gamma} = \delta \boldsymbol{\eta} = \boldsymbol{0}$，则量测方程式(8.6.13)可简化为

$$\boldsymbol{Z}_H = \widetilde{\boldsymbol{C}}_b^n \widetilde{\boldsymbol{h}}^b - \boldsymbol{C}_m^n \boldsymbol{e}_2 = \boldsymbol{h}^n \times \boldsymbol{\phi} \tag{8.6.14}$$

8.6.3　低成本组合导航系统模型

在低精度 MEMS 惯性/卫星/地磁组合导航系统中，选择惯导系统的姿态失准角 $\boldsymbol{\phi}$、速度误差 $\delta \boldsymbol{v}^n$、定位误差 $\delta \boldsymbol{p}^n$、陀螺仪相关漂移 $\boldsymbol{\varepsilon}_r^b$、加速度计相关偏值 $\boldsymbol{\nabla}_r^b$、安装偏差角 $\boldsymbol{\gamma}$，以及磁倾角 $\delta \eta_x$ 和磁偏角 $\delta \eta_z$ 作为状态（共 20 维），如下：

$$\boldsymbol{X} = [\boldsymbol{\phi}^{\mathrm{T}} \quad (\delta \boldsymbol{v}^n)^{\mathrm{T}} \quad (\delta \boldsymbol{p}^n)^{\mathrm{T}} \quad (\boldsymbol{\varepsilon}_r^b)^{\mathrm{T}} \quad (\boldsymbol{\nabla}_r^b)^{\mathrm{T}} \quad \boldsymbol{\gamma}^{\mathrm{T}} \quad \delta \eta_x \quad \delta \eta_z]^{\mathrm{T}} \tag{8.6.15}$$

系统状态空间模型为

$$\left.\begin{aligned} \dot{\boldsymbol{X}} &= \boldsymbol{F}\boldsymbol{X} + \boldsymbol{G}\boldsymbol{W}^b \\ \boldsymbol{Z} &= \begin{bmatrix} \widetilde{\boldsymbol{v}}_{\mathrm{INS}}^n - \widetilde{\boldsymbol{v}}_{\mathrm{GNSS}}^n \\ \widetilde{\boldsymbol{p}}_{\mathrm{INS}}^n - \widetilde{\boldsymbol{p}}_{\mathrm{GNSS}}^n \\ \widetilde{\boldsymbol{C}}_b^n \widetilde{\boldsymbol{h}}^{b_m} - \boldsymbol{C}_{m'}^n \boldsymbol{e}_2 \end{bmatrix} = \boldsymbol{H}\boldsymbol{X} + \boldsymbol{V} \end{aligned}\right\} \tag{8.6.16}$$

其中

$$\boldsymbol{F} = \begin{bmatrix} \begin{matrix} \boldsymbol{0}_{3\times3} & \boldsymbol{0}_{3\times3} & \boldsymbol{0}_{3\times3} & -\boldsymbol{C}_b^n & \boldsymbol{0}_{3\times3} \\ \boldsymbol{f}_{\mathrm{sf}}^n \times & \boldsymbol{0}_{3\times3} & \boldsymbol{0}_{3\times3} & \boldsymbol{0}_{3\times3} & \boldsymbol{C}_b^n \\ \boldsymbol{0}_{3\times3} & \boldsymbol{I}_{3\times3} & \boldsymbol{0}_{3\times3} & \boldsymbol{0}_{3\times3} & \boldsymbol{0}_{3\times3} \\ \boldsymbol{0}_{3\times3} & \boldsymbol{0}_{3\times3} & \boldsymbol{0}_{3\times3} & -\boldsymbol{\beta}_{\mathrm{g}} & \boldsymbol{0}_{3\times3} \\ \boldsymbol{0}_{3\times3} & \boldsymbol{0}_{3\times3} & \boldsymbol{0}_{3\times3} & \boldsymbol{0}_{3\times3} & -\boldsymbol{\beta}_{\mathrm{a}} \end{matrix} & \boldsymbol{0}_{15\times5} \\ \boldsymbol{0}_{5\times20} & \end{bmatrix}, \quad \boldsymbol{G} = \begin{bmatrix} -\boldsymbol{C}_b^n & \boldsymbol{0}_{3\times3} & \boldsymbol{0}_{3\times3} & \boldsymbol{0}_{3\times3} \\ \boldsymbol{0}_{3\times3} & \boldsymbol{C}_b^n & \boldsymbol{0}_{3\times3} & \boldsymbol{0}_{3\times3} \\ & \boldsymbol{0}_{3\times12} & & \\ \boldsymbol{0}_{3\times3} & \boldsymbol{0}_{3\times3} & \boldsymbol{I}_{3\times3} & \boldsymbol{0}_{3\times3} \\ \boldsymbol{0}_{3\times3} & \boldsymbol{0}_{3\times3} & \boldsymbol{0}_{3\times3} & \boldsymbol{I}_{3\times3} \\ & \boldsymbol{0}_{5\times12} & & \end{bmatrix}$$

$$\boldsymbol{W}^b = \begin{bmatrix} \boldsymbol{w}_{\mathrm{g}}^b \\ \boldsymbol{w}_{\mathrm{a}}^b \\ \boldsymbol{w}_{\mathrm{rg}}^b \\ \boldsymbol{w}_{\mathrm{ra}}^b \end{bmatrix}, \quad \boldsymbol{V} = \begin{bmatrix} \boldsymbol{V}_v \\ \boldsymbol{V}_p \\ \boldsymbol{V}_H \end{bmatrix}, \quad \boldsymbol{H} = \begin{bmatrix} \boldsymbol{H}_{\mathrm{G}} \\ \boldsymbol{H}_{\mathrm{H}} \end{bmatrix}, \quad \boldsymbol{H}_{\mathrm{G}} = [\boldsymbol{0}_{6\times3} \quad \boldsymbol{I}_{6\times6} \quad \boldsymbol{0}_{6\times11}]$$

$$\boldsymbol{H}_{\mathrm{H}} = [(\boldsymbol{h}^n \times) \quad \boldsymbol{0}_{3\times12} \quad -(\boldsymbol{h}^n \times)\boldsymbol{C}_b^n \quad -[(\boldsymbol{h}^n \times)\boldsymbol{C}_m^n]_{(:,[1,3])}]$$

式中：$\boldsymbol{\beta}_s = \mathrm{diag}(1/\tau_{sx} \quad 1/\tau_{sy} \quad 1/\tau_{sz})(s = \mathrm{g}, \mathrm{a})$；$[(\boldsymbol{h}^n \times)\boldsymbol{C}_m^n]_{(:,[1,3])}$ 右下标表示矩阵的第 1 和 3

列;$\boldsymbol{V}_v$,$\boldsymbol{V}_p$ 和 $\boldsymbol{V}_H$ 分别为卫星接收机速度测量白噪声、位置测量白噪声和地磁测量白噪声。

注意到,在式(8.6.13)右端,地表小范围内变换阵 $\boldsymbol{C}_m^n$ 几乎为常值,惯导失准角 $\boldsymbol{\phi}$ 和磁参数误差 $\boldsymbol{C}_m^n\delta\boldsymbol{\eta}$ 在式中处于同等的位置上,就量测方程而言,这两者是无法区分的;此外,在式(8.6.15)的系统矩阵 $\boldsymbol{F}$ 中,与 $\delta\boldsymbol{\eta}$ 对应的列向量均为 0,因此,$\delta\boldsymbol{\eta}$ 能否被滤波器准确估计出来将取决于 $\boldsymbol{\phi}$ 的估计效果。

8.6.4 低成本惯导的姿态初始化

对低精度惯导系统初始化,在运载体静止状态下可以通过加速度计输出计算水平姿态角,但是,由于陀螺仪精度太低,不能完成方位自主对准,而需要采用地磁测量来实现,或者在运动条件下依靠卫星导航信息进行测量来实现。

1. 利用加速度计进行水平姿态对准

在静态环境下,运载体的线运动及其导数均为零,比力方程式(4.1.20)简化为

$$\boldsymbol{0}=\boldsymbol{C}_b^n\boldsymbol{f}_{\mathrm{sf}}^b+\boldsymbol{g}^n \tag{8.6.17}$$

实际应用中,为了减小加速度计测量噪声和外界晃动干扰加速度的影响,常常使用一小段时间内的平均比力进行计算。式(8.6.17)移项,再两边同时左乘$(\boldsymbol{C}_b^n)^{\mathrm{T}}$,可得

$$\boldsymbol{f}_{\mathrm{sf}}^b=-(\boldsymbol{C}_b^n)^{\mathrm{T}}\boldsymbol{g}^n \tag{8.6.18}$$

式(8.6.18)展开成分量形式,即

$$\begin{bmatrix} f_{\mathrm{sf}x}^b \\ f_{\mathrm{sf}y}^b \\ f_{\mathrm{sf}z}^b \end{bmatrix}=-\begin{bmatrix} C_{11} & C_{12} & C_{13} \\ C_{21} & C_{22} & C_{23} \\ C_{31} & C_{32} & C_{33} \end{bmatrix}^{\mathrm{T}}\begin{bmatrix} 0 \\ 0 \\ -g \end{bmatrix} \tag{8.6.19}$$

式中:记 $\boldsymbol{f}_{\mathrm{sf}}^b=[f_{\mathrm{sf}x}^b \quad f_{\mathrm{sf}y}^b \quad f_{\mathrm{sf}z}^b]^{\mathrm{T}}$;$C_{ij}$ 为 $\boldsymbol{C}_b^n$ 的第 i 行 j 列元素($i,j=1,2,3$);$\boldsymbol{g}^n=[0 \quad 0 \quad -g]^{\mathrm{T}}$;$g$ 为当地重力加速度的大小。由式(8.6.19)可解得

$$\begin{bmatrix} C_{31} \\ C_{32} \\ C_{33} \end{bmatrix}=\begin{bmatrix} f_{\mathrm{sf}x}^b/g \\ f_{\mathrm{sf}y}^b/g \\ f_{\mathrm{sf}z}^b/g \end{bmatrix} \tag{8.6.20}$$

式(8.6.20)表明,姿态阵 $\boldsymbol{C}_b^n$ 的第三行向量是归一化重力矢量(反向)在载体系下的投影。从式(8.6.20)只能求得姿态阵 $\boldsymbol{C}_b^n$ 中的最后一行元素 C_{31},C_{32} 和 C_{33},而 $\boldsymbol{C}_b^n$ 的前两行所有元素都是不确定的,在满足右手姿态阵条件下可任意选取。

记姿态阵 $\boldsymbol{C}_b^n$ 的三个行向量分别为 $\boldsymbol{C}_1$,$\boldsymbol{C}_2$ 和 $\boldsymbol{C}_3$,即有 $\boldsymbol{C}_b^n=[(\boldsymbol{C}_1)^{\mathrm{T}} \quad (\boldsymbol{C}_2)^{\mathrm{T}} \quad (\boldsymbol{C}_3)^{\mathrm{T}}]^{\mathrm{T}}$,构造 $\boldsymbol{C}_b^n$ 的一种简便方法如下:

(1)构造 $\boldsymbol{C}_3=[C_{31} \quad C_{32} \quad C_{33}]=(\boldsymbol{f}_{\mathrm{sf}}^b)^{\mathrm{T}}/|\boldsymbol{f}_{\mathrm{sf}}^b|$。

(2)考虑到 $\boldsymbol{C}_3$ 是三维单位向量,其绝对值最大的元素不小于$\sqrt{3}/3\approx 0.5$,如果$|C_{31}|>0.5$ 则构造 $\boldsymbol{C}_2'=[C_{32} \quad -C_{31} \quad 0]$,否则构造 $\boldsymbol{C}_2'=[0 \quad C_{33} \quad -C_{32}]$,显然 $\boldsymbol{C}_2'$为非零向量且与 $\boldsymbol{C}_3$ 正交,即有 $\boldsymbol{C}_2'\boldsymbol{C}_3^{\mathrm{T}}=0$,归一化后得 $\boldsymbol{C}_2=\boldsymbol{C}_2'/|\boldsymbol{C}_2'|$。

(3)构造 $\boldsymbol{C}_1=\boldsymbol{C}_2\times\boldsymbol{C}_3$。

值得指出的是,经过上述处理后给出的姿态阵 $\boldsymbol{C}_b^n$,若计算其三个欧拉角,则仅有水平姿态角(俯仰角和横滚角)是载体真实姿态的反映,而方位角没有实际物理意义,可记 $\boldsymbol{C}_b^h=\boldsymbol{C}_b^n$,$h$ 系称为当地水平坐标系,其隐含方位角无效或还未确定。

2. 利用地磁测量进行方位对准

在初始对准过程中，如果地磁测量信息可用，通常可忽略小的磁偏角影响，直接以磁方位近似代替地理方位进行方位对准。当然，若已知当地磁偏角参数，为提高方位精度应作适当的补偿。

假设经过加速度计水平对准之后，获得水平姿态矩阵 $\boldsymbol{C}_b^h$，真实姿态矩阵为 $\boldsymbol{C}_b^n$，它可分解为

$$\boldsymbol{C}_b^n=\boldsymbol{C}_h^n\boldsymbol{C}_b^h \tag{8.6.21}$$

其中：$\boldsymbol{C}_h^n$ 是与方位有关的校正矩阵，可展开为

$$\boldsymbol{C}_h^n=\begin{bmatrix}\cos\varphi & -\sin\varphi & 0\\ \sin\varphi & \cos\varphi & 0\\ 0 & 0 & 1\end{bmatrix} \tag{8.6.22}$$

下面将会看到，并不需要知道 $\boldsymbol{C}_h^n$ 中符号 φ 的具体含义，只需求得其正弦值和余弦值即可。

根据地磁场的测量关系，有

$$\boldsymbol{C}_h^n\boldsymbol{C}_b^h\tilde{\boldsymbol{h}}^b=\boldsymbol{h}^n \quad 即 \quad \boldsymbol{C}_h^n\tilde{\boldsymbol{h}}^h=\boldsymbol{h}^n \tag{8.6.23}$$

其中：$\boldsymbol{h}^n=\boldsymbol{C}_m^n\boldsymbol{H}^m/H=[h_{\mathrm{E}}^n \quad h_{\mathrm{N}}^n \quad h_{\mathrm{U}}^n]^{\mathrm{T}}$ 为真实地磁矢量方向；$\tilde{\boldsymbol{h}}^h=\boldsymbol{C}_b^h\tilde{\boldsymbol{h}}^b=[\tilde{h}_x^h \quad \tilde{h}_y^h \quad \tilde{h}_z^h]^{\mathrm{T}}$ 为归一化地磁测量矢量在水平坐标系的投影。

将式(8.6.22)代入式(8.6.23)，展开并只取 x 和 y 分量，可得

$$\left.\begin{aligned}\tilde{h}_x^h\cos\varphi-\tilde{h}_y^h\sin\varphi=h_{\mathrm{E}}^n\\ \tilde{h}_x^h\sin\varphi+\tilde{h}_y^h\cos\varphi=h_{\mathrm{N}}^n\end{aligned}\right\} \tag{8.6.24}$$

由式(8.6.24)可解得 φ 的正弦值和余弦值分别为

$$\left.\begin{aligned}\sin\varphi=\frac{-h_{\mathrm{E}}^n\tilde{h}_y^h+h_{\mathrm{N}}^n\tilde{h}_x^h}{(\tilde{h}_x^h)^2+(\tilde{h}_y^h)^2}\\ \cos\varphi=\frac{h_{\mathrm{E}}^n\tilde{h}_x^h+h_{\mathrm{N}}^n\tilde{h}_y^h}{(\tilde{h}_x^h)^2+(\tilde{h}_y^h)^2}\end{aligned}\right\} \tag{8.6.25}$$

至此，便求得了方位校正矩阵 $\boldsymbol{C}_h^n$，再利用式(8.6.21)即可完成方位对准。

实际上，式(8.6.18)和式(8.6.23)表示了重力和地磁两个矢量在不同坐标系(n 系和 b 系)之间的测量转换关系，重新整理，书写如下：

$$\left.\begin{aligned}-\boldsymbol{g}^n=\boldsymbol{C}_b^n\boldsymbol{f}_{\mathrm{sf}}^b\\ \boldsymbol{h}^n=\boldsymbol{C}_b^n\tilde{\boldsymbol{h}}^b\end{aligned}\right\} \tag{8.6.26}$$

利用 8.1.1 小节所述的双矢量定姿算法，由式(8.6.26)可同时实现水平姿态和方位对准计算，更为简洁。

3. 利用卫星导航进行方位对准

完成水平对准之后，如果卫星导航信号可用，对于固定翼飞行器或载车，其行驶速度方向一般沿载体纵轴方向(正前方)，根据行驶轨迹的航迹角或卫星测量速度矢量，容易求得载体纵轴相对于地理北向的方位角，再结合 $\boldsymbol{C}_b^h$ 计算获得的俯仰角和横滚角，亦可求得完整的初始姿态阵，完成初始化。

对于多旋翼飞行器，比如四旋翼无人机，其飞行速度方向具有任意性，可沿载体任意方向飞行，就不能再采用类似固定翼的方位确定方法，但可以通过在水平方向上做短时直线加速机

动来实现，基本原理叙述如下。

对比力方程作如下近似：

$$\dot{\boldsymbol{v}}^n \approx \boldsymbol{C}_b^n \boldsymbol{f}_{\mathrm{sf}}^b + \boldsymbol{g}^n = \boldsymbol{C}_h^n \boldsymbol{C}_b^h \boldsymbol{f}_{\mathrm{sf}}^b + \boldsymbol{g}^n = \boldsymbol{C}_h^n \boldsymbol{f}_{\mathrm{sf}}^h + \boldsymbol{g}^n \tag{8.6.27}$$

其中：$\boldsymbol{f}_{\mathrm{sf}}^h = \boldsymbol{C}_b^h \boldsymbol{f}_{\mathrm{sf}}^b$ 为水平坐标系下的比力投影；$\boldsymbol{C}_b^h$ 和 $\boldsymbol{C}_h^n$ 的含义同式(8.6.21)且假设 $\boldsymbol{C}_b^h$ 已知。

加速度机动意味着 $\dot{\boldsymbol{v}}^n$ 不为零，它可通过两个时刻的卫星导航速度平均变化量求得，近似计算为

$$\bar{\dot{\boldsymbol{v}}}^n \approx \frac{\boldsymbol{v}_{\mathrm{GNSS}}^n(t_k) - \boldsymbol{v}_{\mathrm{GNSS}}^n(t_{k-1})}{t_k - t_{k-1}} \tag{8.6.28}$$

相应地，$\bar{\boldsymbol{f}}_{\mathrm{sf}}^h$ 对应于载体在时间段$[t_{k-1}, t_k]$内的水平坐标系平均比力投影。

假设短时间$[t_{k-1}, t_k]$内载体方位近似保持为常值，$\boldsymbol{C}_h^n$ 亦为常值，展开式(8.6.27)，仅取 x 和 y 轴水平分量，可得

$$\left.\begin{aligned} \bar{f}_{\mathrm{sf}x}^h \cos\varphi - \bar{f}_{\mathrm{sf}y}^h \sin\varphi = \bar{\dot{v}}_{\mathrm{E}} \\ \bar{f}_{\mathrm{sf}x}^h \sin\varphi + \bar{f}_{\mathrm{sf}y}^h \cos\varphi = \bar{\dot{v}}_{\mathrm{N}} \end{aligned}\right\} \tag{8.6.29}$$

式中：记 $\bar{\dot{\boldsymbol{v}}}^n = \begin{bmatrix} \bar{\dot{v}}_{\mathrm{E}} & \bar{\dot{v}}_{\mathrm{N}} & \bar{\dot{v}}_{\mathrm{U}} \end{bmatrix}^{\mathrm{T}}$ 和 $\bar{\boldsymbol{f}}_{\mathrm{sf}}^h = \begin{bmatrix} \bar{f}_{\mathrm{sf}x}^h & \bar{f}_{\mathrm{sf}y}^h & \bar{f}_{\mathrm{sf}z}^h \end{bmatrix}^{\mathrm{T}}$。

由式(8.6.29)可解得

$$\left.\begin{aligned} \sin\varphi = \frac{-\bar{\dot{v}}_{\mathrm{E}} \bar{f}_{\mathrm{sf}y}^h + \bar{\dot{v}}_{\mathrm{N}} \bar{f}_{\mathrm{sf}x}^h}{(\bar{f}_{\mathrm{sf}x}^h)^2 + (\bar{f}_{\mathrm{sf}y}^h)^2} \\ \cos\varphi = \frac{\bar{\dot{v}}_{\mathrm{E}} \bar{f}_{\mathrm{sf}x}^h + \bar{\dot{v}}_{\mathrm{N}} \bar{f}_{\mathrm{sf}y}^h}{(\bar{f}_{\mathrm{sf}x}^h)^2 + (\bar{f}_{\mathrm{sf}y}^h)^2} \end{aligned}\right\} \tag{8.6.30}$$

式(8.6.30)的分母表达式$(\bar{f}_{\mathrm{sf}x}^h)^2 + (\bar{f}_{\mathrm{sf}y}^h)^2$ 显示，较大的水平加速度有利于可靠地求得 $\sin\varphi$ 和 $\cos\varphi$。不难看出，式(8.6.30)与式(8.6.25)在形式上完全一致，水平加速度机动的实质是在水平方向上提供了一个用于确定方位的观测量，这与地磁场的水平分量观测量作用完全一样。

至此，在求得 $\boldsymbol{C}_h^n$ 之后，再代入 $\boldsymbol{C}_b^n = \boldsymbol{C}_h^n \boldsymbol{C}_b^h$ 即可完成姿态阵初始化。

8.6.5 捷联式地平仪的工作原理

低精度 MEMS 惯性/卫星组合导航的速度和位置主要依赖于卫星，如果卫星导航信号长时间不可用，MEMS 惯导系统将无法独立进行速度和位置导航，误差会很快发散。但是，在一些特定环境下，可对加速度计输出作机动判别，当飞行器处于悬停、匀速或低加速度状态时，经常性地对水平姿态进行修正，有可能长时间保持 MEMS 惯导系统的姿态稳定可用，能够为运载体提供具有一定精度的水平姿态参考。

在低加速度机动条件下，将惯导比力方程式(4.1.20)及其误差方程式(4.2.27)分别近似如下：

$$\dot{\boldsymbol{v}}^n = \boldsymbol{f}_{\mathrm{sf}}^n + \boldsymbol{g}^n \tag{8.6.31a}$$

$$\delta\dot{\boldsymbol{v}}^n = \boldsymbol{f}_{\mathrm{sf}}^n \times \boldsymbol{\phi} \tag{8.6.31b}$$

在缺乏外界速度参考时，低精度 MEMS 惯导无法长时间准确计算运载体的速度，只能将其视为是平稳运行的，如果 MEMS 惯导检测到水平加速度，一般认为是水平失准角引起的，反过来，就可以利用水平计算加速度修正水平失准角，迫使计算速度平稳。在速度平稳情况下，加

速度与加速度误差含义一致，令式(8.6.31a)与式(8.6.31b)相等，可得

$$\boldsymbol{f}_{\mathrm{sf}}^{n}+\boldsymbol{g}^{n}=\boldsymbol{f}_{\mathrm{sf}}^{n}\times\boldsymbol{\phi} \tag{8.6.32}$$

低机动时，式(8.6.32)等号右边的 $\boldsymbol{f}_{\mathrm{sf}}^{n}$ 可近似为 $\boldsymbol{f}_{\mathrm{sf}}^{n}\approx[0\quad 0\quad g]^{\mathrm{T}}$，将式(8.6.32)写成分量形式，有

$$\begin{bmatrix}f_{\mathrm{E}}\\ f_{\mathrm{N}}\\ f_{\mathrm{U}}\end{bmatrix}+\begin{bmatrix}0\\ 0\\ -g\end{bmatrix}=\begin{bmatrix}0\\ 0\\ g\end{bmatrix}\times\begin{bmatrix}\phi_{\mathrm{E}}\\ \phi_{\mathrm{N}}\\ \phi_{\mathrm{U}}\end{bmatrix}\quad 即\quad \left.\begin{array}{l}f_{\mathrm{E}}=-g\phi_{\mathrm{N}}\\ f_{\mathrm{N}}=g\phi_{\mathrm{E}}\\ f_{\mathrm{U}}-g=0\end{array}\right\} \tag{8.6.33}$$

其中：$\boldsymbol{f}_{\mathrm{sf}}^{n}=\boldsymbol{C}_{b}^{n}\boldsymbol{f}_{\mathrm{sf}}^{b}=[f_{\mathrm{E}}\quad f_{\mathrm{N}}\quad f_{\mathrm{U}}]^{\mathrm{T}}$；$\boldsymbol{g}^{n}=[0\quad 0\quad -g]^{\mathrm{T}}$；$\boldsymbol{\phi}=[\phi_{\mathrm{E}}\quad \phi_{\mathrm{N}}\quad \phi_{\mathrm{U}}]^{\mathrm{T}}$。

式(8.6.33)表明，水平比力只提供水平失准角修正信息，而不能用于计算方位失准 ϕ_{U}，不妨假设方位修正量 $\phi_{U}=0$，因而有

$$\left.\begin{array}{l}\phi_{\mathrm{E}}=f_{\mathrm{N}}/g\\ \phi_{\mathrm{N}}=-f_{\mathrm{E}}/g\\ \phi_{\mathrm{U}}=0\end{array}\right\}\quad 即\quad \boldsymbol{\phi}=\frac{1}{g}\boldsymbol{f}_{\mathrm{sf}}^{n}\times\boldsymbol{e}_{3} \tag{8.6.34}$$

其中：$|\boldsymbol{f}_{\mathrm{sf}}^{n}|\approx g$ 为低机动时的比力模值；$\boldsymbol{e}_{3}=[0\quad 0\quad 1]^{\mathrm{T}}$ 为天向 z 轴单位矢量。

将式(8.6.34)等号两边同时左乘 $\boldsymbol{C}_{n}^{b}$，并记 $\boldsymbol{\phi}^{b}=\boldsymbol{C}_{n}^{b}\boldsymbol{\phi}$，可得

$$\boldsymbol{\phi}^{b}=\boldsymbol{C}_{n}^{b}\boldsymbol{\phi}=\boldsymbol{C}_{n}^{b}\left(\frac{1}{g}\boldsymbol{f}_{\mathrm{sf}}^{n}\times\boldsymbol{e}_{3}\right)=\frac{1}{g}(\boldsymbol{C}_{n}^{b}\boldsymbol{f}_{\mathrm{sf}}^{n})\times(\boldsymbol{C}_{n}^{b}\boldsymbol{e}_{3})=\frac{1}{g}\boldsymbol{f}_{\mathrm{sf}}^{b}\times\boldsymbol{C}_{3}^{\mathrm{T}}=\frac{\boldsymbol{f}_{\mathrm{sf}}^{b}}{|\boldsymbol{f}_{\mathrm{sf}}^{b}|}\times\boldsymbol{C}_{3}^{\mathrm{T}} \tag{8.6.35}$$

其中：$\boldsymbol{C}_{3}$ 为姿态阵 $\boldsymbol{C}_{b}^{n}$ 的第三行向量。由式(8.6.35)可见，两单位矢量 $\boldsymbol{f}_{\mathrm{sf}}^{b}/|\boldsymbol{f}_{\mathrm{sf}}^{b}|$ 和 $\boldsymbol{C}_{3}^{\mathrm{T}}$ 之间的夹角即为水平失准角在 b 系的投影 $\boldsymbol{\phi}^{b}$。

将失准角计算值 $\boldsymbol{\phi}^{b}$ 与陀螺仪角增量输出相结合，设计带加权失准角修正的四元数姿态更新算法如下：

$$\boldsymbol{Q}_{b(m)}^{n}=\boldsymbol{Q}_{b(m-1)}^{n}\circ\boldsymbol{Q}_{b(m)}^{b(m-1)},\qquad \boldsymbol{Q}_{b(m)}^{b(m-1)}=\begin{bmatrix}\cos\dfrac{\Delta\theta_{m}'}{2}\\ \dfrac{\Delta\boldsymbol{\theta}_{m}'}{\Delta\theta_{m}'}\sin\dfrac{\Delta\theta_{m}'}{2}\end{bmatrix} \tag{8.6.36}$$

其中

$$\Delta\boldsymbol{\theta}_{m}'=\Delta\tilde{\boldsymbol{\theta}}_{m}+\alpha\cdot\boldsymbol{\phi}^{b} \tag{8.6.37}$$

式中：$\Delta\tilde{\boldsymbol{\theta}}_{m}$ 是在时间段$[t_{m-1},t_{m}]$内的陀螺仪角增量输出；$\Delta\boldsymbol{\theta}_{m}'$表示经过失准角修正后的角增量并且有模值 $\Delta\theta_{m}'=|\Delta\boldsymbol{\theta}_{m}'|$；$\alpha\in[0,1]$是失准角修正系数，$\alpha$ 越小则抗短时加速度干扰的能力就越强，但在出现失准角误差后也会恢复得越慢。利用上述姿态更新算法，既可快速响应和跟踪运载体的角运动变化，又能不断修正失准角，实现较高精度的水平姿态导航。

需要特别指出的是，准确求解失准角 $\boldsymbol{\phi}^{b}$ 的难点在于正确判断运载体是否处于加速度机动状态，失准角求解和修正应当在静止或者低加速度环境下实施，如果出现大机动状态误判，很可能会引入较大的姿态误差。下面给出加速度机动判断的一些思路。

首先，最容易想到的是，比较加速度计输出 $\boldsymbol{f}_{\mathrm{sf}}^{b}$ 的模值与当地重力大小 g，如果满足准则 $||\boldsymbol{f}_{\mathrm{sf}}^{b}|-g|<\beta_{1}$($\beta_{1}$ 为预设的加速度阈值)，则认为不存在加速度机动。为了降低加速度计测量噪声的影响，一般在运载体平稳运动情况下，使用加速度计在一小段时间内的平均值替代瞬时值进行判断。但是，该判断准则往往过于宽松，比如取 $\beta_{1}=0.5\ \mathrm{m/s^{2}}$，经计算，水平方向上的加速度$\sqrt{(9.8+0.5)^{2}-9.8^{2}}\approx 3.2\ \mathrm{m/s^{2}}$ 也近似满足该判断条件，显然这是不合适的。因此，

还需在准则$\left||\boldsymbol{f}_{sf}^{b}|-g\right|<\beta_1$ 的基础上，再对水平计算加速度的模值 $f_H=\sqrt{f_E^2+f_N^2}$ 作进一步判断：

(1)当 $f_H<\beta_2$(β_2 为另一预设阈值)时，判断为没有加速度机动，基本上可以放心地利用比力 $\boldsymbol{f}_{sf}^{b}$求解或估计失准角 $\boldsymbol{\phi}^{b}$。

(2)当 $f_H\geqslant\beta_2$ 时，还可能存在两种情况：一是计算姿态阵中的失准角 $\boldsymbol{\phi}^{b}$ 比较大，二是运载体确实存在较大的水平加速度机动。如果条件 $f_H\geqslant\beta_2$ 只是在短时间内出现，则认为是存在短时的大加速度机动；如果该条件连续出现时间较长，则需要再结合陀螺仪输出检查载体是否存在持续转弯或盘旋运动，如果不是转弯和盘旋，则可认为其根源在于失准角误差较大，需要对姿态进行快速修正。

一般而言，利用水平加速度计算和修正水平姿态的方法仅适用于运载体在大多数时间中运动比较平缓的情形，这种导航方式常称为地平仪或垂直陀螺仪工作模式，它只要求导航系统给出运载体的水平姿态角(俯仰角和横滚角)信息，而对方位没有任何精度要求，这种工作模式在平台稳定控制或航行器操纵等很多场合有着重要的应用价值。当然，在地平仪模式下如果地磁测量信息可用，则可引入磁方位计算和修正，这样地平仪就具有了相对于地磁场的方位导航能力，这种导航方式常称为姿态航向参考系统(Attitude and Heading Reference System，AHRS)。

第9章　捷联惯导与组合导航仿真

高精度惯导系统价格不菲，对于广大的学习或研究人员，鲜有机会接触，也很难得到实际的动态测试数据及精确的动态参考基准，这限制了算法研究的普及和深入探讨。仿真分析在惯导算法研究中发挥着重要的作用，它是实物测试和应用的基础，通常只有前期经过仿真验证可行之后，才能考虑进一步往前推进到实物验证阶段。仿真分析还有利于节约实际系统的测试成本。一般情况下，在仿真建模中考虑的是主要的误差影响因素，通过仿真可验证理论模型，仿真分析与理论分析往往相辅相成；再者，通过仿真与实物系统的测试比对，容易发现实物系统的某些误差源干扰，为系统改进和优化提供支持。

9.1　飞行轨迹和惯性传感器数据仿真

逼真的飞行轨迹仿真需要综合考虑飞行器特性和空气动力学等众多因素的影响，过于复杂，这里仅介绍一些典型的飞行运动特征，将它们拼接组合，实现相对比较简单的轨迹设计。由飞行轨迹生成惯性传感器信息的过程可以看作是4.1节捷联惯性导航更新的逆过程。

9.1.1　飞行轨迹设计

假设运载体为固定翼飞机，在飞行过程中攻角和侧滑角始终为零，即飞机仅存在沿机体坐标系（b系）纵轴向的速度分量（沿横轴向和立轴向的速度均始终为零），这时飞机的线运动可以利用机体系速度$\boldsymbol{v}^b$的第二分量v_y^b进行描述，另外，飞机的角运动可以用欧拉角进行描述。飞机常见的基本飞行动作包括加速、滚转、俯仰和转弯，下面逐一介绍它们的描述特征。

1. 加速

飞机的三个欧拉角（俯仰角θ、横滚角γ和方位角ψ）均保持不变，仅存在纵轴向的速度变化，参数描述为

$$\dot{\theta}=\dot{\gamma}=\dot{\psi}=0,\quad \dot{v}_y^b=a_y \tag{9.1.1}$$

其中：a_y为所需设置的纵轴向加速度，当$a_y>0$时为向前加速运动，当$a_y<0$时为减速运动，而当$a_y=0$时飞机处于静止或匀速飞行状态。

2. 滚转

飞机的纵轴向速度保持不变，俯仰角和方位角也不变，仅存在横滚角变化，描述为

$$\dot{\theta}=\dot{\psi}=0,\quad \dot{\gamma}=\omega_\gamma,\quad \dot{v}_y^b=0 \tag{9.1.2}$$

其中：ω_γ为设置的横滚角速率。

3. 俯仰（抬头或低头）

飞机的纵轴向速度保持不变，横滚角和方位角也不变，仅存在俯仰角变化，描述为

$$\dot{\theta}=\omega_\theta,\quad \dot{\gamma}=\dot{\psi}=0,\quad \dot{v}_y^b=0 \tag{9.1.3}$$

其中：ω_θ为设置的俯仰角速率，通常俯仰角运动是在$\gamma=0$的条件下进行的。

4. 方位转弯

飞机的纵轴向速度保持不变，俯仰角和横滚角也不变，仅存在方位角变化，描述为

$$\dot{\theta}=\dot{\gamma}=0, \quad \dot{\psi}=\omega_{\psi}, \quad \dot{v}_{y}^{b}=0 \tag{9.1.4}$$

其中：ω_{ψ} 为设置的方位角速率。参见图 9.1.1，根据空气动力学知识，飞机在进行方位转弯时，转弯的向心加速度 a_c 由空气升力 f_L 和重力 g 的合力提供，这时横滚角需满足如下协调转弯条件：

$$\tan\gamma=\frac{a_c}{g}=\frac{\omega_{\psi}v_{y}^{b}}{g} \tag{9.1.5}$$

因此，一般在设置方位转弯前都应先让飞机滚转相应的角度，而对车载运动轨迹设计通常无此要求。

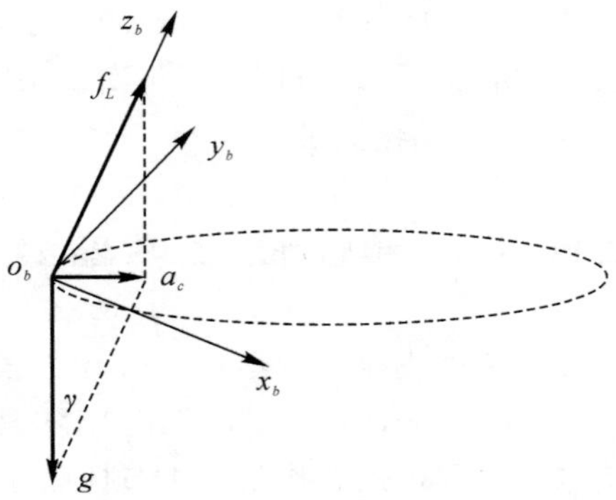

图 9.1.1　飞机协调转弯示意图

显然，以上四种基本飞行动作，每种只在 θ,γ,ψ 和 v_y^b 四个参数中变化一个。

记欧拉角向量 $\boldsymbol{A}=[\theta \quad \gamma \quad \psi]^{\mathrm{T}}$、欧拉角速率向量 $\boldsymbol{\omega}=[\omega_{\theta} \quad \omega_{\gamma} \quad \omega_{\psi}]^{\mathrm{T}}$、机体系加速度 $\boldsymbol{a}^b=[0 \quad a_y \quad 0]^{\mathrm{T}}$，则飞行轨迹设置满足如下微分方程组：

$$\left.\begin{aligned}\dot{\boldsymbol{A}}&=\boldsymbol{\omega}\\ \dot{\boldsymbol{v}}^b&=\boldsymbol{a}^b\\ \boldsymbol{v}^n&=\boldsymbol{C}_b^n\boldsymbol{v}^b\\ \dot{\boldsymbol{p}}&=\boldsymbol{M}_{pv}\boldsymbol{v}^n\end{aligned}\right\} \quad 即 \quad \left.\begin{aligned}\dot{\boldsymbol{A}}&=\boldsymbol{\omega}\\ \dot{\boldsymbol{v}}^b&=\boldsymbol{a}^b\\ \dot{\boldsymbol{p}}&=\boldsymbol{M}_{pv}\boldsymbol{C}_b^n\boldsymbol{v}^b\end{aligned}\right\} \tag{9.1.6}$$

式中：初值为

$$\boldsymbol{A}(t_0)=[\theta_0 \quad \gamma_0 \quad \psi_0]^{\mathrm{T}}, \quad \boldsymbol{v}^b(t_0)=[0 \quad v_{y(0)}^b \quad 0]^{\mathrm{T}}, \quad \boldsymbol{p}(t_0)=[L_0 \quad \lambda_0 \quad h_0]^{\mathrm{T}}$$

输入为 $\omega_{\theta},\omega_{\gamma},\omega_{\psi}$ 和 a_y。通过分段设置飞行动作，即轨迹分段输入参数 $\omega_{\theta},\omega_{\gamma},\omega_{\psi}$ 和 a_y，利用式(9.1.6)积分求解时变状态方程，便可解得轨迹参数 $\boldsymbol{A}$，$\boldsymbol{v}^n$ 和 $\boldsymbol{p}$，完成飞行轨迹设计。

不只是固定翼飞机，对于车辆、舰船、导弹，甚至旋翼飞行器等航行器，如果行驶速度方向与纵轴方向不一致(视为攻角和侧滑角)，通过增加一次简单的旋转变换，并将攻角和侧滑角作为轨迹输入参数，便可实现更加复杂的轨迹设计。或者，只需在上述零攻角和侧滑角轨迹设计的基础上，简单地对姿态阵做攻角和侧滑角变换即可($\boldsymbol{v}^n$ 和 $\boldsymbol{p}$ 保持不变)。

9.1.2　捷联惯导反演算法

正常的捷联惯导算法以陀螺仪采样角增量和加速度计采样速度增量为输入，通过姿态更

新、速度更新和位置更新算法，输出描述运载体运动的姿态、速度和位置导航参数。反之，由姿态、速度和位置导航参数求解角增量和速度增量的过程与正常捷联惯导算法恰好相反，可称其为捷联惯导反演算法。

参见 4.1 节，重写捷联惯导姿态和速度数值更新算法如下：

(1)姿态更新

$$\boldsymbol{C}_{b(m)}^{n(m)}=\boldsymbol{C}_{n(m-1)}^{n(m)}\boldsymbol{C}_{b(m-1)}^{n(m-1)}\boldsymbol{C}_{b(m)}^{b(m-1)} \tag{9.1.7a}$$

$$\boldsymbol{C}_{n(m-1)}^{n(m)}=\boldsymbol{M}_{\mathrm{RV}}^{\mathrm{T}}(T\boldsymbol{\omega}_{in(m-1/2)}^{n}),\quad \boldsymbol{C}_{b(m)}^{b(m-1)}=\boldsymbol{M}_{\mathrm{RV}}(\boldsymbol{\phi}_{ib(m)}^{b}) \tag{9.1.7b}$$

其中

$$\boldsymbol{\phi}_{ib(m)}^{b}=\Delta\boldsymbol{\theta}_{m}+\frac{1}{12}\Delta\boldsymbol{\theta}_{m-1}\times\Delta\boldsymbol{\theta}_{m} \tag{9.1.7c}$$

(2)速度更新

$$\boldsymbol{v}_{m}^{n(m)}=\boldsymbol{v}_{m-1}^{n(m-1)}+\Delta\boldsymbol{v}_{\mathrm{sf}(m)}^{n}+\Delta\boldsymbol{v}_{\mathrm{cor/g}(m)}^{n} \tag{9.1.8a}$$

其中

$$\Delta\boldsymbol{v}_{\mathrm{cor/g}(m)}^{n}\approx-[2\boldsymbol{\omega}_{ie(m-1/2)}^{n}+\boldsymbol{\omega}_{en(m-1/2)}^{n}]\times\boldsymbol{v}_{m-1/2}^{n}T+\boldsymbol{g}_{m-1/2}^{n}T \tag{9.1.8b}$$

$$\Delta\boldsymbol{v}_{\mathrm{sf}(m)}^{n}=\left[\boldsymbol{I}-\frac{T}{2}\boldsymbol{\omega}_{in(m-1/2)}^{n}\times\right]\boldsymbol{C}_{b(m-1)}^{n(m-1)}(\Delta\boldsymbol{v}_{m}+\Delta\boldsymbol{v}_{\mathrm{rot}(m)}^{b(m-1)}+\Delta\boldsymbol{v}_{\mathrm{scul}(m)}^{b(m-1)}) \tag{9.1.8c}$$

$$\Delta\boldsymbol{v}_{\mathrm{rot}(m)}^{b(m-1)}=\frac{1}{2}\Delta\boldsymbol{\theta}_{m}\times\Delta\boldsymbol{v}_{m} \tag{9.1.8d}$$

$$\Delta\boldsymbol{v}_{\mathrm{scul}(m)}^{b(m-1)}=\frac{1}{12}(\Delta\boldsymbol{\theta}_{m-1}\times\Delta\boldsymbol{v}_{m}+\Delta\boldsymbol{v}_{m-1}\times\Delta\boldsymbol{\theta}_{m}) \tag{9.1.8e}$$

注意，在等效旋转矢量误差补偿式(9.1.7c)和划桨误差补偿式(9.1.8e)中均采用了“单子样＋前一周期”算法。

在完成 9.1.1 节飞行轨迹设计后，轨迹的姿态、速度和位置参数均为已知量，因此 $\boldsymbol{C}_{b(m)}^{n(m)}$，$\boldsymbol{C}_{n(m-1)}^{n(m)}$，$\boldsymbol{\omega}_{in(m-1/2)}^{n}$，$\boldsymbol{\phi}_{ib(m)}^{b}$，$\Delta\boldsymbol{v}_{\mathrm{sf}(m)}^{n}$，$\Delta\boldsymbol{v}_{\mathrm{cor/g}(m)}^{n}$，$\boldsymbol{\omega}_{ie(m-1/2)}^{n}$，$\boldsymbol{\omega}_{en(m-1/2)}^{n}$ 和 $\boldsymbol{g}_{m-1/2}^{n}$ 等量均是已知或可计算的，由这些已知量即可求解惯性传感器的增量采样信息。

首先，通过式(9.1.7c)可直接解得

$$\Delta\boldsymbol{\theta}_{m}=\left(\boldsymbol{I}+\frac{1}{12}\Delta\boldsymbol{\theta}_{m-1}\times\right)^{-1}\boldsymbol{\phi}_{ib(m)}^{b} \tag{9.1.9}$$

可令初值 $\Delta\boldsymbol{\theta}_{0}=\boldsymbol{0}$。

其次，将式(9.1.8d)和式(9.1.8e)代入式(9.1.8c)，整理得

$$\begin{aligned}\Delta\boldsymbol{v}_{\mathrm{sf}(m)}^{n}=&\left[\boldsymbol{I}-\frac{T}{2}\boldsymbol{\omega}_{in(m-1/2)}^{n}\times\right]\boldsymbol{C}_{b(m-1)}^{n(m-1)}\left[\Delta\boldsymbol{v}_{m}+\frac{1}{2}\Delta\boldsymbol{\theta}_{m}\times\Delta\boldsymbol{v}_{m}+\frac{1}{12}(\Delta\boldsymbol{\theta}_{m-1}\times\Delta\boldsymbol{v}_{m}+\Delta\boldsymbol{v}_{m-1}\times\Delta\boldsymbol{\theta}_{m})\right]=\\&\left[\boldsymbol{I}-\frac{T}{2}\boldsymbol{\omega}_{in(m-1/2)}^{n}\times\right]\boldsymbol{C}_{b(m-1)}^{n(m-1)}\left\{\left[\boldsymbol{I}+\frac{1}{2}\left(\frac{1}{6}\Delta\boldsymbol{\theta}_{m-1}+\Delta\boldsymbol{\theta}_{m}\right)\times\right]\Delta\boldsymbol{v}_{m}+\frac{1}{12}(\Delta\boldsymbol{v}_{m-1}\times\Delta\boldsymbol{\theta}_{m})\right\}\end{aligned} \tag{9.1.10}$$

由式(9.1.10)可解得

$$\Delta\boldsymbol{v}_{m}=\left[\boldsymbol{I}+\frac{1}{2}\left(\frac{1}{6}\Delta\boldsymbol{\theta}_{m-1}+\Delta\boldsymbol{\theta}_{m}\right)\times\right]^{-1}\left\{\boldsymbol{C}_{n(m-1)}^{b(m-1)}\left[\boldsymbol{I}+\frac{T}{2}\boldsymbol{\omega}_{in(m-1/2)}^{n}\times\right]\Delta\boldsymbol{v}_{\mathrm{sf}(m)}^{n}-\frac{1}{12}(\Delta\boldsymbol{v}_{m-1}\times\Delta\boldsymbol{\theta}_{m})\right\} \tag{9.1.11}$$

可令初值 $\Delta\boldsymbol{v}_{0}=\boldsymbol{0}$。至此，求得角增量 $\Delta\boldsymbol{\theta}_{m}$ 和速度增量 $\Delta\boldsymbol{v}_{m}$，实现惯性传感器输出信息的反演仿真。

最后，给出几点说明：

(1)在 9.1.1 节中分段设置飞行动作时，相邻阶段的输入参数之间会产生较大的台阶性跳变，使得轨迹的光滑性不好，一种简单的解决办法是，在求解式(9.1.6)之前，先同时对欧拉角向量 $\boldsymbol{A}$ 和机体系速度 $\boldsymbol{v}^b$ 作 FIR 低通滤波处理，这有利于提高轨迹的光滑性。

(2)为了使仿真效果更加逼真，可在欧拉角向量 $\boldsymbol{A}$ 和速度 $\boldsymbol{v}^n$ 上添加适当的随机振动，比如马尔可夫过程：

$$\left.\begin{aligned}\dot{\boldsymbol{A}}&=\boldsymbol{\omega}+\boldsymbol{C}_{\omega}^{A}\boldsymbol{\omega}_w\\ \dot{\boldsymbol{v}}^b&=\boldsymbol{a}^b+\boldsymbol{a}_w\\ \dot{\boldsymbol{p}}&=\boldsymbol{M}_{pv}\boldsymbol{C}_b^n\boldsymbol{v}^b\end{aligned}\right\}\tag{9.1.12}$$

由于振动描述一般是以机体坐标系(b 系)为参考的，式(9.1.12)中 $\boldsymbol{\omega}_w$ 和 $\boldsymbol{a}_w$ 分别为 b 系中的随机振动角速度和加速度，$\boldsymbol{C}_{\omega}^{A}$ 为欧拉运动学方程中的与欧拉角相关的系数矩阵，参见附录 B 中式(B.16)。

(3)在微分方程组式(9.1.6)中，$\boldsymbol{A}$ 和 $\boldsymbol{v}^n$ 的数值求解精度要求不需太高，然而，9.1.2 节所有算法都需要较高的解算精度，只有这样才能使惯性传感器信息与轨迹参数精确匹配，因此，在式(9.1.6)中 $\boldsymbol{A}$ 和 $\boldsymbol{v}^n$ 的求解可采用一阶欧拉法，而求解位置 $\boldsymbol{p}$ 可采用梯形法。

(4)为了提高轨迹和惯性传感器信息的求解精度，只需简单地缩小反演解算步长(高频解算)，求解式(9.1.9)和式(9.1.11)后再将相邻的多次惯性传感器增量累加输出(降频输出)。

9.1.3 仿真程序

仿真程序采用 MATLAB 的 M 语言编写，这里仅给出与飞行轨迹和惯性传感器数据生成直接相关的子程序，以及一个示例主程序，更多的基本子函数参见 9.2 节。

1. 飞行轨迹生成

```
function [att, vn, pos]=trjprofile(att0, vn0, pos0, wat, ts)   % trajectory profile
    len=fix(sum(wat(:,5))/ts);
    att=zeros(len, 3); vn=att; pos=att;   kk=1;
    att(1,:)=att0'; vn(1,:)=vn0'; pos(1,:)=pos0';
    vb=a2mat(att0)'*vn0; vby=vb(2);% 求纵向速度
    b=fir1(20, 0.01,'low');b=b/sum(b);x=repmat([att0;vby]',length(b),1); % 低通滤波器
    for m=1:size(wat,1);
        watk=wat(m,:);
        for tk=ts:ts:(watk(5)+ts/10)
            att0=att0 + watk(1:3)'*ts;    vby=vby + watk(4)*ts;
            x=[x(2:end,:); [att0;vby]']; y=b*x;% 低通滤波
            att(kk+1,:)=y(1:3);
            vn(kk+1,:)=(a2mat(att(kk+1,:)')*[0;y(4);0])';
            vn01=(vn(kk,:)+vn(kk+1,:))/2;
            eth=earth(pos(kk,:)',vn01');
            pos(kk+1,:)=pos(kk,:) + [vn01(2)/eth.RMh;vn01(1)/eth.clRNh;vn01(3)]'*ts;
            kk=kk+1;
        end
    end
att(kk:end,:)=[]; vn(kk:end,:)=[]; pos(kk:end,:)=[];
```

2. 惯性传感器信息生成(反演算法)

```
function [wm, vm]=av2imu(att, vn, pos, ts)
    wm0=zeros(3,1); vm0=wm0; I33=eye(3);
    wm=att(2:end,:); vm=wm;
    for k=2:length(att)
        eth=earth((pos(k-1,:)+pos(k,:))'/2, (vn(k-1,:)+vn(k,:))'/2);
        qbb=qmul(qmul(qconj(a2qua(att(k-1,:))),rv2q(eth.wnin*ts)),a2qua(att(k,:)));
        phim=q2rv(qbb);
        wm1=(I33+askew(1/12*wm0))\phim;
        dvnsf=vn(k,:)'-vn(k-1,:)'-eth.gcc*ts;Cnb0=a2mat(att(k-1,:)');
        vm1=(I33+1/2*askew(1/6*wm0+wm1))\...
            (Cnb0'*(I33+askew(eth.wnin*ts/2))*dvnsf-1/12*cross(vm0,wm1));
        wm(k-1,:)=wm1';  vm(k-1,:)=vm1;  wm0=wm1; vm0=vm1;
    end
```

3. 主程序

主程序名为 test_9_1_3.m。

```
gvar;      % 加载全局变量
ts=0.01;
att0=[0;0;90]*arcdeg; vn0=[0;0;0]; pos0=[[34;108]*arcdeg;100];
%  俯仰角速率 横滚角速率 方位角速率 纵向加速度 持续时间
wat=[ 0,      0,      0,      0,      10      %静止
      0,      0,      0,      1,      10      %加速
      0,      0,      0,      0,      10      %匀速
      5,      0,      0,      0,      4       %抬头
      0,      0,      0,      0,      10      %匀速
     -5,      0,      0,      0,      4       %低头
      0,      0,      0,      0,      10      %匀速
      0,      10,     0,      0,      1       %横滚
      0,      0,      9,      0,      10      %转弯
      0,     -10,     0,      0,      1       %横滚
      0,      0,      0,      0,      10      %匀速
      0,      0,      0,     -1,      10      %减速
      0,      0,      0,      0,      10  ];  %静止
wat(:,1:3)=wat(:,1:3)*dps;   % ->deg/s
[att, vn, pos]=trjprofile(att0, vn0, pos0, wat, ts);
[wm, vm]=av2imu(att, vn, pos, ts);
tt=(0:length(att)-1)'*ts;
%轨迹作图
msplot(221, tt, att/arcdeg,'Att / ( \circ )'); legend('\it\theta', '\it\gamma', '\it\psi')
msplot(222, tt, vn,'Vel / m.s^{-1}'); legend('\itv\rm_E', '\itv\rm_N', '\itv\rm_U')
msplot(223, tt, deltapos(pos),'\DeltaPos / m');
    legend('\Delta\itL', '\Delta\it\lambda', '\Delta\ith')
```

```
msplot(224, pos(:,2)/arcdeg, pos(:,1)/arcdeg,'\itL\rm / ( \circ )', '\it\lambda\rm / ( \circ)');
        hold on, plot(pos(1,2)/arcdeg, pos(1,1)/arcdeg, 'ro');
%惯性传感器信息作图
msplot(121, tt(2:end), wm/ts/arcdeg,'\it\omega^b_{ib}\rm / ( \circ.s^{-1} )');
        legend('\it\omega^b_{ibx}', '\it\omega^b_{iby}', '\it\omega^b_{ibz}');
msplot(122, tt(2:end), vm/ts,'\itf^b\rm_{sf} / ( m.s^{-2} )');
        legend('\itf^b\rm_{sf\itx}', '\itf^b\rm_{sf\ity}', '\itf^b\rm_{sf\itz}');
```

程序运行结果如图 9.1.2 和图 9.1.3 所示。

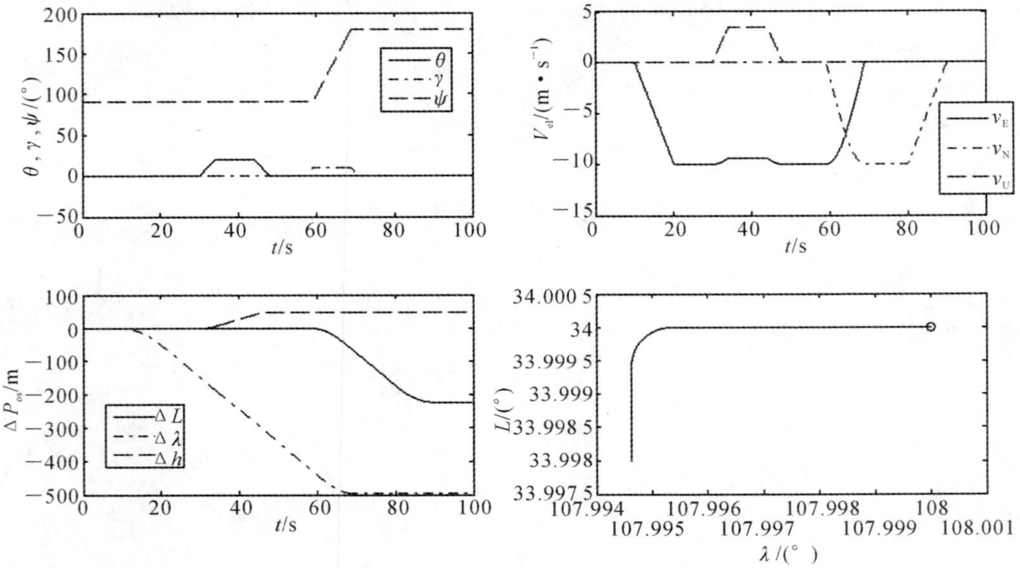

图 9.1.2　轨迹图

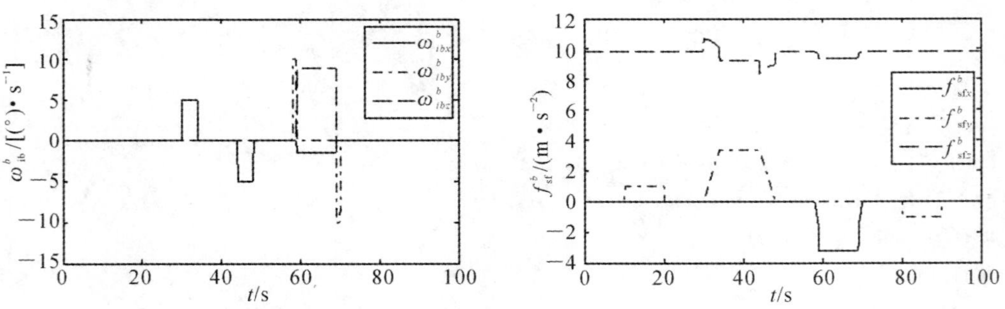

图 9.1.3　惯性传感器信息

9.2 捷联惯导算法仿真

按照程序设计的模块化原则，捷联惯导算法可分解为一系列的子函数模块，下面逐个给出各 MATLAB 子函数程序，读者可结合前述章节的理论公式进行细致解读。之后，利用各子函数编写捷联惯导算法主程序，构成了算法具体实现的一个框架，可供应用参考。

9.2.1 MATLAB 子函数

1. 全局变量(gvar)

```
global GM Re ff wie ge gp g0 ug arcdeg arcmin arcsec hur dph dpsh ugpsHz lsc% Global VARables
GM=3.986004415e14; Re=6.378136998405e6; wie=7.2921151467e-5; % WGS-84 model
ff=1/298.257223563; ee=sqrt(2*ff-ff^2); e2=ee^2; Rp=(1-ff)*Re;
ge=9.780325333434361; gp=9.832184935381024; g0=ge; ug=g0*1e-6; % gravity, ug
arcdeg=pi/180; arcmin=arcdeg/60; arcsec=arcmin/60; % angle unit
hur=3600; dph=arcdeg/hur; dpsh=arcdeg/sqrt(hur); % hour, deg/hour, deg/sqrt(hour)
ugpsHz=ug/sqrt(1); % ug/sqrt(Hz)
lsc=['-k';'-b';'-r';'-.m';'--g';':c']; % line shape & color
```

2. 三维向量的反对称阵[参见式(2.1.3)]

```
function m=askew(v)
    m=[ 0      ,    -v(3),     v(2);
        v(3),       0,        -v(1);
       -v(2),       v(1),      0      ];
```

3. 姿态角转换为姿态阵[参见附录 B 中式(B.3)]

```
function Cnb=a2mat(att)
    s=sin(att); c=cos(att);
    si=s(1); sj=s(2); sk=s(3);   ci=c(1); cj=c(2); ck=c(3);
    Cnb=[ cj*ck-si*sj*sk,   -ci*sk,   sj*ck+si*cj*sk;
          cj*sk+si*sj*ck,   ci*ck,    sj*sk-si*cj*ck;
          -ci*sj,           si,       ci*cj    ];
```

输入姿态角向量 att 含三个分量，依次为俯仰角 θ、横滚角 γ 和方位角 ψ，特别注意：程序中定义方位角北偏西为正（而非北偏东为正），取值范围为$(-\pi,\pi]$。

4. 姿态阵转换为姿态角[参见附录 B 中式(B.7)]

```
function att=m2att(Cnb)
    if abs(Cnb(3,2))<=0.999999
        att=[ asin(Cnb(3,2)); -atan2(Cnb(3,1),Cnb(3,3)); -atan2(Cnb(1,2),Cnb(2,2)) ];
    else
        att=[ asin(Cnb(3,2));  atan2(Cnb(1,3),Cnb(1,1));  0 ];
    end
```

5.姿态角转换为四元数[参见附录B中式(B.12)]

```
function qnb = a2qua(att)
    s = sin(att/2); c = cos(att/2);
    si = s(1); sj = s(2); sk = s(3); ci = c(1); cj = c(2); ck = c(3);
    qnb = [ ci * cj * ck - si * sj * sk;
            si * cj * ck - ci * sj * sk;
            ci * sj * ck + si * cj * sk;
            ci * cj * sk + si * sj * ck ];
    % qnb = m2qua(a2mat(att));
```

该转换也可将姿态阵作为中间变量，先将姿态角转换为姿态阵，再转换为四元数。

6.四元数转换为姿态角

```
function att = q2att(qnb)
    att = m2att(q2mat(qnb));
```

7.姿态阵转换为四元数[参见附录B中式(B.11)]

```
function qnb = m2qua(Cnb)
    C11 = Cnb(1,1); C12 = Cnb(1,2); C13 = Cnb(1,3);
    C21 = Cnb(2,1); C22 = Cnb(2,2); C23 = Cnb(2,3);
    C31 = Cnb(3,1); C32 = Cnb(3,2); C33 = Cnb(3,3);
    if C11 >= C22 + C33
        q1 = 0.5 * sqrt(1 + C11 - C22 - C33);
        q0 = (C32 - C23)/(4 * q1); q2 = (C12 + C21)/(4 * q1); q3 = (C13 + C31)/(4 * q1);
    elseif C22 >= C11 + C33
        q2 = 0.5 * sqrt(1 - C11 + C22 - C33);
        q0 = (C13 - C31)/(4 * q2); q1 = (C12 + C21)/(4 * q2); q3 = (C23 + C32)/(4 * q2);
    elseif C33 >= C11 + C22
        q3 = 0.5 * sqrt(1 - C11 - C22 + C33);
        q0 = (C21 - C12)/(4 * q3); q1 = (C13 + C31)/(4 * q3); q2 = (C23 + C32)/(4 * q3);
    else
        q0 = 0.5 * sqrt(1 + C11 + C22 + C33);
        q1 = (C32 - C23)/(4 * q0); q2 = (C13 - C31)/(4 * q0); q3 = (C21 - C12)/(4 * q0);
    end
    qnb = [q0; q1; q2; q3];
```

8.四元数转换为姿态阵[参见附录B中式(B.8)]

```
function Cnb = q2mat(qnb)
    q11 = qnb(1) * qnb(1); q12 = qnb(1) * qnb(2); q13 = qnb(1) * qnb(3); q14 = qnb(1) * qnb(4);
    q22 = qnb(2) * qnb(2); q23 = qnb(2) * qnb(3); q24 = qnb(2) * qnb(4);
    q33 = qnb(3) * qnb(3); q34 = qnb(3) * qnb(4);
    q44 = qnb(4) * qnb(4);
    Cnb = [ q11 + q22 - q33 - q44,  2 * (q23 - q14),        2 * (q24 + q13);
            2 * (q23 + q14),        q11 - q22 + q33 - q44,  2 * (q34 - q12);
            2 * (q24 - q13),        2 * (q34 + q12),        q11 - q22 - q33 + q44 ];
```

9. 旋转矢量转换为变换矩阵[参见式(2.2.23)]

```
function m=rv2m(rv)
    nm2=rv'*rv;   % 旋转矢量的模方
    if nm2<1.e-8    % 如果模方很小,则可用泰勒展开前几项求三角函数
        a=1-nm2*(1/6-nm2/120); b=0.5-nm2*(1/24-nm2/720);
    else
        nm=sqrt(nm2);
        a=sin(nm)/nm;   b=(1-cos(nm))/nm2;
    end
    VX=askew(rv);
    m=eye(3) + a*VX + b*VX^2;
```

10. 旋转矢量转换为变换四元数[参见式(2.4.21)]

```
function q=rv2q(rv)
    nm2=rv'*rv;% 旋转矢量的模方
    if nm2<1.0e-8    % 如果模方很小,则可用泰勒展开前几项求三角函数
        q0=1-nm2*(1/8-nm2/384); s=1/2-nm2*(1/48-nm2/3840);
    else
        nm=sqrt(nm2);
        q0=cos(nm/2); s=sin(nm/2)/nm;
    end
    q =[q0; s*rv];
```

11. 变换四元数转换为旋转矢量

```
function rv=q2rv(q)
    if q(1)<0,   q=-q;   end
    nmhalf=acos(q(1));   % 等效旋转矢量模值的一半
    if nmhalf>1e-20,   b=2*nmhalf/sin(nmhalf);
    else               b=2;                  end
    rv =b*q(2:4);
```

首先,将四元数转化为标量非负的四元数;其次,根据公式 $\boldsymbol{Q}=q_0+\boldsymbol{q}_v=\cos\frac{\phi}{2}+\boldsymbol{u}\sin\frac{\phi}{2}=\cos\frac{\phi}{2}+\frac{\boldsymbol{\phi}}{2}\cdot\frac{\sin(\phi/2)}{\phi/2}$,先由四元数的标量关系 $q_0=\cos\frac{\phi}{2}$ 求旋转矢量模值的一半 $\frac{\phi}{2}=\arccos(q_0)$,再由矢量关系 $\boldsymbol{q}_v=\frac{\boldsymbol{\phi}}{2}\cdot\frac{\sin(\phi/2)}{\phi/2}$ 求等效旋转矢量 $\boldsymbol{\phi}=2\frac{(\phi/2)}{\sin(\phi/2)}\boldsymbol{q}_v$。

12. 四元数共轭[参见式(2.4.13)]

```
function qout=qconj(qin)
    qout=[qin(1); -qin(2:4)];
```

13. 四元数归一化

```
function qnb=qnormlz(qnb)
    nm=qnb'*qnb;
    if nm<1e-6,   qnb=[1; 0; 0; 0];   % 表示姿态的四元数,其模值应约为 1
    else          qnb=qnb/sqrt(nm);     end
```

14. 四元数相乘[参见式(2.4.6)]

```
function q=qmul(q1, q2)
    q=[ q1(1) * q2(1) - q1(2) * q2(2) - q1(3) * q2(3) - q1(4) * q2(4);
        q1(1) * q2(2) + q1(2) * q2(1) + q1(3) * q2(4) - q1(4) * q2(3);
        q1(1) * q2(3) + q1(3) * q2(1) + q1(4) * q2(2) - q1(2) * q2(4);
        q1(1) * q2(4) + q1(4) * q2(1) + q1(2) * q2(3) - q1(3) * q2(2) ];
```

15. 四元数乘向量(三维向量的坐标变换)[参见式(2.4.26)]

```
function vo=qmulv(q, vi)
    qi=[0;vi];
    qo=qmul(qmul(q,qi),qconj(q));
    vo=qo(2:4,1);
    % vo=q2mat(q) * vi;
```

该变换也可以先将四元数变换为矩阵,再利用矩阵乘以向量。

16. 四元数加失准角误差

```
function qpb=qaddphi(qnb, phi)
    qpb=qmul(rv2q(-phi),qnb);
```

等价的矩阵表示为式(4.2.5),即 $\boldsymbol{C}_b^{n'}=\boldsymbol{C}_n^{n'}\boldsymbol{C}_b^n$,改成四元数形式为 $\boldsymbol{Q}_b^{n'}=\boldsymbol{Q}_n^{n'}\circ\boldsymbol{Q}_b^n$。从真实导航系($n$ 系)到计算导航系(n'系)的失准角为 $\boldsymbol{\phi}$,反之,从 n'系到 n 系的失准角应为 $-\boldsymbol{\phi}$,若将 $-\boldsymbol{\phi}$视为等效旋转矢量,则与其对应的变换四元数为 $\boldsymbol{Q}_n^{n'}$。上述程序中,变量 qpb,qnb 和 phi 分别代表 $\boldsymbol{Q}_b^{n'}$,$\boldsymbol{Q}_b^n$ 和 $\boldsymbol{\phi}$。

17. 四元数减失准角误差

```
function qnb=qdelphi(qpb, phi)
    qnb=qmul(rv2q(phi), qpb);
```

上述程序对应于公式 $\boldsymbol{Q}_b^n=\boldsymbol{Q}_{n'}^n\circ\boldsymbol{Q}_b^{n'}$,其含义是:在计算姿态四元数中扣除失准角后,获得真实(更精确的)姿态四元数。

18. 由计算四元数和真实四元数计算失准角误差

```
function phi=qq2phi(qpb, qnb)
    qerr=qmul(qnb, qconj(qpb));
    phi=q2rv(qerr);
```

先根据公式 $\boldsymbol{Q}_{n'}^n=\boldsymbol{Q}_b^n\circ(\boldsymbol{Q}_b^{n'})^*$ 求得误差四元数 $\boldsymbol{Q}_{n'}^n$,再由 $\boldsymbol{Q}_{n'}^n$ 求解失准角 $\boldsymbol{\phi}$。

19. 圆锥/划船误差补偿[参见式(2.6.24)、式(4.1.55)和表 2.6.3]

```
function [phim, dvbm]=cnscl(wm, vm)
    cs=[  [2,     0,     0,     0,     0     ]/3
          [9,     27,    0,     0,     0     ]/20
          [54,    92,    214,   0,     0     ]/105
          [250,   525,   650,   1375,  0     ]/504
          [2315,  4558,  7296,  7834,  15797]/4620   ]; % 2-6 子样补偿系数
    wmm=sum(wm,1);   vmm=sum(vm,1);   dphim=zeros(1,3);
    scullm=zeros(1,3);
    n=size(wm, 1); % 子样数
```

```
    if n>1
        csw=cs(n-1,1:n-1)*wm(1:n-1,:);csv=cs(n-1,1:n-1)*vm(1:n-1,:);
        dphim=cross(csw,wm(n,:));% 圆锥补偿量
        scullm=cross(csw,vm(n,:))+cross(csv,wm(n,:));% 划船补偿量
    end
    phim=(wmm+dphim)';
    dvbm=(vmm+0.5*cross(wmm,vmm)+scullm)';
```

20. 地球导航参数计算(参见3.1节和3.2节)

```
function eth=earth(pos, vn)
global Re ff wie g0
    ee=sqrt(2*ff-ff^2);   e2=ee^2;% 第一偏心率
    eth.sl=sin(pos(1));   eth.cl=cos(pos(1));   eth.tl=eth.sl/eth.cl;
    eth.sl2=eth.sl*eth.sl;   sl4=eth.sl2*eth.sl2;
    sq=1-e2*eth.sl2;   sq2=sqrt(sq);
    eth.RMh=Re*(1-e2)/sq/sq2+pos(3);
    eth.RNh=Re/sq2+pos(3);   eth.clRNh=eth.cl*eth.RNh;
    eth.wnie=wie*[0; eth.cl; eth.sl];
    eth.pos = pos; eth.vn=vn;
    eth.wnen=[-vn(2)/eth.RMh; vn(1)/eth.RNh; vn(1)/eth.RNh*eth.tl];
    eth.wnin=eth.wnie + eth.wnen;
    eth.wnien=eth.wnie + eth.wnin;
    gLh=g0*(1+5.27094e-3*eth.sl2+2.32718e-5*sl4)-3.086e-6*pos(3);% grs80 重力模型
    eth.gn=[0;0;-gLh];
    eth.gcc=eth.gn - cross(eth.wnien,vn); % 考虑重力/哥氏力/向心力
```

21. 惯性传感器数据注入误差

```
function [wm, vm]=imuadderr(wm, vm, eb, web, db, wdb, ts)
    m=size(wm,1); sts=sqrt(ts);
    wm=wm + [ ts*eb(1) + sts*web(1)*randn(m,1),…
              ts*eb(2) + sts*web(2)*randn(m,1),…
              ts*eb(3) + sts*web(3)*randn(m,1) ];
    vm=vm + [ ts*db(1) + sts*wdb(1)*randn(m,1), …
              ts*db(2) + sts*wdb(2)*randn(m,1),…
              ts*db(3) + sts*wdb(3)*randn(m,1) ];
```

在这里只考虑了陀螺仪随机常值漂移eb、角度随机游走误差web,以及加速度计随机常值偏值db、速度随机游走误差wdb。

22. 捷联惯导更新算法(参见4.1节)

```
function [qnb, vn, pos, eth]=insupdate(qnb, vn, pos, wm, vm, ts)
    nn=size(wm,1);   nts=nn*ts;
    [phim, dvbm]=cnscl(wm, vm);% 圆锥误差/划船误差补偿
    eth=earth(pos, vn);% 地球相关参数计算
    vn1=vn + rv2m(-eth.wnin*nts/2)*qmulv(qnb,dvbm) + eth.gcc*nts;% 速度更新
    vn=(vn+vn1)/2;
    pos=pos + [vn(2)/eth.RMh;vn(1)/eth.clRNh;vn(3)]*nts;   vn=vn1;% 位置更新
```

```
    qnb = qmul(rv2q(-eth.wnin * nts), qmul(qnb, rv2q(phim)));   % 姿态更新
    qnb = qnormlz(qnb)
```

在前面一系列基本子函数的基础上，这里捷联惯导更新算法函数的实现就变得非常简洁了。

23. 辅助函数——求位置增量

```
function dpos = deltapos(pos)
    cl = cos(pos(:,1)); Re = 6378137;
    dpos = [[(pos(:,1) - pos(1,1)),(pos(:,2) - pos(1,2)). * cl] * Re,pos(:,3) - pos(1,3)];
```

24. 辅助函数——作图

```
function msplot(mnp, x, y, xstr, ystr)
    if mod(mnp,10) = = 1, figure; end    % 如果是第一幅小图，则新建一个 figure
    subplot(mnp); plot(x, y);   grid on;
    if nargin = = 4, ystr = xstr; xstr = 't / s'; end % 如果只输入一个字符串，则默认 xlabel 为时间
    xlabel(xstr); ylabel(ystr);
```

9.2.2 捷联惯导算法仿真主程序

仿真主程序见 test_9_2_2.m。

```
gvar;
nn = 2; ts = 0.1; nts = nn * ts; % 子样数和采样时间
att = [1; 1; 30] * arcdeg; vn = [0;0;0]; pos = [34 * arcdeg; 108 * arcdeg; 100];
qnb = a2qua(att); % 姿态、速度和位置初始化
eth = earth(pos, vn);
wm = qmulv(qconj(qnb),eth.wnie) * ts;   vm = qmulv(qconj(qnb), - eth.gn) * ts;
wm = repmat(wm', nn, 1); vm = repmat(vm', nn, 1); % 仿真静态 IMU 数据
phi = [0.1; 0.2; 3] * arcmin;   qnb = qaddphi(qnb, phi);
len = fix(3600/ts); % 仿真时长
avp = zeros(len, 10);   kk = 1;   t = 0; % 记录导航结果 [att, vn, pos, t]
for k = 1:nn:len
    t = t + nts;
    [qnb, vn, pos] = insupdate(qnb, vn, pos, wm, vm, ts); % vn(3) = 0;
    avp(kk,:) = [q2att(qnb); vn; pos; t]';   kk = kk + 1;
    if mod(t,100) < nts,   disp(fix(t));   end   % 显示进度
end
avp(kk:end,:) = [];   tt = avp(:,end);
msplot(221, tt, avp(:,1:2)/arcdeg,'Att / ( \circ )'); legend('\it\theta','\it\gamma')
msplot(222, tt, avp(:,3)/arcdeg,'\psi / \circ');
msplot(223, tt, avp(:,4:6),'Vel / m.s^{ - 1}'); legend('\itv\rm_E', '\itv\rm_N', '\itv\rm_U')
msplot (224, tt, deltapos(avp(:,7:9)),'\DeltaPos / m');
        legend('\Delta\itL', '\Delta\it\lambda', '\Delta\ith')
```

这里仅进行了静态导航仿真，且只添加了初始失准角误差，程序运行结果见图 9.2.1。读者可试着运行上述代码，结合运行结果有助于更深入地了解导航误差变化规律。

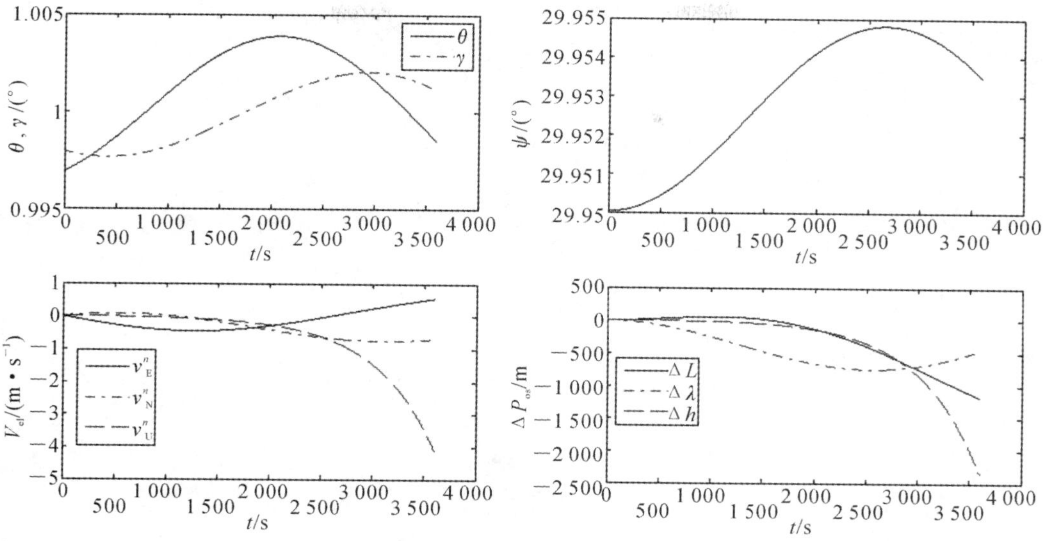

图 9.2.1　惯性导航结果

9.3　惯性/卫星组合导航仿真

在 9.2 节列出子函数的基础上，这里再增加几个与 Kalman 滤波有关的子函数，实现组合导航仿真。

9.3.1　MATLAB 子函数

1. SINS 误差转移矩阵(参见 4.2 节和 8.3 节)

```
function Ft=kfft15(eth, Cnb, fb)
global g0 ff
    tl=eth.tl; secl=1/eth.cl; L = eth.pos(1); h = eth.pos(3);
    f_RMh=1/eth.RMh; f_RNh=1/eth.RNh; f_clRNh=1/eth.clRNh;
    f_RMh2=f_RMh * f_RMh;  f_RNh2=f_RNh * f_RNh;
    vE_clRNh=eth.vn(1) * f_clRNh; vE_RNh2=eth.vn(1) * f_RNh2;
    vN_RMh2=eth.vn(2) * f_RMh2;
    Mp1=[ 0,                0,  0;
          -eth.wnie(3),     0,  0;
          eth.wnie(2),      0,  0 ];
    Mp2=[ 0,                0,     vN_RMh2;
          0,                0,     -vE_RNh2;
          vE_clRNh * secl,  0,     -vE_RNh2 * tl];
    beta = 5.27094e-3; beta1 = (2 * beta+ff) * ff/8; beta2 = 3.086e-6; beta3 = 8.08e-9;
    Mp3 = [0,0,0; -2 * beta3 * h,0,-beta3 * sin(2 * L);
           -g0 * (beta-4 * beta1 * cos(2 * L)) * sin(2 * L),0,beta2];
    Maa=askew(-eth.wnin);
    Mav=[ 0,        -f_RMh, 0;
```

```
        f_RNh,     0,      0;
        f_RNh * tl, 0,     0 ];
    Map=Mp1+Mp2;
    Mva=askew(Cnb * fb);
    Mvv=askew(eth.vn) * Mav - askew(eth.wnien);
    Mvp=askew(eth.vn) * (Mp1+Map)+Mp3;
    Mpv=[0,         f_RMh,        0;
         f_clRNh,   0,            0;
         0,         0,            1 ];
    Mpp=[ 0,              0,    -vN_RMh2;
          vE_clRNh * tl,  0,    -vE_RNh2 * secl;
          0,              0,    0 ];
    O33=zeros(3);
    %% phi    dvn    dpos    eb     db
    Ft=[ Maa    Mav    Map    -Cnb    O33
         Mva    Mvv    Mvp    O33     Cnb
         O33    Mpv    Mpp    O33     O33
          zeros(6,15) ];
```

2. Kalman 滤波器初始化

```
function kf=kfinit(Qk, Rk, P0, Phikk_1, Hk, Gammak)
    [kf.m, kf.n]=size(Hk);
    kf.Qk=Qk; kf.Rk=Rk; kf.Pk=P0; kf.Xk=zeros(kf.n,1);
    kf.Phikk_1=Phikk_1; kf.Hk=Hk;
    if nargin<6,   kf.Gammak=eye(kf.n);
    else           kf.Gammak=Gammak;   end
```

3. Kalman 滤波更新(参见 5.3 节)

```
function kf=kfupdate(kf, Zk, TimeMeasBoth)
    if nargin==1,          TimeMeasBoth='T';
    elseif nargin==2,      TimeMeasBoth='B';     end
    if TimeMeasBoth=='T' || TimeMeasBoth=='B'      % 时间更新
        kf.Xkk_1=kf.Phikk_1 * kf.Xk;
        kf.Pkk_1=kf.Phikk_1 * kf.Pk * kf.Phikk_1' + kf.Gammak * kf.Qk * kf.Gammak';
    else % TimeMeasBoth=='M'
        kf.Xkk_1=kf.Xk;
        kf.Pkk_1=kf.Pk;
    end
    if TimeMeasBoth=='M' || TimeMeasBoth=='B'      % 量测更新
        kf.PXZkk_1=kf.Pkk_1 * kf.Hk';
        kf.PZkk_1=kf.Hk * kf.PXZkk_1 + kf.Rk;
        kf.Kk=kf.PXZkk_1/kf.PZkk_1;
        kf.Xk=kf.Xkk_1 + kf.Kk * (Zk-kf.Hk * kf.Xkk_1);
        kf.Pk=kf.Pkk_1 - kf.Kk * kf.PZkk_1 * kf.Kk';
    else % TimeMeasBoth=='T'
```

```
        kf.Xk=kf.Xkk_1;
        kf.Pk=kf.Pkk_1;
    end
    kf.Pk=(kf.Pk+kf.Pk')/2;% P阵对称化
```

9.3.2　组合导航仿真主程序

仿真主程序见 test_9_3_2.m。

```
gvar;
nn=2; ts=0.1; nts=nn*ts;%子样数和采样时间
att0=[0; 0; 30]*arcdeg; qnb0=a2qua(att0);
vn0=[0;0;0]; pos0=[34*arcdeg; 108*arcdeg; 100];
qnb=qnb0;   vn=vn0;   pos=pos0;%姿态、速度和位置初始化
eth=earth(pos, vn);
wm=qmulv(qconj(qnb),eth.wnie)*ts;   vm=qmulv(qconj(qnb),-eth.gn)*ts;
wm=repmat(wm', nn, 1); vm=repmat(vm', nn, 1);%  ·仿真静态 IMU 数据
phi=[0.1; 0.2; 3]*arcmin;   qnb=qaddphi(qnb, phi);%失准角
eb=[0.01;0.015;0.02]*dph; web=[0.001;0.001;0.001]*dpsh;%陀螺常值零偏,角度随机游走
db=[80;90;100]*ug; wdb=[1;1;1]*ugpsHz;%加速度计常值偏值,速度随机游走
Qk=diag([web; wdb; zeros(9,1)])^2*nts;
rk=[[0.1;0.1;0.1];[[10;10]/Re;10]];   Rk=diag(rk)^2;
P0=diag([[0.1;0.1;10]*arcdeg; [1;1;1]; [[10;10]/Re;10];
         [0.1;0.1;0.1]*dph; [80;90;100]*ug])^2;
Hk=[zeros(6,3),eye(6),zeros(6)];
kf=kfinit(Qk, Rk, P0, zeros(15), Hk);% kf滤波器初始化
len=fix(3600/ts);%  ·仿真时长
err=zeros(len, 10);xkpk=zeros(len, 2*kf.n+1); kk=1;t=0;%记录导航结果
for k=1:nn:len
    t=t + nts;
    [wm1, vm1]=imuadderr(wm, vm, eb, web, db, wdb, ts);
    [qnb, vn, pos, eth]=insupdate(qnb, vn, pos, wm1, vm1, ts);
    kf.Phikk_1=eye(15) + kfft15(eth, q2mat(qnb), sum(vm1,1)'/nts)*nts;
    kf=kfupdate(kf);
    if mod(t,1)<nts
        gps=[vn0; pos0] + rk.*randn(6,1);% GPS速度位置仿真
        kf=kfupdate(kf, [vn;pos]-gps,'M');
    end
    qnb=qdelphi(qnb,kf.Xk(1:3));   kf.Xk(1:3)=0;% 反馈
    vn=vn - kf.Xk(4:6);   kf.Xk(4:6)=0;
    pos=pos - kf.Xk(7:9);   kf.Xk(7:9)=0;
    err(kk,:)=[qq2phi(qnb,qnb0); vn-vn0; pos-pos0; t]';
    xkpk(kk,:)=[kf.Xk; diag(kf.Pk); t]; kk=kk+1;
    if mod(t,500)<nts,   disp(fix(t));   end   %显示进度
end
err(kk:end,:)=[];   xkpk(kk:end,:)=[];   tt=err(:,end);
%状态真值与估计效果对比图
```

```
msplot(321, tt, err(:,1:2)/arcmin,'\it\phi\rm / ( \prime )');
legend('\it\phi\rm_E', '\it\phi\rm_N'),
msplot(322, tt, err(:,3)/arcmin,'\it\phi\rm_U\rm / ( \prime )');
msplot(323, tt, err(:,4:6),'\delta\itv^n\rm / ( m.s^{-1} )');
legend('\delta\itv\rm_E', '\delta\itv\rm_N', '\delta\itv\rm_U')
msplot(324, tt, [err(:,7)*Re,err(:,8)*Re*cos(pos(1)),err(:,9)],'\delta\itp\rm / m');
legend('\delta\itL', '\delta\it\lambda', '\delta\ith')
msplot(325, tt, xkpk(:,10:12)/dph,'\it\epsilon\rm / ( \circ.h^{-1} )');
legend('\it\epsilon_x','\it\epsilon_y','\it\epsilon_z')
msplot(326, tt, xkpk(:,13:15)/ug,'\it\nabla\rm / \mu\itg');
legend('\it\nabla_x','\it\nabla_y','\it\nabla_z')
% 均方差收敛图
spk=sqrt(xkpk(:,16:end-1));
msplot(321, tt, spk(:,1:2)/arcmin,'\it\phi\rm / ( \prime )');
legend('\it\phi\rm_E', '\it\phi\rm_N'),
msplot(322, tt, spk(:,3)/arcmin,'\it\phi\rm_U\rm / ( \prime )');
msplot(323, tt, spk(:,4:6),'\delta\itv^n\rm / ( m.s^{-1} )');
legend('\delta\itv\rm_E', '\delta\itv\rm_N', '\delta\itv\rm_U')
msplot(324, tt, [[spk(:,7),spk(:,8)*cos(pos(1))]*Re,spk(:,9)],'\delta\itp\rm / m');
legend('\delta\itL', '\delta\it\lambda', '\delta\ith')
msplot(325, tt, spk(:,10:12)/dph,'\it\epsilon\rm / ( \circ.h^{-1} )');
legend('\it\epsilon_x','\it\epsilon_y','\it\epsilon_z')
msplot(326, tt, spk(:,13:15)/ug,'\it\nabla\rm / \mu\itg');
legend('\it\nabla_x','\it\nabla_y','\it\nabla_z')
```

程序运行结果见图 9.3.1 和图 9.3.2。读者可运行上述代码并试着进行适当的参数修改，以加深理解。

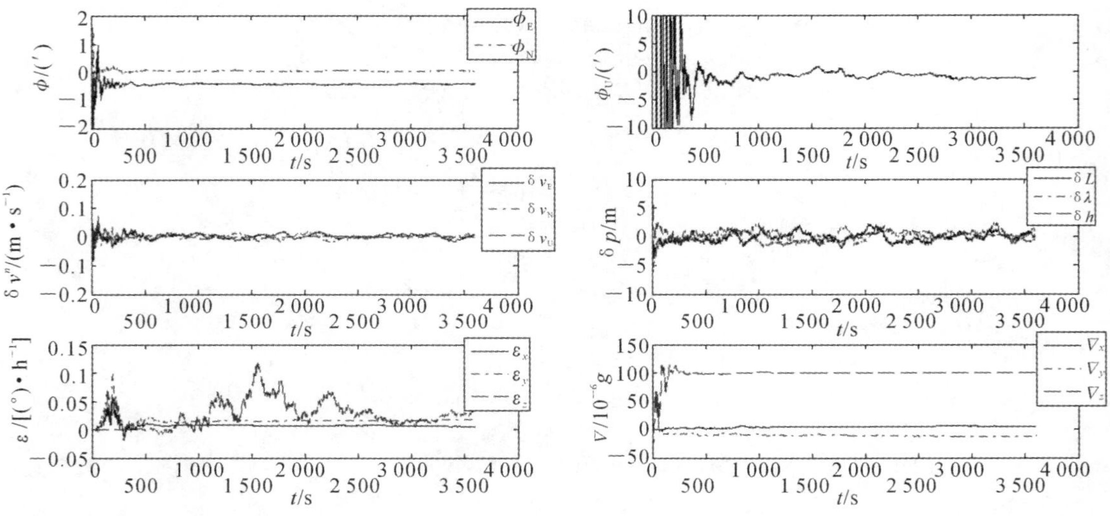

图 9.3.1　组合导航状态真值与滤波估计效果对比

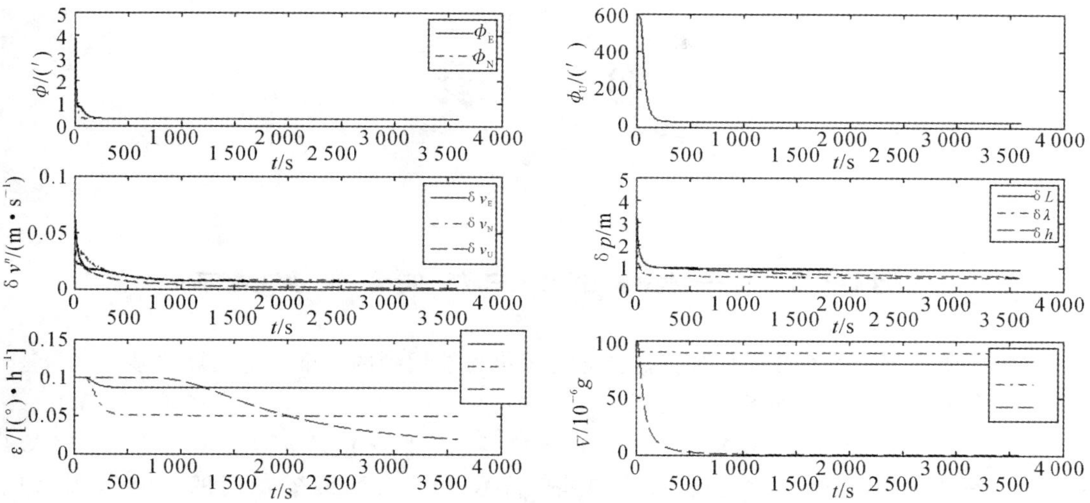

图 9.3.2　组合导航均方差收敛曲线

附　　录

附录 A　一些重要的三维矢量运算关系

这里主要介绍一些在捷联惯导算法推导过程中可能用到的三维矢量运算关系。

已知在矢量代数中有如下三重矢积公式成立：

$$\boldsymbol{V}_1\times(\boldsymbol{V}_2\times\boldsymbol{V}_3)=(\boldsymbol{V}_1\cdot\boldsymbol{V}_3)\boldsymbol{V}_2-(\boldsymbol{V}_1\cdot\boldsymbol{V}_2)\boldsymbol{V}_3 \tag{A.1}$$

其中：$\boldsymbol{V}_i(i=1,2,3)$表示三维空间中的矢量，符号“·”表示两矢量间的点乘运算，即有$\boldsymbol{V}_1\cdot\boldsymbol{V}_2=\boldsymbol{V}_1^{\mathrm{T}}\boldsymbol{V}_2=\boldsymbol{V}_2^{\mathrm{T}}\boldsymbol{V}_1$。特别地，若令$\boldsymbol{V}_1=\boldsymbol{V}_2=\boldsymbol{V}$，则式(A.1)变为

$$\boldsymbol{V}\times(\boldsymbol{V}\times\boldsymbol{V}_3)=(\boldsymbol{V}\cdot\boldsymbol{V}_3)\boldsymbol{V}-(\boldsymbol{V}\cdot\boldsymbol{V})\boldsymbol{V}_3=(\boldsymbol{V}\cdot\boldsymbol{V}_3)\boldsymbol{V}-\upsilon^2\boldsymbol{V}_3 \tag{A.2}$$

式中：记矢量模值$\upsilon=|\boldsymbol{V}|=\sqrt{\boldsymbol{V}^{\mathrm{T}}V}$。将式(A.2)移项，可得

$$(\boldsymbol{V}\cdot\boldsymbol{V}_3)\boldsymbol{V}=\boldsymbol{V}\times(\boldsymbol{V}\times\boldsymbol{V}_3)+\upsilon^2\boldsymbol{V}_3 \tag{A.3}$$

假设$\boldsymbol{u}$是与$\boldsymbol{V}$同方向的单位矢量，即$\boldsymbol{u}=\boldsymbol{V}/\upsilon$，且有$|\boldsymbol{u}|=1$。如果$\boldsymbol{V}$是时变矢量，对模值$\upsilon=\boldsymbol{V}\cdot\boldsymbol{u}$的两边同时求导，可得

$$\dot{\upsilon}=\dot{\boldsymbol{V}}\cdot\boldsymbol{u}+\boldsymbol{V}\cdot\dot{\boldsymbol{u}}=\dot{\boldsymbol{V}}\cdot\frac{\boldsymbol{V}}{\upsilon}+\upsilon\,\boldsymbol{u}\cdot\dot{\boldsymbol{u}} \tag{A.4}$$

考虑到固定长度的矢量及其变化率(矢端速度)之间是相互垂直的，即有$\boldsymbol{u}\cdot\dot{\boldsymbol{u}}=0$，因而式(A.4)可简化为

$$\dot{\upsilon}=\frac{\dot{\boldsymbol{V}}\cdot\boldsymbol{V}}{\upsilon} \tag{A.5}$$

将式(A.5)等号两边同时乘以$\boldsymbol{V}$，并利用式(A.3)，可得

$$\boldsymbol{V}\dot{\upsilon}=\frac{\boldsymbol{V}(\dot{\boldsymbol{V}}\cdot\boldsymbol{V})}{\upsilon}=\frac{(\boldsymbol{V}\cdot\dot{\boldsymbol{V}})\boldsymbol{V}}{\upsilon}=\frac{\boldsymbol{V}\times(\boldsymbol{V}\times\dot{\boldsymbol{V}})+\upsilon^2\dot{\boldsymbol{V}}}{\upsilon}=\frac{\boldsymbol{V}\times(\boldsymbol{V}\times\dot{\boldsymbol{V}})}{\upsilon}+\upsilon\dot{\boldsymbol{V}} \tag{A.6}$$

若对单位矢量$\boldsymbol{u}$求导，并将式(A.6)代入，可得

$$\dot{\boldsymbol{u}}=\frac{\mathrm{d}(\boldsymbol{V}/\upsilon)}{\mathrm{d}t}=\frac{\dot{\boldsymbol{V}}\upsilon-\boldsymbol{V}\dot{\upsilon}}{\upsilon^2}=\frac{\dot{\boldsymbol{V}}\upsilon-[\boldsymbol{V}\times(\boldsymbol{V}\times\dot{\boldsymbol{V}})/\upsilon+\upsilon\dot{\boldsymbol{V}}]}{\upsilon^2}=-\frac{\boldsymbol{V}\times(\boldsymbol{V}\times\dot{\boldsymbol{V}})}{\upsilon^3} \tag{A.7}$$

另外，由式(A.7)中的$\dot{\boldsymbol{u}}=\dfrac{\dot{\boldsymbol{V}}\upsilon-\boldsymbol{V}\dot{\upsilon}}{\upsilon^2}$两边同时右叉乘$\boldsymbol{u}$，可得

$$\dot{\boldsymbol{u}}\times\boldsymbol{u}=\frac{\dot{\boldsymbol{V}}\upsilon-\boldsymbol{V}\dot{\upsilon}}{\upsilon^2}\times\frac{\boldsymbol{V}}{\upsilon}=\frac{\dot{\boldsymbol{V}}\times\boldsymbol{V}\upsilon-\boldsymbol{V}\times\boldsymbol{V}\dot{\upsilon}}{\upsilon^3}=\frac{\dot{\boldsymbol{V}}\times\boldsymbol{V}}{\upsilon^2} \tag{A.8}$$

最后，直接采用矢量的分量展开表示法，容易验证以下五个式子成立(读者自行验证)：

$$(\boldsymbol{u}\times)(\dot{\boldsymbol{u}}\times)(\boldsymbol{u}\times)=(\dot{\boldsymbol{u}}\times)(\boldsymbol{u}\times)(\dot{\boldsymbol{u}}\times)=\boldsymbol{0} \tag{A.9}$$

$$(\boldsymbol{V}_1\times)(\boldsymbol{V}_2\times)=-(\boldsymbol{V}_1\cdot\boldsymbol{V}_2)\boldsymbol{I}+\boldsymbol{V}_2\boldsymbol{V}_1^{\mathrm{T}} \tag{A.10}$$

$$(\boldsymbol{V}_1\times)(\boldsymbol{V}_2\times)-(\boldsymbol{V}_2\times)(\boldsymbol{V}_1\times)=\boldsymbol{V}_2\boldsymbol{V}_1^{\mathrm{T}}-\boldsymbol{V}_1\boldsymbol{V}_2^{\mathrm{T}}=[(\boldsymbol{V}_1\times\boldsymbol{V}_2)\times] \tag{A.11}$$

$$\boldsymbol{V}_1\cdot(\boldsymbol{V}_2\times\boldsymbol{V}_3)=\boldsymbol{V}_2\cdot(\boldsymbol{V}_3\times\boldsymbol{V}_1)=\boldsymbol{V}_3\cdot(\boldsymbol{V}_1\times\boldsymbol{V}_2) \tag{A.12}$$

$$\boldsymbol{V}_1\times(\boldsymbol{V}_2\times\boldsymbol{V}_3)+\boldsymbol{V}_2\times(\boldsymbol{V}_3\times\boldsymbol{V}_1)+\boldsymbol{V}_3\times(\boldsymbol{V}_1\times\boldsymbol{V}_2)=\boldsymbol{0} \tag{A.13}$$

附录 B　运载体姿态的欧拉角与罗德里格参数描述

导航参数包含角运动参数和线运动参数，在正文中主要应用等效旋转矢量、方向余弦阵和四元数来描述角运动，角运动参数还有其他一些描述方法，下面分别予以补充介绍，并给出它们之间的常用转换关系。

B.1　欧拉角的定义

在三维空间中刚体(或坐标系)定点转动具有三个自由度，需要三个广义坐标才能完整描述。所谓广义坐标，它是描述系统位形所需的一组独立参数，或最少参数。欧拉角是三个一组的角参数广义坐标，最早由欧拉(L. Euler)提出而得名。与方向余弦矩阵或四元数相比，欧拉角表示法除参数的数目最少外，其物理含义通常更加直观、更易于理解。但是，欧拉角的定义是不唯一的，根据坐标系绕其轴的旋转顺序不同，存在多种定义方式：首先绕三个坐标轴中的任意一轴转动，有 3 种情形；接着绕除第一次转轴外的任意一轴转动，有 2 种情形；最后绕除第二次转轴外的任意一轴转动，又有 2 种情形，因此，总计存在 3×2×2=12 种可能的定义方式。一般在给出欧拉角参数表示坐标系旋转时，都得指出相应的欧拉角定义方式。

图 B.1 和图 B.2 给出了 12 种定义方式中的两种。

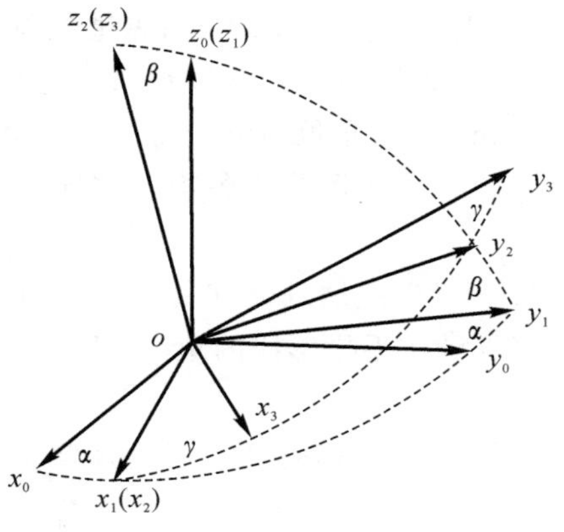

图 B.1　按“313”方式定义欧拉角

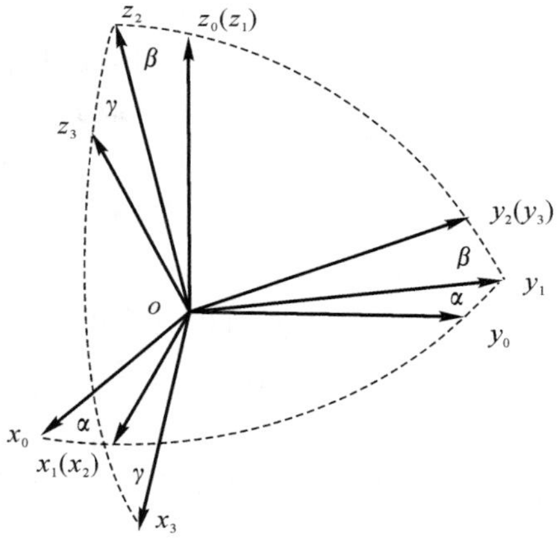

图 B.2　按“312”方式定义欧拉角

在图 B.1 中，假设 $ox_0y_0z_0$ 为右手直角参考坐标系，对其实施如下三次转动：首先 $ox_0y_0z_0$ 系绕 oz_0 轴正向转动 α 角度得 $ox_1y_1z_1$ 系，显然两坐标系具有共同的 oz 轴；接着 $ox_1y_1z_1$ 系绕 ox_1 轴正向转动 β 角度得 $ox_2y_2z_2$ 系，两坐标系具有共同的 ox 轴；最后 $ox_2y_2z_2$ 系绕 oz_2 轴正向转动 γ 角度得 $ox_3y_3z_3$ 系，两坐标系具有共同的 oz 轴。上述转轴顺序及转角正负可依次简记为：“(+3)(+1)(+3)”，或省略“+”号后进一步简记为“313”，其中数字 1,2 和 3 分别表示绕 ox,oy 和 oz 轴转动，括号内“+”号表示绕相应轴按右手规则转动方向定义转角为正，若使用“−”则定义转角为负。

对于图 B.1，根据方向余弦阵与等效旋转矢量之间的关系式(2.2.26)，可得参考坐标系

$ox_0y_0z_0$ 至动坐标系 $ox_3y_3z_3$ 的方向余弦阵：

$$\boldsymbol{C}_3^0=\boldsymbol{C}_1^0\boldsymbol{C}_2^1\boldsymbol{C}_3^2=\begin{bmatrix}c_\alpha & -s_\alpha & 0\\ s_\alpha & c_\alpha & 0\\ 0 & 0 & 1\end{bmatrix}\begin{bmatrix}1 & 0 & 0\\ 0 & c_\beta & -s_\beta\\ 0 & s_\beta & c_\beta\end{bmatrix}\begin{bmatrix}c_\gamma & -s_\gamma & 0\\ s_\gamma & c_\gamma & 0\\ 0 & 0 & 1\end{bmatrix}=$$

$$\begin{bmatrix}c_\alpha & -s_\alpha c_\beta & s_\alpha s_\beta\\ s_\alpha & c_\alpha c_\beta & -c_\alpha s_\beta\\ 0 & s_\beta & c_\beta\end{bmatrix}\begin{bmatrix}c_\gamma & -s_\gamma & 0\\ s_\gamma & c_\gamma & 0\\ 0 & 0 & 1\end{bmatrix}=\begin{bmatrix}c_\alpha c_\gamma-s_\alpha c_\beta s_\gamma & -c_\alpha s_\gamma-s_\alpha c_\beta c_\gamma & s_\alpha s_\beta\\ s_\alpha c_\gamma+c_\alpha c_\beta s_\gamma & -s_\alpha s_\gamma+c_\alpha c_\beta c_\gamma & -c_\alpha s_\beta\\ s_\beta s_\gamma & s_\beta c_\gamma & c_\beta\end{bmatrix} \tag{B.1}$$

式中：简记三角函数 $s_\vartheta=\sin(\vartheta)$，$c_\vartheta=\cos(\vartheta)$（$\vartheta=\alpha,\beta,\gamma$）。

类似的，在图 B.2 中，不难看出它的欧拉角定义方式为“312”，三个坐标轴各转动了一次，$ox_0y_0z_0$ 系至 $ox_3y_3z_3$ 系的方向余弦阵为

$$\boldsymbol{C}_3^0=\boldsymbol{C}_1^0\boldsymbol{C}_2^1\boldsymbol{C}_3^2=\begin{bmatrix}c_\alpha & -s_\alpha & 0\\ s_\alpha & c_\alpha & 0\\ 0 & 0 & 1\end{bmatrix}\begin{bmatrix}1 & 0 & 0\\ 0 & c_\beta & -s_\beta\\ 0 & s_\beta & c_\beta\end{bmatrix}\begin{bmatrix}c_\gamma & 0 & s_\gamma\\ 0 & 1 & 0\\ -s_\gamma & 0 & c_\gamma\end{bmatrix}=$$

$$\begin{bmatrix}c_\alpha & -s_\alpha c_\beta & s_\alpha s_\beta\\ s_\alpha & c_\alpha c_\beta & -c_\alpha s_\beta\\ 0 & s_\beta & c_\beta\end{bmatrix}\begin{bmatrix}c_\gamma & 0 & s_\gamma\\ 0 & 1 & 0\\ -s_\gamma & 0 & c_\gamma\end{bmatrix}=\begin{bmatrix}c_\alpha c_\gamma-s_\alpha s_\beta s_\gamma & -s_\alpha c_\beta & c_\alpha s_\gamma+s_\alpha s_\beta c_\gamma\\ s_\alpha c_\gamma+c_\alpha s_\beta s_\gamma & c_\alpha c_\beta & s_\alpha s_\gamma-c_\alpha s_\beta c_\gamma\\ -c_\beta s_\gamma & s_\beta & c_\beta c_\gamma\end{bmatrix} \tag{B.2}$$

在导航应用中，习惯上使用一组欧拉角来描述运载体的空间指向，比如舰船、车辆或飞机等，其中参考坐标系一般默认为当地地理坐标系，而动坐标系为与运载体固连的坐标系。与运载体固连的三轴通常称为横轴、纵轴和立轴，它们在物理上具有明确的含义，是绝大多数运动和控制的参考基准。当运载体水平停放时，横轴沿左右方向，可取右向为正；纵轴沿前后方向，可取前向为正；立轴沿上下方向，可取向上为正。描述运载体的一组欧拉角通常也称为姿态角，包括航向角（方位角或偏航角，yaw/azimuth/heading）、俯仰角（高低角或纵摇角，pitch/elevation）和横滚角（滚动角或横摇角，roll），各角参数的定义与运载体各物理轴向相联系，参见图 B.3，详细定义如下：

（1）航向角 ψ，运载体纵轴在当地水平面上的投影线与当地地理北向的夹角，常取北偏东为正，即若从空中俯视运载体，地理北向顺时针旋转至纵轴水平投影线的角度，角度范围为0～360°，或[0,2π)；

（2）俯仰角 θ，运载体纵轴与其水平投影线之间的夹角，当运载体抬头时角度定义为正，角度范围－90°～90°，或[－π/2,π/2]；

（3）横滚角 γ，运载体立轴与纵轴所在铅垂面之间的夹角，当运载体向右倾斜时角度定义为正，角度范围－180°～180°，或(－π,π]。

若在地理坐标系和运载体坐标系上分别给出了具体的数学坐标系定义，比如 $ox_gy_gz_g$ 系和 $ox_by_bz_b$ 系，其中地理坐标系 $ox_gy_gz_g$ 的三轴分别指向地理东向、北向和天向，俗称“东-北-天”地理坐标系；运载体坐标系 $ox_by_bz_b$ 的三轴分别指向横轴向右、纵轴向前和立轴向上，俗称“右－前－上”载体坐标系，则图 B.3 给出的运载体欧拉角定义可以简单描述为“(－3)12”方式。类似的，如果 $ox_gy_gz_g$ 和 $ox_by_bz_b$ 分别定义为“北-东-地”地理坐标系和“前－右－下”载体坐标系，则运载体欧拉角定义应相应地描述为“321”方式。由此可见，实际运载体欧拉角在本质上是按物理轴向定义的，一般依次按“立轴下→横轴右→纵轴前”方式进行旋转，而与具体的数学轴向选择无关。注意到，在前述两种定义方式中，当三个欧拉角均为 0 时，地理系和运载

体系是重合的,这是在定义参考坐标系和动坐标系时应当遵循的普遍原则。按照这一原则,将欧拉角定义描述为“东-北-天(—3)12”或者“北-东-地 321”,含义就非常简洁明确了。

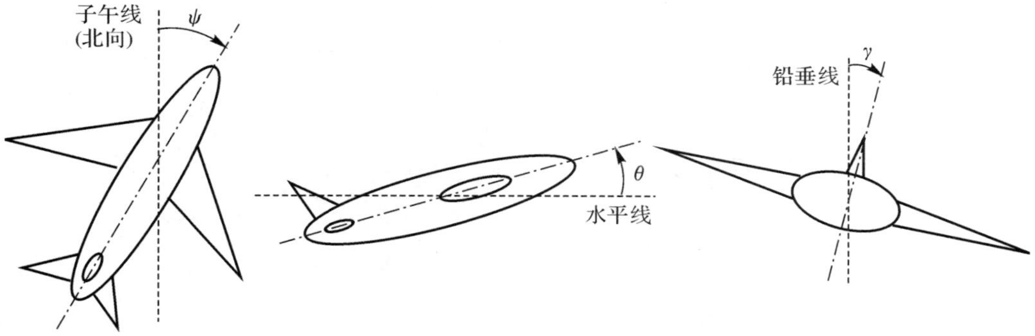

(a)　　(b)　　(c)

图 B.3　运载体欧拉角定义

(a)航向角(由上往下看);　(b)俯仰角;　(c)横滚角(由后往前看)

B.2　欧拉角、姿态阵和四元数之间的转换关系

虽然航向角 ψ 习惯上常定义为北偏东为正,但是当定义导航坐标系为“东—北—天”地理坐标系时,航向角在绕天向轴转动时不符合右手规则。为了符合右手规则和推导公式简洁对称,除非特别说明,本节将航向角定义为北偏西为正,且取值范围为$(-\pi,\pi]$,这是在后续阅读相关公式时需要特别注意的。当然,如果要将相关公式应用于北偏东的航向角,只需再增加一个简单的航向角转换即可。

1. 从欧拉角到姿态阵

在“东-北-天 312”欧拉角定义下,参考式(B.2),可得从地理坐标系(选为导航系,n 系)到载体坐标系(b 系)的方向余弦矩阵

$$\boldsymbol{C}_b^n=\boldsymbol{C}_\psi\boldsymbol{C}_\theta\boldsymbol{C}_\gamma=\begin{bmatrix}c_\psi & -s_\psi & 0\\ s_\psi & c_\psi & 0\\ 0 & 0 & 1\end{bmatrix}\begin{bmatrix}1 & 0 & 0\\ 0 & c_\theta & -s_\theta\\ 0 & s_\theta & c_\theta\end{bmatrix}\begin{bmatrix}c_\gamma & 0 & s_\gamma\\ 0 & 1 & 0\\ -s_\gamma & 0 & c_\gamma\end{bmatrix}=$$

$$\begin{bmatrix}c_\psi c_\gamma-s_\psi s_\theta s_\gamma & -s_\psi c_\theta & c_\psi s_\gamma+s_\psi s_\theta c_\gamma\\ s_\psi c_\gamma+c_\psi s_\theta s_\gamma & c_\psi c_\theta & s_\psi s_\gamma-c_\psi s_\theta c_\gamma\\ -c_\theta s_\gamma & s_\theta & c_\theta c_\gamma\end{bmatrix}=\begin{bmatrix}C_{11} & C_{12} & C_{13}\\ C_{21} & C_{22} & C_{23}\\ C_{31} & C_{32} & C_{33}\end{bmatrix}\tag{B.3}$$

式中:$C_{ij}\,(i,j=1,2,3)$表示矩阵 $\boldsymbol{C}_b^n$ 的第 i 行 j 列元素,式(B.3)便是根据欧拉角(姿态角)计算方向余弦阵(姿态阵)的公式。

2. 从姿态阵到欧拉角

如果已知姿态阵 $\boldsymbol{C}_b^n$,通过观察式(B.3),可得提取姿态角的数值方法如下所述。

(1)当$|C_{32}|\leqslant 0.999\ 999$时,有

$$\left.\begin{aligned}\theta&=\arcsin(C_{32})\\ \gamma&=-\mathrm{atan2}(C_{31},C_{33})\\ \psi&=-\mathrm{atan2}(C_{12},C_{22})\end{aligned}\right\}\tag{B.4}$$

式中:数值 0.999 999 为用户根据具体需求而设定的略小于 1 的数值;atan2(y,x)为标准 C 语

言函数库中的求反正切函数，包含象限判断功能，但两个输入参数 x 和 y 不得同时为零，以 $\gamma=-\mathrm{atan2}(C_{31},C_{33})$ 为例，它在 $\boldsymbol{C}_b^n$ 的第三行向量为单位向量且 $|C_{32}|\leqslant 0.999\,999$ 时是可以保证 C_{31} 和 C_{33} 不同时为零的。

(2)当 $C_{32}>0.999\,999$ 时，有 $\theta\to\pi/2$，作近似 $\sin\theta\approx 1$ 和 $\cos\theta\approx 0$，则 $\boldsymbol{C}_b^n$ 可近似为

$$\boldsymbol{C}_b^n\approx\begin{bmatrix} c_\psi c_\gamma-s_\psi s_\gamma & 0 & c_\psi s_\gamma+s_\psi c_\gamma \\ s_\psi c_\gamma+c_\psi s_\gamma & 0 & s_\psi s_\gamma-c_\psi c_\gamma \\ 0 & s_\theta & 0 \end{bmatrix}\approx\begin{bmatrix} c_{\gamma+\psi} & 0 & s_{\gamma+\psi} \\ s_{\gamma+\psi} & 0 & -c_{\gamma+\psi} \\ 0 & s_\theta & 0 \end{bmatrix}$$

由上式可求得

$$\left.\begin{aligned} &\theta=\arcsin(C_{32})\approx\pi/2 \\ &\gamma+\psi=\mathrm{atan2}(C_{13},C_{11}) \end{aligned}\right\} \tag{B.5}$$

(3)当 $C_{32}<-0.999\,999$ 时，有 $\theta\to-\pi/2$，作近似 $\sin\theta\approx-1$ 和 $\cos\theta\approx 0$，则 $\boldsymbol{C}_b^n$ 可近似为

$$\boldsymbol{C}_b^n\approx\begin{bmatrix} c_\psi c_\gamma+s_\psi s_\gamma & 0 & c_\psi s_\gamma-s_\psi c_\gamma \\ s_\psi c_\gamma-c_\psi s_\gamma & 0 & s_\psi s_\gamma+c_\psi c_\gamma \\ 0 & s_\theta & 0 \end{bmatrix}\approx\begin{bmatrix} c_{\gamma-\psi} & 0 & s_{\gamma-\psi} \\ -s_{\gamma-\psi} & 0 & c_{\gamma-\psi} \\ 0 & s_\theta & 0 \end{bmatrix}$$

由上式可求得

$$\left.\begin{aligned} &\theta=\arcsin(C_{32})\approx-\pi/2 \\ &\gamma-\psi=\mathrm{atan2}(C_{13},C_{11}) \end{aligned}\right\} \tag{B.6}$$

式(B.5)和式(B.6)显示，当俯仰角 θ 在 $\pm\pi/2$ 附近时，横滚角 γ 和航向角 ψ 之间是无法单独分离的，或者说两者都存在多值性，只有在指定其中某一个值之后才能够确定另外一个，比如一般可令 $\psi=0$。

综合前面(1)～(3)分析，得由姿态阵求解欧拉角的完整算法如下：

$$\left.\begin{aligned} &\theta=\arcsin(C_{32}) \\ &\begin{cases}\gamma=-\mathrm{atan2}(C_{31},C_{33}) \\ \psi=-\mathrm{atan2}(C_{12},C_{22})\end{cases} \quad |C_{32}|\leqslant 0.999\,999 \\ &\begin{cases}\gamma=\mathrm{atan2}(C_{13},C_{11}) \\ \psi=0\end{cases} \quad |C_{32}|>0.999\,999 \end{aligned}\right\} \tag{B.7}$$

3. 从四元数到姿态阵

参考式(2.4.23)，将姿态阵与四元数之间转换关系重写如下：

$$\boldsymbol{C}_b^n=\begin{bmatrix} q_0^2+q_1^2-q_2^2-q_3^2 & 2(q_1q_2-q_0q_3) & 2(q_1q_3+q_0q_2) \\ 2(q_1q_2+q_0q_3) & q_0^2-q_1^2+q_2^2-q_3^2 & 2(q_2q_3-q_0q_1) \\ 2(q_1q_3-q_0q_2) & 2(q_2q_3+q_0q_1) & q_0^2-q_1^2-q_2^2+q_3^2 \end{bmatrix} \tag{B.8}$$

4. 从姿态阵到四元数

根据式(B.8)的对角线元素，可得

$$\left.\begin{aligned} q_0^2+q_1^2-q_2^2-q_3^2&=C_{11} \\ q_0^2-q_1^2+q_2^2-q_3^2&=C_{22} \\ q_0^2-q_1^2-q_2^2+q_3^2&=C_{33} \\ q_0^2+q_1^2+q_2^2+q_3^2&=1 \end{aligned}\right\} \quad\Rightarrow\quad \left.\begin{aligned} |q_0|&=0.5\sqrt{1+C_{11}+C_{22}+C_{33}} \\ |q_1|&=0.5\sqrt{1+C_{11}-C_{22}-C_{33}} \\ |q_2|&=0.5\sqrt{1-C_{11}+C_{22}-C_{33}} \\ |q_3|&=0.5\sqrt{1-C_{11}-C_{22}+C_{33}} \end{aligned}\right\} \tag{B.9}$$

再由式(B.8)的非对角线元素，可得

$$\left.\begin{array}{l}2(q_1q_2-q_0q_3)=C_{12}\\2(q_1q_2+q_0q_3)=C_{21}\\2(q_1q_3+q_0q_2)=C_{13}\\2(q_1q_3-q_0q_2)=C_{31}\\2(q_2q_3-q_0q_1)=C_{23}\\2(q_2q_3+q_0q_1)=C_{32}\end{array}\right\}\Rightarrow\left.\begin{array}{l}4q_0q_1=C_{32}-C_{23}\\4q_0q_2=C_{13}-C_{31}\\4q_0q_3=C_{21}-C_{12}\\4q_1q_2=C_{12}+C_{21}\\4q_1q_3=C_{13}+C_{31}\\4q_2q_3=C_{23}+C_{32}\end{array}\right\}\tag{B.10}$$

若仅根据式(B.9)将难以确定四元数各元素的正负符号。如果已知四元数的某一个元素,则根据式(B.10)可求解其他元素,但须避免该已知元素为0。由四元数归一化条件 $q_0^2+q_1^2+q_2^2+q_3^2=1$ 可知,必然有 $\max(q_i^2)\geqslant 1/4$ 成立,也就是说,四个元素中必然存在某个 $|q_i|\geqslant 1/2$。实际应用时,可先根据式(B.9)计算获得某一个较大的元素 q_i(不妨取为正值),再根据式(B.10)计算剩余的其他三个元素。

在式(B.9)中,$|q_1|=0.5\sqrt{1+C_{11}-C_{22}-C_{33}}\geqslant 0.5$ 等价于 $1+C_{11}-C_{22}-C_{33}\geqslant 1$,即 $C_{11}\geqslant C_{22}+C_{33}$;同理,有 $|q_2|=0.5\sqrt{1-C_{11}+C_{22}-C_{33}}\geqslant 0.5$ 等价于 $C_{22}\geqslant C_{11}+C_{33}$;以及 $|q_3|=0.5\sqrt{1-C_{11}-C_{22}+C_{33}}\geqslant 0.5$ 等价于 $C_{33}\geqslant C_{11}+C_{22}$。由此可得计算四元数各元素的伪代码如下:

if　$C_{11}\geqslant C_{22}+C_{33}$

$$q_1=0.5\sqrt{1+C_{11}-C_{22}-C_{33}},\quad q_0=\frac{C_{32}-C_{23}}{4q_1},\quad q_2=\frac{C_{12}+C_{21}}{4q_1},\quad q_3=\frac{C_{13}+C_{31}}{4q_1}$$

else if　$C_{22}\geqslant C_{11}+C_{33}$

$$q_2=0.5\sqrt{1-C_{11}+C_{22}-C_{33}},\quad q_0=\frac{C_{13}-C_{31}}{4q_2},\quad q_1=\frac{C_{12}+C_{21}}{4q_2},\quad q_3=\frac{C_{23}+C_{32}}{4q_2}$$

else if　$C_{33}\geqslant C_{11}+C_{22}$

$$q_3=0.5\sqrt{1-C_{11}-C_{22}+C_{33}},\quad q_0=\frac{C_{21}-C_{12}}{4q_3},\quad q_1=\frac{C_{13}+C_{31}}{4q_3},\quad q_2=\frac{C_{23}+C_{32}}{4q_3}$$

else

$$q_0=0.5\sqrt{1+C_{11}+C_{22}+C_{33}},\quad q_1=\frac{C_{32}-C_{23}}{4q_0},\quad q_2=\frac{C_{13}-C_{31}}{4q_0},\quad q_3=\frac{C_{21}-C_{12}}{4q_0}$$

end

(B.11)

5. 从欧拉角到四元数

在实际惯导的姿态更新算法中经常使用的是四元数,需要涉及四元数和欧拉角的转换问题。根据单位四元数的含义式(2.4.21),在"东-北-天 312"欧拉角定义下,由欧拉角求解四元数的公式为

$$\begin{aligned}\boldsymbol{Q}_b^n=\boldsymbol{Q}_\psi\circ\boldsymbol{Q}_\theta\circ\boldsymbol{Q}_\gamma&=(c_{\psi/2}+\boldsymbol{k}s_{\psi/2})\circ(c_{\theta/2}+\boldsymbol{i}s_{\theta/2})\circ(c_{\gamma/2}+\boldsymbol{j}s_{\gamma/2})=\\&(c_{\psi/2}c_{\theta/2}+\boldsymbol{i}c_{\psi/2}s_{\theta/2}+\boldsymbol{k}s_{\psi/2}c_{\theta/2}+\boldsymbol{k}\circ\boldsymbol{i}s_{\psi/2}s_{\theta/2})\circ(c_{\gamma/2}+\boldsymbol{j}s_{\gamma/2})=\\&(c_{\psi/2}c_{\theta/2}+\boldsymbol{i}c_{\psi/2}s_{\theta/2}+\boldsymbol{k}s_{\psi/2}c_{\theta/2}+\boldsymbol{j}s_{\psi/2}s_{\theta/2})\circ(c_{\gamma/2}+\boldsymbol{j}s_{\gamma/2})=\\&\begin{bmatrix}c_{\psi/2}c_{\theta/2}c_{\gamma/2}-s_{\psi/2}s_{\theta/2}s_{\gamma/2}\\c_{\psi/2}s_{\theta/2}c_{\gamma/2}-s_{\psi/2}c_{\theta/2}s_{\gamma/2}\\s_{\psi/2}s_{\theta/2}c_{\gamma/2}+c_{\psi/2}c_{\theta/2}s_{\gamma/2}\\s_{\psi/2}c_{\theta/2}c_{\gamma/2}+c_{\psi/2}s_{\theta/2}s_{\gamma/2}\end{bmatrix}\end{aligned}\tag{B.12}$$

6. 从四元数到欧拉角

仅根据式(B. 12)，由四元数直接求解欧拉角并不容易。实际上，可通过姿态阵作为中间过渡量，先由四元数计算姿态阵，再由姿态阵计算欧拉角，分别如式(B. 8)和式(B. 7)，综合一起后其结果为

$$\left.\begin{array}{ll}\theta=\arcsin(2(q_2q_3+q_0q_1)) & \\ \begin{cases}\gamma=-\mathrm{atan2}(2(q_1q_3-q_0q_2),q_0^2-q_1^2-q_2^2+q_3^2)\\ \psi=-\mathrm{atan2}(2(q_1q_2-q_0q_3),q_0^2-q_1^2+q_2^2-q_3^2)\end{cases} & |2(q_2q_3+q_0q_1)|\leqslant 0.999\,999 \\ \begin{cases}\gamma=\mathrm{atan2}(2(q_1q_3+q_0q_2),q_0^2+q_1^2-q_2^2-q_3^2)\\ \psi=0\end{cases} & |2(q_2q_3+q_0q_1)|>0.999\,999\end{array}\right\} \tag{B. 13}$$

最后，总结给出欧拉角、方向余弦阵和四元数三种姿态描述之间的相互转换关系，如图B. 4所示。

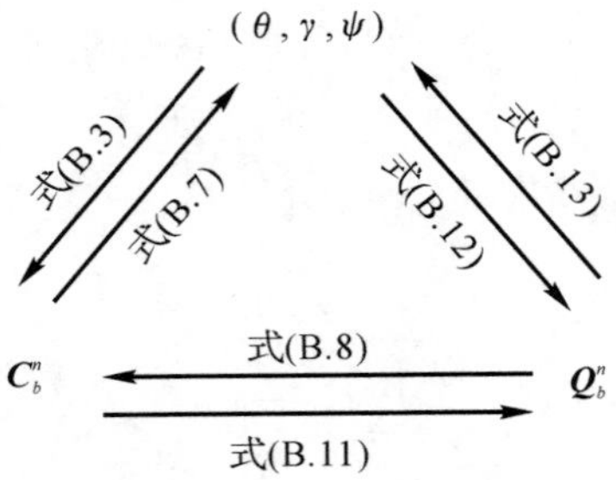

图 B. 4　三种姿态描述之间的转换关系

B. 3　欧拉角微分方程

假设姿态角 θ, γ 和 ψ 均是时间的函数，对式(B. 3)等号两边同时微分，可得

$$\dot{\boldsymbol{C}}_b^n=\frac{\mathrm{d}}{\mathrm{d}t}\begin{bmatrix}c_\psi c_\gamma-s_\psi s_\theta s_\gamma & -s_\psi c_\theta & c_\psi s_\gamma+s_\psi s_\theta c_\gamma\\ s_\psi c_\gamma+c_\psi s_\theta s_\gamma & c_\psi c_\theta & s_\psi s_\gamma-c_\psi s_\theta c_\gamma\\ -c_\theta s_\gamma & s_\theta & c_\theta c_\gamma\end{bmatrix}=$$

$$\begin{bmatrix}(-\dot\psi s_\psi c_\gamma-\dot\gamma c_\psi s_\gamma)-(\dot\psi c_\psi s_\theta s_\gamma+\dot\theta s_\psi c_\theta s_\gamma+\dot\gamma s_\theta c_\gamma s_\psi) & -(\dot\psi c_\psi c_\theta-\dot\theta s_\psi s_\theta) & (-\dot\psi s_\psi s_\gamma+\dot\gamma c_\psi c_\gamma)+(\dot\psi c_\psi s_\theta c_\gamma+\dot\theta s_\psi c_\theta c_\gamma-\dot\gamma s_\psi s_\theta s_\gamma)\\ (\dot\psi c_\psi c_\gamma-\dot\gamma s_\psi s_\gamma)+(-\dot\psi s_\psi s_\theta s_\gamma+\dot\theta c_\psi c_\theta s_\gamma+\dot\gamma c_\psi s_\theta c_\gamma) & -\dot\psi s_\psi c_\theta-\dot\theta c_\psi s_\theta & (\dot\psi c_\psi s_\gamma+\dot\gamma s_\psi c_\gamma)-(-\dot\psi s_\psi s_\theta c_\gamma+\dot\theta c_\psi c_\theta c_\gamma-\dot\gamma c_\psi s_\theta s_\gamma)\\ -(-\dot\theta s_\theta s_\gamma+\dot\gamma c_\theta c_\gamma) & \dot\theta c_\theta & -\dot\theta s_\theta c_\gamma-\dot\gamma c_\theta s_\gamma\end{bmatrix}=$$

$$\begin{bmatrix}c_\psi c_\gamma-s_\psi s_\theta s_\gamma & -s_\psi c_\theta & c_\psi s_\gamma+s_\psi s_\theta c_\gamma\\ s_\psi c_\gamma+c_\psi s_\theta s_\gamma & c_\psi c_\theta & s_\psi s_\gamma-c_\psi s_\theta c_\gamma\\ -c_\theta s_\gamma & s_\theta & c_\theta c_\gamma\end{bmatrix}\times$$

$$\begin{bmatrix}0 & -(\dot\theta s_\gamma+\dot\psi c_\theta c_\gamma) & (\dot\gamma+\dot\psi s_\theta)\\ (\dot\theta s_\gamma+\dot\psi c_\theta c_\gamma) & 0 & -(c_\gamma\dot\theta-\dot\psi c_\theta s_\gamma)\\ -(\dot\gamma+\dot\psi s_\theta) & (c_\gamma\dot\theta-\dot\psi c_\theta s_\gamma) & 0\end{bmatrix}=$$

$$
C_b^n\left(\begin{bmatrix} c_\gamma\dot{\theta}-\dot{\psi}c_\theta s_\gamma \\ \dot{\gamma}+\dot{\psi}s_\theta \\ \dot{\theta}s_\gamma+\dot{\psi}c_\theta c_\gamma \end{bmatrix}\times\right)=C_b^n\left[\left(\begin{bmatrix} c_\gamma & 0 & -c_\theta s_\gamma \\ 0 & 1 & s_\theta \\ s_\gamma & 0 & c_\theta c_\gamma \end{bmatrix}\begin{bmatrix}\dot{\theta} \\ \dot{\gamma} \\ \dot{\psi}\end{bmatrix}\right)\times\right] \tag{B.14}
$$

式(B.14)与方向余弦阵微分方程 $\dot{C}_b^n=C_b^n(\omega_{nb}^b\times)$ 对比，可得

$$
\omega_{nb}^b=\begin{bmatrix} c_\gamma & 0 & -c_\theta s_\gamma \\ 0 & 1 & s_\theta \\ s_\gamma & 0 & c_\theta c_\gamma \end{bmatrix}\begin{bmatrix}\dot{\theta} \\ \dot{\gamma} \\ \dot{\psi}\end{bmatrix} \tag{B.15}
$$

当 $c_\theta\neq 0$ 时，对式(B.15)等号右边矩阵求逆再移至左边，整理得

$$
\begin{bmatrix}\dot{\theta} \\ \dot{\gamma} \\ \dot{\psi}\end{bmatrix}=\frac{1}{c_\theta}\begin{bmatrix} c_\gamma c_\theta & 0 & c_\theta s_\gamma \\ s_\theta s_\gamma & c_\theta & -s_\theta c_\gamma \\ -s_\gamma & 0 & c_\gamma \end{bmatrix}\omega_{nb}^b \tag{B.16}
$$

式(B.16)称为欧拉运动学方程，由于分母中含 c_θ，在 $\theta=\pm\pi/2$ 附近无法通过角速度进行欧拉角的数值求解，因此，$\theta=\pm\pi/2$ 是“东-北-天 312”欧拉角表示的奇异点。

B.4　运载火箭上的欧拉角定义

对于像运载火箭之类竖直发射的运载体，整个工作过程中其纵轴主要在某一铅垂面附近运动，特别是火箭发射上升过程中俯仰角恰好近似为 $\pi/2$，若再使用前述同飞机一样的姿态描述方法，就显得很不合适了。针对弹道式运载体，其欧拉角定义的参考基准一般称为发射坐标系，记为 $o_tx_ty_tz_t$，参见图 B.5。发射坐标系往往是当地水平坐标系，其 o_tx_t 轴水平向前顺着弹道方向，o_ty_t 轴竖直向上，o_tz_t 轴垂直于弹道平面向右，显然 $o_tx_ty_t$ 平面即为弹道平面。弹道平面(或 o_tx_t 轴)与当地地理北向的夹角通常称为发射角，记为 A_0。

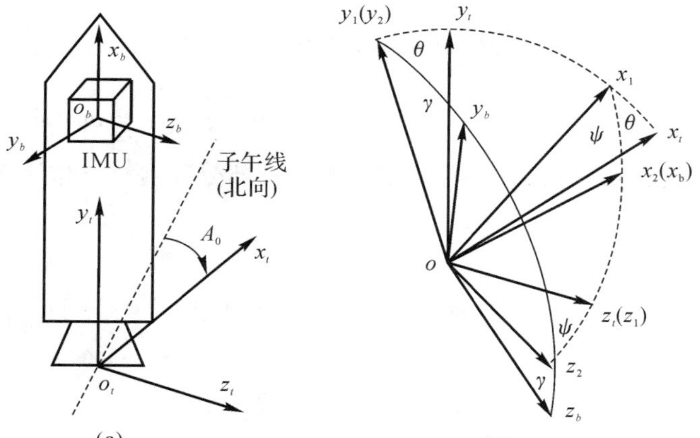

图 B.5　运载火箭的发射坐标系与载体坐标系

(a)发射坐标系与载体坐标系；(b)欧拉角定义

如果运载火箭上装有惯导系统(IMU)，其轴向定义同样参见图 B.5，当运载火箭水平“躺下”时，$o_bx_by_bz_b$ 三轴分别为纵轴－立轴－横轴，即“前-上-右”方向。按“321”方式定义欧拉角，其中俯仰角 θ 为火箭纵轴在弹道平面上的投影线与 o_tx_t 轴的夹角，角度范围为 $-180°\sim180°$，或 $(-\pi,\pi]$；偏航角 ψ 为火箭纵轴与弹道平面的夹角，角度范围为 $-90°\sim90°$ 或 $[-\pi/2,\pi/2]$；滚动角 γ 为火箭横轴与俯仰平面 ox_1z_1(即 ox_2z_2)的夹角，角度范围 $-180°\sim$

180°或$(-\pi,\pi]$。由此可知,$o_tx_ty_tz_t$ 系至 $o_bx_by_bz_b$ 系的方向余弦阵为

$$\boldsymbol{C}_b^t=\boldsymbol{C}_\theta\boldsymbol{C}_\psi\boldsymbol{C}_\gamma=\begin{bmatrix}c_\theta & -s_\theta & 0\\ s_\theta & c_\theta & 0\\ 0 & 0 & 1\end{bmatrix}\begin{bmatrix}c_\psi & 0 & s_\psi\\ 0 & 1 & 0\\ -s_\psi & 0 & c_\psi\end{bmatrix}\begin{bmatrix}1 & 0 & 0\\ 0 & c_\gamma & -s_\gamma\\ 0 & s_\gamma & c_\gamma\end{bmatrix}=$$
$$\begin{bmatrix}c_\theta c_\psi & -s_\theta & c_\theta s_\psi\\ s_\theta c_\psi & c_\theta & s_\theta s_\psi\\ -s_\psi & 0 & c_\psi\end{bmatrix}\begin{bmatrix}1 & 0 & 0\\ 0 & c_\gamma & -s_\gamma\\ 0 & s_\gamma & c_\gamma\end{bmatrix}=\begin{bmatrix}c_\theta c_\psi & -s_\theta c_\gamma+c_\theta s_\psi s_\gamma & s_\theta s_\gamma+c_\theta s_\psi c_\gamma\\ s_\theta c_\psi & c_\theta c_\gamma+s_\theta s_\psi s_\gamma & -c_\theta s_\gamma+s_\theta s_\psi c_\gamma\\ -s_\psi & c_\psi s_\gamma & c_\psi c_\gamma\end{bmatrix}=$$
$$\begin{bmatrix}C_{11} & C_{12} & C_{13}\\ C_{21} & C_{22} & C_{23}\\ C_{31} & C_{32} & C_{33}\end{bmatrix} \tag{B. 17}$$

观察式(B. 17),当$|C_{31}|\leqslant 0.999\ 999$时,有

$$\left.\begin{aligned}\theta&=\operatorname{atan2}(C_{21},C_{11})\\ \psi&=-\arcsin(C_{31})\\ \gamma&=\operatorname{atan2}(C_{32},C_{33})\end{aligned}\right\} \tag{B. 18}$$

可见,当 $\theta=\pm\pi/2$ 时欧拉角表示正常,但 $\psi=\pm\pi/2$ 是运载火箭欧拉角表示方法的奇异点,这对于弹道式运载体而言,在其正常工作过程中是不可能出现的。

B.5 罗德里格参数

一方面,对四元数表示法 $\boldsymbol{Q}=q_0+\boldsymbol{q}_v=\cos\dfrac{\phi}{2}+\boldsymbol{u}\sin\dfrac{\phi}{2}$两边微分,可得

$$\dot{\boldsymbol{Q}}=-\frac{\dot\phi}{2}\sin\frac{\phi}{2}+\left(\dot{\boldsymbol{u}}\sin\frac{\phi}{2}+\boldsymbol{u}\frac{\dot\phi}{2}\cos\frac{\phi}{2}\right) \tag{B. 19}$$

另一方面,由四元数微分方程 $\dot{\boldsymbol{Q}}=\dfrac{1}{2}\boldsymbol{Q}\circ\boldsymbol{\omega}$ 展开,可得

$$\dot{\boldsymbol{Q}}=\frac{1}{2}\left(\cos\frac{\phi}{2}+\boldsymbol{u}\sin\frac{\phi}{2}\right)\circ\boldsymbol{\omega}=-\frac{1}{2}\sin\frac{\phi}{2}\boldsymbol{u}^{\mathrm{T}}\boldsymbol{\omega}+\frac{1}{2}\left(\cos\frac{\phi}{2}\boldsymbol{\omega}+\sin\frac{\phi}{2}\boldsymbol{u}\times\boldsymbol{\omega}\right) \tag{B. 20}$$

若令式(B. 19)和式(B. 20)的右端标量部分和矢量部分分别对应相等,可得

$$\left.\begin{aligned}&-\frac{\dot\phi}{2}\sin\frac{\phi}{2}=-\frac{1}{2}\sin\frac{\phi}{2}\boldsymbol{u}^{\mathrm{T}}\boldsymbol{\omega}\\ &\dot{\boldsymbol{u}}\sin\frac{\phi}{2}+\boldsymbol{u}\frac{\dot\phi}{2}\cos\frac{\phi}{2}=\frac{1}{2}\left(\cos\frac{\phi}{2}\boldsymbol{\omega}+\sin\frac{\phi}{2}\boldsymbol{u}\times\boldsymbol{\omega}\right)\end{aligned}\right\} \tag{B. 21}$$

将式(B. 21)化简即为

$$\left.\begin{aligned}&\dot\phi=\boldsymbol{u}^{\mathrm{T}}\boldsymbol{\omega}\\ &\dot{\boldsymbol{u}}=\frac{1}{2}\boldsymbol{u}\times\boldsymbol{\omega}+\frac{1}{2}\cot\frac{\phi}{2}(\boldsymbol{\omega}-\dot\phi\boldsymbol{u})\end{aligned}\right\} \tag{B. 22}$$

现定义广义转动矢量

$$\boldsymbol{g}=f(\phi)\boldsymbol{u} \tag{B. 23}$$

显然,$\boldsymbol{g}$ 的矢量方向即为转轴方向 $\boldsymbol{u}$,其幅值是转动角度大小 ϕ 的函数。特别地,当取 $f(\phi)=\phi$ 时,广义转动矢量即为等效旋转矢量 $\boldsymbol{\phi}=\boldsymbol{g}$。

对式(B. 23)等号两边同时求导,可得

$$\dot{\boldsymbol{g}}=\frac{\partial f(\phi)}{\partial\phi}\dot\phi\boldsymbol{u}+f(\phi)\dot{\boldsymbol{u}} \tag{B. 24}$$

将式(B.22)代入式(B.24)，可得

$$\dot{\boldsymbol{g}}=\frac{\partial f(\phi)}{\partial\phi}(\boldsymbol{u}^{\mathrm{T}}\boldsymbol{\omega})\boldsymbol{u}+f(\phi)\left\{\frac{1}{2}\boldsymbol{u}\times\boldsymbol{\omega}+\frac{1}{2}\cot\frac{\phi}{2}[\boldsymbol{\omega}-(\boldsymbol{u}^{\mathrm{T}}\boldsymbol{\omega})\boldsymbol{u}]\right\} \tag{B.25}$$

由三重矢积公式(A.2)易得$(\boldsymbol{u}^{\mathrm{T}}\boldsymbol{\omega})\boldsymbol{u}=\boldsymbol{\omega}+\boldsymbol{u}\times(\boldsymbol{u}\times\boldsymbol{\omega})$，将其代入式(B.25)，可得

$$\begin{aligned}\dot{\boldsymbol{g}}=&\frac{\partial f(\phi)}{\partial\phi}[\boldsymbol{\omega}+\boldsymbol{u}\times(\boldsymbol{u}\times\boldsymbol{\omega})]+f(\phi)\left[\frac{1}{2}\boldsymbol{u}\times\boldsymbol{\omega}-\frac{1}{2}\cot\frac{\phi}{2}\boldsymbol{u}\times(\boldsymbol{u}\times\boldsymbol{\omega})\right]=\\&\frac{\partial f(\phi)}{\partial\phi}\boldsymbol{\omega}+\frac{1}{2}f(\phi)\boldsymbol{u}\times\boldsymbol{\omega}+\left[\frac{\partial f(\phi)}{\partial\phi}-\frac{1}{2}f(\phi)\cot\frac{\phi}{2}\right]\boldsymbol{u}\times(\boldsymbol{u}\times\boldsymbol{\omega})=\\&\frac{\partial f(\phi)}{\partial\phi}\boldsymbol{\omega}+\frac{1}{2}\boldsymbol{g}\times\boldsymbol{\omega}+\frac{1}{f^2(\phi)}\left[\frac{\partial f(\phi)}{\partial\phi}-\frac{1}{2}f(\phi)\cot\frac{\phi}{2}\right]\boldsymbol{g}\times(\boldsymbol{g}\times\boldsymbol{\omega})\end{aligned} \tag{B.26}$$

这便是广义转动矢量微分方程。显然，当$f(\phi)=\phi$时，式(B.26)即为等效旋转矢量微分方程，同式(2.5.9)，重写如下：

$$\dot{\boldsymbol{\phi}}=\boldsymbol{\omega}+\frac{1}{2}\boldsymbol{\phi}\times\boldsymbol{\omega}+\frac{1}{\phi^2}\left(1-\frac{\phi}{2}\cot\frac{\phi}{2}\right)(\boldsymbol{\phi}\times)^2\boldsymbol{\omega} \tag{B.27}$$

上述等效旋转矢量微分方程的推导过程比2.5.1节简洁些。

在式(B.26)中，若取$f(\phi)=\tan(\phi/2)$且记$\boldsymbol{\xi}\triangleq\boldsymbol{g}$，则有

$$\boldsymbol{\xi}=\tan\frac{\phi}{2}\boldsymbol{u}=\frac{\boldsymbol{u}\sin(\phi/2)}{\cos(\phi/2)}=\frac{\boldsymbol{q}_v}{q_0} \tag{B.28}$$

$$\begin{aligned}\dot{\boldsymbol{\xi}}=&\frac{1}{2}\sec^2\frac{\phi}{2}\boldsymbol{\omega}+\frac{1}{2}\boldsymbol{\xi}\times\boldsymbol{\omega}+\frac{1}{\tan^2(\phi/2)}\left(\frac{1}{2}\sec^2\frac{\phi}{2}-\frac{1}{2}\tan\frac{\phi}{2}\cot\frac{\phi}{2}\right)\boldsymbol{\xi}\times(\boldsymbol{\xi}\times\boldsymbol{\omega})=\\&\frac{1}{2}\left(\tan^2\frac{\phi}{2}+1\right)\boldsymbol{\omega}+\frac{1}{2}\boldsymbol{\xi}\times\boldsymbol{\omega}+\frac{1}{2}\boldsymbol{\xi}\times(\boldsymbol{\xi}\times\boldsymbol{\omega})=\frac{1}{2}(\boldsymbol{\xi}^{\mathrm{T}}\boldsymbol{\xi}+1)\boldsymbol{\omega}+\frac{1}{2}\boldsymbol{\xi}\times\boldsymbol{\omega}+\frac{1}{2}\boldsymbol{\xi}\times(\boldsymbol{\xi}\times\boldsymbol{\omega})=\\&\frac{1}{2}\boldsymbol{\omega}+\frac{1}{2}\boldsymbol{\xi}\times\boldsymbol{\omega}+\frac{1}{2}[\boldsymbol{\xi}^{\mathrm{T}}\boldsymbol{\xi}\boldsymbol{\omega}+\boldsymbol{\xi}\times(\boldsymbol{\xi}\times\boldsymbol{\omega})]=\frac{1}{2}[\boldsymbol{I}+(\boldsymbol{\xi}\times)+\boldsymbol{\xi}\boldsymbol{\xi}^{\mathrm{T}}]\boldsymbol{\omega}\end{aligned} \tag{B.29}$$

式(B.29)最后一等号利用了公式(A.10)，即$(\boldsymbol{V}_1^{\mathrm{T}}\boldsymbol{V}_2)\boldsymbol{I}+(\boldsymbol{V}_1\times)(\boldsymbol{V}_2\times)=\boldsymbol{V}_2\boldsymbol{V}_1^{\mathrm{T}}$。

在式(B.26)中，若取$f(\phi)=\tan(\phi/4)$且记$\boldsymbol{\sigma}\triangleq\boldsymbol{g}$，则有

$$\boldsymbol{\sigma}=\tan\frac{\phi}{4}\boldsymbol{u}=\frac{\boldsymbol{u}\sin(\phi/2)}{1+\cos(\phi/2)}=\frac{\boldsymbol{q}_v}{1+q_0} \tag{B.30}$$

$$\begin{aligned}\dot{\boldsymbol{\sigma}}=&\frac{1}{4}\sec^2\frac{\phi}{4}\boldsymbol{\omega}+\frac{1}{2}\boldsymbol{\sigma}\times\boldsymbol{\omega}+\frac{1}{\tan^2(\phi/4)}\left(\frac{1}{4}\sec^2\frac{\phi}{4}-\frac{1}{2}\tan\frac{\phi}{4}\cot\frac{\phi}{2}\right)\boldsymbol{\sigma}\times(\boldsymbol{\sigma}\times\boldsymbol{\omega})=\\&\frac{1}{4}\left(\tan^2\frac{\phi}{4}+1\right)\boldsymbol{\omega}+\frac{1}{2}\boldsymbol{\sigma}\times\boldsymbol{\omega}+\frac{1}{\tan^2(\phi/4)}\left[\frac{1}{4}\sec^2\frac{\phi}{4}-\frac{1}{4}\left(1-\tan^2\frac{\phi}{4}\right)\right]\boldsymbol{\sigma}\times(\boldsymbol{\sigma}\times\boldsymbol{\omega})=\\&\frac{1}{4}(\boldsymbol{\sigma}^{\mathrm{T}}\boldsymbol{\sigma}+1)\boldsymbol{\omega}+\frac{1}{2}\boldsymbol{\sigma}\times\boldsymbol{\omega}+\frac{1}{2}\boldsymbol{\sigma}\times(\boldsymbol{\sigma}\times\boldsymbol{\omega})=\\&\frac{1}{4}\boldsymbol{\omega}+\frac{1}{2}\boldsymbol{\sigma}\times\boldsymbol{\omega}+\frac{1}{2}[\boldsymbol{\sigma}^{\mathrm{T}}\boldsymbol{\sigma}\boldsymbol{\omega}+\boldsymbol{\sigma}\times(\boldsymbol{\sigma}\times\boldsymbol{\omega})]-\frac{1}{4}\boldsymbol{\sigma}^{\mathrm{T}}\boldsymbol{\sigma}\boldsymbol{\omega}=\\&\frac{1}{4}\boldsymbol{\omega}+\frac{1}{2}\boldsymbol{\sigma}\times\boldsymbol{\omega}+\frac{1}{2}\boldsymbol{\sigma}\boldsymbol{\sigma}^{\mathrm{T}}\boldsymbol{\omega}-\frac{1}{4}\boldsymbol{\sigma}^{\mathrm{T}}\boldsymbol{\sigma}\boldsymbol{\omega}=\frac{1}{4}[(1-\boldsymbol{\sigma}^{\mathrm{T}}\boldsymbol{\sigma})\boldsymbol{I}+2(\boldsymbol{\sigma}\times)+2\boldsymbol{\sigma}\boldsymbol{\sigma}^{\mathrm{T}}]\boldsymbol{\omega}\end{aligned} \tag{B.31}$$

通常称前述$\boldsymbol{\xi}$为经典罗德里格参数(Rodrigues parameters)，而$\boldsymbol{\sigma}$为修正罗德里格参数(Modified Rodrigues Parameters, MRP)。不难看出，当转动角度幅值$\phi=\pm\pi$时经典罗德里格参数$\boldsymbol{\xi}$出现奇异，因而用运动学方程式(B.29)描述刚体等效旋转的最大连续转角范围为$(-\pi,\pi)$，不能进行全姿态描述；而若采用修正罗德里格参数$\boldsymbol{\sigma}$，其奇异点为$\phi=\pm2\pi$，对应最大连续转角范围为$(-2\pi,2\pi)$，可实现刚体运动的全姿态描述。

此外，在式(B.26)中，若取$f(\phi)=2\tan(\phi/2)$且记$\boldsymbol{l}\triangleq\boldsymbol{g}$，则类似于式(B.29)的推导，容易

得到

$$\dot{\boldsymbol{l}}=\boldsymbol{\omega}+\frac{1}{2}\boldsymbol{l}\times\boldsymbol{\omega}+\frac{1}{4}\boldsymbol{l}\,\boldsymbol{l}^{\mathrm{T}}\boldsymbol{\omega} \tag{B.32}$$

显然,有 $\boldsymbol{l}=2\boldsymbol{\xi}$。与等效旋转矢量微分方程式(B.27)相比,式(B.32)右端的第一和第二项完全一样,而第三项表示更为简洁。但是,式(B.27)右端的第二和第三项均表示不可交换误差,意义明确,而式(B.32)右端的第三项即使在定轴转动情况下也不为零,不太直观。

可以证明,由经典罗德里格参数 $\boldsymbol{\xi}$(或修正罗德里格参数 $\boldsymbol{\sigma}$、或 $\boldsymbol{l}$)求解四元数的公式分别为

$$\boldsymbol{Q}=\frac{1+\boldsymbol{\xi}}{\sqrt{1+\boldsymbol{\xi}^{\mathrm{T}}\boldsymbol{\xi}}}=\frac{(1-\boldsymbol{\sigma}^{\mathrm{T}}\boldsymbol{\sigma})+2\boldsymbol{\sigma}}{1+\boldsymbol{\sigma}^{\mathrm{T}}\boldsymbol{\sigma}}=\frac{2+\boldsymbol{l}}{\sqrt{4+\boldsymbol{l}^{\mathrm{T}}\boldsymbol{l}}} \tag{B.33}$$

最后,直接给出比式(B.30)更一般化的修正罗德里格参数定义,如下:

$$\boldsymbol{\sigma}=b\,\frac{\boldsymbol{q}_v}{a+q_0} \tag{B.34}$$

式中:a 和 b 为一组已知的调节参数(通常取 $a\geqslant 0,b>0$),与式(B.34)对应的反变换为

$$\left.\begin{aligned}q_0&=\frac{-a\boldsymbol{\sigma}^{\mathrm{T}}\boldsymbol{\sigma}+b\sqrt{b^2+(1-a^2)\boldsymbol{\sigma}^{\mathrm{T}}\boldsymbol{\sigma}}}{b^2+\boldsymbol{\sigma}^{\mathrm{T}}\boldsymbol{\sigma}}\\ \boldsymbol{q}_v&=\frac{1}{b}(a+q_0)\boldsymbol{\sigma}\end{aligned}\right\} \tag{B.35}$$

显然,式(B.34)也属于广义等效旋转矢量,并且式(B.28)、式(B.30)和式(B.33)是式(B.34)和(B.35)在 $a=0,b=1$ 或 $a=b=1$ 时的特殊情形。

附录 C 姿态更新的毕卡算法、龙格-库塔算法及精确数值解法

在一般角运动情况下(非定轴转动),方向余弦阵微分方程(或四元数微分方程)理论上只有无穷阶的毕卡级数解,参见式(2.3.11),无法对它再作进一步分析。然而,在实际惯导系统中,任何连续且光滑的角运动,总可以用多项式进行近似描述,从而可对毕卡级数作有限项截断和简化,求得姿态更新的数值算法。下面先给出多项式角运动假设下多项式系数与陀螺仪角增量采样之间的关系。

C.1 多项式角运动描述

1. 常值角速度(零次曲线)

假设在时间段$[0,T]$内,载体运动角速度 $\boldsymbol{\omega}(t)$ 为常值形式,即

$$\boldsymbol{\omega}(t)=\boldsymbol{a}\quad(0\leqslant t\leqslant T) \tag{C.1}$$

则角增量为

$$\Delta\boldsymbol{\theta}(t)=\int_0^t\boldsymbol{\omega}(\tau)\mathrm{d}\tau=\boldsymbol{a}t \tag{C.2}$$

其中:$\boldsymbol{a}$ 为常数向量。若在采样时间段$[0,T]$内进行一次角增量采样,采样时刻为 T,则角增量为

$$\Delta\boldsymbol{\theta}_1=\int_0^T\boldsymbol{\omega}(\tau)\mathrm{d}\tau=\boldsymbol{a}\tau\Big|_0^T=T\boldsymbol{a} \tag{C.3}$$

由式(C.3)可解得

$$\boldsymbol{a}=\frac{\Delta\boldsymbol{\theta}_1}{T} \tag{C.4}$$

2. 线性角速度(一次曲线)

假设在时间段[0,T] 内,载体运动角速度 $\boldsymbol{\omega}(t)$ 为线性形式,即

$$\boldsymbol{\omega}(t)=\boldsymbol{a}+2\boldsymbol{b}t \quad (0\leqslant t\leqslant T) \tag{C.5}$$

则角增量为

$$\Delta\boldsymbol{\theta}(t)=\int_0^t\boldsymbol{\omega}(\tau)\mathrm{d}\tau=\boldsymbol{a}t+\boldsymbol{b}t^2 \tag{C.6}$$

其中:$\boldsymbol{a}$ 和 $\boldsymbol{b}$ 均为常数向量。若在采样时间段[0,T] 内进行两次角增量采样,采样时刻分别为 $T/2$ 和 T,相应角增量记为

$$\left.\begin{aligned}\Delta\boldsymbol{\theta}_1&=\int_0^{T/2}\boldsymbol{\omega}(\tau)\mathrm{d}\tau=\boldsymbol{a}\tau+\boldsymbol{b}\tau^2\Big|_0^{T/2}=\frac{T}{2}\boldsymbol{a}+\frac{T^2}{4}\boldsymbol{b}\\\Delta\boldsymbol{\theta}_2&=\int_{T/2}^{T}\boldsymbol{\omega}(\tau)\mathrm{d}\tau=\boldsymbol{a}\tau+\boldsymbol{b}\tau^2\Big|_{T/2}^{T}=\frac{T}{2}\boldsymbol{a}+\frac{3T^2}{4}\boldsymbol{b}\end{aligned}\right\} \tag{C.7}$$

由式(C.7) 可解得

$$\left.\begin{aligned}\boldsymbol{a}&=\frac{3\Delta\boldsymbol{\theta}_1-\Delta\boldsymbol{\theta}_2}{T}\\\boldsymbol{b}&=\frac{2(-\Delta\boldsymbol{\theta}_1+\Delta\boldsymbol{\theta}_2)}{T^2}\end{aligned}\right\} \tag{C.8}$$

3. 抛物线角速度(二次曲线)

假设在时间段[0,T] 内,载体运动角速度 $\boldsymbol{\omega}(t)$ 为抛物线形式,即

$$\boldsymbol{\omega}(t)=\boldsymbol{a}+2\boldsymbol{b}t+3\boldsymbol{c}t^2 \quad (0\leqslant t\leqslant T) \tag{C.9}$$

则角增量为

$$\Delta\boldsymbol{\theta}(t)=\int_0^t\boldsymbol{\omega}(\tau)\mathrm{d}\tau=\boldsymbol{a}t+\boldsymbol{b}t^2+\boldsymbol{c}t^3 \tag{C.10}$$

其中:$\boldsymbol{a}$,$\boldsymbol{b}$ 和 $\boldsymbol{c}$ 均为常数向量。若在采样时间段[0,T] 内进行三次角增量采样,采样时刻分别为 $T/3$,$2T/3$ 和 T,相应角增量记为

$$\left.\begin{aligned}\Delta\boldsymbol{\theta}_1&=\int_0^{T/3}\boldsymbol{\omega}(\tau)\mathrm{d}\tau=\boldsymbol{a}\tau+\boldsymbol{b}\tau^2+\boldsymbol{c}\tau^3\Big|_0^{T/3}=\frac{T}{3}\boldsymbol{a}+\frac{T^2}{9}\boldsymbol{b}+\frac{T^3}{27}\boldsymbol{c}\\\Delta\boldsymbol{\theta}_2&=\int_{T/3}^{2T/3}\boldsymbol{\omega}(\tau)\mathrm{d}\tau=\boldsymbol{a}\tau+\boldsymbol{b}\tau^2+\boldsymbol{c}\tau^3\Big|_{T/3}^{2T/3}=\frac{T}{3}\boldsymbol{a}+\frac{3T^2}{9}\boldsymbol{b}+\frac{7T^3}{27}\boldsymbol{c}\\\Delta\boldsymbol{\theta}_3&=\int_{2T/3}^{T}\boldsymbol{\omega}(\tau)\mathrm{d}\tau=\boldsymbol{a}\tau+\boldsymbol{b}\tau^2+\boldsymbol{c}\tau^3\Big|_{2T/3}^{T}=\frac{T}{3}\boldsymbol{a}+\frac{5T^2}{9}\boldsymbol{b}+\frac{19T^3}{27}\boldsymbol{c}\end{aligned}\right\} \tag{C.11}$$

由式(C.11) 可解得

$$\left.\begin{aligned}\boldsymbol{a}&=\frac{11\Delta\boldsymbol{\theta}_1-7\Delta\boldsymbol{\theta}_2+2\Delta\boldsymbol{\theta}_3}{2T}\\\boldsymbol{b}&=\frac{9(-2\Delta\boldsymbol{\theta}_1+3\Delta\boldsymbol{\theta}_2-\Delta\boldsymbol{\theta}_3)}{2T^2}\\\boldsymbol{c}&=\frac{9(\Delta\boldsymbol{\theta}_1-2\Delta\boldsymbol{\theta}_2+\Delta\boldsymbol{\theta}_3)}{2T^3}\end{aligned}\right\} \tag{C.12}$$

4. 三次、四次曲线角速度

类似于前述的零、一和二次曲线角运动,下面直接给出三、四次多项式角运动假设,以及多项式系数与角增量之间的关系,分别为

$$\boldsymbol{\omega}(t)=\boldsymbol{a}+2\boldsymbol{b}t+3\boldsymbol{c}t^2+4\boldsymbol{d}t^3 \quad (0\leqslant t\leqslant T) \tag{C.13a}$$

$$\left.\begin{aligned} \boldsymbol{a}&=\frac{25\Delta\boldsymbol{\theta}_1-23\Delta\boldsymbol{\theta}_2+13\Delta\boldsymbol{\theta}_3-3\Delta\boldsymbol{\theta}_4}{3T}\\ \boldsymbol{b}&=\frac{2(-35\Delta\boldsymbol{\theta}_1+69\Delta\boldsymbol{\theta}_2-45\Delta\boldsymbol{\theta}_3+11\Delta\boldsymbol{\theta}_4)}{3T^2}\\ \boldsymbol{c}&=\frac{16(5\Delta\boldsymbol{\theta}_1-13\Delta\boldsymbol{\theta}_2+11\Delta\boldsymbol{\theta}_3-3\Delta\boldsymbol{\theta}_4)}{3T^3}\\ \boldsymbol{d}&=\frac{32(-\Delta\boldsymbol{\theta}_1+3\Delta\boldsymbol{\theta}_2-3\Delta\boldsymbol{\theta}_3+\Delta\boldsymbol{\theta}_4)}{3T^4} \end{aligned}\right\} \tag{C.13b}$$

$$\boldsymbol{\omega}(t)=\boldsymbol{a}+2\boldsymbol{b}t+3\boldsymbol{c}t^2+4\boldsymbol{d}t^3+5\boldsymbol{e}t^4\quad(0\leqslant t\leqslant T) \tag{C.14a}$$

$$\left.\begin{aligned} \boldsymbol{a}&=\frac{137\Delta\boldsymbol{\theta}_1-163\Delta\boldsymbol{\theta}_2+137\Delta\boldsymbol{\theta}_3-63\Delta\boldsymbol{\theta}_4+12\Delta\boldsymbol{\theta}_5}{12T}\\ \boldsymbol{b}&=\frac{25(-45\Delta\boldsymbol{\theta}_1+109\Delta\boldsymbol{\theta}_2-105\Delta\boldsymbol{\theta}_3+51\Delta\boldsymbol{\theta}_4-10\Delta\boldsymbol{\theta}_5)}{24T^2}\\ \boldsymbol{c}&=\frac{125(17\Delta\boldsymbol{\theta}_1-54\Delta\boldsymbol{\theta}_2+64\Delta\boldsymbol{\theta}_3-34\Delta\boldsymbol{\theta}_4+7\Delta\boldsymbol{\theta}_5)}{24T^3}\\ \boldsymbol{d}&=\frac{625(-3\Delta\boldsymbol{\theta}_1+11\Delta\boldsymbol{\theta}_2-15\Delta\boldsymbol{\theta}_3+9\Delta\boldsymbol{\theta}_4-2\Delta\boldsymbol{\theta}_5)}{24T^4}\\ \boldsymbol{e}&=\frac{625(\Delta\boldsymbol{\theta}_1-4\Delta\boldsymbol{\theta}_2+6\Delta\boldsymbol{\theta}_3-4\Delta\boldsymbol{\theta}_4+\Delta\boldsymbol{\theta}_5)}{24T^5} \end{aligned}\right\} \tag{C.14b}$$

其中:$\boldsymbol{a},\boldsymbol{b},\boldsymbol{c},\boldsymbol{d}$ 和 $\boldsymbol{e}$ 均为由角增量计算的多项式系数向量。

5. 角增量拟合角速度的通式

内容详见 2.7.1 节。显然,前述零至四次曲线的拟合系数 $\boldsymbol{a},\boldsymbol{b},\cdots,\boldsymbol{e}$ 也可以通过式(2.7.4) 求取。

C.2 姿态更新的毕卡算法

类似于方向余弦阵微分方程的毕卡级数解式(2.3.11),不难求得四元数微分方程 $\dot{\boldsymbol{Q}}(t)=\frac{1}{2}\boldsymbol{Q}(t)\circ\boldsymbol{\omega}(t)$ 的毕卡级数解如下:

$$\begin{aligned} \boldsymbol{Q}(T)=\boldsymbol{Q}(0)\circ\Big[&1+\frac{1}{2}\int_0^T\boldsymbol{\omega}(\tau_1)\mathrm{d}\tau_1+\frac{1}{2^2}\int_0^T\int_0^{\tau_2}\boldsymbol{\omega}(\tau_1)\mathrm{d}\tau_1\circ\boldsymbol{\omega}(\tau_2)\mathrm{d}\tau_2+\\ &\frac{1}{2^3}\int_0^T\int_0^{\tau_3}\int_0^{\tau_2}\boldsymbol{\omega}(\tau_1)\mathrm{d}\tau_1\circ\boldsymbol{\omega}(\tau_2)\mathrm{d}\tau_2\circ\boldsymbol{\omega}(\tau_3)\mathrm{d}\tau_3+\cdots\Big] \end{aligned} \tag{C.15}$$

假设角速度为时间线性函数形式,见式(C.5)。将式(C.5) 代入式(C.15) 右端的单重积分项,显然有

$$\boldsymbol{I}_1=\int_0^T\boldsymbol{\omega}(\tau_1)\mathrm{d}\tau_1=\Delta\boldsymbol{\theta}_1+\Delta\boldsymbol{\theta}_2\triangleq\Delta\boldsymbol{\theta} \tag{C.16}$$

再将式(C.5) 代入式(C.15) 右端的双重积分项,可得

$$\begin{aligned} \boldsymbol{I}_2&=\int_0^T\int_0^{\tau_2}(\boldsymbol{a}+2\boldsymbol{b}\tau_1)\mathrm{d}\tau_1\circ(\boldsymbol{a}+2\boldsymbol{b}\tau_2)\mathrm{d}\tau_2=\int_0^T(\boldsymbol{a}\tau_2+\boldsymbol{b}\tau_2^2)\circ(\boldsymbol{a}+2\boldsymbol{b}\tau_2)\mathrm{d}\tau_2=\\ &\int_0^T-(\boldsymbol{a}\tau_2+\boldsymbol{b}\tau_2^2)^{\mathrm{T}}(\boldsymbol{a}+2\boldsymbol{b}\tau_2)+(\boldsymbol{a}\tau_2+\boldsymbol{b}\tau_2^2)\times(\boldsymbol{a}+2\boldsymbol{b}\tau_2)\mathrm{d}\tau_2=\\ &\int_0^T-(\boldsymbol{a}^{\mathrm{T}}\boldsymbol{a}\tau_2+3\boldsymbol{a}^{\mathrm{T}}\boldsymbol{b}\tau_2^2+2\boldsymbol{b}^{\mathrm{T}}\boldsymbol{b}\tau_2^3)+\boldsymbol{a}\times\boldsymbol{b}\tau_2^2\mathrm{d}\tau_2= \end{aligned}$$

$$-\frac{1}{2}(\boldsymbol{a}^{\mathrm{T}}\boldsymbol{a}T^2+2\boldsymbol{a}^{\mathrm{T}}\boldsymbol{b}T^3+\boldsymbol{b}^{\mathrm{T}}\boldsymbol{b}T^4)+\frac{1}{3}\boldsymbol{a}\times\boldsymbol{b}T^3=$$

$$-\frac{1}{2}(\boldsymbol{a}T+\boldsymbol{b}T^2)^{\mathrm{T}}(\boldsymbol{a}T+\boldsymbol{b}T^2)+\frac{1}{3}\boldsymbol{a}\times\boldsymbol{b}T^3 \tag{C.17}$$

将式(C.8)代入式(C.17)，经过化简可得

$$\boldsymbol{I}_2=-\frac{1}{2}\ |\Delta\boldsymbol{\theta}|^2+\frac{4}{3}(\Delta\boldsymbol{\theta}_1\times\Delta\boldsymbol{\theta}_2) \tag{C.18}$$

同样地，计算式(C.15)右端的三重积分项，可得

$$\boldsymbol{I}_3=\int_0^T\int_0^{\tau_3}\int_0^{\tau_2}\boldsymbol{\omega}(\tau_1)\mathrm{d}\tau_1\circ\boldsymbol{\omega}(\tau_2)\mathrm{d}\tau_2\circ\boldsymbol{\omega}(\tau_3)\mathrm{d}\tau_3=$$

$$\int_0^T\int_0^{\tau_3}\int_0^{\tau_2}(\boldsymbol{a}+2\boldsymbol{b}\tau_1)\mathrm{d}\tau_1\circ(\boldsymbol{a}+2\boldsymbol{b}\tau_2)\mathrm{d}\tau_2\circ(\boldsymbol{a}+2\boldsymbol{b}\tau_3)\mathrm{d}\tau_3=$$

$$\int_0^T\left[-\frac{1}{2}(\boldsymbol{a}^{\mathrm{T}}\boldsymbol{a}\tau_3^2+2\boldsymbol{a}^{\mathrm{T}}\boldsymbol{b}\tau_3^3+\boldsymbol{b}^{\mathrm{T}}\boldsymbol{b}\tau_3^4)+\frac{1}{3}\boldsymbol{a}\times\boldsymbol{b}\tau_3^3\right]\circ(\boldsymbol{a}+2\boldsymbol{b}\tau_3)\mathrm{d}\tau_3=$$

$$-\frac{1}{6}\int_0^T(3\boldsymbol{a}^{\mathrm{T}}\boldsymbol{a}\tau_3^2+8\boldsymbol{a}^{\mathrm{T}}\boldsymbol{b}\tau_3^3+7\boldsymbol{b}^{\mathrm{T}}\boldsymbol{b}\tau_3^4)\boldsymbol{a}+(4\boldsymbol{a}^{\mathrm{T}}\boldsymbol{a}\tau_3^3+8\boldsymbol{a}^{\mathrm{T}}\boldsymbol{b}\tau_3^4+6\boldsymbol{b}^{\mathrm{T}}\boldsymbol{b}\tau_3^5)\boldsymbol{b}\mathrm{d}\tau_3=$$

$$-\frac{1}{6}\left[(\boldsymbol{a}^{\mathrm{T}}\boldsymbol{a}T^3+2\boldsymbol{a}^{\mathrm{T}}\boldsymbol{b}T^4+\frac{7}{5}\boldsymbol{b}^{\mathrm{T}}\boldsymbol{b}T^5)\boldsymbol{a}+(\boldsymbol{a}^{\mathrm{T}}\boldsymbol{a}T^4+\frac{8}{5}\boldsymbol{a}^{\mathrm{T}}\boldsymbol{b}T^5+\boldsymbol{b}^{\mathrm{T}}\boldsymbol{b}T^6)\boldsymbol{b}\right]=$$

$$-\frac{1}{30}[(5\Delta\boldsymbol{\theta}_1^{\mathrm{T}}\Delta\boldsymbol{\theta}_1-6\Delta\boldsymbol{\theta}_1^{\mathrm{T}}\Delta\boldsymbol{\theta}_2+21\Delta\boldsymbol{\theta}_2^{\mathrm{T}}\Delta\boldsymbol{\theta}_2)\Delta\boldsymbol{\theta}_1+$$

$$(21\Delta\boldsymbol{\theta}_1^{\mathrm{T}}\Delta\boldsymbol{\theta}_1-6\Delta\boldsymbol{\theta}_1^{\mathrm{T}}\Delta\boldsymbol{\theta}_2+5\Delta\boldsymbol{\theta}_2^{\mathrm{T}}\Delta\boldsymbol{\theta}_2)\Delta\boldsymbol{\theta}_2] \tag{C.19}$$

在式(C.19)中，若作近似 $\Delta\boldsymbol{\theta}_1\approx\Delta\boldsymbol{\theta}_2$，则有

$$\boldsymbol{I}_3\approx-\frac{1}{30}[(20\Delta\boldsymbol{\theta}_1^{\mathrm{T}}\Delta\boldsymbol{\theta}_1)\Delta\boldsymbol{\theta}_1+(20\Delta\boldsymbol{\theta}_1^{\mathrm{T}}\Delta\boldsymbol{\theta}_1)\Delta\boldsymbol{\theta}_2]=-\frac{1}{30}[(20\Delta\boldsymbol{\theta}_1^{\mathrm{T}}\Delta\boldsymbol{\theta}_1)(\Delta\boldsymbol{\theta}_1+\Delta\boldsymbol{\theta}_2)]\approx$$

$$-\frac{1}{6}\ |\Delta\boldsymbol{\theta}|^2\Delta\boldsymbol{\theta} \tag{C.20}$$

将式(C.16)代入式(C.15)，忽略二重及以上积分项，可得姿态四元数更新的一阶毕卡算法；将式(C.16)和式(C.18)代入式(C.15)，忽略三重及以上积分项，可得二阶毕卡算法；将式(C.16)、式(C.18)和式(C.20)代入式(C.15)，忽略四重及以上积分项，可得三阶毕卡算法。基于线性角速度假设条件下的一至三阶毕卡算法分别为

$$\boldsymbol{Q}(T)=\boldsymbol{Q}(0)\circ\left(1+\frac{1}{2}\boldsymbol{I}_1\right)=\boldsymbol{Q}(0)\circ\left(1+\frac{1}{2}\Delta\boldsymbol{\theta}\right) \tag{C.21a}$$

$$\boldsymbol{Q}(T)=\boldsymbol{Q}(0)\circ\left(1+\frac{1}{2}\boldsymbol{I}_1+\frac{1}{4}\boldsymbol{I}_2\right)=\boldsymbol{Q}(0)\circ\left[\left(1-\frac{1}{8}\ |\Delta\boldsymbol{\theta}|^2\right)+\frac{1}{2}\left(\Delta\boldsymbol{\theta}+\frac{2}{3}\Delta\boldsymbol{\theta}_1\times\Delta\boldsymbol{\theta}_2\right)\right] \tag{C.21b}$$

$$\boldsymbol{Q}(T)=\boldsymbol{Q}(0)\circ\left(1+\frac{1}{2}\boldsymbol{I}_1+\frac{1}{4}\boldsymbol{I}_2+\frac{1}{8}\boldsymbol{I}_3\right)=$$

$$\boldsymbol{Q}(0)\circ\left[\left(1-\frac{1}{8}\ |\Delta\boldsymbol{\theta}|^2\right)+\frac{1}{2}\left(\Delta\boldsymbol{\theta}+\frac{2}{3}\Delta\boldsymbol{\theta}_1\times\Delta\boldsymbol{\theta}_2-\frac{1}{24}\ |\Delta\boldsymbol{\theta}|^2\Delta\boldsymbol{\theta}\right)\right] \tag{C.21c}$$

与2.5节等效旋转矢量更新算法相比较，不难发现，基于线性角速度假设的二阶(或三阶)毕卡算法精度相当于等效旋转矢量二子样算法，二阶(或三阶)毕卡算法也能够补偿大部分转

动不可交换误差。

类似地，若假设角速度为常值、抛物线或三次曲线形式，则可得基于常值、抛物线或三次曲线角速度假设的一至四阶等毕卡算法，但是基于高阶角速度假设的高阶毕卡算法的推导过程比较烦琐，这里不再详细给出。一般情况下，角速度多项式的幂次假设应当与毕卡级数展开的保留阶数相匹配，比如基于线性角速度假设的一阶毕卡算法式(C.21a)只相当于单子样算法的精度，三阶毕卡算法式(C.21c)比二阶毕卡算法式(C.21b)并未显著提高，因而基于线性角速度假设的毕卡算法只需展开保留至二阶项即可。习惯上所指的一阶毕卡算法为常值角速度假设下的一阶级数展开算法、二阶毕卡算法为线性角速度假设下的二阶级数展开算法、三阶毕卡算法为抛物线角速度假设下的三阶级数展开算法、四阶毕卡算法为三次曲线角速度假设下的四阶级数展开算法。

C.3 姿态更新的四阶龙格-库塔算法

对于四元数微分方程 $\dot{\boldsymbol{Q}}(t)=\frac{1}{2}\boldsymbol{Q}(t)\circ\boldsymbol{\omega}(t)$，可采用标准四阶龙格-库塔（Runge-Kutta，RK4）算法进行求解，结果为

$$\left.\begin{aligned}
\boldsymbol{K}_1&=\frac{1}{2}\boldsymbol{Q}(0)\circ\boldsymbol{\omega}(0)\\
\boldsymbol{K}_2&=\frac{1}{2}\left[\boldsymbol{Q}(0)+\frac{T}{2}\boldsymbol{K}_1\right]\circ\boldsymbol{\omega}(T/2)\\
\boldsymbol{K}_3&=\frac{1}{2}\left[\boldsymbol{Q}(0)+\frac{T}{2}\boldsymbol{K}_2\right]\circ\boldsymbol{\omega}(T/2)\\
\boldsymbol{K}_4&=\frac{1}{2}\left[\boldsymbol{Q}(0)+T\boldsymbol{K}_3\right]\circ\boldsymbol{\omega}(T)\\
\boldsymbol{Q}(T)&=\boldsymbol{Q}(0)+\frac{T}{6}(\boldsymbol{K}_1+2\boldsymbol{K}_2+2\boldsymbol{K}_3+\boldsymbol{K}_4)
\end{aligned}\right\}\tag{C.22}$$

假设在姿态更新周期[0,T]内角速度输出为线性形式，根据式(C.5)和式(C.8)可得角速度与角增量之间的关系为

$$\left.\begin{aligned}
\boldsymbol{\omega}(0)&=\boldsymbol{a}=\frac{3\Delta\boldsymbol{\theta}_1-\Delta\boldsymbol{\theta}_2}{T}\\
\boldsymbol{\omega}(T/2)&=\boldsymbol{a}+\boldsymbol{b}T=\frac{\Delta\boldsymbol{\theta}_1+\Delta\boldsymbol{\theta}_2}{T}\\
\boldsymbol{\omega}(T)&=\boldsymbol{a}+2\boldsymbol{b}T=\frac{3\Delta\boldsymbol{\theta}_2-\Delta\boldsymbol{\theta}_1}{T}
\end{aligned}\right\}\tag{C.23}$$

式(C.22)和式(C.23)便构成了基于角增量的姿态四元数四阶龙格-库塔更新算法。

为了提高角速度的拟合精度和姿态更新频率，可假设在时间段[−T,T]内角速度输出为三次曲线形式，即

$$\boldsymbol{\omega}(t)=\boldsymbol{a}+2\boldsymbol{b}t+3\boldsymbol{c}t^2+4\boldsymbol{d}t^3\quad(-T\leqslant t\leqslant T)\tag{C.24}$$

类似于式(C.13a)，可求得多项式系数与角增量之间的关系为

$$\left.\begin{aligned} \boldsymbol{a} &= \frac{-\Delta\boldsymbol{\theta}_{-1}+7\Delta\boldsymbol{\theta}_0+7\Delta\boldsymbol{\theta}_1-\Delta\boldsymbol{\theta}_2}{6T} \\ \boldsymbol{b} &= \frac{\Delta\boldsymbol{\theta}_{-1}-15\Delta\boldsymbol{\theta}_0+15\Delta\boldsymbol{\theta}_1-\Delta\boldsymbol{\theta}_2}{6T^2} \\ \boldsymbol{c} &= \frac{2(\Delta\boldsymbol{\theta}_{-1}-\Delta\boldsymbol{\theta}_0-\Delta\boldsymbol{\theta}_1+\Delta\boldsymbol{\theta}_2)}{3T^3} \\ \boldsymbol{d} &= \frac{2(-\Delta\boldsymbol{\theta}_{-1}+3\Delta\boldsymbol{\theta}_0-3\Delta\boldsymbol{\theta}_1+\Delta\boldsymbol{\theta}_2)}{3T^4} \end{aligned}\right\} \tag{C.25}$$

其中：$\Delta\boldsymbol{\theta}_{-1}=\int_{-T}^{-T/2}\boldsymbol{\omega}(\tau)\mathrm{d}\tau$ 和 $\Delta\boldsymbol{\theta}_0=\int_{-T/2}^{0}\boldsymbol{\omega}(\tau)\mathrm{d}\tau$ 为前一姿态更新周期的两次角增量采样，而 $\Delta\boldsymbol{\theta}_1=\int_{0}^{T/2}\boldsymbol{\omega}(\tau)\mathrm{d}\tau$ 和 $\Delta\boldsymbol{\theta}_2=\int_{T/2}^{T}\boldsymbol{\omega}(\tau)\mathrm{d}\tau$ 为当前更新周期的两次角增量采样。将式(C.25)代入式(C.24)，可得以角增量表示的角速度为

$$\left.\begin{aligned} \boldsymbol{\omega}(0) &= \boldsymbol{a} = \frac{-\Delta\boldsymbol{\theta}_{-1}+7\Delta\boldsymbol{\theta}_0+7\Delta\boldsymbol{\theta}_1-\Delta\boldsymbol{\theta}_2}{6T} \\ \boldsymbol{\omega}(T/2) &= \boldsymbol{a}+2\boldsymbol{b}\left(\frac{T}{2}\right)+3\boldsymbol{c}\left(\frac{T}{2}\right)^2+4\boldsymbol{d}\left(\frac{T}{2}\right)^3 = \frac{\Delta\boldsymbol{\theta}_{-1}-5\Delta\boldsymbol{\theta}_0+13\Delta\boldsymbol{\theta}_1+3\Delta\boldsymbol{\theta}_2}{6T} \\ \boldsymbol{\omega}(T) &= \boldsymbol{a}+2\boldsymbol{b}T+3\boldsymbol{c}T^2+4\boldsymbol{d}T^3 = \frac{-3\Delta\boldsymbol{\theta}_{-1}+13\Delta\boldsymbol{\theta}_0-23\Delta\boldsymbol{\theta}_1+25\Delta\boldsymbol{\theta}_2}{6T} \end{aligned}\right\} \tag{C.26}$$

由数值计算原理知，RK4 算法的单步截断误差为 $O(T^5)$，这在圆锥运动环境下与基于等效旋转矢量的二子样优化算法误差是同阶的。

不难看出，基于有限项截断的毕卡算法式(C.21)或 RK4 算法式(C.22)，在完成一步姿态更新后 $\boldsymbol{Q}(T)$ 往往不再是严格归一化四元数，因而存在归一化误差。为了避免四元数归一化误差，一种改进的思路是先求解等效旋转矢量 Bortz 方程 $\dot{\boldsymbol{\phi}}=\boldsymbol{\omega}+\frac{1}{2}\boldsymbol{\phi}\times\boldsymbol{\omega}+\frac{1}{12}(\boldsymbol{\phi}\times)^2\boldsymbol{\omega}$ 的毕卡解或 RK4 解，再利用等效旋转矢量进行四元数更新。比如，以等效旋转矢量的 RK4 算法为例，姿态更新算法如下：

$$\left.\begin{aligned} \boldsymbol{K}_1 &= \boldsymbol{\omega}(0) \\ \boldsymbol{K}_2 &= \boldsymbol{\omega}(T/2)+\frac{T}{4}\boldsymbol{K}_1\times\boldsymbol{\omega}(T/2)+\frac{T^2}{48}(\boldsymbol{K}_1\times)^2\boldsymbol{\omega}(T/2) \\ \boldsymbol{K}_3 &= \boldsymbol{\omega}(T/2)+\frac{T}{4}\boldsymbol{K}_2\times\boldsymbol{\omega}(T/2)+\frac{T^2}{48}(\boldsymbol{K}_2\times)^2\boldsymbol{\omega}(T/2) \\ \boldsymbol{K}_4 &= \boldsymbol{\omega}(T)+\frac{T}{2}\boldsymbol{K}_3\times\boldsymbol{\omega}(T)+\frac{T^2}{12}(\boldsymbol{K}_3\times)^2\boldsymbol{\omega}(T) \\ \boldsymbol{\phi}(T) &= \frac{T}{6}(\boldsymbol{K}_1+2\boldsymbol{K}_2+2\boldsymbol{K}_3+\boldsymbol{K}_4) \\ \boldsymbol{Q}(T) &= \boldsymbol{Q}(0)\circ\left[\cos\frac{|\boldsymbol{\phi}(T)|}{2}\quad \frac{\boldsymbol{\phi}^{\mathrm{T}}(T)}{|\boldsymbol{\phi}(T)|}\sin\frac{|\boldsymbol{\phi}(T)|}{2}\right]^{\mathrm{T}} \end{aligned}\right\} \tag{C.27}$$

式中：角速度 $\boldsymbol{\omega}(0)$，$\boldsymbol{\omega}(T/2)$ 和 $\boldsymbol{\omega}(T)$ 的提取方法同式(C.23)或式(C.26)。

C.4 姿态更新的精确数值解法

为了书写方便，以下记 $\boldsymbol{W}(t)=\dfrac{1}{2}\boldsymbol{\omega}(t)$，将四元数微分方程 $\dot{\boldsymbol{Q}}(t)=\dfrac{1}{2}\boldsymbol{Q}(t)\circ\boldsymbol{\omega}(t)$ 简写为

$$\dot{\boldsymbol{Q}}(t)=\boldsymbol{Q}(t)\circ\boldsymbol{W}(t) \tag{C.28}$$

由数学知识知，任何连续函数都能用多项式以任意给定的精度逼近，这里假设 $\boldsymbol{W}(t)$ 为时间 t 的有限阶次多项式，最高阶次为 $N-1$。

1.毕卡级数法

不同于 C.2 小节的思路，这里的目的不在于推导获得姿态更新某一阶毕卡算法的具体计算公式，而在于获得精确的数值解法。

将毕卡级数解(C.15) 重新记为

$$\boldsymbol{Q}(T)=\boldsymbol{Q}(0)\circ\boldsymbol{q}(T,0) \tag{C.29}$$

其中

$$\begin{aligned}\boldsymbol{q}(T,0)=1+\int_0^T\boldsymbol{W}(\tau_1)\mathrm{d}\tau_1+\int_0^T\int_0^{\tau_2}\boldsymbol{W}(\tau_1)\mathrm{d}\tau_1\circ\boldsymbol{W}(\tau_2)\mathrm{d}\tau_2+\\ \int_0^T\int_0^{\tau_3}\int_0^{\tau_2}\boldsymbol{W}(\tau_1)\mathrm{d}\tau_1\circ\boldsymbol{W}(\tau_2)\mathrm{d}\tau_2\circ\boldsymbol{W}(\tau_3)\mathrm{d}\tau_3+\cdots\end{aligned} \tag{C.30}$$

首先，计算式(C.30) 右端的单重积分项，将三维向量表示为零标量四元数，可得

$$\int_0^T\boldsymbol{W}(\tau_1)\mathrm{d}\tau_1=\int_0^T\begin{bmatrix}\boldsymbol{0}\\ \boldsymbol{W}_x\\ \boldsymbol{W}_y\\ \boldsymbol{W}_z\end{bmatrix}\begin{bmatrix}\tau^{N-1}\\ \tau^{N-2}\\ \vdots\\ 1\end{bmatrix}\mathrm{d}\tau_1\triangleq\begin{bmatrix}\boldsymbol{U}_0^{(1)}\\ \boldsymbol{U}_1^{(1)}\\ \boldsymbol{U}_2^{(1)}\\ \boldsymbol{U}_3^{(1)}\end{bmatrix}\begin{bmatrix}T^N\\ T^{N-1}\\ \vdots\\ T\end{bmatrix} \tag{C.31}$$

式中：记 $\boldsymbol{W}(t)=\begin{bmatrix}\boldsymbol{0}\\ \boldsymbol{W}_x\\ \boldsymbol{W}_y\\ \boldsymbol{W}_z\end{bmatrix}\begin{bmatrix}t^{N-1}\\ t^{N-2}\\ \vdots\\ 1\end{bmatrix}$；$\boldsymbol{U}_j^{(i)}$ $(i=1,2,3,\cdots;j=0,1,2,3)$ 表示毕卡级数的第 i 重积分后的多项式行向量系数(下同)。

其次，将式(C.31) 代入式(C.30) 右端的双重积分项，可得

$$\begin{aligned}&\int_0^T\int_0^{\tau_2}\boldsymbol{W}(\tau_1)\mathrm{d}\tau_1\circ\boldsymbol{W}(\tau_2)\mathrm{d}\tau_2=\int_0^T\left(\begin{bmatrix}\boldsymbol{U}_0^{(1)}\\ \boldsymbol{U}_1^{(1)}\\ \boldsymbol{U}_2^{(1)}\\ \boldsymbol{U}_3^{(1)}\end{bmatrix}\begin{bmatrix}\tau_2^N\\ \tau_2^{N-1}\\ \vdots\\ \tau_2\end{bmatrix}\right)\circ\left(\begin{bmatrix}\boldsymbol{0}\\ \boldsymbol{W}_x\\ \boldsymbol{W}_y\\ \boldsymbol{W}_z\end{bmatrix}\begin{bmatrix}\tau_2^{N-1}\\ \tau_2^{N-2}\\ \vdots\\ 1\end{bmatrix}\right)\mathrm{d}\tau_2=\\ &\int_0^T\begin{bmatrix}-\boldsymbol{U}_1^{(1)}*\boldsymbol{W}_x-\boldsymbol{U}_2^{(1)}*\boldsymbol{W}_y-\boldsymbol{U}_3^{(1)}*\boldsymbol{W}_z\\ \boldsymbol{U}_0^{(1)}*\boldsymbol{W}_x+\boldsymbol{U}_2^{(1)}*\boldsymbol{W}_z-\boldsymbol{U}_3^{(1)}*\boldsymbol{W}_y\\ \boldsymbol{U}_0^{(1)}*\boldsymbol{W}_y+\boldsymbol{U}_3^{(1)}*\boldsymbol{W}_x-\boldsymbol{U}_1^{(1)}*\boldsymbol{W}_z\\ \boldsymbol{U}_0^{(1)}*\boldsymbol{W}_z+\boldsymbol{U}_1^{(1)}*\boldsymbol{W}_y-\boldsymbol{U}_2^{(1)}*\boldsymbol{W}_x\end{bmatrix}\begin{bmatrix}\tau_2^{2N-1}\\ \tau_2^{2N-2}\\ \vdots\\ \tau_2\end{bmatrix}\mathrm{d}\tau_2\triangleq\begin{bmatrix}\boldsymbol{U}_0^{(2)}\\ \boldsymbol{U}_1^{(2)}\\ \boldsymbol{U}_2^{(2)}\\ \boldsymbol{U}_3^{(2)}\end{bmatrix}\begin{bmatrix}T^{2N}\\ T^{2N-1}\\ \vdots\\ T^2\end{bmatrix}\end{aligned} \tag{C.32}$$

式中：运算符“$*$”表示两个多项式系数行向量之间的卷积运算。

同理，将式(C.32) 代入式(C.30) 右端的三重积分项，可得

$$\int_0^T\int_0^{\tau_3}\int_0^{\tau_2}\boldsymbol{W}(\tau_1)\mathrm{d}\tau_1\circ\boldsymbol{W}(\tau_2)\mathrm{d}\tau_2\circ\boldsymbol{W}(\tau_3)\mathrm{d}\tau_3=\int_0^T\left(\begin{bmatrix}\boldsymbol{U}_0^{(2)}\\\boldsymbol{U}_1^{(2)}\\\boldsymbol{U}_2^{(2)}\\\boldsymbol{U}_3^{(2)}\end{bmatrix}\begin{bmatrix}\tau_3^{2N}\\\tau_3^{2N-1}\\\vdots\\\tau_3^2\end{bmatrix}\right)\circ\left(\begin{bmatrix}\boldsymbol{0}\\\boldsymbol{W}_x\\\boldsymbol{W}_y\\\boldsymbol{W}_z\end{bmatrix}\begin{bmatrix}\tau_3^{N-1}\\\tau_3^{N-2}\\\vdots\\1\end{bmatrix}\right)\mathrm{d}\tau_3=$$

$$\int_0^T\begin{bmatrix}-\boldsymbol{U}_1^{(2)}*\boldsymbol{W}_x-\boldsymbol{U}_2^{(2)}*\boldsymbol{W}_y-\boldsymbol{U}_3^{(2)}*\boldsymbol{W}_z\\\boldsymbol{U}_0^{(2)}*\boldsymbol{W}_x+\boldsymbol{U}_2^{(2)}*\boldsymbol{W}_z-\boldsymbol{U}_3^{(2)}*\boldsymbol{W}_y\\\boldsymbol{U}_0^{(2)}*\boldsymbol{W}_y+\boldsymbol{U}_3^{(2)}*\boldsymbol{W}_x-\boldsymbol{U}_1^{(2)}*\boldsymbol{W}_z\\\boldsymbol{U}_0^{(2)}*\boldsymbol{W}_z+\boldsymbol{U}_1^{(2)}*\boldsymbol{W}_y-\boldsymbol{U}_2^{(2)}*\boldsymbol{W}_x\end{bmatrix}\begin{bmatrix}\tau_3^{3N-1}\\\tau_3^{3N-2}\\\vdots\\\tau_3^2\end{bmatrix}\mathrm{d}\tau_3\triangleq\begin{bmatrix}\boldsymbol{U}_0^{(3)}\\\boldsymbol{U}_1^{(3)}\\\boldsymbol{U}_2^{(3)}\\\boldsymbol{U}_3^{(3)}\end{bmatrix}\begin{bmatrix}T^{3N}\\T^{3N-1}\\\vdots\\T^3\end{bmatrix}\qquad(\text{C. }33)$$

依此类推，可求得式(C. 30)右端的所有积分项。由以上多重积分的迭代过程可见，高一阶的多项式系数 $\boldsymbol{U}_j^{(i+1)}$ 仅仅是低一阶系数 $\boldsymbol{U}_j^{(i)}$ 与多项式系数 $\boldsymbol{W}_j$ 的卷积和，十分便于数值计算和软件编程实现。

至此，可获得式(C. 30)的幂级数解为

$$\boldsymbol{q}(T,0)=\begin{bmatrix}1\\0\\0\\0\end{bmatrix}+\begin{bmatrix}\boldsymbol{U}_0^{(1)}\\\boldsymbol{U}_1^{(1)}\\\boldsymbol{U}_2^{(1)}\\\boldsymbol{U}_3^{(1)}\end{bmatrix}\begin{bmatrix}T^N\\T^{N-1}\\\vdots\\T\end{bmatrix}+\begin{bmatrix}\boldsymbol{U}_0^{(2)}\\\boldsymbol{U}_1^{(2)}\\\boldsymbol{U}_2^{(2)}\\\boldsymbol{U}_3^{(2)}\end{bmatrix}\begin{bmatrix}T^{2N}\\T^{2N-1}\\\vdots\\T^2\end{bmatrix}+\begin{bmatrix}\boldsymbol{U}_0^{(3)}\\\boldsymbol{U}_1^{(3)}\\\boldsymbol{U}_2^{(3)}\\\boldsymbol{U}_3^{(3)}\end{bmatrix}\begin{bmatrix}T^{3N}\\T^{3N-1}\\\vdots\\T^3\end{bmatrix}+\cdots\qquad(\text{C. }34)$$

式(C. 34)是收敛的，实际使用时也只需选取有限项截断即可。

2. 迭代法

对式(C. 28)等号两边同时积分，可得

$$\boldsymbol{Q}(t)-\boldsymbol{Q}(0)=\int_0^t\boldsymbol{Q}(\tau)\circ\boldsymbol{W}(\tau)\mathrm{d}\tau\qquad(\text{C. }35)$$

类似于式(2.7.7)，将式(C. 35)改写为迭代的形式，有

$$\boldsymbol{Q}^{(i+1)}(t)=\boldsymbol{Q}(0)+\int_0^t\boldsymbol{Q}^{(i)}(\tau)\circ\boldsymbol{W}(\tau)\mathrm{d}\tau\qquad(\text{C. }36)$$

式中：右上角标“(i)”表示迭代次数($i=0,1,2,\cdots$)，可选迭代初值 $\boldsymbol{Q}^{(0)}(\tau)=\boldsymbol{Q}(0)$。使用与式(C. 32)同样的计算方法不难由 $\boldsymbol{Q}^{(i)}(t)$ 求得 $\boldsymbol{Q}^{(i+1)}(t)$，完成一次迭代，经过多次(比如 k 次)迭代后，$\boldsymbol{Q}^{(k)}(t)$ 在 T 时刻的取值 $\boldsymbol{Q}^{(k)}(T)$ 即为所需求解的姿态四元数 $\boldsymbol{Q}(T)$。显然，这里的四元数迭代法比 2.7 节介绍的等效旋转矢量迭代法更为简洁。

3. 泰勒级数法

根据两函数之积求导的二项式定理，对式(C. 28)等号两边同时求 m 阶导数，可得

$$\boldsymbol{Q}^{(m+1)}(t)=\sum_{n=0}^{m}C_m^n\boldsymbol{Q}^{(n)}(t)\circ\boldsymbol{W}^{(m-n)}(t)\qquad(\text{C. }37)$$

式中：$C_m^n=\dfrac{n!}{m!\ (n-m)!}$ 为组合数。式(C. 37)说明，$\boldsymbol{Q}(t)$ 的高阶导数总可以用低阶导数表示。显然，当 $m=0$ 时式(C. 37)即为式(C. 28)。

将 $\boldsymbol{Q}(T)$ 在 $t=0$ 处展开成泰勒级数，有

$$\boldsymbol{Q}(T)=\boldsymbol{Q}(0)+T\dot{\boldsymbol{Q}}(0)+\frac{T^2}{2!}\ddot{\boldsymbol{Q}}(0)+\frac{T^3}{3!}\dddot{\boldsymbol{Q}}(0)+\frac{T^4}{4!}\boldsymbol{Q}^{(4)}(0)+\cdots\qquad(\text{C. }38)$$

特别地，由于 $\boldsymbol{W}(t)$ 高于 $N-1$ 阶的导数全为零，求解 $\boldsymbol{Q}^{(m)}(0)$ 高于 $N-1$ 阶的导数最多只需 N 个求和项，因此有高阶导数的递推公式

$$\boldsymbol{Q}^{(m+1)}(0)=\begin{cases}\sum\limits_{n=0}^{m}C_m^n\boldsymbol{Q}^{(n)}(0)\circ\boldsymbol{W}^{(m-n)}(0) & (0\leqslant m\leqslant N-1)\\ \sum\limits_{n=m-(N-1)}^{m}C_m^n\boldsymbol{Q}^{(n)}(0)\circ\boldsymbol{W}^{(m-n)}(0) & (m>N-1)\end{cases}\tag{C. 39}$$

在角速度 $\boldsymbol{\omega}(t)$ 的多项式系数为有界情况下，注意到式(C. 38) 的分母中存在阶乘运算，因而泰勒级数总是收敛的，且更新间隔 T 越短在数值计算上收敛速度就越快。实际应用时，只需保留低阶有限项进行截断近似即可求得 $\boldsymbol{Q}(T)$ 的高精度数值解。

上述毕卡级数、迭代、泰勒级数三种方法都可以在角速度为多项式假设条件下获得姿态更新的精确数值解，在求解过程中隐含了对不可交换误差的精确补偿，姿态更新精度仅受限于计算机的数值解算精度。显然，这三种算法的计算量都有些大，在低端处理器上可能难以完成实时解算，但可应用于高性能导航计算机中，或应用于事后数据分析。

最后指出，姿态阵微分方程 $\dot{\boldsymbol{C}}(t)=\boldsymbol{C}(t)[\boldsymbol{\omega}(t)\times]$ 与四元数微分方程 $\dot{\boldsymbol{Q}}(t)=\boldsymbol{Q}(t)\circ\boldsymbol{W}(t)$ 在形式上完全一样，也可以使用上述三种方法计算姿态阵的数值解，只不过它的计算量会更大一些。

附录 D　从非直角坐标系到直角坐标系的矩阵变换

假设有一右手直角坐标系 $o_bx_by_bz_b$(简记为 b 系)，其坐标轴向单位矢量分别记为 $\boldsymbol{i}_b,\boldsymbol{j}_b,\boldsymbol{k}_b$；有一非直角坐标系 $o_ax_ay_az_a$(简记 a 系)，其坐标轴向单位矢量分别记为 $\boldsymbol{i}_a,\boldsymbol{j}_a,\boldsymbol{k}_a$。不妨设 b 系和 a 系具有共同的坐标原点，根据线性代数知识，从 a 系到 b 系的坐标变换矩阵可表示为

$$\boldsymbol{C}_a^b=\begin{bmatrix}\boldsymbol{i}_b\cdot\boldsymbol{i}_a & \boldsymbol{i}_b\cdot\boldsymbol{j}_a & \boldsymbol{i}_b\cdot\boldsymbol{k}_a\\ \boldsymbol{j}_b\cdot\boldsymbol{i}_a & \boldsymbol{j}_b\cdot\boldsymbol{j}_a & \boldsymbol{j}_b\cdot\boldsymbol{k}_a\\ \boldsymbol{k}_b\cdot\boldsymbol{i}_a & \boldsymbol{k}_b\cdot\boldsymbol{j}_a & \boldsymbol{k}_b\cdot\boldsymbol{k}_a\end{bmatrix}=\begin{bmatrix}p_{xx} & p_{xy} & p_{xz}\\ p_{yx} & p_{yy} & p_{yz}\\ p_{zx} & p_{zy} & p_{zz}\end{bmatrix}=$$
$$\begin{bmatrix}\sqrt{1-p_{yx}^2-p_{zx}^2} & p_{xy} & p_{xz}\\ p_{yx} & \sqrt{1-p_{xy}^2-p_{zy}^2} & p_{yz}\\ p_{zx} & p_{zy} & \sqrt{1-p_{xz}^2-p_{yz}^2}\end{bmatrix}\tag{D. 1}$$

其中：$p_{uv}=\boldsymbol{u}_b\cdot\boldsymbol{v}_a$($u,v=x,y,z$ 对应于 $\boldsymbol{u},\boldsymbol{v}=\boldsymbol{i},\boldsymbol{j},\boldsymbol{k}$) 表示单位矢量 $\boldsymbol{u}_b$ 在 $\boldsymbol{v}_a$ 上的投影大小，或者 $\boldsymbol{v}_a$ 在 $\boldsymbol{u}_b$ 上的投影大小。由于 b 系是直角坐标系，易知 $\boldsymbol{C}_a^b$ 的列向量必为单位向量，但其行向量一般不是单位向量，在矩阵 $\boldsymbol{C}_a^b$ 中仅有 6 个独立元素。

假设 b 系和 a 系对应轴向之间近似相互平行，或者说对应轴向之间的不平行偏差角为小量，即近似有 $\boldsymbol{i}_b\cdot\boldsymbol{i}_a\approx\boldsymbol{j}_b\cdot\boldsymbol{j}_a\approx\boldsymbol{k}_b\cdot\boldsymbol{k}_a\approx 1$，这时式(D. 1) 可近似为

$$\boldsymbol{C}_a^b\approx\begin{bmatrix}1 & p_{xy} & p_{xz}\\ p_{yx} & 1 & p_{yz}\\ p_{zx} & p_{zy} & 1\end{bmatrix}\tag{D. 2}$$

非对角线元素 p_{uv} 均为小量。

以下分析 $\boldsymbol{C}_a^b$ 的矩阵分解及其几何含义。

D.1　正交三角分解(QR 分解)

根据矩阵的 QR 分解理论,非奇异阵 $\boldsymbol{C}_a^b$ 总可以分解为单位正交阵 $\boldsymbol{C}_B^b$ 和上三角阵 $\boldsymbol{C}_a^B$ 之乘积的形式,即

$$\boldsymbol{C}_a^b = \boldsymbol{C}_B^b \boldsymbol{C}_a^B \tag{D.3}$$

在偏差角为小量情形下,式(D.2) 表明 $\boldsymbol{C}_a^b$ 的对角线元素均为正且对角占优,此处规定上三角阵 $\boldsymbol{C}_a^B$ 的对角线元素均为正,在此规定下式(D.3) 的分解结果是唯一的。

在式(D.3) 中,单位正交阵 $\boldsymbol{C}_B^b$ 可以看作是从 b 系到另一右手直角坐标系(B 系) 的坐标系变换矩阵,若记从 b 系到 B 系的失准角(即等效旋转矢量) 为 $\boldsymbol{\mu} = [\mu_x \quad \mu_y \quad \mu_z]^{\mathrm{T}}$ 且 $\mu = \sqrt{\boldsymbol{\mu}^{\mathrm{T}}\boldsymbol{\mu}}$,则近似有

$$\boldsymbol{C}_B^b = \boldsymbol{I} + \frac{\sin\mu}{\mu}(\boldsymbol{\mu}\times) + \frac{1-\cos^2\mu}{\mu^2}(\boldsymbol{\mu}\times)^2 \approx \boldsymbol{I} + (\boldsymbol{\mu}\times) \tag{D.4}$$

在式(D.3) 中,上三角阵 $\boldsymbol{C}_a^B$ 表示从非直角坐标系(a 系) 至直角坐标系(B 系) 的坐标变换矩阵,其几何含义如图 D.1 所示。图中,a 系的 $o_a x_a$ 轴与 B 系的 $o_B x_B$ 轴重合;a 系的 $o_a y_a$ 轴在 B 系的 $o_B x_B y_B$ 平面内,且单位矢量 $\boldsymbol{j}_a$ 的端点在 $o_B x_B$ 和 $o_B y_B$ 轴上的投影分别记为 P_{xy} 和 P_{yy};a 系的单位矢量 $\boldsymbol{k}_a$ 的端点在 $o_B x_B$,$o_B y_B$ 和 $o_B z_B$ 轴上的投影分别记为 P_{xz},P_{yz} 和 P_{zz}。类似于式(D.1) 的定义,可得

$$\boldsymbol{C}_a^B = \begin{bmatrix} \boldsymbol{i}_B\cdot\boldsymbol{i}_a & \boldsymbol{i}_B\cdot\boldsymbol{j}_a & \boldsymbol{i}_B\cdot\boldsymbol{k}_a \\ \boldsymbol{j}_B\cdot\boldsymbol{i}_a & \boldsymbol{j}_B\cdot\boldsymbol{j}_a & \boldsymbol{j}_B\cdot\boldsymbol{k}_a \\ \boldsymbol{k}_B\cdot\boldsymbol{i}_a & \boldsymbol{k}_B\cdot\boldsymbol{j}_a & \boldsymbol{k}_B\cdot\boldsymbol{k}_a \end{bmatrix} = \begin{bmatrix} 1 & P_{xy} & P_{xz} \\ 0 & P_{yy} & P_{yz} \\ 0 & 0 & P_{zz} \end{bmatrix} \approx \begin{bmatrix} 1 & P_{xy} & P_{xz} \\ 0 & 1 & P_{yz} \\ 0 & 0 & 1 \end{bmatrix} \tag{D.5}$$

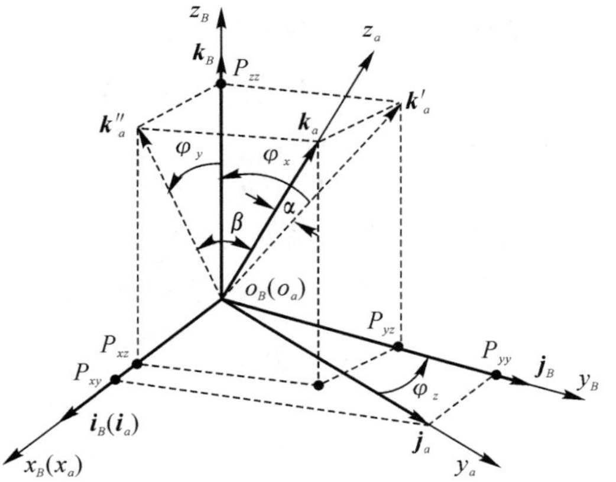

图 D.1　直角坐标系与非直角坐标系

此外,由图 D.1 可见,单位矢量 $\boldsymbol{j}_a$ 绕 $\boldsymbol{k}_B$ 旋转 φ_z 角至 $\boldsymbol{j}_B$(即从 $\boldsymbol{j}_a$ 转至 $\boldsymbol{j}_B$ 的有向角为 φ_z);矢量 $\boldsymbol{k}_a$ 在 $o_B y_B z_B$ 平面上投影记为 $\boldsymbol{k}'_a$,两者间夹角记为 α,矢量 $\boldsymbol{k}'_a$ 绕 $\boldsymbol{i}_B$ 轴旋转 φ_x 角至 $\boldsymbol{k}_B$(即从 $\boldsymbol{k}'_a$ 转至 $\boldsymbol{k}_B$ 的有向角为 φ_x);矢量 $\boldsymbol{k}_a$ 在 $o_B z_B x_B$ 平面上投影记为 $\boldsymbol{k}''_a$,两者间夹角记为 β,矢量 $\boldsymbol{k}_B$ 绕 $\boldsymbol{j}_B$ 轴旋转 φ_y 角至 $\boldsymbol{k}''_a$(即从 $\boldsymbol{k}_B$ 转至 $\boldsymbol{k}''_a$ 的有向角为 φ_y)。若将 $\boldsymbol{\varphi} = [\varphi_x \quad \varphi_y \quad \varphi_z]^{\mathrm{T}}$ 记为从非直角坐标系坐标轴到直角坐标系的偏差角,则根据以上描述,式(D.5) 可等价于

$$\boldsymbol{C}_a^B=\begin{bmatrix}1 & \sin\varphi_z & \cos\beta\sin\varphi_y \\ 0 & \cos\varphi_z & \cos\alpha\sin\varphi_x \\ 0 & 0 & \cos\alpha\cos\varphi_x\end{bmatrix}\approx\begin{bmatrix}1 & \varphi_z & \varphi_y \\ 0 & 1 & \varphi_x \\ 0 & 0 & 1\end{bmatrix}=\boldsymbol{I}+\boldsymbol{\varphi}^{\Delta} \tag{D.6}$$

式中：$\boldsymbol{\varphi}^{\Delta}$ 表示由矢量 $\boldsymbol{\varphi}$ 构造的上三角矩阵，即

$$\boldsymbol{\varphi}^{\Delta}=\begin{bmatrix}0 & \varphi_z & \varphi_y \\ 0 & 0 & \varphi_x \\ 0 & 0 & 0\end{bmatrix} \tag{D.7}$$

从几何含义上看，式(D.5) 矩阵中的元素 P_{xy}，P_{xz} 和 P_{yz} 分别表示非直角坐标系坐标轴上单位矢量 $\boldsymbol{j}_a$ 和 $\boldsymbol{k}_a$ 在直角坐标系 $o_Bx_By_Bz_B$ 坐标轴上的投影值；而式(D.6) 中的元素 φ_x，φ_y 和 φ_z 则表示从非直角坐标系的坐标轴 o_ay_a 和 o_az_a 到直角坐标系所需转动的偏差角，它们正好反映了非直角坐标系轴向之间的不正交程度，即 φ_x，φ_y，φ_z 分别表示 o_ay_a 和 o_az_a，o_az_a 和 o_ax_a，o_ax_a 和 o_ay_a 之间的不正交角，其值越小说明正交性越好。相比而言，式(D.6) 表示的几何意义更明确。

将式(D.4) 和式(D.6) 代入式(D.3)，展开并略去二阶小量，可得

$$\boldsymbol{C}_a^b=(\boldsymbol{I}+\boldsymbol{\mu}\times)(\boldsymbol{I}+\boldsymbol{\varphi}^{\Delta})\approx\boldsymbol{I}+(\boldsymbol{\mu}\times)+\boldsymbol{\varphi}^{\Delta} \tag{D.8}$$

D.2 正交对称分解

根据矩阵的奇异值分解(SVD) 理论，变换矩阵 $\boldsymbol{C}_a^b$ 非奇异，它总可以分解为如下形式：

$$\boldsymbol{C}_a^b=\boldsymbol{UDV}^{\mathrm{T}}=(\boldsymbol{UV}^{\mathrm{T}})\cdot(\boldsymbol{VDV}^{\mathrm{T}})=\boldsymbol{C}_{B'}^b\boldsymbol{C}_a^{B'} \tag{D.9}$$

其中：$\boldsymbol{U}$ 和 $\boldsymbol{V}$ 均为单位正交阵；$\boldsymbol{D}$ 是由 $\boldsymbol{C}_a^b$ 的奇异值组成的对角阵；记 B' 为某中间坐标系。易知，$\boldsymbol{C}_{B'}^b=\boldsymbol{UV}^{\mathrm{T}}$ 为单位正交阵，因而 B' 系是直角坐标系；由于 B' 系是直角坐标系，因而 $\boldsymbol{C}_a^{B'}=\boldsymbol{VDV}^{\mathrm{T}}$ 的列向量都是单位向量，又由于 $\boldsymbol{C}_a^{B'}$是对称的，所以它的行向量也是单位向量。

与式(D.4) 类似，$\boldsymbol{C}_{B'}^b$ 可近似为

$$\boldsymbol{C}_{B'}^b\approx\boldsymbol{I}+(\boldsymbol{\mu}'\times) \tag{D.10}$$

其中：$\boldsymbol{\mu}'=[\mu'_x\quad\mu'_y\quad\mu'_z]^{\mathrm{T}}$ 表示从 b 系到 B' 系的失准角。

对于列向量模值为 1 的对称阵 $\boldsymbol{C}_a^{B'}$，它总可以展开成如下形式：

$$\boldsymbol{C}_a^{B'}=\begin{bmatrix}\sqrt{1-\varphi_y'^2-\varphi_z'^2} & \varphi'_z & \varphi'_y \\ \varphi'_z & \sqrt{1-\varphi_x'^2-\varphi_z'^2} & \varphi'_x \\ \varphi'_y & \varphi'_x & \sqrt{1-\varphi_x'^2-\varphi_y'^2}\end{bmatrix}\approx\begin{bmatrix}1 & \varphi'_z & \varphi'_y \\ \varphi'_z & 1 & \varphi'_x \\ \varphi'_y & \varphi'_x & 1\end{bmatrix}=\boldsymbol{I}+\boldsymbol{S}(\boldsymbol{\varphi}') \tag{D.11}$$

其中：$\boldsymbol{\varphi}'=[\varphi'_x\quad\varphi'_y\quad\varphi'_z]^{\mathrm{T}}$，且记

$$\mathrm{S}(\boldsymbol{\varphi}')=\begin{bmatrix}0 & \varphi'_z & \varphi'_y \\ \varphi'_z & 0 & \varphi'_x \\ \varphi'_y & \varphi'_x & 0\end{bmatrix} \tag{D.12}$$

将式(D.10) 和式(D.11) 代入式(D.9)，展开并略去二阶小量，可得

$$\boldsymbol{C}_a^b=(\boldsymbol{I}+\boldsymbol{\mu}'\times)[\boldsymbol{I}+\mathrm{S}(\boldsymbol{\varphi}')]\approx\boldsymbol{I}+(\boldsymbol{\mu}'\times)+\mathrm{S}(\boldsymbol{\varphi}') \tag{D.13}$$

比较式(D.2)、式(D.8) 和式(D.13)，可得

$$\begin{bmatrix}1 & p_{xy} & p_{xz}\\ p_{yx} & 1 & p_{yz}\\ p_{zx} & p_{zy} & 1\end{bmatrix}=\begin{bmatrix}1 & -\mu_z+\varphi_z & \mu_y+\varphi_y\\ \mu_z & 1 & -\mu_x+\varphi_x\\ -\mu_y & \mu_x & 1\end{bmatrix}=\begin{bmatrix}1 & -\mu'_z+\varphi'_z & \mu'_y+\varphi'_y\\ \mu'_z+\varphi'_z & 1 & -\mu'_x+\varphi'_x\\ -\mu'_y+\varphi'_y & \mu'_x+\varphi'_x & 1\end{bmatrix} \tag{D.14}$$

由式(D.14)可解得以下关系：

$$\left.\begin{aligned}&\mu_x=p_{zy},\quad \mu_y=-p_{zx},\quad \mu_z=p_{yx}\\ &\varphi_x=p_{yz}+p_{zy},\quad \varphi_y=p_{xz}+p_{zx},\quad \varphi_z=p_{xy}+p_{yx}\end{aligned}\right\} \tag{D.15}$$

$$\left.\begin{aligned}&\mu'_x=\frac{p_{zy}-p_{yz}}{2},\quad \mu'_y=\frac{p_{xz}-p_{zx}}{2},\quad \mu'_z=\frac{p_{yx}-p_{xy}}{2}\\ &\varphi'_x=\frac{p_{yz}+p_{zy}}{2},\quad \varphi'_y=\frac{p_{xz}+p_{zx}}{2},\quad \varphi'_z=\frac{p_{xy}+p_{yx}}{2}\end{aligned}\right\} \tag{D.16}$$

$$\left.\begin{aligned}&\mu_x=\mu'_x+\varphi'_x,\quad \mu_y=\mu'_y-\varphi'_y,\quad \mu_z=\mu'_z+\varphi'_z\\ &\boldsymbol{\varphi}=2\boldsymbol{\varphi}'\end{aligned}\right\} \tag{D.17}$$

式(D.17)中的关系式$\boldsymbol{\varphi}=2\boldsymbol{\varphi}'$说明$\boldsymbol{\varphi}'$也具有不正交角含义。以$\varphi'_z$分量为例，参见图D.2，其几何解释是：逆着$o_{B'}z_{B'}$轴观察，将$o_a x_a$轴和$o_a y_a$轴同时投影到$o_{B'}x_{B'}y_{B'}$平面上，分别记为$o_a x'_a$和$o_a y'_a$，则有向角$\angle x_{B'}o_{B'}x'_a=\angle y'_a o_{B'}y_{B'}=\varphi'_z$，有向角的转轴为$o_{B'}z_{B'}$轴正向；也就是说，逆着$o_{B'}z_{B'}$轴观察，夹角$\angle x_{B'}o_{B'}y_{B'}$和$\angle x'_a o_{B'}y'_a$具有共同的对角线$o_{B'}o'$。相较于图D.2，在图D.1中夹角$\angle x_B o_B y_B$和$\angle x_a o_B y_a$具有共同的起始边$o_B x_B$，因而$\varphi_z$恰好是$\varphi'_z$的两倍。

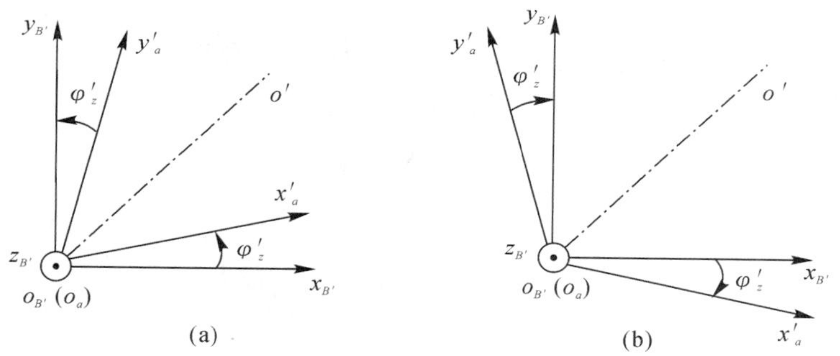

图D.2　φ'_z的几何含义

(a)$\varphi'_z\geqslant 0$情形；　(b)$\varphi'_z<0$情形

综合前面分析，不论直接采用式(D.2)或者正交三角分解式(D.8)还是正交对称分解式(D.13)，它们都等效地描述了从非直角坐标系到直角坐标系的坐标变换关系，且每种描述中都包含6个独立参数，只是各种参数的几何含义不同罢了。顺便指出，正交对称分解方法给出的B'系，它是所有右手直角坐标系中“最接近于”非直角坐标系a系的一个坐标系，相关理论可参见附录K。

附录E　估计量的评价准则

评价估计量优劣的准则主要有无偏性、有效性、均方误差准则、相合性和渐近正态性，其中有效性和均方误差准则是以二阶矩定义的，又称为二阶矩准则。无偏性、有效性和均方误差准则主要针对小样本估计而言，而相合性和渐近正态性主要针对大样本。需要指出的是，一个准则只能刻画出估计量的一个侧面，很难使估计量在所有准则下都最优，通常选用一个或两个准则进行评价，无偏性和有效性是最优估计理论中最常使用的两个基本准则。

E.1 无偏性(unbiasness)

如果对参数或状态 $\boldsymbol{X}$ 进行多次估计，估计值 $\hat{\boldsymbol{X}}$ 的期望就等于真值的期望，则称之为无偏估计，表示为

$$\mathrm{E}[\hat{\boldsymbol{X}}]=\mathrm{E}[\boldsymbol{X}] \tag{E.1}$$

如果 $\boldsymbol{X}$ 不是随机向量而是某确定性的常值向量，则估计的无偏性含义为

$$\mathrm{E}[\hat{\boldsymbol{X}}]=\boldsymbol{X} \tag{E.2}$$

不论式(E.1)还是式(E.2)，都等价于估计误差 $\tilde{\boldsymbol{X}}=\boldsymbol{X}-\hat{\boldsymbol{X}}$ 是零均值的，即有

$$\mathrm{E}[\tilde{\boldsymbol{X}}]=\mathrm{E}[\boldsymbol{X}-\hat{\boldsymbol{X}}]=\boldsymbol{0} \tag{E.3}$$

无偏性体现了估计方法不存在系统性偏差，这是在大多数情况下对估计量的最基本要求。

E.2 有效性(effectiveness)

有效性主要针对无偏估计而言，即在无偏性的前提下讨论有效性才有意义。

假设 $\hat{\boldsymbol{X}}_1$，$\hat{\boldsymbol{X}}_2$ 都是 $\boldsymbol{X}$ 的无偏估计，如果有均方误差阵(即无偏估计的方差阵)$\mathrm{E}[\tilde{\boldsymbol{X}}_1\tilde{\boldsymbol{X}}_1^{\mathrm{T}}]\leqslant\mathrm{E}[\tilde{\boldsymbol{X}}_2\tilde{\boldsymbol{X}}_2^{\mathrm{T}}]$，则认为估计 $\hat{\boldsymbol{X}}_1$ 比 $\hat{\boldsymbol{X}}_2$ 更有效。那么是否存在一种最有效的估计呢？其有效性的下界是多少？

以下暂且以连续分布的标量状态 X 和量测 Z 为例进行分析。

无偏估计前提条件意味着估计误差须满足

$$\mathrm{E}[\tilde{X}]=\int_{-\infty}^{\infty}\int_{-\infty}^{\infty}(x-\hat{X}(z))p(x,z)\mathrm{d}x\mathrm{d}z=0 \tag{E.4}$$

式(E.4)对 x 求偏导，可得

$$\begin{aligned}\frac{\partial\mathrm{E}[\tilde{X}]}{\partial x}=&\int_{-\infty}^{\infty}\int_{-\infty}^{\infty}\frac{\partial}{\partial x}[(x-\hat{X}(z))p(x,z)]\mathrm{d}x\mathrm{d}z=\\&\int_{-\infty}^{\infty}\int_{-\infty}^{\infty}p(x,z)\mathrm{d}x\mathrm{d}z+\int_{-\infty}^{\infty}\int_{-\infty}^{\infty}(x-\hat{X}(z))\frac{\partial}{\partial x}p(x,z)\mathrm{d}x\mathrm{d}z=\\&1+\int_{-\infty}^{\infty}\int_{-\infty}^{\infty}(x-\hat{X}(z))\frac{\partial}{\partial x}p(x,z)\mathrm{d}x\mathrm{d}z=0\end{aligned} \tag{E.5}$$

移项，整理得

$$\int_{-\infty}^{\infty}\int_{-\infty}^{\infty}(\hat{X}(z)-x)\frac{\partial}{\partial x}p(x,z)\mathrm{d}x\mathrm{d}z=1 \tag{E.6}$$

考虑到微分公式$\dfrac{\partial f(x)}{\partial x}=\dfrac{\partial\ln f(x)}{\partial x}f(x)$，式(E.6)可化为

$$\int_{-\infty}^{\infty}\int_{-\infty}^{\infty}(\hat{X}(z)-x)\frac{\partial\ln p(x,z)}{\partial x}p(x,z)\mathrm{d}x\mathrm{d}z=1 \tag{E.7}$$

即

$$\int_{-\infty}^{\infty}\int_{-\infty}^{\infty}(\hat{X}(z)-x)\sqrt{p(x,z)}\cdot\sqrt{p(x,z)}\frac{\partial\ln p(x,z)}{\partial x}\mathrm{d}x\mathrm{d}z=1 \tag{E.8}$$

将施瓦茨积分不等式 $\int_{-\infty}^{\infty}\int_{-\infty}^{\infty}f^2(x,z)\mathrm{d}x\mathrm{d}z\cdot\int_{-\infty}^{\infty}\int_{-\infty}^{\infty}g^2(x,z)\mathrm{d}x\mathrm{d}z\geqslant$

$\left[\int_{-\infty}^{\infty}\int_{-\infty}^{\infty}f(x,z)g(x,z)\mathrm{d}x\mathrm{d}z\right]^2$ 应用于式(E.8)，可得

$$\int_{-\infty}^{\infty}\int_{-\infty}^{\infty}(\hat{X}(z)-x)^2p(x,z)\mathrm{d}x\mathrm{d}z\int_{-\infty}^{\infty}\int_{-\infty}^{\infty}\left[\frac{\partial\ln p(x,z)}{\partial x}\right]^2p(x,z)\mathrm{d}x\mathrm{d}z\geqslant 1 \quad (\mathrm{E}.9)$$

此即

$$\mathrm{E}[(\hat{X}-X)^2]\mathrm{E}\left\{\left[\frac{\partial\ln p(x,z)}{\partial x}\right]^2\right\}\geqslant 1 \quad (\mathrm{E}.10)$$

上式移项，可得

$$\mathrm{E}[\widetilde{X}^2]\geqslant \mathrm{E}\left\{\left[\frac{\partial\ln p(x,z)}{\partial x}\right]^2\right\}^{-1}\triangleq I^{-1}(x) \quad (\mathrm{E}.11)$$

式(E.11)称为Cramer-Rao不等式，它说明：根据已知的状态-量测联合概率密度关系，可以确定出由量测对状态进行估计的状态估计误差的方差下限。式中，$I(x)=\mathrm{E}\left\{\left[\frac{\partial\ln p(x,z)}{\partial x}\right]^2\right\}$ 称为 Fisher 信息量，$I^{-1}(x)$ 为 Cramer-Rao 下界，它便是无偏估计有效性的下限。

当状态估计为向量情形时，这里直接给出 Fisher 信息矩阵，如下：

$$\boldsymbol{I}(\boldsymbol{x})=\mathrm{E}\left[\frac{\partial\ln p(\boldsymbol{x},\boldsymbol{z})}{\partial\boldsymbol{x}}\cdot\frac{\partial\ln p(\boldsymbol{x},\boldsymbol{z})}{\partial\boldsymbol{x}^{\mathrm{T}}}\right] \quad (\mathrm{E}.12)$$

对于正态分布而言，其联合概率密度函数为[参见式(5.1.28)]

$$p(\boldsymbol{x},\boldsymbol{z})=\frac{1}{(2\pi)^{n/2}\left|\boldsymbol{C}_{X|Z}\right|^{1/2}}\exp\left\{-\frac{1}{2}(\boldsymbol{x}-\boldsymbol{m}_{X|Z})^{\mathrm{T}}\boldsymbol{C}_{X|Z}^{-1}(\boldsymbol{x}-\boldsymbol{m}_{X|Z})\right\}\times$$
$$\frac{1}{(2\pi)^{m/2}\left|\boldsymbol{C}_{Z}\right|^{1/2}}\exp\left\{-\frac{1}{2}(\boldsymbol{z}-\boldsymbol{m}_{Z})^{\mathrm{T}}\boldsymbol{C}_{Z}^{-1}(\boldsymbol{z}-\boldsymbol{m}_{Z})\right\} \quad (\mathrm{E}.13)$$

不难求得

$$\frac{\partial\ln p(\boldsymbol{x},z)}{\partial\boldsymbol{x}}=\boldsymbol{0}+\frac{\partial}{\partial\boldsymbol{x}}\left\{-\frac{1}{2}(\boldsymbol{x}-\boldsymbol{m}_{X|Z})^{\mathrm{T}}\boldsymbol{C}_{X|Z}^{-1}(\boldsymbol{x}-\boldsymbol{m}_{X|Z})\right\}+\boldsymbol{0}=-\boldsymbol{C}_{X|Z}^{-1}(\boldsymbol{x}-\boldsymbol{m}_{X|Z})$$
$$(\mathrm{E}.14)$$

将式(E.14)代入式(E.12)，可计算得 Cramer-Rao 下界

$$\boldsymbol{I}^{-1}(\boldsymbol{x})=\mathrm{E}\left[\boldsymbol{C}_{X|Z}^{-1}(\boldsymbol{x}-\boldsymbol{m}_{X|Z})(\boldsymbol{x}-\boldsymbol{m}_{X|Z})^{\mathrm{T}}\boldsymbol{C}_{X|Z}^{-\mathrm{T}}\right]^{-1}=$$
$$\boldsymbol{C}_{X|Z}\mathrm{E}\left[(\boldsymbol{x}-\boldsymbol{m}_{X|Z})(\boldsymbol{x}-\boldsymbol{m}_{X|Z})^{\mathrm{T}}\right]^{-1}\boldsymbol{C}_{X|Z}=\boldsymbol{C}_{X|Z} \quad (\mathrm{E}.15)$$

这从另一个侧面验证了线性最小方差估计式(5.1.40)的均方误差确实达到了最小。

E.3　均方误差准则(MSE)

假设$\hat{\boldsymbol{X}}_1$、$\hat{\boldsymbol{X}}_2$ 都是 $\boldsymbol{X}$ 的估计(可以是无偏的或有偏的)，如果有均方误差阵 $\mathrm{E}[\widetilde{\boldsymbol{X}}_1\widetilde{\boldsymbol{X}}_1^{\mathrm{T}}]\leqslant\mathrm{E}[\widetilde{\boldsymbol{X}}_2\widetilde{\boldsymbol{X}}_2^{\mathrm{T}}]$，则认为在均方误差意义下，估计$\hat{\boldsymbol{X}}_1$ 优于$\hat{\boldsymbol{X}}_2$。

分别记均方误差阵和方差阵如下

$$\mathrm{MSE}[\hat{\boldsymbol{X}}]=\mathrm{E}[(\hat{\boldsymbol{X}}-\boldsymbol{X})(\hat{\boldsymbol{X}}-\boldsymbol{X})^{\mathrm{T}}] \quad (\mathrm{E}.16)$$
$$\mathrm{Var}[\hat{\boldsymbol{X}}]=\mathrm{E}[(\hat{\boldsymbol{X}}-\mathrm{E}\hat{\boldsymbol{X}})(\hat{\boldsymbol{X}}-\mathrm{E}\hat{\boldsymbol{X}})^{\mathrm{T}}] \quad (\mathrm{E}.17)$$

有两者之间的关系

$$\mathrm{MSE}[\hat{\boldsymbol{X}}]=\mathrm{E}[[(\hat{\boldsymbol{X}}-\mathrm{E}\hat{\boldsymbol{X}})+(\mathrm{E}\hat{\boldsymbol{X}}-\boldsymbol{X})][(\hat{\boldsymbol{X}}-\mathrm{E}\hat{\boldsymbol{X}})+(\mathrm{E}\hat{\boldsymbol{X}}-\boldsymbol{X})]^{\mathrm{T}}]=$$
$$\mathrm{E}[(\hat{\boldsymbol{X}}-\mathrm{E}\hat{\boldsymbol{X}})(\hat{\boldsymbol{X}}-\mathrm{E}\hat{\boldsymbol{X}})^{\mathrm{T}}]+(\mathrm{E}\hat{\boldsymbol{X}}-\boldsymbol{X})(\mathrm{E}\hat{\boldsymbol{X}}-\boldsymbol{X})^{\mathrm{T}}\triangleq$$
$$\mathrm{Var}[\hat{\boldsymbol{X}}]+\boldsymbol{\delta\delta}^{\mathrm{T}} \quad (\mathrm{E}.18)$$

式中：$\boldsymbol{\delta}=\mathrm{E}[\hat{\boldsymbol{X}}]-\boldsymbol{X}$ 代表了系统性偏差。

以下举例说明有偏估计的均方误差可能会比无偏估计的更小。

假设 $x_1,x_1,\cdots,x_n$ 是来自于正态分布 $N(\mu,\sigma^2)$ 的一个样本，记 $\bar{x}=\dfrac{1}{n}\sum_{i=1}^{n}x_i$ 和 $Q=\sum_{i=1}^{n}(x_i-\bar{x})^2$，根据概率论知识易知，$Q$ 的期望和方差分别为

$$\mathrm{E}[Q]=(n-1)\sigma^2 \tag{E.19}$$

$$\mathrm{Var}[Q]=2(n-1)\sigma^4 \tag{E.20}$$

现由样本构造正态分布方差 σ^2 的两种估计方法，分别表示为

$$\hat{\sigma}_1^2=\frac{Q}{n-1} \tag{E.21}$$

$$\hat{\sigma}_2^2=\frac{Q}{n} \tag{E.22}$$

不难计算出估计 $\hat{\sigma}_1^2$ 和 $\hat{\sigma}_2^2$ 的期望、方差以及均方误差，分别为

$$\mathrm{E}[\hat{\sigma}_1^2]=\frac{\mathrm{E}[Q]}{n-1}=\sigma^2 \tag{E.23}$$

$$\mathrm{Var}[\hat{\sigma}_1^2]=\frac{\mathrm{Var}[Q]}{(n-1)^2}=\frac{2}{n-1}\sigma^4 \tag{E.24}$$

$$\mathrm{MSE}[\hat{\sigma}_1^2]=\mathrm{Var}[\hat{\sigma}_1^2]+(\mathrm{E}[\hat{\sigma}_1^2]-\sigma^2)^2=\frac{\mathrm{Var}[Q]}{(n-1)^2}+0=\frac{2}{n-1}\sigma^4 \tag{E.25}$$

$$\mathrm{E}[\hat{\sigma}_2^2]=\frac{\mathrm{E}[Q]}{n}=\frac{n-1}{n}\sigma^2 \tag{E.26}$$

$$\mathrm{Var}[\hat{\sigma}_2^2]=\frac{\mathrm{Var}[Q]}{n^2}=\frac{2(n-1)}{n^2}\sigma^4 \tag{E.27}$$

$$\mathrm{MSE}[\hat{\sigma}_2^2]=\mathrm{Var}[\hat{\sigma}_2^2]+(\mathrm{E}[\hat{\sigma}_2^2]-\sigma^2)^2=\frac{\mathrm{Var}[Q]}{n^2}+\left(\frac{n-1}{n}-1\right)^2\sigma^4=\frac{2n-1}{n^2}\sigma^4 \tag{E.28}$$

对比式(E.23)和式(E.26)可知 $\hat{\sigma}_1^2$ 是 σ^2 的无偏估计量，而 $\hat{\sigma}_2^2$ 是有偏的。对比式(E.24)和式(E.27)[或者式(E.25)和式(E.28)]，不难看出，当 $n>1$ 时，总有 $\mathrm{Var}[\hat{\sigma}_1^2]>\mathrm{Var}[\hat{\sigma}_2^2]$（或 $\mathrm{MSE}[\hat{\sigma}_1^2]>\mathrm{MSE}[\hat{\sigma}_2^2]$）成立，这说明，虽然 $\hat{\sigma}_2^2$ 是有偏估计，但无论是从方差还是均方误差评价准则看，估计 $\hat{\sigma}_2^2$ 均优于 $\hat{\sigma}_1^2$。

其实，在有偏估计情况下比较均方误差通常意义不大，比如取估计 $\hat{\sigma}^2=Q/(\alpha n)$（$\alpha$ 为很大值），必有 $\mathrm{Var}[\hat{\sigma}^2]=\mathrm{Var}[Q]/(\alpha n)^2$ 接近于零，但这并不能说 $\hat{\sigma}^2$ 的估计精度高。在有偏估计时，均方误差准则一般比方差准则更合理。

E.4 相合性(consistency)

针对确定性向量参数 $\boldsymbol{X}$ 进行量测 $\boldsymbol{Z}=\boldsymbol{h}(\boldsymbol{X},\boldsymbol{V})$，当 $\boldsymbol{Z}_N=\{\boldsymbol{z}_1\quad \boldsymbol{z}_2\quad \cdots\quad \boldsymbol{z}_N\}$ 中的量测组数 N（样本容量）很大时，估计值 $\hat{\boldsymbol{X}}$ 总可以把参数 $\boldsymbol{X}$ 估计到任意指定的精度，则称为相合估计，表示为

$$\lim_{N\to\infty}P\{|\hat{\boldsymbol{X}}(\boldsymbol{Z}_N)-\boldsymbol{X}|<\varepsilon\}=1 \tag{E.29}$$

式中：ε 为任意给定的正数。

如果 $\boldsymbol{X}$ 为随机向量，尚未见相合性的具体定义。

E.5　渐近正态性(asymptotic normality)

相合性讨论了在样本不断增大的情况下估计量收敛于被估参数，但并没有说明以怎样的速度收敛，渐近正态性在相合性的基础上讨论收敛速度问题，也是用于反映估计量的一种渐近性质。渐近正态性概念在最优估计中无须涉及，这里就不再详细展开叙述，有兴趣的读者可参阅数理统计相关文献。

附录 F　矩阵求逆引理

矩阵求逆引理(或称 Sherman－Morrison－Woodbury 公式)在科学计算中有着广泛的应用，文中主要将其用于 Kalman 滤波公式的等价性证明。

引理　设$(n+m)$阶的非奇异方阵 $\boldsymbol{A}$ 可用分块方法表示为

$$\boldsymbol{A}=\begin{bmatrix}\boldsymbol{A}_{11} & \boldsymbol{A}_{12}\\ \boldsymbol{A}_{21} & \boldsymbol{A}_{22}\end{bmatrix} \tag{F.1}$$

其中：$\boldsymbol{A}_{11}$ 和 $\boldsymbol{A}_{22}$ 分别是 n 和 m 阶的非奇异子方阵，则有

$$\boldsymbol{A}^{-1}=\begin{bmatrix}\boldsymbol{A}_{11}^{-1}+\boldsymbol{A}_{11}^{-1}\boldsymbol{A}_{12}(\boldsymbol{A}_{22}-\boldsymbol{A}_{21}\boldsymbol{A}_{11}^{-1}\boldsymbol{A}_{12})^{-1}\boldsymbol{A}_{21}\boldsymbol{A}_{11}^{-1} & -\boldsymbol{A}_{11}^{-1}\boldsymbol{A}_{12}(\boldsymbol{A}_{22}-\boldsymbol{A}_{21}\boldsymbol{A}_{11}^{-1}\boldsymbol{A}_{12})^{-1}\\ -(\boldsymbol{A}_{22}-\boldsymbol{A}_{21}\boldsymbol{A}_{11}^{-1}\boldsymbol{A}_{12})^{-1}\boldsymbol{A}_{21}\boldsymbol{A}_{11}^{-1} & (\boldsymbol{A}_{22}-\boldsymbol{A}_{21}\boldsymbol{A}_{11}^{-1}\boldsymbol{A}_{12})^{-1}\end{bmatrix}=$$

$$\begin{bmatrix}(\boldsymbol{A}_{11}-\boldsymbol{A}_{12}\boldsymbol{A}_{22}^{-1}\boldsymbol{A}_{21})^{-1} & -(\boldsymbol{A}_{11}-\boldsymbol{A}_{12}\boldsymbol{A}_{22}^{-1}\boldsymbol{A}_{21})^{-1}\boldsymbol{A}_{12}\boldsymbol{A}_{22}^{-1}\\ -\boldsymbol{A}_{22}^{-1}\boldsymbol{A}_{21}(\boldsymbol{A}_{11}-\boldsymbol{A}_{12}\boldsymbol{A}_{22}^{-1}\boldsymbol{A}_{21})^{-1} & \boldsymbol{A}_{22}^{-1}+\boldsymbol{A}_{22}^{-1}\boldsymbol{A}_{21}(\boldsymbol{A}_{11}-\boldsymbol{A}_{12}\boldsymbol{A}_{22}^{-1}\boldsymbol{A}_{21})^{-1}\boldsymbol{A}_{12}\boldsymbol{A}_{22}^{-1}\end{bmatrix} \tag{F.2}$$

特别地，比较式(F.2)中两个分块矩阵表示的对应元素，有

$$(\boldsymbol{A}_{11}-\boldsymbol{A}_{12}\boldsymbol{A}_{22}^{-1}\boldsymbol{A}_{21})^{-1}=\boldsymbol{A}_{11}^{-1}+\boldsymbol{A}_{11}^{-1}\boldsymbol{A}_{12}(\boldsymbol{A}_{22}-\boldsymbol{A}_{21}\boldsymbol{A}_{11}^{-1}\boldsymbol{A}_{12})^{-1}\boldsymbol{A}_{21}\boldsymbol{A}_{11}^{-1} \tag{F.3}$$

$$\boldsymbol{A}_{11}^{-1}\boldsymbol{A}_{12}(\boldsymbol{A}_{22}-\boldsymbol{A}_{21}\boldsymbol{A}_{11}^{-1}\boldsymbol{A}_{12})^{-1}=(\boldsymbol{A}_{11}-\boldsymbol{A}_{12}\boldsymbol{A}_{22}^{-1}\boldsymbol{A}_{21})^{-1}\boldsymbol{A}_{12}\boldsymbol{A}_{22}^{-1} \tag{F.4}$$

常称式(F.3)为矩阵求逆引理。

以下证明式(F.2)成立。

显然，矩阵 $\boldsymbol{A}$ 可以表示为如下两个分块三角方阵之积：

$$\boldsymbol{A}=\begin{bmatrix}\boldsymbol{I}_n & \boldsymbol{0}\\ \boldsymbol{A}_{21}\boldsymbol{A}_{11}^{-1} & \boldsymbol{I}_m\end{bmatrix}\begin{bmatrix}\boldsymbol{A}_{11} & \boldsymbol{A}_{12}\\ \boldsymbol{0} & \boldsymbol{A}_{22}-\boldsymbol{A}_{21}\boldsymbol{A}_{11}^{-1}\boldsymbol{A}_{12}\end{bmatrix} \tag{F.5}$$

由于矩阵 $\boldsymbol{A}_{11}$ 和 A 均非奇异，所以$(\boldsymbol{A}_{22}-\boldsymbol{A}_{21}\boldsymbol{A}_{11}^{-1}\boldsymbol{A}_{12})$也是非奇异的。不难验证如下两个矩阵之逆成立：

$$\begin{bmatrix}\boldsymbol{I}_n & \boldsymbol{0}\\ \boldsymbol{A}_{21}\boldsymbol{A}_{11}^{-1} & \boldsymbol{I}_m\end{bmatrix}^{-1}=\begin{bmatrix}\boldsymbol{I}_n & \boldsymbol{0}\\ -\boldsymbol{A}_{21}\boldsymbol{A}_{11}^{-1} & \boldsymbol{I}_m\end{bmatrix} \tag{F.6a}$$

$$\begin{bmatrix}\boldsymbol{A}_{11} & \boldsymbol{A}_{12}\\ \boldsymbol{0} & \boldsymbol{A}_{22}-\boldsymbol{A}_{21}\boldsymbol{A}_{11}^{-1}\boldsymbol{A}_{12}\end{bmatrix}^{-1}=\begin{bmatrix}\boldsymbol{A}_{11}^{-1} & -\boldsymbol{A}_{11}^{-1}\boldsymbol{A}_{12}(\boldsymbol{A}_{22}-\boldsymbol{A}_{21}\boldsymbol{A}_{11}^{-1}\boldsymbol{A}_{12})^{-1}\\ \boldsymbol{0} & (\boldsymbol{A}_{22}-\boldsymbol{A}_{21}\boldsymbol{A}_{11}^{-1}\boldsymbol{A}_{12})^{-1}\end{bmatrix} \tag{F.6b}$$

对式(F.5)等号两边同时求逆，并将上述两式代入，有

$$\boldsymbol{A}^{-1}=\begin{bmatrix}\boldsymbol{A}_{11} & \boldsymbol{A}_{12}\\ \boldsymbol{0} & \boldsymbol{A}_{22}-\boldsymbol{A}_{21}\boldsymbol{A}_{11}^{-1}\boldsymbol{A}_{12}\end{bmatrix}^{-1}\begin{bmatrix}\boldsymbol{I}_n & \boldsymbol{0}\\ \boldsymbol{A}_{21}\boldsymbol{A}_{11}^{-1} & \boldsymbol{I}_m\end{bmatrix}^{-1}=$$

$$\begin{bmatrix}\boldsymbol{A}_{11}^{-1} & -\boldsymbol{A}_{11}^{-1}\boldsymbol{A}_{12}(\boldsymbol{A}_{22}-\boldsymbol{A}_{21}\boldsymbol{A}_{11}^{-1}\boldsymbol{A}_{12})^{-1}\\ \boldsymbol{0} & (\boldsymbol{A}_{22}-\boldsymbol{A}_{21}\boldsymbol{A}_{11}^{-1}\boldsymbol{A}_{12})^{-1}\end{bmatrix}\begin{bmatrix}\boldsymbol{I}_n & \boldsymbol{0}\\ -\boldsymbol{A}_{21}\boldsymbol{A}_{11}^{-1} & \boldsymbol{I}_m\end{bmatrix}=$$

$$\begin{bmatrix} A_{11}^{-1}+A_{11}^{-1}A_{12}(A_{22}-A_{21}A_{11}^{-1}A_{12})^{-1}A_{21}A_{11}^{-1} & -A_{11}^{-1}A_{12}(A_{22}-A_{21}A_{11}^{-1}A_{12})^{-1} \\ -(A_{22}-A_{21}A_{11}^{-1}A_{12})^{-1}A_{21}A_{11}^{-1} & (A_{22}-A_{21}A_{11}^{-1}A_{12})^{-1} \end{bmatrix} \tag{F.7}$$

同理，矩阵 A 可表示为

$$A=\begin{bmatrix} I_n & A_{12}A_{22}^{-1} \\ 0 & I_m \end{bmatrix}\begin{bmatrix} A_{11}-A_{12}A_{22}^{-1}A_{21} & 0 \\ A_{21} & A_{22} \end{bmatrix} \tag{F.8}$$

其逆为

$$\begin{aligned} A^{-1}= & \begin{bmatrix} A_{11}-A_{12}A_{22}^{-1}A_{21} & 0 \\ A_{21} & A_{22} \end{bmatrix}^{-1}\begin{bmatrix} I_n & A_{12}A_{22}^{-1} \\ 0 & I_m \end{bmatrix}^{-1}= \\ & \begin{bmatrix} (A_{11}-A_{12}A_{22}^{-1}A_{21})^{-1} & 0 \\ -A_{22}^{-1}A_{21}(A_{11}-A_{12}A_{22}^{-1}A_{21})^{-1} & A_{22}^{-1} \end{bmatrix}\begin{bmatrix} I_n & -A_{12}A_{22}^{-1} \\ 0 & I_m \end{bmatrix}= \\ & \begin{bmatrix} (A_{11}-A_{12}A_{22}^{-1}A_{21})^{-1} & -(A_{11}-A_{12}A_{22}^{-1}A_{21})^{-1}A_{12}A_{22}^{-1} \\ -A_{22}^{-1}A_{21}(A_{11}-A_{12}A_{22}^{-1}A_{21})^{-1} & A_{22}^{-1}A_{21}(A_{11}-A_{12}A_{22}^{-1}A_{21})^{-1}A_{12}A_{22}^{-1}+A_{22}^{-1} \end{bmatrix} \end{aligned} \tag{F.9}$$

比较式(F.2)、式(F.7)和式(F.9)，得证。

式(F.2)～式(F.4)乍看起来比较复杂，但若令

$$M=(A_{22}-A_{21}A_{11}^{-1}A_{12})^{-1} \tag{F.10}$$

$$N=(A_{11}-A_{12}A_{22}^{-1}A_{21})^{-1} \tag{F.11}$$

则有

$$A^{-1}=\begin{bmatrix} A_{11}^{-1}+A_{11}^{-1}A_{12}MA_{21}A_{11}^{-1} & -A_{11}^{-1}A_{12}M \\ -MA_{21}A_{11}^{-1} & M \end{bmatrix}=\begin{bmatrix} N & -NA_{12}A_{22}^{-1} \\ -A_{22}^{-1}A_{21}N & A_{22}^{-1}+A_{22}^{-1}A_{21}NA_{12}A_{22}^{-1} \end{bmatrix} \tag{F.12}$$

$$N=A_{11}^{-1}+A_{11}^{-1}A_{12}MA_{21}A_{11}^{-1} \tag{F.13}$$

$$A_{11}^{-1}A_{12}M=NA_{12}A_{22}^{-1} \tag{F.14}$$

如此就显得相对简洁一些了，两个分块矩阵在表示形式上具有较好的对称性。

此外，矩阵求逆引理式(F.3)还有两种常用的等价表示形式，分别如下：

$$(A+BCD)^{-1}=A^{-1}-A^{-1}B(C^{-1}+DA^{-1}B)^{-1}DA^{-1} \tag{F.15}$$

$$(A+BC^{\mathrm{T}})^{-1}=A^{-1}-A^{-1}B(I+C^{\mathrm{T}}A^{-1}B)^{-1}C^{\mathrm{T}}A^{-1} \tag{F.16}$$

事实上，只要在式(F.3)中作符号替换：$A_{11}\to A$，$A_{12}\to -B$，$A_{22}^{-1}\to C$ 和 $A_{21}\to D$，即可得式(F.15)；而在式(F.15)中若令 $C\to I$ 和 $D\to C^{\mathrm{T}}$，则可得式(F.16)。

根据式(F.3)和式(F.4)可直接获得 Kalman 滤波中两个重要的等价公式，若令

$$A_{11}=P_{k-1}^{-1},\quad A_{12}=-H_k^{\mathrm{T}},\quad A_{22}=R_k,\quad A_{21}=H_k$$

(1)由式(F.3)和

$$P_k=(P_{k-1}^{-1}+H_k^{\mathrm{T}}R_k^{-1}H_k)^{-1} \tag{F.17a}$$

可得

$$P_k=P_{k-1}-P_{k-1}H_k^{\mathrm{T}}(R_k+H_kP_{k-1}H_k^{\mathrm{T}})^{-1}H_kP_{k-1}=(I-K_kH_k)P_{k-1} \tag{F.17b}$$

(2)由式(F.4)和

$$K_k=P_{k-1}H_k^{\mathrm{T}}(R_k+H_kP_{k-1}H_k^{\mathrm{T}})^{-1} \tag{F.18a}$$

可得

$$K_k=(P_{k-1}^{-1}+H_k^{\mathrm{T}}R_k^{-1}H_k)^{-1}H_k^{\mathrm{T}}R_k^{-1}=P_kH_k^{\mathrm{T}}R_k^{-1} \tag{F.18b}$$

附录 G　Kalman 滤波方程的递推贝叶斯推导

G.1　递推贝叶斯估计

假设离散时间非线性状态空间模型为

$$\left.\begin{aligned}\boldsymbol{X}_k&=\boldsymbol{f}(\boldsymbol{X}_{k-1},\boldsymbol{W}_{k-1})\\ \boldsymbol{Z}_k&=\boldsymbol{h}(\boldsymbol{X}_k,\boldsymbol{V}_k)\end{aligned}\right\}\tag{G.1}$$

其中：$\boldsymbol{W}_k$ 和 $\boldsymbol{V}_k$ 是已知概率密度函数的相互独立的白噪声过程；状态方程等效描述了系统状态转移概率密度 $p(\boldsymbol{x}_k\mid\boldsymbol{x}_{k-1})$，状态转移具有马尔可夫性，即 $p(\boldsymbol{x}_k|(\boldsymbol{x}_0,\boldsymbol{x}_1,\cdots,\boldsymbol{x}_{k-1}))=p(\boldsymbol{x}_k|\boldsymbol{x}_{k-1})$；量测方程等效描述了状态量测的转移概率密度 $p(\boldsymbol{z}_k|\boldsymbol{x}_k)$。

记某一样本量测序列 $\bar{\boldsymbol{z}}_k=\{\boldsymbol{z}_1,\boldsymbol{z}_2,\cdots,\boldsymbol{z}_k\}$，贝叶斯估计的目的是由量测序列 $\bar{\boldsymbol{z}}_k$ 求解 k 时刻系统状态 $\boldsymbol{X}_k$ 的验后概率密度 $p(\boldsymbol{x}_k|\bar{\boldsymbol{z}}_k)$。

由贝叶斯公式(5.1.10)，可得

$$p(\boldsymbol{x}_k|\bar{\boldsymbol{z}}_k)=\frac{p(\bar{\boldsymbol{z}}_k|\boldsymbol{x}_k)p(\boldsymbol{x}_k)}{p(\bar{\boldsymbol{z}}_k)}=\frac{p((\boldsymbol{z}_k,\bar{\boldsymbol{z}}_{k-1})|\boldsymbol{x}_k)p(\boldsymbol{x}_k)}{p(\boldsymbol{z}_k,\bar{\boldsymbol{z}}_{k-1})}\tag{G.2}$$

式中

$$\begin{aligned}p((\boldsymbol{z}_k,\bar{\boldsymbol{z}}_{k-1})|\boldsymbol{x}_k)&=p(\boldsymbol{z}_k|\boldsymbol{x}_k,\bar{\boldsymbol{z}}_{k-1}|\boldsymbol{x}_k)=p((\boldsymbol{z}_k|\boldsymbol{x}_k)|(\bar{\boldsymbol{z}}_{k-1}|\boldsymbol{x}_k))p(\bar{\boldsymbol{z}}_{k-1}|\boldsymbol{x}_k)=\\&p(\boldsymbol{z}_k|(\bar{\boldsymbol{z}}_{k-1},\boldsymbol{x}_k))p(\bar{\boldsymbol{z}}_{k-1}|\boldsymbol{x}_k)\end{aligned}\tag{G.3}$$

根据式(G.1)中的量测方程知 $\boldsymbol{Z}_k$ 仅是 $\boldsymbol{X}_k$ 和 $\boldsymbol{V}_k$ 的函数，从而有 $p(\boldsymbol{z}_k|(\bar{\boldsymbol{z}}_{k-1},\boldsymbol{x}_k))=p(\boldsymbol{z}_k|\boldsymbol{x}_k)$，所以式(G.2)可化为

$$\begin{aligned}p(\boldsymbol{x}_k|\bar{\boldsymbol{z}}_k)&=\frac{p(\boldsymbol{z}_k|\boldsymbol{x}_k)p(\bar{\boldsymbol{z}}_{k-1}|\boldsymbol{x}_k)p(\boldsymbol{x}_k)}{p(\boldsymbol{z}_k,\bar{\boldsymbol{z}}_{k-1})}=\\&\frac{p(\boldsymbol{z}_k|\boldsymbol{x}_k)[p(\boldsymbol{x}_k|\bar{\boldsymbol{z}}_{k-1})p(\bar{\boldsymbol{z}}_{k-1})/p(\boldsymbol{x}_k)]p(\boldsymbol{x}_k)}{p(\boldsymbol{z}_k|\bar{\boldsymbol{z}}_{k-1})p(\bar{\boldsymbol{z}}_{k-1})}=\frac{p(\boldsymbol{z}_k|\boldsymbol{x}_k)p(\boldsymbol{x}_k|\bar{\boldsymbol{z}}_{k-1})}{p(\boldsymbol{z}_k|\bar{\boldsymbol{z}}_{k-1})}\end{aligned}\tag{G.4}$$

式中

$$\begin{aligned}p(\boldsymbol{x}_k\mid\bar{\boldsymbol{z}}_{k-1})&=\int p((\boldsymbol{x}_k,\boldsymbol{x}_{k-1})\mid\bar{\boldsymbol{z}}_{k-1})\,\mathrm{d}\boldsymbol{x}_{k-1}=\int p(\boldsymbol{x}_k\mid(\boldsymbol{x}_{k-1},\bar{\boldsymbol{z}}_{k-1}))\,p(\boldsymbol{x}_{k-1}\mid\bar{\boldsymbol{z}}_{k-1})\mathrm{d}\boldsymbol{x}_{k-1}=\\&\int p(\boldsymbol{x}_k\mid\boldsymbol{x}_{k-1})p(\boldsymbol{x}_{k-1}\mid\bar{\boldsymbol{z}}_{k-1})\mathrm{d}\boldsymbol{x}_{k-1}\end{aligned}\tag{G.5}$$

$$\begin{aligned}p(\boldsymbol{z}_k\mid\bar{\boldsymbol{z}}_{k-1})&=\int p((\boldsymbol{z}_k,\boldsymbol{x}_k)\mid\bar{\boldsymbol{z}}_{k-1})\,\mathrm{d}\boldsymbol{x}_k=\int p(\boldsymbol{z}_k\mid(\boldsymbol{x}_k,\bar{\boldsymbol{z}}_{k-1}))\,p(\boldsymbol{x}_k\mid\bar{\boldsymbol{z}}_{k-1})\mathrm{d}\boldsymbol{x}_k=\\&\int p(\boldsymbol{z}_k\mid\boldsymbol{x}_k)p(\boldsymbol{x}_k\mid\bar{\boldsymbol{z}}_{k-1})\mathrm{d}\boldsymbol{x}_k\end{aligned}\tag{G.6}$$

式中：由于状态转移具有马尔可夫性(状态方程显示 $\boldsymbol{X}_k$ 仅是 $\boldsymbol{X}_{k-1}$ 和 $\boldsymbol{W}_{k-1}$ 的函数)，从而有 $p(\boldsymbol{x}_k|(\boldsymbol{x}_{k-1},\bar{\boldsymbol{z}}_{k-1}))=p(\boldsymbol{x}_k|\boldsymbol{x}_{k-1})$，$p(\boldsymbol{x}_k|\bar{\boldsymbol{z}}_{k-1})$表示由量测序列 $\bar{\boldsymbol{z}}_{k-1}$ 获得的关于系统状态 $\boldsymbol{X}_k$ 的验前概率密度函数；在量测序列 $\bar{\boldsymbol{z}}_k$ 给定后，$p(\boldsymbol{z}_k|\bar{\boldsymbol{z}}_{k-1})$是一常数。注意：在上述式中省略了积分限，均为$(-\infty,\infty)$，下同。

将式(G.6)代入式(G.4)，进一步得

$$p(\boldsymbol{x}_k|\bar{\boldsymbol{z}}_k)=\frac{p(\boldsymbol{z}_k|\boldsymbol{x}_k)p(\boldsymbol{x}_k|\bar{\boldsymbol{z}}_{k-1})}{\int p(\boldsymbol{z}_k|\boldsymbol{x}_k)p(\boldsymbol{x}_k|\bar{\boldsymbol{z}}_{k-1})\mathrm{d}\boldsymbol{x}_k}\tag{G.7}$$

式(G.5)和式(G.7)分别构成了递推贝叶斯估计的概率密度预测和更新公式,通过状态方程$[p(\boldsymbol{x}_k|\boldsymbol{x}_{k-1})]$和量测方程$[p(\boldsymbol{z}_k|\boldsymbol{x}_k)]$,实现了从 $k-1$ 时刻概率密度 $p(\boldsymbol{x}_{k-1}|\bar{\boldsymbol{z}}_{k-1})$到 k 时刻概率密度 $p(\boldsymbol{x}_k|\bar{\boldsymbol{z}}_k)$的递推求解。之后,由 $p(\boldsymbol{x}_k|\bar{\boldsymbol{z}}_k)$计算条件均值即可获得系统状态的最小方差估计

$$\hat{\boldsymbol{X}}_{k,\mathrm{MV}}(\bar{\boldsymbol{z}}_k)=\mathrm{E}[\boldsymbol{X}_k|\bar{\boldsymbol{z}}_k]=\int \boldsymbol{x}_k p(\boldsymbol{x}_k|\bar{\boldsymbol{z}}_k)\mathrm{d}\boldsymbol{x}_k \tag{G.8}$$

递推贝叶斯估计在形式上为随机系统滤波提供了完美的解决思路,但是对一般的非线性、非高斯系统而言,很难求得验后概率密度 $p(\boldsymbol{x}_k|\bar{\boldsymbol{z}}_k)$的解析解;只有在线性且高斯的情况下其结果才会变得比较简单,这等价于线性系统的 Kalman 滤波。

G.2 Kalman 滤波方程的推导

给定离散时间线性状态空间模型

$$\left.\begin{aligned}\boldsymbol{X}_k&=\boldsymbol{\Phi}_{k/k-1}\boldsymbol{X}_{k-1}+\boldsymbol{\Gamma}_{k-1}\boldsymbol{W}_{k-1}\\ \boldsymbol{Z}_k&=\boldsymbol{H}_k\boldsymbol{X}_k+\boldsymbol{V}_k\end{aligned}\right\} \tag{G.9}$$

其中:$\boldsymbol{W}_k$ 和 $\boldsymbol{V}_k$ 均是高斯白噪声,且满足

$$\begin{cases}\mathrm{E}[\boldsymbol{W}_k]=\boldsymbol{0}, & \mathrm{E}[\boldsymbol{W}_k\boldsymbol{W}_j^{\mathrm{T}}]=\boldsymbol{Q}_k\delta_{kj}\\ \mathrm{E}[\boldsymbol{V}_k]=\boldsymbol{0}, & \mathrm{E}[\boldsymbol{V}_k\boldsymbol{V}_j^{\mathrm{T}}]=\boldsymbol{R}_k\delta_{kj}\\ \mathrm{E}[\boldsymbol{W}_k\boldsymbol{V}_j^{\mathrm{T}}]=\boldsymbol{0}\end{cases}$$

假设已知 $k-1$ 时刻的系统状态估计正态分布 $p(\boldsymbol{x}_{k-1}|\bar{\boldsymbol{z}}_{k-1})=N(\hat{\boldsymbol{X}}_{k-1},\boldsymbol{P}_{k-1})$,即有 $\mathrm{E}[\boldsymbol{X}_{k-1}|\bar{\boldsymbol{z}}_{k-1}]=\hat{\boldsymbol{X}}_{k-1}$和 $\mathrm{Var}[\boldsymbol{X}_{k-1}|\bar{\boldsymbol{z}}_{k-1}]=\boldsymbol{P}_{k-1}$。根据式(G.9)中的状态方程,考虑到 $\boldsymbol{X}_{k-1}$与 $\boldsymbol{W}_{k-1}$之间不相关,且 $\boldsymbol{W}_{k-1}$与 $\bar{\boldsymbol{z}}_{k-1}$之间也不相关,可得系统状态 $\boldsymbol{X}_k$ 的验前分布均值和方差阵,分别为

$$\begin{aligned}\mathrm{E}[\boldsymbol{X}_k|\bar{\boldsymbol{z}}_{k-1}]&=\mathrm{E}[(\boldsymbol{\Phi}_{k/k-1}\boldsymbol{X}_{k-1}+\boldsymbol{\Gamma}_{k-1}\boldsymbol{W}_{k-1})|\bar{\boldsymbol{z}}_{k-1}]=\\ &\boldsymbol{\Phi}_{k/k-1}\mathrm{E}[\boldsymbol{X}_{k-1}|\bar{\boldsymbol{z}}_{k-1}]+\boldsymbol{\Gamma}_{k-1}\mathrm{E}[\boldsymbol{W}_{k-1}|\bar{\boldsymbol{z}}_{k-1}]=\boldsymbol{\Phi}_{k/k-1}\hat{\boldsymbol{X}}_{k-1}+\boldsymbol{0}\triangleq\hat{\boldsymbol{X}}_{k/k-1}\end{aligned} \tag{G.10a}$$

$$\begin{aligned}\mathrm{Var}[\boldsymbol{X}_k|\bar{\boldsymbol{z}}_{k-1}]&=\mathrm{Var}[(\boldsymbol{\Phi}_{k/k-1}\boldsymbol{X}_{k-1}+\boldsymbol{\Gamma}_{k-1}\boldsymbol{W}_{k-1})|\bar{\boldsymbol{z}}_{k-1}]=\\ &\mathrm{Var}[\boldsymbol{\Phi}_{k/k-1}\boldsymbol{X}_{k-1}|\bar{\boldsymbol{z}}_{k-1}]+\mathrm{Var}[\boldsymbol{\Gamma}_{k-1}\boldsymbol{W}_{k-1}|\bar{\boldsymbol{z}}_{k-1}]=\\ &\boldsymbol{\Phi}_{k/k-1}\boldsymbol{P}_{k-1}\boldsymbol{\Phi}_{k/k-1}^{\mathrm{T}}+\boldsymbol{\Gamma}_{k-1}\boldsymbol{Q}_{k-1}\boldsymbol{\Gamma}_{k-1}^{\mathrm{T}}\triangleq\boldsymbol{P}_{k/k-1}\end{aligned} \tag{G.10b}$$

另外,根据式(G.9)中的量测方程,参考式(5.1.84)可得

$$\mathrm{E}[\boldsymbol{Z}_k|\boldsymbol{x}_k]=\boldsymbol{H}_k\boldsymbol{x}_k \tag{G.11a}$$

$$\mathrm{Var}[\boldsymbol{Z}_k|\boldsymbol{x}_k]=\boldsymbol{R}_k \tag{G.11b}$$

由式(G.10)和式(G.11)所示的正态条件分布均值和方差阵,可知条件概率密度函数 $p(\boldsymbol{x}_k|\bar{\boldsymbol{z}}_{k-1})$和 $p(\boldsymbol{z}_k|\boldsymbol{x}_k)$,代入递推贝叶斯估计式(G.4),考虑到式(G.4)的分母为与 $\boldsymbol{x}_k$ 无关的常数,可得

$$\begin{aligned}p(\boldsymbol{x}_k|\bar{\boldsymbol{z}}_k)&\propto p(\boldsymbol{z}_k|\boldsymbol{x}_k)p(\boldsymbol{x}_k|\bar{\boldsymbol{z}}_{k-1})\propto\exp\left\{-\frac{1}{2}(\boldsymbol{z}_k-\boldsymbol{H}_k\boldsymbol{x}_k)^{\mathrm{T}}\boldsymbol{R}_k^{-1}(\boldsymbol{z}_k-\boldsymbol{H}_k\boldsymbol{x}_k)\right\}\times\\ &\exp\left\{-\frac{1}{2}(\boldsymbol{x}_k-\hat{\boldsymbol{X}}_{k/k-1})^{\mathrm{T}}\boldsymbol{P}_{k/k-1}^{-1}(\boldsymbol{x}_k-\hat{\boldsymbol{X}}_{k/k-1})\right\}=\\ &\exp\left\{-\frac{1}{2}(\boldsymbol{z}_k-\boldsymbol{H}_k\boldsymbol{x}_k)^{\mathrm{T}}\boldsymbol{R}_k^{-1}(\boldsymbol{z}_k-\boldsymbol{H}_k\boldsymbol{x}_k)-\frac{1}{2}(\boldsymbol{x}_k-\hat{\boldsymbol{X}}_{k/k-1})^{\mathrm{T}}\boldsymbol{P}_{k/k-1}^{-1}(\boldsymbol{x}_k-\hat{\boldsymbol{X}}_{k/k-1})\right\}\end{aligned} \tag{G.12}$$

式中:符号“∝”表示“正比于”。采用极大验后估计法,在式(G.12)中令

$\left.\dfrac{\partial \ln p(\boldsymbol{x}_k|\bar{\boldsymbol{z}}_k)}{\partial \boldsymbol{x}_k}\right|_{\boldsymbol{x}_k=\hat{X}_{k,\mathrm{MAP}}}=\boldsymbol{0}$，可得

$$\boldsymbol{H}_k^{\mathrm{T}}\boldsymbol{R}_k^{-1}(\boldsymbol{z}_k-\boldsymbol{H}_k\boldsymbol{x}_k)-\boldsymbol{P}_{k/k-1}^{-1}(\boldsymbol{x}_k-\hat{\boldsymbol{X}}_{k/k-1})=\boldsymbol{0} \tag{G.13}$$

由式(G.13)可解得系统状态 $\boldsymbol{X}_k$ 的极大验后估计，为

$$\begin{aligned}\hat{\boldsymbol{X}}_{k,\mathrm{MAP}}&=(\boldsymbol{P}_{k/k-1}^{-1}+\boldsymbol{H}_k^{\mathrm{T}}\boldsymbol{R}_k^{-1}\boldsymbol{H}_k)^{-1}(\boldsymbol{P}_{k/k-1}^{-1}\hat{\boldsymbol{X}}_{k/k-1}+\boldsymbol{H}_k^{\mathrm{T}}\boldsymbol{R}_k^{-1}\boldsymbol{Z}_k)=\\&\hat{\boldsymbol{X}}_{k/k-1}+\boldsymbol{K}_k(\boldsymbol{Z}_k-\boldsymbol{H}_k\hat{\boldsymbol{X}}_{k/k-1})\end{aligned} \tag{G.14}$$

式中：记 $\boldsymbol{K}_k=\boldsymbol{P}_{k/k-1}\boldsymbol{H}_k^{\mathrm{T}}(\boldsymbol{H}_k\boldsymbol{P}_{k/k-1}\boldsymbol{H}_k^{\mathrm{T}}+\boldsymbol{R}_k)^{-1}$。

再计算极大验后估计误差，有

$$\begin{aligned}\tilde{\boldsymbol{X}}_{k,\mathrm{MAP}}&=\boldsymbol{X}_k-\hat{\boldsymbol{X}}_{k,\mathrm{MAP}}=\boldsymbol{X}_k-[\hat{\boldsymbol{X}}_{k/k-1}+\boldsymbol{K}_k(\boldsymbol{Z}_k-\boldsymbol{H}_k\hat{\boldsymbol{X}}_{k/k-1})]=\\&\boldsymbol{X}_k-[\hat{\boldsymbol{X}}_{k/k-1}+\boldsymbol{K}_k(\boldsymbol{H}_k\boldsymbol{X}_k+\boldsymbol{V}_k-\boldsymbol{H}_k\hat{\boldsymbol{X}}_{k/k-1})]=\\&(\boldsymbol{I}-\boldsymbol{K}_k\boldsymbol{H}_k)(\boldsymbol{X}_k-\hat{\boldsymbol{X}}_{k/k-1})-\boldsymbol{K}_k\boldsymbol{V}_k\end{aligned} \tag{G.15}$$

由式(G.10)知验前状态分布 $p(\boldsymbol{x}_k|\bar{\boldsymbol{z}}_{k-1})=N(\hat{\boldsymbol{X}}_{k/k-1},\boldsymbol{P}_{k/k-1})$，即式(G.15)中有 $(\boldsymbol{X}_k-\hat{\boldsymbol{X}}_{k/k-1})\sim N(\boldsymbol{0},\boldsymbol{P}_{k/k-1})$，且从时序上易知 $(\boldsymbol{X}_k-\hat{\boldsymbol{X}}_{k/k-1})$ 与量测噪声 $\boldsymbol{V}_k$ 不相关，因而有验后估计均方误差阵

$$\begin{aligned}&\mathrm{Var}[\tilde{\boldsymbol{X}}_{k,\mathrm{MAP}}]=\mathrm{Var}[(\boldsymbol{I}-\boldsymbol{K}_k\boldsymbol{H}_k)(\boldsymbol{X}_k-\hat{\boldsymbol{X}}_{k/k-1})]+\mathrm{Var}[\boldsymbol{K}_k\boldsymbol{V}_k]=\\&(\boldsymbol{I}-\boldsymbol{K}_k\boldsymbol{H}_k)\boldsymbol{P}_{k/k-1}(\boldsymbol{I}-\boldsymbol{K}_k\boldsymbol{H}_k)^{\mathrm{T}}+\boldsymbol{K}_k\boldsymbol{R}_k\boldsymbol{K}_k^{\mathrm{T}}=(\boldsymbol{I}-\boldsymbol{K}_k\boldsymbol{H}_k)\boldsymbol{P}_{k/k-1}\triangleq\boldsymbol{P}_k\end{aligned} \tag{G.16}$$

显然，式(G.14)和式(G.16)恰好等价于 Kalman 滤波的结果。

以上便是将递推贝叶斯估计与极大验后估计方法相结合，推导 Kalman 滤波公式的过程。

附录 H　几种矩阵分解方法(QR、Cholesky、秩-1 更新与 UD)

在 Kalman 滤波的平方根滤波技术处理中，需要用到矩阵的 QR(正交三角)分解、Cholesky 三角(平方根)分解与 UD(三角-对角)分解算法，下面分别予以介绍。

H.1　QR 分解(orthogonal - triangular decomposition)

矩阵的 QR 分解定理：设有列满秩实矩阵 $\boldsymbol{A}_{m\times n}$，即 $m\geqslant n$ 且 $\mathrm{rank}(\boldsymbol{A}_{m\times n})=n$，则有矩阵分解 $\boldsymbol{A}_{m\times n}=\boldsymbol{Q}_{m\times n}\boldsymbol{R}_{n\times n}$ 成立，其中 $\boldsymbol{Q}_{m\times n}^{\mathrm{T}}\boldsymbol{Q}_{m\times n}=\boldsymbol{I}_{n\times n}$ 且 $\boldsymbol{R}_{n\times n}$ 是非奇异上(或下)三角阵。该定理的证明可参见矩阵论相关书籍，此处从略。

下面使用改进 Gram - Schmidt 法(MGS)给出对矩阵 $\boldsymbol{A}$ 实施 QR 分解的伪代码程序：

$\boldsymbol{R}=\boldsymbol{0}_{n\times n}$

for　$i=1,2\cdots,n$

　　$R_{ii}=\sqrt{\boldsymbol{A}_i^{\mathrm{T}}\boldsymbol{A}_i}$

　　$\boldsymbol{A}_i=\boldsymbol{A}_i/R_{ii}$

　　for　$j=i+1,i+2,\cdots,n$　　(H.1a)

　　　　$R_{ij}=\boldsymbol{A}_i^{\mathrm{T}}\boldsymbol{A}_j$

　　　　$\boldsymbol{A}_j=\boldsymbol{A}_j-R_{ij}\boldsymbol{A}_i$

　　end

end

其中:$\boldsymbol{A}_i$ 表示矩阵 $\boldsymbol{A}$ 的第 i 列向量;R_{ij} 是矩阵 $\boldsymbol{R}$ 的第 i 行 j 列元素。执行上述程序后,便可得正交矩阵 $\boldsymbol{Q}_{m\times n}=\boldsymbol{A}$ 及上三角矩阵 $\boldsymbol{R}_{n\times n}$。

如果执行如下伪代码,则可得到下三角阵:

$$
\begin{aligned}
&\boldsymbol{R}=\boldsymbol{0}_{n\times n} \\
&\text{for}\quad i=n,n-1,\cdots,1 \\
&\qquad R_{ii}=\sqrt{\boldsymbol{A}_i^{\mathrm{T}}\boldsymbol{A}_i} \\
&\qquad \boldsymbol{A}_i=\boldsymbol{A}_i/R_{ii} \\
&\qquad \text{for}\quad j=i-1,i-2,\cdots,1 \\
&\qquad\qquad R_{ij}=\boldsymbol{A}_i^{\mathrm{T}}\boldsymbol{A}_j \\
&\qquad\qquad \boldsymbol{A}_j=\boldsymbol{A}_j-R_{ij}\boldsymbol{A}_i \\
&\qquad \text{end} \\
&\text{end}
\end{aligned}
\tag{H.1b}
$$

H.2 Cholesky 三角分解(Cholesky factorization)

1.上三角分解

根据矩阵理论,给定 n 阶正定的对称矩阵 $\boldsymbol{P}$,它总可进行如下的三角分解(平方根分解):

$$\boldsymbol{P}=\boldsymbol{\Delta}\boldsymbol{\Delta}^{\mathrm{T}} \tag{H.2}$$

其中:分别记 $\boldsymbol{P}$ 和上三角阵 $\boldsymbol{\Delta}$ 的分量形式为

$$\boldsymbol{P}=\begin{bmatrix} P_{11} & P_{12} & \cdots & P_{1n} \\ P_{21} & P_{22} & \cdots & P_{2n} \\ \vdots & \vdots & & \vdots \\ P_{n1} & P_{n2} & \cdots & P_{nn} \end{bmatrix},\quad \boldsymbol{\Delta}=\begin{bmatrix} \delta_{11} & \delta_{12} & \cdots & \delta_{1n} \\ 0 & \delta_{22} & \cdots & \delta_{2n} \\ \vdots & \vdots & & \vdots \\ 0 & 0 & \cdots & \delta_{nn} \end{bmatrix} \tag{H.3}$$

且有 $P_{ij}=P_{ji}(i,j=1,2,\cdots,n)$。

实现上述平方根分解的算法简述如下。

将式(H.3)代入式(H.2),可得

$$\begin{bmatrix} P_{11} & P_{12} & \cdots & P_{1n} \\ P_{21} & P_{22} & \cdots & P_{2n} \\ \vdots & \vdots & & \vdots \\ P_{n1} & P_{n2} & \cdots & P_{nn} \end{bmatrix}=\begin{bmatrix} \delta_{11} & \delta_{12} & \cdots & \delta_{1n} \\ 0 & \delta_{22} & \cdots & \delta_{2n} \\ \vdots & \vdots & & \vdots \\ 0 & 0 & \cdots & \delta_{nn} \end{bmatrix}\begin{bmatrix} \delta_{11} & 0 & \cdots & 0 \\ \delta_{12} & \delta_{22} & \cdots & 0 \\ \vdots & \vdots & & \vdots \\ \delta_{1n} & \delta_{2n} & \cdots & \delta_{nn} \end{bmatrix} \tag{H.4}$$

再将式(H.4)右端展开,考虑到矩阵 $\boldsymbol{P}$ 的对称性,对比等式两边上三角位置上的元素,可得

$$
\begin{aligned}
P_{ij}&=\delta_{ij}\delta_{jj}+\delta_{i,j+1}\delta_{j,j+1}+\delta_{i,j+2}\delta_{j,j+2}+\cdots+\delta_{in}\delta_{jn}= \\
&\sum_{k=j+1}^{n}\delta_{ik}\delta_{jk}+\delta_{ij}\delta_{jj}\quad(1\leqslant i\leqslant n,\quad i\leqslant j\leqslant n)
\end{aligned}
\tag{H.5}
$$

式(H.5)移项得

$$\delta_{ij}\delta_{jj}=P_{ij}-\sum_{k=j+1}^{n}\delta_{ik}\delta_{jk} \tag{H.6}$$

因而有

$$\delta_{ij}=\begin{cases}(P_{ij}-\sum\limits_{k=j+1}^{n}\delta_{ik}\delta_{jk})/\delta_{jj} & (i<j)\\ \sqrt{P_{jj}-\sum\limits_{k=j+1}^{n}\delta_{jk}^{2}} & (i=j)\\ 0 & (i>j)\end{cases} \tag{H.7}$$

这便是求解平方根矩阵各元素的计算公式。不难发现，由 $\boldsymbol{P}$ 计算 $\boldsymbol{\Delta}$ 中上三角各元素的先后顺序为

$$\delta_{nn},\delta_{n-1,n},\delta_{n-2,n},\cdots,\delta_{1,n};\quad\rightarrow\delta_{n-1,n-1},\delta_{n-2,n-1},\delta_{n-3,n-1},\cdots,\delta_{1,n-1};\quad\rightarrow\cdots;$$

$$\rightarrow\delta_{22},\delta_{12};\quad\rightarrow\delta_{11}$$

即

$$\boldsymbol{\Delta}=\begin{bmatrix}\delta_{11} & \leftarrow\delta_{12} & \cdots & \swarrow\delta_{1n}\\ 0 & \overset{\uparrow}{\delta_{22}} & \cdots & \overset{\uparrow}{\delta_{2n}}\\ \vdots & \vdots & & \vdots\\ 0 & 0 & \cdots & \overset{\uparrow}{\delta_{nn}}\end{bmatrix}$$

2. 下三角分解

仿照上三角平方根分解的推导过程，可将下三角分解表示如下：

$$\begin{bmatrix}P_{11} & P_{12} & \cdots & P_{1n}\\ P_{21} & P_{22} & \cdots & P_{2n}\\ \vdots & \vdots & & \vdots\\ P_{n1} & P_{n2} & \cdots & P_{nn}\end{bmatrix}=\begin{bmatrix}\delta_{11} & 0 & \cdots & 0\\ \delta_{21} & \delta_{22} & \cdots & 0\\ \vdots & \vdots & & \vdots\\ \delta_{n1} & \delta_{n2} & \cdots & \delta_{nn}\end{bmatrix}\begin{bmatrix}\delta_{11} & \delta_{21} & \cdots & \delta_{n1}\\ 0 & \delta_{22} & \cdots & \delta_{n2}\\ \vdots & \vdots & & \vdots\\ 0 & 0 & \cdots & \delta_{nn}\end{bmatrix} \tag{H.8}$$

式(H.8) 中下三角位置上各元素的展开通项为

$$P_{ij}=\delta_{i1}\delta_{j1}+\delta_{i2}\delta_{j2}+\delta_{i3}\delta_{j3}+\cdots+\delta_{ij}\delta_{jj}=$$

$$\sum_{k=1}^{j-1}\delta_{ik}\delta_{jk}+\delta_{ij}\delta_{jj}\quad(1\leqslant i\leqslant n,\quad 1\leqslant j\leqslant i) \tag{H.9}$$

因而可得

$$\delta_{ij}=\begin{cases}0 & (i<j)\\ \sqrt{P_{ii}-\sum\limits_{k=1}^{i-1}\delta_{ik}^{2}} & (i=j)\\ (P_{ij}-\sum\limits_{k=1}^{j-1}\delta_{ik}\delta_{jk})/\delta_{jj} & (i>j)\end{cases} \tag{H.10}$$

下三角阵元素的计算顺序为

$$\delta_{11};\quad\rightarrow\delta_{21},\delta_{22};\quad\rightarrow\delta_{31},\delta_{32},\delta_{33};\quad\rightarrow\cdots;\quad\rightarrow\delta_{n1},\delta_{n2},\delta_{n3},\cdots,\delta_{nn}$$

即

$$\boldsymbol{\Delta}=\begin{bmatrix}\delta_{11} & 0 & \cdots & 0\\ \downarrow & & & \\ \delta_{21}\rightarrow & \swarrow\delta_{22} & \cdots & 0\\ \vdots & \vdots & & \vdots\\ \delta_{n1}\rightarrow & \delta_{n2}\rightarrow & \cdots & \delta_{nn}\end{bmatrix}$$

H.3 Cholesky 分解秩-1 更新算法(rank-1 update to Cholesky factorization)

给定 n 阶上三角阵 $\boldsymbol{R}$ 和 $\boldsymbol{S}$ 以及 n 维行向量 $\boldsymbol{X}$,若下式成立:

$$\boldsymbol{R}^{\mathrm{T}}\boldsymbol{R}-\boldsymbol{X}^{\mathrm{T}}\boldsymbol{X}=\boldsymbol{S}^{\mathrm{T}}\boldsymbol{S} \tag{H.11}$$

则称三角阵 $\boldsymbol{S}$ 为 $\boldsymbol{R}$ 的秩-1 更新解。因向量 $\boldsymbol{X}$ 的秩为 1,故称秩-1 更新。下面给出由 $\boldsymbol{R}$ 和 $\boldsymbol{X}$ 求解 $\boldsymbol{S}$ 的数值计算方法。

首先,对 $\boldsymbol{R}$,$\boldsymbol{X}$ 和 $\boldsymbol{S}$ 作分块矩阵表示,分别记为

$$\boldsymbol{R}=\begin{bmatrix}r_{11} & \boldsymbol{r}_{12}\\ \boldsymbol{0} & \boldsymbol{R}_{22}\end{bmatrix},\quad \boldsymbol{X}=[x_1 \quad \boldsymbol{x}_2],\quad \boldsymbol{S}=\begin{bmatrix}s_{11} & \boldsymbol{s}_{12}\\ \boldsymbol{0} & \boldsymbol{S}_{22}\end{bmatrix} \tag{H.12}$$

式中:r_{11},x_1,s_{11} 均为标量;$\boldsymbol{r}_{12}$,$\boldsymbol{x}_2$,$\boldsymbol{s}_{12}$ 均为 $n-1$ 维行向量;$\boldsymbol{R}_{22}$,$\boldsymbol{S}_{22}$ 均为 $n-1$ 阶上三角阵。因此,式(H.11)可表示为

$$\begin{bmatrix}r_{11} & \boldsymbol{0}\\ \boldsymbol{r}_{12}^{\mathrm{T}} & \boldsymbol{R}_{22}^{\mathrm{T}}\end{bmatrix}\begin{bmatrix}r_{11} & \boldsymbol{r}_{12}\\ \boldsymbol{0} & \boldsymbol{R}_{22}\end{bmatrix}-\begin{bmatrix}x_1\\ \boldsymbol{x}_2^{\mathrm{T}}\end{bmatrix}[x_1 \quad \boldsymbol{x}_2]=\begin{bmatrix}s_{11} & \boldsymbol{0}\\ \boldsymbol{s}_{12}^{\mathrm{T}} & \boldsymbol{S}_{22}^{\mathrm{T}}\end{bmatrix}\begin{bmatrix}s_{11} & \boldsymbol{s}_{12}\\ \boldsymbol{0} & \boldsymbol{S}_{22}\end{bmatrix} \tag{H.13}$$

即

$$\begin{bmatrix}r_{11}^2-x_1^2 & r_{11}\boldsymbol{r}_{12}-x_1\boldsymbol{x}_2\\ r_{11}\boldsymbol{r}_{12}^{\mathrm{T}}-x_1\boldsymbol{x}_2^{\mathrm{T}} & \boldsymbol{r}_{12}^{\mathrm{T}}\boldsymbol{r}_{12}+\boldsymbol{R}_{22}^{\mathrm{T}}\boldsymbol{R}_{22}-\boldsymbol{x}_2^{\mathrm{T}}\boldsymbol{x}_2\end{bmatrix}=\begin{bmatrix}s_{11}^2 & s_{11}\boldsymbol{s}_{12}\\ s_{11}\boldsymbol{s}_{12}^{\mathrm{T}} & \boldsymbol{s}_{12}^{\mathrm{T}}\boldsymbol{s}_{12}+\boldsymbol{S}_{22}^{\mathrm{T}}\boldsymbol{S}_{22}\end{bmatrix} \tag{H.14}$$

对比式(H.14)等号两边的分块矩阵,可得

$$r_{11}^2-x_1^2=s_{11}^2 \tag{H.15}$$

$$r_{11}\boldsymbol{r}_{12}-x_1\boldsymbol{x}_2=s_{11}\boldsymbol{s}_{12} \tag{H.16}$$

$$\boldsymbol{r}_{12}^{\mathrm{T}}\boldsymbol{r}_{12}+\boldsymbol{R}_{22}^{\mathrm{T}}\boldsymbol{R}_{22}-\boldsymbol{x}_2^{\mathrm{T}}\boldsymbol{x}_2=\boldsymbol{s}_{12}^{\mathrm{T}}\boldsymbol{s}_{12}+\boldsymbol{S}_{22}^{\mathrm{T}}\boldsymbol{S}_{22} \tag{H.17}$$

由上述三式可分别解得

$$s_{11}=\sqrt{r_{11}^2-x_1^2} \tag{H.18}$$

$$\boldsymbol{s}_{12}=\frac{r_{11}}{s_{11}}\boldsymbol{r}_{12}-\frac{x_1}{s_{11}}\boldsymbol{x}_2 \tag{H.19}$$

$$\boldsymbol{R}_{22}^{\mathrm{T}}\boldsymbol{R}_{22}-(\boldsymbol{x}_2^{\mathrm{T}}\boldsymbol{x}_2-\boldsymbol{r}_{12}^{\mathrm{T}}\boldsymbol{r}_{12}+\boldsymbol{s}_{12}^{\mathrm{T}}\boldsymbol{s}_{12})=\boldsymbol{S}_{22}^{\mathrm{T}}\boldsymbol{S}_{22} \tag{H.20}$$

特别地,在式(H.20)中,有

$$\begin{aligned}\boldsymbol{x}_2^{\mathrm{T}}\boldsymbol{x}_2-\boldsymbol{r}_{12}^{\mathrm{T}}\boldsymbol{r}_{12}+\boldsymbol{s}_{12}^{\mathrm{T}}\boldsymbol{s}_{12}=\boldsymbol{x}_2^{\mathrm{T}}\boldsymbol{x}_2-\boldsymbol{r}_{12}^{\mathrm{T}}\boldsymbol{r}_{12}+(r_{11}\boldsymbol{r}_{12}-x_1\boldsymbol{x}_2)^{\mathrm{T}}(r_{11}\boldsymbol{r}_{12}-x_1\boldsymbol{x}_2)/s_{11}^2=\\ [(r_{11}^2-x_1^2)(\boldsymbol{x}_2^{\mathrm{T}}\boldsymbol{x}_2-\boldsymbol{r}_{12}^{\mathrm{T}}\boldsymbol{r}_{12})+(r_{11}\boldsymbol{r}_{12}-x_1\boldsymbol{x}_2)^{\mathrm{T}}(r_{11}\boldsymbol{r}_{12}-x_1\boldsymbol{x}_2)]/s_{11}^2=\\ (r_{11}^2\boldsymbol{x}_2^{\mathrm{T}}\boldsymbol{x}_2+x_1^2\boldsymbol{r}_{12}^{\mathrm{T}}\boldsymbol{r}_{12}-r_{11}x_1\boldsymbol{r}_{12}^{\mathrm{T}}\boldsymbol{x}_2-x_1r_{11}\boldsymbol{x}_2^{\mathrm{T}}\boldsymbol{r}_{12})/s_{11}^2=\\ (r_{11}\boldsymbol{x}_2-x_1\boldsymbol{r}_{12})^{\mathrm{T}}(r_{11}\boldsymbol{x}_2-x_1\boldsymbol{r}_{12})/s_{11}^2\end{aligned} \tag{H.21}$$

可见,若记

$$\boldsymbol{X}_2 = \frac{r_{11}}{s_{11}}\boldsymbol{x}_2 - \frac{x_1}{s_{11}}\boldsymbol{r}_{12} \tag{H.22}$$

则式(H.20)可化为

$$\boldsymbol{R}_{22}^{\mathrm{T}}\boldsymbol{R}_{22} - \boldsymbol{X}_2^{\mathrm{T}}\boldsymbol{X}_2 = \boldsymbol{S}_{22}^{\mathrm{T}}\boldsymbol{S}_{22} \tag{H.23}$$

与式(H.11)相比,式(H.23)中的待求三角阵$\boldsymbol{S}_{22}$降成$n-1$阶了,即转化为已知$\boldsymbol{R}_{22}$和$\boldsymbol{X}_2$求解$\boldsymbol{S}_{22}$的问题。依此类推,不断执行式(H.18)、式(H.19)和式(H.22),逐次降阶处理,最终可求得三角阵$\boldsymbol{S}$。显然,式(H.18)、式(H.19)和式(H.22)的乘法计算量为$4n$,从而不难估计整个秩-1更新算法所需乘法的计算量约为$2n^2$,同时还需开平方运算n次。

同理,对于形如$\boldsymbol{R}^{\mathrm{T}}\boldsymbol{R}+\boldsymbol{X}^{\mathrm{T}}\boldsymbol{X}=\boldsymbol{S}^{\mathrm{T}}\boldsymbol{S}$的秩-1更新,容易求得其核心算法公式为

$$s_{11} = \sqrt{r_{11}^2 + x_1^2}, \quad \boldsymbol{s}_{12} = \frac{r_{11}}{s_{11}}\boldsymbol{r}_{12} + \frac{x_1}{s_{11}}\boldsymbol{x}_2, \quad \boldsymbol{X}_2 = \frac{r_{11}}{s_{11}}\boldsymbol{x}_2 - \frac{x_1}{s_{11}}\boldsymbol{r}_{12} \tag{H.24}$$

最后指出,$\boldsymbol{R}^{\mathrm{T}}\boldsymbol{R}+\boldsymbol{X}^{\mathrm{T}}\boldsymbol{X}=\boldsymbol{S}^{\mathrm{T}}\boldsymbol{S}$的秩-1更新总是存在的;而$\boldsymbol{R}^{\mathrm{T}}\boldsymbol{R}-\boldsymbol{X}^{\mathrm{T}}\boldsymbol{X}=\boldsymbol{S}^{\mathrm{T}}S$的秩-1更新只有在式(H.18)中的被开方数为非负时才有意义。

H.4 UD分解(unit upper triangular & diagonal factorization)

给定n阶正定的对称矩阵$\boldsymbol{P}$,它总可以进行如下的上三角-对角分解:

$$\boldsymbol{P} = \boldsymbol{U}\boldsymbol{D}\boldsymbol{U}^{\mathrm{T}} \tag{H.25}$$

如果将矩阵$\boldsymbol{P}$、上三角阵$\boldsymbol{U}$和对角阵$\boldsymbol{D}$表示成元素形式,分别为

$$\boldsymbol{P} = \begin{bmatrix} P_{11} & P_{12} & \cdots & P_{1n} \\ P_{21} & P_{22} & \cdots & P_{2n} \\ \vdots & \vdots & & \vdots \\ P_{n1} & P_{n2} & \cdots & P_{nn} \end{bmatrix}, \quad \boldsymbol{U} = \begin{bmatrix} U_{11} & U_{12} & \cdots & U_{1n} \\ 0 & U_{22} & \cdots & U_{2n} \\ \vdots & \vdots & & \vdots \\ 0 & 0 & \cdots & U_{nn} \end{bmatrix}, \quad \boldsymbol{D} = \begin{bmatrix} D_{11} & 0 & \cdots & 0 \\ 0 & D_{22} & \cdots & 0 \\ \vdots & \vdots & & \vdots \\ 0 & 0 & \cdots & D_{nn} \end{bmatrix} \tag{H.26}$$

且上三角阵$\boldsymbol{U}$的对角线元素均为1,即有$U_{ii}=1(i=1,2,\cdots,n)$。

将式(H.26)代入式(H.25),得

$$\begin{bmatrix} P_{11} & P_{12} & \cdots & P_{1n} \\ P_{21} & P_{22} & \cdots & P_{2n} \\ \vdots & \vdots & & \vdots \\ P_{n1} & P_{n2} & \cdots & P_{nn} \end{bmatrix} = \begin{bmatrix} U_{11} & U_{12} & \cdots & U_{1n} \\ 0 & U_{22} & \cdots & U_{2n} \\ \vdots & \vdots & & \vdots \\ 0 & 0 & \cdots & U_{nn} \end{bmatrix} \begin{bmatrix} D_{11} & 0 & \cdots & 0 \\ 0 & D_{22} & \cdots & 0 \\ \vdots & \vdots & & \vdots \\ 0 & 0 & \cdots & D_{nn} \end{bmatrix} \times$$

$$\begin{bmatrix} U_{11} & 0 & \cdots & 0 \\ U_{12} & U_{22} & \cdots & 0 \\ \vdots & \vdots & & \vdots \\ U_{1n} & U_{2n} & \cdots & U_{nn} \end{bmatrix} = \begin{bmatrix} D_{11}U_{11} & D_{22}U_{12} & \cdots & D_{nn}U_{1n} \\ 0 & D_{22}U_{22} & \cdots & D_{nn}U_{2n} \\ \vdots & \vdots & & \vdots \\ 0 & 0 & \cdots & D_{nn}U_{nn} \end{bmatrix} \begin{bmatrix} U_{11} & 0 & \cdots & 0 \\ U_{12} & U_{22} & \cdots & 0 \\ \vdots & \vdots & & \vdots \\ U_{1n} & U_{2n} & \cdots & U_{nn} \end{bmatrix} \tag{H.27}$$

类似于式(H.5),式(H.27)的上三角位置上各元素展开通项为

$$P_{ij} = D_{jj}U_{ij}U_{jj} + D_{j+1,j+1}U_{i,j+1}U_{j,j+1} + \cdots + D_{nn}U_{in}U_{jn} =$$

$$\sum_{k=j+1}^{n} D_{kk}U_{ik}U_{jk} + D_{jj}U_{ij}U_{jj} \quad (1 \leqslant i \leqslant n, \quad i \leqslant j \leqslant n) \tag{H.28}$$

因而有

$$U_{ij}=\begin{cases}(P_{ij}-\sum\limits_{k=j+1}^{n}D_{kk}U_{ik}U_{jk})/D_{jj} & (i<j)\\ 1 & (i=j)\\ 0 & (i>j)\end{cases}\tag{H.29a}$$

$$D_{jj}=P_{jj}-\sum_{k=j+1}^{n}D_{kk}U_{jk}^{2}\tag{H.29b}$$

上三角阵 $\boldsymbol{U}$ 和对角阵 $\boldsymbol{D}$ 的各元素计算先后顺序为

$D_{nn},U_{n-1,n},U_{n-2,n},\cdots,U_{1,n}$；　$\rightarrow D_{n-1,n-1},U_{n-2,n-1},U_{n-3,n-1},\cdots,U_{1,n-1}$；　$\rightarrow\cdots$；

$\rightarrow D_{22},U_{12}$；　$\rightarrow D_{11}$

即

$$\boldsymbol{D}/\boldsymbol{U}=\begin{bmatrix}D_{11} & \leftarrow U_{12} & \cdots & \swarrow U_{1n}\\ 0 & \overset{\uparrow}{D}_{22} & \cdots & \overset{\uparrow}{U}_{2n}\\ \vdots & \vdots & & \vdots\\ 0 & 0 & \cdots & \overset{\uparrow}{D}_{nn}\end{bmatrix}$$

一般情况下，如果矩阵 $\boldsymbol{P}$ 是半正定的，则不一定能进行 UD 分解，即不一定存在上三角阵 $\boldsymbol{U}$ 和对角阵 $\boldsymbol{D}$ 使得 $\boldsymbol{P}=\boldsymbol{UDU}^{\mathrm{T}}$ 成立；但是，如果 $\boldsymbol{P}$ 是对角半正定阵，当某对角元素 $P_{jj}=0$ 时则有 $D_{jj}=0$，这时 $U_{j-1,j},U_{j-2,j},\cdots,U_{1,j}$ 可选为任意值，通常直接设置成 0 即可。

若要进行对称正定阵的下三角-对角分解，完全可参考矩阵的下三角平方根分解式(H.8)，具体过程不再赘述。

最后指出，三角分解和 UD 分解之间存在关系 $\boldsymbol{\Delta}=\boldsymbol{U}\sqrt{\boldsymbol{D}}$，即

$$\boldsymbol{P}=\boldsymbol{UDU}^{\mathrm{T}}=\boldsymbol{U}(\sqrt{\boldsymbol{D}}\sqrt{\boldsymbol{D}}^{\mathrm{T}})\boldsymbol{U}^{\mathrm{T}}=(\boldsymbol{U}\sqrt{\boldsymbol{D}})(\boldsymbol{U}\sqrt{\boldsymbol{D}})^{\mathrm{T}}=\boldsymbol{\Delta\Delta}^{\mathrm{T}}\tag{H.30}$$

其中：$\sqrt{\boldsymbol{D}}$ 表示对角阵 $\boldsymbol{D}$ 的平方根矩阵，一般只需将 $\sqrt{\boldsymbol{D}}$ 的对角元素简单地取为 $\boldsymbol{D}$ 的对角元素的正平方根即可。

附录 I　方差阵上界的证明

命题　若 n 阶实对称阵 $\boldsymbol{A}$ 是非负定的，则对于任意 N 个实数 $0\leqslant\beta_i\leqslant1(i=1,2,\cdots,N)$ 且 $\sum\limits_{i=1}^{N}\beta_i=1$，有如下矩阵上界成立：

$$\begin{bmatrix}\boldsymbol{A} & \cdots & \boldsymbol{A}\\ \vdots & & \vdots\\ \boldsymbol{A} & \cdots & \boldsymbol{A}\end{bmatrix}\leqslant\begin{bmatrix}\beta_1^{-1}\boldsymbol{A} & & \\ & \ddots & \\ & & \beta_N^{-1}\boldsymbol{A}\end{bmatrix}\tag{I.1}$$

证明　式(I.1)可进行如下等价变换：

$$\begin{bmatrix}\beta_1^{-1}\boldsymbol{A} & & \\ & \ddots & \\ & & \beta_1^{-1}\boldsymbol{A}\end{bmatrix}-\begin{bmatrix}\boldsymbol{A} & \cdots & \boldsymbol{A}\\ \vdots & & \vdots\\ \boldsymbol{A} & \cdots & \boldsymbol{A}\end{bmatrix}\geqslant0\tag{I.2a}$$

$$\left(\begin{bmatrix}\beta_1^{-1}\boldsymbol{I} & & \\ & \ddots & \\ & & \beta_1^{-1}\boldsymbol{I}\end{bmatrix}-\begin{bmatrix}\boldsymbol{I} & \cdots & \boldsymbol{I}\\ \vdots & & \vdots \\ \boldsymbol{I} & \cdots & \boldsymbol{I}\end{bmatrix}\right)\cdot\begin{bmatrix}\boldsymbol{A} & & \\ & \ddots & \\ & & \boldsymbol{A}\end{bmatrix}\geqslant 0 \tag{I.2b}$$

假设 $\boldsymbol{x}$ 是 n 维非零列向量，计算如下二次型可得

$$\begin{bmatrix}\boldsymbol{x}\\ \vdots \\ \boldsymbol{x}\end{bmatrix}^{\mathrm{T}}\cdot\left(\begin{bmatrix}\beta_i^{-1}\boldsymbol{I} & & \\ & \ddots & \\ & & \beta_i^{-1}\boldsymbol{I}\end{bmatrix}-\begin{bmatrix}\boldsymbol{I} & \cdots & \boldsymbol{I}\\ \vdots & & \vdots \\ \boldsymbol{I} & \cdots & \boldsymbol{I}\end{bmatrix}\right)\cdot\begin{bmatrix}\boldsymbol{x}\\ \vdots \\ \boldsymbol{x}\end{bmatrix}=$$

$$\sum_{i=1}^{N}\beta_i^{-1}\boldsymbol{x}^{\mathrm{T}}\boldsymbol{x}-\left(\sum_{i=1}^{N}\boldsymbol{x}^{\mathrm{T}}\right)\left(\sum_{i=1}^{N}\boldsymbol{x}\right)=\sum_{i=1}^{N}\beta_i^{-1}\ \|\boldsymbol{x}\|^2-N^2\ \|\boldsymbol{x}\|^2=$$

$$\left(\sum_{i=1}^{N}\beta_i^{-1}-N^2\right)\|\boldsymbol{x}\|^2 \tag{I.3}$$

由于 $0\leqslant\beta_i\leqslant 1(i=1,2,\cdots,N)$ 且 $\sum_{i=1}^{N}\beta_i=1$，根据柯西不等式(见后)，可得 $\sum_{i=1}^{N}\beta_i^{-1}-N^2\geqslant 0$，当且仅当 $\beta_i^{-1}=N$ 时取等号。因此，不等式(I.2b)左边的两个矩阵都是非负定的，其乘积必然也是非负定的。得证。

更一般地，有如下矩阵上界成立(如何证明尚未查到公开文献)：

$$\begin{bmatrix}\boldsymbol{A}_{11} & \cdots & \boldsymbol{A}_{1N}\\ \vdots & & \vdots \\ \boldsymbol{A}_{N1} & \cdots & \boldsymbol{A}_{NN}\end{bmatrix}\leqslant\begin{bmatrix}\beta_1^{-1}\boldsymbol{A}_{11} & & \\ & \ddots & \\ & & \beta_N^{-1}\boldsymbol{A}_{NN}\end{bmatrix} \tag{I.4}$$

式中：分块对角线上 $\boldsymbol{A}_{11},\cdots,\boldsymbol{A}_{NN}$ 为任意阶非负定方阵。

柯西不等式：设 $\alpha_i,\beta_i(i=1,2,\cdots,N)$ 为实数，则有如下不等式成立：

$$\left(\sum_{i=1}^{N}\alpha_i\beta_i\right)^2\leqslant\left(\sum_{i=1}^{N}\alpha_i^2\right)\left(\sum_{i=1}^{N}\beta_i^2\right) \tag{I.5}$$

特别地，若令 $0<\beta_i^2\leqslant 1$，$\sum_{i=1}^{N}\beta_i^2=1$ 且 $\alpha_i=1/\beta_i$，则式(I.5)可简化为 $N^2\leqslant\sum_{i=1}^{N}\alpha_i^2$，即 $\sum_{i=1}^{N}\beta_i^{-1}-N^2\geqslant 0$。显然，当 $\beta_i=0$ 时式(I.5)也成立。

附录 J　线性系统基本理论

姿态阵或四元数微分方程可视为一种特殊的线性时变系统，具有不可交换性。确定性线系统的可控性、可观性和稳定性概念在随机系统中也有相应的定义，但它们之间有着明显的区别。这里主要介绍一些确定性线性系统的基本理论，供对比参考。

J.1　时变系统的不可交换性

对于连续时间线性系统，其状态向量用微分方程描述为

$$\dot{\boldsymbol{X}}(t)=\boldsymbol{F}(t)\boldsymbol{X}(t)+\boldsymbol{G}(t)\boldsymbol{u}(t) \tag{J.1}$$

式中：$\boldsymbol{X}(t)$ 是 n 维的状态向量；$\boldsymbol{F}(t)$，$\boldsymbol{G}(t)$ 为确定性时变矩阵；$\boldsymbol{u}(t)$ 为已知的控制输入。根据线性系统理论，式(J.1)中状态向量的解析解为

$$\boldsymbol{X}(t)=\boldsymbol{\Phi}(t,t_0)\boldsymbol{X}(t_0)+\int_{t_0}^{t}\boldsymbol{\Phi}(t,\tau)\boldsymbol{G}(\tau)\boldsymbol{u}(\tau)\mathrm{d}\tau \tag{J.2}$$

其中：$\boldsymbol{\Phi}(t,t_0)$ 称为状态转移矩阵，它满足如下微分方程及初始条件：

$$\dot{\boldsymbol{\Phi}}(t,t_0)=\boldsymbol{F}(t)\boldsymbol{\Phi}(t,t_0),\quad \boldsymbol{\Phi}(t_0,t_0)=\boldsymbol{I}\quad (t\geqslant t_0) \tag{J.3}$$

状态转移阵 $\boldsymbol{\Phi}(t,t_0)$ 的具体形式为

$$\begin{aligned}\boldsymbol{\Phi}(t,t_0)=\boldsymbol{I}+&\int_{t_0}^{t}\boldsymbol{F}(\tau)\mathrm{d}\tau+\int_{t_0}^{t}\boldsymbol{F}(\tau_1)\left[\int_{t_0}^{\tau_1}\boldsymbol{F}(\tau_2)\mathrm{d}\tau_2\right]\mathrm{d}\tau_1+\\&\int_{t_0}^{t}\boldsymbol{F}(\tau_1)\left\{\int_{t_0}^{\tau_1}\boldsymbol{F}(\tau_2)\left[\int_{t_0}^{\tau_2}\boldsymbol{F}(\tau_3)\mathrm{d}\tau_3\right]\mathrm{d}\tau_2\right\}\mathrm{d}\tau_1+\cdots\end{aligned} \tag{J.4}$$

不难验证，式(J.4) 满足式(J.3)。实际上，式(J.4) 称为毕卡级数，它是一种特殊的级数，包含无穷重积分，当 $\boldsymbol{F}(t)$ 中元素是有界时，该级数总是收敛的，但通常得不到闭合解。

状态转移阵 $\boldsymbol{\Phi}(t,t_0)$ 具有传递性，即有 $\boldsymbol{\Phi}(t_2,t_0)=\boldsymbol{\Phi}(t_2,t_1)\boldsymbol{\Phi}(t_1,t_0)$。但是，对于一般的高维时变系统而言，$\boldsymbol{\Phi}(t_2,t_1)\boldsymbol{\Phi}(t_1,t_0)\neq\boldsymbol{\Phi}(t_1,t_0)\boldsymbol{\Phi}(t_2,t_1)$，这说明时变系统具有不可交换性，状态转移变化跟经历的路径先后顺序有关，不可交换性是时变系统的普遍特性。

特别地，对于定常系统，简记 $\boldsymbol{F}(t)$ 为 $\boldsymbol{F}$，则式(J.4) 可简化为

$$\begin{aligned}\boldsymbol{\Phi}(t-t_0)=&\boldsymbol{I}+\int_{t_0}^{t}\boldsymbol{F}\mathrm{d}\tau+\int_{t_0}^{t}\boldsymbol{F}\left[\int_{t_0}^{\tau_1}\boldsymbol{F}\mathrm{d}\tau_2\right]\mathrm{d}\tau_1+\int_{t_0}^{t}\boldsymbol{F}\left\{\int_{t_0}^{\tau_1}\boldsymbol{F}\left[\int_{t_0}^{\tau_2}\boldsymbol{F}\mathrm{d}\tau_3\right]\mathrm{d}\tau_2\right\}\mathrm{d}\tau_1+\cdots=\\&\boldsymbol{I}+\boldsymbol{F}(t-t_0)+\int_{t_0}^{t}\boldsymbol{F}\cdot\boldsymbol{F}(\tau_1-t_0)\mathrm{d}\tau_1+\int_{t_0}^{t}\boldsymbol{F}\left\{\int_{t_0}^{\tau_1}\boldsymbol{F}\cdot\boldsymbol{F}(\tau_2-t_0)\mathrm{d}\tau_2\right\}\mathrm{d}\tau_1+\cdots=\\&\boldsymbol{I}+\boldsymbol{F}(t-t_0)+\frac{1}{2}\left[\boldsymbol{F}(t-t_0)\right]^2+\int_{t_0}^{t}\boldsymbol{F}\cdot\frac{1}{2}\left[\boldsymbol{F}(\tau_1-t_0)\right]^2\mathrm{d}\tau_1+\cdots=\\&\boldsymbol{I}+\boldsymbol{F}(t-t_0)+\frac{1}{2}\left[\boldsymbol{F}(t-t_0)\right]^2+\frac{1}{3\times 2}\left[\boldsymbol{F}(t-t_0)\right]^2+\cdots=\mathrm{e}^{\boldsymbol{F}(t-t_0)}\end{aligned} \tag{J.5}$$

显然，有

$$\boldsymbol{\Phi}(t_2-t_0)=\mathrm{e}^{\boldsymbol{F}(t_2-t_0)}=\mathrm{e}^{\boldsymbol{F}(t_2-t_1)+\boldsymbol{F}(t_1-t_0)}=\begin{cases}\mathrm{e}^{\boldsymbol{F}(t_2-t_1)}\mathrm{e}^{\boldsymbol{F}(t_1-t_0)}=\boldsymbol{\Phi}(t_2-t_1)\boldsymbol{\Phi}(t_1-t_0)\\ \mathrm{e}^{\boldsymbol{F}(t_1-t_0)}\mathrm{e}^{\boldsymbol{F}(t_2-t_1)}=\boldsymbol{\Phi}(t_1-t_0)\boldsymbol{\Phi}(t_2-t_1)\end{cases} \tag{J.6}$$

可见，定常系统是具有可交换性的。

J.2　连续时间系统的离散化

记连续时间状态空间模型(状态方程和量测方程) 如下：

$$\left.\begin{aligned}\dot{\boldsymbol{X}}(t)&=\boldsymbol{F}(t)\boldsymbol{X}(t)+\boldsymbol{G}(t)\boldsymbol{u}(t)\\ \boldsymbol{Z}(t)&=\boldsymbol{H}(t)\boldsymbol{X}(t)\end{aligned}\right\} \tag{J.7}$$

式中：状态方程同式(J.1)；$\boldsymbol{Z}(t)$ 为 m 维量测向量；$\boldsymbol{H}(t)$ 为量测矩阵。

连续时间状态方程离散化的实质是用一个差分方程去等效代替连续微分方程，使得离散后系统的状态在各采样时刻的取值与原连续系统在相应时刻的取值一样。

令离散化周期为 T_s，采样时刻为 $kT_s(k=1,2,\cdots)$，简记为 t_k。根据式(J.2)，考虑两相邻时刻 t_{k-1} 和 t_k 之间状态方程的解析解，可得

$$\boldsymbol{X}(t_k)=\boldsymbol{\Phi}(t_k,t_{k-1})\boldsymbol{X}(t_{k-1})+\int_{t_{k-1}}^{t_k}\boldsymbol{\Phi}(t_k,\tau)\boldsymbol{G}(\tau)\boldsymbol{u}(\tau)\mathrm{d}\tau \tag{J.8}$$

假设 $\boldsymbol{F}(t)$，$\boldsymbol{G}(t)$ 和 $\boldsymbol{u}(t)$ 在时间段$[t_{k-1}\ t_k]$ 内变化较平缓，均当作常值处理，分别近似取为

$\boldsymbol{F}(t_{k-1})$，$\boldsymbol{G}(t_{k-1})$ 和 $\boldsymbol{u}(t_{k-1})$，则近似有

$$\boldsymbol{\Phi}(t_k,t_{k-1}) \approx \mathrm{e}^{\boldsymbol{F}(t_{k-1})T_s} = \boldsymbol{I} + \frac{T_s}{1!}\boldsymbol{F}(t_{k-1}) + \frac{T_s^2}{2!}\boldsymbol{F}^2(t_{k-1}) + \cdots \tag{J.9}$$

$$\boldsymbol{\Phi}(t_k,\tau) \approx \mathrm{e}^{\boldsymbol{F}(t_{k-1})(t_k-\tau)} = \boldsymbol{I} + \frac{(t_k-\tau)}{1!}\boldsymbol{F}(t_{k-1}) + \frac{(t_k-\tau)^2}{2!}\boldsymbol{F}^2(t_{k-1}) + \cdots \tag{J.10}$$

$$\begin{aligned}\int_{t_{k-1}}^{t_k}\boldsymbol{\Phi}(t_k,\tau)\boldsymbol{G}(\tau)\boldsymbol{u}(\tau)\mathrm{d}\tau \approx \int_{t_{k-1}}^{t_k}&\left[\boldsymbol{I} + \frac{(t_k-\tau)}{1!}\boldsymbol{F}(t_{k-1}) + \frac{(t_k-\tau)^2}{2!}\boldsymbol{F}^2(t_{k-1}) + \cdots\right]\mathrm{d}\tau\cdot\\&\boldsymbol{G}(t_{k-1})\boldsymbol{u}(t_{k-1}) \xlongequal{\tau=t_k-t}\\&-\int_{T_s}^{0}\left[\boldsymbol{I} + \frac{t}{1!}\boldsymbol{F}(t_{k-1}) + \frac{t^2}{2!}\boldsymbol{F}^2(t_{k-1}) + \cdots\right]\mathrm{d}t\cdot\boldsymbol{G}(t_{k-1})\boldsymbol{u}(t_{k-1}) =\\&\left[T_s\boldsymbol{I} + \frac{T_s^2}{2!}\boldsymbol{F}(t_{k-1}) + \frac{T_s^3}{3!}\boldsymbol{F}^2(t_{k-1}) + \cdots\right]\boldsymbol{G}(t_{k-1})\boldsymbol{u}(t_{k-1}) =\\&\left[\boldsymbol{I} + \frac{T_s}{2!}\boldsymbol{F}(t_{k-1}) + \frac{T_s^2}{3!}\boldsymbol{F}^2(t_{k-1}) + \cdots\right]\boldsymbol{G}(t_{k-1})[\boldsymbol{u}(t_{k-1})T_s]\end{aligned} \tag{J.11}$$

若保留式(J.9) 和式(J.11) 中关于 T_s 的二阶项，则式(J.8) 可近似改写为

$$\boldsymbol{X}_k = \boldsymbol{\Phi}_{k/k-1}\boldsymbol{X}_{k-1} + \boldsymbol{\Gamma}_{k-1}\boldsymbol{u}_{k-1} \tag{J.12}$$

其中

$$\boldsymbol{X}_k = \boldsymbol{X}(t_k)$$

$$\boldsymbol{\Phi}_{k/k-1} = \boldsymbol{I} + T_s\boldsymbol{F}(t_{k-1}) + \frac{T_s^2}{2}\boldsymbol{F}^2(t_{k-1})$$

$$\boldsymbol{\Gamma}_{k-1} = \left[\boldsymbol{I} + \frac{T_s}{2}\boldsymbol{F}(t_{k-1})\right]\boldsymbol{G}(t_{k-1})$$

$$\boldsymbol{u}_{k-1} = \boldsymbol{u}(t_{k-1})T_s$$

注意，在多数文献中常将离散输入设置为 $\boldsymbol{u}_{k-1} = \boldsymbol{u}(t_{k-1})$，则相应地有 $\boldsymbol{\Gamma}_{k-1} = \left[\boldsymbol{I} + \frac{T_s}{2}\boldsymbol{F}(t_{k-1})\right]\boldsymbol{G}(t_{k-1})T_s$。由式(J.9) 的矩阵指数表示可知，连续系统离散化后的状态转移矩阵 $\boldsymbol{\Phi}_{k/k-1}$ 总是可逆的。

对于式(J.7) 中的量测方程，因其不含微分运算，所以不存在微分方程的等效离散化问题，对其离散化只需简单地在离散采样时间处直接取值，即有

$$\boldsymbol{Z}_k = \boldsymbol{H}_k\boldsymbol{X}_k \tag{J.13}$$

其中

$$\boldsymbol{Z}_k = \boldsymbol{Z}(t_k),\quad \boldsymbol{H}_k = \boldsymbol{H}(t_k)$$

至此，式(J.12) 和式(J.13) 给出了连续时间系统式(J.7) 的等效离散化状态空间模型，合在一起重写为

$$\left.\begin{aligned}\boldsymbol{X}_k &= \boldsymbol{\Phi}_{k/k-1}\boldsymbol{X}_{k-1} + \boldsymbol{\Gamma}_{k-1}\boldsymbol{u}_{k-1}\\ \boldsymbol{Z}_k &= \boldsymbol{H}_k\boldsymbol{X}_k\end{aligned}\right\} \tag{J.14}$$

J.3　可控性与可观性

可控性、可观性和稳定性是现代控制理论中三个最重要的基本概念，这里仅针对离散时间

系统进行介绍。

对于离散时间系统式(J. 14)，它在时刻 j 完全可控是指：如果存在一个正整数 N 和有界输入 $\boldsymbol{u}_i(i=j,j+1,\cdots,j+N-1)$，使得系统从任意状态 $\boldsymbol{X}_j$ 出发转变为 $\boldsymbol{X}_{j+N}=\boldsymbol{0}$，这等价于如下定义的可控性矩阵行满秩[$\mathrm{rank}(\boldsymbol{C}(j,j+N))=n$]：

$$\boldsymbol{C}(j,j+N)=[\boldsymbol{\Gamma}_{j+N-1} \mid \boldsymbol{\Phi}_{j+N/j+N-1}\boldsymbol{\Gamma}_{j+N-2} \mid \cdots \mid \boldsymbol{\Phi}_{j+N/j+1}\boldsymbol{\Gamma}_j] \tag{J. 15}$$

或者等价于如下定义的格莱姆矩阵正定[$\boldsymbol{\Lambda}(j,j+N)>0$]：

$$\boldsymbol{\Lambda}(j,j+N)=\boldsymbol{C}(j,j+N)\boldsymbol{C}^{\mathrm{T}}(j,j+N)=\sum_{i=j}^{j+N-1}\boldsymbol{\Phi}_{j+N/i+1}\boldsymbol{\Gamma}_i\boldsymbol{\Gamma}_i^{\mathrm{T}}\boldsymbol{\Phi}_{j+N/i+1}^{\mathrm{T}} \tag{J. 16}$$

如果系统式(J. 14) 在任一时刻都是完全可控的，则称系统为一致完全可控的。式(J. 15) 称为秩判据，式(J. 16) 称为格莱姆判据。

系统式(J. 14) 在时刻 j 完全可观是指：如果存在一个正整数 N，使得由量测 $\boldsymbol{Z}_i(i=j,j+1,\cdots,j+N-1)$ 可唯一地确定出状态 $\boldsymbol{X}_j$，这等价于如下定义的可观性矩阵列满秩：

$$\boldsymbol{O}(j,j+N)=\begin{bmatrix}\boldsymbol{H}_j\\ \boldsymbol{H}_{j+1}\boldsymbol{\Phi}_{j+1/j}\\ \vdots\\ \boldsymbol{H}_{j+N-1}\boldsymbol{\Phi}_{j+N-1/j}\end{bmatrix} \tag{J. 17}$$

或者等价于

$$\boldsymbol{\Theta}(j,j+N)=\boldsymbol{O}^{\mathrm{T}}(j,j+N)\boldsymbol{O}(j,j+N)=\sum_{i=j}^{j+N-1}\boldsymbol{\Phi}_{i/j}^{\mathrm{T}}\boldsymbol{H}_i^{\mathrm{T}}\boldsymbol{H}_i\boldsymbol{\Phi}_{i/j}>0 \tag{J. 18}$$

如果系统式(J. 14) 在任一时刻都是完全可观的，则称为一致完全可观的。

特别地，对于定常系统

$$\left.\begin{aligned}\boldsymbol{X}_k&=\boldsymbol{\Phi}\boldsymbol{X}_{k-1}+\boldsymbol{\Gamma}\boldsymbol{u}_{k-1}\\ \boldsymbol{Z}_k&=\boldsymbol{H}\boldsymbol{X}_k\end{aligned}\right\} \tag{J. 19}$$

其中：$\boldsymbol{\Phi}$，$\boldsymbol{\Gamma}$ 和 $\boldsymbol{H}$ 都是常值矩阵。如系统式(J. 19) 完全可控则必定是一致完全可控的，系统完全可控等价于

$$\mathrm{rank}([\boldsymbol{\Gamma} \mid \boldsymbol{\Phi}\boldsymbol{\Gamma} \mid \cdots \mid \boldsymbol{\Phi}^{n-1}\boldsymbol{\Gamma}])=n \tag{J. 20}$$

如系统式(J. 19) 完全可观则必定是一致完全可观的，系统完全可观等价于

$$\mathrm{rank}\left(\begin{bmatrix}\boldsymbol{H}\\ \boldsymbol{H}\boldsymbol{\Phi}\\ \vdots\\ \boldsymbol{H}\boldsymbol{\Phi}^{n-1}\end{bmatrix}\right)=n \tag{J. 21}$$

J. 4 稳定性

在经典控制理论中，稳定性的定义为，系统在初始扰动的影响下，不论引起的初始偏差多大，在扰动撤除后，其动态过程会逐渐衰减恢复至零(或称平衡工作点)。

在现代控制理论中，一般使用的是李雅普诺夫稳定性定义，包括稳定、一致稳定、渐进稳定、一致渐进稳定和大范围稳定等概念，详细而严格的定义和针对具体系统的稳定性类型判别需参考有关稳定性理论的书籍。图 J. 1 给出了稳定、渐进稳定和不稳定的示意图。

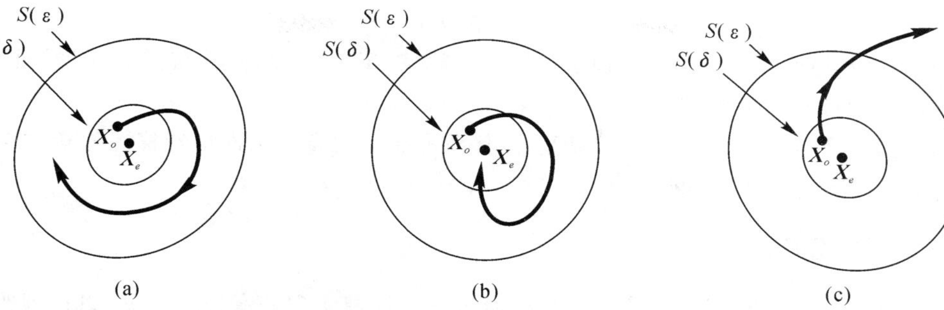

图 J.1　稳定、渐进稳定和不稳定示意图

(a) 稳定；(b) 渐进稳定；(c) 不稳定

各种稳定性之间的关系，参见图J.2，其中箭头符号表示“蕴含”关系。由图J.2可见，指数渐进稳定要求条件最严格，而稳定要求最宽松。

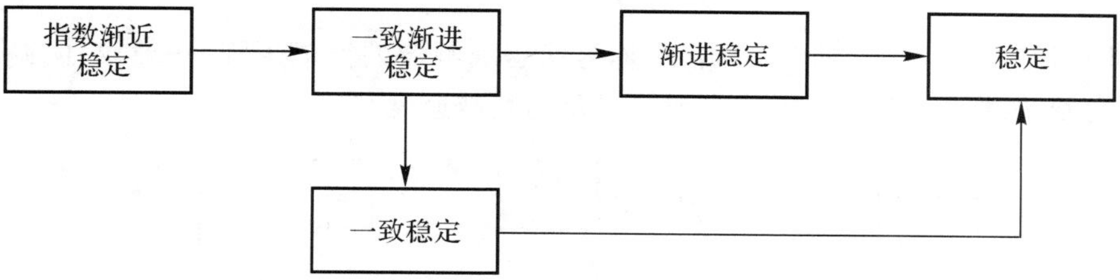

图 J.2　各种稳定性之间的关系

在实际物理系统的稳定性分析中，应用较多的是渐进稳定性（或称内部稳定性）。

稳定性分析与控制输入无关，因而对于线性齐次系统

$$\boldsymbol{X}_k = \boldsymbol{\Phi}_{k/k-1}\boldsymbol{X}_{k-1} \tag{J.22}$$

利用李雅普诺夫直接法进行渐进稳定性判别，其在平衡点 $\boldsymbol{X}_e = \boldsymbol{0}$ 处大范围渐进稳定的充要条件是：对于给定任意对称矩阵 $\boldsymbol{B}_k > 0$，存在实对称矩阵 $\boldsymbol{A}_k > 0$，满足矩阵方程

$$\boldsymbol{\Phi}_{k/k-1}^{\mathrm{T}}\boldsymbol{A}_k\boldsymbol{\Phi}_{k/k-1} - \boldsymbol{A}_{k-1} = -\boldsymbol{B}_{k-1} \tag{J.23}$$

并且二次型函数

$$v(\boldsymbol{X}_k, k) = \boldsymbol{X}_k^{\mathrm{T}}\boldsymbol{A}_k\boldsymbol{X}_k \tag{J.24}$$

为系统的李雅普诺夫能量函数。

此外，系统式(J.22)一致渐进稳定等价于(间接法)：存在常数 $c_1 > 0$ 和 $c_2 > 0$，使得对所有的 $k \geqslant l \geqslant 0$，满足

$$\| \boldsymbol{\Phi}_{k/l} \| \leqslant c_2 \mathrm{e}^{-c_1(t_k - t_l)} \tag{J.25}$$

式(J.25)蕴含的含义解释如下：假设 $\boldsymbol{X}_0^1$ 和 $\boldsymbol{X}_0^2$ 为系统式(J.22)的两个不同初值，与它们对应的状态解分别为

$$\boldsymbol{X}_k^1 = \boldsymbol{\Phi}_{k/0}\boldsymbol{X}_0^1 \quad \text{和} \quad \boldsymbol{X}_k^2 = \boldsymbol{\Phi}_{k/0}\boldsymbol{X}_0^2$$

两者之差为

$$\boldsymbol{X}_k^1 - \boldsymbol{X}_k^2 = \boldsymbol{\Phi}_{k/0}(\boldsymbol{X}_0^1 - \boldsymbol{X}_0^2) \tag{J.26}$$

且有

$$\| \boldsymbol{X}_k^1 - \boldsymbol{X}_k^2 \| = \| \boldsymbol{\Phi}_{k/0}(\boldsymbol{X}_0^1 - \boldsymbol{X}_0^2) \| \leqslant \| \boldsymbol{\Phi}_{k/0} \| \, \| (\boldsymbol{X}_0^1 - \boldsymbol{X}_0^2) \| \leqslant$$

$$c_2 e^{-c_1 t_k} \parallel (\boldsymbol{X}_0^1 - \boldsymbol{X}_0^2) \parallel \xrightarrow{k \to \infty} 0 \tag{J.27}$$

可见，如果系统式(J.22)一致渐进稳定，则状态 $\boldsymbol{X}_k^1$ 和 $\boldsymbol{X}_k^2$ 之间的差别将随时间增长而逐渐消失，即状态解渐进不受初值的影响。

特别地，对于线性定常系统 $\boldsymbol{X}_k = \boldsymbol{\Phi X}_{k-1}$，其渐进稳定的充要条件是转移矩阵 $\boldsymbol{\Phi}$ 的全部特征值的模值均小于1，即 $\parallel \lambda_i(\boldsymbol{\Phi}) \parallel < 1 (i=1,2,\cdots,n)$。

J.5　状态观测器

对于线性定常系统，在一定条件下可以通过状态反馈实现任意极点配置，以达到改善系统性能的目的。但是在实际系统中并不是所有的状态都是能够直接测量的，为此提出状态观测器问题，也就是利用系统中可测量的变量来重构所有状态变量。

针对线性定常系统

$$\left.\begin{aligned} \boldsymbol{X}_k &= \boldsymbol{\Phi X}_{k-1} + \boldsymbol{\Gamma u}_{k-1} \\ \boldsymbol{Z}_k &= \boldsymbol{HX}_k \end{aligned}\right\} \tag{J.28}$$

其状态观测器结构如图 J.3 所示，图中 $\boldsymbol{K}$ 称为状态观测器的反馈矩阵，一般设计为定常矩阵，用于消除初始状态估计误差的影响或加速误差的衰减速度。

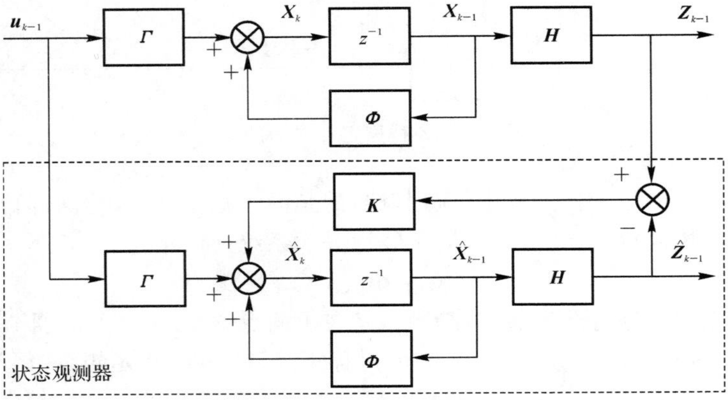

图 J.3　状态观测器结构图

由图 J.3 可得状态观测器的状态方程为

$$\begin{aligned} \hat{\boldsymbol{X}}_k &= \boldsymbol{\Phi}\hat{\boldsymbol{X}}_{k-1} + \boldsymbol{\Gamma u}_{k-1} + \boldsymbol{K}(\boldsymbol{Z}_{k-1} - \hat{\boldsymbol{Z}}_{k-1}) = \boldsymbol{\Phi}\hat{\boldsymbol{X}}_{k-1} + \boldsymbol{\Gamma u}_{k-1} + \boldsymbol{K}(\boldsymbol{Z}_{k-1} - \boldsymbol{H}\hat{\boldsymbol{X}}_{k-1}) = \\ & (\boldsymbol{\Phi} - \boldsymbol{KH})\hat{\boldsymbol{X}}_{k-1} + \boldsymbol{\Gamma u}_{k-1} + \boldsymbol{KZ}_{k-1} \end{aligned} \tag{J.29}$$

状态观测器的状态估计误差定义为

$$\begin{aligned} \delta\boldsymbol{X}_k = \boldsymbol{X}_k - \hat{\boldsymbol{X}}_k &= (\boldsymbol{\Phi X}_{k-1} + \boldsymbol{\Gamma u}_{k-1}) - [(\boldsymbol{\Phi} - \boldsymbol{KH})\hat{\boldsymbol{X}}_{k-1} + \boldsymbol{\Gamma u}_{k-1} + \boldsymbol{KZ}_{k-1}] = \\ & (\boldsymbol{\Phi X}_{k-1} + \boldsymbol{\Gamma u}_{k-1}) - [(\boldsymbol{\Phi} - \boldsymbol{KH})\hat{\boldsymbol{X}}_{k-1} + \boldsymbol{\Gamma u}_{k-1} + \boldsymbol{KHX}_{k-1}] = \\ & (\boldsymbol{\Phi} - \boldsymbol{KH})(\boldsymbol{X}_{k-1} - \hat{\boldsymbol{X}}_{k-1}) = (\boldsymbol{\Phi} - \boldsymbol{KH})\delta\boldsymbol{X}_{k-1} \end{aligned} \tag{J.30}$$

可见，通过精心设计反馈矩阵 $\boldsymbol{K}$，若使得系数矩阵 $\boldsymbol{\Phi}-\boldsymbol{KH}$ 的特征根都在单位圆内，即便存在初始状态估计误差 $\delta\boldsymbol{X}_0 = \boldsymbol{X}_0 - \hat{\boldsymbol{X}}_0$，随后的状态估计误差 $\delta\boldsymbol{X}_k = \boldsymbol{X}_k - \hat{\boldsymbol{X}}_k$ 也会逐渐衰减至 $\boldsymbol{0}$，或者说，状态观测器的估计值 $\hat{\boldsymbol{X}}_k$ 将渐进逼近系统状态的真实值 $\boldsymbol{X}_k$。这说明，对于状态观测器式(J.29)，当特征值 $\parallel \lambda(\boldsymbol{\Phi}-\boldsymbol{KH}) \parallel < 1$ 时，不论如何选择初值 $\hat{\boldsymbol{X}}_0$，$\hat{\boldsymbol{X}}_k$ 都将收敛于真实值 $\boldsymbol{X}_k$，称

状态观测器是稳定的。

对于线性定常系统，存在反馈矩阵 $\boldsymbol{K}$ 使得观测器稳定的必要条件是系统的不可观部分渐进稳定，充分条件是系统完全可观。

附录 K　二阶滤波中的引理证明

为后续证明需要，首先给出正态分布随机变量的四阶混合矩计算公式

$$\mathrm{E}[X_iX_jX_kX_l]=P_{ij}P_{kl}+P_{ik}P_{jl}+P_{il}P_{jk} \tag{K.1}$$

其中：$\mathrm{E}[X_m]=0$ 且 $\mathrm{Cov}(X_m,X_n)=P_{mn}(m,n=i,j,k,l)$。特别地，当 $k=l$ 时有

$$\mathrm{E}[X_iX_jX_k^2]=2P_{ik}P_{jk}+P_{ij}P_{kk} \tag{K.2}$$

引理　对于正态分布随机向量 $\boldsymbol{X}\sim N(\boldsymbol{0},\boldsymbol{P})$ 及相应阶数的对称实系数方阵 $\boldsymbol{A}$ 和 $\boldsymbol{B}$，有如下等式成立：

$$\mathrm{E}[\mathrm{tr}(\boldsymbol{AXX}^{\mathrm{T}})\mathrm{tr}(\boldsymbol{BXX}^{\mathrm{T}})]=2\mathrm{tr}(\boldsymbol{APBP})+\mathrm{tr}(\boldsymbol{AP})\mathrm{tr}(\boldsymbol{BP}) \tag{K.3}$$

证明　为直观了解式(K.3)中各求迹运算展开成矩阵元素后的通式表示规律，暂且假设 $\boldsymbol{X}$ 是二维的，即令

$$\boldsymbol{X}=\begin{bmatrix}X_1\\X_2\end{bmatrix},\quad \boldsymbol{P}=\begin{bmatrix}P_{11}&P_{12}\\P_{21}&P_{22}\end{bmatrix},\quad \boldsymbol{A}=\begin{bmatrix}A_{11}&A_{12}\\A_{21}&A_{22}\end{bmatrix},\quad \boldsymbol{B}=\begin{bmatrix}B_{11}&B_{12}\\B_{21}&B_{22}\end{bmatrix}$$

其中：$P_{12}=P_{21}$，$A_{12}=A_{21}$ 和 $B_{12}=B_{21}$。

展开式(K.3)左端，可得

$$\begin{aligned}
&\mathrm{E}[\mathrm{tr}(\boldsymbol{AXX}^{\mathrm{T}})\mathrm{tr}(\boldsymbol{BXX}^{\mathrm{T}})]=\\
&\quad\mathrm{E}\left[\mathrm{tr}\left(\begin{bmatrix}A_{11}&A_{12}\\A_{21}&A_{22}\end{bmatrix}\begin{bmatrix}X_1X_1&X_1X_2\\X_2X_1&X_2X_2\end{bmatrix}\right)\mathrm{tr}\left(\begin{bmatrix}B_{11}&B_{12}\\B_{21}&B_{22}\end{bmatrix}\begin{bmatrix}X_1X_1&X_1X_2\\X_2X_1&X_2X_2\end{bmatrix}\right)\right]=\\
&\quad\mathrm{E}[(A_{11}X_1X_1+A_{12}X_2X_1+A_{21}X_1X_2+A_{22}X_2X_2)\times(B_{11}X_1X_1+B_{12}X_2X_1+\\
&\quad B_{21}X_1X_2+B_{22}X_2X_2)]=\mathrm{E}[A_{11}X_1X_1B_{11}X_1X_1+A_{11}X_1X_1B_{12}X_2X_1+\\
&\quad A_{11}X_1X_1B_{21}X_1X_2+A_{11}X_1X_1B_{22}X_2X_2+A_{12}X_2X_1B_{11}X_1X_1+A_{12}X_2X_1B_{12}X_2X_1+\\
&\quad A_{12}X_2X_1B_{21}X_1X_2+A_{12}X_2X_1B_{22}X_2X_2+A_{21}X_1X_2B_{11}X_1X_1+A_{21}X_1X_2B_{12}X_2X_1+\\
&\quad A_{21}X_1X_2B_{21}X_1X_2+A_{21}X_1X_2B_{22}X_2X_2+A_{22}X_2X_2B_{11}X_1X_1+A_{22}X_2X_2B_{12}X_2X_1+\\
&\quad A_{22}X_2X_2B_{21}X_1X_2+A_{22}X_2X_2B_{22}X_2X_2]=\sum_{l=1}^{2}\sum_{k=1}^{2}\sum_{j=1}^{2}\sum_{i=1}^{2}\mathrm{E}[A_{ij}X_jX_iB_{kl}X_lX_k]=\\
&\quad\sum_{l=1}^{2}\sum_{k=1}^{2}\sum_{j=1}^{2}\sum_{i=1}^{2}A_{ij}B_{kl}\mathrm{E}[X_iX_jX_kX_l]
\end{aligned} \tag{K.4}$$

再展开式(K.3)右端中两项，分别为

$$\begin{aligned}
\mathrm{tr}(\boldsymbol{APBP})&=\mathrm{tr}\left(\begin{bmatrix}A_{11}&A_{12}\\A_{21}&A_{22}\end{bmatrix}\begin{bmatrix}P_{11}&P_{12}\\P_{21}&P_{22}\end{bmatrix}\begin{bmatrix}B_{11}&B_{12}\\B_{21}&B_{22}\end{bmatrix}\begin{bmatrix}P_{11}&P_{12}\\P_{21}&P_{22}\end{bmatrix}\right)=\\
&\mathrm{tr}\left(\begin{bmatrix}A_{11}P_{11}+A_{12}P_{21}&A_{11}P_{12}+A_{12}P_{22}\\A_{21}P_{11}+A_{22}P_{21}&A_{21}P_{12}+A_{22}P_{22}\end{bmatrix}\begin{bmatrix}B_{11}P_{11}+B_{12}P_{21}&B_{11}P_{12}+B_{12}P_{22}\\B_{21}P_{11}+B_{22}P_{21}&B_{21}P_{12}+B_{22}P_{22}\end{bmatrix}\right)=\\
&(A_{11}P_{11}+A_{12}P_{21})(B_{11}P_{11}+B_{12}P_{21})+(A_{11}P_{12}+A_{12}P_{22})(B_{21}P_{11}+B_{22}P_{21})+\\
&(A_{21}P_{11}+A_{22}P_{21})(B_{11}P_{12}+B_{12}P_{22})+(A_{21}P_{12}+A_{22}P_{22})(B_{21}P_{12}+B_{22}P_{22})=\\
&A_{11}P_{11}B_{11}P_{11}+A_{11}P_{11}B_{12}P_{21}+A_{12}P_{21}B_{11}P_{11}+A_{12}P_{21}A_{12}P_{21}+
\end{aligned}$$

$$A_{11}P_{12}B_{21}P_{11}+A_{11}P_{12}B_{22}P_{21}+A_{12}P_{22}B_{21}P_{11}+A_{12}P_{22}B_{22}P_{21}+$$
$$A_{21}P_{11}B_{11}P_{12}+A_{21}P_{11}B_{12}P_{22}+A_{22}P_{21}B_{11}P_{12}+A_{22}P_{21}B_{12}P_{22}+$$
$$A_{21}P_{12}B_{21}P_{12}+A_{21}P_{12}B_{22}P_{22}+A_{22}P_{22}B_{21}P_{12}+A_{22}P_{22}B_{22}P_{22}=$$
$$\sum_{l=1}^{2}\sum_{k=1}^{2}\sum_{j=1}^{2}\sum_{i=1}^{2}A_{ij}P_{jk}B_{kl}P_{li}=\sum_{l=1}^{2}\sum_{k=1}^{2}\sum_{j=1}^{2}\sum_{i=1}^{2}A_{ij}B_{kl}P_{il}P_{jk} \tag{K.5}$$

$$\mathrm{tr}(\boldsymbol{AP})\mathrm{tr}(\boldsymbol{BP})=\mathrm{tr}\left(\begin{bmatrix}A_{11} & A_{12}\\ A_{21} & A_{22}\end{bmatrix}\begin{bmatrix}P_{11} & P_{12}\\ P_{21} & P_{22}\end{bmatrix}\right)\mathrm{tr}\left(\begin{bmatrix}B_{11} & B_{12}\\ B_{21} & B_{22}\end{bmatrix}\begin{bmatrix}P_{11} & P_{12}\\ P_{21} & P_{22}\end{bmatrix}\right)=$$
$$(A_{11}P_{11}+A_{12}P_{21}+A_{21}P_{12}+A_{22}P_{22})(B_{11}P_{11}+B_{12}P_{21}+B_{21}P_{12}+B_{22}P_{22})=$$
$$A_{11}P_{11}B_{11}P_{11}+A_{11}P_{11}B_{12}P_{21}+A_{11}P_{11}B_{21}P_{12}+A_{11}P_{11}B_{22}P_{22}+$$
$$A_{12}P_{21}B_{11}P_{11}+A_{12}P_{21}B_{12}P_{21}+A_{12}P_{21}B_{21}P_{12}+A_{12}P_{21}B_{22}P_{22}+$$
$$A_{21}P_{12}B_{11}P_{11}+A_{21}P_{12}B_{12}P_{21}+A_{21}P_{12}B_{21}P_{12}+A_{21}P_{12}B_{22}P_{22}+$$
$$A_{22}P_{22}B_{11}P_{11}+A_{22}P_{22}B_{12}P_{21}+A_{22}P_{22}B_{21}P_{12}+A_{22}P_{22}B_{22}P_{22}=$$
$$\sum_{l=1}^{2}\sum_{k=1}^{2}\sum_{j=1}^{2}\sum_{i=1}^{2}A_{ij}P_{ji}B_{kl}P_{lk}=\sum_{l=1}^{2}\sum_{k=1}^{2}\sum_{j=1}^{2}\sum_{i=1}^{2}A_{ij}B_{kl}P_{ij}P_{kl} \tag{K.6}$$

总结式(K.4)～式(K.6)的表示规律，可得：对于 n 维随机向量 $\boldsymbol{X}=[X_1\quad X_2\quad\cdots\quad X_n]^{\mathrm{T}}$，有

$$\mathrm{E}[\mathrm{tr}(\boldsymbol{AXX}^{\mathrm{T}})\mathrm{tr}(\boldsymbol{BXX}^{\mathrm{T}})]=\sum_{l=1}^{n}\sum_{k=1}^{n}\sum_{j=1}^{n}\sum_{i=1}^{n}A_{ij}B_{kl}\mathrm{E}[X_iX_jX_kX_l] \tag{K.7}$$

$$\mathrm{tr}(\boldsymbol{APBP})=\sum_{l=1}^{n}\sum_{k=1}^{n}\sum_{j=1}^{n}\sum_{i=1}^{n}A_{ij}B_{kl}P_{il}P_{jk} \tag{K.8}$$

$$\mathrm{tr}(\boldsymbol{AP})\mathrm{tr}(\boldsymbol{BP})=\sum_{l=1}^{n}\sum_{k=1}^{n}\sum_{j=1}^{n}\sum_{i=1}^{n}A_{ij}B_{kl}P_{ij}P_{kl} \tag{K.9}$$

式中：每个式子展开均含有 n^4 项，各项均为四阶矩且系数同为 $A_{ij}B_{kl}$。为叙述方便，将式(K.7)、式(K.8)和式(K.9)中的各项分别简记为 u_{ijkl}，v_{ijkl} 和 w_{ijkl}，按右下角标 k,l 是否相等，可分为以下两种情况：

(1) 当 $k=l$ 时，有

$$u_{ijkk}:A_{ij}B_{kk}\mathrm{E}[X_iX_jX_k^2]=A_{ij}B_{kk}(2P_{ik}P_{jk}+P_{ij}P_{kk}) \tag{K.10a}$$
$$v_{ijkk}:A_{ij}B_{kk}P_{ik}P_{jk} \tag{K.10b}$$
$$w_{ijkk}:A_{ij}B_{kk}P_{ij}P_{kk} \tag{K.10c}$$

该情况下，显然满足 $u_{ijkk}=2v_{ijkk}+w_{ijkk}$。

(2) 当 $k\neq l$ 时，有

$$u_{ijkl}:A_{ij}B_{kl}\mathrm{E}[X_iX_jX_kX_l]=A_{ij}B_{kl}(P_{ij}P_{kl}+P_{ik}P_{jl}+P_{il}P_{jk}) \tag{K.11a}$$
$$v_{ijkl}:A_{ij}B_{kl}P_{il}P_{jk} \tag{K.11b}$$
$$w_{ijkl}:A_{ij}B_{kl}P_{ij}P_{kl} \tag{K.11c}$$

该情况下，单项虽不满足 $u_{ijkl}=2v_{ijkl}+w_{ijkl}$，但是注意到以下两项(交换下标 k,l)之和满足等式：

$$u_{ijkl}+u_{ijlk}=A_{ij}B_{kl}(P_{ij}P_{kl}+P_{ik}P_{jl}+P_{il}P_{jk})+A_{ij}B_{lk}(P_{ij}P_{lk}+P_{il}P_{jk}+P_{ik}P_{jl})=$$
$$[(A_{ij}B_{kl}P_{il}P_{jk}+A_{ij}B_{lk}P_{il}P_{jk})+(A_{ij}B_{kl}P_{ik}P_{jl}+A_{ij}B_{lk}P_{ik}P_{jl})]+$$
$$(A_{ij}B_{kl}P_{ij}P_{kl}+A_{ij}B_{lk}P_{ij}P_{lk})=$$

$$(2A_{ij}B_{kl}P_{il}P_{jk}+2A_{ij}B_{lk}P_{ik}P_{jl})+(w_{ijkl}+w_{ijlk})=$$
$$2(v_{ijkl}+v_{ijlk})+(w_{ijkl}+w_{ijlk}) \tag{K.12}$$

由此可见，无论下标 i,j,k,l 取何值，展开项均满足式(K.3)。得证。

附录 L　高斯求积方法

L.1　常规的等间隔数值积分方法

对于连续函数 $f(x)$ 在区间 $[a,b]$ 上的积分，可采用其原函数 $F(x)$ 进行计算，如下：

$$\int_a^b f(x)\mathrm{d}x=F(b)-F(a) \tag{L.1}$$

但是，在许多情况下被积函数的原函数难以求得，只能计算积分的数值解。

根据积分中值定理，必有

$$\int_a^b f(x)\mathrm{d}x=(b-a)f(\xi) \tag{L.2}$$

式中：ξ 为积分区间上的一点。实际上，$f(\xi)$ 代表函数在区间上的平均高度，只是点 ξ 一般不会是已知的，因而准确的积分值还是难以求得。

常常采用积分区间中点构造矩形积分公式、或者区间两端点构造梯形积分公式进行积分近似，可分别表示为

$$\int_a^b f(x)\mathrm{d}x\approx(b-a)f\left(\frac{a+b}{2}\right)\triangleq \text{Rect} \tag{L.3}$$

$$\int_a^b f(x)\mathrm{d}x\approx\frac{b-a}{2}[f(a)+f(b)]\triangleq \text{Trap} \tag{L.4}$$

将以上两方法推广，数值求积公式可以统一写成

$$\int_a^b f(x)\mathrm{d}x\approx\sum_{k=1}^{n}w_k f(x_k) \tag{L.5}$$

其中：x_k 称为求积节点；w_k 称为求积系数。

如果一个数值求积公式对于次数不大于 m 的多项式均能准确成立，但对于 $m+1$ 次多项式不成立，则称之为具有 m 次代数精度。显然，矩形公式(L.3) 具有 1 次代数精度，梯形公式(L.4) 也只有 1 次代数精度。为使求积公式(L.5) 具有 m 次代数精度，令其分别对 $f(x)=1$，$x,x^2,\cdots,x^m$ 均严格成立，即有

$$\left.\begin{aligned}&\sum_{k=1}^{n}w_k=\int_a^b 1\mathrm{d}x=b-a\\&\sum_{k=1}^{n}w_k x_k=\int_a^b x\,\mathrm{d}x=\frac{1}{2}(b^2-a^2)\\&\cdots\cdots\\&\sum_{k=1}^{n}w_k x_k^m=\int_a^b x^m\mathrm{d}x=\frac{1}{m+1}(b^{m+1}-a^{m+1})\end{aligned}\right\} \tag{L.6}$$

通过引入代数精度概念，求积问题式(L.5) 就转换为式(L.6) 同时确定 n 个系数参数 w_k 和 n 个节点参数 $x_k(k=1,2,\cdots,n)$，并使得代数精度尽量高的问题，其中系数和节点都与函数

$f(x)$ 的具体表达形式无关。由数值积分原理知，当积分节点等间隔选取即 $x_{k+1}-x_k=(b-a)/(n-1)$ 且 $x_1=a, x_n=b$ 时，n 个节点的积分公式至少具有 $m=n-1$ 次代数精度（当 n 为奇数时为 n 次代数精度）。经典的2点梯形公式、3点辛普森公式、5点科特斯公式都是等间隔的数值求积算法。

L.2 高斯求积概念

在式(L.5)中，如果不按等间隔方式选取积分节点，而将 n 个系数 w_k 和 n 个节点 x_k 同时作为待定参数，则有可能使求积公式具有 $m=2n-1$ 次代数精度，远高于等间隔节点的求积方法。n 个节点具有 $2n-1$ 次代数精度的求积公式称为高斯求积公式，此时积分节点 x_k 称为高斯节点。

不妨考虑区间 $[-1,1]$ 上的积分问题，显然，其他的闭区间积分可通过积分区间变换至该区间。

已知勒让德多项式 $P_n(x)(x\in[-1,1])$ 是一系列相互正交的多项式（可参见表3.3.1），n 次勒让德多项式有 n 个零点，它们可作为 n 个高斯节点。以2次勒让德多项式 $P_2(x)=\frac{1}{2}(3x^2-1)$ 为例，其零点为 $x_{1,2}=\mp 1/\sqrt{3}$，将它们作为节点代入式(L.6)，可建立方程组

$$\left.\begin{aligned} & w_1+w_2=1-(-1)=2 \\ & w_1\left(-\frac{1}{\sqrt{3}}\right)+w_2\left(\frac{1}{\sqrt{3}}\right)=\frac{1}{2}\left[1^2-(-1)^2\right]=0 \end{aligned}\right\} \tag{L.7}$$

由式(L.7)可解得求积系数

$$w_1=w_2=1 \tag{L.8}$$

因而可构造2节点求积公式，为

$$\int_{-1}^{1} f(x)\mathrm{d}x \approx w_1x_1+w_2x_2=f\left(-\frac{1}{\sqrt{3}}\right)+f\left(\frac{1}{\sqrt{3}}\right) \tag{L.9}$$

不难验证，有

$$\int_{-1}^{1} x^0\mathrm{d}x=2=\left(-\frac{1}{\sqrt{3}}\right)^0+\left(\frac{1}{\sqrt{3}}\right)^0 \tag{L.10a}$$

$$\int_{-1}^{1} x^1\mathrm{d}x=0=\left(-\frac{1}{\sqrt{3}}\right)^1+\left(\frac{1}{\sqrt{3}}\right)^1 \tag{L.10b}$$

$$\int_{-1}^{1} x^2\mathrm{d}x=\frac{2}{3}=\left(-\frac{1}{\sqrt{3}}\right)^2+\left(\frac{1}{\sqrt{3}}\right)^2 \tag{L.10c}$$

$$\int_{-1}^{1} x^3\mathrm{d}x=0=\left(-\frac{1}{\sqrt{3}}\right)^3+\left(\frac{1}{\sqrt{3}}\right)^3 \tag{L.10d}$$

$$\int_{-1}^{1} x^4\mathrm{d}x=\frac{2}{5}\neq\left(-\frac{1}{\sqrt{3}}\right)^4+\left(\frac{1}{\sqrt{3}}\right)^4=\frac{2}{9} \tag{L.10e}$$

这显示，基于勒让德多项式的2点求积公式具有3次代数精度，它属于一种高斯求积方法。可以证明，以 n 次勒让德多项式的 n 个零点为节点的高斯求积公式具有 $2n-1$ 次代数精度。更一般性地，将基于勒让德多项式的 n 点求积公式表示为

$$\int_{-1}^{1} f(x)\mathrm{d}x \approx \sum_{k=1}^{n} w_k f(x_k) \tag{L.11}$$

其中：x_k 为 n 次勒让德多项式的 n 个零点，即求积节点；w_k 为求积系数。式(L.11) 也称为高斯- 勒让德(Legendre) 求积公式。

L.3　几种带权重的高斯求积公式

还可将式(L.11) 推广至带权重的数值求积公式，如下：

$$\int_a^b \rho(x) f(x) \mathrm{d}x \approx \sum_{k=1}^{n} w_k f(x_k) \tag{L.12}$$

式中：$\rho(x)$ 为非负的权函数。显然，式(L.11) 是式(L.12) 在 $\rho(x)=1$(恒等权重) 时的特殊情形。常用的权函数有 $\rho(x)=\dfrac{1}{\sqrt{1-x^2}}$，$\rho(x)=\mathrm{e}^{-x}$，$\rho(x)=x^{\alpha}\mathrm{e}^{-x}$ 和 $\rho(x)=\mathrm{e}^{-x^2/2}$(有时也写为 $\rho(x)=\mathrm{e}^{-x^2}$)，根据这些权重可构造高斯-切比雪夫(Chebyshev) 求积公式、高斯-拉盖尔(Laguerre) 求积公式、高斯-广义拉盖尔求积公式和高斯-埃尔米特(Hermite) 求积公式，它们分别如下

$$\int_{-1}^{1} \frac{1}{\sqrt{1-x^2}} f(x) \mathrm{d}x = \sum_{k=1}^{n} w_k f(x_k) \tag{L.13a}$$

$$\int_{0}^{\infty} \mathrm{e}^{-x} f(x) \mathrm{d}x = \sum_{k=1}^{n} w_k f(x_k) \tag{L.13b}$$

$$\int_{0}^{\infty} x^{\alpha} \mathrm{e}^{-x} f(x) \mathrm{d}x = \sum_{k=1}^{n} w_k f(x_k) \tag{L.13c}$$

$$\int_{-\infty}^{\infty} \mathrm{e}^{-x^2/2} f(x) \mathrm{d}x = \sum_{k=1}^{n} w_k f(x_k) \tag{L.13d}$$

式中：各求积节点 x_k 分别为切比雪夫多项式、拉盖尔多项式、广义拉盖尔多项式、埃尔米特多项式的零点。

总结前述勒让德、切比雪夫、(广义) 拉盖尔和埃尔米特等多项式的定义、主要特征和高斯求积系数，如表 L.1 所列。显然，拉盖尔多项式是广义拉盖尔多项式在 $\alpha=0$ 时的特例。

表 L.1　几种(带权) 正交多项式及高斯求积系数

正交多项式及高斯求积系数	
勒让德多项式	
定义	$P_n(x) = \dfrac{1}{2^n n!}\dfrac{\mathrm{d}^n}{\mathrm{d}x^n}(x^2-1)^n \quad x \in [-1,1]$
递推公式	$(n+1)P_{n+1}(x) = (2n+1)xP_n(x) - nP_{n-1}(x)$
正交性	$\int_{-1}^{1} P_m(x)P_n(x)\mathrm{d}x = \begin{cases} 0 & m \neq n \\ 2/(2n+1) & m = n \end{cases}$
低阶举例	$P_0(x) = 1$ $P_1(x) = x$ $P_2(x) = (3x^2-1)/2$ $P_3(x) = (5x^3-3x)/2$
求积系数	$w_i = \dfrac{2(1-x_i)^2}{[(n+1)P_{n-1}(x_i)]^2}$

续 表

正交多项式及高斯求积系数	
切比雪夫多项式	
定义	$T_n(x)=\cos(n\cos^{-1}(x)) \quad x\in[-1,1]$
递推公式	$T_{n+1}(x)=2xT_n(x)-T_{n-1}(x)$
正交性	$\int_{-1}^{1}\frac{1}{\sqrt{1-x^2}}T_m(x)T_n(x)\mathrm{d}x=\begin{cases}0 & m\neq n\\ \pi/2 & m=n\neq 0\\ \pi & m=n=0\end{cases}$
低阶举例	$T_0(x)=1$ $T_1(x)=x$ $T_2(x)=2x^2-1$ $T_3(x)=4x^3-3x$
求积系数	$w_i=\frac{\pi}{n+1}$
拉盖尔多项式	
定义	$L_n(x)=\mathrm{e}^x\frac{\mathrm{d}^n}{\mathrm{d}x^n}(x^n\mathrm{e}^{-x}) \quad x\in(0,+\infty)$
递推公式	$(n+1)L_{n+1}(x)=(2n+1-x)L_n(x)-nL_{n-1}(x)$
正交性	$\int_0^{+\infty}\mathrm{e}^{-x}L_m(x)L_n(x)\mathrm{d}x=\begin{cases}0 & m\neq n\\ 1 & m=n\end{cases}$
低阶举例	$L_0(x)=1$ $L_1(x)=-x+1$ $L_2(x)=(x^2-4x+2)/2!$ $L_3(x)=(-x^3+9x^2-18x+6)/3!$
求积系数	$w_i=\frac{1}{x_i\,[L'_n(x_i)]^2}$
广义拉盖尔多项式	
定义	$L_n^\alpha(x)=\frac{x^{-\alpha}\mathrm{e}^x}{n!}\frac{\mathrm{d}^n}{\mathrm{d}x^n}(x^{n+\alpha}\mathrm{e}^{-x}) \quad x\in(0,+\infty)$
递推公式	$(n+1)L_{n+1}^\alpha(x)=(2n+\alpha+1-x)L_n^\alpha(x)-(n+\alpha)L_{n-1}^\alpha(x)$
正交性	$\int_0^{+\infty}x^\alpha\mathrm{e}^{-x}L_m^\alpha(x)L_n^\alpha(x)\mathrm{d}x=\begin{cases}0 & m\neq n\\ \Gamma(n+\alpha+1)/n! & m=n\end{cases}$
低阶举例	$L_0^\alpha(x)=1$ $L_1^\alpha(x)=-x+\alpha+1$ $L_2^\alpha(x)=[x^2-2(\alpha+2)x+(\alpha+1)(\alpha+2)]/2!$
求积系数	未见文献

续表

正交多项式及高斯求积系数	
埃尔米特多项式	
定义	$H_n(x)=(-1)^n e^{x^2/2}\dfrac{d^n}{dx^n}e^{-x^2/2}\quad x\in(-\infty,+\infty)$
递推公式	$H_{n+1}(x)=xH_n(x)-nH_{n-1}(x)$
正交性	$\int_{-\infty}^{\infty}e^{-x^2/2}H_m(x)H_n(x)dx=\begin{cases}0 & m\neq n\\ \sqrt{2\pi}n! & m=n\end{cases}$
低阶举例	$H_0(x)=1$ $H_1(x)=x$ $H_2(x)=x^2-1$ $H_3(x)=x^3-3x$
求积系数	$w_i=\dfrac{\sqrt{2\pi}(n-1)!}{nH_{n-1}^2(x_i)}$

注意到，勒让德和切比雪夫求积公式的积分区间均为[－1，1]，而（广义）拉盖尔和埃尔米特求积公式的积分区间分别是$(0,\infty)$和$(-\infty,\infty)$，后者虽然不能按有限区间的矩形或梯形求积公式计算，但高斯求积方法对于无穷区间积分仍然适用。

除了表L.1中给出的求积系数通式外，下面给出一些低阶求积系数的直接求解方法，实际上，在本书正文中也只需涉及这些简单的结果。

例如，取二阶拉盖尔多项式$L_2(x)=x^2-4x+2$的零点$x_{1,2}=2\mp\sqrt{2}$，以这两个零点为节点代入式(L.13b)，可得方程组

$$\left.\begin{aligned}w_1+w_2&=\int_0^{\infty}e^{-x}1dx=1\\ w_1(2-\sqrt{2})+w_2(2+\sqrt{2})&=\int_0^{\infty}e^{-x}x\,dx=1\end{aligned}\right\}\tag{L.14}$$

由式(L.14)解得求积系数

$$w_{1,2}=\frac{2\mp\sqrt{2}}{4}\tag{L.15}$$

据此构造2点高斯-拉盖尔求积公式，为

$$\int_0^{\infty}e^{-x}f(x)dx\approx\frac{2-\sqrt{2}}{4}f(2-\sqrt{2})+\frac{2+\sqrt{2}}{4}f(2+\sqrt{2})\tag{L.16}$$

不难验证，有如下结果：

$$\int_0^{\infty}e^{-x}x^2dx=2=\frac{2-\sqrt{2}}{4}(2-\sqrt{2})^2+\frac{2+\sqrt{2}}{4}(2+\sqrt{2})^2\tag{L.17a}$$

$$\int_0^{\infty}e^{-x}x^3dx=6=\frac{2-\sqrt{2}}{4}(2-\sqrt{2})^3+\frac{2+\sqrt{2}}{4}(2+\sqrt{2})^3\tag{L.17b}$$

$$\int_0^{\infty}e^{-x}x^4dx=24\neq\frac{2-\sqrt{2}}{4}(2-\sqrt{2})^4+\frac{2+\sqrt{2}}{4}(2+\sqrt{2})^4=20\tag{L.17c}$$

综合式(L.14)和式(L.17)可知，2点高斯-拉盖尔求积公式具有3次代数精度。

显然,1 节点高斯-拉盖尔求积公式为

$$\int_0^{\infty} e^{-x} f(x)\mathrm{d}x \approx f(1) \tag{L.18}$$

而对于一阶广义拉盖尔多项式 $L_1^{\alpha}(x) = -x + \alpha + 1$,其零点为 $x_1 = \alpha + 1$,以该零点为节点代入式(L.13c),可得 $w_1 = \int_0^{\infty} x^{\alpha} e^{-x} x^0 \mathrm{d}x = \Gamma(\alpha + 1)$,所以 1 节点广义高斯-拉盖尔求积公式为

$$\int_0^{\infty} x^{\alpha} e^{-x} f(x)\mathrm{d}x \approx \Gamma(\alpha + 1) f(\alpha + 1) \tag{L.19}$$

式(L.18)和(L.19)都只有 1 次代数精度,并且式(L.18)是式(L.19)在 $\alpha = 0$ 时的特例。

最后,再给出两个高斯-埃尔米特求积公式例子。对于 2 点求积,取二阶埃尔米特多项式 $H_2(x) = x^2 - 1$ 的零点 $x_{1,2} = \mp 1$,以该零点为节点代入式(L.13d),可得方程组

$$\begin{cases} w_1 + w_2 = \int_{-\infty}^{\infty} e^{-x^2/2} 1 \mathrm{d}x = \sqrt{2\pi} \\ w_1 \times (-1) + w_2 \times 1 = \int_{-\infty}^{\infty} e^{-x^2/2} x \mathrm{d}x = 0 \end{cases} \tag{L.20}$$

由式(L.20)可解得求积系数

$$w_{1,2} = \sqrt{2\pi}/2 \tag{L.21}$$

据此构造 2 点高斯-埃尔米特求积公式,为

$$\int_{-\infty}^{\infty} e^{-x^2/2} f(x)\mathrm{d}x \approx \frac{\sqrt{2\pi}}{2} f(-1) + \frac{\sqrt{2\pi}}{2} f(1) \tag{L.22}$$

同理,不难求得 3 点高斯-埃尔米特求积公式,为

$$\int_{-\infty}^{\infty} e^{-x^2/2} f(x)\mathrm{d}x \approx \frac{\sqrt{2\pi}}{6} f(-\sqrt{3}) + \frac{2\sqrt{2\pi}}{3} f(0) + \frac{\sqrt{2\pi}}{6} f(\sqrt{3}) \tag{L.23}$$

式(L.22)具有 3 次代数精度,而式(L.23)具有 5 次代数精度。

附录 M　UT 变换的直观推导

这里从随机向量线性变换的均值和方差阵传播关系入手,介绍非线性函数的 UT 变换(Unscened Transformation),非常直观和易于理解。

M.1　线性函数的 UT 变换

假设随机向量的线性变换关系

$$\boldsymbol{Y} = \boldsymbol{F}\boldsymbol{X} \tag{M.1}$$

式中:$\boldsymbol{X}$ 是服从正态分布的 n 维随机输入向量;$\boldsymbol{Y}$ 是 m 维随机输出向量;$\boldsymbol{F}$ 是 $m \times n$ 阶转移矩阵。再假设输入 $\boldsymbol{X}$ 的均值 $\bar{\boldsymbol{X}}$ 和方差阵 $\boldsymbol{P}_X$ 已知,即

$$\left.\begin{aligned} \bar{\boldsymbol{X}} &= \mathrm{E}[\boldsymbol{X}] \\ \boldsymbol{P}_X &= \mathrm{E}[(\boldsymbol{X} - \bar{\boldsymbol{X}})(\boldsymbol{X} - \bar{\boldsymbol{X}})^{\mathrm{T}}] \end{aligned}\right\} \tag{M.2}$$

由统计理论可知,输出 $\boldsymbol{Y}$ 的均值 $\bar{\boldsymbol{Y}}$、方差阵 $\boldsymbol{P}_Y$ 以及输入和输出之间的协方差阵 $\boldsymbol{P}_{XY}$ 分别为

$$\left.\begin{aligned} \bar{\boldsymbol{Y}} &= \boldsymbol{F}\bar{\boldsymbol{X}} \\ \boldsymbol{P}_Y &= \boldsymbol{F}\boldsymbol{P}_X\boldsymbol{F}^{\mathrm{T}} \\ \boldsymbol{P}_{XY} &= \boldsymbol{P}_X\boldsymbol{F}^{\mathrm{T}} \end{aligned}\right\} \tag{M.3}$$

下面再用另外一种形式来表示 $\bar{\boldsymbol{Y}}$,$\boldsymbol{P}_Y$ 和 $\boldsymbol{P}_{XY}$。

首先，由于$\boldsymbol{P}_X$是正定对称阵，所以总可以进行矩阵的三角分解，即必定存在下三角矩阵$\boldsymbol{A}$使得$\boldsymbol{P}_X=\boldsymbol{A}\boldsymbol{A}^{\mathrm{T}}$成立，以下记$\sqrt{\boldsymbol{P}_X}=\boldsymbol{A}$，并简记$(\cdot)_i$为矩阵"•"的第$i$列列向量，则有

$$\boldsymbol{P}_X=\sqrt{\boldsymbol{P}_X}\sqrt{\boldsymbol{P}_X}^{\mathrm{T}}=\sum_{i=1}^{n}(\sqrt{\boldsymbol{P}_X})_i(\sqrt{\boldsymbol{P}_X})_i^{\mathrm{T}} \tag{M.4}$$

对于离散型随机向量，如果将式(M.2)近似成有限个(n个)Sigma抽样点的估计形式，得

$$\left.\begin{aligned}\bar{\boldsymbol{X}}&=\lim_{k\to\infty}\frac{1}{k}\sum_{i=1}^{k}\boldsymbol{\chi}_i\approx\frac{1}{n}\sum_{i=1}^{n}\boldsymbol{\chi}_i\\ \boldsymbol{P}_X&=\lim_{k\to\infty}\frac{1}{k}\sum_{i=1}^{k}(\boldsymbol{\chi}_i-\bar{\boldsymbol{X}})(\boldsymbol{\chi}_i-\bar{\boldsymbol{X}})^{\mathrm{T}}\approx\frac{1}{n}\sum_{i=1}^{n}(\boldsymbol{\chi}_i-\bar{\boldsymbol{X}})(\boldsymbol{\chi}_i-\bar{\boldsymbol{X}})^{\mathrm{T}}\end{aligned}\right\} \tag{M.5}$$

式中：$\boldsymbol{\chi}_i$表示第i个Sigma点。

比较式(M.4)和式(M.5)中的方差阵，发现它们在表示形式上极其相似，如果特意选取

$$\frac{1}{\sqrt{n}}(\boldsymbol{\chi}_i-\bar{\boldsymbol{X}})=\pm(\sqrt{\boldsymbol{P}_X})_i$$

移项便可求得

$$\boldsymbol{\chi}_i=\bar{\boldsymbol{X}}\pm(\sqrt{n\boldsymbol{P}_X})_i \tag{M.6}$$

习惯上常记Sigma点$\boldsymbol{\chi}_i$组成的矩阵：

$$\boldsymbol{\chi}=[\boldsymbol{\chi}_1\quad\boldsymbol{\chi}_2\quad\cdots\quad\boldsymbol{\chi}_n]=\left[[\bar{\boldsymbol{X}}]_n+\sqrt{n\boldsymbol{P}_X}\quad[\bar{\boldsymbol{X}}]_n-\sqrt{n\boldsymbol{P}_X}\right] \tag{M.7}$$

式中：$[\bar{\boldsymbol{X}}]_n$表示由列向量$\bar{\boldsymbol{X}}$按列重复n次构成的$n\times n$阶矩阵。在式(M.6)中共有$2n$个Sigma点并且它们关于均值$\bar{\boldsymbol{X}}$对称分布，若重新采用这些扩展的$2n$个Sigma点来表示随机输入向量$\boldsymbol{X}$的均值$\bar{\boldsymbol{X}}$和方差阵$\boldsymbol{P}_X$，则恰好有

$$\left.\begin{aligned}\bar{\boldsymbol{X}}&=\frac{1}{n}\sum_{i=1}^{n}\boldsymbol{\chi}_i\\ \boldsymbol{P}_X&=\frac{1}{n}\sum_{i=1}^{n}(\boldsymbol{\chi}_i-\bar{\boldsymbol{X}})(\boldsymbol{\chi}_i-\bar{\boldsymbol{X}})^{\mathrm{T}}\end{aligned}\right\} \tag{M.8}$$

式(M.7)和式(M.8)便是通过Sigma点来描述输入随机向量均值和方差阵的方法，而且即使是有限个抽样点，它也能够精确地捕获输入$\boldsymbol{X}$的一、二阶统计特性。

其次，将每一个输入Sigma点$\boldsymbol{\chi}_i$代入线性变换关系$\boldsymbol{Y}=\boldsymbol{F}\boldsymbol{X}$，可得输出Sigma点$\boldsymbol{\eta}_i=\boldsymbol{F}\boldsymbol{\chi}_i$，并且由$2n$个输出$\boldsymbol{\eta}_i$可构成如下输出Sigma点矩阵：

$$\boldsymbol{\eta}=[\boldsymbol{\eta}_1\quad\boldsymbol{\eta}_2\quad\cdots\quad\boldsymbol{\eta}_{2n}]=\left[[\boldsymbol{F}\bar{\boldsymbol{X}}]_n+\boldsymbol{F}\sqrt{n\boldsymbol{P}_X}\quad[\boldsymbol{F}\bar{\boldsymbol{X}}]_n-\boldsymbol{F}\sqrt{n\boldsymbol{P}_X}\right] \tag{M.9}$$

最后，由$\boldsymbol{\chi}$和$\boldsymbol{\eta}$计算均值$\bar{\boldsymbol{Y}}$、方差阵$\boldsymbol{P}_Y$及协方差阵$\boldsymbol{P}_{XY}$，得

$$\left.\begin{aligned}\bar{\boldsymbol{Y}}&=\frac{1}{2n}\sum_{i=1}^{2n}\boldsymbol{\eta}_i=\frac{1}{2n}\sum_{i=1}^{2n}\boldsymbol{F}\boldsymbol{\chi}_i=\frac{1}{2n}\sum_{i=1}^{2n}\boldsymbol{F}\bar{\boldsymbol{X}}=\boldsymbol{F}\bar{\boldsymbol{X}}\\ \boldsymbol{P}_Y&=\frac{1}{2n}\sum_{i=1}^{2n}(\boldsymbol{\eta}_i-\bar{\boldsymbol{Y}})(\boldsymbol{\eta}_i-\bar{\boldsymbol{Y}})^{\mathrm{T}}=\frac{1}{2n}\sum_{i=1}^{2n}(\boldsymbol{F}\sqrt{n\boldsymbol{P}_X})_i(\boldsymbol{F}\sqrt{n\boldsymbol{P}_X})_i^{\mathrm{T}}=\boldsymbol{F}\boldsymbol{P}_X\boldsymbol{F}^{\mathrm{T}}\\ \boldsymbol{P}_{XY}&=\frac{1}{2n}\sum_{i=1}^{2n}(\boldsymbol{\chi}_i-\bar{\boldsymbol{X}})(\boldsymbol{\eta}_i-\bar{\boldsymbol{Y}})^{\mathrm{T}}=\frac{1}{2n}\sum_{i=1}^{2n}(\sqrt{n\boldsymbol{P}_X})_i(\boldsymbol{F}\sqrt{n\boldsymbol{P}_X})_i^{\mathrm{T}}=\boldsymbol{P}_X\boldsymbol{F}^{\mathrm{T}}\end{aligned}\right\} \tag{M.10}$$

该结果与式(M.3)完全一致。至此，得到了通过有限个Sigma点进行随机向量统计特性线性传播的基本方法，并且也同样精确地捕获了输出Y的一、二阶统计特性。

M.2　非线性函数的UT变换

借鉴上述概率统计特性线性传播的思路，将其推广应用于非线性函数：

$$\boldsymbol{Y}=\boldsymbol{f}(\boldsymbol{X}) \tag{M.11}$$

可得

$$\left.\begin{aligned}
&\boldsymbol{\chi}=\left[[\bar{\boldsymbol{X}}]_n+\sqrt{n\boldsymbol{P}_X} \quad [\bar{\boldsymbol{X}}]_n-\sqrt{n\boldsymbol{P}_X}\right]\\
&\boldsymbol{\eta}_i=\boldsymbol{f}(\boldsymbol{\chi}_i)\\
&\bar{\boldsymbol{Y}}=1/(2n)\cdot\sum_{i=1}^{2n}\boldsymbol{\eta}_i\\
&\boldsymbol{P}_Y=1/(2n)\cdot\sum_{i=1}^{2n}(\boldsymbol{\eta}_i-\bar{\boldsymbol{Y}})(\boldsymbol{\eta}_i-\bar{\boldsymbol{Y}})^{\mathrm{T}}\\
&\boldsymbol{P}_{XY}=1/(2n)\cdot\sum_{i=1}^{2n}(\boldsymbol{\chi}_i-\bar{\boldsymbol{X}})(\boldsymbol{\eta}_i-\bar{\boldsymbol{Y}})^{\mathrm{T}}
\end{aligned}\right\} \tag{M.12}$$

这便是非线性函数 UT 变换（或称为推广线性 UT 变换）的基本公式，注意到，式(M.12)中后三个式子对于非线性函数在一般情况下只能近似成立。

若对非线性函数作泰勒级数展开并忽略高阶项，近似为线性函数，再进行随机向量的线性变换，其结果与式(M.12)完全相同，但是，如果非线性函数的表达形式复杂，求解泰勒级数一阶 Jacobian 矩阵往往会比较困难。因此，无须求导计算 Jacobian 矩阵是 UT 变换的一大优点。当然，UT 变换中的方差阵三角分解在一定程度上增加了该算法的计算量。

实际应用时，一般在式(M.12)的基础上再添加一个输入均值抽样点$\boldsymbol{\chi}_{2n+1}=\bar{\boldsymbol{X}}$，并修正各 Sigma 点的加权系数，得到更具普遍性的改进非线性 UT 变换，结果如下：

$$\left.\begin{aligned}
&\boldsymbol{\chi}=\left[[\bar{\boldsymbol{X}}]_n+\sqrt{n\boldsymbol{P}_X} \quad [\bar{\boldsymbol{X}}]_n-\sqrt{n\boldsymbol{P}_X} \quad \bar{\boldsymbol{X}}\right]\\
&\boldsymbol{\eta}_i=\boldsymbol{f}(\boldsymbol{\chi}_i)\\
&\bar{\boldsymbol{Y}}=\sum_{i=1}^{2n+1}w_i^m\boldsymbol{\eta}_i\\
&\boldsymbol{P}_Y=\sum_{i=1}^{2n+1}w_i^c(\boldsymbol{\eta}_i-\bar{\boldsymbol{Y}})(\boldsymbol{\eta}_i-\bar{\boldsymbol{Y}})^{\mathrm{T}}\\
&\boldsymbol{P}_{XY}=\sum_{i=1}^{2n+1}w_i^c(\boldsymbol{\chi}_i-\bar{\boldsymbol{X}})(\boldsymbol{\eta}_i-\bar{\boldsymbol{Y}})^{\mathrm{T}}
\end{aligned}\right\} \tag{M.13}$$

式中：各加权系数的计算公式为

$$\left.\begin{aligned}
&\lambda=\alpha^2(n+\kappa)-n\\
&\gamma=\sqrt{n+\lambda}\\
&w_i^c=w_i^m=1/(2\gamma^2) \quad (i=1,2,\cdots,2n)\\
&w_{2n+1}^m=\lambda/\gamma^2\\
&w_{2n+1}^c=w_{2n+1}^m+(1-\alpha^2+\beta)
\end{aligned}\right\} \tag{M.14}$$

各加权系数含义的详细解释可参见正文 7.4.3 节。

附录 N　三阶非奇异方阵的奇异值分解

三阶方阵的奇异值分解（Singular Value Decomposition，SVD）在姿态阵的最优估计中有着重要的应用，这里对其作专门的讨论。

对于任意三阶非奇异的实方阵$\boldsymbol{A}$，$\boldsymbol{B}=\boldsymbol{A}^{\mathrm{T}}\boldsymbol{A}$必定是对称正定阵，记$\boldsymbol{B}$的特征值为$\lambda_1\geqslant\lambda_2\geqslant\lambda_3>0$，称$\sigma_i=\sqrt{\lambda_i}\,(i=1,2,3)$为矩阵$\boldsymbol{A}$的奇异值。由矩阵理论知，非奇异矩阵$\boldsymbol{A}$总可进行如

下奇异值分解：

$$\boldsymbol{A}=\boldsymbol{U}\boldsymbol{D}\boldsymbol{V}^{\mathrm{T}} \tag{N.1}$$

其中：$\boldsymbol{D}=\mathrm{diag}(\sigma_1\quad\sigma_2\quad\sigma_3)$；$\boldsymbol{U}$ 和 $\boldsymbol{V}$ 均为三阶单位正交矩阵。

对于一般的实矩阵，常采用 Householder 变换和 QR 算法直接进行奇异值分解，数值精度高，只是过程稍显复杂，计算量偏大。若先求解得矩阵平方 $\boldsymbol{B}=\boldsymbol{A}^{\mathrm{T}}\boldsymbol{A}$ 的特征值和特征向量，再进行 $\boldsymbol{A}$ 的奇异值分解是比较容易的，考虑到 $\boldsymbol{B}$ 是实对称的，可采用 QR 分解算法、雅可比法或雅可比过关法等方法求解其特征值和特征向量，这与直接法相比存在矩阵平方运算，因而精度相对较低些，但通常也能够满足姿态阵优化的精度要求。上述有关方法可参见数值算法之类书籍，此处不再赘述。

考虑到三阶矩阵的特征多项式为三次多项式，因而可以直接使用三次方程的求根公式（盛金公式）求得特征值，再根据特征值逐一求解特征向量。因此，下面采用求根法直接求解实对称阵 $\boldsymbol{B}=\boldsymbol{A}^{\mathrm{T}}\boldsymbol{A}$ 的特征值，再求解其特征向量，进而实现 $\boldsymbol{A}$ 的奇异值分解。该方法的优点是计算量小。

对称矩阵 $\boldsymbol{B}$ 的特征多项式为

$$f(\lambda)=\det(\lambda\boldsymbol{I}-\boldsymbol{B})=\begin{vmatrix}\lambda-B_{11} & -B_{12} & -B_{13}\\ -B_{12} & \lambda-B_{22} & -B_{23}\\ -B_{13} & -B_{23} & \lambda-B_{33}\end{vmatrix}=$$

$$(\lambda-B_{11})[(\lambda-B_{22})(\lambda-B_{33})-B_{23}^2]+B_{12}[-B_{12}(\lambda-B_{33})-B_{13}B_{23}]-$$
$$B_{13}[B_{12}B_{23}+(\lambda-B_{22})B_{13}]=$$
$$\lambda^3-(B_{11}+B_{22}+B_{33})\lambda^2+(B_{11}B_{22}+B_{11}B_{33}+B_{22}B_{33}-B_{23}^2-B_{12}^2-B_{13}^2)\lambda-$$
$$(B_{11}B_{22}B_{33}-B_{11}B_{23}^2-B_{12}^2B_{33}+2B_{12}B_{13}B_{23}-B_{13}^2B_{22})=$$
$$\lambda^3+a\lambda^2+b\lambda+c \tag{N.2}$$

其中
$$\begin{cases}a=-(B_{11}+B_{22}+B_{33})\\ b=B_{11}B_{22}+B_{11}B_{33}+B_{22}B_{33}-B_{23}^2-B_{12}^2-B_{13}^2\\ c=-(B_{11}B_{22}B_{33}-B_{11}B_{23}^2-B_{12}^2B_{33}+2B_{12}B_{13}B_{23}-B_{13}^2B_{22})\end{cases}$$

$B_{ij}\,(i,j=1,2,3)$ 为矩阵 $\boldsymbol{B}$ 的第 i 行 j 列元素，且有 $B_{ij}=B_{ji}$。

作变量替换

$$\lambda=x-\frac{a}{3} \tag{N.3}$$

代入式(N.2)，可得如下不含二次项的特征方程：

$$x^3+px+q=0 \tag{N.4}$$

其中
$$p=(3b-a^2)/3,\quad q=(2a^3-9ab+27c)/27$$

针对三次方程式(N.4)的求解，首先构造判别式

$$\Delta=(p/3)^3+(q/2)^2 \tag{N.5}$$

再根据判别式的正负符号确定根的情形，可分为如下三种。

(1) 当 $\Delta>0$ 时，有一个实根和一对共轭虚根：

$$\left.\begin{aligned}x_1&=k_1+k_2\\ x_{2,3}&=-x_1/2\pm\sqrt{3}(k_1-k_2)i/2\end{aligned}\right\} \tag{N.6}$$

其中
$$k_{1,2}=\sqrt[3]{-4q\pm8\sqrt{\Delta}}/2,\qquad i^2=-1$$

(2) 当 $\Delta=0$ 时，有三个实根且其中两个相等：

$$\left.\begin{aligned}x_1&=\sqrt[3]{-4q}\quad\text{或}\quad x_1=-\mathrm{sign}(q)2\sqrt{-3p}/3\\ x_{2,3}&=-x_1/2\end{aligned}\right\} \tag{N.7}$$

特别地，当 $p=q=0$ 时，有三个相等的零实根，即 $x_{1,2,3}=0$。

(3) 当 $\Delta<0$ 时，有三个互异实根：

$$\left.\begin{aligned} x_1 &= 2\sqrt{-3p}\cos(\theta/3)/3 \\ x_{2,3} &= 2\sqrt{-3p}\cos[(\theta\pm 2\pi)/3]/3 \end{aligned}\right\} \tag{N.8}$$

式中：$\theta=\arccos[9q/(2p\sqrt{-3p})]$。

最后将 $x_1\sim x_3$ 代回式(N.3)，即可求得矩阵 $\boldsymbol{B}$ 的特征值 $\lambda_1\sim\lambda_3$。注意到 $\boldsymbol{B}$ 为对称正定阵，其特征值均为正实数，则方程式(N.4)的根 $x_1\sim x_3$ 也必为实数，因此在上述求根公式中只有情形(2)和(3)会用到。

矩阵 $\boldsymbol{B}$ 的特征值经过大小排序之后，记为 $\lambda_1\geqslant\lambda_2\geqslant\lambda_3>0$，根据韦达定理，特征方程 $f(\lambda)=\lambda^3+a\lambda^2+b\lambda+c=0$ 的根与系数之间存在如下关系：

$$\left.\begin{aligned} \lambda_1+\lambda_2+\lambda_3 &= -a \\ \lambda_1\lambda_2+\lambda_2\lambda_3+\lambda_3\lambda_1 &= b \\ \lambda_1\lambda_2\lambda_3 &= -c \end{aligned}\right\} \tag{N.9}$$

由于 $\lambda_1\sim\lambda_3$ 均为正实数，对比分析式(N.9)中的三个表达式可以看出，最大根的量级为 $-a$，最大根与次大根之积的量级为 b，据此不难推知，最小根的量级为 $-c/b$，且最大根与最小根之比的量级为 $-a/(-c/b)=ab/c$。现定义特征方程 $f(\lambda)=0$ 的条件数(量级)为

$$\text{cond}\,[f(\lambda)]=ab/c \tag{N.10}$$

在求解特征方程 $f(\lambda)=0$ 之前，可先使用条件数进行初步判断，如果条件数太大，则容易出现数值计算的不稳定，比如判别式(N.5)可能计算不准确，将会影响后续根的类型判断，甚至出现判断为复根的情形。对于实际最优化问题而言，当条件数太大时，须作特殊处理，或予以舍弃。

根据矩阵理论知，实对称矩阵存在完备的正交特征向量系，即存在两两正交的特征向量，利用这一性质有助于简化 $\boldsymbol{B}$ 的特征向量求解过程。以下按照特征值重复情况求解特征向量。

(1) 当有三重特征值时，即 $\lambda_1=\lambda_2=\lambda_3$，则可直接构造三个特征向量：

$$\boldsymbol{v}_1=\begin{bmatrix}1\\0\\0\end{bmatrix},\quad \boldsymbol{v}_2=\begin{bmatrix}0\\1\\0\end{bmatrix},\quad \boldsymbol{v}_3=\begin{bmatrix}0\\0\\1\end{bmatrix} \tag{N.11}$$

(2) 当有一个二重特征值时，即 $\lambda_1=\lambda_2>\lambda_3$ 或 $\lambda_1>\lambda_2=\lambda_3$。此时与 λ_2 对应的特征向量 $\boldsymbol{v}_2$ 满足方程

$$(\lambda_2\boldsymbol{I}-\boldsymbol{B})\boldsymbol{v}_2=\boldsymbol{0} \tag{N.12}$$

记 $\boldsymbol{C}=\lambda_2\boldsymbol{I}-\boldsymbol{B}$，则有 $\text{rank}(\boldsymbol{C})=1$，这说明 $\boldsymbol{C}$ 的三个行向量之间是线性相关的。在矩阵 $\boldsymbol{C}$ 中寻找绝对值最大的元素(理论上可以是任意不为 0 的元素)，假设为 C_{ij}，则有

$$\boldsymbol{C}_i\boldsymbol{v}_2=[C_{i1}\quad C_{i2}\quad C_{i3}]\,\boldsymbol{v}_2=0 \tag{N.13}$$

其中：$\boldsymbol{C}_i$ 表示矩阵 $\boldsymbol{C}$ 的第 i 行向量，而 $C_{ij}\,(i,j=1,2,3)$ 为矩阵 $\boldsymbol{C}$ 的第 i 行 j 列元素。

如果 $j=1$ 或 $j=2$，可直接构造特征向量

$$\boldsymbol{v}_2=[C_{i2}\quad -C_{i1}\quad 0]^{\mathrm{T}} \tag{N.14}$$

而如果 $j=3$，则直接构造特征向量

$$\boldsymbol{v}_2=[0\quad -C_{i3}\quad C_{i2}]^{\mathrm{T}} \tag{N.15}$$

当 $\lambda_1=\lambda_2>\lambda_3$ 时，使用如下方式构造特征向量 $\boldsymbol{v}_1$ 和 $\boldsymbol{v}_3$：

$$\boldsymbol{v}_1=\boldsymbol{C}_i\times\boldsymbol{v}_2,\ \boldsymbol{v}_3=\boldsymbol{v}_1\times\boldsymbol{v}_2 \tag{N.16}$$

而当 $\lambda_1>\lambda_2=\lambda_3$ 时，使用如下方式构造特征向量 $\boldsymbol{v}_3$ 和 $\boldsymbol{v}_1$：

$$\boldsymbol{v}_3=\boldsymbol{C}_i\times\boldsymbol{v}_2,\boldsymbol{v}_1=\boldsymbol{v}_2\times\boldsymbol{v}_3 \tag{N.17}$$

（3）当有三个互异特征值时，与 λ_1 对应特征向量 $\boldsymbol{v}_1$ 满足方程

$$(\lambda_1\boldsymbol{I}-\boldsymbol{B})\boldsymbol{v}_1=\boldsymbol{0} \tag{N.18}$$

同样，若记 $\boldsymbol{C}=\lambda_1\boldsymbol{I}-\boldsymbol{B}$，则有 $\text{rank}(\boldsymbol{C})=2$，这说明 $\boldsymbol{C}$ 的三个行向量应在同一平面上（规定零向量可在任意平面上），且至少有两个是不相互平行的，计算如下三组行向量的叉乘：

$$\boldsymbol{v}_{t1}=(\boldsymbol{C}_1\times\boldsymbol{C}_2)^{\mathrm{T}},\quad \boldsymbol{v}_{t2}=(\boldsymbol{C}_2\times\boldsymbol{C}_3)^{\mathrm{T}},\quad \boldsymbol{v}_{t3}=(\boldsymbol{C}_3\times\boldsymbol{C}_1)^{\mathrm{T}} \tag{N.19}$$

理论上 $\boldsymbol{v}_{t1},\boldsymbol{v}_{t2},\boldsymbol{v}_{t3}$ 三者相互平行，只要不是零向量均可作为特征向量，但在数值上可选取模值最大者，作为 λ_1 对应的特征向量 $\boldsymbol{v}_1$。

对于特征向量 $\boldsymbol{v}_2$ 求法类似于 $\boldsymbol{v}_1$，而针对特征向量 $\boldsymbol{v}_3$，可选择 $\boldsymbol{v}_3=\boldsymbol{v}_1\times\boldsymbol{v}_2$。

最后，将特征向量 $\boldsymbol{v}_1,\boldsymbol{v}_2,\boldsymbol{v}_3$ 做规范化处理，令

$$\boldsymbol{V}=\begin{bmatrix}\dfrac{\boldsymbol{v}_1}{|\boldsymbol{v}_1|} & \dfrac{\boldsymbol{v}_2}{|\boldsymbol{v}_2|} & \dfrac{\boldsymbol{v}_3}{|\boldsymbol{v}_3|}\end{bmatrix} \tag{N.20}$$

则有矩阵 $\boldsymbol{B}$ 的特征值和特征向量分解

$$\boldsymbol{BV}=\boldsymbol{V\Lambda} \tag{N.21}$$

其中：$\boldsymbol{\Lambda}=\text{diag}(\lambda_1\quad\lambda_2\quad\lambda_3)$，显然 $\boldsymbol{V}$ 为单位正交阵。

若将 $\boldsymbol{B}=\boldsymbol{A}^{\mathrm{T}}\boldsymbol{A}$ 和 $\boldsymbol{\Lambda}=\boldsymbol{D}^2$ 代入式（K.21），可得

$$\boldsymbol{A}^{\mathrm{T}}\boldsymbol{AV}=\boldsymbol{VD}^2 \tag{N.22}$$

式（N.22）等号两边同时左乘 $(\boldsymbol{A}^{\mathrm{T}})^{-1}$ 并右乘 $\boldsymbol{V}^{\mathrm{T}}$，可得

$$\boldsymbol{A}=(\boldsymbol{A}^{\mathrm{T}})^{-1}\boldsymbol{VDDV}^{\mathrm{T}}=\boldsymbol{UDV}^{\mathrm{T}} \tag{N.23}$$

式中：记

$$\boldsymbol{U}=(\boldsymbol{A}^{\mathrm{T}})^{-1}\boldsymbol{VD}=\boldsymbol{A}\,(\boldsymbol{A}^{\mathrm{T}}\boldsymbol{A})^{-1}\boldsymbol{VD}=\boldsymbol{A}\,(\boldsymbol{VD}^2\boldsymbol{V}^{\mathrm{T}})^{-1}\boldsymbol{VD}=\boldsymbol{AVD}^{-1} \tag{N.24}$$

不难验证 $\boldsymbol{U}$ 是单位正交阵，即有 $\boldsymbol{U}^{\mathrm{T}}\boldsymbol{U}=[(\boldsymbol{A}^{\mathrm{T}})^{-1}\boldsymbol{VD}]^{\mathrm{T}}(\boldsymbol{AVD}^{-1})=\boldsymbol{DV}^{\mathrm{T}}\boldsymbol{A}^{-1}\boldsymbol{AVD}^{-1}=\boldsymbol{I}$。

至此，实现了三阶非奇异阵的奇异值分解，可获得矩阵 $\boldsymbol{D}=\boldsymbol{\Lambda}^{1/2}$，$\boldsymbol{V}$ 和 $\boldsymbol{U}$。

下面给出两个重要的与最优估计有关的定理及其证明。

定理 1　对于三阶非奇异矩阵 $\boldsymbol{A}$，若其奇异值分解为 $\boldsymbol{A}=\boldsymbol{UDV}^{\mathrm{T}}$，则 $\boldsymbol{C}=\boldsymbol{UV}^{\mathrm{T}}$ 是最接近于 $\boldsymbol{A}$ 的单位正交矩阵，"最接近"的含义是使如下指标函数达到最小：

$$J(\boldsymbol{C})=\|\boldsymbol{C}-\boldsymbol{A}\|^2=\sum_{i=1}^{3}\sum_{j=1}^{3}(C_{ij}-A_{ij})^2=\min \tag{N.25}$$

或者说，$\boldsymbol{C}$ 是 $\boldsymbol{A}$ 的最优单位正交化矩阵。

证明　式（N.25）等价于

$$J(\boldsymbol{C})=\text{tr}((\boldsymbol{C}-\boldsymbol{A})^{\mathrm{T}}(\boldsymbol{C}-\boldsymbol{A}))=\min \tag{N.26}$$

考虑单位正交化约束条件 $\boldsymbol{C}^{\mathrm{T}}\boldsymbol{C}=\boldsymbol{I}$，采用拉格朗日乘数法，构造拉格朗日函数

$$J_o=\text{tr}((\boldsymbol{C}-\boldsymbol{A})^{\mathrm{T}}(\boldsymbol{C}-\boldsymbol{A})+\boldsymbol{\Theta}(\boldsymbol{C}^{\mathrm{T}}\boldsymbol{C}-\boldsymbol{I})) \tag{N.27}$$

其中：$\boldsymbol{\Theta}$ 是拉格朗日乘子矩阵，且为对称矩阵。

考虑到方阵之迹的求导规则

$$\frac{\partial}{\partial\boldsymbol{X}}\text{tr}(\boldsymbol{A}^{\mathrm{T}}\boldsymbol{X})=\frac{\partial}{\partial\boldsymbol{X}}\text{tr}(\boldsymbol{X}^{\mathrm{T}}\boldsymbol{A})=\boldsymbol{A}^{\mathrm{T}},\quad \frac{\partial}{\partial\boldsymbol{X}}\text{tr}(\boldsymbol{AX}^{\mathrm{T}}\boldsymbol{X})=2\boldsymbol{AX}$$

将式（N.27）对矩阵 $\boldsymbol{C}$ 求偏导，并令其等于 $\boldsymbol{0}$，可得

$$\begin{aligned}\frac{\partial J_o}{\partial\boldsymbol{C}}&=\frac{\partial}{\partial\boldsymbol{C}}\text{tr}(\boldsymbol{C}^{\mathrm{T}}\boldsymbol{C}-\boldsymbol{C}^{\mathrm{T}}\boldsymbol{A}-\boldsymbol{A}^{\mathrm{T}}\boldsymbol{C}+\boldsymbol{A}^{\mathrm{T}}\boldsymbol{A}+\boldsymbol{\Theta}\boldsymbol{C}^{\mathrm{T}}\boldsymbol{C}-\boldsymbol{\Theta})=\\&\frac{\partial}{\partial\boldsymbol{C}}\text{tr}((\boldsymbol{I}+\boldsymbol{\Theta})\boldsymbol{C}^{\mathrm{T}}\boldsymbol{C}-\boldsymbol{C}^{\mathrm{T}}\boldsymbol{A}-\boldsymbol{A}^{\mathrm{T}}\boldsymbol{C}+(\boldsymbol{A}^{\mathrm{T}}\boldsymbol{A}-\boldsymbol{\Theta}))=2[(\boldsymbol{I}+\boldsymbol{\Theta})\boldsymbol{C}^{\mathrm{T}}-\boldsymbol{A}^{\mathrm{T}}]=\boldsymbol{0}\end{aligned} \tag{N.28}$$

由式(N. 28) 可求解得

$$A = C(I + \Theta) \tag{N. 29}$$

再将式(N. 29) 左乘其转置,可得

$$A^T A = [C(I + \Theta)]^T [C(I + \Theta)] = (I + \Theta)C^T C(I + \Theta) = (I + \Theta)^2 \tag{N. 30}$$

由式(N. 30) 可求解得

$$I + \Theta = \pm (A^T A)^{1/2} \tag{N. 31}$$

将式(N. 31) 代入式(N. 29),可解得最优化矩阵

$$C = \pm A\,(A^T A)^{-1/2} \tag{N. 32}$$

若矩阵 A 表示右手坐标变换矩阵(姿态矩阵),则应当有 $\det(A) > 0$,容易验证式(K. 32) 中负号解不满足要求,应舍去。

最后,将奇异值分解 $A = UDV^T$ 代入式(N. 32),可得

$$\begin{aligned} C &= A(A^T A)^{-1/2} = UDV^T\,[(UDV^T)^T(UDV^T)]^{-1/2} = UDV^T(VDDV^T)^{-1/2} = \\ &\quad UDV^T(VDV^T\,VDV^T)^{-1/2} = UDV^T(VDV^T)^{-1} = UV^T \end{aligned} \tag{N. 33}$$

定理 1 得证。

若将奇异值分解改写成如下形式:

$$A = UDV^T = UV^T \cdot VDV^T = CS \tag{N. 34}$$

其中:记 $C = UV^T$ 为单位正交阵,$S = VDV^T$ 为对称正定阵,即有 $\det(S) > 0$,式(N. 34) 表示了三阶方阵的正交-对称分解形式。

定理 2 对于三阶非奇异方阵 A,若其奇异值分解为 $A = UDV^T$,则在所有单位正交阵中,取 $C = UV^T$ 将使如下指标函数达到最大:

$$J(C) = \mathrm{tr}(CA^T) = \max \tag{N. 35}$$

证明 式(N. 35) 等价于

$$\begin{aligned} J(C) &= \mathrm{tr}(CA^T) = \mathrm{tr}(C\,(UDV^T)^T) = \mathrm{tr}(CVDU^T) = \\ &\quad \mathrm{tr}(U^T CV \cdot D) = \mathrm{tr}(C^* D) = \max \end{aligned} \tag{N. 36}$$

式中:记

$$C^* = U^T CV \tag{N. 37}$$

显然,C^* 是单位正交阵。再记 $C^* = (C_{ij}^*)(i, j = 1,2,3)$,将式(N. 36) 按元素展开,注意到 $|C_{ij}^*| \leqslant 1$,可得

$$\begin{aligned} J(C) &= \mathrm{tr}(C^* D) = \mathrm{tr}\left(\begin{bmatrix} C_{11}^* & C_{12}^* & C_{13}^* \\ C_{21}^* & C_{22}^* & C_{23}^* \\ C_{31}^* & C_{32}^* & C_{33}^* \end{bmatrix}\begin{bmatrix} \sigma_1 & 0 & 0 \\ 0 & \sigma_2 & 0 \\ 0 & 0 & \sigma_3 \end{bmatrix}\right) = \\ &\quad C_{11}^*\sigma_1 + C_{22}^*\sigma_2 + C_{33}^*\sigma_3 \leqslant \sigma_1 + \sigma_2 + \sigma_3 \end{aligned} \tag{N. 38}$$

由于奇异值 $\sigma_1 \geqslant \sigma_2 \geqslant \sigma_3 > 0$,所以式(N. 38) 等号当且仅当 $C_{11}^* = C_{22}^* = C_{33}^* = 1$ 时成立,这正好对应于 $C^* = I$。根据式(N. 37),可立即求得最优矩阵

$$C = UV^T \tag{N. 39}$$

定理 2 得证。

由等式

$$\begin{aligned} \det(A) &= \det(UDV^T) = \det(U)\det(D)\det(V^T) = \det(D)\det(U)\det(V^T) = \\ &\quad \det(D)\det(UV^T) = \sigma_1\sigma_2\sigma_3\det(C) \end{aligned} \tag{N. 40}$$

可知,当 $\det(A) > 0$ 时有 $\det(C) > 0$,即 C 为右手单位正交阵;而当 $\det(A) < 0$ 时有 $\det(C) <$

0,$\boldsymbol{C}$ 为左手单位正交阵。若要在 $\det(\boldsymbol{A})<0$ 的情况下,将优化单位正交阵也限定为右手的,可对前述证明过程做如下修改。

当 $\det(\boldsymbol{A})<0$ 时,将 $\boldsymbol{A}$ 的奇异值分解改写为

$$\boldsymbol{A}=\boldsymbol{U}\bar{\boldsymbol{D}}\bar{\boldsymbol{V}}^{\mathrm{T}} \tag{N.41}$$

其中:$\bar{\boldsymbol{D}}=\mathrm{diag}(\sigma_1\quad\sigma_2\quad-\sigma_3)$,并将 $\boldsymbol{V}$ 的第三列元素都取负记为 $\bar{\boldsymbol{V}}$。指标函数式(N.35)变为

$$J(\bar{\boldsymbol{C}})=\mathrm{tr}(\bar{\boldsymbol{C}}\boldsymbol{A}^{\mathrm{T}})=\mathrm{tr}(\bar{\boldsymbol{C}}(\boldsymbol{U}\bar{\boldsymbol{D}}\bar{\boldsymbol{V}}^{\mathrm{T}})^{\mathrm{T}})=\mathrm{tr}(\boldsymbol{U}^{\mathrm{T}}\overline{\boldsymbol{C}\boldsymbol{V}}\cdot\bar{\boldsymbol{D}})\triangleq\mathrm{tr}(\bar{\boldsymbol{C}}^*\bar{\boldsymbol{D}})=$$

$$\mathrm{tr}\left(\begin{bmatrix}\bar{C}_{11}^* & \bar{C}_{12}^* & \bar{C}_{13}^*\\ \bar{C}_{21}^* & \bar{C}_{22}^* & \bar{C}_{23}^*\\ \bar{C}_{31}^* & \bar{C}_{32}^* & \bar{C}_{33}^*\end{bmatrix}\begin{bmatrix}\sigma_1 & 0 & 0\\ 0 & \sigma_2 & 0\\ 0 & 0 & -\sigma_3\end{bmatrix}\right)=\bar{C}_{11}^*\sigma_1+\bar{C}_{22}^*\sigma_2-\bar{C}_{33}^*\sigma_3=$$

$$\bar{C}_{11}^*(\sigma_1-\sigma_3)+\bar{C}_{22}^*(\sigma_2-\sigma_3)+(\bar{C}_{11}^*+\bar{C}_{22}^*-\bar{C}_{33}^*)\sigma_3 \tag{N.42}$$

注意到 $\det(\bar{\boldsymbol{C}})\det(\boldsymbol{A}^{\mathrm{T}})=\det(\bar{\boldsymbol{C}}^*)\det(\bar{\boldsymbol{D}})$,由于 $\det(\boldsymbol{A}^{\mathrm{T}})<0$ 且 $\det(\bar{\boldsymbol{D}})<0$,欲使 $\det(\bar{\boldsymbol{C}})>0$,必须使 $\det(\bar{\boldsymbol{C}}^*)>0$。在右手单位正交阵 $\bar{\boldsymbol{C}}^*$ 的三个对角线元素中,任意两个元素之和再减去第三个元素的取值范围为[−3,1](读者可根据式(2.2.22)展开自行证明)。因此,当 $\bar{C}_{11}^*=\bar{C}_{22}^*=\bar{C}_{11}^*+\bar{C}_{22}^*-\bar{C}_{33}^*=1$ 即 $\bar{\boldsymbol{C}}^*=\boldsymbol{I}$ 时,$J(\bar{\boldsymbol{C}})$ 取得最大值,为

$$J(\bar{\boldsymbol{C}})=\sigma_1+\sigma_2-\sigma_3=\max \tag{N.43}$$

并且有

$$\bar{\boldsymbol{C}}=\boldsymbol{U}\bar{\boldsymbol{C}}^*\bar{\boldsymbol{V}}^{\mathrm{T}}=\boldsymbol{U}\bar{\boldsymbol{V}}^{\mathrm{T}} \tag{N.44}$$

综合式(N.39)和式(N.44),三阶非奇异方阵 $\boldsymbol{A}$ 的最优右手单位正交阵可统一写为

$$\boldsymbol{C}=\boldsymbol{U}\cdot\mathrm{diag}(1\quad 1\quad \mathrm{sign}(\det(\boldsymbol{A})))\cdot\boldsymbol{V}^{\mathrm{T}} \tag{N.45}$$

或者

$$\boldsymbol{C}=\boldsymbol{U}\cdot\mathrm{diag}(1\quad 1\quad \det(\boldsymbol{U}\boldsymbol{V}^{\mathrm{T}}))\cdot\boldsymbol{V}^{\mathrm{T}} \tag{N.46}$$

相应的,指标函数的最大值为

$$J(\boldsymbol{C})=\sigma_1+\sigma_2+\det(\boldsymbol{U}\boldsymbol{V}^{\mathrm{T}})\sigma_3=\max \tag{N.47}$$

特别地,当奇异值 $\sigma_1\geqslant\sigma_2>0$ 且 $\sigma_3=0$,即方阵 $\boldsymbol{A}$ 的秩为 2 时,式(N.46)和式(N.47)也是成立的。

实际上,最优右手单位正交阵 $\boldsymbol{C}$ 的求解也可以转换为等价最优单位四元数 $\boldsymbol{Q}=[q_0\quad \boldsymbol{q}_v^{\mathrm{T}}]^{\mathrm{T}}$ 的求解。根据单位四元数与姿态阵之间的变换关系 $\boldsymbol{C}=(q_0^2-\boldsymbol{q}_v^{\mathrm{T}}\boldsymbol{q}_v)\boldsymbol{I}+2\boldsymbol{q}_v\boldsymbol{q}_v^{\mathrm{T}}+2q_0(\boldsymbol{q}_v\times)$(见练习题),可得关于四元数 $\boldsymbol{Q}$ 的指标函数:

$$\begin{aligned}J(\boldsymbol{Q})=&\mathrm{tr}([(q_0^2-\boldsymbol{q}_v^{\mathrm{T}}\boldsymbol{q}_v)\boldsymbol{I}+2\boldsymbol{q}_v\boldsymbol{q}_v^{\mathrm{T}}+2q_0(\boldsymbol{q}_v\times)]\boldsymbol{A}^{\mathrm{T}})=\\&\mathrm{tr}((q_0^2-\boldsymbol{q}_v^{\mathrm{T}}\boldsymbol{q}_v)\boldsymbol{A})+\mathrm{tr}(2\boldsymbol{q}_v\boldsymbol{q}_v^{\mathrm{T}}\boldsymbol{A}^{\mathrm{T}})+\mathrm{tr}(2q_0(\boldsymbol{q}_v\times)\boldsymbol{A}^{\mathrm{T}})=\\&(q_0^2-\boldsymbol{q}_v^{\mathrm{T}}\boldsymbol{q}_v)\mathrm{tr}(\boldsymbol{A})+2\mathrm{tr}(\boldsymbol{q}_v^{\mathrm{T}}\boldsymbol{A}^{\mathrm{T}}\boldsymbol{q}_v)+2q_0\mathrm{tr}((\boldsymbol{q}_v\times)\boldsymbol{A}^{\mathrm{T}})=\\&(q_0^2-\boldsymbol{q}_v^{\mathrm{T}}\boldsymbol{q}_v)\mathrm{tr}(\boldsymbol{A})+2\boldsymbol{q}_v^{\mathrm{T}}\boldsymbol{A}^{\mathrm{T}}\boldsymbol{q}_v+2q_0\boldsymbol{q}_v^{\mathrm{T}}\boldsymbol{z}=\\&(q_0^2-\boldsymbol{q}_v^{\mathrm{T}}\boldsymbol{q}_v)\mathrm{tr}(\boldsymbol{A})+\boldsymbol{q}_v^{\mathrm{T}}(\boldsymbol{A}^{\mathrm{T}}+\boldsymbol{A})\boldsymbol{q}_v+2q_0\boldsymbol{q}_v^{\mathrm{T}}\boldsymbol{z}=\\&q_0^2\mathrm{tr}(\boldsymbol{A})+2q_0\boldsymbol{q}_v^{\mathrm{T}}\boldsymbol{z}+\boldsymbol{q}_v^{\mathrm{T}}[\boldsymbol{A}+\boldsymbol{A}^{\mathrm{T}}-\mathrm{tr}(\boldsymbol{A})\boldsymbol{I}]\boldsymbol{q}_v=\\&[q_0\quad\boldsymbol{q}_v^{\mathrm{T}}]\begin{bmatrix}\mathrm{tr}(\boldsymbol{A}) & \boldsymbol{z}^{\mathrm{T}}\\ \boldsymbol{z} & \boldsymbol{A}+\boldsymbol{A}^{\mathrm{T}}-\mathrm{tr}(\boldsymbol{A})\boldsymbol{I}\end{bmatrix}\begin{bmatrix}q_0\\ \boldsymbol{q}_v\end{bmatrix}=\boldsymbol{Q}^{\mathrm{T}}\boldsymbol{M}\boldsymbol{Q}\end{aligned} \tag{N.48}$$

式中:记 $\boldsymbol{z}=\begin{bmatrix}A_{32}-A_{23}\\ A_{13}-A_{31}\\ A_{21}-A_{12}\end{bmatrix}$,$\boldsymbol{M}=\begin{bmatrix}\mathrm{tr}(\boldsymbol{A}) & \boldsymbol{z}^{\mathrm{T}}\\ \boldsymbol{z} & \boldsymbol{A}+\boldsymbol{A}^{\mathrm{T}}-\mathrm{tr}(\boldsymbol{A})\boldsymbol{I}\end{bmatrix}$。直接按元素展开法不难验证

$\mathrm{tr}((\boldsymbol{q}_v\times)\boldsymbol{A}^{\mathrm{T}})=\boldsymbol{q}_v^{\mathrm{T}}\boldsymbol{z}$ 成立，$A_{ij}(i,j=1,2,3)$ 为矩阵 $\boldsymbol{A}$ 的第 i 行 j 列元素。显然，矩阵 $\boldsymbol{M}$ 为四阶实对称阵，其特征值均为实数且特征向量均为实向量。

为了求解式(N.48) 的极值，考虑到单位四元数约束条件 $\boldsymbol{Q}^{\mathrm{T}}\boldsymbol{Q}=1$，引入拉格朗日乘子 λ 并构造拉格朗日函数

$$J_o(\boldsymbol{Q})=\boldsymbol{Q}^{\mathrm{T}}\boldsymbol{M}\boldsymbol{Q}+\lambda(1-\boldsymbol{Q}^{\mathrm{T}}\boldsymbol{Q}) \tag{N.49}$$

对式(N.49) 求导并令其等于零，可得

$$\frac{\partial J_o(\boldsymbol{Q})}{\partial \boldsymbol{Q}}=2\boldsymbol{M}\boldsymbol{Q}-2\lambda\boldsymbol{Q}=\boldsymbol{0} \quad 即 \quad \boldsymbol{M}\boldsymbol{Q}=\lambda\boldsymbol{Q} \tag{N.50}$$

这说明 λ 是矩阵 $\boldsymbol{M}$ 的特征值，$\boldsymbol{Q}$ 是相应的特征向量。将式(N.50) 代入式(N.48)，可得

$$J(\boldsymbol{Q})=\boldsymbol{Q}^{\mathrm{T}}\boldsymbol{M}\boldsymbol{Q}=\boldsymbol{Q}^{\mathrm{T}}\lambda\boldsymbol{Q}=\lambda\boldsymbol{Q}^{\mathrm{T}}\boldsymbol{Q}=\lambda \tag{N.51}$$

由此可知，欲使指标函数 $J(\boldsymbol{Q})$ 达到最大，须取 λ 为 $\boldsymbol{M}$ 的最大特征值 $\lambda_{\max}$，这时四元数 $\boldsymbol{Q}$ 即为矩阵 $\boldsymbol{M}$ 的最大特征值所对应的单位特征向量。显然，有最大值 $\lambda_{\max}=\sigma_1+\sigma_2+\mathrm{sign}(\det(\boldsymbol{A}))\sigma_3$ 成立，这说明 $\boldsymbol{C}$ 和 $\boldsymbol{Q}$ 描述的姿态是等价的，均可使指标函数达到最大。

附录 O　MATLAB 仿真程序

以下附录中的子函数 gvar 和 msbplot 可参见 9.2 节。

O.1　勒让德多项式作图仿真

```
x=-1:0.01:1;  c ='-k -b -r-.m--g :c';
figure;
for n=0:5
    P=legendre(n, x);
    for k=0:n
        subplot(2,3,k+1); xlabel('x'); ylabel(sprintf('P_n^%d(x)',k));
        if n==0, w=4; elseif n==1, w=1; else w=2; end
        hold on; grid on;plot(x, (-1)^k*P(k+1,:), c((3*n+1):3*(n+1)), 'linewidth',w);
        xlim([-1.03 1.03]);
    end
end
subplot(2,3,1); ylim([-1.1,1.1]);legend('n=0','n=1','n=2','n=3','n=4','n=5');
```

O.2　球谐函数仿真

```
n=4; cs=1;% cs=1 for cos, cs=0 for sin.
for m=0:n
    subplot(fix(n/6)+1, min(6,n+1), m+1);  shplot(n,m,cs);
end

function shplot(n, m, cs)
% Spherical harmonics plot, with n-degree m-order.
    dtheta=pi/20;     theta=0:dtheta/2:pi;     lambda=0:dtheta:2*pi;
    the1=repmat(theta, length(lambda), 1);
    lam1=repmat(lambda', 1, length(theta));
```

```
r=ones(size(the1));
x=r.*sin(the1).*cos(lam1);y=r.*sin(the1).*sin(lam1);z=r.*cos(the1);

P=legendre(n, cos(theta),'norm');
if cs==1   %   cs=1 for cos, cs=0 for sin.
    c=cos(m*lambda)'*P(m+1,:);
    str=sprintf('cos(%d\\it\\lambda\\rm)x\\itP\\rm_{%d}^{%d}(cos\\it\\theta)', m,n,m);
else
    c=sin(m*lambda)'*P(m+1,:);
    str=sprintf('sin(%d\\it\\lambda\\rm)x\\itP\\rm_{%d}^{%d}(cos\\it\\theta\\rm)',
             m,n,m);
end
surf(x,y,z,c); axisequal; title(str);
```

O.3　WGS-84 正常重力场仿真

```
gvar;
C=zeros(11);   S=C;
C(1:2:11,1)=[1;        -0.108262982131*10^-2/sqrt(5);% WGS-84 coefficients
        0.237091120053*10^-5/sqrt(9);     -0.608346498882*10^-8/sqrt(13);
        0.142681087920*10^-10/sqrt(17); -0.121439275882*10^-13/sqrt(21) ];
lat=linspace(0,89.99)*arcdeg; lon=109*arcdeg; hgt=[0, 5000, 10000, 20000];
for k=1:length(hgt)
    res=zeros(length(lat),5);
    for k1=1:length(lat)
        [gL, gLh, gN]=somigliana(lat(k1), hgt(k));
        gn=egm(GM, Re, wie, ff, C, S, lat(k1), lon, hgt(k));
        res(k1,:)=[gn', gLh, gN];
    end
    subplot(121);   plot(lat/arcdeg, -res(:,2)./abs(res(:,3))/arcsec,'linewidth',2), hold on
                    plot(lat/arcdeg, res(:,5)./abs(res(:,3))/arcsec,'r', 'linewidth',1),
    subplot(122);   plot(lat/arcdeg, (-res(:,3)-res(:,4))/ug, lsc(k,:)), holdon
end
subplot(121); xlabel('\itL\rm / ( \circ )'); ylabel('\it\xi\rm / ( \prime\prime )'); grid on
subplot(122); xlabel('\itL\rm / ( \circ )'); ylabel('\delta \itg\rm / \mug'); grid on
legend('h=0m', 'h=5,000m', 'h=10,000m', 'h=20,000m');

function gn=egm(GM, Re, wie, f, C, S, lat, lon, hgt)
    N=length(C)-1;% order
    C=[C(:,1)*sqrt(2),C(:,2:end)*2];S=[S(:,1)*sqrt(2),S(:,2:end)*2];
    slat=sin(lat);   clat=cos(lat);   slon=sin(lon);   clon=cos(lon);
    e2=2*f-f^2;   RN=Re/sqrt(1-e2*slat^2);
    x=(RN+hgt)*clat*clon;   y=(RN+hgt)*clat*slon;z=(RN*(1-e2)+hgt)*slat;
    phi=atan2(z,sqrt(x^2+y^2));   r=sqrt(x^2+y^2+z^2);   dL=lat-phi;
    theta=pi/2-phi;   sth=sin(theta);   cth=cos(theta);
```

```
Pnm=zeros(1,N+1); Pn_2m=Pnm; Pn_1m=Pnm; dPnm=Pnm;
P=zeros(N+1); dP=P;
for n=0:N  % legendre
    n1=n+1;
    if n==0,
        Pnm(n1)=1/sqrt(2);
        dPnm(n1)=0;
    else
        Pnm(n1)=sqrt((2*n+1)/(2*n))*Pn_1m(n1-1)*sth;
        Pnm(n1-1)=sqrt(2*n+1)*cth*Pn_1m(n1-1);
        if n>=2
            m=0:n-2; k=1:n-1;
            Pnm(k)=sqrt((2*n+1)./(n^2-m.^2)).*...
                    sqrt(2*n-1)*cth*Pn_1m(k)-...
                    sqrt(((n-1)^2-m.^2)./(2*n-3)).*Pn_2m(k));
        end
        dPnm(n1)=n*cth/sth*Pnm(n1);
        m=0:n-1; k=1:n;
        dPnm(k)=n*cth/sth*Pnm(k)-...
                  sqrt((2*n+1)/(2*n-1)/sth^2*(n^2-m.^2)).*Pn_1m(k);
    end
    P(n1,:)=Pnm;
    dP(n1,:)=dPnm;
    Pn_2m=Pn_1m; Pn_1m=Pnm;
end
N0=(0:N)';
Rr=(Re/r).^N0; % (Re/r)^n
clon=cos(N0*lon)';   slon=sin(N0*lon)';
CP=C.*P;   SP=S.*P;
xx=-Rr*(N0'.*slon).*CP + Rr*(N0'.*clon).*SP;
yy=(Rr*clon.*C + Rr*slon.*S).*dP;
zz=(N0+1).*Rr*clon.*CP + (N0+1).*Rr*slon.*SP;
gE0=GM/r^2/sth*sum(sum(xx));

gN0=-GM/r^2*sum(sum(yy)) - wie^2/2*r*sin(2*theta);
gU0=-GM/r^2*sum(sum(zz)) + wie^2*r*sth^2;
gn=[gE0, gN0*cos(dL)-gU0*sin(dL), gN0*sin(dL)+gU0*cos(dL)]';
```

O.4 EIGEN-6C4 垂线偏差计算

```
gvar
load egm2190;   % download egm2190.mat: https://pan.baidu.com/s/1bo3QLtX
N=150; % order
lat=linspace(-89.5,89.5)*arcdeg;   lon=109*arcdeg;res=zeros(length(lat),3);
for k=1:length(lat)
    gL=somigliana(lat(k), 0);
```

```
    gn=egm(GM, Re, wie, ff, egmc(1:N,1:N), egms(1:N,1:N), lat(k), lon, 0);
    res(k,:)=[-gn([2,1])'/norm(gn), norm(gn)-gL];
end
msplot(121, lat/arcdeg, res(:,1:2)/arcsec,'\itL\rm / ( \circ )', 'deflection / ( \prime\prime )');
legend('\it\eta', '\it\xi'); xlim([-90,90]);
msplot(122, lat/arcdeg, res(:,3)/ug,'\itL\rm / ( \circ )', '\delta \itg\rm / \mug');
xlim([-90,90]);
```

O.5 捷联惯导静态误差仿真

```
gvar
L=30*arcdeg; wN=wie*cos(L); wU=wie*sin(L); tL=tan(L);eL=sec(L);
Ts=10;  T=24*hur; t=(0:Ts:T-Ts)'/3600; len=length(t);
Ut=[-[0.0;0.0;0.0]*dph; [100;00]*ug; 0; 0];
X=zeros(7,len); X(:,1)=[[0;0;0]*arcmin; [0;0]; [0;0]/Re];
Ft = [0     wU    -wN    0          -1/Re    0   0
      -wU   0     0      1/Re       0      -wU   0
      wN    0     0      tL/Re      0       wN   0
      0     -g0   0      0          2*wU    0    0
      g0    0     0      -2*wU      0       0    0
      0     0     0      0          1/Re    0    0
      0     0     0      eL/Re      0       0    0];
[Fk, Bk]=c2d(Ft, eye(size(Ft)), Ts); Uk=Bk*Ut;% 离散化
for k=2:length(t)
    X(:,k)=Fk*X(:,k-1)+ Uk;
%     X([4:7],k)=0; %纯失准角
%     X([1,3,5,6],k)=0; %东向通道
%     X([2,3,4,7],k)=0; %北向通道
%     X([3],k)=0; %水平通道
%     X([2,4],k)=0; %北向和方位通道
end

msplot(221, t, X(1:2,:)/arcmin,'\itt\rm / h' '\it\phi\rm / ( \prime )');
legend('\it\phi\rm_E', '\it\phi\rm_N')
msplot(222, t, X(3,:)/arcmin,'\itt\rm / h', '\it\phi\rm_U / ( \prime )';
msplot(223, t, X(4:5,:),'\itt\rm / h', '\delta\itv^n\rm / m.s^{-1}');
legend('\delta\itv^n\rm_E', '\delta\itv^n\rm_N')
msplot(224, t, X(6:7,:)/arcmin,'\itt\rm / h', '\delta\itp\rm / ( \prime )');
legend('\delta\itL', '\delta\it\lambda')
```

O.6 几种矩阵分解算法

1. 乔莱斯基分解

```
function A=mychol(P)   % 乔莱斯基分解,P=A*A', A为上三角阵
    n=length(P);   A=zeros(n);
```

```
    for j=n:-1:1
        A(j,j)=sqrt(P(j,j)-A(j,j+1:n)*A(j,j+1:n)');
        for i=(j-1):-1:1
            A(i,j)=(P(i,j)-A(i,j+1:n)*A(j,j+1:n)')/A(j,j);
        end
    end
```

2. 乔莱斯基分解秩-1 更新

```
function R = mycholupdate(R, X, sgn)
% 乔莱斯基分解秩-1 更新,R'*R:=R'*R+sgn*X*X',R 上三角,X 列向量(可多列)
    if nargin<3, sgn=1; end
    [n, m] = size(X);
    if m>1   % 若 X 为多列,则逐列更新
        for k=1:m, R = mycholupdate(R, X(:,k), sgn); end
        return;
    end
    for k=1:n
        s11 = sqrt(R(k,k)^2+sgn*X(k)^2); % 须非负
        if k==n, R(k,k)=s11; break; end
        c = R(k,k)/s11;   s = X(k)/s11;
        s12 = c*R(k,k+1:n) + sgn*s*X(k+1:n)';
        X(k+1:n) = c*X(k+1:n)' - s*R(k,k+1:n);
        R(k,k:n) = [s11,s12];
    end
```

3. QR 分解

```
function [Q, R]=myqr(A)   % QR 分解,A=Q*R, 其中 Q'*Q=I,R 为上三角阵
    [m, n]=size(A);
    if n>m,   error('n must not less than m.'); end
    R=zeros(n);
    for i=1:n
        R(i,i)=sqrt(A(:,i)'*A(:,i));
        A(:,i)=A(:,i)/R(i,i);
        j=i+1:n;
        R(i,j)=A(:,i)'*A(:,j);
        A(:,j)=A(:,j)-A(:,i)*R(i,j);
    end
    Q=A;
```

4. UD 分解

```
function [U, D]=myudut(P)   % UD 分解,P=U*diag(D)*U', U 为上三角阵
    n=length(P);
    U=eye(n); D=zeros(n,1);   trPn=trace(P)/n*1e-40;
    for j=n:-1:1
        k=(j+1):n;
        D(j)=P(j,j) - (U(j,k).^2)*D(k);
```

```
        if D(j)<=trPn, continue; end
        for i=(j-1):-1:1
            U(i,j)=(P(i,j)-(U(i,k).*U(j,k))*D(k))/D(j);
        end
    end
```

O.7 几种平方根滤波算法

```
function test_L_7
    n=5; m=2; l=2;
    [Phi,Gamma, H, Q, R, P0]=rndmodel(n, m, l);
    % (1) 标准 KF
    P10=Phi*P0*Phi'+Gamma*Q*Gamma';
    P1=P10 - P10*H'*(H*P10*H'+R)^-1*H*P10;
    % (2) 平方根 KF
    sQ=mychol(Q); sR=mychol(R); Delta0=mychol(P0);
    Delta1=SRKF(Delta0, Phi,Gamma, sQ, H, sR);
    errSRKF=P1 - Delta1*Delta1',
    % (3) 平方根信息 KF
    iPhi=Phi^-1;  isQ=sQ^-1; isR=sR^-1; S0=mychol(P0^-1);
    S1=SRIKF(S0, iPhi,Gamma, isQ, H, isR);
    errSRIKF=P1 - (S1*S1')^-1,
    % (4) 奇异值分解 KF
    [U, Lambda]=svd(P0);  Lambda=sqrt(Lambda);
    [U1, Lambda1]=SVDKF(U, Lambda, Phi,Gamma, sQ, H, isR);
    errSVD=P1 - U1*Lambda1^2*U1',
    % (5) UD 分解 KF
    [U, D] =myudut(P0);
    [U, D]=UDKF(U, D, Phi,Gamma, diag(Q), H(1,:), R(1,1), 'TM');
    for k=2:length(R)
        [U, D]=UDKF(U, D, Phi,Gamma, diag(Q), H(k,:), R(k,k), 'M');
    end
    errUD=P1 - U*diag(D)*U',

function [Phi, Gamma, H, Q, R, P0]=rndmodel(n, m, l)   %随机系统模型
    Phi=randn(n);Gamma=randn(n,l);  H=randn(m,n);
    Q=diag(randn(l,1))^2;  R=diag(randn(m,1))^2;
    P0=randn(n); P0=P0'*P0;

function Delta1=SRKF(Delta0, Phi, Gamma, sQ, H, sR)   %平方根滤波
    [q, Delta]=myqr([Phi*Delta0,Gamma*sQ]');  Delta=Delta';
    [q, rho]=myqr([H*Delta, sR]'); rho=rho';
    Delta1=Delta*(eye(length(Delta0))-Delta'*H'*(rho*rho'+sR*rho')^-1*H*Delta);

function S=SRIKF(S0, iPhi, Gamma, isQ, H, isR)   %平方根信息滤波
    [q, rho]=myqr([S0'*iPhi*Gamma; isQ]); rho=rho';
```

```
    S=iPhi' * S0 * (eye(length(S0)) - ...
        S0' * iPhi * Gamma * (rho * rho' + isQ' * rho')^-1 * Gamma' * iPhi' * S0);
    [q, S]=myqr([S'; isR * H]); S=S';

function [U, Lambda]=SVDKF(U, Lambda, Phi, Gamma, sQ, H, isR)   %奇异值分解滤波
    [U, Lambda]=svd([Phi * U * Lambda,Gamma * sQ]);
    [U, Lambda]=svd([U * diag(1./diag(Lambda)), H' * isR']);
    Lambda=diag(1./diag(Lambda));

function [U, D]=UDKF(U, D, Phi, Gamma, Q, H, R, TM)   % UD 分解滤波
    n=length(U);
    if ~isempty(strfind(upper(TM),'T'))
        W=[Phi * U,Gamma];   D1=[D; Q];   % D,Q 为向量
        for j=n:-1:1    % 时间更新
            D(j)=(W(j,:).* W(j,:)) * D1;
            for i=1:(j-1)
                U(i,j)=(W(i,:).* W(j,:)) * D1/D(j);
                W(i,:)=W(i,:) - U(i,j) * W(j,:);
            end
        end
    end
    if ~isempty(strfind(upper(TM),'M'))
        f=(H * U)';   g=D.* f;   afa=f' * g+R;
        for j=n:-1:1    % 量测更新
            afa0=afa - f(j) * g(j); lambda=-f(j)/afa0;
            D(j)=afa0/afa * D(j);   afa=afa0;
            for i=j-1:-1:1
                s=(i+1):(j-1);
                U(i,j)=U(i,j) + lambda * (g(i)+U(i,s) * g(s));
            end
        end
    end
end
```

O.8 RTS 平滑算法

```
function [Xs, Ps]=RTS(Phi, Xf, Pf, Xf1, Pf1)
    Xs=Xf;   Ps=Pf;
    for k=length(Phi)-1:-1:1
        Ks=Pf{k} * Phi{k+1}' * Pf1{k+1}^-1;                    %Phi(k+1)=Phi_k+1/k
        Xs{k}=Xf{k} + Ks * (Xs{k+1} - Xf1{k+1});               %Xf1(k+1)=X_f,k+1/k
        Ps{k}=Pf{k} + Ks * (Ps{k+1} - Pf1{k+1}) * Ks';         %Pf1(k+1)=P_f,k+1/k
    end
```

练 习 题

1. 证明 $e^{(V\times)}=I+\frac{\sin v}{v}(V\times)+\frac{1-\cos v}{v^2}(V\times)^2$ 为单位正交阵，其中 $V=[V_x\quad V_y\quad V_z]^T$ 是三维向量且其模值 $v=|V|=\sqrt{V_x^2+V_y^2+V_z^2}$。

2. 对于三维向量 V，若 u 是 $(V\times)$ 的单位特征向量，证明 $M_{RV}(\alpha V)\cdot u$ 也是 $(V\times)$ 的单位特征向量，其中 α 是不为零的实数。(提示：可先证明 $M_{RV}(\alpha V)M_{RV}(V)M_{RV}^T(\alpha V)=M_{RV}(V)$，本题说明反对称阵的复单位特征向量是不唯一的)

3. 试推导姿态阵微分方程 $\dot{C}_i^b=(\omega_{bi}^b\times)C_i^b$。

4. 证明右手单位正交阵与右手直角坐标变换之间存在一一映射关系。

5. 证明右手单位正交阵与“312”欧拉角参数(或“313”欧拉角参数)之间存在一一映射关系(欧拉角表示的奇异点除外)。

6. 给出“东-北-天(—3)12”欧拉角定义下的姿态阵。

7. 证明 (C_b^i-I) 中任意两个线性无关的列(或行)向量之间的叉乘积平行于与 C_b^i 对应的等效旋转矢量 ϕ。

8. 已知坐标变换的矩阵表示为 $C_b^i=I+\sin\phi(u\times)+(1-\cos\phi)(u\times)^2$，其中 u 为从参考坐标系(i 系)到动坐标系(b 系)的等效转轴，ϕ 为转角。若有 i 系绕其 oz 轴转动 ψ 角度得 b' 系，接着 b' 系绕其 x' 轴转动 θ 角度得 b'' 系，最后 b'' 系绕其 oy'' 轴转动 γ 角度得 b''' 系，试求坐标变换矩阵 $C_{b'''}^i$。

9. 用四元数 Q 表示坐标系转动，证明 Q 和 $(-Q)$ 表示相同的转动。

10. 对于四元数 Q，验证 M_Q(或 M'_Q)是正规矩阵，说明 M_Q(或 M'_Q)的特征值及其特征向量的特点。

11. 记 C 为方向余弦阵，$Q=q_0+q_v$ 是与 C 对应的四元数，罗德里格参数定义为 $\xi=q_v/q_0$，证明凯莱(Cayley)变换公式：$C=(I+\xi\times)(I-\xi\times)^{-1}$。

12. 证明四元数转动定理：现有四元数 $Q=\|Q\|\left(\cos\frac{\theta}{2}+u\sin\frac{\theta}{2}\right)$、三维矢量 r_v 和 r'_v，若矢量 r_v 绕单位转轴 u 旋转角度 θ 得矢量 r'_v，则有 $\begin{bmatrix}r'_0\\ r'_v\end{bmatrix}=Q\circ\begin{bmatrix}r_0\\ r_v\end{bmatrix}\circ Q^{-1}$ 成立，其中 r_0 可为任意实数。

13. 证明方向余弦阵 C 与单位四元数 $Q=[q_0\quad q_v^T]^T$ 之间的变换关系 $C=(q_0^2-q_v^Tq_v)I+2q_vq_v^T+2q_0(q_v\times)$ 成立。

14. 设 $\hat{Q}=\hat{q}_0+\hat{q}_1i+\hat{q}_2j+\hat{q}_3k$ 为非零四元数，$Q=\hat{Q}/\|\hat{Q}\|=q_0+q_1i+q_2j+q_3k$ 为 $\hat{Q}$ 的规范化四元数，证明在指标函数 $J(Q)=\sum_{i=0}^{3}(q_i-\hat{q}_i)^2=\min$ 下，Q 是最优单位四元数。

15. 讨论：在姿态阵 C_b^i 中，至少需要已知几个元素，才能唯一确定剩余所有元素。

16. 思考：与左手姿态阵对应的四元数(如果存在的话)是什么样子的？

17. 当导航坐标系选为“东-北-天”、运载体坐标系选为“右-前-上”时，已知某运载体的姿态四元数为$\boldsymbol{Q}=q_0+q_1\boldsymbol{i}+q_2\boldsymbol{j}+q_3\boldsymbol{k}$；若将导航坐标系选为“北-东-地”、载体坐标系选为“前-右-下”，求该载体的姿态四元数$\boldsymbol{Q}'$。

18. 证明刚体定点转动的欧拉定理：刚体连续有限次转动可等效为一次定轴转动。

19. 证明：在姿态四元数更新方程$\dot{\boldsymbol{Q}}_b^i=\frac{1}{2}\boldsymbol{Q}_b^i\circ\boldsymbol{\omega}_{ib}^b$中，$\boldsymbol{Q}_b^i$的模值恒为常值1。

20. 假设角速度按时间线性变化，求解方向余弦阵微分方程的姿态更新二阶毕卡算法（提示：结果为$\boldsymbol{C}(T)=\boldsymbol{C}(0)\left\{\boldsymbol{I}+\left[\left(\Delta\boldsymbol{\theta}_1+\Delta\boldsymbol{\theta}_2+\frac{2}{3}\Delta\boldsymbol{\theta}_1\times\Delta\boldsymbol{\theta}_2\right)\times\right]+\frac{1}{2}\left[(\Delta\boldsymbol{\theta}_1+\Delta\boldsymbol{\theta}_2)\times\right]^2\right\}$）。

21. 试求解等效旋转矢量Bortz方程$\dot{\boldsymbol{\phi}}=\boldsymbol{\omega}+\frac{1}{2}\boldsymbol{\phi}\times\boldsymbol{\omega}+\frac{1}{12}(\boldsymbol{\phi}\times)^2\boldsymbol{\omega}$的毕卡级数解，并在角速度为时间的线性形式假设条件下求解其二阶毕卡解。

22. 假设等效旋转矢量$\boldsymbol{\phi}_1,\boldsymbol{\phi}_2$均为小量，证明等效旋转合成公式$\boldsymbol{\phi}=(\boldsymbol{\phi}_1+\boldsymbol{\phi}_2)+\frac{1}{2}[(\boldsymbol{\phi}_1\times)(\boldsymbol{\phi}_2\times)-(\boldsymbol{\phi}_2\times)(\boldsymbol{\phi}_1\times)]^{\vee}$近似成立（右上角标“$\vee$”表示反对称阵的逆运算），并思考三个等效旋转矢量合成的近似公式是什么？（或可网上搜索参考 Baker - Campbell - Hausdorff 公式）

23. 在优化三子样圆锥误差补偿算法中，证明如下两种补偿公式是等价的：

$$\boldsymbol{\phi}(T)=\Delta\boldsymbol{\theta}_{m1}+\Delta\boldsymbol{\theta}_{m2}+\Delta\boldsymbol{\theta}_{m3}+\frac{9}{20}\Delta\boldsymbol{\theta}_{m1}\times\Delta\boldsymbol{\theta}_{m3}+\frac{27}{40}\Delta\boldsymbol{\theta}_{m2}\times(\Delta\boldsymbol{\theta}_{m3}-\Delta\boldsymbol{\theta}_{m1})\tag{1}$$

$$\boldsymbol{\phi}(T)=\Delta\boldsymbol{\theta}_{m1}+\Delta\boldsymbol{\theta}_{m2}+\Delta\boldsymbol{\theta}_{m3}+\frac{9}{20}\Delta\boldsymbol{\theta}_{m1}\times\Delta\boldsymbol{\theta}_{m3}+\frac{27}{20}\Delta\boldsymbol{\theta}_{m2}\times\Delta\boldsymbol{\theta}_{m3}\tag{2}$$

24. 假设地理坐标系（g系）原点o_g相对于地心地固坐标系（e系）的矢径为$\boldsymbol{R}_{eg}$，试比较$\dot{\boldsymbol{R}}_{eg}^e$与$\dot{\boldsymbol{R}}_{eg}^g$之间的区别。

25. 已知运载体坐标系（b系）相对于惯性参考坐标系（i系）的角运动由陀螺仪测量，采样间隔$T_s=t_m-t_{m-1}=10\ \text{ms}$，陀螺累积角增量输出为$\Delta\boldsymbol{\theta}_m=[2\sin2\pi f t_m\quad 3\cos2\pi f t_m\quad 0]^{\mathrm{T}}$（单位角分），其中$f=0.1\ \text{Hz}$。令初始$t=0$时刻$b$系与$i$系重合，仿真计算$t=0\sim10\ \text{s}$运载体姿态角：

(1) 假设每段时间$[t_{m-1},t_m]$内运载体均做单轴转动，比较方向余弦阵法和四元数法之间的差别；

(2) 比较“单子样＋前一周期”、单子样、二子样、三子样旋转矢量误差补偿算法之间的差别。

提示：由姿态阵$\boldsymbol{C}_b^i$求解姿态角的公式为

$$\begin{cases}\theta=\arcsin(C_{32})\\ \gamma=-\arctan(C_{31}/C_{33})\\ \psi=-\arctan(C_{12}/C_{22})\end{cases}$$

式中：C_{ij}表示$\boldsymbol{C}_b^i$的第i行j列元素。

26. 当海拔高度小于500 km时，验证由地心直角坐标(x,y,z)求解纬度L的如下近似公式具有毫米级精度：

$$L=\arctan\frac{z+R_pe'^2\sin^3\theta}{\sqrt{x^2+y^2}-R_ee^2\cos^3\theta}$$

其中：$\theta=\arctan\dfrac{R_ez}{R_p\sqrt{x^2+y^2}}$。

27. 已知某雷达的地理位置为$P_0(\lambda,L,h)=(108.91°,34.25°,380\ \text{m})$，雷达发现目标，目

标距离 300 km、方位角 30°、高低角 10°，试编程求解目标的地理位置 $P_1(\lambda, L, h)$。（地球形状参数取为 WGS－84 模型）

28. 若给定地球模型的四个基本参数：半长轴 $R_e = 6\ 378\ 140$ m，扁率 $f = 1/298.257$，地心引力常数 $GM = 3.986\ 004\ 418 \times 10^{14}\ \text{m}^3/\text{s}^2$，地球自转角速率 $\omega_{ie} = 7.292\ 115\ 1 \times 10^{-5}$ rad/s。试求如下正常重力模型中的参数 g_e, β, β_1 和 β_2：

$$g = g_e(1 + \beta\sin^2 L - \beta_1 \sin^2 2L) - \beta_2 h$$

29. 若在人造卫星上使用惯导系统，是否存在休拉振荡周期？是否存在高度通道不稳定问题？（仅考虑正常重力场的影响）

30. 针对捷联惯导静态水平通道误差模型 $\dot{\boldsymbol{X}} = \boldsymbol{F}\boldsymbol{X} + \boldsymbol{U}$ 和 $\delta\dot{\lambda} = \dfrac{\delta v_{\mathrm{E}}}{R}\sec L$，通过仿真，列表给出惯性传感器误差输入 $\boldsymbol{U}$（或状态初值 $\boldsymbol{X}(0)$）各分量的状态输出响应特征（常值、振荡或线性增长）。

31. 在最小方差估计中，证明指标函数 $J(\hat{\boldsymbol{X}}) = \mathrm{E}[[\boldsymbol{X} - \hat{\boldsymbol{X}}(\boldsymbol{Z})]^{\mathrm{T}}[\boldsymbol{X} - \hat{\boldsymbol{X}}(\boldsymbol{Z})]] = \min$ 与 $\boldsymbol{J}'(\hat{\boldsymbol{X}}) = \mathrm{E}[[\boldsymbol{X} - \hat{\boldsymbol{X}}(\boldsymbol{Z})][\boldsymbol{X} - \hat{\boldsymbol{X}}(\boldsymbol{Z})]^{\mathrm{T}}] = \min$ 等价，即它们得到的估计结果都是 $\hat{\boldsymbol{X}}_{\mathrm{MV}}$。均方差阵 $\boldsymbol{J}'(\hat{\boldsymbol{X}}) = \min$ 的含义是，任何其他估计 $\hat{\boldsymbol{X}}_*$ 的指标都不会比 $\boldsymbol{J}'(\hat{\boldsymbol{X}}_{\mathrm{MV}})$ 更小，即 $\boldsymbol{J}'(\hat{\boldsymbol{X}}_*) - \boldsymbol{J}'(\hat{\boldsymbol{X}}_{\mathrm{MV}}) \geqslant 0$。

32. 证明：指标函数 $J(\hat{\boldsymbol{X}}) = \mathrm{E}[[\boldsymbol{X} - \hat{\boldsymbol{X}}(\boldsymbol{Z})]^{\mathrm{T}}\boldsymbol{W}[\boldsymbol{X} - \hat{\boldsymbol{X}}(\boldsymbol{Z})]] = \min$ 不受正定加权矩阵 $\boldsymbol{W}$ 的影响，其估计结果等价于 $\boldsymbol{W} = \boldsymbol{I}$ 时的最小方差估计 $\hat{\boldsymbol{X}}_{\mathrm{MV}}$。

33. 在线性最小方差估计中，证明估计误差 $\tilde{\boldsymbol{X}}_{\mathrm{LMV}}$ 与估计值 $\hat{\boldsymbol{X}}_{\mathrm{LMV}}$ 正交。

34. 给定观测模型 $x = \dfrac{s}{2} + n$，其中已知 n 是标准正态分布白噪声，完成：

（1）求极大似然估计 $\hat{s}_{\mathrm{ML}}$；

（2）对于如下概率密度函数 $p(s)$，求极大验后估计 $\hat{s}_{\mathrm{MAP}}$。

$$p(s) = \begin{cases} \dfrac{1}{4}\exp\left(-\dfrac{s}{4}\right) & (s \geqslant 0) \\ 0 & (s < 0) \end{cases}$$

35. 是否可以将加权最小二乘估计视为贝叶斯估计的一种特殊情形？

36. 证明：维纳滤波器输出的均方误差为

$$\mathrm{E}[\tilde{X}^2(t)] = R_X(0) - \int_0^{\infty}\int_0^{\infty} g(\tau)g(\lambda)R_Z(\tau - \lambda)\mathrm{d}\tau\mathrm{d}\lambda。$$

37. 在 Kalman 滤波中，证明下列公式之间相互等价：

（1）第一组

$$\boldsymbol{K}_k = \boldsymbol{P}_{k/k-1}\boldsymbol{H}_k^{\mathrm{T}}(\boldsymbol{H}_k\boldsymbol{P}_{k/k-1}\boldsymbol{H}_k^{\mathrm{T}} + \boldsymbol{R}_k)^{-1} \tag{1}$$

$$\boldsymbol{K}_k = \boldsymbol{P}_k\boldsymbol{H}_k^{\mathrm{T}}\boldsymbol{R}_k^{-1} \tag{2}$$

（2）第二组

$$\boldsymbol{P}_k = (\boldsymbol{I} - \boldsymbol{K}_k\boldsymbol{H}_k)\boldsymbol{P}_{k/k-1} \tag{1}$$

$$\boldsymbol{P}_k = (\boldsymbol{I} - \boldsymbol{K}_k\boldsymbol{H}_k)\boldsymbol{P}_{k/k-1}(\boldsymbol{I} - \boldsymbol{K}_k\boldsymbol{H}_k)^{\mathrm{T}} + \boldsymbol{K}_k\boldsymbol{R}_k\boldsymbol{K}_k^{\mathrm{T}} \tag{2}$$

$$\boldsymbol{P}_k = \boldsymbol{P}_{k/k-1} - \boldsymbol{K}_k(\boldsymbol{H}_k\boldsymbol{P}_{k/k-1}\boldsymbol{H}_k^{\mathrm{T}} + \boldsymbol{R}_k)\boldsymbol{K}_k^{\mathrm{T}} \tag{3}$$

$$\boldsymbol{P}_k^{-1} = \boldsymbol{P}_{k/k-1}^{-1} + \boldsymbol{H}_k^{\mathrm{T}}\boldsymbol{R}_k^{-1}\boldsymbol{H}_k \tag{4}$$

38. 巡航导弹沿直线飞向目标，目标处设有一监视雷达，雷达对导弹的距离进行观测。假设：① 导弹初始距离为 100 km，速度约为 300 m/s，基本匀速飞行，但受空气扰动影响，扰动加速度为零均值白噪声，方差强度 $q = 0.01\ \text{m}^2/\text{s}^3$；② 雷达观测频率为 2 Hz，观测误差为零均值白噪声，均方差为 10 m。试完成：

(1)导弹运动及雷达量测建模，MATLAB 仿真生成导弹运动轨迹及雷达量测值；

(2)设计离散时间 Kalman 滤波器；

(3)利用雷达量测对导弹的距离和速度进行滤波估计，作图给出估计误差。

39. 试求解如下连续时间随机系统在不同情况下的 Kalman 滤波方程：

$$\begin{cases}\dot{\boldsymbol{X}}(t)=\boldsymbol{F}(t)\boldsymbol{X}(t)+\boldsymbol{G}(t)\boldsymbol{w}(t)\\ \boldsymbol{Z}(t)=\boldsymbol{H}(t)\boldsymbol{X}(t)+\boldsymbol{v}(t)\end{cases}$$

$$\begin{cases}\mathrm{E}[\boldsymbol{w}(t)]=\boldsymbol{0}, & \mathrm{E}[\boldsymbol{w}(t)\boldsymbol{w}^{\mathrm{T}}(\tau)]=\boldsymbol{q}(t)\delta(t-\tau)\\ \mathrm{E}[\boldsymbol{v}(t)]=\boldsymbol{0}, & \mathrm{E}[\boldsymbol{v}(t)\boldsymbol{v}^{\mathrm{T}}(\tau)]=\boldsymbol{r}(t)\delta(t-\tau)\\ \mathrm{E}[\boldsymbol{w}(t)\boldsymbol{v}^{\mathrm{T}}(\tau)]=\boldsymbol{0}\end{cases}$$

情况 1：

$$\boldsymbol{F}(t)=0,\quad \boldsymbol{G}(t)=1,\quad \boldsymbol{H}(t)=1,\quad \boldsymbol{q}(t)=0,\quad \boldsymbol{r}(t)=1,\quad \boldsymbol{X}(t_0)=0,\quad \boldsymbol{P}(t_0)=1$$

情况 2：

$$\boldsymbol{F}(t)=\begin{bmatrix}0 & 1\\ 0 & 0\end{bmatrix},\quad \boldsymbol{G}(t)=\begin{bmatrix}0\\ 1\end{bmatrix},\quad \boldsymbol{H}(t)=[1\quad 0],\quad \boldsymbol{q}(t)=1,\quad \boldsymbol{r}(t)=1,$$

$$\boldsymbol{X}(t_0)=\begin{bmatrix}0\\ 0\end{bmatrix},\quad \boldsymbol{P}(t_0)=\begin{bmatrix}1 & 0\\ 0 & 0\end{bmatrix}$$

40. 试对比 UD 分解滤波与常规 Kalman 滤波的计算量。

41. 题大意同第 38 题，试用 UD 分解滤波进行仿真，结果与标准 Kalman 滤波比较。

42. 题大意同第 38 题，但这里假设导弹在 100～150 s 存在 $-1\ \mathrm{m/s^2}$ 减速机动，即在 150 s 时速度大小约减为 250 m/s，之后继续匀速飞行，然而整个飞行过程中监视雷达仍认为导弹是匀速的。试使用遗忘滤波进行滤波估计，并与常规 Kalman 滤波估计效果比较，适当调整遗忘因子大小使得遗忘滤波效果相对较好些。

43. 题大意同第 38 题，但这里假设雷达量测噪声均方差在 0～150 s 时为 10 m，而之后突变为 50 m。试使用自适应滤波进行滤波估计，并与常规 Kalman 滤波估计效果比较(在常规 Kalman 滤波中雷达量测噪声均方差始终为 10 m)，画出量测噪声自适应估计结果图，看其噪声估计效果如何。

44. 题大意同第 38 题，试进行事后 RTS 区间平滑，结果与常规 Kalman 滤波作比较。

45. 设有简单的一维状态空间模型 $\begin{cases}X_k=X_{k-1}+W_{k-1}\\ Z_k=X_k+V_k\end{cases}$，其中 W_k 和 V_k 均为零均值、方差为常值的高斯白噪声，且两者之间不相关。当系统噪声 W_k 的方差为零或不为零时，试通过仿真分别验证两种情形下的状态可平滑性问题。

46. 题大意同第 38 题，试对其作滤波稳定性分析。

47. 对于系统噪声为有色噪声的定常系统

$$\begin{cases}X_k=\phi X_{k-1}+W_{k-1}+W_{k-2}\\ Z_k=HX_k+V_k\end{cases}$$

其中

$$\begin{cases}\mathrm{E}[W_k]=0, & \mathrm{E}[W_kW_j]=Q\delta_{kj}\\ \mathrm{E}[V_k]=0, & \mathrm{E}[V_kV_j]=R\delta_{kj}\\ \mathrm{E}[W_kV_j]=0\end{cases}$$

式中：ϕ,H,Q,R 均为已知常数。试推导该系统的 Kalman 滤波方程。

48. 对于系统噪声为有色噪声的定常系统

$$\begin{cases}X_k = \phi X_{k-1} + W_{k-1} \\ Z_k = HX_k + V_k\end{cases}$$

其中

$$W_k = a_1 W_{k-1} + a_2 W_{k-2} + \zeta_{k-2} \quad 且有 \quad \begin{cases}\mathrm{E}[\zeta_k]=0, & \mathrm{E}[\zeta_k \zeta_j]=Q\delta_{kj} \\ \mathrm{E}[V_k]=0, & \mathrm{E}[V_k V_j]=R\delta_{kj} \\ \mathrm{E}[\zeta_k V_j]=0 \end{cases}$$

式中：ϕ, H, a_1, a_2, Q, R 均为已知常数。试推导该系统的 Kalman 滤波方程。

49. 对于量测噪声为有色噪声的定常系统

$$\begin{cases}X_k = \phi X_{k-1} + W_{k-1} \\ Z_k = HX_k + V_k\end{cases}$$

其中

$$V_k = a_1 V_{k-1} + a_2 V_{k-2} + \zeta_{k-2} \quad 且有 \quad \begin{cases}\mathrm{E}[W_k]=0, & \mathrm{E}[W_k W_j]=Q\delta_{kj} \\ \mathrm{E}[\zeta_k]=0, & \mathrm{E}[\zeta_k \zeta_j]=R\delta_{kj} \\ \mathrm{E}[W_k \zeta_j]=0 \end{cases}$$

式中：ϕ, H, a_1, a_2, Q, R 均为已知常数。试推导该系统的 Kalman 滤波方程。

50. 假设有一个含 3 个状态分量和 2 个量测分量的线性随机系统，记作 CS，具体为

$$\mathrm{CS}:\begin{cases}\begin{bmatrix}X_{1,k} \\ X_{2,k} \\ X_{3,k}\end{bmatrix} = \begin{bmatrix}1 & 0 & 0 \\ 0 & 1 & 0 \\ 0 & 0 & 1\end{bmatrix}\begin{bmatrix}X_{1,k-1} \\ X_{2,k-1} \\ X_{3,k-1}\end{bmatrix} \\ \begin{bmatrix}Z_{1,k} \\ Z_{2,k}\end{bmatrix} = \begin{bmatrix}1 & 1 & 0 \\ 1 & 0 & h_{23}\end{bmatrix}\boldsymbol{X}_k + \begin{bmatrix}V_{1,k} \\ V_{2,k}\end{bmatrix}\end{cases} \qquad h_{23} = \begin{cases}1 & (1 \leqslant k < 100) \\ 2 & (100 \leqslant k)\end{cases} \tag{1}$$

其中，$V_{1,k}, V_{2,k}$ 均为零均值的单位白噪声且两者之间不相关，h_{23} 为时变元素。显然，可将式(1) 拆分成 3 个子系统，分别记为子系统 S1、S2 和主系统 SM，具体如下

$$\mathrm{S1}:\begin{cases}\begin{bmatrix}X_{1,k} \\ X_{2,k}\end{bmatrix} = \begin{bmatrix}1 & 0 \\ 0 & 1\end{bmatrix}\begin{bmatrix}X_{1,k-1} \\ X_{2,k-1}\end{bmatrix} \\ Z_{1,k} = [1 \quad 1]\boldsymbol{X}_k^{(1)} + V_{1,k}\end{cases}, \ \mathrm{S2}:\begin{cases}\begin{bmatrix}X_{1,k} \\ X_{3,k}\end{bmatrix} = \begin{bmatrix}1 & 0 \\ 0 & 1\end{bmatrix}\begin{bmatrix}X_{1,k-1} \\ X_{3,k-1}\end{bmatrix} \\ Z_{2,k} = [1 \quad h_{23}]\boldsymbol{X}_k^{(2)} + V_{2,k}\end{cases}, \ \mathrm{SM}:\{X_{1,k} = X_{1,k-1} \tag{2}$$

试使用集中滤波(CKF) 和联邦滤波(FKF) 分别对式(2) 和式(2) 进行仿真，对比它们的状态估计精度(本例说明 FKF 在子滤波器存在私有状态情况下性能往往不好)。

51. 参见图 1，有一物体(比如航空炸弹) 从 10 000 m 高空释放(这里假设初速度为 0)，释放后铅垂下落。下落过程中，该物体在竖直方向上受三种力：① 重力加速度(9.8 m/s^2)；② 空气阻力加速度，其大小与速度二次方成正比(即 $a_{阻} = \rho v^2$)，假设空气阻力加速度系数 $\rho = 0.001(1/\mathrm{m})$；③ 扰动噪声，功率谱密度为 0.01 m^2/s^3。假设在距离落点水平径向 1 000 m 处有一观测雷达，对该落体进行实时观测，雷达观测频率为 1Hz，测距误差 $\delta r = 10$ m(1σ)，俯仰角测角误差 $\delta\alpha = 1°(1\sigma)$。试利用雷达测量对该物体的高度和速度作实时估计。(提示：使用 EKF 滤波，时间更新 0.1 s)

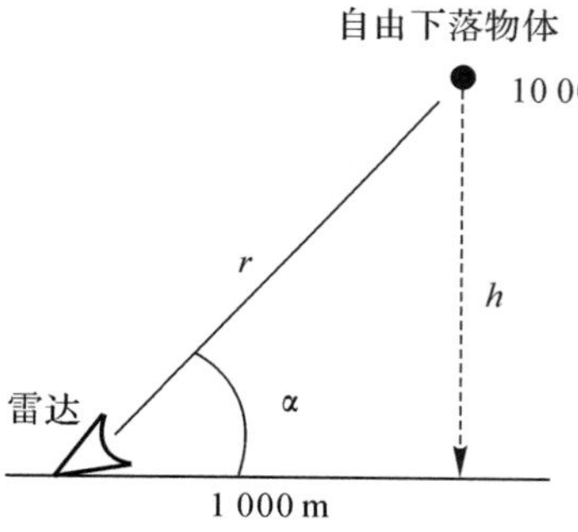

图 1 第 51 题图

52. 有一飞行器从 1 000 m 高空铅直往下降，初始速度为 10 m/s，下落过程接近匀速(即升

力与重力基本保持平衡)，但受微小的空气扰动影响，扰动加速度噪声功率谱密度为 $0.01\ m^2/s^3$。飞行器上配备有气压高度表和无线电雷达高度表两种高度测量设备，假设两种设备是实时同步测量的，频率均为10 Hz，气压高度表测量噪声 10 m(1σ)，雷达高度表测量噪声 5 m(1σ)。试使用经典 Kalman 滤波(即集中滤波)、序贯滤波和联邦滤波三种滤波方法估计飞行器的实时高度和速度，并比较三种方法的状态估计及其均方误差(仿真离散化周期采用 0.1 s)。

53. 针对 SINS/GNSS 组合导航，建立 15 维状态(失准角、速度误差、位置误差、陀螺随机常值漂移和加速度计随机常值偏值)和 6 维量测(速度和位置)状态空间模型，验证：即使在建模准确情况下，强跟踪滤波结果也容易出现异常，强跟踪滤波是不实用的。

54. 证明(或验证)多矢量定姿式(8.1.16)是无偏估计。

55. 图 2 给出了采用 PI(比例-积分)控制方法实现的 Mahony 航姿仪算法原理图，试完成：

(1) 验证控制系统的特征多项式为 $\Delta(s) = s^2 + K_P s + K_I$；

(2) 编程进行仿真，给出角速率或比力阶跃输入引起的姿态响应。

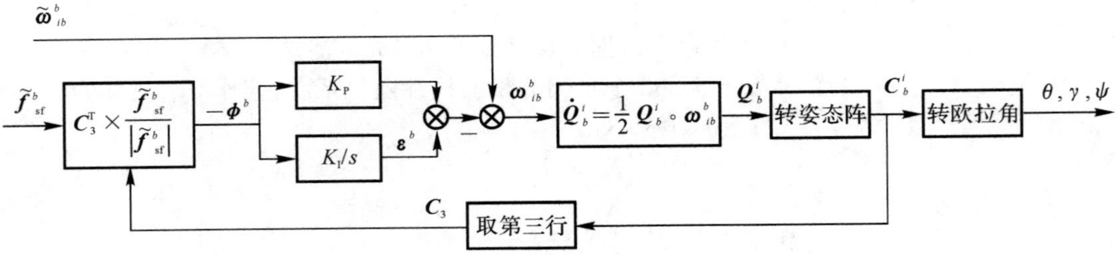

图 2　第 55 题图

参考文献

[1] 秦永元,张洪钺,汪叔华. 卡尔曼滤波与组合导航原理[M]. 4 版. 西安:西北工业大学出版社,2021.
[2] 王志贤. 最优状态估计与系统辨识[M]. 西安:西北工业大学出版社,2004.
[3] 孙枫,袁赣南,张晓红. 组合导航系统[M]. 哈尔滨:哈尔滨工程大学出版社,1996.
[4] 严恭敏,李四海,秦永元. 惯性仪器测试与数据分析[M]. 北京:国防工业出版社,2012.
[5] 刘轩黄,刘丹阳. 离散线性时变系统的状态观测器[J]. 控制理论与应用,1995,12(1):53-57.
[6] 郑大钟. 线性系统理论 [M]. 2 版. 北京:清华大学出版社,2002.
[7] 胡寿松. 自动控制原理 [M]. 7 版. 北京:科学出版社,1994.
[8] 史忠科. 最优估计的计算方法[M]. 北京:科学出版社,2001.
[9] 付梦印,邓志红,闫莉萍. Kalman 滤波理论及其在导航系统中的应用 [M]. 2 版. 北京:科学出版社,2010.
[10] 叶其孝,沈永欢. 实用数学手册 [M]. 2 版. 北京:科学出版社,2008.
[11] 崔希璋,於宗俦,陶本藻,等. 广义测量平差 [M]. 2 版. 武汉:武汉大学出版社,2009.
[12] 郗晓宁,王威. 近地航天器轨道基础[M]. 长沙:国防科技大学出版社,2003.
[13] 格鲁夫. GNSS 与惯性及多传感器组合导航系统原理[M]. 李涛,等译. 北京:国防工业出版社,2011.
[14] 刘延柱. 陀螺力学 [M]. 2 版. 北京:科学出版社,2009.
[15] 李文亮. 四元数矩阵[M]. 长沙:国防科技大学出版社,2002.
[16] 勃拉涅茨,什梅格列夫斯基. 四元数在刚体定位问题中的应用[M]. 梁振和,等译. 北京:国防工业出版社,1977.
[17] 程云鹏. 矩阵论[M]. 西安:西北工业大学出版社,2000.
[18] 徐士良. C 常用算法程序集 [M]. 2 版. 北京:清华大学出版社,1996.
[19] 严恭敏. 捷联惯导算法及车载组合导航系统研究[D]. 西安:西北工业大学,2004.
[20] 严恭敏. 车载自主定位定向系统研究[D]. 西安:西北工业大学,2006.
[21] 付强文. 车载自主定位定向系统关键技术研究[D]. 西安:西北工业大学,2014.
[22] 袁信,郑谔. 捷联式惯性导航原理[M]. 北京:航空工业出版社,1985.
[23] 陈哲. 捷联惯导系统原理[M]. 北京:宇航出版社,1986.
[24] 张树侠,孙静. 捷联式惯性导航系统[M]. 北京:国防工业出版社,1992.
[25] 高钟毓. 惯性导航系统技术[M]. 北京:清华大学出版社,2012.
[26] 郭俊义. 物理大地测量学基础[M]. 武汉:武汉测绘科技大学出版社,1994.
[27] 吕胜尚. 关于高斯过程的几个问题[J]. 西北电讯工程学院学报,1986(2):18-24.
[28] 韩崇昭,朱洪艳,段战胜. 多源信息融合 [M]. 2 版. 北京:清华大学出版社,2010.
[29] SIMON D. 最优状态估计:卡尔曼、H_∞及非线性滤波[M]. 张勇刚,李宁,奔粤阳,译. 北

京:国防工业出版社,2013.

[30] 周东华,席裕庚,张钟俊.一种带多重次优渐消因子的扩展卡尔曼滤波器[J].自动化学报,1991,17(6):689-695.

[31] 杨元喜.自适应动态导航定位[M].2版.北京:测绘出版社,2020.

[32] 茆诗松,吕晓玲.数理统计学[M].2版.北京:中国人民大学出版社,2016.

[33] 茆诗松.高等数理统计[M].2版.北京:高等教育出版社,2006.

[34] 李庆扬,王能超,易大义.数值分析[M].5版.武汉:华中科技大学出版社,2021.

[35] 严恭敏,严卫生,徐德民.经典圆锥误差补偿算法中剩余误差估计的局限性研究[J].中国惯性技术学报,2008,16(4):379-385.

[36] 严恭敏,翁浚,杨小康,等.基于毕卡迭代的捷联姿态更新精确数值解法[J].宇航学报,2017,38(12):1307-1313.

[37] 严恭敏,杨小康,翁浚,等.一种无误差的捷联惯导数值更新新算法[J].导航定位学报,2018,6(2):20-22.

[38] 严恭敏,李思锦,秦永元.基于多项式迭代的等效旋转矢量微分方程精确数值算法[J].中国惯性技术学报,2018,26(6):708-712.

[39] 严恭敏,杨小康,翁浚,等.一种求解姿态不可交换误差补偿系数的通用方法[J].宇航学报,2017,38(7):723-727.

[40] 严恭敏,李思锦,郭正东.一种求解等效旋转矢量高阶误差补偿系数的新方法[J].中国惯性技术学报,2020,28(3):347-352.

[41] 严恭敏,邓瑀.传统组合导航中的实用Kalman滤波技术评述[J].导航定位与授时,2020,7(2):50-64.

[42] 严恭敏,戴晨杰,刘璠.再论联邦滤波在组合导航中的应用可行性[J].导航定位与授时,2022,9(4):1-6.

[43] CHENG H, GUPTA K C. A Historical Note on Finite Rotations[J]. Journal of Applied Mechanics, 1989, 56:139-145.

[44] JORDAN J W. An Accurate Strapdown Direction Cosine Algorithm. NASA TN-D-5384, Sept. 1969.

[45] BORTZ J E. A New Mathematical Formulation for Strapdown Inertial Navigation[J]. IEEE Transactions on Aerospace and Electronic Systems, 1971, 7(1):61-66.

[46] MILLER R. A New Strapdown Attitude Algorithm[J]. Journal of Guidance, Control, and Dynamics, 1983, 6(4):287-291.

[47] IGNAGNI M B. Efficient Class of Optimized Coning Compensation Algorithms[J]. Journal of Guidance, Control, and Dynamics, 1996, 19(2):424-429.

[48] PARK C G, KIM K J, LEE J G, et al. Formalized Approach to Obtaining Optimal Coefficients for Coning Algorithms[J]. Journal of Guidance, Control, and Dynamics, 1999, 22(1):165-168.

[49] SAVAGE P G. Strapdown Inertial Navigation Integration Algorithm Design Part 1: Attitude Algorithms[J]. Journal of Guidance, Control, and Dynamics, 1998, 21(1):19-28.

[50] SAVAGE P G. Strapdown Inertial Navigation Integration Algorithm Design Part 2: Velocity and Position Algorithms[J]. Journal of Guidance, Control, and Dynamics, 1998,21(2):208-221.

[51] WANG M, WU W, HE X, et al. Higher-order Rotation Vector Attitude Updating Algorithm[J]. Journal of Navigation, 2019,72(3): 721-740.

[52] YAN G, YANG X, SU X, et al. Error Distribution Method and Analysis of Observability Degree Based on the Covariances in Kalman Filter[C]. Proceedings of the 37th Chinese Control Conference July 25-27,2018,Wuhan,China: 4900-4905.

[53] JULIER S J, UHLMANN J K. Unscented Filtering and Nonlinear Estimation[J]. Proceedings of the IEEE, 2004, 92(3): 401-422.

[54] NORGAARD M, POULSEN N K, RAVN O. New Developments in State Estimation for Nonlinear Systems[J]. Automatica, 2000, 36(11): 1627-1638.

[55] ARASARATNAM I, HAYKIN S. Cubature Kalman Filters[J]. IEEE Transactions on Automatic Control, 2009,54(6): 1254-1269.

[56] YAN G, WANG J, ZHOU X, et al. High-Precision Simulator for Strapdown Inertial Navigation Systems Based on Real Dynamics from GNSS and IMU Integration [C]. China Satellite Navigation Conference (CSNC) 2015 Proceedings: Volume Ⅲ: 789-799.

